Claude HAZARD
Inspecteur Général de
l'Éducation Nationale

Jean-Pierre BARETTE
Professeur de lycée professionnel
« Génie industriel Bois »

Jérôme MAYER
Professeur agrégé
de « Génie industriel Bois »
Chef de travaux de lycée
polyvalent

MÉMOTECH

BOIS
et
MATÉRIAUX ASSOCIÉS

du BEP aux BTS de la filière « bois »

Collection
A. Capliez

CASTEILLA

educalivre

L'éditeur remercie les entreprises et organismes suivants pour leur aimable et gracieuse collaboration :
APECF, Atofindley ; Boen Parkett, Cathild Industrie ; CEDEO ; Celliose ; Centre d'Information du Verre Feuilleté ; CTBA ; Deceuninck ; Descours et Cabaud SA ; DIFAQ SA ; Éditions Delagrave ; Éditions Vial ; Elbe ; Euro Clifal ; Fédération Française des Importateurs de Bois du Nord ; Ferco International ; Fezer FIPEC ; Formica S.A. ; Guhdo France ; Hettich France ; Hewi ; Institut National de Recherche et Sécurité ; Isoroy ; Joint Dual ; JPM Chauvat SA ; Lambiotte ; Mage ; Michelin ; Milesi Vernis ; Norton SA ; OPPBTP ; SARL Charpente Forté ; Patrick Bellion SA ; Polyrey ; Lambert ; Rockwool Isolation SA ; SOPROFEN ; Société SPIT ; Syndicat National des Constructeurs de Charpentes en Bois lamellé collé ; Technal ; Tramico ; WICONA ; WOLF Connexion ; Wurth SA ; Xylochimie ; Zuani SRL.

Chez le même éditeur :

Mémotech Productique/Industrialisation Bois et matériaux associés
C. Hazard, J. Mayer, S. Surmely

Les démarches inductives et les référentiels
J. Mayer

La CAO avec TopSolid'Design et TopSolid'Wood
Y. Chavant, S. Surmely

La CAO accessible à tous avec Solidworks
Tomes 1 et 2
P. Rétif

Mémotech Commande numérique
J.-P. Urso

Mémotech Bâtiment Métal, Aluminium, Verre et matériaux de synthèse
C. Hazard

ISBN: 978-2-7135-2821-7
ISSN: 0986-4024

PRÉFACE

Dans les métiers du bois, les temps ont bien changé. Les charpentiers, menuisiers, ébénistes sont devenus des professionnels rompus aux techniques modernes de fabrication et d'agencement au même titre que les professionnels de la productique où les procédés doivent, concurrence oblige, satisfaire les exigences de la productivité : qualité et prix compétitifs.

Les métiers du bois et des matériaux associés ont évolué grâce au machinisme, souvent à base de commande numérique, et à une meilleure connaissance des propriétés des matières premières utilisées et de leurs modes de mise en œuvre.

Parallèlement, l'allégement des tâches physiques et intellectuelles a été obtenu par l'arrivée des automatismes, de la robotique et de l'informatique qui permettent l'assistance par ordinateur aussi bien en conception qu'en fabrication.

Néanmoins, la présence d'ouvriers hautement qualifiés, de techniciens, de techniciens supérieurs et d'ingénieurs, dont l'intelligence et la culture technique permettent de créer, de dominer et d'utiliser ces moyens sophistiqués est de plus en plus nécessaire.

Mais la technologie, discipline de culture et d'action, a aussi besoin d'ouvrages toujours à portée de la main, de consultation facile, aussi complets que possible et constituant de véritables banques de données destinées à fournir, en temps réel, tous les renseignements nécessaires à l'exécution d'une tâche technologique de quelque niveau que ce soit.

Le *Mémotech* répond à ces nombreuses exigences.

La bonne connaissance du bois et des matériaux associés, les moyens de leur mise en œuvre, la gestion de la production, l'usinage, le contrôle de la qualité, l'agencement des éléments fabriqués dans les différents locaux, la sécurité et l'hygiène liées aux fabrications sont développés avec méthode et beaucoup de clarté.

Un maximum de renseignements, de caractéristiques techniques, de documentation, d'exemples de choix sont systématiquement classés et répertoriés.

Les normes en vigueur, dont de larges extraits figurent en bonne place, sont scrupuleusement respectées.

Ce *Mémotech* est un auxiliaire précieux destiné à faciliter la tâche des enseignants et de leurs élèves des lycées professionnels et des lycées techniques. Il comporte également beaucoup d'éléments spécialement destinés aux étudiants de B.T.S., aux techniciens en formation continue et aux professionnels de l'industrie.

A. CAPLIEZ
Inspecteur Général honoraire
de l'Éducation Nationale

Aux données technologiques classées par thèmes en cinq grandes familles : Matériaux, Matériels, Méthodes, Ouvrages et Chantiers, viennent s'ajouter « **les fiches de choix** » entraînant ainsi les étudiants et élèves à choisir une solution technique, parmi les nombreuses propositions ou solutions données par le Mémotech actualisé et complété. Ces fiches pédagogiques sont parfaitement adaptées à l'esprit fondamental du Mémotech.

Les auteurs ont choisi quelques exemples significatifs dans le cadre des référentiels des niveaux CAP, BEP, Bac Pro et BTS des métiers du bois, laissant le libre choix aux professeurs de proposer aux étudiants d'autres thèmes.

Ces fiches de choix sont en adéquation avec les référentiels des métiers du bois et permettent à l'élève d'accéder aux connaissances et aux concepts fondamentaux et d'organiser méthodologiquement l'exécution de son travail en toute autonomie.

Les auteurs

TABLE DES MATIÈRES

Certains schémas et dessins contenus dans cet ouvrage reprennent des systèmes de représentation non normalisés utilisés par les constructeurs dans les différents métiers du bois. Pour les systèmes de représentation conformes aux normes en vigueur, le lecteur doit se reporter au chapitre 6.

1. LE BOIS

1.1 LA FORÊT FRANÇAISE

Richesse écologique très diversifiée, espace d'accueil et de loisirs, la forêt française joue un rôle économique essentiel.

PEUPLEMENT

Importance par département, du volume moyen par hectare de l'ensemble des peuplements.

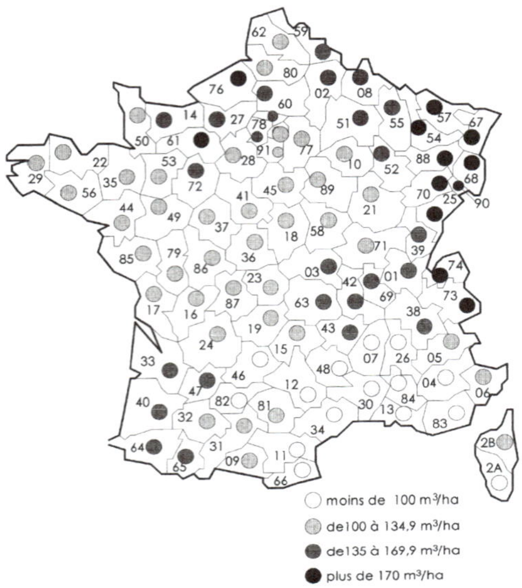

Les principales essences forestières françaises

Essences	Superficie en milliers d'ha	%
Chêne pédonculé	2 381	18
Chêne rouvre	1 772	13
Hêtre	1 238	9
Chêne pubescent	824	6
Châtaignier	509	4
Autres feuillus	1 753	13
Pin maritime	1 378	10
Pin sylvestre	1 167	9
Épicéa commun	734	6
Sapin pectiné	544	4
Douglas	251	2
Autres résineux	855	6

RÉPARTITION EN FRANCE

Les principales essences indigènes se classent dans deux grandes catégories.

■ **FEUILLUS**

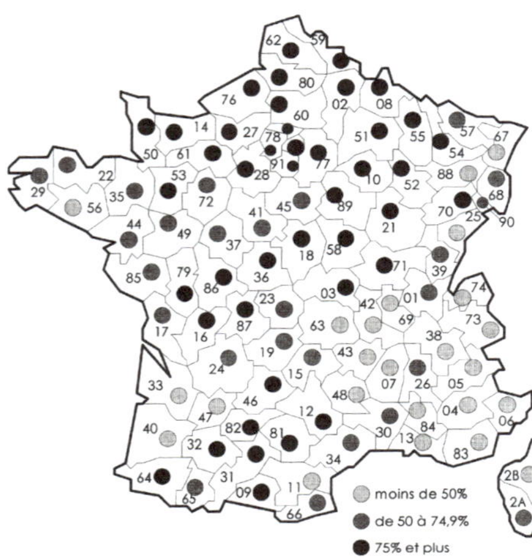

■ **CONIFÈRES (résineux)**

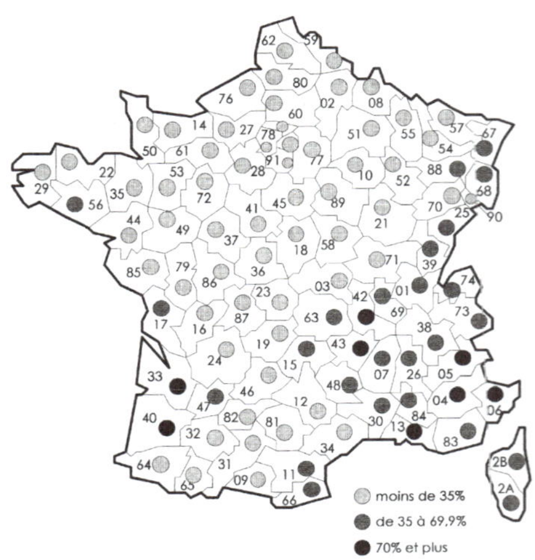

Inventaire forestier national (septembre 1991).

1.2 L'ARBRE

Élément fondamental de son environnement, l'homme a fait de l'arbre un végétal productif jouant un rôle économique. Il en extrait la matière première pour de nombreuses industries (chimiques ; papetières, de seconde transformation du bois).

CONSTITUTION PHYSIQUE DE L'ARBRE

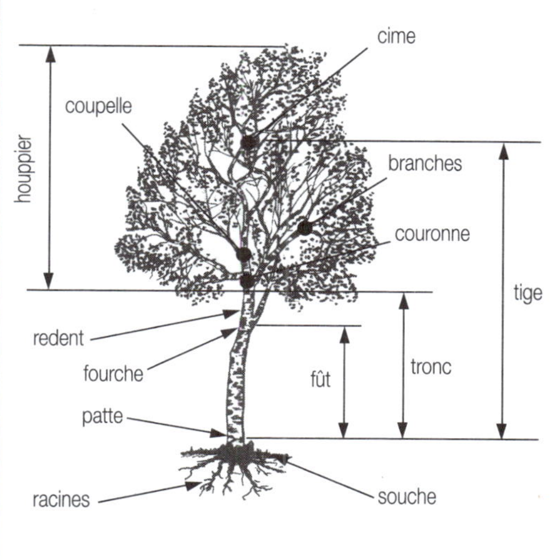

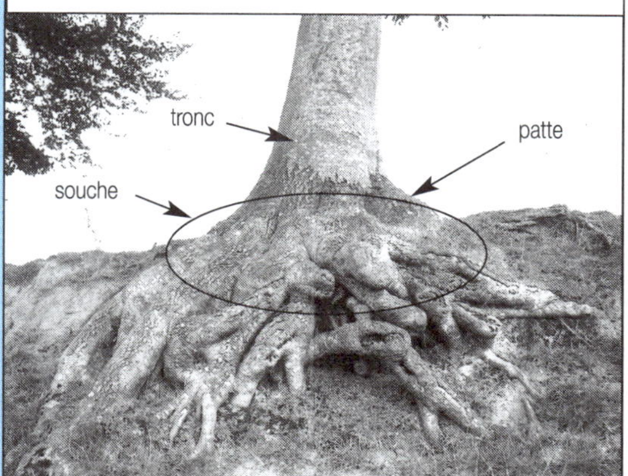

Cime
Sommet de la tige.

Houppier
Ramifications (branches et rameaux) et partie du tronc non comprise dans le fût.

Branche
Ramification importante de la tige.

Coupelle
Branche assez forte pour un débit secondaire.

Couronne
Région correspondante à l'insertion sur le tronc de plusieurs grosses branches.

Tige
Partie constituant l'axe plus ou moins ramifié de l'arbre.

Fût
Partie du tronc dépourvue de branches.

Tronc
Partie inférieure de la tige principale.

Redent
Diminution brusque de grosseur de grume.

Fourche
Région correspondant à la division en deux tiges du fût.

Patte
Partie inférieure du tronc, renflée, où le bois offre certaines caractéristiques particulières de structure, dues à l'insertion des racines principales.

Souche
Ensemble de la base du tronc et des grosses racines qui s'y insèrent.

Racines
Partie souterraine par laquelle l'arbre se fixe au sol et se nourrit.

GRUME

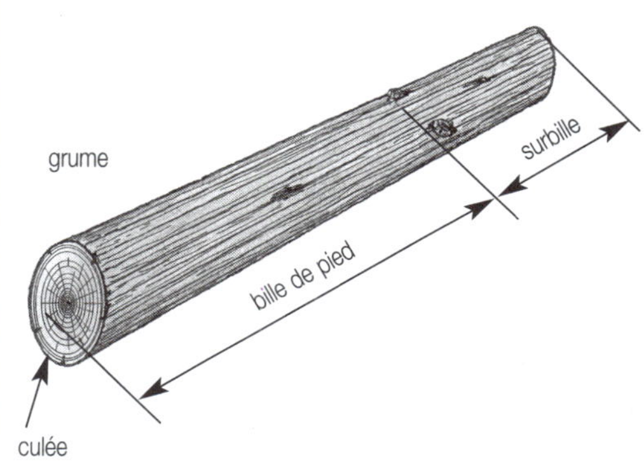

Grume
Tronc d'un arbre abattu, ébranché et recouvert ou non de son écorce.

Grume d'œuvre
Grume destinée à la production de bois d'œuvre.

Bille
Tronçon découpé dans une grume appelée
« tronce » pour les bois de pays
« rondin » pour les bois tropicaux.

Billon
Bille courte.

1re bille
Dans le cas d'une grume de grande longueur (bois tropicaux), celle-ci est tronçonnée en plusieurs billes nommées : 1re, 2e, 3e bille...

ÉLÉMENTS DE CLASSIFICATION

Il existe des milliers d'espèces d'arbres ; il a donc été nécessaire de mettre en place des nomenclatures et des classifications permettant d'établir les choix en fonction des besoins.

ESSENCES

Ensemble des arbres ayant le même plan ligneux. Pour chaque bois, il existe une dénomination normale, un nom officiel préconisé.

STRUCTURE

Ensemble des particularités de l'organisation du bois.

Bois dit ▼	Chêne	Érable	Hêtre	Orme	Frêne
HOMOGÈNE		//////	//////		
HÉTÉROGÈNE	//////			//////	//////

PLAN LIGNEUX

Ensemble des caractères de structure du bois relatifs à la nature, à la forme et au groupement des cellules constitutives.

Ces caractères sont constants pour une essence déterminée.

PROPRIÉTÉS SPÉCIFIQUES

Propriétés du bois liées à l'essence. Le bois de chaque essence possède certaines propriétés spécifiques constantes.

Ex : Aubier ▼	Chêne	Châtaigner	Hêtre	Sapin	Pin maritime
DISTINCT	//////	//////			//////
NON DISTINCT			//////	//////	

FEUILLUS

Nom couramment donné aux arbres de la classe des dicotylédones en raison de leurs feuilles plates à nervation ramifiée.

Par extension, ce terme désigne également leur bois.

RÉSINEUX

Nom couramment donné aux conifères, en raison de la présence chez un grand nombre d'entre eux, de cellules ou de canaux résinifères.

Par extension, ce terme désigne également leur bois.

ORIGINES

Origine géographique de l'arbre qui a produit le bois.

■ **BOIS DU NORD**

Bois provenant d'arbres résineux ayant poussé en Europe au-delà du 57e parallèle de latitude nord.

■ **BOIS TROPICAUX**

Bois provenant d'arbres ayant poussé sous un climat de type tropical ou intertropical.

■ **BOIS INDIGÈNES**

Bois originaires de France (pour les Français).

DOC. XYLOCHIMIE, L'ART ET LES SCIENCES DU BOIS

Exemples :

Chêne

Orme

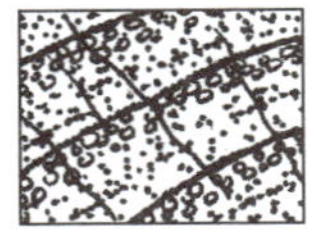

Bois hétérogène
(deux zones différentes)

Hêtre

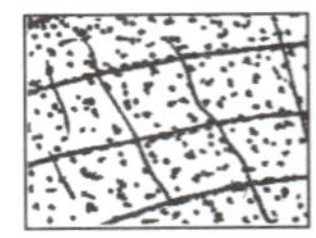

Bois homogène
(deux zones identiques)

Structure et plan ligneux d'un feuillu

Peuplier
(50 fois)

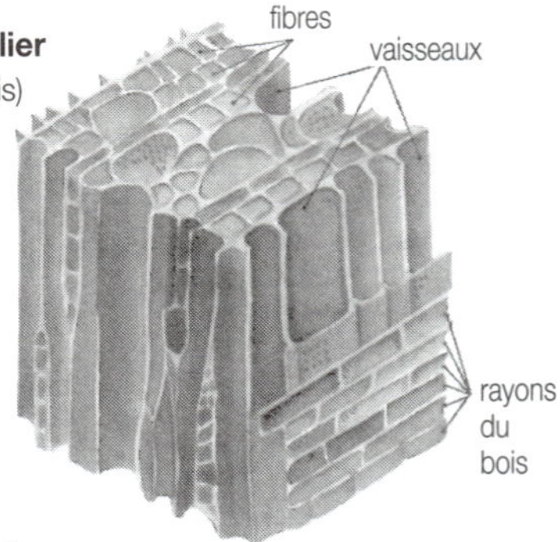

Un feuillu :
le **châtaignier**

Un résineux : le **sapin**

Un bois tropical : le **sipo** (feuillu)

Origines : Afrique du Sud, Côte-d'Ivoire, Ghana, Cameroun.

La reconnaissance et l'étude d'un arbre passent par l'observation de ses caractéristiques et de ses propriétés ; elles peuvent être facilitées par la création d'une fiche d'aide.

EXEMPLE DE FICHE D'AIDE À L'ÉTUDE D'UN SPÉCIMEN À PARTIR DE SES CARACTÉRISTIQUES

HÊTRE

■ **NOMS**
- Commercial → **Hêtre**
- Scientifique (botanique) → **Fagus silvatica L.**
- Régional → **Fau-Fayard-Fay-Fouteau-Foyard**

■ **FAMILLE** → **Fagacées**

Silhouette

■ **DESCRIPTION GÉNÉRALE**
- Silhouette → Arbre élevé au tronc droit et régulier. Essence ayant une ombre typique à couvert épais.
- Écorce → Lisse, gris clair.
- Feuille → Ovale, régulière, lisse. Des pois apparaissent sur les jeunes feuilles.
- Inflorescence → Inflorescences mâles en forme de petits châtons globuleux.
- Bourgeon → Long, mince, très aigu, à écailles brunes, luisantes.
- Fruit → Faînes, groupées par 2 dans une capsule à 4 valves épineuses.

Croquis

Croquis

■ **DESCRIPTION DU BOIS**
- Bois parfait → Couleur allant du blanc jaunâtre rosé à brun très pâle. Parfois, défaut de couleur rouge.
- Aubier → Non distinct.
- Fil/grain → Fil droit à peu ondulé, grain fin.

■ **CARACTÈRES D'IDENTIFICATION MACROSCOPIQUE** →
- Structure homogène sans zone poreuse.
- Cernes d'accroissement bien visibles.
- Rayons nombreux, inégaux apparaissant sous forme lenticulaire étroite sur dosse et de maillure sur quartier.

■ **CARACTÈRES D'IDENTIFICATION MICROSCOPIQUE** →

Vaisseaux à peu près égaux, isolés ou accolés 2 à 6.
Ø 55 à 70 µm
Rayons de 1 à 25 cellules de large, à parois épaisses.
- Fibres libriformes à parois épaisses.
- Porosité comprise entre 25 et 40 %.

EXEMPLE DE FICHE D'AIDE À L'ÉTUDE D'UN SPÉCIMEN À PARTIR DE SES CARACTÉRISTIQUES

HÊTRE (suite)

■ CARACTÉRISTIQUES PHYSIQUES

Masse volumique à 12 % d'humidité → 650 à 750 kg/m³

Rétractibilité en %

Rétractibilité volumétrique totale	Rétractibilité radiale totale	Rétractibilité tangentielle totale
18 à 22	5 à 8	12 à 15

Coefficient de rétractibilité totale	Coefficient de rétractibilité radiale	Coefficient de rétractibilité tangentielle
0,60 à 0,70	0,20 à 0,30	0,35 à 0,50

Point de saturation → 30 % d'humidité (valeur moyenne)

■ CARACTÉRISTIQUES MÉCANIQUES

à 12 % d'humidité

	Observations	Valeurs extrêmes	Valeurs moyennes	Coeff. de variation (%)
Compression	Contrainte de rupture C_{12}	415-685 daN/cm²	540 daN/cm²	11
Flexion statique	Chiffre caractéristique de rupture F_{12}	1 100-1 750 daN/cm²	1 520 daN/cm²	11
Flexion dynamique	Énergie absorbée à la rupture W	20-65 J	35 J	29
Traction perpendiculaire	Contrainte de rupture T_{PP}	30-65 daN/cm²	45 daN/cm²	21
Fendage	Contrainte de rupture	10-40 daN/cm²	25 daN/cm²	22
Cisaillement	Contrainte de rupture	40-140 daN/cm²	90 daN/cm²	21
Dureté	Dureté Monnin	1,5-4,5	2,6	24

■ PROPRIÉTÉS TECHNOLOGIQUES

Séchage →

- Tendance à se fendre, se gercer ou se gauchir.
- Pour atteindre l'état dit sec à l'air à partir de l'état vert, il faut environ 4 à 6 mois pour du 27 mm. Entre 10 et 12 mois pour du 50 mm.
- Périodes réduites par des séchages artificiels.

Aptitude à l'usinage →

- Peu abrasif.
- Utilisation d'outils de coupe courants.

Collage →

- Bois facile à coller mais une forte pression est nécessaire.
- Aucune substance chimique nuit à l'adhérence de la colle.
- Sa densité élevée et son fort retrait peuvent laisser craindre des décollements.

■ UTILISATIONS

Nombreuses

Exemple : Mobilier domestique et de collectivités.
Piètements divers.
Fabrication de contreplaqué.
Fabrication de bois dits « améliorés ».

■ COMMERCIALISATION

- En plots, frises et avivis.
- Classement traditionnel des plots :
  - Ébénisterie.
  - Menuiserie.
  - Charronnage.

1.3 ESSENCES ET SPÉCIFICITÉS

- Léger contrefil
- Scuvent contrefilé
- Droit
- Ondulé ou enchevêtré
- Droit parfois ondulé
- Irrégulier
- Droit parfois irrégulier

DÉSIGNATION DE L'ESSENCE		ACAJOU D'AFRIQUE	AMARANTE	ANGÉLIQUE	ANIÈGRE	AVODIRE	AZOBE	BALSA
Origine		Afrique	Guyane – Brésil	Guyane – Brésil	Afrique	Afrique	Afrique	Amérique centrale et du Sud
Couleur	Bois parfait	Brun rosé à rouge foncé	Violet	Brun lustré	Blanc jaunâtre à brun rose pâle	Blanc crème lustré	Brun chocolat	Brun pâle assez lustré
	Aubier	Blanc plus ou moins rosé	Blanchâtre	Blanc veiné gris-rouge	Peu différencié	Non distinct	Rose clair	Blanc rose
Densité		0,55	0,75 à 0,90	0,75 à 0,85	0,50 à 0,60	0,50 à 0,60	0,95 à 1,10	0,09 à 0,14
Fil		Léger contrefil	Léger contrefil	Léger contrefil	Droit	Léger contrefil	Léger contrefil	Droit
Dureté		Tendre à mi-dur	Dur	Mi-dur à dur	Tendre à mi-dur	Tendre	Très dur	Très tendre
Stabilité		Stable	Moy. stable	Moy. stable	Stable	Stable	Stable	Stable
Rétractibilité		Faible	Forte	Élevée	Moyenne	Faible	Forte	Moyenne
Durabilité		Moyenne	Bonne	Bonne	Faible	Moyenne	Très bonne	Faible
Séchage		Facile	Facile	Lent	Moyen	Facile	Lent	Facile
Usinage		Facile	Désaffûté	Dur/désaffûté	Désaffûté	Facile	Désaffûté	Moyen
Collage		Bon	Bon	Bon	Bon	Bon	Moyen	Facile
Grain		Moyen	Moyen à fin	Moyen	Moyen à fin	Fin	Grossier	Grossier

		BILINGA	BOSSE	BOULEAU	CÈDRE	CHARME	CHÂTAIGNER	CHÊNE
Origine		Afrique	Afrique	Europe Asie Mineure	Régions méditerranéennes	Europe tempérée	Europe méridionale	Europe
Couleur	Bois parfait	De jaune doré à orange	Brun rosé assez clair	Blanchâtre	Rose à rouge	Blanc grisâtre	Jaune fauve ou brun clair	Brun plus ou moins foncé
	Aubier	Jaune grisâtre ou rosâtre	Plus clair	Non distinct	Rose pâle	Non distinct	Blanchâtre	Plus clair
Densité		0,70 à 0,90	0,50 à 0,65	0,60 à 0,70	0,4 à 0,55	0,75 à 0,85	0,55 à 0,75	0,60 à 0,80
Fil		Ondulé ou enchevêtré	Ondulé ou enchevêtré	Scuvent contrefilé	Droit	Scuvent contrefilé	Droit parfois irrégulier	Droit
Dureté		Mi-dur	Mi-dur	Mi-dur	Tendre	Dur	Mi-dur	Mi-dur à dur
Stabilité		Peu stable	Stable	Moy. stable	Très stable	Peu stable	Stable	Stable
Rétractibilité		Moyenne	Moyenne	Moyenne	Moyenne	Élevée	Faible	Moyenne
Durabilité		Très bonne	Bonne	Mauvaise	Moyenne	Mauvaise	Bonne	Bonne
Séchage		Normal	Rapide-Facile	Rapide	Rapide	Délicat	Difficile	Lent
Usinage		Facile	Facile	Facile	Facile	Difficile	Facile	Moyen
Collage		Facile-Bon	Facile-Bon	Facile	Bon	Bon	Facile	Moyen
Grain		Moyen	Moyen à fin	Fin		Fin	Grossier	Grossier

Essences et spécificités

Légende (Fil) :
- Léger contrefil
- Souvent contrefilé
- Droit
- Ondulé ou enchevêtré
- Droit parfois ondulé
- Irrégulier
- Droit parfois irrégulier

DÉSIGNATION DE L'ESSENCE

	DIBETOU	DOUSSIE	ÉBÈNE	ÉPICÉA	ÉRABLE	FRAMIRÉ	FRÊNE
Origine	Afrique	Afrique	Afrique Asie	Europe USA	Europe USA	Afrique	Europe
Couleur – Bois parfait	Brun jaunâtre	Brun rouge clair orangé	Noir à brun foncé	Blanc jaunâtre lustré	Blanc nacré à beige clair	De jaune clair à légèrement rosé	Blanc nacré à brun clair
Couleur – Aubier	Blanc gris	Blanchâtre	Blanchâtre à grisâtre	Non distinctif	Légèrement plus blanc	Peu distinct	Plus clair
Densité	0,45 à 0,65	0,70 à 0,80	0,95 à 1,25	0,50 à 0,60	0,55 à 0,80	0,45 à 0,65	0,65 à 0,75
Fil	Souvent contrefilé	Souvent contrefilé	Irrégulier	Droit	Droit	Souvent contrefilé	Droit
Dureté	Tendre	Dur	Très dur	Tendre	Dur à très dur	Tendre	Dur
Stabilité	Stable	Très stable	Très stable	Moyenne	Très stable	Stable	Moyenne
Rétractibilité	Moyenne	Très faible	Faible	Faible	Moyenne	Faible	Moyenne
Durabilité	Moyenne	Très bonne	Très bonne	Peu durable	Moyenne	Moyenne	Moyenne
Séchage	Rapide	Lent	Délicat	Facile	Bon	Rapide-Facile	Normale
Usinage	Facile	Facile	Difficile	Facile	Facile	Facile	Facile
Collage	Facile	Facile-Bon		Peu de difficulté	Très bon	Facile-Bon	Facile-Bon
Grain	Moyen à fin	Grossier	Fin		Fin	Moyen	Grossier

	HÊTRE	IROKO	KAPUR	KOSIPO	KOTIBÉ	MAKORÉ	MELÈZE
Origine	Europe centrale et occidentale	Afrique	Asie du Sud-Est	Afrique	Afrique	Afrique	Europe Russie
Couleur – Bois parfait	Blanc à brun très pâle	Brun à jaune	Brun rose à brun rouge	Brun rouge à foncé	Brun pâle à brun violacé	Brun rouge	Brun rouge saumoné
Couleur – Aubier	Non distinct	Plus clair	Blanchâtre	Blanc gris à brun pâle	Plus clair	Blanc rosé	Blanc jaunâtre
Densité	0,60 à 0,75	0,6 à 0,8	0,60 à 0,80	0,60 à 0,80	0,70 à 0,85	0,60 à 0,80	0,55 à 0,70
Fil	Droit	Léger contrefil	Droit parfois ondulé	Souvent contrefilé	Souvent contrefilé	Droit parfois ondulé	Droit
Dureté	Mi-dur	Mi-dur	Mi-dur à dur	Mi-dur	Mi-dur à dur	Mi-dur	Mi-dur
Stabilité	Moyenne	Très stable	Peu stable	Moyenne à faible	Stable	Stable	Moy. stable
Rétractibilité	Moyenne	Faible	Importante	Moyenne	Moyenne	Très faible	Faible
Durabilité	Mauvaise	Bonne	Bonne	Moyenne	Très bonne	Très bonne	Très durable
Séchage	Moyen	Normal	Moyen	Normal	Normal	Lent-Facile	Rapide-Facile
Usinage	Moyen	Moyen	Moyen	Facile	Moyen	Difficile	Facile
Collage	Facile	Moyen	Moyen	Facile-Bon	Bon	Facile et Bon	Facile-Bon
Grain	Fin	Moy. à grossier	Moyen	Moy. à grossier	Fin	Moyen	

Légende du fil :
- Léger contrefil
- Souvent contrefilé
- Droit
- Ondulé ou enchevêtré
- Droit parfois ondulé
- Irrégulier
- Droit parfois irrégulier

DÉSIGNATION DE L'ESSENCE

		MERANTI	MERISIER	MOABI	MOVINGUI	NIANGON	NOYER	OKOUMÉ
Origine		Asie du Sud-Est	France - Canada - USA	Afrique	Afrique	Afrique	Europe USA	Afrique centrale
Couleur	Bois parfait	Jaune rosé à brun	Rougeâtre	Rose brun à brun rougeâtre	Jaune paille	Brun rosé à brun rougeâtre	Châtin clair à brun violacé	Rose clair
	Aubier	Plus clair	Jaunâtre	Blanc rosé	Blanc jaunâtre	Grisâtre	Blanchâtre	Blanc grisâtre
Densité (échelle 0,1 à 1,3)		0,45 à 0,70	0,50 à 0,65	0,80 à 0,90	0,60 à 0,80	0,60 à 0,80	0,50 à 0,70	0,35 à 0,45
Fil		Droit parfois ondulé	Droit	Droit parfois ondulé	Léger contrefil	Ondulé ou enchevêtré	Droit	Droit parfois ondulé
Dureté		Tendre à mi-dur	Mi-dur	Dur	Mi-dur	Mi-dur	Mi-dur	Tendre
Stabilité		Stable	Stable	Moy. stable	Moy. stable	Stable	Stable	Stable
Rétractibilité		Moyenne	Moyenne	Moyenne	Moyenne à faible	Faible	Moyenne	Faible
Durabilité		Moyenne	Médiocre	Bonne	Bonne	Bonne	Moyenne	Moyenne
Séchage		Facile	Normal	Lent	Rapide-Facile	Rapide-Facile	Facile	Facile
Usinage		Facile	Facile	Difficile	Moyen	Facile	Facile	Facile
Collage		Bon	Bon-Facile	Bon	Bon-Facile	Bon	Facile	Bon-Facile
Grain		Moy. à grossier	Fin à moyen	Fin	Moyen	Moyen	Moyen	Fin à moyen

		OLIVIER	OLON	ORME	PADOUK D'AFRIQUE	PALISSANDRE	PEUPLIER	PIN D'OREGON
Origine		Europe méditerranéenne	Afrique	France - Europe - USA	Afrique	Inde Brésil	Europe - Asie - Amér. du Nord	France - Canada - USA
Couleur	Bois parfait	Chamois verdâtre	Blanc jaunâtre	Brun rouge à brun gris	Rouge vif	Brun rouge veiné	Blanc grisâtre ou rougeâtre	Brun rougeâtre
	Aubier	Non distinct	Plus clair	Blanc jaunâtre	Blanc	Blanchâtre	Distinct ou non distinct	Blanchâtre
Densité (échelle 0,1 à 1,3)		0,85 à 1,15	0,45 à 0,60	0,60 à 0,85	0,65 à 0,80	0,85 à 1,10	0,35 à 0,55	0,45 à 0,60
Fil		Droit	Léger contrefil	Irrégulier	Droit	Droit parfois ondulé	Droit	Droit
Dureté		Très dur	Tendre	Dur	Mi-dur	Dur	Très tendre	Moyenne
Stabilité		Stable	Stable	Peu stable	Stable	Stable	Moyenne	Stable
Rétractibilité		Moyenne	Moyenne à faible	Assez forte	Moyenne	Faible	Moyenne	Normale
Durabilité		Bonne	Moyenne	Très bonne	Très bonne	Très bonne	Moyenne	Bonne
Séchage		Délicat	Facile	Rapide-Moyen	Lent	Lent	Facile	Rapide-Facile
Usinage		Facile	Facile	Moyen à dur	Facile	Difficile	Facile	Facile
Collage		Facile	Bon	Facile-Bon	Moyen	Moyen	Facile	Bon
Grain		Fin	Moyen	Grossier	Grossier	Fin à moyen	Fin	

Essences et spécificités

Légende (Fil) :
- Léger contrefil
- Souvent contrefilé
- Droit
- Ondulé ou enchevêtré
- Droit parfois ondulé
- Irrégulier
- Droit parfois irrégulier

DÉSIGNATION DE L'ESSENCE

		PIN MARITIME	PIN SYLVESTRE	PLATANE	POIRIER	ROBINIER	SAINT MARTIN ROUGE	SAMBA
Origine		Europe Méditer. et sud-Atlantique	Nord et Est de l'Europe	Europe Amér. du Nord	Europe Ouest de l'Asie	Europe USA	Guyanes Amér. Centrale	Afrique
Couleur	Bois parfait	Brun rougeâtre	Rougeâtre	Blanc à jaune brun pâle	Rose brunâtre	Brun jaune	Brun rouge foncé	Blanc crème
	Aubier	Blanchâtre	Blanc jaunâtre	Peu distinct	Plus pâle	Blanchâtre	Blanc jaunâtre	Non distinct
Densité	(échelle 0,1 à 1,3)	0,45 à 0,65	0,50 à 0,60	0,60 à 0,65	0,70 à 0,80	0,75 à 0,85	0,75 à 0,90	0,35 à 0,50
Fil		Irrégulier	Droit	Droit	Droit parfois ondulé	Droit	Droit	Droit parfois irrégulier
Dureté		Mi-dur	Mi-dur	Mi-dur	Dur	Dur	Mi-dur à dur	Tendre
Stabilité		Moy. stable	Stable	Moyenne	Stable	Peu stable	Moyenne	Stable
Rétractibilité		Moyenne	Moyenne	Moyenne	Assez forte	Forte	Moyenne	Faible
Durabilité		Assez bonne	Assez bonne	Mauvaise	Faible	Très bonne	Très bonne	Faible
Séchage		Rapide-Facile	Rapide-Facile	Rapide-Facile	Facile	Lent	Rapide-Facile	Rapide-Facile
Usinage		Facile	Facile	Facile	Facile	Moyen	Facile	Facile
Collage		Très bon	Très bon	Facile	Facile	Bon	Facile	Facile
Grain				Fin	Fin	Grossier		Moy. à grossier

		SAPELLI	SAPIN	SEQUOIA	SIPO	TECK	TIAMA	TOLA
Origine		Afrique	Europe USA	France USA	Afrique	Asie et Afrique	Afrique	Afrique
Couleur	Bois parfait	Brun rosé à brun rouge	Blanc mat ou rose clair	Brun rougeâtre	Brun rosé reflets violacés	Brun verdâtre cuivré	Brun rouge	Brun jaune pâle
	Aubier	Gris rosâtre	Non distinct	Blanc	Rose grisâtre	Blanchâtre	Blanchâtre	Plus clair
Densité	(échelle 0,1 à 1,3)	0,60 à 0,75	0,40 à 0,55	0,35 à 0,45	0,55 à 0,65	0,55 à 0,80	0,55 à 0,65	0,45 à 0,55
Fil		Souvent contrefilé	Droit	Droit	Souvent contrefilé	Droit	Léger contrefil	Droit
Dureté		Mi-dur	Tendre	Tendre	Tendre à mi-dur	Mi-dur	Tendre à mi-dur	Tendre à mi-dur
Stabilité		Moyen	Stable	Stable	Stable	Très stable	Moyenne	Stable
Rétractibilité		Moyenne	Moyenne	Faible	Moyenne	Très faible	Moyenne	Faible
Durabilité		Bonne	Moyenne	Bonne	Moyenne	Très bonne	Bonne	Très bonne
Séchage		Lent	Facile	Facile	Rapide-Facile	Rapide	Délicat	Rapide-Facile
Usinage		Facile	Facile	Facile	Très facile	Facile	Facile	Facile
Collage		Facile-Bon	Facile	Facile	Facile-Bon	Moyen	Facile	Bon-Facile
Grain					Moyen	Moy. à grossier	Moyen	Moy. à grossier

1.4 ANATOMIE DU BOIS

1.4.1 ÉTUDE MACROSCOPIQUE — NF B 50-002

L'étude macroscopique consiste à analyser la structure du bois à l'œil nu.

SECTIONS DE RÉFÉRENCE

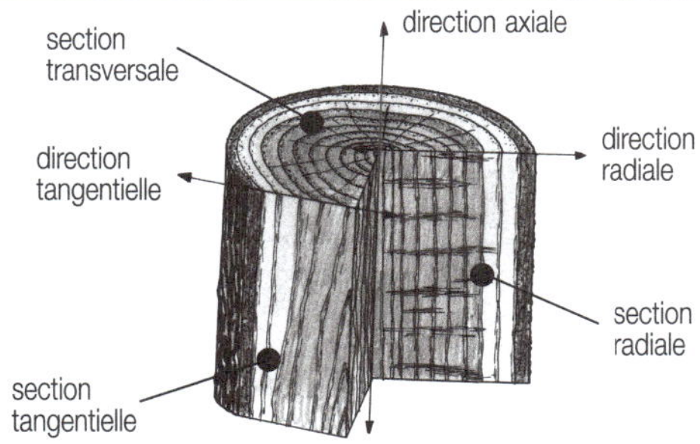

■ **TRANSVERSALE**

Dite en « bois de bout » elle est perpendiculaire à l'axe de la tige.
On distingue les couches annuelles de formation.

■ **LONGITUDINALE**

Dite en « bois de fil ».

- **Radiale :** si le plan de coupe passe par l'axe de la tige (rayonnant). On obtient un débit dit « sur quartier » donnant parfois un bois maillé.
- **Tangentielle :** perpendiculaire à un rayon. On obtient un débit dit « sur dosse » ou bois flammé.

STRUCTURE

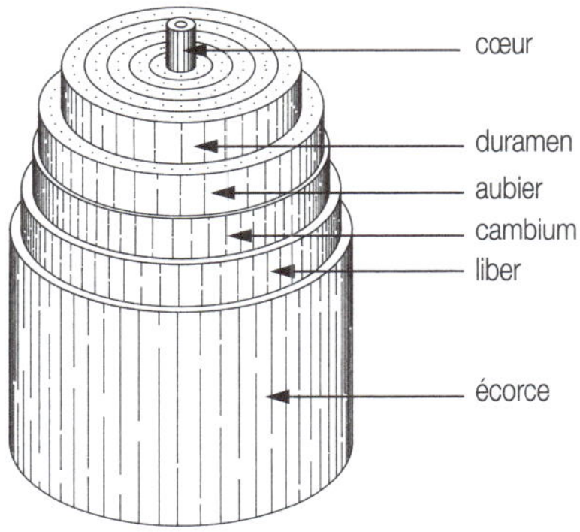

■ **ÉCORCE (SUBER)**

Partie externe de l'arbre imprégnée d'une substance imperméable : la subérine, appelée également : liège.

■ **ASSISE GÉNÉRATRICE**

- **Liber (le phloème) :** partie vivante qui génère vers l'extérieur l'écorce. Ses vaisseaux permettent la circulation de la sève.
- **Cambium :** assise génératrice qui engendre de l'aubier vers l'intérieur.

■ **AUBIER**

Bois jeune formé de cellules partiellement vivantes et actives de l'arbre. La sève brute y circule et les matières nutritives s'y accumulent.
Dans certaines essences, il est à éliminer du fait de son aspect et de son altération possible.

■ **DURAMEN**

Bois le plus ancien, formé de cellules mortes. Sa conservation est assurée par des gommes, des résines et des tannins qui imprègnent les cellules.
Le duramen est appelé : bois parfait.

■ **CŒUR**

Au centre de l'arbre, tissus spongieux (moelle) qui se transforment en canal lors du vieillissement.

ÉTUDE DE LA SECTION TRANSVERSALE

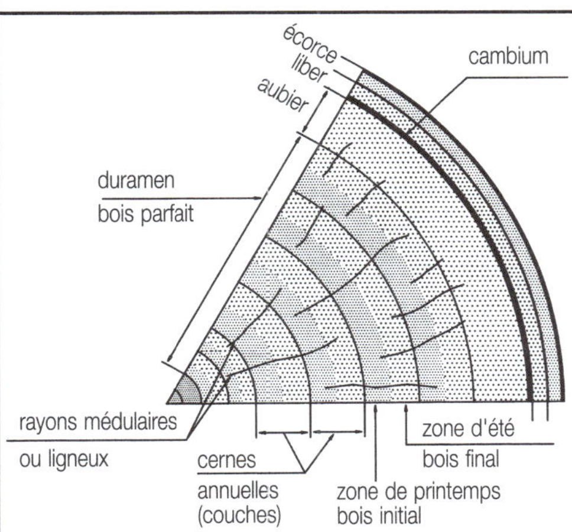

■ **COUCHES ANNUELLES**

Zones d'accroissement annuel.

- **Zone de printemps** (bois initial) : les tissus conducteurs sont généralement plus nombreux et de forts diamètres → zone plus claire et tendre.
- **Zone d'été** (bois final car formé en fin de végétation) : les tissus de soutien sont généralement plus denses et plus colorés.
- **Bois homogène :** les bois initial et final sont d'aspect identiques à l'œil nu. Ex. : le hêtre, le sycomore.
- **Bois hétérogène :** le bois initial est différencié par un tissu conducteur de fort diamètre (zone poreuse visible à l'œil nu). Ex. : le chêne.

■ **RAYONS LIGNEUX**

Lignes traversant les couches annuelles allant de l'intérieur vers l'extérieur. Leur hauteur est variable selon les essences.

1.4.2 ÉTUDE MICROSCOPIQUE — NF B 50-002

L'étude microscopique fait apparaître les constituants suivants :
- **pour les feuillus** : les vaisseaux, les fibres, les parenchymes dont les rayons ligneux ;
- **pour les résineux** : les trachéides et les rayons.

PLAN LIGNEUX DES FEUILLUS

Exemple : le chêne

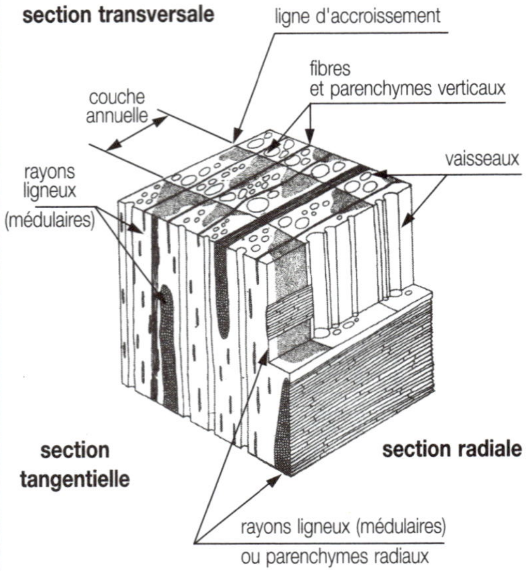

■ **VAISSEAUX**
- Tissu conducteur de la sève brute.
- Ils sont appelés « pores » sur une coupe transversale.
- Constitués de cellules (⩽ 1 mm de longueur).
- Pour permettre la communication entre eux, ils comportent à leurs extrémités des perforations.
- Les parois des vaisseaux comportent des « ponctuations » :
  - « intervasculaires » si elles communiquent entre des éléments de vaisseaux ;
  - « rayon-vaisseau » si elles communiquent entre un rayon et un élément de vaisseaux.
- Par osmose, les ponctuations permettent la diffusion horizontale de la sève.

■ **FIBRES**
- Tissu de soutien.
- Sur les parois se forment des dépôts de tannin, de lignine et de matières colorantes.
- Diversement ponctuées, elles ont un rôle de conduction plus ou moins marqué.

■ **PARENCHYMES**
- Deux catégories de parenchymes différentes par leur origine : le vertical et le radial.

■ **RAYONS LIGNEUX**
- Lames de parenchyme radial perpendiculaire aux cernes.
- Leur direction va de la moelle vers le liber.
- Ils donnent généralement la maillure du bois.
- Dans les tiges jeunes, ils sont appelés « médulaires ».

PLAN LIGNEUX DES RÉSINEUX

Exemple : le sapin

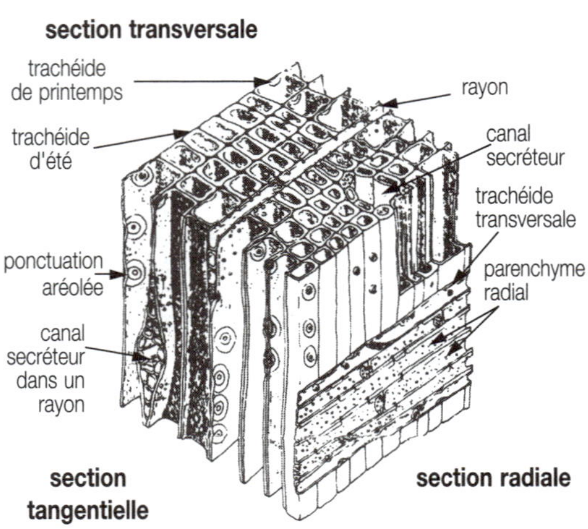

■ **TRACHÉIDES**
- Les trachéides appelées improprement « fibres » sont caractérisées par des ponctuations aréolées.
- Elles jouent les rôles d'éléments de soutien et d'éléments conducteurs.
- Les trachéides mesurent de deux à sept millimètres de longueur et de vingt à soixante microns de largeur.

■ **RAYONS**
- Lames de tissus dirigés radialement. Ils sont homogènes et formés uniquement de cellules de parenchyme. Ils sont hétérogènes s'ils contiennent également des trachéides transversales et des canaux résinifères.
- L'analyse des rayons est essentielle pour la détermination du genre.

1.5 PROPRIÉTÉS PHYSIQUES ET FACTEURS INFLUENTS

Propriétés	Facteurs influents

HYGROSCOPICITÉ

Définition : aptitude du bois à absorber l'humidité de l'air

- **Essence**.
- **Lieu** et **conditions de croissance**.
- **Partie de l'arbre concernée**.
- **Température** ambiante et **état hygrométrique** de l'air.

L'eau dans le bois

EAU LIBRE	Remplit les cellules quand leurs membranes sont à saturation
EAU D'IMPRÉGNATION	Située dans les membranes cellulaires.
EAU DE CONSTITUTION	Avec la matière ligneuse, fait partie de la composition chimique du bois.

La norme de référence (internationale) fixe à 12 % le taux d'humidité.

Dénominations de références

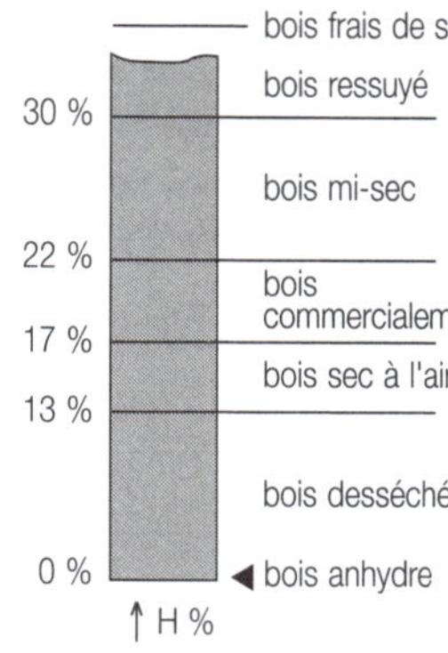

RÉTRACTIBILITÉ ET GONFLEMENT « JEU DU BOIS »

Définition : aptitude du bois à varier dans ses dimensions lorsque son taux d'humidité varie.

- **Essence.**
- **Densité**, **texture.**
- **Modification de l'état hygrométrique de l'air** (abaissement ou augmentation).
- **Régularité du fil**.
- **Orientation** et **situation** par rapport à l'**axe de l'arbre** et la **direction des fils.**

Définition

RETRAIT VOLUMIQUE	Variation du volume entre l'état saturé et l'état anhydre exprimé en % du volume anhydre.
COEFFICIENT DE RÉTRACTIBILITÉ VOLUMIQUE	Variation du volume exprimé en % du volume anhydre pour un changement d'humidité du bois de 1 %.

Variations

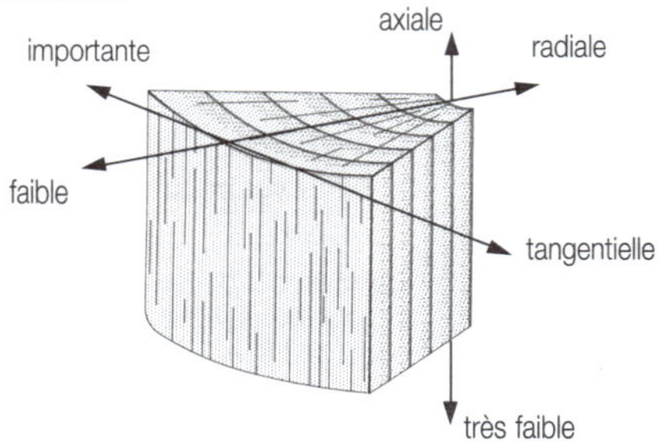

Rétractibilité totale	Qualification	Cœfficient de rétractibilité	Qualification
5 à 10 %	Faible retrait	0,15 à 0,35 %	Peu nerveux
10 à 15 %	Moyen retrait	0,35 à 0,55 %	Nerveux
15 à 20 %	Fort retrait	0,55 à 1 %	Très nerveux

CONDUCTIBILITÉ

Définition : aptitude du bois à transmettre la chaleur, le son et l'électricité.

■ **THERMIQUE**
- *Essence.*
- *Structure cellulaire.*
- *Taux d'humidité.*
- *Sens de transmission* de la chaleur.

■ **PHONIQUE**
- *Essence,* la largeur des cernes.
- *Sens de propagation.*

■ **ÉLECTRIQUE**
- *Essence.*
- *Taux d'humidité.*
- *Densité.*
- *Importance des contenus cellulaires.*

Variation de la résistivité

Humidité	Résistivité transversale en Mégaohms.cm
H = 7 %	22 000
H = 10 %	600
H = 15 %	18
H = 25 %	0,5

DILATABILITÉ

Définition : aptitude du bois à changer de dimensions sous l'effet de la chaleur.

- **Perte d'humidité.**
- **Variations de température.**

La rétractibilité étant plus importante, la dilatation du bois n'est pas prise en compte.

Coefficient de dilatation (très faible pour le bois)

Pourcentage de la variation dimensionnelle selon le sens axial, radial ou tangentiel pour un écart de température de 1 °C.

COMBUSTIBILITÉ

Définition : aptitude du bois à brûler.

- **Teneur en eau.**
- **Densité.**
- **Partie de l'arbre.**
- **Dimensions.**

DOC CTBA

Le pouvoir calorifique absolu du bois augmente avec la densité.
Le bois s'enflamme aux environs de 270 °C.

Propriétés physiques et facteurs influents

Propriétés	Facteurs influents

COULEUR

Définition : c'est l'impression visuelle due aux pigments propres à chaque arbre.

- **Essence**.
- **Situation** du bois prélevé au sein de l'arbre.
- **Uniformité** de la structure.
- **Conditions** de croissance.
- **Homogénéité** du matériau.

Exemples (voir ci-contre)

I	Charme	IV	Noyer	VI C	Moabi
II A	Méranti	V	Merisier	VI D	Azobé
II B	Chêne	VI A	Padouk	VII	Amarante
III	Teck	VI B	Teck	VIII	Wengé

Classes d'aspect du bois de menuiserie (CTBA)

I		Teinte pâle : Blanc ou blanchâtre Jaunâtre ou brunâtre pâle. Saumon à rougeâtre clair.
II	A	Jaune soutenu à orangé.
	B	Brun jaune à châtain clair, éventuellement nuance rose, rougeâtre ou verdâtre.
III		Marron à marron brun, moyen à foncé, éventuellement nuance dorée, rougeâtre ou verdâtre.
IV		Gris à gris jaune, moyen à foncé, éventuellement veiné de sombre.
V		Brun rose foncé à brun ocre soutenu.
VI	A	Rouge vif
	B	Rouge clair à foncé, éventuellement nuance mordorée ou rougeâtre foncé.
	C	Rouge brun éventuellement nuance violacée ou pourpre.
	D	Coloration foncée à dominante brun rouge ou chocolat, éventuellement nuance verdâtre.
VII		Violet à violet brun.
VIII		Brunâtre sombre et noirâtre, marbré ou persillé.

ODEUR

Définition : particularités perceptibles de manière olfactive.

- **Sécrétion** plus ou moins forte des produits élaborés (exemple : résine).
- **Altérations**.
- **État hygrométrique** du bois.

TEXTURE

Définition : dans les bois hétérogènes, rapport entre la largeur de la zone de bois d'été, à la largeur totale de la couche d'accroissement annuel.

(Voir étude macroscopique § 1.4.1).

GRAIN

Définition : impression visuelle produite par le sectionnement des éléments du bois et spécialement des vaisseaux.

- **Essence.**
- **Orientation** des débits par rapport à la direction générale des fils (veinage – maillure).
- **Origine** géographique du lieu de croissance.
- **Dimensions**, formes et dispositions des cellules et tissus.
- **Plan ligneux** – Tissus plus ou moins serrés.

Grain

FIN	MOYEN	GROSSIER
Vaisseaux et éléments peu visibles à l'œil nu	< >	Vaisseaux et éléments visibles à l'œil nu

DENSITÉ

Définition : rapport de la masse volumique du bois à celle de l'eau (la densité n'a pas d'unité).

- **Essence**.
- **Climat** et conditions de croissance (sol, humidité, altitude).
- **Situation de prélèvement** dans l'arbre.
- **État hygrométrique.**
- **Homogénéité** ou **hétérogénéité** de la structure (bois d'été, bois de printemps).
- **Densité** de référence (NF) : fixée à 12 % d'humidité.

La densité réelle de la matière fibreuse du bois est de 1,54 pour toutes les essences.

Densité à 15 %	Classement	Exemples
FEUILLUS		
< 0,5	Très légers	MARRONNIER
0,5 à 0,65	Légers	MEURISIER
0,65 à 0,8	Mi-lourds	FRÊNE
0,8 à 1	Lourds	CHARME
1 <	Très lourds	AZOBE
RÉSINEUX		
< 0,4	Très légers	PIN WEYMOUTH
0,4 à 0,5	Légers	ÉPICÉA
0,5 à 0,6	Mi-lourds	PIN SYLVESTRE
0,6 à 0,7	Lourds	MÉLÈZE
0,7 <	Très lourds	PITCHPIN

1.6 PROPRIÉTÉS MÉCANIQUES

NF B 51-002

Les pièces de bois constitutives des constructions doivent résister aux efforts mécaniques qui s'exercent sur elles.

Il faut distinguer les **efforts statiques** (ou légèrement croissants, ex : dépôts de neige) et les **efforts dynamiques**, résultant de charges brusquement appliquées ou brusquement variables.

		SOLLICITATIONS	CONSTATATIONS	REMARQUES
COMPRESSION	DIRECTIONS	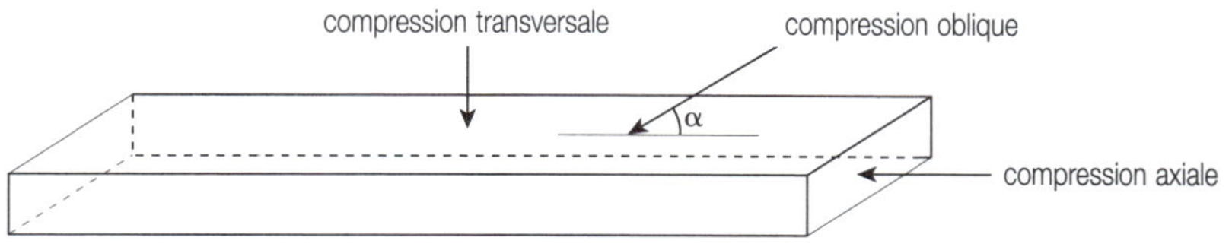		
	AXIALE	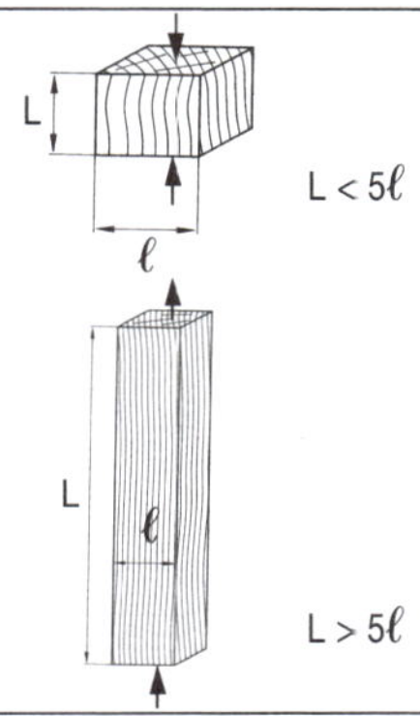	Raccourcissement et écrasement par glissement et cisaillement des fibres. Raccourcissement. Flambage (ou flambement) 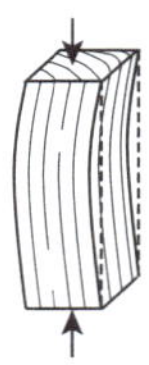	Bonne résistance dans cette direction. Le flambage est dû à une compression axiale. Il est pris en compte dans les calculs quand L > 5 ℓ. La résistance d'une pièce sujette à une telle sollicitation diminue lorsque sa longueur augmente.
	TRANSVERS.	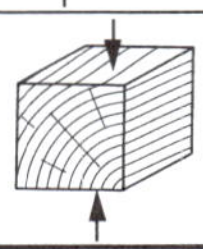	Écrasement des fibres et déformation de la pièce.	Résistance du bois beaucoup plus faible dans cette direction.
TRACTION	AXIALE		Très faible allongement des fibres.	Le bois a une grande résistance à cette sollicitation et dans cette direction.
	TRANSVERS.	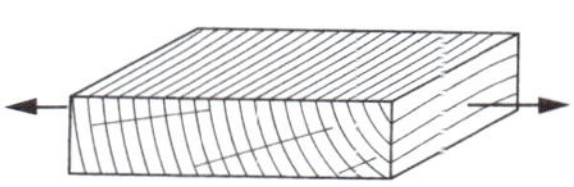	Rupture rapide par décollement des fibres.	Très mauvaise résistance. Sollicitation à éviter dans ce sens.
CISAILLEMENT	TRANSVERS.	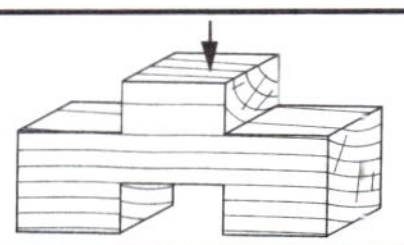	Faible tassement des fibres.	Bon comportement du bois dans ce cas.
	AXIALE	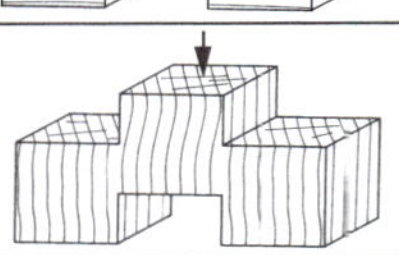	Rupture rapide par décollement des fibres.	Éviter, dans cette direction, cette sollicitation.
FLEXION		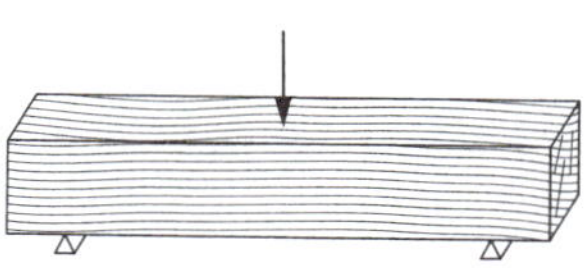	• **Face concave** : fibres comprimées • **Axe** : fibre neutre. • **Face convexe** : fibres tendues.	Utiliser des pièces de section rectangulaire posée à chant.

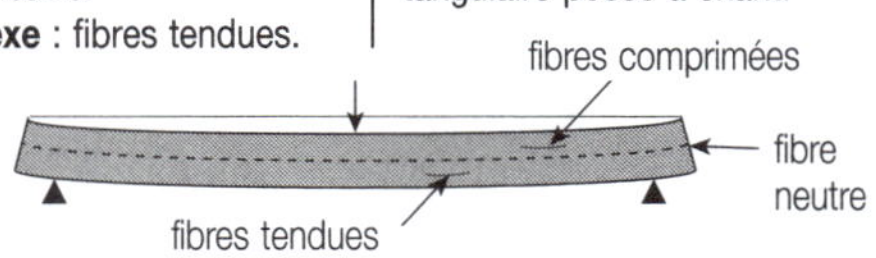

Propriétés mécaniques

Pour une utilisation conforme d'éléments en bois, il faut tenir compte de leur **résistance** aux sollicitations auxquelles ils sont soumis.

CARACTÉRISTIQUES DU MATÉRIAU BOIS DANS LE CADRE DES PROPRIÉTÉS MÉCANIQUES

LE BOIS EST UN MATÉRIAU:

- **Hétérogène** — La constitution est variable selon les essences et sujette à des influences extérieures (sol, climat, ensoleillement, etc.)
- **Anisotrope*** — Les propriétés sont différentes suivant la face prise en considération, la ligne d'application et le sens de la contrainte.
- **Dirigé** — Sa structure a une orientation selon 3 directions

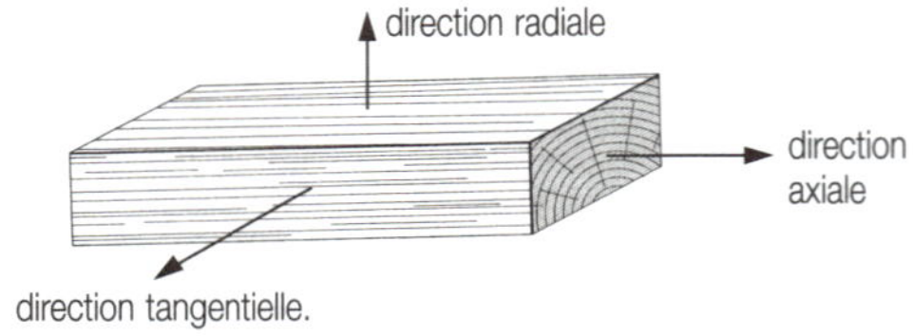

- **Hygroscopique** — Son taux d'humidité varie en fonction de l'humidité et de la température ambiantes.
- **Élastique** — Il se déforme sous l'effet d'une contrainte. Il reprend sa forme initiale lors de la libération de la contrainte.

* Matériau anisotrope : matériau dont les propriétés varient selon la direction.

SOLLICITATION ET CONTRAINTE

Le bois peut être soumis à des sollicitations qui tendent à mettre le matériau en mouvement ou à le déformer :

- compression
- traction
- flexion
- cisaillement

Les forces qui agissent sur les bois sollicités sont exprimées en newtons (N) ou décanewtons (daN).

Le bois est soumis à des contraintes, c'est-à-dire des forces exercées par unité de surface choisie d'un matériau.

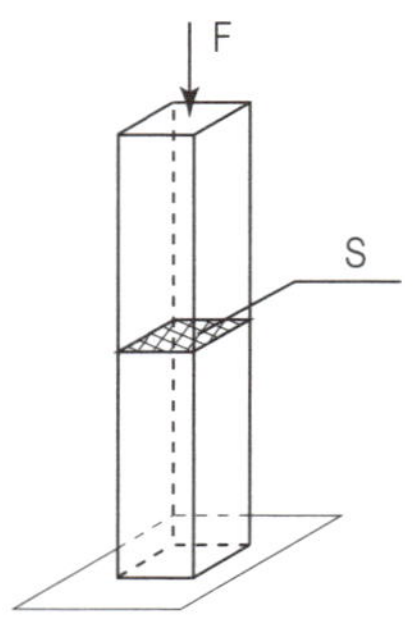

$$\frac{F \text{ en daN}}{S \text{ en cm}^2} = \text{contrainte en daN par cm}^2$$

Une **contrainte de rupture** est une contrainte suffisante pour faire rompre la pièce.

Une **contrainte admissible** est une contrainte admise sans risque par la pièce sollicitée.

Pour le bois, on admet qu'elle est environ 5 fois plus petite que la rupture (coefficient de sécurité).

$$\frac{\text{Contrainte de rupture}}{\text{Coefficient de sécurité}} = \text{Contrainte admissible.}$$

NF B 51-002

La **flexion statique** a été choisie parmi toutes les sollicitations pour présenter les démarches de calculs. Poutres, solives, pannes et chevrons sont des éléments soumis à ce type de sollicitation.

RÉSISTANCE À LA FLEXION

■ FLÈCHE RELATIVE

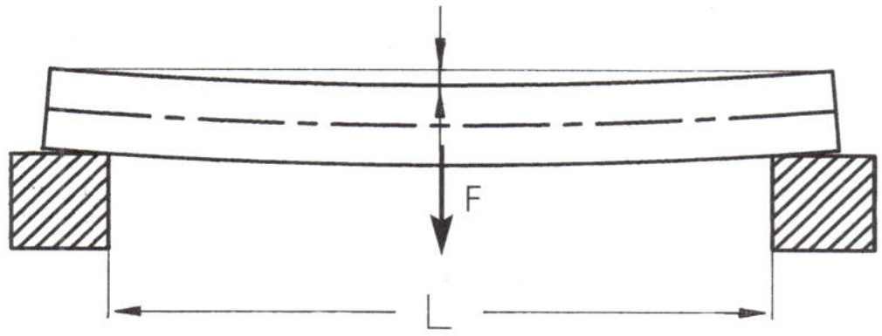

■ CALCUL DE LA VALEUR D'UNE FLÈCHE RELATIVE

Flèche relative = 2 cm L = 400 cm
Flèche relative = F/L = 2/400 soit 1/200

Des valeurs de flèches relatives sont fixées par la réglementation (CB 71). À défaut de la spécification de documents particuliers du marché, la flèche totale doit rester inférieure aux valeurs suivantes :

- 1/150 pour les parties d'ouvrage en console n'ayant pas à supporter couramment une circulation (auvents).
- 1/200 pour les pièces supportant directement des éléments de couverture (chevrons, liteaux).
- 1/300 pour les pièces supportant directement des matériaux verriers, pour les pannes, pour les consoles supportant une circulation (autre que celles nécessitées par le montage et l'entretien).
- 1/400 pour les ouvrages fléchis, autres que consoles, supportant une circulation (à l'exception des circulations nécessitées par le montage et l'entretien) ou un remplissage, cas des solives.
- 1/500 pour les déformations globales des éléments porteurs. En outre, cette flèche doit être limitée à 10 mm dans le cas où l'élasticité de la structure concernée est susceptible de modifier les conditions internes (contraintes et déformations) des éléments portés.

■ EXEMPLE D'ABAQUE D'UTILISATION DE MATÉRIAU EN FONCTION DE LA FLÈCHE

Panneaux de particules CTBH

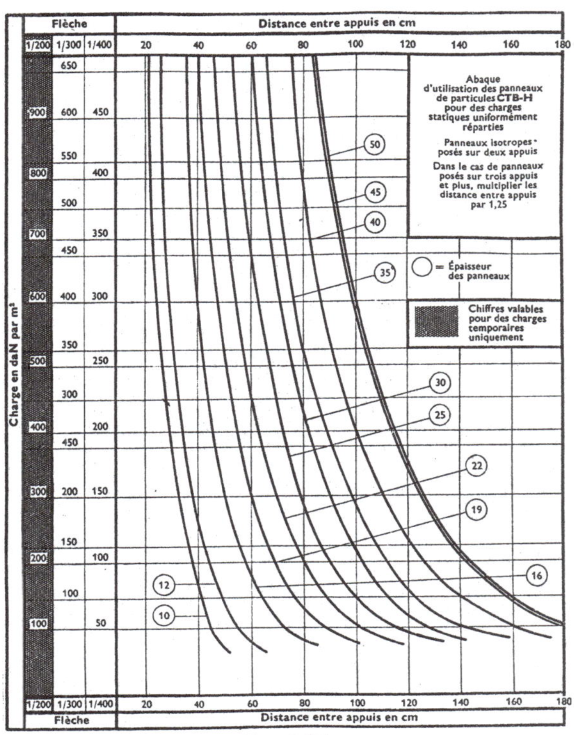

Abaque de flexion

DOC CTBA

1.7 PROPRIÉTÉS CHIMIQUES — NF B 51-001

Les propriétés chimiques du bois découlent de sa composition chimique et de la nature de ses constituants.

COMPOSITION

- La **composition** chimique centésimale du bois varie peu ; quelle que soit l'essence, on retrouve, pour du bois anhydre, à quelques centièmes près, la composition suivante :
  - carbone........ 50 % ;
  - hydrogène...... 6 % ;
  - oxygène....... 42 % ;
  - azote......... 1 % ;
  - cendre....... 1 %.
- La **constitution** du bois varie suivant sa nature ; il comprend les constituants suivants :
  - cellulose...... 50 % environ ;
  - lignine.......... 20 à 30 %.

  On rencontre parmi les constituants moins abondants : les hémicelluloses, les sucres, les albuminoïdes, les résines, les tannins, l'amidon et les matières minérales que l'on trouve dans les cendres.
- La **cellulose** est un hydrate de carbone de formule $(C_6H_{10}O_5)_n$, plus condensé que l'amidon ; il y a dans le bois différentes celluloses, de propriétés variables, qui constituent l'essentiel des parois des cellules.
- La **lignine** est une matière complexe qui s'apparente aux tannins et à l'alcool coniférylique. C'est une substance dure et colorée qui « incruste » les parois des cellules ; on dit que ces parois se « lignifient ».

Celluloses et lignine forment les membranes ou les parois des éléments cellulaires et, en particulier, des « fibres » du bois. Ces éléments sont collés les uns aux autres par la « lamelle moyenne », constituée par de la lignine souvent associée à des hydrates de carbone moins condensés que la cellulose et sont appelés hémicelluloses.

EXTRACTION

Deux types de méthodes permettent d'obtenir les produits du bois.

EXTRACTION SÉLECTIVE	On isole les groupes de constituants du bois sans en changer la nature et en conservant, au moins partiellement, l'organisation cellulaire.	• Fabrication de la cellulose (pâtes chimiques). • Extraction des tannins. • Extraction des résines.
EXTRACTION DESTRUCTIVE	On tire des produits nouveaux par transformation complète de ses constituants et par destruction des tissus ligneux.	• Distillation du bois. • Fabrication de l'acide oxalique. • Fabrication du glucose, etc.

PRINCIPALES CARACTÉRISTIQUES

On est amené à distinguer les caractéristiques principales suivantes :
- composition **centésimale** du bois ;
- composition en **cendres** ;
- teneur en **cellulose** ; en distinguant les différentes variétés ;
- teneur en **lignine** ;
- teneur en **résine**, huiles essentielles, tannins, gommes, etc.

DURABILITÉ

La durabilité est la propriété naturelle ou conférée des bois à résister à un degré plus ou moins grand aux atteintes des organismes destructeurs, champignons, insectes, etc.

Elle dépend :
- de la présence de matières **protectrices** dans la constitution chimique du bois ;
- des matières **antiseptiques** injectées artificiellement ;
- de la présence ou non de **réserves alimentaires** que recherchent les organismes.

1.8 EXPLOITATION ET DÉBIT DES BOIS — NF B 50-002

1.8.1 OPÉRATIONS DE PRODUCTION

L'arbre, avant de devenir une matière d'œuvre de seconde transformation, doit subir différentes opérations.

ABATTAGE	Coupe de l'arbre sur pied.
BLANCHISSEMENT	Les bois de la périphérie de l'arbre abattu sont enlevés (branches, excroissances...).
ÉCORÇAGE	Après vérifications visuelles et électroniques (présence de métaux ferreux), l'écorce, le sable et les cailloux sont retirés.

LAVAGE	Réalisation d'un sciage longitudinal pour obtenir un découvert. 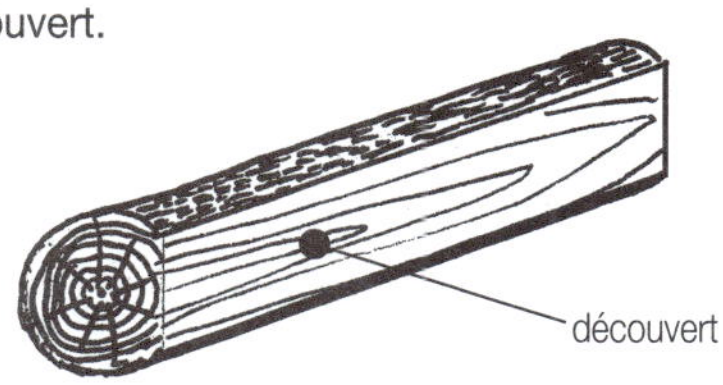
ÉQUARRISSAGE	Consiste à laver une bille sur quatre faces sensiblement d'équerre afin d'obtenir un parallélépipède rectangle, légèrement pyramidal sur la longueur.
DÉBITS	Débit de scierie Déroulage Tranchage } Voir définitions des procédés de débits (page 24)
FENDAGE	Débit d'une pièce en provoquant la séparation des fibres dans le sens de la longueur (sans sciage).
SCIAGES	• Tronçonnage : sciage transversal perpendiculaire aux fils. • Délignage : élimination du bord d'un plot. 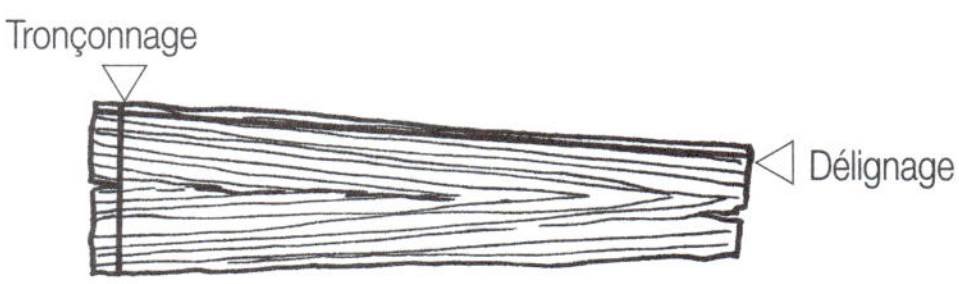 • Dédoublage : division des avivés en deux ou plusieurs éléments dans le sens de la hauteur (trait haut). • Diviser de largeur : division perpendiculaire au côté le plus large (trait bas).
SÉCHAGE	Opération consistant à éliminer partiellement l'eau contenue dans le bois.
DESSÉVAGE	Elimination partielle ou totale de la sève et de matières de réserve d'eau sous l'effet de la vapeur d'eau saturée.
FLOTTAGE	Faire séjourner le bois dans l'eau pour le conserver ou le transporter.
ÉTUVAGE	Stérilisation des bois sous l'action de la vapeur d'eau saturée. Cette opération est réalisée avant les déroulages, tranchages et cintrages afin de ramollir les tissus du bois.

Grumes après importation

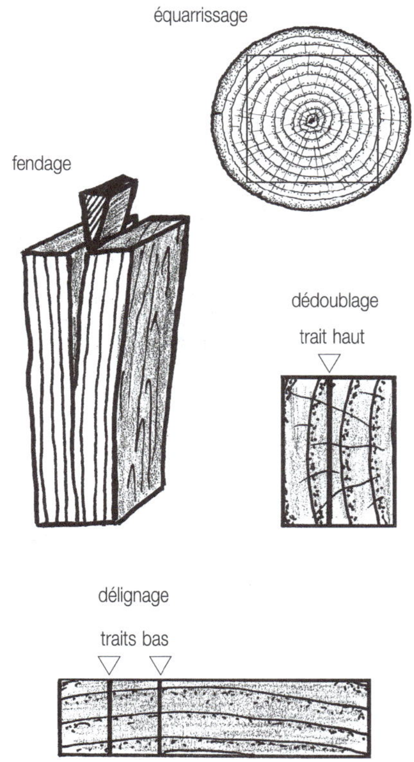

Empilage de bois dans un séchoir

1.8.2 DÉBITS

Les utilisateurs du matériau « bois » ont besoin d'éléments **pré-débités** (en épaisseur pour les plots, avec une section précisée pour les avivés).
Un premier débit longitudinal est réalisé en scierie.

EN PLOT

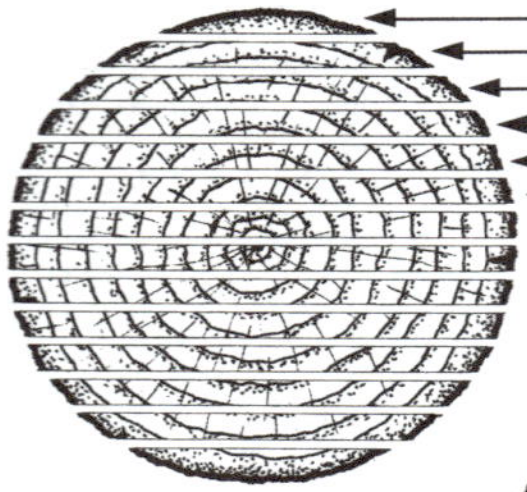

SUR DOSSE

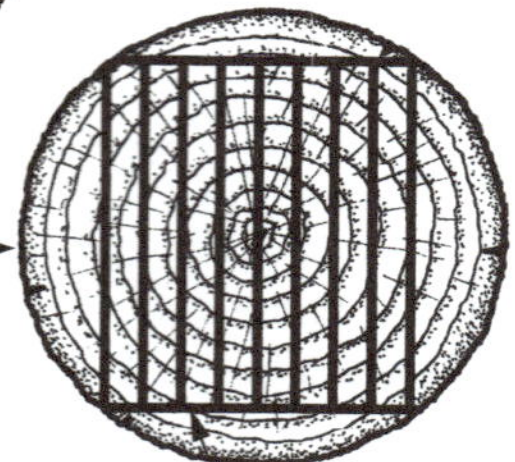

MOREAU

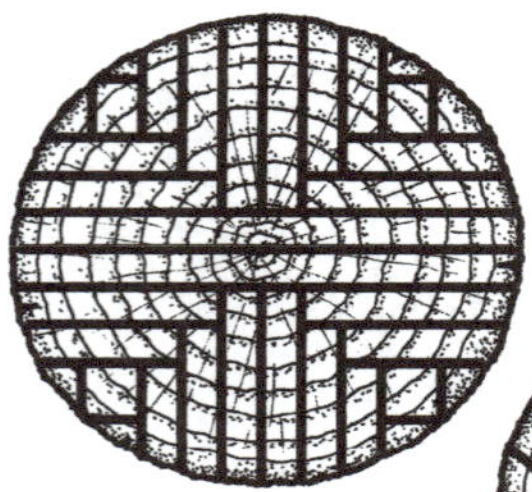

HOLLANDAIS

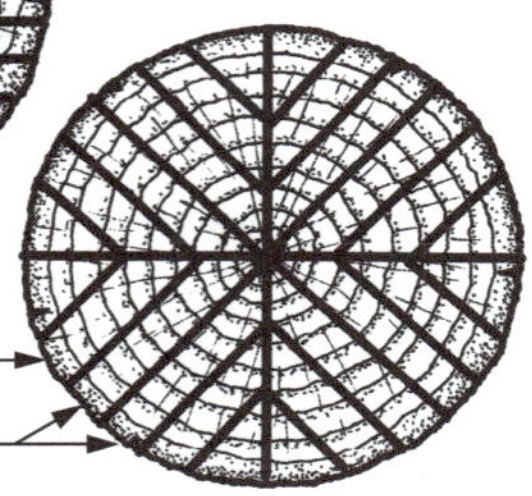

DÉBITS PEU UTILISÉS

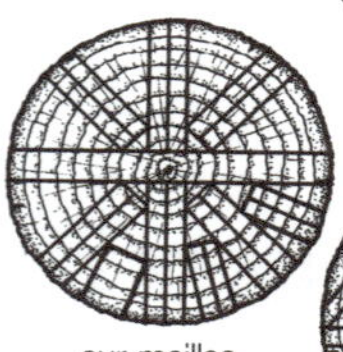
sur mailles (théorique)

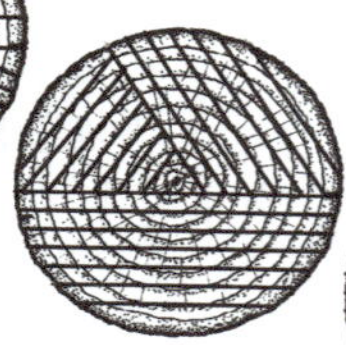
cantibey

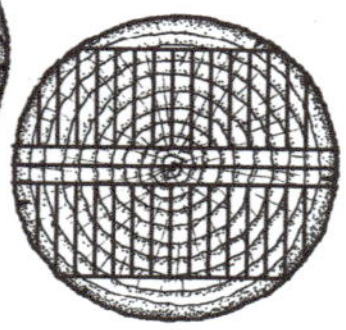
colonial

DÉROULAGE

TRANCHAGE

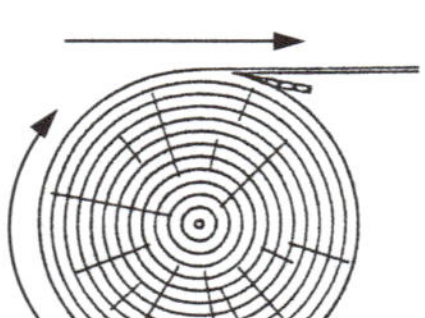
déroulage

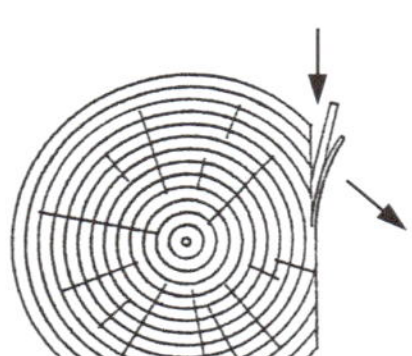
tranchage

Eléments de choix d'un débit :
- propriétés propres des essences,
- aspect souhaité (flammé, maillé),
- matériel de débit disponible,
- économie de la matière (optimisation).

■ DÉBIT EN PLOT
- Le plus courant, d'exécution facile et rapide.
- Plots sur quartier : aspect maillé.
- Plots sur fausses dosses : aspect flammé.

■ DÉBIT SUR DOSSE
- Également très usuel, en particulier pour les résineux et les bois à forte proportion d'aubier inutilisable.
- On obtient des planches avivées.

■ DÉBIT SUR LISTE
Débit aux dimensions spéciales à la demande pour menuiseries industrielles.

■ DÉBIT MOREAU
- Obtenu par sciages successifs perpendiculaires.
- Selon l'emplacement de la planche ou plot obtenu, flammages ou maillures.
- Manutention très importante.

■ DÉBIT SUR QUARTIER DIT HOLLANDAIS
- La majorité des pièces obtenues sont maillées.
- Peu usité du fait de son prix de revient.

■ DÉBIT SUR MAILLES
Débit radiant pour obtenir de belles maillures.

■ CANTIBEY
La majorité des pièces obtenues sont flammées.

■ COLONIAL
Utilisé pour certains bois exotiques de gros diamètre (n'est pratiquement plus utilisé).

■ DÉROULAGE-TRANCHAGE
Débit d'obtention de placages et d'éléments constitutifs de panneaux (contre-plaqué, latté...).

1.9 SÉCHAGE ET STOCKAGE

1.9.1 SÉCHAGE DU BOIS

Le séchage du bois est lié à des phénomènes **internes** physiques (l'eau dans le matériau bois) et à des facteurs **externes** (humidité de l'air).

EAU DANS LE BOIS

L'**eau libre** se déplace facilement dans le bois ; elle remplit les vides cellulaires.

L'**eau liée**, appelée également « eau d'imprégnation » ou « eau de saturation » imprègne les membranes cellulaires. Sa disparition est la cause principale du retrait du bois.

L'**eau de constitution** est l'un des éléments chimiques du bois. Elle disparaît à la destruction du matériau (Ex. : charbon de bois).

Les mouvements de l'eau dans le bois

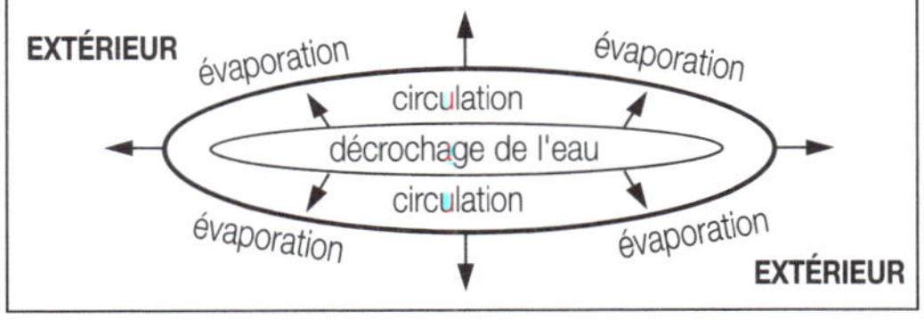

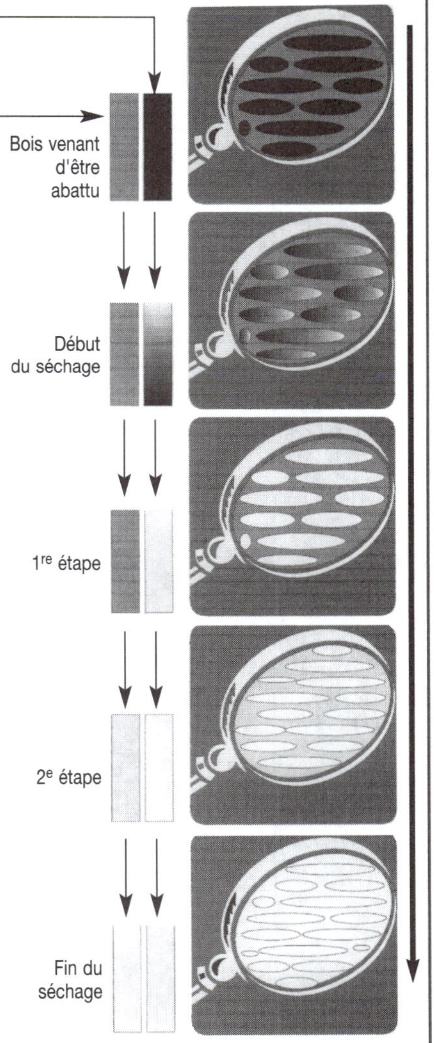

FACTEURS INFLUANTS

Facteurs influant sur les phénomènes de circulation et d'évaporation de l'eau.

■ **TEMPÉRATURE DE L'AIR**

Bois à 20 °C ⟶ (A (autres) paramètres égaux)
Bois à 80 °C ⟶
Vitesse de circulation X 5

■ **DEGRÉ HYGROMÉTRIQUE DE L'AIR**

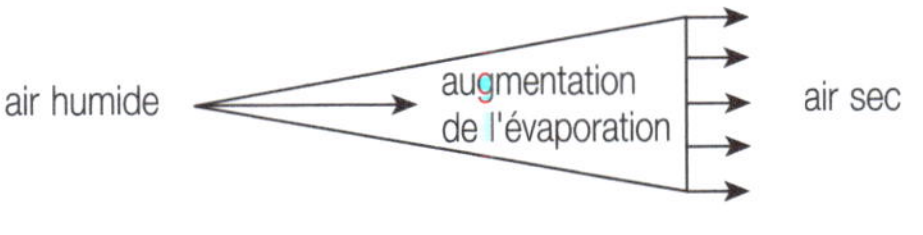

■ **CIRCULATION DE L'AIR**

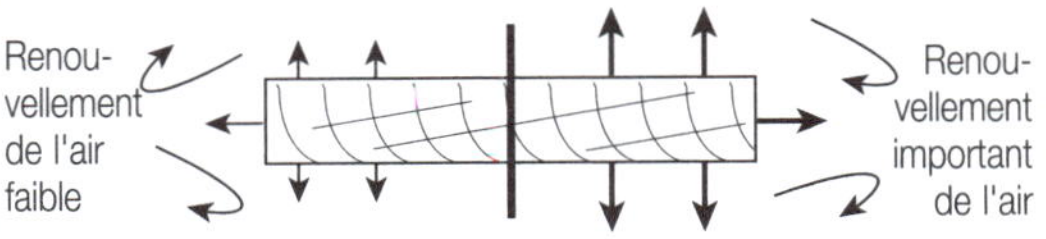

L'air se charge de l'humidité du

■ **CARACTÉRISTIQUES DU BOIS**

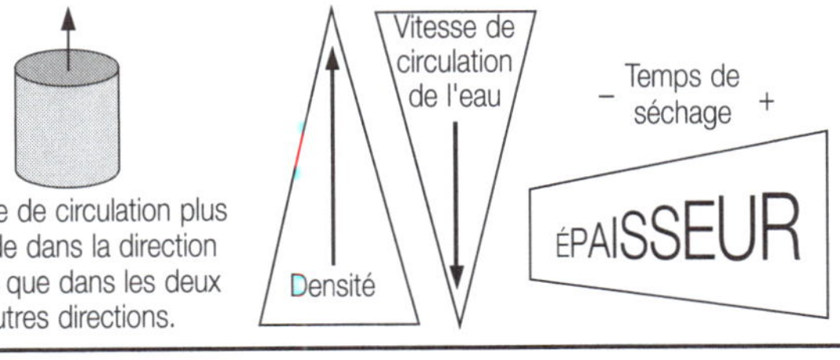

Vitesse de circulation plus grande dans la direction axiale que dans les deux autres directions.

Sens de migration de l'eau

Partie + humide	⟶	Partie – humide
Partie chaude	⟶	Partie froide

1.9.2 ÉQUILIBRE HYGROSCOPIQUE DU BOIS

Le **degré d'humidité** du bois se stabilise sous l'influence de la température et de l'état hygrométrique de l'air.
Après sa stabilisation, le bois est dans un état d'équilibre hygroscopique avec l'air, il a atteint son humidité limite.
Le taux d'équilibre hygrométrique est donné par la lecture des graphiques.

COURBES D'ÉQUILIBRE HYGROSCOPIQUE DU BOIS

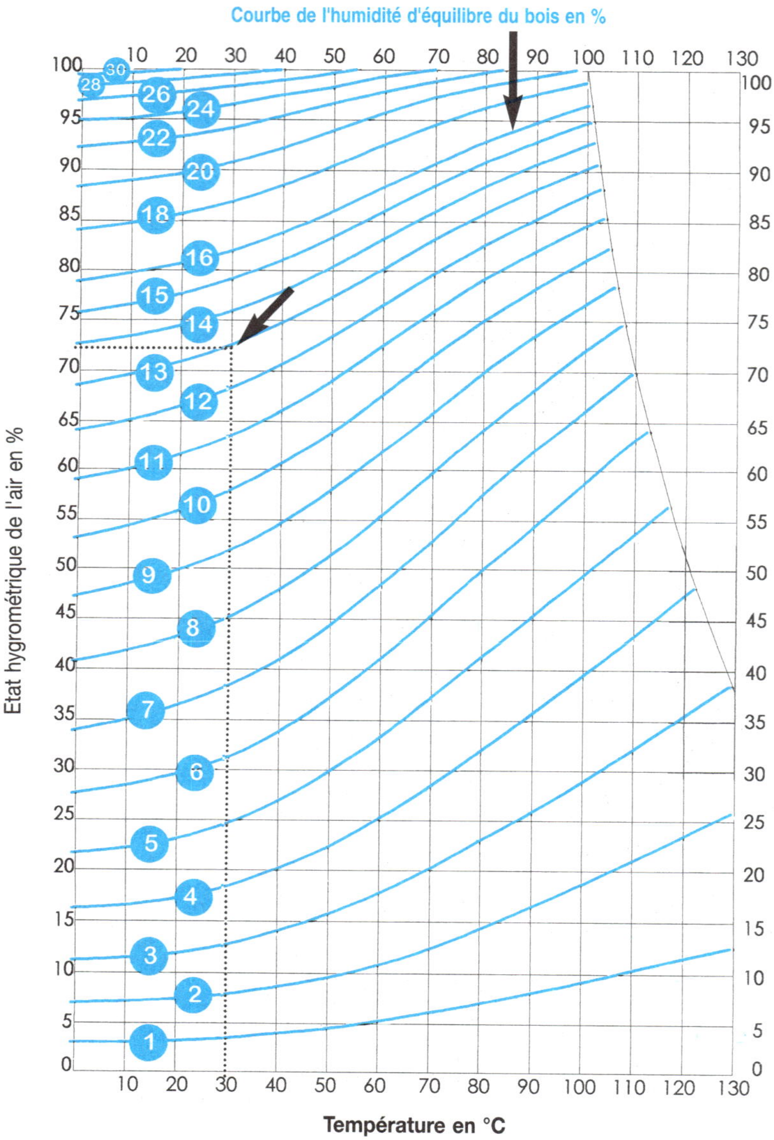

Exemple :
Le bois est placé dans une atmosphère où la température est de 30 °C.
L'état hygrométrique de l'air est de 72 %.
L'équilibre hygroscopique sera obtenu quand le bois aura une humidité de 13 % environ.

1.9.3 CONDITIONS D'UN BON SÉCHAGE

Les conditions d'un bon séchage **naturel** ou **artificiel** sont primordiales pour obtenir un bois propre à l'usinage. Les deux tableaux suivants présentent une étude analytique des conditions optimales de séchage.

SÉCHAGE NATUREL

- **IMPLANTATION**
  - Orientation
    - Vents → Dominants secs – Piles parallèles
    - Soleil → Protection – Ensoleillement maximum sur les allées
    - Intempéries → Pentes drainantes pour éviter les eaux stagnantes
  - Nature du terrain
    - Sec → Résistance – Perméabilité – Propreté
    - Humide → Drainage
  - Accès
    - Longitudinal, Transversal → Circulation d'engins – Manutention – Pont roulant – Pare-feu – Passage pompier
- **EMPILAGE**
  - Supports
    - Orientation → Alignement – Direction vent dominant sec
    - Disposition → Plan d'inclinaison – Hauteur des supports
    - Nature → Contraintes mécaniques – Béton – Bois – Acier protégé (galvanisé)
  - Agencement du parc à bois
    - Classement → Gestion des stocks – Accès – Dimensions – Qualité – Essences
    - Espacement → Circulation de l'air – Largeur maximum – Intervalles
    - Sécurité → Manutention – Stabilité – Liens
  - Baguettage
    - Dimensions → Choix – Longueur – Largeur – Epaisseur
    - Nature → Essences – Réactions chimiques (tâches) – Résistance
    - Espacement → Flexion des débits – Déformations linéaires
    - Positionnement → Déformation – Aplomb – Planéité
- **PROTECTION**
  - Climatique
    - Humidité → Pourritures – Tâches – Nettoyages sciures – Traitements – Étuvage
    - Température → Fentes de surface, en bout – Couverture – Peinture – Protections en bout
  - Biologique
    - Insectes, Champignons → Contamination – Extension – Traitements préventif et curatif
  - Sécurité
    - Manutentions → Accidents – Stabilité des piles – Méthodes de manutention
    - Incendie → Prévention – Intervention – Propreté – Règles de sécurité
- **CONTRÔLE**
  - Hygrométrique
    - Air → Humidité relative – Température – Possibilités de ventilation forcée
    - Bois → Équilibre hygroscopique – Mesures périodiques
  - Qualitatif
    - Vitesse de séchage, Altérations → Déformation – Fentes – Surveillance périodique – Dates de stockage
  - Quantitatif
    - Gestion → Identification – Datification– Humidité initiale – Nomenclature

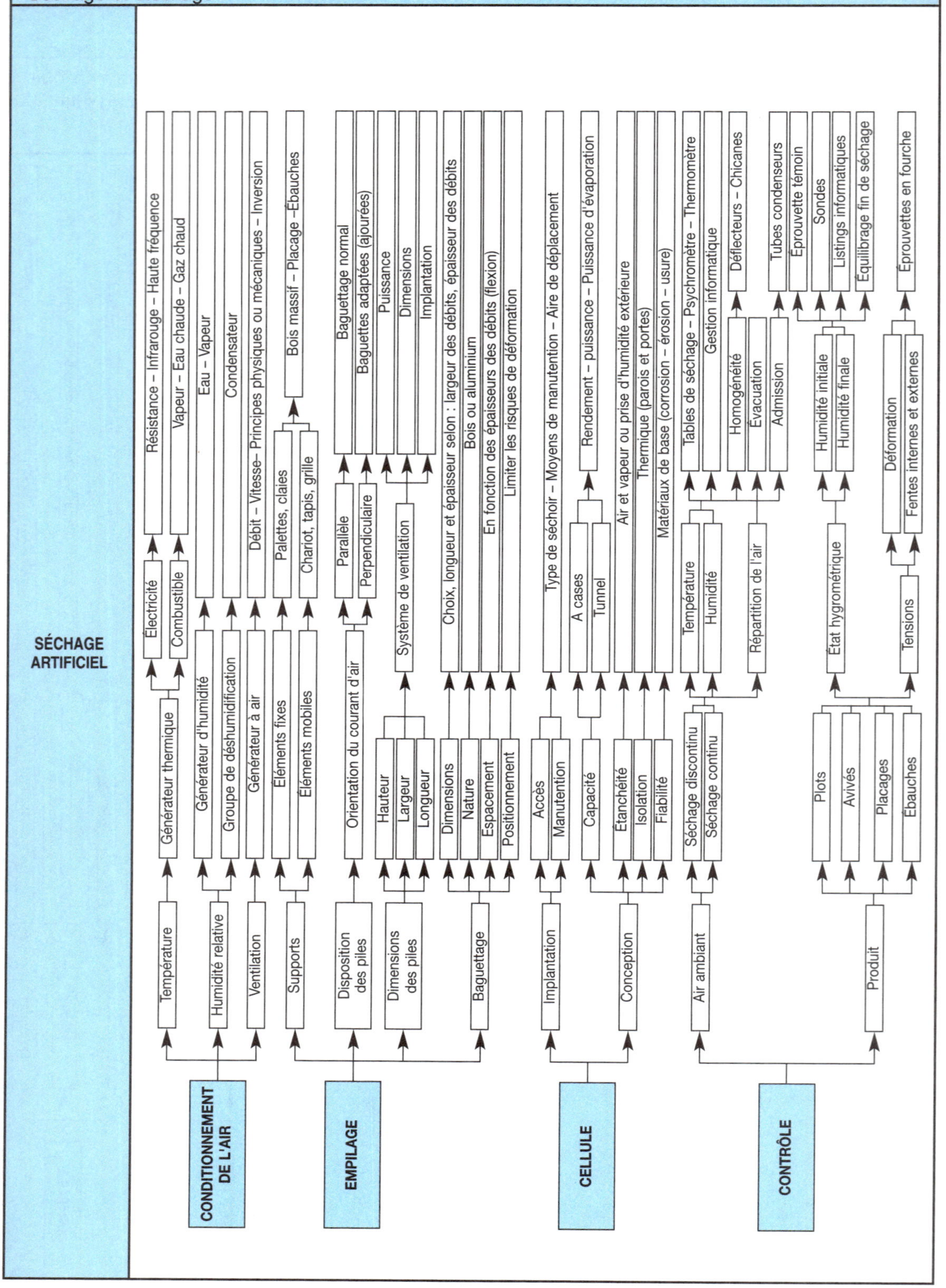
SÉCHAGE ARTIFICIEL
CONDITIONNEMENT DE L'AIR
Température
Humidité relative
Ventilation
Générateur thermique
Générateur d'humidité
Groupe de déshumidification
Générateur à air
Électricité
Combustible
Résistance – Infrarouge – Haute fréquence
Vapeur – Eau chaude – Gaz chaud
Eau – Vapeur
Condensateur
Débit – Vitesse– Principes physiques ou mécaniques – Inversion
EMPILAGE
Supports
Disposition des piles
Dimensions des piles
Baguettage
Éléments fixes
Éléments mobiles
Palettes, claies
Chariot, tapis, grille
Bois massif – Placage –Ébauches
Orientation du courant d'air
Parallèle
Perpendiculaire
Baguettage normal
Baguettes adaptées (ajourées)
Hauteur
Largeur
Longueur
Système de ventilation
Puissance
Dimensions
Implantation
Dimensions
Nature
Espacement
Positionnement
Choix, longueur et épaisseur selon : largeur des débits, épaisseur des débits
Bois ou aluminium
En fonction des épaisseurs des débits (flexion)
Limiter les risques de déformation
CELLULE
Implantation
Conception
Accès
Manutention
Type de séchoir – Moyens de manutention – Aire de déplacement
Capacité
A cases
Tunnel
Rendement – puissance – Puissance d'évaporation
Étanchéité
Isolation
Fiabilité
Air et vapeur ou prise d'humidité extérieure
Thermique (parois et portes)
Matériaux de base (corrosion – érosion – usure)
CONTRÔLE
Air ambiant
Produit
Séchage discontinu
Séchage continu
Température
Humidité
Répartition de l'air
Tables de séchage – Psychromètre – Thermomètre
Gestion informatique
Homogénéité
Évacuation
Admission
Déflecteurs – Chicanes
Tubes condenseurs
Plots
Avivés
Placages
Ébauches
État hygrométrique
Humidité initiale
Humidité finale
Éprouvette témoin
Sondes
Listings informatiques
Équilibrage fin de séchage
Tensions
Déformation
Fentes internes et externes
Éprouvettes en fourche

1.9.4 EMPILAGE

Lors de l'empilage de bois à sécher, il est important d'apporter un grand soin au **baguettage.**

BAGUETTAGE

Les planches avivées ou plots sont empilées par couches séparées les unes des autres par des baguettes, des liteaux ou des épingles et forment ainsi la pile ou le parquet de bois.

Les baguettes seront saines et sèches. Elles devront être tirées dans une essence la plus neutre possible du point de vue chimique. Pin par exemple.

Les rangées de baguettes du bout des piles doivent être le plus près possible des extrémités.

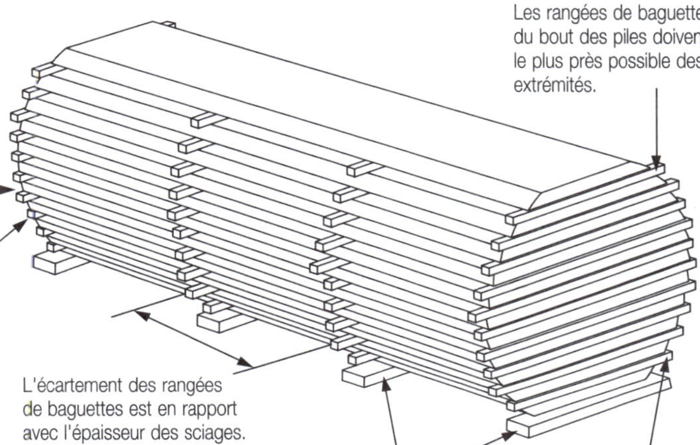

L'épaisseur des baguettes est en rapport avec celle des sciages.

Épaisseur des sciages (mm)	Épaisseur des baguettes (mm)
< 30	18 à 20
30 à 55	22 à 27
55 à 80	32 à 35
> 80	35

L'écartement des rangées de baguettes est en rapport avec l'épaisseur des sciages.

Épaisseur des sciages (mm)	Écartement (mm)
< 30	400 à 600
30 à 55	600 à 1000
55 à 80	800 à 1500
> 80	1000 à 1500

Chaque rangée de baguettes doit reposer sur un bois du type chevron à la partie inférieure de la pile. Des éléments en béton sont parfois utilisés (chantier).

Les baguettes auront une largeur suffisante pour ne pas « poinçonner » les bois tendres mais ne seront pas trop larges afin d'éviter le risque de tâches. Elles sont généralement carrées.

PROTECTIONS D'EXTRÉMITÉS

Afin de limiter les formations de fentes en bout de plot, il est conseillé de poser ou d'appliquer :

- **« S » métallique**
- **Peinture**
- **Agrafes**
- **Latte clouée**

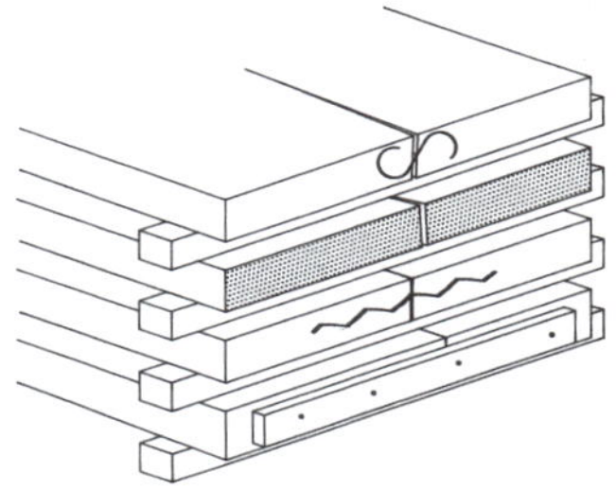

EXEMPLES D'EMPILAGE

■ **EMPILAGE HORIZONTAL** (Séchage)

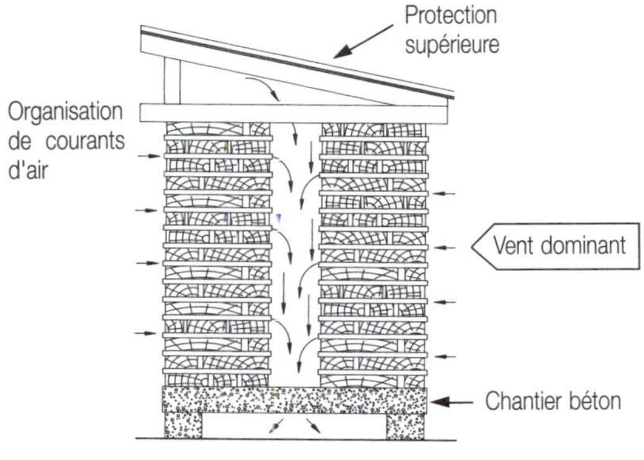

■ **EMPILAGE VERTICAL** (Ressuyage)

1.9.5 TAUX D'HUMIDITÉ

Pour garantir une bonne qualité de mise en œuvre et de stabilité, la connaissance du taux d'humidité du bois est nécessaire.

MESURE PAR PESÉE

Éprouvette « humide »

- La peser → Obtention de la masse humide Mh
- La sécher → Perte d'eau → Le poids ne varie plus
- La peser → Obtention de la masse anhydre Mo

Le taux d'humidité est obtenu par la formule :

$$H\ \% = \frac{Mh - Mo}{Mo} \times 100$$

Éprouvettes

L'éprouvette n° 1 servira à la mesure de l'humidité moyenne de la planche sur la largeur et l'épaisseur.

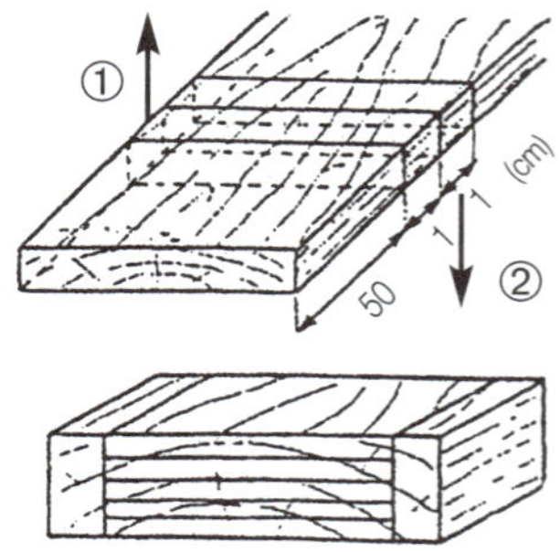

L'éprouvette n° 2 servira à mesurer la répartition de l'humidité dans l'épaisseur après l'avoir découpée comme ci-dessus.

MESURE ÉLECTRIQUE

L'eau dans le bois conditionne sa résistivité.
Plus il y a d'eau, plus il conduit le courant.
Pour mesurer le taux d'humidité, planter deux électrodes dans le bois, faire passer un courant et mesurer sa résistance.

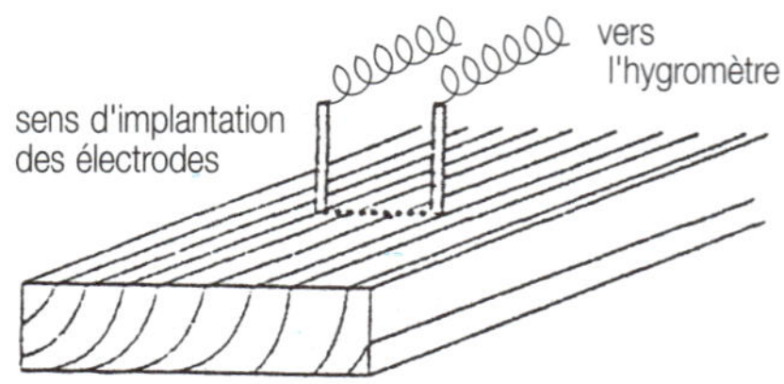

TAUX D'HUMIDITÉ ET EMPLOI DES BOIS

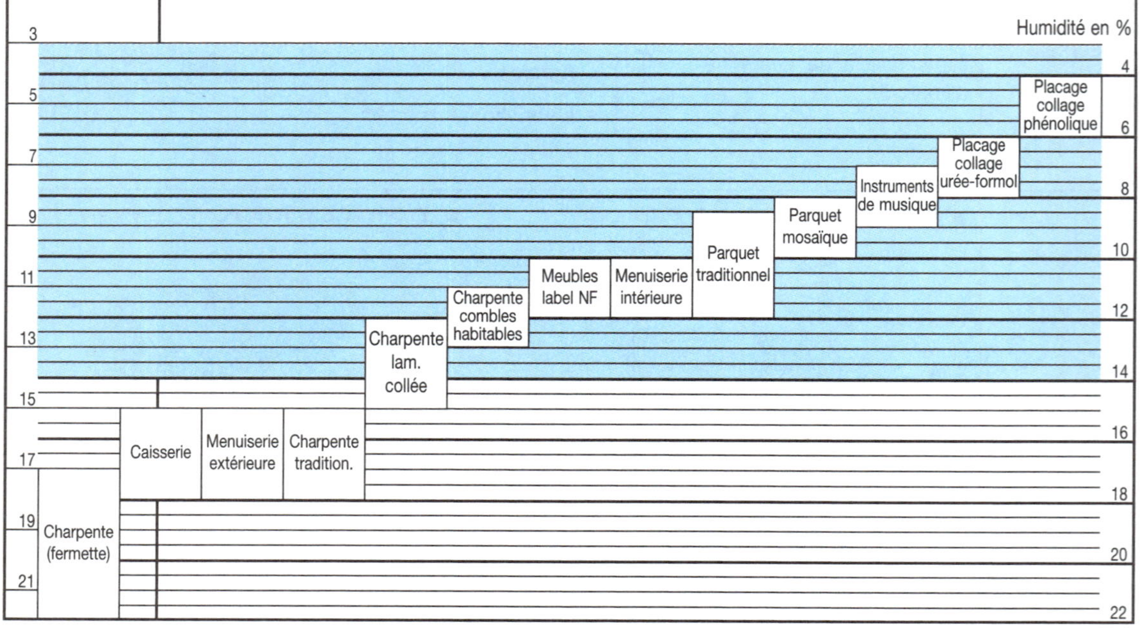

TAUX D'HUMIDITÉ SUR PIED

Ordre de grandeur du taux d'humidité des bois sur pied

- **Résineux**
  - Sapin .... 100 à 120 %
  - Épicéa.................... 120 à 150 %
  - Pin sylvestre .... 100 à 120 %
  - Pin maritime .... 100 à 120 %
  - Mélèze .... 90 à 100 %
- **Feuillus**
  - Peuplier .... 120 à 200 %
  - Châtaignier .... 90 à 100 %
  - Chêne, érable....... 80 à 90 %
  - Bouleau, hêtre...... 80 à 90 %
  - Platane, noyer............... 70 %

Tropicaux tels que :
acajou, sipo .... 60 %
Tropicaux tels que :
azobé, ébène.................... 25 %

1.9.6 SÉCHAGE ARTIFICIEL

De plus en plus, on recourt au séchage artificiel afin d'optimiser cette opération. Il permet de mieux maîtriser les facteurs climatiques et de descendre à des taux d'humidité plus bas.

MOYENS DE SÉCHAGE

Haute température
Air chaud et humide
- Préséchage → Température et humidité élevées
  Séchage → Température et humidité diminuées
  Stabilisation → Température et humidité constantes
- Séchoir à cellule → Discontinu
  Séchoir à tunnel → Continu

Basse température
Déshumidification
- Évacuation de l'humidité par condensation
  ↓
  Recyclage de l'air
- Séchoir à cellule → Température de 20 à 30° C

Sous vide
Séchage par autoclave
- Évacuation de l'humidité par dépression
  Faible température

Oxydation
Neutralisation de la sève
- Par un gaz → Ozone
- Par l'électricité → Électrolyse

EXEMPLES DE PRINCIPES DE SÉCHOIRS

■ **SÉCHOIR CELLULE À BASSE TEMPÉRATURE (20 À 40°)**

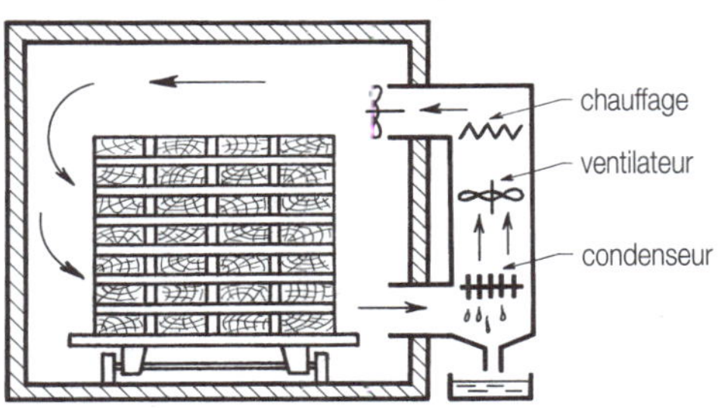

■ **SÉCHOIR CELLULE À HAUTE TEMPÉRATURE (70 À 90°)**

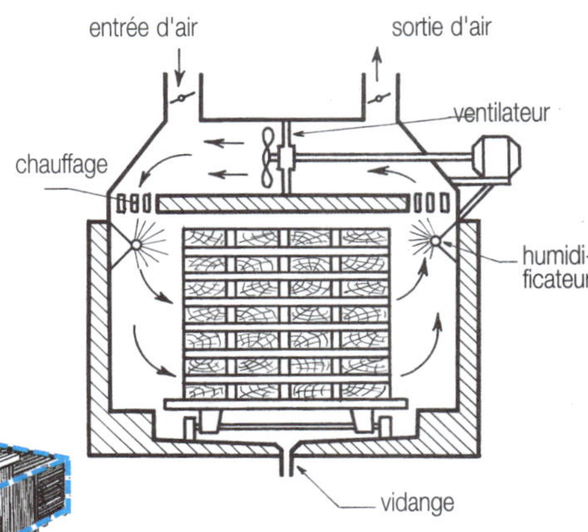

■ **SÉCHOIR DÉPLAÇABLE**

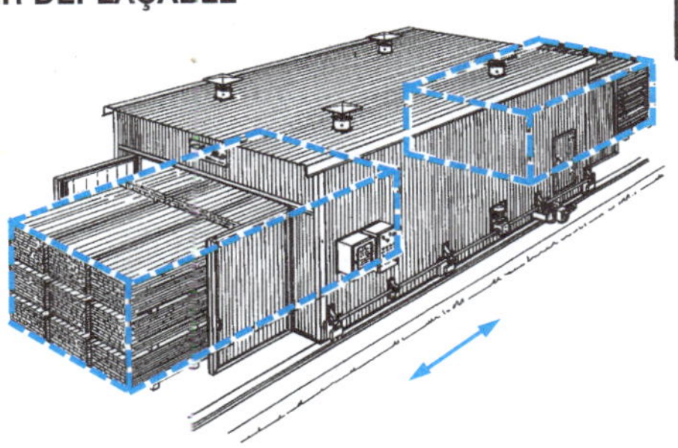

DOC CATHILD

EXEMPLES DE PRINCIPES DE SÉCHOIRS (suite)

■ SÉCHOIR DÉPLAÇABLE (suite)

DOC CATHILD

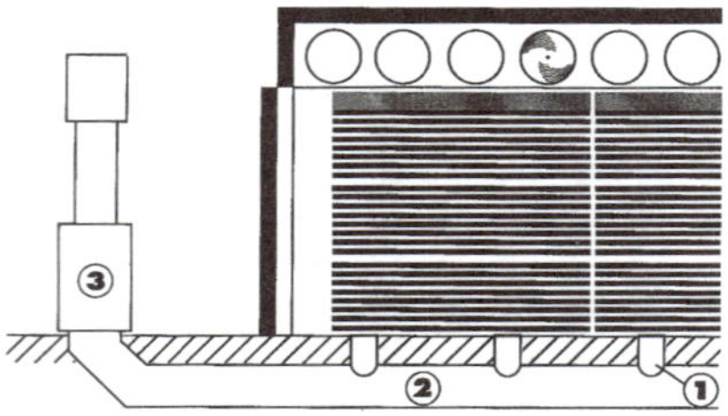

Extraction par le sol (en coupe longitudinale ci-dessus) et en coupe transversale ci-contre)
1. Bouches d'extraction. 2. Canalisation d'extraction.
3. Ventilateur et cheminée d'extraction.

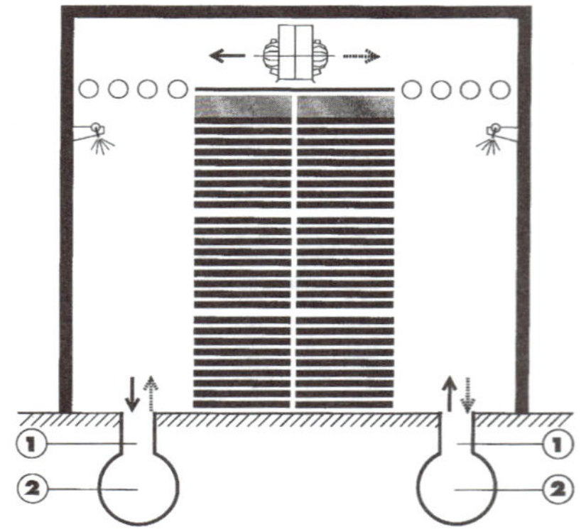

■ SOUS VIDE

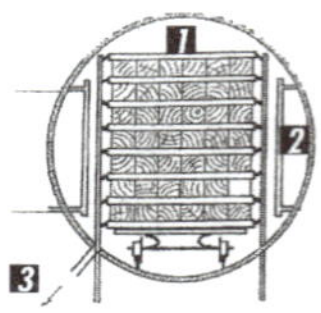

1. Plaques chauffantes
2. Plaques froides
3. Vide

VIDE CONTINU

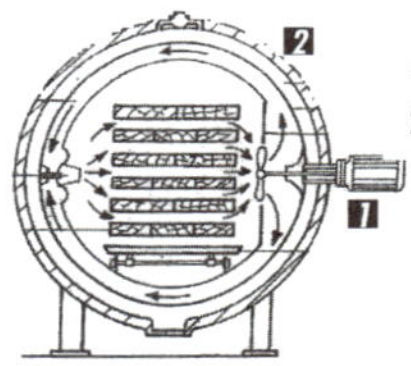

1. Ventilateurs
2. Triple paroi avec eau chaude et air chaud

VIDE DISCONTINU

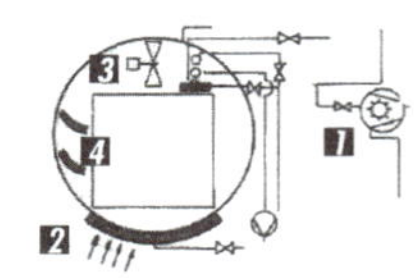

1. Pompe à vide
2. Refroidissement
3. Ventilation
4. Turbo-guidage

HIGH VAC

1.10 DÉFAUTS ET PARASITES

1.10.1 ANOMALIES ET ALTÉRATIONS DU BOIS

NF B 51-001
NF B 50-002

Le bois présente parfois des anomalies (ou vices) qui modifient ses propriétés.
Cette modification de la qualité du bois influe sur sa mise en œuvre.

DÉFAUTS

■ DÉFAUTS

Cette notion est étroitement liée à l'utilisation et conditionne le classement qualité des grumes et sciages.

■ ALTÉRATIONS

Anomalies générées par la dégradation chimique du bois.

■ NŒUDS

- **Nœuds vivants** : produits par une branche vivante, continuité des tissus avec la masse du bois, déviation du fil du bois.
- **Nœuds morts** : appelés également « nœuds noirs » produits par une branche morte, discontinuité entre les tissus des nœuds et ceux du tronc.
  Ils peuvent se détacher à la suite du séchage (nœuds bouchons ou nœuds sautés).

■ SECTION SUR NŒUDS

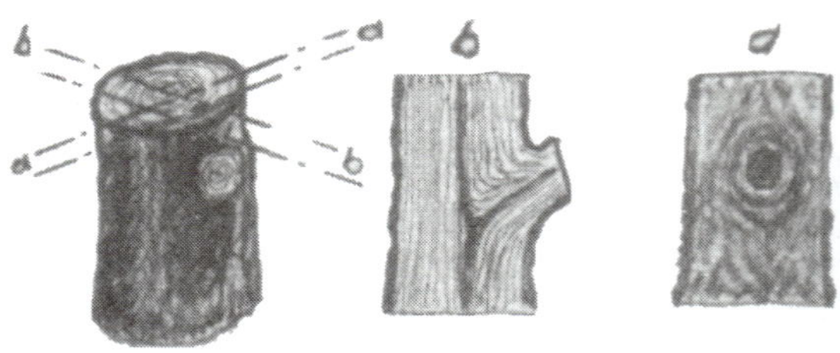

■ CLASSEMENT PAR CATÉGORIES DES NŒUDS

Très petits nœuds appelés œils de perdrix	**Diamètre < à 5 mm**
Petits nœuds	∅ de 5 à 15 mm
Nœuds moyens	∅ de 16 à 25 mm
Gros nœuds	∅ de 26 à 40 mm
Très gros nœuds	∅ > à 40 mm

DÉFAUTS (suite)

- **Nœuds sains** : nœuds secs dont les tissus ne sont pas altérés.
- **Nœuds vicieux** : nœuds dont les tissus sont affectés de pourriture (exemple : Nœud gouttière).

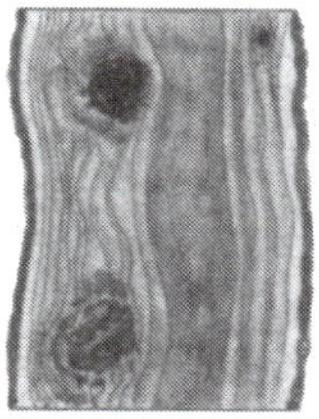
Nœuds vivants

Nœud mort

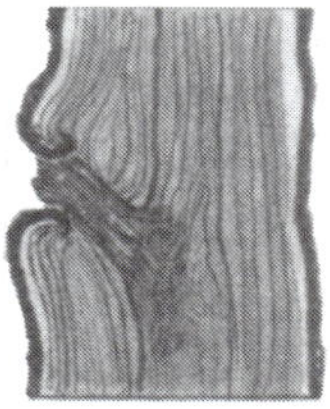
Nœud gouttière

ANOMALIES DE CROISSANCE

■ FIL TORS
Inclinaison uniforme en hélice des fibres du bois par rapport à l'axe de l'arbre.

■ BOIS RONCEUX
Le bois est ronceux quand les fibres sont irrégulièrement enchevêtrées.

■ LOUPE
Excroissance du tronc de forme globuleuse à surface lisse entièrement formée de bois à fibres irrégulièrement enchevêtrées.

■ BROUSSIN
Excroissance irrégulière du tronc à surface hérissée d'aspérités coniques. Elle est formée de bois à fibres irrégulièrement enchevêtrées autour de petits axes apparaissant en section comme de petites tâches arrondies de couleur foncée.

■ COURBURE DU TRONC
Utilisée autrefois en charpente navale (bois courants).
La tolérance admissible est fixée en indiquant la flèche maximale sur 1 m.

■ IRRÉGULARITÉS DE CROISSANCE
Épaisseur inégale des couches annuelles sur divers points du pourtour du tronc ; irrégularité rencontrée sur les arbres méplats.

■ ENTRE-ÉCORCE
Défaut caractérisé par la présence de lames d'écorce au milieu d'une masse de bois.

Loupe

Irrégularités de croissance

Arbre excentré

Arbre méplat

Entre-écorce

BLESSURES

Lorsqu'une blessure met le bois à nu, il se développe, au pourtour, une masse protubérante de bois et d'écorce (bourrelet de recouvrement) qui recouvre progressivement la blessure.

■ PLAIES D'ÉLAGAGE
Dues à la cassure naturelle de branches mortes, à la rupture accidentelle ou à la coupure de branches vivantes.
Il se forme un nœud recouvert ou nœud renfermé.

■ FROTTURES
Produites par l'arrachage de l'écorce ou de minces lames de bois.

■ CORPS ÉTRANGERS INCLUS DANS LE BOIS
Clou, crampon, fil barbelé, éclat d'obus, balle se trouvent dissimulés par un bourrelet de recouvrement.
Dangereux lors des usinages.

Blessures dues aux fils de clôture

Défauts et parasites

FENTES

■ **GÉLIVURE**
Fente longitudinale dirigée suivant un plan radial, pénétrant dans le tronc jusqu'à une certaine profondeur. Produite par l'action du froid, notamment, sur l'arbre vivant.

■ **ROULURE**
Fente circulaire provenant du décollement de deux couches annuelles consécutives.

■ **CADRANURE**
Fente rayonnante partant de la moelle et se dirigeant vers l'extérieur. Observée sur les arbres âgés et la partie centrale affectée se nomme cœur étoilé.

■ **FISSURES INTERNES**
Fissures transversales se manifestant par de légers plissements des éléments provenant de la rupture par compression du bois sur l'un des côtés du tronc, sous l'action du vent.

■ **TROUS, FENTES, FRACTURES D'ABATTAGE**
Cavités, fentes et fractures résultant de l'arrachement des éléments lors de l'abattage.

■ **FENTES DE RETRAIT OU GERCES**
Fissures orientées suivant un plan radial, dues au séchage trop rapide du bois (arbre abattu).

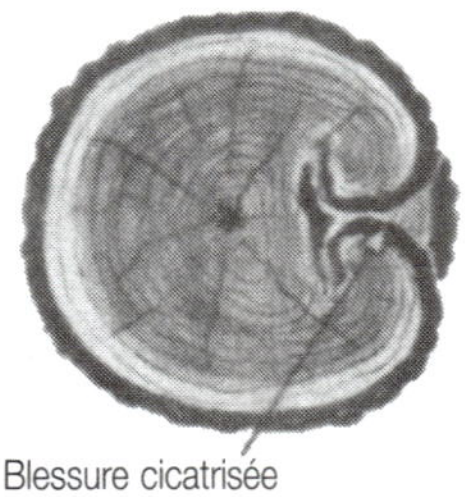
Blessure cicatrisée

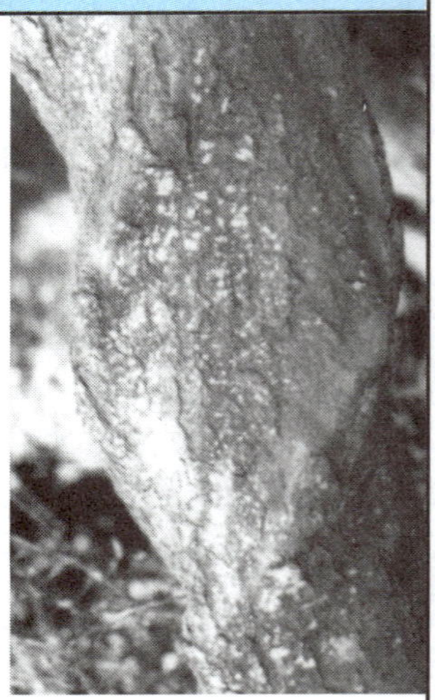
Effet de lianes.

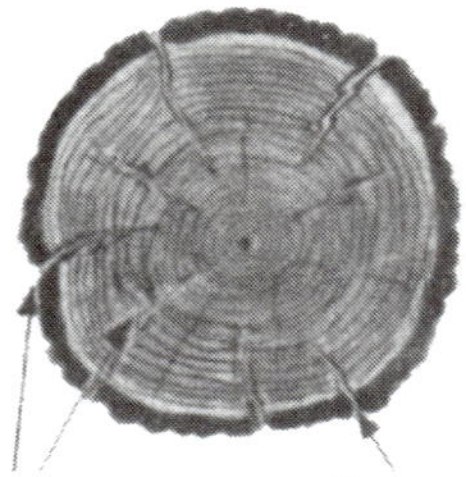
Gerçure

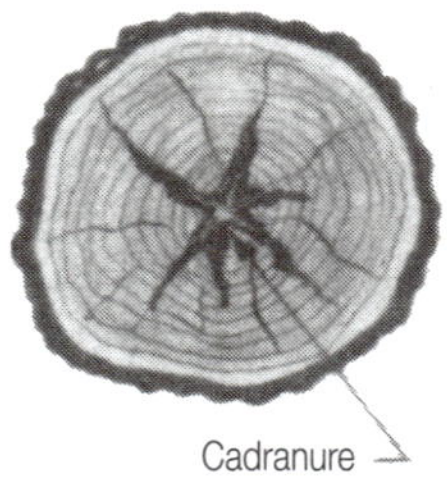
Cadranure

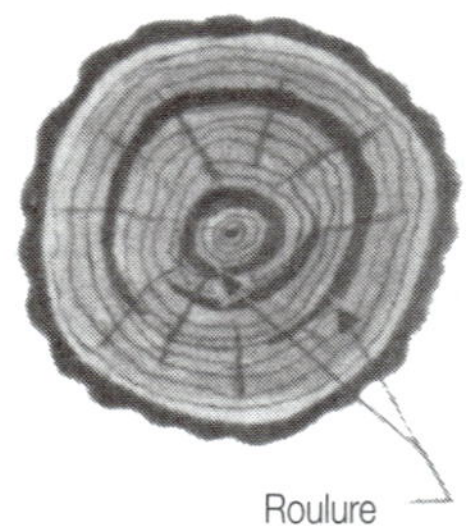
Roulure

DÉFAUTS DUS À DES PARASITES VÉGÉTAUX

■ **CHANCRES**
Certains champignons parasites vivant sur l'arbre provoquent une déformation du tronc. Excroissances irrégulières où le bois est formé d'éléments enchevêtrés. Appelées chaudron ou dorge sur le sapin.

■ **GUI**
Anomalies caractérisées par des perforations du bois et l'enchevêtrement des fibres au voisinage de l'implantation du gui.

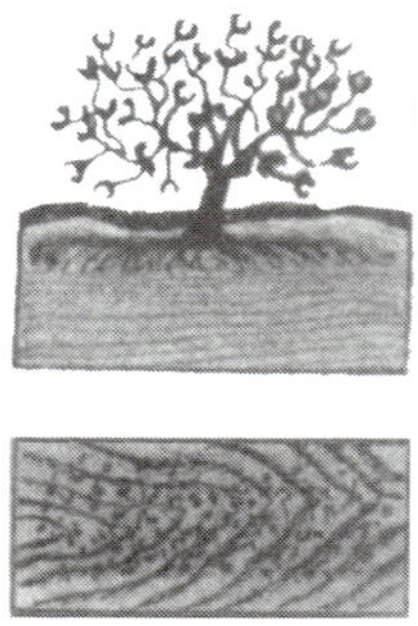
Effets du gui

DÉFAUTS DUS AUX INSECTES

■ **TROUS DE VERS (DE LARVES)**

■ **PIQÛRES**
Interrompant la continuité de la masse du bois, elles en diminuent la résistance.
La multiplication des galeries aboutit à une véritable destruction du bois.

■ **VERMOULURE**
Fine poussière résultant de la digestion du bois broyé par des insectes.

Piqûres dans blessure (sur pied)

DOC XYLOCHIMIE

Piqûres sur meuble

DÉFAUTS DUS AU DÉBIT

■ FIL TRANCHÉ

Une pièce débitée a le fil tranché quand la direction des fils du bois est oblique par rapport à une face.

■ FIL CONTRE-TAILLÉ

Le fil est contre-taillé quand il est oblique par rapport à deux faces.

COLORATIONS ANORMALES

Certains bois offrent parfois dans les parties centrales de l'arbre, des colorations anormales, indice d'un changement de composition chimique, entraînant une modification des propriétés.

Exemple : cœur rouge du chêne, cœur noir du frêne. Chez certains résineux, on observe sur une partie du tronc des couches de structure spéciale de couleur rougeâtre (bois raide ou veine rouge).

LUNURE

Appelée également double aubier.
Anomalie consistant en la présence, au milieu du bois parfait, d'un anneau, complet ou non, de bois ayant la couleur et les propriétés de l'aubier.

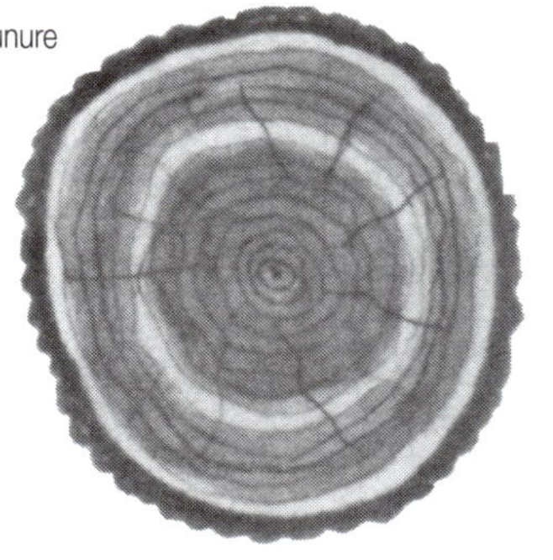

DOC XYLOCHIMIE

ALTÉRATIONS DUES AUX CHAMPIGNONS

■ POURRITURE

Changement profond de composition chimique du bois provoqué par un champignon.
Modification de la consistance et de la coloration du bois.
Elle prive le bois de ses propriétés caractéristiques, physiques, mécaniques ou chimiques.

■ ÉCHAUFFURE

Modification légère de composition chimique provoquée par un champignon, après abattage, dans le bois en grume, parfois dans le bois débité.
Elle se manifeste par un changement de coloration.
Modification plus ou moins marquée des propriétés.
Le bois échauffé est aussi appelé « bois passé ».

■ BLEUISSEMENT - BOIS BLEUTÉ

L'aubier différencié des résineux est sensible à ce champignon qui déprécie par coloration, sans autre conséquence sur les propriétés physiques et mécaniques.

pourriture cubique

DOC XYLOCHIMIE

fructification de mérule.

■ LA MÉRULE

Parmi les champignons des maisons, parasites des bois anciens mis en œuvre, le plus répandu est certainement la mérule (Gyrophana lacrymans).

La mérule se manifeste sous les formes les plus diverses : coussinets ou feutrages blancs, cotonneux.

Le développement de ce champignon est favorisé par :

- un *taux d'humidité* du bois allant de 22 à 35 %;
- une *atmosphère confinée*;
- de *l'obscurité*;
- des *émanations ammoniacales*.

1.10.2 PARASITES

Les **insectes xylophages** infestent sélectivement les bois susceptibles de favoriser leur développement. Il convient de les identifier avec précision pour une meilleure adaptation du traitement.

	COLÉOPTÈRES			DOC XYLOCHIMIE
	Capricorne des maisons	**Lyctus**	**Petite vrillette et grande vrillette**	
DESCRIPTION DE L'INSECTE			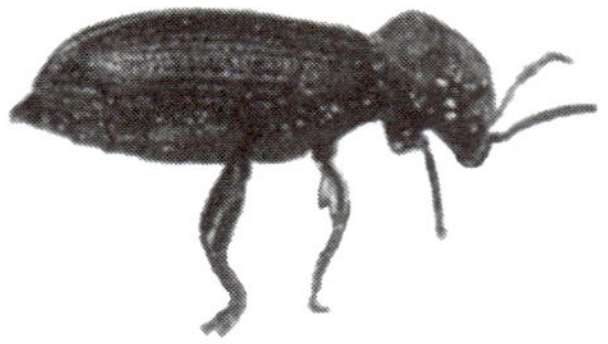	
	Gris noir à brun noir, long et aplati, longues élytres cachant les ailes, deux protubérances sur la face dorsale du thorax. Antennes plus courtes que le corps.	Roux et brun, dur sous l'ongle, corps allongé en forme de cylindre, tête visible, antennes terminées par une petite masse en boule.	Roux et brun, dur sous l'ongle, plus trapu et arrondi que le lyctus, tête cachée par le pronotum que forme une sorte de capuchon. Antennes terminées par une massue en trois artriles.	
	Taille : 10 à 20 mm.	Taille : 2 à 7 mm.	Taille : 2,5 à 5 mm.	Taille : 5 à 7 mm.
DESCRIPTION DE LA LARVE	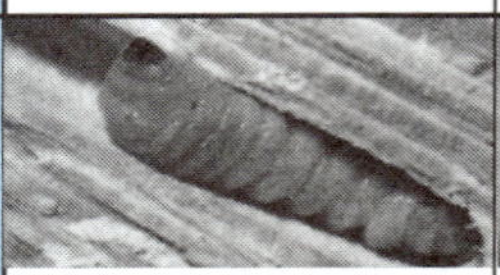	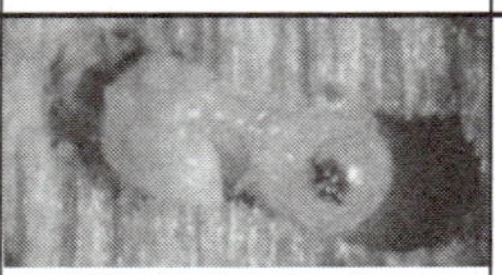	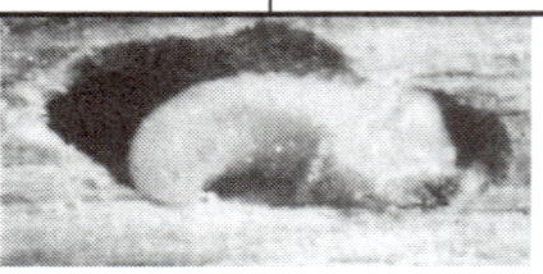	
	Gros ver blanc dont la partie antérieure est élargie et aplatie (section presque rectangulaire). Mandibules brun sombre visibles à l'avant de la tête.	Petit ver blanchâtre, mou, en forme de virgule, non poilu. Tête de consistance cornée.	Petit ver blanc, mou, en forme de virgule, plus poilu que la larve du lyctus, s'en distingue par le dernier élément du corps plus gros que les autres.	
	Taille : jusqu'à 20 mm.	Taille : 5 mm à 7 mm.	Taille : 5 mm à 7 mm.	Taille : jusqu'à 11 mm.
DURÉE DU CYCLE	Cycle larvaire : 3 à 10 ans. Nymphose : 3 à 4 semaines Vie de l'adulte : 2 à 3 semaines Sortie adulte : mi-juin à août	1 à 6 ans 3 à 4 semaines 2 à 6 semaines avril à septembre	1 à 4 ans 2 à 3 semaines 3 à 4 semaines mai à septembre	1 à 10 ans 2 à 3 semaines 9 semaines avril à mai
BRUIT	Grignotement parfois audible.	Néant.	En période d'accouplement, pour s'appeler, ils frappent avec leurs têtes des coups saccadés et rythmés sur le bois. Ils sont surnommés « horloge de la mort ».	
TROU DE SORTIE	Généralement ovalisé de 6 à 10 mm.	Légèrement ovalisé de 1 à 1,5 mm.	de 1,5 à 3 mm.	de 3 à 6 mm.
LOCALISATION GÉOGRAPHIQUE	Répandu dans toute la France.	Répandu dans toute la France.	Répandue dans toute la France.	Répandue dans toute la France.
PRINCIPAUX OUVRAGES MENACÉS	Charpentes, huisseries, solives, lambourdes, planchers.	Parquets, lambris, menuiseries. Souvent, bois assez récemment mis en œuvre.	Vieux meubles, charpentes anciennes, menuiseries, vieux parquets, parfois vieux livres.	Bois de gros œuvre, charpentes, planchers, vieux pans de bois.

	COLÉOPTÈRES		DOC XYLOCHIMIE
	Capricorne	**Lyctus**	**Petite et grande vrillette**
ESSENCES DES BOIS ATTAQUÉS	Résineux (pin, sapin, etc.). Rarement chêne, hêtre, parfois peuplier.	Bois feuillus à zones poreuses et riches en amidon. Bois tropicaux, en particulier leur aubier.	Feuillus et résineux.
ASPECT DU BOIS ATTAQUÉ	Réseau de galeries plutôt orientées longitudinalement, obstruées de farine de bois fortement tassée et dont les parois sont finement sculptées par les mandibules de la larve. 	Galeries obstruées de sciure, souvent si nombreuses que tout l'intérieur du bois est transformé en fine poussière. 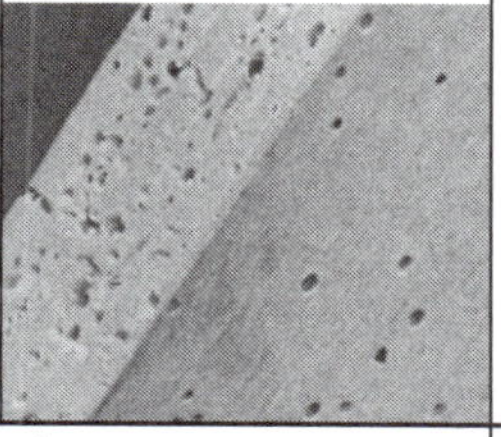	Réseau de galeries orientées en tous sens, communiquant entre elles et donnant au bois un aspect et une consistance de biscuit. Une pellicule extérieure finit par se détacher mécaniquement. 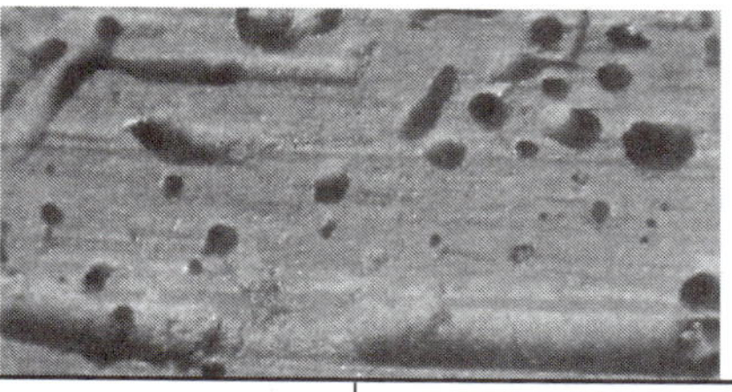

	COLÉOPTÈRES		INSECTE SOCIAL	HYMÉNOPTÈRE
	Bostryche capucin	**Hespérophane**	**Termites**	**Sirex (guêpe des bois)**
DESCRIPTION DE L'INSECTE	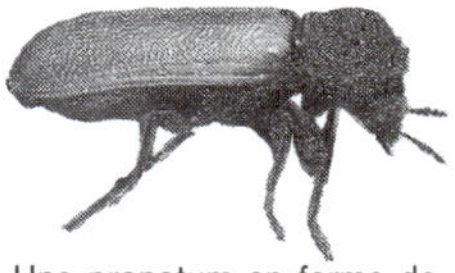 Une pronotum en forme de capuchon lui recouvre complètement la tête. Antennes composées de 10 artriles, les 3 derniers sont élargis. Abdomen en majeure partie rouge, le reste du corps est noir. Allure cylindrique	 Cet insecte est très voisin du capricorne. Brun rouge à marbrures blanchâtres.	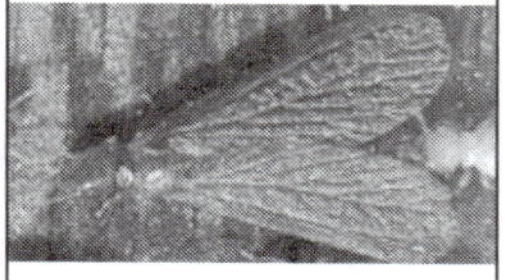 **Termite Ailé** (taille 6 à 8 mm) De couleur noire. Sa longueur est égale à la moitié de celle des ailes **Termite Ouvrier** (tail. 5 à 7 mm) De couleur blanche, mais peut changer de couleur selon le bois mangé. Antennes rectilignes. DOC XYLOCHIMIE	 Aspect rappelant un gros frelon, corps jaune rayé de brun de bleu avec deux paires d'ailes membraneuses de couleur légèrement fumée. La femelle est munie d'une tarière. DOC XYLOCHIMIE
	Taille : 9 à 14 mm.	Taille : 13 à 24 mm.	6 à 8 mm. 5 à 7 mm.	Taille : 10 à 50 mm.
DESCRIPTION DE LA LARVE	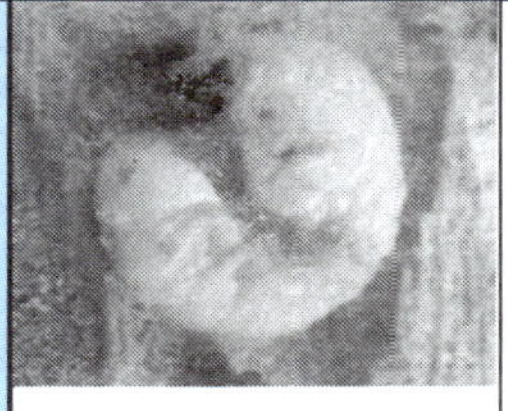 La larve est arquée, d'un blanc crémeux et présente une capsule crânienne brun foncé. Elle est munie de 3 paires de pattes. Une pilosité dorée est présentée sur la face ventrale du corps et sur le dessus de la tête. DOC XYLOCHIMIE	De forme allongée de teinte ivoire.	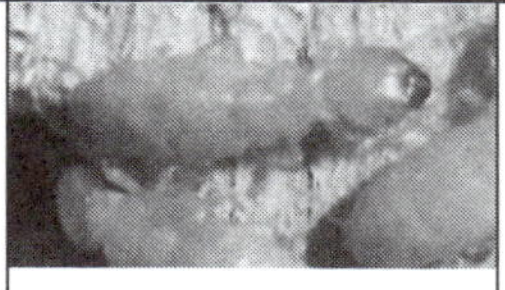 Larves de coloration blanc crémeux. DOC XYLOCHIMIE	 Elle rappelle un gros ver blanchâtre.
	Taille : 8 à 16 mm.	Taille : 25 à 30 mm.		Taille : 20 à 30 mm.

	COLÉOPTÈRES		INSECTE SOCIAL	HYMÉNOPTÈRE
DURÉE DU CYCLE	Cycle larvaire : 1 an Nymphose : 7 à 12 jours Vie de l'adulte : sortie adulte : avril à juillet	Cycle 2 ans sortie adulte : mai à août		Cycle : 3 ans Nymphose
BRUIT			Inaudible	Néant
TROU DE SORTIE	Diamètre : 3 à 5 mm	Ovalisé de 8 à 12 mm		Rond ∅ 6 mm
LOCALISATION GÉOGRAPHIQUE	Toute la France	France : Centre et Sud	Ouest, Sud-ouest, Midi (en expansion)	Répandu dans toute la France
PRINCIPAUX OUVRAGES MENACÉS	Aires de stockage de bois		Souche, solive, charpente et menuiserie, meuble, parquet (milieu humide même faible)	Arbres dépérissants, grumes récemment abattues
ESSENCES DES BOIS ATTAQUÉS	Feuillus : chêne, noyer, peuplier, robinier, hêtre, châtaignier, bois fruitiers	Aubier de bois feuillus, chêne, peuplier, aulne	Essences forestières de l'Europe (feuillus, résineux). Certains bois exotiques	Résineux
ASPECT DU BOIS ATTAQUÉ	Renflements de la surface du bois occasionnés par la vermoulure compactée dans les galeries circulaires DOC CTBA 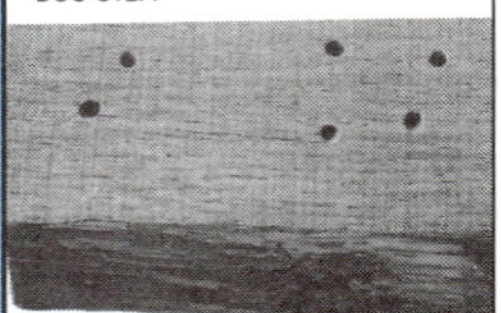	Galeries de stations ovalisées parallèles au fil du bois	Les termites respectent toujours la surface extérieure du bois. Galeries libres de sciure. Cheminements cimentés avec de la terre mâchée DOC XYLOCHIMIE 	Sciure assez grossière et fibreuse qui encombre les galeries DOC CTBA 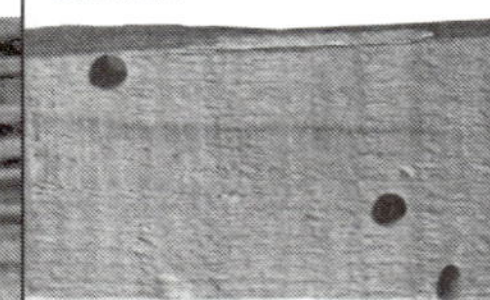

1.11 TRAITEMENT DES BOIS

Des traitements de protection contre les agressions biologiques sont appliqués en fonction des classes de risques.

1.11.1 PROCÉDÉS DE TRAITEMENT DES BOIS

PROCÉDÉ	DESCRIPTION	EFFICACITÉ	PRODUITS
PINCEAU	Ce procédé de surface doit être retenu pour traiter les découpes de bois effectuées sur chantier après traitement.	• **Insecticide** • **Champignons de surface** • **Classes de risque 1 et 2**	Organiques Xylophène
ASPERSION (procédé de surface)	Réalisée au moyen d'un pulvérisateur, cette application est déconseillée en raison du caractère nocif des produits. L'aspersion peut être réalisée sous tunnel : le bois se trouve entraîné sous une rampe où chaque pièce subit l'aspersion au défilé. L'aspersion, procédé de surface est réservée aux essences imprégnables (procédé de moins en moins utilisé).	• **Insecticide** • **Champignons de surface** • **Classes de risque 1 et 2** Les produits à l'eau sont déconseillés en raison de la vitesse d'évaporation de l'eau. L'aspersion n'est pas utilisée pour des bois rabotés, le produit glissant sur le bois.	Organiques Xylophène

PINCEAU ASPERSION (suite)

Pinceau

DOC XYLOCHIMIE.

Aspersion

TREMPAGE COURT (procédé de surface)

Après une immersion de 3 minutes dans un bac contenant la solution de traitement, la charge de bois est égouttée sur le bac ou sur une aire d'égouttage.	• **Insecticide** • **Champignons de surface** • **Classes de risque 1 et 2** (3 pour des produits organiques sur des bois d'épaisseur > à 27 mm)	Organique Xylophène Aqueux

TREMPAGE LONG

TREMPAGE DIFFUSION (procédé de surface)

Trempage court

La charge de bois est immergée dans une solution de traitement durant 4 à 8 h. Le bois doit être à une humidité supérieure à 50 % pour permettre une pénétration régulière du produit. Après trempage, la conservation du bois se fera sous abris durant 10 jours afin d'assurer une parfaite diffusion de traitement.	• **Insecticide** • **Classes de risque 1**	Aqueux Sels facilement délavables

DOC XYLOCHIMIE

Traitement des bois

PROCÉDÉS ET CLASSES DE RISQUE

Une classe de risque découle de l'association des trois facteurs :

- **Essence de bois**
- **Produit de traitement**
- **Procédé** (ou matériel de traitement)

DOC XYLOCHIMIE

À noter cependant que certaines essences de bois ne permettent pas d'accéder à toutes les classes de risque. Le sapin par exemple et l'épicéa, en bois sciés, ne peuvent être utilisés en classe de risque 4 et en classe de risque 3 que si l'épaisseur des bois est inférieure à 27 mm.

	Classe risque 1		Classe risque 2			Classe risque 3		Classe risque 4
	Hydrosoluble	Organique	Hydro dispersable	Hydrosoluble	Organique	Hydrosoluble	Organique	Hydrosoluble
Bois Humides	Trempage diffusion	Aucun	Pinceau Trempage court	Oui dans certains cas	Aucun	Voir procédé Pression oscillante	Aucun	Voir pression oscillante
Bois secs non rabotés	Aucun	Pinceau et autres procédés	Trempage court	Autoclave	Pinceau Tunnel Aspersion Trempage court Xylovac	Autoclave Bethell Ruping	Trempage section < 27 mm Xylovac	Autoclave Bethell Ruping (créosote)
Bois secs rabotés	Aucun	Pinceau et autres procédés	Trempage court	Autoclave	Pinceau Trempage court Xylovac Autoclave	Autoclave Bethell Ruping	Trempage section < 27 mm Xylovac	Autoclave Bethell

1.11.2 TRAITEMENT – PRÉSERVATION

PROCÉDÉ	DESCRIPTION	EFFICACITÉ	PRODUITS
PRESSION OSCILLANTE	Durée du cycle jusqu'à 48 h. Utilisé uniquement pour les bois ronds fraîchement abattus et difficilement imprégnables. Le bois est introduit dans une enceinte fermée qui est ensuite remplie de produit. Une alternance de vide et de pression provoque un mouvement qui, de cellule en cellule, remplacera la sève par le produit de traitement.	• **Insecticide** • **Fongicide** • **Classe de risque 1, 2 et 3** Il est nécessaire d'avoir une grande homogénéité dans l'humidité des bois à traiter (difficile à obtenir)	Sels Oxydes Cryptogil
PROCÉDÉ COBRA	Ce procédé est utilisé pour des traitements de rappel ou d'entretien sur des poteaux. Injection à l'aide d'aiguilles d'un sel qui diffusera dans le bois (Profondeur : 5 à 6 cm).	• **Insecticide** • **Fongicide** • **Curatif** uniquement	Sels d'arsenic
PROCÉDÉ BOUCHERIE	Traitement par remplacement de la sève sur des bois ronds fraîchement abattus. La solution de traitement est placée dans une cuve surélevée par rapport au bois à traiter (7 à 8 mètres). La cuve est reliée à chaque bois rond incliné par une tuyauterie. Le traitement est terminé quand le produit ressort à l'autre extrémité.	• **Fongicide** principalement • **Classe de risque 1, 2, 3 et 4** Pour des raisons de pollution de l'environnement, ce procédé n'est pratiquement plus utilisé.	Sulfate de cuivre 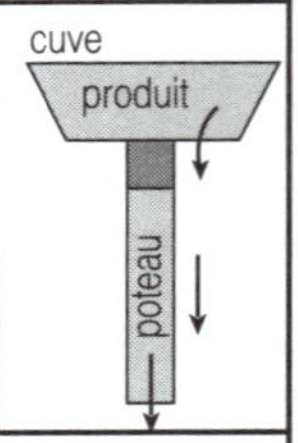
PROCÉDÉ ESTRADE	Ce procédé est réservé aux bois ronds d'essence difficilement imprégnable. Avant de traiter les bois en vide et pression Bethell ou Ruping, les bois sont placés dans un four et portés à haute température pour provoquer le maximum de fentes qui seront ainsi traitées au fond.	• **Fongicide** • **Classe de risque 4**	Cryptogil Créosote

APTITUDE AU TRAITEMENT

Elle est définie par le tableau ci-après :

CLASSE DE RISQUE	DÉFINITION	CRITERE DE TRAITEMENT : 2 H SOUS PRESSION
1	Perméable	Pénétration complète
2	Moyennement résistant	6 à 8 mm de pénétration latérale (résineux) – forte proportion des vaisseaux (feuillus)
3	Résistant	Pénétration limitée à 3-6 mm
4	Très résistant	Pénétrations latérales et longitudinales minimales.

APTITUDE AU TRAITEMENT (suite)

La règle de base demeure valable au niveau européen ; si le choix se porte sur une essence non résistante naturellement, un traitement s'impose.
Chaque produit est défini par sa VC (valeur critique), c'est-à-dire la quantité de produit nécessaire dans le bois pour être efficace. Cette quantité varie, bien entendu, avec les différentes formulations, et la classe de risque.

■ TAUX DE PÉNÉTRATION

Le tableau ci-dessous indique les différents **taux de pénétration** (P1 à P10) avec leur correspondance en profondeur.

Pénétration	Exigence	Zone analytique
P1	....	2 mm
P2	....	3 mm
P3	3 mm d'aubier, 40 mm axial	3 mm
P4	6 mm d'aubier	6 mm
P5	6 mm d'aubier, 50 mm axial	6 mm
P6	12 mm d'aubier	12 mm
P7	tout l'aubier	tout l'aubier
P8	tout aubier + 6 mm duramen exposé	aubier ou 6 mm
P9	tout aubier ou 20 mm d'aubier	aubier ou 20 mm
P10	tout aubier ou 20 mm duramen	aubier ou 20 mm

■ DÉFINITION DES CLASSES DE RISQUE BIOLOGIQUE

Conditions générales				Conditions pour le bois massif					
				Agents biologiques					
				Champignons			Insectes		
Classes de risque	Situation en service	Description de l'exposition à l'humidification en service	Humidité des bois 1.	basidiomycètes	pourriture molle	bleuissement moisissure	coléoptères	termites	térébrants marins
1	Hors du contact du sol, à l'abri (sec)	Sec en permanence	Sec en permanence < 18 %				U	L	
2	Hors du contact du sol, à l'abri (risque d'humidification)	Exposition occasionnelle à l'humidification	Occasionnellement > 20 %	U		U	U	L	
3	Hors du contact du sol, non abrité	Exposition fréquente à l'humidification	Fréquemment > 20 %	U		U	U	L	
4	En contact du sol ou de l'eau douce	Exposition permanente à l'humidification par le sol ou l'eau douce	En permanence > 20 %	U	U	U	U	L	
5	Sans l'eau salée	Exposition permanente à l'humidification par l'eau salée	En permanence > 20 %	U	U	U	U	L	U

Les agents existent : universellement (U) dans toutes les régions européennes ou seulement localement (L).

PROCÉDÉ	DESCRIPTION	EFFICACITÉ	PRODUITS
TREMPAGE CHAUD ET FROID (procédé de surface)	Le bois à traiter est chauffé à la vapeur pendant 1 h 30 minimum à 80°. Le bois est ensuite plongé dans une solution de traitement à 20° (peu employé)	• **Insecticide** • **Classe de risque 1**	Sels de Bore
DOUBLE VIDE XYLOVAC (Procédé de surface renforcé)	Le bois est introduit dans une enceinte (cylindrique ou rectangulaire). Un vide est créé pour éliminer au maximum l'air contenu dans les cellules du bois. Le vide étant maintenu, l'enceinte est remplie de produit et maintenue pleine durant 3 minutes. Le produit de traitement est ensuite refoulé et un vide est à nouveau réalisé pour retirer l'excès de produit (durée totale du cycle : 1 heure).	• **Insecticide** • **Fongicide** (champignons de surface) • **Classe de risque 1, 2 et 3**	Organique uniquement

DOUBLE VIDE ET PRESSION XYLOVAC (Procédé de surface renforcé) (suite)

DOC XYLOCHIMIE

DOUBLE VIDE ET PRESSION XYLOVAC (Procédé de surface)

Procédé identique à celui du double-vide sauf en ce qui concerne la période de trempage qui est suivie d'une période de pression exercée sur le produit afin d'augmenter sa pénétration dans le bois. Durée totale du cycle : 1 h 30.	• **Insecticide** • **Fongicide** (champignons de surface) • **Classe de risque 1, 2 et 3.**	Organique

DOC XYLOCHIMIE

VIDE ET PRESSION PROCÉDÉ BETHELL (Procédé de profondeur)	Le bois est introduit dans une enceinte cylindrique fermée. Un vide est appliqué pour évacuer le maximum d'air des cellules du bois. Le vide maintenu, l'enceinte est remplie de produit et une pression est exercée pour accroître la pénétration du produit. Celle-ci est arrêtée lorsque le bois n'absorbe plus le produit. Le produit est refoulé et le vide est à nouveau fait. Procédé de traitement en profondeur.	• **Insecticide** • **Fongicide** (champignons de surface et champignons de profondeur) • **Classe de risque 1, 2 , 3 et 4**	Aqueux, sels ou oxydes Cryptogil

VIDE ET PRESSION PROCÉDÉ RUPING (à cellules vides)	Le principe consiste à remplir la cellule du bois d'air avant d'injecter le produit dans le bois pour éviter une consommation importante du produit. (Procédé effectué à chaud).	• **Insecticide** • **Fongicide** • **Classe de risque 4**	Créosote uniquement

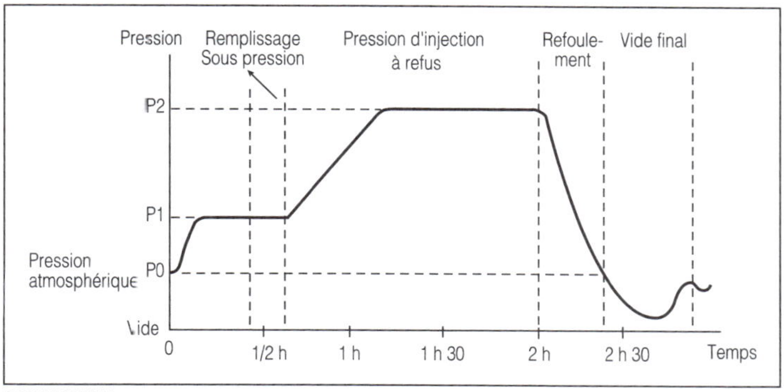

DOC XYLOCHIMIE

CHOIX D'UN TRAITEMENT

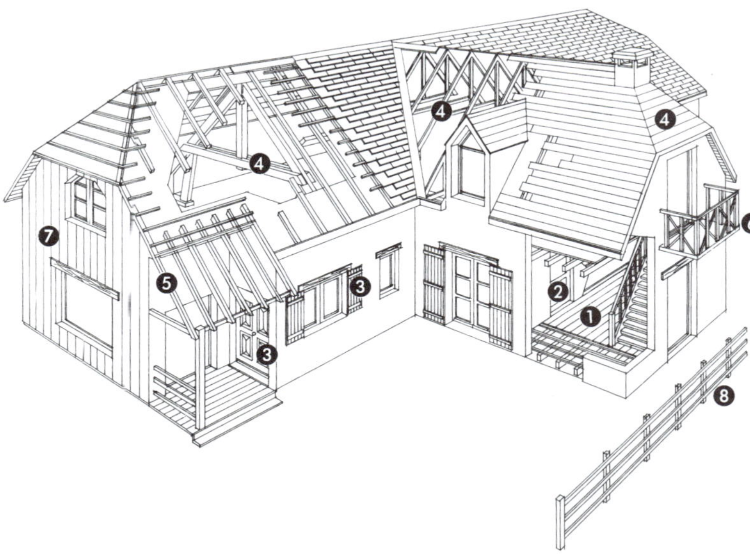

ÉLÉMENTS	TYPE D'EMPLOI	ÉLÉMENTS	TYPE D'EMPLOI
❶	Parquet	❺	Charpente extérieure
❷	Menuiseries intérieures	❻	Balcons, ossature bois
❸	Menuiseries extérieures	❼	Bardages
❹	Charpente intérieure	❽	Espaces verts

Traitement du bois

BOIS DANS L'OUVRAGE				TRAITEMENT				
Emploi du bois	**Exposition humidité**	**Essence concernée**	**Régions à risques**	**Fonction**	**Mode d'application**	**Précaution Conditions**	**Produit de type**	**Finition**
❶ **Parquet**		**Feuillus** exemple : chêne	Nécessaire si termitée (et si aubier)	**Insecticide**	Aspersion badigeon ou trempage		**Xylophène SP 2000**	
		Résineux ex. : pin, sapin	Toutes régions					
Les parquets en résineux seront traités avec un produit préventif insecticide de type Xylophène SP 2000 appliqué par aspersion, badigeon ou trempage. Dans les régions termitées, il est nécessaire de traiter également les feuillus avec un produit de type Xylophène SP 2000.								
❷ **Menuiseries intérieures,** portes, plinthes, lambris, escaliers, boiseries	Toutes pièces sauf salles de bains	Toutes essences		**Insecticide**	Aspersion, badigeon ou trempage		**Xylohène SP 2000**	
	Salles de bains	**Feuillus**	Toutes régions	**Insecticide fongicide**	Aspersion, badigeon ou trempage		**Xylophène SMX 2000**	
		Résineux	Régions termitées					
			Non termitées	**Insecticide fongicide**	Aspersion, badigeon ou trempage		**Xylophène SM 2000**	
Les menuiseries intérieures dans les pièces d'habitation, hors salles de bains, devront être traitées préventivement avec un produit insecticide de type Xylophène SP 2000, appliqué par aspersion, badigeon ou trempage. Pour des salles de bains, les bois auront été traités préventivement avec un produit insecticide et fongicide de type Xylophène SMX 2000, appliqué par trempage ou double vide. En régions termitées, un traitement préventif ani-termites est indispensable avec un produit de type Xylophène SMX 2000.								
❸ **Menuiseries extérieures** portes, fenêtres	À l'exception des essences durables naturellement purgées de l'aubier	**Feuillus**	Toutes régions	**Insecticide fongicide**	Trempage ou double vide	Dormants traités avant assemblage	**Xylophène SMX 2000**	Après évaporation des solvants, on appliquera toutes finitions bâtiment de type Héliothan, Xylotan, Bondex ou Gori.
		Résineux					**Xylophène SM 2000**	
Les menuiseries extérieures devront être traitées préventivement avec un produit insecticide et fongicide de type Xylophène SMX 2000 appliqué par trempage ou double vide.								
❹ **Charpente intérieure**	Bois toujours à l'abri	Toutes essences sensibles aux insectes	Toutes régions	**Insecticide fongicide**	Trempage	Tout usinage ultérieur doit être suivi d'un traitement avec le SGR 2000 ex. : rabotage	**Xylophène EX 2000 ou Xylophène SGR 2000**	
Poutres apparentes								
Voliges, liteaux sous toiture								
Les charpentes intérieures devront être traitées préventivement avec un produit insecticide et fongicide de type xylophène EX 2000 ou SGR 2000 appliqué par trempage.								
❺ **Charpente extérieure**	Bois non abrités	**Résineux** essentiellement	Toutes régions	**Insecticide fongicide**	Autoclave	Bois de fortes sections	**Cryptogil COP2**	
				Insecticide fongicide	Double vide	Autres bois	**Xylophène SMX 2000**	
Les charpentes extérieures devront être traitées préventivement avec un produit insecticide et fongicide de type xylophène SMX 2000 appliqué par trempage. Pour les fortes sections, les bois auront été traités avec un produit préventif insecticide et fongicide de type Cryptogil COP 2, appliqué par autoclave.								
❻ **Balcons**	Extérieur	Sauf essences naturellement résistantes		**Insecticide fongicide**	Vac-Vac Autoclave		**Xylophène SMX 2000** **Cryptogil COP 2**	
Ossature bois	Parties basses en contact avec le sol. Ex. : lisse basse							
	Autres bois	À l'exception du chêne purgé de l'aubier	Régions termitées ou non	**Insecticide fongicide**	Trempage	Tout usinage ultérieur doit être suivi d'un traitement avec le SGR 2000	**Xylophène EX 2000 ou SMX 2000**	
Les bois d'ossature autres que les lisses basses devront être traités préventivement avec un produit insecticide et fongicide de type Xylophène EX 2000 ou Xylophène SMX 2000 appliqué par trempage. Les balcons et lisses basses des ossatures bois devront être traités préventivement avec un produit insecticide et fongicide de type Xylophène SMX 2000 appliqué par vac-vac ou avec du cryptogil COP 2 appliqué par autoclave.								
❼ **Bardages**	Extérieur	**Résineux**		**Insecticide fongicide**	Trempage	Si section < = à 27 mm	**Xylophène SGR 2000**	Pour les bardages traités avec xylophène SGR 2000, une finition de type Héliothan, Xylotan, Bondex ou Gori est nécessaire.
					Autoclave	Si section > = à 27 mm	**Cryptogil COP 2**	
Les bardages bois de section inférieure à 27 mm devront être traités préventivement avec un produit insecticide et fongicide de type Xylophène SGR 2000 appliqué par trempage. Pour les sections supérieures à 27 mm, on traitera par autoclave.								
❽ **Bois d'aménagement des espaces verts** Ex. : clôtures, poteaux, piquets, jeux d'enfants, abris, murs anti-bruit, glissières de sécurité	Extérieur sauf contact avec l'eau de mer	**Autres essences que le pin : consulter le fabricant**		**Insecticide fongicide**	Autoclave	Concentration : 3,3 % quantité injectée : > = 10 kg/m^3	**Cryptogil COP 2**	
	Contact avec l'eau de mer			**Insecticide fongicide**		Concentration : 5 % quantité injectée : > = 15 kg/m^3		
Les aménagements d'espaces verts devront être traités préventivement avec un produit insecticide et fongicide de type Cryptogil COP 2 appliqué par autoclave.								
Lamellé collée	Intérieur			**Insecticide fongicide**	Badigeon	Attention : une lasure n'est pas un traitement	**Xylophène SGR 2000 ou SMX 2000**	Lasure obligatoire de type Heliotan, Xylotan, Bondex ou Gori et à l'exclusion de toute autre finition.
	Extérieur – Parties horizontales non protégées	**Pin ou essence imprégnable**		**Insecticide fongicide**	Autoclave	Bois traités avant collage	**Cryptogil COP 2**	
	Extérieur Poutres totalement abritées	**Pin ou essence imprégnable**		**Insecticide fongicide**	Badigeon		**Xylophène SGR 2000 ou SMX 2000**	
Les poutres lamellé-collé devront être traitées préventivement avec un produit insecticide et fongicide de type Xylophène SMX 2000 appliqué par badigeon. En extérieur, si les poutres ne sont pas protégées, on traitera avec un produit préventif insecticide et fongicide de type Cryptogil COP 2.								
Nota : en cas de recoupe, les surfaces mises à nu doivent recevoir un traitement de rappel.								

DURABILITÉ NATURELLE ET IMPRÉGNABILITÉ DES BOIS

RÉSINEUX ET FEUILLUS DES RÉGIONS « TEMPÉRÉES »

ESSENCES
A = aubier
BP = bois parfait

DURABILITÉ NATURELLE

Champignons
1 = très durable
2 = durable
3 = moyennement durable
4 = faiblement durable
5 = non durable

Insectes à larve xylophage
D = durable
S = sensible

Termites
D = durable
M = moyennement durable
S = sensible

IMPRÉGNABILITÉ
1 = imprégnable
2 = moyennement imprégnable
3 = peu imprégnable
4 = non imprégnable
(V = très variable)

	Champignons		Capricornes		Vrillettes		Lyctus		Termites		Imprégnabilité	
	A	BP	A	BP	A	BP	A	BP	A	BP	A	BP
Résineux												
Douglas	5	3-4	S	D	S	S	-	-	S	S	2-3	4
Épicéa	5	4	S	S	S	S	-	-	S	S	3v	3-4
Hemlock	5	4	S	D	S	S	-	-	S	S	2	3
Mélèze	5	3-4	S	S	S	S	-	-	S	S	2v	4
Red Cedar	5	2	S	D	D	D	-	-	S	S	3	3-4
Pins												
Laricio	5	4	S	D	D	D	-	-	S	S	1	3-4
Maritime	5	3-4	S	D	D	D	-	-	S	S	1	4
Sylvestre	5	3-4	S	D	D	D	-	-	S	S	1	3-4
Sapin	5	4	S	S	S	S	-	-	S	S	2v	2-3
Feuillus (métropole)			**Hespérophanes**									
Bouleau	5	5	-	-	S	D	S*	D	S	S	1-2	1-2
Châtaignier	5	2	S	D	S	D	S	D	S	S	2	4
Chêne	5	2-3	S	D	S	D	S	D	S	S	2	4
Frêne	5	5	-	-	S	D	S	D	S	S	2	2
Hêtre	5	5	S	S	S	S	D	D	S	S	1-4* (cœur rouge)	1
Noyer	5	3	S	D	S	S	S	D	S	S	1	3
Orme	5	4	-	-	S	D	S	D	S	S	1	2-3
Peuplier	5	5	S	S	S	S	S*	D	S	S	1v	3v
Robinier	5	1-2	-	-	S	D	S	D	S	S	1	4

*Occasionnellement

FEUILLUS DES ZONES TROPICALES

	Champignons		Capricornes		Vrillettes		Lyctus		Termites		Imprégnabilité	
	A	BP	A	BP	A	BP	A	BP	A	BP	A	BP
Acajou	5	3	-	-	-	-	S	D	S	S	2	4
Ako	5	5	-	-	-	-	S	S	S	S	1	1
Angélique	5	2v	-	-	-	-	S	D	S	M	2	4
Assamela (1)	5	1-2	-	-	-	-	S	D	S	D	1	4
Azobe	5	2v	-	-	-	-	S	D	S	D	2	4
Bete	5	1	-	-	-	-	S	D	S	D	1	4
Bilinga/Badi	5	1	-	-	-	-	s	D	s	D	1	2
Bosse	5	2v	-	-	-	-	S	D	S	S	1	4
Bubinga	5	2	-	-	-	-	S	D	S	D	1	4
Dibetou	5	3-4	-	-	-	-	S	D	S	S	2	3-4
Doussié	5	1	-	-	-	-	S	D	S	D	2	4
Framire	5	2-3	-	-	-	-	S	D	S	S	2	4
Ilomba	5	5	-	-	-	-	S	S	S	S	1	1
Iroko	5	1-2	-	-	-	-	S	D	S	D	1	4
Kosipo	5	2-3	-	-	-	-	S	D	S	M	1	3
Kotibe	5	3v	-	-	-	-	S	D	S	M	1-2	3-4
Koto	5	5	-	-	-	-	S	S	S	S	1	1
Limba/Frake	5	4	-	-	-	-	S	S	S	S	1	2
Makore/Douka	5	1	-	-	-	-	S	D	S	D	2	4
Mengkulang	5	4	-	-	-	-	S	D	S	S	2	3
Méranti D.R.	5	2-4	-	-	-	-	S	D	S	M	2	4v
Méranti L.R.	5	3-4	-	-	-	-	S	D	S	S	2	4v
Movingui	5	3	-	-	-	-	S	D	S	M	?	4
Niangon	5	3	-	-	-	-	S	D	S	M	3	4
Okoumé	5	4	-	-	-	-	S	D	S	S	?	3
Ramin	5	5	-	-	-	-	S	S	S	S	1	1
Samba/Ayous	5	5	-	-	-	-	S	S	S	S	1	3
Sapelli	5	3	-	-	-	-	S	D	S	M	2	3
Sipo	5	2-3	-	-	-	-	S	D	S	M	2	4
Teck	5	1	-	-	-	-	S	D	S	M	3	4
Tiama	5	3	-	-	-	-	S	D	S	S	3	4

(1) Assamela = Afrormosia

DOC XYLOCHIMIE

1.12 EMPLOI DES BOIS

Tous les bois ne peuvent être utilisés pour tous les ouvrages. Les quatre tableaux suivants présentent les principaux bois des régions tempérées et tropicales et leurs utilisations possibles.

ESSENCES DES RÉGIONS TEMPÉRÉES

Domaines d'emploi / Essences	AULNE	BOULEAU	BUIS	CHARME	CHÂTAIGNIER	CHÊNE	CHÊNE ROUGE D'AMÉRIQUE	CORNOUILLER MALE	DOUGLAS	ÉPICÉA	ÉPICÉA DE SITKA	ÉRABLE-SYCOMORE	ÉRABLE PLANE	ÉRABLE CHAMPÊTRE	FRÊNE	HÊTRE	MARRONNIER	MÉLÈZE	MERISIER	NOYER D'EUROPE	NOYER D'AMÉRIQUE	OLIVIER	ORME	PEUPLIER	PIN D'ALEP	PIN CEMBRO	PIN À CROCHETS	PIN LARICIO	PIN MARITIME	PIN DE PARANA
Traverses de chemin de fer						X										X														
Tournerie	X	X	X	X								X	X			X	X		X			X					X			
Tonnellerie					X	X									X															
Tabletterie			X																											
Sculpture	X		X																X			X				X				
Poteaux							X			X								X										X	X	
Planches d'échafaudage																														
Placages		X	X			X						X							X	X	X		X							
Parquets					X	X	X					X				X														
Papeterie		X		X			X			X														X					X	
Moulures										X																				
Modelage																				X	X									X
Menuiserie intérieure					X	X	X		X	X			X											X	X		X	X	X	X
Menuiserie extérieure					X	X			X				X					X									X	X		
Marquetterie			X																			X								
Manches				X				X						X	X	X														
Lambris										X																			X	
Jeux et jouets	X	X		X												X	X									X				
Instruments de musique										X		X	X																	
Étals de boucherie				X																										
Escaliers						X																	X							
Emballage – Caisserie							X		X	X						X	X							X	X			X	X	X
Ébénisterie						X						X							X	X	X		X							
Décoration						X			X																					
Crosses de fusil																				X	X									
Contre-plaqué		X							X							X								X					X	X
Constructions portuaires						X			X																					
Constructions navales						X			X		X				X								X							
Constructions hydrauliques						X			X																					
Constructions aéronautiques											X																			
Coffrages										X																		X		
Clôtures					X																									
Charpentes						X			X	X								X						X	X		X	X	X	
Cannes et manches de parapluies								X						X																
Barreaux d'échelle							X																							
Bardeaux de couverture										X								X								X	X			
Articles de sport															X															
Articles de ménage		X														X						X								
Ameublement (carcasses)		X														X														
Ameublement					X	X						X			X	X			X		X			X					X	

Emploi des principales essences

ESSENCES DES RÉGIONS TEMPÉRÉES (suite)

Domaines d'emploi \ Essences	PIN SYLVESTRE	PIN WEYMOUTH	PITCHPIN	PLATANE	POIRIER	ROBINIER	SAPIN	SEQUOIA	TILLEUL	WESTERN HEMLOCK	WESTERN RED CEDAR
Traverses de chemin de fer											
Tournerie					X				X		
Tonnellerie						X					
Tabletterie											
Sculpture					X				X		
Poteaux	X						X				
Planches d'échafaudage							X				
Placages				X	X						
Parquets	X		X								
Papeterie	X	X					X				
Moulures	X	X					X	X	X	X	X
Modelage		X							X		
Menuiserie intérieure	X	X					X				
Menuiserie extérieure	X		X								
Marquetterie											
Manches						X				X	
Lambris							X	X		X	X
Jeux et jouets				X							
Instruments de musique					X						
Étals de boucherie											
Escaliers											
Emballage – Caisserie	X	X		X			X				
Ébénisterie					X						
Décoration											
Crosses de fusil											
Contre-plaqué											
Constructions portuaires			X								
Constructions navales											
Constructions hydrauliques			X								
Constructions aéronautiques											
Coffrages		X					X				X
Clôtures						X		X			
Charpentes	X		X				X			X	
Cannes et manches de parapluies											
Barreaux d'échelle						X					
Bardeaux de couverture								X			X
Articles de sport											
Articles de ménage				X							
Ameublement (carcasses)											
Ameublement				X							

ESSENCES DES RÉGIONS TROPICALES

Domaines d'emploi \ Essences	ABARCO	ACAJOUS D'AFRIQUE	ACAJOUS D'AMÉRIQUE	AIELE	AKO	AMARANTE	ANDIROBA	ANGÉLIQUE/BASRALOCUS	ANIEGRE	ASSAMELA	AVODIRE	AZOBE	BABOEN	BAHIA	BALATA ROUGE	BALSA	BETE/MANSONIA	BILINGA
Traverses de chemin de fer																		
Tournerie											X							
Tonnellerie								X										
Tabletterie																		
Sculpture																		
Poteaux																		
Planches d'échafaudage																		
Placages				X	X		X		X	X	X							
Parquets								X				X			X		X	
Papeterie																		
Moulures													X	X				
Modelage											X							
Menuiserie intérieure	X	X		X	X	X	X				X		X	X			X	
Menuiserie extérieure	X			X		X		X				X					X	
Marquetterie																		
Manches																		
Lambris																		
Jeux et jouets																X		
Instruments de musique																		
Étals de boucherie																		
Escaliers								X				X						
Emballage – Caisserie					X								X	X				
Ébénisterie			X	X														
Décoration			X							X	X							
Crosses de fusil																		
Contre-plaqué	X	X		X	X		X						X	X			X	
Constructions portuaires																		X
Constructions navales	X	X				X		X										
Constructions hydrauliques												X						
Constructions aéronautiques																X		
Coffrages																		
Clôtures																		
Charpentes						X		X		X		X			X			X
Cannes et manches de parapluies																		
Barreaux d'échelle																		
Bardeaux de couverture																		
Articles de sport																		
Articles de ménage																		
Ameublement (carcasses)																		
Ameublement		X	X		X	X	X		X	X	X						X	

Emploi des bois

ESSENCES DES RÉGIONS TROPICALES (suite)

Domaines d'emploi / Essences	BOSSE	BUBINGA	CITRONNIER DE CEYLAN	CŒUR DEHORS	COURBARIL	DABEMA	DIBETOU	DOUSSIE	ÉBÈNE	FRAMIRE	FROMAGER	GAIAC	GONFOLO	GRIGNON FRANC	HINTSY	ILOMBA	IROKO	JEQUITIBA	KAPUR	KERUING / APITONG	KOSIPO	KOTIBE	KOTO	KOUALI	LAUANS RED	LAUANS WHITE	LIMBA	LIMBALI	MAKORE	MANIL	MENGKULANG
Traverses de chemin de fer															■																
Tournerie		■																													
Tonnellerie																															
Tabletterie																															
Sculpture																															
Poteaux																															
Planches d'échafaudage																															
Placages	■	■	■	■					■		■										■	■	■				■		■		
Parquets				■	■										■		■		■	■		■						■	■		■
Papeterie																															
Moulures																■							■	■							
Modelage																															
Menuiserie intérieure	■				■	■		■		■			■	■		■		■	■	■	■	■	■	■	■	■	■	■	■	■	■
Menuiserie extérieure	■				■	■		■		■				■	■		■	■	■	■		■			■	■		■	■		■
Marquetterie																															
Manches		■							■													■									
Lambris																															
Jeux et jouets		■																													
Instruments de musique									■																						
Étals de boucherie																															
Escaliers																	■					■							■		
Emballage – Caisserie													■	■										■							
Ébénisterie									■																						
Décoration	■		■		■				■																						
Crosses de fusil																															
Contre-plaqué						■	■			■						■		■					■	■	■	■	■				
Constructions portuaires																															
Constructions navales							■					■			■		■					■			■	■					
Constructions hydrauliques								■							■																
Constructions aéronautiques																															
Coffrages																															
Clôtures																															
Charpentes				■	■	■		■					■	■	■				■	■		■						■		■	
Cannes et manches de parapluies																															
Barreaux d'échelle																															
Bardeaux de couverture																															
Articles de sport																															
Articles de ménage																															
Ameublement (carcasses)																															
Ameublement	■	■	■		■	■	■		■	■				■			■	■					■		■	■					

ESSENCES DES RÉGIONS TROPICALES (suite)

Domaines d'emploi \ Essences	MERANTIS DARK RED	MERANTIS LIGHT RED	MOABI	MOVINGUI	MUTÉNYÉ	NIANGON	NIOVE	OKOUMÉ	OLON	OVEN GKOL	OZIGO	PADOUK D'AFRIQUE	PALISSANDRE DE RIO	PALISSANDRE DES INDES	PEROBA JAUNE	PEROBA ROSE	RAMIN	SAINT MARTIN ROUGE	SAMBA	SAPELLI	SERAYA RED	SERAYA YELLOW	SERAYA WHITE	SIPO	TALI	TECK	TIAMA	TOLA	WACAPOU	WAPA	WENGE	ZINGANA
Traverses de chemin de fer																																
Tournerie					■		■			■		■																			■	
Tonnellerie																																
Tabletterie																																
Sculpture																																
Poteaux																														■		
Planches d'échafaudage																																
Placages				■	■		■						■	■	■	■				■							■		■		■	■
Parquets			■	■	■		■			■		■			■										■				■		■	
Papeterie																																
Moulures									■								■		■													
Modelage																																
Menuiserie intérieure	■	■	■	■		■			■		■				■	■	■	■	■	■	■	■	■	■			■	■				
Menuiserie extérieure	■	■	■	■		■						■				■				■	■	■	■	■	■		■	■		■		
Marquetterie																																
Manches												■						■														■
Lambris										■														■								
Jeux et jouets																																
Instruments de musique																																
Étals de boucherie																																
Escaliers							■																									
Emballage – Caisserie																			■													
Ébénisterie																																
Décoration																										■						
Crosses de fusil																																
Contre-plaqué		■						■	■		■						■		■		■	■	■				■	■				
Constructions portuaires												■																				
Constructions navales															■	■								■		■						
Constructions hydrauliques												■																				
Constructions aéronautiques																																
Coffrages																																
Clôtures																																
Charpentes				■								■				■									■				■	■		
Cannes et manches de parapluies																																
Barreaux d'échelle																																
Bardeaux de couverture																																
Articles de sport																																
Articles de ménage																		■													■	■
Ameublement (carcasses)																																
Ameublement			■		■		■			■			■	■	■	■	■	■		■				■		■					■	

1.13 DIMENSIONS COMMERCIALES ET CLASSES DES BOIS

Après des opérations de scierie, le produit « bois » est distribué conformément à des critères de classement et dimensionnels.

1.13.1 DIMENSIONS

ÉPAISSEURS COURANTES DES PLOTS

(grisé) Épaisseurs courantes (mm)

10	13	15	**18**	20	22	**27**	**34**	**41**	45	**54**	**75**	80	100	120

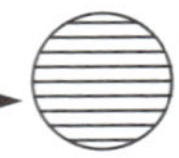

RÉSINEUX AVIVÉS

■ **RÉSINEUX FRANÇAIS**

Humidité de référence : 20 %

Largeurs (en mm) — Épaisseur en mm

Épaisseur	27	40	63	75	100	115	125	150	160	175	200	225
15	2 469,14 66,67	1 666,67 66,67		888,89 66,67								
18			881,83 55,56	740,74 55,56	555,56 55,56	483,09 55,56	444,44 55,56	370,37 55,56	347,22 55,56	317,46 55,56	277,78 55,56	
22				606,06 45,45	454,55 45,45	395,26 45,45	363,64 45,45	303,03 45,45	284,09 45,45	259,74 45,45	227,27 45,45	
27	1 371,74 37,04	925,93 37,04			370,37 37,04	322,06 37,04		246,91 37,04		211,64 37,04	185,19 37,04	164,61 37,04
32			496,03 31,25	416,67 31,25	312,50 31,25	271,74 31,25	250,00 31,25	208,33 31,25	195,31 31,25	178,57 31,25	156,25 31,25	138,89 31,25
38			417,71 22,88	350,88 22,88	263,16 22,88	228,83 22,88	210,53 22,88	175,44 22,88		150,38 22,88	131,58 22,88	116,96 22,88
50					200,00 20,00	173,91 20,00	160,00 20,00	133,33 20,00	125,00 20,00	114,29 20,00	100,00 20,00	88,89 20,00
63				211,64 15,87					99,21 15,87	90,70 15,87		
75				177,78 13,33	133,33 13,33			88,89 13,33		76,19 13,33	66,67 13,33	59,26 13,33
100					100,00 10,00						50,00 10,00	44,44 10,00
115						75,61 8,70						
125							64,00 8,00					
150								44,44 6,67				
200											25,00 5,00	
225												19,75 4,44

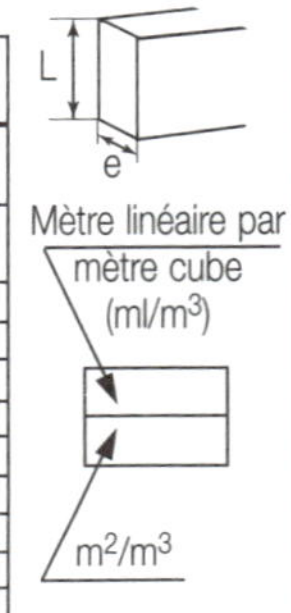

Longueur :

- *Sapin, épicéa* de 50 en 50 cm à partir de 1 m
- *Pin* de 30 en 30 cm à partir de 2,10 m

■ **RÉSINEUX CANADIEN**

Épaisseur	65	75	100	125	150	175	200	225	250
19	809,72 52,63	701,75 52,63	526,32 52,63						
22	699,30 45,45	606,06 45,45	454,55 45,45	363,64 45,45	303,03 45,45	259,74 45,45	227,27 45,45		
23	668,90 43,48	579,71 43,48	434,78 43,48	347,83 43,48	289,86 43,48	248,45 43,48	217,39 43,48		
25	615,38 40,00	533,33 40,00	400,00 40,00	320,00 40,00	266,67 40,00	228,57 40,00	200,00 40,00		
32	480,77 31,25	416,67 31,25	312,50 31,25	250,00 31,25	208,33 31,25				
38	404,86 26,32	350,88 26,32	263,16 26,32	210,53 26,32	175,44 26,32	150,38 26,32	131,58 26,32	116,96 26,32	
47	327,33 21,28	283,69 21,28	212,77 21,28	170,21 21,28	141,84 21,28	121,58 21,28	106,38 21,28	94,56 21,28	85,11 21,28
48	320,51 20,83	277,78 20,83	208,33 20,83	166,67 20,83	138,89 20,83	119,05 20,83	104,17 20,83	92,59 20,83	83,33 20,83
50	307,69 20,00	266,67 20,00	200,00 20,00	160,00 20,00	133,33 20,00	114,29 20,00	100,00 20,00	88,89 20,00	80,00 20,00
63	244,20 15,87	211,64 15,87	158,73 15,87	126,98 15,87	105,82 15,87	90,70 15,87	79,37 15,87	70,55 15,87	63,49 15,87
75	205,13 13,33	177,78 13,33	133,33 13,33	106,67 13,33	88,89 13,33	76,19 13,33	66,67 13,33	59,26 13,33	53,33 13,33
100	153,85 10,00	133,33 10,00	100,00 10,00	80,00 10,00	66,67 10,00	57,14 10,00	50,00 10,00		

Longueur : de 1,2 m à 4,88 m

RÉSINEUX AVIVÉS (suite)

■ RÉSINEUX DU NORD

Largeur (en mm)

Epaisseur (en mm)		100	115	125	150	160	175	200	225
16		625,00 62,50	543,48 62,50						
19		526,32 52,63	457,67 52,63						
22		454,55 45,45	395,26 45,45						
25		400,00 40,00	347,83 40,00	320,00 40,00	266,67 40,00		228,57 40,00	200,00 40,00	177,78 40,00
32		312,50 31,25	271,74 31,25	250,00 31,25	208,33 31,25		178,57 31,25	156,25 31,25	138,89 31,25
38		263,16 26,32	228,83 26,32	210,53 26,32	174,44 26,32		150,38 26,32	131,58 26,32	116,96 26,32
44		227,27 22,73	197,63 22,73		151,52 22,73				
50		200,00 20,00	173,91 20,00	160,00 20,00	133,33 20,00		114,29 20,00	100,00 20,00	88,89 20,00
63					105,82 15,87	99,21 15,87	90,70 15,87	79,37 15,87	70,55 15,87
75					88,89 13,33		76,19 13,33	66,67 13,33	59,26 13,33

Longueur :
de 30 en 30 cm à partir de 1,80 m

1.13.2 CLASSES DE BOIS

Selon ses caractéristiques technologiques et les anomalies qu'il renferme, le bois commercial est classé à partir de l'aspect des **faces** et des **rives**.

BOIS INDIGÈNES SCIAGES AVIVÉS DES FEUILLUS DURS

■ TABLEAU RÉCAPITULATIF DES ANOMALIES CONSIDÉRÉES POUR LE CLASSEMENT D'ASPECT DES FACES ET DES RIVES

	Anomalies	Classes X	A	B	C	D
I À considérer simultanément (totalisables)	Nombre maximal d'anomalies admises par élément type de 1 m x 0,10 m........	0	2	3	4	Admis : tous défauts et altérations, sauf ceux compromettant visiblement la solidité de la pièce ou interdisant toute mise en œuvre.
	Nœuds isolés : Nombre maximal admis par élément type..................	0	2	2	3	
	Diamètre individuel maximal : sains et adhérents	E	10 mm	20 mm	30 mm	
	Noirs ou vicieux..................	E	5 mm	10 mm	20 mm	
	Nœuds en grappes, pattes de chat..........	E	a. p. appr.	Admis	Admis	
	Ronces	E	a. p. appr.	Admis	Admis	
	Fentes en bout ou de cœur..................	E	E	1/2 ℓ	ℓ	
	Gerces de séchage..................	E	E	1/3 ℓ	2/3 ℓ	
II À considérer isolément	Fil..................	droit	droit	T/S droit	S/ droit	
	Cœur sain { découvert..................	E	E	trace	Admis	
	Cœur sain { enfermé	E	E	E	E	
	Piqûres noires non actives..................	E	E	Quelques-unes	Admis	
	Veines	E	E	légères	Admis	
	Taches	E	E	légères	Admis	
	Échauffure	E	E	E	Admis	
III	Toutes autres anomalies	E	E	E	E	

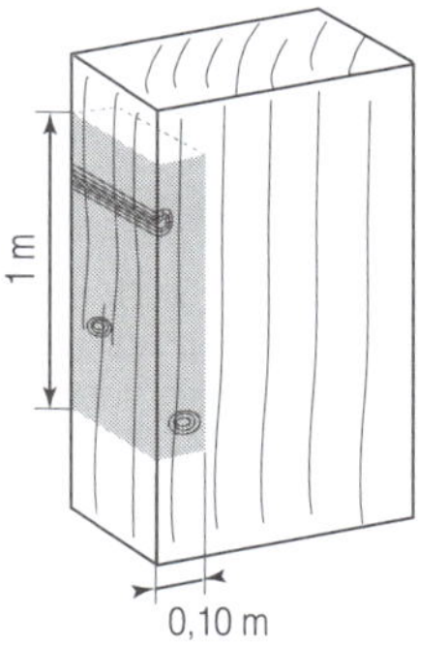

Zone « élément type »

T/S = très sensiblement.
S*I* = sensiblement.
ℓ = largeur
a. p. appar. = à peine apparent.
E = exclu.

■ TABLEAU RÉCAPITULATIF DES CHOIX

Choix	Exceptionnel	1er	2e	3e	4e
pièce	XX	XA–XB AA AB (AB ⩽ 50 %)	AC BB BC – AD éventuellement XC – XD (BC + AD ⩽ 50 %) plus pièces déclassées à cause de l'aubier*	BC CC CD (CD ⩽ 50 %) plus pièces déclassées à cause de l'importance de l'aubier*	DD plus pièces déclassées sauf pièces inemployables
aubier plus belle face	néant	néant	néant aubier sain { ⩽ 1/3 ℓ	néant aubier sain { ⩽ ℓ	aubier sain s/limitat.
autre face	néant	néant	{ ⩽ 1/2 e	{ ⩽ 1/2 e	aubier sain s/limitat.

e = épaisseur.
ℓ = largeur de la pièce
⩽ = inférieur ou égal
* Dans les limites fixées pour ces choix.

NFB 53-501

BOIS INDIGÈNES SCIAGES AVIVÉS DE SAPIN ET ÉPICÉA

■ TABLEAU RÉCAPITULATIF DES ANOMALIES CONSIDÉRÉES POUR LE CLASSEMENT DES FACES

		A	B	C	D	E	F
I À considérer simultanément	Nombre maximal d'anomalies par élément type de 1 m x 0,10 m	0	2	3	4	5	Admis : tous défauts ou altérations, sauf ceux compromettant visiblement la solidité de la pièce ou interdisant toute mise en œuvre.
	Nœuds isolés						
	• **Cas général**						
	Nombre maximal admis par élément type	0	2	2	3	4	
	diamètre individuel maximal :						
	Nœuds sains et adhérents	0	10 mm	20 mm	30 mm	40 mm	
	Nœuds noirs ou non adhérents	0	0	10 mm	20 mm	25 mm	
	Nœuds vicieux	0	0	0	0	25 mm	
	• **Cas particulier des nœuds rares :**						
	nombre maximal admis par élément type						
	Nœuds sains et adhérents	0	0	1	1	2	
	Nœuds noirs ou non adhérents	0	0	1/4	1/2	2	
	Nœuds vicieux	0	0	0	0	2	
	Diamètre individuel maximal						
	Nœuds sains et adhérents	0	0	40 mm	45 mm	60 mm	
	Nœuds noirs ou vicieux ou non adhérents	0	0	20 mm	25 mm	40 mm	
	Fentes en bout ou de cœur ; longueur maximale	0	$\ell/3$	$\ell/2$	ℓ	2ℓ	
	Fentes en bout, longueur individuelle maximale par rapport à la longueur de la pièce	0	2 %	5 %	8 %	10 %	
	Gerces de séchage : longueur max.	0	$3\ell/2\ell$	2ℓ	3ℓ	4ℓ	
	Poches de résine : longueur max.	0	0	30 mm	60 mm	80 mm	
II À considérer isolément	Fil (*)	(1)					
	Échauffure	–	–	–	lts	n. alt.	
	Coloration anormale (bleu de l'épicéa)	–	–	–	n. alt.	ad.	
	Veine rouge (bois raide)	–	–	–	ad.	ad.	
	Ronces	–	–	–	ad.	ad.	
	Cœur découvert	–	–	–	sain	ad.	
	Piqûres noires non actives	–	–	–	ad.	ad.	
	Gui, chaudron	–	–	–	–	ad.	
	Entre-écorce	–	–	–	–	ad.	
III	Autres anomalies	–	–	–	–	–	

(*) La rectitude du fil n'intervient dans le classement que pour la classe A.

ad.= admises
– = exclues
n. alt. = non altérantes
lts = légère trace superficielle
ℓ = largeur de la pièce

■ TABLEAU RÉCAPITULATIF DES CHOIX

Pièces	Hors choix	1er	2e	3e	4e	Déclassé
Faces	AA	AB AC **BB** BC BC ≤ 50 % + pièces déclassées en raison des flaches	AD AE BD BE **CC** CD CD ≤ 50 % + pièces déclassées en raison importance flaches	CE **DD** DE DE ≤ 50 % + pièces déclassées en raison importance flaches	DF **EE** EF EF ≤ 50 % + pièces déclassées en raison importance flaches	FF
Flaches • admises sur :	–	une arête du c.t.p.	une arête du c.t.p.	le c.t.p.	le c.t.p.	les deux rives d'une face
• longueur maxi. totale :	–	≤ L/10	≤ L/5	≤ L/3	≤ L/2	s.l
• largeur max. :	–	≤ *e*/10	≤ *e*/5	≤ *e*/3	*e*/3	≤ 2 *e*/3

L = longueur de la pièce
c.t.p. = contreparement
e = épaisseur de la pièce
– = exclues
s. l. = sans limitation
≤ inférieure ou égal à

NFB 53-502

La norme NFB 53-503 définit le classement d'aspect des sciages avivés de pin maritime (bois indigène).

1.13.3 CLASSEMENT DES SCIAGES RÉSINEUX FRANÇAIS

Les sciages des résineux français sont classés à partir de caractères visuels par observations des **faces** et des **rives**.
Classement conventionnel utilisé par les scieurs.

CLASSEMENT DES RÉSINEUX

DOC CTBA

Pour le sapin, l'épicéa, le pin maritime et le pin sylvestre, six choix sont définis : | OA | OB | 1 | 2 | 3A | 3B |

Désignation des choix / Critères de classement	Choix OA	Choix OB	Choix 1	Choix 2	Choix 3A	Choix 3B
Singularité de structure						
Nœuds adhérents		par surface type de 0,10 x 1 m		Larg. pièce< 90 mm Ø maxi < 1/2 ℓ		
– en parement	Exclu	Toléré : 2 nœuds ∅ maxi : 20 mm	Toléré : 3 nœuds ∅ maxi : 30 mm	De 90 < l < 150 mm ∅ maxi : 45 mm	Admis	Admis
– en contre-parement (CP)	Toléré ∅ maxi. : 15 mm	Toléré : 3 nœuds ∅ maxi. : 25 mm	Toléré : 5 nœuds ∅ maxi. : 40 mm	Larg. pièce > 150 mm ∅ maxi. : 1/3 ℓ	Admis	Admis
– en rive	Exclu	Exclu	∅ maxi. : 1/2 de e	∅ maxi. : 2/3 de e	Admis	Admis
– plats	Exclu	Exclu	Toléré	Toléré	Admis	Admis
– doubles « moustaches »	Exclu	Exclu	Exclu	Admis	Admis	Admis
Nœuds partiellement adhérents	Exclu	Toléré en CP ∅ maxi. : 10 mm	Toléré en CP ∅ maxi. : 20 mm	Admis nœuds adhérents	Admis	Admis
Nœuds non adhérents	Exclu	Exclu	Exclu	Admis nœuds adhérents	Admis	Admis
Nœuds vicieux/pourris	Exclu	Exclu	Exclu	Exclu	Admis	Admis
Poches de résine	Exclu	Toléré	Toléré	Toléré	Admis	Admis
Fentes : – en bout	Exclu	Toléré si long. maxi. 5 % de L	Toléré si long. maxi. 5 % de L	Toléré si long. maxi. 2 l	Admis	Admis
– de rive	Exclu	Exclu	Exclu	" "	Admis	Admis
– de face	Exclu	Exclu	Exclu	" "	Admis	Admis
Bois de compression	Exclu	Exclu	Toléré	Admis	Admis	Admis
Entre-écorce	Exclu	Exclu	Toléré	Admis	Admis	Admis
Bois ronceux	Exclu	Exclu	Toléré en CP	Admis	Admis	Admis
Altérations						
Bleuissement	Exclu	Exclu	Exclu	Toléré accidentel	Admis	Admis
Pourritures diverses	Exclu	Exclu	Exclu	Exclu	Exclu	Admis
Trous de vers (piqûres)	Exclu	Exclu	Exclu	Toléré maxi 10 % du lot	Admis	Admis
Particularité de débit						
Cœur enfermé	Exclu	Toléré	Toléré	Admis	Admis	Admis
Cœur découvert	Exclu	Exclu	Exclu	Toléré	Admis	Admis
Flache – pièce L < 3 m	Exclu	Exclu	Exclu	Exclu	Exclu	Exclu
Flache – pièce L > 3 m	Tolérance en CP si léger et maxi 10 % du lot	Tolérance si léger et maxi 10 % du lot	Toléré en CP si : long < 20 % de L. Larg. < 20 % de e Maxi : 10 % du lot	Admis si : long < 1/3 de L larg. < 1/2 de e Maxi : 10 % du lot	Admis si : maxi : une face et deux rives	Admis si : Long.< 1/2 L. Larg. < 1/2 de ℓ Larg. < 2 /3 du e.
Déformation	Exclu	Exclu	Toléré	Toléré	Toléré	Admis
Gerces de séchage	Exclu	Toléré si : Long < 1,5 larg.	Toléré si : Long < 2 larg.	Toléré si : Long < 3 larg.	Admis	Admis

CLASSEMENT QUALITATIF CHÊNE ET HÊTRE

Le comité européen de normalisation propose un classement qualitatif des deux feuillus.

■ CLASSIFICATION EUROPÉENNE DU CHÊNE

L'appellation normalisée retenue comporte 3 caractères plus éventuellement une lettre complémentaire.

Le 1er caractère représente l'initiale du nom latin **Q** - (Quercus : chêne)	Le 2e caractère indique le type de produit : **B** - pour les plots (Boule). **F** - pour les frises et avivés. **P** - pour les pièces équarries.	Le 3e caractère fait référence à la classe qualitative : **A** représente un choix exceptionnel ou surchoix. **1** - **2** - **3** les choix suivants par ordre de qualité décroissante.	L'adjonction d'une lettre minuscule **a** ou **b** permet de distinguer le choix 1 du 1bis.	Enfin, l'adjonction en bout d'appellation de la lettre **X** indique la présence d'aubier sur une face des frises ou avivés.

Les choix suivants ont donc été normalisés

Plots	4 choix	Q-BA	Q-B1	Q-B2	Q-B3	
Avivés	5 choix	Q-FA ou Q-FAX	Q-F1a Q-F1aX Q-F1aXX*	Q-F1b Q-F1bX Q-F1bXX*	Q-F2 Q-F2X Q-F2XX*	Q-F3 Q-F3X Q-F3XX*
Pièces Equarries	3 choix	Q-PA	Q-P1	Q-P2		

* Ces choix « aubier traversant » n'ont pas été retenus dans le projet de norme européenne.

■ CLASSIFICATION EUROPÉENNE DU HÊTRE

Le premier caractère représente l'initiale du nom latin : **F** (Fagus : hêtre)	Le deuxième caractère indique le type de produit : **B** -pour les plots. **F** -pour les frises et avivés. **D** -pour les pièces ébauchées.	Le troisième caractère fait référence à la catégorie qualitative : «**A**» représente un choix exceptionnel. **1** - **2** - **3** les choix par ordre de qualité décroissante.	Enfin, l'adjonction de la lettre **R** en bout d'appellation des choix de plots indique la présence de cœur rouge, excédant 20 % de la largeur des plateaux en F-BA, 25 % en F-B1 et 33 % en F-B2. Dans la qualité F-B3, la coloration est indifférente.

Les choix suivants ont donc été normalisés.

Plots	4 choix	F-B A	F-B 1	F-B 2	F-B 3
Avivés	3 choix	F-F A	F-F 1	F-F 2	
Bois ébauchés	3 choix	F-D A	F-D 1	F-D 2	

DOC APECF

1.14 BOIS DU NORD

Les bois du nord se caractérisent par des cernes d'accroissement annuels assez étroits qui traduisent une forte texture (proportion importante de bois d'été à haute résistance), conséquence d'une faible vitesse de croissance.

Il faut également préciser qu'à ces caractéristiques fondamentales viennent s'en adjoindre au moins deux autres :

- des **tolérances de débit** qui sont généralement très serrées ;
- des **taux d'humidité** à la livraison qui correspondent, au moins, à un bon niveau de « ressuyage » et le plus souvent à l'état « sec à l'air ». En effet, l'humidité moyenne d'un plot se situe environ entre 15 et 20 %.

PROPRIÉTÉS MÉCANIQUES

■ BOIS ROUGES DU NORD

Les bois rouges du nord (pin sylvestre) correspondent pour la plupart à la catégorie I de la norme :

- densité à 15 % supérieure à 0,5 ;
- accroissement annuel moyen inférieur à 3 mm ;
- nœuds de ∅ inférieur à 25 mm ;
- pente moyenne du fil inférieure à 7 % ;
- gerce faible à 15 % d'humidité.

■ BOIS BLANC DU NORD

Les bois blancs du nord (épicéa et sapin blanc) correspondent, au minimum, à la catégorie II de la norme :

- *densité* à 15 % supérieur à 0,45 ;
- *accroissement annuel* moyen inférieur à 5 mm ;
- *noeuds* de Ø inférieur à 50 mm ;
- *pente* moyenne du fil inférieure à 12 % ;
- *gerce* assez faible à 15 % d'humidité.

TABLEAU D'UTILISATION

En flexion simple plane sous charge uniformément répartie pour une flèche inférieure à 1/300 de la portée. Contraintes admissibles : 109 kg/cm^2 - module d'élasticité : 98 140 kg/cm^2. Ce tableau donne les sections à utiliser selon :

- les **différentes charges** en kilos par mètre linéaire (1re ligne) ;
- les **différentes portées** en mètres (1re colonne).

Portée en mètres	Charges en kilogrammes par mètre linéaire						
	40	50	60	75	85	100	125
1,25	25 × 75	25 × 75	25 × 75	25 × 75	25 × 75	25 × 75 16 × 100	16 × 100 19 × 100
1,50	25 × 75	25 × 75	25 × 75	16 × 100 19 × 100	16 × 100 19 ×100	19 × 100 22 × 100 16 × 115 25 × 100	22 × 100 16 × 115 25 × 100 19 × 115
1,75	25 × 75	16 × 100 19 × 100	16 × 100 19 × 100 22 × 100	22 × 100 16 × 115 25 × 100	22 × 100 16 × 155 25 × 100 19 × 115 32 × 100	19 × 115 32 × 100 22 × 115 25 × 115 38 × 100	32 × 100 22 × 115 25 × 115 38 × 100 44 × 100
2,00	16 × 100 19 × 100	22 × 100 16 × 115 25 × 100	16 × 115 25 × 100 19 × 115 32 × 100	19 × 115 32 × 100 22 × 115 25 × 115 38 × 100	22 × 115 25 × 115 38 × 100 44 × 100	44 × 100 32 × 115 25 × 125 50 × 100	32 × 115 25 × 125 50 × 100 38 × 115 32 × 125 44 × 115
2,25	22 × 100 16 × 115 25 × 100 19 × 115	19 × 115 32 × 100 22 × 115	22 × 115 25 × 115 38 × 100 44 × 100	44 × 100 32 × 115 25 × 125 50 × 100	32 × 115 25 × 125 50 × 100 38 × 115 32 × 125	38 × 115 32 × 125 44 × 115 38 × 125	38 × 125 50 × 115 25 × 150
2,50	32 × 100 22 × 115 25 × 115 38 × 100	25 × 115 38 × 100 44 × 100 32 × 115 25 × 125	32 × 115 25 × 125 50 × 100 38 × 115	38 × 115 32 × 125 44 × 115 38 × 125	44 × 115 38 × 125 50 × 115 25 × 150	50 × 115 25 × 150 50 × 125	50 × 125 32 × 150
2,75	44 × 100 32 × 115 25 × 125 50 × 100	50 × 100 38 × 115 32 × 125	32 × 125 44 × 115 38 × 125 50 × 115	50 × 115 25 × 150	50 × 125 32 × 150	32 × 150 38 × 150	38 × 150 25 × 175 44 × 150
3,00	38 × 115 32 × 125	44 × 115 38 × 125 50 × 115	25 × 150 50 × 125	50 × 125 32 × 150	28 × 150 25 × 175	25 × 175 44 × 150	50 × 150 32 × 175 25 × 200 38 × 175
3,25	44 × 115 38 × 125 50 × 115	25 × 150 50 × 125	32 × 150	38 × 150 25 × 175 44 × 150	44 × 150 50 × 150 32 × 175	50 × 150 32 × 175 25 × 200 38 × 175	63 × 150 75 × 150 32 × 200
3,50	25 × 150 50 × 125	32 × 150	38 × 150 25 × 175 44 × 150	50 × 150 32 × 175	25 × 200 38 × 175 63 × 150	63 × 150	63 × 160 50 × 175 25 × 225 38 × 200
3,75	32 × 150	38 × 150 25 × 175 44 × 150	50 × 150 32 × 175	25 × 200 38 × 175 63 × 150	75 × 150 32 × 200 63 × 160	75 × 150 32 × 200 63 × 160 50 × 175	63 × 175 32 × 225
4,00	38 × 150 25 × 175	50 × 150 32 × 175	25 × 200 38 × 175 63 × 150	75 × 150 32 × 200 63 × 160 50 × 175	50 × 175 25 × 225 38 × 200	63 × 175 32 × 225	50 × 200 75 × 175 38 × 225
4,25	44 × 150 50 × 150 32 × 175	25 × 200 38 × 175 63 × 150	75 × 150 32 × 200 63 × 160	25 × 225 38 × 200	63 × 175 32 × 225	50 × 200	50 × 225

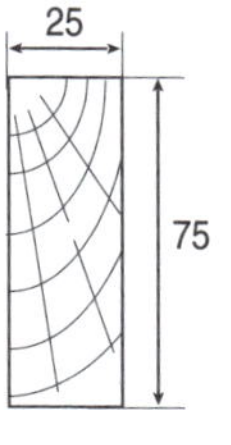

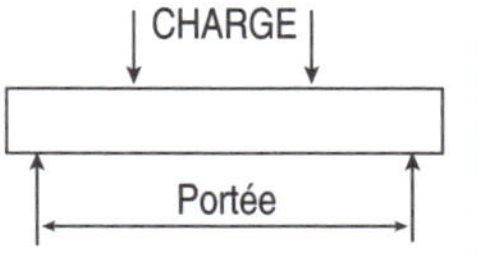

Bois du Nord

TABLEAU D'UTILISATION (suite)

Portée en mètres	Charges en kilogrammes par mètre linéaire					
	150	175	200	250	300	375
1,25	16 × 100 19 × 100 22 × 100	19 × 100 22 × 100 16 × 115 25 × 100	19 × 100 22 × 100 16 × 115 25 × 100 19 × 115 32 × 100	16 × 115 25 × 100 19 × 115 32 × 100 22 × 115 25 × 115 38 × 100	19 × 115 32 × 100 22 × 115 25 × 115 38 × 100 44 × 100	25 × 115 38 × 100 44 × 100 32 × 115 25 × 125 50 × 100 38 × 115
1,50	16 × 115 25 × 100 19 × 115 32 × 100 22 × 115 25 × 115 38 × 100	19 × 115 32 × 100 22 × 115 25 × 115 38 × 100 44 × 100	22 × 115 25 × 115 38 × 100 44 × 100 32 × 115 25 × 125 50 × 100	44 × 100 32 × 115 25 × 125 50 × 100 38 × 115 32 × 125	32 × 115 25 × 125 50 × 100 38 × 115 32 × 125 44 × 115 38 × 125	32 × 125 44 × 115 38 × 125 50 × 115 25 × 150
1,75	44 × 100 32 × 115 25 × 125 50 × 100	32 × 115 25 × 125 50 × 100 38 × 115 32 × 125	38 × 115 32 × 125 44 × 115 38 × 125 50 × 115	44 × 115 38 × 125 50 × 115 25 × 150	25 × 150 50 × 125 32 × 150	50 × 125 32 × 150 38 × 150 25 × 175
2,00	38 × 115 32 × 125 44 × 115 38 × 125 50 × 115	44 × 115 38 × 125 50 × 115 25 × 150	25 × 150 50 × 125 32 × 150	50 × 125 32 × 150 38 × 150 25 × 175	38 × 150 25 × 175 44 × 150	44 × 150 50 × 150 32 × 175 25 × 200 38 × 175
2,25	25 × 150 50 × 125 32 × 150	50 × 125 32 × 150 38 × 150	38 × 150 25 × 175 44 × 150	44 × 150 50 × 150 32 × 175	50 × 150 32 × 175 25 × 200 38 × 175	63 × 150 75 × 150 32 × 200 63 × 160
2,50	38 × 150 25 × 175 44 × 150	25 × 175 44 × 150 50 × 150 32 × 175	50 × 150 32 × 175 25 × 200	25 × 200 38 × 175 63 × 150	75 × 150 32 × 200 63 × 160 50 × 175	25 × 225 38 × 200 63 × 175 32 × 225
2,75	50 × 150 32 × 175	25 × 200 38 × 175 63 × 150	38 × 175 63 × 150 75 × 150 32 × 200	75 × 150 32 × 200 63 × 160 50 × 175	38 × 200 63 × 175 32 × 225	50 × 200 75 × 175 38 × 225
3,00	25 × 200 38 × 175 63 × 150	75 × 150 32 × 200 63 × 160 50 × 175	63 × 160 50 × 175 25 × 225 38 × 200	63 × 175 32 × 225 50 × 200 75 × 175	50 × 200 75 × 175 38 × 225	50 × 225 75 × 200
3,25	75 × 150 32 × 200 63 × 160 50 × 175	38 × 200 63 × 175	63 × 175 32 × 225 50 × 200 75 × 175	38 × 225	50 × 225 75 × 200	75 × 225
3,50	63 × 175 32 × 225	32 × 225 50 × 200 75 × 175	38 × 225	50 × 225 75 × 200	75 × 225	75 × 225
3,75	50 × 200 75 × 175 38 × 225	50 × 225	50 × 225 75 × 200	75 × 225	75 × 225	
4,00	50 × 225	50 × 225 75 × 200	75 × 225	75 × 225		
4,25	50 × 225 75 × 200	75 × 225	75 × 225			

Portée en mètres	Charges en kilogrammes par mètre linéaire								
	40	50	60	75	85	100	125	150	175
4,50	25 × 200 38 × 175	75 × 150	50 × 175 25 × 225 38 × 200	63 × 175 32 × 225	50 × 200 75 × 175 38 × 225	75 × 175 38 × 225	50 × 225 75 × 200	75 × 225	75 × 225
4,75	63 × 150	32 × 200 63 × 160 50 × 175 25 × 225	63 × 175	50 × 200 75 × 175 38 × 225	50 × 225	50 × 225	75 × 225		
5,00	75 × 150 32 × 200 63 × 160 50 × 175	38 × 200 63 × 175	32 × 225 50 × 200 75 × 175	50 × 225	50 × 225	75 × 200	75 × 225		
5,25	25 × 225 38 × 200	32 × 225	38 × 225	50 × 225	75 × 200	75 × 225			
5,50	63 × 175	50 × 200 75 × 175 38 × 225	50 × 225	75 × 200	75 × 225	75 × 225			
5,75	32 × 225 50 × 200 75 × 175	50 × 225	50 × 225 75 × 200	75 × 225	75 × 225				
6,00	38 × 225	50 × 225	75 × 225	75 × 225					
6,25	50 × 225	75 × 200	75 × 225						
6,50	50 × 225	75 × 225	75 × 225						
6,75	75 × 200	75 × 225							
7,00	75 × 225	75 × 225							

PORTÉE DES POUTRES ET SOLIVES en cm

Humidité 17,5 % Poutres sur 2 appuis Δ Δ – Charges uniformément réparties - Flèche 1/400 - Poutre sur 3 appuis Δ Δ Δ – multiplier la portée par 1,126

Formules de la flèche et du fluage, voir Guide pratique pour l'emploi des bois suédois et finlandais dans la construction, p. 12 et 13. Les portées sont en cm de 10 en 10 cm et tiennent compte du fluage pour une variation totale d'humidité du bois de 5 %. Ne pas employer ce tableau pour les bois secs à l'air. Les charges d'habitation sont celles de la norme NF P 06 001, elles ne tiennent pas compte du poids des cloisons. Au droit des cloisons, doubler la solive.

① Moquette
② Panneau particules
③ Solivages et étrésillons
④ Isolant et pare-vapeur
⑤ Lambris
⑥ Litelage
⑦ Plaque de plâtre cartonnée
⑧ Parquet
⑨ Fibres tendres 15 mm
⑩ Feutre bitumé
⑪ Chape 50 mm
⑫ Carrelage 10 mm

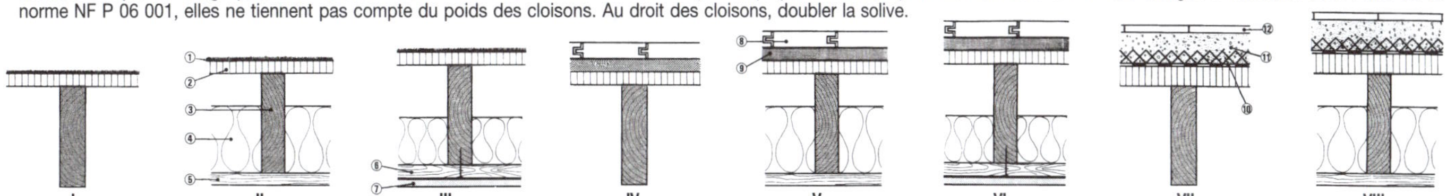

Valeurs en da N/ml (kg/ml)			I entre-axe 60 cm	I 40 cm	I 30cm	II entre-axe 60 cm	II 40 cm	II 30cm	III entre-axe 60 cm	III 40 cm	III 30cm	IV entre-axe 60 cm	IV 40 cm	IV 30cm	V entre-axe 60 cm	V 40 cm	V 30cm	VI entre-axe 60 cm	VI 40 cm	VI 30cm	VII entre-axe 60 cm	VII 40 cm	VII 30 cm	VIII entre-axe 60 cm	VIII 40 cm	VIII 30cm
Poids propre G			18	13,8	11,7	24,6	18,2	15	27	19,8	16,2	22,8	17	14,1	29,4	21,4	17,4	31,8	23	18,6	94,2	65,8	51,6	100,8	70,2	54,9
Charges d'habitation P			90	60	45	90	60	45	90	60	45	90	60	45	90	60	45	90	60	45	90	60	45	90	60	45
Charges de longue durée $G + \frac{P}{5}$			36	25,8	20,7	42,6	30,2	24	45	31,8	25,2	40,8	29	23,1	47,4	33,4	26,4	49,8	35	27,6	112,2	77,8	60,6	118,8	82,2	63,9
Sollicitation totale $G + \frac{6P}{5}$			126	85,8	65,7	132,6	90,2	69	135	91,8	70,2	130,8	89	68,1	137,4	93,4	71,4	139,8	95	72,6	202,2	137,8	105,6	208,8	142,2	108,9
222	73	6655,8	470	540	590	460	530	580	460	530	580	470	530	580	460	520	570	460	520	570	380	440	480	380	440	480
	61	5561,7	450	510	550	440	500	550	440	500	540	440	500	550	430	490	540	430	490	540	360	410	450	360	410	450
	48	4376,4	410	470	510	400	460	500	400	460	500	410	460	510	400	450	500	400	450	490	330	380	420	330	370	410
	42	3829,4	390	450	490	390	440	480	380	440	480	390	440	480	380	430	480	380	430	470	310	360	400	310	360	390
	36	3282,3	370	420	460	370	420	460	360	410	450	370	420	460	360	410	450	360	410	450	300	340	380	290	340	370
197	73	4650,9	420	480	520	410	470	510	410	470	510	410	470	520	410	460	510	410	460	500	340	390	430	340	390	420
	61	3886,4	390	450	490	390	440	480	390	440	480	390	440	490	380	440	480	380	430	480	320	370	400	310	360	390
	48	3058,1	360	410	450	360	410	450	360	410	440	360	410	450	350	400	440	350	400	440	290	340	370	290	330	360
	42	2675,9	350	400	430	340	390	430	340	390	420	340	390	430	340	390	420	340	380	420	280	320	350	270	320	340
	36	2293,6	330	380	410	320	370	400	320	370	400	330	370	410	320	370	400	320	360	400	260	300	330	260	300	330
172	73	3095,5	370	420	460	360	410	450	360	410	450	360	410	450	360	400	440	350	400	440	300	350	380	290	340	380
	61	2586,6	340	390	430	340	390	420	340	380	420	340	390	420	330	380	420	330	380	410	280	320	360	280	320	350
	48	2035,4	320	360	400	310	360	390	310	350	390	310	360	390	310	350	380	310	350	380	260	300	320	250	290	320
	42	1781,0	300	350	380	300	340	370	300	340	370	300	340	370	300	340	370	290	330	370	240	280	310	240	270	300
	36	1526,5	290	330	360	280	320	350	280	320	350	280	320	350	280	320	350	280	320	350	230	270	290	230	260	290
147	73	1932,4	310	360	390	310	350	380	310	350	380	310	350	380	300	350	380	300	340	380	260	290	320	250	290	320
	61	1614,7	290	330	370	290	330	360	290	330	360	290	330	360	290	330	360	280	320	350	240	270	300	240	270	300
	48	1270,6	270	310	340	270	300	330	260	300	330	270	300	330	260	300	330	260	300	330	220	250	280	220	250	270
	42	1111,8	260	290	320	250	290	320	250	290	320	260	290	320	250	290	310	250	290	310	210	240	260	200	240	260
	36	953,0	250	280	310	240	280	300	240	270	300	240	280	300	240	270	300	240	270	300	200	230	250	–	220	250
122	73	1104,6	260	290	320	250	290	320	250	290	310	260	290	320	250	290	310	250	280	310	210	240	270	210	240	260
	61	923,1	240	280	300	240	270	300	240	270	300	240	270	300	240	270	290	230	270	290	200	230	250	200	230	250
	48	726,3	220	260	280	220	250	280	220	250	270	220	250	280	220	250	270	220	250	270	-	210	230	–	210	230
	42	635,5	210	240	270	210	240	260	210	240	260	210	240	260	210	240	260	210	240	260	-	200	220	–	200	220
	36	544,8	200	230	250	200	230	250	200	230	250	200	230	250	200	230	250	190	220	240	-	-	210	–	–	210
		Mom^t à inertie																								

Attention : l'utilisation de ce tableau ne dispense en aucun cas du contrôle des portées avec les DTU "CB.71" et "NV 65" et selon le degré de sécurité incendie de la famille d'habitation.

2. DÉRIVÉS DU BOIS

2.1 PANNEAUX CONTREPLAQUÉS

La superposition et le collage de minces couches croisées de placage tranchées ou déroulées permettent la fabrication du **contreplaqué**, un panneau stable et résistant.

2.1.1 PRINCIPAUX TYPES DE CONTREPLAQUÉS

CONTREPLAQUÉ À PLIS	Il est constitué de **couches** appelées « plis » en nombre impair croisées à 90° (appelé également « multiplis »).	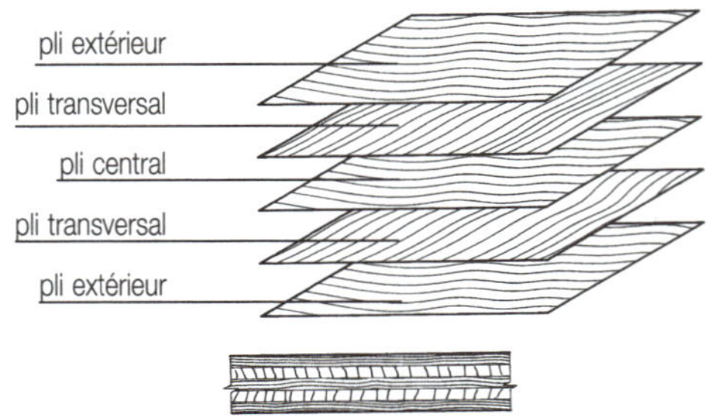
CONTREPLAQUÉ LATTÉ	Il est constitué de **plis** et d'une **âme** de lattes de bois de largeur comprise entre 7 et 30 mm.	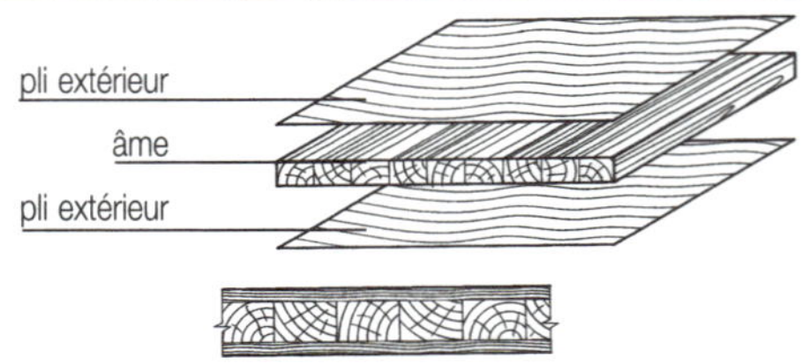
CONTREPLAQUÉ PANNEAUTÉ	L'âme est constituée par des **planches** ou **planchettes** de bois massifs de plus de 30 mm.	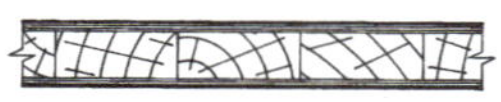
CONTREPLAQUÉ LAMELLÉ	L'âme est constituée par des **lamelles** de bois massif ou des **placages** de moins de 7 mm d'épaisseur disposées sur chant.	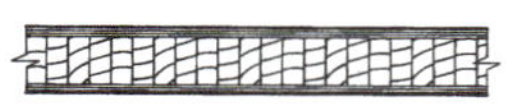
CONTREPLAQUÉ ALVÉOLÉ	L'âme est constituée par un **réseau alvéolaire**. Il doit comporter au moins deux plis à fils croisés de chaque côté de cette âme (âme en bois, carton, etc.).	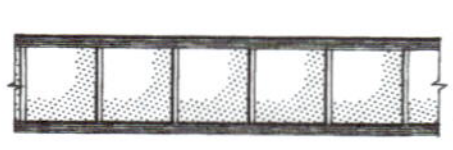
CONTREPLAQUÉ COMPOSITE	L'âme (ou certaines couches) est constituée d'autres matériaux que le bois massif ou le placage.	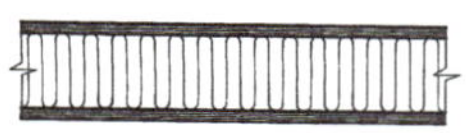 ex. : âme isolante
CONTREPLAQUÉ MOULÉ	Contreplaqué non plan, obtenu par **pressage** sur une forme.	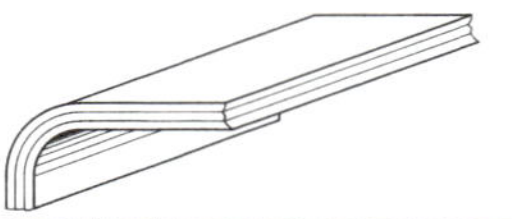
CONTREPLAQUÉ IGNIFUGÉ	Contreplaqué **traité** dans la masse ayant un classement M1 ou M2 de réaction au feu.	
CONTREPLAQUÉ DÉCORATIF	Les plis extérieurs sont en **placage** de bois décoratifs.	
CONTREPLAQUÉ MARINE	Appellation commerciale des panneaux destinés à la construction **navale** ayant une bonne résistance à l'eau, à la perforation et à l'abrasion.	
CONTREPLAQUÉ EXTÉRIEUR	Destiné aux emplois **extérieurs** impliquant une exposition prolongée à l'eau et aux intempéries (NF extérieur CTB-X).	
CONTREPLAQUÉ COFFRAGE	Pour ces contreplaqués, on distingue deux qualités : • **Coffrage CTB-X**, qui résiste à l'action permanente de l'eau et des intempéries. • **Coffrage CTB-O** qui permet des utilisations à l'extérieur ou au contact de l'eau pendant des durées limitées.	

2.1.2 FORMATS ET ÉPAISSEURS

	e	3 plis				5			7		9		+			
COURANT	e	3	4	5	6	8	10	12	15	19	22	25	30	40	L	l
															205	100
															250	122
															250	153
															300	153
															305	153
															310	153
															310	170
EXTÉRIEUR	e			5		8	10	12	15	19	22	25	30	40	L	l
															205	100
															250	122
															250	153
															300	153
															305	153
															310	153
															310	170
LATTÉ	e								15	19	22	25	30		L	l
															250	122
															310	153
															350	153
MARINE	e			5			10		15	19					L	l
															250	122
															310	153
IGNIFUGÉ	e			5		8	10	12	15	19					L	l
															250	122
															310	122
COFFRAGE	e			5		8	10		15	19	22	25			L	l
															205	100
															250	122
															250	153
															260	150
															300	150
															300	153
															305	153
															310	153

Légende :
- Formats indiqués dans NF B 54-160
- Exemples d'autres formats commerciaux

CLASSEMENT D'ASPECT (NFB-54-170)

Chacune des faces des panneaux contreplaqués à plis d'usage général entre alors, suivant les conditions d'admissibilité des défauts, dans une des classes suivantes :

- Classe A → Face destinée à rester visible
- Classe I → Face pouvant rester visible
- Classe II → Face pouvant être plaquée ou peinte
- Classe III → Face destinée à être cachée
- Classe IV → Face ne comportant aucune exigence d'aspect

Les panneaux sont classés selon l'aspect de leurs deux faces. On exprime d'abord la classe du parement ensuite celle du contreparement. *Exemple* : I/II

ESSENCES EMPLOYÉES

Bois utilisés pour la fabrication de contreplaqués (exemples) :
Acajou – Niangon – Iroko – Pin maritime – Sipo – Framiré – Okoumé – Peuplier – Sapelli.

TYPE DE COLLAGE (NFB-154)

Certaines caractéristiques des contreplaqués dépendent du type de collage

Type 1	Type 2	Type 3	Type 4
Collage pour panneaux exclusivement destinés à des emplois intérieurs ne représentant pas de risque d'humidité.	Collage résistant à l'humidité pour panneaux destinés à des emplois présentant un risque d'humidification temporaire.	Collage résistant à l'eau.	Collage résistant à des humidités élevées, à l'eau et aux intempéries pour panneaux utilisés à l'extérieur.

2.1.3 CONTREPLAQUÉ

NF Extérieur CTBX

La marque de qualité **Extérieur CTB-X** définit des panneaux résistant à l'eau et aux intempéries.

MASSE VOLUMIQUE POIDS

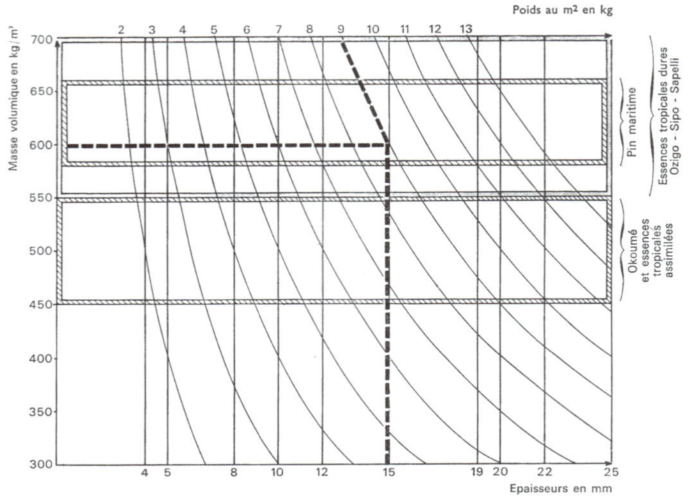

Le choix de l'**essence** employée pour sa fabrication est l'élément avec l'épaisseur qui définit la masse volumique du contreplaqué. L'abaque ci-dessous réalisé par le CTB permet d'évaluer, pour les fabrications courantes, le poids en kg/m^2 à 12 % d'humidité.

Exemple : un panneau de 15 mm d'épaisseur et de masse volumique 600 kg/m^3, pèse 9 kg/m^2.

STABILITÉ DIMENSIONNELLE

Les variations du contreplaqué sont inférieures à celles du bois massif.
Comme pour le bois massif, ces variations sont fonction du **taux d'humidité**.
Il faut donc prévoir un jeu de 0,5 à 1 mm par mètre lors de la mise en œuvre.
Variations totales entre l'état anhydre et l'état saturé d'eau.

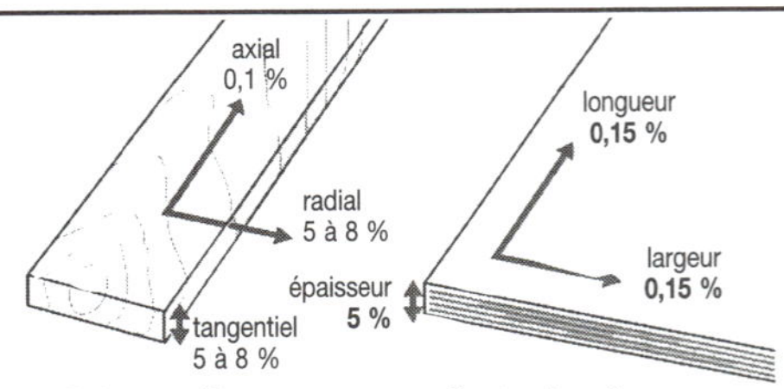

Bois massif — Contreplaqué

ISOLATION

Le contreplaqué possède un bon coefficient d'**isolation thermique**, se situant plus près des matériaux isolants que des matériaux de construction courante.

Valeurs de conductivité thermique λ à extraire des règles Thk 77.

Contreplaqué courant		**Matériaux isolants**	
Feuillus	$\lambda = 0{,}12$ W/m °C	Balsa	$\lambda = 0{,}052$ W/m °C
Résineux	$\lambda = 0{,}15$ W/m °C	Fibres minérales	$\lambda = 0{,}041$ W/m °C

MISE EN ŒUVRE

Les dispositions de mise en œuvre du contreplaqué NF Extérieur CTB-X sont les suivantes :

- maintenir le panneau à son humidité d'équilibre de 10 ± 3 % par une humidité relative du local de stockage comprise entre 50 et 70 %;
- stabiliser les panneaux en ambiance d'utilisation avant pose, surtout s'ils ont fait un séjour prolongé en milieu très sec ou humide;
- éviter que certains travaux entraînant une hygrométrie importante sur le chantier n'interviennent après la mise en œuvre des panneaux : prendre la précaution de laisser ressuer les plâtres avant la pose en panneaux; ne pas poser de plancher flottant sur une dalle humide;
- ventiler la contreface des panneaux (lames d'air) pour permettre l'évacuation de l'humidité;
- selon les applications prévoir des espaces, soit entre chaque panneau, soit en pourtour de l'ouvrage entier ou divisé (cas des grands locaux) afin de tenir compte des variations dimensionnelles éventuelles des panneaux (0,5 à 1 mm par mètre linéaire de panneau).

Lors du stockage les panneaux doivent rester parfaitement plans, en alignant dans les piles les chevrons intermédiaires.

Ils doivent être à l'abri de l'eau stagnante (hangar ou bâche) et sans contact avec le sol. En cas de stockage sur chant, il ne doit pas y avoir de contact avec le sol. Ce stockage se fait le plus vertical possible, par exemple dans un râtelier.

MISE EN ŒUVRE (suite)

■ **FIXATION DES PANNEAUX**

Le contreplaqué NF Extérieur CTB-X peut être fixé par clouage, vissage, agrafage ou collage. En cas de fixation mécanique, les têtes ne doivent pas désaffleurer.

■ **USINAGE**

Il est recommandé de réaliser les opérations de découpe, d'usinage et de prépeinture en atelier.

L'outillage doit être de préférence à mise rapportée en carbure de tungstène, sauf pour les scies à ruban pour lesquelles il est possible d'utiliser des pointes de dents trempées. La lame de scie doit rentrer côté parement pour éviter les éclats. La qualité de sciage est toujours meilleure dans le sens du fil.

FLEXION

Présentation de deux abaques édités par le CTB concernant le contreplaqué

Utilisation du contreplaqué NF Extérieur en pin maritime posé sur 2 appuis

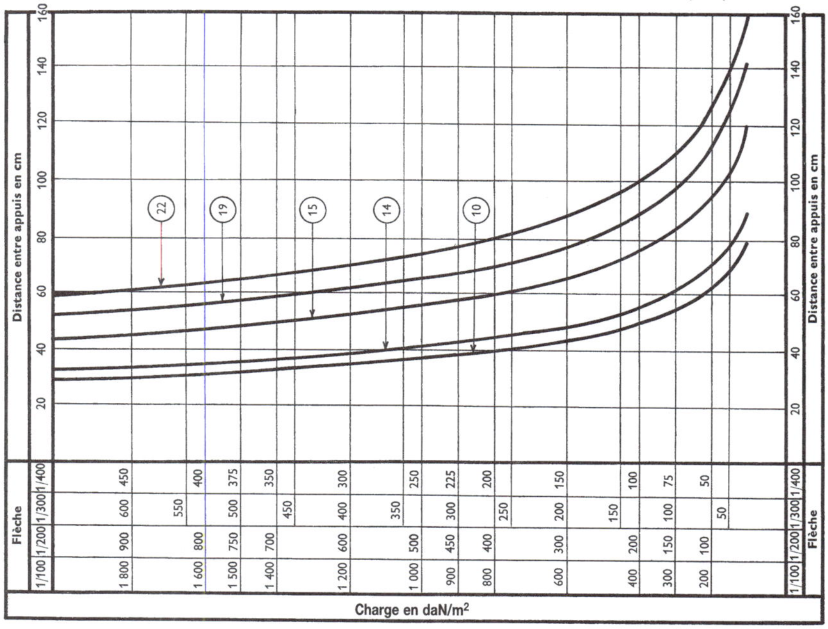

Contreplaqué anisotrope. Utilisation fil du bois sens longueur uniquement. Pour pose sur trois appuis et plus, multiplier les distances entre appuis par 1,25.

CTB-X en okoumé (posé sur 2 appuis)

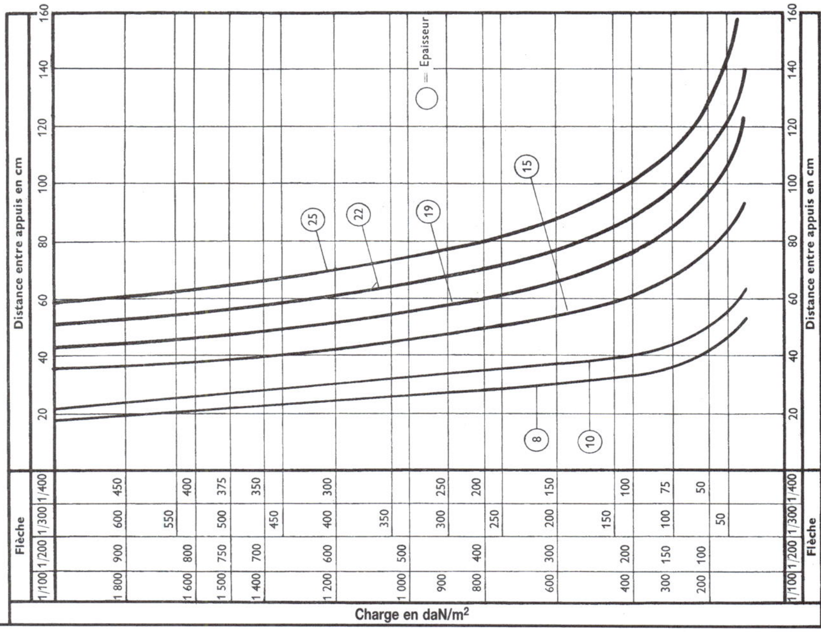

Contreplaqué orthotrope. Utilisation fil du bois sens longueur ou fil du bois sens travers. Dans le cas d'une pose sur trois appuis et plus, multiplier par 1,25 les distances entre appuis.

PLANCHER

La portée, les charges appliquées, la flèche différée, l'**épaisseur** et les **caractéristiques** mécaniques des panneaux sont des caractéristiques dépendant les unes des autres. Des abaques permettent de définir l'entraxe des appuis en fonction de la charge et de l'épaisseur des panneaux.

- La **pose** se fait toujours à joints décalés sur trois appuis au moins avec appuis aux extrémités. Il peut y avoir de ce fait, occasionnellement des panneaux posés sur deux appuis.
- Les rives non supportées doivent être par rainure et languette (ou fausse languette).
- La **largeur** d'appui des panneaux sur les solives ou lambourdes doit être d'au moins 20 mm.
- En ambiance humide, la **ventilation** de la sous-face est impérative.

- La **fixation** s'effectue de préférence par vissage (vis à filetage partiel). Lorsque le clouage est retenu, il doit être complété par un vissage aux quatre angles du panneau et à mi-longueur.

La longueur des vis doit être au minimum de 2,5 fois l'épaisseur du panneau et celle des pointes au minimum de 3,5 fois l'épaisseur du panneau.

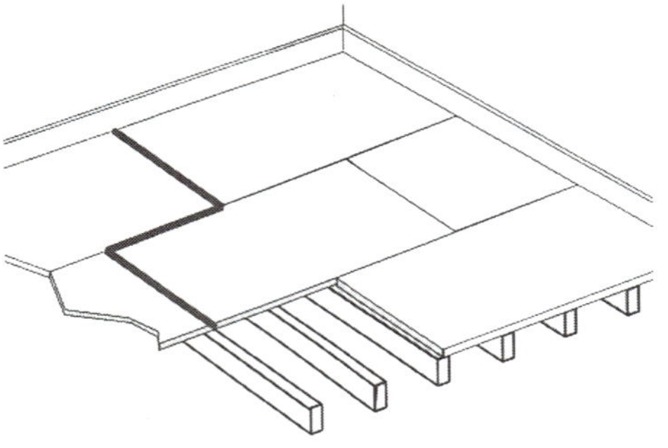

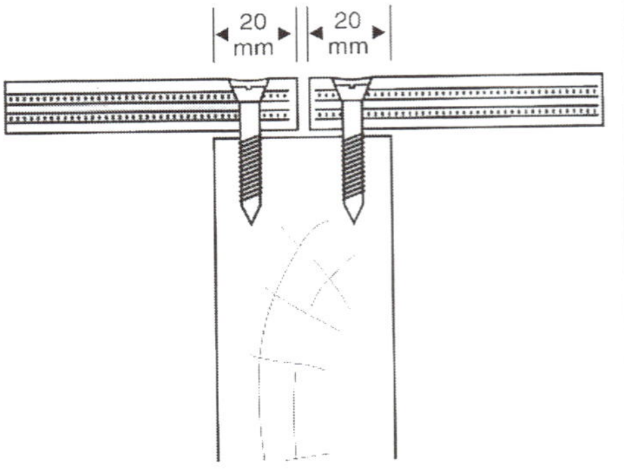

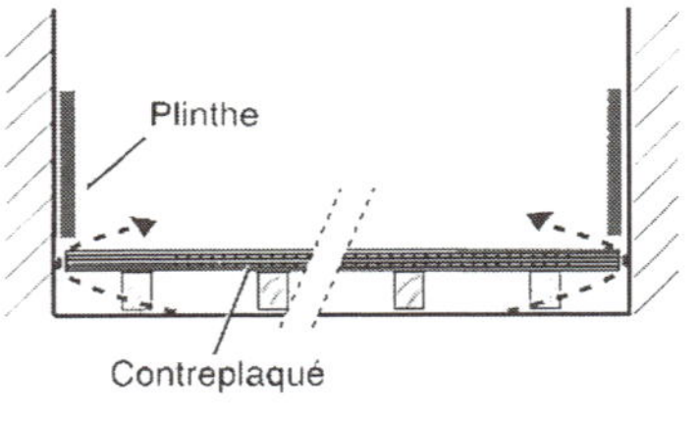

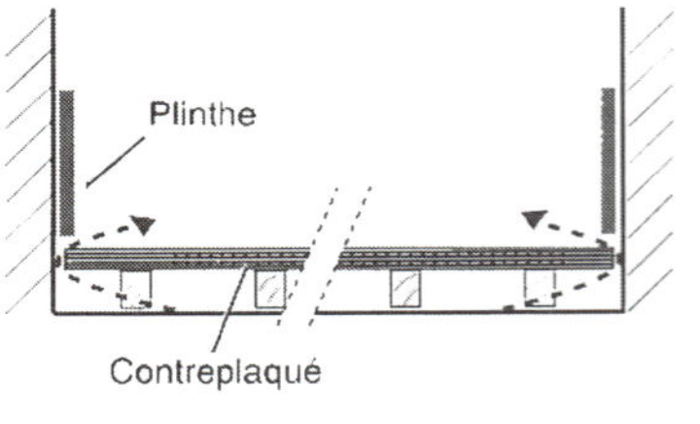

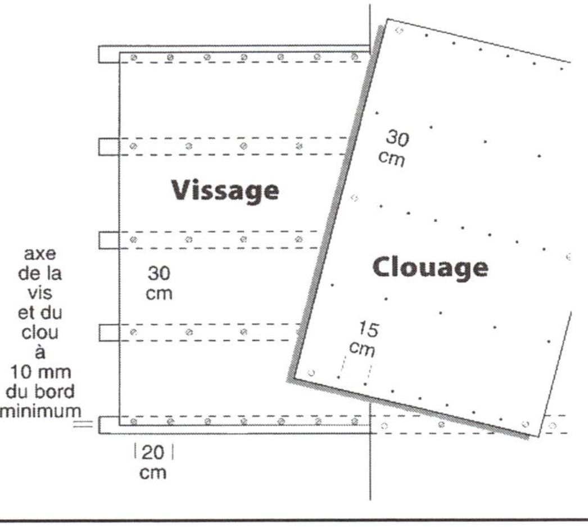

DTU 51-3
NF P 63-203

TOITURE

- La **pose** se fait sur trois appuis au minimum.
- Les grands côtés des panneaux non supportés doivent être assemblés par **rainure** et **languette** (ou fausse languette). Les petits côtés étant posés sur les **chevrons**.
- La **pose** sur appuis périmétriques (appelée également au double carré) est réalisée avec des panneaux à bords droits. La largeur minimale de repos à chaque extrémité doit être au moins égale à 20 mm.
- La **fixation** sur panne ou fourrure en bois s'effectue par vis, pointes ou agrafes.

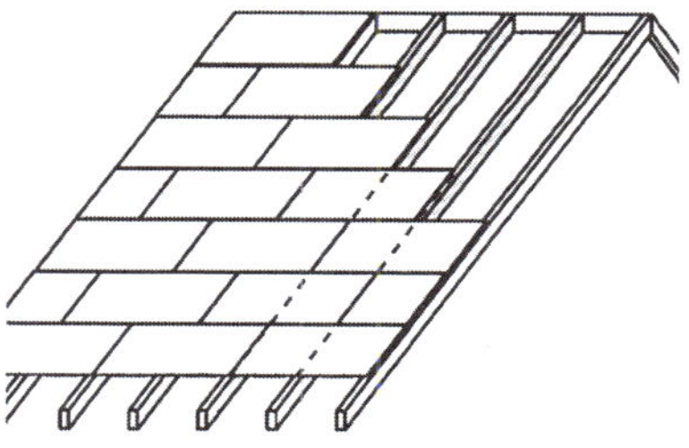

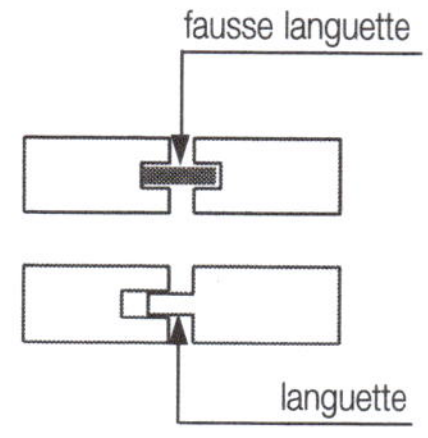

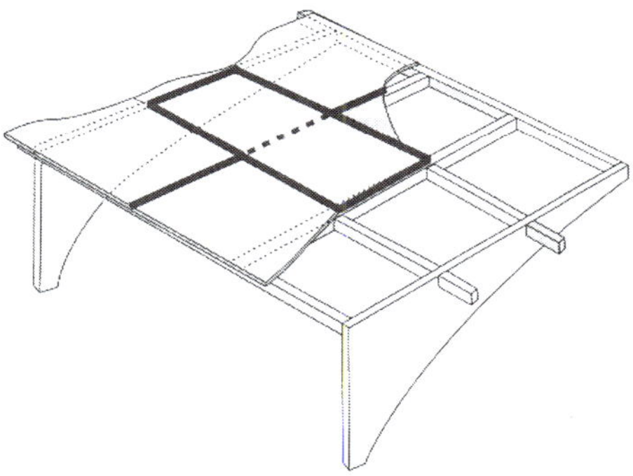

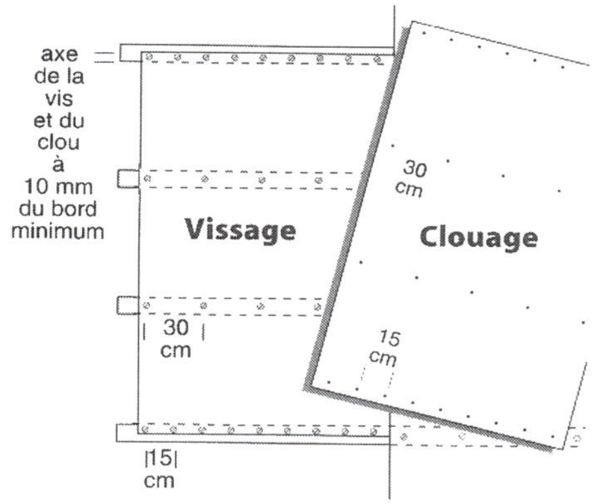

DTU SÉRIE 40

REVÊTEMENTS EXTÉRIEURS

- Les panneaux utilisés pour le bardage doivent répondre à des spécifications précises.
- Ils assurent la protection aux intempéries en résistant aux chocs.
- Les panneaux doivent avoir 5 plis au minimum et une épaisseur d'au moins 10 mm.
- Les supports sont posés conformément aux croquis ci-dessous.
- Un jeu de 2 mm par mètre est à prévoir entre les panneaux.
- Dans un cas de support bois, sa protection à l'eau est assurée par un pare-pluie.
- Les panneaux rainurés sont posés verticalement.
- Les joints horizontaux se font par recouvrement.
- Les chants des panneaux seront étanches.
- Tout chant inférieur doit former un larmier et celui du panneau de soubassement doit être au minimum à 20 cm du sol.
- En recouvrement, des bavettes peuvent être incorporées.

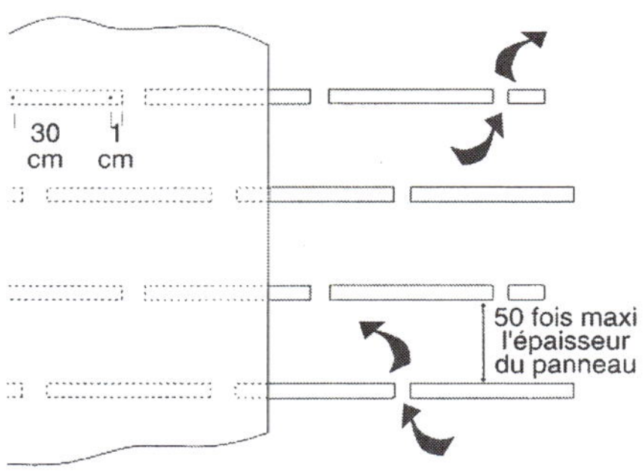

Supports horizontaux

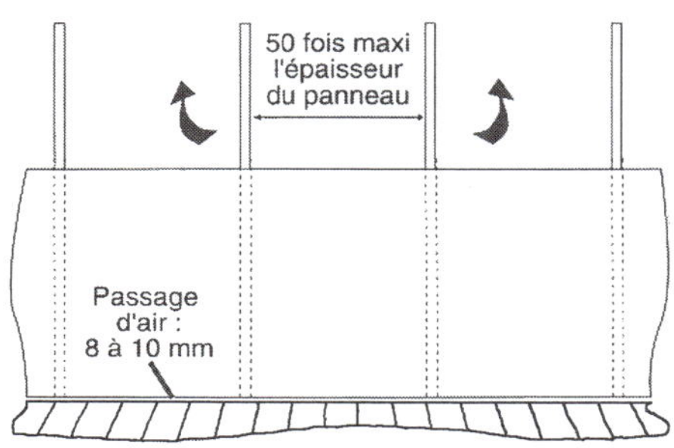

Supports verticaux

REVÊTEMENTS EXTÉRIEURS (suite)

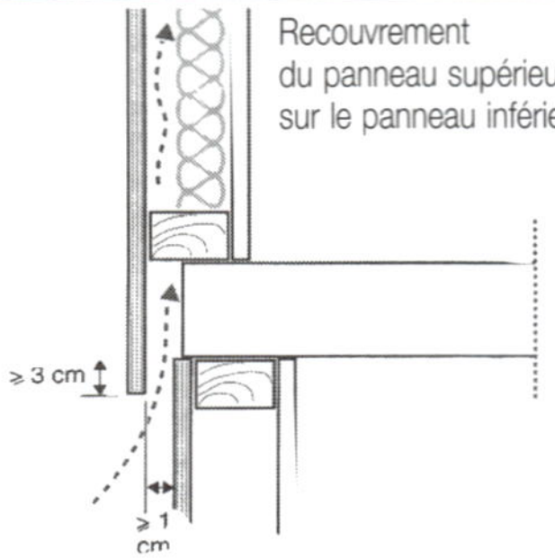

Recouvrement du panneau supérieur sur le panneau inférieur.

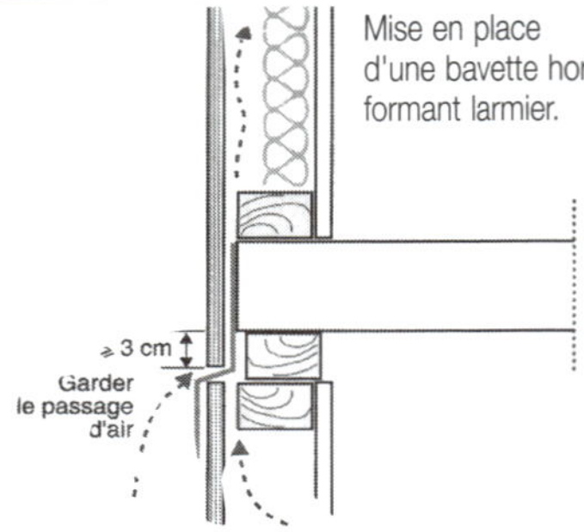

Mise en place d'une bavette horizontale formant larmier.

DOC DTU

APPLICATIONS DIVERSES (Exemple)

■ CHARPENTE

Le panneau NF Extérieur CTB-X est utilisé couramment pour :
- solidariser entre elles des fermes industrialisées (contreventement, anti-dévers, anti-flambage),
- assembler des charpentes en bois (goussets),
- réaliser des poutres composites à inertie constante ou variable (une faible épaisseur de contreplaqué assure la résistance au cisaillement, en général au niveau de la fibre neutre).

■ DOUBLAGE

Sur un mur humide, les tasseaux supports sont fixés verticalement en ménageant une lame d'air de 10 mm au minimum. S'ils sont fixés horizontalement, ils seront interrompus de place en place. Dans tous les cas, il faudra, en plinthe et en partie haute, prévoir des orifices de largeur minimale 10 mm.

Entraxe des supports

Épaisseur du contreplaqué en mm	Entraxe maximal des support en mm	
	Milieu sec	Milieu humide
7 à 8	0,60	0,40
8	0,65	0,50
10	0,80	0,60
12	1,00	0,75
15	1,20	0,90
18	1,40	1,15
22	1,50	1,30
25	1,50	1,50

■ ISOLATION ACOUTISQUE

La mise en œuvre des produits est primordiale : nombre et dimensions des points d'attaches, espacement des supports... Pour améliorer l'isolation acoustique d'une paroi à ossature bois sur laquelle sont fixés des panneaux de contreplaqué d'épaisseur 10 mm environ, il faut :
- assurer une bonne **étanchéité** à l'air des parois et une désolidarisation périmétrique,
- prévoir un **isolant acoustique** pour remplir l'espace intermédiaire entre les montants,
- préférer, lorsque cela est possible une double ossature indépendante,
- augmenter au maximum la distance entre les parements,
- diminuer le nombre de vis ou pointes lorsque cela est possible,
- choisir un nombre minimum de poteaux,
- concevoir des systèmes à ossature croisée.

2.2 PANNEAUX DE PARTICULES

Les panneaux de particules sont fabriqués **sous pression** à partir de particules de bois ou d'autres matières fibreuses lignocellulosiques avec généralement un liant du type résines thermodurcissables.

DIFFÉRENTES CONFORMATIONS DES PANNEAUX DE PARTICULES

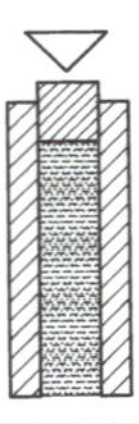

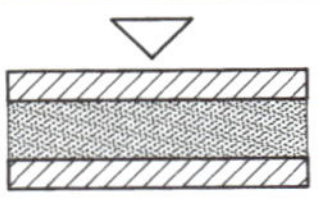

Panneaux pressés à plat

Panneaux extrudés

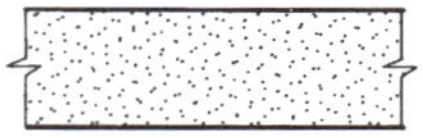

Monocouche

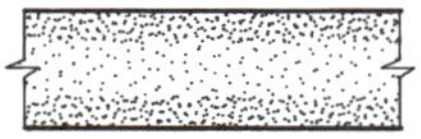

3 couches (progressives ou distinctes)

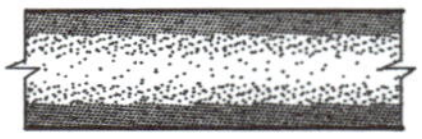

Multicouches

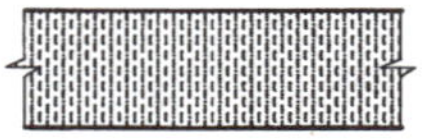

Extrudés pleins

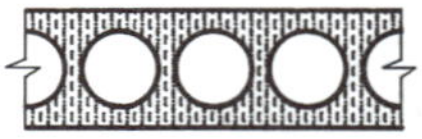

Extrudés avec évidements

DIFFÉRENTS TYPES DE PANNEAUX

Standard	Emplois courants dans des milieux secs
CTB-H	Emplois en milieu humide (marque de qualité)
CTB-S	Aptitude au replacage (marque de qualité)
Minces	Panneaux d'épaisseur inférieure ou égale à 6 mm
Ignifugés	Panneaux complétés pas un classement en réaction au feu M1 ou M2

Panneaux spéciaux	
PX d'isolation	isolation thermique et acoustique
PX de cloisonnement	éléments prêts à monter
PX de revêtements de sols	résistance mécanique (usure) élevée
PX traités	résistance aux insectes et/ou aux champignons
PX transformés mécan.	alaisés, perforés, rainurés, chanfreinés
PX avec revêtements	placage bois, stratifiés décoratifs, prépeint
PX composites	PX divers collés ensemble

FORMATS ET ÉPAISSEURS

Les possibilités de fabrication, de manutention et de transport sont des contraintes qui déterminent chez les fabricants les dimensions commerciales des panneaux de particules.

- **Longueur** : entre 250 et 550 cm (plus à la demande)
- **Largeur** : entre 120 et 250 cm
- **Épaisseur** :
  - *minces,* de 2 à 6 mm,
  - *faibles épaisseurs,* de 8 à 12 mm,
  - *épaisseurs moyennes,* de 14 à 30 mm,
  - *fortes épaisseurs,* de 32 à 70 mm ou plus,

Exemples commerciaux

Standard

L	l	e ☞	8	10	12	16	19	22	25	28	30
307	185		■	■	■	■	■	■			■
410	185		■	■	■	■	■	■			■

CTB-H

L	l	e ☞	8	10	12	16	19	22	25	28	30	32	35	38	50
307	185			■	■	■	■	■			■				
410	185		■	■	■	■	■	■	■	■		■	■	■	■
250	121			■	■	■	■	■	■	■					

CTB-S

L	l	e ☞	8	10	12	16	19	22	25	28	30	32	35	38	50
275	185				■	■	■	■							
306	185			■	■	■	■	■	■						
410	185			■	■	■	■	■	■		■		■		■

PANNEAUX DE PARTICULES CTB-S ET CTB-H

Les panneaux de particules intérieurs CTB-S sont destinés à des emplois en **milieu sec**. Les panneaux de particules hydrofuge CTB-H sont destinés à des emplois représentant des risques d'exposition temporaire à **l'humidité**.

MASSE VOLUMIQUE

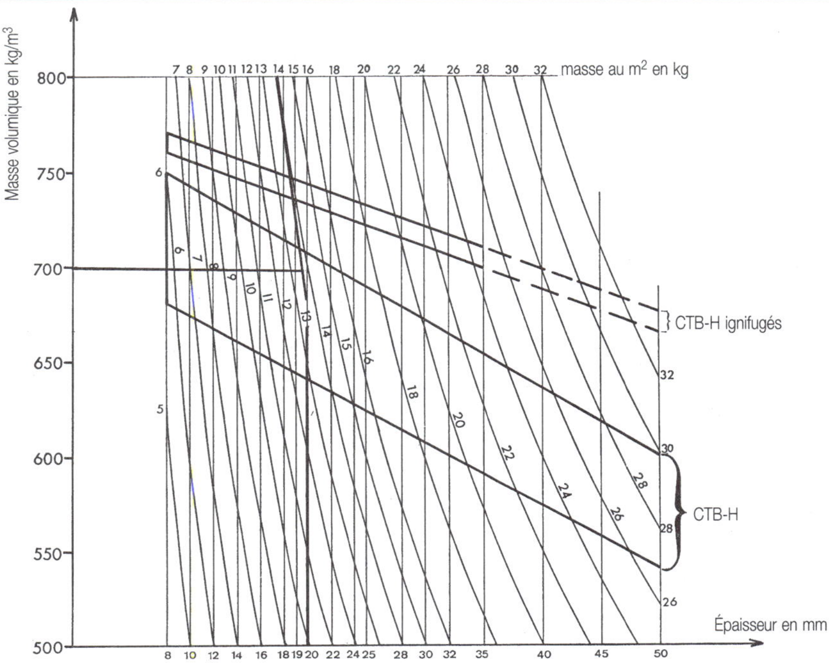

Exemple : un panneau de 20 mm d'épaisseur et de masse volumique 700 kg/m³ pèse 14 kg/m².

Panneaux de particules

MASSE VOLUMIQUE (suite)

La masse volumique d'un panneau de particules se situe entre 580 et 800 kg/m^3. Elle varie sensiblement selon les épaisseurs et selon les fabrications.

L'abaque en page précédente réalisé par le CTB permet d'estimer la masse au m^2 d'un panneau CTB-H en fonction de l'épaisseur et de la masse volumique.

STABILITÉ DIMENSIONNELLE

- Les variations dimensionnelles du panneau de particules sont inférieures à celles du bois massif.
- Comme pour le bois massif, ces variations sont fonction de l'humidité.
  Il faut prévoir lors de la mise en œuvre un jeu de 1 à 2 mm par mètre.

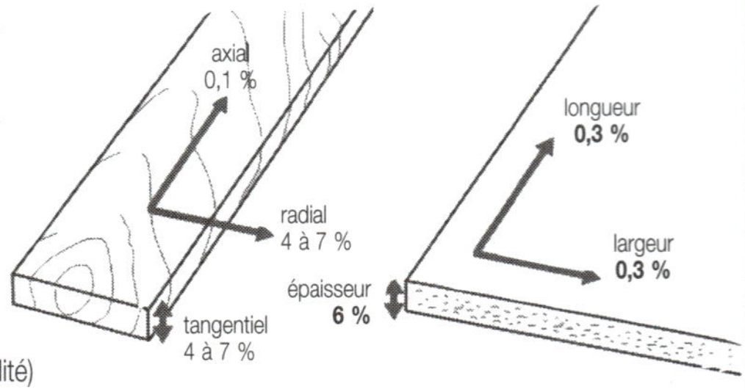

Variations totales entre état sec (atmosphère à 30 % d'humidité) et état humide (atmosphère à 85 % d'humidité).

ABAQUE DE FLEXION

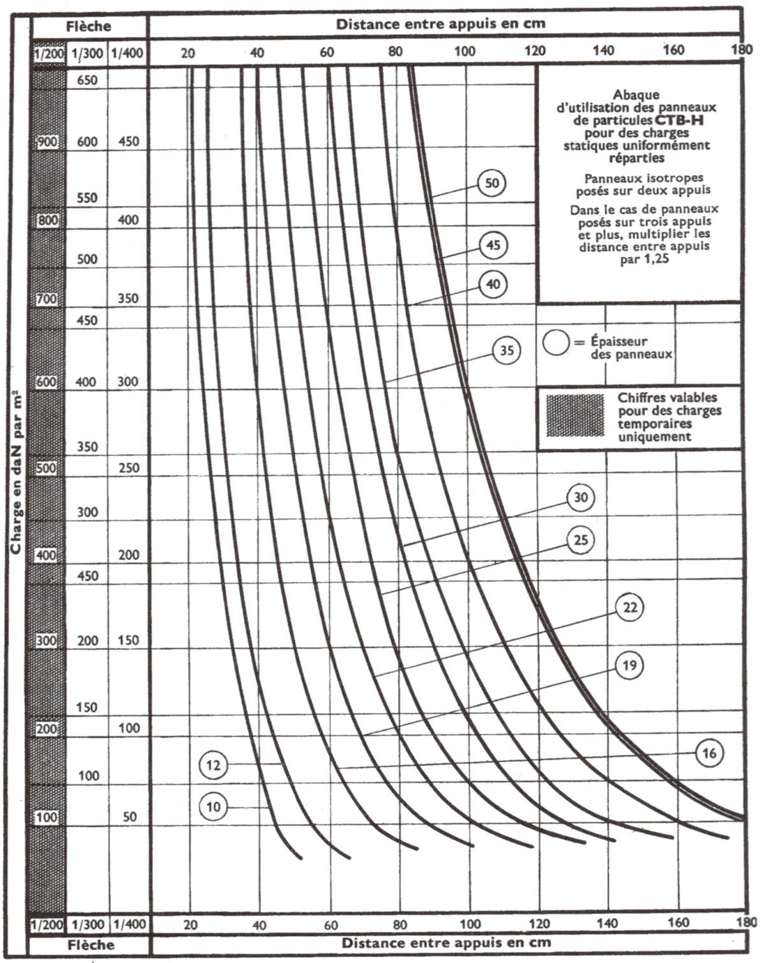

Voir caractéristiques pages précédentes

DOC CTB

MISE EN ŒUVRE

■ STOCKAGE

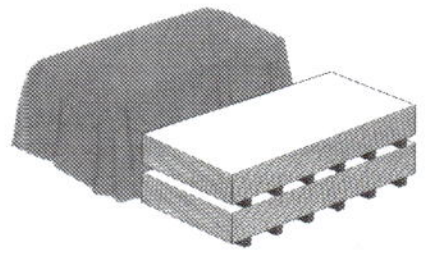

Lors du stockage, les panneaux de particules doivent rester parfaitement plans, en alignant dans les piles les chevrons intermédiaires. Ils doivent être à l'abri de l'eau stagnante (hangar ou bâche) et sans contact avec le sol. En cas de stockage sur chant, il ne doit pas y avoir de contact avec le sol. Il se fait le plus verticalement possible par exemple, dans un râtelier.

■ MISE EN ŒUVRE

Les dispositions de mise en œuvre des panneaux de particules sont les suivantes :

- maintenir le panneau à son humidité d'équilibre 9 ± 3 %), par une humidité relative du local de stockage comprise entre 45 et 70 % ;
- stabiliser les panneaux en ambiance d'utilisation avant pose, surtout s'ils ont fait un séjour prolongé en milieu très sec ou humide ;
- éviter que certains travaux entraînant une hygrométrie importante sur le chantier n'interviennent après la mise en œuvre des panneaux : prendre, par exemple, la précaution de laisser ressuer les plâtres avant la pose des panneaux ; ne pas poser de plancher flottant sur une dalle humide...
- ventiler la contreface des panneaux (lame d'air) pour permettre l'évacuation d'humidité ;
- selon les applications, prévoir des espaces, soit entre chaque panneau, soit en pourtour de l'ouvrage entier ou divisé (cas des grands locaux) afin de tenir compte des variations dimensionnelles éventuelles des panneaux (1 à 2 mm par mètre linéaire de panneau).

■ USINAGE

Il est recommandé de réaliser les opérations de découpe, d'usinage et de prépeinture en atelier.

L'outillage doit être de préférence à mise rapportée en carbure de tungstène, sauf pour les scies à ruban pour lesquelles il est impossible d'utiliser des pointes de dents en acier trempé. La lame de scie doit rentrer côté face pour éviter les éclats.

■ FIXATION DES PANNEAUX

Les panneaux de particules peuvent être fixés par clouage, vissage, agrafage ou collage. En cas de fixation mécanique, les têtes ne doivent pas désaffleurer.

Tenue des vis

La bonne tenue des vis est représentative de la cohésion interne du panneau. Cette tenue est contrôlée pour les panneaux de particules CTB-S, avec une exigence minimale répondant aux besoins des fabricants de meubles et en particulier aux contraintes imposées par les Marques de qualité « Meubles ». Ceci est également variable pour les éléments d'agencement, notamment pour les spécifications qui concernent les essais d'arrachement, de solidité et d'endurance des fixations et accessoires (exemple 75 daN en parement et 55 daN sur chant pour un 19 mm). La tenue des vis permet également d'estimer la compacité de l'âme du panneau et d'en déduire une usinabilité des chants.

PLANCHER

Entraxes des appuis en fonction de la charge et de l'épaisseur des panneaux

Charges réparties en daN/m2	Épaisseurs en mm								Charges réparties en daN/m2	Épaisseurs en mm							
	18/19	22	25	30	35	40	45	50		18/19	22	25	30	35	40	45	50
	Panneaux de particules CTB-H									Panneaux de particules CTB-S							
150	50	57	65	74	80	91	93	104	150	46	51	58	66	72	82	86	96
200	47	55	62	70	76	87	89	99	200	43	49	55	62	69	79	82	91
250	44	51	58	65	71	81	83	92	250	40	45	52	58	64	73	77	85
350	39	45	52	58	63	72	74	82	350	36	40	46	51	57	65	68	76
400	38	44	50	56	61	69	71	79	400	35	39	45	50	55	62	65	73
500	35	40	45	52	56	64	66	73	500	32	36	40	46	50	58	61	67

Les portées préconisées dans ce tableau ont été établies à partir des hypothèses suivantes :

- modules d'élasticité et contraintes de rupture en flexion, figurant dans les spécifications des Marques de Qualité CTB-S ou CTB-H,
- flèche maximale 1/400 de la portée sous charges réparties et sous charge concentrée de 200 kg.

La mise en œuvre de ces panneaux en plancher se fait en se conformant aux directives des fabricants (voir mise en œuvre des panneaux contreplaqués CTB-X).

PLANCHER FLOTTANT

Le plancher flottant est un ouvrage plan et continu, posé sans fixation sur une paroi plancher porteuse, avec interposition d'un matériau intermédiaire de désolidarisation (panneau de fibres de bois isolant bitumé par exemple).

Au niveau des seuils de portes, les panneaux constituant les planchers de deux pièces adjacentes sont raccordés et fixés sur une lambourde elle-même flottante, d'environ 10 mm d'épaisseur, noyée dans la forme d'égalisation ou dans le matériau résilient. Les panneaux, avec rainure et languette sur les quatre rives, sont collés entre eux en laissant un jeu en périphérie du local.

Lorsqu'un pare-vapeur est nécessaire, il doit couvrir la totalité du support et être relevé en périphérie d'au moins 5 cm.

La pose du revêtement de sol doit impérativement être effectuée sitôt la mise en œuvre des panneaux.

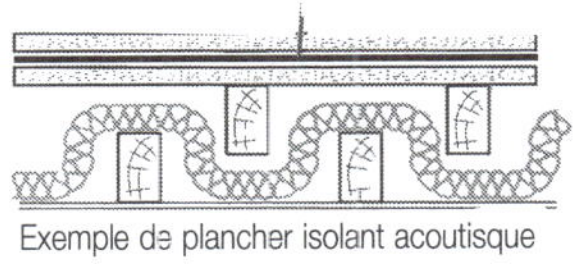

Exemple de plancher isolant acoutisque

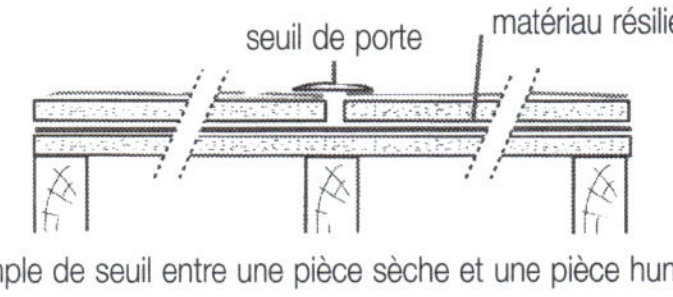

Exemple de seuil entre une pièce sèche et une pièce humide

MURS

Le panneau de particules CTB-H peut être utilisé pour la conception des murs en assurant le contreventement de l'ouvrage.
En respect du DTU 31-2, la stabilité est réputée satisfaisante si on utilise un panneau de particules CTB-H d'épaisseur supérieure ou égale à 10 mm. L'entraxe moyen des supports doit au plus être égal à 60 fois l'épaisseur du panneau de particules.
Le choix de l'épaisseur du panneau se fera aussi en fonction des efforts à supporter, de la résistance au choc de la paroi, de la résistance au feu.
L'enfoncement des pointes de fixation dans les montants d'ossature doit être supérieur ou égal à 35 mm (⩾ 25 mm pour les vis). Les fixations ne doivent pas être disposées à moins de 1 cm des bords et leur écartement doit être inférieur ou égal à 15 cm en périphérie et 30 cm sur les éléments intermédiaires d'ossature.
Un revêtement extérieur indépendant doit assurer une protection étanche et continue du panneau de particules CTB-H.

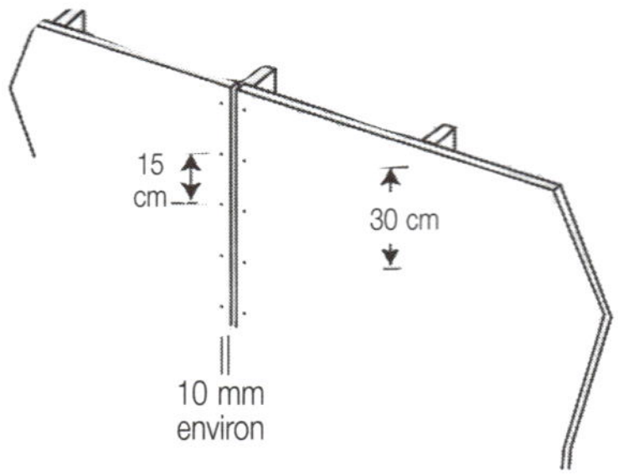

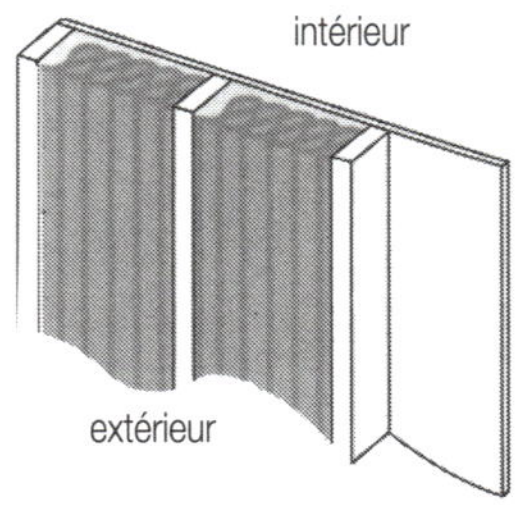

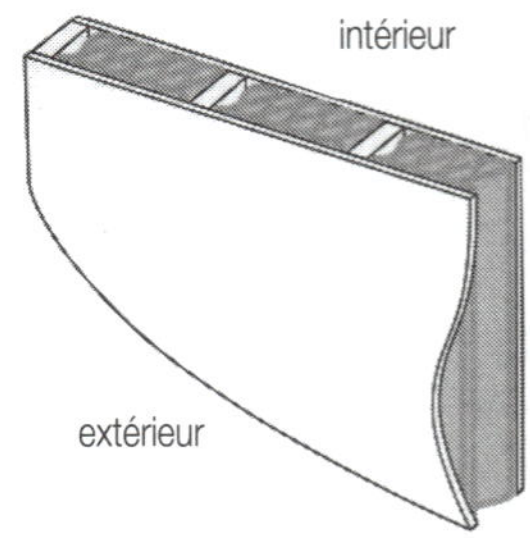

DOUBLAGE DE MURS

En rénovation, le panneau de particules peut être utilisé pour l'habillage d'un mur ; en présence d'un mur humide utiliser du panneau CTB-H et ménager une lame d'air ventilée, d'épaisseur au moins égale à 10 mm entre le mur et le panneau.
Si le mur est très humide, les liteaux seront isolés du mur à l'aide de bandes de feutre bitumeux ou de papier goudronné, légèrement plus larges que ceux-ci.

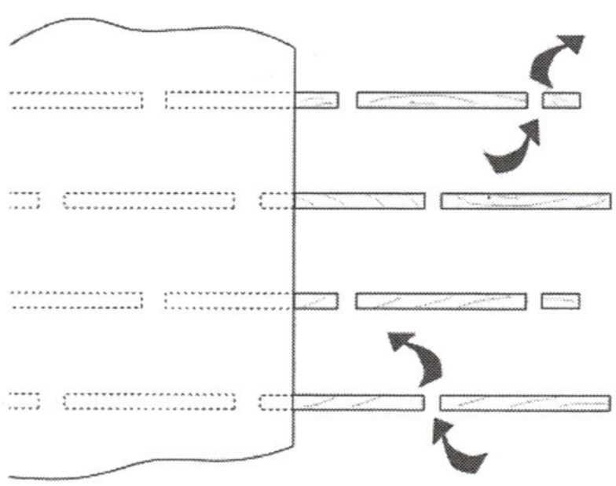

supports horizontaux

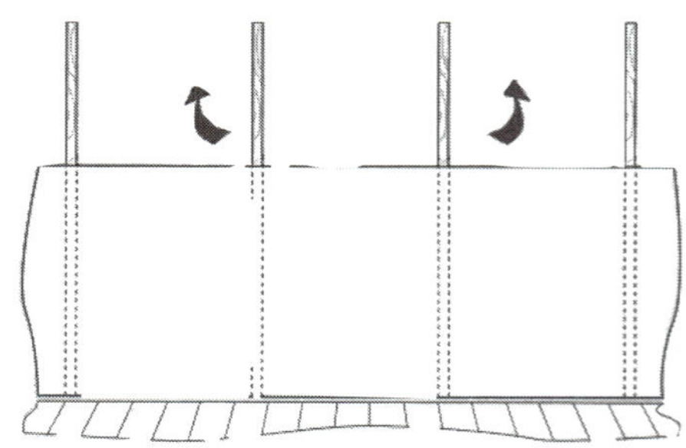

supports verticaux

TOITURES

Seul l'emploi du panneau avec Marque de Qualité CTB-H est autorisé.

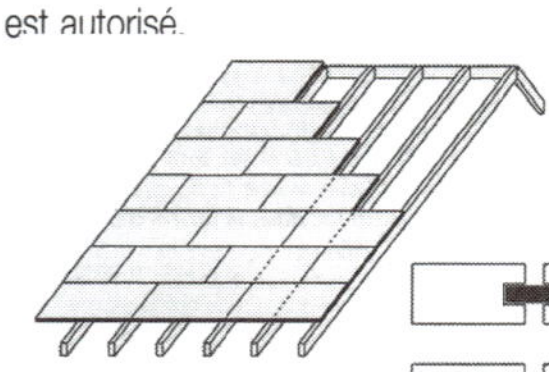

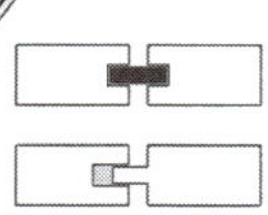

■ ENTRAXES DES APPUIS

La portée, les charges appliquées, la flèche différée, l'épaisseur et les caractéristiques mécaniques des panneaux sont des caractéristiques dépendant les unes des autres.

Espacements théoriques maximaux (en cm) en fonction de la charge et de l'épaisseur des panneaux.

Charges réparties en daN/m2	Épaisseurs en mm							
	18/19	22	25	30	35	40	45	50
100	87	101	114	129	140	160	180	181
150	76	88	100	113	122	140	157	158
200	69	80	91	102	111	127	143	144

1 daN correspond à 1 kg environ.

Les épaisseurs préconisées dans ce tableau ont été établies à partir des hypothèses suivantes :
- module d'élasticité et contrainte de rupture en flexion, figurant dans les spécifications de la Marque de Qualité CTB-H,

DOC. ISOROY

TOITURES (suite)

- flèche maximale 1/400 de la portée sous charges réparties. Ces portées tiennent compte d'une charge concentrée de 100 kg pour les circulations nécessaire à l'entretien,
- mise en œuvre comme indiquée ci-après.

■ MISE EN ŒUVRE

Les grands côtés des panneaux non supportés doivent être assemblés par rainure et languette, vraie ou fausse, les petits côtés étant posés sur un appui continu (chevron ou panne).

Les panneaux sont posés à joints décalés (pose dite à coupe de pierre) et supportés sur trois points d'appuis au minimum. Du fait de la pose à coupe de pierre, il peut y avoir occasionnellement, aux extrémités de la toiture, des panneaux posés sur deux appuis.

La largeur minimale de repos à chaque extrémité de panneau doit être au moins égale à 25 mm.

Les jeux entre panneaux sont de 1 mm par mètre linéaire de panneau.

■ FIXATION SUR PANNE OU FOURRURE BOIS

La fixation s'effectue par pointes ou vis.

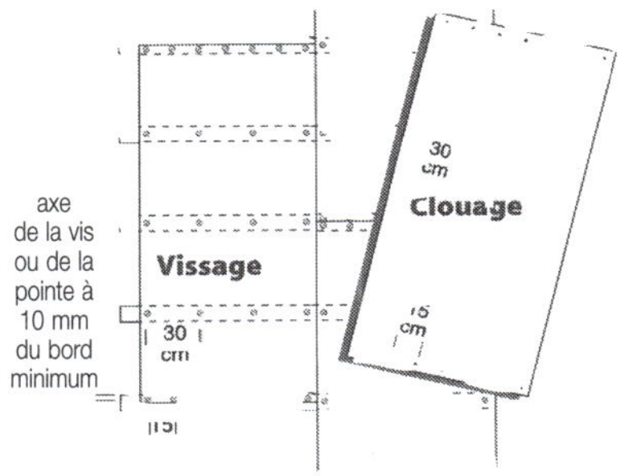

Longueur minimale des fixations

Épaisseur de l'élément à fixer	Longueur en mm		
	Pointes	Vis	Pointes torsadées
18 < e ⩽ 22	3,5 e	2,5 e	2,5 e
22 < e ⩽ 35	3,0 e	2,5 e	2,5 e
e ⩾ 35	2,5 e	2,5 e	2,5 e

■ FIXATION SUR PANNE MÉTALLIQUE

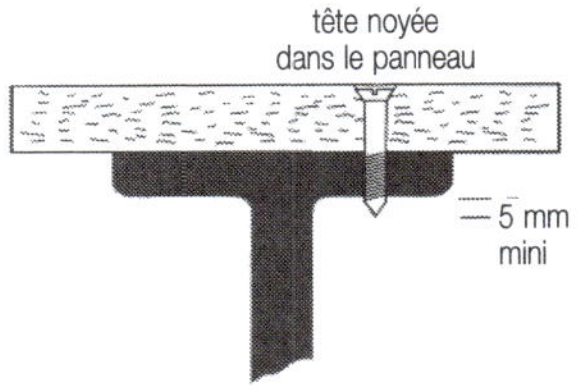

Les panneaux sont fixés par vis autotaraudeuses de diamètre 6 mm minimum

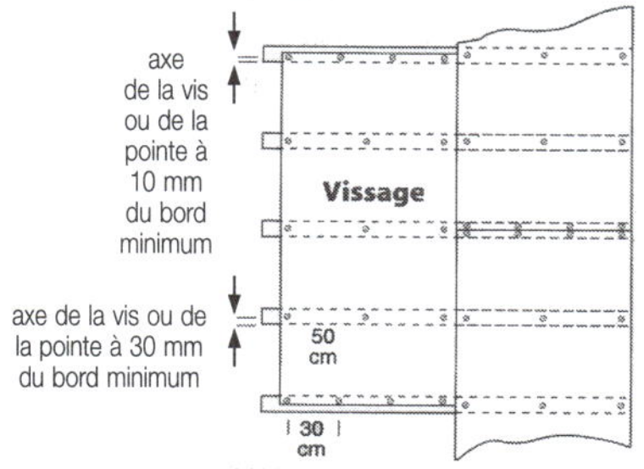

■ RÈGLES SPÉCIFIQUES

• Couvertures en bardeaux

Cette mise en œuvre est réservée aux bâtiments d'hygrométrie faible ou moyenne. Dans tous les cas, la ventilation en sous-face du panneau est obligatoire.

Le panneau de particules CTB-H ne peut pas être utilisé en support de couverture en bardeaux pour des altitudes supérieures à 900 mètres.

Le format maximal des panneaux utilisés sera de :
- 2,05 × 1,00 m pour les panneaux d'épaisseur comprise entre 18 et 25 mm,
- 2,75 × 1,00 m pour les panneaux d'épaisseur supérieure à 25 mm.

• Étanchéité

Le format maximal des panneaux pour une étanchéité semi-indépendante est de 3,10 m et de 4,10 m pour une étanchéité indépendante.

• Feuilles métalliques

Dans le cas de pose sous feuilles métalliques, cuivre, inox, zinc, les panneaux de particules CTB-H doivent bénéficier d'un avis favorable pour leur compatibilité avec ces métaux.

• Écrans

Dans le cas de couverture en petits éléments, on peut utiliser du panneau de particules en écran non porteur sur les chevrons. Cet écran a pour but de s'opposer à l'intrusion accidentelle de la neige poudreuse ou de l'eau.

On utilisera un panneau d'épaisseur variant de 10 à 16 mm.

■ HABILLAGES SOUS AVANCÉES DE TOITURE

L'entraxe moyen des supports doit être au plus égal à 40 fois l'épaisseur du panneau, l'épaisseur minimale du panneau étant de 10 mm.

Les panneaux peuvent comporter un rainurage décoratif de type grain d'orge. Dans ce cas, l'épaisseur du panneau à prendre en compte est mesurée en fond de rainure.

Un espace est réservé entre le mur et le panneau d'habillage afin de ménager une ventilation.

La découpe et la première couche de finition doivent être réalisées en atelier.

Une finition par peinture résistante à l'eau doit être appliquée dès que possible après la pose du panneau.

DOC. ISOROY

2.3 PANNEAUX DE FIBRES

Ce type de panneaux, qu'il soit **dur** ou **isolant** est fabriqué à partir de fibres lignocellulosiques dont la cohésion primaire résulte du feutrage des fibres et de leurs propriétés adhésives.
Dans certaines fabrications, un apport de produits améliore les caractéristiques des panneaux.

DOC. ISOROY

PANNEAUX DURS

■ DÉFINITION

Panneaux durs obtenus par traitement de fibres de bois à haute température et sous pression élevée selon le procédé de fabrication dit « par voie humide ». Aucune adjonction de colle donc, il n'y a pas de dégagement de formol.
Panneaux homogènes, de ton brun soutenu, ils présentent une face lisse et une face toilée.

■ DOMAINES D'EMPLOIS ET D'UTILISATION

En milieu sec :
- parois de portes planes ;
- cloisons menuisées, cloisonnettes (sur ossature) ;
- sous-couche de revêtements de sols souples ;
- rénovation sur vieux planchers ;
- agencements divers : habitat, magasins, stands...
- aménagement de bâtiments d'exploitations agricoles (silos à grains...) ;
- derrières de meubles, fonds de tiroirs ;
- emballage : palettes, caisserie légère, intercalaires...
- jouets.

■ CARACTÉRISTIQUES PHYSIQUES

- **Densité : 1 (soit 1 000 kg/m²) ± 50 kg/m² sur la moyenne.**
- **Humidité de stabilisation :**
  - 6 ± 2 % (selon exposition) départ usine,
  - 6 à 7 % (pour une stabilisation en atmosphère normale (65 % HR à 20 °C).
- **Variations dimensionnelles :**
  Elles peuvent être de 0,15 % dans chaque sens selon que le panneau est porté à l'état libre dans une ambiance fortement humide : (85 % à 90 % d'humidité relative) ou très sèche (30 à 35 % d'humidité relative).

■ CARACTÉRISTIQUES MÉCANIQUES

- **Flexion :**
  Module d'élasticité > 30 000 kg/cm²
  Contrainte de rupture > 350 kg/cm².
- **Résistance à la traction parallèle aux faces : > 250 kg/cm².**
- **Résistance à la traction perpendiculaire aux faces : > 5 kg/cm².**

■ FORMATS, ÉPAISSEURS, POIDS

Panneaux standards
Format de presse : 550 X 210 cm
Format standard : 275 X 105 cm

Épaisseurs	Poids moyens
2,0 mm	2,00 kg/m2
2,5 mm	2,50 kg/m²
3,0 mm	3,06 kg/m²
4,0 mm	4,12 kg/m²
5,0 mm	5,15 kg/m²
6,0 mm	6,24 kg/m²

Panneaux portes
Formats standard : 205 × 65 cm – 205 × 75 cm
205 × 85 cm – 205 × 95 cm

Épaisseurs	Poids moyens
2,5 mm	2,56 kg/m²
3,2 mm	3,30 kg/m²
3,2 mm	3,36 kg/m²
3,1 mm	3,26 kg/m²

PANNEAUX DURS PERFORÉS

■ DÉFINITION

Panneau de fibres, dur, perforé.
Existe en version brut (standard) et laqué blanc.

■ DOMAINES D'EMPLOIS ET D'UTILISATION

En milieu sec :
- pour rangements d'objets usuels du ménage et d'objets lourds dans la maison, le garage, l'atelier, l'abri de jardin, etc.,
- en agencement de magasins...

■ FORMATS – ÉPAISSEURS

- **Brut :**
  - 275 × 105 cm – Épaisseur 3,0 mm
    Entraxe des perforations : 12,7 et 25,4 mm.
  - 275 × 105 cm – Epaisseur 6,0 mm
    Entraxe des perforations : 25,4 mm
- **Laqué blanc :**
  275 × 122 cm – Épaisseur 3,0 mm
  Entraxe des perforations : 12,7 mm.

PANNEAUX ISOLANTS

2 cm équivalent en isolation thermique à :
- 4,5 cm d'agglomérés de particules bois
- 7,8 cm de bois dur
- 15,5 cm de plâtre
- 18 cm de briques creuses
- 35,7 cm de pierre tendre
- 39 cm de briques pleines, verre ou mortier
- 59 cm de béton.

Formats cm	Épaisseurs mm	Poids m² – kg
275 × 120	8 – 10 – 12 – 16 – 20 – 25 – 30	2,3 – 2,6 – 3,1 – 4,1 – 5,1 – 6,3 – 7,4
120 × 60	10 – 20	2,6 – 5,1
120 × 60 (spécial sous moquette)	8	2,4

PANNEAUX ISOLANTS (suite)

Exemples d'applications

■ ISOLATION THERMIQUE

- À fixer sur chevrons en sous toiture.
- Sur ou entre solives pour les planchers.

Finitions : peinture, tapisserie, papier peint, etc.

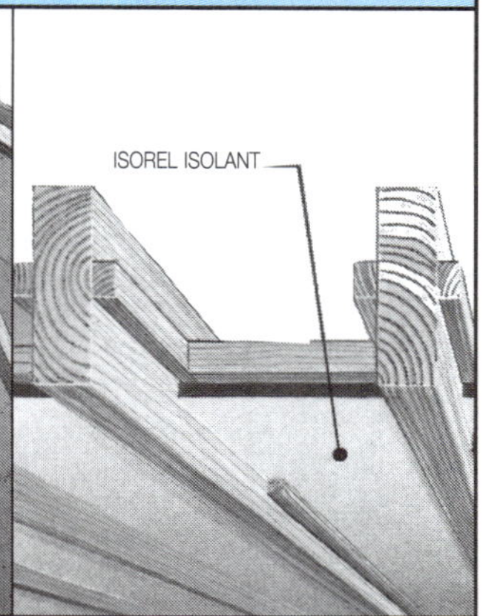

■ ISOLATION ACOUSTIQUE

S'obtient en double cloison ① et ou en doublage de parois verticales ② en associant avec l'isolant une lame d'air, le tout recouvert d'un matériau rigide.
Exemple : panneau de revêtement décoratif, de particules, plaque de plâtre, etc. fixé de préférence par collage sur plots, souples (mousse ou caoutchouc).

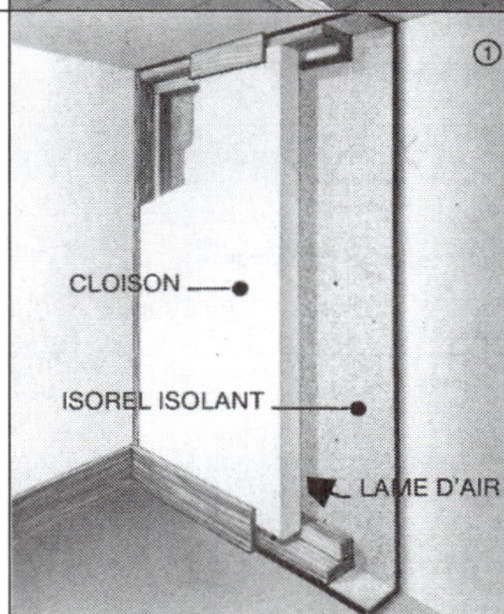

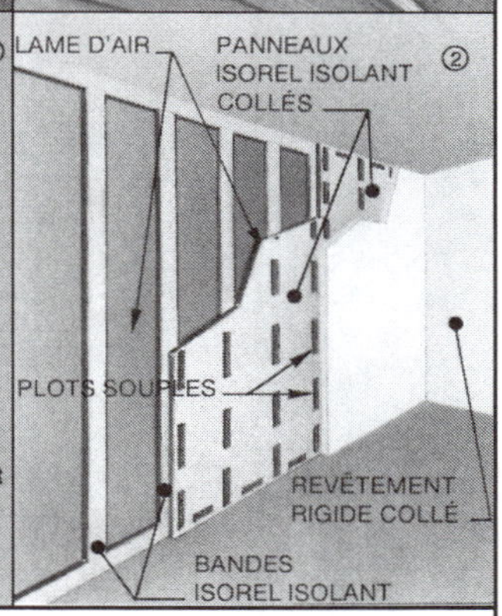

PANNEAUX D'ISOLATION PHONIQUE

■ COMPOSITION

Panneau de fibres obtenu par feutrage et séchage de fibres de bois résineux imprégné de bitume (10 %)

■ FORMATS ET POIDS L x ℓ = 275 x 120

Épaisseurs (mm)	8	10	12	16	20	25
Poids (kg/m²)	2,4	2,9	3,5	4,4	5,5	6,6

■ CARACTÉRISTIQUES

- **Compressibilité :** pour épaisseurs 8 et 10 mm. Peu compressible. Classe 1.

Tassement ⩽ 0,5 mm selon méthode décrite au DTU 51.3 « Planchers en bois ou en panneaux dérivés du bois ».

- **Isolation thermique :** coefficient de conductivité λ = 0,065 W/m °C.

■ POSE SUR SUPPORTS CONTINUS

Afin de préserver un libre mouvement des plaques, un jeu de 2 mm au mètre linéaire sera réservé aux joints et de 5 mm au pourtour de la pièce.

EXEMPLES DE MISES EN ŒUVRE

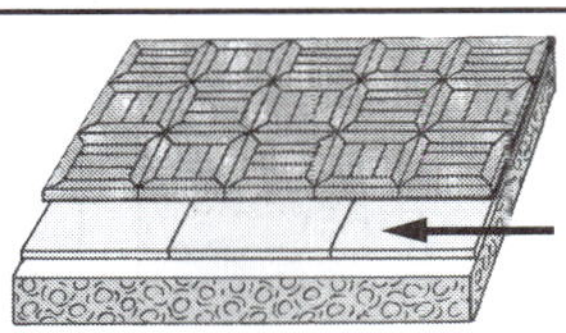
En sous-couche de dalles de parquet contrecollé

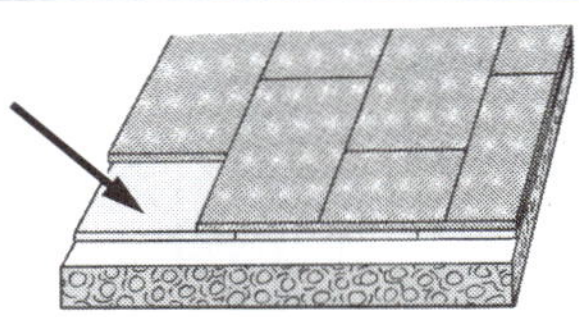
En sous-couche de panneaux dérivés du bois

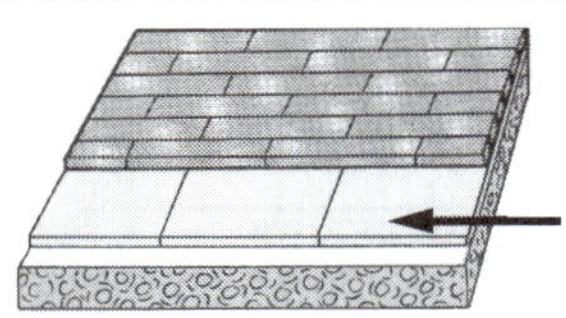
En sous-couche de revêtement de sol mince décoratif en bois

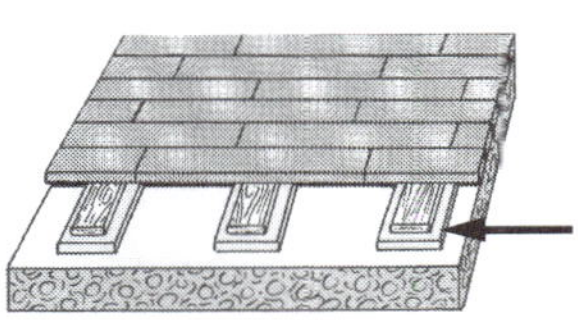

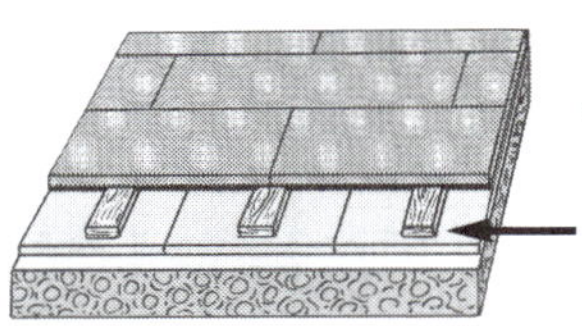
En sous-couche de lambourdes flottantes

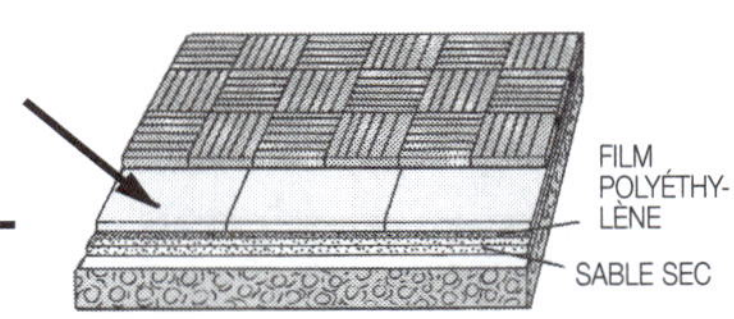

Pose sur sable de nivellement avec film polyéthylène

DOC. ISOROY

Panneaux de fibres

EXEMPLES DE MISES EN ŒUVRE (suite)

Pose sur supports discontinus

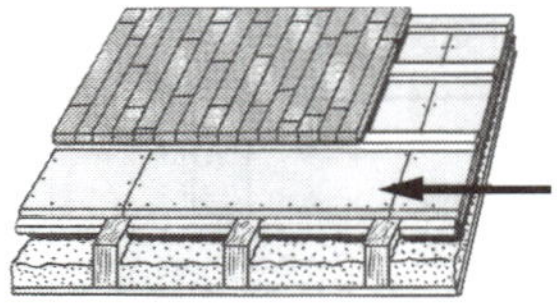

Sur solives en sous-couche de lambourdes flottantes

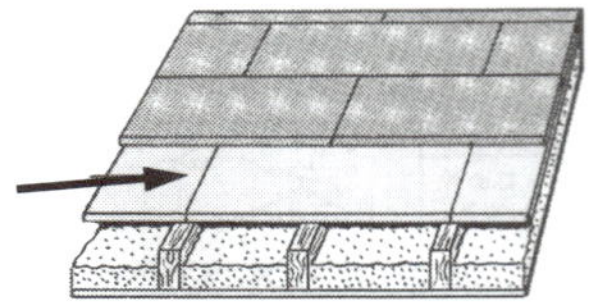

Sur solives en sous-couche d'éléments porteurs

En rénovation de plancher

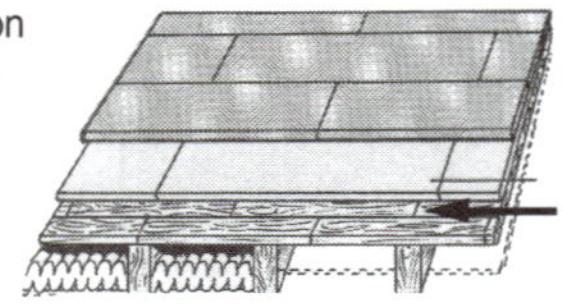

Le doublage plafond est recommandé

Sur chape flottante en béton armé

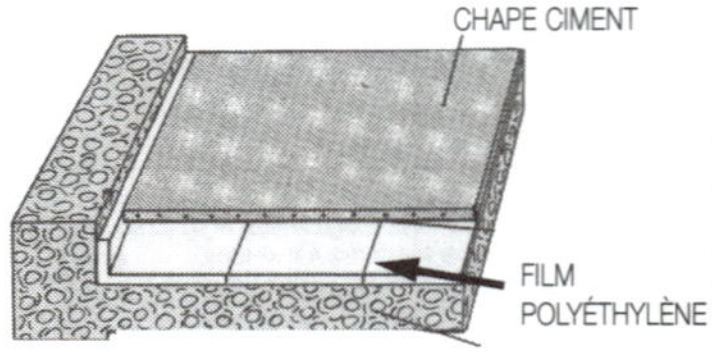

ISOLATION AUX BRUITS DE CHOCS

<table>
<tr><th>Paroi plancher testé</th><th>Résultats (1)</th><th>Gain (2)</th></tr>
<tr><td>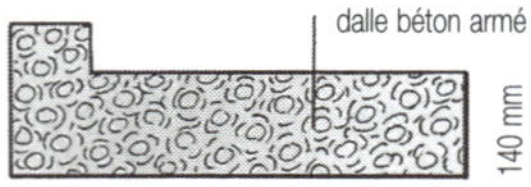</td><td>Ln = 83 dB (A)</td><td>PAROI DE RÉFÉRENCE</td></tr>
<tr><td>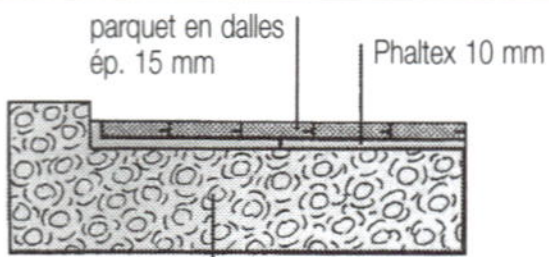</td><td>Ln = 67 dB (A)

RE CSTB
n° 28 868/2
du 26/7/89</td><td>ΔL = 18 dB (A)

RE CSTB
n° 28 868/1
du 26/7/89</td></tr>
<tr><td rowspan="4">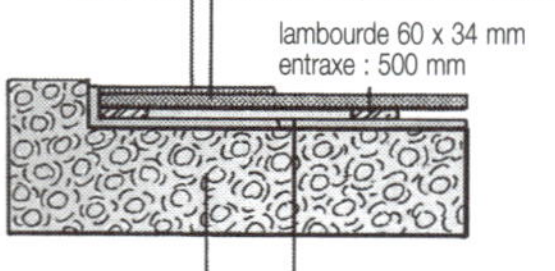</td><td colspan="2">AVEC MOQUETTE</td></tr>
<tr><td>Ln = 50 dB (A)

RE CSTB n° 28 868/6
du 26/7/89</td><td>ΔL = 33 dB (A)

RE CSTB n° 28 868/5
du 27/7/89</td></tr>
<tr><td colspan="2">SANS MOQUETTE</td></tr>
<tr><td>Ln = 70 dB (A)

RE CSTB n° 28 868/4
du 26/7/89</td><td>ΔL = 15 dB (A)

RE CSTB n° 28 868/3
du 27/7/89</td></tr>
<tr><td>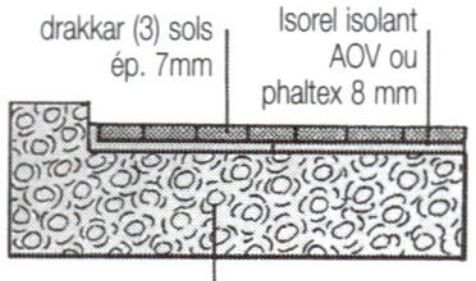</td><td>Ln = 64 dB (A)

RE CSTB
n° 28 868/8
du 26/7/89</td><td>ΔL = 20 dB (A)

RE CSTB
n° 28 868/7
du 28/7/89</td></tr>
<tr><td>CHAPE FLOTTANTE BÉTON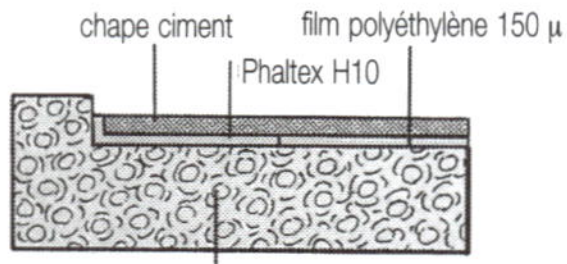</td><td>Ln = 70 dB (A)

RE CSTB
n° 1639
du 21/11/63</td><td>ΔL = 33 dB (A)

RE CSTB
n° 28 867
du 18/7/89</td></tr>
</table>

(1) Ln : niveau de bruit de choc normalisé à la réception.
Pour les locaux d'habitation, la réglementation en vigueur fixe à 70 dB(A) maximum le niveau de bruit de choc normalisé (Ln).
(2) ΔL : diminution du bruit de choc à la réception
(3) Drakkar sols est un revêtement en lames décoratives en bois fabriqué par Isoroy.

DOC. ISOROY

2.4 POUTRES COMPOSITES

2.4.1 POUTRES À ÂME EN PANNEAU

Des éléments composites **bois panneau** entrent dans la confection d'éléments de structure dans le bâtiment, poutres par exemple.

POUTRES COMPOSITES

La poutre ci-contre est constituée de deux membranes en épicéa et d'une âme en panneaux de fibres durs.
Ces éléments sont assemblés et collés à la résorcine.

POUTRE PRÉSENTÉE CI-DESSOUS

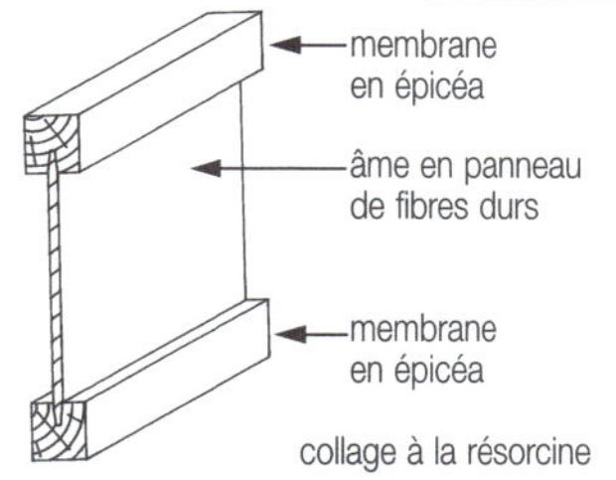

CARACTÉRISTIQUES TECHNIQUES

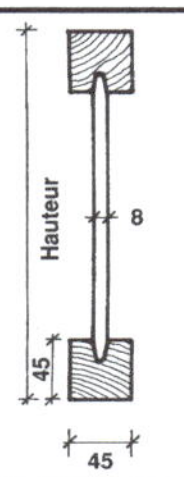

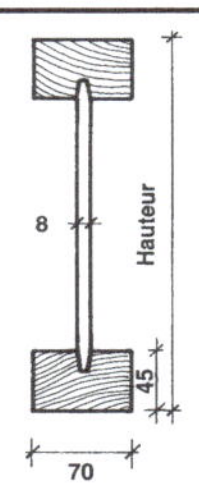

Type	Hauteur (mm)	Moment d'inertie (cm^4)	Module d'inertie (cm^3)	Raideur EIx (kNm^2)	Moment max. (mkN)	T. max. climat 1 (kN)	Poids kg/m
MB	200	2 459	270	344	2,84	5,00	2,9
MB	220	3 127	307	438	3,22	5,00	3,1
MB	250	4 288	357	600	3,75	6,60	3,3
MB	300	6 718	448	806	4,48	8,20	3,7
MB	350	9 696	537	1 163	5,37	9,80	4,1
MB	400	13 270	617	1 592	6,17	10,30	4,5
MI	200	3 848	423	539	4,66	5,00	4
MI	220	4 887	480	684	5,28	5,60	4,1
MI	250	6 690	557	937	6,12	6,60	4,4
MI	300	10 414	694	1 250	6,94	8,20	4,8
MI	350	14 966	830	1 796	8,30	9,80	5,2
MI	400	20 397	948	2 448	9,48	10,30	5,6
MI	450	26 727	1 069	3 207	10,69	10,10	6
MI	500	33 977	1 196	4 077	11,96	9,90	6,4
MI	550	42 168	1 319	5 060	13,19	9,80	6,8

PLANCHERS SOLIVES

Recherche d'entraxe en cm

	Habitations			Bureaux			Stockages légers		
Types	**40**	**50**	**60**	**40**	**50**	**60**	**40**	**50**	**60**
MB H 200	386	357	335	340	314	293	308	284	266
MB H 220	419	388	364	389	341	319	334	309	289
MB H 250	465	431	405	410	379	355	373	344	322
MB H 300	515	477	448	454	420	394	414	382	358
MB H 350	581	540	507	514	476	446	468	433	406
MB H 400	645	599	563	571	529	496	521	482	451
MI H 200	441	409	383	389	359	336	353	325	304
MI H 220	479	444	416	422	390	365	383	353	330
MI H 250	532	496	464	470	434	407	427	394	368
MI H 300	588	546	513	520	481	451	474	437	409
MI H 350	664	617	580	588	544	510	536	495	464
MI H 400	736	684	644	652	604	567	595	550	515
MI H 450	806	749	705	714	662	622	652	603	565
MI H 500	872	811	764	774	718	674	707	654	613
MI H 550	936	972	821	831	771	725	760	703	660

DOC NORDEX

Tableaux de portées établis en : de 0 à 4 m (bleu) ; de 4 à 7 m (blanc) ; de 7 à 12 m (gris)

PLANCHERS SOLIVES (suite)

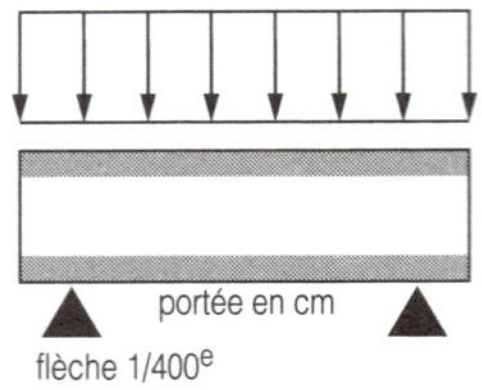

Ces portées sont calculées avec les charges suivantes :

	Habitations	Bureaux	Stockages légers
Charges permanentes :			
Plancher	Type CTB-H	Type CTB-H	Type CTB-H
Plafond	15 kg/m²	15 kg/m²	
Cloisons légères	25 kg/m²	25 kg/m²	
Surcharge d'exploitation	150 kg/m²	250 kg/m²	350 kg/m²

TOITURES PANNES CHEVRONS

Calcul d'une panne

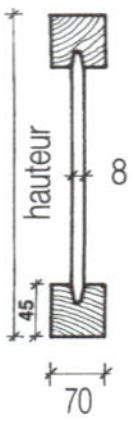

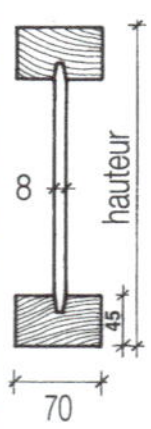

Charges en kg/m

Types	40	60	70	85	100	125	140	160	180	200	225	250	300	350
MB H 200	549	482	458	429	406	376	361	345	331	318	305	293	272	252
MB H 220	596	523	497	466	441	408	692	374	359	346	331	316	289	268
MB H 250	660	580	552	517	490	454	436	417	400	380	359	341	311	289
MB H 300	727	640	609	571	541	502	483	461	437	415	391	372	340	315
MB H 350	819	722	687	645	612	568	540	506	478	454	428	407	372	344
MB H 400	906	800	762	716	679	610	577	541	511	485	458	435	398	369
MI H 200	624	881	524	491	465	431	414	395	379	365	349	336	319	282
MI H 220	676	597	568	533	505	468	450	429	412	396	380	365	347	316
MI H 250	751	663	631	592	561	520	501	478	458	441	423	407	387	365
MI H 300	826	730	696	654	620	575	554	529	507	489	469	452	424	393
MI H 350	930	824	785	738	700	650	626	598	574	553	531	506	463	429
MI H 400	1030	913	870	818	776	721	694	664	634	603	569	540	494	458
MI H 450	1 124	997	951	895	849	789	759	712	673	639	604	573	524	486
MI H 500	1 214	1 078	1 029	968	919	846	802	752	710	675	638	606	554	514
MI H 550	1 301	1 157	1 104	1 039	985	887	840	788	745	708	669	636	582	539

Ces valeurs ont été calculées avec 30 % de charge permanente

Tableaux de portées établis en : (bleu) de 0 à 4 m (blanc) de 4 à 7 m (gris) de 7 à 12 m

■ EXEMPLE DE CALCUL D'UNE PANNE

- Portée ....7,75 m
- Pente ....27 %
- Écartement ....1,32 m
- Couverture fibres-ciment ....17 kg/m²
- Neige région B 200 m ....45 kg/m²
  (voir tab. surcharge de neige)

Calcul :

(17 + 45) × 1,32 = 81,84 kg/ml

- Prendre l'abaque 85 kg/ml
- Rechercher la portée ⩾ 775 cm dans la colonne
- Lire en ligne la référence de la poutre

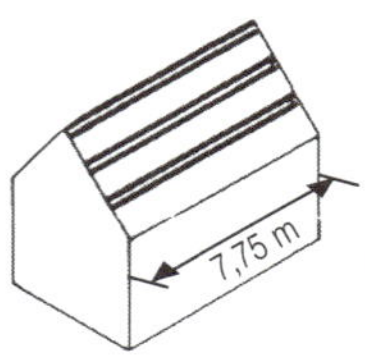

MI H 400

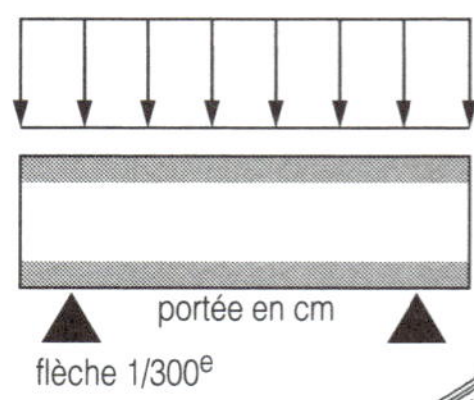

Exemple de reprise de déversement par feuillards métalliques et entretoises

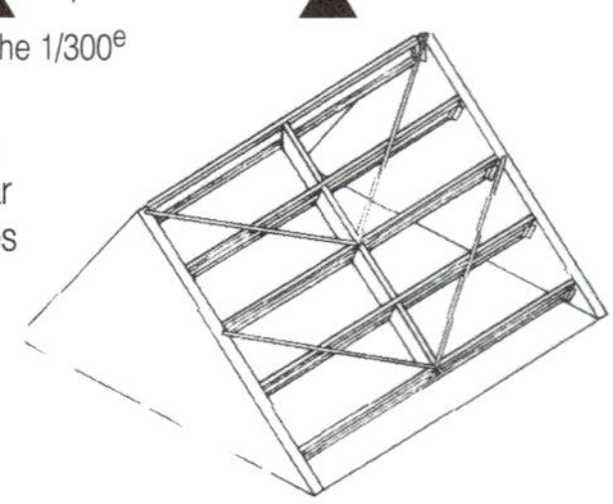

■ POIDS MOYEN DE MATÉRIAUX

- **Couvertures** .... kg/m²
  - Tuiles mécaniques 45
  - Tuiles canal 55
  - Ardoises naturelles sur voligeage 28
  - Ardoises fibres-ciment 30
  - Shingles sur panneaux 25
  - Plaques fibres-ciment 17
  - Bacs acier 8
  - Bacs alu 4

- **Planchers** .... kg/m²
  - Panneaux particules type CTB-H (par cm d'épaisseur) 6
  - Parquets (par cm d'épaisseur) 8

- **Plafonds**
  - Légers .... 3 à 8
  - Plaques de plâtre BA 13 15
  - Briquettes 45

TOITURES PANNES CHEVRONS (suite)

■ SURCHARGE DE NEIGE

normale suivant règles NV 84 pour pente ⩽ 25 ° (46 %), exprimée en kg/m^2.

Régions	ALTITUDES 200 m	250 m	300 m	350 m	400 m	450 m	500 m
A	35	40	45	50	55	60	65
B	45	50	55	60	65	70	75
C	55	60	65	70	75	80	85
D	80	85	90	95	100	105	110

Dans le cas de pentes supérieures à 25 °, il faut minorer les valeurs des charges en leur appliquant les coefficients suivants (sauf en présence de barres à neige) :
à 30 ° : × 0,9 ; à 35 ° : × 0,8 ; à 40 ° × 0,7 ; à 45 ° : × 0,6

■ CHOIX DE LA SECTION DE MEMBRANE

Hauteur / Type	200	220	250	300	350	400	450	500	550
MB	■	■	■	■	■	■			
MI	■	■	■	■	■	■	■	■	■

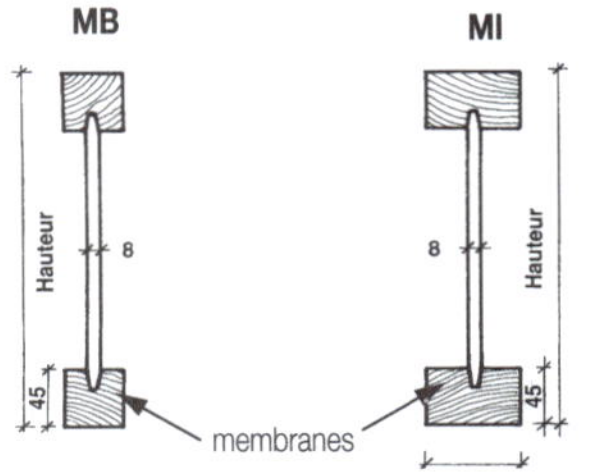

■ EXEMPLES DE MISES EN ŒUVRE

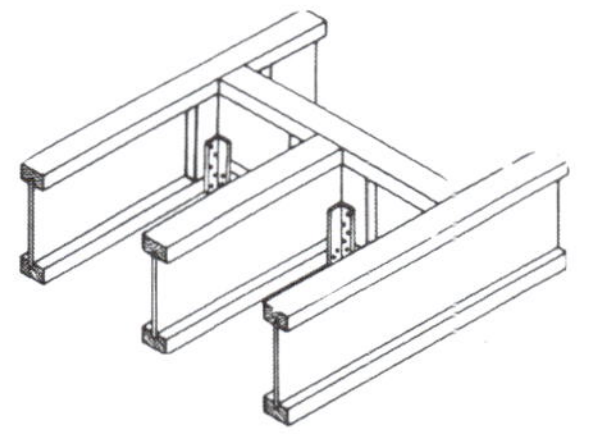
Exemple de trémie

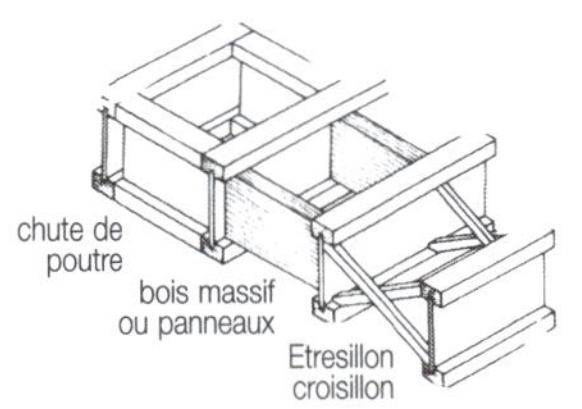

Solutions d'étrésillonnement

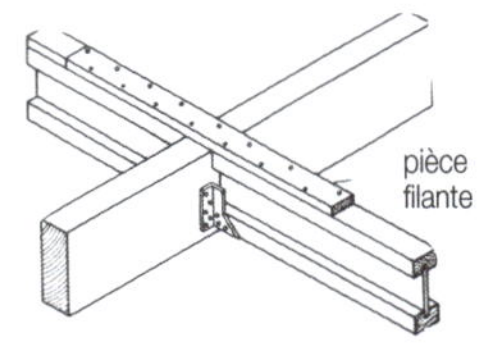

Fixation de panne sur ferme bois

DOC NORDEX

2.4.2 POUTRES EN BOIS LAMELLÉ SUR CHANT

La recherche d'innovation dans le bâtiment est permanente, dans le domaine du bois, en 1980 est apparu le lamellé-collé de placages sur chant : le **lamibois**

CARACTÉRISTIQUES

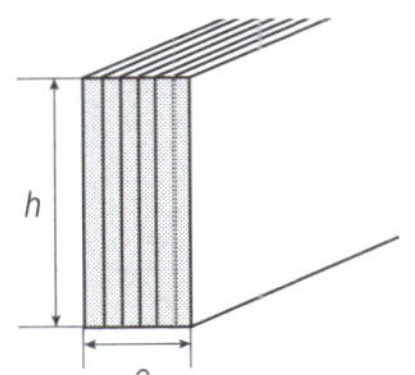

■ MATÉRIAUX CONSTITUTIFS

Bois : sapin blanc du nord ; colle : résine phénolique

■ ASPECT

Placage brut de bois résineux blanc sur les faces, lamellé sur chant

■ DIMENSIONS DES PANNEAUX

- **Longueur :**
jusqu'à 23 m maximum.
- **Hauteurs :**
  - standard : 200 – 225 – 260 – 300 – 360 – 450 – 600 – 900 mm ;
  - autres : toutes largeurs jusqu'à 1800 mm.
- **Épaisseurs :**
standard : 27 – 33 – 39 – 45 – 51 – 57 – 63 – 69 – 75 mm.

■ CARACTÉRISTIQUES PHYSIQUES :

- **taux d'humidité, départ usine :**
8 à 10 %
- **masse volumique :**
500 kg/m^3 à 10 % d'humidité

■ CARACTÉRISTIQUES MÉCANIQUES

- **Contrainte admissible**
à 10 % d'humidité ;
  - flexion statique par rapport au bois massif de classe II à 15 % d'humidité : + 65 %
  - Flexion statique par rapport au bois lamellé-collé de classe II à 12,5 % d'humidité : 48 %.
- **Module d'élasticité :**
à chant : 13 000 Mpa ; à plat : 12 000 Mpa
- **Coefficient de fluage**
plus faible que le bois massif ou lamellé-collé de résineux.

Poutres composites

CARACTÉRISTIQUES (suite)

- Durabilité : le lamibois est moins sensible aux attaques des insectes que le bois massif de résineux. Suivant la classe de risques, il y a lieu de se reporter aux préconisations du CTBA applicables au bois lamellé-collé.
- Comportement au feu : vitesse de propagation : 0,6 mm par min. (test du VVT (Finlande) n° 1 744 du 21.10.85).

CALCUL D'UNE PANNE

- **Exemple 1 : calcul d'une panne d'aplomb en couverture légère**
- Portée : 6 m.
- Entraxe : 2 m.
- Charges permanentes (couverture + poids propre) : 12 daN/m^2
  Charges permanentes (neige) : 45 daN/m^2
- Charges totales : 57 × 2 = 114 daN/m soit environ 120 daN/m avec 20 % de charges permanentes
- **Lecture tableau I :**
- Flèche admissible 1/200 : section 57 × 225 mm
- Flèche admissible 1/300 : section 57 × 260 mm

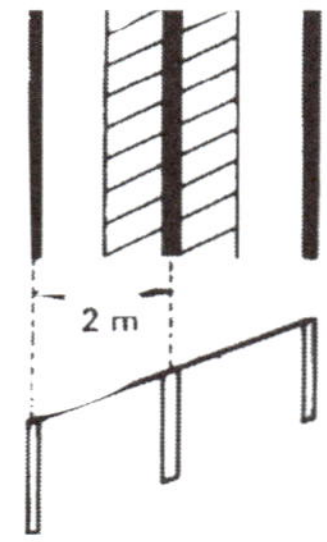

DOC KERCO

Détermination de sections de poutres reposant à chant sur deux appuis simples d'extrémité
largeur (mm) × hauteur (mm) avec humidité 15 %

Tableau I — Portées (en ml)

Coefficient de fluage : 1 — Charges permanentes : 20 % — Flèche : **1/200 de la portée = ligne 1** – 1/300 de la portée = ligne 2

Charges daN/m	3	4	4,5	5	5,5	6	6,5	7	7,5	8	8,5	9	9,5	10	11	12
40	27 × 200 27 × 200	27 × 200 27 × 200	27 × 200 27 × 200	27 × 200 27 × 200	27 × 200 33 × 200	27 × 200 39 × 200	27 × 225 51 × 200	45 × 200 63 × 200	51 × 200 57 × 225	63 × 200 45 × 260	75 × 200 51 × 260	39 × 260 39 × 300	51 × 260 75 × 260	57 × 260 57 × 300	51 × 300 75 × 300	63 × 300 57 × 360
60	27 × 200 27 × 200	27 × 200 27 × 200	27 × 200 27 × 200	27 × 200 27 × 225	33 × 200 45 × 200	39 × 200 63 × 200	51 × 200 75 × 200	63 × 200 45 × 260	57 × 225 57 × 260	45 × 260 45 × 300	51 × 260 45 × 300	39 × 300 63 × 300	75 × 260 75 × 300	57 × 300 51 × 360	75 × 300 63 × 360	57 × 360 63 × 400
80	27 × 200 27 × 200	27 × 200 27 × 200	27 × 200 33 × 200	33 × 200 33 × 225	45 × 200 63 × 200	39 × 225 39 × 260	33 × 260 75 × 225	39 × 260 57 × 260	75 × 225 75 × 260	57 × 260 57 × 300	45 × 300 75 × 300	57 × 300 51 × 360	63 × 300 57 × 360	75 × 300 63 × 360	57 × 360 63 × 400	75 × 360 57 × 450
100	27 × 200 27 × 200	27 × 200 33 × 200	33 × 200 45 × 200	27 × 225 57 × 200	51 × 200 75 × 200	33 × 260 45 × 260	39 × 260 57 × 260	75 × 225 75 × 260	39 × 300 57 × 300	75 × 260 75 × 300	57 × 300 51 × 360	75 × 300 57 × 360	45 × 360 51 × 400	57 × 360 57 × 400	51 × 400 75 × 400	75 × 400 57 × 450
120	27 × 200 27 × 200	27 × 200 27 × 225	33 × 200 51 × 200	33 × 225 33 × 260	63 × 200 45 × 260	57 × 225 57 × 260	75 × 225 45 × 300	57 × 260 57 × 300	75 × 260 75 × 300	57 × 300 51 × 360	75 × 300 57 × 360	51 × 360 51 × 400	57 × 360 63 × 400	63 × 360 75 × 400	63 × 400 75 × 450	57 × 450 63 × 500
140	27 × 200 27 × 200	27 × 200 45 × 200	27 × 225 63 × 200	39 × 225 57 × 225	33 × 260 75 × 225	45 × 260 63 × 260	57 × 260 57 × 300	45 × 300 75 × 300	57 × 300 51 × 360	75 × 300 57 × 360	45 × 360 51 × 400	57 × 360 63 × 400	63 × 360 75 × 400	75 × 360 57 × 450	75 × 400 75 × 450	75 × 450 75 × 500
160	27 × 200 27 × 200	33 × 200 33 × 225	45 × 200 33 × 260	63 × 200 45 × 260	57 × 225 57 × 260	75 × 225 51 × 300	63 × 260 63 × 300	51 × 300 75 × 300	63 × 300 57 × 360	75 × 300 51 × 400	51 × 360 57 × 400	63 × 360 75 × 400	75 × 360 57 × 450	63 × 400 75 × 450	57 × 450 63 × 500	75 × 450 75 × 600
180	27 × 200 27 × 200	27 × 225 39 × 225	51 × 200 57 × 225	33 × 260 75 × 225	45 × 260 63 × 260	57 × 260 57 × 300	45 × 300 75 × 300	63 × 300 51 × 360	75 × 300 63 × 360	51 × 360 75 × 360	57 × 360 63 × 400	51 × 400 75 × 400	63 × 400 63 × 450	75 × 400 75 × 450	75 × 450 75 × 500	63 × 500 75 × 600
200	27 × 200 27 × 200	39 × 200 63 × 200	39 × 225 39 × 260	57 × 225 57 × 260	75 × 225 75 × 260	39 × 300 63 × 300	51 × 300 75 × 300	63 × 300 57 × 360	45 × 360 51 × 400	57 × 360 63 × 400	51 × 400 75 × 400	57 × 400 63 × 450	75 × 400 75 × 450	57 × 450 65 × 500	75 × 450 75 × 600	75 × 500 75 × 600
240	27 × 200 33 × 200	33 × 225 51 × 225	33 × 260 45 × 260	45 × 260 63 × 260	57 × 260 57 × 300	75 × 260 75 × 300	63 × 300 51 × 360	75 × 300 51 × 400	57 × 360 63 × 400	51 × 400 75 × 400	51 × 400 63 × 450	75 × 400 75 × 450	57 × 450 63 × 500	75 × 450 75 × 500	63 × 500 75 × 600	75 × 600 75 × 600
300	27 × 200 27 × 225	63 × 200 63 × 225	39 × 260 57 × 260	57 × 260 51 × 300	45 × 300 75 × 300	63 × 300 51 × 360	75 × 300 51 × 400	57 × 360 63 × 400	51 × 400 75 × 400	63 × 400 63 × 450	75 × 400 75 × 450	63 × 450 75 × 500	75 × 450 75 × 500	63 × 500 75 × 600	75 × 600 75 × 600	75 × 600 –
350	33 × 200 45 × 200	51 × 225 75 × 225	45 × 260 45 × 300	39 × 300 63 × 300	57 × 300 51 × 360	75 × 300 63 × 360	51 × 360 75 × 360	63 × 360 75 × 400	57 × 400 63 × 450	75 × 400 75 × 450	57 × 450 63 × 500	75 × 450 75 × 500	63 × 500 75 × 600	75 × 500 75 × 600	75 × 600 –	75 × 600 –
400	33 × 200 51 × 200	57 × 225 57 × 260	51 × 260 75 × 260	45 × 300 75 × 300	63 × 300 57 × 360	45 × 360 51 × 400	57 × 360 63 × 400	75 × 360 57 × 450	75 × 400 75 × 450	57 × 450 63 × 500	75 × 450 63 × 500	63 × 450 75 × 600	75 × 500 75 × 600	75 × 600 75 × 600	75 × 600 –	– –

CALCUL D'UN SOLIVAGE

- **Exemple 2 : calcul d'un solivage**
  - Entraxe des solives : 0,5 m.
  - Portée : 8 m.
- **Charges permanentes :**

Poids propre + plancher + plafond + isolation + cloison. 60 daN/m^2, soit 60 × 0,5 = 30 daN/m

- **20 % des surfaces d'habitation**

  0,2 × 150 = 30 daN/m2,
  soit 30 × 0,5 = 15 daN/m – Total : 45 daN/m

- **Surcharges d'habitation**

150 daN/m2 dont 0,8 × 150 = 12 daN/m2 de charges temporaires soit 120 × 0,5 = 60 daN/m.

DOC NORDIC TIMBER COUNCIL (Conseil des bois du Nord)

- **Pourcentage de charges permanentes**

$$\frac{45}{45 + 60} = 0{,}39 \text{ soit environ } 40\ \%.$$

- **Lecture du tableau II**

Flèche admissible : 1/400
Charges totales ≅ 120 daN/m
Section : 51 × 400 mm

CALCUL D'UN SOLIVAGE (suite)

selon le cœfficient de fluage et charges permanentes

Tableau II — Portées (en m)

Coefficient de fluage : 1,19 — Charges permanentes : 40 % — Flèche : **1/300 de la portée = ligne 1** – 1/400 de la portée = ligne 2

Charges daN/m	3	4	4,5	5	5,5	6	6,5	7	7,5	8	8,5	9	9,5	10	11	12
40	**27 x 200** 27 x 200	**27 x 200** 27 x 200	**27 x 200** 27 x 200	**27 x 200** 33 x 200	**33 x 200** 45 x 200	**45 x 200** 57 x 200	**39 x 225** 51 x 225	**51 x 225** 63 x 225	**39 x 260** 51 x 260	**75 x 225** 63 x 260	**57 x 260** 75 x 260	**45 x 300** 57 x 300	**51 x 300** 75 x 300	**63 x 300** 45 x 360	**45 x 360** 63 x 360	**63 x 360** 57 x 400
60	**27 x 200** 27 x 200	**27 x 200** 27 x 200	**27 x 200** 27 x 225	**27 x 225** 51 x 200	**51 x 200** 51 x 225	**63 x 200** 39 x 260	**57 x 225** 75 x 225	**75 x 225** 63 x 260	**57 x 260** 75 x 260	**45 x 300** 63 x 300	**57 x 300** 75 x 300	**63 x 300** 51 x 360	**75 x 300** 63 x 360	**51 x 360** 51 x 400	**51 x 400** 75 x 400	**63 x 400** 63 x 450
80	**27 x 200** 27 x 200	**27 x 200** 27 x 225	**27 x 225** 51 x 200	**51 x 200** 51 x 225	**51 x 225** 63 x 225	**39 x 260** 51 x 260	**75 x 225** 45 x 300	**63 x 260** 57 x 300	**75 x 260** 75 x 300	**63 x 300** 51 x 360	**75 x 300** 57 x 360	**51 x 360** 51 x 400	**63 x 360** 51 x 400	**51 x 400** 75 x 400	**75 x 400** 63 x 450	**63 x 450** 63 x 500
100	**27 x 200** 27 x 200	**33 x 260** 45 x 200	**45 x 200** 63 x 200	**63 x 200** 57 x 225	**57 x 225** 51 x 260	**75 x 225** 45 x 300	**63 x 260** 57 x 300	**51 x 300** 75 x 300	**63 x 300** 51 x 360	**75 x 300** 57 x 360	**57 x 360** 51 x 400	**63 x 360** 63 x 400	**75 x 360** 75 x 400	**63 x 400** 57 x 450	**57 x 450** 63 x 500	**75 x 450** 75 x 500
120	**27 x 200** 27 x 200	**27 x 225** 51 x 200	**39 x 225** 51 x 225	**75 x 200** 45 x 260	**45 x 260** 39 x 300	**39 x 300** 51 x 300	**75 x 260** 75 x 300	**63 x 300** 51 x 360	**75 x 300** 57 x 360	**57 x 360** 51 x 400	**63 x 360** 63 x 400	**75 x 360** 75 x 400	**63 x 400** 63 x 450	**75 x 400** 75 x 450	**75 x 450** 75 x 500	**75 x 500** 75 x 600
140	**27 x 200** 27 x 200	**45 x 200** 63 x 200	**63 x 200** 63 x 225	**39 x 260** 57 x 260	**57 x 260** 45 x 300	**45 x 300** 63 x 300	**57 x 300** 75 x 300	**75 x 300** 57 x 360	**51 x 360** 51 x 400	**63 x 360** 63 x 400	**75 x 360** 75 x 400	**63 x 400** 63 x 450	**75 x 400** 75 x 450	**63 x 450** 63 x 500	**63 x 500** 75 x 600	**75 x 600** 75 x 600
160	**27 x 200** 33 x 200	**51 x 200** 51 x 225	**51 x 225** 45 x 260	**45 x 260** 39 x 300	**39 x 300** 57 x 300	**51 x 300** 75 x 300	**75 x 300** 51 x 360	**51 x 360** 63 x 360	**57 x 360** 75 x 360	**51 x 400** 75 x 400	**63 x 400** 57 x 450	**75 x 400** 75 x 450	**63 x 450** 63 x 500	**75 x 450** 75 x 500	**75 x 500** 75 x 600	**75 x 600** 75 x 600
180	**27 x 200** 33 x 200	**57 x 200** 75 x 200	**57 x 225** 75 x 225	**51 x 260** 45 x 300	**45 x 300** 63 x 300	**57 x 300** 75 x 300	**75 x 300** 57 x 360	**57 x 360** 51 x 400	**51 x 400** 63 x 400	**57 x 400** 75 x 400	**75 x 400** 63 x 450	**57 x 450** 75 x 450	**75 x 450** 75 x 500	**63 x 500** 75 x 500	**75 x 500** 75 x 600	**75 x 600** 75 x 600
200	**27 x 200** 39 x 200	**63 x 200** 39 x 260	**63 x 225** 57 x 260	**57 x 260** 75 x 260	**75 x 260** 75 x 300	**63 x 300** 51 x 360	**51 x 360** 63 x 360	**63 x 360** 57 x 400	**75 x 360** 75 x 400	**63 x 400** 63 x 450	**75 x 400** 75 x 450	**63 x 450** 63 x 500	**75 x 450** 75 x 500	**63 x 500** 75 x 600	**75 x 600** 75 x 600	**75 x 600** –
240	**33 x 200** 45 x 200	**75 x 200** 75 x 225	**75 x 225** 45 x 300	**45 x 300** 63 x 300	**63 x 300** 45 x 360	**75 x 300** 63 x 360	**57 x 360** 75 x 360	**51 x 400** 75 x 400	**63 x 400** 63 x 450	**75 x 400** 75 x 450	**63 x 450** 63 x 500	**75 x 450** 75 x 500	**75 x 500** 75 x 600	**75 x 500** 75 x 600	**75 x 600** –	**75 x 600** –
300	**45 x 200** 39 x 225	**45 x 260** 57 x 260	**63 x 260** 57 x 300	**57 x 300** 75 x 300	**75 x 300** 57 x 360	**57 x 360** 75 x 360	**51 x 400** 75 x 400	**63 x 400** 63 x 450	**57 x 450** 75 x 450	**75 x 450** 63 x 500	**63 x 500** 75 x 600	**75 x 500** 75 x 600	**75 x 600** 75 x 600	**75 x 600** 75 x 600	**75 x 600** –	**-** –
350	**33 x 225** 63 x 200	**51 x 260** 45 x 300	**31 x 300** 63 x 300	**63 x 300** 51 x 360	**51 x 360** 51 x 400	**63 x 360** 63 x 400	**63 x 400** 57 x 450	**75 x 400** 75 x 450	**63 x 450** 63 x 500	**63 x 500** 75 x 500	**75 x 500** 75 x 600	**75 x 600** 75 x 600	**63 x 600** 75 x 600	**75 x 600** –	**-** –	**-** –
400	**39 x 225** 51 x 225	**57 x 260** 51 x 300	**57 x 300** 75 x 300	**75 x 300** 57 x 360	**57 x 360** 75 x 360	**75 x 360** 75 x 400	**75 x 400** 63 x 450	**63 x 450** 63 x 500	**75 x 450** 75 x 500	**75 x 500** 75 x 600	**75 x 600** 75 x 600	**75 x 600** 75 x 600	**75 x 600** –	**75 x 600** –	**-** –	**-** –

Tableau II (suite) — Portées (en m)

Coefficient de fluage : 1,47 — Charges permanentes : 70 % — Flèche : **1/400 de la portée = ligne 1** – 1/500 de la portée = ligne 2

Charges daN/m	3	4	4,5	5	5,5	6	6,5	7	7,5	8	8,5	9	9,5	10	11	12
40	**27 x 200** 27 x 200	**27 x 200** 27 x 200	**33 x 200** 27 x 225	**45 x 200** 51 x 200	**39 x 225** 33 x 260	**51 x 225** 63 x 225	**63 x 225** 51 x 260	**51 x 260** 63 x 260	**63 x 260** 51 x 300	**75 x 260** 63 x 300	**63 x 300** 75 x 300	**75 x 300** 51 x 360	**51 x 360** 63 x 360	**57 x 360** 51 x 400	**75 x 360** 75 x 400	**75 x 400** 63 x 450
60	**27 x 200** 27 x 200	**33 x 200** 27 x 225	**45 x 200** 39 x 225	**63 x 200** 75 x 200	**57 x 225** 75 x 225	**75 x 225** 39 x 300	**39 x 300** 75 x 260	**75 x 260** 63 x 300	**63 x 300** 75 x 300	**75 x 300** 57 x 360	**51 x 360** 51 x 400	**63 x 360** 57 x 400	**57 x 400** 75 x 400	**63 x 400** 75 x 400	**57 x 450** 75 x 450	**75 x 450** 75 x 500
80	**27 x 200** 27 x 200	**45 x 200** 39 x 225	**63 x 200** 75 x 200	**57 x 225** 75 x 225	**75 x 225** 63 x 260	**63 x 260** 57 x 300	**57 x 300** 75 x 300	**75 x 300** 51 x 360	**51 x 360** 63 x 360	**57 x 360** 75 x 360	**51 x 400** 63 x 400	**63 x 400** 75 x 400	**75 x 400** 63 x 450	**57 x 450** 75 x 450	**75 x 450** 75 x 500	**75 x 500** 75 x 600
100	**27 x 200** 27 x 200	**39 x 225** 45 x 225	**75 x 200** 45 x 260	**75 x 225** 57 x 260	**63 x 260** 51 x 300	**57 x 300** 75 x 300	**75 x 300** 51 x 360	**51 x 360** 63 x 360	**63 x 360** 75 x 360	**75 x 360** 75 x 400	**63 x 400** 57 x 450	**74 x 400** 75 x 450	**63 x 450** 63 x 500	**75 x 450** 75 x 500	**75 x 500** 75 x 600	**75 x 600** 75 x 600
120	**27 x 200** 33 x 200	**63 x 200** 57 x 225	**63 x 225** 51 x 260	**57 x 260** 45 x 300	**75 x 260** 63 x 300	**63 x 300** 45 x 360	**51 x 360** 57 x 360	**57 x 360** 75 x 360	**51 x 400** 75 x 400	**63 x 400** 57 x 450	**75 x 400** 75 x 450	**63 x 450** 63 x 500	**75 x 450** 75 x 500	**63 x 500** 75 x 600	**75 x 600** 75 x 600	**75 x 600** –
140	**33 x 200** 27 x 225	**33 x 260** 63 x 225	**75 x 225** 39 x 300	**45 x 300** 57 x 300	**57 x 300** 75 x 300	**75 x 300** 57 x 360	**57 x 360** 51 x 400	**51 x 400** 63 x 400	**63 x 400** 75 x 400	**75 x 400** 63 x 450	**63 x 450** 63 x 500	**75 x 450** 75 x 500	**63 x 500** 75 x 600	**75 x 500** 75 x 600	**75 x 600** 75 x 600	**75 x 600** –
160	**27 x 225** 45 x 200	**39 x 260** 75 x 225	**57 x 260** 45 x 300	**75 x 260** 63 x 300	**75 x 300** 51 x 360	**51 x 360** 63 x 360	**63 x 360** 57 x 400	**57 x 400** 75 x 400	**75 x 400** 63 x 450	**63 x 450** 75 x 450	**75 x 450** 63 x 500	**63 x 500** 75 x 500	**75 x 500** 75 x 600	**75 x 600** 75 x 600	**75 x 600** 75 x 600	–
180	**39 x 200** 51 x 200	**45 x 260** 57 x 260	**39 x 300** 75 x 260	**57 x 300** 75 x 300	**75 x 300** 57 x 360	**57 x 360** 51 x 400	**51 x 400** 63 x 400	**63 x 400** 57 x 450	**57 x 450** 75 x 450	**75 x 450** 63 x 500	**63 x 500** 75 x 500	**75 x 500** 75 x 600	**75 x 600** 75 x 600	**75 x 600** 75 x 600	**75 x 600** –	**-** –
200	**45 x 200** 39 x 225	**75 x 225** 39 x 300	**45 x 300** 57 x 300	**63 x 300** 75 x 300	**51 x 360** 57 x 360	**63 x 360** 75 x 360	**57 x 400** 75 x 400	**75 x 400** 63 x 450	**63 x 450** 75 x 450	**75 x 450** 75 x 500	**63 x 500** 75 x 600	**75 x 500** 75 x 600	**75 x 600** 75 x 600	**75 x 600** 75 x 600	**-** –	**-**
240	**39 x 225** 51 x 225	**57 x 260** 75 x 260	**57 x 300** 75 x 300	**75 x 300** 57 x 360	**57 x 360** 51 x 400	**75 x 360** 75 x 400	**75 x 400** 63 x 450	**63 x 450** 75 x 450	**75 x 450** 75 x 500	**63 x 500** 75 x 600	**75 x 600** 75 x 600	**75 x 600** 75 x 600	**75 x 600** –	**75 x 600** –	**-** –	**-** –
300	**51 x 225** 57 x 225	**75 x 260** 57 x 300	**75 x 300** 51 x 360	**57 x 360** 51 x 400	**51 x 400** 63 x 400	**75 x 400** 57 x 450	**63 x 450** 75 x 450	**75 x 450** 75 x 500	**75 x 500** 75 x 600	**75 x 600** 75 x 600	**75 x 600** 75 x 600	**75 x 600** –	**-** –	**-** –	**-** –	**-** –
350	**57 x 225** 45 x 260	**57 x 300** 75 x 300	**45 x 360** 57 x 360	**63 x 360** 57 x 400	**63 x 400** 75 x 400	**57 x 450** 75 x 450	**75 x 450** 63 x 500	**63 x 500** 75 x 600	**75 x 600** 75 x 600	**75 x 600** 75 x 600	**75 x 600** –	**-** –	**-** –	**-** –	**-** –	**-** –
400	**63 x 225** 51 x 260	**63 x 300** 45 x 360	**51 x 360** 63 x 360	**51 x 400** 63 x 400	**75 x 400** 63 x 450	**63 x 450** 63 x 500	**63 x 500** 75 x 500	**75 x 500** 75 x 600	**75 x 600** 75 x 600	**75 x 600** –	**75 x 600** –	**-** –	**-** –	**-** –	**-** –	**-** –

Les valeurs des sections sont données à titre indicatif.

2.5 PANNEAUX DE LAMELLES TROIS COUCHES (TYPE TRIPLY)

Panneaux composés de lamelles minces de bois résineux orientées, conformés en trois couches croisées, collées avec des résines mélamine-urée-phénol-formol.
Exemple : panneau type Triply

FORMATS ET CARACTÉRISTIQUES

Formats : 5 000 × 2 500 mm
5 000 × 1 250 mm
2 500 × 1 250 mm

Épaisseurs : 6, 8, 10, 12, 15, 18 et 22 mm.

■ COMPARATIF PLANCHER PORTEUR

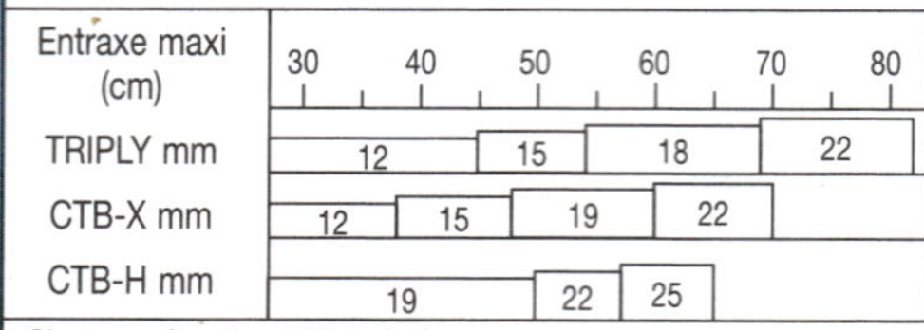

Charges réparties 150 kg/m2

■ COMPARATIF TOITURE

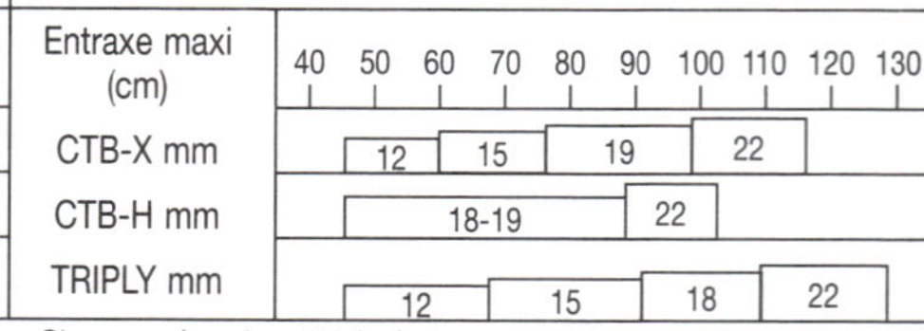

Charges réparties 100 kg/m2

■ CARACTÉRISTIQUES MÉCANIQUES ET PHYSIQUES : TRIPLY

Normes	Épaisseur		Unités	6 < e ≤ 9	9 < e ≤ 16	16 < e ≤ 22
Pr EN 324	Régularité d'épaisseur		mm	8,0		
Pr EN 323	Masse volumique : – moyenne panneau – minimum éprouvette		kg/m3	720 ± 40 610	700 ± 40 580	670 ± 40 550
Pr EN 324	Longueur/largeur Équerrage		mm	± 2 1 mm sur des bras de 1 000 mm		
Pr EN 322	Humidité		%	9 ± 3		
Pr EN 310	Flexion – résistance – *module d'élasticité	L T L T	MPa	≥ 40 ≥ 20 ≥ 6 000 ≥ 2 500		≥ 35 ≥ 19 ≥ 5 500 ≥ 2 500
Pr EN 319	Résistance en traction perpendiculaire		MPa	≥ 0,6	≥ 0,58	≥ 0,55
Pr EN 317	*Gonflement après 24 h d'immersion		%	≤ 12	≤ 10	≤ 8
NF B 51.264	Variations dimensionnelles dans le plan : 85 % HR - 25 °C <=> 30 % HR - 25 °C	L T	%	≤ 0,15 ≤ 0,30		
NF B 51.262	Épreuve de vieillissement accélérée dite V 313 : – résistance en flexion longueur – résistance en traction perpendiculaire		MPa	≥ 20 ≥ 0,25		

Pr EN : Euronorme - * Valeurs moyennes

EMPLOIS : MURS

■ UTILISATION EN HABILLAGE INTÉRIEUR

En règle générale, la pose se fait sur ossature bois rapportée. Elle permet de compenser les défauts de planéité éventuels du mur. Si nécessaire (murs humides ou murs extérieurs), la contreface des panneaux sera ventilée. L'ossature peut être verticale ou horizontale ; les côtés de panneaux seront supportés ou liaisonnés par un assemblage en rainure-languette. Les entraxes moyens des supports sont donnés ci-dessous en fonction de l'épaisseur du Triply.

Épaisseur (mm)	8	10	12	15	18	22
Entraxes supports (cm)	50	60	72	90	100	125

La pose directe par collage ne peut s'envisager que sur murs plans, sains et secs. Utiliser une colle mastic Néoprène déposée en cordons de diamètre 8 mm.

■ UTILISATION EN HABILLAGE EXTÉRIEUR

Cette utilisation n'est possible que pour des constructions temporaires ou non soumises à réglementation. Le triply doit être protégé par une finition étanche régulièrement entretenue.

■ FIXATION

Clouage par pointes. Il est conseillé d'utiliser des pointes de 2,7 à 3 mm de diamètre tous les 15 cm en périphérie du panneau et tous les 30 cm sur les montants intermédiaires ; clouer à 15 mm des rives du panneau. Dans le cas de pointes de diamètre inférieur, clouer tous les 10 cm sur l'ensemble de l'ossature, à 10 mm des rives du panneau.
La longueur des pointes doit être de 2,5 fois l'épaisseur du triply avec une pénétration minimale de 30 mm.

DOC ISOROY

PLANCHERS

■ POSE (PLANCHER PORTEUR)

- Panneaux en quinconce (joints décalés) reposant sur au moins 3 appuis en partie courante. Exception aux extrémités ou, compte tenu de la pose en quinconce, certains panneaux reposeront sur 2 appuis.
- Petites rives des panneaux obligatoirement supportées sur un appui.
- Largeur minimale d'appui : 20 mm aux extrémités de panneaux.
- Grandes rives assemblées par l'usinage rainure et languette.
- Prévoir un jeu de 1 mm/ml à la périphérie de chaque panneau ou si ceux-ci sont collés entre eux, un jeu de 10 mm à la périphérie de la pièce (surface unitaire 30 m² maxi).

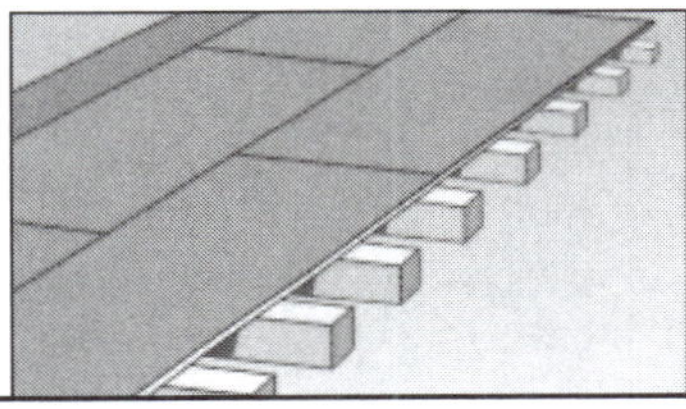

■ PORTÉES ET CHARGES

L'entraxe maximal entre appuis, fonction des charges et de l'épaisseur du triply, est donné par le tableau ci-dessous, en cm.

Charges uniformément réparties (daN/m²)	150	200	250	350	400	500
Épaisseur Triply 12 mm	43	38	-	-	-	-
15 mm	55	48	45	39	38	35
18 mm	65	57	53	47	45	42
22 mm	80	70	65	58	55	51

COUVERTURE

Usinage

Rainure languette - 2 rives longues			
Format – cm	250 × 60 ; 250 × 122		
Épaisseur mm	15	18	22
Poids - kg/m²	9,9	11,2	13,7
Réaction au feu	M4	M3	M3

Tableau de charges

Épaisseur (mm)	Module d'élasticité (MPa)	Charges (daN/m2)						
		100	150	200	250	300	350	400
15	6 000	87	76	69	63	60		
18	5 500	100	88	80	74	69	65	63
22	5 500	125	107	97	90	85	80	76

■ POSE

- Panneaux en quinconce (joints décalés) reposant sur au moins 3 appuis en partie courante. Exception aux extrémités des rampants, ou compte tenu de la pose, en quinconce, certains panneaux reposeront sur 2 appuis.
- Petites rives des panneaux obligatoirement sur un appui. La largeur minimale des appuis est de 25 mm aux extrémités de panneaux et de 55 mm en appuis intermédiaires.
- Grandes rives assemblées par l'usinage rainure et languette. Prévoir un jeu périphérique de dilatation autour de chaque panneau à raison de 1 mm/ml.

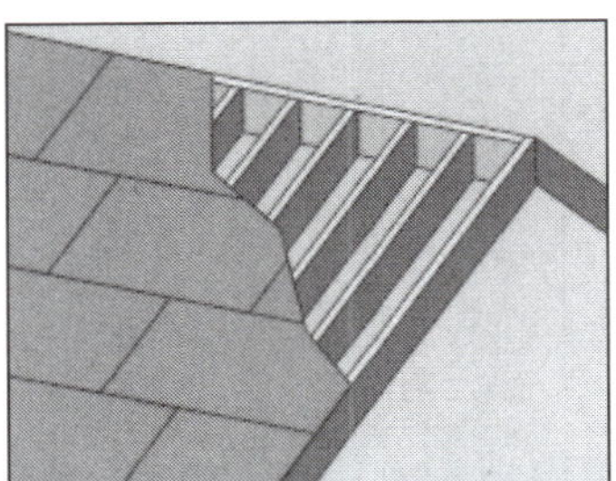

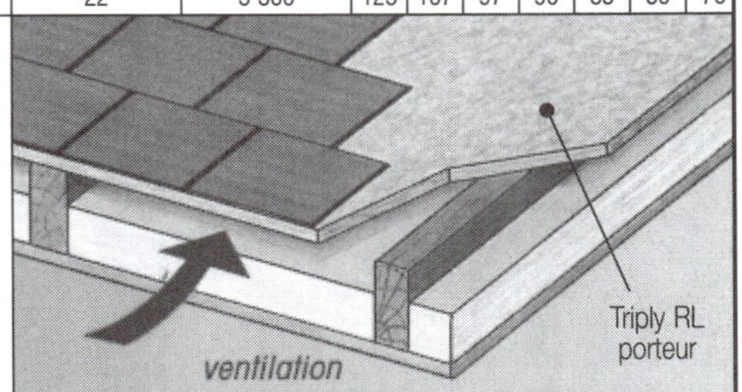

Couverture en bardeaux bitumés

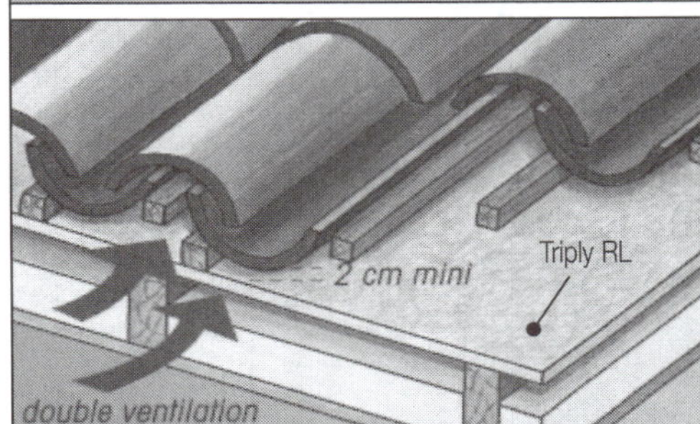

Exemple de couverture tuiles canal

Exemples d'emplois	Support de couverture	Support d'étanchéité
	• Bardeaux bitumés en climat de plaine ou de montagne • Couverture métallique en feuilles et bandes • Tuiles et ardoises • Tuiles canal de terre cuite	• Étanchéité multicouches traditionnelles par bitumes armés (DTU 43-4) • Étanchéité non traditionnelles bénéficiant d'un avis technique favorable

DOC ISOROY

2.6 PANNEAUX DE FIBRES DE BOIS DE MOYENNE DENSITÉ (MDF)

Les panneaux MDF sont obtenus par traitement des fibres selon un procédé à sec avec adjonction de résines synthétiques et collage sous presse à haute température.

DIFFÉRENTS PANNEAUX MDF

	Marques	Qualités	Formats (mm)	Epaisseurs (mm)	Exemples d'applications : Agencement menuiserie	Ebénisterie meuble mobilier	Revêtement décoratif	Cloisonnement	Plancher	Stand	Divers
	**MÉDIUM**	Standard	2 800 X 1 850 3 700 X 1 850	10 à 45 16 à 45	●	●	●	●	●		●
	**MÉDIUM SÉCURITÉ M1**	Ignifugé dans la masse Classement en réaction au feu : M1 PV n° 92-33822 du CSTB	2 800 X 2 070	12 - 16 - 19 - 22	●		●	●		●	
	**MÉDIUM H**	Hydrofuge, résistant à l'humidité	2 800 X 1 850 2 800 X 2 070	10 à 30 10 à 30	●	●	●	●	●		
	**MÉDIUM CLASSE A (E1)**	A faible taux de dégagement de formol. Convention, contrôle CTBA MQ n° 135	2 800 X 2 070 4 200 X 2 070	10 à 40 10 à 40	●	●	●	●	●		
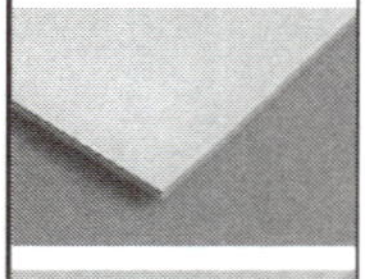	**MÉDIUM PL**	2 faces revêtues d'un papier enrésiné bouche-pores. Prêt à laquer	3 700 X 2 070	16 - 19 - 22 - 25 - 30	●	●	●				
	**MÉDIUM MÉLAMINÉ**	Faces mélaminées décor avec divers finis de surface.	3 050 X 1 850 3 650 X 2 050	8 à 25 8 à 25	●	●	●	●		●	
	**MÉDIUM MINCE**	Faibles épaisseurs, 2 faces lisses poncées	2 440 × 1 220 2 500 × 1 250 2 500 × 1 850 2 500 × 2 070 2 750 × 1 220 2 800 × 2 070	5 - 6 - 8 5 - 6 - 8 5 - 6 - 8 5 - 6 - 8 5 - 6 - 8 5 - 6 - 8	●	●	●	●		●	●
	**MÉDIUM ULTRA MINCE**	Très faibles épaisseurs, 2 faces lisses brutes de presse	2440 × 1 220 2 600 × 1 300 2 600 × 1 850 2 600 × 2 070	2 - 2,5 - 3 - 4 2 - 2,5 - 3 - 4 2 - 2,5 - 3 - 4 2 - 2,5 - 3 - 4		●					●
	**ISOCURV**	Cintrable	2 650 × 1 030	9,5	●	●	●	●		●	

DOC ISOROY

CARACTÉRIS-
TIQUES

■ **MASSE VOLUMIQUE**

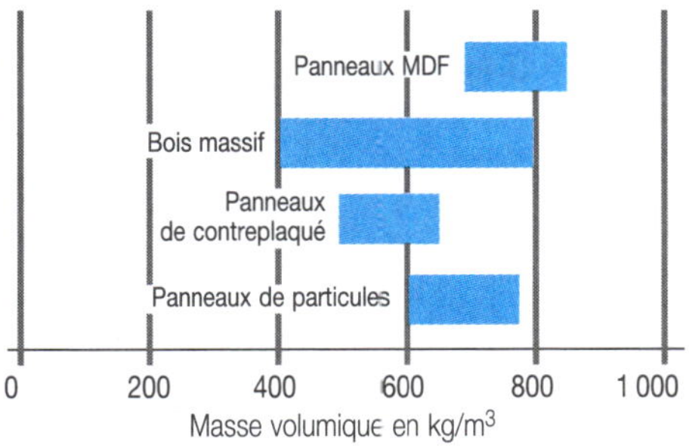

Masse volumique moyenne : 750 kg/m^3.
La densité des faces du panneau MDF est plus élevée que la densité du cœur du panneau.

■ **RÉSISTANCE MÉCANIQUE**

Abaque de flexion

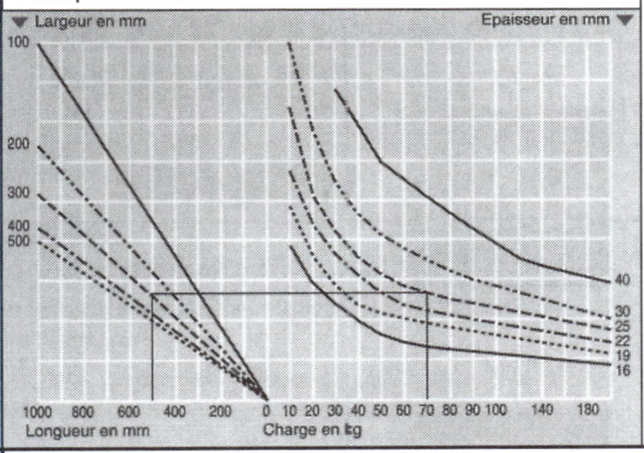

Étagère reposant sur deux appuis simples. Charge totale en kg uniformément répartie. Fluage inclus. Flèche 1/300 de la portée.

Exemple : longueur = 500 mm, largeur = 300 mm, charge 70 kg, épaisseur = 25 mm.

Cet abaque de flexion tient compte du fluage (accroissement dans le temps de la déformation sous charge).

■ **STABILITÉ DIMENSIONNELLE**

Les variations dimensionnelles du MDF sont fonction des variations d'humidité relative de l'air ambiant.

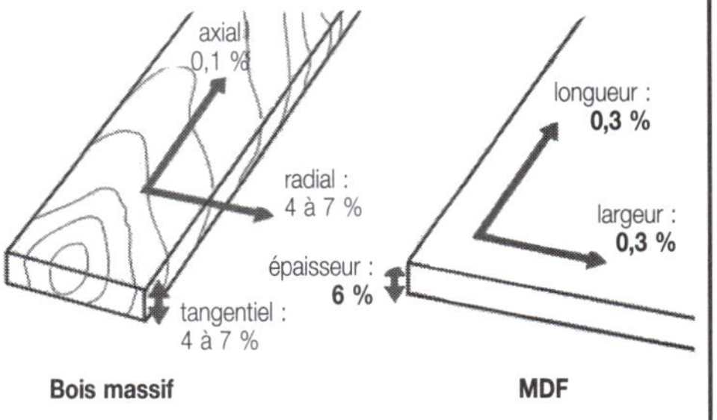

Variations dimensionnelles entre une humidité relative de l'air de 35 % (milieu sec) et de 85 % (milieu humide).

CARACTÉRIS-
TIQUES
PHYSIQUES
ET MÉCA-
NIQUES

■ **ULTRA MINCE**

Propriétés	Unité	Norme	Épaisseurs en mm			
			2	2,5	3	4
Masse volumique moyenne (donnée à ± 3 %)	kg/m3	EN 323	830	830	820	820
Gonflement après 24 h d'immersion	%	EN 317	40	35	30	27
Résistance à la flexion	MPa	EN 310	35	38	38	38
Traction perpendiculaire aux faces	MPa	EN 319	0,6	0,7	0,7	0,7
Stabilité dimensionnelle (de 35 % à 85 % d'HR)						
– Longueur/largeur (maxi)	%	EN 318	0,5			
Tolérances						
– Épaisseur	mm	EN 324-1	± 0,20			
– Format	mm/m	EN 324-1	± 2			
– Équerrage	mm/m	EN 324-2	± 1,5			
Humidité	%	EN 322	6 ± 3			
Taux de silice	% poids	ISO 3 340	0,05			
Absorption en surface Test Toluène	mm	EN 382-1	> 150			
Teneur en formaldehyde	mg/100 g	EN 120	⩽ 9 Convention contrôle CTBA MQ n° 137 et BAM			

Panneaux de fibres de bois de moyenne densité (MDF)

CARACTÉRISTIQUES PHYSIQUES ET MÉCANIQUES (suite)

■ MINCE

Propriétés	Unité	Norme	Épaisseurs en mm 5	6	8
Masse volumique moyenne (donnée à ± 3 %)	kg/m^3	EN 323	780	770	760
Gonflement après 24 h d'immersion	%	EN 317	22	17	15
Résistance à la flexion	MPa	EN 310	40	35	35
Module d'élasticité en flexion	MPa	EN 310	2 600	2 500	2 500
Traction perpendiculaire aux faces	MPa	EN 319	0,70	0,65	0,65
Stabilité dimensionnelle (de 35 % à 85 % d'HR)					
– Longueur/largeur (maxi)	%	EN 318	0,5	0,4	0,4
Tolérances					
– Épaisseur	mm	EN 324-1		± 0,20	
– Format	mm/m	EN 324-1		± 2	
– Équerrage	mm/m	EN 324-2		± 1,5	
Humidité	%	EN 322		7 ± 3	
Taux de silice	% poids	ISO 3 340		0,05	
Absorption en surface Test Toluène	mm	EN 382-1		> 150	
Teneur en formaldehyde	mg/100 g	EN 120		≤ 9	

■ STANDARD M1 - H

	Unité	Médium Épaisseurs 10-12	>12-19	>19-25	>25-35	>35	Médium Sécurité M1 Épaisseurs 12	16	19	22	Médium H Épaisseurs 10	16	19	22à30
Masse volumique moyenne (donnée à ± 3 %)	kg/m^3	810	790	780	760	750	860	840	840	820	810	790	780	760
Gonflement après 24 h d'immersion	%	12	10	9	7	7	12	10	10	10	9	8	6	6
Gonflement après test de type V313	%	-	-	-	-	-	-	-	-	-	12	10	8	8
Traction perpendiculaire	MPa	-	-	-	-	-	-	-	-	-	0,25	0,25	0,20	0,15
Résistance à la flexion	MPa	40	38	35	30	27	40	38	38	35	45	40	38	35
Module d'élacticité en flexion	MPa	3 200	3 000	3 000	2 700	2 500	3 200	3 000	2 800	2 700	3 300	3 200	3 000	2 700
Traction perpendiculaire aux faces	MPa	0,80	0,70	0,70	0,65	0,60	0,80	0,70	0,65	0,60	1,00	1,00	0,80	0,70
Tenue de vis														
– Faces	N	-	1 050	1 050	1 000	1 000	-	1 000	1 000	1 000	-	1 050	1 050	1 000
– Chant	N	-	850	850	800	750	-	800	800	750	-	850	850	800
Stabilité dimensionnelle (de 35 % à 85 % HR)														
– Longueur/largeur maxi	%	0,4	0,4	0,3	0,3	0,3	0,5	0,5	0,5	0,5	0,4	0,3	0,3	0,3
– Épaisseur (maxi)	%	5	5	5	4	4	6	6	6	6	5	5	4	4
Tolérances														
– Épaisseur	mm	± 0,2	± 0,2	± 0,3	± 0,3	± 0,3	± 0,2	± 0,2	± 0,2	± 0,3	± 0,2	± 0,2	± 0,2	± 0,3
– Format (en longueur et largeur)	mm/m	± 2	± 2	± 2	± 2	± 2	± 2	± 2	± 2	± 2	± 2	± 2	± 2	± 2
– Équerrage	mm/m	± 2,0					± 2,0				± 2,0			
Humidité	%	7 ± 2					6 ± 2				7 ± 2			
Taux de silice	% poids	maximum 0,05					maximum 0,10				maximum < 0,05			
Absorption en surface (toluène)	mm	> 250					> 250				> 250			
Teneur en formaldehyde	mg/100 g	Médium classe A (E1) et médium PL : ≤ 9 Convention contrôle CTBA MQ n° 135					≤ 9 Convention contrôle CTBA MQ n° 135				≤ 9 Convention contrôle CTBA MQ n° 135			

USINAGES

Utiliser des outils en carbure de tungstène.

■ SCIAGE

Les lames de scie conçues pour la découpe des panneaux de particules conviennent bien au MDF.

■ PERÇAGE

À réaliser avec des mèches en acier ou en carbure de tungstène couramment utilisées pour le bois ou les panneaux à base de bois.

USINAGES (suite)

■ DÉFONÇAGE

Le défonçage permet tous les types d'usinage en pleine matière ou en périphérie sans limite de formes.

Recommandations

L'épaisseur moyenne du copeau doit être de 0,2 mm.

La vitesse d'amenage de la pièce à usiner doit être fonction du nombre de dents et de la fréquence de rotation de l'outil (en tr/min).

Nombre de dents	tr/min 6 000	12 000	18 000	24 000
1	1,2	2,4	3,6	4,6
2	2,4	4,8	7,2	9,6
3	3,6	7,2	10,8	14,4
4	4,8	9,6	14,4	–

■ MOULURAGE

L'un des principaux avantages du panneau MDF est son excellente aptitude au moulurage avec une bonne qualité d'aspect pour un minimum de prépa-ration à la finition.

Recommandations

Éviter les arêtes vives pour faciliter la finition et amé-liorer la résistance aux chocs des arêtes. L'épaisseur moyenne du copeau doit être de 0,05 à 0,2 mm.

La vitesse d'amenage de la pièce à usiner doit être fonction du nombre de dents et de la fréquence de rotation de l'outil (en tr/min).

Nombre de dents	tr/min 3 000	4 000	6 000
2	6	9	12
3	9	12	18
4	12	18	24

USINAGE COLLAGE

■ VISSAGE

Utiliser les vis cylindriques de type VBA.

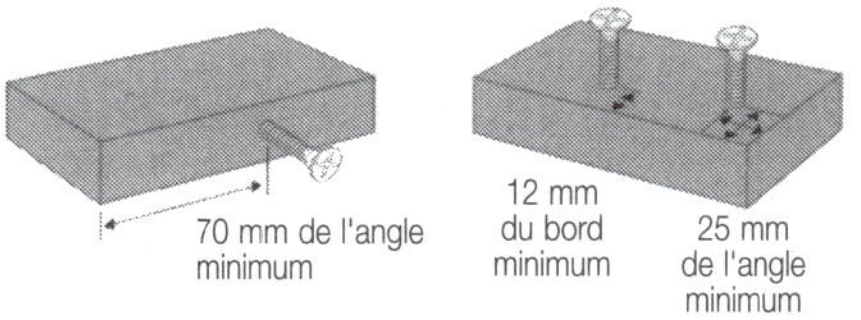

Recommandation

L'avant-trou est obligatoire. Prévoir un diamètre de 1 à 1,5 mm inférieur à celui de la vis.

■ COLLAGE

Tableau récapitulatif des colles à utiliser en fonction des matériaux à assembler.

	Vinylique	Urée formol	Colle contact (polychloroprène)	Thermofusible (hot melt)	Polyuréthanne	Dispersion de copolymère
Placage bois	●	●				
Alèse bois	●	●				
Stratifié décoratif	●	●	●			
Bande de chant				●		
Bois sur MDF	●	●				
MDF sur MDF	●	●			●	
PVC						●

SYSTÈMES DE FINITION (Exemples)

Produits	Médium – Médium PL (prélaqué) – Médium replaqué essences fines							
Processus d'application courants : – au pistolet, – au rouleau, – en cellule de projection « rideau »	Finitions opaques laquées		Finitions transparentes vernies		Finition poli-lustrée brillante	Laquage surface MDF		Finition vernie
	ordinaire	soignée	ordinaire	soignée	opaque ou transparente	ordinaire	soignée	soignée : Sur chant → Face(s) et chants
Ponçage						● (4)	● (4)	
Teinte			● (1)	● (1)				Face(s) et chants : ●
Isolant (primaire)		● F(5)		● F(5)	● F	● (2)	● (2)	Sur chant : ●
Egrenage		● F	●	● F	● F			Sur chant : ●
Apprêt	●●	●●● F			●●●		● F	
Vernis de fond				●●● F				Sur chant : ● (3) ; Face(s) et chants : ● ou ●
Vernis bicouche			●●					
Ponçage	●	●	●	●			● F	Sur chant : ● ; Face(s) et chants : ●
Patine (jexage)								Face(s) et chants : ●
Laque	●	●● F ou ● E			●●● F ou ●●	●	●● F ou ● E	
Vernis				●● F				Face(s) et chants : ● ou ●
Vernis bicouche			●					
Ponçage polissage					●			

Le nombre de points équivaut au nombre de couches ou d'opérations. La quantité déposée par couche est fonction des produits et du matériel utilisés.

F = Facultatif – E = Egrenage très fin, parfois nécessaire avant la dernière couche.

(1) = Selon effet recherché, la teinte (solvant) peut être placée sur le vernis de fond.

(2) = Primaire nécessaire parfois pour l'adhérence de certaines finitions (ex. polyester). Dans ce cas, faire suivre d'un égrenage.

(3) = Le vernis de fond peut être teinté pour la préparation des chants (assortiment nuance placage).

(4) = Ponçage préalable du support au grain minimum de 240, selon le produit utilisé et l'aspect définition recherché.

(5) = Un égrenage entre l'isolant et le fond peut être nécessaire si le temps de séchage est long entre les 2 couches.

DOC ISOROY

2.7 PANNEAUX DE STRATIFIÉ

Fabriqués à partir de feuilles de **matières cellulosiques** imprégnées de résine, ces panneaux sont employés, collés sur un support, dans le mobilier, l'agencement et la décoration.

CARACTÉRISTIQUES

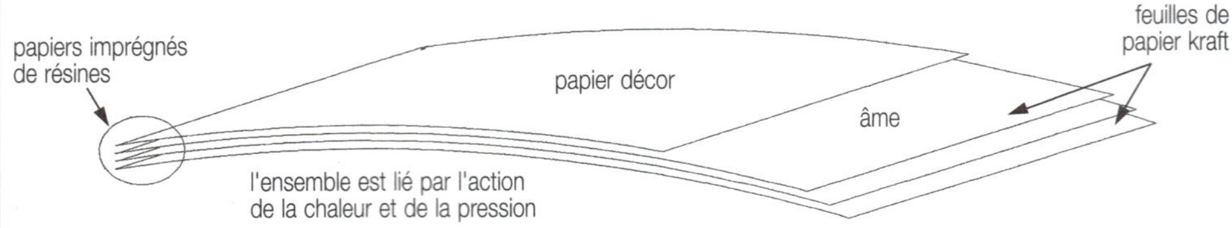

Leurs faces décorées sont dures et résistantes à l'usure, à la rayure, au choc, à l'eau bouillante, à la lumière, aux taches des produits domestiques et à une chaleur modérée (inférieure à 180 °C). Certains types de stratifiés ont en outre des caractéristiques spéciales telles que : coloration identique dans toute leur masse, aptitude au formage à chaud, comportement au feu amélioré, résistance à l'usure élevée, etc.

FORMATS

Exemples de formats : 432 × 95, 410 × 150, 307 × 124, 430 × 165, 307 × 131, 215 × 95

Épaisseurs : 0,8 - 0,9 - 1 - 1,3 mm

SUPPORTS

Les supports sur lesquels seront collés les stratifiés décoratifs doivent être choisis en fonction de l'utilisation envisagée et donc :

- de leur **stabilité** dimensionnelle,
- de leur **planéité**,
- de leur **qualité de surface**,
- de leur **rigidité** et de leur **épaisseur**,
- de leur **cohésion**,
- de leur comportement **à** l'**eau**
- de leur comportement **au feu**.

Les supports les plus couramment utilisés sont les **panneaux de particules** dans les qualités standards, hydrofuges, ignifuges selon les cas.
Lorsqu'une très bonne résistance mécanique est nécessaire, on peut utiliser les contreplaqués multiplis ou les contreplaqués lattés.

D'autres supports sont utilisables selon les cas :

- **panneaux de fibre** moyenne densité épais ou minces,
- **alvéolés en papier, en bois, en métal**,
- certains **plastiques expansés**,
- les **métaux**,
- les **composés minéraux**.

Il ne faut pas utiliser les supports ayant une faible cohésion, tels que le plâtre, les produits isolants légers, etc. qui ne peuvent supporter les tensions engendrées par les variations dimensionnelles.

Certains supports (minéraux, ignifugés, métaux) nécessitent des traitements avant collage, des colles ou des techniques spéciales.

POSE

Choix d'un adhésif	Selon : – la destination de l'ouvrage, – les matériaux à assembler, – l'équipement disponible. Tableau page suivante
Préparer les surfaces à coller	Elles doivent être propres, sèches et dépoussiérées.
Organisation du poste de collage	Locaux tempérés, non humides. Respecter les règles d'hygiène et de sécurité.
Appliquer la colle Laisser sécher hors poussières	Les panneaux seront préalablement conditionnés. Appliquer un minimum de 150 g au m^2 de colle par face en croisant le sens d'application. Application à la spatule (non usée) ou au pistolet (préférable).
Positionner le stratifié	L'interposition de baguettes facilitera la mise en position des revêtements.
Maroufler	Utiliser un rouleau caoutchouté du centre vers les bords, puis en tous sens, en insistant sur les bordures.
Appliquer la deuxième face d'équilibrage.	Les variations dimensionnelles différentes des matériaux assemblés par collage provoquent des tensions dans les panneaux composites...
Affleurage et finition	

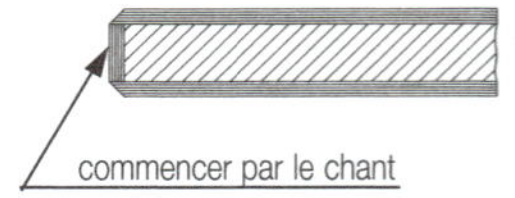

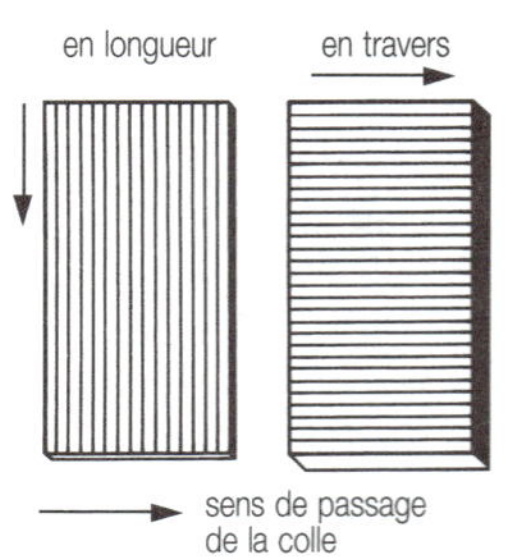

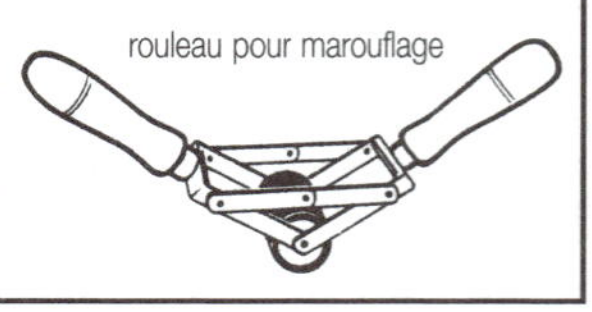

COLLAGE

Nom	Autres appellations	Application	Pressage	Utilisations
vinyliques	colle blanche colle PVAC (existent pour usage intérieur et extérieur)	spatule, rouleau, pistolet, encolleuse enduction sur une face	presse à vis ou hydraulique, presse à galbe, serre-joints pression 1,5 à 2 kg/cm^2	S'utilisent à froid ou à chaud, industriellement ou artisanalement, sur support poreux exclusivement. Selon les besoins, séchage plus ou moins rapide, résistance à l'eau ou non, sans ou avec durcisseur. Bonne résistance à la chaleur, joint de collage mince, clair et fermé. Excellent vieillissement.
résines de condensation	urée-formol et résorcine formol	encolleuse enduction sur une face	presse à vis ou hydraulique	S'utilisent à froid ou à chaud industriellement ou artisanalement sur support poreux. Séchage plus ou moins rapide. Bonne résistance à la chaleur. Joint épais. Excellent vieillissement.
polychloroprènes	contact Néoprène (existent en plusieurs viscosités, avec ou sans durcisseur)	spatule, pistolet, pistolet automatique enduction sur deux faces	calandrage mécanique, marouflage avec rouleau à main (pas de martelage) pression de courte durée 5 à 7 kg/cm^2	S'utilisent à froid ou avec séchage à chaud, industriellement (pour collage sur métaux par ex.) et artisanalement (sur tous supports). Résistantes à l'eau, résistantes à la chaleur selon les formulations. Joint brunâtre, plus ou moins fermé. Assez bon vieillissement.
thermofusibles	hotmelt	en fusion avec rouleau sur machines spéciales enduction sur une face	avec rouleaux froids sur machines spéciales pression de contact	Utilisées pour le placage des chants sur machines spéciales et sur chants préencollés, à poser sur machine ou artisanalement au fer à repasser. Joint assez épais. Précautions nécessaires pour obtenir un résultat durable.
époxydiques	la marque « Araldite » par exemple	spatule enduction sur une face après mélange avec durcisseur	presses diverses, serre-joints, systèmes de maintien pression 0,5 à 2 kg/cm^2	Utilisées surtout pour le collage des matières non poreuses entre elles (par ex. ColorCore® sur ColorCore®). À froid ou à chaud. Joint de collage clair et fermé, résistantes à l'eau. Bonne résistance à la chaleur, excellent vieillissement.

DOC FORMICA

CLASSIFICATIONS

■ CLASSES

H - usage général dans des applications horizontales
V - usage général dans des applications verticales
L - matériaux à performances modérées
D - matériaux ayant une plus grande résistance à l'abrasion que la classe H
C - matériaux épais de performances très élevées

■ TYPES

S - plaque de stratifié décoratif standard
P - plaque de stratifié décoratif postformable
F - plaque de stratifié décoratif ayant une réaction au feu améliorée

■ CATÉGORIES

Les références des types et classes ci-dessus sont combinées pour la description de chaque catégorie, par exemple un stratifié postformable à usage général horizontal est dit de la catégorie HGP.

FINITION DES CHANTS

Les chants visibles des panneaux composites sont toujours revêtus. Solutions utilisables :

- bandes de stratifié décoratif identique à la face, collées et usinées comme les faces,
- bandes de chant minces encollées, ces bandes encollées de colle thermofusible peuvent être appliquées au fer à repasser ou avec des appareils spéciaux. L'affleurage est réalisé au couteau ou mécaniquement,
- alaises en bois, collées et/ou embrevées puis vernies,
- bandes ou profilés de matière plastique semi-rigide, collés avec des colles spéciales, généralement sur machines adaptées,
- profilés métalliques, ils sont collés, embrevés ou vissés,
- injection de matières plastiques ou d'élastomères sur matériel spécial.

profilé en rainure

chant stratifié

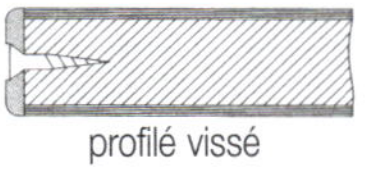

profilé vissé

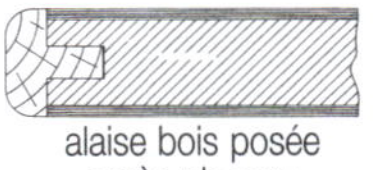

alaise bois posée après placage

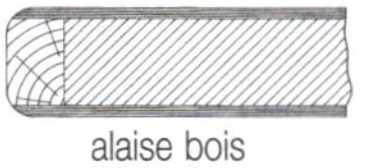

alaise bois après placage

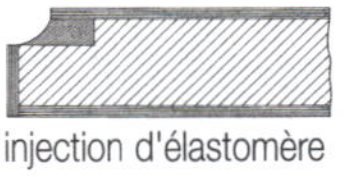

injection d'élastomère

SCIAGE

Pour avoir une bonne coupe, l'utilisateur devra tenir compte des principales caractéristiques données ci-après :

- **Denture** : la denture de la lame sans voie, est pourvue de pastilles rapportées en carbure de tungstène.
- **Angle d'attaque** : cet angle doit être compris entre 0 et 6 ° maximum.
- **Pas de la denture** : 10 à 15 mm.
- **Vitesse de coupe** : 70 à 100 m/sec.
- **Vitesse d'amenage** : 15 à 30 m/min.

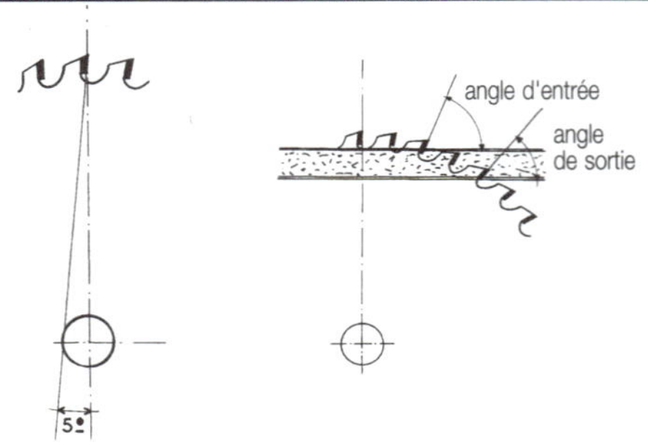

Recommandations

Pour obtenir un bon rendement et une coupe sans éclat, il est rigoureusement indispensable de n'avoir aucun jeu, ni vibration au niveau de l'arbre moteur.

On tiendra également compte du dépassement de la lame par rapport à l'épaisseur des matériaux devant être sciés. Ce dépassement se détermine en fonction du diamètre de la lame, de l'épaisseur des matériaux à scier et de l'angle d'attaque de la denture.

AFFLEURAGE

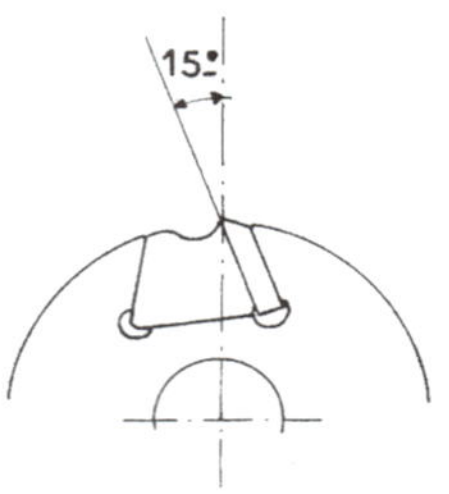

■ TOUPIE

- **angle d'attaque :** cet angle a une très grande importance. Il est différent de celui utilisé pour le bois.
  - Angle d'attaque pour stratifié : 15°
  - Angle d'attaque pour le bois : 35°.
- **Fréquence de rotation** : il faut tenir compte du diamètre et du nombre de fers. La meilleure finition est obtenue aux vitesses élevées de l'ordre de 6 000 tr/min pour les outils à 4 lames, et de 9 000 tr/min pour les outils à 2 lames.

Recommandations

Il est indispensable de n'avoir aucun jeu ni vibration de l'arbre porte-outil. Il faut éviter le frottement direct du stratifié sur la table de la toupie, en se servant d'un chariot.

■ AFFLEUREUSE

Les affleureuses portatives sont essentiellement constituées d'un moteur à haute fréquence de rotation (18 000 à 22 000 tours) équipé d'une fraise en bout d'arbre, pourvues d'une tablette et d'une butée de guidage.

Les fraises sont à 2 dents, avec mise rapportées en carbure de tungstène.

L'affleurage peut être effectué soit avec des fraises à coupe droite soit à chanfreiner, lesquelles sont fournies au degré désiré : 15 à 30 ou 45°.

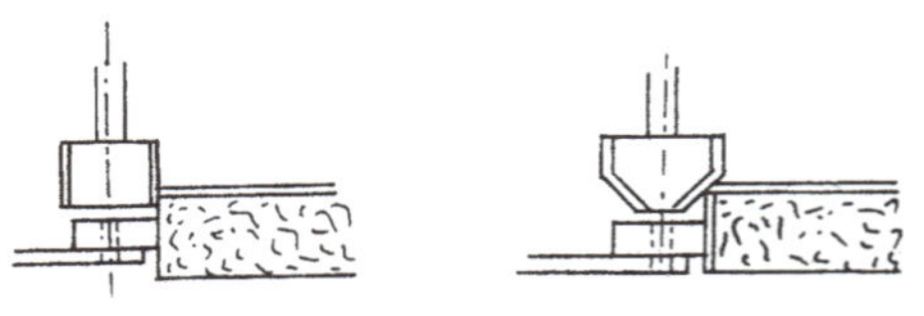

DOC POLYREY

POSTFORMAGE

Certains panneaux de stratifié permettent l'obtention de formes arrondies grâce aux systèmes de post formage.

■ OPÉRATIONS SUR MACHINE À TUBE CHAUFFANT

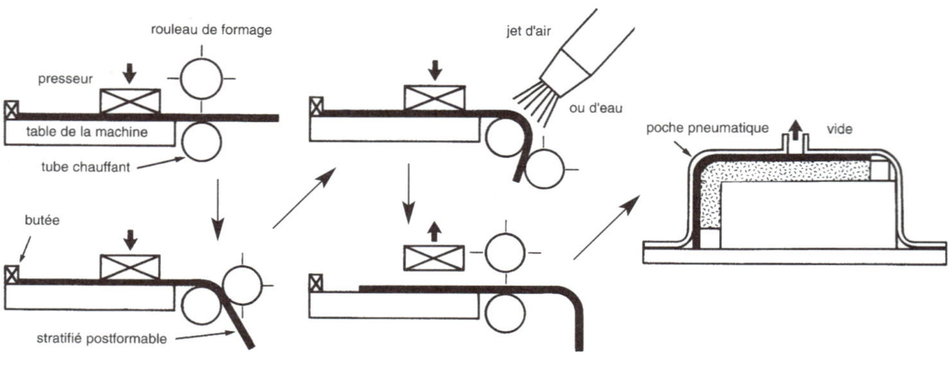

DOC FORMICA

POSTFORMAGE (suite)

■ OPÉRATIONS SUR UNE MACHINE À RÈGLE CHAUFFANTE

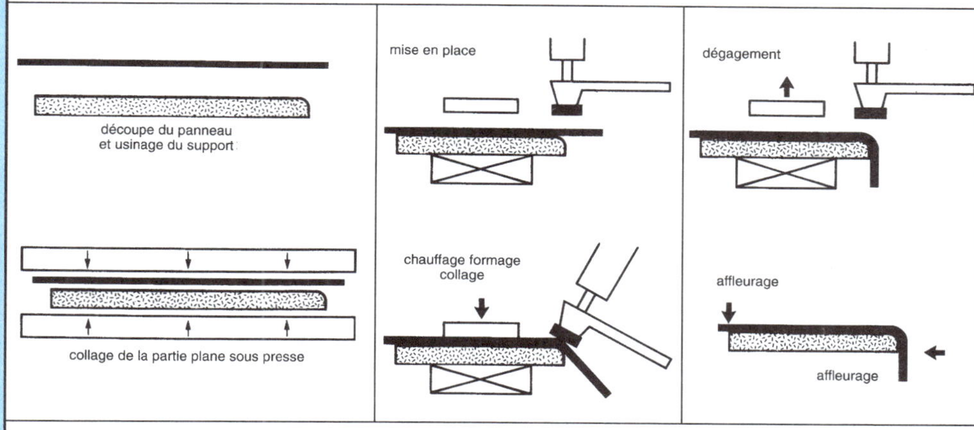

■ OPÉRATIONS SUR MACHINE À CHAUFFAGE INFRAROUGE (À LA PIÈCE)

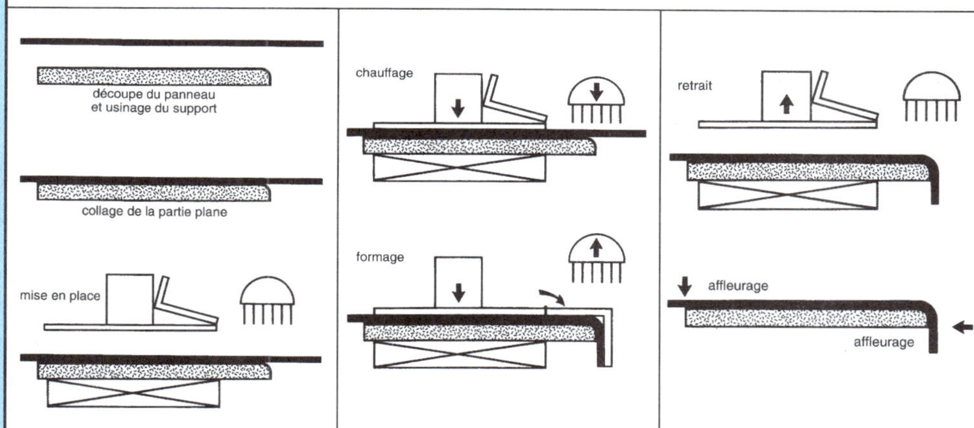

■ OPÉRATIONS SUR MACHINE À CHAUFFAGE INFRAROUGE (EN CONTINU)

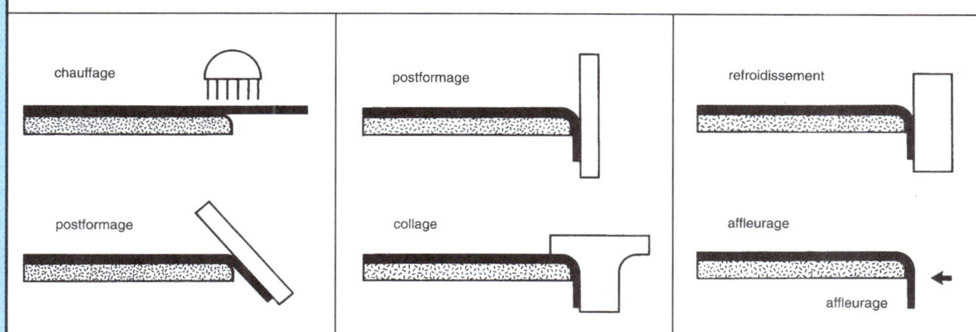

DOC FORMICA

2.8 PANNEAUX COMPOSITES

L'association de matériaux différents permet la production de panneaux composites utilisés dans le bâtiment.

CRITÈRES DE CHOIX

PANNEAUX DE TOITURE ISOLANTS

Appellation	Description			Option M1	Formats cm		Épaisseurs totales mm		Résistance thermique m² °C/W	Portée maxi selon charge (pose sur 3 appuis)
	Parement plafond	Isolant	Parement couverture		Std	M1	Std	M1		
TYPE REXOTOIT CTB-H 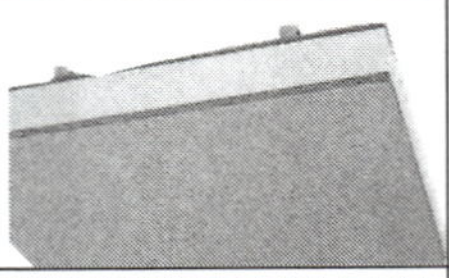	Panneau de particules bois hydrofuge. Finition : lisse ou rainuré, brut ou prépeint.	Polystyrène expansé de 70 mm 90 mm 110 mm 130 mm	Panneau de particules bois CTB-H avec 2 contre-liteaux en bois résineux traité	OUI	303 x 60 410 x 60	270 x 60 303 x 60 410 x 60	90 110 130 150	88 108 128 148	2,20 2,70 3,20 3,75	205 cm
TYPE REXOTOIT PLATRE 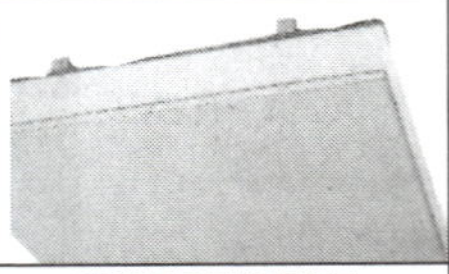	Plaque de plâtre cartonnée à bords amincis, hydrofugée.			OUI	270 x 60 270 x 120 303 x 60 303 x 120 410 x 60	270 x 60 303 x 60 410 x 60	91 111 131 151	91 111 131 151	2,20 2,70 3,20 3,75	205 cm
TYPE REXOTOIT ÉBÉNISTERIE 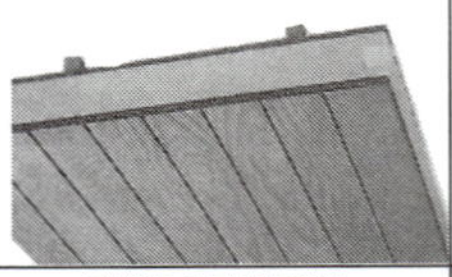	Panneau de particules bois hydrofuge replaqué PIN ou KOTO et rainuré. Finition : brut ou verni.			OUI	303 x 60	270 x 60 303 x 60	90 110 130 150	88 108 128 148	2,20 2,70 3,20 3,75	151,5 cm
TYPE REXOTOIT MÉLAMINÉ 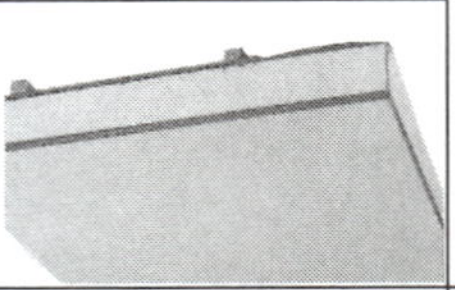	Panneau surfacé mélaminé hydrofuge décor ivoire (lisse) ou pin (rainuré)			OUI	303 x 60 410 x 60	303 x 60 410 x 60	90 110 130 150	88 108 128 148	2,20 2,70 3,20 3,75	205 cm
TYPE REXOTOIT ACOUSTIQUE 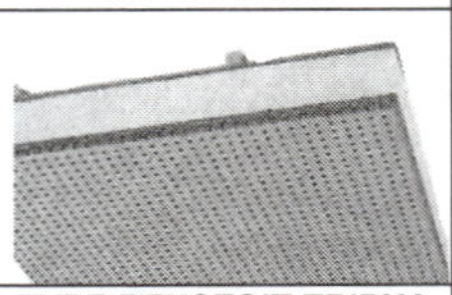	Panneau de particules bois hydrofuge, M1, perforé. Finition : brut ou prépeint.			Standard M1	-	303 x 60 410 x 60	-	97 117 137	2,25 2,75 3,25	205 cm
TYPE REXOTOIT TRIPLY 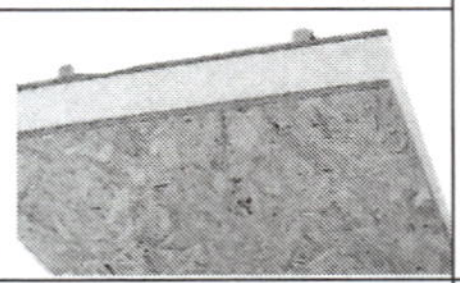	Panneau de lamelles de bois orientées Finition : brut		Panneaux de lamelles de bois orientées avec 2 contreliteaux en bois résineux traités	NON	250 x 60 500 x 60	-	90 110 130 150	-	2,20 2,70 3,20 3,75	250 cm
TYPE REXOFLEX 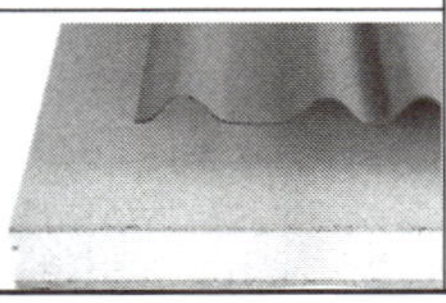	Rexoflex est un procédé de toiture utilisé pour tuiles canal Il associe 2 produits : - Rexotoit (version non lattée) - Flexoutuile (de chez Onduline), plaque profilée support de tuiles canal.								selon type Rexotoit	selon type Rexotoit

DOC ISOROY

POSE EN TOITURE

Appliqués sur charpente en bois ou charpente métallique, les éléments sont posés à joints décalés et doivent reposer sur au moins 3 appuis transversaux. Les grands côtés sont perpendiculaires aux appuis : les rives des petits côtés, à joint vif, reposent sur un appui continu.
Étant donné la pose à joints décalés, quelques panneaux reposent uniquement sur 2 appuis.
Pour des compléments de rampant, et lorsque la portée est inférieure de 20 % aux portées maximales, on peut admettre une rangée de panneaux reposant uniquement sur 2 appuis.
Du fait du positionnement dissymétrique des 2 contreliteaux sur le panneau, (10 cm d'une rive et 17 cm de l'autre), vérifier le sens de pose du panneau de façon à respecter un écartement constant de 30 cm entre contreliteaux.

Assemblage des éléments

Insérer la fausse languette en polystyrène dans la rainure usinée sur le chant long des éléments.

Principe de pose des éléments

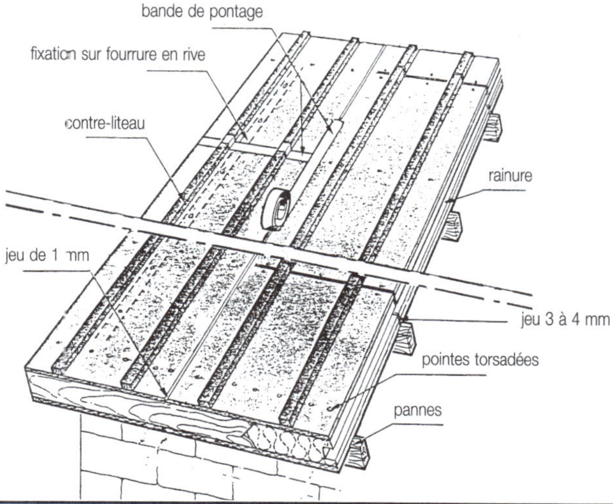

2.9 PANNEAUX DE CLOISON ET DE DÉCOR

2.9.1 CLOISONS EN PANNEAUX DE PARTICULES

Les panneaux de cloisons sèches sont prêts à poser dans l'agencement de pièces de locaux à usage d'habitation ou recevant du public.

FORMATS

Ces cloisons sont livrées à arêtes vives avec 2 rainures de 12,5 × 15 mm (cloisons de 35 mm) et de 22,5 × 15 mm (cloisons de 50 et 70 mm) pour assemblage par fausse languette en panneau de particules ou en PVC creux permettant le passage du câblage électrique.
La cloison Mixte-bois-lin est livrée à arêtes vives avec rainures de 15 × 10 mm (cloisons de 35 et 50 mm).

	Épaisseurs des cloisons	p	l	a	h
Novobloc et standard	35 mm	15	12,5	28	12
	50 mm	15	22,5	28	22
	70 mm	15	22,5	28	22
Mixte Bois-Lin	35 mm	15	10,0	28	9,5
	50 mm	15	10,0	28	9,5

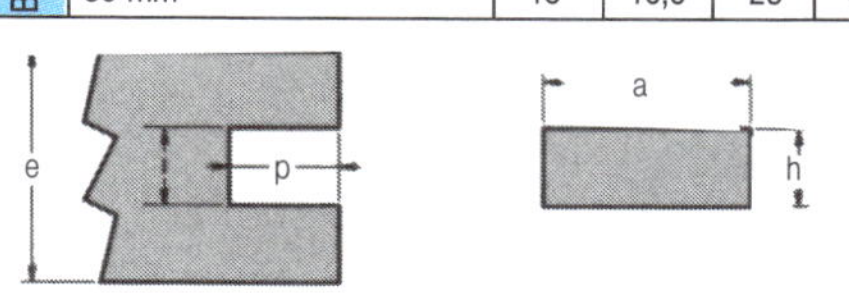

	Ép. 35 mm	Ép. 50 mm	Ép. 70 mm
Cloison novobloc CTB-S	250/275/300 × 90 ou 60 cm	250/275/300 × 90 ou 60 cm	250/275/300 × 90 ou 60 cm
Cloison novobloc H	250/275/300 × 90 cm	250/275/300 × 90 cm	250/275/300 × 90 cm
Cloison novobloc CTB-H	250/275/300 × 90 cm	250/275/300 × 90 cm	
Cloison novobloc sécurité M1	250/275/300 × 90 cm	250/275/300 × 90 cm	250/275/300 × 90 cm
Cloison novobloc sécurité CTB-H M1	250/275 × 90 cm	250/275 × 90 cm	
Cloison novobloc mélaminée-filmée 2 faces	300 × 90 ou 60 cm		
Cloison standard	250/275/300 × 90 ou 60 cm	250/275/300 × 90 ou 60 cm	
Cloison mixte bois-lin	250/310 × 120 cm	250/310 × 120 cm	

DOC ISOROY

CARACTÉRISTIQUES PHYSIQUES ET MÉCANIQUES

Cloison NOVOBLOC

	35 mm (label CTB-S)	50 mm (label CTB-S)	70 mm (hors label)
Poids	20 kg/m²	27 kg/m²	37 kg/m²
Variations dimensionnelles **- Longueur/largeur** **- Epaisseur : gonflement**	0,1 % à 20 °C entre 50 st 90 % H.R. < 12 % après 24 h d'immersion dans l'eau NF B 51.252		
Perméabilité à la vapeur d'eau	1,6 X 10^3 g/m²h mm Hg - PV du C.E.B.T.P. N° 632.6 831		
Humidité	8 à 11 % après stabilisation à 20 °C à 65 % H.R.		
Collage	Urée formol : emploi en milieu sec – mélaminé urée formol : emploi en milieu humide		
Module d'élasticité en flexion NF B51.124	35 mm (label CTB-S)	50 mm (label CTB-S)	70 mm (hors label)
	2 000 MPa	1 800 MPa	1 500 MPa
Contrainte de rupture en flexion NF B 51.124	⩾ 10 MPa	⩾ 8 MPa	⩾ 7 MPa
Flambement	Charge de rupture : 8 000 kg pour une cloison CTB-H de 50 mm en 250 x 90 cm Essai du CEBTP - PV n° 512.8.746		

Cloisons standard et mixtes bois-lin

		Cloison standard		Cloison mixte	
	Unités	35 mm	50 mm	35 mm	50 mm
Poids	kg/m²	18	24,75	15	20
Masse volumique	kg/m³	515	495	425	400
Module d'élasticité en flexion NF B 51.224	MPa	1 500	1 300	1 000	-
Collage		Urée-formol		Urée-formol	
Réaction au feu		M3	M3	M3	M3

LIAISONS

■ LIAISON AVEC LE GROS ŒUVRE

Seuls les systèmes de liaison élastiques permettant les mouvements du bâtiment sans comprimer la cloison sont agréés par le C.S.T.B. comme procédé de montage dans l'habitat.

Isoroy préconise 3 types de montage :

- par *vérin;*
- par *assemblage* dit « menuiserie » : montage fixe;
- par *profilé* métallique.

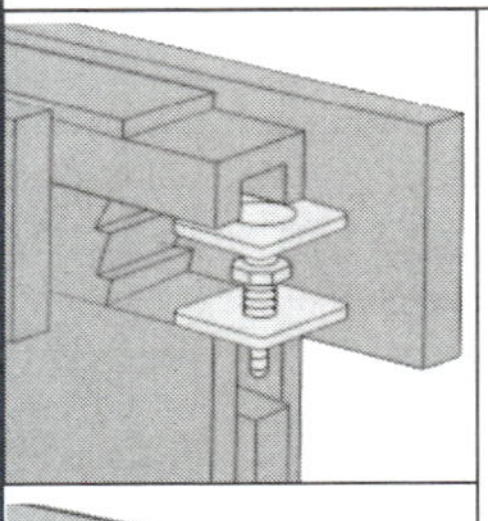

Montage par vérin

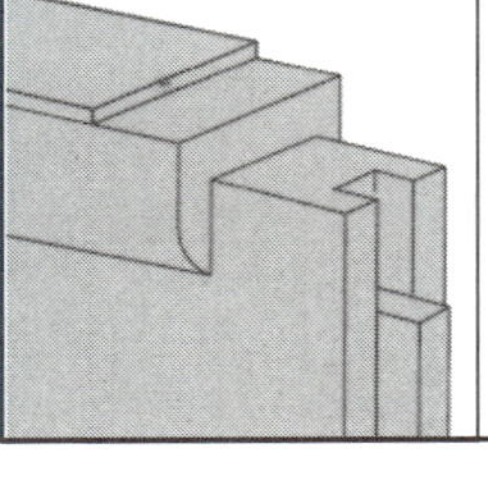

Montage menuisé

■ LIAISON DES ÉLÉMENTS ENTRE EUX

Les rives longitudinales des cloisons sont rainurées pour un assemblage par fausse languette en panneaux bois ou en PVC creux, classé « vide technique » (fausse languette 22 x 28) homologuée pour le passage des câbles électriques.

Il y a lieu alors de prévoir des **jeux de dilatation** aux jonctions des murs et aux huisseries.

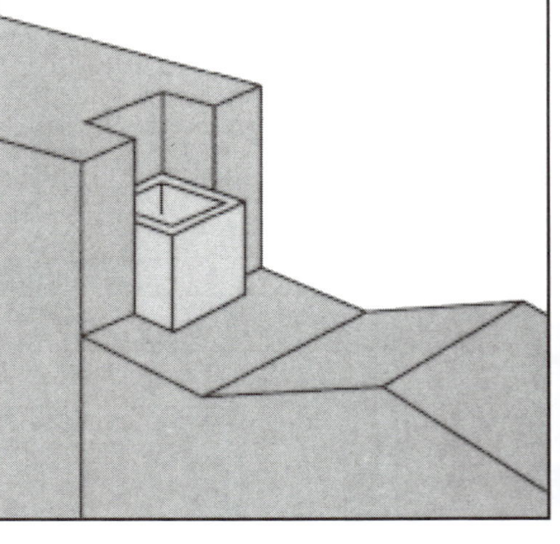

POSE PROCÉDÉ COURANT

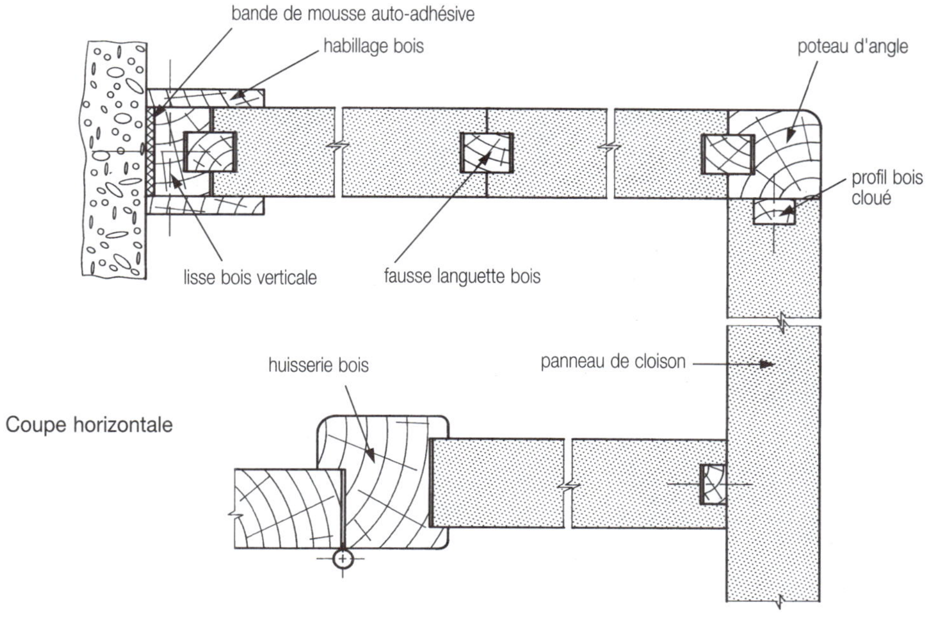

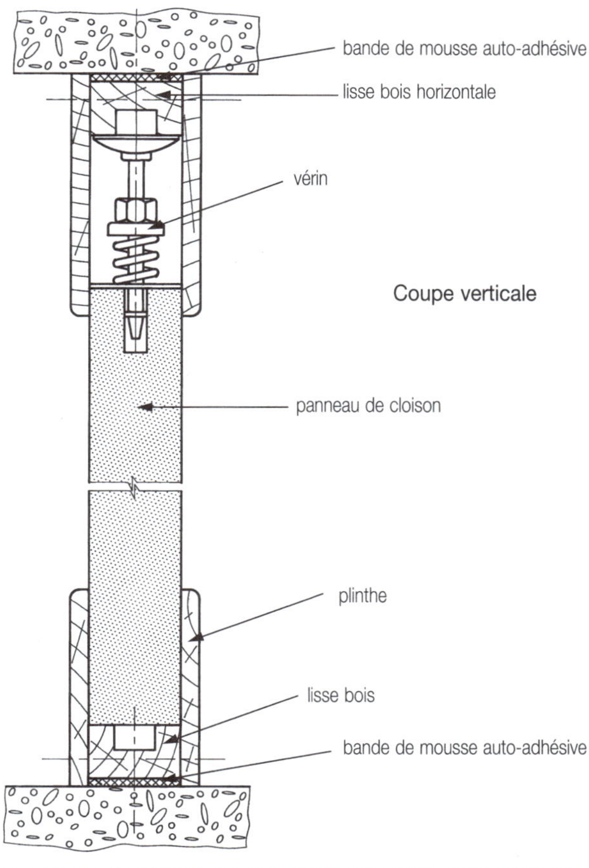

POSE
(salle d'eau)

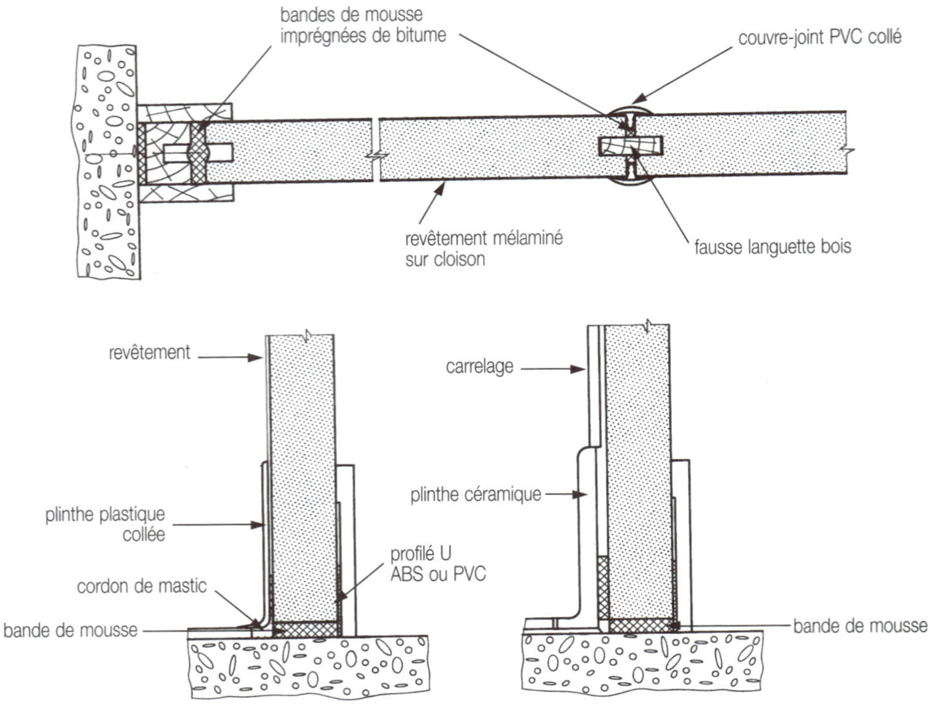

2.9.2 PANNEAUX DÉCOR

De nombreux panneaux sont employés en décoration horizontale ou verticale

TYPES

Supports	Formats (cm)	Épaisseurs mm	Gammes essences
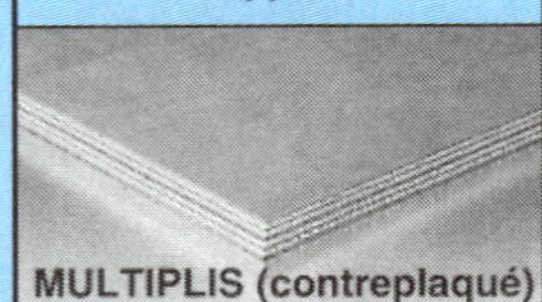 MULTIPLIS (contreplaqué)	305 × 153 250 × 153 250 × 122	5 - 7 - 9 - 13 -15 18 - 22	**Standard** Acajou tradition Acajou rayonné Chêne tradition fil Chêne ébénisterie fil Chêne ébénisterie dosse Chêne agencement Frêne tradition Frêne ébénisterie Frêne agencement Hêtre blanc Pin clair **Décor** Afror mosia Aniegré Châtaignier Framire Hêtre étuvé Koto (ou similaire) Limba Makoré Mélèze Merisier de France
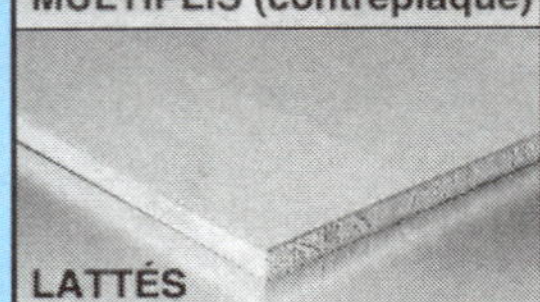 LATTÉS	305 × 153 250 × 153 250 × 122	16 - 19 - 23	
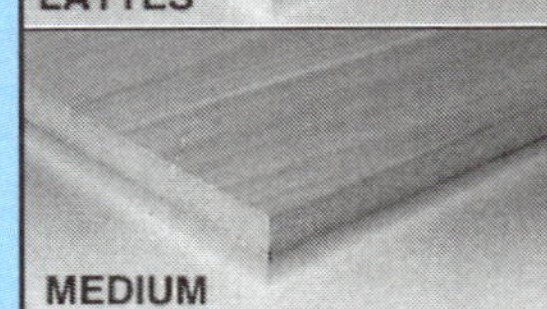 MEDIUM	305 × 153	5	
	275 × 153 sur demande	11 - 13 - 17 - 19 - 23	
	250 × 122	11 - 13 - 17 - 19 - 23	
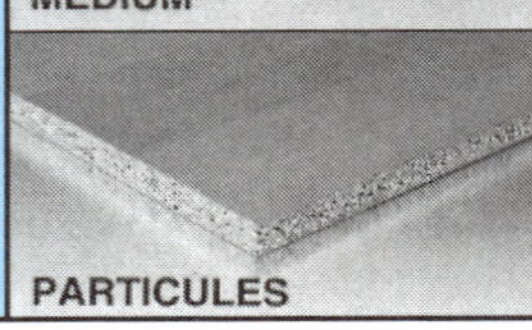 PARTICULES	250 × 122	9 - 11 - 13 - 16 - 19 - 23	
	303/275 × 165	9 - 11 - 13 - 16 - 19 - 23	
	250 × 153 sur demande	16 - 19 - 23	
	Possibilité support hydrofuge en 13 - 16 - 19 - 23		

TYPES (suite)

Supports	Formats (cm)	Épaisseurs mm	Gammes essences
 **SÉCURITÉ M1 Multiplis ignifuges**	305 × 122 250 × 122	5 - 9 - 16 -19	**Décor** Merisier US Movingui Noyer de France Noyer US Orme US Palissandre brasilia Pin d'Orégon Sapelli rayonné Sapin Sycomore tradition Sycomore Teck
 **SÉCURITÉ M1 Particules ignifuges**	303/272 × 165 303/250 × 122 303/272 × 90/60	9 - 11 - 13 - 17 - 20 - 23	

POSE EN HABILLAGE VERTICAL

■ PRÉCAUTIONS PARTICULIÈRES

Lorsque les panneaux forment une gaine pour des conduites de fluide chaud, prévoir le retrait des panneaux dans les zones chaudes : systèmes à couvre-joints, joints ouverts...

Lorsque les panneaux sont disposés bout à bout, prévoir le rattrapage des variations dimensionnelles au droit des joints : joints creux, coupe de pierre, etc.

Ne jamais bloquer un panneau, ni au sol, ni au plafond.

Toujours laisser un jeu pour pallier aux allongements occasionnés par une reprise d'humidité éventuelle.

En revêtement mural, le bas des panneaux sera protégé des chocs et de l'humidité.

Sur murs humides ou murs extérieurs, la contreface des panneaux doit être ventilée.

Lorsque l'humidité est importante et l'occupation des locaux saisonnière, utiliser obligatoirement les panneaux à collage résistant à l'humidité.

■ POSE DIRECTE PAR COLLAGE

Utiliser une colle mastic Néoprène (cordon de ∅ 6 à 8 mm).

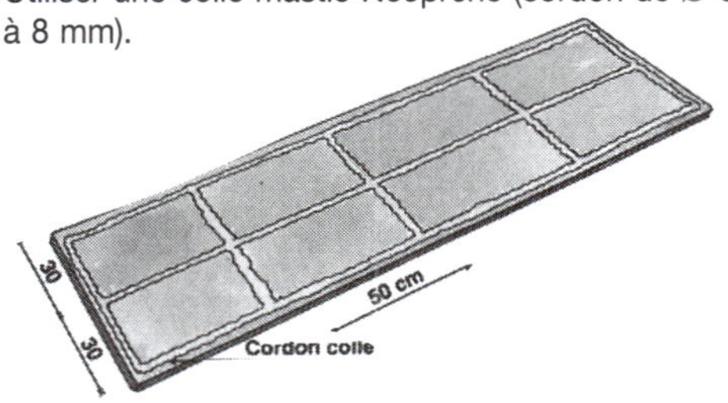

Afficher le panneau à son emplacement et maroufler fortement (pour transfert de colle).

Décoller légèrement pour faciliter l'évaporation des solvants (fig. 1). Appliquer de nouveau et maroufler énergiquement (fig. 2).

1

2

■ POSE SUR OSSATURE RAPPORTÉE

On établit une ossature qui permettra de rattraper les inégalités du mur et, si nécessaire, de ventiler la contreface des panneaux. Trois types d'ossature suivant les produits :

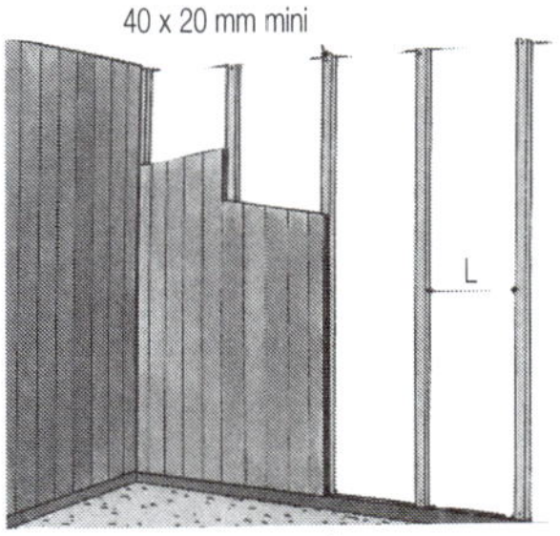

tasseaux verticaux

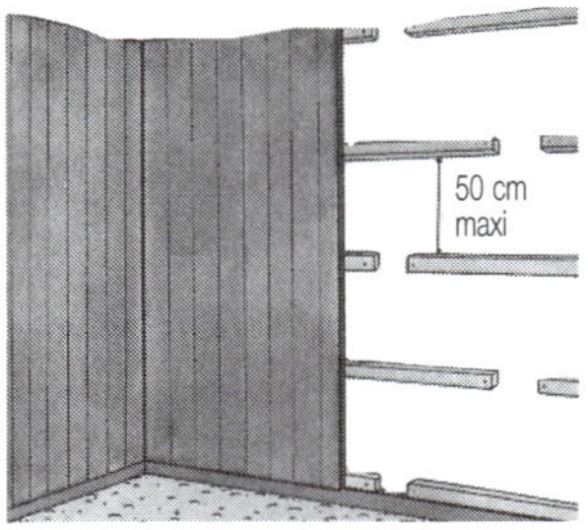

tasseaux horizontaux

châssis cadre

DOC ISOROY

2.10 PANNEAUX MÉLAMINÉS

L'association d'un panneau et de papier décoratif imprégné de résine permet l'obtention d'un produit mélaminé employé en agencement, mobilier et décoration.

CARACTÉRISTIQUES

Panneaux de particules (copeaux ou fibres) revêtus de papiers préalablement imprégnés de résines thermodurcissables.
La liaison de ces papiers avec le panneau support et la polymérisation des résines d'imprégnation est obtenue par pressage à chaud dans des conditions très précises de pression et de température.

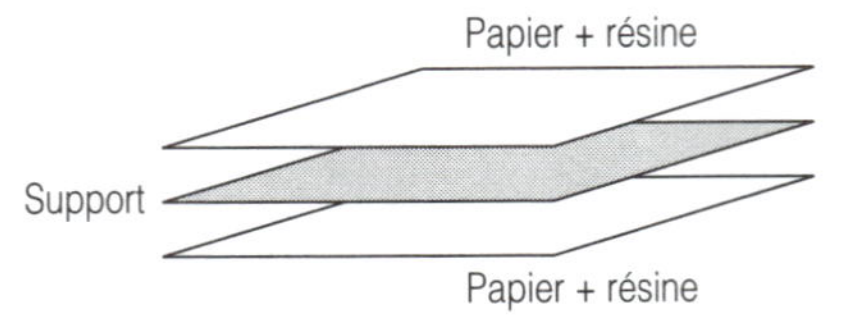

		Panneaux support CTB-S						Panneaux support CTB-H						Panneaux support MDF				
Épaisseur	mm	8	12	16	19	22	35	8	12	16	19	22	35	12	16	19	22	25
Tolérances	mm	± 0,3				± 0,4		± 0,4				± 0,5		± 0,3			± 0,4	
Dimensions	mm	3 050 × 1 850						3 050 × 1 850						3 050 × 1 850				
Tolérances	mm	± 5						± 5						± 2				
Humidité	%	9 ± 3						9 ± 3						7 ± 2				
Densité	kg/m²	765	732	690	672	670	634	775	742	715	697	608	609	820	795	795	790	785
Résistance en flexion	Mpa	⩾18		⩾16		⩾14	⩾10	⩾22		⩾20	⩾19	⩾17	⩾12	⩾40	⩾35		⩾30	

SCIAGE

USINAGES

■ RECHERCHE DE LA VITESSE DE COUPE DE LA LAME (scie)

	fréquence de rotation de l'arbre en tr/min							
Diamètre de l'outil (mm)	2 500	3 000	3 500	4 000	4 500	5 000	5 500	6 000
150	Trop lent						43	47
180					42	47	51	56
200				41	47	52	57	62
250			46	52	58	65	72	78
300		47	55	62	70	78	86	94
350	45	55	64	73	82	91	100	Trop rapide
400	52	62	73	83	94			
→	Vitesse de coupe en m/s							

■ L'OUTIL

- Denture rapportée en carbure de tungstène avec biseaux alternés ou profils spéciaux.
- Différentes arêtes tranchantes.

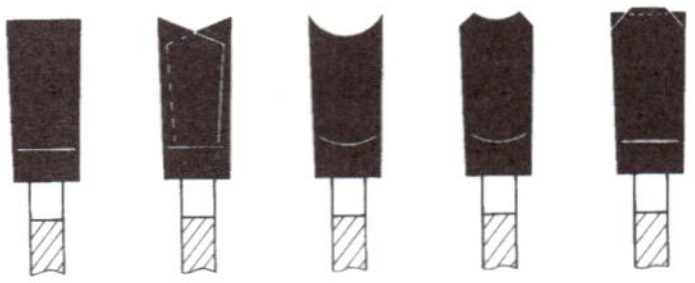

- Il est conseillé d'utiliser une deuxième lame dite « traceuse ».

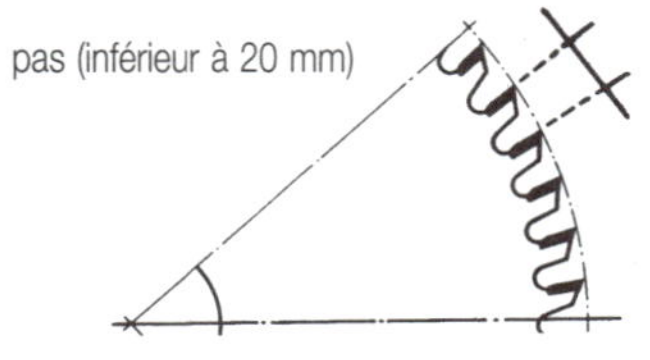

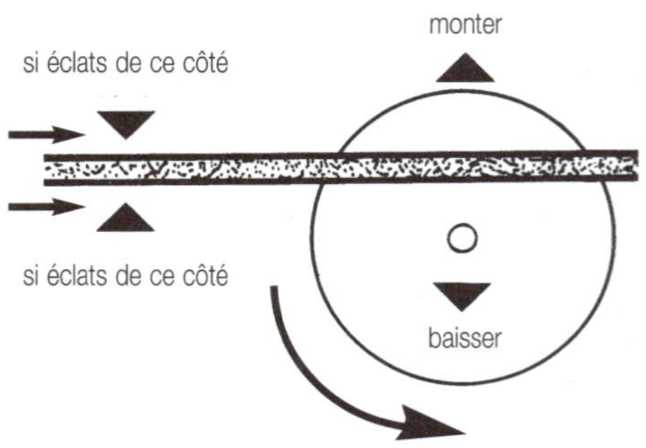

CALIBRAGE

■ **RECHERCHE DE LA VITESSE DE COUPE**

Diamètre de l'outil (mm)	Vitesse de rotation de l'arbre en tr/min 4 000	5 000	6 000	7 000	8 000	9 000	10 000
60	Trop lent					27	30
80				28	32	36	40
100		25	30	35	40	45	50
120		30	36	42	48	54	60
140	28	35	42	49	56	Trop rapide	
160	33	40	48	56			
180	36	45	54				
→	Vitesse de coupe en m/s						

Exemple de machines :
- Toupie
- Dégauchisseuse

2.11 BOIS PROFILÉ

Il s'agit de résineux blancs ou rouges (généralement du Nord) ayant subi une opération de profilage.

LAMBRIS

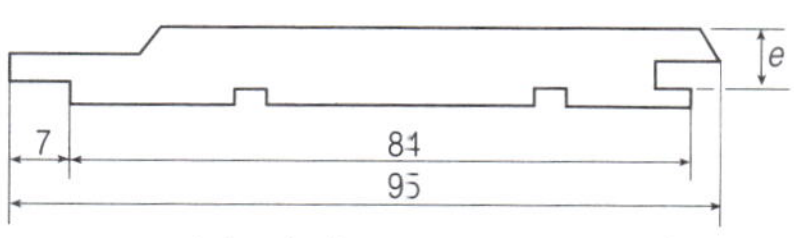

Cote commerciale de largeur = cote totale − largeur languette + jeu de pose. *Exemple:* 90 = 95 − 7 + 2

■ **ÉLÉGIE**

10 × 90 12 × 90 12,5 × 90 13 × 90
16 × 90 18 × 90 18 × 135 22 × 135

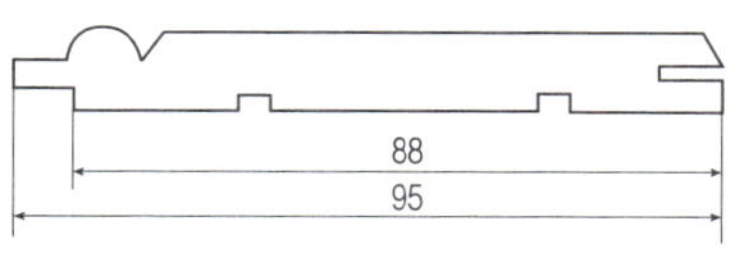

■ **MOUCHETTE**

10 × 90 10 × 105 12,5 × 90

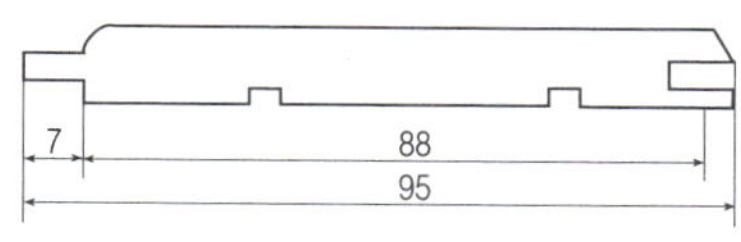

■ **GRAIN D'ORGE**

10 × 90 12 × 90 12,5 × 90

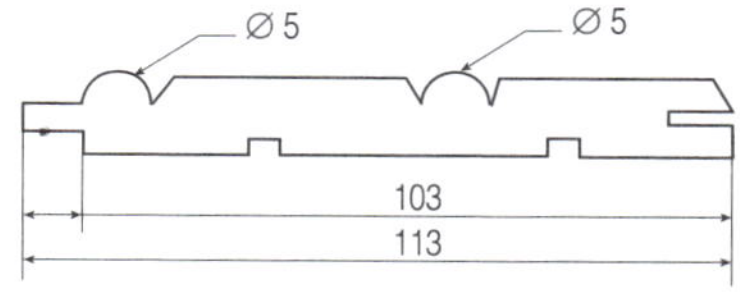

■ **DOUBLE MOUCHETTE**

10 × 105 12 ou 12,5 × 105

LAMES PARQUET

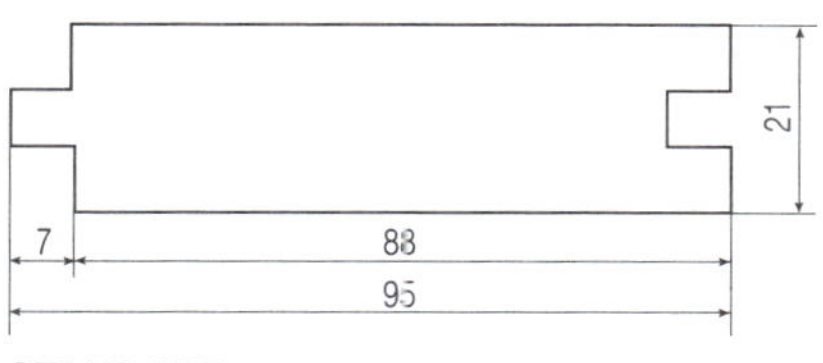

■ **STANDARD**

21 × 90 22 × 90 22 × 105 22 × 140

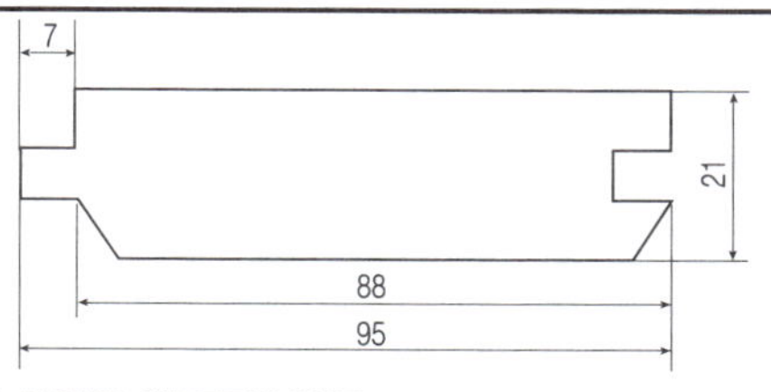

■ **POUR MEZZANINE**

21 × 90 22 × 90

PLINTHES

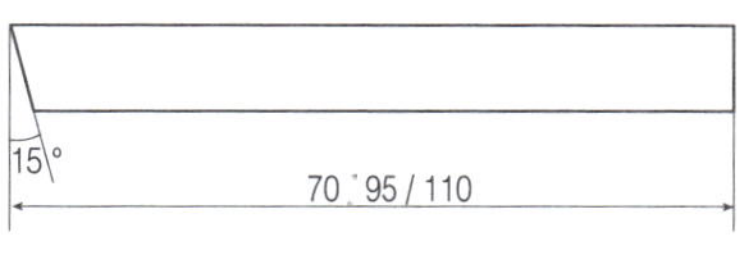

■ **BORD DROIT**

10 × 47 10 × 53 10 × 70 10 × 95
10 × 110 13 × 70 13 × 95 13 × 110

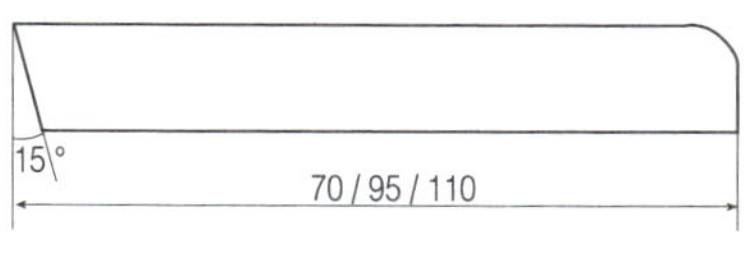

■ **BORD ARRONDI**

10 × 47 10 × 53 10 × 70 10 × 95
10 × 110 13 × 70 13 × 95 13 × 110

Bois profilé

ÉLÉMENTS DE VOLETS

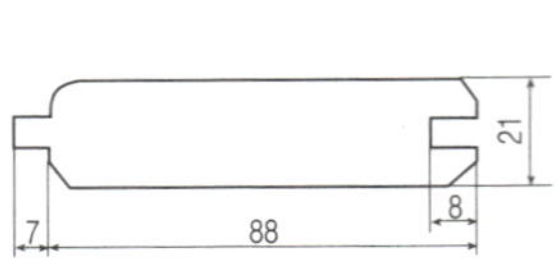

■ **LAMES**

Grain d'orge

21 × 90 22 × 90 27 × 90
28 × 90 22 × 105 28 × 105

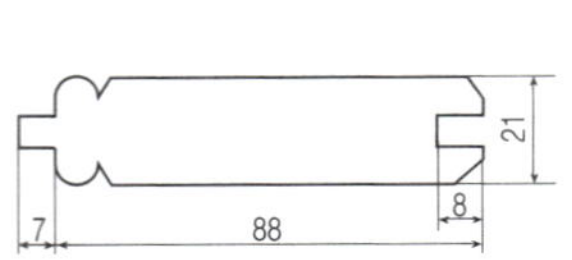

■ **MOUCHETTE**

21 × 90 22 × 90 27 × 90
28 × 90 22 × 105 28 × 105

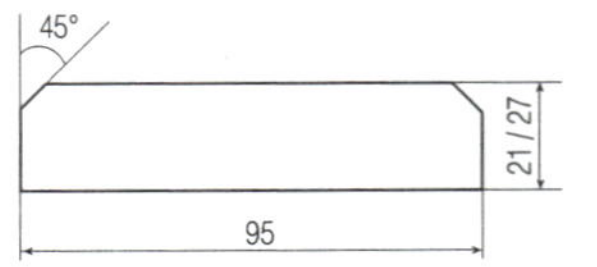

■ **ÉCHARDE**

21 × 95 22 × 70 27 × 95
28 × 70 28 × 90

BARDAGE CLIN

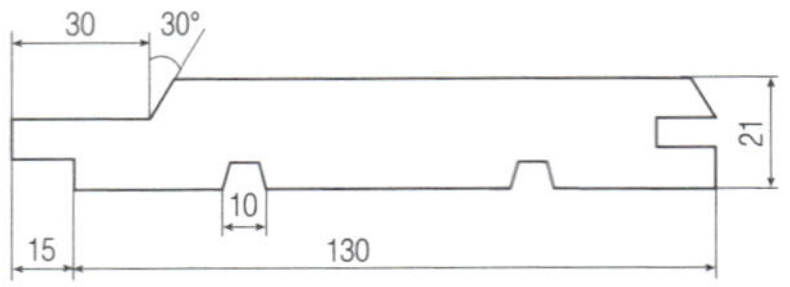

■ **BARDAGE**

21 × 130 17 × 135

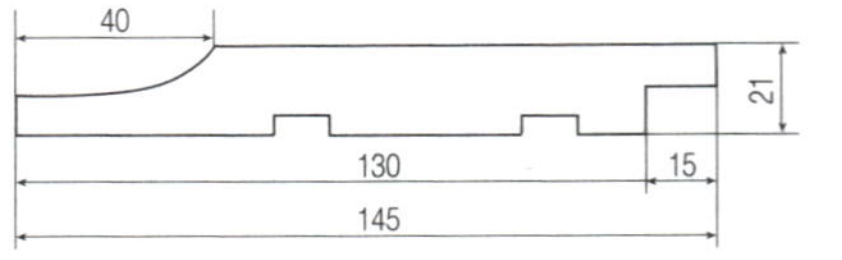

■ **CLIN À RECOUVREMENT**

18 × 135 21 × 130 22 × 135

PLANCHES DE RIVES

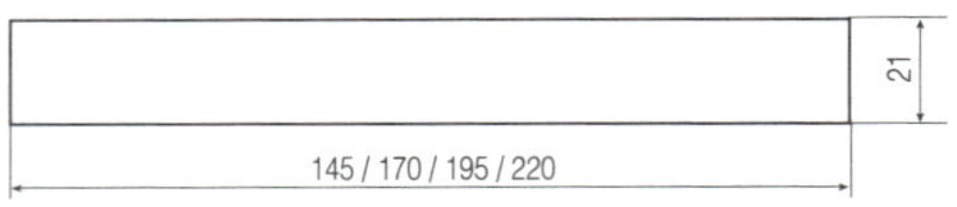

■ **CARRÉE**

21 × 115 22 × 95 22 × 110 22 × 140
22 × 165 21 × 170 22 × 190 21 × 195
22 × 215 21 × 220

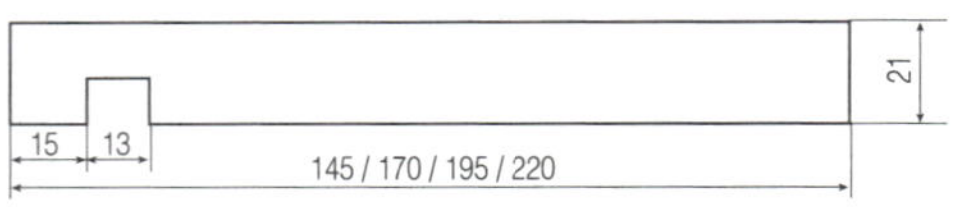

■ **CARRÉE AVEC RAINURE**

21 × 145 21 × 170
21 × 195 21 × 220

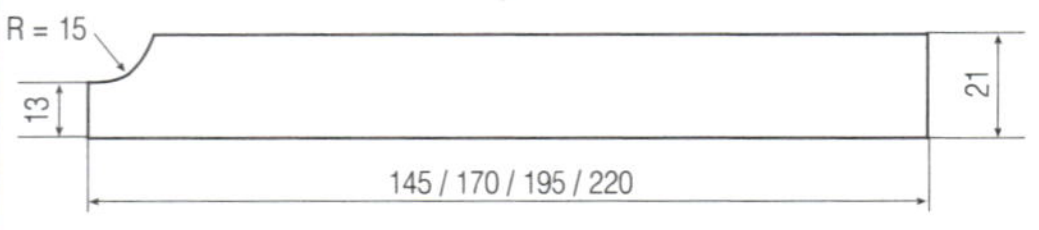

■ **À GORGE**

221 × 145 21 × 170
21 × 195 21 × 220

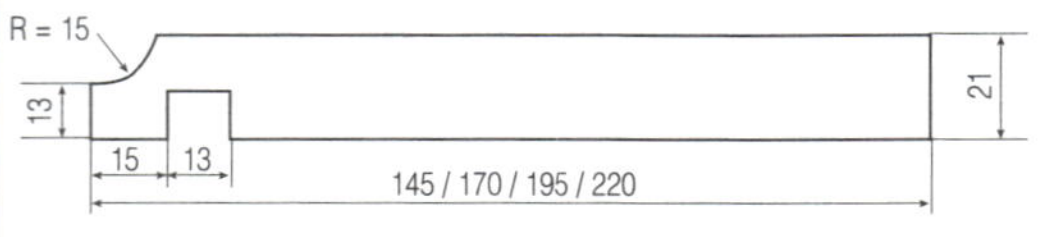

■ **À GORGE ET RAINURE**

21 × 145 22 × 145 21 × 170
22 × 170 21 × 195 22 × 220

CLASSEMENT COMMERCIAL

Exemple

Aspect du bois	A	B	A/B
Décoration (bleu)	Non admise	Tolérée en contre-parement	Comprend généralement 70 % de A et 30 % de B
Fentes	Gerces non traversantes admises en contre-parement	Légères gerces non traversantes admises en parement	
Nœuds sains	Admis	Admis	
Nœuds noirs	∅ maxi : 1/4 de la largeur vue	∅ maxi : 1/4 de la largeur vue	
Nœuds sautés	Non admis	∅ 6 mm admis (distance entre nœuds maxi 1,5 m)	
Trace de cœur	Légères admises en parement	Cœur sain admis en parement	
Poche de résine	Petites poches – Longueur maxi 20 mm	Poches longues – Longueur maxi : 40 mm	
Entre-écorce	Non admis	Limité à 6,5 x 50 mm	
Piqûres d'insectes	Non acceptées	Accepté en parement	
Les manques de rabotage et le respect des tolérances interviennent dans les classements d'aspect			

3. MATÉRIAUX ASSOCIÉS

3.1 ALUMINIUM

3.1.1 APPLICATIONS

Apprécié pour ses qualités de résistance et d'esthétique, l'aluminium est devenu un matériau classique utilisé aussi bien en construction dans les domaines de l'agencement, de la menuiserie et du mobilier qu'en rénovation.

FENÊTRES

VOLETS

■ **CHÂSSIS MOBILES SUR ORGANES DE ROTATION**

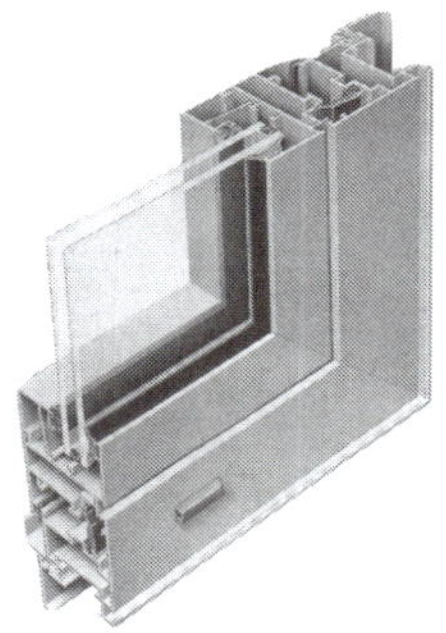

■ **VOLETS**

■ **COUPE HORIZONTALE**

• **FENÊTRE 1 VANTAIL**

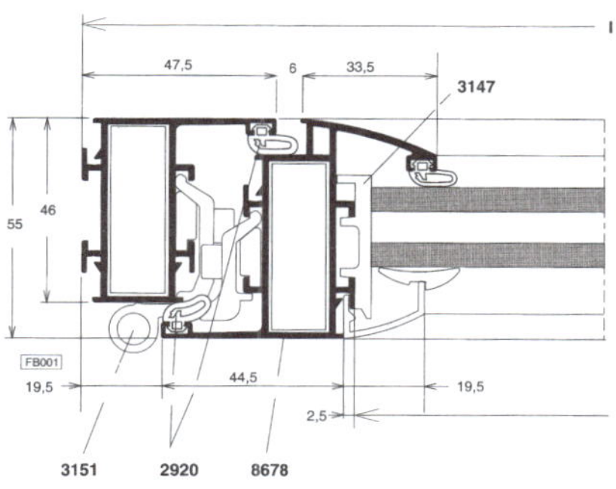

■ **COUPE VERTICALE**

• **PORTE-FENÊTRE 1 OU 2 VANTAUX**

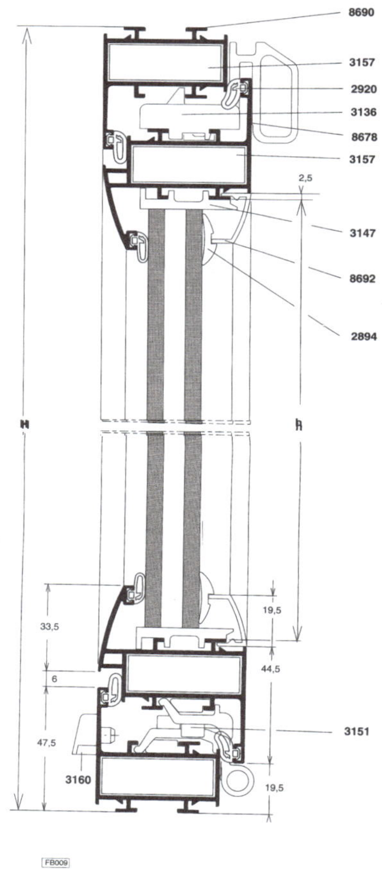

IMPORTANT :
Toujours se référer aux derniers catalogues des fabricants

3.1.2 MENUISERIE MIXTE ALUMINIUM-BOIS

SECTIONS VERTICALE ET HORIZONTALE

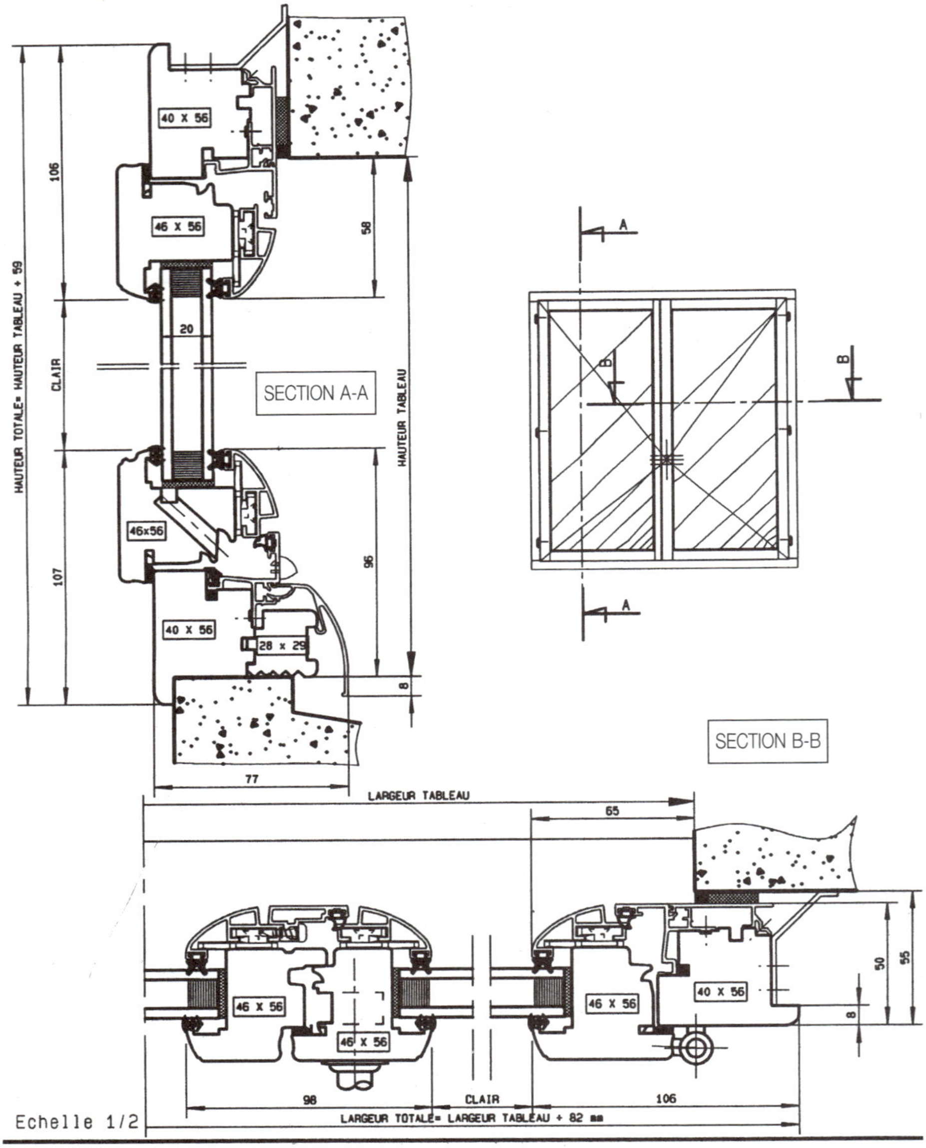

IMPORTANT :
Toujours se référer aux catalogues les plus récents des fabricants de profils.

DOC. CROISÉES INTER

3.1.3 AGENCEMENTS EXTÉRIEURS

DEVANTURE DE MAGASIN

DOC. TECHNAL

■ PRINCIPE

Des fournisseurs proposent des gammes complètes de profilés et d'accessoires pour fabriquer sur mesure des devantures de magasins extrêmement variées avec un minimum d'outillage.
Les profilés carrés, rectangulaires ou angulaires, anodisés ou laqués se combinent pour accueillir des remplissages verriers, panneaux de bois, panneaux composites, etc., de diverses épaisseurs.

■ EXEMPLE

Devanture mouvementée de magasin :
Les profilés multi-départs et d'angles particuliers accompagnant les façades asymétriques, conjuguent larges vitrines et mouvement rentrant de la porte.

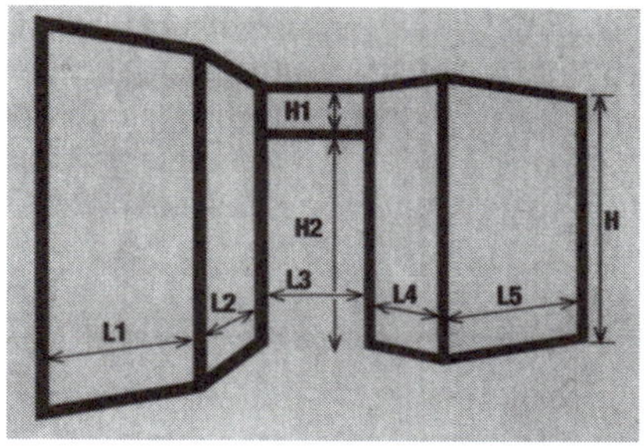

Descriptif avec vitrage 8 mm

Réf.	Désignation	Quantité
1160	Clip inox avec parclose	(2L1 + 2L2 + 2L3 + 2L4 + 2L5 + 8H + 2H1) x 3/ml
1302	Joint brosse	H
1303	Cale de vitrage (3 à 18 mm)	20
1312	Joint pour parclose	4L1 + 4L2 + 4L3 + 4L4 + 4L5 + 16H + 4H1
1524	Embout de terminaison	8
1593	Etanchéité extrémité 4138	4
1680	Embout à pions module 25	2
2247	Parclose clippable 10,8 mm	4L1 + 4L2 + 4L3 + 4L4 + 4L5 + 16H + 4H1
2508	Ensemble embout 16 mm	10
4112	Profilé 42 x 42	H
4115	Profilé 42 x 42	L3
4116	Profilé angle 135°	2H
4136	Dormant tubulaire	L1 + L2 + L3 + L4 + L5 + 2H
4138	Dormant pièce d'appui	L1 + L2 + L4 + L5
4210	Profilé angle variable ou 4112	H
4211	Profilé angle variable	H

Débit du vitrage
cotes intérieure feuillure avec cale 1303
h1 ou h - 21 mm
ℓ1 ou ℓ2 ou ℓ4 ou ℓ5 - 21 mm

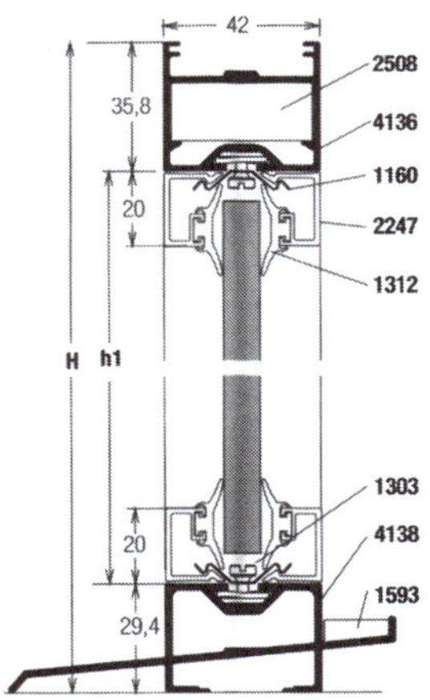

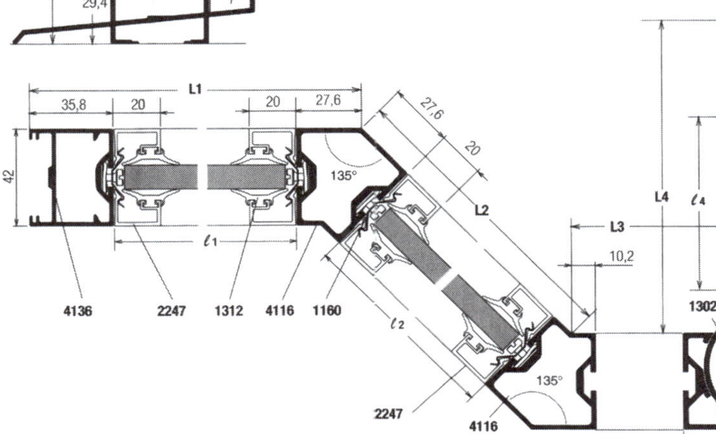

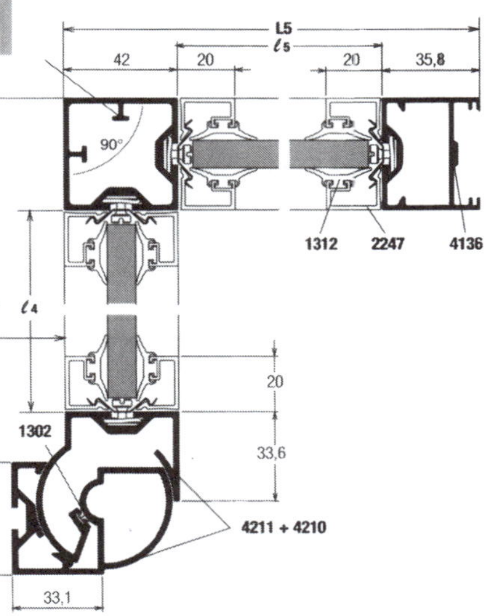

3.1.4 AGENCEMENTS INTÉRIEURS

CLOISONS ET DISTRIBUTIONS

■ PRINCIPE

Des profilés et accessoires permettent de réaliser des agencement divers et adaptés : Vitrines à portes sur paumelles ou coulissantes, présentoirs et mobiliers, façades, etc. Aussi : Cloisons et distributions de bâtiments administratifs et de bureaux.

■ EXEMPLE

Cloisons de bureaux du sol au plafond :
Les matériaux, l'allure architecturale de l'agencement (opacités ou transparences, trames verticales ou horizontales), sont autant de variantes possibles pour que les cloisons fassent partie du décor.
La rapidité de mise en œuvre à sec, sans dégâts pour les autres corps d'état du second œuvre rend le système compétitif.

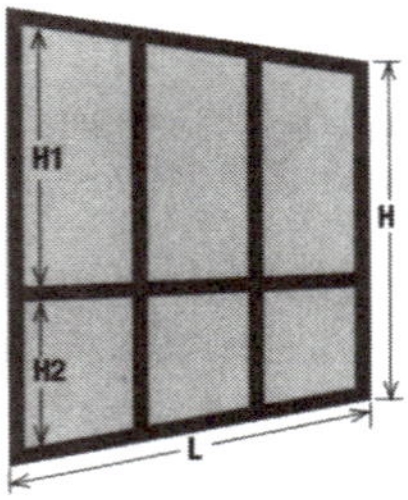

Descriptif avec panneau de 16 mm et vitrage feuilleté 44/2

Réf.	Désignation	Quantité
1160	Clip inox pour parclose	(2L + 6H2) 3/ml
1303	Cale de vitrage (3 à 18 mm)	12
1312	Joint pour parclose	4L + 12H2
1512	Equerre de jonction	12
1680	Embout à pions module 25	6
2243	Parclose clippable 3,9 mm	2L + 6H2
2247	Parclose clippable 10,8 mm	2L + 6H2
3321	Joint de vitrage récepteur	2L + 6H1
3322	Joint de vitrage clé	2L + 6H1
4115	Profilé 42 x 42	L + 2H
4130	Profilé 42 x 15	2L + 2H

Débit des panneaux d'allège
cote intérieure feuillure avec cale 1303
h2 - 21 ℓ - 21

Débit des vitrages
(Utilisation des joints 3321,3322 en intérieur exclusivement et verre feuilleté préconisé). Dim.maxi. 1,50 x 1,00 m
h1 - 8 ℓ1- 8

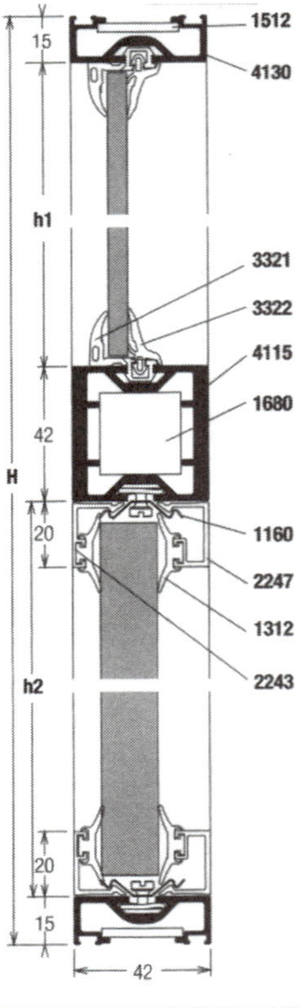

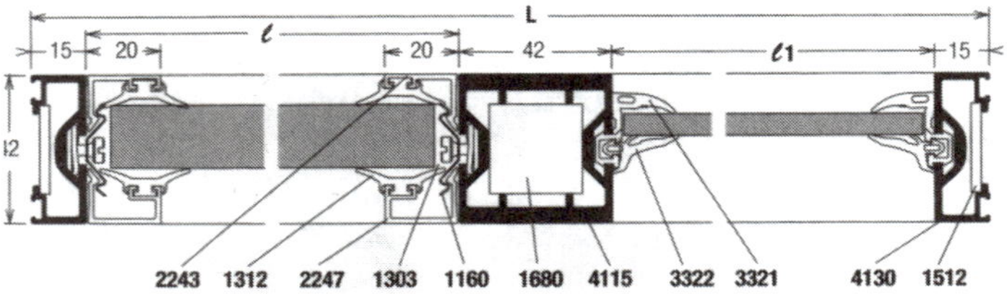

DOC. TECHNAL

3.2 PLASTIQUES PVC

Matériau de synthèse, le PVC (Polyvinyle de chlorure) entre dans la conception d'ouvrages du bâtiment comme les menuiseries, les vérandas, les clôtures, etc.

CARACTÉRISTIQUES DU PVC

Physiques	Normes	Unités	Valeur	Thermiques			
poids spécifique 23 °C	ISO1183	kg/dm^3	1,52	coefficient de dilatation linéaire			
dureté shore D, 23 °C	ISO 868	-	82	de -40 à + 10°C	ASTM D 696	m/m·K	$5 \cdot 10^{-5}$
tension à la rupture, 23 °C	ISO 527	Mpa	45	de + 10 à + 40°C	ASTMD 696	m/m·K	$6 \cdot 10^{-5}$
allongement à la rupture, 23 °C	ISO 527	%	> 120	point vicat	ISO 306	°C	82
tension au seuil d'écoulement, 23 °C	ISO 527	MPa	45	coefficient de conductibilité thermique	ASTM C177	W/m·K	0,17
module d'élasticité, 23 °C	ISO 527	MPa	3100	température de fléchissement sous charge (1,85 MPa)	ISO 75	°C	> 72

3.2.1 ÉLÉMENTS DE MENUISERIE EN PVC

PORTES EN ROTATION

Les principales menuiseries fabriquées en PVC sont mobiles sur organes en rotation ou coulissantes. Elles sont également adaptées à la rénovation.

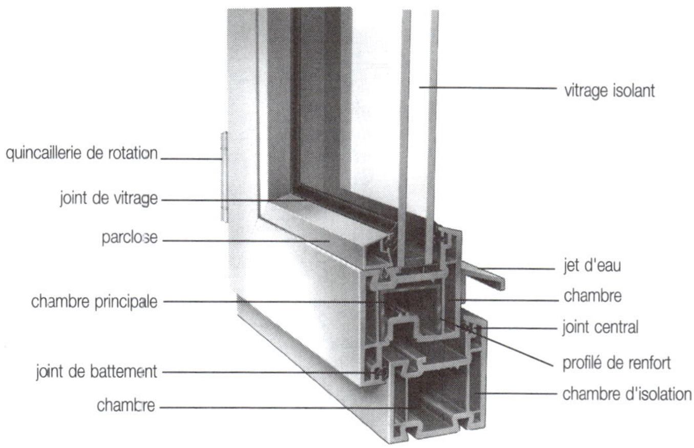

POSE EN FEUILLURE

■ **PORTE D'ENTRÉE 2 VANTAUX**

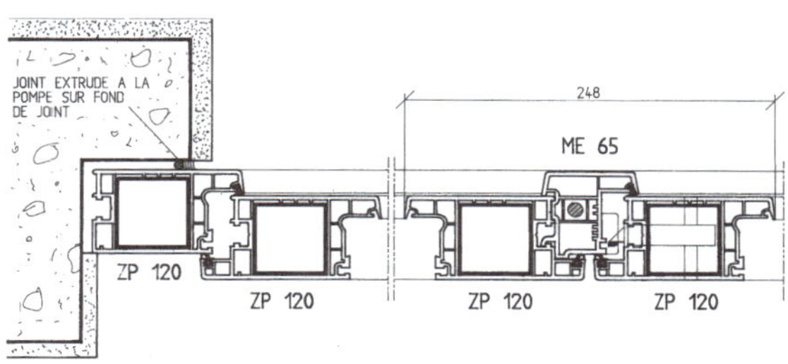

IMPORTANT :
Toujours se référer aux catalogues les plus récents des différents fabricants de profils.

3.3 VERRE

3.3.1 PRODUITS VERRIERS

VERRES MONOLITHIQUES

■ VERRE

Constituants :
72 % de silice (sable)
14 % de soude
10 % de chaux
4 % d'oxydes divers (magnésie, alumine, colorants)
Une certaine quantité de verre broyé entre dans la composition du verre

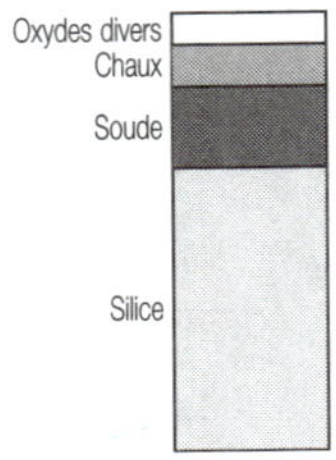

■ VERRE PLAT « FLOAT »

Approvisionnés en continu, les constituants sont portés à 1 500 °C dans un four.

↓

La masse fondue coule sur un bain d'étain en fusion.

↓

Refroidissement sans polissage ultérieur.

■ VERRE ARMÉ

Verre coulé dans lequel est incorporé un treillis d'acier.
Les mailles de ce treillis sont de 12,5 mm ou de 25 mm.

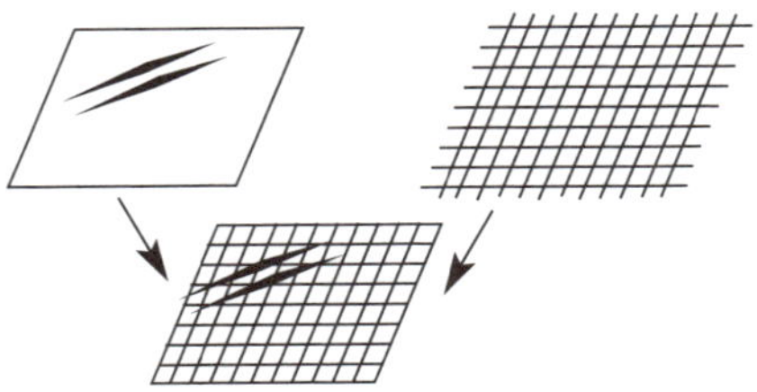

■ VERRE À COUCHE

Les vitrages réfléchissants sont obtenus par dépôt d'une couche d'oxyde métallique sur la surface d'une plaque claire.

↓

Procédé pyrolithique	**Procédé électromagnétique**
Dépôt de la couche d'oxyde métallique à la sortie du float encore en fusion.	Le dépôt de la couche d'oxyde métallique se fait par pulvérisation sous vide.

■ VERRE PLAT COULÉ (LA GLACE)

Approvisionné en continu, les constituants sont portés à 1 800 °C dans un four.

↓

Après avoir été laminée, la masse fondue est polie sur les deux faces.

■ VERRE TREMPÉ

Transformation du verre plat

↓

Trempe thermique	**Trempe chimique**
La feuille de verre est chauffée uniformément à une température de + 700 °C (dite de ramollissement)	Remplacement par diffusion d'une partie des ions sodium de verre par des ions potassium provenant d'un sel fondu au contact du verre.
↓ Refroidissement très rapide par soufflage d'air froid sur les 2 faces.	↓

↓

Obtention d'un état de contraintes permanent

La trempe a 2 effets importants :

le trempé résiste à des sollicitations extérieures plus élevées que le verre ordinaire. Sa résistance mécanique est environ 5 fois supérieure à celle du verre ordinaire.

En cas de rupture, le trempé se brise en tous petits morceaux présentant des arêtes émoussées (danger de blessures réduit).

Les produits verriers trempés seront percés et découpés avant le trempe.

■ MIROIR

Enduction d'une couche d'argent, de cuivre et de vernis de protection sur un verre float.

■ VERRE IMPRIMÉ

Verre plat coulé imprimé par laminage.
Il peut être lisse et poli sur une face.

VERRES COMPOSÉS

■ VITRAGE ISOLANT (THERMIQUE)

Il est composé de deux ou plusieurs verres simples ou transformés séparés entre eux par un ou plusieurs espaces d'air déshydratés ou de gaz

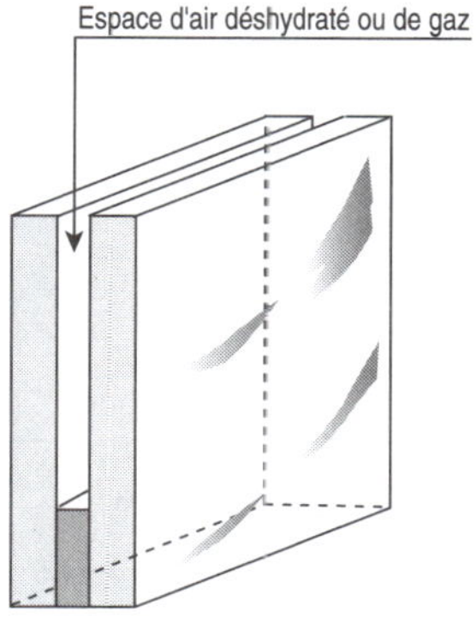

Cette structure permet d'améliorer les caractéristiques d'isolation thermique du vitrage et une atténuation acoustique notable

■ VERRE FEUILLETÉ À BASE DE RÉSINES COULÉES

Il s'agit de résines polymériques que l'on coule entre deux feuilles de verre et qui polymériquent ensuite à l'aide d'un rayonnement UV ou d'un catalyseur.
Certains types de résines coulées offrent de bonnes performances acoustiques avec toutefois de faibles performances mécaniques.

■ VITRAGE DÉCORATIF FEUILLETÉ

L'incorporation d'un film imprimé ou d'un objet plat entre les deux couches de PVB d'un verre feuilleté peut permettre la réalisation d'éléments décoratifs.
Produits de substitution au verre

■ VERRE FEUILLETÉ À BASE DE PVB

Il est composé de deux ou plusieurs verres simples ou transformés collés entre eux par une ou plusieurs couches d'un intercalaire en Butyral de Polyvinyle (PVB).

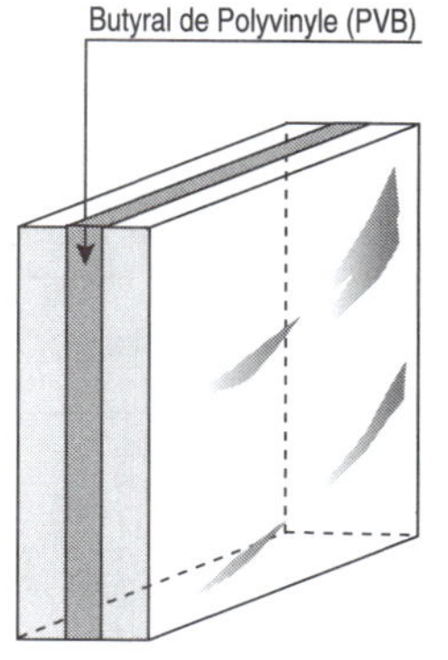

Le verre feuilleté résiste à l'impact. Lors d'un choc avec un corps quelconque, le verre se fendille ; le point d'impact est localisé et la visibilité reste intacte.
L'intercalaire maintient les morceaux de verre en place. La configuration du feuilleté doit être adaptée à la nature des chocs que l'on craint.

■ VITRAGE RÉSISTANT AU FEU

Pare-flamme (classe G)	Coupe-feu (classe F)
Vitrages résistants au feu et assurant l'étanchéité aux flammes et aux gaz chauds ou inflammables. Certains verres armés ou à faible dilatation répondent à cette exigence un certain temps d'exposition au feu.	Vitrage pare-flamme empêchant la propagation de chaleur (≤ 140 °C). Certains vitrages à base de résine intumescente ainsi que le double-vitrage à gel aqueux répondent à cette exigence pendant un certain temps d'exposition au feu.

PRODUITS DE SUBSTITUTION AU VERRE

Source : Centre d'Information du Verre feuilleté

■ POLYMÉTHYLE MÉTACRYLATE

Matériau acrylique sous forme de panneaux transparents, qui offre l'avantage d'être léger.
Il n'a qu'une faible résistance aux chocs.
Il a également une mauvaise résistance à l'abrasion.

■ POLYCARBONATE

Les panneaux de polycarbonate sont fabriqués par extrusion de résine de polycarbonate.
Ils offrent une excellent résistance aux chocs.
Ce matériau est très léger et facile à poser.

■ FILM POLYESTER À POSER SUR LES VITRAGES

Films très minces (50 à 200 microns) à appliquer sur les vitrages existants.
Ces films sont enduits d'un adhésif puissant protégé par une pellicule qui est enlevée avant la pose. Ils sont généralement posés sur la face interne de vitres. La fonction principale de ces films est de limiter la projection de fragments de verre en cas de bris accidentels.

3.3.2 APPLICATIONS

TABLEAU DE CHOIX SELON L'APPLICATION RECHERCHÉE

Applications / Produits	Simple	Trempé	Armé	Miroir	Imprimé	À couches	Isolant	Feuilleté PVB	Feuilleté résine
Fermeture	■	■	■	■	■	■	■	■	■
Thermique et solaire						■	■	■ ③	
Isolation acoustique							■	■	■
Sécurité		■					①	■	②
Décoration				■	■	■		■	■
Anti-feu			■				①		
Anti-UV								■	②

① À condition que un (des) panneau(x) du vitrage soit (soient) du (des) verre(s) transformé(s) au type d'application requise.
② Dépendant du type de résine.
③ PVB décoré.

TABLEAU DE CHOIX SELON LES CRITÈRES DE SÉCURITÉ

Types de sécurité / Produits	Feuilleté PVB	Feuilleté résines	Trempé	Acrylique (PMMA)	Polycarbonate	Films polyester
Anti-blessures (débris non coupants)	☺☺☺	☺☺	☺☺	☹	☺☺☺	😐
Anti-vandalisme (jet de pierre)	☺☺☺	☺☺	☺☺☺	☹	☺☺☺	☹
Retardateurs d'effraction (pieds de biche, hache...)	☺☺☺	☹ ①	☹	☹	☺☺☺	☹
Anti-balles	☺☺☺	☹ ①	☺☺☺	☹	☺☺☺ ②	☹
Résistance à l'abrasion	☺☺☺	☺☺☺	☺☺☺	☹	☹	☹
Résistance au vieillissement	☺☺☺	☺☺☹ ①	☹	☹	☹	☹
Protection aux UV	☺☺☺	☺☺☺☹ ①	☹	☺☺☺	☺☺☺	☺☺☺
Stabilité dimensionnelle	☺☺☺	☺☺☺	☹	☹	☹	☹
Esthétique	☺☺☺	☺☺	☺☺☺	😐	☺☺☺☹ ③	☹

☺☺☺ Excellent ☺☺ Moyen 😐 Acceptable ☹ Inacceptable/déconseillé

① Dépend de la résine coulée
② En assemblage avec du verre/PU/PC
③ Alvéolaire

3.3.3 CALAGE DU VITRAGE

Le calage du vitrage doit être effectué avec soin afin :
- que le vitrage se maintienne sans peine,
- que l'indépendance châssis/vitrage soit assurée.

CALAGE

Nécessité du calage pour :

- Transmettre le poids du vitrage au châssis → Cales d'assises
- Eviter les déplacements du vitrage dans son plan → Cales périphériques de maintien ajustées
- Assurer une épaisseur régulière aux garnitures d'étanchéité → Cales périphériques de sécurité
- Reporter sur le châssis les sollicitations perpendiculaires au vitrage → Cales latérales

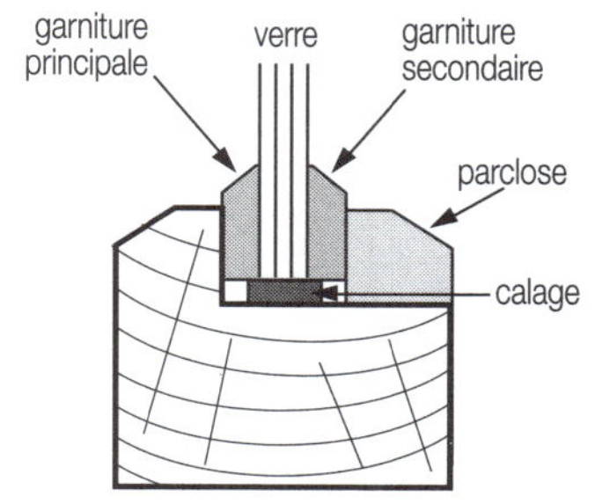

Analyse combinatoire : voir p. 475.

MISE EN PLACE DU CALAGE

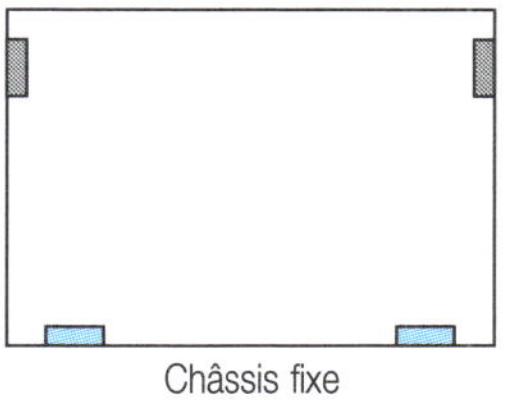
Châssis fixe

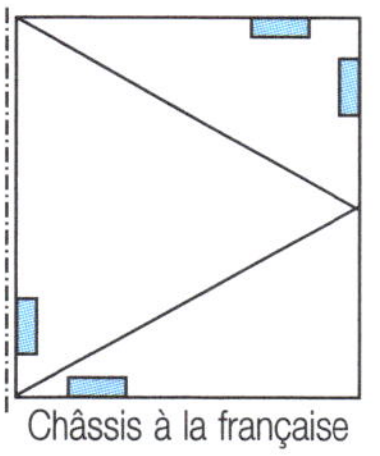
Châssis à la française

- cales d'assises
- cales périphériques de maintien ajustées
- cales périphériques de sécurité

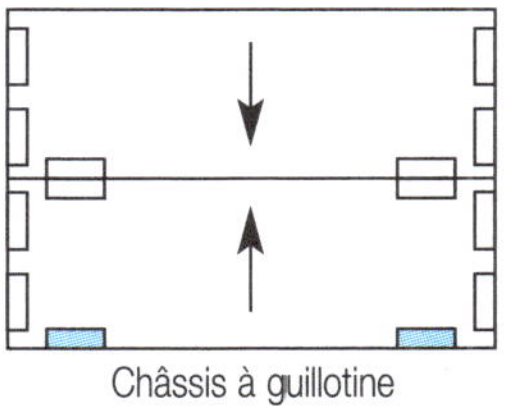
Châssis à guillotine

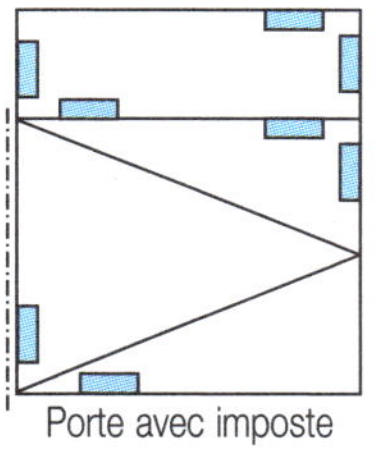
Porte avec imposte

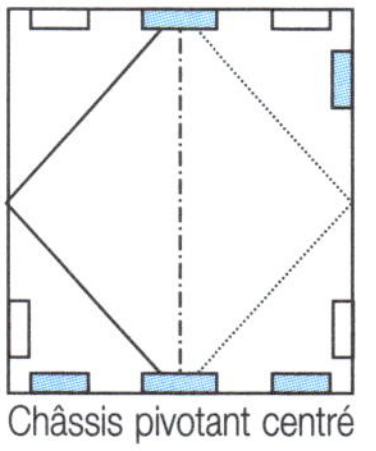
Châssis pivotant centré

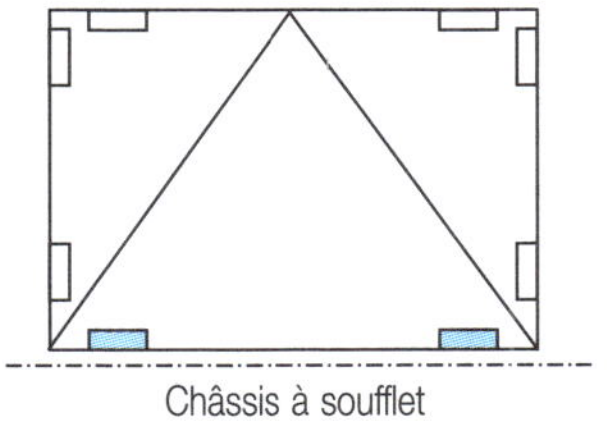
Châssis à soufflet

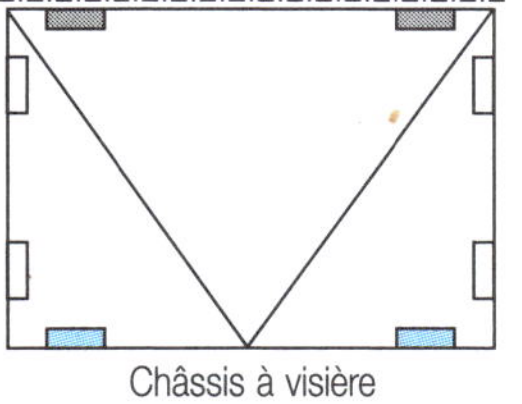
Châssis à visière

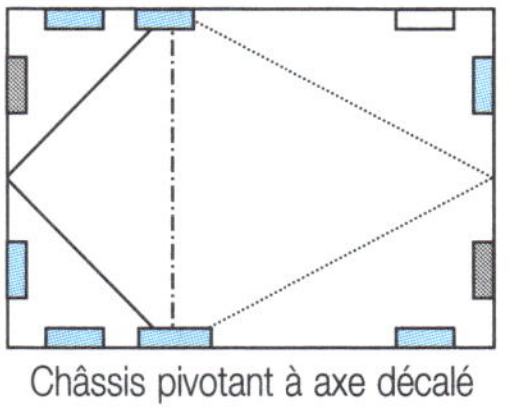
Châssis pivotant à axe décalé

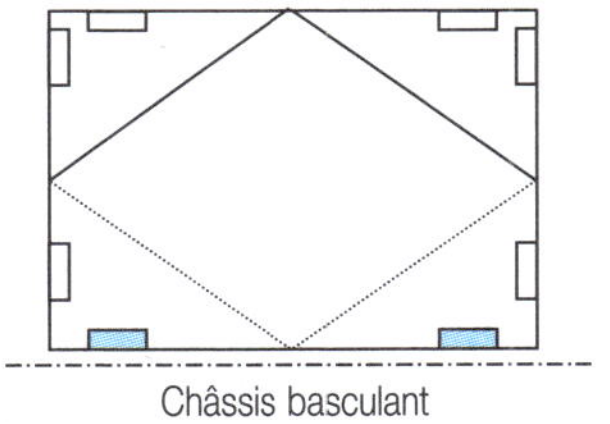
Châssis basculant

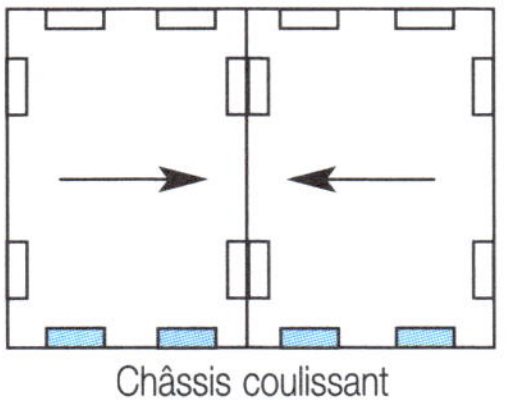
Châssis coulissant

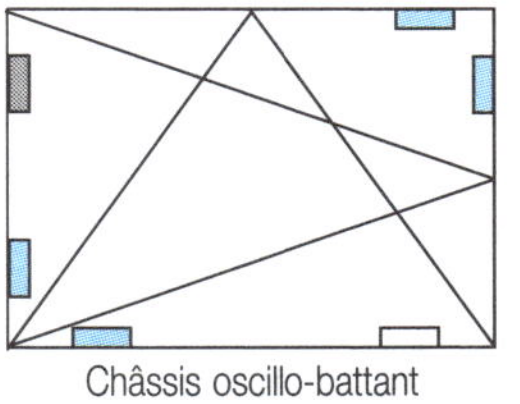
Châssis oscillo-battant

3.4 MATÉRIAUX D'ISOLATION

3.4.1 CHOIX D'UN MATÉRIAU D'ISOLATION

Le choix d'un matériau isolant se fait en tenant compte de ses performances, de ses capacités de résistance et stabilité, et de sa plus ou moins grande facilité de mise en œuvre.

ISOLATION DES TOITURES	PERFORMANCES THERMIQUES	PERFORMANCES ACOUSTIQUES	RÉSISTANCE À L'HUMIDITÉ	RÉSISTANCE AU FEU	STABILITÉ DIMENSIONNELLE	MISE EN ŒUVRE
	La réglementation française précise qu'en toiture, la résistance thermique (R) doit se situer entre R = 4 et R = 5 selon les régions	*Seules les laines minérales et les complexes sont efficaces.*	*Les matériaux synthétiques ou les complexes intégrant des matériaux synthétiques sont plus performants.*	*Les laines minérales ou les complexes intégrant des laines minérales ont de meilleures performances.*	*La stabilité dimensionnelle garantit, dans le temps, l'absence de pont thermique. Les laines sont moins stables d'où la pose en couches croisées.*	*Bien différencier les lieux de pose : à l'intérieur ou à l'extérieur.*
Laines de roche	☺☺☺☺ Matériaux qui ont fait leurs preuves en panneaux ou en rouleaux.	☺☺☺☺ Véritables pièges à son, elles absorbent les vibrations.	☹☹ Elles sont sensiblement meilleures que les laines de verre. Sont sensibles à l'eau.	☺☺☺☺ Elles sont généralement incombustibles et ininflammables. Classées M0 ou M1.	😐😐😐 Elles ont une meilleure stabilité dimensionnelle que les laines de verre.	😐😐😐 Leur mise en place nécessite des fixations soignées, bien réparties, pour remédier à leur faible stabilité dimensionnelle.
Laines de verre	☺☺☺☺ Matériaux qui ont fait leurs preuves en panneaux ou en rouleaux.	☺☺☺☺ Véritables pièges à son, elles absorbent les vibrations.	☹☹ Elles résistent mal à l'humidité.	☺☺☺☺ Elles sont généralement ininflammables. Classées M1.	☹☹ Elles se déforment facilement. Problème accentué sous l'influence de l'eau.	😐😐😐 Leur mise en place nécessite des fixations soignées, bien réparties, pour remédier à leur faible stabilité dimensionnelle.
Polyuréthanne Polystyrène extrudé	☺☺☺☺☺ À performance égale, ils permettent un gain de place en épaisseur.	☹ Peu performants. Ils peuvent parfois amplifier les résonances.	☺☺☺☺☺ Imputrescibles et insubmersibles.	☹☹ Ils sont combustibles. Il faut les utiliser soit avec un traitement spécial soit avec des matériaux pare-feu.	☺☺☺☺☺ Stables et incompressibles.	☺☺☺☺ Leur légèreté facilite la pose et leur fixation est aisée. Prendre beaucoup de soins à l'ajustement des découpes.
Polystyrène expansé	☹☹ Le moins performant à épaisseur égale.	☹ Ses performances sont faibles.	☺☺☺☺ Imputrescibles et insubmersibles.	☹ Faible résistance au feu. Même ignifugé, il n'est guère adapté.	☺☺☺☺ Stable.	☺☺☺☺ Léger, facile à travailler et à fixer.
Panneaux complexes	☺☺☺☺☺ Très bien, mais plus épais du fait de leur constitution que les autres panneaux.	☺☺☺☺ Très bien classés s'ils sont associés à des laines minérales. Résultats plus faibles s'ils sont associés à des matériaux synthétiques.	☺☺☺☺ Bien classés avec des matériaux synthétiques. Moins bien avec des laines minérales.	☺☺☺☺ Bien classés avec des laines minérales. Moins bien avec les matériaux synthétiques.	☺☺☺☺☺ Stabilité obtenue grâce aux parements extérieurs ou intérieurs.	☺☺☺☺☺ Très performants sur toiture découverte pendant la durée du chantier.

DOC POINT P

ISOLATION DES MURS	PERFORMANCES THERMIQUES	PERFORMANCES ACOUSTIQUES	RÉSISTANCE À L'HUMIDITÉ	RÉSISTANCE AU FEU	STABILITÉ DIMENSIONNELLE	MISE EN ŒUVRE
	Les 4 matériaux cités sont tous des isolants thermiques. Leur efficacité sera déterminée par le choix des épaisseurs.	*Seules les laines minérales ont des performances acceptables. De meilleurs résultats seront obtenus en associant d'autres composants*	*Seuls les matériaux synthétiques, hydrofugés ou non hydrofugés sont performants.*	*Les matériaux synthétiques sont peu performants. Un classement M1 peut être obtenu par l'apport d'adjuvants.*	*Ces matériaux sont stables dans le temps. Le type d'emploi et la nature des supports déterminent le choix entre des matériaux rigides ou non.*	*Lors de la mise en œuvre, il faut apporter un soin particulier au traitement des ponts thermiques dans les liaisons isolant/isolant, plafond/isolant et sol/isolant.*
Laines de roche	🙂🙂🙂🙂 Matériaux qui ont fait leurs preuves en panneaux ou en rouleaux.	🙂🙂🙂🙂 Véritables pièges à son, elles absorbent les vibrations.	😐😐😐 Elles sont souvent non hydrophiles et résistent très bien aux mouillages accidentels.	🙂🙂🙂🙂🙂 Elles sont généralement incombustibles. Classées M0.	🙂🙂🙂🙂🙂 Leur élasticité et leurs différentes densités permettent tous les calfeutrements.	🙂🙂🙂🙂 Souples et compressibles, ils sont faciles à poser. Il est nécessaire de se protéger pour éviter des irritations cutanées.
Laines de verre	🙂🙂🙂🙂 Matériaux qui ont fait leurs preuves en panneaux ou en rouleaux.	🙂🙂🙂🙂 Véritables pièges à son, elles absorbent les vibrations.	😐😐😐 Elles sont souvent non hydrophiles et résistent très bien aux mouillages accidentels.	🙂🙂🙂🙂🙂 Elles sont généralement incombustibles. Classées M0.	🙂🙂🙂🙂🙂 Leur élasticité et leurs différentes densités permettent tous les calfeutrements.	🙂🙂🙂🙂 Souples et compressibles, ils sont faciles à poser. Il est nécessaire de se protéger pour éviter des irritations cutanées.
Polyuréthanne Polystyrène extrudé	🙂🙂🙂🙂🙂 À performance égale, ils permettent un gain de place en épaisseur.	🙁 Peu performants. Ils peuvent parfois amplifier les résonances.	🙂🙂🙂🙂🙂 Imputrescibles et imperméables.	🙁🙁 Ils sont combustibles. Il faut les utiliser soit avec un traitement spécial soit avec des matériaux pare-feu.	🙂🙂🙂🙂🙂 Stables et incompressibles.	🙂🙂🙂🙂 Leur légèreté facilite la pose et leur fixation est aisée. Prendre beaucoup de soins à l'ajustement des découpes.
Polystyrène expansé	😐😐😐 Le moins performant à épaisseur égale.	🙁 Ses performances sont faibles.	🙂🙂🙂🙂🙂 Imputrescibles et imperméables.	🙁🙁 Ils sont combustibles. Il faut les utiliser soit avec un traitement spécial soit avec des matériaux pare-feu.	🙂🙂🙂🙂🙂 Stables et incompressibles.	🙂🙂🙂🙂 Leur légèreté facilite la pose et leur fixation est aisée. Prendre beaucoup de soins à l'ajustement des découpes.

ISOLATION DES PLAFONDS

	PERFORMANCES THERMIQUES	PERFORMANCES ACOUSTIQUES	RÉSISTANCE À L'HUMIDITÉ	RÉSISTANCE AU FEU	ÉPAISSEURS RECOMMANDÉES	MISE EN ŒUVRE
	L'efficacité de ces matériaux sera déterminée par le choix des épaisseurs.	*Le plafond ne doit pas transmettre les vibrations dues aux chocs sur le plancher supérieur.*	*Seuls les matériaux synthétiques ou les complexes intégrant des synthétiques sont performants.*	*Les matériaux synthétiques sont peu performants. Des traitements ignifuges peuvent améliorer leur résistance au feu.*	*L'épaisseur est directement liée aux performances désirées (R). Les épaisseurs recommandées varient selon les régions. La place disponible influe sur les choix.*	*Il y a deux types de mise en œuvre :* *– par dessus, notamment en combles perdus (vracs ou les laines en rouleaux);* *– en sous-face ou en faux plafond (panneaux synthétiques, panneaux de laine ou plaques complexes).*
Laines de roche	🙂🙂🙂🙂 Matériaux qui ont fait leurs preuves notamment en combles perdus.	🙂🙂🙂🙂🙂 Ce sont de véritables pièges à son. Performantes en pose en sous face.	😐😐😐 Elles sont sensibles à l'humidité. Elles doivent être à l'abri de toutes infiltrations.	🙂🙂🙂🙂🙂 Elles sont incombustibles ce qui leur permet d'être bien classées contre le feu.	🙂🙂🙂🙂 Avec une toiture isolée : H1 = 75-90 mm H2 = 75-80 mm H3 = 60 mm.	🙂🙂🙂🙂 Leurs différents conditionnements (rouleaux ou panneaux) permettent de les mettre en œuvre indifféremment, selon le mode de pose choisi.
Laines de verre	🙂🙂🙂🙂 Matériaux qui ont fait leurs preuves notamment en combles perdus.	🙂🙂🙂🙂🙂 Ce sont de véritables pièges à son. Performantes en pose en sous face.	☹️☹️ Elles s'altèrent à l'humidité. Elles doivent être à l'abri de toutes infiltrations.	🙂🙂🙂🙂 Bien classées contre le feu, elles sont ininflammables.	😐😐😐 Avec une toiture isolée : H1 = 100 mm H2 = 60 mm H3 = 50 mm	🙂🙂🙂🙂 Leurs différents conditionnements (rouleaux ou panneaux) permettent de les mettre en œuvre indifféremment, selon le mode de pose choisi.
Polyuréthanne Polystyrène extrudé	🙂🙂🙂🙂🙂 À performance égale, ils permettent un gain de place en épaisseur.	😐😐😐 Ils peuvent parfois transmettre les résonances.	🙂🙂🙂🙂🙂 Hydrofuge. Ils peuvent être exposés à l'eau.	☹️ Ils résistent mal au feu.	🙂🙂🙂🙂🙂 Avec une toiture isolée : H1 = 60 mm H2 = 60 mm H3 = 50 mm	🙂🙂🙂🙂 Ils sont légers et faciles à manipuler. Ils se collent en sous-face de dalle ou peuvent être fixés sur un solivage bois ou sur une ossature métallique en faux plafond.
Plaques complexes	🙂🙂🙂🙂🙂 Performantes, elles intègrent, en plus le parement de finition.	🙂🙂🙂🙂 Leurs structures en sandwich est prévue pour absorber les résonances.	🙂🙂🙂🙂 Performantes si elles sont associées à des matériaux synthétiques. Elles sont fragiles avec des laine minérales.	😐😐😐 Très bien classées associées à des laines minérales ; moins bien avec des matériaux synthétiques.	🙂🙂🙂🙂 Il faut considérer l'isolant qu'elles intègrent (voir ci-dessus).	🙂🙂🙂🙂🙂 Deux phases complémentaires sont assurées par l'emploi de ces matériaux : l'isolation et la mise en place du parement de finition.
Vracs	🙂🙂🙂🙂 Leurs performances varient selon les possibilités d'épaisseurs mises en œuvre.	🙂🙂🙂🙂 Des performances sont obtenues par la réalisation de combinaisons de matériaux.	😐😐😐 Généralement ils supportent très mal l'humidité.	🙂🙂🙂🙂 Très bonnes performances pour les granulats et les vermiculites. Moins bonnes pour les flocons.	☹️☹️ Variables d'un produit à l'autre, ils occupent un volume généralement important.	🙂🙂🙂🙂 Il faut les répartir selon la densité et l'épaisseur désirée.

ISOLATION DES SOLS

	PERFORMANCES THERMIQUES	PERFORMANCES ACOUSTIQUES	RÉSISTANCE À L'HUMIDITÉ	RÉSISTANCE AU FEU	INCOMPRÉSSIBILITÉ	ÉPAISSEURS RECOMMANDÉES	MISE EN ŒUVRE
	Les 5 matériaux cités sont tous des isolants thermiques. Leur efficacité sera déterminée par le choix des épaisseurs.	*Lors du choix, vérifier le classement dB (A). Le but principal est d'éviter la transmission des résonances.*	*Seuls les matériaux synthétiques sont performants.*	*Les matériaux synthétiques sont peu performants. Un classement M1 peut être obtenu par l'apport d'adjuvants.*	*Le matériau isolant doit pouvoir supporter la charge d'utilisation totale prévue.*	*L'épaisseur est directement liée aux performances désirées (R). Les épaisseurs recommandées varient selon les régions.*	*Lors de la mise en œuvre, il faut apporter un soin particulier au traitement des ponts thermiques.*
Laines de roche compressées	🙂🙂🙂🙂 Matériaux qui ont fait leurs preuves notamment sous plancher.	🙂🙂🙂🙂 Même compressées, elles gardent une élasticité effective qui les rend très efficaces.	☹☹ Leur utilisation nécessite des précautions pour éviter les remontées d'humidité.	🙂🙂🙂🙂 Bien classées contre le feu, elles ont ininflammables.	😐😐😐 Matériaux traditionnels, utilisés notamment sous les planchers. Un treillis d'armature sera posé sous la chape.	🙂🙂🙂🙂 H1 = 60 mm H2 = 50 mm H3 = 40 mm	🙂🙂🙂🙂 Leur élasticité longitudinale facilite le contact « forcé » entre les panneaux et la périphérie de la pièce.
Polystyrène expansé	😐😐😐 Il est très intéressant si la place disponible en épaisseur est suffisante.	😐😐😐 Peu élastique, en contact direct avec le plancher il peut transmettre les résonances.	🙂🙂🙂🙂🙂 Hydrofuge. Il ne craint pas les remontées d'humidité.	☹☹ Il ne résiste pas au feu. Sous une dalle, les risques sont limités.	Il résiste très bien à la compression sous une dalle qui répartit uniformément la charge.	😐😐😐 H1 = 60 mm H2 = 50 mm H3 = 40 mm	🙂🙂🙂🙂 Un soin particulier doit être apporté dans la réalisation des jonctions. Matériaux légers et faciles à manipuler.
Polyuréthanne Polystyrène extrudé	🙂🙂🙂🙂🙂 À performance égale, ils permettent un gain de place en épaisseur.	😐😐😐 Peu élastique, en contact direct avec le plancher, ils peuvent transmettre les résonances.	🙂🙂🙂🙂🙂 Hydrofuge. Ils ne craignent pas les remontées d'humidité.	☹☹ Même ignifugés, ils résistent mal au feu. Risques limités en pose sous dalle.	🙂🙂🙂🙂🙂 Sont résistants à la compression.	🙂🙂🙂🙂🙂 H1 = 30 à 40 mm H2 = 30 mm H3 = 20 à 30 mm	🙂🙂🙂🙂 Un soin particulier doit être apporté dans la réalisation des jonctions. Matériaux légers et faciles à manipuler.
Complexes des sols	🙂🙂🙂🙂🙂 Performants. Ils sont composants de planchers associés à d'autres matériaux.	🙂🙂🙂🙂 Leurs structures en sandwich sont prévues pour absorber les vibrations.	🙂🙂🙂🙂 Performants s'ils sont associés à des matériaux synthétiques. Performance moindre avec des laines minérales.	😐😐😐 Très bien classées associées à des laines minérales ; moins bien avec des matériaux synthétiques.	🙂🙂🙂🙂🙂 Performants et parfaitement adaptés à la solidité du plancher intégré.	🙂🙂🙂🙂🙂 Les épaisseurs étant variables selon les modèles, il faut vérifier le classement R de chaque produit.	🙂🙂🙂🙂🙂 Leur pose assure la réalisation du plancher et de l'isolation.
Granulats	🙂🙂🙂🙂 Ils sont intéressants s'il y a une contrainte de charge grâce à leur légèreté et leur incompressibilité.	🙂🙂🙂🙂 Performants en vrac. Incorporés dans le béton, ils le rendent moins résonnant.	😐😐😐 En vrac, attention aux remontées d'humidité. Il sont protégés quand ils sont coulés dans le béton.	🙂🙂🙂🙂🙂 Ininflammables et incombustble	🙂🙂🙂🙂 En vrac ; ils doivent être vibrés après leur répartition. Incompressibles dans le béton	🙂🙂🙂🙂 Variables d'un produit à l'autre, il faut suivre les recommandations des fabricants.	🙂🙂🙂🙂 Répartition selon l'épaisseur désirée.

3.4.2 APPLICATIONS

Le confort thermique et acoustique nécessitent l'incorporation de matériaux isolants dans les constructions.
Ils seront posés en isolation des sols, des plafonds, des murs et des toitures.

PLAFONDS SUSPENDUS

Isolation phonique

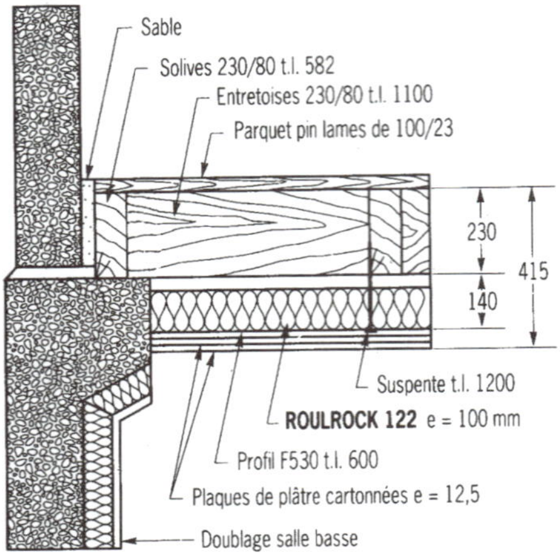

Sous plancher bois

Isolation phonique

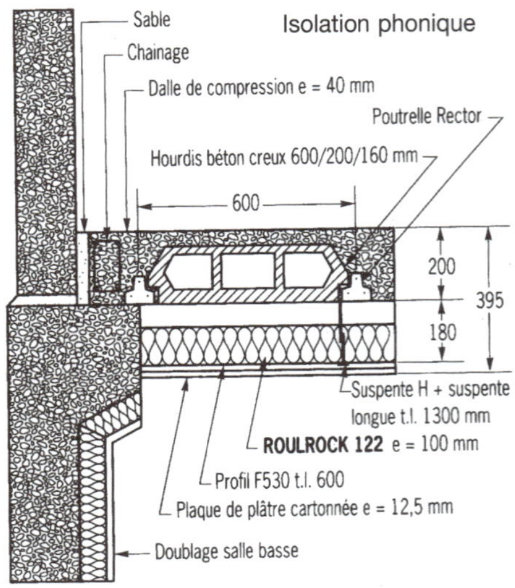

Sous plancher hourdis béton

COMBLES PERDUS

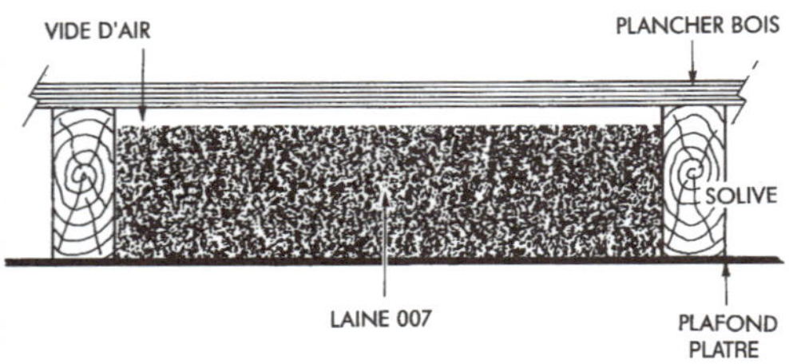

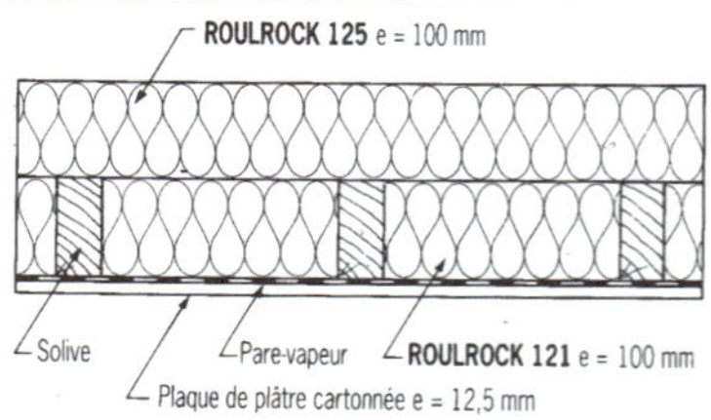

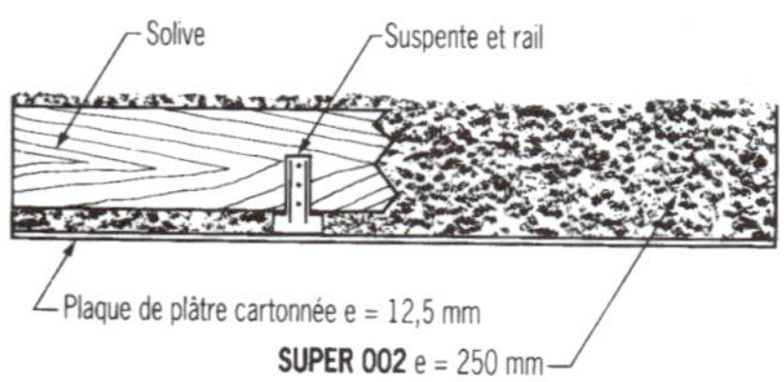

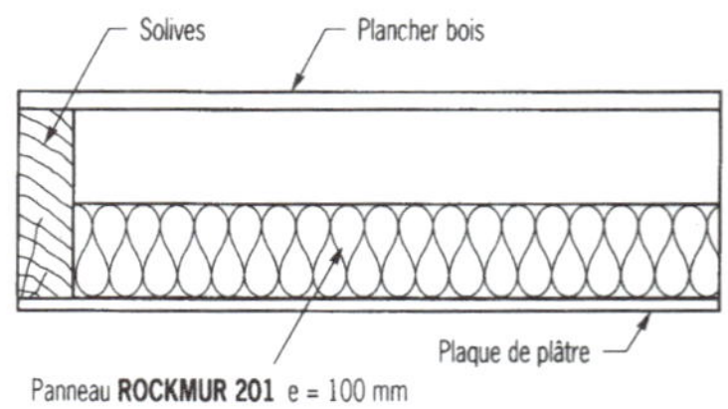

COMBLES AMÉNAGÉS

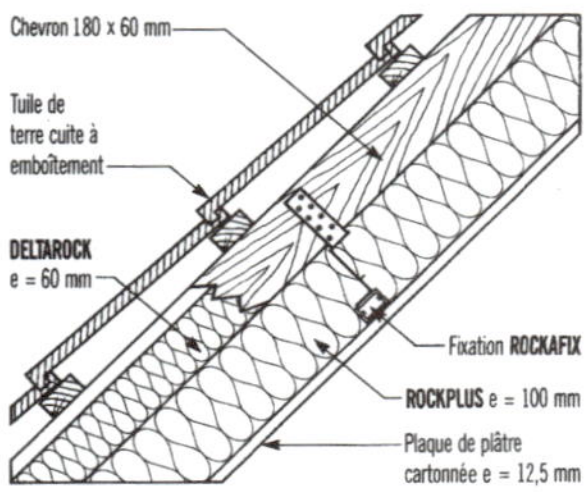

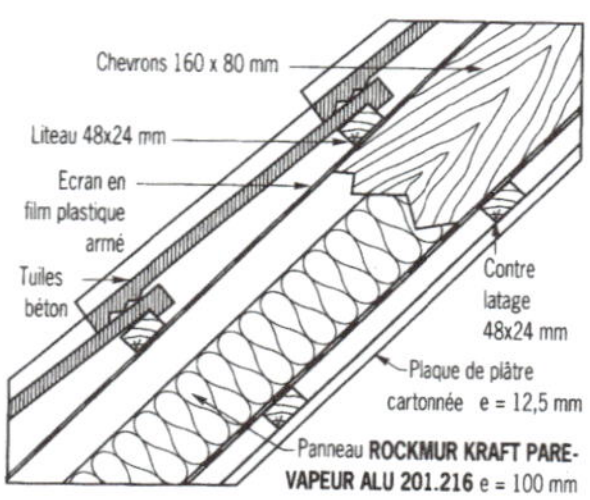

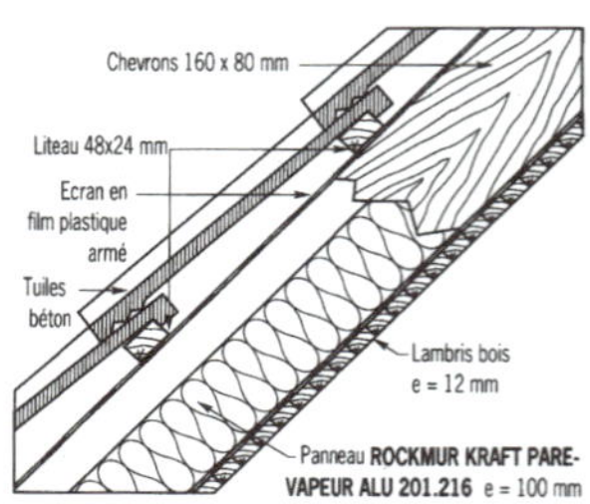

DOC ROCKWOOL

COMBLES AMÉNAGÉS (suite)

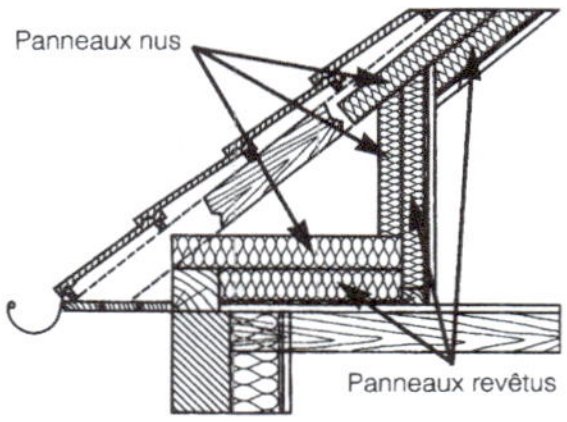

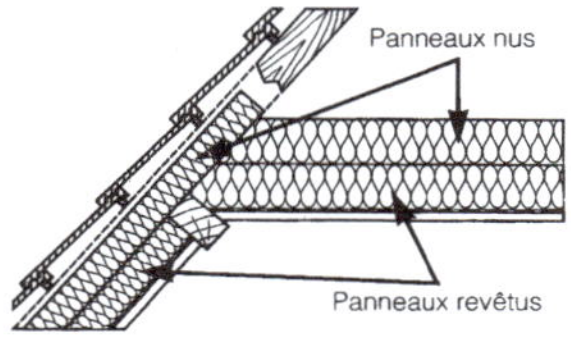

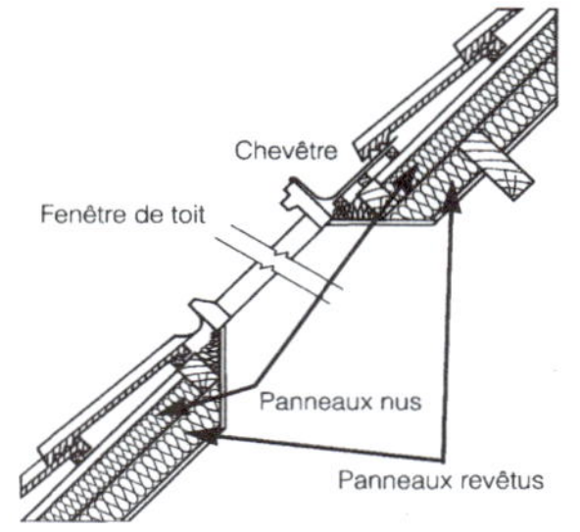

MURS

■ ISOLATION INTÉRIEURE

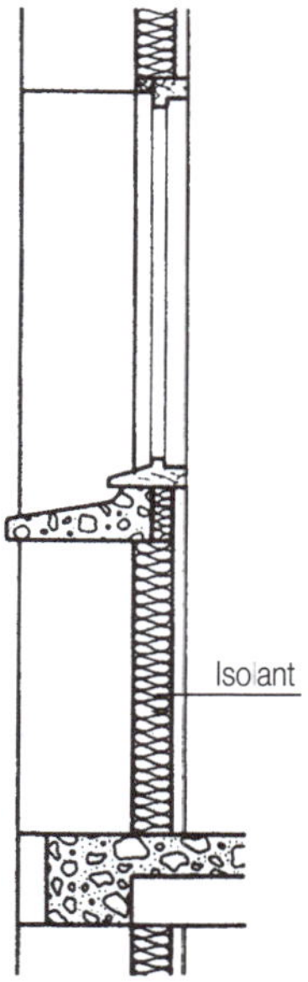

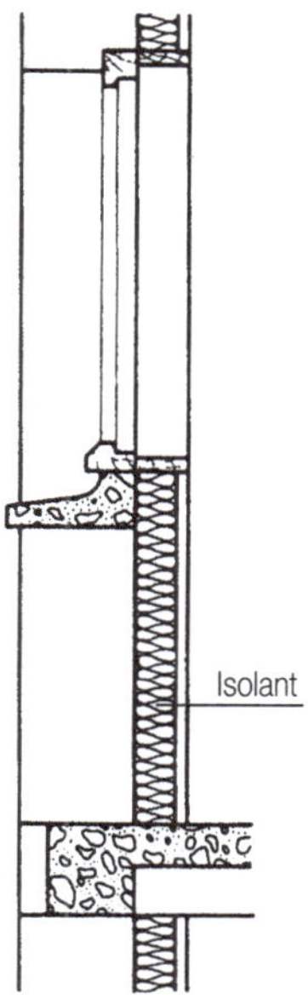

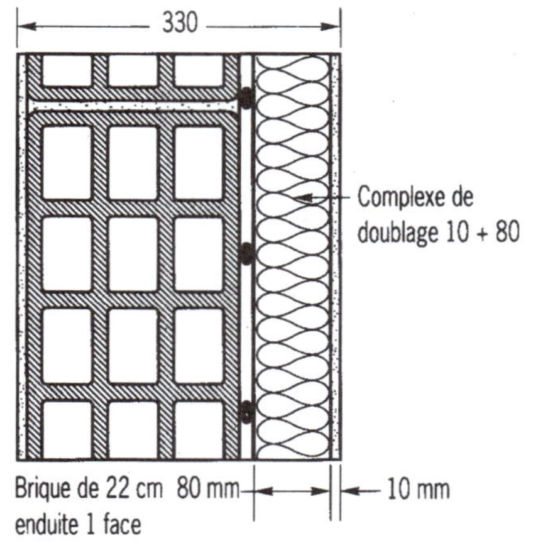

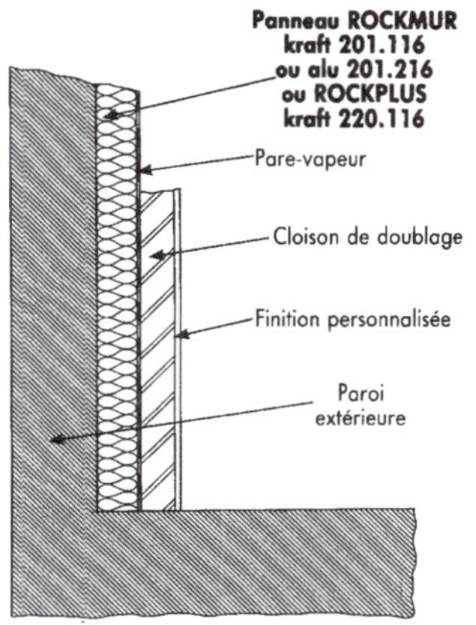

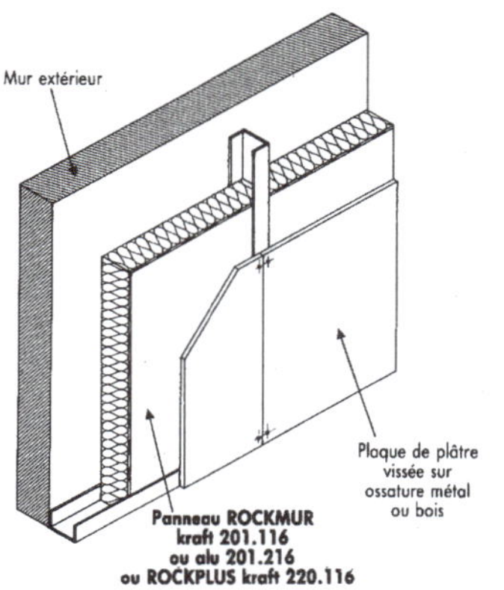

MURS (suite)

■ ISOLATION EXTÉRIEURE

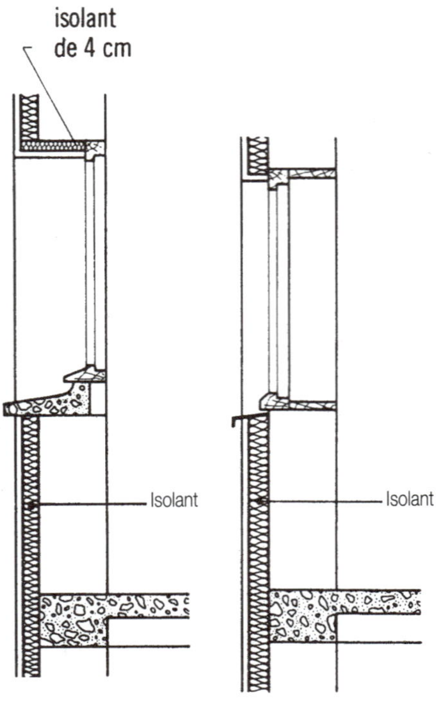

■ ISOLATION SUR STRUCTURE BOIS

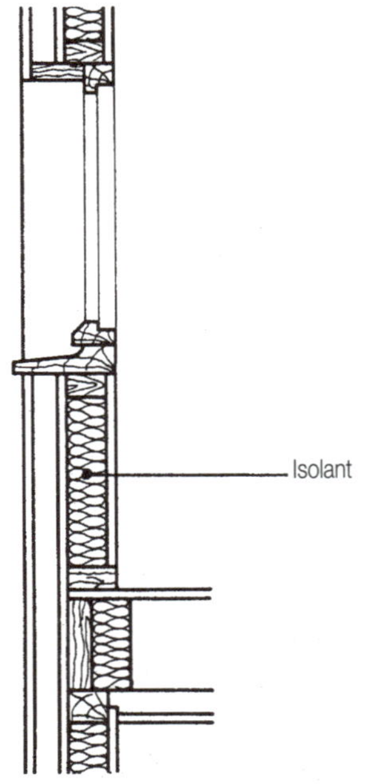

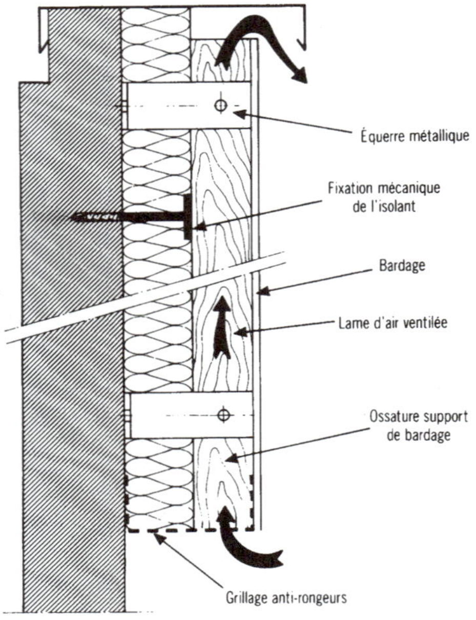

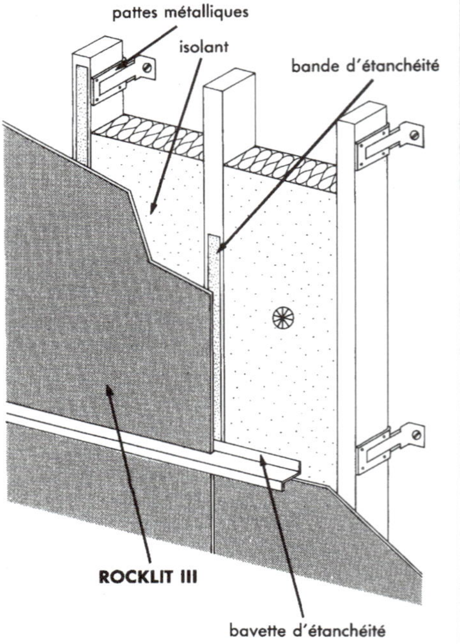

DOC ROCKWOOL

3.5 PRODUITS D'ÉTANCHÉITÉ ET DE CALFEUTREMENT

La recherche des performances d'isolation dans le bâtiment passe par l'incorporation de joints dans les menuiseries.

3.5.1 JOINTS POUR MENUISERIES NEUVES

JOINTS INTERCHAN-GEABLES

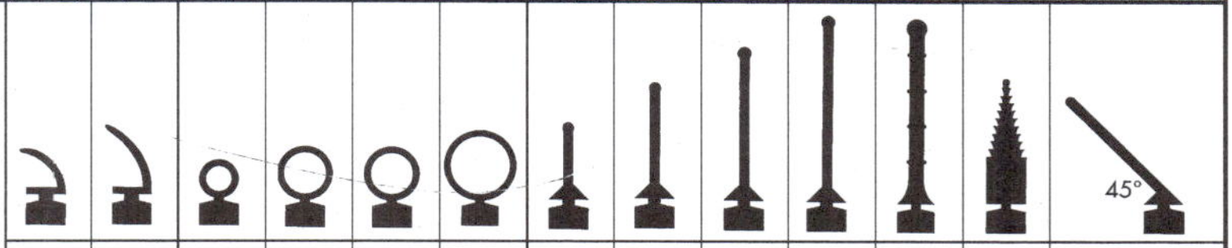

	LNS	LND	TP 5	TP 7	TN 7	TN 10	MN 10	MN 15	MN 20	MN 30	ME 30	MN 18	MI 20
Caoutchouc thermoplast.	LNS	LND	TP 5	TP 7	TN 7	TN 10	MN 10	MN 15	MN 20	MN 30	ME 30	MN 18	MI 20
Caoutchouc coupe-feu M1	LNS M 1	LND M 1			TN 7 M 1				MN 20 M 1				
Caoutchouc antipeinture		LND PR					MN 10 PR						

- **Caoutchouc thermoplastique**
Caoutchouc nouvelle formule caractérisé par d'exceptionnelles propriétés de souplesse et de longévité dans le temps.
- **Caoutchouc coupe-feu M1**
Caoutchouc vulcanisé « Polychloroprène » ignifugé dans la masse, bénéficiant de plusieurs procès-verbaux officialisant ses caractéristiques coupe-feu M1.
- **Caoutchouc antipeinture**
Caoutchouc vulcanisé « EPDM » protégé par une peau pelable antipeinture.

■ POSE AVEC SUPPORT EN INOX

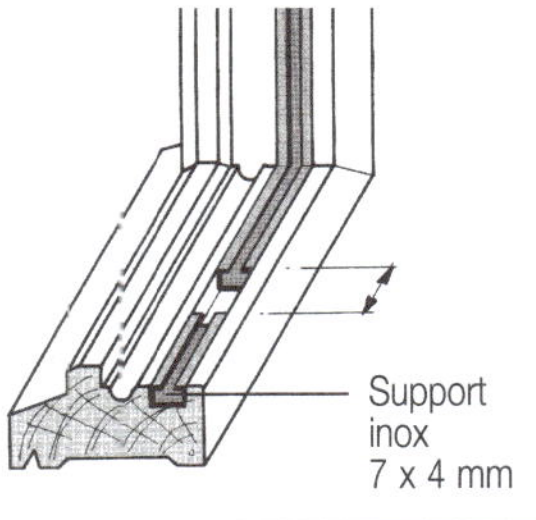

■ POSE DU JOINT

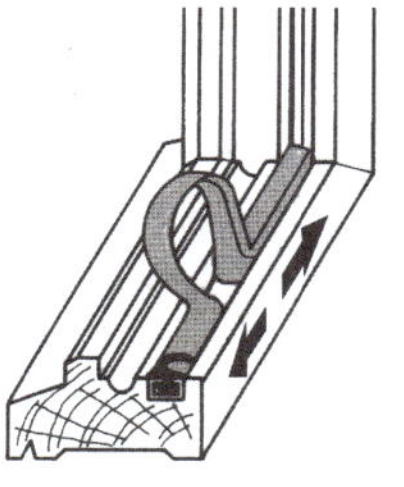

■ BLOC PORTE

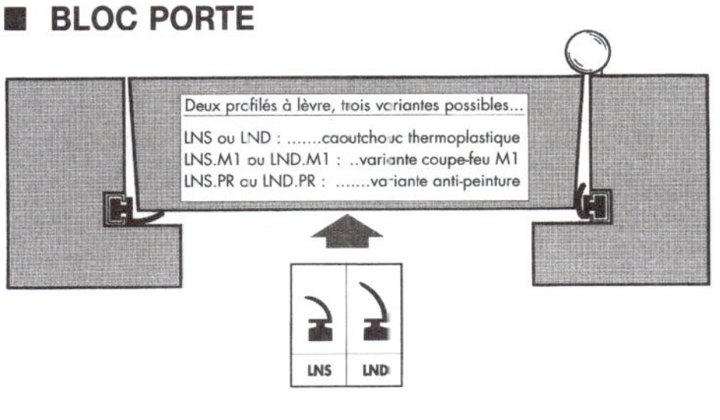

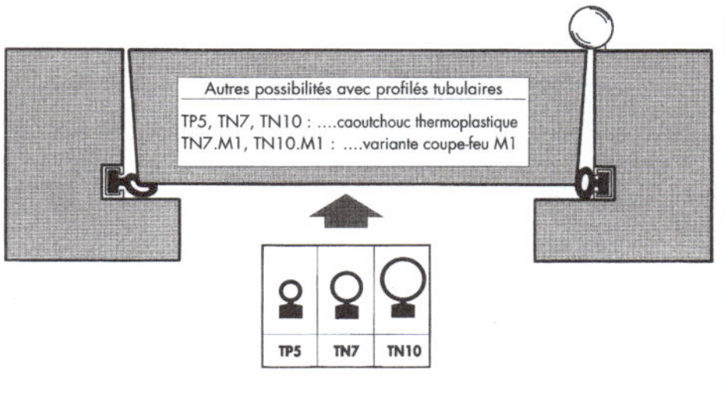

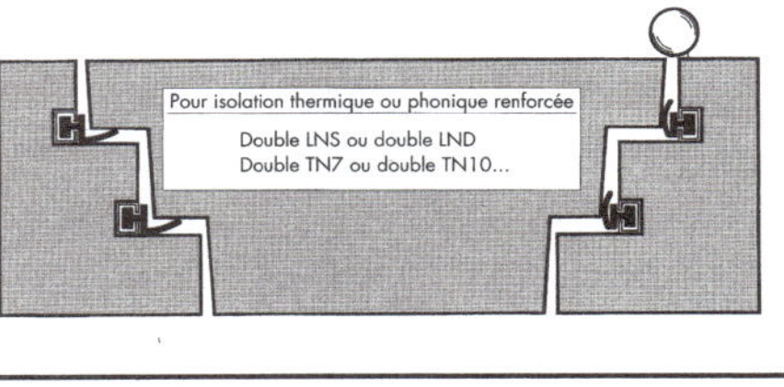

JOINTS INTERCHANGEABLES (suite)

■ BAS DE PORTE

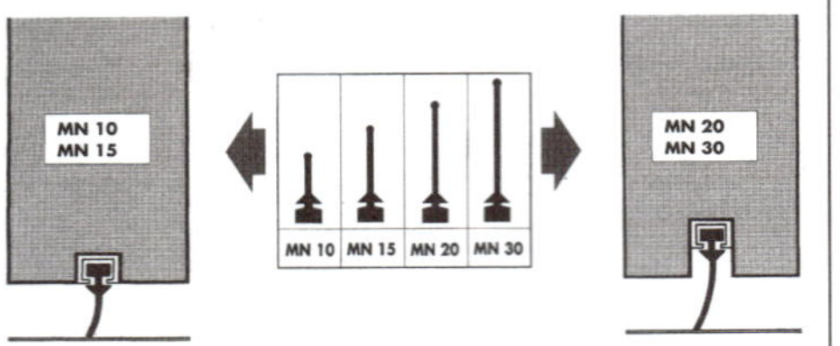

■ CROISÉE – CHÂSSIS

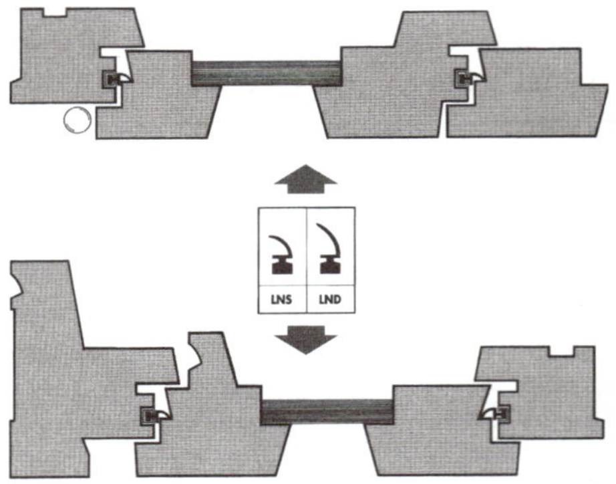

DOC DUAL

JOINTS À « QUEUE DE SAPIN »

- Ces joints sans supports dits à « queue de sapin » pour rainures de 4 mm sont disponibles en deux matières distinctes, à savoir PVC souple et caoutchouc thermoplastique.
- Certains de ces joints peuvent toutefois être pourvus d'une double dureté (lèvre souple et pied rigide), d'une protection pelable anti peinture, voire d'un fil de verre évitant l'allongement du joint à la pose ; ces joints entrent alors dans la catégorie des joints dits « évolués ».
- Il est à noter enfin que certains de ces joints existent aussi en mélange de caoutchouc coupe-feu M2.

Queue de sapin
4 mm x 6 mm

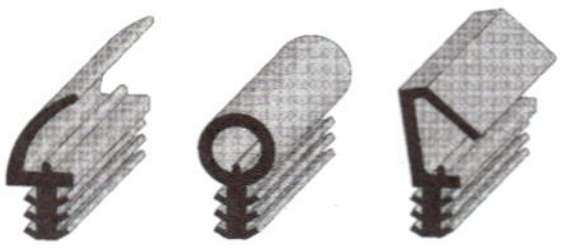

PVC souple

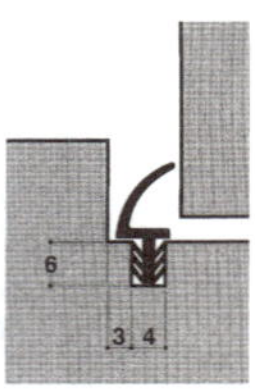

- désignation : joint à lèvre
- référence : LP1
- rainure : 4 × 6 mm

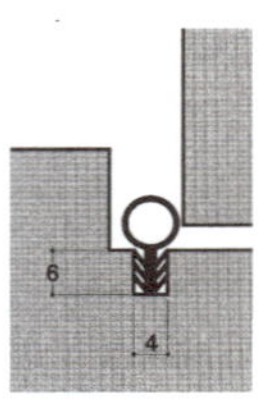

- désignation : joint à tube
- référence : TP1
- rainure : 4 × 6 mm

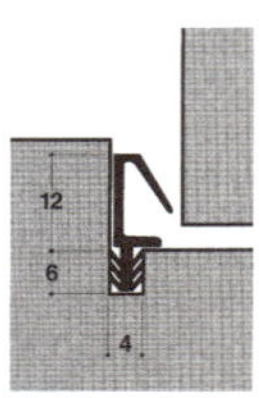

- désignation : joint d'ouvrant
- référence : OP1
- rainure : 4 × 6 mm

Caoutchouc thermoplastique

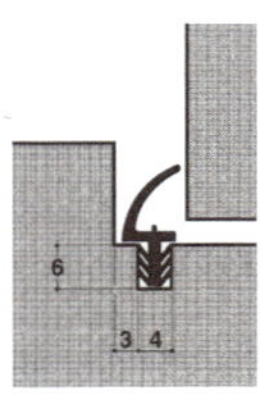

- désignation : joint à lèvre
- référence : LC1
- rainure : 4 × 6 mm

Nota : ce profil existe également avec un départ de lèvre important LC2.

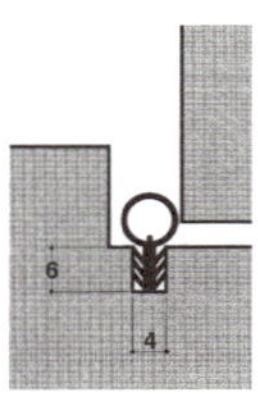

- désignation : joint à tube
- référence : TC1
- rainure : 4 × 6 mm

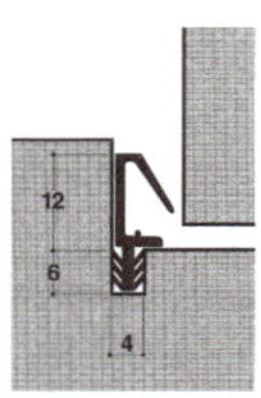

- désignation : joint d'ouvrant
- référence : OC1
- rainure : 4 × 6 mm

PVC avec pied à double dureté plus protection pelable antipeinture

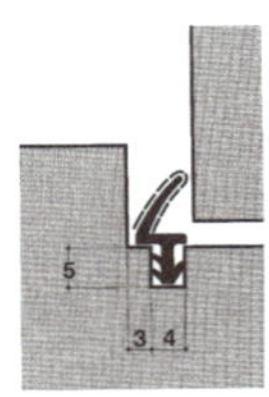

- désignation : joint à lèvre
- référence : LP1 PR DD
- rainure : 4 × 6 mm

Nota : ce profil existe également pour rainure de 3 mm LP2 PR DD.

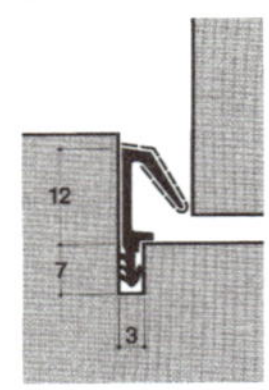

- désignation : joint d'ouvrant
- référence : OP1 PR DD
- rainure : 3 × 7 mm

Nota : ce profil existe exclusivement en rainure de 3 mm

Caoutchouc avec pied non étirable plus protection pelable antipeinture

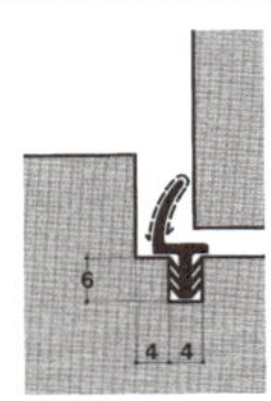

- désignation : joint à lèvre
- référence : LC1 PR FV
- rainure : 4 × 6 mm

Nota : ce profil existe également avec un dépot de lèvre important LC2 PR FV.

3.5.2 JOINTS POUR MENUISERIES RÉNOVÉES

JOINTS INTERCHANGEABLES

Un support aluminium de type A ou de type B fixé en applique contre l'huisserie. Le support de type A est caractérisé par une patte de fixation parallèle à l'axe vertical du profil caoutchouc, alors que le support de type B possède, lui, une patte de fixation perpendiculaire à cet axe ; les cotes hors tout de ces supports sont 12,4 × 7,8 mm pour le profil A et 16,0 × 4,8 mm pour le profil B.

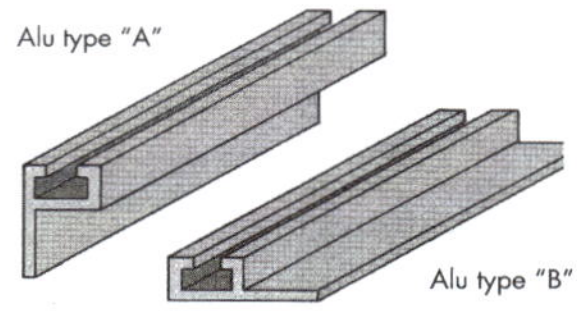

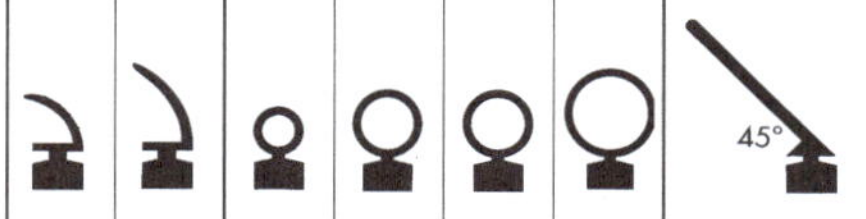

Caoutchouc thermoplast.	LNS	LND	TP 5	TP 7	TN 7	TN 10	MI 20
Caoutchouc coupe-feu M1	LNS M 1	LND M 1			TN 7 M 1		
Caoutchouc antipeinture		LND PR					

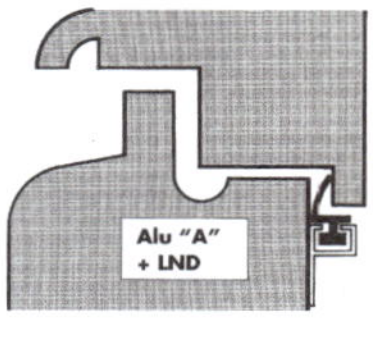

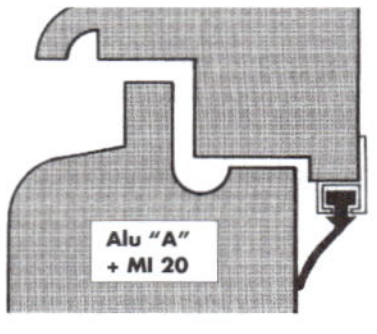

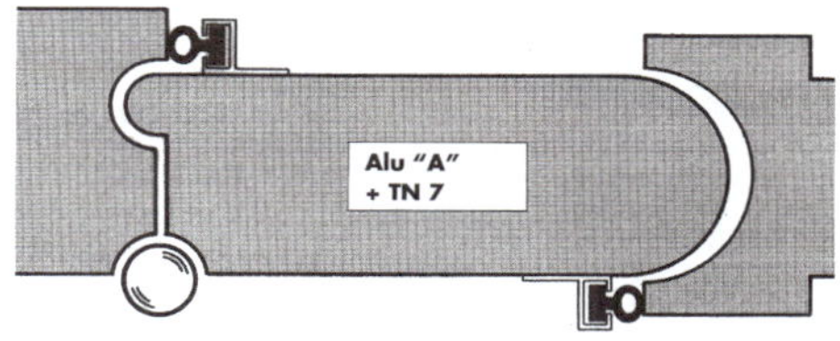

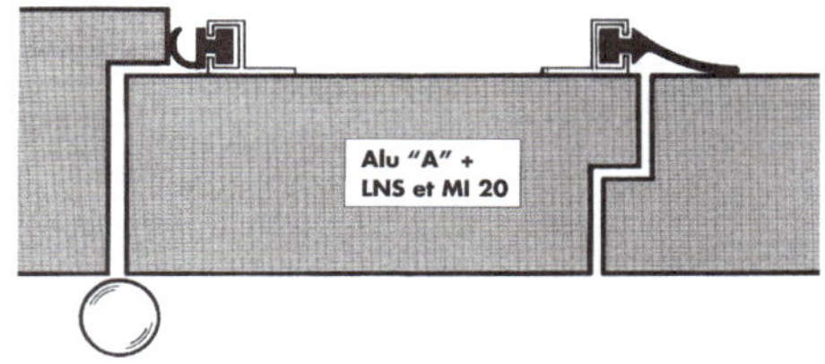

- **Instructions de pose**

Cette gamme complète de rénovation a été élaborée de façon à obtenir une étanchéité durable dans le temps sans toutefois nécessiter de « tour de main » particulier pour sa mise en œuvre, ni de préparation préalable des huisseries.

La fixation des supports s'effectue ainsi d'une façon simple, c'est-à-dire, à l'aide de vis, de pointes ou d'agrafes sur huisseries bois, de vis Parker ou de rivets Pop sur huisseries acier.

Pour les chantiers délicats sur huisseries acier, il sera cette fois possible d'utiliser un adhésif double face qui maintiendra le support à sa place durant toute la phase de perçage, puis de fixation.

JOINTS À « QUEUE D'ANCRE »

Ces joints de rénovation sont en silicone.

En effet cette matière accepte des écarts de température extrêmes (de – 60 ° à + 200 °) sans subir d'altération des ses qualités.

En rénovation, la souplesse de ces joints permettra d'étancher des ouvrants présentant des jeux très faibles en haut et très importants en bas.

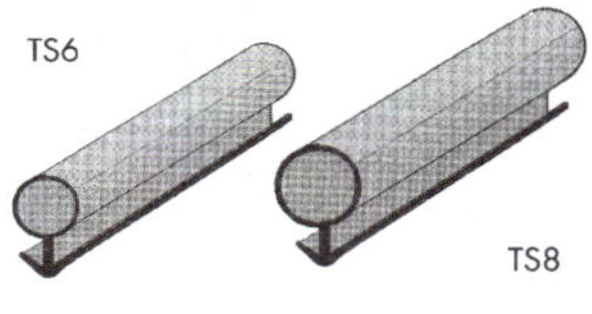

JOINTS À « QUEUE D'ANCRE » (suite)

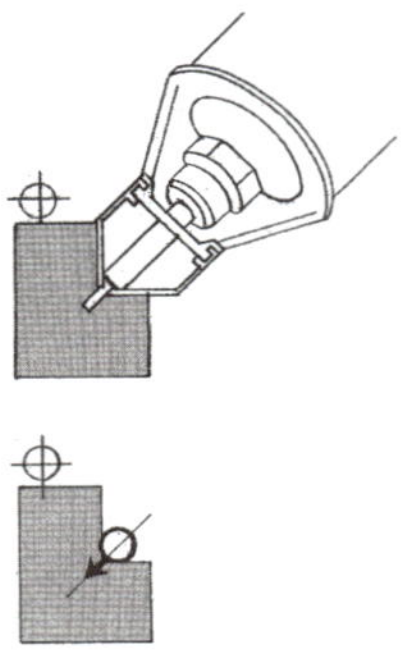

Guide à 90° : rainurage en fond de feuillure

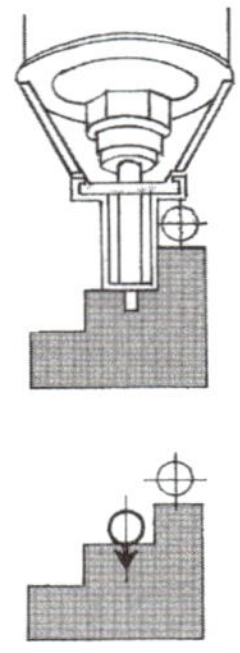

Guide droit : rainurage à plat

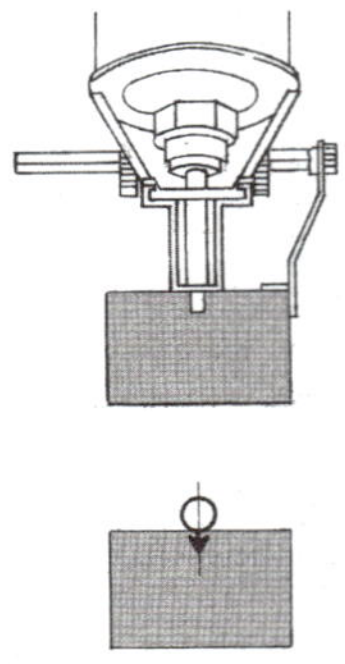

Guide droit + guide parallèle : rainurage sur surfaces planes.

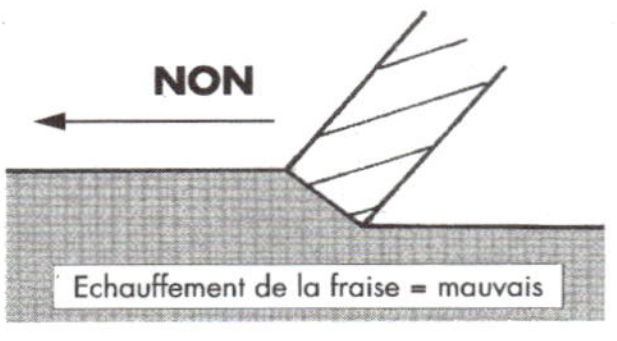

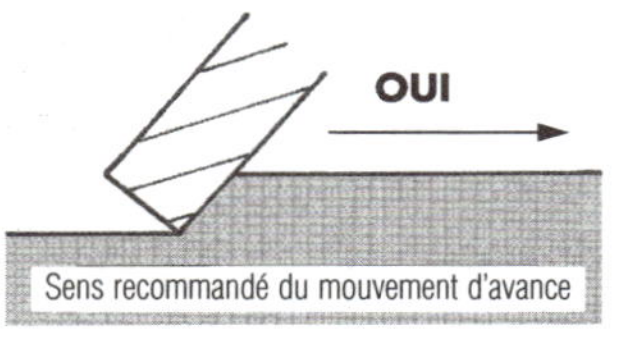

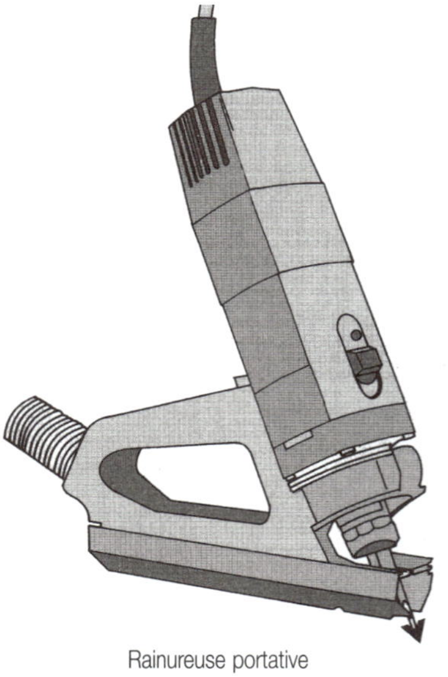

Rainureuse portative

JOINTS À LÈVRE SUR SUPPORT

Joint à lèvre à semelle rigide auto-adhésive logé sur un support en aluminium à clouer ou à poser sur l'huisserie

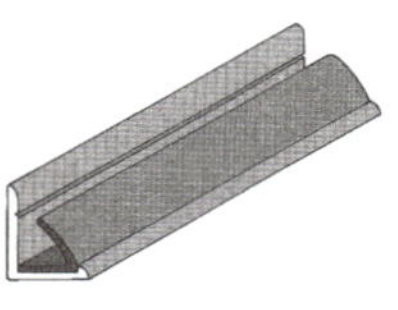

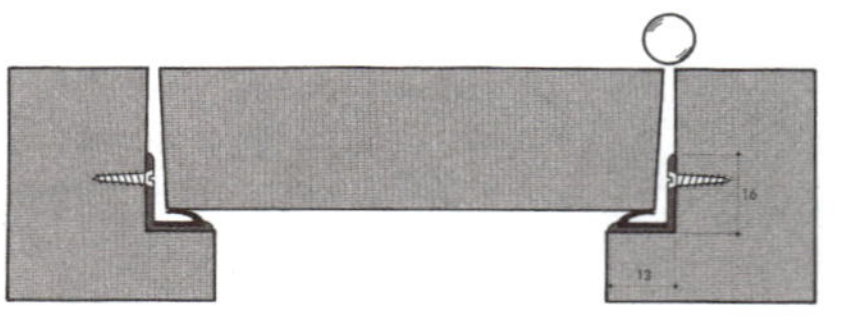

JOINTS POUR PORTES BATTANTES VA-ET-VIENT

Ces joints d'isolation pour portes va-et-vient sont adaptables à toutes les portes battantes allant de 36 à 54 mm d'épaisseur ; fabriqués dans un caoutchouc noir d'aspect lisse et brillant, ceux-ci viennent se loger dans un support en aluminium anodisé couleur gris argent appelé « Support alu ».

PORTE DE 40 mm					
épaisseur de la porte	36	38	40	42	44
distance entre battants	47	46	45	44	41

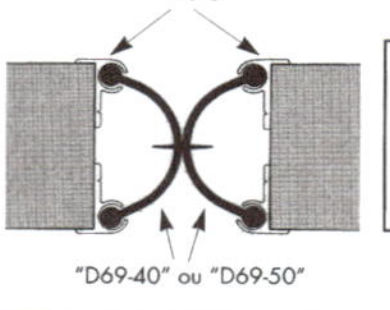

PORTE DE 50 mm					
épaisseur de la porte	46	48	50	52	54
distance entre battants	56	55	53	51	49

3.5.3 MISE EN ŒUVRE D'UN JOINT

CONSEILS DE MISE EN ŒUVRE

- Le positionnement du joint dans le profil est important car il est la garantie d'un bon contact. Les fabricants d'outils de profilage ont étudié le positionnement optimal des joints.
- Les joints doivent être posés sur un même plan en évitant tout décalage.
- Il est important d'avoir une bonne compatibilité entre les profils des ouvrants et dormants avec celui du joint.
- Les joints doivent être protégés contre toutes les agressions dues à d'autres travaux (de finition par exemple).
- La flexion ou la compression du joint ne doit pas entraver la fermeture des menuiseries.
- La fixation du joint sera choisie de façon qu'il soit remplacé aisément.

EXEMPLES DE PROFILS AVEC INCORPORATION DE JOINTS

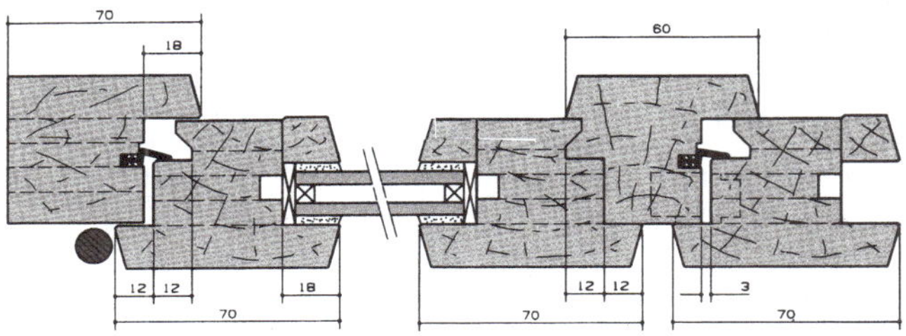

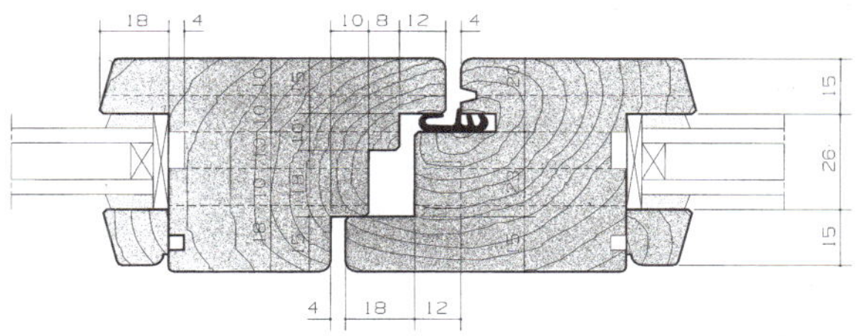

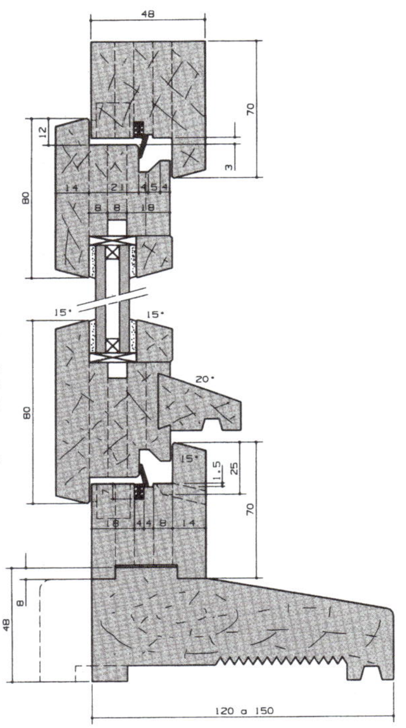

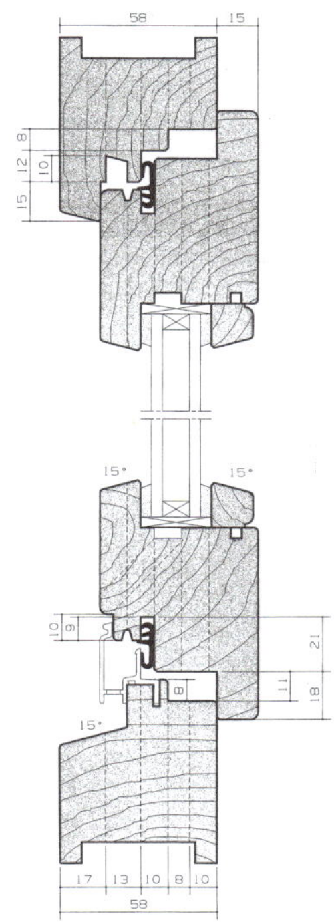

DOC PROFIL ELBE

3.5.4 JOINTS EN MOUSSE

Les bandes de mousse sont employées dans le bâtiment comme joints dans les liaisons :

- bois-bois
- bois-acier,
- bois-maçonnerie,
- maçonnerie-maçonnerie, etc.

DIFFÉRENTS TYPES DE BANDES EN MOUSSE

MOUSSES IMPRÉGNÉES		MOUSSES TECHNIQUES	
Description	**Emplois principaux**	**Description**	**Emplois principaux**
Imprégnation bitume	Etanchéité des joints de construction. Préfabrication. Menuiserie. Bardage. Toiture. Isolation thermique et phonique.	Mousse de chlorure de polyvinyle à cellules fermées	Protection contre le froid, les courants d'air et les poussières, les pénétrations d'eau, les bruits, etc. Joints de parties ouvrantes.
Imprégnation caoutchouc synthétique	Résistant aux solvants et peintures, elle reste souple par temps froid. Même utilisation que la mousse imprégnée bitume.	Mousse de polyuréthanne à fort pourcentage de cellules fermées	Etanchéité à l'air. Suppression des ponts thermiques et phoniques. Antivibratil. Compatible avec les mastics plastiques.
Imprégnation résine acrylique	Comprimée, assure l'étanchéité ou le calfeutrement à l'air. Fond de joint durable pour mastics souples.	Mousse de PVC	Etanchéité à l'eau et à l'air. Fonds de joints.
Rouleaux comprimés des trois types ci-dessus	Etanchéité des joints de construction. Joints entre panneaux ou élément déjà en place. Pose en cours de montage des éléments pour les joints d'une largeur égale ou supérieure à 10 mm	Joint souple intumescent Classé M1 (au contact de la chaleur se transforme en une masse réfractaire et spongieuse).	Feuillures de blocs portes coupe-feu. Pose de vitrage coupe-feu. Assemblage de cloisons.
Mousse souple de polyuréthanne classée M1	Fonds de joints. Isolation phonique et thermique		

EXEMPLES D'UTILISATION

■ ÉTANCHÉITÉ

Préfabrication lourde

Horizontalement

- Sous panneaux.
- Entre dalle et murs.
- Entre plaques de béton cellulaire.

Verticalement

- Etanchéité à l'eau et à l'air en arrière du vide de décompression.

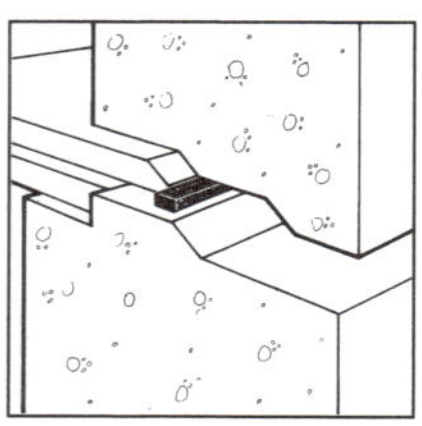

Préfabrication légère

- Entre ossature et murs.
- Panneaux sandwiches.
- Maisons à ossature bois.
- Entre éléments de bardage.

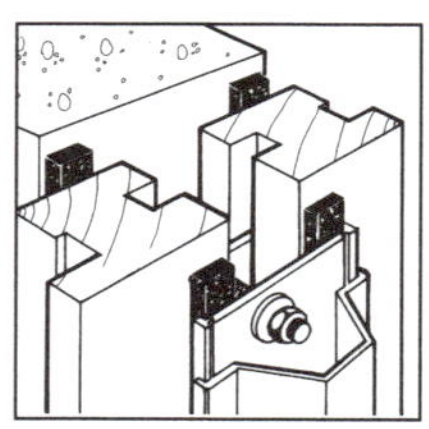

Menuiserie

- Sous appui en bois, alu, PVC.
- Verticalement en précadre sur béton préfabriqué ou banché.
- Sur mur dressé.
- Entre dormant et fausses tapées.

■ CALFEUTREMENT

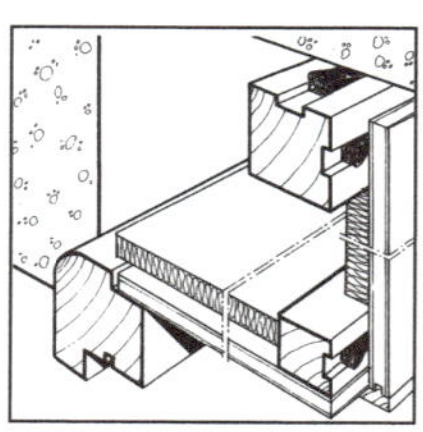

■ ISOLATION

DOC TRAMICO

4. QUINCAILLERIE

4.1 VIS

4.1.1 CARACTÉRISTIQUES MÉCANIQUES

VIS ET BOULONS

Classes de qualité des aciers

Les classes de qualité des vis en acier sont désignées par un symbole de 2 nombres séparés par un point.

Le premier correspond sensiblement au 10e de la résistance minimale à la rupture par traction (R min. en hectobars).

Le produit de ces 2 nombres indique approximativement la limite d'élasticité (E min. en hectobars).

La classe de qualité des écrous est symbolisée par un seul chiffre, correspondant au premier de la classe de la vis sur laquelle l'écrou est monté.

Classe		5.8	6.8	8.8	10.9	12.9
Résistance à la traction (hbar)	min.	49	58,8	78,4	98	117,6
	max.	68,6	78,4	98	117,6	137,2
Dureté Brinell HB	min.	160	190	250	320	385
	max.	250	250	320	380	435
Dureté Rockwell*	min.	77	88	18	27	34
	max.	97	102	31	38	44
Limite apparente d'élasticité (hbar)	min.	39,2	47	-	-	-
Limite conventionnelle d'élasticité (hbar)	min.	-	-	62,7	88,2	105,8
Résistance à la charge d'épreuve	-	35,6	42,8	57	77,6	93,1
Allongement pour 100 après rupture A	min.	10	8	12	9	8

*Dureté Rockwell HRB pour les classes 5.8 et 6.8, dureté Rockwell HRC pour les classes 8.8, 10.9 et 12.9.

4.1.2 LONGUEUR DES VIS À BOIS

TABLEAU GÉNÉRAL

Longueur nominale \ Diamètre nominal d	1,6	2	2,5	3	3,5	4	4,5	5	(5,5)	6	(7)	8	10	12	(14)	16	(18)	20
8	5	5	5															
10	6	6	6	6	6	6												
12		8	8	8	8	8												
16		10	10	10	10	10	10	10	10									
20		12	12	12	12	12	12	12	12	12								
25			15	15	15	15	15	15	15	15								
30				18	18	18	18	18	18	18	18	18						
35				21	21	21	21	21	21	21	21	21						
40				24	24	24	24	24	24	24	24	24	24					
45					27	27	27	27	27	27	27	27	27					
50						30	30	30	30	30	30	30	30	30				
60						36	36	36	36	36	36	36	36	36				
70								43	43	43	43	43	43	43				
80								47	47	47	47	47	47	47	47			
90								50	50	50	50	50	50	50	50	50		
100								53	53	53	53	53	53	53	53	53		
120										60		60	60	60	60	60		
140										67		67	67	67	67	67		
160													73	73	73	73		
180														80	80	80		
200															87	87	87	87

(Zone supérieure droite : longueurs non fabriquées ; zone inférieure gauche : longueurs non normalisées.)

L'emploi des dimensions entre parenthèses doit être évité autant que possible.

Les vis normalisées figurent entre les lignes de démarcation en trait plein. Les vis situées dans la zone colorée peuvent être filetées jusqu'à proximité de la tête, la longueur non filetée devant être au plus égale à 0,5 fois le pas.

DÉSIGNATION DES VIS À BOIS

Vis à bois **RS 8-50** **NF E 25-603**

- Terme « vis à bois » → Vis à bois
- Symbole de forme de la tête → RS
- Diamètre nominal → 8
- Longueur de la vis → 50
- Norme de référence → NF E 25-603

Nota : pour les vis à bois, il n'existe pas de classe de qualité, ni de grade, ni de type.

Nota : pour dimensions commercialisée voir chapitre quincaillerie.

4.1.3 VISSERIE COMMERCIALISÉE

VIS À BOIS

TÊTE RONDE

RS

NF E 25.606

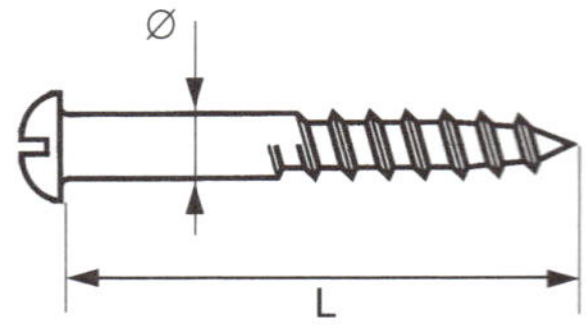

Ø \ L	8	10	12	16	20	25	30	35	40	45	50	60	70	80
2		●	●	●	●									
2,5		●	●	●	●	●								
3		●	●	●	●	●	●	●	●					
3,5			●	●	●	●	●	●	●					
4			●	●	●	●	●	●	●	●	●			
4,5				●	●	●	●	●	●	●	●	●		
5				●	●	●	●	●	●	●	●	●	●	●
6					●	●	●	●	●	●	●	●	●	●

TÊTE FRAISÉE PLATE

FS

NF E 25.604

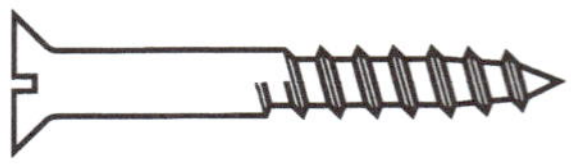

Ø \ L	8	10	12	16	20	25	30	35	40	45	50	55	60	70
2		●	●	●										
2,5		●	●	●	●									
3		●	●	●	●	●	●	●	●					
3,5			●	●	●	●	●	●	●					
4			●	●	●	●	●	●	●	●	●		●	
4,5					●	●	●	●	●	●	●		●	
5					●	●	●	●	●	●	●		●	●
6					●	●	●	●	●	●	●		●	●

TÊTE FRAISÉE BOMBÉE

FBS

NF E 25.605

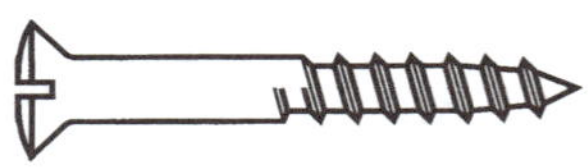

Ø \ L	12	16	20	25	30	40	50	60
2,5	●	●						
3	●	●	●	●	●			
3,5		●	●	●	●			
4			●	●	●	●	●	
5				●	●	●	●	●
6				●	●	●	●	●

TÊTE CARRÉE (TIRE FOND)

Q

NF E 25.608

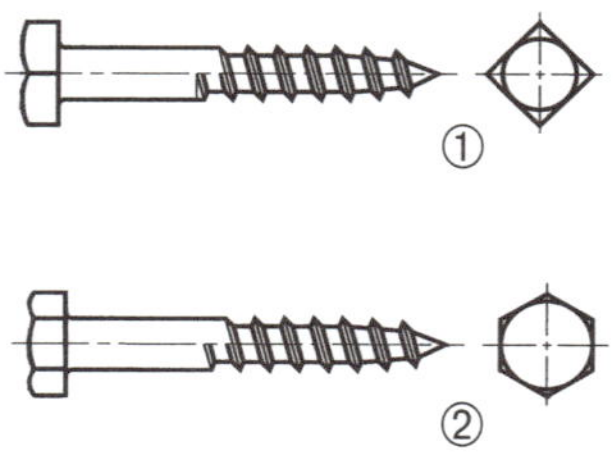

Ø \ L	25	30	35	40	45	50	60	70	80	90	100	110	120	130	140
5	●	●	●	●											
6	●	[●]	●	[●]	●	[●]	[●]	[●]	[●]	●					
7		●	●	●	●	●	●	●	●						
8		●	●	[●]	●	[●]	[●]	[●]	[●]	[●]	[●]		[●]		●
10				●		●	[●]	[●]	[●]	[●]	[●]		[●]	●	●
12						●	●	●	●	●	●		●		●
14															

● Tête carré ①

□ Tête hexagonale ②

TÊTE FRAISÉE

FZ

NF E 25.601

TÊTE RONDE

RZ

NF E 25.603

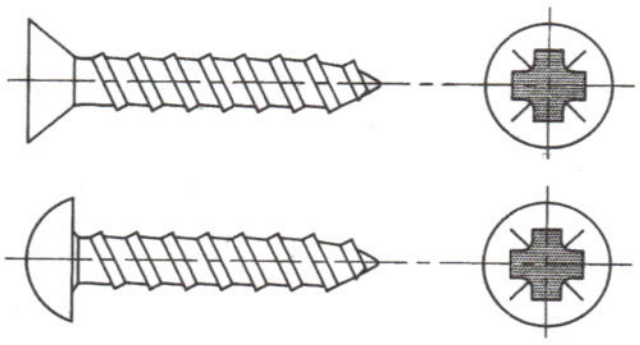

Ø \ L	10	13	16	20	25	30	35	40	45	50	60	70	80
2,5	●	●	●										
3	□	●	[●]	[●]	[●]	[●]	●						
3,5			[●]	[●]	[●]	[●]	[●]	●					
4				[●]	[●]	[●]	[●]	[●]	●	[●]	●	●	
4,5					[●]	[●]	[●]	[●]	●	[●]	●	●	
5						[●]	[●]	[●]	●	[●]	[●]	[●]	[●]
6						[●]	[●]	[●]	●	[●]	[●]	[●]	[●]

● Tête fraisée « Pozidriv »

□ Tête ronde « Pozidriv »

Matière: acier inoxydable

DOC DESCOURS ET CABAUD

VIS POUR BOIS AGGLOMÉRÉ

TÊTE FRAISÉE POZIDRIV (1)

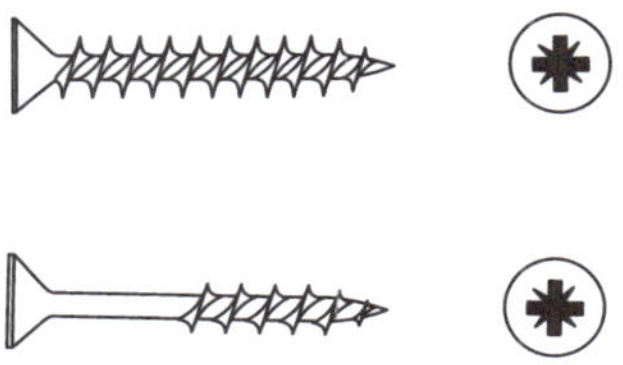

Ø \ L	10	13	16	20	25	30	35	40	45	50	60	70	80
2,5	●	●	●	●									
3	●	●	●	●	●	●	●	●					
3,5		●	●	●	●	●	●	●	●	●			
4			●	●	●	●	●	● □	● □	● □	□	□	
4,5			●	●	●	●	●	● □	● □	● □	□	□	□
5			●	●	●	●	●	●	●	● □	● □	● □	● □
6					●	●	●	●	●	●	●	●	●

● Vis complètement filetée

□ Vis partiellement filetée

Matière: acier zingué bichromaté

TÊTE CYLINDRIQUE BOMBÉE POZIDRIV (1)

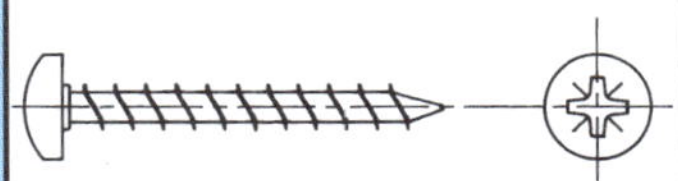

Ø \ L	13	16	20	25	30	35	40	45	50	60	70	80
3	●	●	●	●	●							
3,5	●	●	●	●	●	●	●					
4		●	●	●	●	●	●	●	●			
4,5			●	●	●	●	●	●	●	●	●	●
5							●	●	●	●	●	●
6							●	●	●	●	●	●

Matière: acier zingué bichromaté

1 – Existe également avec empreinte à fente

TÊTE FRAISÉE CRANTÉE TORX

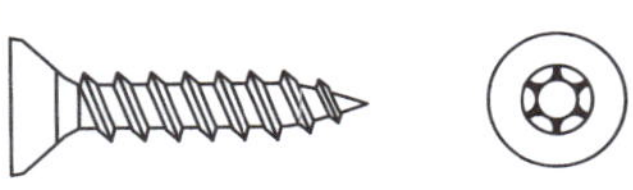

TÊTE RONDE CRANTÉE TORX

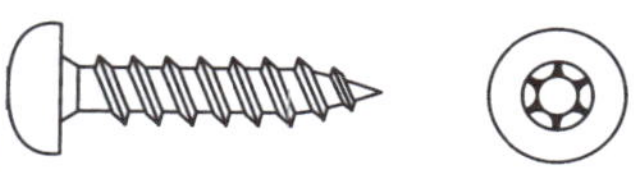

Ø \ L	13	16	20	25	30	35	40	45	50	60	70	80
3	●	●	●	●	●							
3,5	●	●	●	●	●	●	●					
4		●	●	●	●	●	●	●	●			
4,5			●	●	●	●	●	●	●	●	●	●
5							●	●	●	●	●	●
6							●	●	●	●	●	●

Matière: acier zingué bichromaté

TÊTE FRAISÉE CRANTÉE TORX

Ø \ L	13	15	17	20	25	30	35	40	45	50	60	70
3	●	●	●	●	●	●						
3,5	●	●	●	●	●	●	●					
4		●	●	●	●	●	●	●				
4,5				●	●	●	●	●	●	●		
5				●	●	●	●	●	●	●		
6						●	●	●	●	●	●	●

Matière: acier zingué bichromaté

TÊTE RONDE LARGE TORX

Ø \ L	20	25	30	35	40	45	50
6	●	●	●	●	●	●	●
7			●		●		●

Matière : acier zingué

Remarque : les caractéristiques dimensionnelles peuvent varier légèrement suivant les fabricants.

VIS POUR MENUISERIE P.V.C.

■ **AUTOPERCEUSE À POINTE FILETÉE, POUR PROFIL PVC SEUL**

Ø	Longueur	
4,2	de 13 - 16 - 20 - 22 - 25 - 30 - 35 - 45 - 55	zingué bichromaté
4,2	de 25 - 30 - 35	zingué bichromaté tête laquée blanche

■ **VIS INOX À POINTE FILETÉE, POUR FIXATION DE FERRURES TRAITÉES CONTRE LA CORROSION**

Ø	Longueur	
4,2	de 16 -25 - 35	acier inoxydable

■ **AUTOPERCEUSE À POINTE FORÊT, POUR FIXATION À TRAVERS LE PVC DANS LE RENFORT MÉTAL**

Ø	Longueur	
3,9	de 25 -32 - 38	zingué bichromaté

■ **AUTOFOREUSE À POINT FORÊT, POUR FIXATION DANS LE PVC DANS ET LE MÉTAL**

Ø	Longueur	
4,2	de 16 -19 - 22 - 25 - 27 - 30 - 45	zingué bichromaté

■ **AVEC POINTE FORÊT AUTOPERCEUSE**

Ø	Longueur	
3,9	de 16 et 19	zingué bichromaté

■ **AVEC POINTE FORÊT AUTOPERCEUSE, FIXATION DE RENFORT COMPORTANT DES PAROIS DE FAIBLE ÉPAISSEUR, TÊTE FRAISÉE NERVURÉE ASSURANT SA PÉNÉTRATION DANS LE PROFIL PVC**

Ø	Longueur	
3,9	de 16 et 19	zingué bichromaté

■ **VIS D'ASSEMBLAGE POUR CADRES DORMANT**

Ø	Longueur	
4,8	de 55 - 65 - 80 - 95	zingué bichromaté

■ **AUTOFOREUSE AVEC POINTE FORÊT ET FILETAGE POUR L'ANCRAGE DE FENÊTRES ET PORTES EN CAS DE RÉNOVATION (DORMANT BOIS EXISTANT)**

Ø	Longueur	
5,3	de 35 - 45 -55 - 65 -80 - 95	zingué bichromaté

DOC DESCOURS ET CABAUD

4.2 BOULONS

4.2.1 CRITÈRES DE CHOIX DES TÊTES DE VIS ET DES BOULONS NF E 25.031

L'entraînement permet la transmission d'un couple de forces à une tête de vis (ou à un écrou) au moyen de l'outil adéquat, afin de serrer un assemblage (vis d'assemblage) ou d'exercer une pression (vis de pression). Le principe d'entraînement est déterminant pour une bonne conception.

Modes d'entraînements		Symboles	Dégagement inutile autour de la tête de l'outil	Capacité de transmission de couple	Classe de qualité maximale théorique	Aptitude au montage automatisé	Longévité de l'outil de serrage	Aptitude au dévissage	Aptitude à recevoir un revêtement	Facilité de nettoyage (hygiène alimentaire)	Absence de risque de blessure	EXEMPLES D'UTILISATION
Entraînements externes	Hexagonal	H			12,9							Vis à métaux Vis à bois Vis à tôle Écrous Toute utilisation mécanique
Entraînements externes	Carré	Q			10,9							Vis à métaux Vis à bois Écrous Utilisation fréquente pour le matériel agricole, charpentes en bois...
Entraînements externes	Six lobes externes				12,9							Intéressant par son faible encombrement et sa capacité de transmission du couple (vis de bardage).
Entraînements internes (empreintes)	Six pans creux	HC			10,9							Vis à métaux Utilisation en construction mécanique (permet de noyer la tête de vis)
Entraînements internes (empreintes)	Six lobes internes	X			12,9							Vis à métaux Vis à tôle Remplace avantageusement la vis 6 pans creux Transmet les couples importants, engrènement aisé des outils de vissage automatique.
Entraînements internes (empreintes)	Cruciforme (dit « Pozdriv »)	Z			6,8							Vis à métaux Vis à bois Utilisé pour les vissages mécanisés, difficulté de dévissage (appareils ménagers, garnitures automobiles...).
Entraînements internes (empreintes)	Cruciforme (dit « Philips »)	H			5,8							Utilisation identique à l'empreinte Z Echappement de l'outil plus important que l'empreinte Z en montage mécanique ainsi que lors du dévissage.
Entraînements internes (empreintes)	Fente (tournevis)	S			4,8							Vis à métaux Vis à bois Vis à tôle Utilisation très répandue, en prévision d'un masticage ou d'une peinture.
Entraînements internes (empreintes)	Encoches				8,8							Ecrous Utilisé pour le montage des roulements avec rondelle frein.
Multi entraînements	Hexagonal fendu	HS			8,8							Vis à métaux Permet le montage automatique par l'empreinte et le dévissage par la fente.
Multi entraînements	Six pans creux fendu	HCS			8,8							
Multi entraînements	Cruciforme fendu ou six lobes fendu	ZS XS			8,8							

Légende : très bonne — bonne — moyenne — passable — nulle

4.2.2 BOULONS COMMERCIALISÉS

BOULONS TÊTE H

NF E 27.311

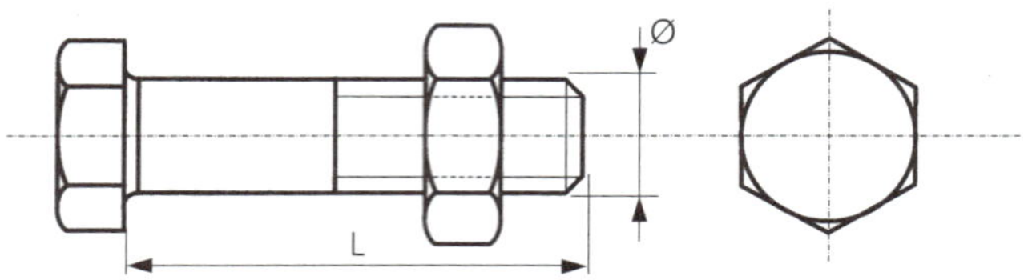

Matière :
acier qualité 6.8

Ø \ L	16	20	25	30	35	40	50	60	70	80	90	100	120	140	160
6	●	●	●	●	●	●	●	●	●						
8		●	●	●	●	●	●	●	●	●					
10		●	●	●	●	●	●	●	●	●	●	●	●	●	
12			●	●	●	●	●	●	●	●	●	●	●	●	
14				●	●	●	●	●	●	●	●	●	●		●
16				●	●	●	●	●	●	●	●	●	●	●	●
18						●	●	●	●	●	●	●	●	●	●
20						●	●	●	●	●	●	●	●	●	●

BOULONS TÊTE RONDE COLLET CARRÉ

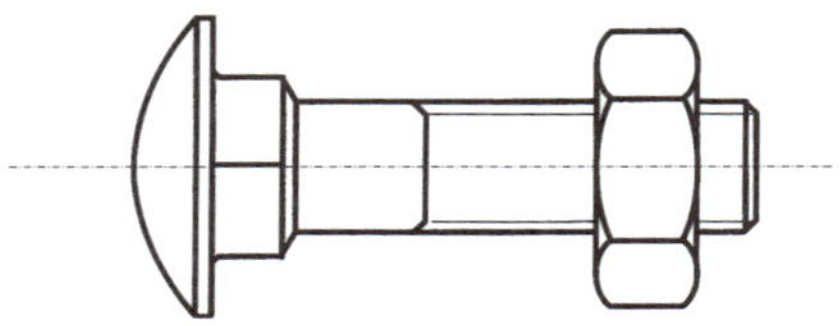

Matière :
acier qualité 6.8

Ø \ L	25	30	35	40	45	50	60	70	80	90	100	120	140	150	160	180	200	250	300
6	●	●	●	●□	●□	●□	●□	●□	●□	●	●								
7				●	●	●□	●□	●□	●□	●	●								
8				●		●□	●□	●□	●□	●	●□	●							
10		□		□			●□	●	●□	●	●□	□	□		□	□			
12							□	□	●□	●□	●□	●□	●□	□	●□	●□	●□	●□	●□
14											●				●		●		

● Acier qualité 6.8 □ Acier zingué

BOULONS DE CHARPENTE (TÊTE ET ÉCROU CARRÉS)

Ø \ L	250	300	350	400	500
14	●	●			
16	●	●	●	●	
18		●	●	●	
20	●	●	●		●

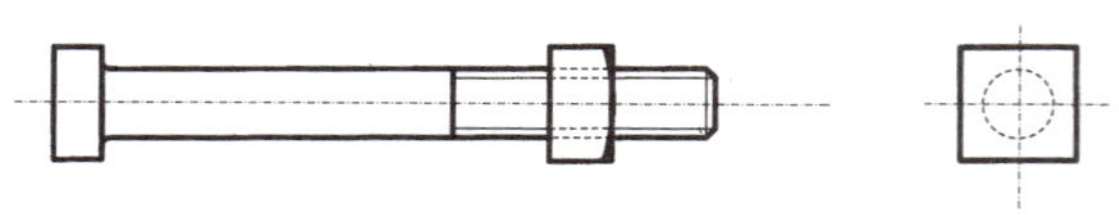

TIGES FILETÉES

Matière : acier brut, acier zingué, acier Inox, laiton

Ø	3	4	5	6	8	10	12	14	16	18	20	22	24	30
Pas	50	70	80	100	125	150	175	200	200	250	250	250	300	350

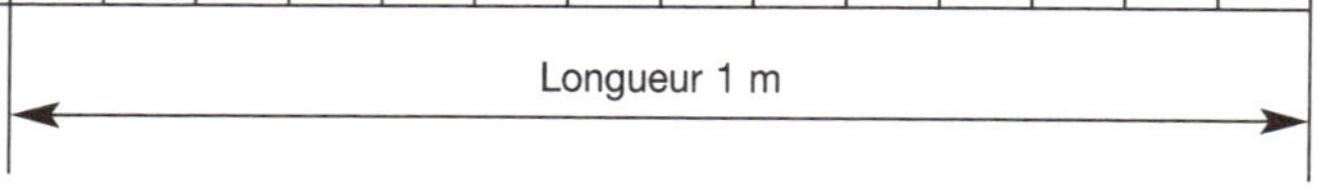

4.3 RONDELLES

RONDELLES D'APPUI

Les rondelles d'appui ont pour but :

- ***d'augmenter la surface d'appui des écrous, lorsque celle-ci est insuffisante;***
- ***d'éviter le frottement de l'écrou sur la pièce (détérioration de la surface de la pièce).***

La surface d'appui est généralement plane, elle peut être sphérique pour certains montages.
Ce type de rondelle est complété par des rondelles freins d'écrou.

■ RONDELLES PLATES NF E 27-611

NORELEM

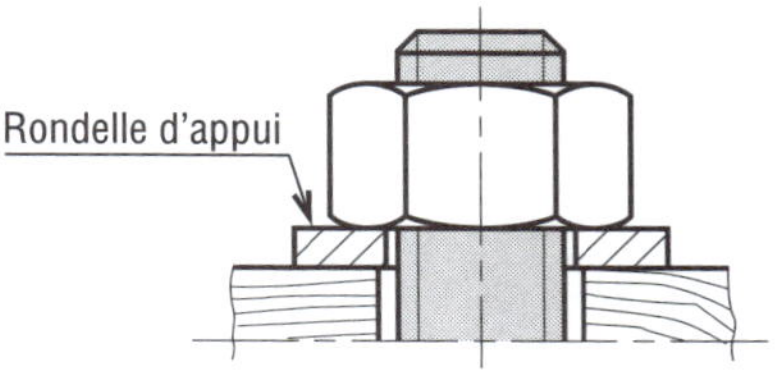

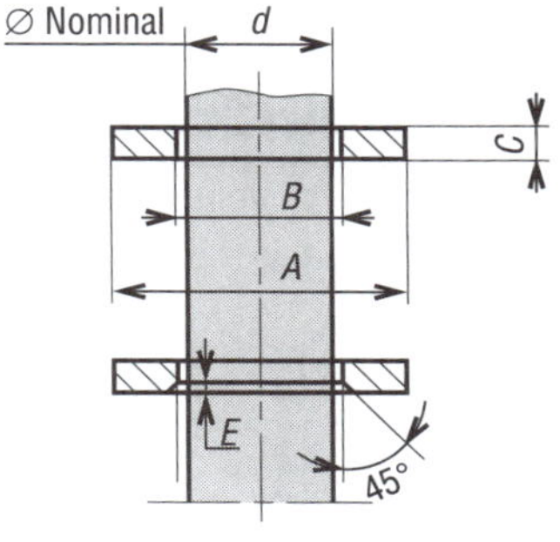

Matière :
10 F1 - Z6 CN - 18-09

Désignation :
Rondelle M16 U NF 27-611 (rondelle plate série moyenne, usinée pour vis de diamètre 16).

Qualité des rondelles plates

Série	Étroite	Moyenne	Large	Très large
Symbole	Z	M	L	LL
Etat de finition	U	U ou N	U ou N	N

CARACTÉRISTIQUES DIMENSIONNELLES

RONDELLE PRÉCISE U						d	RONDELLE BRUTE N				
E	C j13 si C ⩽ 3 J14 si C > 3	B H13	Aj 14 rondelle Z	Aj 14 rondelle M	Aj 14 rondelle L		A ± 2,5 % rondelle M	A ± 2,5 % rondelle L	A ± 2,5 % rondelle LL	B ± 2,5 %	C ± 10 %
0,25	0,8	3,25	6	8	12	3	8	12	14	3,5	0,8
0,25	0,8	4,25	8	10	14	4	10	14	16	4,5	0,8
0,25	1	5,25	10	12	16	5	12	16	20	5,5	1
0,5	1,2	6,25	12	14	18	6	14	18	24	7	1,2
0,5	1,5	8,25	16	18	22	8	18	22	30	9	1,5
0,5	2	10,25	20	22	27	10	22	27	36	11	2
0,75	2,5	12,5	24	27	32	12	27	32	40	14	2,5
0,75	2,5	14,5	27	30	36	14	30	36	45	16	2,5
1	3	16,5	30	32	40	16	32	40	50	18	3
1	3	19	32	36	45	18	36	45	55	20	3
1	3	21	36	40	50	20	40	50	60	22	3
1	3	23	40	45	55	22	45	55	65	24	3
1,5	4	25	45	50	60	24	50	60	70	27	4
1,5	4	28	48	55	65	27	55	65	75	30	4
1,5	4	31	52	60	70	30	60	70	80	33	4

RONDELLES CUVETTE

NF E 27-619

■ **USINÉE** ■ **EMBOUTIE**

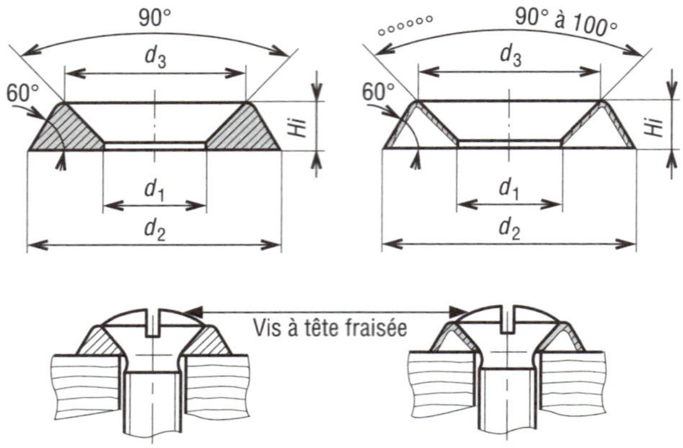

CARACTÉRISTIQUES					
d vis	d_1	d_2	d_3	*Hi*	*e*
3	3,5	9	6,5	2	0,25
4	4,5	11	8	2,5	0,25
5	5,5	14	10	3	0,25
6	7	16	12	3,5	0,30
8	9	22	16	4,5	0,30
10	11	28	20	5,5	0,30
12	14	32	24	6,5	0,40
14	16	36	28	7,5	0,40

Désignation : rondelle M.12.U

4.4 POINTES ET CLOUS

POINTES

■ POINTES TÊTE PLATE

Acier doux

Ø mm	longueur mm
1,3	20
1,5	25
1,8	30
2,2	40
2,4	50
2,7	55
2,7	60
3,0	70
3,5	80
4,0	90
4,5	100
5,0	110
5,0	125
5,5	140
6,0	160
7,0	180
7,0	200

■ POINTES TÊTE FRAISÉ

Galvanisées

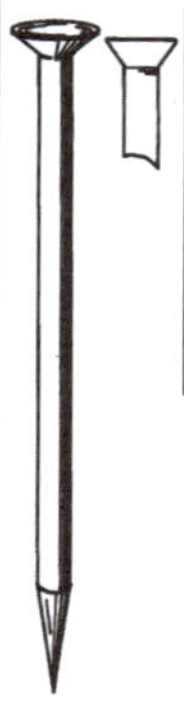

Ø mm	longueur mm
1,8	25
2,4	40
2,7	50
3,0	60
3,5	70
4,0	80
5,0	100

■ POINTES « ARDOX »

Tige carré torsadée haute résistance

Ø mm	longueur mm
1,0	40
2,2	50
2,5	60
3,0	70
3,2	80
3,7	90

■ POINTES STRIÉES

Galvanisées

Ø mm	longueur mm
2,7	30
2,7	40
2,7	50
3,5	60
3,5	70
3,5	80
4,5	90
4,5	100

■ POINTES TÊTE HOMME

Acier doux

Ø mm	longueur mm
1,5	30
1,8	35
1,8	40
2,4	50
2,7	60

■ POINTES TÊTE HOMME

Acier doux

Ø mm	longueur mm
1,5	27
2,0	35
2,2	40
2,4	50
2,7	60

■ POINTES TÊTE HOMME

Acier trempé

Ø mm	longueur mm
1,5	16
1,5	25
1,5	30
2,0	40

■ CLOUS TF TITAN

Acier traité zingué

longueur mm
40
50
60
70

■ POINTES TÊTE RONDE

Acier trempé

Ø mm	longueur mm
2,0	16
2,0	25
2,0	30
2,5	40
2,5	50
2,5	60
3,0	70

■ POINTES TÊTE RONDE LARGE

Acier trempé

Ø mm	longueur mm
2,5	30

■ POINTES TÊTE RONDE

Laiton

Ø mm	longueur mm
1,3	16
1,5	20
1,8	25
2,0	30

■ POINTES TÊTE PLATE

Inox

Ø mm	longueur mm
1,8	25

POINTES (suite)

■ **POINTES TÊTE PLATE EXTRA-LARGE**

Galvanisées

Ø mm	longueur mm
3,0	30
3,0	35
3,0	40

■ **CLOUS CALOTIN**

Acier doux – tête polie

longueur mm
30
35

■ **SEMENCES**

Acier bleui

longueur mm
9
11
14
16
18

■ **CRAMPILLONS**

Acier doux

Ø mm	longueur mm
2,7	27
3,0	30

ACCESSOIRES DE FIXATION

■ **PITONS**

Acier zingué

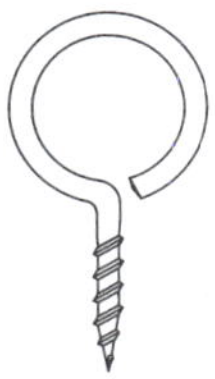

Ø mm	longueur mm
2,5	10
3	16
4	20 25 30
5	40 50
6	50 60

■ **CROCHETS D'ARMOIRE**

Acier zingué

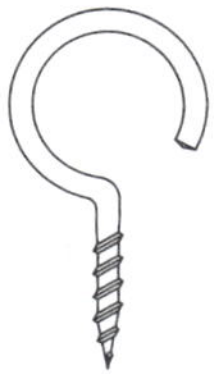

Ø mm	longueur mm
2,5	10
3	16 20 25
4	20 25 30
5	30 35 40 50
6	50 60

■ **GONDS À VIS**

Acier zingué

Ø mm	longueur mm
3	25 30 35
4	40 50
5	50 60

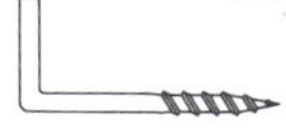

4.5 ORGANES D'IMMOBILISATION ET DE CONDAMNATION

SERRURES EN APPLIQUE

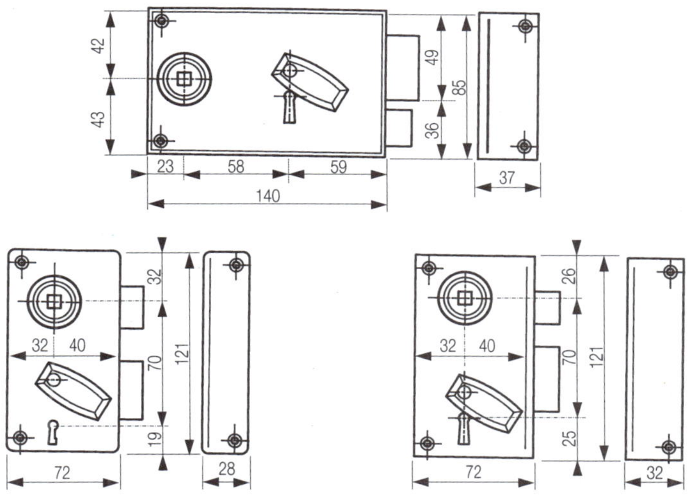

SERRURE POUR PORTE EN GLACE

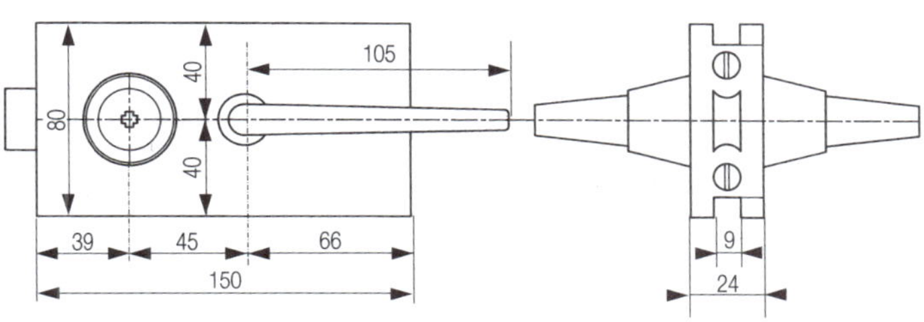

VERROUS À CANONS DE SÛRETÉ

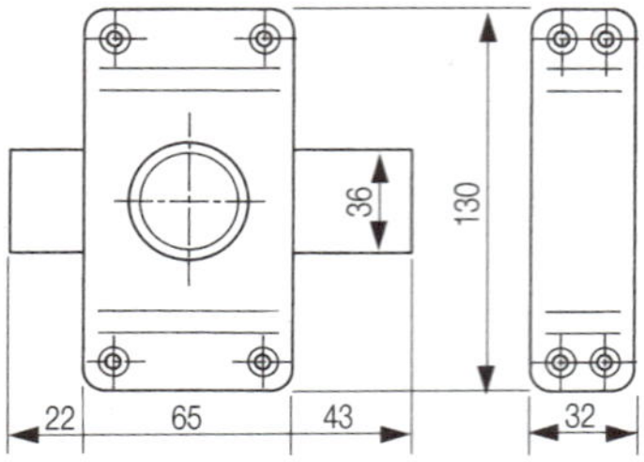

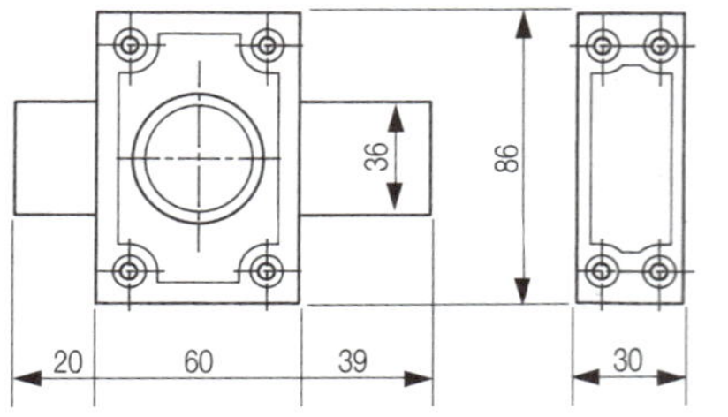

SERRURES À LARDER

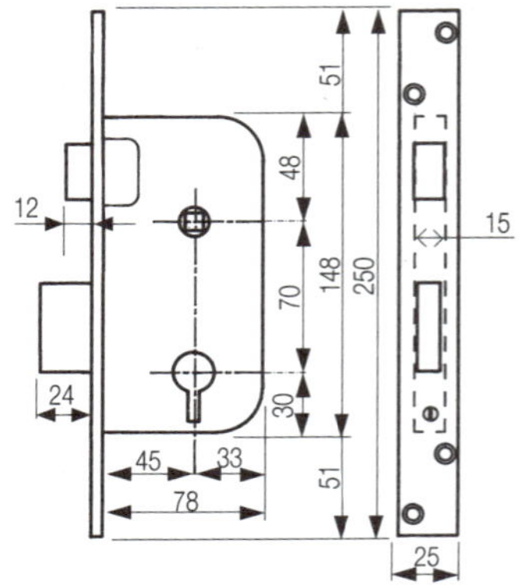

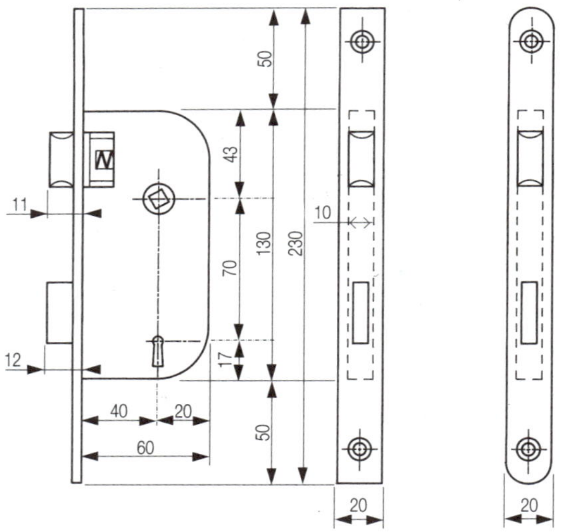

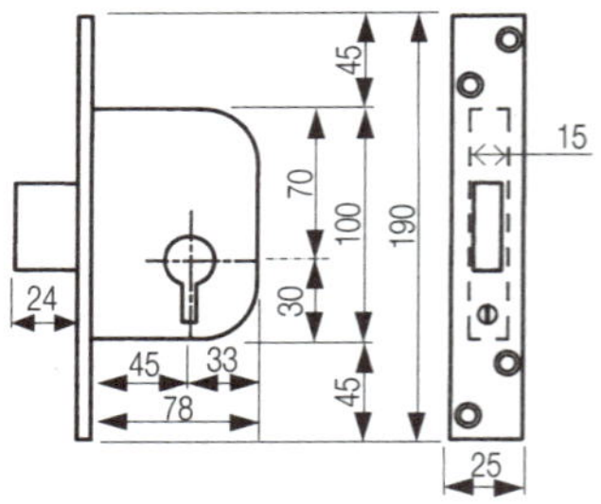

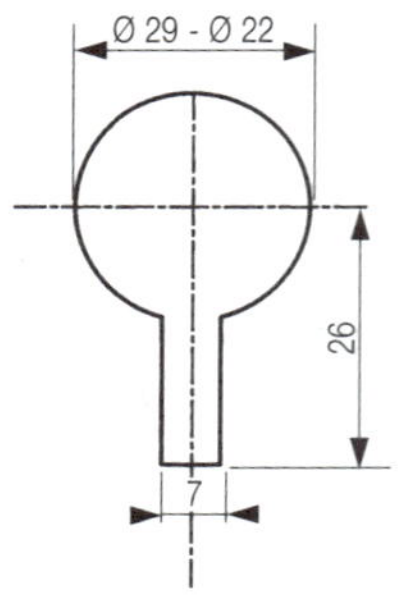

Serrure de sûreté

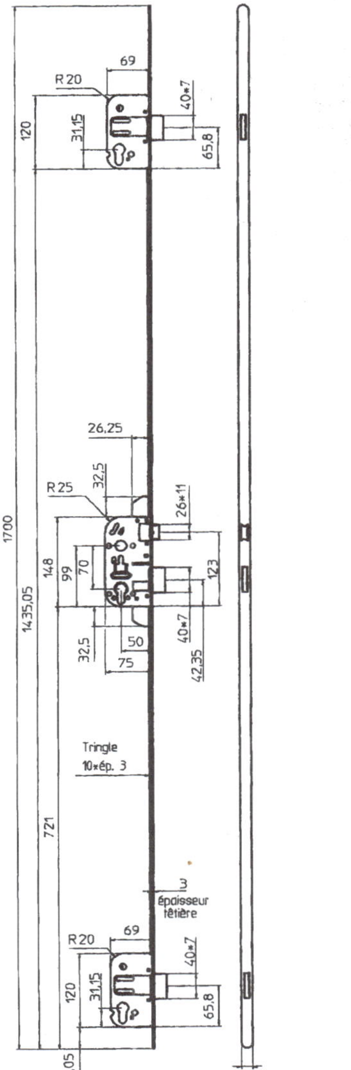

16. 18 ou 20 : bouts ronds

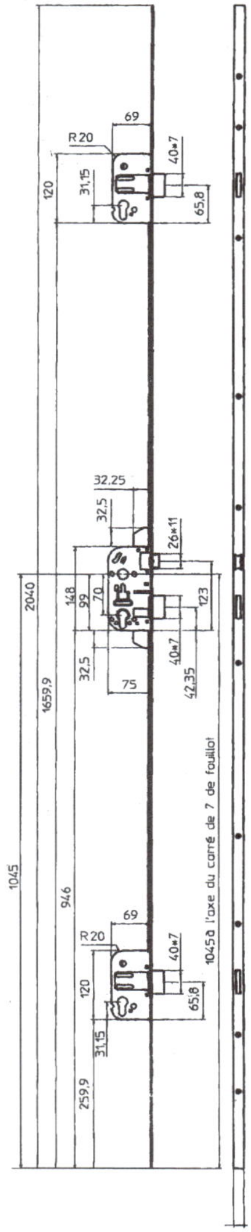

16. 18 ou 20 : bouts carrés

■ CARACTÉRISTIQUES TECHNIQUES

- Coffre acier embouti 15/10
  Finition zinguée bichromatée
- Coffre principal :
  - Dimensions 148 mm x 75 mm x 14 mm
  - Axe à 50 mm
  - Entraxe de 70 mm avec fouillot carré de 7 mm
  - Pêne 1/2 tour réversible sans démontage
  - Pêne dormant acier de 40 mm x 7 mm
  - Pêne spécial en acier carbonitruré
  - Fonction palière avec équerre au 1/2 tour
  - Passage standard de cylindre Europrofil (PE)
- Coffres haut et bas
  - Dimensions 120 x 69 x 14 mm
  - Option surverrouillage sur coffe haut
  - Hauteur de têtière de :
    1 700 mm Bouts Ronds – 2 040 mm Bouts carrés
    2 250 mm Bouts Carrés (avec rallonge)
  - Largeur de têtière de 16 mm – 18 mm – 20 mm
  - Épaisseur de têtière 3 mm
  - Gâches épaisseur 4 mm
  - Protecteur de cylindre spécial, sans face.

CRÉMONES SERRURES GALETS ET PÊNES

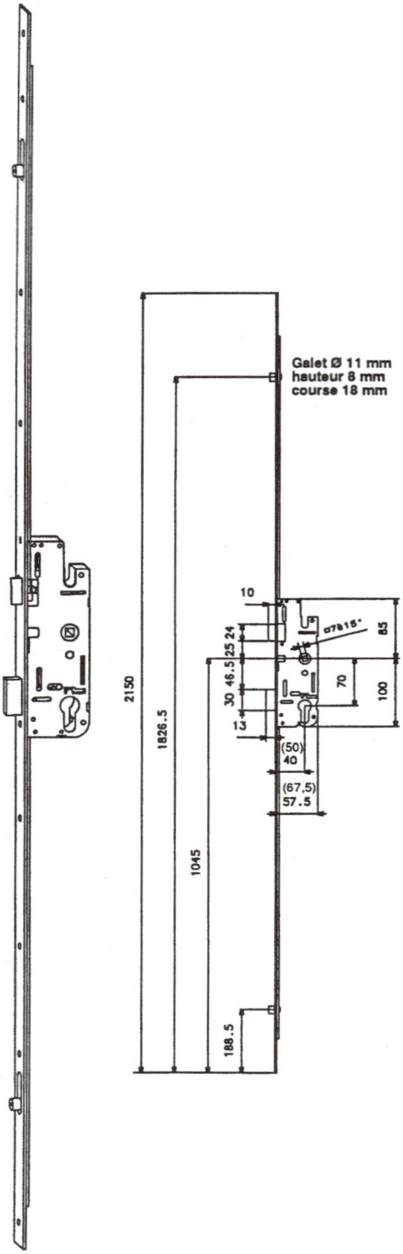

Crémone-serrure EUROPA R2

Verrouillage par 2 galets et pêne 1/2 tour/dormant.

Fouillot 40 mm ou 50 mm, entraxe 70 mm. Carré 7 mm incliné 15°.

Épaisseur boîtier 14 mm. Cote d'entaillage conseillée 15 mm

Fouillot	Long	D	Têtière	Vis fixation
40	2150	1045	16	13
50	2150	1045	16	13

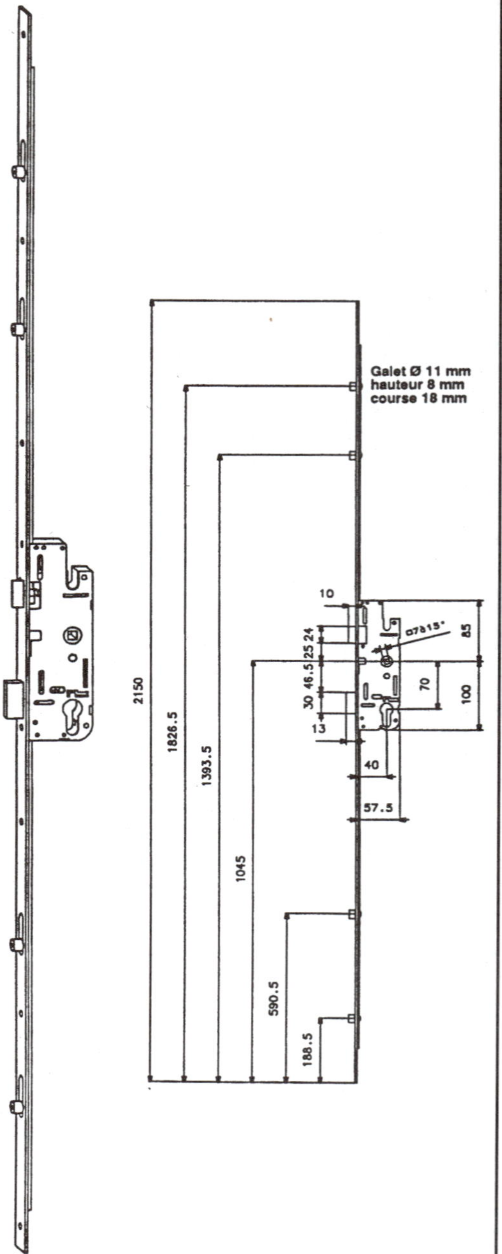

Crémone-serrure EUROPA R4

Verrouillage par 4 galets et pêne 1/2 tour/dormant.

Fouillot 40 mm, entraxe 70 mm. Carré 7 mm incliné 15°.

Épaisseur boîtier 14 mm. Cote d'entaillage conseillée 15 mm.

Fouillot	Long	D	Têtière	Vis fixation
40	2150	1045	16	13

DOC : FERCO

CRÉMONES TÊTIÈRES

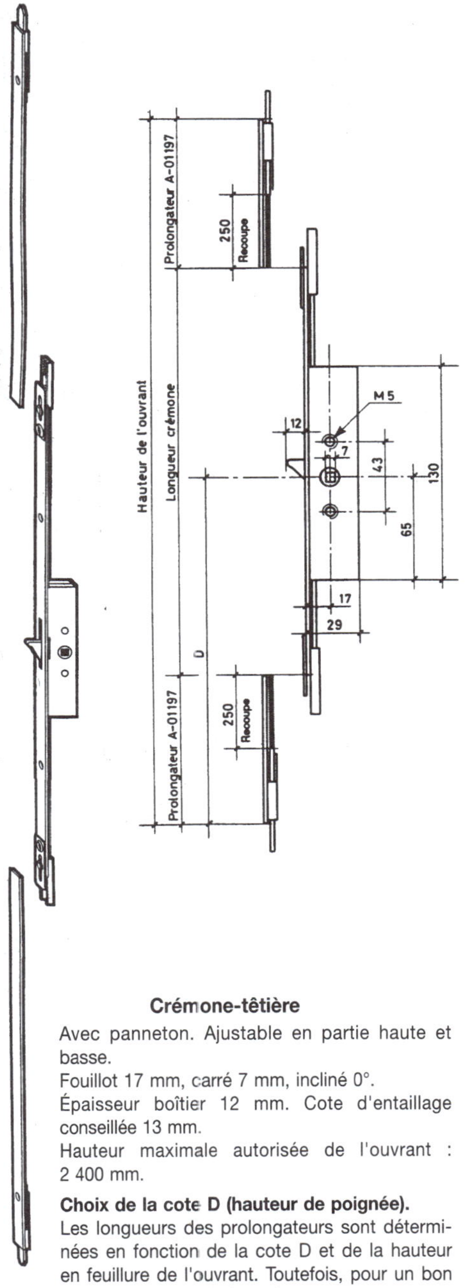

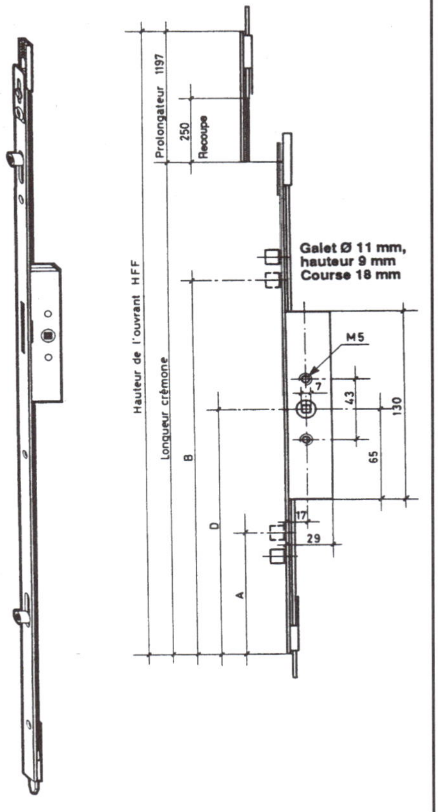

Crémone-têtière

Avec panneton. Ajustable en partie haute et basse.

Fouillot 17 mm, carré 7 mm, incliné 0°.

Épaisseur boîtier 12 mm. Cote d'entaillage conseillée 13 mm.

Hauteur maximale autorisée de l'ouvrant : 2 400 mm.

Choix de la cote D (hauteur de poignée).
Les longueurs des prolongateurs sont déterminées en fonction de la cote D et de la hauteur en feuillure de l'ouvrant. Toutefois, pour un bon fonctionnement de la crémone, nous recommandons que la cote D soit comprise entre 1/3 et la moitié de la hauteur de l'ouvrant.

Plages cote D		Prolongateur A-01197
mini	maxi	long
259	509	370
509	759	620
759	1009	870

Cote D = 139 + longueur des prolongateurs – longueur recoupée

Crémone-têtière

Avec galet et prolongateur ajustable.
Fouillot 17 mm, carré 7 mm, incliné 0°.
Épaisseur boîtier 12 mm. Cote d'entaillage conseillée 13 mm.

HFF	Long	D	GV	Têtière	Cote A	Cote B	
450- 700	329	200	–	16	–	–	10
600- 850	479	250	1	16	–	391	10
851-1100	729	400	1	16	–	641	10
1101-1350	729	500	1	16	–	641	10
1351-1600	979	600	1	16	–	771	10
1601-1850	979	600	1	16	–	771	10
1851-2100	1479	980	2	16	641	1391	10
2101-2350	1479	980	2	16	641	1391	10
2351-2600	1479	980	2	16	641	1391	10
2601-2850	1479	980	2	16	641	1391	10

DOC : FERCO

4.6 ASSEMBLAGES ET ANCRAGES MÉTALLIQUES

FIXATIONS DE CHARPENTES

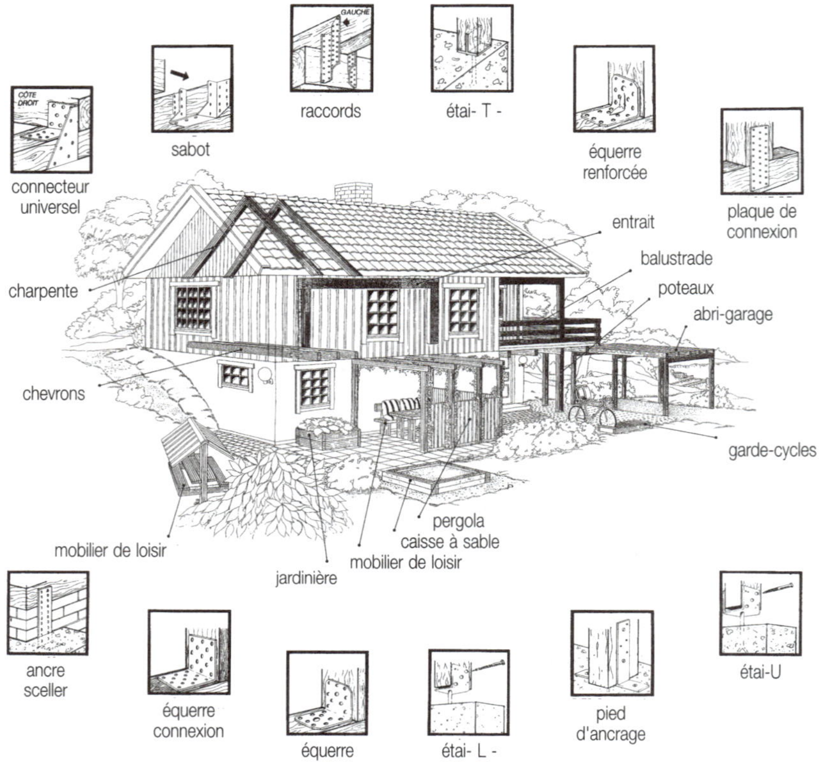

DOC MAGE

CONNEC-TEURS À DENTS

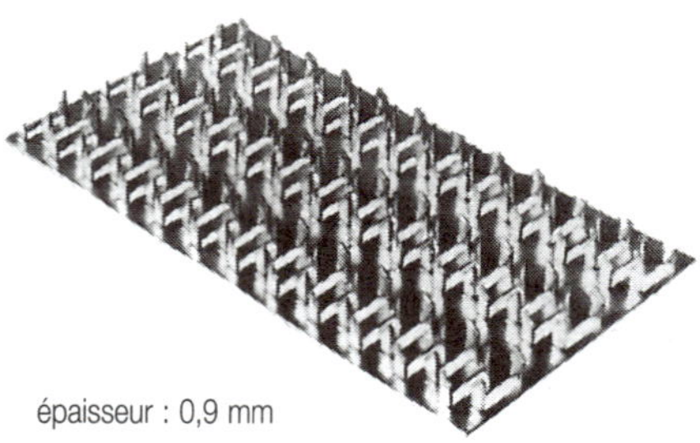

épaisseur : 0,9 mm

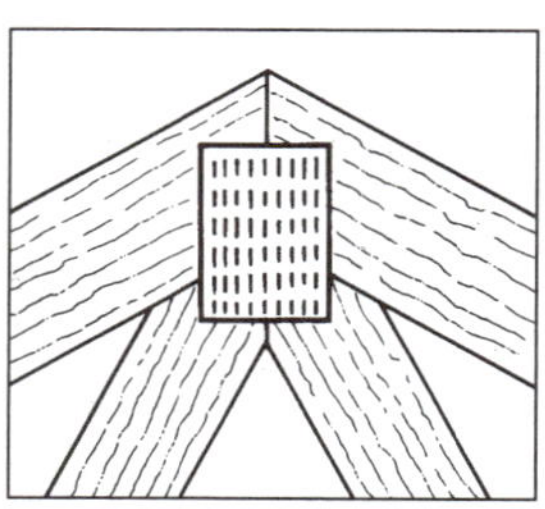

Connecteurs en tôle d'acier munis de dents utilisés par couples pour assembler des pièces de bois de même épaisseur et formant un angle quelconque dans un même plan.

Largeur (mm)

Longueur (mm)	24	36	48	60	72	84	108	120	144	168	216
75	■	■	■	■	■	■	■	■	■		
100	■	■	■	■	■	■	■	■	■	■	■
125	■	■	■	■	■	■	■	■	■	■	■
150		■	■	■	■	■	■	■	■	■	■
200		■	■	■	■	■	■	■	■	■	■
250			■	■	■	■	■	■	■	■	■
300				■	■	■	■	■	■	■	■
350							■	■	■	■	■
400									■	■	■

DOC WOLF

PLAQUES PERFORÉES

Ces plaques perforées appelées également « plat d'accouplement » sont des éléments de liaisons d'aboutage.

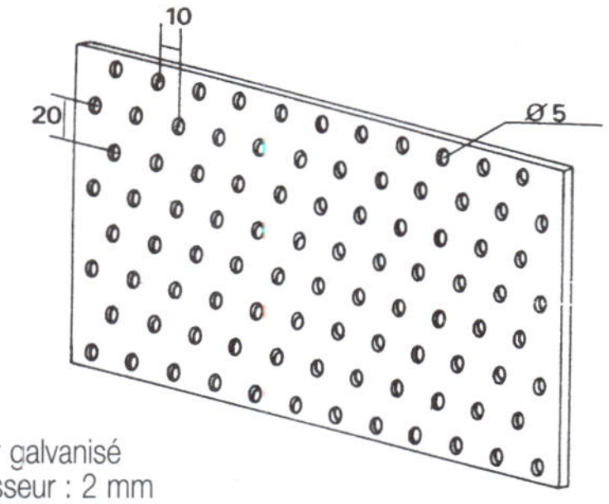

Acier galvanisé
épaisseur : 2 mm

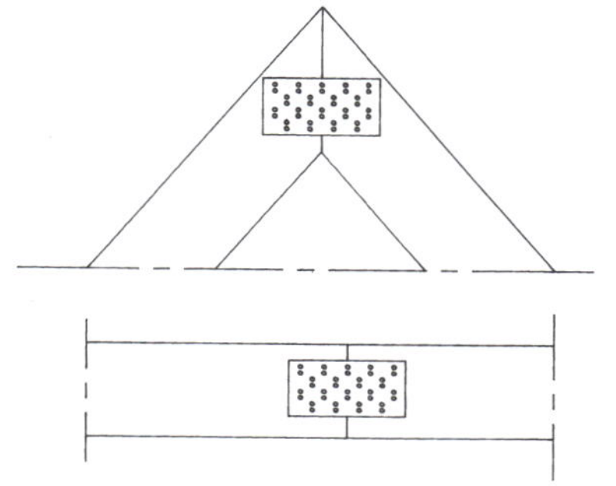

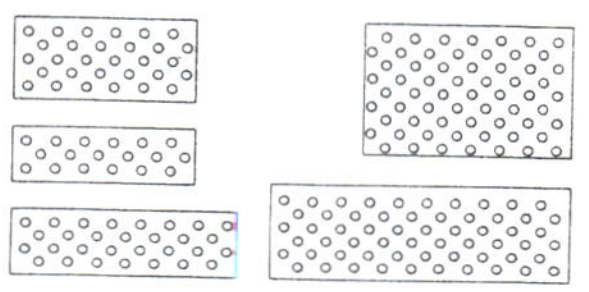

DIMENSIONS	
60 x 160	100 x 160
60 x 200	100 x 200
80 x 160	100 x 250
80 x 200	120 x 250
80 x 250	250 x 150

SABOTS DE SOLIVE

SABOTS À AILES EXTÉRIEURES

uniquement avec trous de pointes

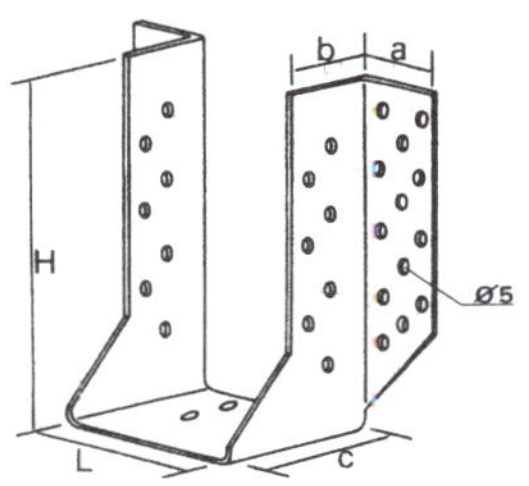

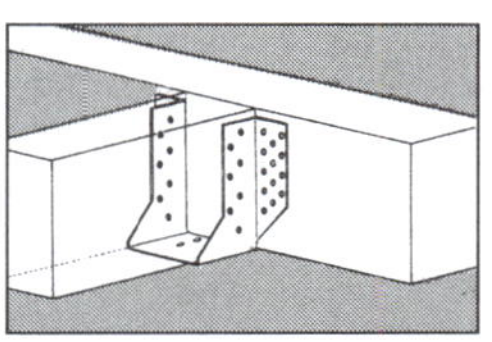

SABOTS À AILES EXTÉRIEURES

avec trous de pointes et 2 trous de chevilles Ø 13 par aile (sauf types 200 et 250, 1 seul trou Ø 11 par aile)

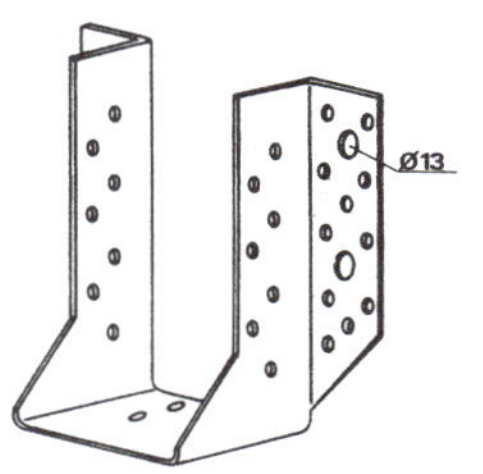

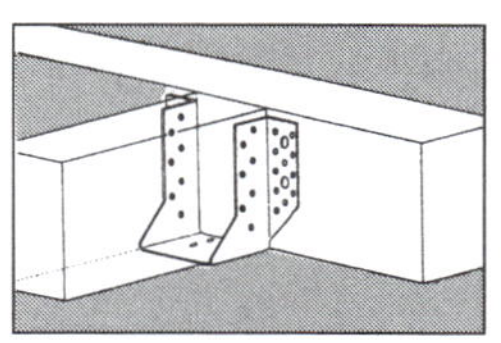

SABOTS À AILES INTÉRIEURES

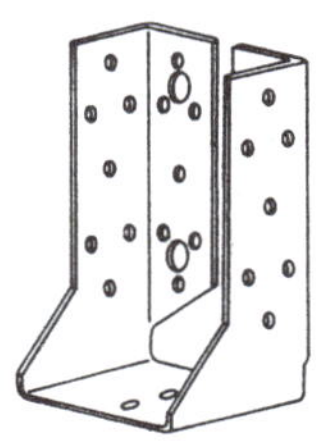

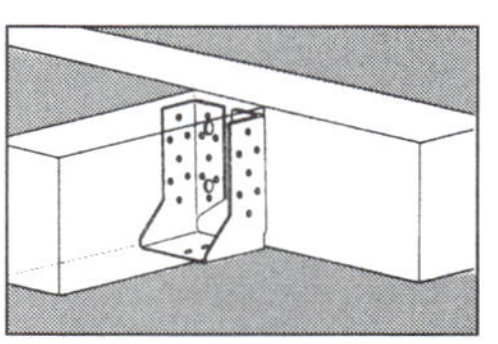

Caractéristiques mécaniques

Type	Dimensions sabots					Nbre de trous de pointes	Nbre mini de pointes		Charges maximum (daN)	
	L	H	a	b	c		sur élément porteur	Total	par mm de glissement	pour 3 mm de glissem^t
200	60	70	37	44	80	13	6	11	–	–
250	38	106	37	44	80	17	8	12	134	402
300	50	125	37	44	80	26	10	16	230	690
340	64	138	37	44	80	31	12	18	232	696
380	76	152	40	45	87	32	14	22	243	729
440	80	180	40	45	87	48	18	26	–	–
500	100	200	40	45	87	46	20	30	392	1176

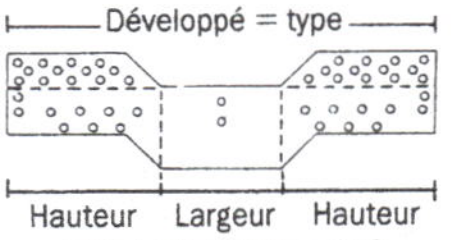

152 + 76 + 152 = 380

Acier galvanisé
Épaisseur : 2 mm
Fixation sur bois ou béton

DOC WOLF

ÉTRIERS «CANTILEVERS»

Étrier permettant l'aboutage de pannes (charpentes traditionnelles et lamellées collées)

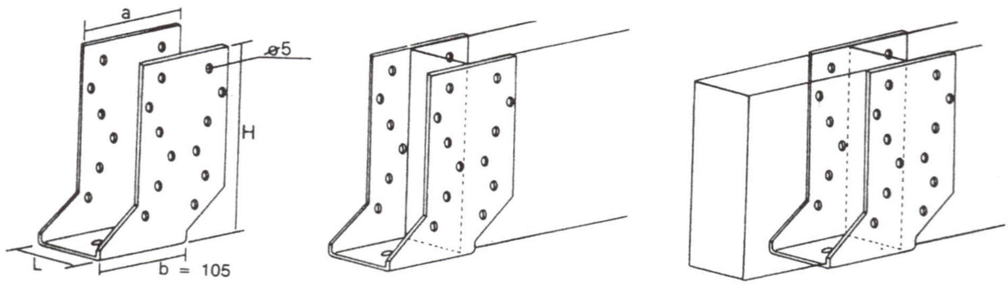

Acier galvanisé, épaisseur 2 mm.

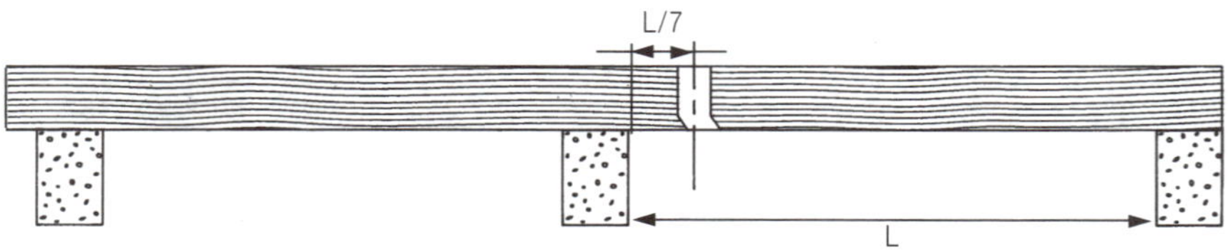

La distance maximale entre le cantilever et l'appui le plus proche ne devra pas excéder 1/7 de la portée entre deux appuis.

Type	Dimensions					Nombre de trous de pointes	Nombre mini. de pointes 4 x 50		Charges maximum (daN)	
	L	H	a	b					par mm de glissement	par 3 mm de glissement
380	64	158	105	105		27	24		153	459
440	76	182	105	105		31	28		215	645
500	80	210	105	105		39	36		–	–

N.B. : possibilité de changer la base suivant la largeur du bois.

DOC WOLF

ÉQUERRES RENFORCÉES À AILES ÉGALES

E 2

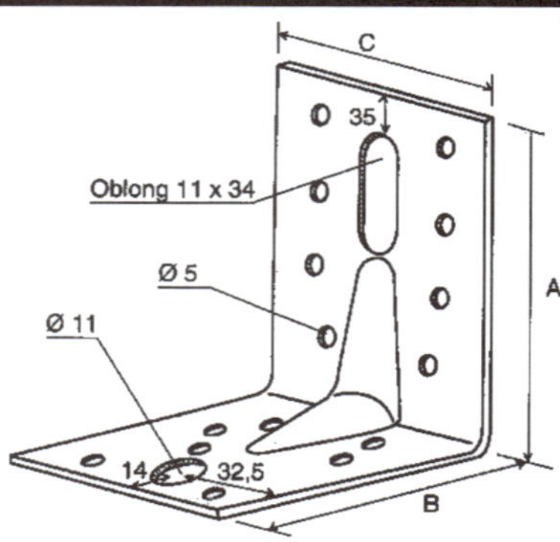

E 3

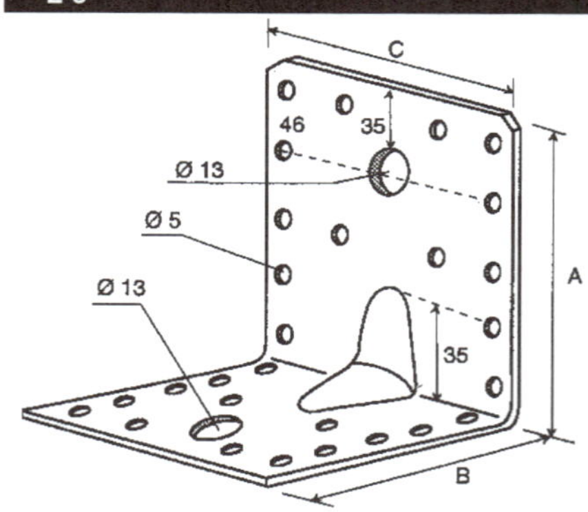

Type	A	B	C	Épaisseur
E2	90	90	65	2,5

Type	A	B	C	Épaisseur
E3	105	105	90	3

Acier galvanisé

DOC BELLION

ÉQUERRES RENFORCÉES À AILES ÉGALES (suite)

E 9

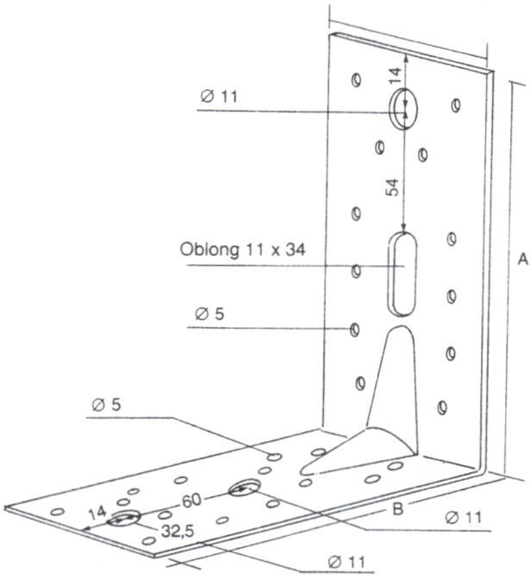

Type	A	B	C	Épaisseur
E 9	150	150	65	2,5

ÉQUERRES RENFORCÉES À AILES INÉGALES

E 14 – E 17 – E 18 – E 19

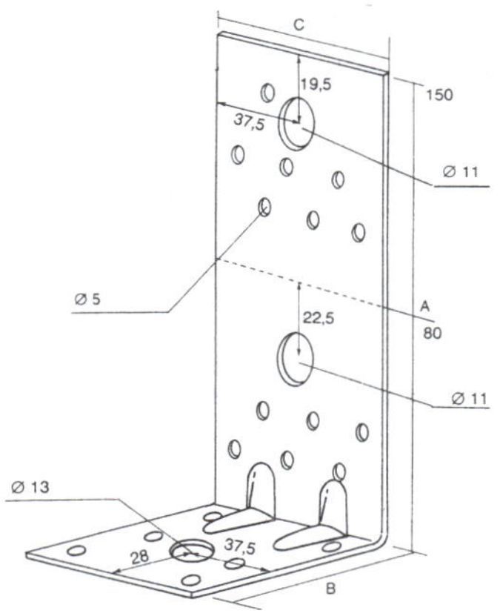

Type	A	B	C	Épaisseur
E 14	80	50	75	2
E 17	150	50	75	2
E 18	150	50	75	2,5
E 19	150	50	75	3

E 4 – E 6 – E 7 – E 8

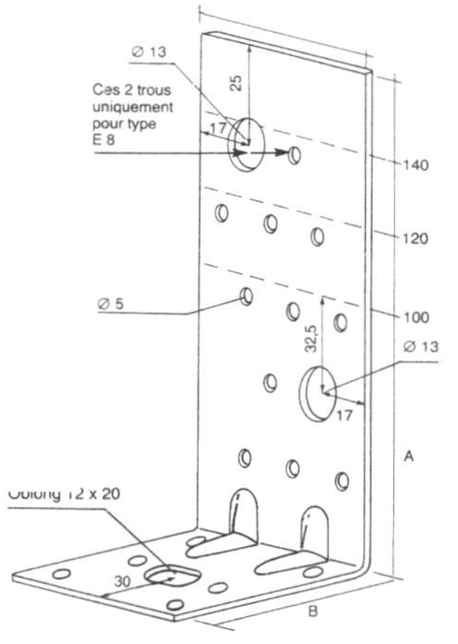

Type	A	B	C	Épaisseur
E 4	100	60	75	2,5
E 6	120	60	75	2,5
E 7	140	60	75	2,5
E 8	160	60	75	2,5

E 5

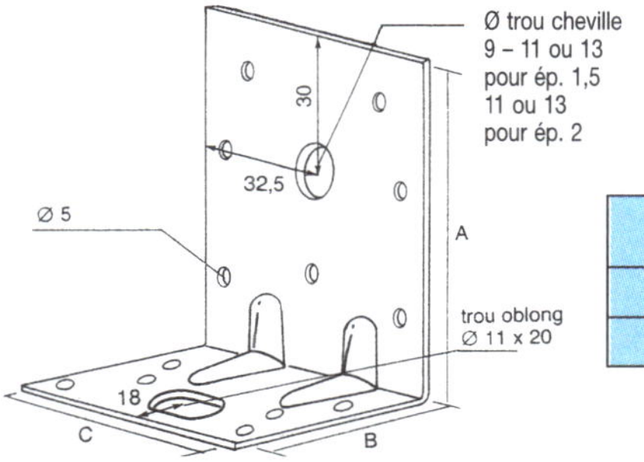

Type	A	B	C	Ép.	Ø trou cheville
E 5	70	45	65	1,5	9.11.13
E 5	70	45	65	2	11 ou 13

DOC WOLF

ÉQUERRES DIVERSES

Acier galvanisé

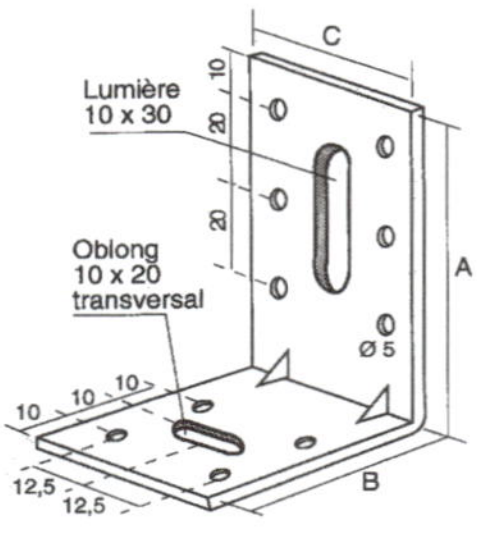

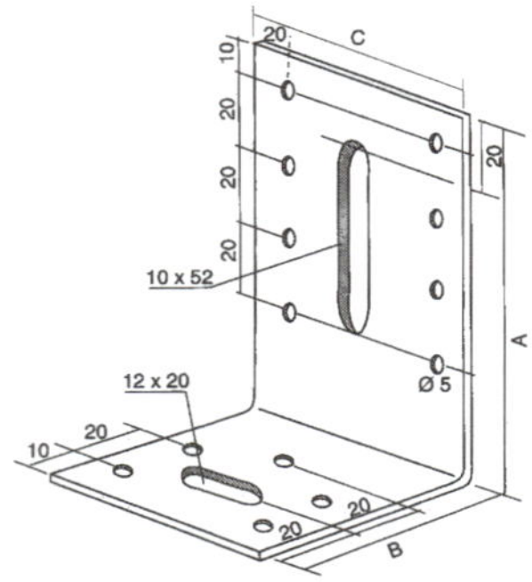

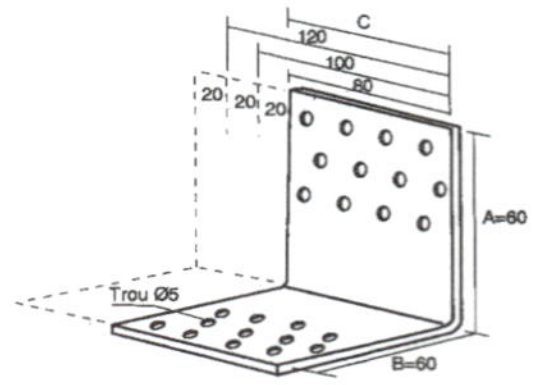

Équerres d'assemblage

Type	A	B	C	Ép.
E 444	40	40	40	**2**
E 446	40	40	60	**2**
E 534	50	30	40	**2**
E 554	50	50	40	**2**
E 654	60	40	40	**2**
E 664	60	60	40	**1,5**
E 664	60	60	40	**2**
E 666	60	60	60	**2**
E 754	70	50	40	**1,5**
E 754	70	50	40	**2**
E 756	70	50	60	**2**

Équerres de bardage

Type	A	B	C	Ép.
E 844	80	40	40	**2**
E 844	80	40	40	**2,5**
E 846	80	40	60	**2,5**
E 954	90	50	40	**2,5**
E 956	90	50	60	**2,5**
E 1064	100	60	40	**2,5**
E 1066	100	60	60	**2,5**

Équerres simples

Type	A	B	C	Ép.
E 10	60	60	40	**2,5**
E 10	60	60	60	**2,5**
E 10	60	60	80	**2,5**
E 10	60	60	100	**2,5**
E 10	60	60	120	**2,5**
E 10	60	60	140	**2,5**
E 10	60	60	160	**2,5**
E 11	80	80	60	**2,5**
E 11	80	80	80	**2,5**
E 11	80	80	100	**2,5**
E 11	80	80	120	**2,5**
E 11	80	80	140	**2,5**
E 11	80	80	160	**2,5**
E 11	80	80	180	**2,5**
E 11	80	80	200	**2,5**

Équerres nervurées droites

en acier galvanisé
ou bichromaté

Ép. : 2 mm
45 x 65 x 30
55 x 65 x 30
70 x 65 x 30
85 x 65 x 30
100 x 65 x 30
115 x 65 x 30
130 x 65 x 30

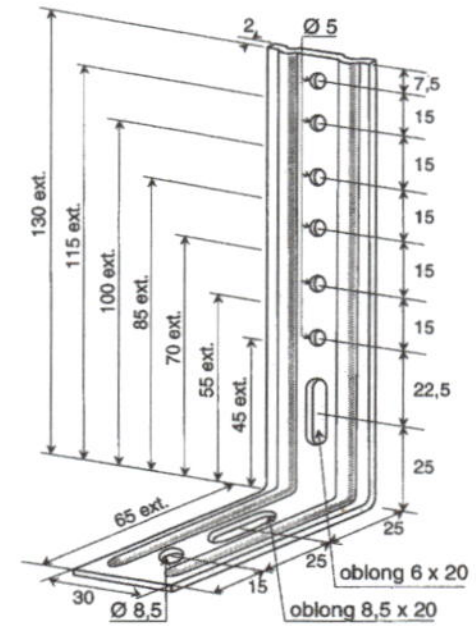

Équerres nervurées pans coupés

en acier galvanisé

Ép. : 1,5 mm
55 x 70 x 30
65 x 70 x 30
75 x 70 x 30
85 x 70 x 30
95 x 70 x 30
105 x 70 x 30
115 x 70 x 30
125 x 70 x 30
135 x 70 x 30
145 x 70 x 30

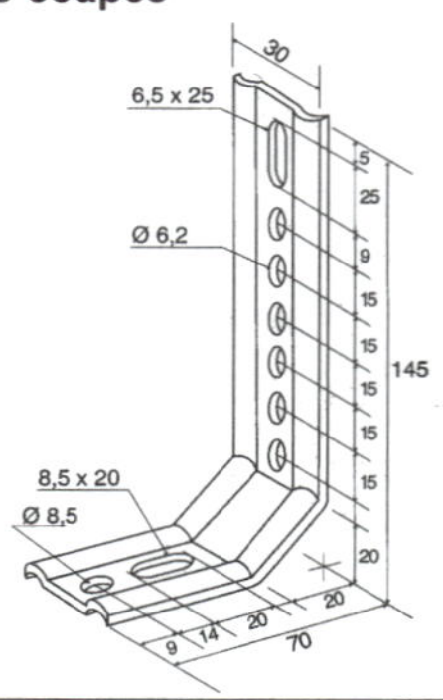

Équerres de fixation

en acier galvanisé

E 853

Ép. : 2 mm
50 x 50 x 30
70 x 50 x 30

Ép. : 3 mm
80 x 50 x 30

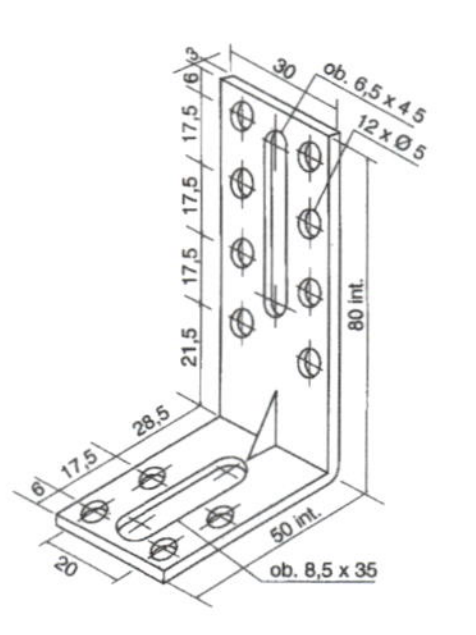

Équerres de menuiserie en acier galvanisé

E C

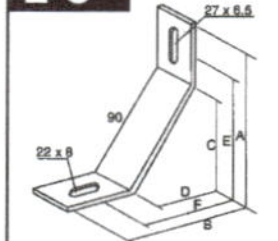

E E

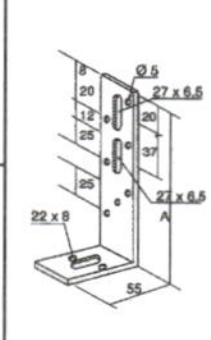

E M

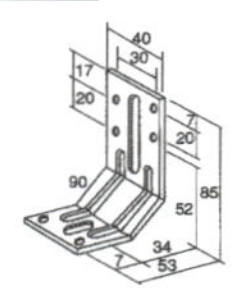

Type	Dimensions	Ép.
E C	110 x 90	3
E C	125 x 100	3
E C	140 x 115	3
E M	53 x 85	1,5
E M	53 x 100	1,5
E M	53 x 125	1,5
E E	55 x 50	2
E E	55 x 70	2
E E	55 x 80	2,5
E E	55 x 100	2,5
E E	55 x 120	3
E E	55 x 140	3

DOC BELLION

ÉQUERRES DE CHAISES

Dimensions	Larg.	Ép.
ECH 30 x 30	15	2
ECH 40 x 40	15	2
ECH 50 x 50	15	2
ECH 60 x 60	15	2
ECH 70 x 70	15	2,5
ECH 80 x 80	15	2,5

30 à 70 : 2 trous/aile
80 : 3 trous/aile
avec renfort

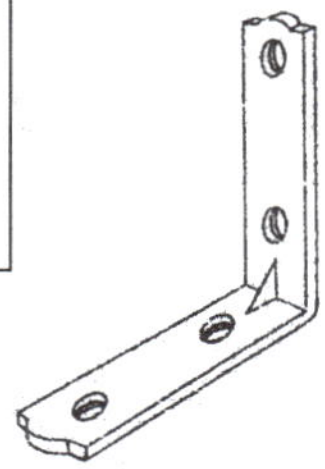

Dimensions	Larg.	Ép.
ECH 90 x 90	18	3
ECH 100 x 100	18	3
ECH 120 x 120	18	3
ECH 140 x 140	18	3

90 : 2 trous/aile
100 à 140 : 3 trous/aile
sans renfort

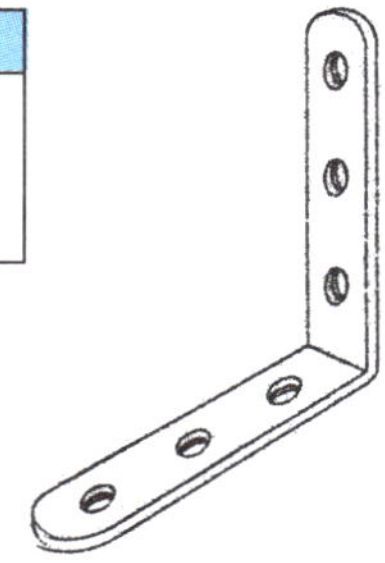

PIED DE POTEAUX

Type «A» ép. 4 mm

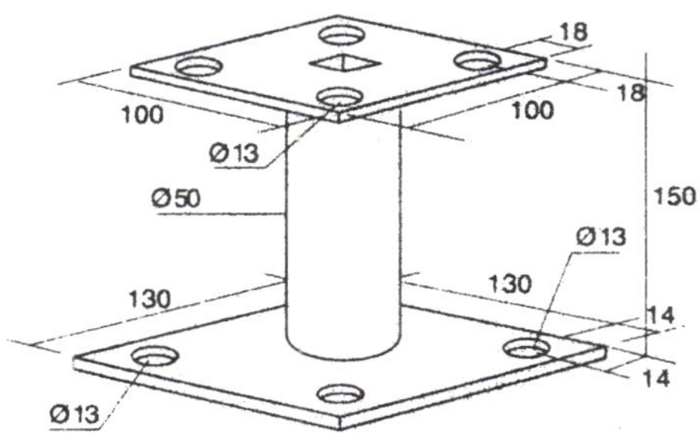

Finition galvanisée à chaud

Type «S» ép. 4 mm

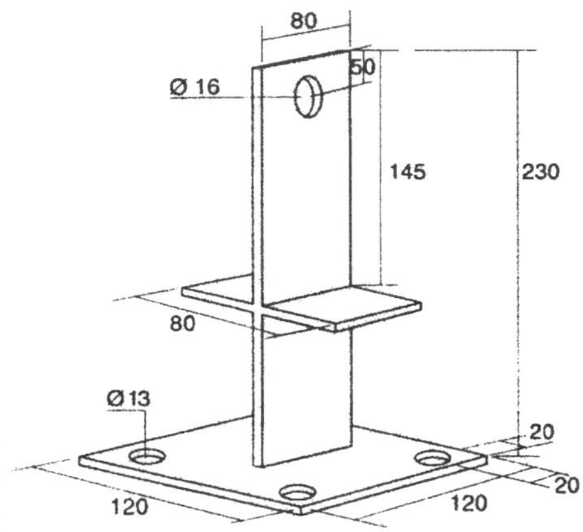

Finition galvanisée à chaud

Type «une platine» ép. 4 mm

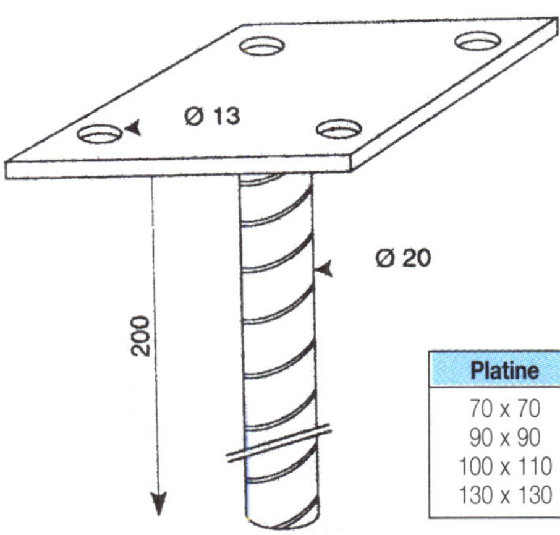

Platine
70 x 70
90 x 90
100 x 110
130 x 130

Finition galvanisée à chaud

Type «réglable» ép. 4 mm

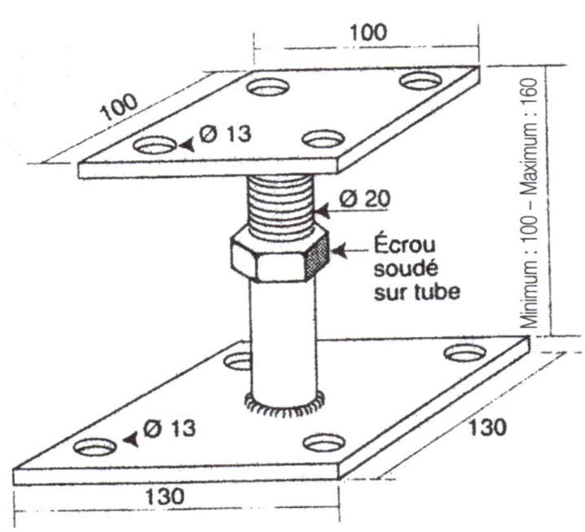

Finition électrozinguée

DOC BELLION

PIED DE POTEAUX (suite)

Type en «U» ép. 4 mm

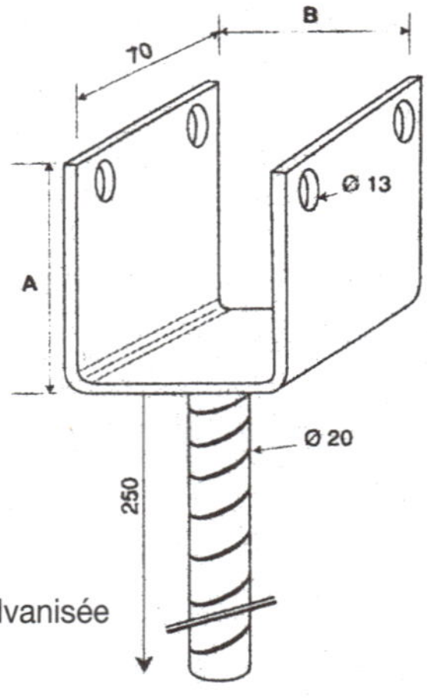

Finition galvanisée à chaud

Développé ou type	A Hauteur	B Largeur
300	105 110 115	90 80 70
380	120 130 140	140 120 100

Type «A» en kit ép. 4 mm

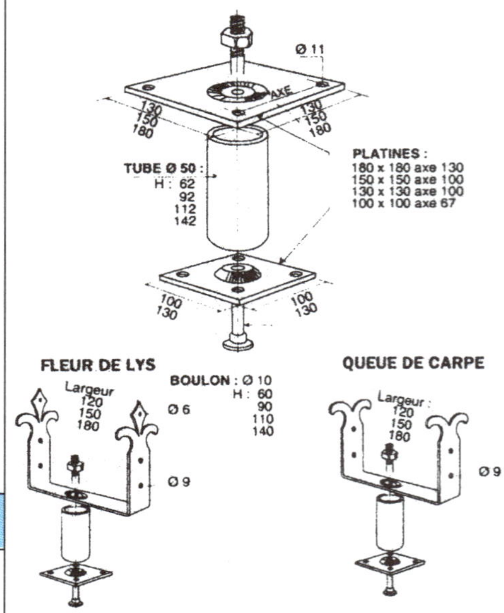

Finition électrozinguée

Pied de coffrage ép. 6 mm

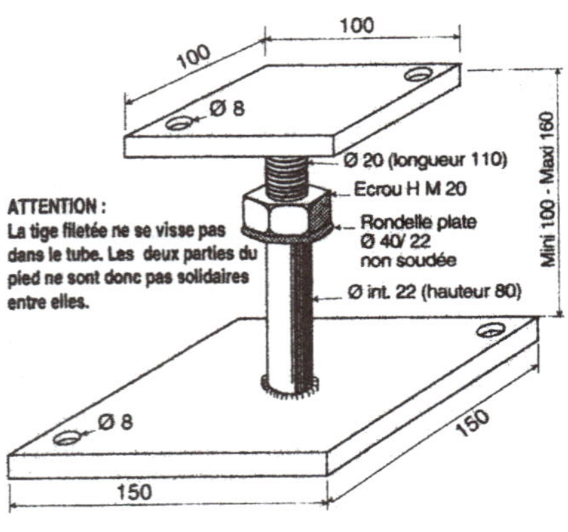

Finition couche antirouille

Mini pied de poteau ép. 4 mm

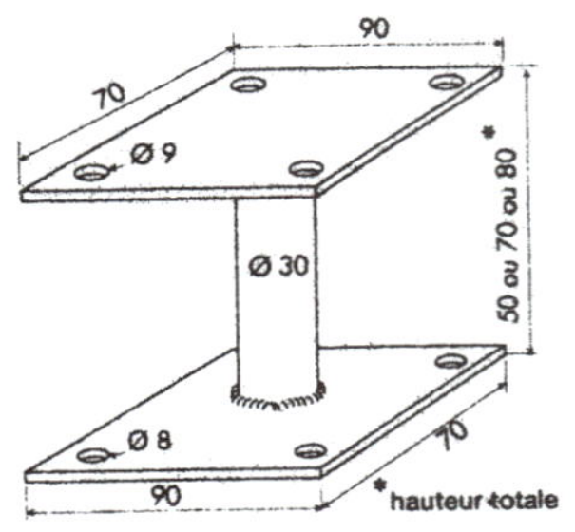

Finition galvanisée à chaud

FEUILLARDS PERFORÉS

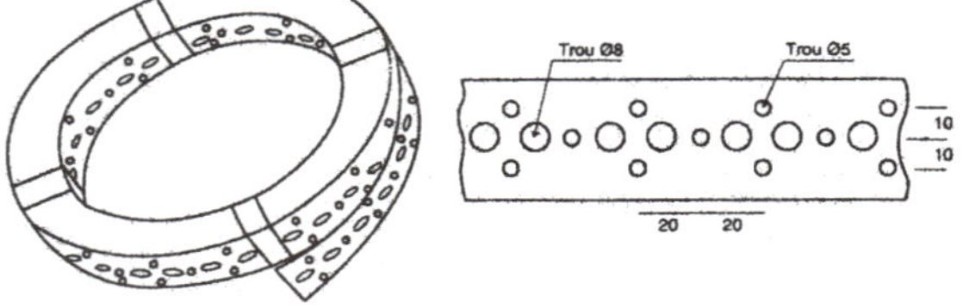

Acier galvanisé

Modèle	Largeur	Épaisseur	Longueur
20 x 1	20 mm	1 mm	100 m
30 x 1,5	30 mm	1,5 mm	50 m
30 x 2	30 mm	2 mm	50 m
40 x 2	40 mm	2 mm	50 m
60 x 2	60 mm	2 mm	25 m

DOC BELLION

Mini-fixe pannes

en acier galvanisé, ép. : 1,5 mm

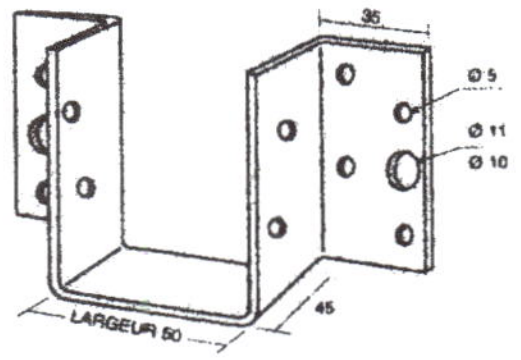

Type	Largeur	Nbre trous pointes	
		Côté	Aile
165	38 à 60	2	3
180	38 à 60	3	3
200	38 à 60	3	4
+ 1 trou boulon Ø 11 par aile			

Étriers âme intérieure

en acier galvanisé, ép. : 2 mm

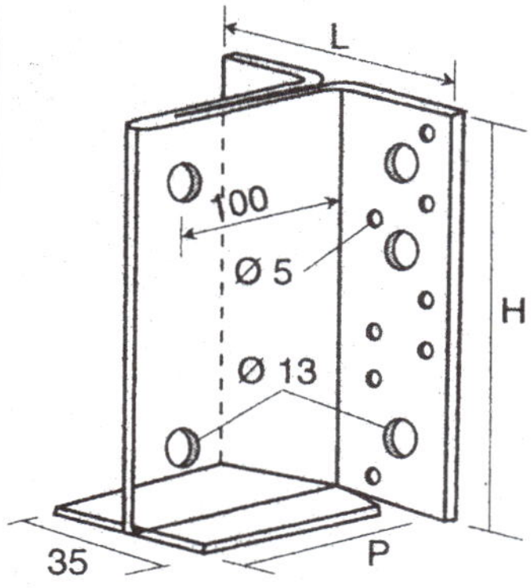

Type 155

Âme (P)
130 ou 180

Hauteur (H)
135
155
185

L = 70

Pieds de fermettes

en acier galvanisé, ép. : 1 mm

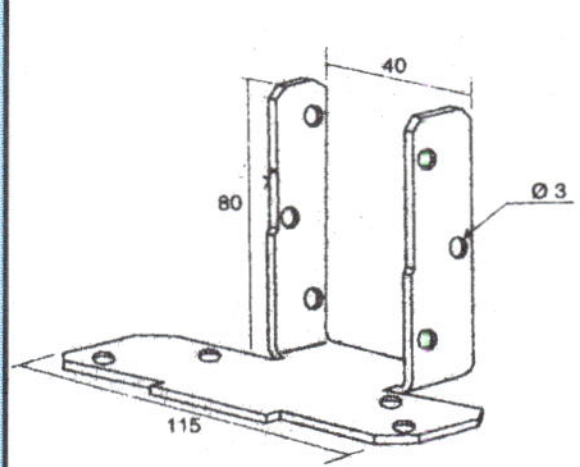

Modèle à plat

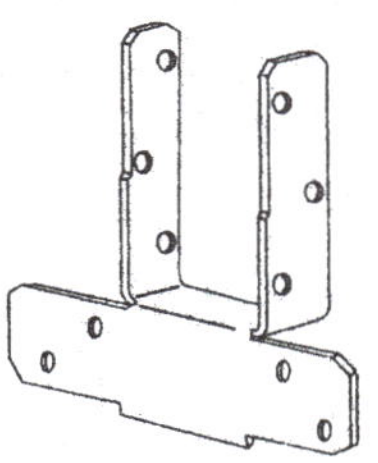

Modèle plié

Suspentes

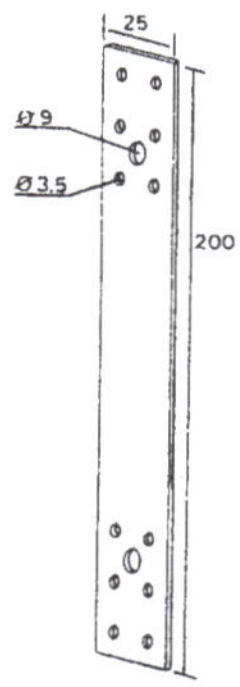

Droite

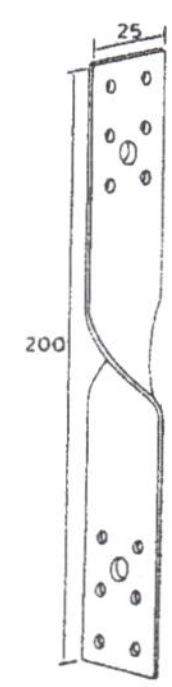

Torsadée

Pattes de solivage

en acier galvanisé

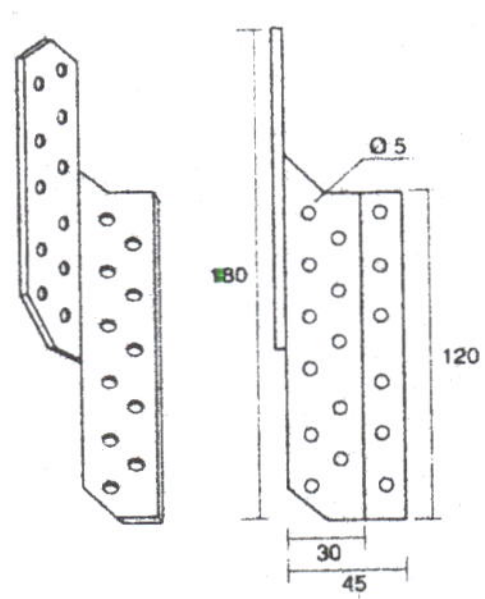

Mod. G ou D	Longueur	Largeur	Épaisseur
Type 180	180	30	1,5 mm
Type 200	200	30	1,5 mm
Type 200	200	30	2 mm
Type 200	200	45	2 mm
Type 220	220	45	2 mm

FIXATIONS DES ASSEMBLAGES ET ANCRAGES MÉTALLIQUES

DOC. SIMPSON STRONG-TIE

PCR - Pointes crantées électrozinguées

Les pointes crantées électrozinguées sont préconisées pour les assemblages de structures. L'ensemble de nos essais ont été réalisés avec ce type de pointes. Pour faciliter l'identification de celles-ci, les têtes sont estampillées PB ou ≠.

APPLICATIONS :

Type : fixation de sabots, équerres, feuillards…
Produits : bois massif, bois composite, bois lamellé collé…
Supports : bois massif, bois composite, bois lamellé collé…

MATIÈRE :

Acier électrozingué (AISI 1008).

DIMENSIONS :

Produit standard, voir tableau.
Tête plate conique renforcée.

AVANTAGES :

La forme conique située sous la tête permet un contact de toute la pointe avec le trou.
Deux conditionnements disponibles : boite de 1 kg et seau de 5 kg.

CHARGES ADMISSIBLES :

Voir tableau.
L'ensemble des charges est donné pour des bois de classe C18. Pour obtenir les charges applicables sur les autres classes, utiliser les coefficients de passage donnés dans le tableau.

2,5 x 35

3,1 x 35

4,2 x 35

4,2 x 50

4,2 x 60

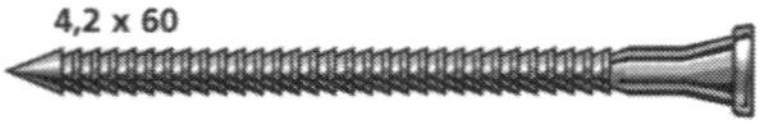

Modèle	DIMENSIONS en mm		CHARGES ADMISSIBLES en kN	
	Ø	L	Cisaillement	Arrachement
PCR2,5/35	2,5	35	0,28	0,26
PCR3,1/35	3,1	35	0,41	0,31
PCR3,7/50	3,7	50	0,80	0,43
PCR4,0/60	4,0	60	1,00	0,52
PCR4,0/100	4,0	100	1,01	0,54
PCR4,2/35	4,2	35	0,76	0,32
PCR4,2/50	4,2	50	1,01	0,48
PCR4,2/60	4,2	60	1,07	0,55

Pour une sollicitation des pointes suivant le fil du bois, réduire les valeurs de 15 %

COEFFICIENTS DE PASSAGE

CA (C22)x	CLASSE DES BOIS			
	C14	C18	C24	C30
Cisaillement	0,90	1,00	1,10	1,20
Arrachement	0,80	1,00	1,20	1,40

PCRIX - Pointes crantées inox

Les pointes crantées inoxydables viennent en complément de notre gamme de sabots, équerres et feuillards inox. Elles sont préconisées en ambiance agressive, en milieu salin et dans l'industrie alimentaire.

APPLICATIONS :

Type : fixation de sabots, équerres, feuillards…
Produits : bois massif, bois composite, bois lamellé collé…
Supports : bois massif, bois composite, bois lamellé collé…

MATIÈRE :

Inox AISI 316.
Symbolique : X5CrNiMo17-12-2
Numérique : 1.4401

DIMENSIONS :

Produit standard, voir tableau.
Tête plate conique renforcée : Ø 4,0.
Tête bombée sans marquage : Ø 2,5.

AVANTAGES :

La forme conique située sous la tête permet un contact de toute la pointe avec le trou.
2 conditionnements disponibles :
- boite de 1 kg,
- seau de 5 kg.

CHARGES ADMISSIBLES :

Même remarque que pour les PCR (bois classe C18).

2,5 x 35

2,5 x 50

2,5 x 60

4,0 x 50

Modèle	DIMENSIONS en mm		CHARGES ADMISSIBLES en kN	
	Ø	L	Cisaillement	Arrachement
PCRIX2,5/35	2,5	35	0,28	0,26
PCRIX2,5/50	2,5	50	0,45	0,28
PCRIX2,5/60	2,5	60	0,49	0,28
PCRIX4,0/50	4,0	50	1,00	0,48

Ces charges sont données pour des bois de classe C18, dans un cas de simple cisaillement, sans effet de bord (en pleine masse) et pour des humidités de mise en œuvre inférieures à 17%.

N3,75x32 - Pointe torsadée galvanisée à chaud

La pointes torsadée galvanisée à chaud N3,75x32 est utilisée pour la fixation de poutres en I recommandée dans la gamme spécifique des étriers pour bois composites.

CONDITIONNEMENT:

Carton de 20 boites de 1,250 kg.

3,75 x 32

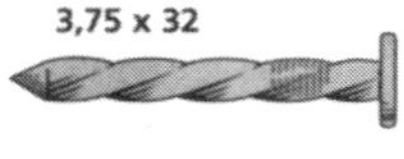

Modèle	DIMENSIONS en mm		CHARGES ADMISSIBLES en kN	
	Ø	L	Cisaillement	Arrachement
N3,75X32	3,75	32	0,397	—

■ FIXATIONS DES ASSEMBLAGES ET ANCRAGES MÉTALLIQUES (suite)

DOC. SIMPSON STRONG-TIE

Vis à bois tête Torx

Les vis à tête Torx ont été étudiées pour faciliter la mise en œuvre des équerres et des connecteurs. La tête conique assure un contact complet avec le perçage favorisant la transmission des efforts. La tête Torx permet de maintenir la vis lors du montage .

APPLICATIONS :

Type : fixation de sabots, équerres, feuillards...
Produits : bois massif, bois composite, bois lamellé collé...
Supports : bois massif, bois composite, bois lamellé collé...

MATIÈRE : acier électrozingué blanc.

DIMENSIONS : produit standard, voir tableau.

AVANTAGES : filetage spécifique au bois permettant une pénétration facile et rapide.

CHARGES ADMISSIBLES :
Données pour des bois de classe C18. Pour d'autres classes, utiliser les coefficients de passage donnés pour les PCR (page 4).

Modèle	DIMENSIONS en mm		CHARGES ADMISSIBLES en kN	
	Ø	L	Cisaillement	Arrachement
95525	5,0	25	—	—
95535	5,0	35	0,94	0,61
95540	5,0	40	0,97	0,80
95550	5,0	50	1,05	1,13

Embout Torx 20 pour le vissage

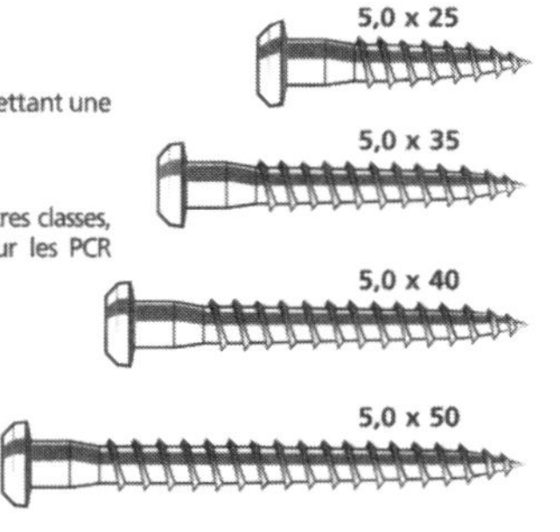

Vis à bois tête Torx - Inox

La vis à tête Torx inox vient en complément de la gamme zinguée. Elle est adaptée aux atmosphères corrosives et ne doit être utilisée qu'avec des connecteurs inox.

APPLICATIONS :
Type : fixation de sabots, équerres, feuillards...
Produits : bois massif, bois composite, bois lamellé collé...
Supports : bois massif, bois composite, bois lamellé collé...

MATIÈRE : inox AISI 304.

DIMENSIONS :
Produit standard, voir tableau.

AVANTAGES :
Filetage spécifique au bois permettant une pénétration facile et rapide.

CHARGES ADMISSIBLES :
Données pour des bois de classe C18. Pour d'autres classes, utiliser les coefficients de passage donnés pour les PCR (page 4).

Modèle	DIMENSIONS en mm		CHARGES ADMISSIBLES en kN	
	Ø	L	Cisaillement	Arrachement
9552580	5,0	25	—	—
9553580	5,0	35	0,94	0,61
9554080	5,0	40	0,97	0,80

Embout Torx 20 pour le vissage

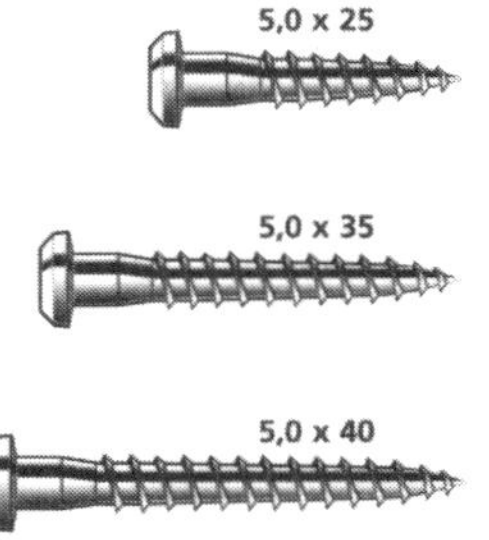

Vis Spax - SCRB

Les vis Spax à tête Torx sont utilisées pour des applications spécifiques telles que l'assemblage des étriers à queue d'aronde type ETB. Elles permettent un vissage rapide en assurant un bon maintient sur les visseuses électriques.

APPLICATIONS :
Type : fixation de pieds de poteaux, sabots, équerres...
Produits : bois massif, bois composite, bois lamellé collé...
Supports : bois massif, bois composite, bois lamellé collé...

MATIÈRE :
Acier électrozingué blanc.

DIMENSIONS :
Produit standard, voir tableau.
Tête Torx, prévoir embouts spécifiques.

AVANTAGES :
La tête Torx permet de maintenir la vis sur l'embout de la visseuse pour un meilleur confort de mise en œuvre.

CHARGES ADMISSIBLES :
Données pour des bois de classe C18. Pour d'autres classes, utiliser les coefficient de passage donnés pour les PCR (page 4).

Embout Torx 20 pour le vissage
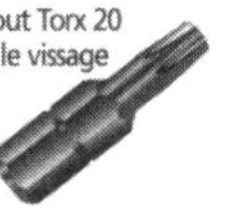

Modèle	DIMENSIONS en mm		CHARGES ADMISSIBLES en kN	
	Ø	L	Cisaillement	Arrachement
SCRB/95580	5	80	1,05	1,13

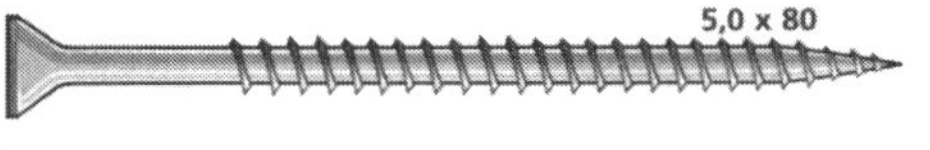

Vis autoforeuse - SD8

La vis SD8 est autoforeuse. Embout de vissage type Philips.

APPLICATIONS :
Type : petits assemblages non structuraux.
Produits : bois massif, bois composite, bois lamellé collé...
Supports : bois massif, bois composite, bois lamellé collé...

MATIÈRE : acier zingué blanc.

DIMENSIONS : voir tableau.

AVANTAGES :
Sa pointe biseautée facilite le positionnement et l'amorce de vissage.

CHARGES ADMISSIBLES :
Données pour des bois de classe C18. Pour d'autres classes, utiliser les coefficients de passage donnés pour les PCR (page 4).

Modèle	DIMENSIONS en mm		CHARGES ADMISSIBLES en kN	
	Ø	L	Cisaillement	Arrachement
SD8	4,0	32	0,29	—

1 - Les charges sont données pour une épaisseur de tôle de 1,2 mm.
2 - Si l'épaisseur de métal est inférieure à 1,2 mm, réduire la charge à 80% de la valeur tablée.
3 - Si plus de 9 vis sont utilisées sur une même rangée, réduire la charge à 90% de la valeur tablée.
4 - La vis SD8 n'est pas une vis structurelle. Elle ne peut être utilisée qu'avec des connecteurs spécifiques indiqués dans ce catalogue.

4.7 LES FIXATIONS

4.7.1 MATÉRIAUX SUPPORTS

Les matériaux supports sont nombreux et variés dans leur composition mais aussi dans leur structure. Des études et des essais préalablement réalisés dans des laboratoires spécialisés permettent de choisir la cheville la mieux adaptée à la fixation demandée.

BÉTON

Le béton est un matériau composé de trois constituants de base : ciment, granulats et eau. La résistance de ce matériau est liée au dosage de ceux-ci. On parle alors de classe de résistance.

AUTRES MATÉRIAUX SUPPORTS

- **Blocs de béton plein**

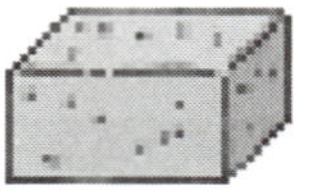

- **Blocs de béton creux enduits ou non**

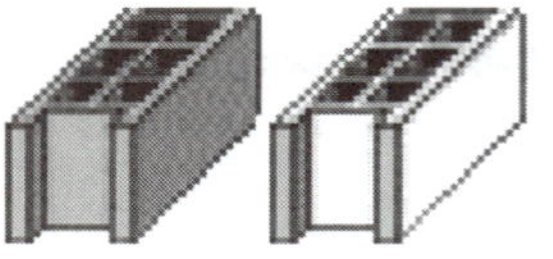

- **Briques pleines**

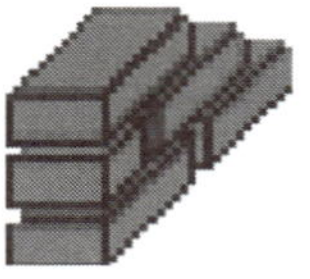

- **Briques creuses en terre cuite enduites ou non**

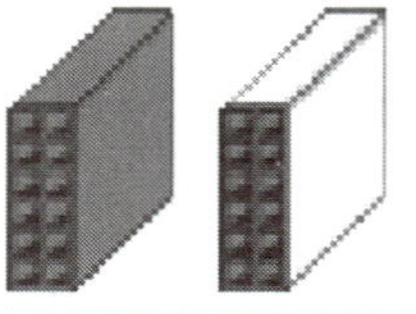

- **Planchers en entrevous de béton creux ou terre cuite**
- **Dalles alvéolaires**

- **Carreaux de plâtre – béton cellulaire**

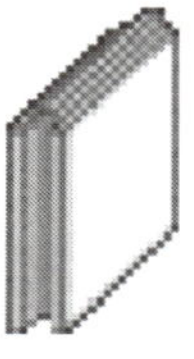

- **Plaques de plâtre – cloisons sèches**

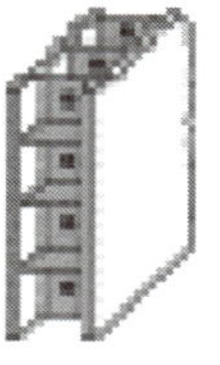

■ SUPPORT BÉTON

Les chevilles SPIT sont évaluées pour une utilisation dans du béton armé ou non, dont la résistance caractéristique sur une éprouvette cylindrique à 28 jours soit au minimum de 20 MPa (voir tableau ci-dessous).

Classes	Résistances caractéristiques f_{ck}		Résistances moyennes		
	cylindre 16 × 32 cm	cube 15 × 15 × 15 cm	cylindre (f_{cm}) 16 × 32 cm	cube 15 × 15 × 15 cm	cube 20 × 20 × 20 cm
C 16/20	16	20	20	25	24
C 20/25*	20	25	25	31	29
C 25/30	25	30	30	37	36
C 30/37*	30	37	37	46	43
C 35/45	35	45	45	56	53
C 40/50*	40	50	50	62	59
C 45/55	45	55	55	69	65
C 50/60*	50	60	60	72	68

* Classes les plus usuelles

4.7.2 NOTATIONS UTILISÉES POUR LE DIMENSIONNEMENT DES CHEVILLES

NOTATION EN RÉFÉRENCE AUX SCHÉMAS

■ SCHÉMAS

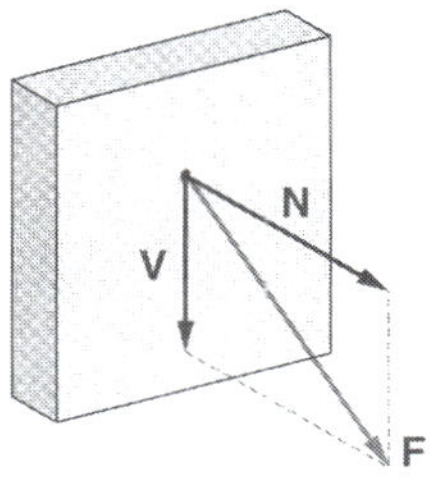

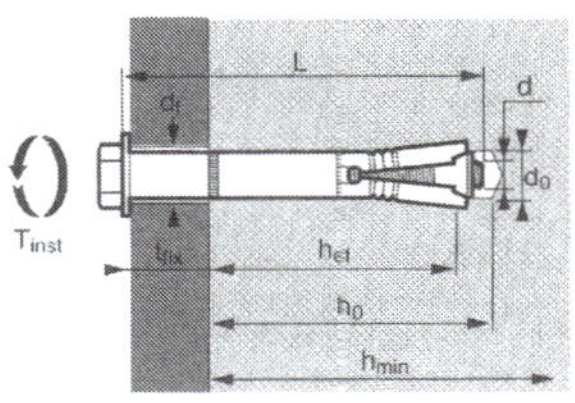

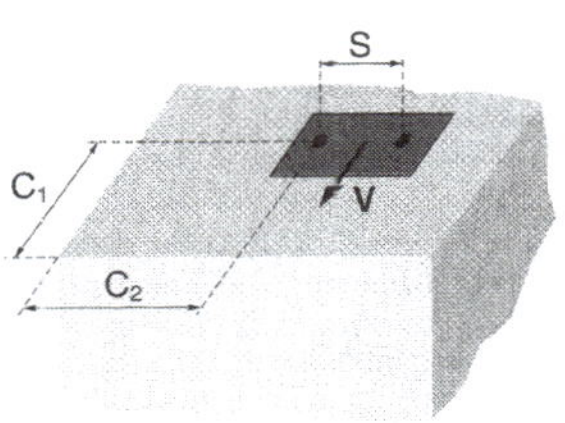

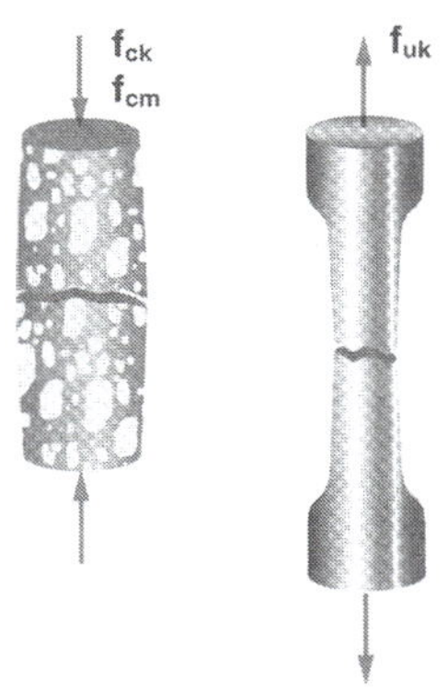

■ NOTATIONS UTILISÉES

• Sollicitation sur la cheville

S_{ds} Sollicitation sur le cheville à l'état limite de service
S_{du} Sollicitation sur la cheville à l'état limite ultime

• Résistance de la cheville

$R_{u,m}$ Charge moyenne de ruine
R_k Résistance caractéristique
R_{ds} Résistance de calcul à l'état limite de service
R_{du} Résistance de calcul à l'état ultime
F_{rec} Charge recommandée (cheville métallo-plastique, isolation)

• Type d'effort

N Effort de traction (N_{Sd}, $N_{Ru,m}$, N_{Rk}, N_{Rds}, N_{rec})
V Effort de cisaillement (V_{Sd}, $V_{Ru,m}$, V_{Rk}, V_{Rds}, V_{Rdu}, V_{rec})
F Effort de traction-oblique (F_{Sd}, $F_{Ru,m}$, F_{Rk}, F_{Rds}, F_{Rdu}, F_{rec})
M Moment fléchissant (M_{Rds}, M_{Rdu})

• Chevilles

h_{ef} Profondeur d'ancrage
h_{nom} Profondeur d'enfoncement de la cheville dans le béton
d Diamètre du filetage de la cheville
d_t Diamètre du trou de passage dans l'élément à fixer
d_{nom} Diamètre extérieur de la cheville
L Longueur totale de la cheville
ℓ_2 Longueur de filetage
T_{inst} Couple de serrage recommandé pour l'expansion de la cheville
t_{fix} Épaisseur de la pièce à fixer
h_{min} Épaisseur minimale du support

• Distances

S Distance entraxe de chevilles
S_{cr} Distance entraxe de chevilles sans réduction de la résistance caractéristique
S_{min} Distance entraxe minimale admissible
$C_{cr,N}$ Distance au bord sans réduction de la résistance caractéristique en traction
$C_{cr,V}$ Distance au bord sans réduction de la résistance caractéristique en cisaillement
C_1 Distance au bord libre C_1 dans la direction de l'effort de cisaillement
C_2 Distance au bord libre C_2 dans la direction perpendiculaire à l'effort de cisaillement.
C_{min} Distance au bord libre minimale admissible

• Béton et acier

f_{cm} Résistance moyenne à la compression du béton sur cylindre
f_{ck} Résistance caractéristique à la compression du béton sur cylindre
f_{uk} Résistance nominale à la rupture de l'acier en traction
f_{yk} Valeur nominale de la limite élastique de l'acier

d'après SPIT

DÉFINITIONS ET NOTATIONS EN RÉFÉRENCE AUX SCHÉMAS

■ RÉSISTANCES DE CALCUL DE LA CHEVILLE

• Résistances caractéristiques

Les *essais de détermination des conditions admissibles d'emploi*, décrits dans la norme NF E 27 815-1 & 27 815-2 (novembre 1997) permettent de déterminer la résistance caractéristique R_k en traction axiale, traction-oblique et cisaillement (à partir des moyennes arithmétiques des valeurs de rupture, du coefficient de variation obtenus lors des essais).

La résistance caractéristique représente le fractile 5 % des charges de ruine. Cela signifie qu'il y a 95 % des charges de rupture situées au-delà de la valeur caractéristique calculée.

• Résistances de calcul à l'État Limite de Service (ELS) et à l'État Limite Ultime (ELU)

Des *essais d'aptitude à l'emploi*, décrits dans la norme NF E 27816 (juin 1998), permettent de valider les valeurs des résistances caractéristiques R_k et de déterminer le coefficient partiel de sécurité γ_2.

À partir de ces résultats, les résistances de calcul à l'ELS et à l'ELU sont déterminées par les équations suivantes :

Résistance de calcul à l'ELS

$$R_{ds} = \frac{R_k}{\gamma_M} \text{ avec } \gamma_M = 2{,}5 \cdot \gamma_2$$

Résistance de calcul à l'ELU

$$R_{du} = \frac{R_k}{\gamma_M} \text{ avec } \gamma_M = 1{,}8 \cdot \gamma_2$$

■ PRINCIPE DU DIMENSIONNEMENT

Une fixation est considérée apte à reprendre les efforts si la sollicitation de calcul Sd est inférieure ou égale à la résistance de calcul Rd de la cheville à l'état limite ultime et à l'état limite de service :

$$\mathbf{Sd \leqslant Rd}$$

La sollicitation de calcul S_d représente les effets des actions agissant sur la fixation. À l'ELU, les actions sont pondérées par les coefficients partiels de sécurité donnés dans les codes de calcul en vigueur.

La résistance de calcul R_d représente la résistance de la fixation, notée :

N_{Rd} pour la résistance de **traction**,

V_{Rd} pour la résistance de **cisaillement**,

F_{Rd} pour la résistance de **traction-oblique**.

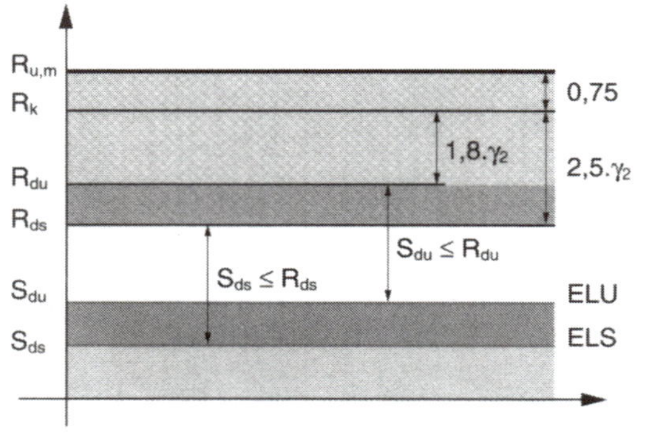

MÉTHODE DE DIMENSIONNEMENT

La méthode de dimensionnement de fixations par chevilles pour béton est issue des règles professionnelles. Ces règles ont été élaborées au sein de la Commission Technique « chevilles » du SIO (Syndicat de l'Industrie de l'Outillage) qui réunit fabricants de chevilles, utilisateurs, laboratoires d'essais et organismes de contrôle.

Le dimensionnement de fixations par chevilles pour béton fait appel à de bonnes connaissances physiques, chimiques, mécaniques, comportementales des matériaux support et du domaine d'application.
Il garantit la sécurité des personnes et des biens.

FONCTIONNEMENT D'UNE FIXATION

■ TROIS PRINCIPES DE FONCTIONNEMENT

Tenue par frottement

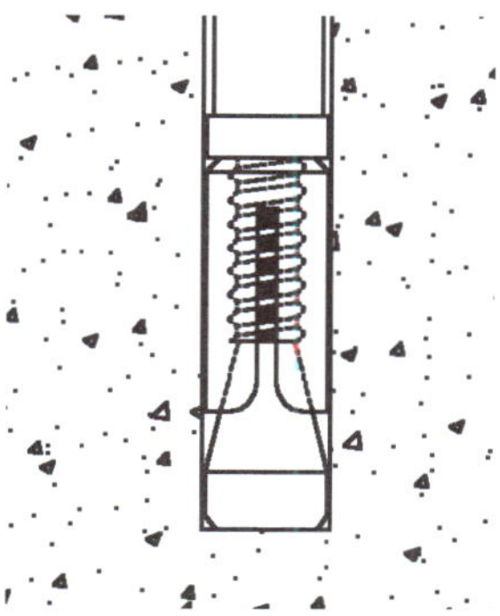

Tenue par verrouillage de forme

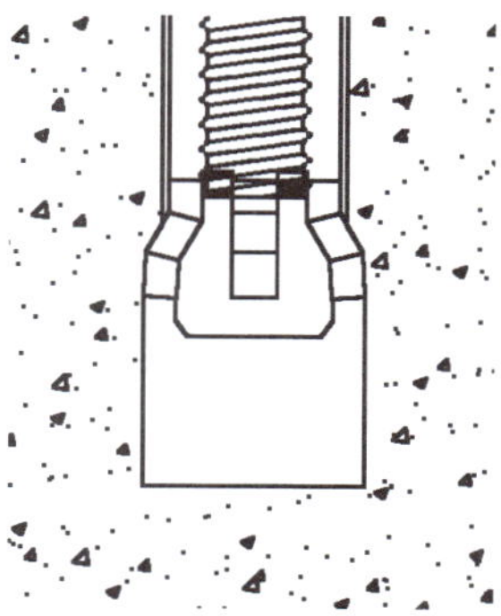

Tenue par collage ou scellement

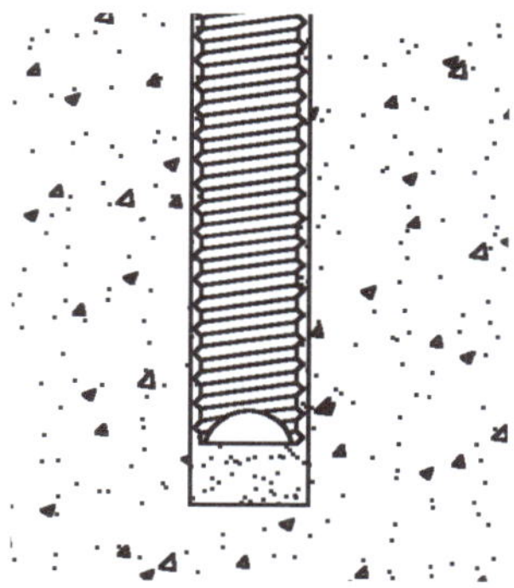

LES DIFFÉRENTS TYPES DE CHEVILLES

On classe les chevilles en 5 grandes familles suivant leurs caractéristiques d'ancrage et leur méthode de pose.

■ CHEVILLE À EXPANSION PAR VISSAGE (TYPE A)

L'expansion de la cheville est obtenue par l'application d'un couple de serrage sur une vis ou un écrou, ce qui permet au cône de réaliser l'expansion de la douille. L'ancrage est contrôlé au moyen de ce couple.

Cheville Type SPIT TRIGA

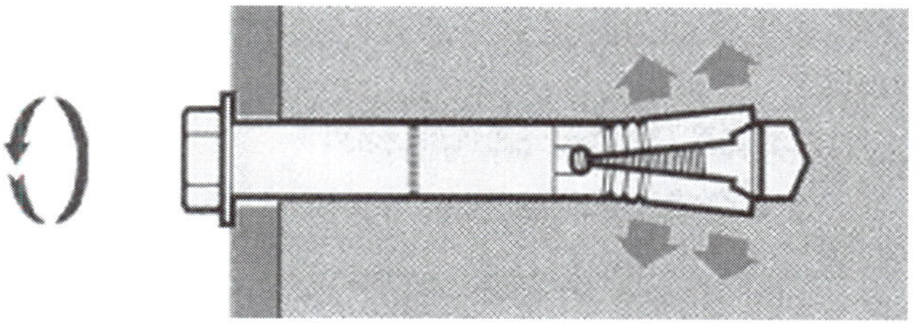

LES DIFFÉRENTS TYPES DE CHEVILLES (SUITE)

■ CHEVILLE À EXPANSION PAR FRAPPE (TYPE B)

L'expansion de la cheville est réalisée par frappe sur un élément (généralement un cône) introduit dans la douille. L'ancrage est contrôlé par la longueur de la course de cet élément.

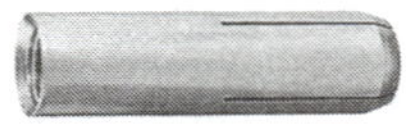

Cheville Type SPIT GRIP

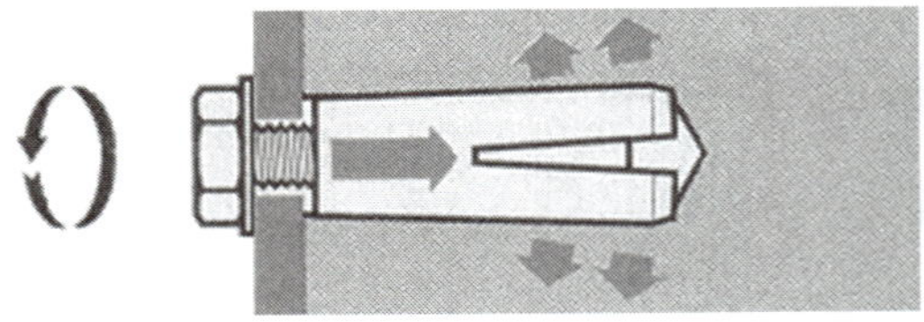

■ CHEVILLE À VERROUILLAGE DE FORME (TYPE C)

Un logement spécifique est aménagé dans le matériau support. La douille de la cheville vient en appui dans ce logement sans générer de contraintes dans le matériau support lors de son expansion (verrouillage de forme).

Cheville Type SPIT RING

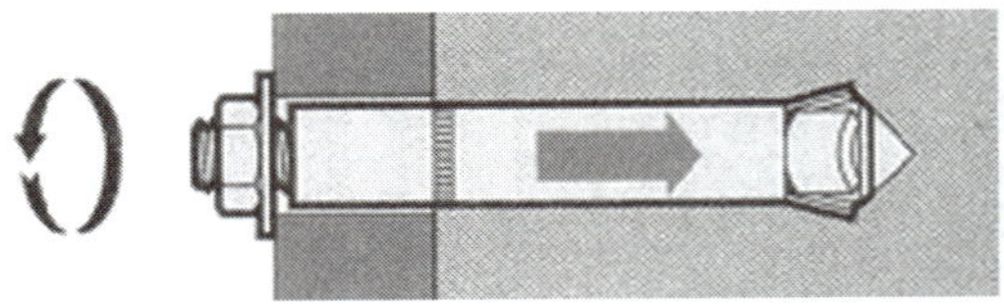

■ CHEVILLE À SCELLEMENT CHIMIQUE (TYPE D)

La cheville est constituée d'un élément de fixation (tige filetée) et d'un liant synthétique. Ces deux éléments sont introduits dans le trou et en durcissant le liant crée deux liaisons par adhérence : l'une entre l'élément de fixation et le liant ; l'autre entre le matériau support et le liant.

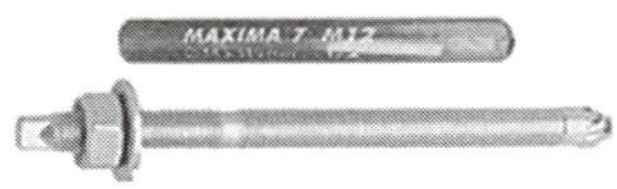

Cheville Type SPIT MAXIMA

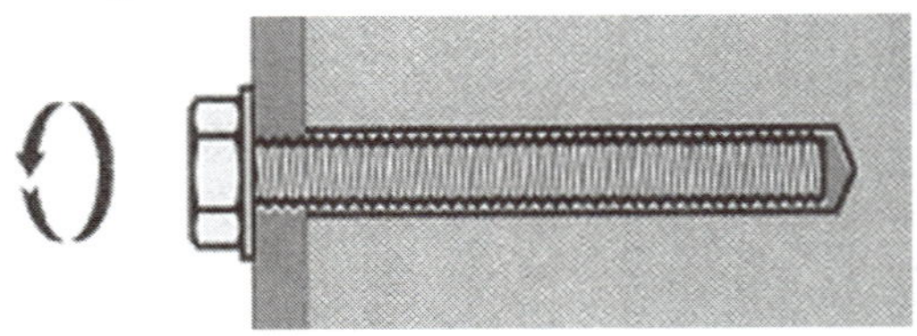

Le liant se présente soit sous la forme d'une capsule, soit sous la forme d'une cartouche (injection). Les chevilles à tenue par adhérence ne génèrent pas de contrainte d'expansion.

■ CHEVILLE MÉTALLIQUE ET MÉTALLOPLASTIQUE (TYPE « LÉGERE »)

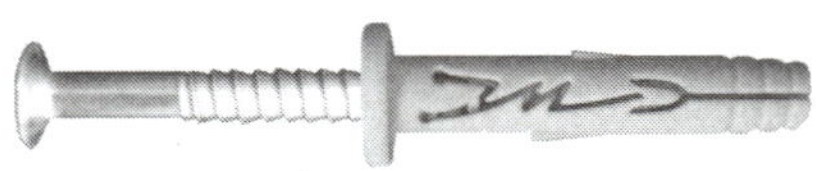

Cheville Type SPIT HIT

- **Cheville à expansion par friction**

La tenue est assurée par un élément d'expansion introduit en vissant ou en frappant dans la cheville. Il en résulte un coincement très important du corps de la cheville contre les parois du trou.

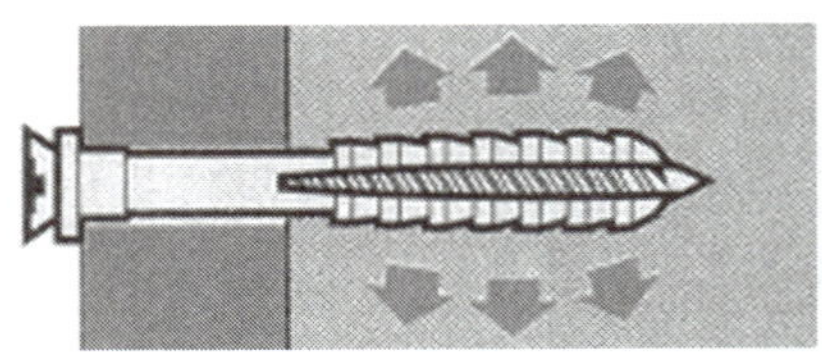

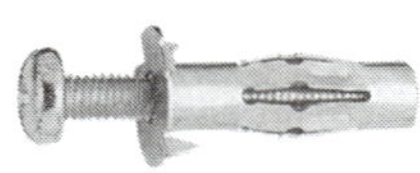

Cheville Type SPIT CC

- **Cheville à tenue par verrouillage**

La cheville, par sa déformation, se crée des appuis dans le matériau support et peut même se sertir sur les parois du matériau.

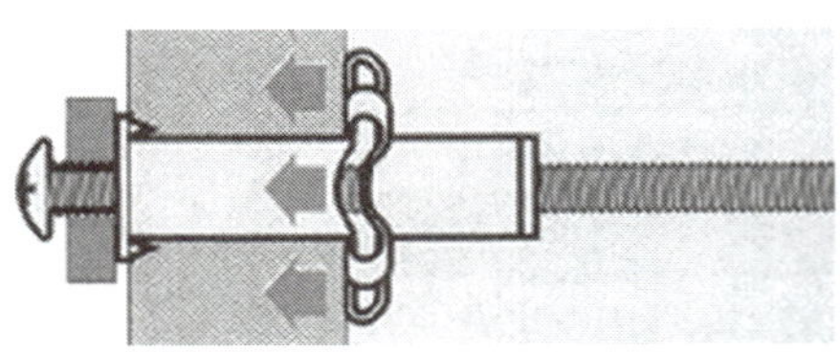

4.7.3 DIFFÉRENTS TYPES DE RUINE D'UNE CHEVILLE

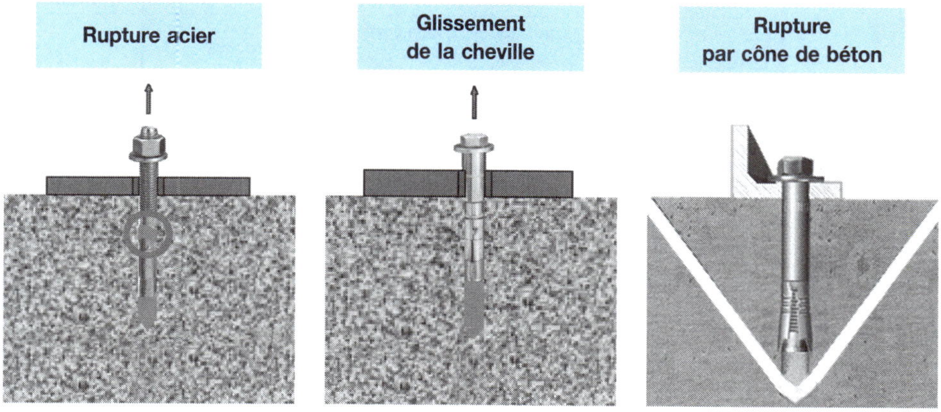

CRITÈRES DE DIMENSIONNEMENT

Critères pris en compte dans la méthode de dimensionnement

Domaine d'application : le risque

Il y a lieu de choisir la classe de risques de l'application pour laquelle la fixation sera utilisée.

On distingue trois domaines d'applications :

- **Applications à risque élevé** *(risques réels de pertes en vies humaines – conséquences économiques notables – aptitude de l'ouvrage à remplir ses fonctions compromise).*
- **Applications à risque modéré** *(risques négligeables de pertes en vies humaines – conséquences économiques faibles – dommages localisés).*
- **Applications sans risque** *(pas d'exigences vis-à-vis de la sécurité des ouvrages ou des personnes).*

Résistance et état de fissuration du béton

Les chevilles SPIT sont évaluées pour une utilisation dans du béton armé ou non, dont la résistance caractéristique sur éprouvette cylindrique à 28 jours est au minimum de 20 MPa.

Il appartient au maître d'ouvrage ou au bureau d'études de s'assurer de l'état de fissuration du support (fissuré ou non fissuré).

En l'absence de calcul, les règles professionnelles proposent dans le tableau ci-contre une qualification directe de l'état de fissuration du béton.

QUALIFICATION DIRECTE DE L'ÉTAT DE FISSURATION DU BÉTON

■ OUVRAGES ET ÉTAT DE FISSURATION

Ouvrages ou parties d'ouvrages support d'ancrage	État de fissuration du béton	
	Non fissuré	Fissuré
Éléments fléchis en béton armé (dalles, poutres, pannes)		X
Éléments fléchis en béton précontraint (dalles, poutres, pannes)	X	
Mur extérieur de bâtiment non armé		X
Mur extérieur de bâtiment en béton armé	X	
Mur intérieur de bâtiment	X	
Poteau de rive ou d'angle		X
Poteau intérieur	X	
Dallage radier		X
Zones de clavetage d'une construction réalisée à base d'éléments préfabriqués		X
Extrémité d'éléments fléchis (ex. : nez de balcon en porte-à-faux)	X	
Cuvelage	X	

(Le matériau support est dans tous les cas constitué par du béton.)

TYPES D'EFFORTS

■ CHARGES STATIQUES ET DYNAMIQUES

• Charges statiques ou quasi-statiques

Ces charges représentent le poids propre de l'élément fixé, les sollicitations permanentes ou variables telles que le vent, la neige…

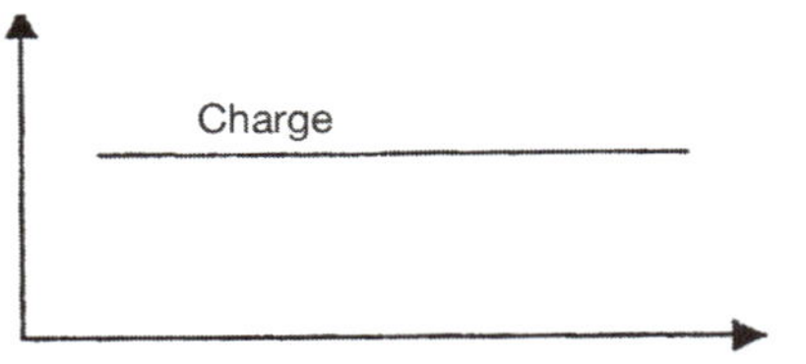

• Charges dynamiques

Les charges dynamiques sont des sollicitations dont l'intensité varie au cours du temps, par exemple les machines industrielles sollicitées par des vibrations, des chocs réguliers.

Certaines charges dynamiques peuvent être considérées comme des charges quasi-statiques.

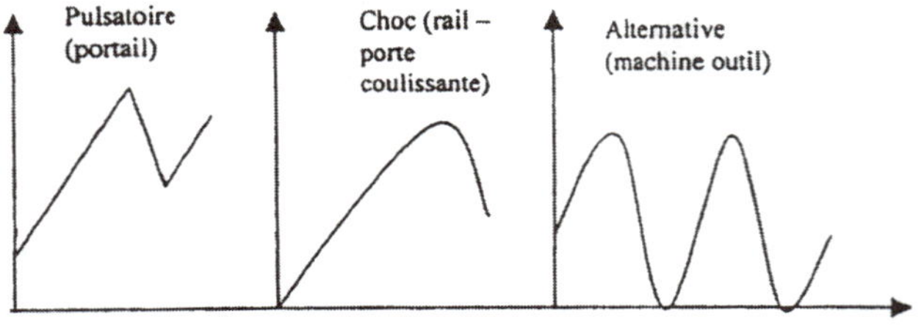

• Point d'application et direction de la charge

N = effort de traction axiale
($0 \leqslant \alpha \leqslant 30°$)

F = effort de traction oblique
($30° < \alpha < 60°$)

V = effort de cisaillement
($60° \leqslant \alpha \leqslant 90°$)

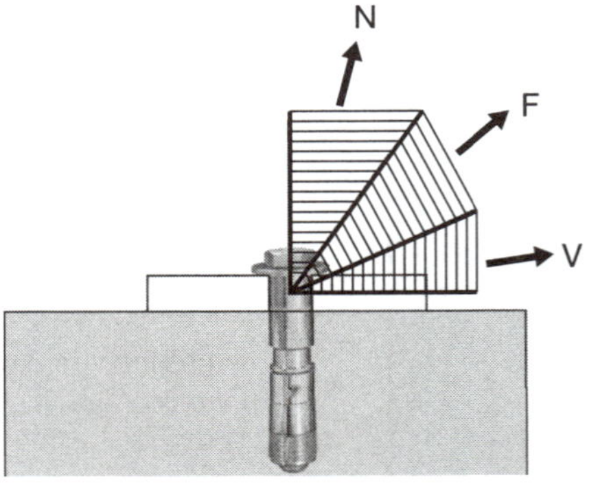

4.7.4 CONDITIONS DE DISTANCE ET D'ÉPAISSEUR DU SUPPORT

MODÉLISATION DE LA CHEVILLE DANS LE BÉTON

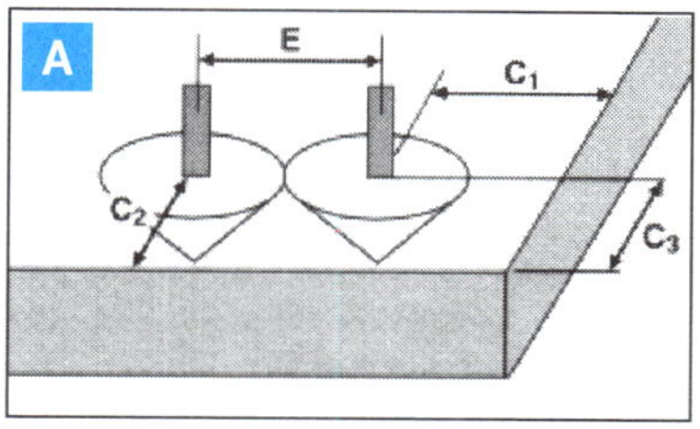

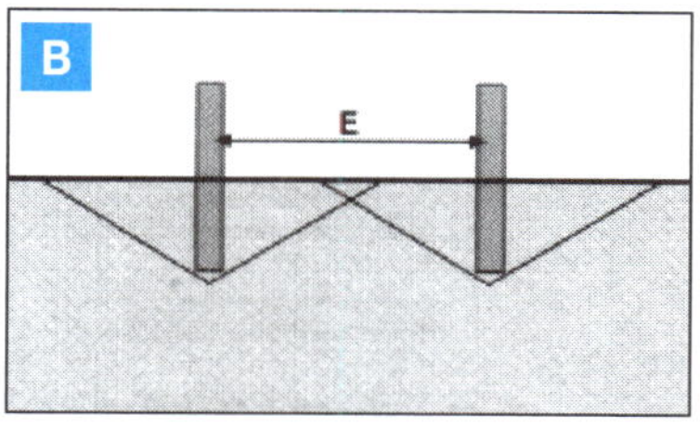

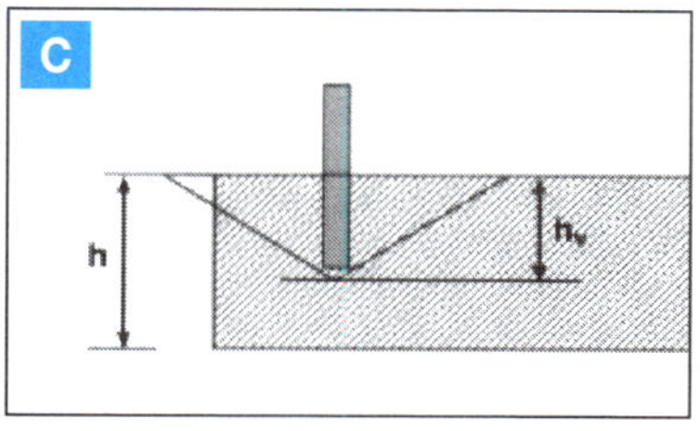

Les résistances de calcul aux états limites ne sont valables que pour autant que le béton possède une épaisseur minimale (100 mm) et lorsque les distances minimales entre les chevilles et au bord sont respectées (figure A).

La tenue d'une cheville dans le béton est modélisée par un cône en béton dont la surface est directement liée à sa performance.

L'interface des cônes en béton de 2 chevilles proches (figure B) ou la réduction de la surface du cône pour une cheville implantée près d'un bord (figure C) réduit sa résistance.

CHOIX DES NUANCES D'ACIER EN FONCTION DES ATMOSPHÈRES

■ CRITÈRES DE CHOIX

Atmosphère \ Fixation	Acier inox A4316L	Galvanisé à chaud	Électro-zingué
Atmosphère intérieure sèche	X	X	X
Atmosphère extérieure ou humide	X		
Ambiance agressive	X		

→ **La corrosion atmosphérique** est liée à l'atmosphère ambiante. Les agents se combinent aux composants de l'air.

→ **Le mélange d'oxygène, d'eau vaporisée et de rejets industriels**, principalement chlorés et sulfureux, agresse et altère les métaux et alliages.

→ **On distingue 3 types d'atmosphère principale.** Elles détermineront le choix de la résistance à la corrosion de la cheville.

→ **La corrosion électrolytique** qui peut apparaître lors de l'assemblage de deux métaux différents doit être prise en compte.

CHOIX DES NUANCES D'ACIER EN FONCTION DES CONTACTS ENTRE MATÉRIAUX

La corrosion électrolytique apparaît lors de l'assemblage de deux métaux différents. Il se crée alors un couple électrolytique qui donne lieu à la destruction de l'un des deux éléments.

Il faut donc tenir compte de la **matière de la pièce à fixer et celle de la fixation**, lors du choix du type de cheville à implanter.

Matière de la pièce à fixer	**Matière de la fixation**					
	Acier inoxydable	**Acier galvanisé**	**Acier électrozingué**	**Alliage zamak**	**Alliage plomb**	**Laiton**
Acier inoxydable	●	◆	◆	◆	◆	◆
Acier galvanisé	■	●	●	●	●	■
Acier électrozingué	■	●	●	●	●	■
Acier brut	■	◆	◆	◆	●	■
Alliage d'aluminium	■	◆	◆	◆	●	●
Alliage de zinc	■	●	●	●	■	■

● Contact possible entre les deux matériaux
■ Pièce à fixer attaquée
◆ Matière de la fixation attaquée

EXEMPLE DE CALCUL DE DIMENSIONNEMENT AVEC SPIT EXPERT

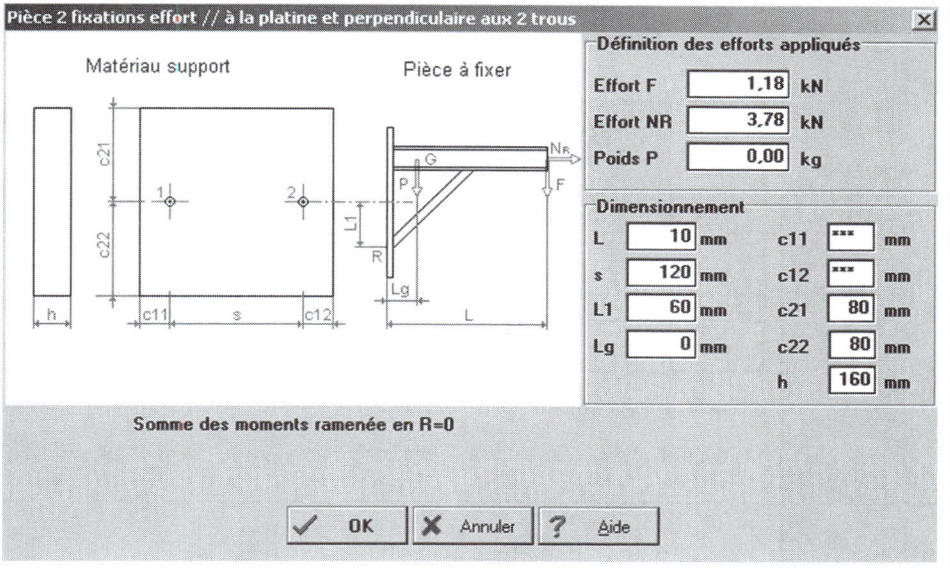

Surface du panneau : S = 1,20 × 3 m = 3,60 m^2

Sollicitations :

Force de pression (due au vent) : 3,6 × 105 = 378 daN.

Force due au poids propre et au poids du mur rideau = P_{total} = 10 + (3,6 × 30) = 118 daN.

Résultante : **Sds** = $\sqrt{378^2 + 118^2}$ = 396 daN

$\widehat{\alpha} = \arctan\left(\frac{V}{N}\right) = 17°$

d'où une sollicitation à la traction **Nsdv de 396 daN**

EXEMPLE DE TABLEAU DE CARACTÉRISTIQUES DIMENSIONNELLES

■ CHOIX D'UNE CHEVILLE

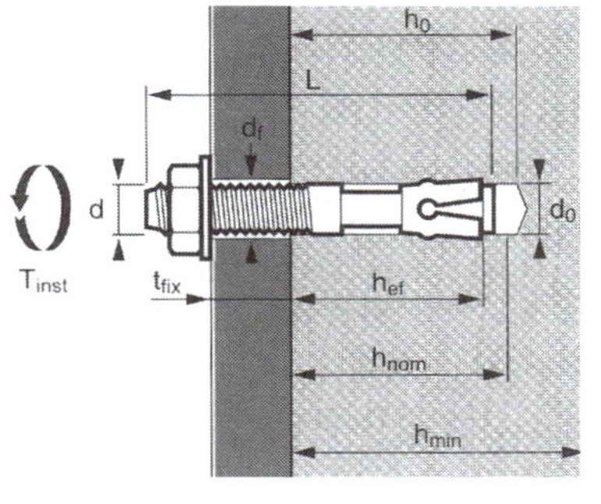

Type	Prof. ancrage (mm) h_{ef}	Prof. enfonc. (mm) h_{nom}	Ø filetage (mm) d	Prof. perçage (mm) h_0	Ø perçage (mm) d_0	Ép. maxi pièce à fixer (mm) t_{fix}	Ép. mini. du support (mm) h_{min}	Ø passage (mm) d_f	Long. totale cheville (mm) L	Couple serrage max. (Nm) T_{inst}
6-20/55	25,6	35	M6	41	6	20	100	8	55	10
8-10/50						10				
8-30/70	28,3	40	M88	48	8	30	100	10	70	20
8-60/100						60			100	
8-90/130						90			130	

EXEMPLE DE TABLEAU DE RÉSISTANCES DE CALCUL À L'ÉTAT LIMITE DE SERVICE (daN)

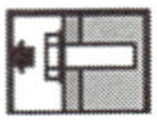
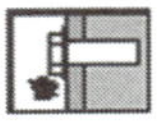
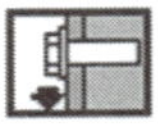

Dimensions	h_{ef} (mm)	h_{nom} (mm)	TRACTION (N_{Rds})* Applications à risque élevé dans un béton non fissuré Applications à risque modéré, sans risque dans un béton fissuré et non fissuré			TRACTION-OBLIQUE (F_{Rds})			CISAILLEMENT (V_{Rds})
			C20/25	C30/37	≥ C40/50	C20/25	C30/37	≥ C40/50	≥ C20/25
M8	28,3	40	235	280	330	215	235	255	275
M10	36,4	50	360	425	515	335	365	400	435
M12	45,4	60	520	620	755	485	530	580	630
M16	54,0	75	685	810	960	735	815	900	1175
M20	73,8	95	965	1175	1365	1075	1215	1330	1835

(*) Dans le cas d'une application à risque élevé dans un béton fissuré, les valeurs doivent être divisées par γ_{eq} = **1,4**.

- Nrdu, Frdu, Vrdu : résistance à l'État Limite Ultime – **Rdu** = **Rds** × **1,4**.

EXEMPLE DE TABLEAU DE COEFFICIENT DE RÉDUCTION

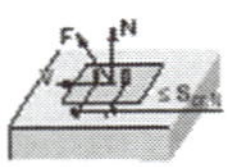

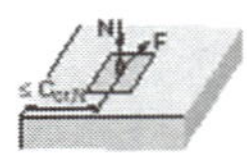

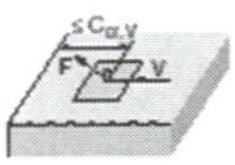

Dimension de la cheville	Prof. ancrage h_{ef}	Distance S							Distance C Traction Traction-oblique non dirigé vers le bord								Distance C Cisaillement non dirigé vers le bord Traction-oblique dirigé vers le bord							
		S_{min}						S_{cr}		C_{min}						$C_{cr,N}$		C_{min}						$C_{cr,V}$
M8	28,3	40	50	60	70	80	90	100		40	44	48	53	57	61	65		40	50	60	70	80	90	100
M10	36,4	50	63	77	90	104	117	130		50	55	60	65	70	75	80		50	63	75	88	100	113	125
M12	45,4	60	76	92	107,5	123	139	155		60	66	72	78	83	89	95		60	75	90	105	120	135	150
M16	54,0	75	96	117	137,5	158	179	200		75	83	92	100	108	117	125		75	93	112	130	148	167	185
M20	73,8	95	122,5	150	177,5	205	232,5	260		95	106	117	128	138	149	160		95	118	140	163	185	208	230
Coefficient	ψ_s	0,7	0,75	0,8	0,85	0,9	0,95	1	$\psi_{C,N}$	0,7	0,75	0,8	0,85	0,9	0,95	1	$\psi_{C,V}$	0,4	0,5	0,6	0,7	0,8	0,9	1

EXEMPLE DE VÉRIFICATION DU DIMENSIONNEMENT

Vérifier que **Nsdv** ≤ **Nrdv**

- **Nsdv :** sollicitation à la traction
- **Nrdv :** résistance à la traction de la fixation

Critères :

- Application à risque élevé dans **un béton non fissuré**.
- Classe de béton ; **C20/25**.
- α = **17°** → résultante de traction.

Cheville sélectionnée : SPIT FIX M8 × 10

- Résistance de calcul **à l'État Limite de Service (ELS) pour un effort de traction** = **329 daN** par fixation.
- Facteurs d'influence : **S = 120 mm** → **Ψs = 1**
  C21 = 80 mm → **Ψcn (C21) = 1**
  C22 = 80 mm → **Ψcn (C22) = 1**

Résistance admissible :

Nrdv = Nrdv max × Ψs × Ψcn (C21 + C22) = **329 daN par cheville**.

D'où **Nrdv = 658 daN > Nsdv**

4.7.5 FIXATION DES DIFFÉRENTES STRUCTURES BOIS, CHARPENTE, GARDE-CORPS, RAMPES, POTEAUX DE VÉRANDAS ET MENUISERIES BOIS, ALU, PVC SUR LES DIFFÉRENTS TYPES DE SUPPORTS

MÉTHODE DE POSE

Matériau support :

BÉTON

1. Cheville conseillée :
Ex. : **SPIT FIX** (cheville mâle)

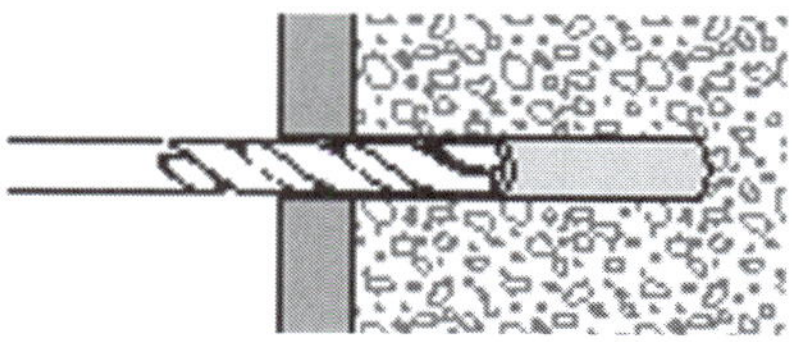

- Percer un trou débouchant ou non avec un foret correspondant à la dimension de la cheville Spit Fix à poser suivant les indications du fabricant de chevilles.
- Nettoyer le trou par soufflage.

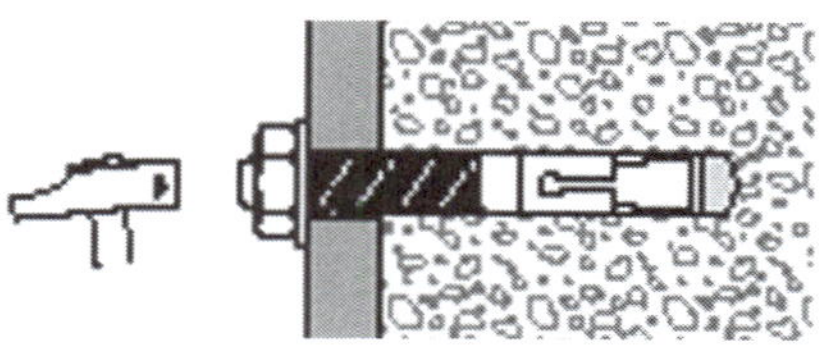

- Introduire la cheville dans le trou et l'enfoncer si nécessaire à l'aide d'un marteau en ne laissant dépasser que deux à trois filets au-delà de la pièce à fixer.

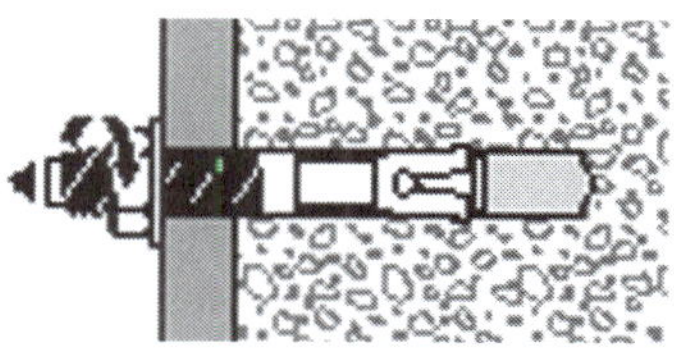

- Placer la rondelle.
- Amorcer le vissage de l'écrou sur les filets laissés à l'extérieur. Serrer au maximum à la main.
- Serrer à la clé dynamométrique jusqu'à obtenir le couple de serrage requis.

2. Cheville conseillée :
Ex. : **SPIT PRIMA** (cheville femelle)

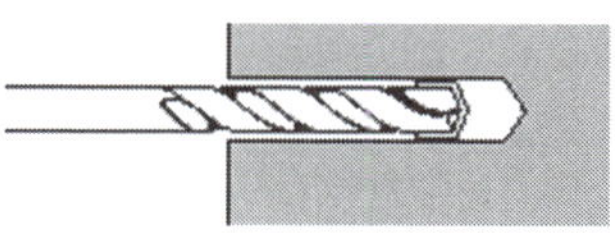

- Percer un trou aux dimensions indiquées.

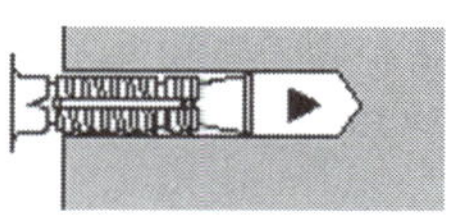

- Insérer la cheville entièrement dans le trou.

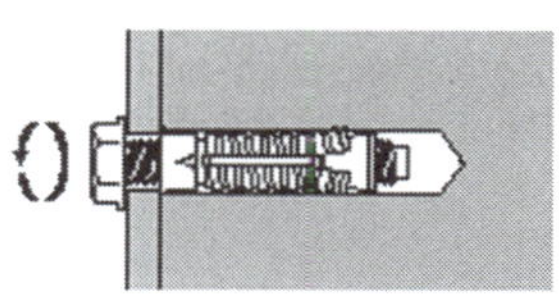

- Positionner la pièce à fixer.
- Introduire la vis.
- Serrer au couple indiqué par le fabricant.

MÉTHODE DE POSE
(SUITE)

Matériau support :

PARPAING CREUX ENDUIT

1. Cheville conseillée :
Ex. : **SPIT PRIMA** (cheville femelle)

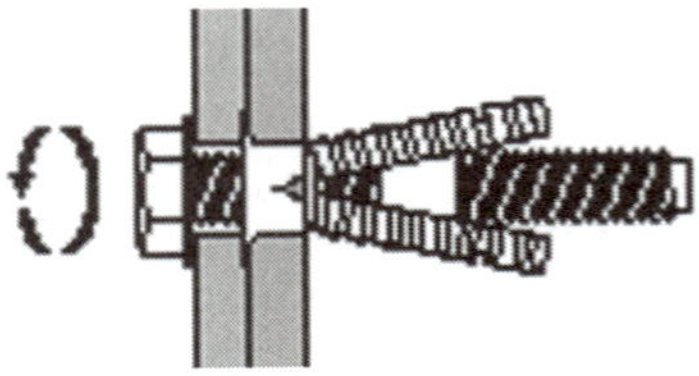

• Percer.

• Insérer la cheville sans vis.

• Serrer au couple indiqué.

Matériau support :

PARPAING CREUX NON ENDUIT

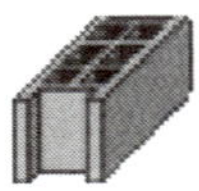

1. Cheville conseillée :
SPIT SATELIS (mâle ou femelle)

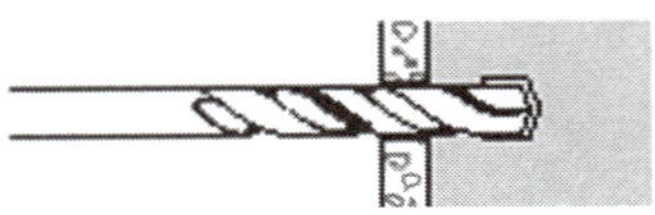

• Forer un trou de ∅ 20 mm et de profondeur 80 mm.

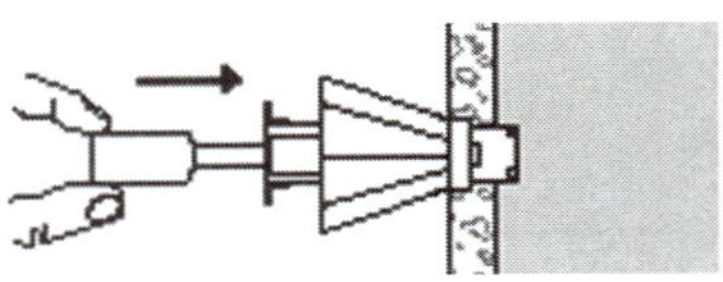

• Introduire manuellement le Satelis.
Utiliser l'effort ressort pour que le Satelis vienne se plaquer sur la face intérieure de la paroi.

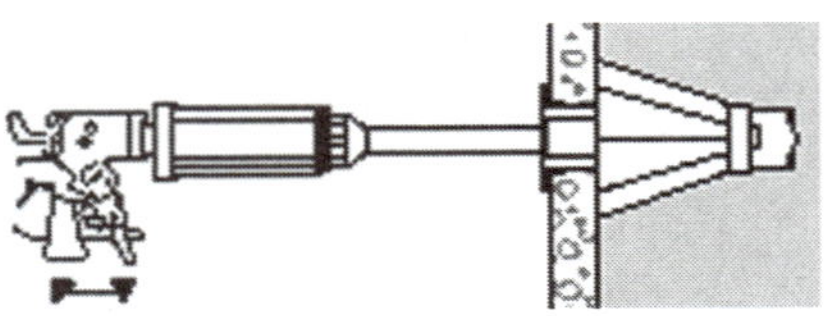

• Injecter la résine en utilisant les repères indiqués sur les cartouches.

• Introduire en rotation le goujon choisi jusqu'à ce que la bague de centrage vienne se loger à l'intérieur de la collerette.

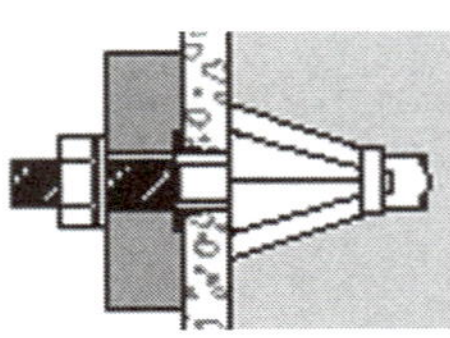

• Après durcissement, mettre en place l'élément à fixer et serrer au couple conseillé par le fabricant.

MÉTHODE DE POSE (SUITE)

2. Cheville conseillée :
Ex. : **SPIT NYLONG**

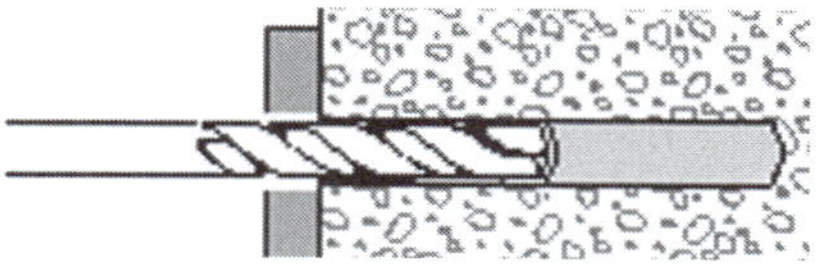

• Percer un trou de diamètre 10 mm et à la profondeur donnée.

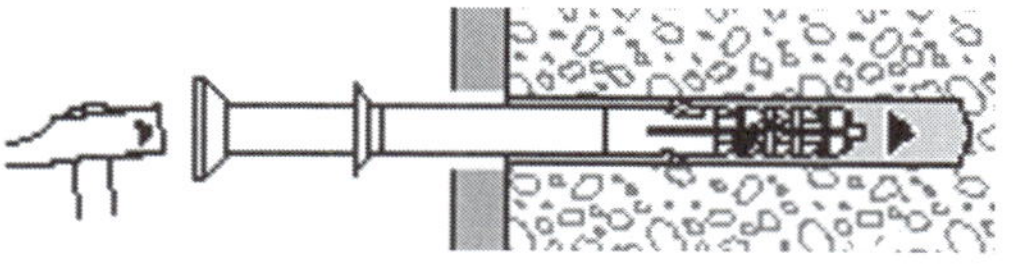

• Positionner la cheville dans le trou au travers de la pièce à fixer.

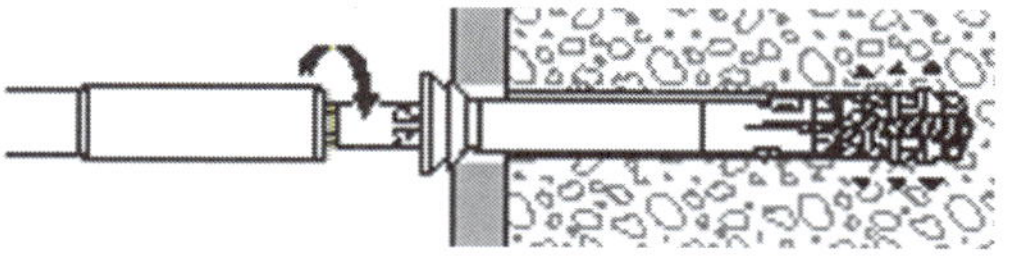

• Visser jusqu'à ce que la tête de la vis vienne en butée contre la collerette de la cheville.

Matériau support :
BRIQUE PLEINE
Chevilles conseillées :
SPIT HIT-M

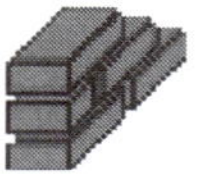

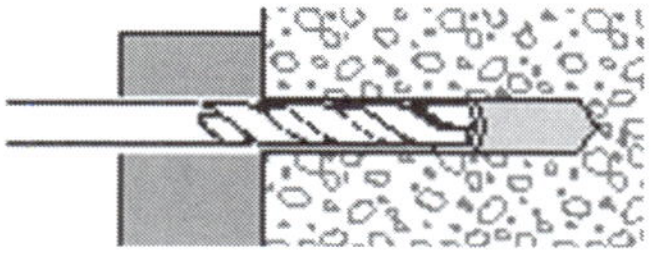

• Percer un trou au travers de la pièce à fixer selon les valeurs indiquées.

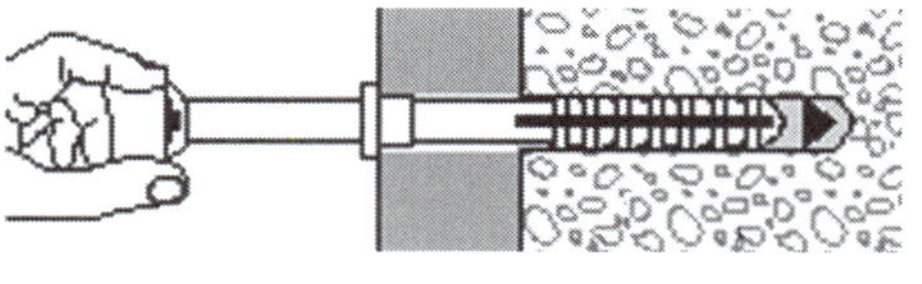

• Insérer la cheville à la main.

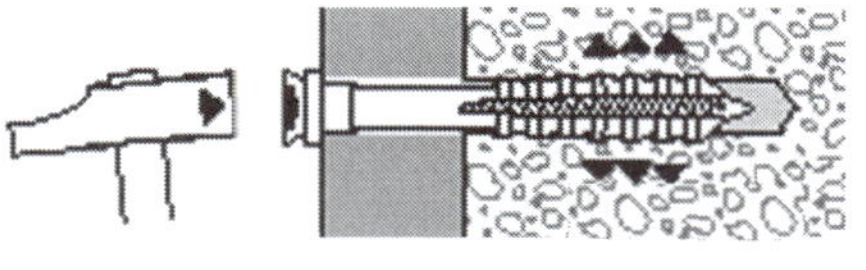

• Taper sur le clou jusqu'au contact de la tête du clou sur la collerette de la cheville.

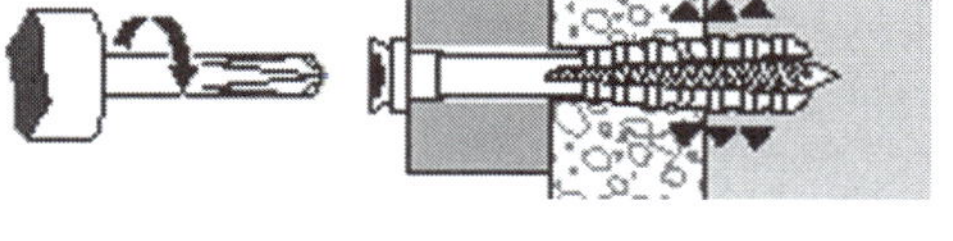

• Vous pouvez également expanser la cheville par vissage.

4.7.6 EXEMPLES D'APPLICATIONS

Pour une même application donnée, le logiciel Expert de SPIT peut offrir un choix multiple de solutions. Parmi ce choix multiple, la sélection de la cheville se fera en fonction de critères tels que la simplicité de mise en œuvre et le coût.

FIXATION DE SABLIÈRE ET FERMETTE SUR BÉTON

■ SABLIÈRE

T_{fix} = épaisseur de la pièce à fixer
C_{cr} = distance au bord
h_{ef} = profondeur d'ancrage
d_0 = diamètre de percement

Cheville conseillée : SPIT NYLONG
(voir tableau des caractéristiques ci-dessous)

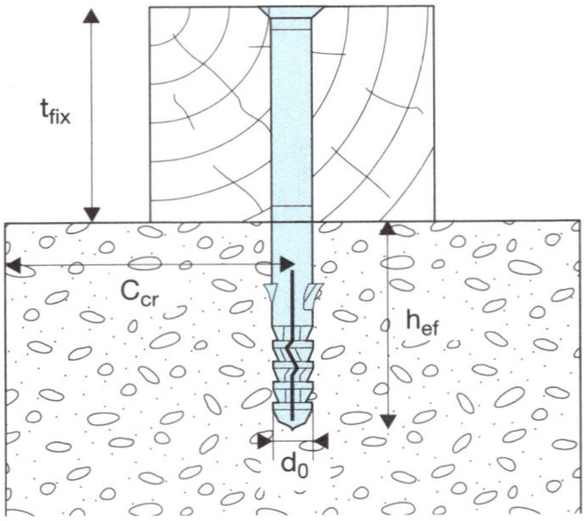

Caractéristiques techniques

Type	Prof. ancrage (mm)	Épaisseur maxi pièce à fixer (mm)	Ø ext cheville (mm)	Épaisseur mini du matériau support (mm)	Ø de perçage (mm)	Prof. de perçage (mm)	Prof. perçage mini à travers pièce à fixer (mm)	Long. totale douille (mm)	Couple de serrage maximum (Nm)	Code	
	h_{ef}	t_{fix}	d_{nom}	h_{min}	d_0	h_0	L_1	L	T_{inst}	tête type F	tête type H
10-60	50	10	10	100	10	60	70	60	8,5	057290	057200
10-80	50	30	10	100	10	60	90	80	8,5	057210	–
10-100	50	50	10	100	10	60	110	100	8,5	057220	057160
10-115	50	65	10	100	10	60	125	115	8,5	057230	–
10-135	50	85	10	100	10	60	145	135	8,5	057240	057180
10-160	50	110	10	100	10	60	170	160	8,5	057250	057190

Distances des entraxes des chevilles (S_{cr})

		Distance S_{cr} en mm			
Type	h_{ef}	béton	bloc béton plein	brique pleine	béton cellulaire
NYLONG	50	100	100	100	100

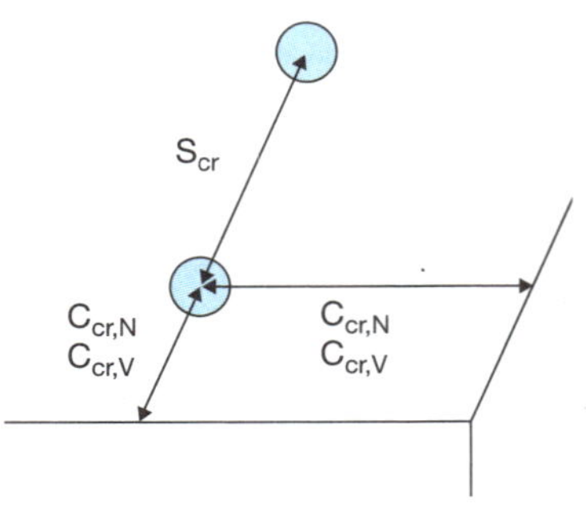

Distances au bord ($C_{cr,N}$ – $C_{cr,V}$)

		Distance $C_{cr,N} = C_{cr,V}$ en mm			
Type	h_{ef}	béton	bloc béton plein	brique pleine	béton cellulaire
NYLONG	50	50	50	100	100

Méthode de pose

- Percer un trou de diamètre 10 mm à la profondeur donnée dans le tableau des caractéristiques techniques.

- Positionner la cheville dans le trou au travers de la pièce à fixer à l'aide d'un marteau jusqu'au contact de la collerette avec la pièce.

- Visser jusqu'à ce que la tête de la vis vienne en butée contre la collerette de la cheville.

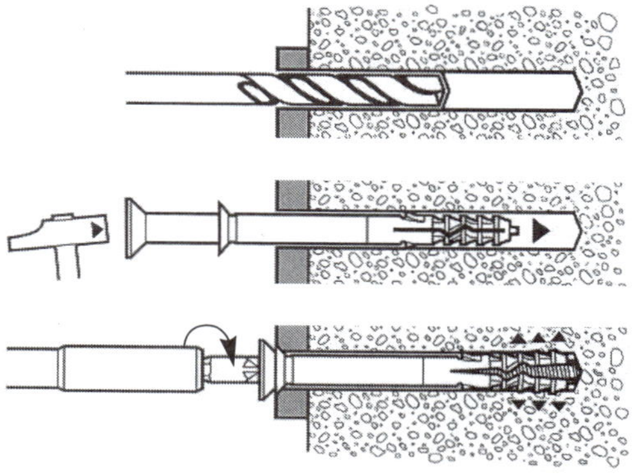

■ FERMETTE AVEC ÉQUERRE DE FIXATION

Pour ce type de pose, cheville conseillée : SPIT FIX II ∅ 10 X 65/5

Cheville SPIT FIX	Profondeur d'ancrage (mm) h_{ef}	∅ de filetage (mm) d	∅ de perçage (mm) d_0	Épaisseur maxi pièce à fixer (mm) t_{fix}	Longueur totale cheville (mm) L	Couple de serrage maxi (Nm) T_{inst}
10 X 65/5	36,4	M10	10	10	60	45

Cheville SPIT FIX	Distance (mm) S_{cr}	Distance (mm) $C_{cr,N}$	Distance (mm) $C_{cr,V}$
10 X 65/5	130	M10	10

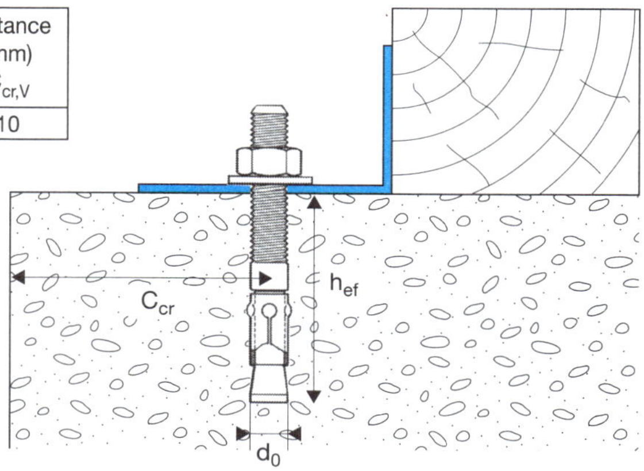

Méthode de pose

- Percer un trou de diamètre 10 mm à la profondeur donnée dans le tableau des caractéristiques techniques. Nettoyer le trou par soufflage

- Introduire la cheville dans le trou et l'enfoncer à l'aide d'un marteau en ne laissant dépasser que deux à trois filets au-delà de la pièce à fixer.

- Placer la rondelle. Amorcer le vissage de l'écrou et serrer au maximum à la main.
Serrer à la clé dynamométrique jusqu'à l'obtention du couple de serrage requis.

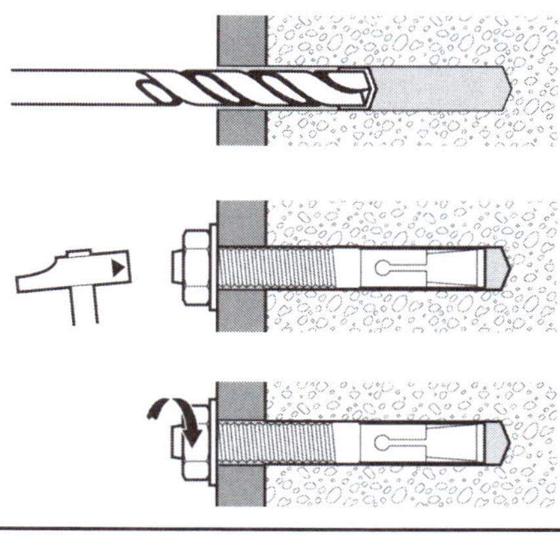

FIXATION DE PIED DE POTEAUX

■ POTEAUX

Pour ce type de pose, cheville conseillée : SPIT MAXIMA

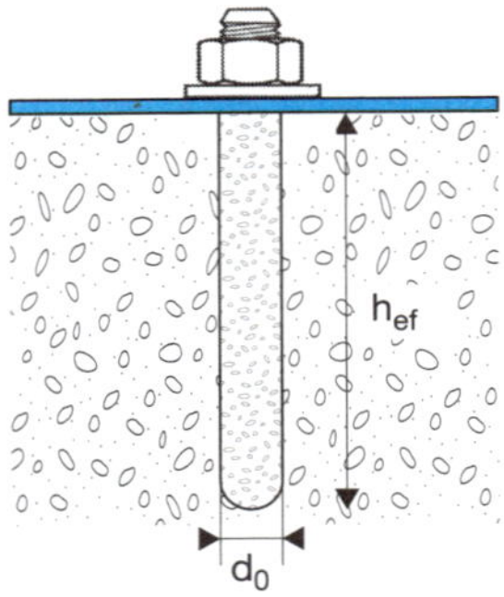

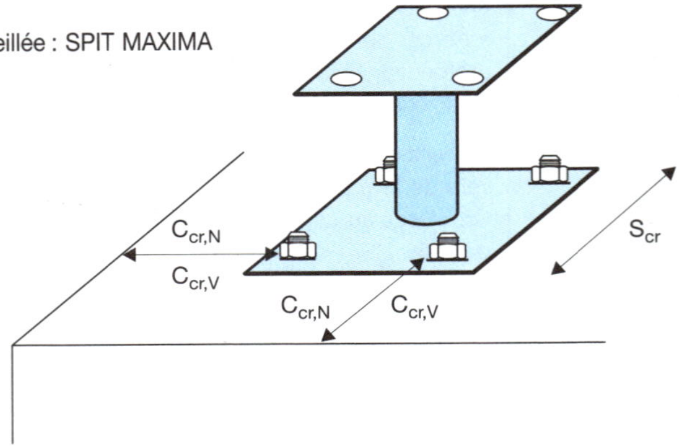

Coefficients de réduction

Dimension de la tige	Profondeur d'ancrage h_{ef}	Distance S							Distance C Traction/Traction-oblique non dirigé vers le bord						Distance C Cisaillement non dirigé vers le bord Traction-oblique dirigé vers le bord							
		S_{min}						S_{cr}		C_{min}				$C_{cr,N}$		C_{min}						$C_{cr,V}$
M8	80	40	53	66	80	93	104	120		40	50	60	70	80		40	51	61	72	83	93	104
M10	90	45	60	74	90	104	117	135		45	56	67	79	90		45	57	69	81	93	105	117
M12	110	55	73	91	110	127	143	165		55	69	82	96	110		55	70	84	99	114	128	143
M16	125	63	83	103	125	145	162	187		63	78	94	109	120		63	80	96	113	129	146	162
M20	170	85	102	141	170	197	221	255		85	106	127	149	170		85	108	130	153	176	198	221
M24	210	105	126	147	210	243	273	315		105	131	157	184	210		105	133	161	189	217	245	273
M30	280	149	187	234	280	327	374	420		140	175	210	245	280		140	177	215	252	289	327	364
Coefficient	ψ_s	0,7	0,75	0,8	0,85	0,9	0,95	1	$\psi_{C,N}$	0,6	0,7	0,8	0,9	1	$\psi_{C,V}$	0,4	0,5	0,6	0,7	0,8	0,9	1

Caractéristiques techniques

Type	Prof. ancrage (mm) h_{ef}	Épaisseur maxi pièce à fixer (mm) t_{fix}	Ø filetage (mm) d	Épaisseur mini support tige (mm) h_{min}	Ø de perçage (mm) d_0	Prof. de perçage (mm) h_0	Ø passage (mm) d_f	Longueur totale tige (mm) $L^{+0,5}_{-1}$	Longueur capsule (mm) L_p	Couple de serrage maximum (Nm) T_{inst}	Code
M8 Capsule	80	15	M8	120	10	80	10	110	80	10	050950 051500
M10 Capsule	90	20	M10	130	12	90	12	130	85	20	050960 051510
M12 Capsule	100	25	M12	160	14	110	14	160	107	30	050970 051520
M16 Capsule	125	35	M16	175	18	125	18	190	107	60	050980 051530
M20 Capsule	170	65	M20	220	25	170	25	260	162	120	655220 051540
M24 Capsule	210	63	M24	270	28	210	28	300	200	200	655240 051550
M30 Capsule	280	70	M30	340	35	280	35	380	260	400	050940 051560

N. B. : Tiges filetées avec embout triangulaire : M8 – M10 – M12 – M16
Tiges filetées sans embout triangulaire : M20 – M24 – M30

FIXATION DE PIED DE POTEAUX (SUITE)

Méthode de pose

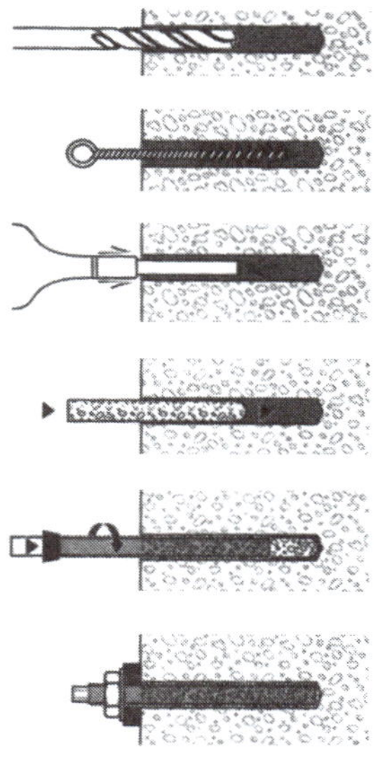

- Percer au diamètre et à la profondeur de perçage spécifiés dans le tableau des caractéristiques techniques.
- Brosser les parois du percement avec un écouvillon métallique.
Souffler les poussières hors du percement.
Il est aussi possible de nettoyer le percement à l'eau sous pression.
- Introduire la capsule SPIT MAXIMA dans le trou (vérifier que la résine soit d'une viscosité fluide).
Monter l'outil de pose sur le perforateur et introduire la tige dans l'outil de pose.
- Casser la capsule avec l'extrémité de la tige en rotation-percussion.
Introduire la tige jusqu'au fond du percement (repère d'ancrage) et retirer l'outil de pose.
- Attendre le durcissement de la résine avant d'appliquer la charge ou le couple de serrage.

FIXATION DE GARDE-CORPS

■ GARDE-CORPS

Béton :

- Résistance moyenne sur cylindre : 25 MPa
- Épaisseur minimum du support : h = 130 mm

Domaine d'emploi :

- Extrémité d'éléments fléchis ⇒ béton non fissuré
- La fixation d'un garde-corps est considéré comme une application à risque élevé

Géométrie du garde-corps

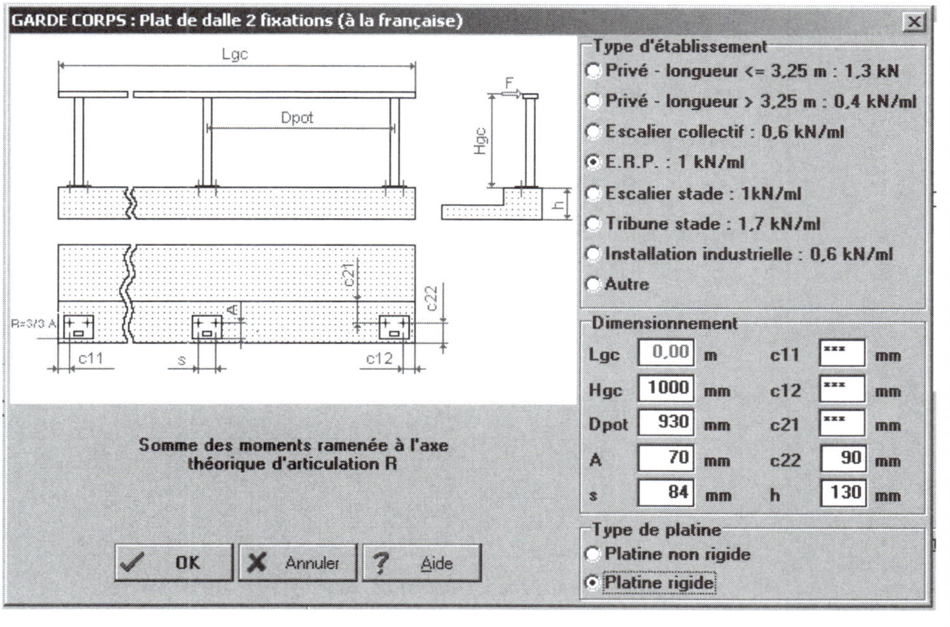

FIXATION DE GARDE-CORPS (SUITE)

■ CALCUL DES SOLLICITATIONS PAR CHEVILLE

Pour un garde-corps dont la platine et le potelet sont soudés, l'axe de rotation de la platine est situé à R = 3/3 A

• Traction

$F \times H_{gc} \times D_{pot} - n^* \times N \times R = 0$

Donc $N_{Sds} = \dfrac{F \times H_{gc} \times D_{pot}}{n \times R} = 664$ daN

(n^* : nombre de chevilles sur la platine = 2)

• Cisaillement

$V_{Sds} = \dfrac{F \times D_{pot}}{n} = 46{,}5$ daN

• Résultante

$S_{ds} = \sqrt{N^2 + V^2} = 666$ daN

$\alpha = \arctan\left(\dfrac{V}{N}\right) = 4° \Rightarrow \alpha$ entre 0 et 30° → traction

Cheville conseillée pour cette application : SPIT ATP M10X65 INOX A4

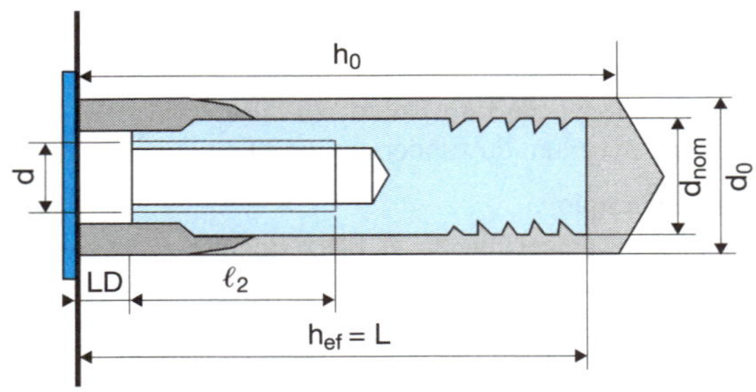

Résistances de calcul à l'état limite de service (daN)

- Béton ⩾ C20/25
- Inox A4 vis classe 70

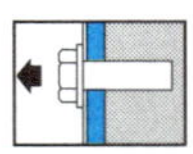

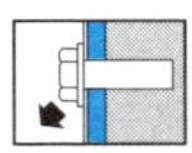

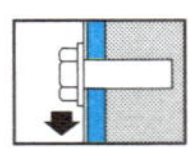

Dimensions	Profondeur d'ancrage h_{ef}	Traction (N_{Rds})* Applications à risque élevé dans un béton non fissuré Applications à risque modéré, sans risque dans un béton fissuré et non fissuré	Traction oblique (F_{Rds})*	Cisaillement (V_{Rds})*
		⩾ C20/25	⩾ C20/25	⩾ C20/25
M8	60	570	345	315
M10	65	905	550	505
M12	75	1150	760	730
M16	125	2450	1485	1360
M20	170	3810	2310	2115

(*) Dans le cas d'une application à risque élevé dans un béton fissuré, les valeurs doivent être divisées par $\gamma_{eq} = 1{,}4$

- N_{Rdu}, F_{Rdu}, V_{Rdu} : résistance à l'état limite ultime – $R_{du} = R_{ds} \times 1{,}4$

4.7.7 LA FIXATION BOIS SUR BOIS PAR CLOUAGE

TYPES DE CLOUS

■ LES TYPES DE POINTE ET LEURS CARACTÉRISTIQUES

Clou lisse

Clou cranté

Clou torsadé

• **Les types de tête :**
demi-lune – ronde – bombée – tête homme

• **Les différentes matières :**
acier – acier inoxydable – cuivre

• **Les traitements :**
brut – électro zingué – cadmié – galvanisé – shérardisé

• **Qualité des pointes exposées aux intempéries :**
– acier inoxydable (NF A 35 – 577)
– acier galvanisé à chaud (classe B – NF A 91 – 131)
– acier shérardisé (classe 40 – NF A 91 – 460)
Note : protection cadmiage ou électro zinguée (NF E 27 – 016) non admises

• **Choix de la longueur du clou**
Règles générales :
– pour des épaisseurs à fixer inférieures à 50 mm
- clous lisses : L = E × 3
- clous crantés : L = E × 2,5
– pour des épaisseurs à fixer supérieures à 50 mm
- L = E + 50 mm

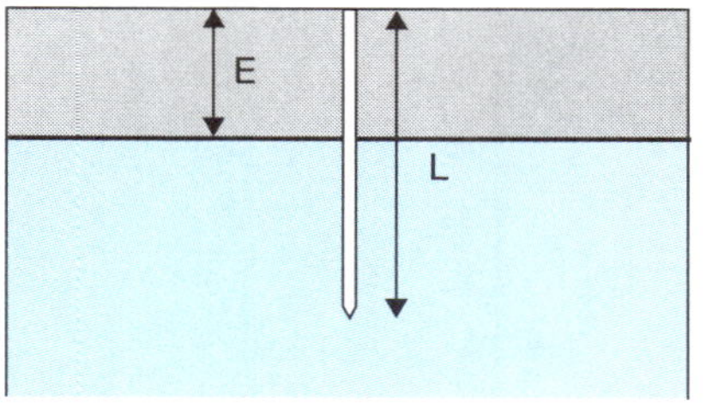

• **Le crantage**
Lors de la pénétration du clou, le crantage relève les fibres du bois.
Lorsque la pointe est en place, les fibres se resserent sur les crans de la tige, assurant une meilleure tenue à l'arrachement.

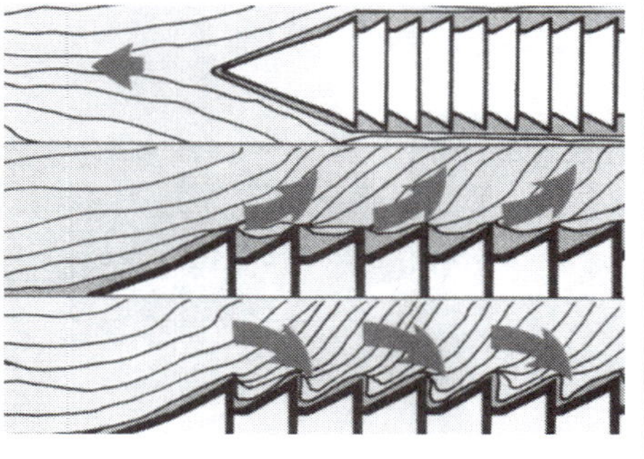

Les fixations

Les fixations sont réalisées avec le cloueur gaz SPIT IM350

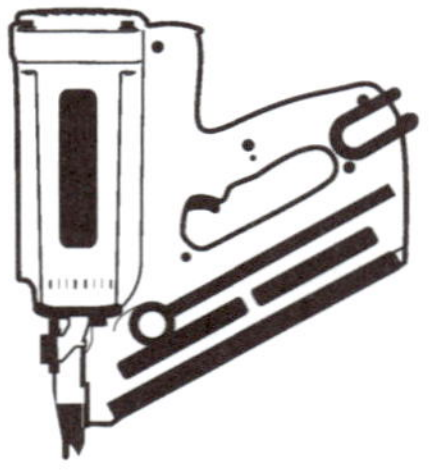

EXEMPLES DE FIXATION

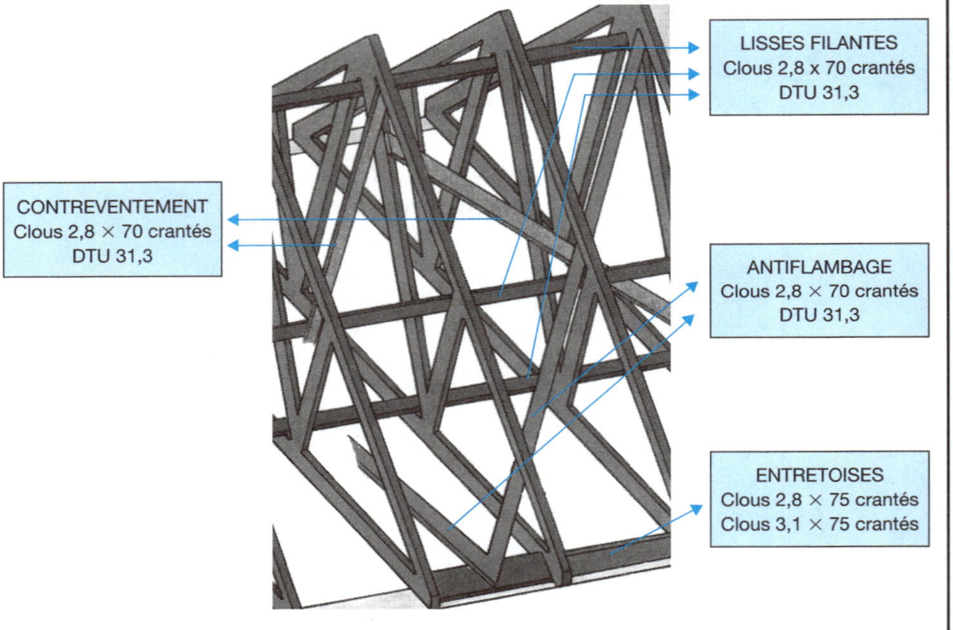

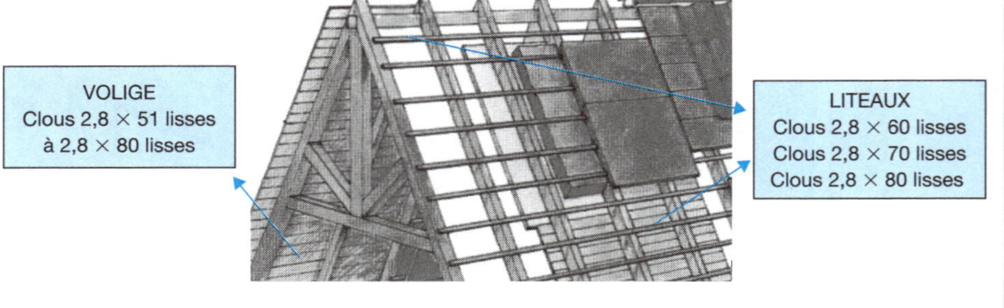

EXEMPLES DE FIXATION (SUITE)

BARDAGE BOIS
Clous 2,8 × 55 crantés
tête bombée inox
DTU 41,2

• **Parquet**

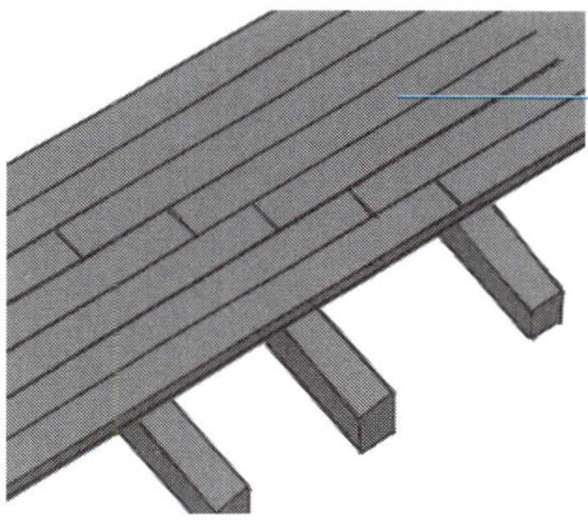

FIXATION DE LAMES
Clous 2,5 × 60 crantés
Clous 2,8 × 60 lisses
DTU 51,1

• **Couverture à joint debout**
(feuilles de zinc, inox ou cuivre)

Cloueur gaz
SPIT IM200/32 Joint debout

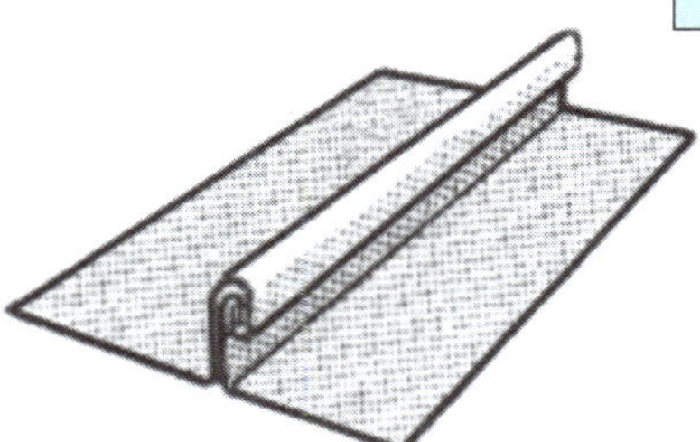

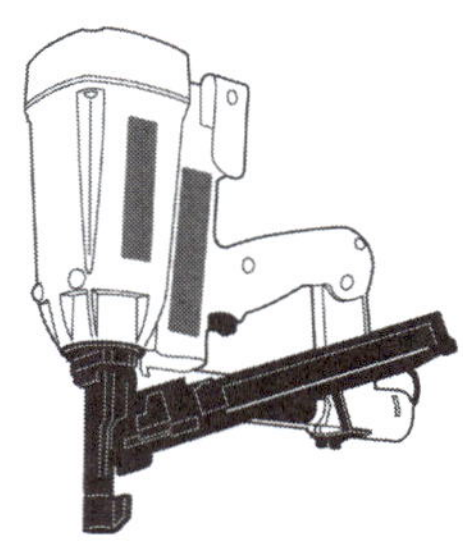

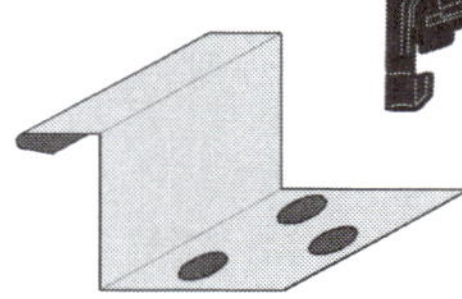

FIXATION DES PATTES
Clous crantés inox 2,8 x 25 mm
DTU 40,41 – 40,44 – 40,45

4.8 ORGANES DE ROTATION

Les organes de rotation ont pour fonction de rendre mobile un élément (porte, ouvrant...) par rapport à un ensemble fixe (bâti) et supporter le poids de cet élément.

4.8.1 PAUMELLES DE PORTES ET DE FENÊTRES

TYPE DE FERRAGE

À fleur

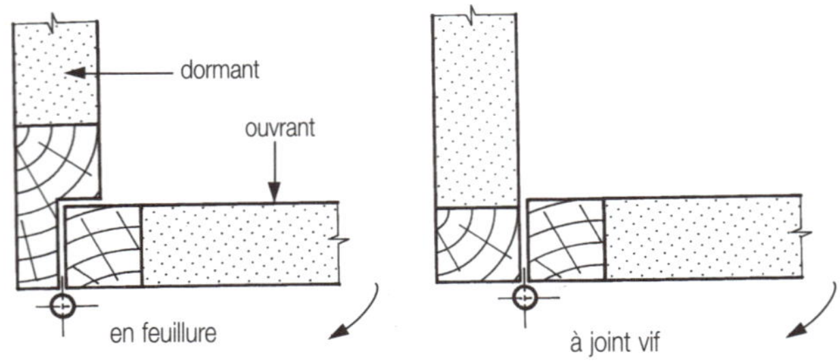

À recouvrement

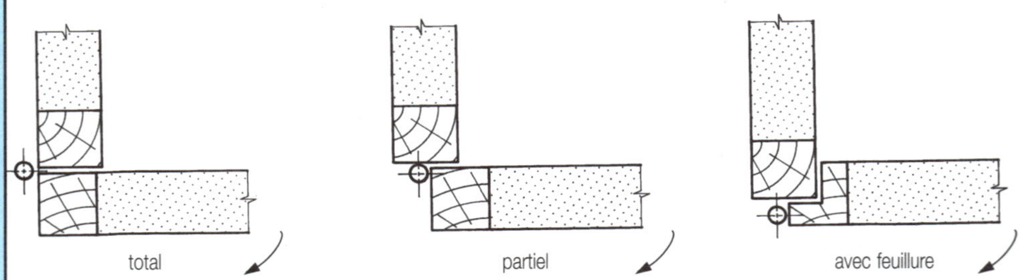

En retrait

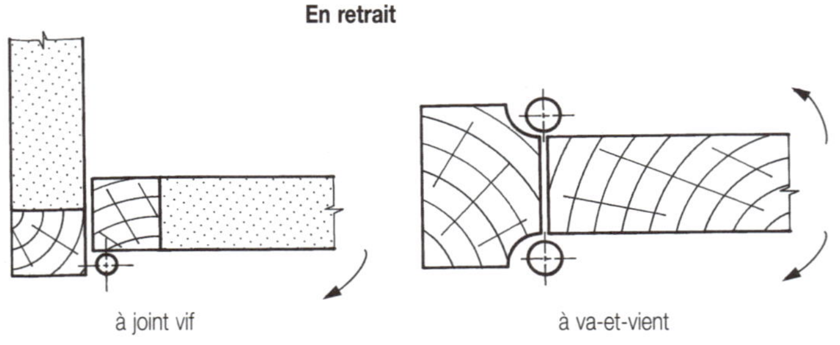

■ MÉTHODE DE DÉTERMINATION DE LA « MAIN » D'UNE PAUMELLE

DÉFINITION GAUCHE-DROITE

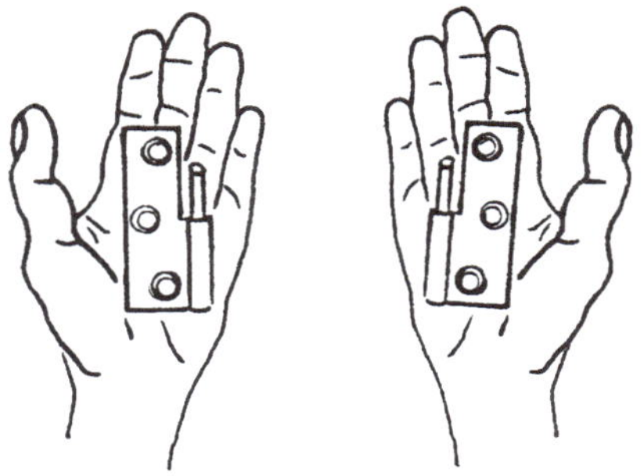

Paumelle à gauche — Paumelle à droite

- On ouvre la paumelle côté fraisurages vus (orientés vers le haut !).
- On dégonde la paumelle en l'orientant de manière à ce que la broche soit dirigée devant soi (et non vers soi !).
- La paumelle prend le nom de la main dans laquelle se trouve la partie de la paumelle portant la broche.
- Partie de la paumelle avec broche, dans la main gauche : **Paumelle à gauche**.
- Partie de la paumelle avec broche, dans la main droite : **Paumelle à droite**.

SENS D'OUVERTURE D'UN ÉLÉMENT MOBILE

à gauche en poussant (paumelles à gauche)

à droite en poussant (paumelles à droite)

à gauche en tirant (paumelles à droite)

à droite en tirant (paumelles à gauche)

LIGNE DE RÉFÉRENCE D'UNE PAUMELLE

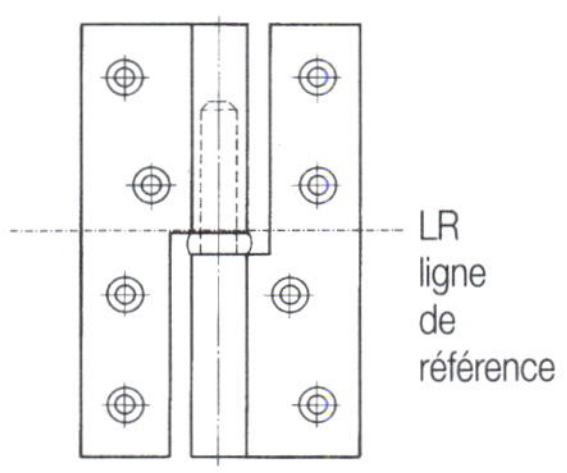

La ligne de référence d'une paumelle est une ligne fictive passant sur la surface d'appui de la partie « portante » de la paumelle. Elle permet le positionnement précis de cette demi-paumelle sur le dormant ou le bâti.

POSITIONNEMENT DES PAUMELLES

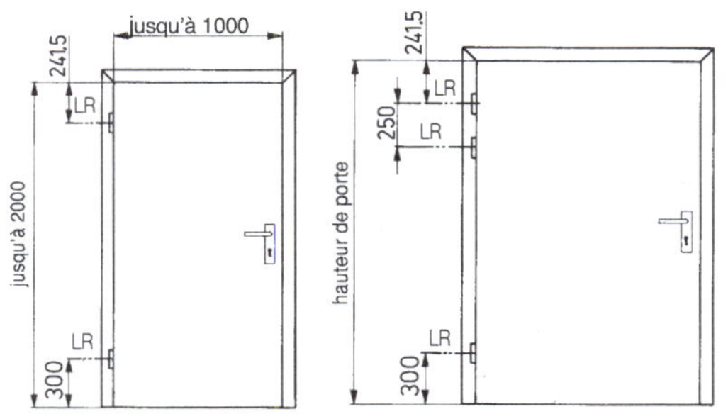

Instruction de ferrage et de montage

Si la masse d'une porte exige une troisième paumelle, celle-ci ne doit pas être fixée au milieu de la porte mais à 250 mm sous la paumelle supérieure. De cette façon, la capacité de charge augmente.

Nota : les butées éventuelles doivent être posées le plus loin possible de l'axe de rotation. Les couples occasionnés dans le cas contraire risquent de détériorer la paumelle ou même la porte.

PAUMELLE CYLINDRIQUE DROITE

pour portes à fleur

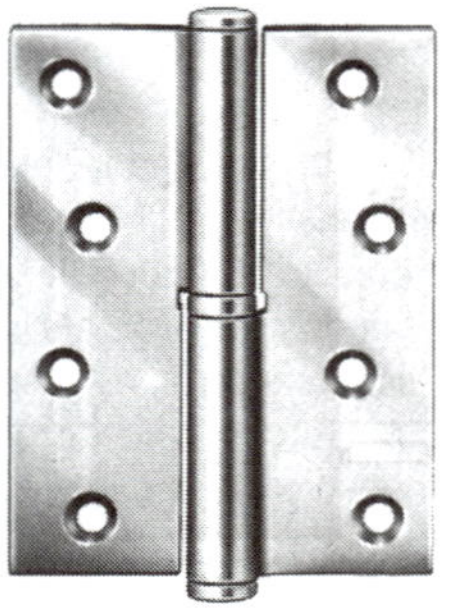

Paumelle	Finition
gauche droite	acier finement poncé et brossé

Matière :
acier inoxydable

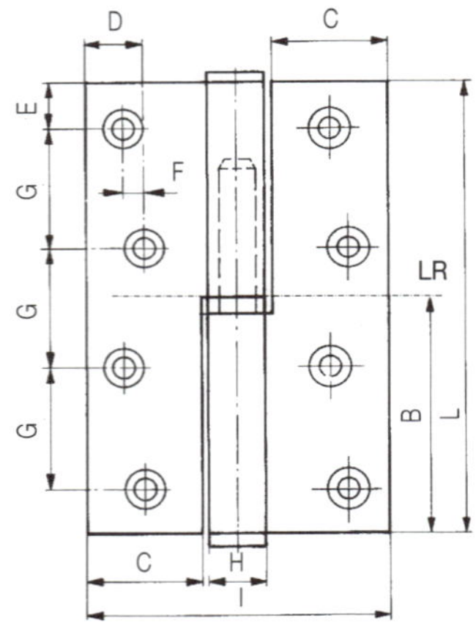

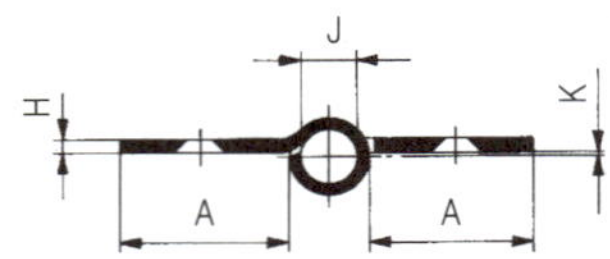

Fixation avec vis à tête fraisée ∅ 4

Sens d'ouverture :
- à droite
- à gauche

Exemple de montage

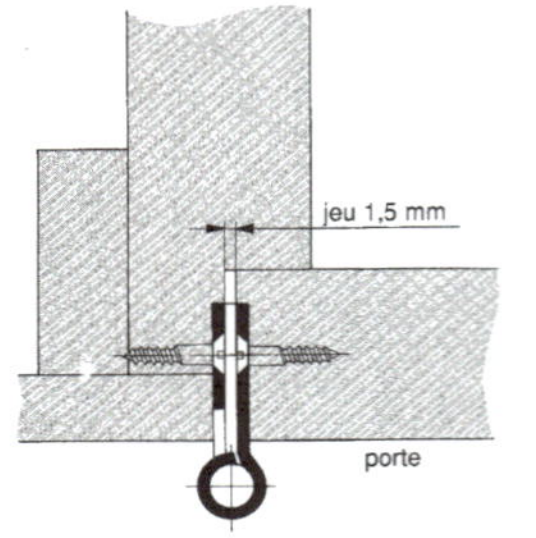

Dimensions			
L	100	120	140
A	31,5	31,5	31,5
B	48	58	68,5
C	30	30	30
D	15	15	15
E	9,5	12	12,5
F	5	5	5
G	27	32	40-35-40
H	12	15	16
I	75	78	79
J	7	10	10
K	0,75	0,75	0,75
M	2,5	2,5	3

PAUMELLE CYLINDRIQUE COUDE

pour portes en feuillures

Paumelle	Finition
gauche droite	acier finement poncé et brossé

Matière : acier inoxydable
Fixation avec vis
à tête fraisée ∅ 4

Longueur	Jeu
100 mm	1,75 mm
120 mm	2,75 mm
140 mm	**3,00 mm**

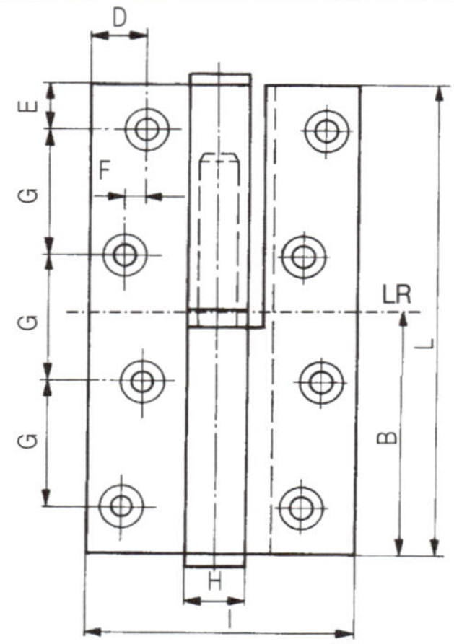

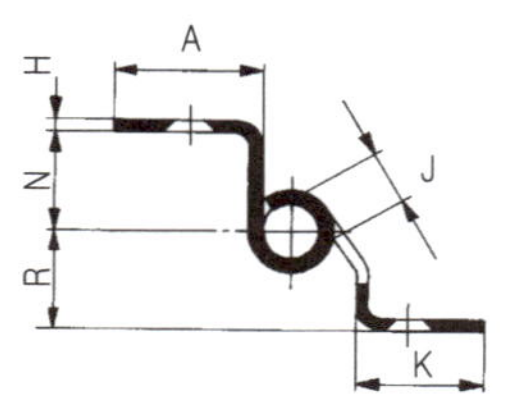

Sens d'ouverture :
- à droite
- à gauche

Exemple de montage

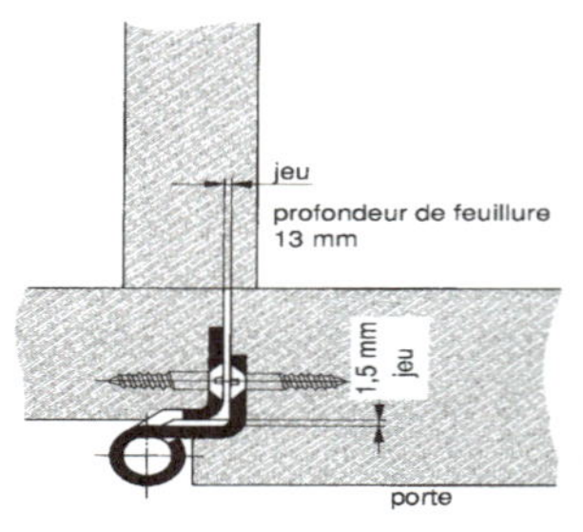

Dimensions			
L	100	120	140
A	26,5	26,5	26,5
B	48	50	68,5
C	–	–	–
D	13,5	13,5	13,5
E	12,5	12	12,5
F	5	5	5
G	25	32	40-35-40
H	12	15	16
I	60	63	64
J	7	10	10
K	23	23	23
M	2,5	2,5	3
N	19	20,5	21
R	12,25	17,75	18

DOC HETTICH

PAUMELLE CYLINDRIQUE COUDE

pour portes en feuillures (suite)

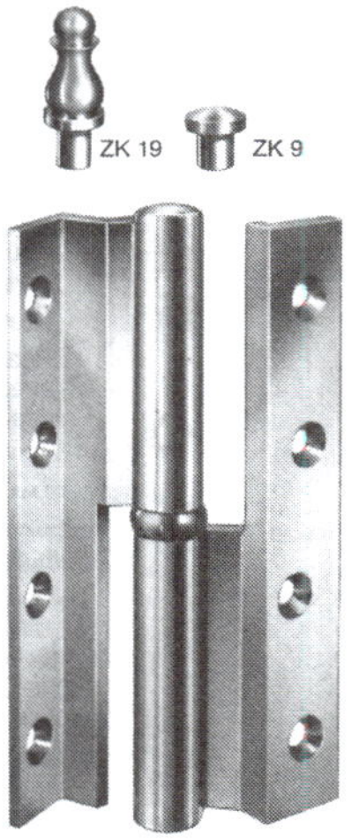

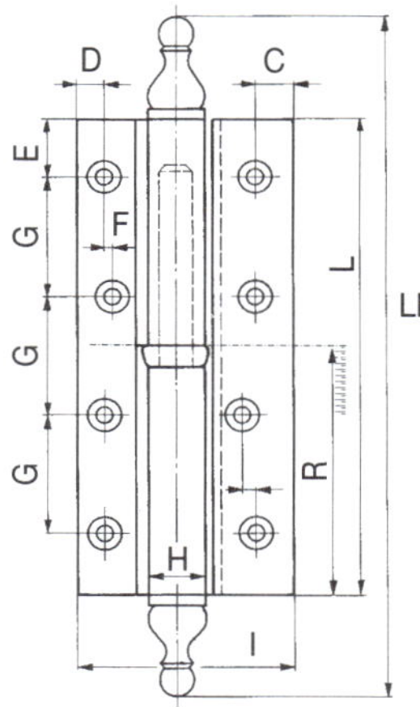

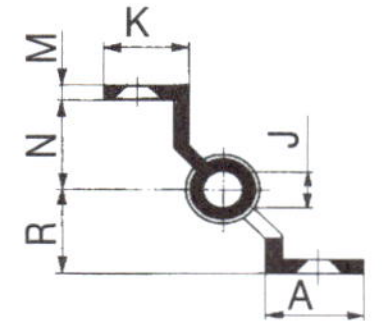

Paumelle	Finition
gauche	laiton poli brossé mat nickelé mat
droite	teinté antique

Matière :
laiton

Fixation par vis à tête fraisée ∅ 5

Sens d'ouverture :
- à droite
- à gauche

Exemple de montage

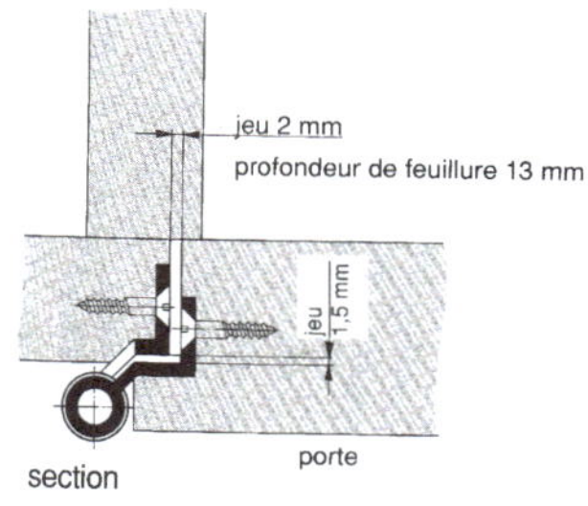

Dimensions					
L	160	120	140	160	180
A	23,5	23,5	23,5	23,5	23,5
B	47	57	67	77	87
C	11	11	11	11	11
D	8	8	8	8	8
E	12,5	15	17,5	20	21
F	2	2	2	2	2
G	25	30	35	40	46
H	15	15	15	15	15
I	60,5	60,5	60,5	60,5	60,5
J	10	10	10	10	10
K	21	21	21	21	21
M	3	3	3	3	3
N	22	22	22	22	22
O	4	4	4	4	4
P	166	186	206	226	246

4.8.2 PAUMELLES DE MEUBLE

PAUMELLE DE MEUBLE DROITE

pour portes rentrantes à fleur

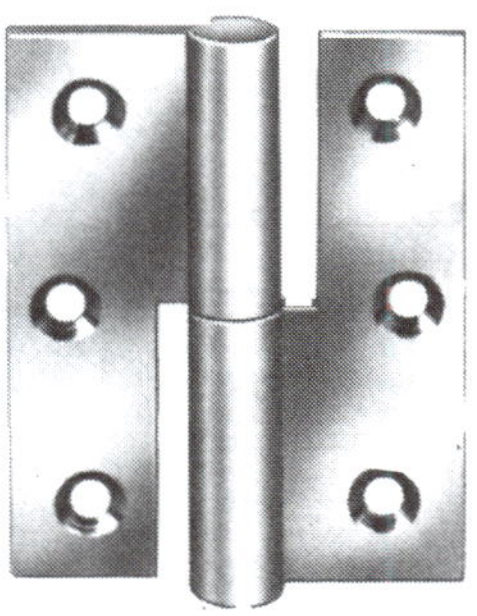

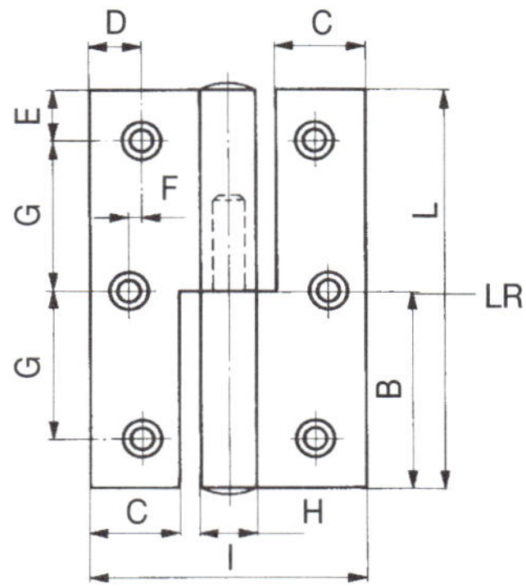

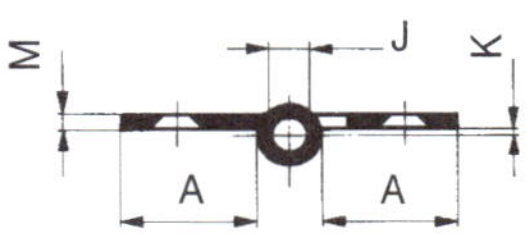

Finition
laiton poli
laiton brossé mat
nickelé brillant
nickelé mat
laiton bruni

Matière :
laiton massif

Fixation avec vis à tête fraisée ∅ 3

Sens d'ouverture :
- à droite
- à gauche

Exemple de ferrage

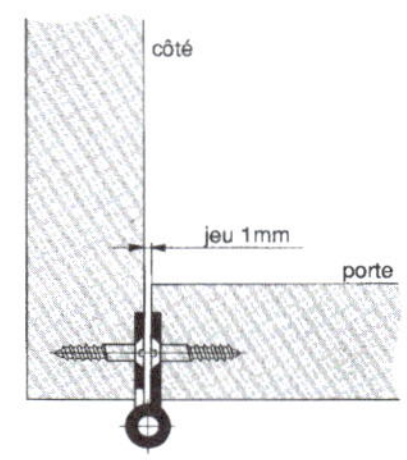

Dimensions			
L	40	50	60
A	16	16	16
B	20	25	30
C	13	13	13
D	6,5	7	7,5
E	8	7	7,5
F	–	2	2
G	24	18	22,5
H	8	8	8
I	40	40	40
J	4,5	4,5	4,5
K	0,5	0,5	0,5
M	1,7	1,7	1,5

DOC HETTICH

PAUMELLE DE MEUBLE COUDE

pour portes rentrantes en retrait

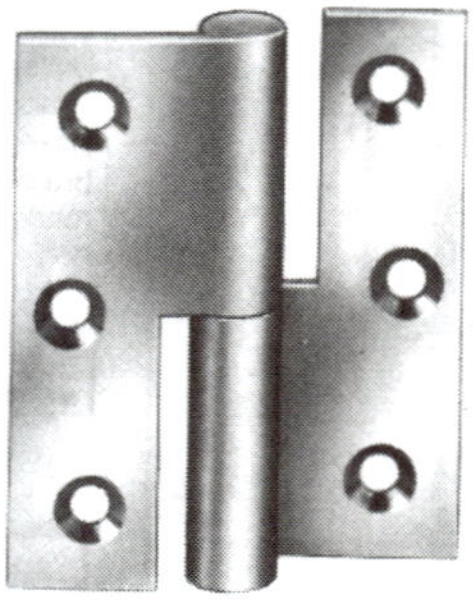

Finition
laiton poli
laiton brossé mat
nickelé brillant
nickelé mat
laiton bruni

Matière :
laiton massif

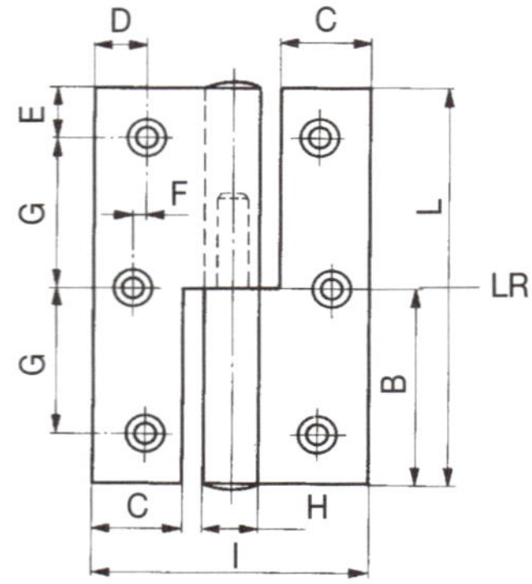

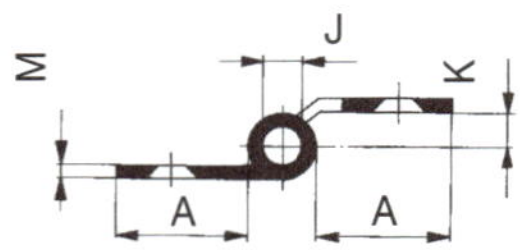

Fixation avec vis à tête fraisée ∅ 3

Sens d'ouverture :
- à droite
- à gauche

Exemple de ferrage

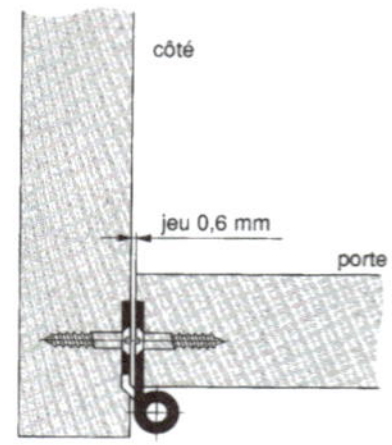

Dimensions			
L	40	50	60
A	16	16	16
B	20	25	30
C	13	13	13
D	6,5	7	7,5
E	8	7	7,5
F	–	2	2
G	24	18	22,5
H	8	8	8
I	40	40	40
J	4,5	4,5	4,5
K	4,6	4,6	4,6
M	1,7	1,7	1,7

PAUMELLE DE MEUBLE COUDE

pour portes à recouvrement

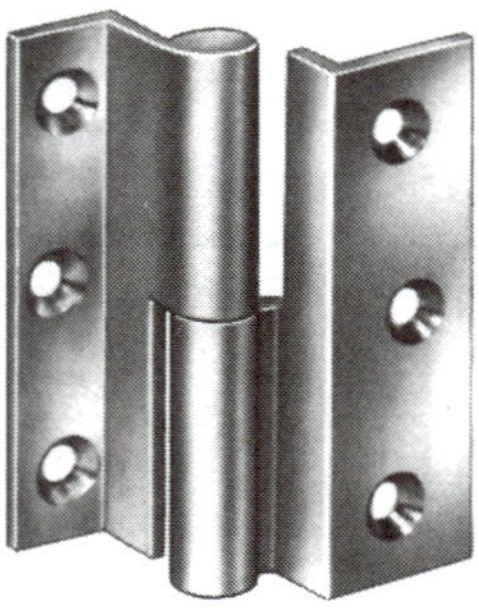

Finition
laiton poli
laiton brossé ; mat
nickelé brillant
nickelé mat
laiton bruni

Matière :
laiton massif

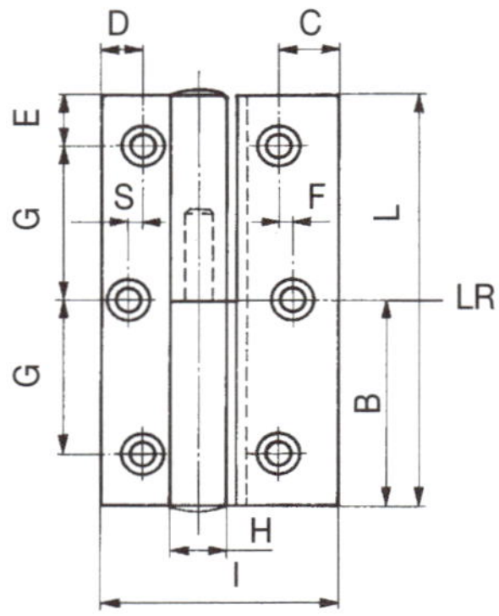

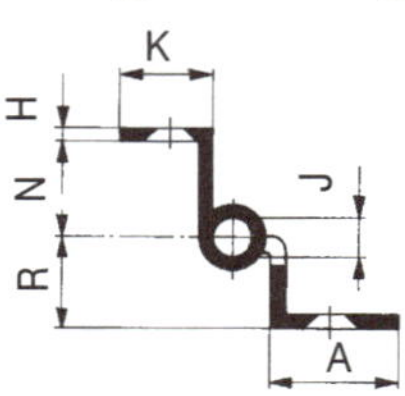

Fixation avec vis à tête fraisée ∅ 3 DIN 97

Sens d'ouverture :
- à droite
- à gauche

Exemple de ferrage

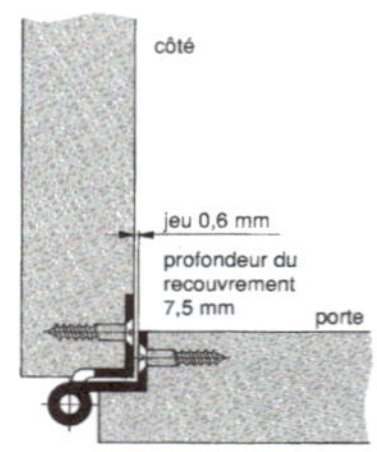

Dimensions			
L	40	50	60
A	15,5	15,5	15,5
B	20	25	30
C	7,5	8,5	7,5
D	5	5,5	5,5
E	8	7	7,5
F	–	2	2
G	24	18	1,5
H	8	8	8
I	33,3	33,3	33,3
J	4,5	4,5	4,5
K	11	11	11
M	1,7	1,7	1,7
N	11,8	11,8	11,8
R	11,2	11,2	11,2
S	–	1,5	1,5

DOC HETTICH

CHARNIÈRE D'ABATTANT

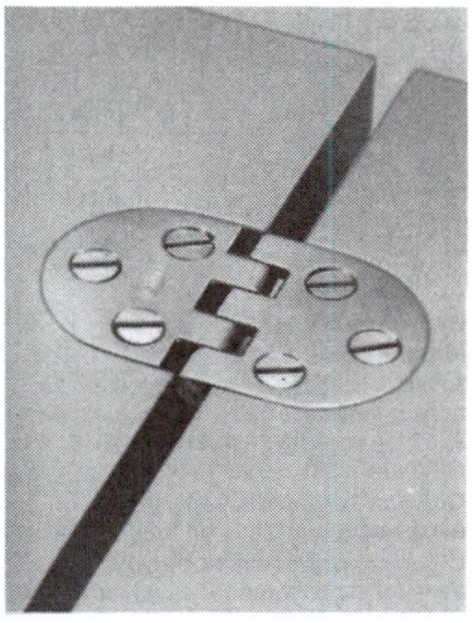

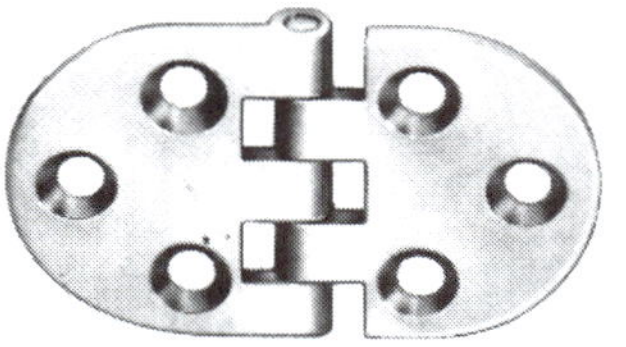

Matière : laiton massif

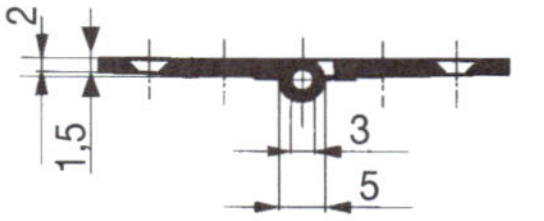

type 137 – 142

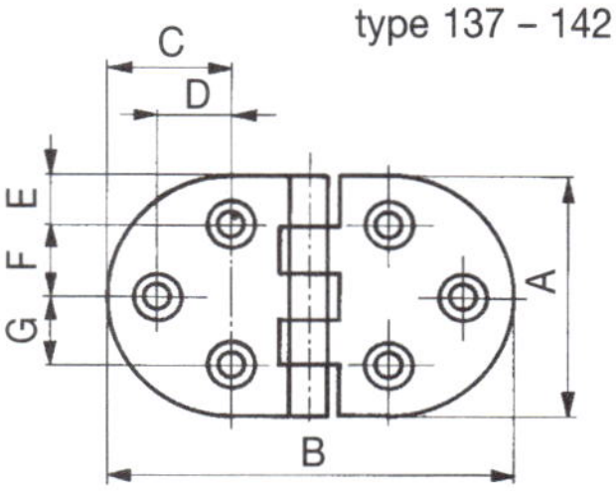

Charnière d'abattant laiton massif

Réalisée en profil étiré, percé et fraisé avec une broche fixe en laiton.

Avec lames à bouts ronds à entailler à la machine.

Charnière d'abattant type 135

avec fraisage arrière des trous de fixation

Charnière d'abattant type 137

avec fraisage avant des trous de fixation.

Type	A	B	C	D	E	F	G
135	30	49,5	15	9	6	9	9
137	30	49,5	15	9	6	9	9
140	30	47	13	8,5	4,5	10,5	10,5
142	30	47	13	8,5	4,5	10,5	10,5

Exemple de ferrage

Charnière d'abattant type 135 – 140

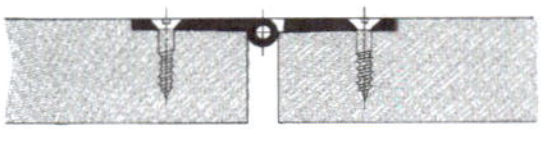

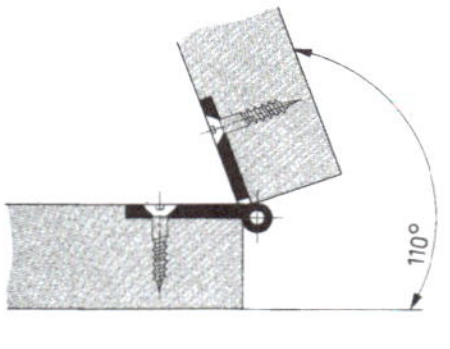

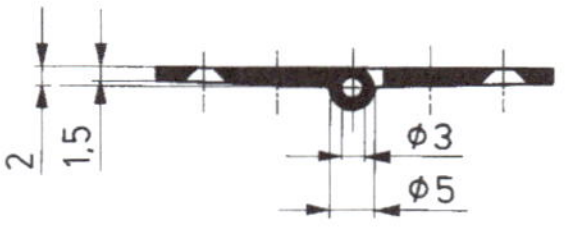

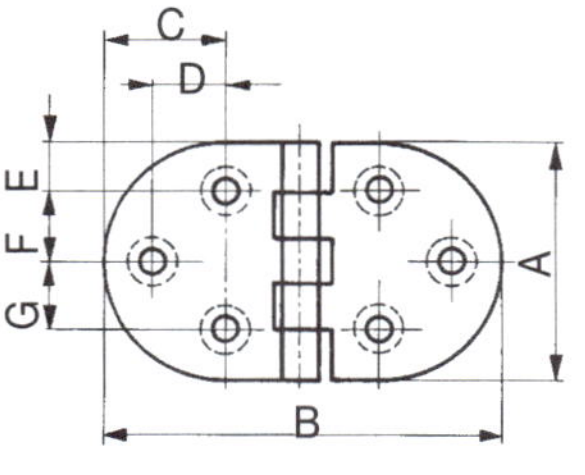

Exemple de ferrage

Charnière d'abattant type 137 - 142

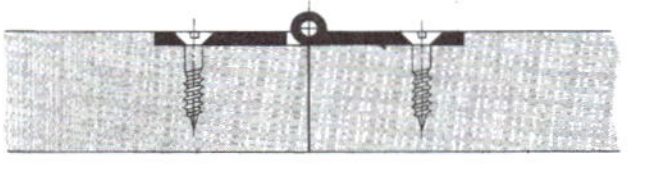

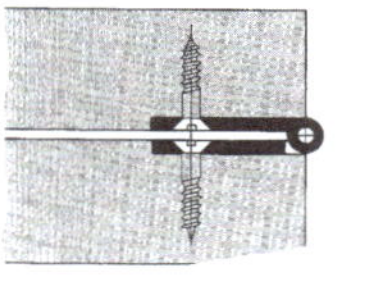

Fixation avec vis à tête fraisée Ø 3

PAUMELLE DE TABLE

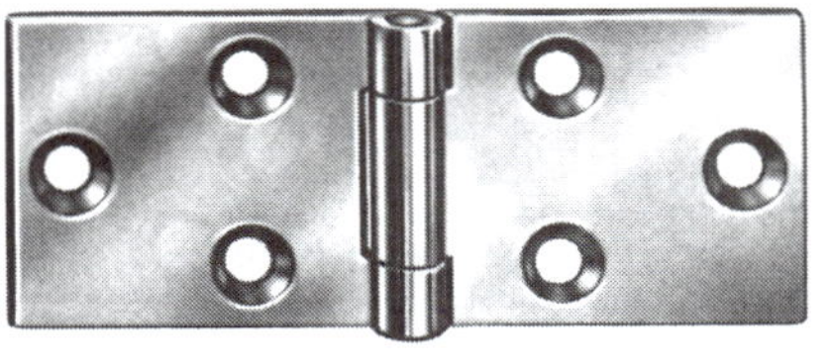

Matière : laiton massif

Réalisé en profil étiré, percé et fraisé avec broche fixe en laiton

Finition
laiton lissé laiton poli nickelé brillant

(voir dimension page suivante)

DOC HETTICH

PAUMELLE DE TABLE (suite)

Exemple de ferrage

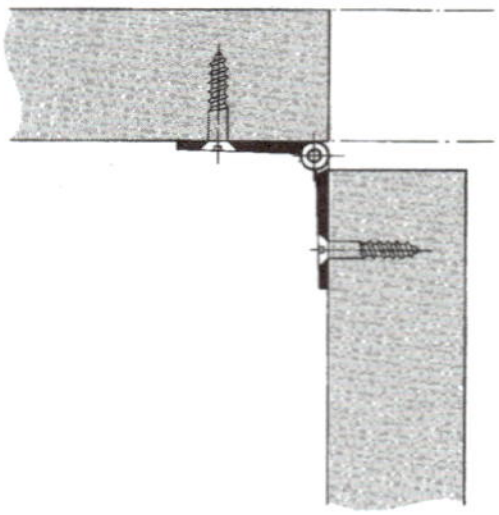

Matière : laiton massif

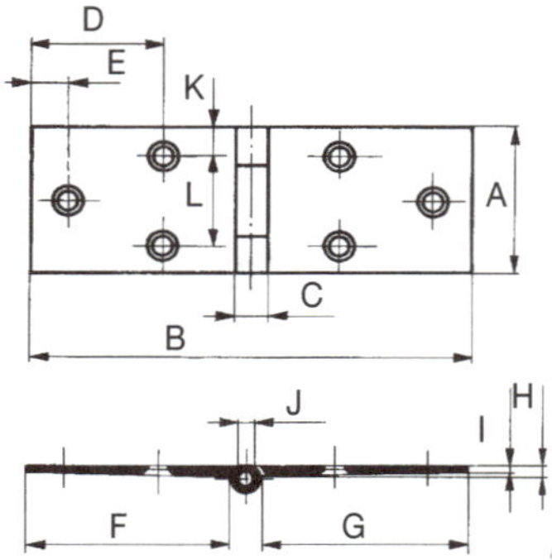

Fixation avec vis à tête fraisée Ø 4,0

Finition
laiton lissé
laiton poli
laiton brillant

	Types		
	60	75	100
A	25	30	35
B	60	75	100
C	6	7	8
D	18	23	30
E	6	6	9
F	27	34	46
G	27	34	46
H	2	2	2
I	2,5	2,5	2,75
J	3,5	4	4
K	5	6	7
L	15	18	21

FICHES À ENTAILLER

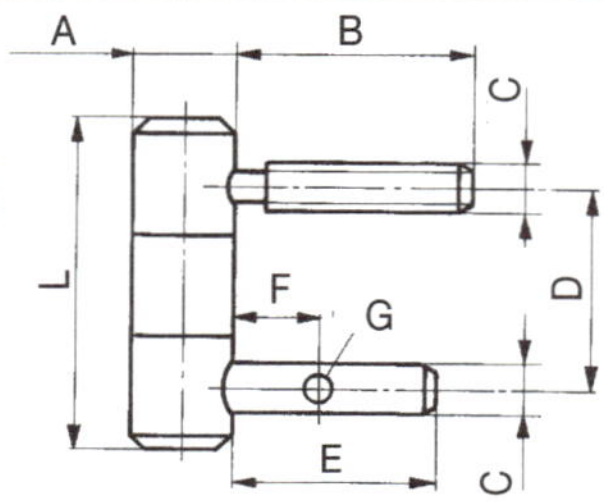

	Diamètre des nœuds		
A	8,5	9,5	11
B	25	28	28
C	5	5,5	6
D	24	24	24
E	20,5	19,5	24
F	9,5	9	9
G	2,6	2,6	2,6
L	38	38	41

Exemple de ferrage

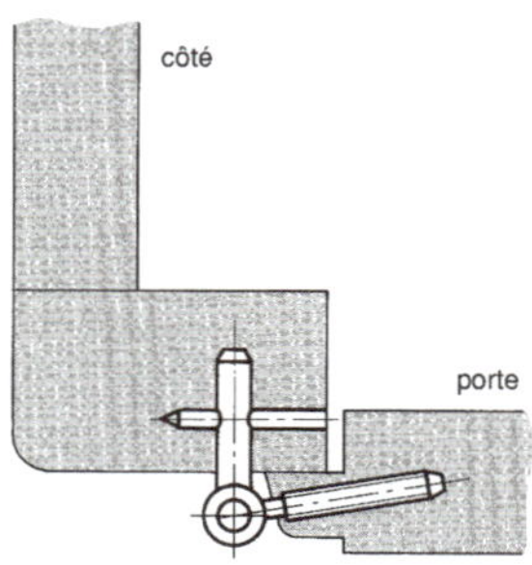

Finition
laiton poli
verni au four
acier nickelé
acier zingué bleu
acier laitonné
acier zingué jaune

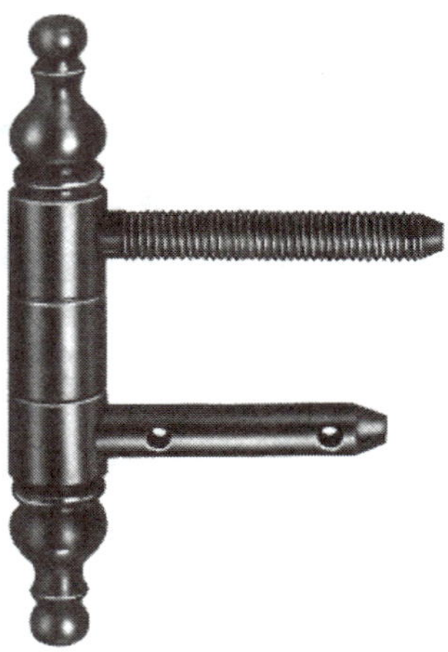

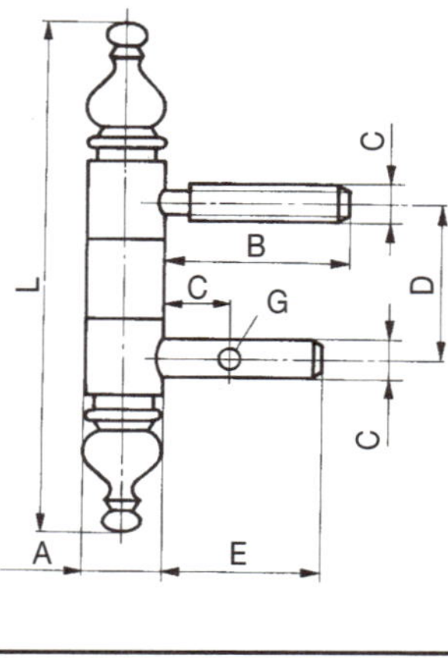

	Diamètre des nœuds		
A	8,5	9,5	11
B	25	28	28
C	5	5,5	6
D	24	24	24
E	20,5	19,5	24
F	9,5	9	9
G	2,6	2,6	2,6
L	70	70	82

DOC HETTICH

FICHE À ENTAILLER (suite)

Finition
laiton poli
verni au four
bruni clair
bruni foncé
antique clair
antique foncé

Exemple de ferrage

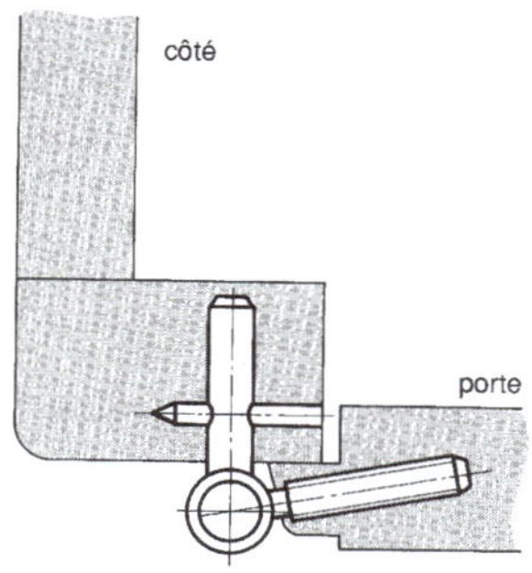

CHARNIÈRE TYPE ZK45

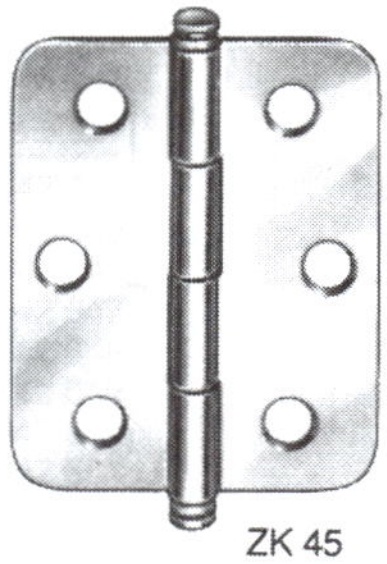

ZK 45

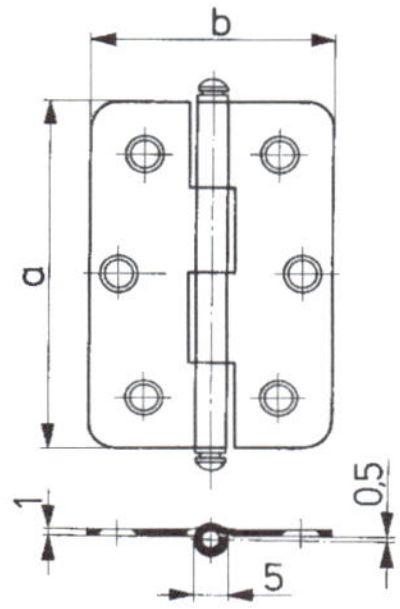

Fixation par vis à tête fraisée Ø 3

Côté a x b	Trous de fixation	Finition
25 x 25	4	nickelé laitonné bruni
35 x 30	4	nickelé laitonné bruni
40 x 35	4	nickelé laitonné bruni
50 x 40	6	nickelé laitonné bruni
60 x 40	6	nickelé laitonné bruni

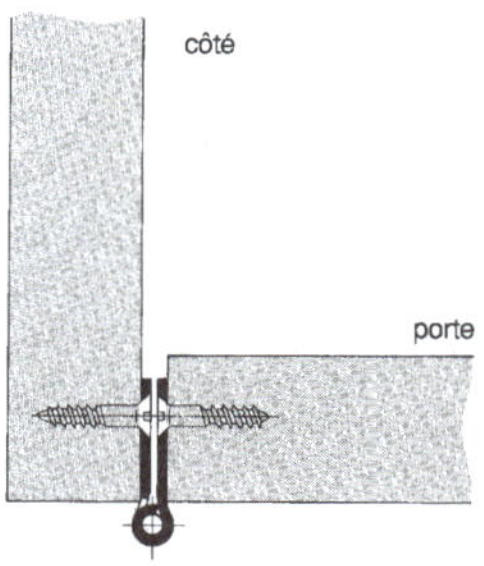

Exemple de ferrage

CHARNIÈRE TYPE ZK46

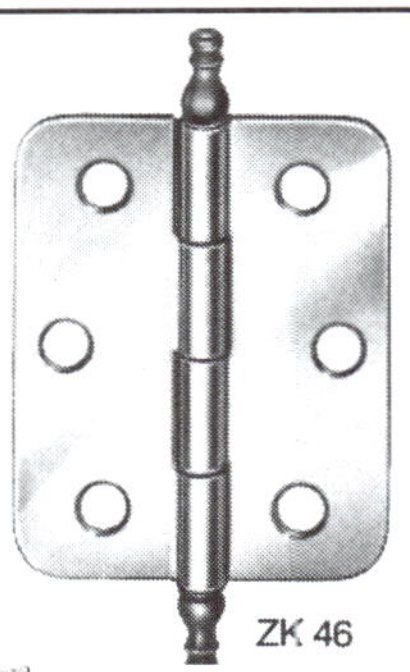

ZK 46

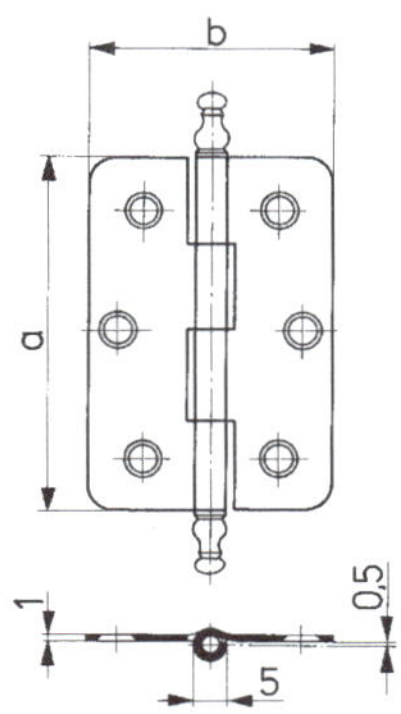

Fixation par vis à tête fraisée Ø 3

Côté a x b	Trous de fixation	Finition
25 x 25	4	nickelé laitonné bruni
35 x 30	4	nickelé laitonné bruni
40 x 35	4	nickelé laitonné bruni
50 x 40	6	nickelé laitonné bruni
60 x 40	6	nickelé laitonné bruni

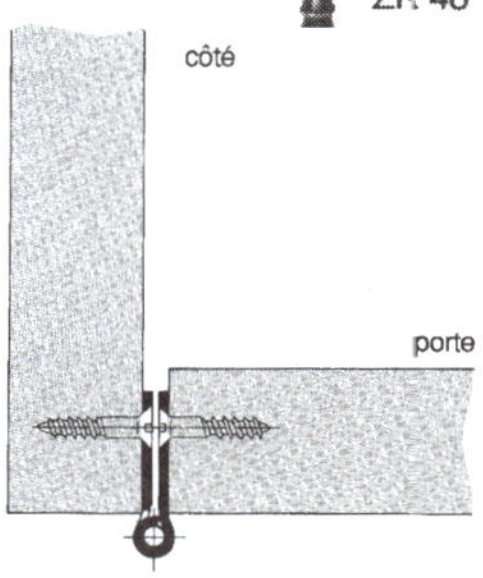

Exemple de ferrage

DOC HETTICH

PAUMELLE À LAME D'ÉQUERRE

pour portes en applique à fleur de corps

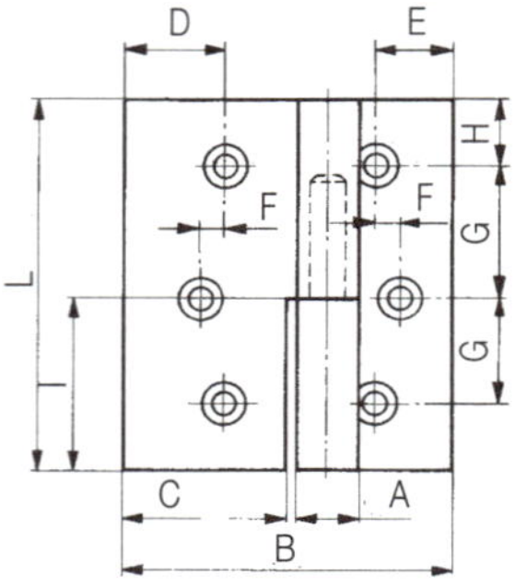

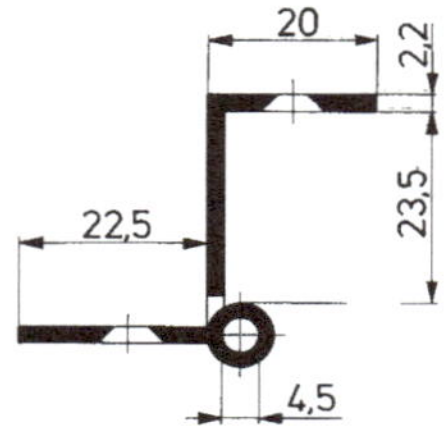

Exemple de ferrage

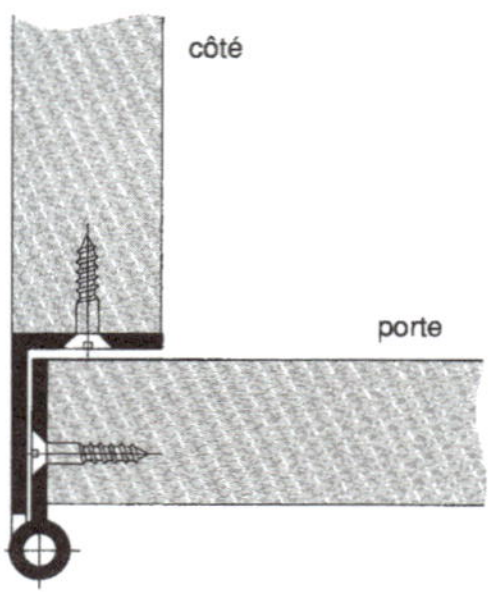

Fixation par vis à tête fraisée Ø 3

	Épaisseur de porte			
	16-17	18-20	20-21	22-23
A	8	7	8	8
B	32,5	35,5	37	42,5
C	14,5	19	19	21,5
D	07	10	10,5	13
E	7	06,5	7	10
F	2	2	3	03
G	16	16	16	16
H	9	9	9	9
I	25	25	25	25
L	50	50	50	50

Finition
laiton poli
brossé mat
nickelé brillant
nickelé mat

FICHE À ENTAILLER

pour portes à recouvrement

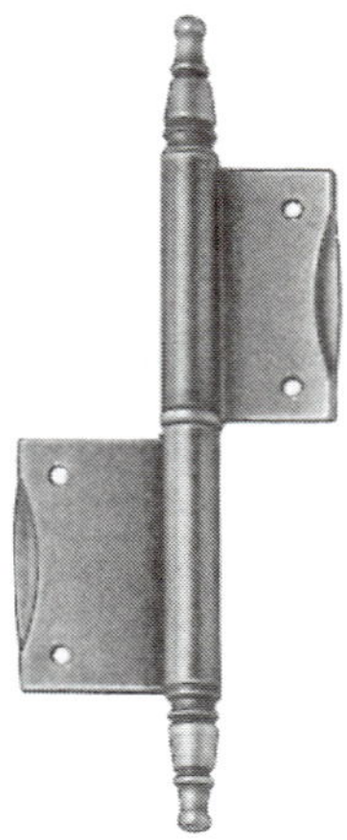

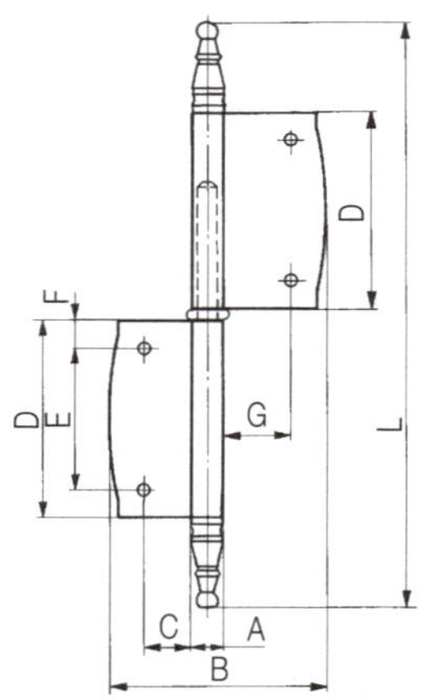

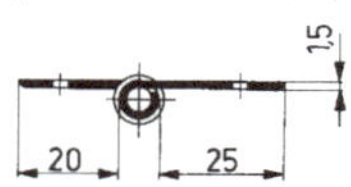

Exemple de ferrage

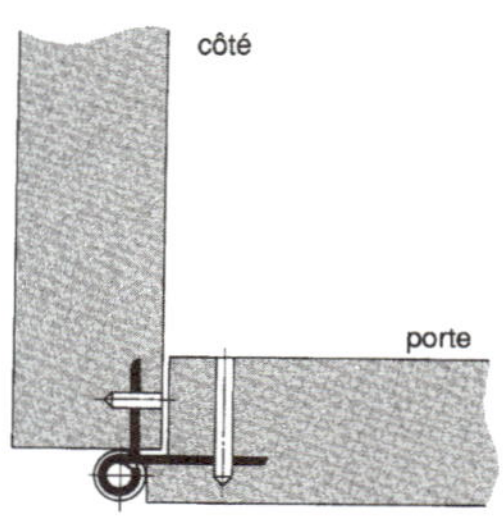

Fixation par pointes Ø 2,5 x 15 et Ø 2,5 x 18 mm

Longueur de fiche								
L	108	120	128	140	148	160	168	180
A	8	10	8	10	8	10	8	10
B	53	55	53	55	53	55	53	55
C	11,5	13	11,5	13	11,5	13	11,5	13
D	30	30	40	40	50	50	60	60
E	20	20	28	28	36	36	44	44
F	5	5	6	6	7	7	8	8
G	16,5	17	16,5	17	16,5	17	16,5	17

Finition
acier brut
bruni
patine neuve
teinté antique

DOC HETTICH

PAUMELLE DE STYLE

pour portes rentrantes à fleur

Matière : laiton mass f

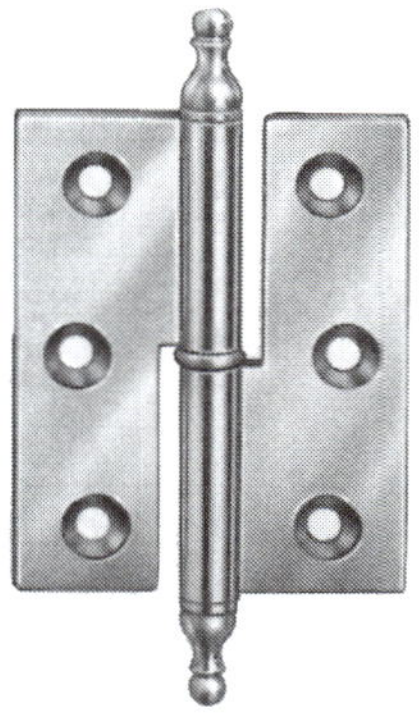

Paumelle : longueur 60 mm

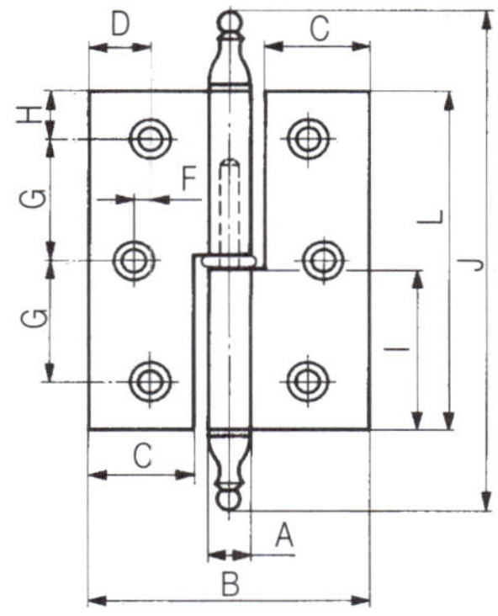

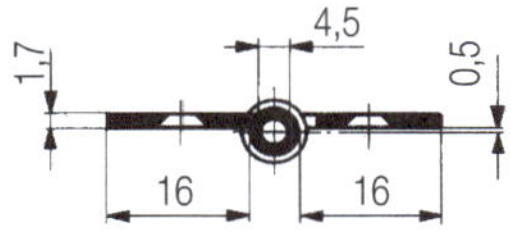

Exemple de ferrage

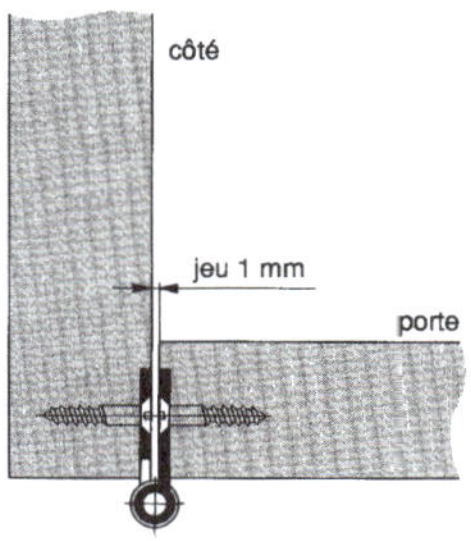

Fixation avec vis à tête fraisée Ø 3

Sens d'ouverture
– à droite
– à gauche

Dimensions			
L	40	50	60
A	8	8	8
B	40	40	40
C	13	13	13
D	6,5	7	7,5
E	–	–	–
F	–	2	2
G	24	18	22,5
H	8	7	7,5
I	19	24	29
J			

Finition
laiton poli laiton brossé mat bruni avec nœud brossé (antique)

Matière :
laiton massif

PAUMELLE DE STYLE COUDE

pour portes rentrantes à fleur

Matière : laiton massif

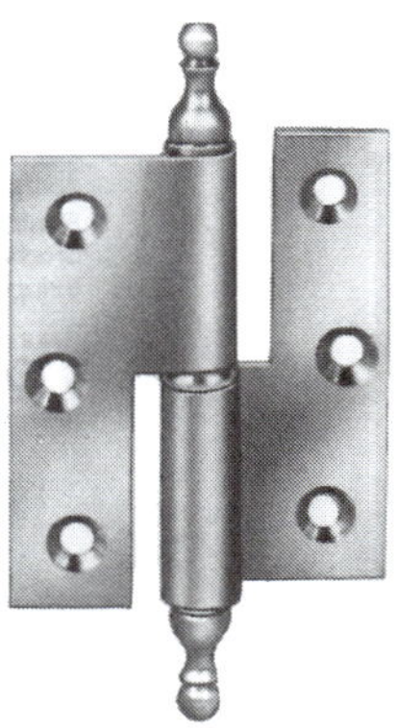

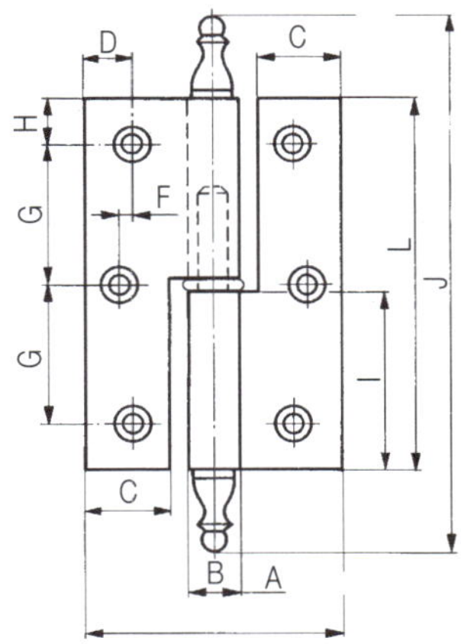

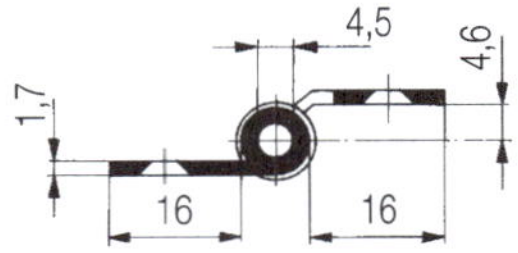

Exemple de ferrage

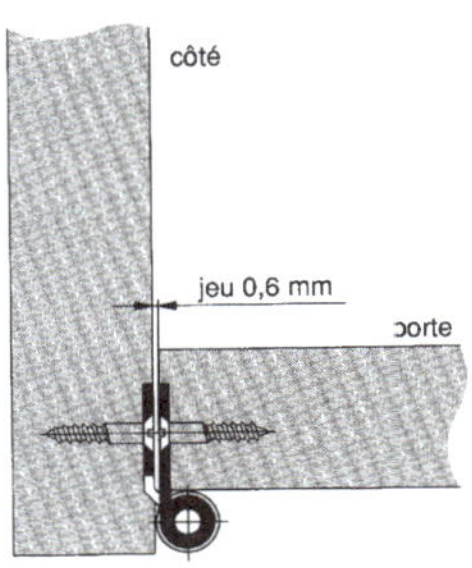

Fixation avec vis à tête fraisée Ø 3

Sens d'ouverture
– à droite
– à gauche

Dimensions			
L	40	50	60
A	8	8	8
B	33,3	33,3	33,3
C	13	13	13
D	6,5	7	7,5
E	–	–	–
F	–	2	2
G	24	18	22,5
H	8	7	7,5
I	19	24	29
J	68	78	88

Finition
laiton poli laiton brossé mat bruni avec nœud brossé (antique)

Matière :
laiton massif

DOC HETTICH

PAUMELLE DE STYLE

pour portes à recouvrement

Matière : laiton massif

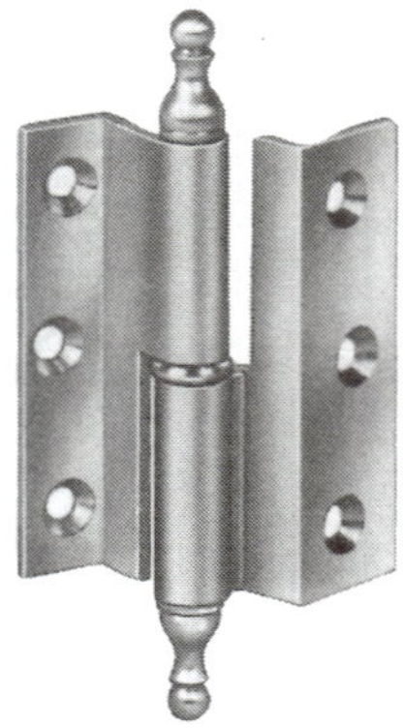

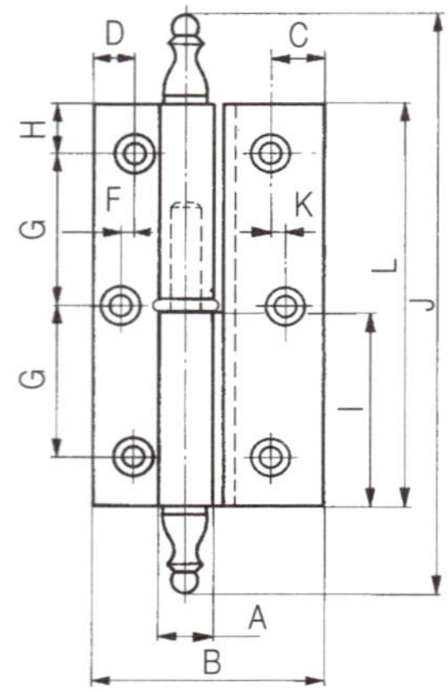

Dimensions			
L	40	50	60
A	8	8	8
B	33,33	33,3	33,3
C	7	8,5	7,5
D	5	5,5	5,5
E	–	–	–
F	–	1,5	2
G	24	18	23
H	8	7	7
I	19	24	29
J	68	78	88
K	–	2	2

Exemple de ferrage

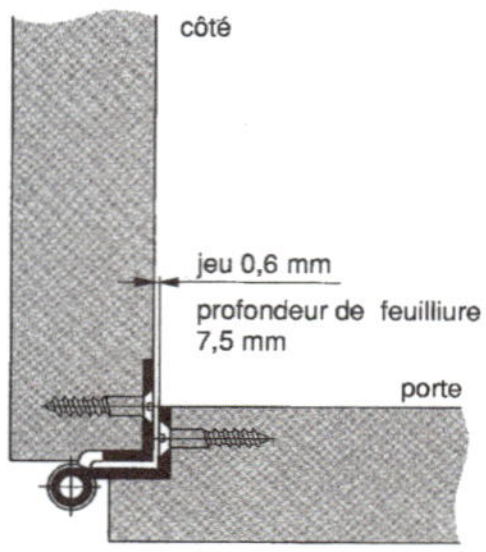

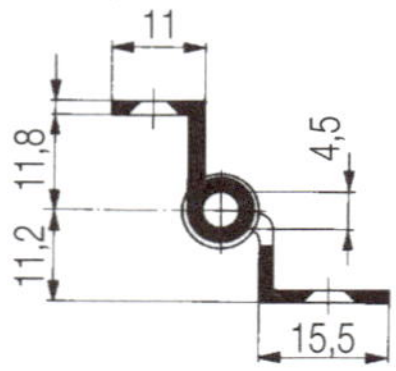

Fixation avec vis à tête fraisée Ø 3

Sens d'ouverture
– à droite
– à gauche

Finition
laiton poli
laiton brossé mat
bruni avec nœud brossé (antique)
laiton couleur zinc

Matière :
laiton massif

CHARNIÈRE À PIANO

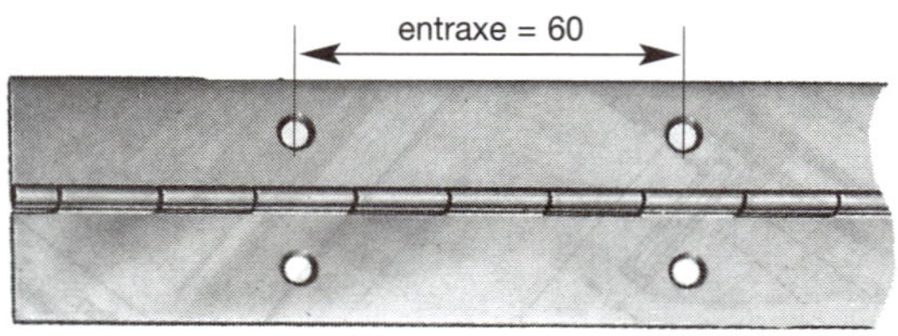

Charnière ouverte — Charnière fermée

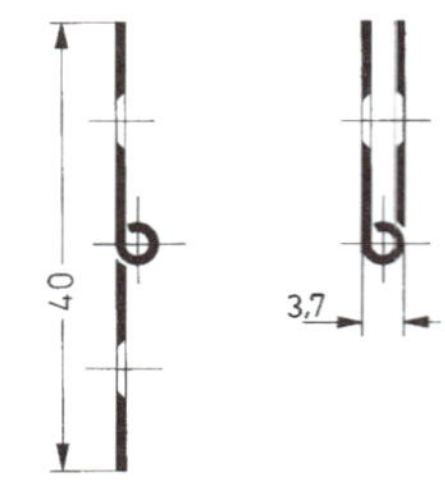

Finition
Acier brut, sans perçage
acier laitonné verni BILAC
acier nickelé
acier bruni
acier inoxydable brut
laiton massif brut

Largeur ouverte : 20 – 25 – 28 – 32 – 40 mm
Longueur : 2 000 mm ou 2 mètres

PIVOT À PERCER

pour petites portes rentrantes

schéma de perçage

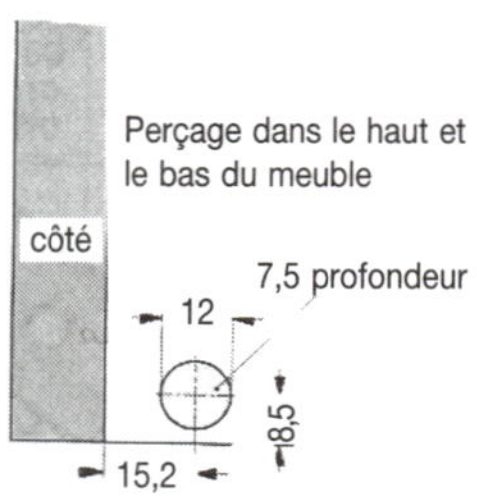

réglage

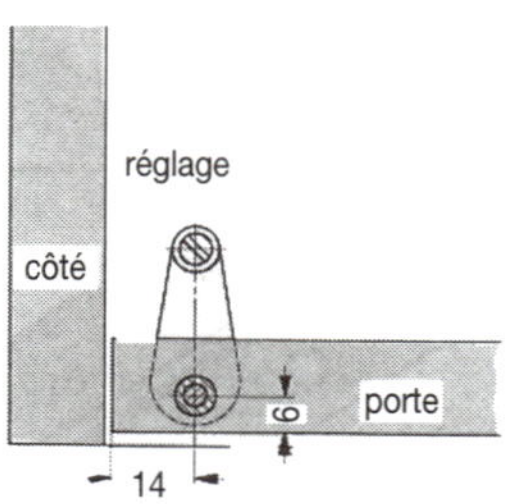

Emploi :

- pour des épaisseurs de porte de 12-21 mm,
- *angle d'ouverture :* 140°,
- réglage simple et efficace des portes,
- par relevage d'un pivot sur ressort, les portes peuvent être facilement décrochées ou accrochées.

couleur :
blanc ou marron

DOC HETTICH

PIVOT À PERCER

pour petites portes rentrantes (suite)

Côtés de montage

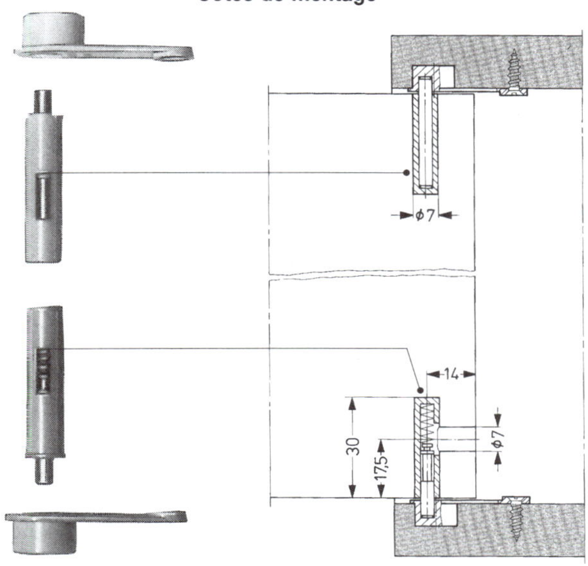

CHARNIÈRE D'ABATTANT

pour portes à recouvrement

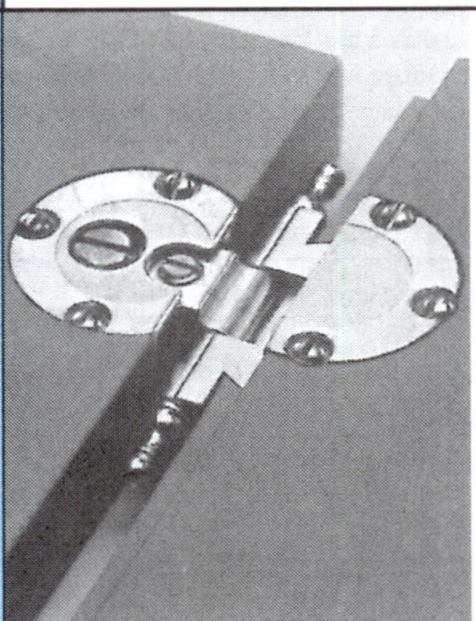

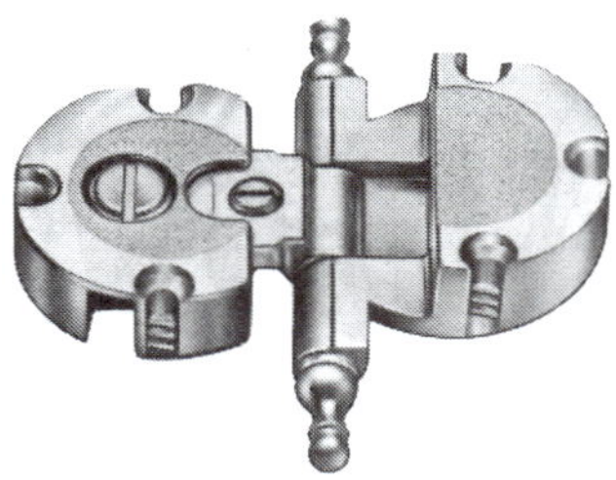

Perçages

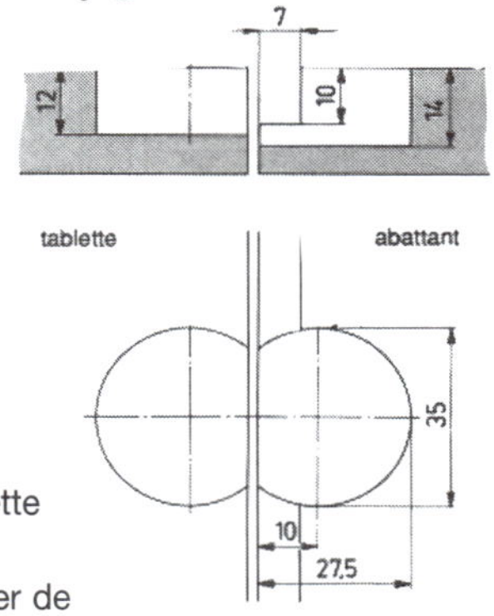

Matière : zamak haute précision

- Perçages identiques dans la tablette et dans l'abattant.
- Rotation optimale grâce à un palier de broche en plastique.
- Diamètre du nœud 8 mm. Réglable en hauteur, en profondeur et latéralement.
- Le montage séparé du boîtier de corps et du boîtier d'abattant permet le montage de l'abattant à posteriori.

Exemple de ferrage

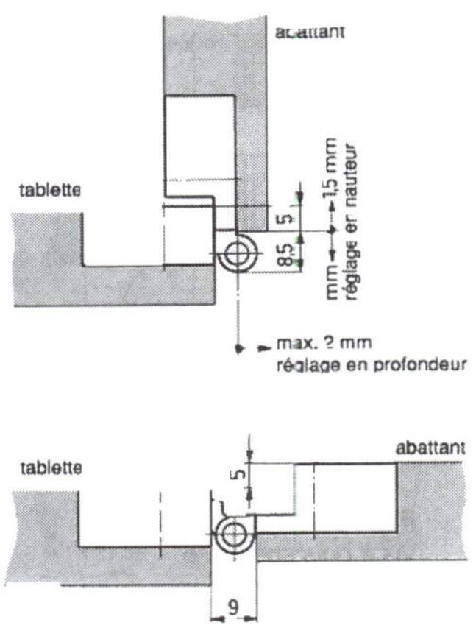

Dimensions

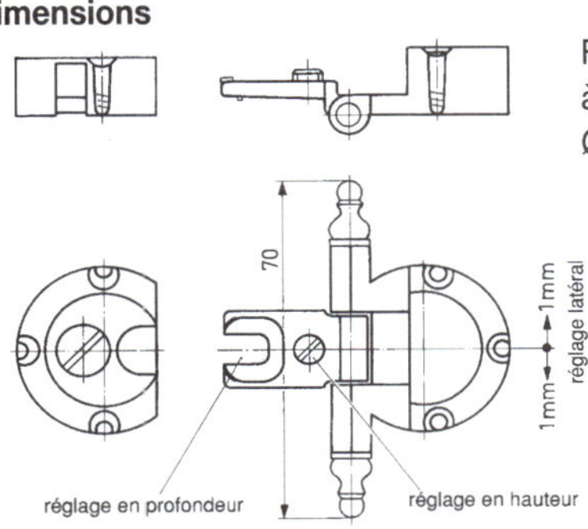

Fixation par vis à tête fraisée Ø 3,5 avec tête Ø 6 mm.

DOC HETTICH

CHARNIÈRE MASSIVE EN LAITON

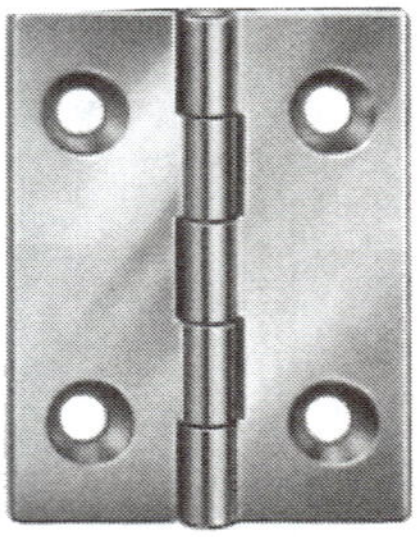

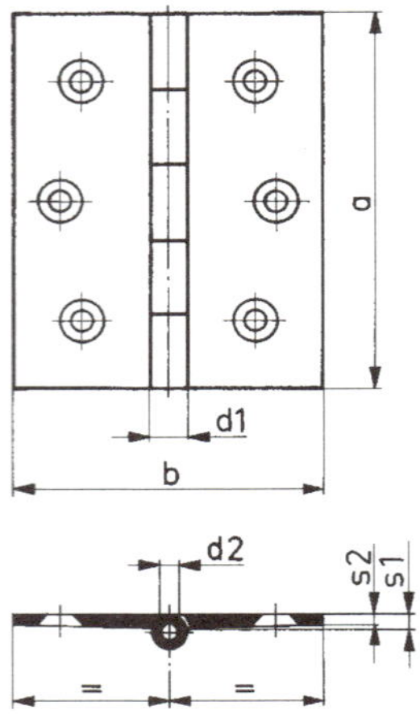

Exemple de ferrage

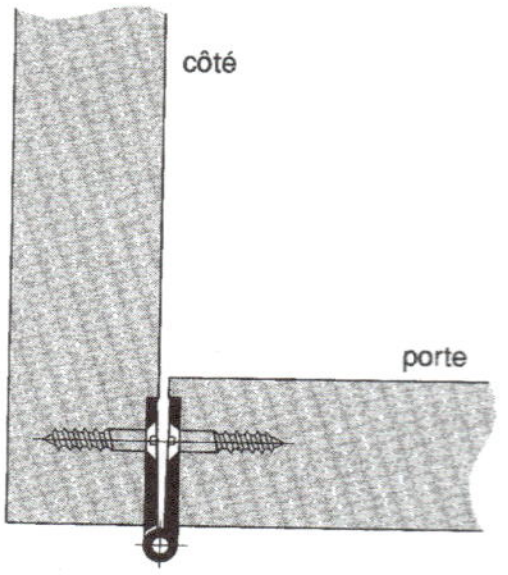

Fixation par vis à tête fraisée
Ø voir tableau.

Finition
laiton lissé
laiton poli
laiton brossé mat
nickelé brillant
nickelé mat
chromé brillant
chromé mat
teinté brun

Côté a x b	d1 mm	d2 mm	S1 mm	S2 mm	nbre trous	Din 97 Ø
20 x 16	3,5	2,0	1,3	1,0	4	2,0
25 x 20	4,0	2,5	1,5	1,2	4	2,5
30 x 20	4,0	2,5	1,5	1,2	4	2,5
40 x 20	4,0	2,5	1,5	1,2	4	2,5
30 x 30	4,0	2,5	1,5	1,2	4	3,0
40 x 30	4,0	2,5	1,5	1,2	4	3,0
50 x 30	4,5	2,5	1,8	1,5	6	3,0
40 x 40	4,5	2,5	1,3	1,5	4	3,0

Côté a x b	d1 mm	d2 mm	S1 mm	S2 mm	nbre trous	Din 97 Ø
50 x 40	4,5	2,5	1,8	1,5	6	3,0
60 x 40	5,5	3,0	2,25	1,75	6	3,5
50 x 50	5,0	3,0	2,0	1,5	6	3,0
60 x 50	5,0	3,0	2,0	1,5	6	3,0
80 x 50	6,5	3,5	2,5	2,0	6	3,5
80 x 60	6,0	3,5	2,5	2,0	6	3,5
100 x 100	8,0	4,0	2,75	2,25	8	4,5

CHARNIÈRE À PIANO

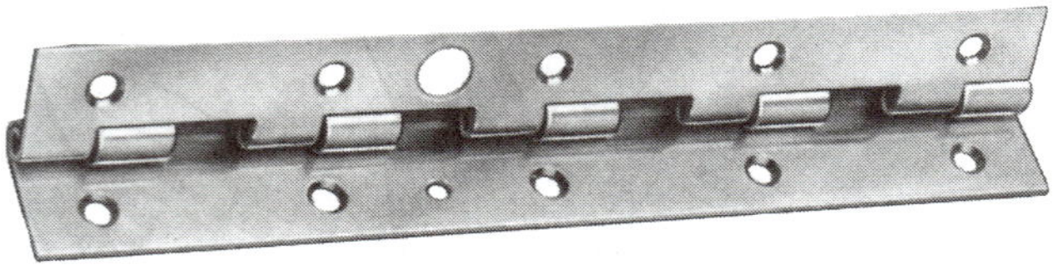

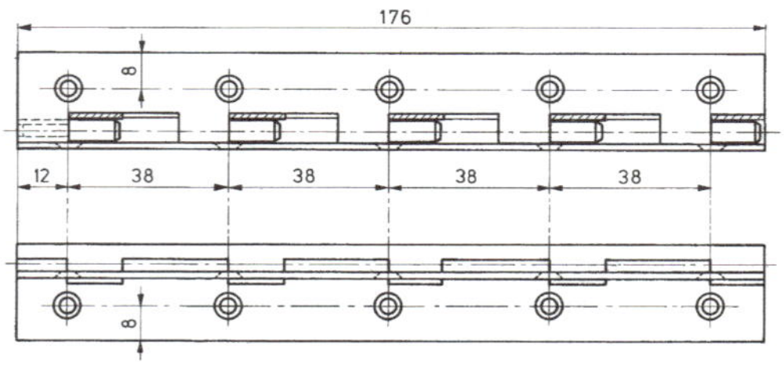

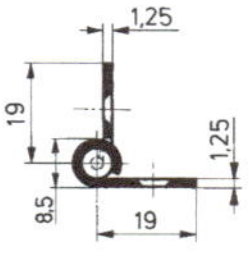

Exemple de ferrage

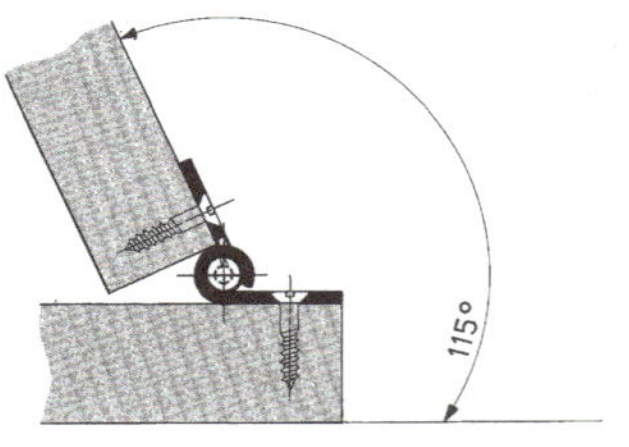

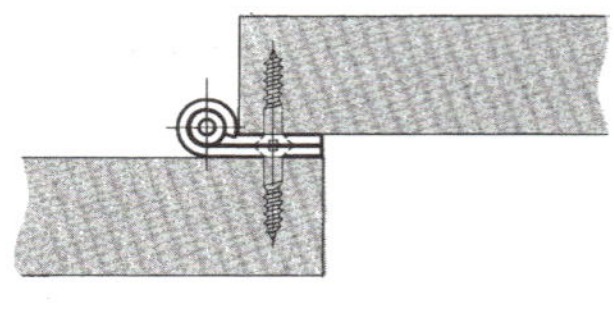

Angle d'ouverture
bloqué à 115 °.

Matière :
laiton massif

DOC HETTICH

4.8.3 FICHE À PERCER « EXAKTA »

FICHE À PERCER « EXAKTA » AVEC BLOCAGE TYPE BAÏONNETTE

pour portes et fenêtres

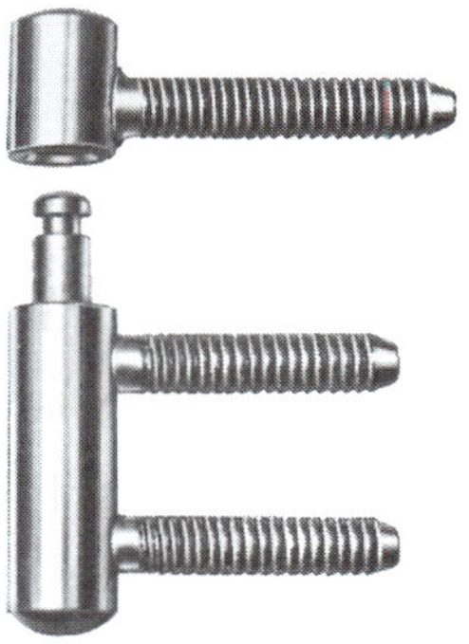

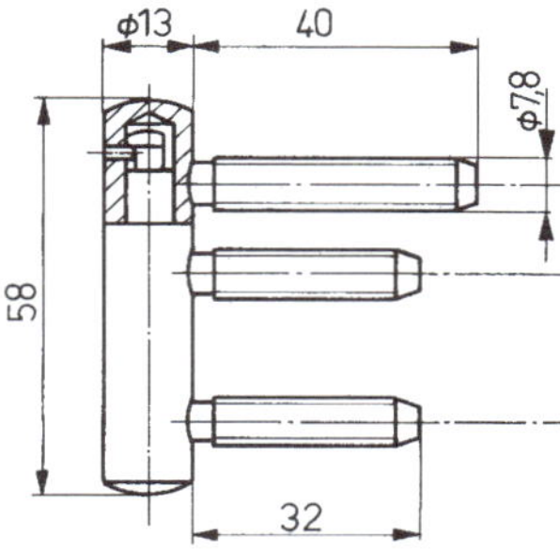

Matière :
acier

Exemple de montage

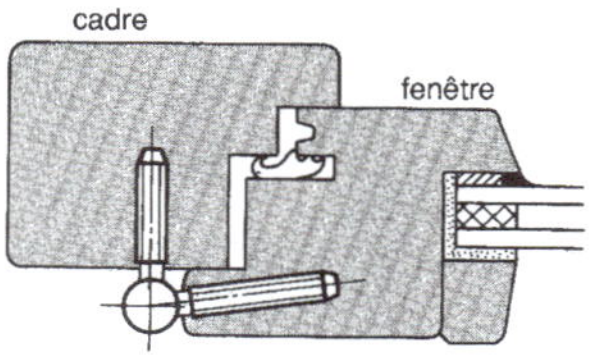

mèche étagée Ø 7,1 mm

Feuillure min. 11 mm

Finition
ZN passivé bleu
ZN passivé jaune

FICHE À PERCER « EXAKTA »

pour portes et fenêtres

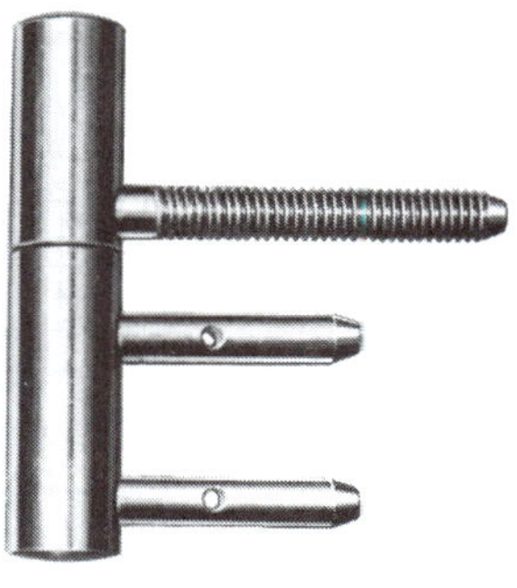

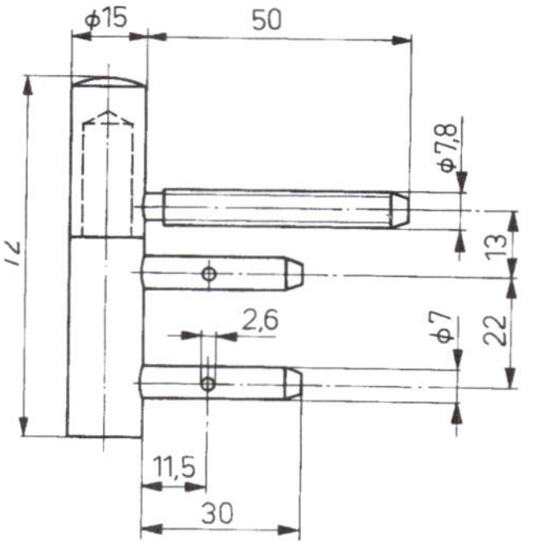

Matière :
acier

Exemple de montage

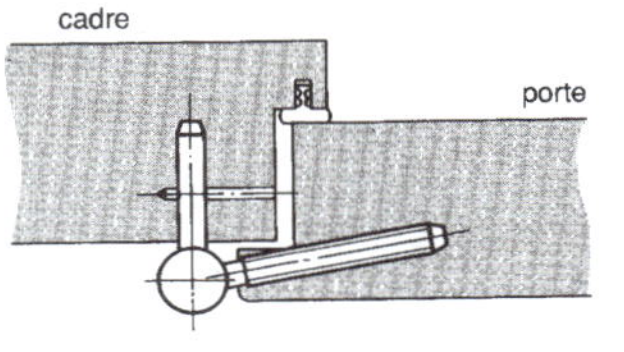

mèche étagée Ø 7,1 mm

Feuillure min. 13 mm

Finition
ZN passivé bleu
ZN passivé jaune

FICHE À PERCER « EXAKTA » AVEC PALIERS DE ROTATION

pour portes et fenêtres

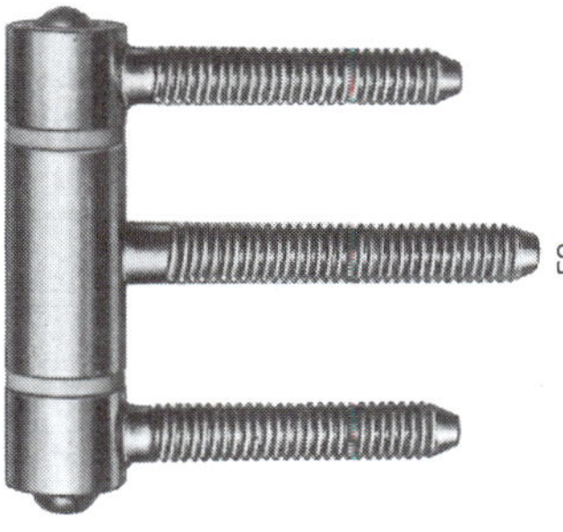

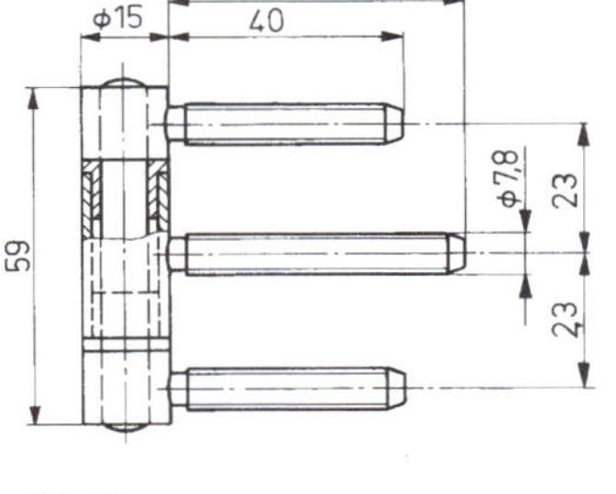

Matière :
acier

Exemple de montage

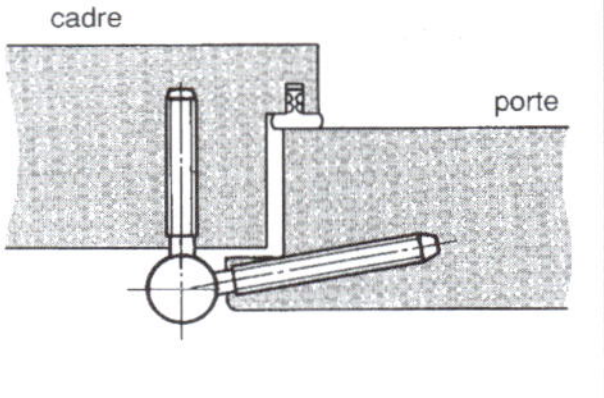

mèche étagée Ø 7,1 mm

Feuillure min. 13 mm

Finition
ZN passivé bleu
ZN passivé jaune

DOC HETTICH

FICHE À PERCER « EXAKTA »

pour portes et fenêtres

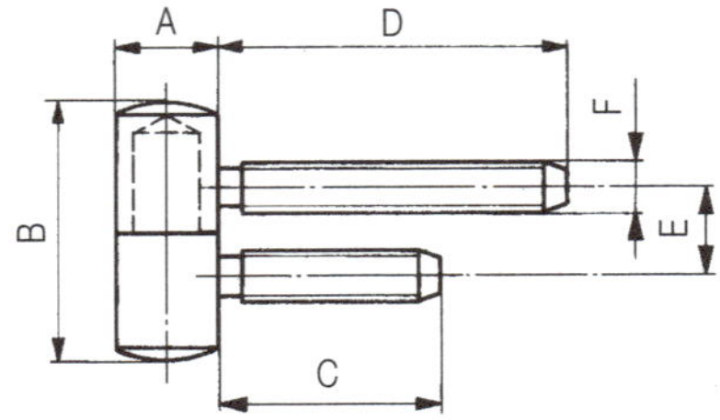

Types		
Typ	AK 13	AK 15
A	Ø 13	Ø 15
B	39	39
C	32	32
D	40	50
E	13	13
F	Ø 7,8	Ø 7,8

Finition
ZN passivé bleu ZN passivé jaune

Matière : acier

Exemple de montage AK 15

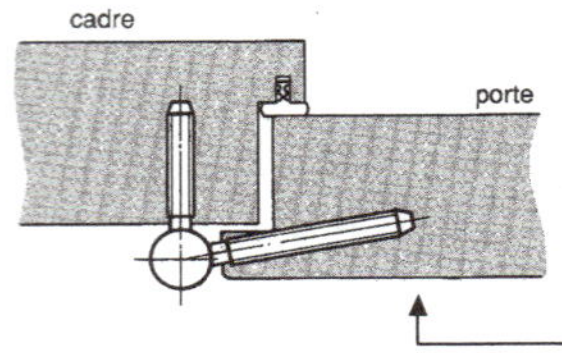

Exemple de montage AK 13

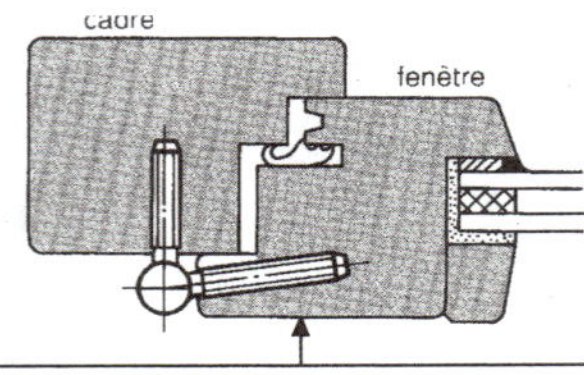

Feuillure min. 11 mm

mèche étagée Ø 7,1 mm

mèche étagée Ø 7,1 mm

FICHE À PERCER « EXAKTA » AVEC BROCHE AMOVIBLE

pour portes et fenêtres

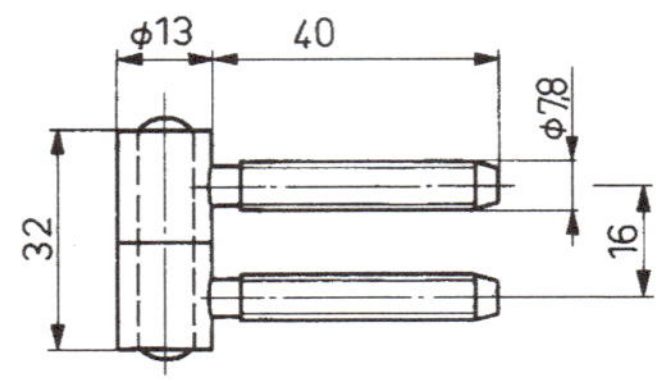

Finition
ZN passivé bleu ZN passivé jaune

Matière : acier

Exemple de montage

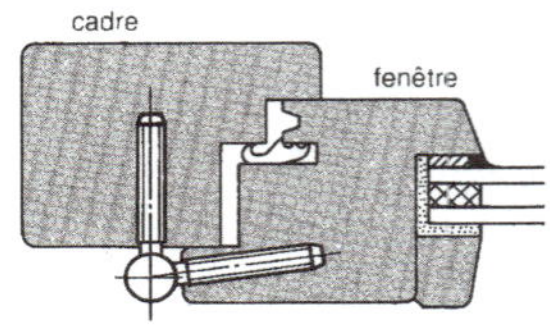

mèche étagée 7,1 mm

Feuillure min. 11 mm

FICHE À PERCER « EXAKTA » AVEC BROCHE AMOVIBLE

pour portes et fenêtres

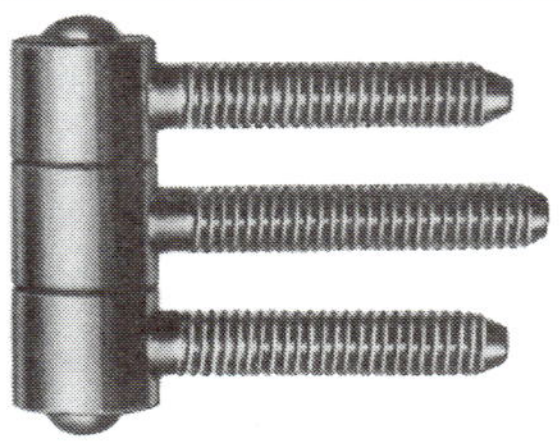

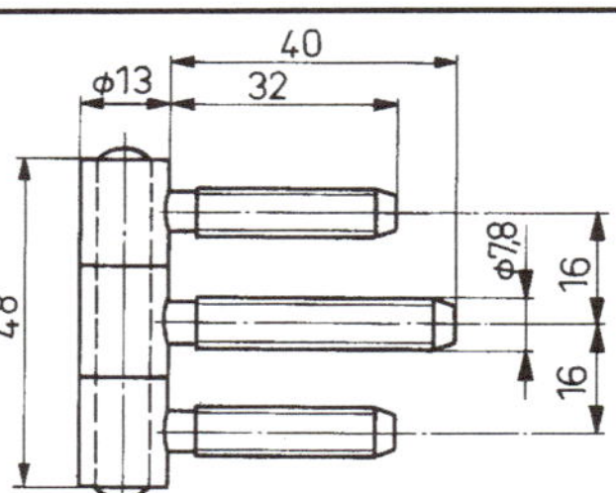

Finition
ZN passivé bleu ZN passivé jaune

Matière : acier

Exemple de montage

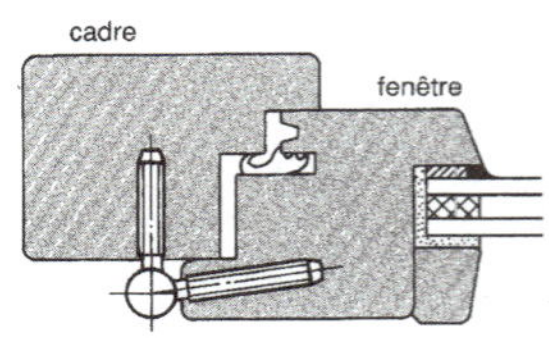

mèche étagée 7,1 mm

Feuillure min. 11 mm

FICHE À PERCER « EXAKTA »

pour portes et fenêtres

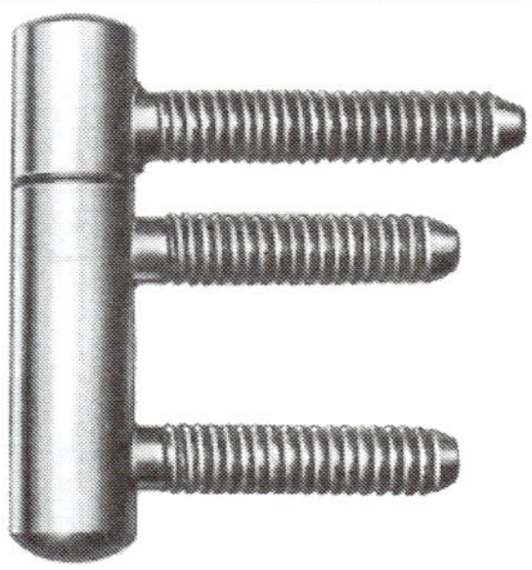

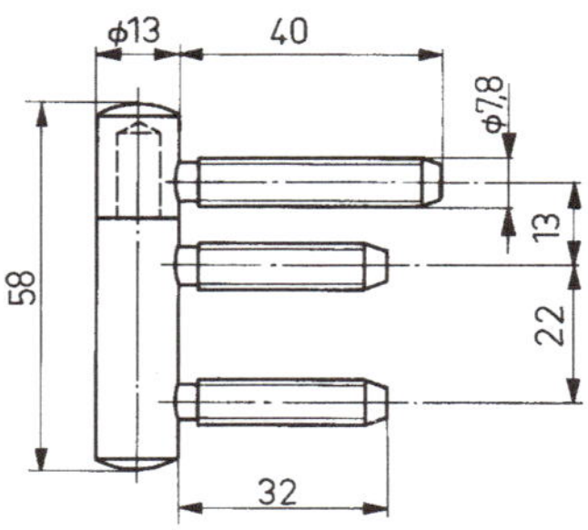

Finition
ZN passivé bleu ZN passivé jaune

Matière : acier

Exemple de montage

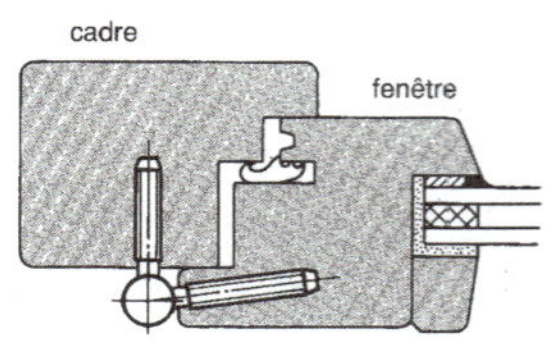

mèche étagée 7,1 mm

Feuillure min. 11 mm

DOC HETTICH

4.8.4 FICHES À PERCER « FIX »

Ces fiches à percer pour portes et fenêtres permettent un montage rationnel et une assise sûre et précise. Le réglage est assuré par une tige filetée à pas fin, chaque diamètre de nœud nécessite un jeu d'outillages différents.

FICHES À PERCER

pour portes et fenêtres

■ FICHE DE FENÊTRE « FIX » avec nœud Ø 13 mm

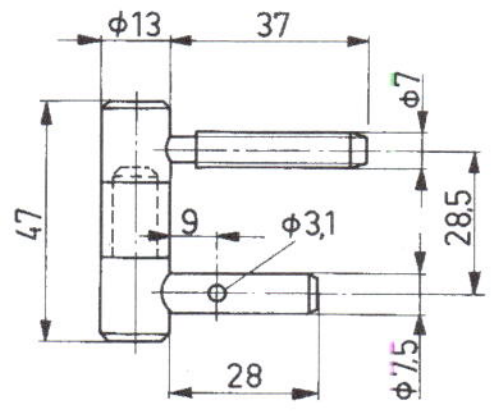

Matière : laiton ou acier

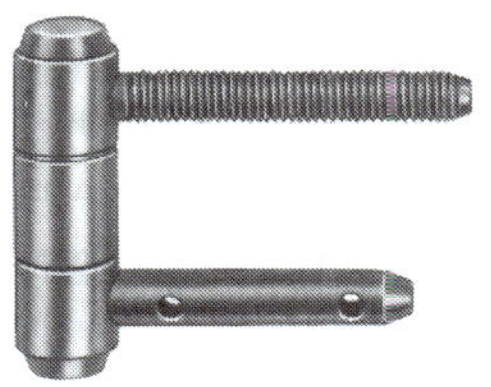

■ FICHE DE FENÊTRE « FIX » avec nœud Ø 13 mm

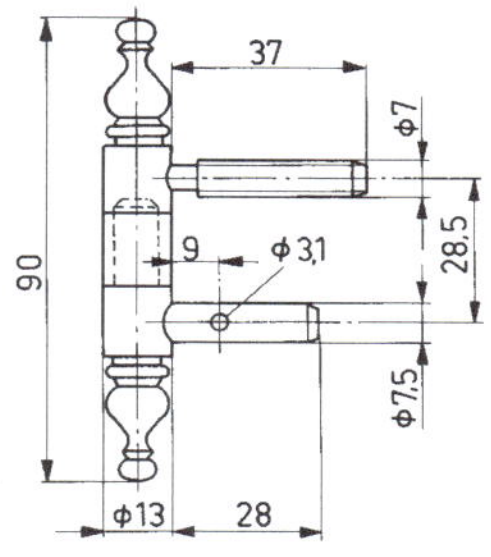

Matière : laiton

Exemple de montage

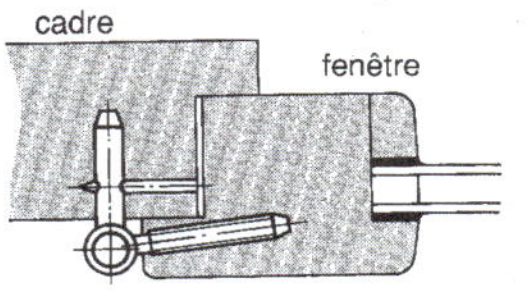

■ FICHE DE PORTE « FIX » pour portes légères avec cadre, nœud Ø 14,5 mm

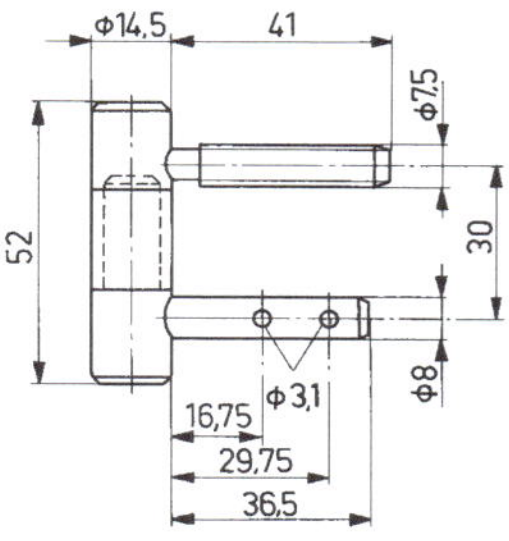

Matière : acier

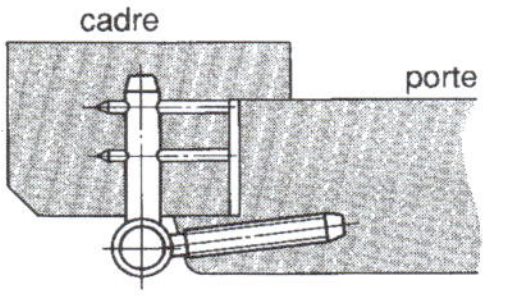

■ FICHE DE PORTE « FIX » pour porte normale avec cadre bois, nœud Ø 16 mm

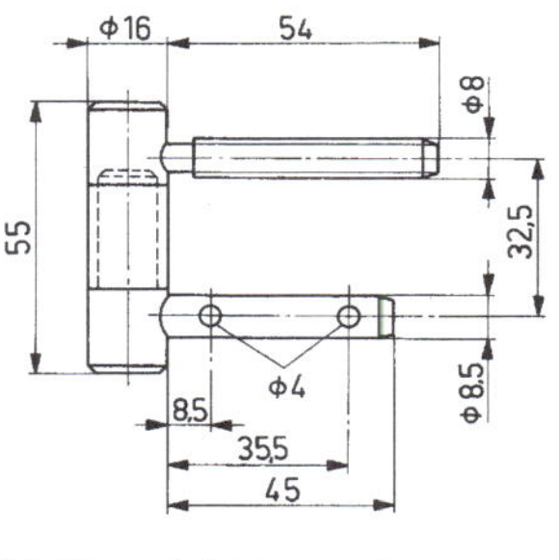

Matière : laiton ou acier

■ FICHE DE PORTE « FIX » pour porte normale avec cadre bois, nœud Ø 16 mm

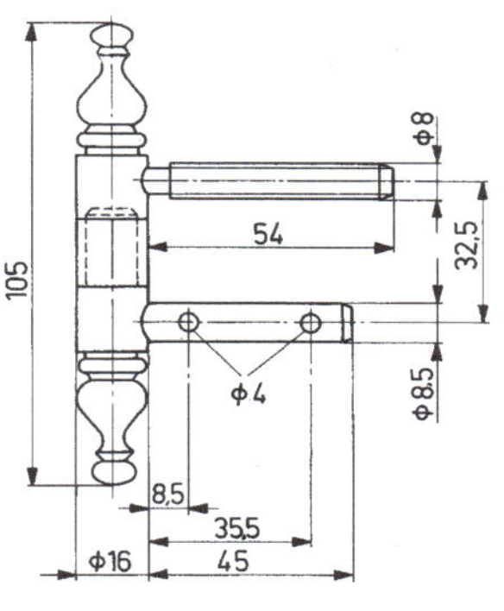

Matière : laiton

■ FICHE DE PORTE « FIX » pour porte normale avec cadre bois, nœud Ø 16 mm

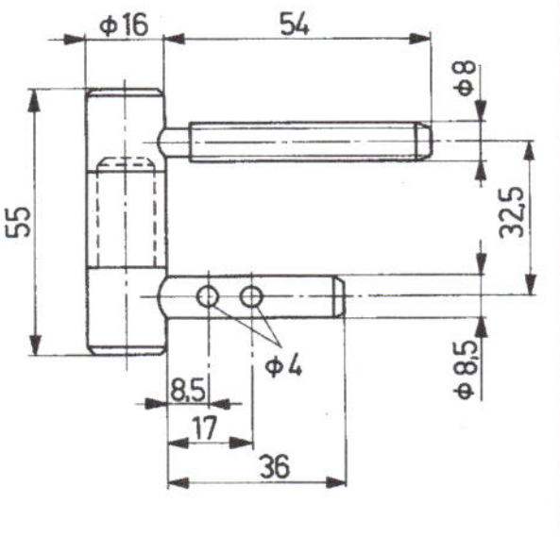

Matière : acier

Exemple de montage

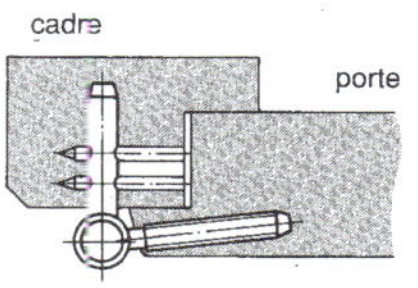

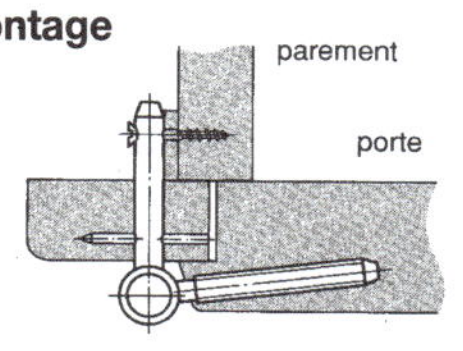

DOC HETTICH

FICHES À PERCER

pour portes et fenêtres (suite)

■ FICHE DE PORTE « FIX » pour porte lourde avec cadre bois, nœud Ø 18 mm

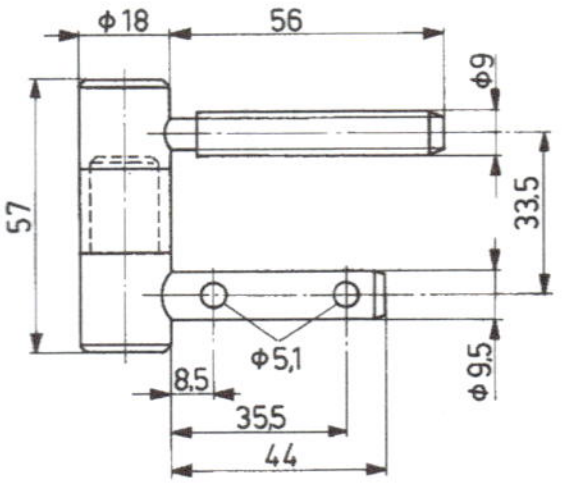

Matière : acier

■ FICHE DE PORTE « FIX » pour porte lourde avec cadre bois, nœud Ø 18 mm

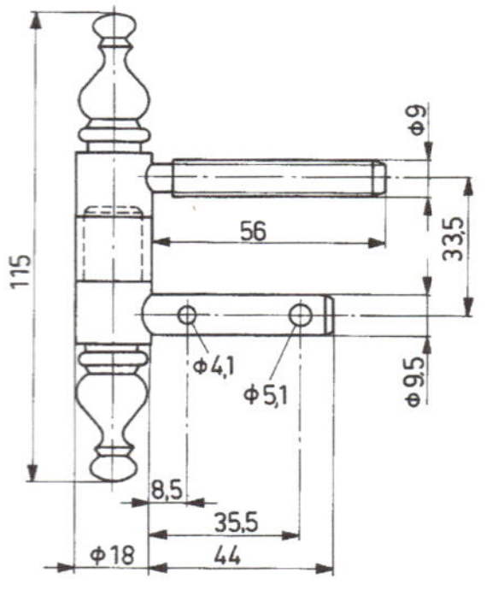

Matière : laiton

■ FICHE DE PORTE « FIX » pour porte d'entrée lourde sur cadre bois, nœud Ø 20 mm

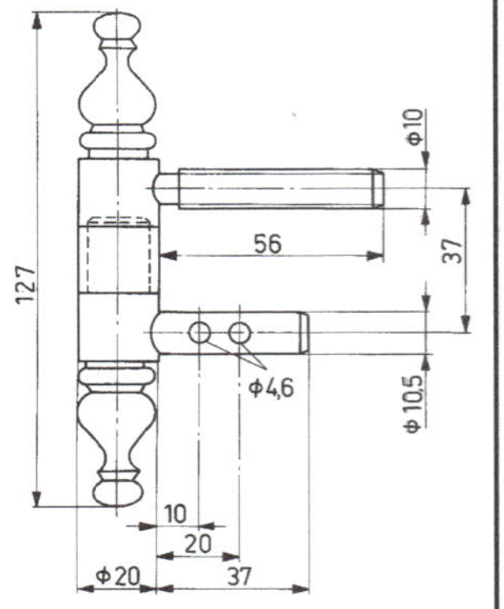

Matière : laiton

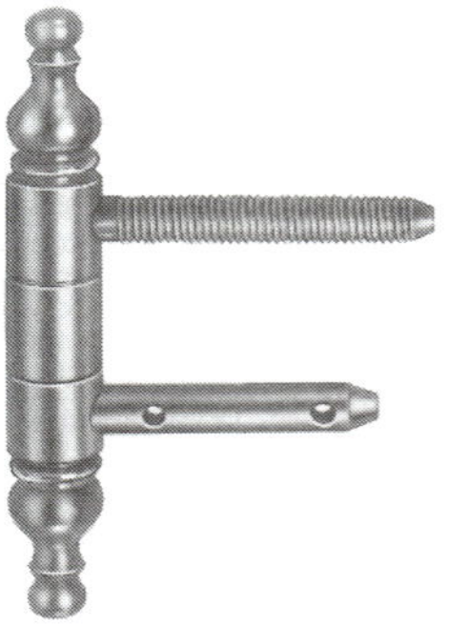

Exemple de montage

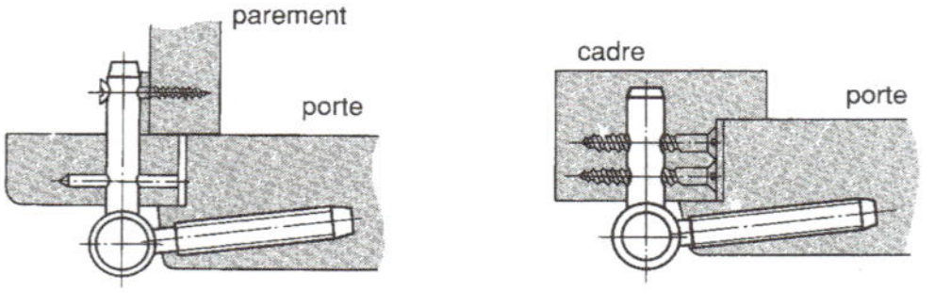

DOC HETTICH

■ FICHE GENRE ANUBA À 2 CORPS

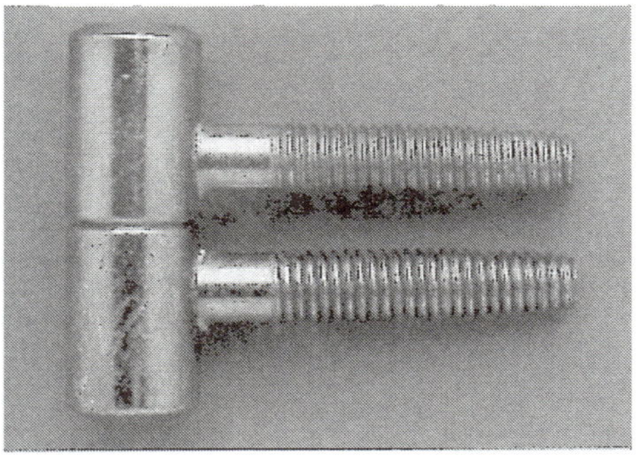

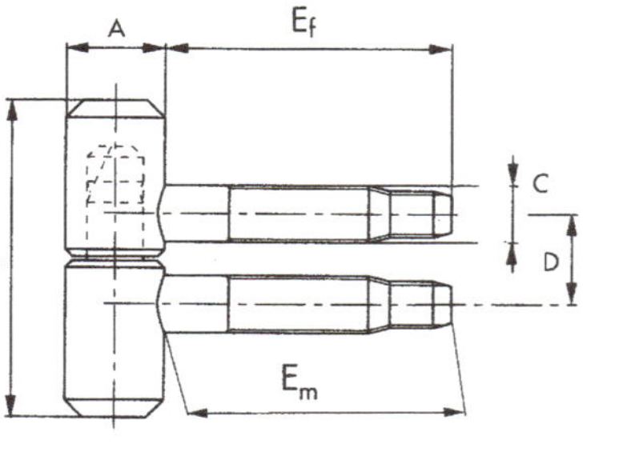

A Ø mm	B mm	C Ø mm	D mm	E_f mm	E_m mm
13	40	7,7	12,6	36	36
16	54,4	8,7	15,6	50	44

Matière : acier

Application : en recouvrant et à fleur

DOC WURTH

FICHES

- dégondables en acier
- à tourillons
- à couper

FICHE DÉGONDABLE EN ACIER

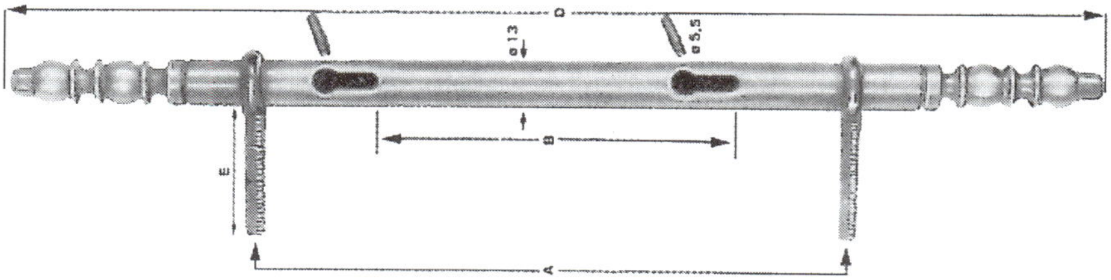

Long. A mm	Long. B mm	Long. D mm	Long. E mm
192	128	328	
256	192	392	
352	288	488	50
416	352	552	
448	384	584	
512	448	648	

- Tube 13 mm
- Vase laitonné, bronzé, brossé, verni
- Lacet long. 55 mm (Ø 6 mm) à entre axes multiples de 32 mm.
- Vis à bois à entre axes.

FICHE À TOURILLONS

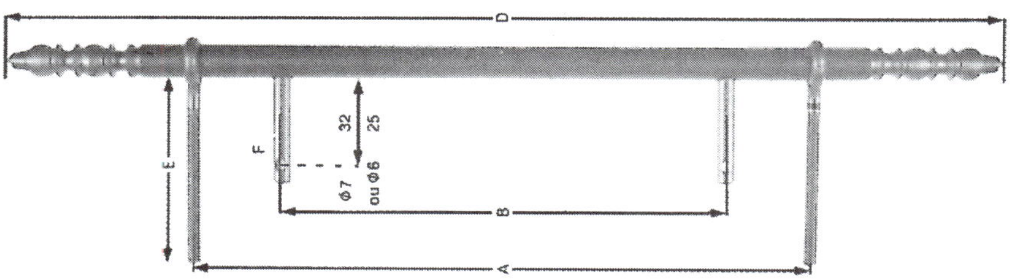

Mêmes dimensions que la fiche dégondable en acier

FICHE À LACETS MODULABLES

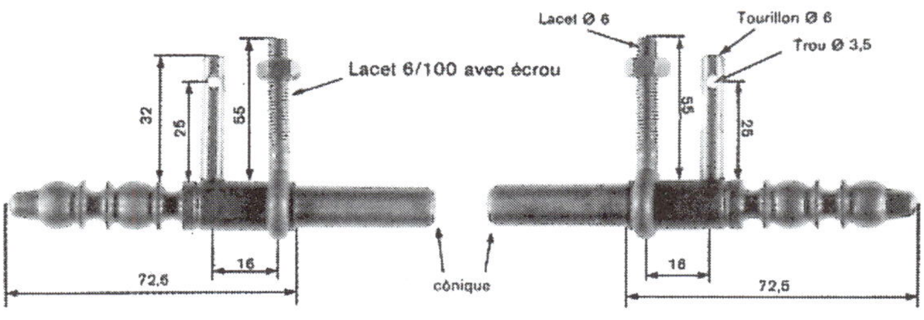

Possibilités de longueurs infinies. Vases montées dans le tube par simple pression.

PENTURES GONDS

■ PENTURE DROITE

Fer – peinte en noir

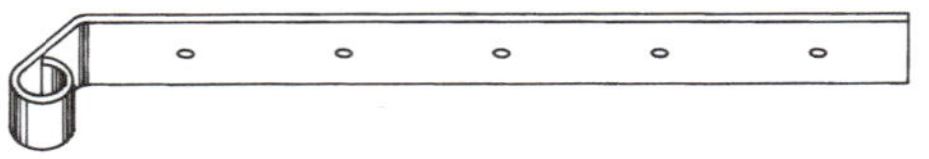

Dimensions		
L 30	L 65	Percée ou non percée
L 35	L 70	
L 40	L 75	
L 45	L 80	
L 50	L 90	
L 55	L 100	
L 60		

■ GOND À SCELLER

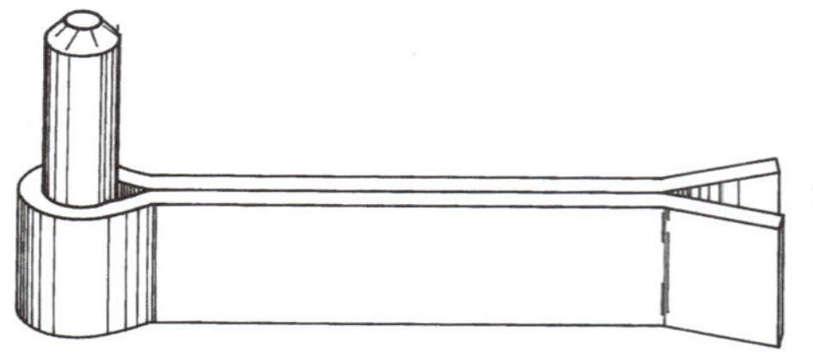

Finition : acier plastifié noir		
Ø axe mm	Ø perçage mm	Profondeur perçage mm
12	10	60
14		
16		

■ PENTURE COUDÉE

Fer – peinte en noir

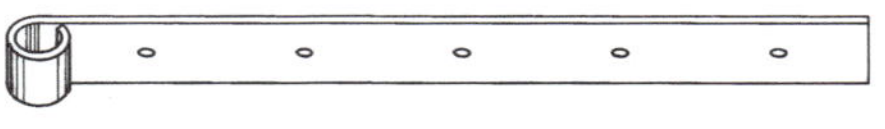

Dimensions		
L 30	L 55	non percée
L 35	L 60	
L 40	L 65	
L 45	L 70	
L 50	L 80	

■ GOND AVEC CHEVILLE

- sans axe amovible
- avec cheville plomb M10.

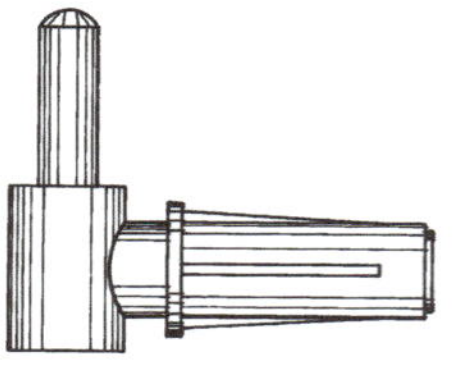

Finition : acier plastifié noir		
Ø axe mm	Ø perçage mm	Profondeur perçage mm
12	10	60
14		
16		

■ PENTURE ÉPINE QUEUE DE CARPE

Fer – peinte en noir

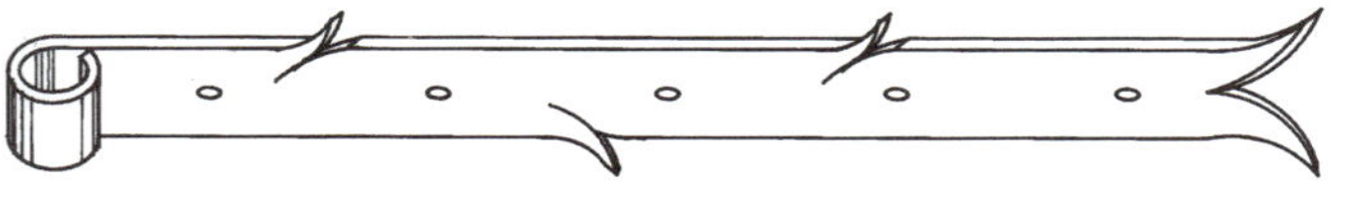

Dimensions		
L 40	L 65	Percée ou non percée
L 45	L 70	
L 50	L 80	
L 55	L 90	
L 60	L 100	

PENTURES GONDS (suite)

■ **PENTURES ANGLAISES**

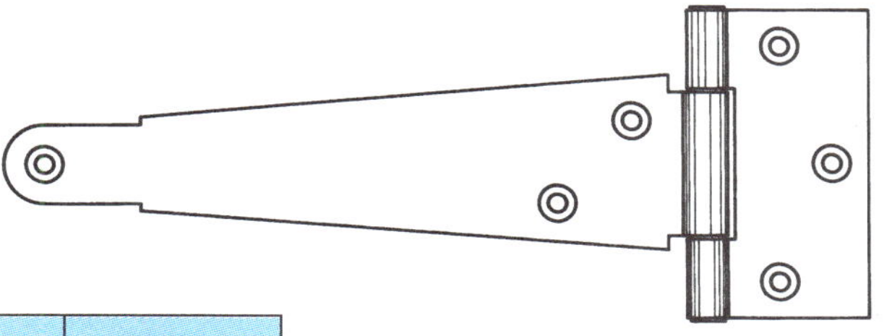

Dimensions		Finition
100 mm	350 mm	Zinguée
150 mm	400 mm	
200 mm	500 mm	
250 mm	600 mm	
300 mm		

■ **PENTURE RUSTIQUE POUR MEUBLE**

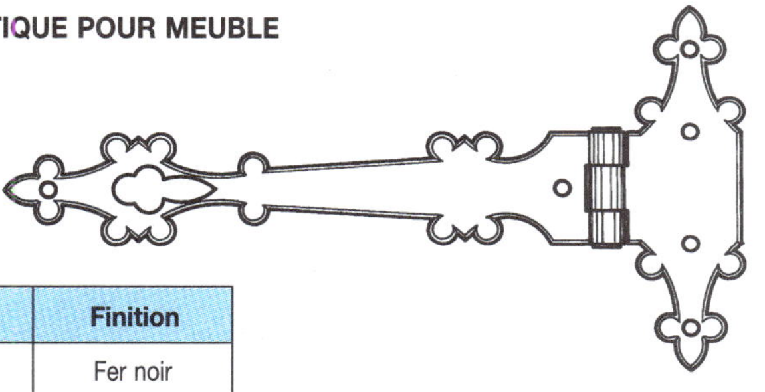

Dimensions	Finition
100 mm	Fer noir patiné
150 mm	
200 mm	
300 mm	

4.9 ORGANES DE PRÉHENSION ET DE MANŒUVRE

BÉQUILLES DE FENÊTRES

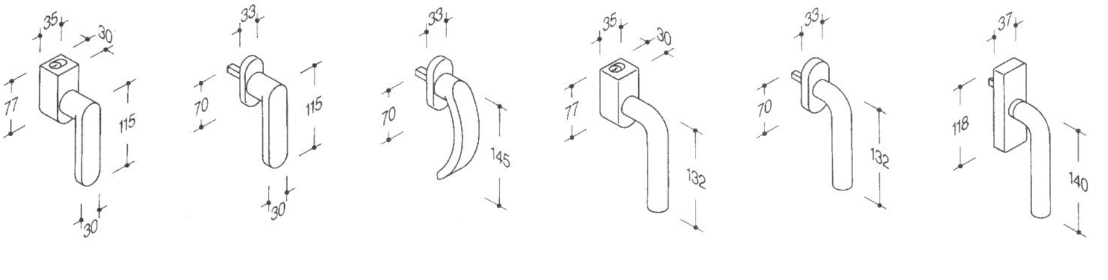

BÉQUILLES DE PORTES

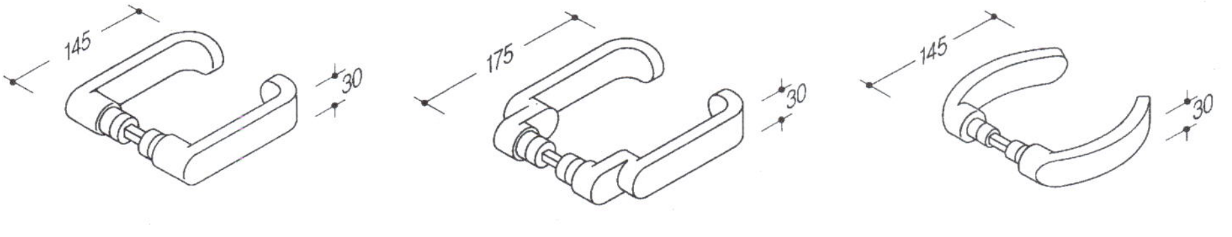

DOC HEWI

Organes de préhension et de manœuvre

PLAQUES DE PROPRETÉ

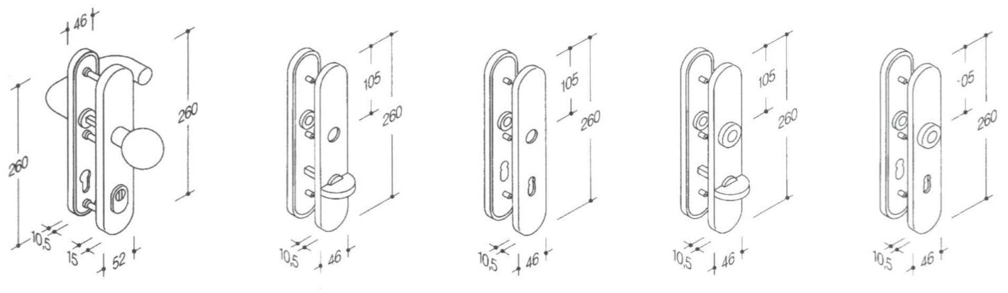

TIRANTS POIGNÉES BOUTONS DE MEUBLES

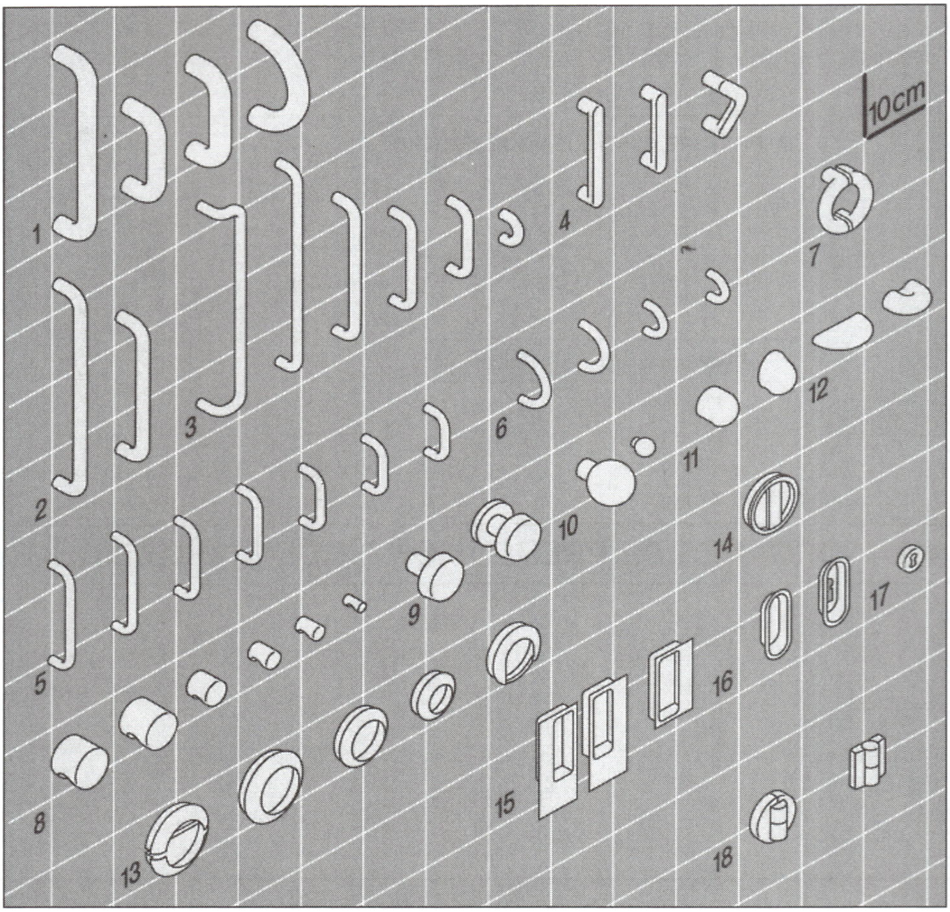

1 – Tirants Ø 20
2 – Tirants Ø 16
3 – Tirants Ø 13
4 – Tirants (supports Ø 16)
5 – Tirants Ø 10
6 – Tirants 1/2 ronds Ø 10
7 – Tirants 1/2 cercle (ici présentés para 2)
8 – Boutons de Ø 13 à 55 mm
9 – Boutons Ø 55 mm avec ou sans rosace
10 – Bouton boule Ø 55 mm
11 – Bouton
12 – Tirants
13 – Poignée 1/2 cuvette (représentée par 2)
Poignées cuvette
14 –
15 – Poignées cuvette
16 –
140 x 60
100 x 60
95 x 38
17 – Rosace entrée de clé
18 – Paumelles

DOC. HEWI

4.10 ORGANES AUXILIAIRES DE MONTAGE DÉFINITIF OU PROVISOIRE

4.10.1 VIS DE LIAISON

VIS AVEC PIÈCE DE JONCTION V.B. 14

Matière : acier chromé

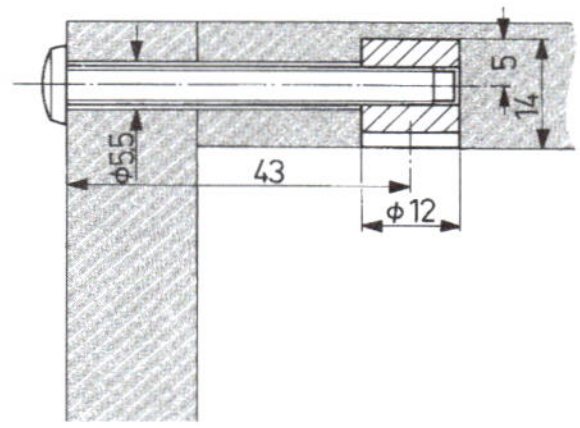

- **Dimensions :** M5, L = 48 mm
- **Empreinte :** cruciforme.

VIS DE LIAISON VDS

System 32

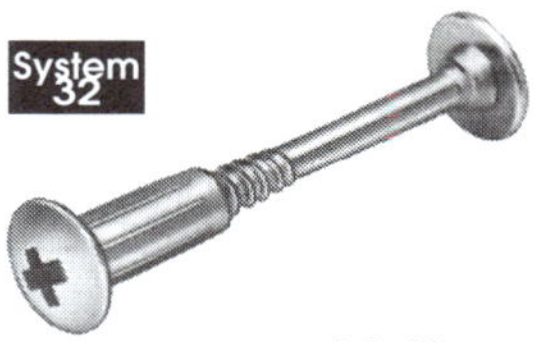

Matière : acier { nickelé / bruni

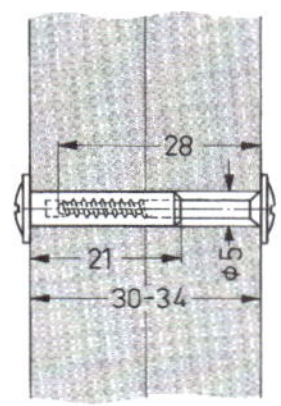

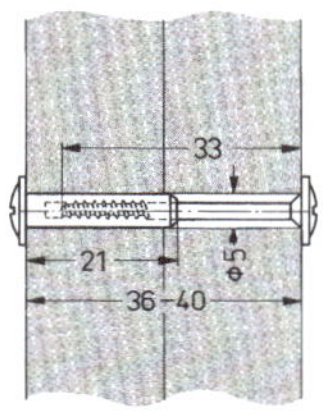

- **Dimensions :** Ø 5, L { 30-34, 36-40
- **Vis discrète** pour la liaison de corps de meuble avec des efforts importants.
  Des stries longitudinales sur la douille évitent la rotation pendant le serrage, filetage en retrait afin de faciliter le serrage.

ASSEMBLAGE MONO-PIÈCE DIREKTA 2

Cache { marron / blanc

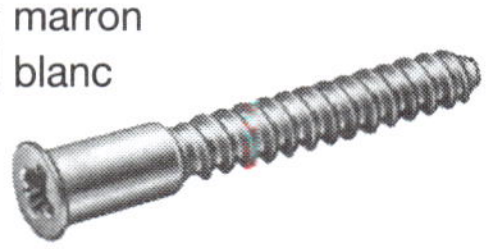

Matière : acier chromé

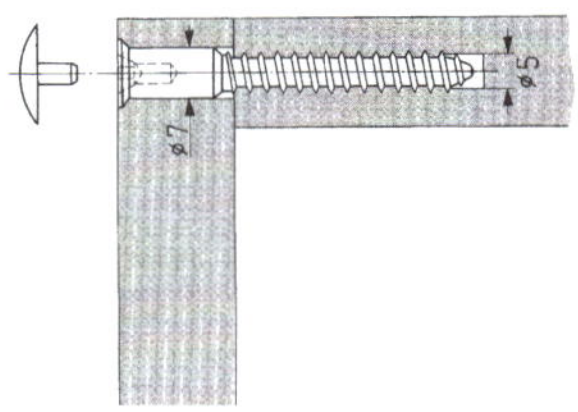

- **Dimensions :** Ø 6,3 L = 38, Ø 6,3 L = 50,
- **Empreinte:** cruciforme PZ
- **Perçage intérieur** et empreinte cruciforme PZ avec foret étagé HSS Ø5/Ø7 mm

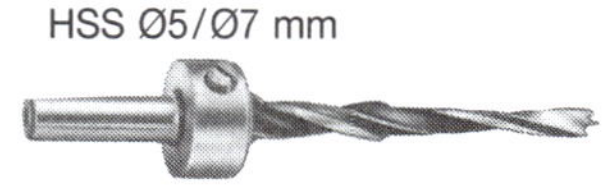

ASSEMBLAGE MONO-PIÈCE DIREKTA 9

Matière : acier chromé

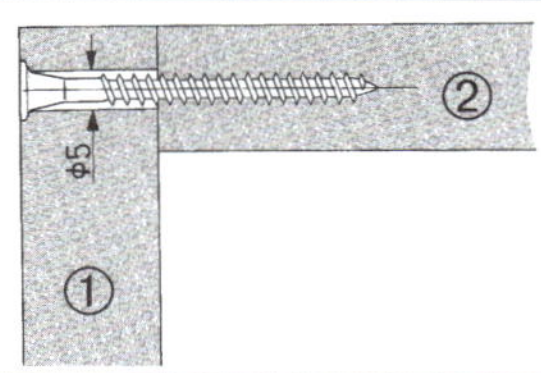

- **Dimensions :** Ø 4, L = 45 mm
- **Empreinte:** cruciforme
- **Perçage** nécessaire dans la pièce ①
- **Vis** enduite d'un produit glissant et engagée directement dans la pièce ②

VIS DE LIAISON VS

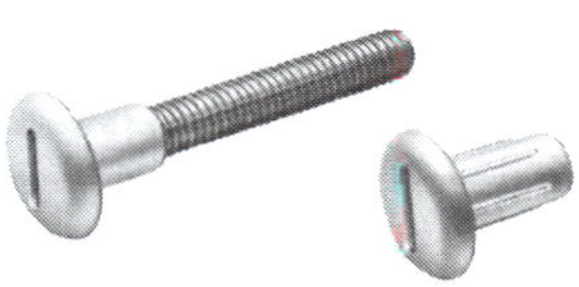

Matière : vis M6 acier

Tête plastique { marron / blanc

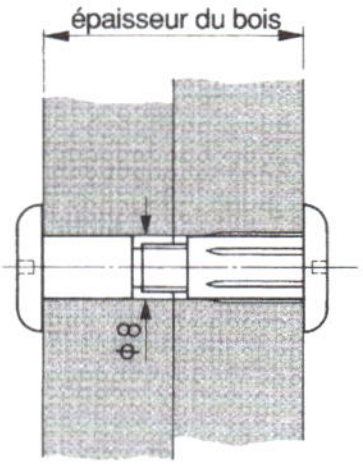

Ø Tête	Ø filetage	L
Ø 8	M.6	26-31 29-36 34-41 39-46 44-51 49-56

System 32

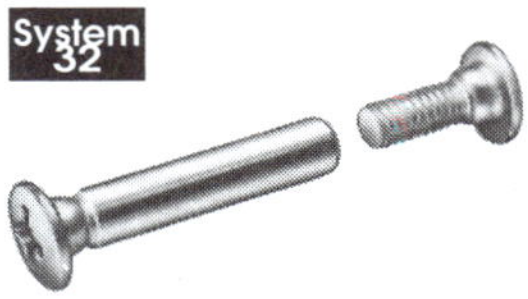

Matière : acier { nickelé / bruni

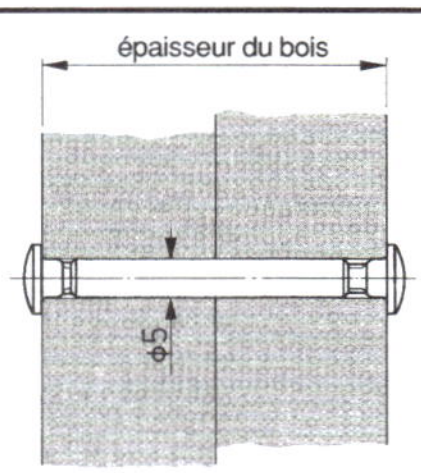

Ø Fût	Ø filetage	L
Ø 5	M.4	21-25 28-32 35-40 41-45 46-50

DOC. HETTICH

4.10.2 FERRURES D'ASSEMBLAGES

GOUJON À TÊTE

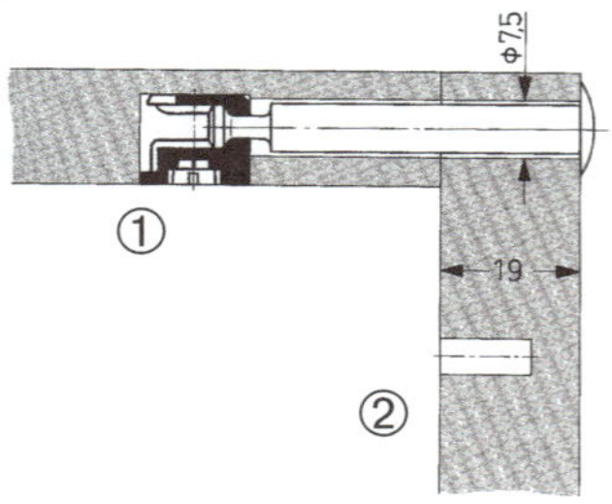

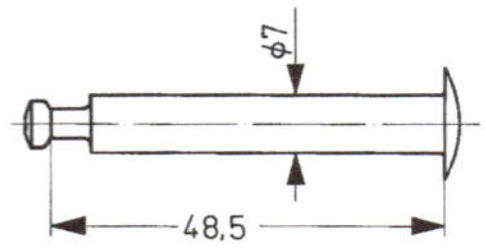

Matière : acier { chromatisé / laitonné / bruni

- Percer les pièces ① et ② au Ø 7,5 mm

FERRURE

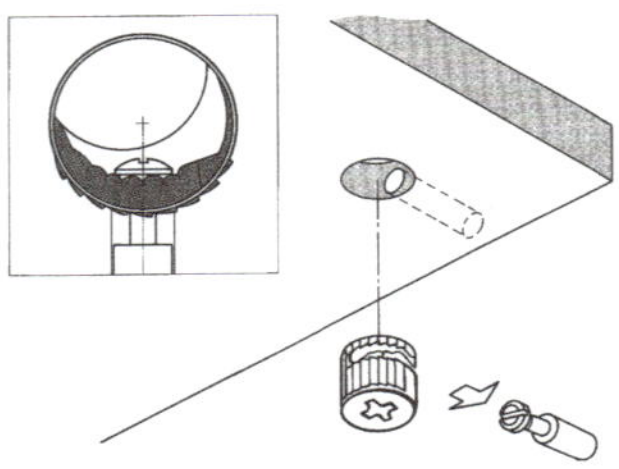

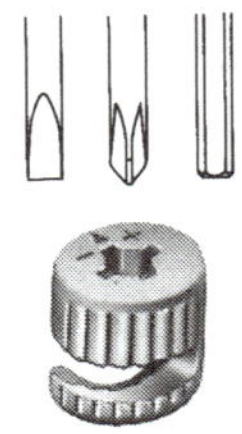

- Ferrures équipées d'une aide à l'engagement.
- Perçages : Ø 15 mm
  Ø 7,5 mm
- Épaisseurs tablettes : 16 – 19 – 22 mm

GOUJON DOUBLE

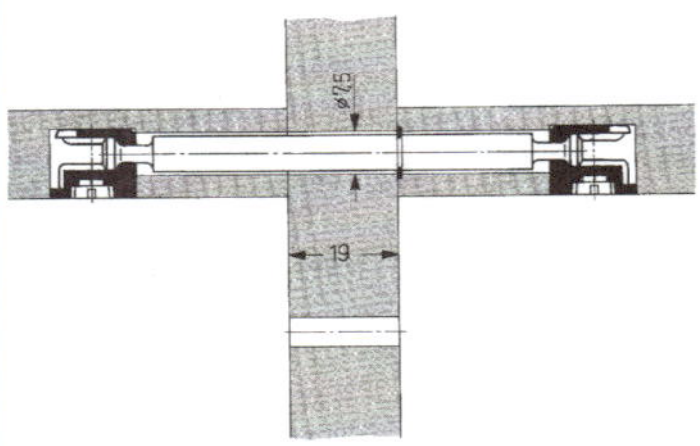

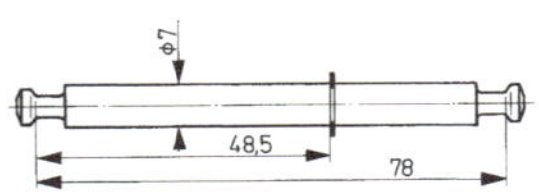

Matière : acier brut

- Perçage : Ø 7,5 mm avec circlips

GOUJONS ARTICULÉS

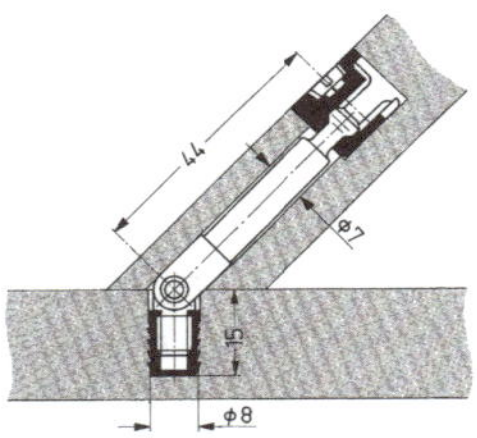

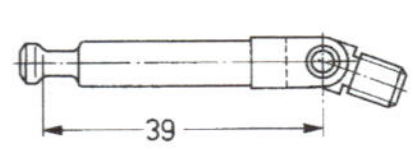

Matière : acier brut

- Perçage 8 mm

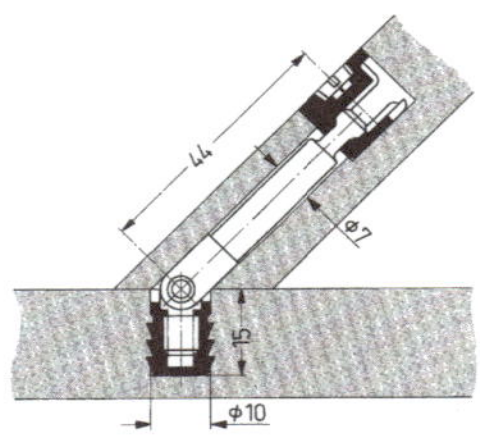

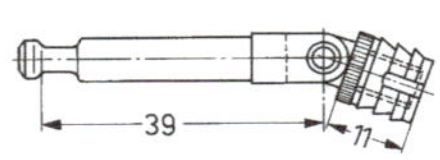

Avec écrou prémonté

- Perçage 10 mm

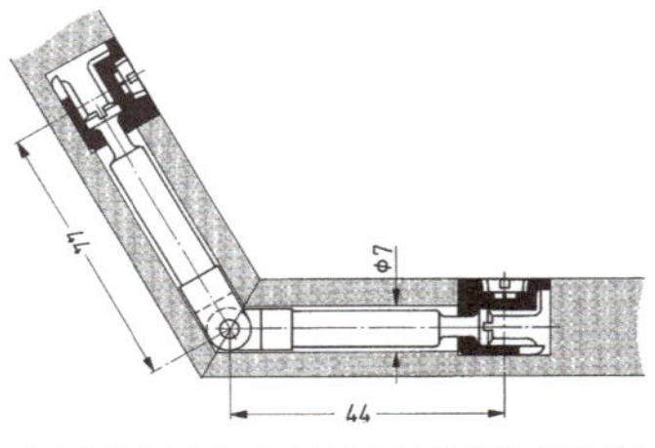

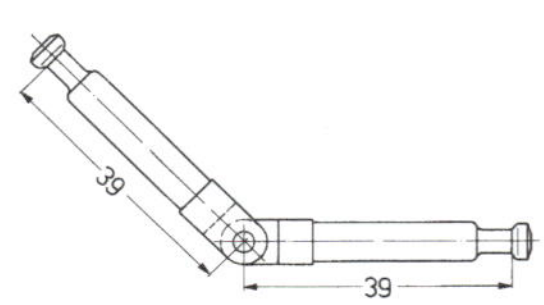

Réglage de 90° à 180°

DOC HETTICH

ÉLÉMENTS D'ASSEMBLAGES TRAPÉZOÏDAUX

DOC WURTH

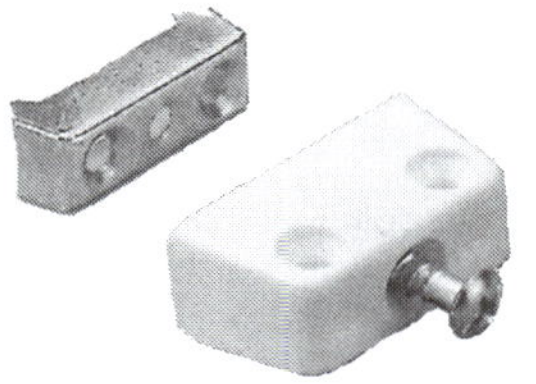

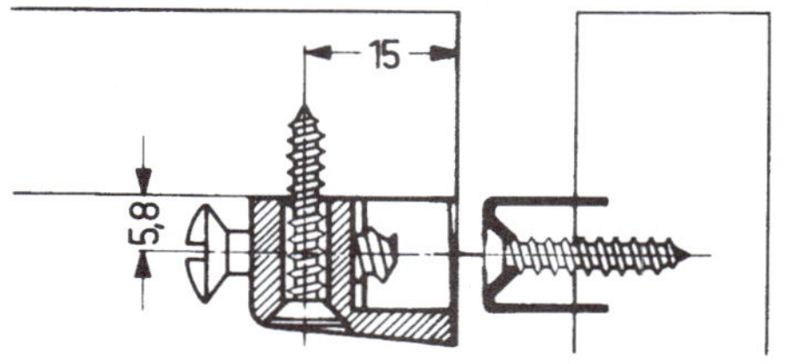

FERRURES D'ASSEMBLAGES EXENTRIQUES

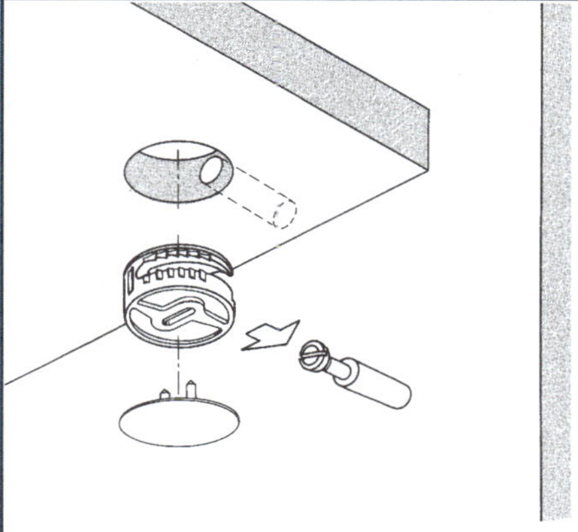

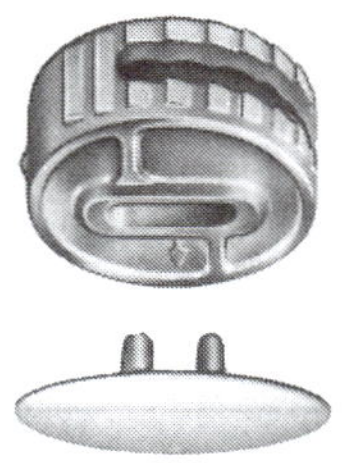

Exemple de montage

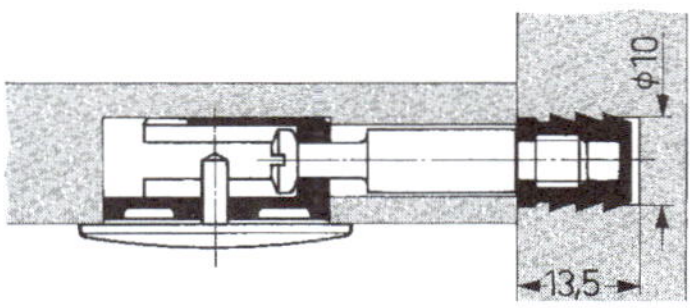

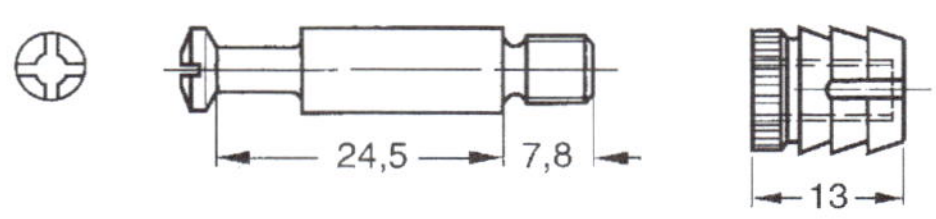

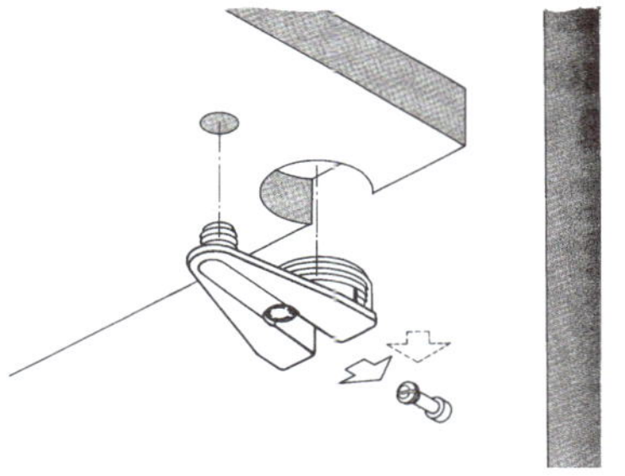

Tablette engagée par le haut ou latéralement

Exemples de montage

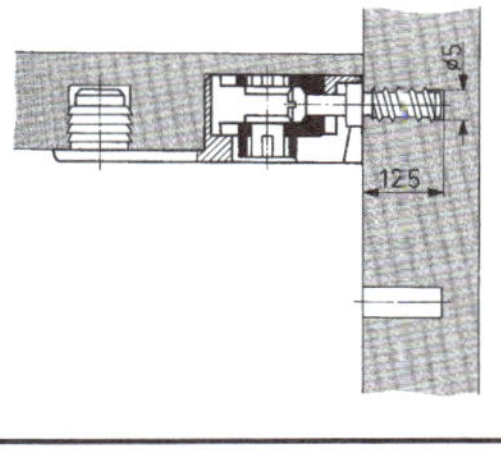

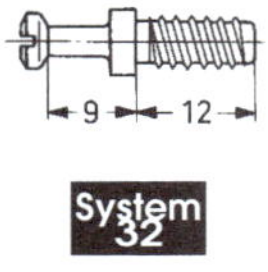

Avec douille à écartement en laiton

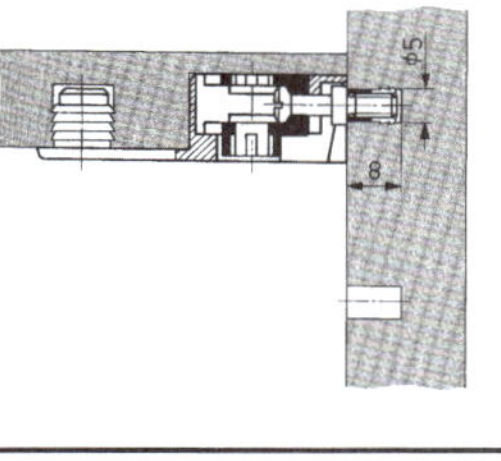

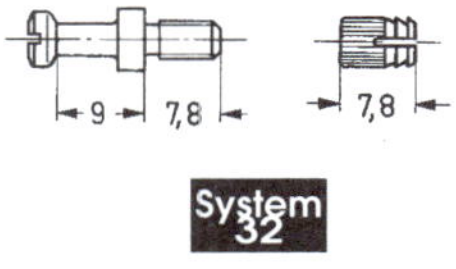

DOC HETTICH

4.11 COMPOSANTS « SYSTÈME 32 »

Le concept de construction de meubles « système 32 » offre de nombreux avantages. Il permet :

- de **concevoir** des meubles et agencements avec un meilleur design,
- de **réaliser** des assemblages précis,
- d'**implanter** la quincaillerie (ferrures d'assemblages, charnières avec plaques, compas et charnières d'abattant, loqueteaux magnétiques...),
- l'**interchangeabilité** des composants,
- une **économie de temps** et de coût.

IMPLANTATION DES COMPOSANTS DANS LES PERÇAGES DU « SYSTEME 32 »

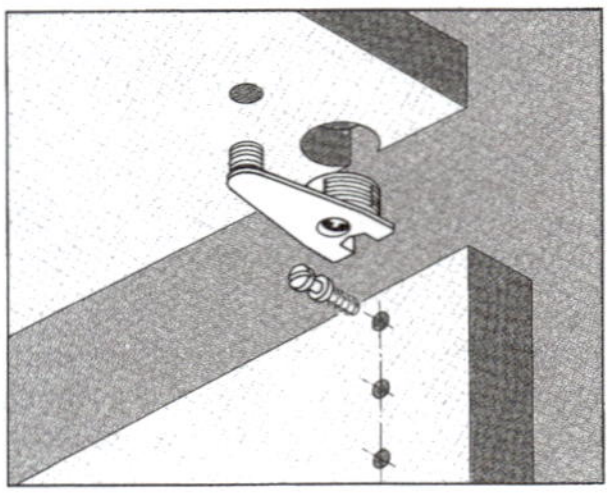
Ferrures d'assemblage excentriques

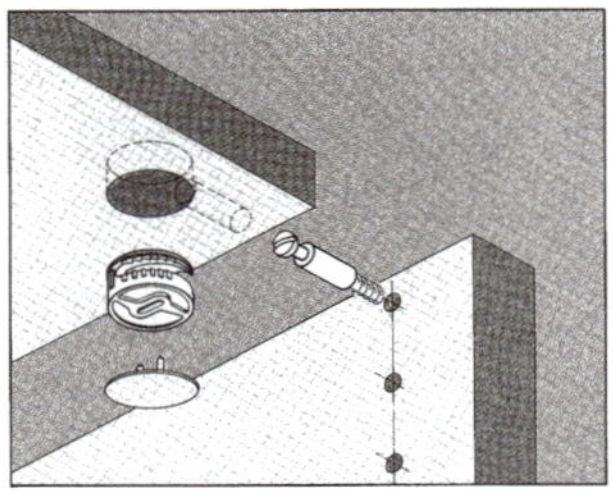
Ferrures d'assemblage excentriques Rastex 25

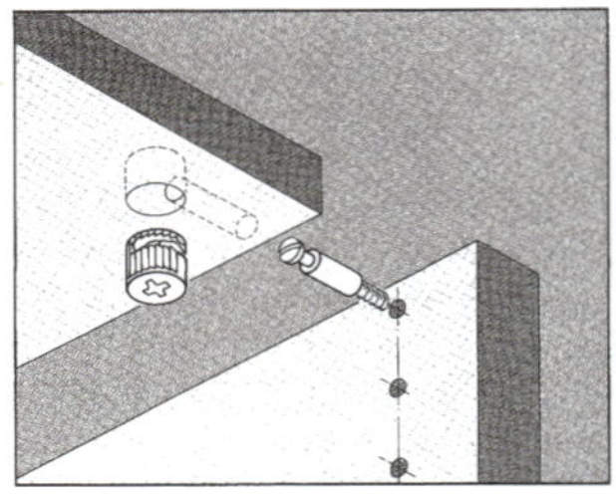
Ferrures d'assemblage excentriques Rastex 15

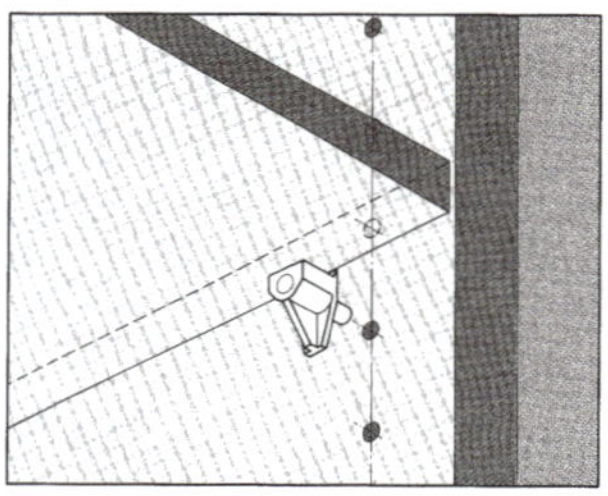
Taquets de tablettes

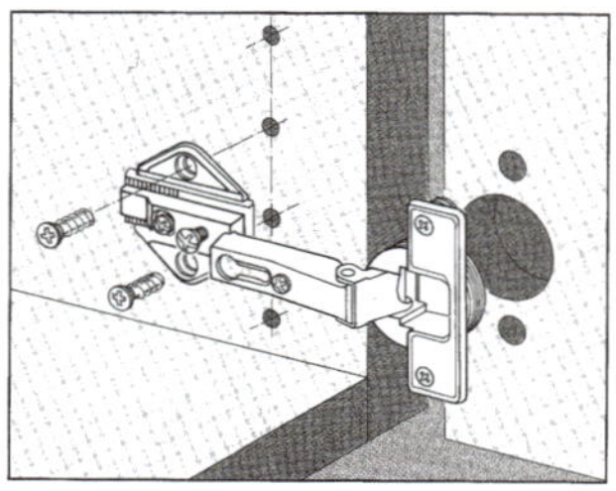
Charnières avec plaques de montage cruciforme

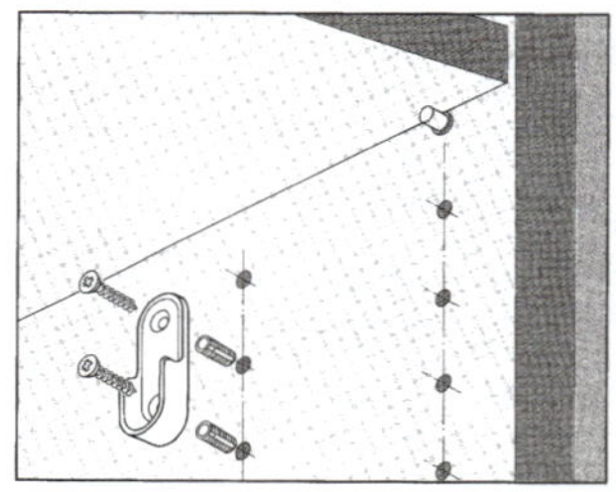
Supports de tube de penderie

System 32

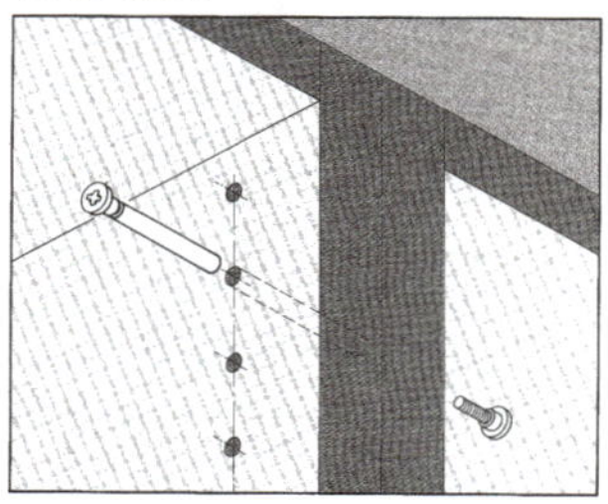
Vis de liaison

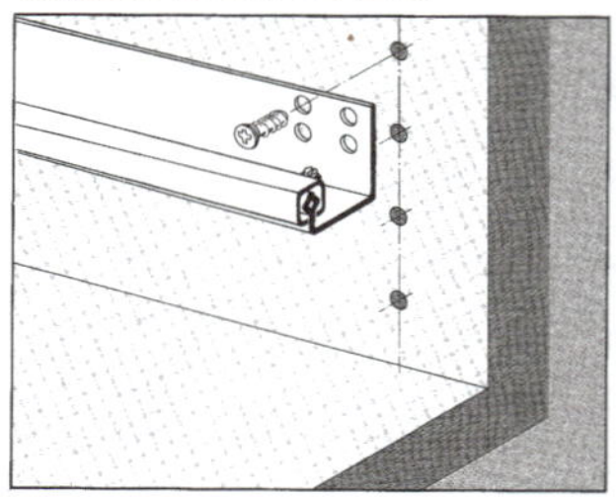
Coulisses de tiroir QUADRO

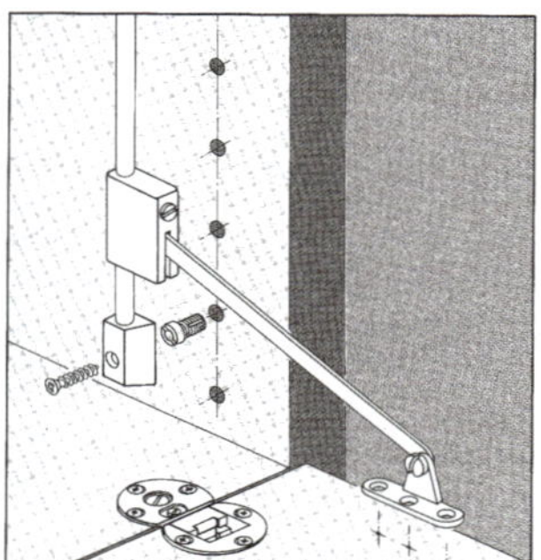
Compas d'abattant
Charnières d'abattant

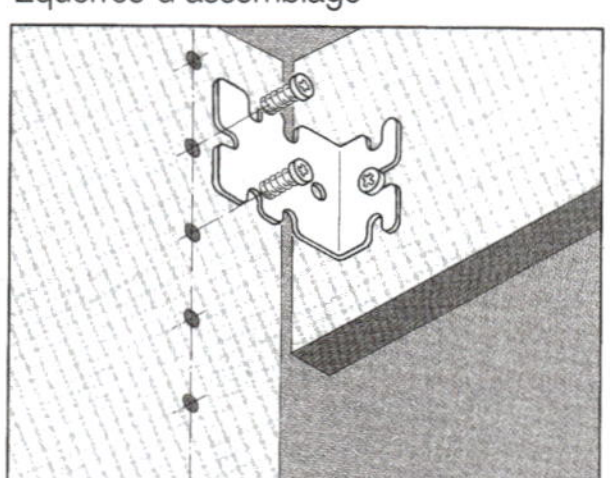
Équerres d'assemblage

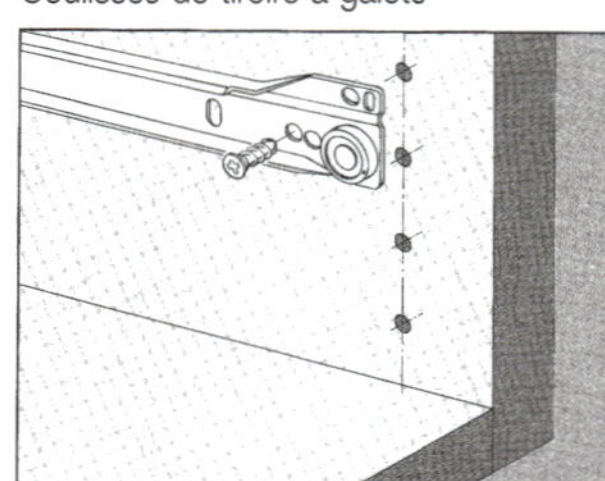
Coulisses de tiroirs à galets

DOC HETTICH

PRINCIPE DE BASE

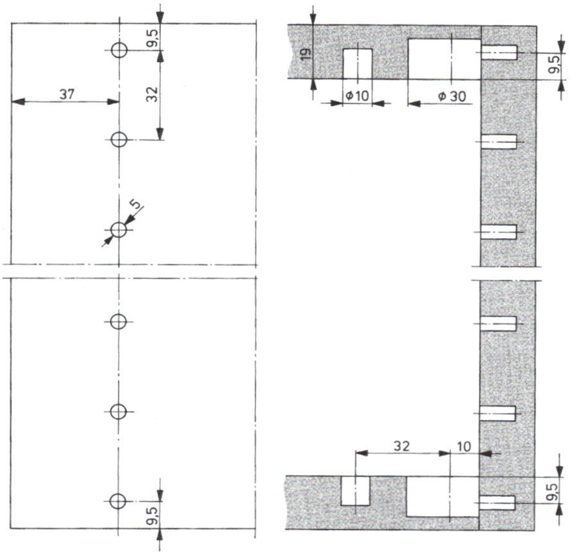

■ PRINCIPES À RESPECTER

Les principes suivants doivent être respectés pour le perçage de séries de trous en entraxe 32 mm :

- Ø de **perçage** 5 mm ;
- **distance de l'axe** des perçages à la façade avant 37 mm,
- **entraxe** des deux rangées de perçage en multiples de 32 mm,
- il est avantageux de respecter une **symétrie** des perçages par rapport au haut et au bas du meuble,
- il est également avantageux d'avoir la **distance** de l'axe des perçages arrière à 37 mm **du bord** arrière du meuble.

Pour les perçages de tablettes, respecter une position d'axe égale à une demi-épaisseur de matière de la tablette. Ceci définit également le type de ferrure d'assemblage, p. ex. VB 20 pour épaisseur de tablette de 19 mm.

APPLICATION FERRAGE D'UNE PORTE

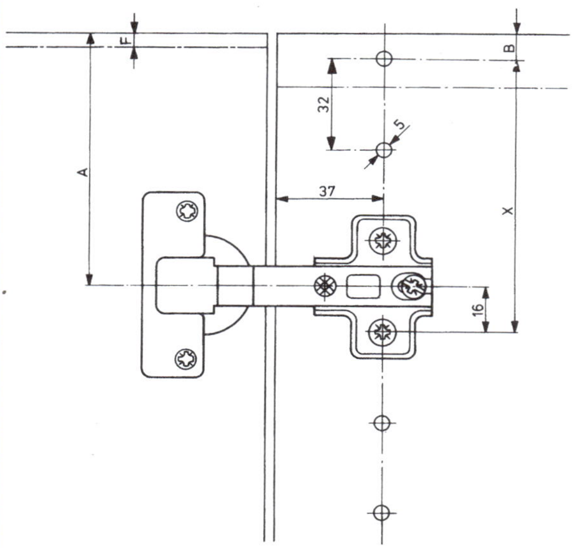

■ COTES CARACTÉRISTIQUES

- A = **distance du bord supérieur** de la porte à l'axe du boîtier de charnière,
- B = **distance du bord supérieur** du corps de meuble à l'axe du goujon d'assemblage,
- F = **retrait** ou **débordement** de la porte,
- X = **multiple** de 32 mm,
- **Ferrure d'assemblage** VB 20 pour épaisseur de tablette de 19 mm,
- **Charnière** Euromat,
- **Plaque de montage** cruciforme à vissage direct,
- **Formule de calcul** de la cote A :
  A = B + X – 16
  9,5 + 96 – 16 = 89,5 mm.

Le retrait F ou le débordement F désiré pour la porte doit être retiré ou ajouté suivant le cas.

DOC HETTICH

DÉFINITION DE LA COTATION DU MEUBLE (APPLICATION)

DÉFINITION D'UN MEUBLE OU AGENCEMENT

dizaine \ unité	0	1	2	3	4	5	6	7	8	9
0	0	32	64	96	128	160	192	224	256	288
1	320	352	384	416	448	480	512	544	576	608
2	640	672	704	736	768	800	832	864	896	928
3	960	992	1 024	1 056	1 088	1 120	1 152	1 184	1 216	1 248
4	1 280	1 312	1 344	1 376	1 408	1 440	1 472	1 504	1 536	1 568
5	1 600	1 632	1 664	1 696	1 728	1 760	1 792	1 824	1 856	1 888
6	1 920	1 952	1 984	2 016	2 048	2 080	2 112	2 144	2 176	2 208
7	2 240	2 272	2 304	2 336	2 368	2 400	2 432	2 464	2 496	2 528
8	2 560	2 592	2 624	2 656	2 688	2 720	2 752	2 784	2 816	2 848
9	2 880	2 912	2 944	2 976	3 008	3 040	3 072	3 104	3 136	3 168

Utilisation du tableau de correspondance pour la définition des dimensions des côtés du meuble

(X/Y) = multiples de 32 mm

B = distance du bord supérieur ou inférieur du côté de meuble par rapport à l'axe du goujon d'assemblage.

Calcul du côté du meuble :

hauteur = X + 2 x B

profondeur = Y + 2 x 37 mm

Exemple :

Hauteur désirée environ 2 000 mm.
Profondeur désirée environ 600 mm.
L'assemblage est prévu avec la ferrure VB 20 pour épaisseur de panneaux de 19 mm.

La cote maximale de X est choisie dans le tableau de 1 984 mm. La hauteur de l'armoire est donc de L :
1 984 + 2 x 9,5 = 2 003 mm.

La cote maximale de Y est choisie dans le tableau à (600 – 2 x 37) 512 mm. La profondeur de l'armoire est donc de :
512 + 2 x 37 = 586 mm.

COTATION DU MEUBLE (APPLICATION)

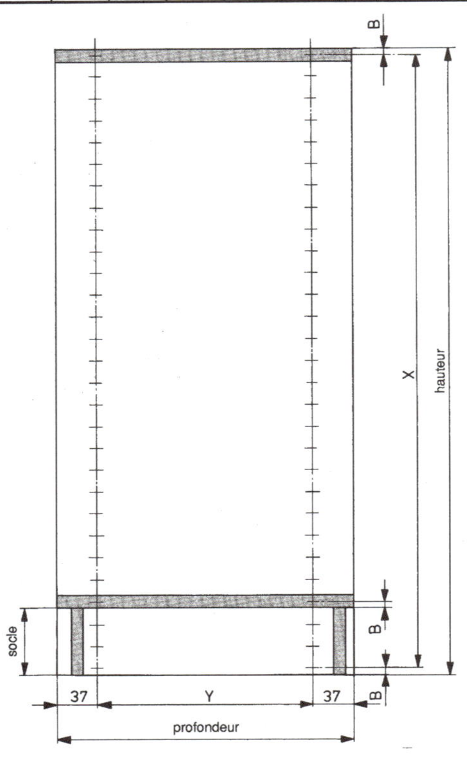

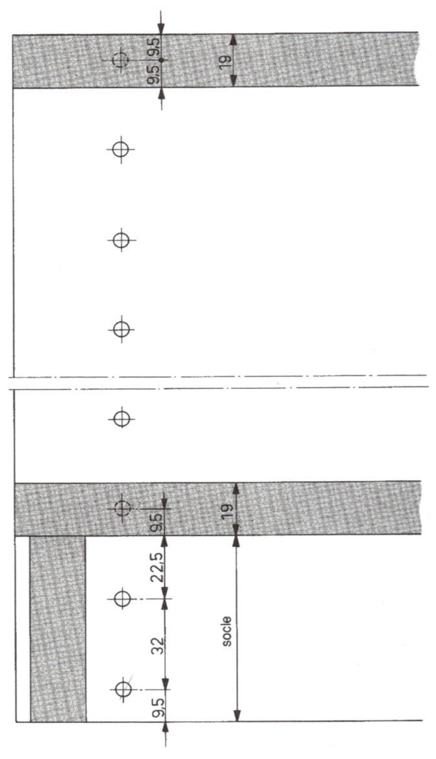

DOC HETTICH

CHARNIÈRE SÉRIE 1
type : PRESS-ON
ouverture 94 °

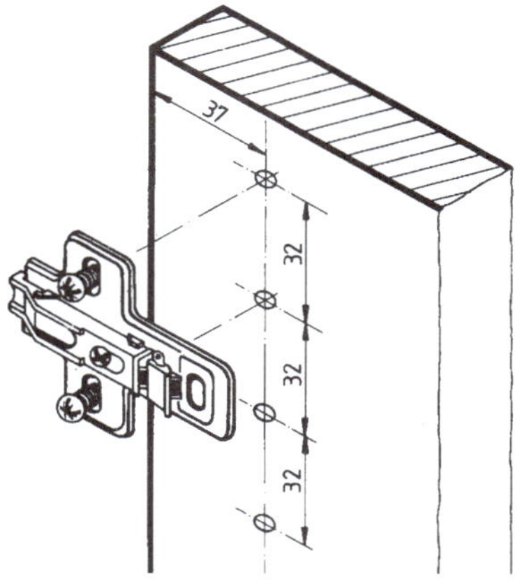

Boîtier à visser

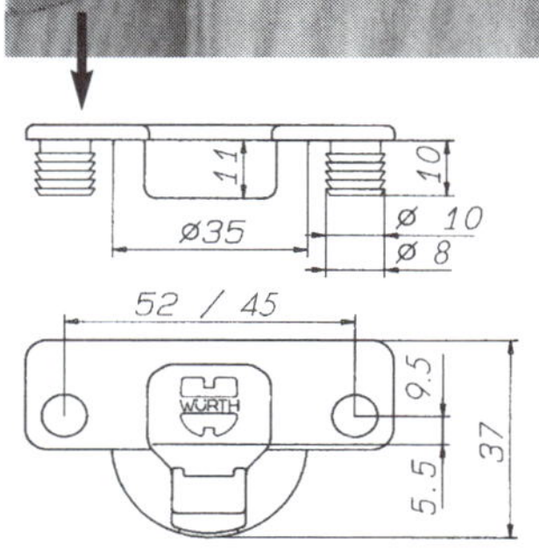

Boîtier à presser

TD =	16	18	20	22	24	26	28	30
T_a = 3 / F =	0,4	0,8	1,2	1,7	2,4	3,2	4,5	6,3
T_a = 4 / F =	0,4	0,7	1,2	1,7	2,3	3,1	4,2	5,6
T_a = 5 / F =	0,4	0,7	1,1	1,6	2,3	3,0	3,9	5,3
T_a = 6 / F =	0,4	0,7	1,1	1,6	2,2	2,9	3,8	5,0
T_a = 7 / F =	0,4	0,7	1,1	1,6	2,1	2,8	3,7	4,7
T_a = 8 / F =	0,4	0,7	1,1	1,5	2,1	2,8	3,6	4,5

T_a =	3	4	5	6	7	8
L =	0,0	0,0	0,0	0,0	0,1	0,1

TD = épaisseur de la porte
Ta = distance entre le boîtier et le chant de la porte
F = espace entre 2 portes ou entre la porte et le côté du meuble

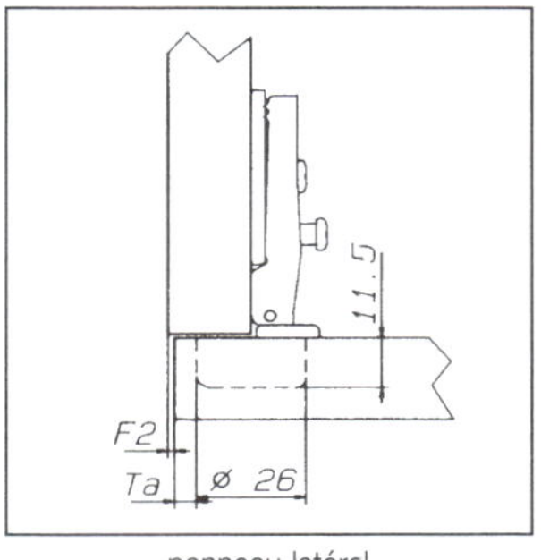

panneau latéral

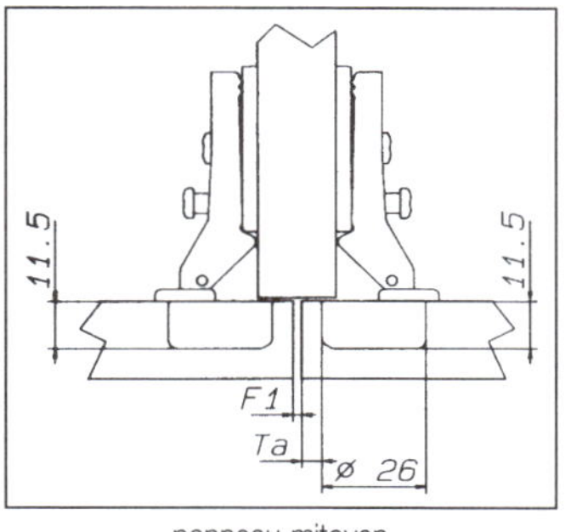

panneau mitoyen

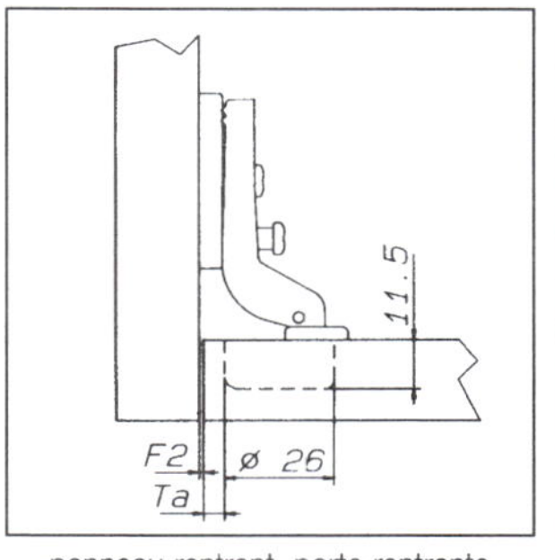

panneau rentrant, porte rentrante

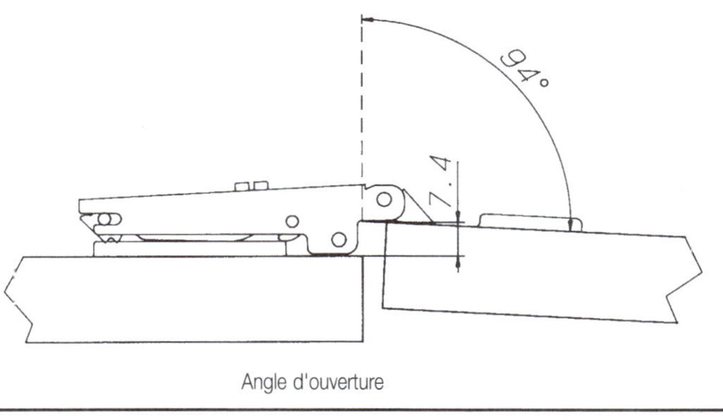

Angle d'ouverture

DOC WURTH

EXEMPLE DE MONTAGE DES CHARNIÈRES DE LA SÉRIE (suite)

- ouverture 94°,
- exécution acier avec ressort,
- épaisseur de porte maxi :
  22 mm porte rentrante,
  32 mm porte latérale,
- distance entre le boîtier et le chant de 3 à 8 mm,
- Ø de perçage du boîtier 35 mm,
- réglage 3 D.

4.12 COMPAS D'ABATTANT

COMPAS D'ABATTANT TYPE KLASSIK D

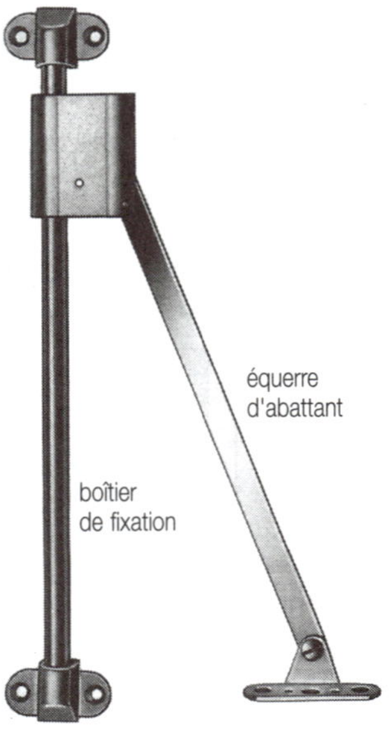

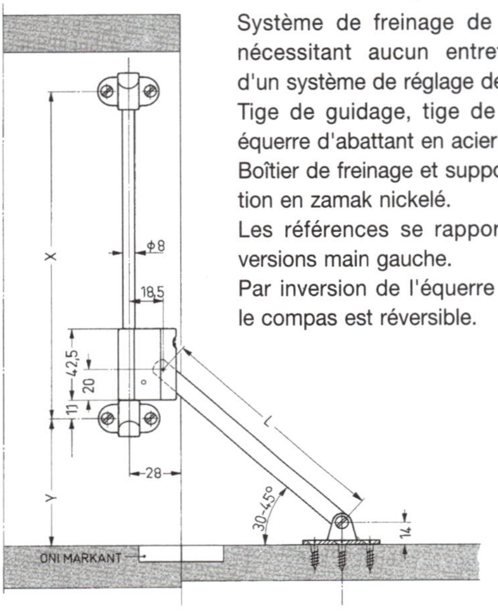

Système de freinage de qualité ne nécessitant aucun entretien; muni d'un système de réglage de précision.
Tige de guidage, tige de tension et équerre d'abattant en acier nickelé.
Boîtier de freinage et supports de fixation en zamak nickelé.
Les références se rapportent à des versions main gauche.
Par inversion de l'équerre d'abattant, le compas est réversible.

Instructions de montage

La dimension Y peut être changée légèrement en + ou en –. Ceci entraîne une modification de la cote A.
Important : l'angle entre la tige de tension et l'abattant ouvert doit être de 30° à 45°.
Lorsque l'abattant est ouvert, le boîtier de freinage doit reposer sur le support de fixation inférieur.

Hauteur intérieure de l'abattant	Cotes de montage X	Y	A	L
300-350	182	100	88	153
350-400	224	112	120	183
400-450	252	126	134	203
450-500	272	138	151	223
500-550	322	156	201	273
550-600	372	168	205	283

Boîtier de fixation L258 D

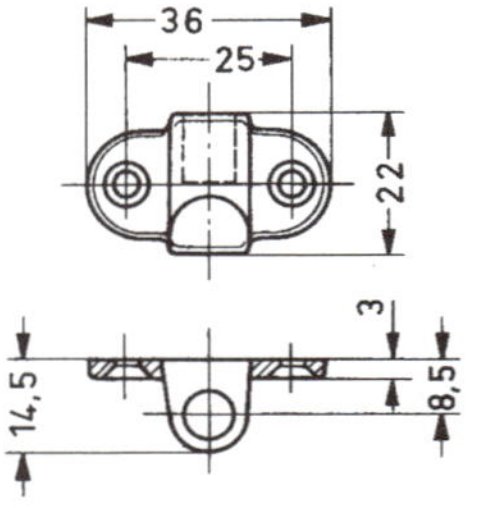

Équerre d'abattant A3

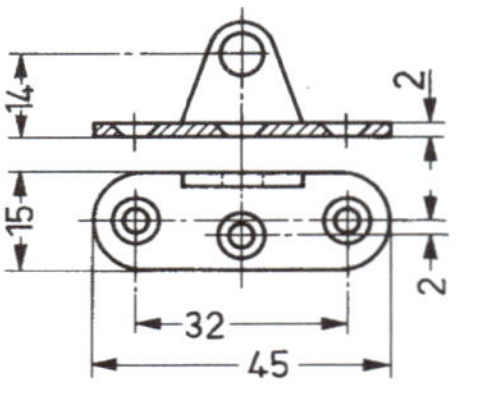

Fixation avec des vis à bois DIN 95/DIN 97 Ø 3,5 mm.

DOC HETTICH

4.13 HABILLAGES EN AMEUBLEMENT

Exemples de profilés d'habillage utilisés en ameublement.
Ils sont conçus, pour la plupart, en plastique rigide ou flexible. (Cotes en mm).

CHANTS DE FORME

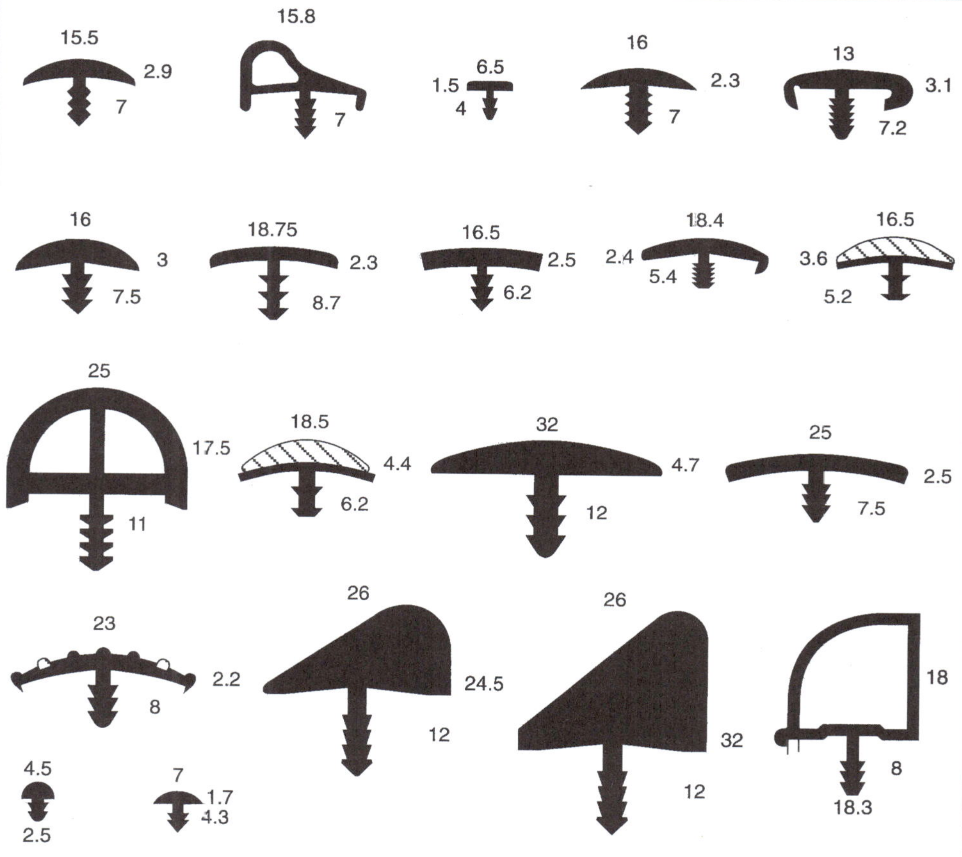

CHANTS PLATS

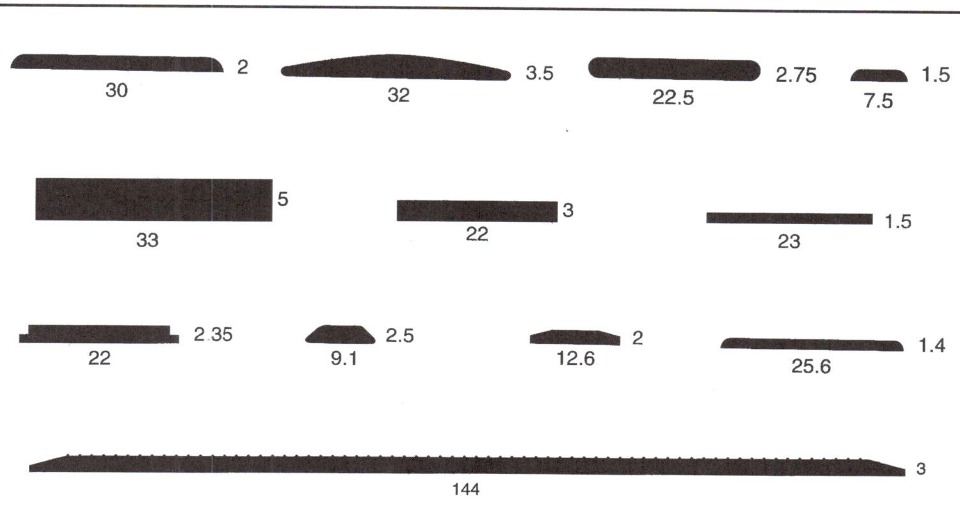

Habillages en ameublement

BORDURES DE PROTECTION

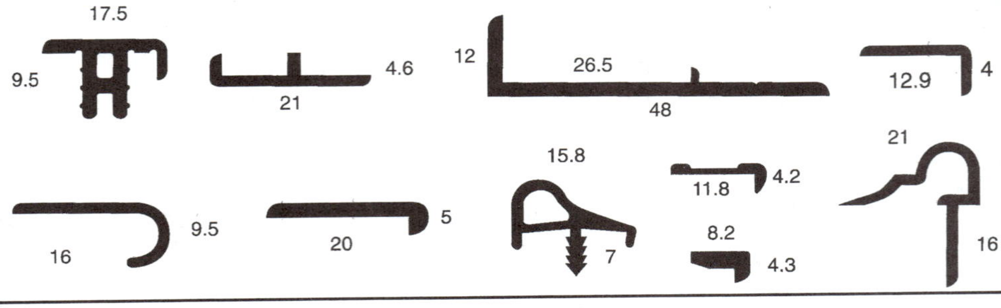

MOULURES

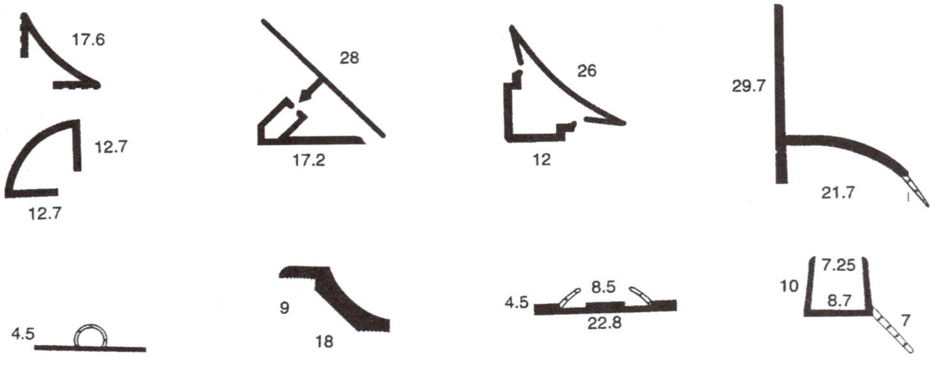

POIGNÉES

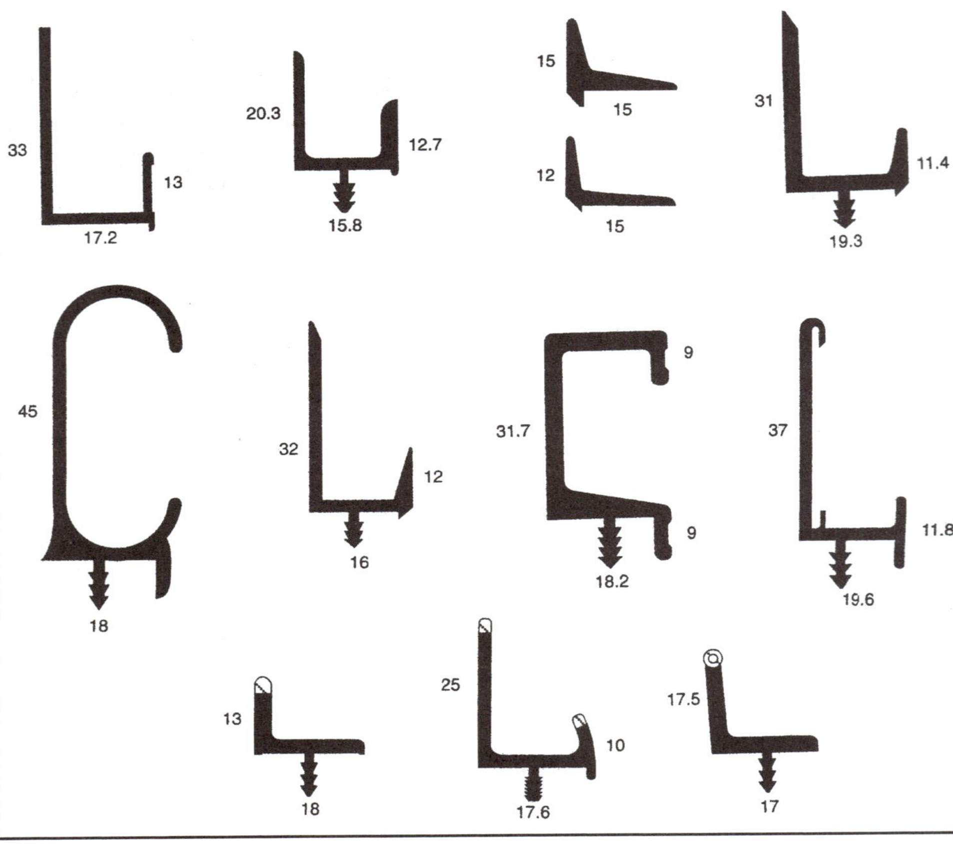

DOC : NENPLAS

4.14 GLISSIÈRES POUR TIROIRS

RAILS DE GUIDAGE (PVC ou polyéthylène

À visser

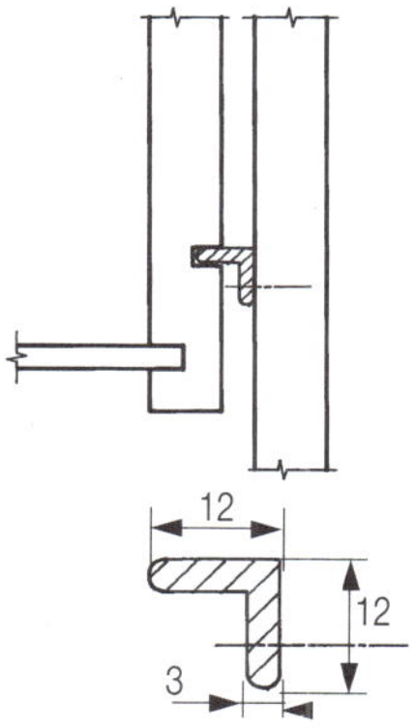

À emboiter

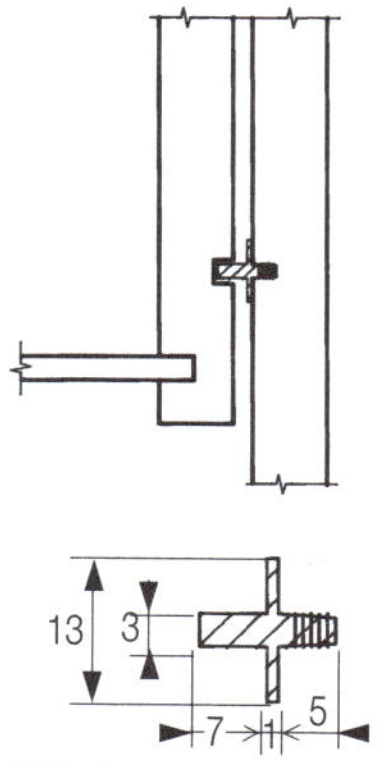

À visser

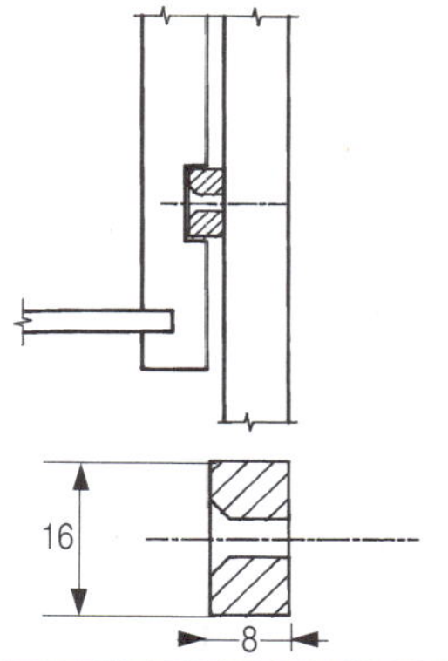

GUIDAGE À GALETS (Acier ou Nylon)

Montage dans une rainure

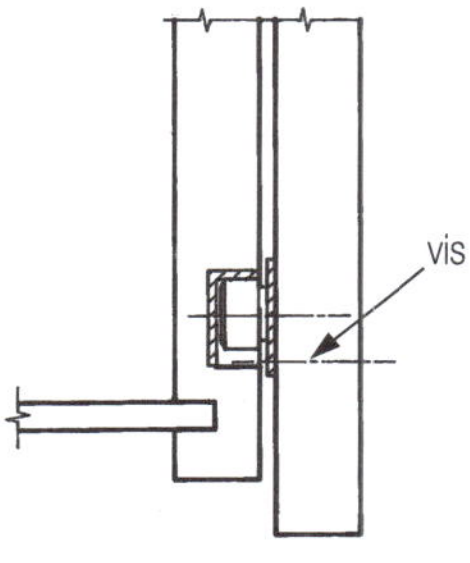

Montage latéral

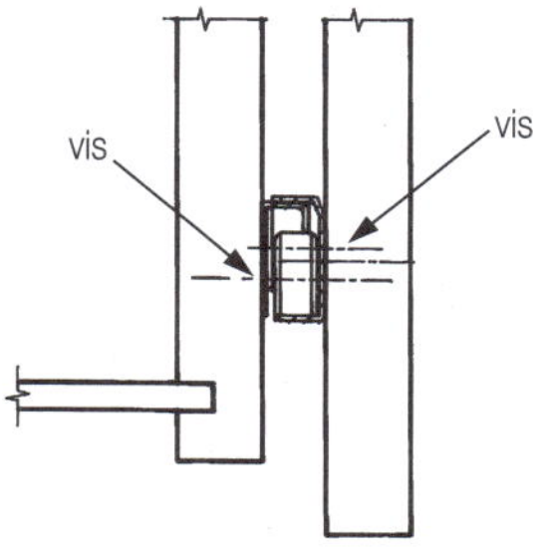

Montage de plateau

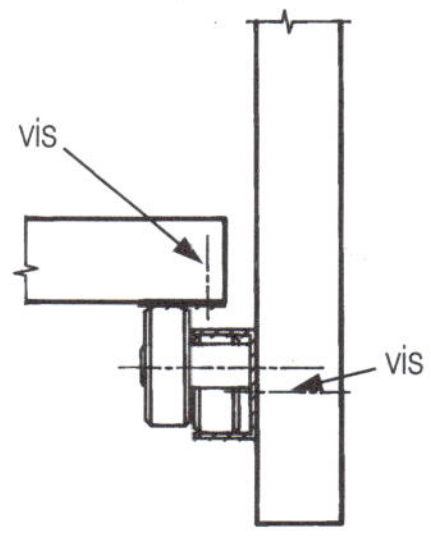

Montage à fleur

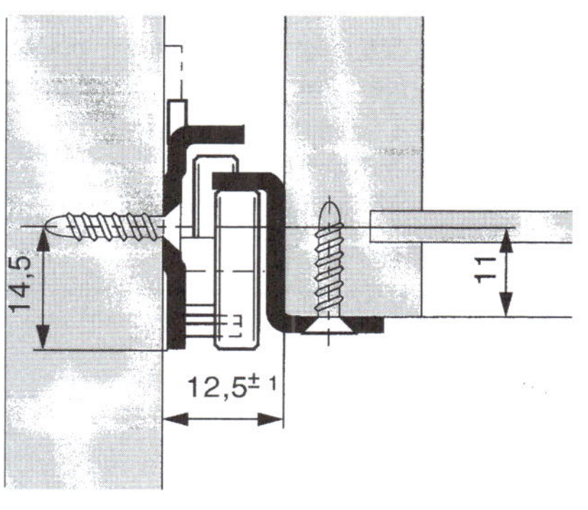

Schéma de perçage des rails de corps

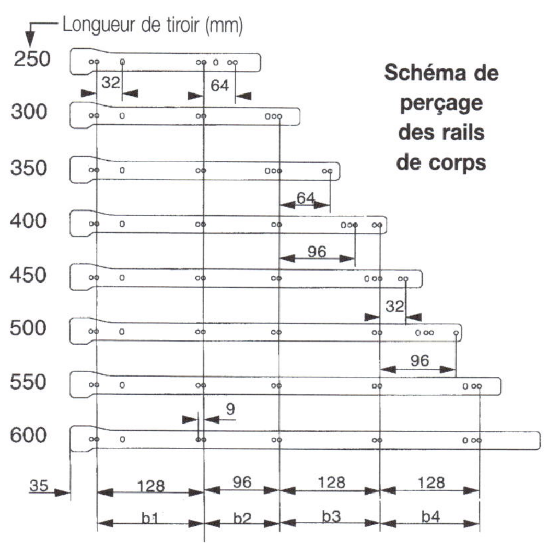

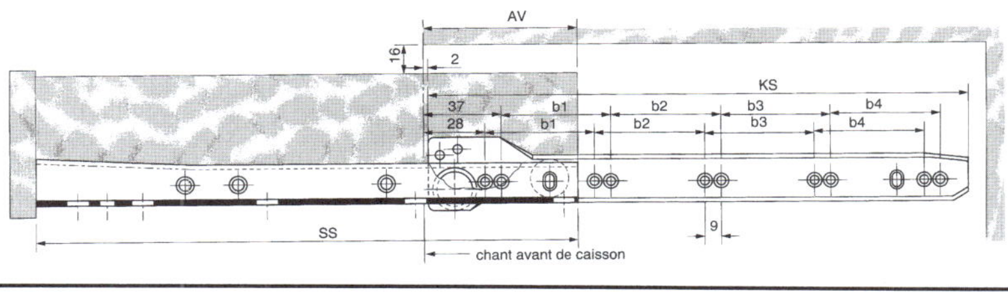

5. COLLAGE

La réalisation d'un ouvrage plan ou en volume entraîne l'assemblage de composants (pièces, éléments...). Le choix du type de maintien des assemblages par collage est fondamental, ceci dès l'étude de la conception du produit et du choix des méthodes de fabrication.

5.1. PRINCIPES ET RÉALISATION D'UN COLLAGE

DÉFINITION

Un collage résulte de l'association :

Matériau
\+ **Colle**
\+ **Matériau**

La résistance d'un collage est égale à la résistance de l'élément le plus faible.

TYPES DE COLLAGES

Structuraux

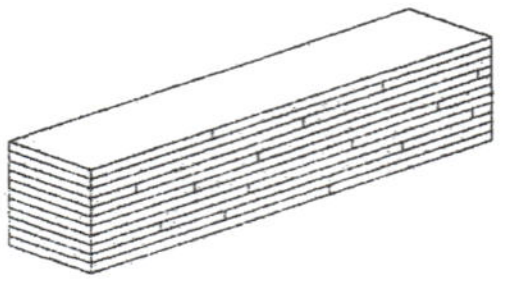

Semi-structuraux

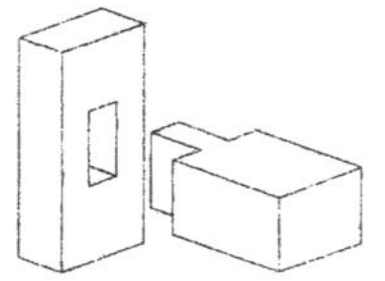

Non structuraux

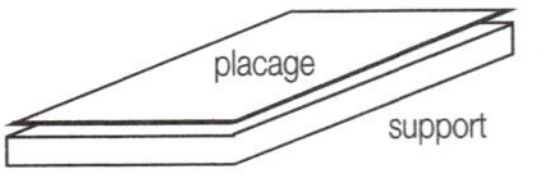

PRÉCAUTIONS

■ **RELATIVES AUX MATÉRIAUX**

- L'adhésif doit avoir une affinité avec la surface qui reçoit (le support est appelé : subjectile).

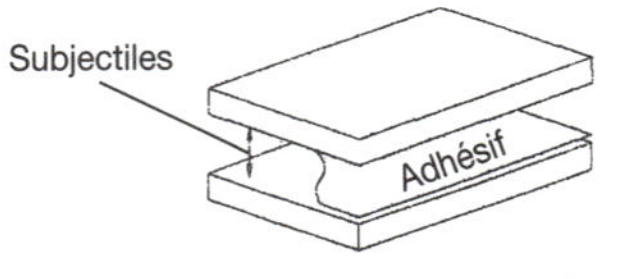

- Les caractéristiques physiques des matériaux doivent être les plus proches possibles de celles qu'ils auront en situation.

Exemple : % d'humidité du support « bois ».

- La qualité du collage sera meilleure si celle des usinages est meilleure.
- La résistance aux contraintes sera augmentée si la surface réelle de contact (l'aire) est augmentée.
- Le choix de la colle se fera selon le problème à résoudre.

■ **RELATIVES À LA RÉALISATION**

- Pour permettre l'enduction (étalement), l'adhésif doit être fluide et doit « mouiller » le subjectile.
- L'adhésif doit pénétrer (matériau poreux) ou réagir chimiquement avec le subjectile.
- L'adhésif doit se solidifier pour permettre la résistance du collage.
- La lecture des renseignements techniques du fabricant est importante lors de la préparation et de la mise en œuvre d'un collage.
- Quand l'adhésif pénètre, on dit que l'ancrage est mécanique.
- Quant l'adhésif réagit, on dit que l'ancrage est chimique.

ÉLÉMENTS D'ÉTUDE AVANT UN COLLAGE

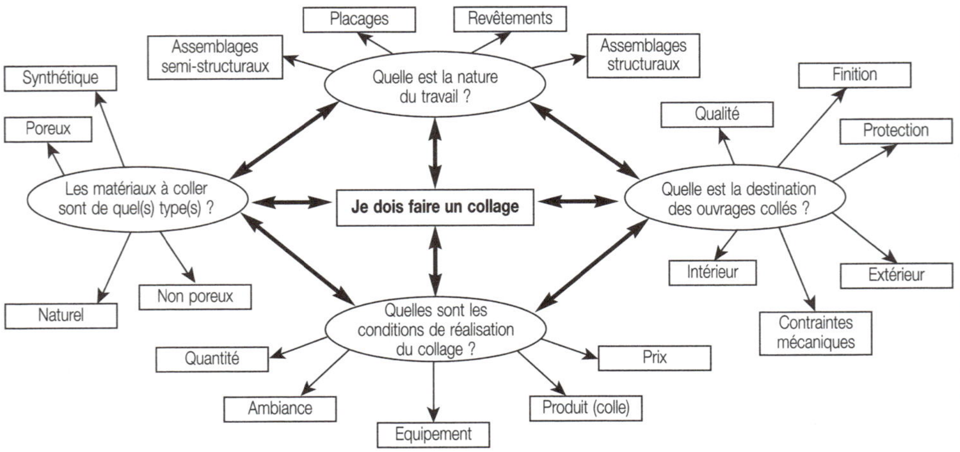

Lors de chaque phase d'un collage, la connaissance des facteurs influents est une garantie de qualité.

FACTEURS INFLUENTS DANS LES DIFFÉRENTES PHASES D'UN COLLAGE

PHASES D'UN COLLAGE / FACTEURS INFLUENTS	Organisation de la phase de collage	Préparation des matériaux (subjectilles)	Préparation de la colle	Encollage	Serrage	Prise	Séchage	Utilisation en situation des éléments collés
Disposition du plan de collage								
Aire de contact								
Matériel de collage								
Agencement du poste de collage								
Conditions du collage								
Humidité (%) du bois								
Densité des bois								
Qualité des usinages								
Propreté des surfaces à coller								
Conditionnement avant collage								
Choix de la colle								
Qualité de la colle								
Solvant								
Durcisseur								
Viscosité et dilution								
Porosité des bois								
Température avant collage								
Grammage								
Temps de gommage								
Temps d'assemblage ouvert								
Temps d'assemblage fermé								
Epaisseur du joint								
Pression de serrage								
Température de prise								
Temps de prise								
Température de séchage								
Durée de séchage								
Contraintes mécaniques								
Variations de l'humidité								
Variations de température								
Attaque de micro-organismes								

DOC AMIBOIS

Principe de réalisation d'un collage

STOCKAGE DES COLLES

• Durée

Pour les colles vinyliques et Néoprène, la durée maximale de stockage avant utilisation est en général de 1 an (sauf mention particulière de la notice technique) en emballages d'origine non entamés, conservées à des températures modérées (comprises entre 10 et 25 °C).
Une température de stockage plus élevée peut réduire la durée de vie des produits.

• Sensibilité au gel

- *Les colles aqueuses* peuvent geler. Elles doivent donc être stockées à l'abri du gel.
  Cependant, si elles ont gelé pendant un transport et durant un temps limite, on les ramène à 20 °C environ, en les brassant énergiquement, elles se réhomogénéisent parfaitement et redeviennent utilisables normalement. Si la colle est restée à des températures négatives pendant un certain temps, elle peut avoir été modifiée d'une manière irréversible.
- *Les colles Néoprène* sont le plus souvent réversibles. Si elles présentent un aspect « tripeux » gélifié, il faut les ramener à 20° C puis les réhomogénéiser par un brassage énergique.
  Dans tous les cas, le froid fait épaissir les colles.

• Locaux

Les colles sont soumises à des réglementations de transport et d'emploi strictes. Les emballages et les notices techniques sont clairement rédigées. Une fiche de données de sécurité est disponible pour chaque produit.

- *Inflammabilité:* les colles néoprène sont très inflammables en raison des solvants qu'elles contiennent.
  Les vapeurs de solvants, additionnées à l'air, peuvent donner des mélanges explosifs.
- *Il faut donc impérativement :*
  - aérer et ventiler les locaux;
  - ne pas fumer, ne pas travailler à proximité d'une flamme ou d'un générateur d'étincelles;
  - refermer soigneusement les emballages après chaque prélèvement de colle;
  - prévenir la main-d'œuvre de ces dangers.

PRÉPARATION DES SURFACES À COLLER

- Pour obtenir des joints de colle présentant des performances de résistance élevées, il est nécessaire que les **surfaces** assemblées soient parfaitement **planes et lisses,** sans arrachement ou écrasement des fibres en surface, propres, et que les épaisseurs des éléments à assembler soient très régulières de façon à éviter les variations de pression dues aux différences d'épaisseur des plans de collage.
- D'une façon générale, les **surfaces brutes** de sciage sont trop grossières pour le collage. Il est donc recommandé de **raboter** les surfaces à encoller, en veillant à ce que les outils de coupe soient parfaitement affûtés et réglés. Il est parfois utile, pour améliorer la qualité du collage, de poncer après rabotage dans les cas particuliers de bois contreplaqués collés à haute température, ou de bois très denses.
- Un **ponçage** avec un papier gros grains permettra de coller les bois cémentés ou carbonisés en surface.
  Dans certains cas (bois très absorbants par exemple), un **préencollage** peut être nécessaire.

ENCOLLAGE

Le **grammage** de colle peut varier dans des proportions importantes selon :

- le type de colle utilisée,
- la porosité et la densité des bois,
- la rapidité de collage désirée,
- la planéité des surfaces.

- *Colles vinyliques* : 120 à 180 g/m^2 simple face.
- *Colles polychloroprène* : 120 à 150 g/m^2 par face en double encollage.
- *Autres colles* : se reporter aux notices techniques.

Un grammage faible amène une prise plus rapide.

Un grammage fort permet une durée d'encollage plus longue; un encollage double face est souhaitable pour les collages difficiles ou lorsque l'on recherche un temps d'assemblage ouvert long.
Pour les colles thermofusibles, il faut tenir compte, en plus du grammage, de la température d'encollage et de la vitesse d'avance.

TEMPS

• Temps de gommage

Pour les colles polychloroprène, c'est le temps d'attente nécessaire entre l'encollage et le moment où l'on peut commencer à assembler les matériaux. Ce temps, de l'ordre de 5 à 10 min, permet l'évaporation de la plupart des solvants de la colle et évite la formation de cloques.

• Temps d'assemblage ouvert

C'est le temps qui peut s'écouler entre l'application de la colle et l'assemblage des matériaux à coller : la colle reste suffisamment humide pour pouvoir mouiller l'autre pièce et donc assurer un bon collage.

• Temps d'assemblage fermé

C'est le temps qui peut s'écouler entre la mise en contact des matériaux et le serrage proprement dit de l'assemblage. Ce temps permet de constituer les poutres de charpente lamellée-collée, ou l'empilage de plusieurs panneaux, avant de procéder au pressage.

PRESSAGE

Le pressage permet de maintenir un contact intime entre la colle et les matériaux sans déformation pendant la durée de prise.

• Pression

- *Colles Néoprène:*
  - 2 à 5 daN/cm^2.
- *Colles vinyliques :*
  - assemblages : bois sur bois 2 à 5 daN/cm^2.
  - placages : stratifiés sur bois 1 à 2 daN/cm^2.
- *Colles réactives :*
  - assemblages : bois sur bois 5 à 12 daN/cm^2.
  - placages : stratifiés sur bois 1 à 5 daN/cm^2.

DOC SADER

PRESSAGE (suite)

Pour les placages minces et les stratifiés brillants, on ne dépasse pas 1 à 2 kg/cm^2 afin de ne pas les marquer.
A l'inverse pour les matériaux durs et denses on augmentera la pression en évitant toutefois que la colle soit chassée ce qui donnerait des joints maigres.

- **Durée de pressage**

Elle est valable selon les colles, la température, l'absorption des matériaux et le mode de prise.
Se reporter aux notices techniques, ou la déterminer avec exactitude par un essai préalable.
Un temps de pressage trop court est le plus souvent la cause de collages défectueux.
Un temps de pressage trop long ralentit inutilement les cadences et peut entraîner des défauts de collage dans le cas de pressage à chaud.

PRISE DÉFINITIVE ET STABILISATION

On distingue deux degrés de prise :

- **Prise suffisante pour pouvoir manipuler puis usiner les pièces:** immédiate avec les thermofusibles et les colles Néoprène, elle est de quelques heures pour les colles vinyliques ou les colles réactives.
- **Prise suffisante pour atteindre les performances définitives** (résistance mécanique, tenue à l'humidité, etc.) : quelques jours en général, il peut donc être nécessaire de stocker les assemblages quelques jours avant expédition.

TEMPÉRATURE POINT DE CRAIE

La température minimale des matériaux à assembler, de la colle et de l'atelier dépend des colles utilisées.

- **Colles vinyliques**

(colles blanches en émulsion : elle ne doit pas être inférieure au point de craie.
On entend par « point de craie » la température en dessous de laquelle il n'y a plus formation d'un film continu de colle.

- **Colles néoprène**

Elle ne doit pas être inférieure au « point de rosée ».
L'évaporation des solvants de la colle provoque un abaissement de température en surface du film de colle. En atmosphère froide et humide il se produit ainsi une condensation de vapeur d'eau sur le film de colle comme la buée sur une fenêtre.
La colle sèche a une apparence mate et non brillante et lors de la mise en contact des deux films de colle cette condensation empêchera leur soudure.
La seule solution consiste à chauffer l'atelier pour obtenir une atmosphère plus sèche et une température d'au moins 15 °C.

TEMPÉRATURE ET VITESSE DE PRISE

La vitesse de prise d'une colle dépend de sa température et des matériaux à assembler.

- **Une température trop basse** ralentit la polymérisation des colles. Elle augmente également plus ou moins la viscosité.
- **Une température trop élevée** dans les ateliers peut écourter la durée d'utilisation des colles notamment avec les mélanges à durcisseur. Il peut en résulter aussi des défauts de collage dus, par exemple, à l'absorption de mélange collant dans les supports en raison de l'abaissement de la viscosité.
- **La porosité des supports** influence aussi la vitesse de prise, moins ils sont absorbants et moins le collage est rapide.

HUMIDITÉ DES BOIS

Afin d'éviter l'apparition de tensions dans les plans de collage, les bois doivent avoir une humidité telle qu'après collage, elle soit aussi proche que possible de celle qu'ils auront une fois mise en service.

- **Meubles**

Les bois massifs destinés à l'ameublement boiseries, parquets, ou portes intérieures doivent avoir une humidité de 9 % ± 2 %.

- **Menuiseries extérieures, charpentes lamellées-collées**

Ces ouvrages, plus exposés aux intempéries, pourront avoir une humidité de 10 à 15 %. En règle générale, les différentes pièces à coller doivent avoir la même température et le même état hygrométrique au moment du collage.

- **Placages**

Les placages minces en bois, collés avec des colles vinyliques, devront être très secs 3 à 5 %.
Lors du collage, le placage absorbera l'eau de la colle. Cette humidité excessive pourra être éliminée par un pressage à chaud et par séchage ultérieur de la colle. Il est recommandé d'utiliser des colles rapides à fort extrait sec.

INFLUENCE DES BOIS SUR LES COLLAGES

Certaines caractéristiques des bois influent sur les collages.

- **Bois très poreux ou absorbants**

Utiliser une colle visqueuse d'extrait sec élevé ou procéder par double encollage. Eviter le collage du bois de bout.

- **Bois cémentés**

La surface du bois est plus dure, d'où un mauvais mouillage par la colle, surtout avec les colles vinyliques et urée-formol. Il faut dans ce cas poncer légèrement le bois dans le sens du fil.

- **Bois acides (chêne, western red cedar)**

Une forte acidité ralentit la prise des colles résorcines, accélère la prise des colles urée-formol.

- **Bois durs, denses** (azobé, palissandre, feuillus durs)

Difficulté de mouillage par la colle. La prise de la colle est ralentie. Il convient de poncer les faces à assembler, procéder par double encollage, augmenter la pression et la durée du serrage.

DOC SADER

5.2 COLLES

TABLEAU DE CHOIX D'UNE COLLE EN FONCTION DU MATÉRIAU À COLLER

Le premier élément du choix d'une colle est la bonne définition des travaux à réaliser

COLLES →

TRAVAUX DE COLLAGE	Phénolique	Urée formol	Résorcine	Vinylique	Acrylique	Epoxyde	Polychloroprène	Polyréthane	Caséine	Thermofusible Hotmelt	Animale
Aboutage (extérieur)		X	X	X					X		
Aboutage (intérieur)	X	X	X	X							
Agglomérés (panneaux de particules) (extérieur)	X		X								
Agglomérés (panneaux de particules) (intérieur)	X										
Aluminium sur bois		X	X			X	X	X			
Assemblage bois (meuble)	X	X		X				X	X		X
Assemblage bois vernis (meuble)				X			X	X			
Assemblage siège		X		X				X			X
Bande de chants				X			X			X	
Bois moulés	X	X		X					X		
Bouchage de nœuds						X					
Caoutchouc sur bois							X				
Charpente en lamellé-collé (extérieur)			X								
Charpente en lamellé-collé (intérieur)		X	X						X		
Collage haute fréquence	X	X	X	X	X						
Construction navale		X	X	X		X		X			
Contrecollage papier décor (meuble)	X										
Contrecollage PVC décor (meuble)			X		X						
Contreplaqué (extérieur)	X		X								
Contreplaqué (intérieur)	X	X	X						X		
Enrobage (meuble)				X						X	
Matière plastique sur bois					X	X		X			
Menuiseries (extérieur)		X	X	X				X	X		
Menuiseries (intérieur)	X	X	X	X				X			
Métaux – Tôles sur bois						X		X			
Mousses sur bois						X	X	X			
Panneautage lamellation (extérieur)		X		X				X	X		
Panneautage lamellation (intérieur)	X	X		X				X	X		X
Panneaux sandwichs (cloisons)	X	X	X	X			X	X			X
Parquets				X							
Placage bois	X	X		X			X		X		X
Portes planes	X	X	X						X		
Postformage				X			X				
Pulvérisation	X	X	X	X	X		X		X		
Réparations de gerces						X					
Stratifié à chaud	X	X		X					X		X
Stratifié à froid	X	X		X					X		X
Stratifié par contact émulsion							X				
Stratifié par contact solvant							X				
Tourillon (extérieur)		X	X	X				X			
Tourillon (intérieur)	X	X	X	X				X			

DOC LAMBIOTTE

6 SYSTÈMES DE REPRÉSENTATION

Dessin industriel = langage technique = contrat

Finalité : le dessin industriel est le moyen de communication indispensable aux techniciens et ingénieurs ; il est soumis à des règles normalisées définies par l'Organisation internationale de normalisation (ISO : International Standard Organisation). Il permet de traduire les projets et calculs sous forme de documents graphiques, de concevoir et de construire des matériels et ouvrages répondant à un besoin.

Il fait appel :
- aux règles de représentation des organes mécaniques ;
- aux règles de tracés de pièces
- aux éléments normalisés utilisés en construction ;
- aux caractéristiques des matériaux ;
- aux outils d'analyse.

Il peut se présenter sous diverses formes.

6.1 TYPES DE DESSINS

CROQUIS

TABOURET-COFFRE

Nécessaire à la recherche, à la conception et à la prise sur le vif d'informations techniques, le croquis permet d'aller à l'essentiel de la pensée technique du dessinateur.

De formes et de dimensions approximatives, il offre une **vision globale** des solutions susceptibles d'être adoptées…

Généralement tracé sans instrument (dessin à main levée), il peut être coté.

Voir dessin d'ensemble page 202.

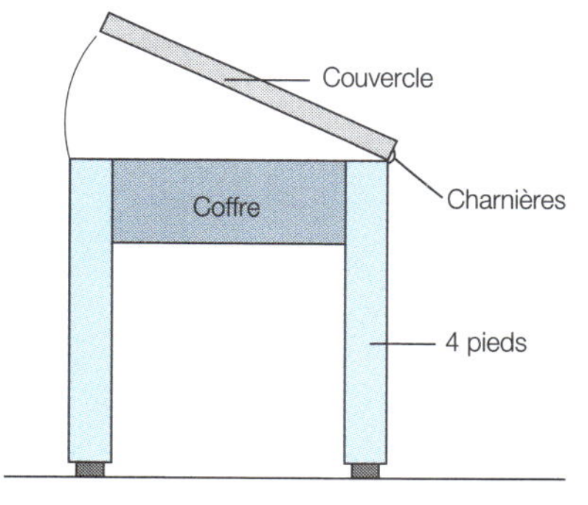

SCHÉMA

PRESSE À VIS

Le schéma permet de :
- **comprendre** la fonction globale et le rôle fonctionnel de chacun des composants d'un système ;
- **préciser** l'agencement de ces composants généralement représentés par des symboles normalisés. (1)

Représentation figurative

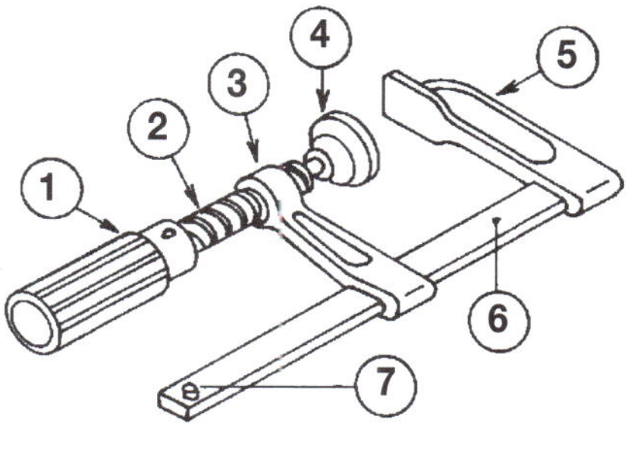

Schématisation (schéma fonctionnel minimal)

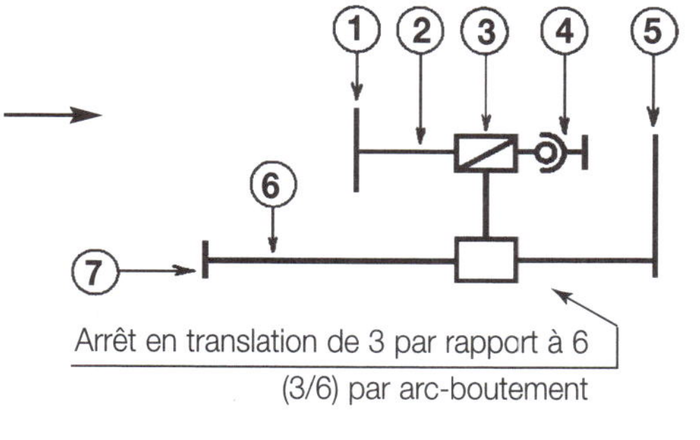

(1) Voir développement chapitre 8.1 : schématisation des mécanismes.

Types de dessins

ESQUISSE

Dessin réalisé en trait fin au crayon de dureté moyenne (3H) à partir de l'analyse des surfaces fonctionnelles. Elle précède obligatoirement le dessin d'ensemble ou de définition ou mise au net.

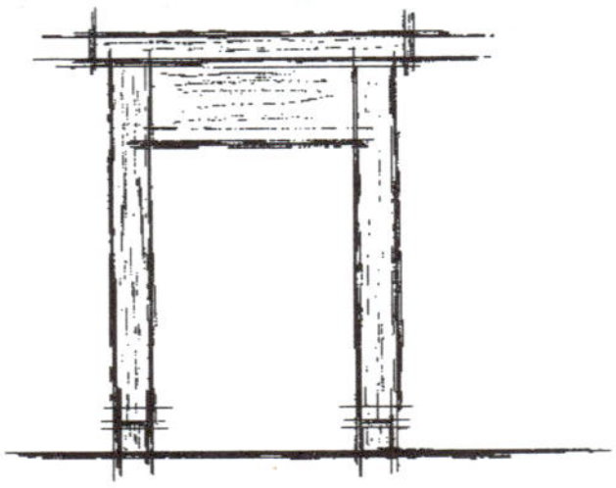

DESSIN D'ENSEMBLE

Il donne, de façon plus ou moins détaillée, la représentation de tout ou partie (sous-ensemble) d'un système, d'un objet technique ou d'une installation.
Le dessin d'ensemble peut, selon sa finalité, être réalisé en :

• **dessin d'avant-projet** (ou de conception) ; la représentation est alors limitée aux grandes lignes d'une des solutions viables permettant d'orienter le choix du client ;

• **dessin de projet** où tous les détails nécessaires à la solution choisie sont représentés sur la base de calculs ou d'enquêtes précises.

Remarque : la nomenclature peut figurer sur une feuille indépendante. Dans l'exemple ci-dessous, elle est donnée page 212.

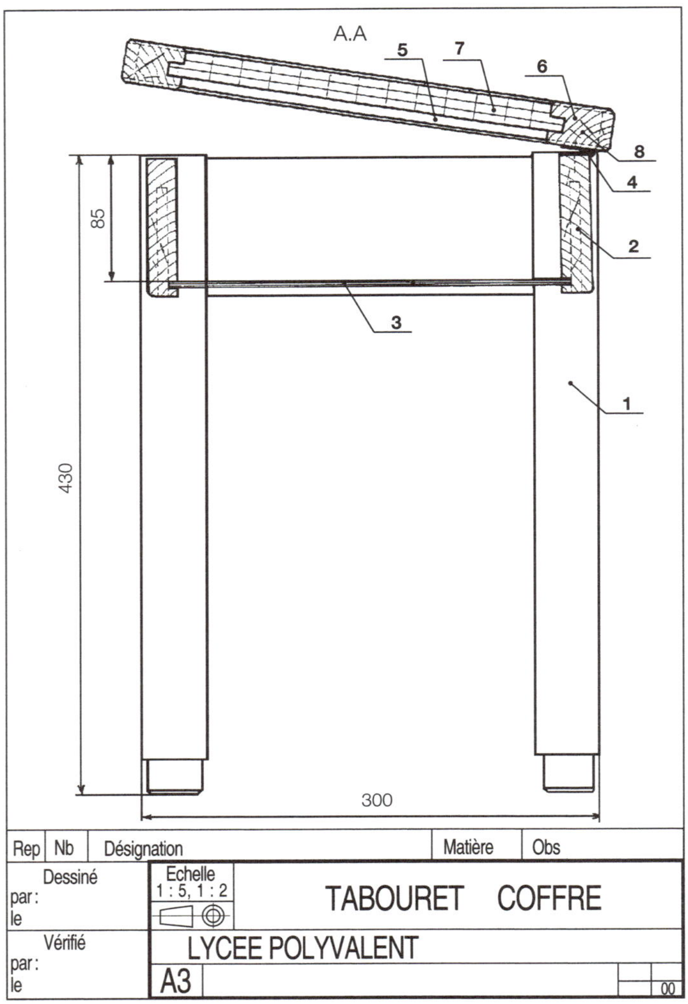

DESSIN DE DÉFINITION

Il définit complètement et sans ambiguïté les exigences auxquelles doit satisfaire le produit dans l'état de définition perçu.

Ce dessin a **valeur de contrat** dans les relations entre les parties.

À partir du dessin de définition, les détails nécessaires peuvent être apportés en vue de la réalisation d'un produit. Selon le genre d'exécution il s'appelle :

- dessin de fabrication,
- dessin d'assemblage ou de montage,
- dessin d'installation,
- dessin d'implantation.

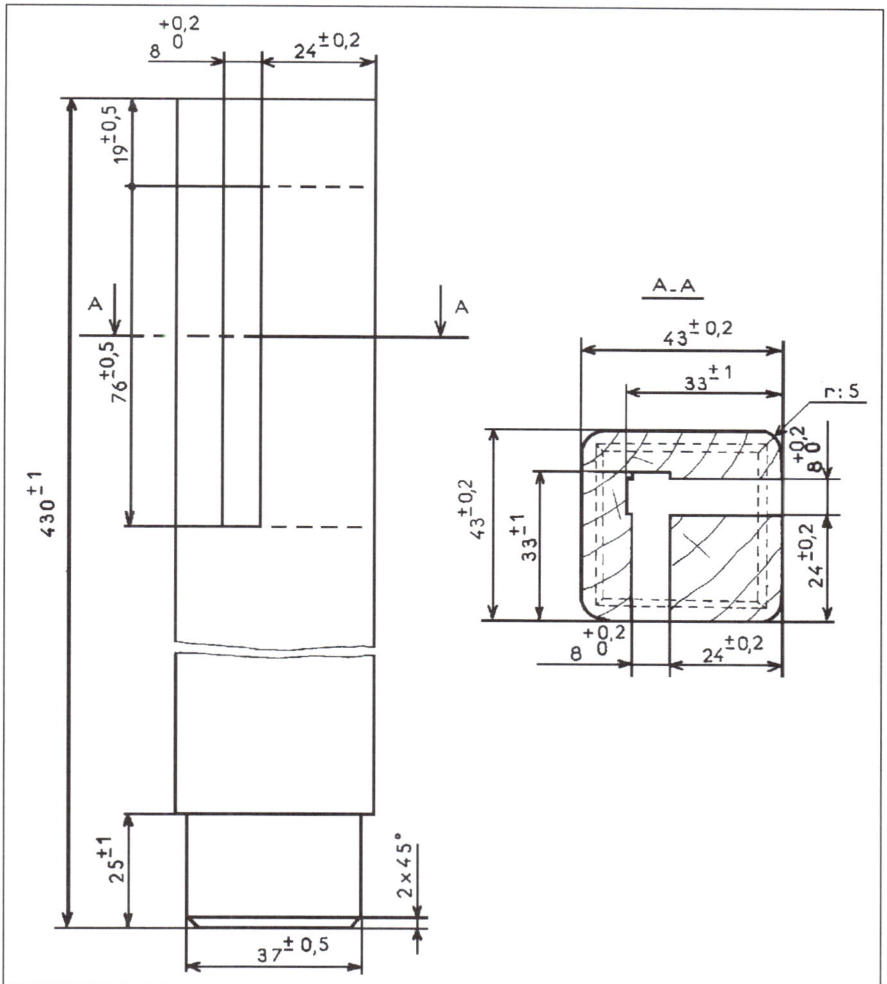

1	4	PIED	HETRE		430x43x43
Rep	Nb	Désignation	Matière	Trait[t]	Obs

Dessiné par : le	Echelle 1 : 1	PIED DE TABOURET COFFRE
Vérifié par : le		LYCEE POLYVALENT
	A4	00

PERSPECTIVE ÉCLATÉE

Cette **représentation non normalisée** est très utilisée pour les dessins de catalogue, de guides d'entretien, de guides de montage et démontage, de réparations, les notices explicatives ou les publicités. Elle est l'œuvre de spécialistes appelés aussi cataloguistes.
Les formes et la position de montage doivent rendre la pièce reconnaissable. Le dessin assisté par ordinateur (DAO) facilite cette démarche.
Habituellement dessinée en projection axonométrique trimétrique, elle comporte très souvent des repères et une légende.

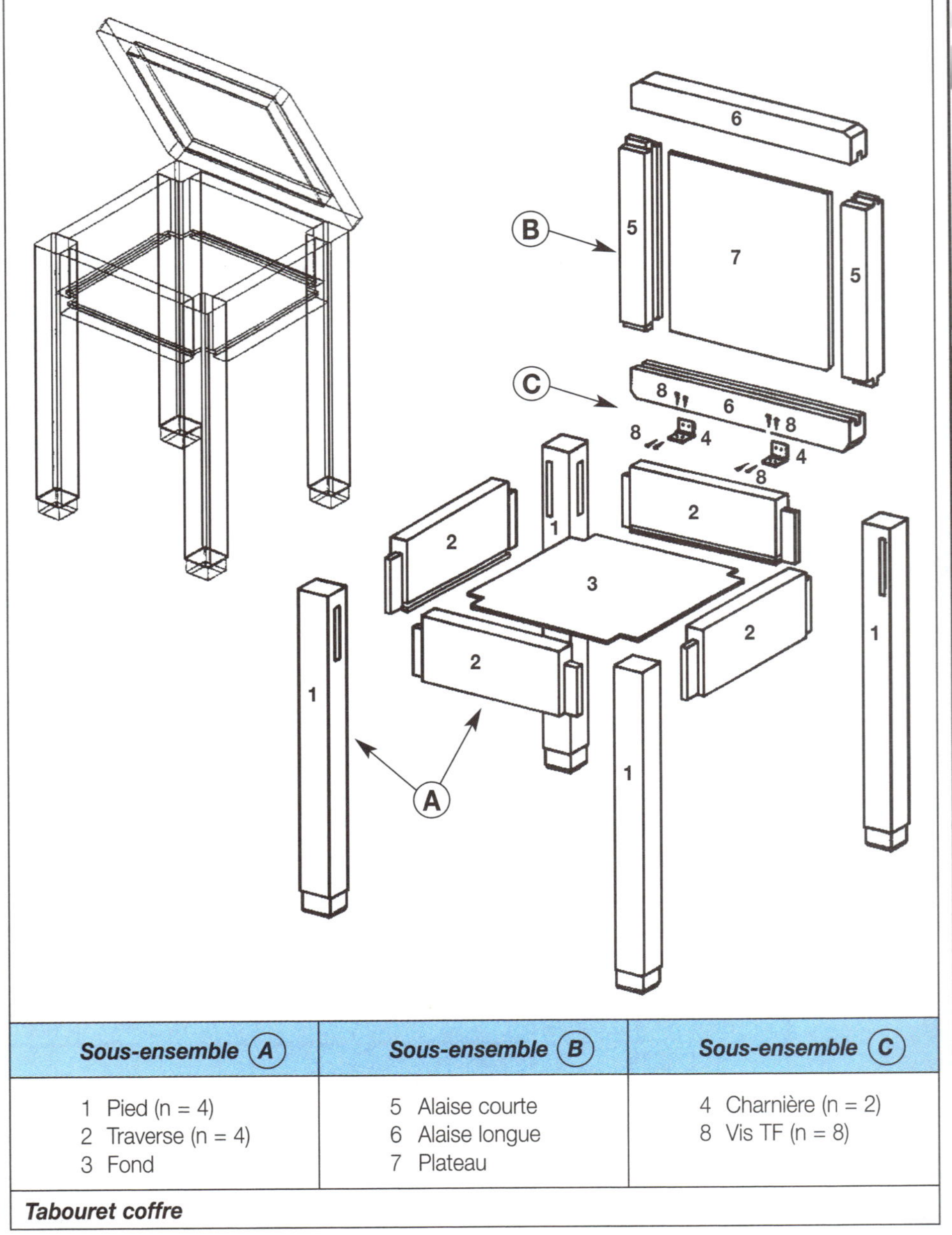

Sous-ensemble (A)	*Sous-ensemble* (B)	*Sous-ensemble* (C)
1 Pied (n = 4) 2 Traverse (n = 4) 3 Fond	5 Alaise courte 6 Alaise longue 7 Plateau	4 Charnière (n = 2) 8 Vis TF (n = 8)

Tabouret coffre

6.2 DESSINS EN PERSPECTIVE

Les représentations en perspective offrent la possibilité de restituer la dimension spatiale de l'objet. Elles le montrent tel que l'œil pourrait l'apercevoir. Elles facilitent également la compréhension des formes ou du fonctionnement de l'objet.

On choisira de dessiner la perspective la plus simple, compatible avec le résultat à obtenir : perspective **cavalière** ou perspective **axonométrique.**

PERSPECTIVE CAVALIÈRE

Tabouret (application)

Les fuyantes (F1, F2...) sont parallèles.

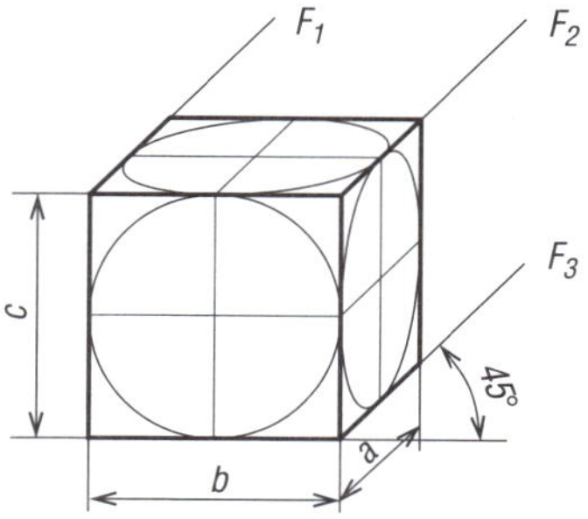

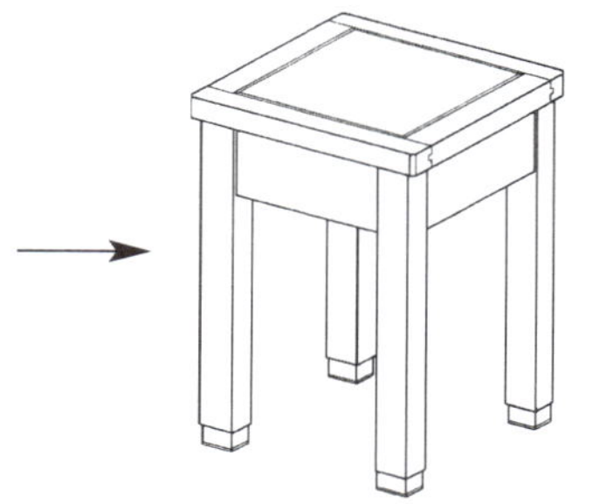

PERSPECTIVES AXONOMÉTRIQUES

■ PERSPECTIVE ISOMÉTRIQUE

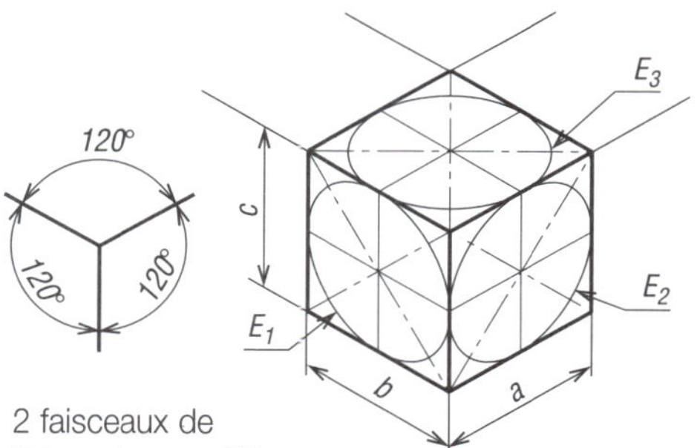

2 faisceaux de 3 fuyantes parallèles.

■ PERSPECTIVE TRIMÉTRIQUE

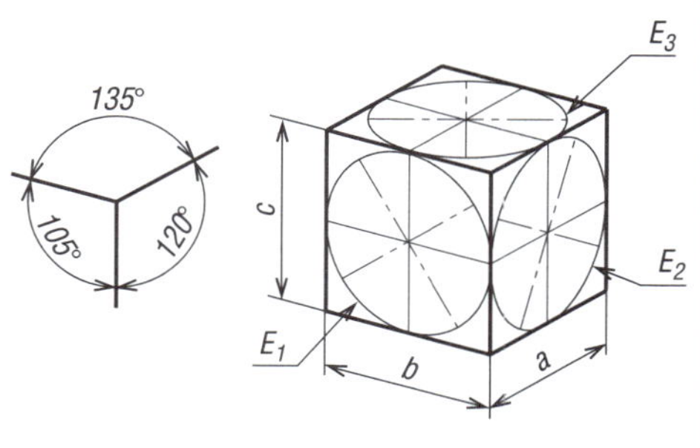

■ PERSPECTIVE DIMÉTRIQUE USUELLE

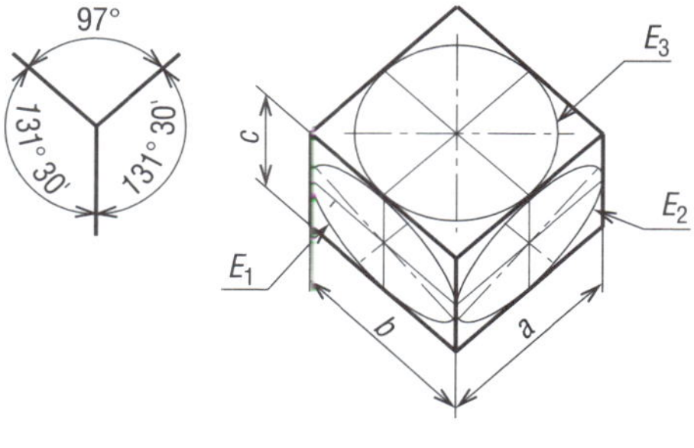

■ PERSPECTIVE DIMÉTRIQUE REDRESSÉE

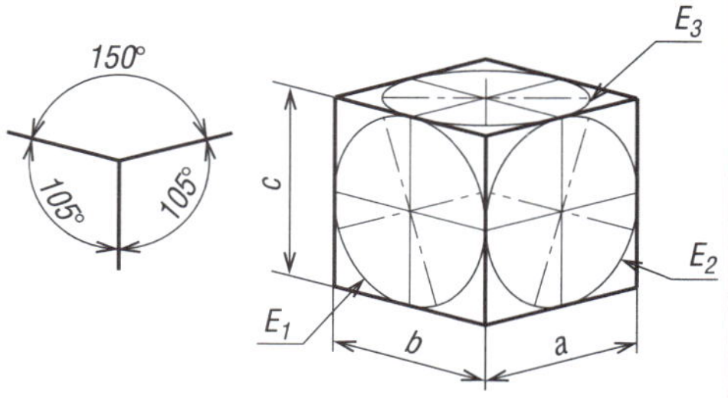

PERSPECTIVES AXONOMÉTRIQUES

APPLICATION SUR LE "TABOURET"

Perspective isométrique

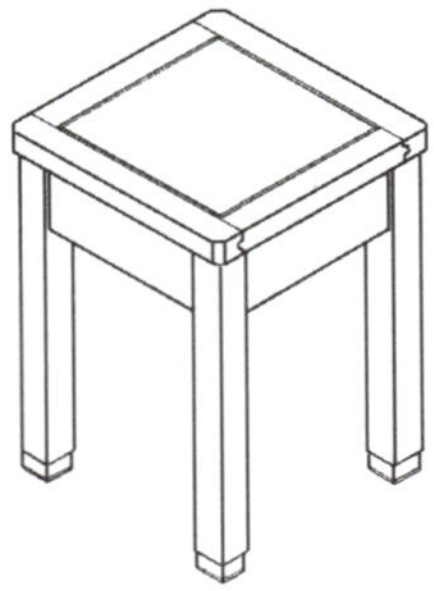

Perspective trimétrique

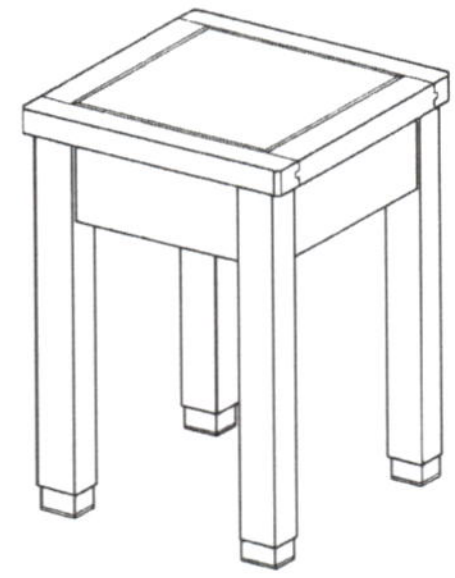

Perspective dimétrique redressée

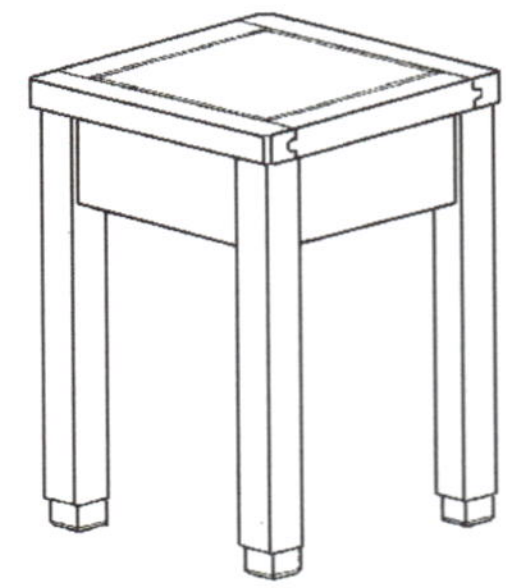

PERSPECTIVE CONIQUE OU "CENTRALE"

PRINCIPE

La perspective conique ou « centrale » est une représentation géométrique dans l'espace qui permet de donner l'image d'un objet répondant le plus fidèlement possible à celle perçue par l'œil. Celle-ci est assez souvent utilisée dans les domaines de l'agencement et de l'ameublement. Ce type de perspective est intéressant car il permet d'obtenir, à l'aide de tracés géométriques, la représentation d'un objet comme pourrait le faire un appareil photographique.

- **Principe :**

Soit :

– un point fixe F appelé point de vue, centre de projection ou centre de perspective,

– un plan ne passant pas par F que l'on appelle plan du tableau T.

La perspective d'un point A sur le **plan du tableau** est la trace A' de la droite FA ; le point A' est encore appelé projection « centrale » ou conique (La perspective d'un cercle est une conique).

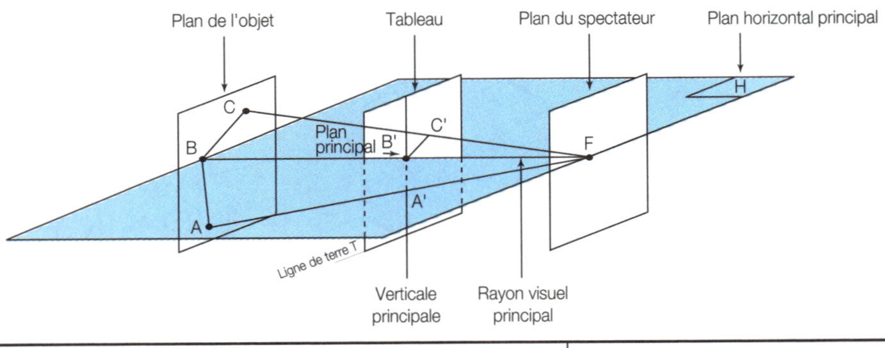

PERSPECTIVE CONIQUE OU "CENTRALE"

APPLICATIONS

Perspective conique d'un bureau

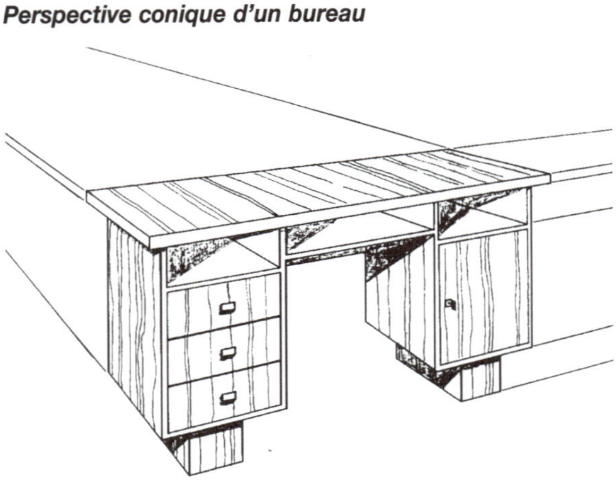

Perspective conique du tabouret

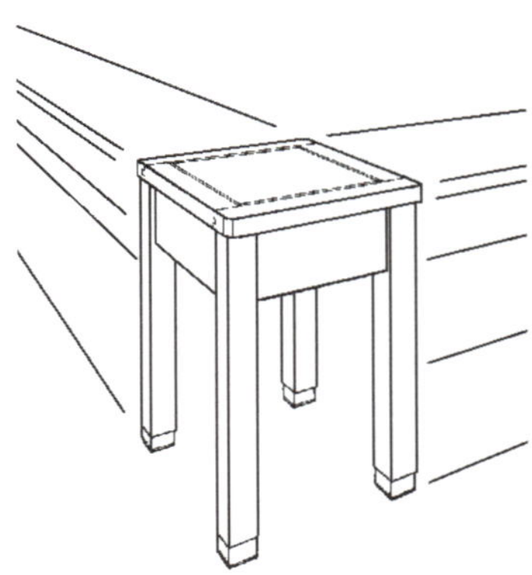

6.3 REPRÉSENTATIONS ANALYTIQUES

GÉOMÉTRIE DESCRIPTIVE (TRÉTEAU 2 PENTES)

La **géométrie descriptive** est l'outil graphique qui permet la représentation d'ouvrages dont la définition des vues ne peut pas être obtenue par des projections orthogonales, mais seulement par le traçage d'une épure, (voir page 262).

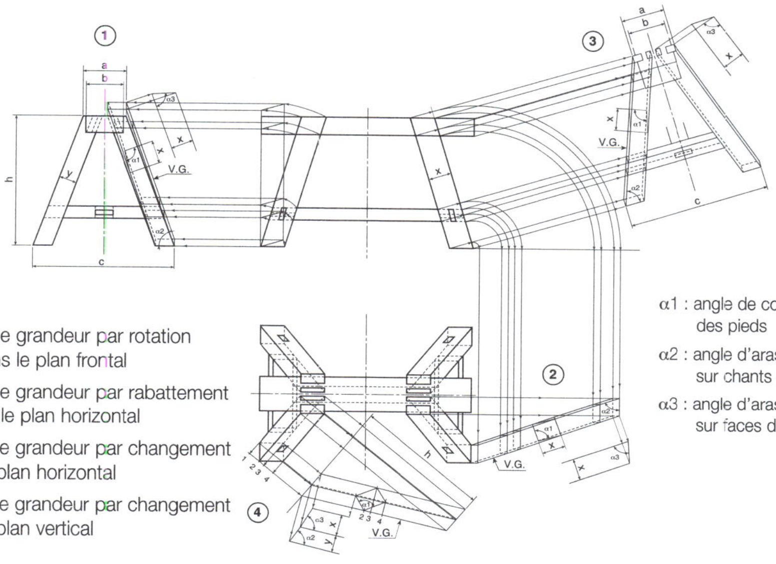

1. Vraie grandeur par rotation dans le plan frontal
2. Vraie grandeur par rabattement sur le plan horizontal
3. Vraie grandeur par changement de plan horizontal
4. Vraie grandeur par changement de plan vertical

α1 : angle de corroyage des pieds

α2 : angle d'arasement sur chants des pieds

α3 : angle d'arasement sur faces des pieds

ÉPURE (TRÉMIE)

L'épure est une construction géométrique qui permet d'obtenir :
- la vraie grandeur d'arêtes biaises ou courbes dans deux plans,
- la définition d'angles de corroyage ou d'arasements,
- la définition de sections droites sur des arêtiers.

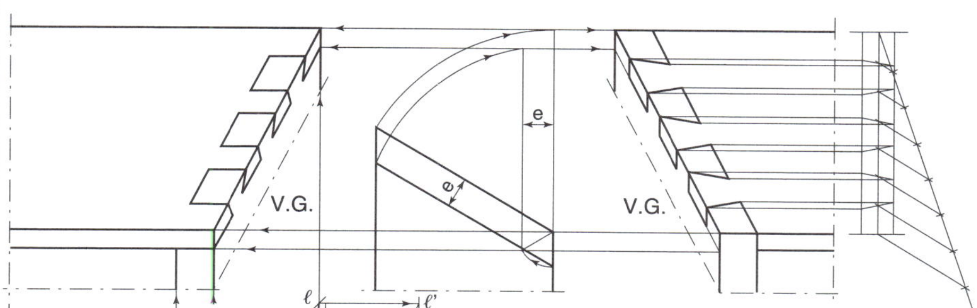

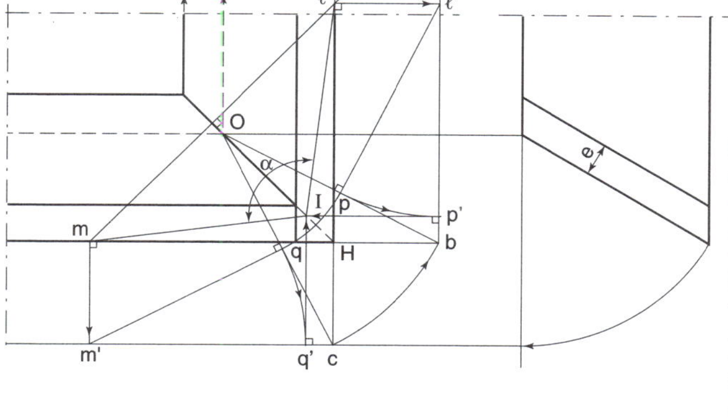

Pente des queues d'aronde

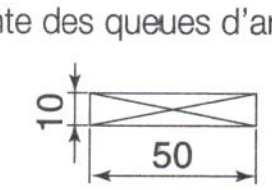

Recherche de l'angle de corroyage α
- tracer ℓ m perpendiculaire à OH,
- de ℓ et m abaisser les perpendiculaires ℓℓ' et mm' à ℓH et mH,
- de ℓ' et m' abaisser les perpendiculaires ℓ'p et m'q à Ob et Oc,
- rabattre p et q en p' et q' sur ℓ'b et m'c,
- de p' et q' élever les perpendiculaires à ℓ'b et m'c qui se coupent en I,
- ℓIm est l'angle de corroyage α.

REPRÉSENTATION FONCTIONNELLE D'UN SYSTÈME

ANALYSE DESCENDANTE

VOIR AUSSI "ANALYSE DESCENDANTE" P. 460

Représentation graphique de l'étude fonctionnelle d'un système (machines-outils, îlots de production, entreprise...). Cette méthode permet d'analyser hiérarchiquement et modulairement les activités d'un système.

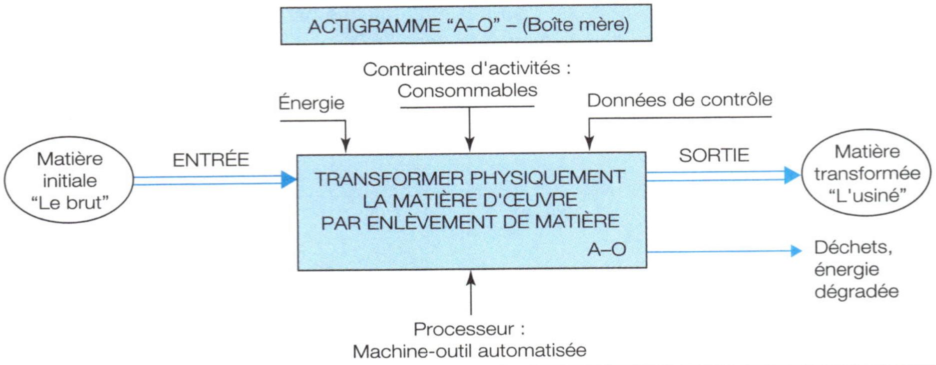

ALGORITHME ET ALGORIGRAMME

VOIR AUSSI "ALGORITHME" P. 465

L'algorigramme est la représentation graphique de l'algorithme. C'est la description d'une procédure séquentielle d'un nombre fini d'opérations. Outil utilisé pour les systèmes programmés.

Algorigramme des étapes de lancement du système d'exploitation "MS-DOS"

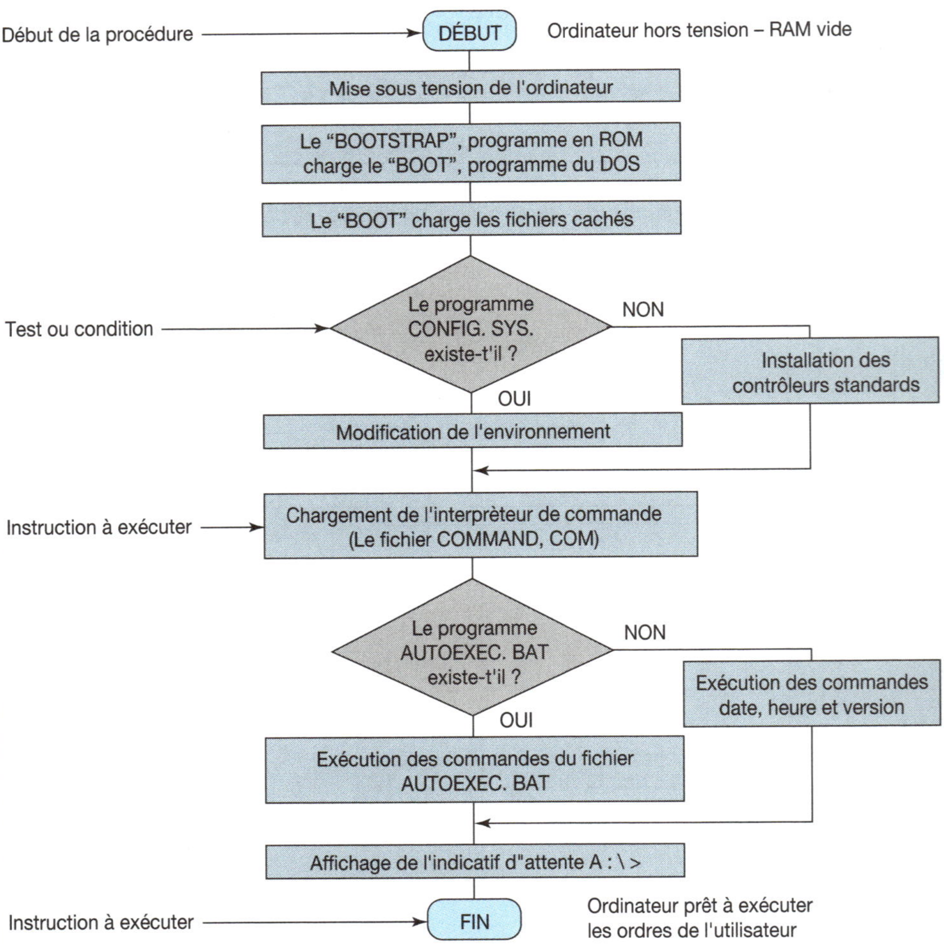

GRAPHE FONCTIONNEL DE COMMANDE ÉTAPE TRANSITION

GRAFCET

■ GRAFCET

Le GRAFCET permet de décrire le fonctionnement d'un automatisme séquentiel à partir du cahier des charges.

Le GRAFCET a deux niveaux :

– du point de vue système, le GRAFCET fonctionnel,

– du point de vue commande, le GRAFCET opérationnel.

PERCEUSE AUTOMATISÉE (GRAFCET fonctionnel)

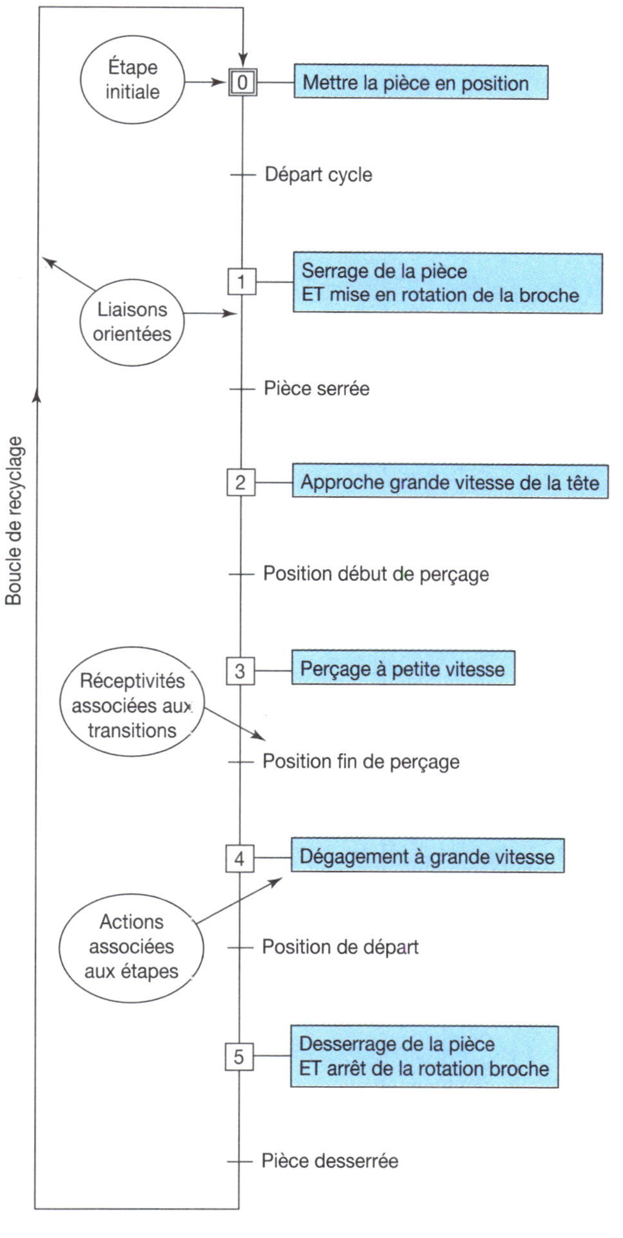

Vérin de serrage (V.s)

Tête de perçage

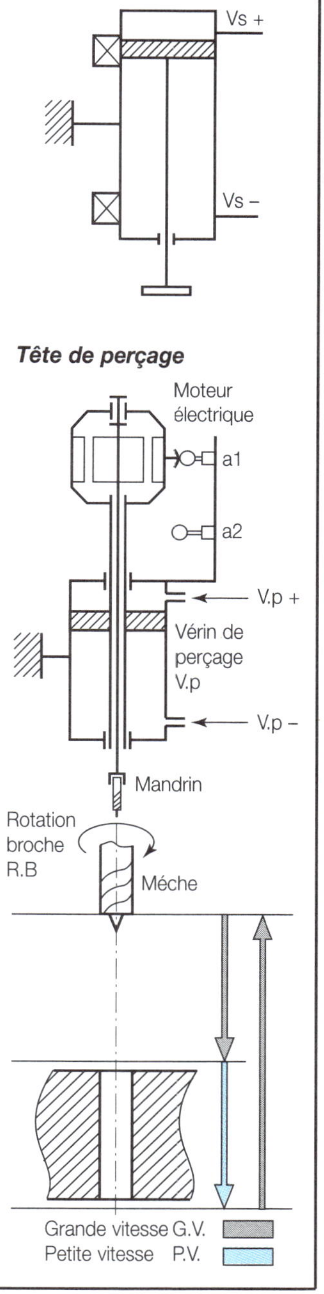

VOIR AUSSI "GRAFCET" P. 470

6.4 RÈGLES DE PRÉSENTATION DES DESSINS TECHNIQUES ET DES ÉLÉMENTS ASSOCIÉS

La normalisation consiste à unifier la présentation générale des documents techniques (dessins, notices, schémas, etc.) pour faciliter la consultation, le classement et l'expédition. Elle contribue ainsi à l'abaissement du prix de revient.

6.4.1 SUPPORTS — NF E 04-502/503/504

Les dessins peuvent être faits sur :
- **un support opaque** ou papier à dessin,
- **un support translucide ou papier calque** qui permet la multiplication du dessin tout en sauvegardant l'original,
- **un support transparent** pour projection du dessin avec un rétroprojecteur.

6.4.2 FORMATS / 6.4.3 PLIAGES

Formats	Position du cartouche	1re phase – Pliage sur 297	2e phase – Pliage sur 210
A0 841 × 1189	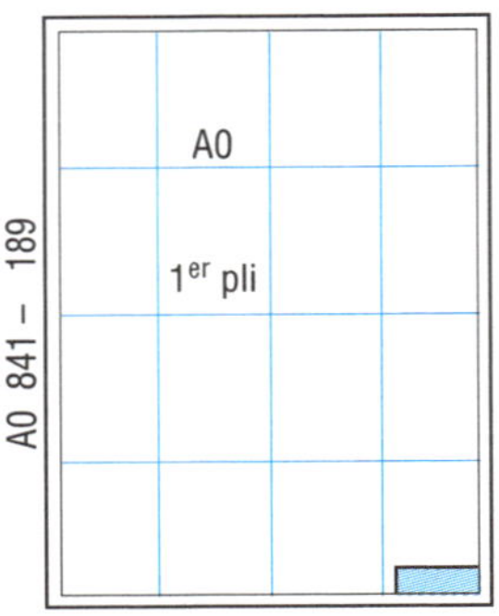	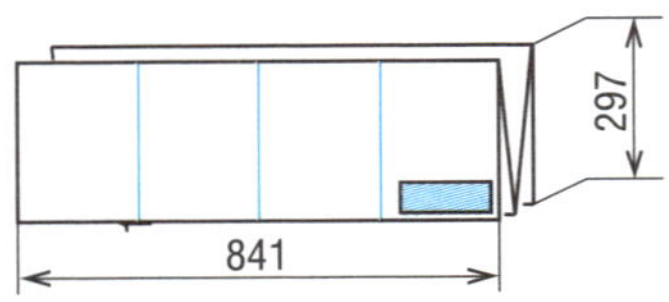	
A1 841 × 594	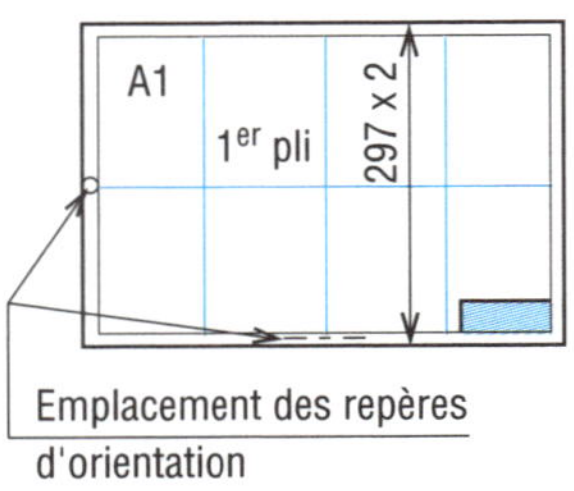	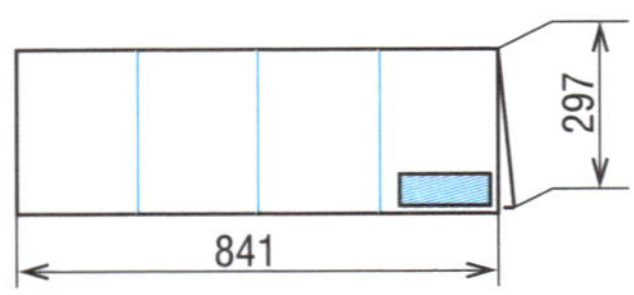	
A2 420 × 594	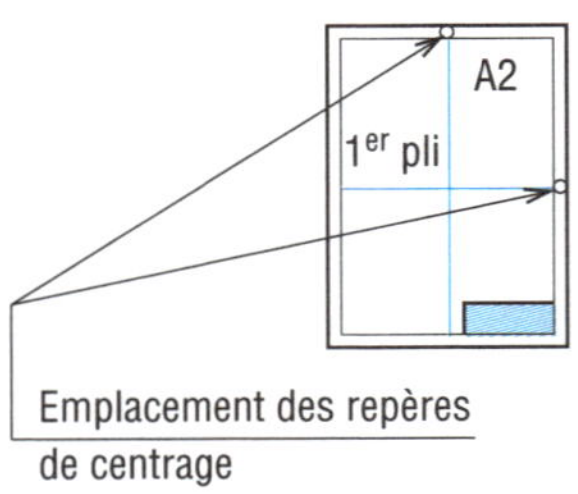	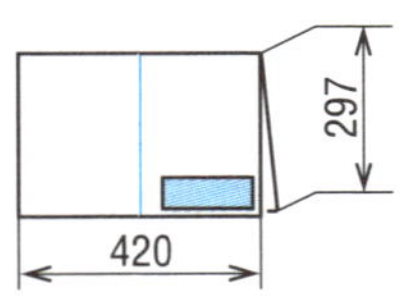	

Formats	Position du cartouche	Pliage
A3 420 × 297	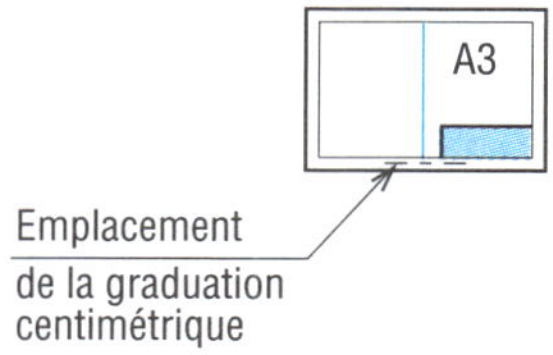	
A4 210 × 297	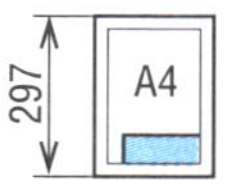	Le format A4 (210 × 297) est le module de pliage. Il laisse le cartouche toujours apparent après le pliage quel que soit le sens de lecture du dessin.

À partir du format de base A0 de 1 m^2, **tous les formats série A, ISO (1er choix)** s'inscrivent dans le rapport $\sqrt{2}$ et se déduisent les uns des autres par subdivision par moitié, parallèlement au petit côté (voir dessins ci-dessus).

6.4.4 LE CARTOUCHE D'INSCRIPTION

Le cartouche permet d'identifier et d'exploiter les dessins techniques. Il est placé dans l'angle inférieur droit du dessin si ce dernier est examiné en hauteur pour les formats pairs [A0, A2, A4] et en largeur pour les formats impairs [A1, A3] (fig. ci-contre).

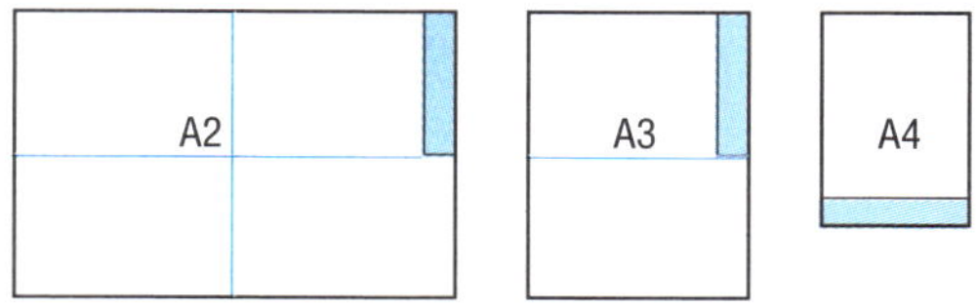

CARACTÉRISTIQUES

ZONE D'EXPLOITATION DU DOCUMENT
Zone facultative enrichie au gré du dessinateur

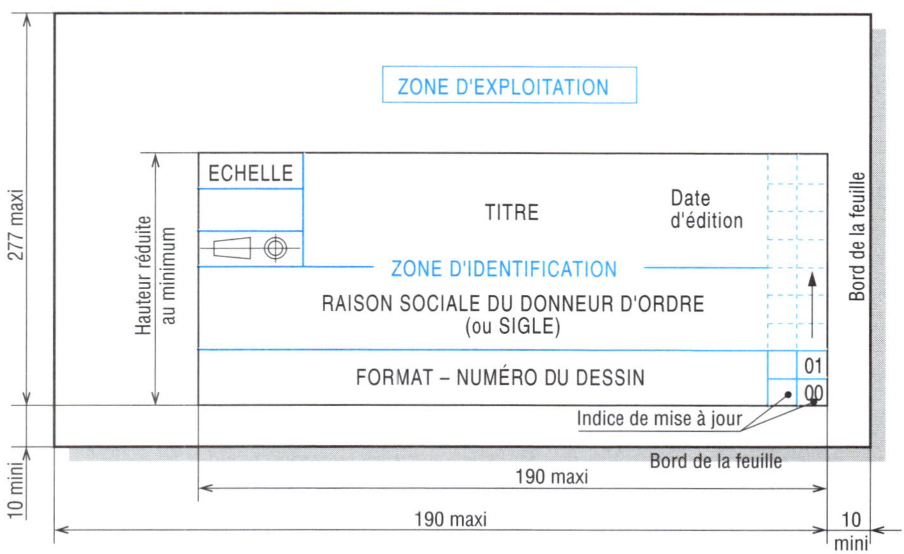

ZONE D'IDENTIFICATION DU DOCUMENT
Les inscriptions figurant dans cette zone définissent contractuellement le document, notamment à l'égard des tiers.

ZONE D'IDENTIFICATION DU DOCUMENT

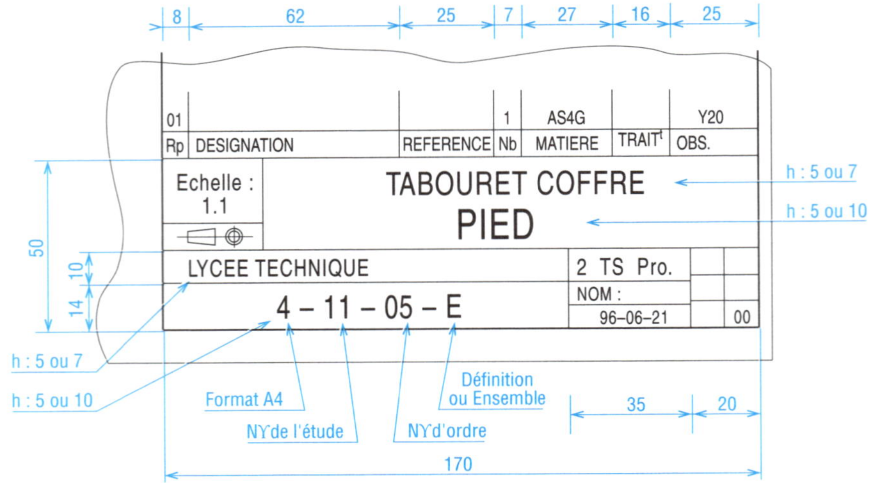

• **Échelle du dessin**
ex. : 1.1…

• **Symbolisation de disposition des vues**
Suivant norme NF E 04-520
ex. :

• **Format – numéro du dessin**
Le numéro est divisé en 4 parties définissant :
– le format (A4 → 4) ;
– le n° de l'étude (11) ;
– le n° d'ordre (05) ;
– le dessin d'ensemble ou de définition (E).

• **Titre**
Tabouret coffre-pied

• **Raison sociale du donneur d'ordre**
Lycée Technique.

• **Indices de mise à jour**
Composés de chiffres ou exceptionnellement de lettres majuscules.

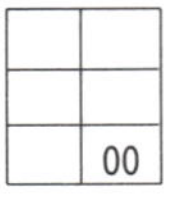

Des cartouches imprimés adhésifs et des logiciels de DAO existent dans le commerce.

6.4.5 ÉLÉMENTS GRAPHIQUES — NF E 04-502

REPÈRES DE CENTRAGE

Quatre repères de centrage (a), (b), (c), (d)
Ils facilitent le réglage de la position du document en vue de sa reproduction.

REPÈRES D'ORIENTATION

Deux repères d'orientation (1), (2)
Ils doivent figurer dans la marge sur les supports préimprimés. Lors de l'exécution du dessin, l'un des repères est dirigé vers le dessinateur ; ce dernier supprime l'autre repère.

GRADUATION CENTIMÉTRIQUE DE RÉFÉRENCE

Graduation centimétrique de référence
Non chiffrée, d'une longueur minimale de 200 mm et d'une largeur maximale de 5 mm, elle se situe dans la marge.
Utilisée en cas de réduction ou d'agrandissement des dessins.

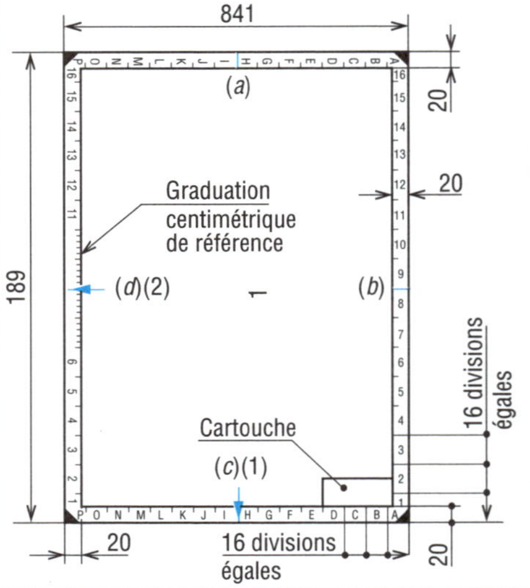

CADRE

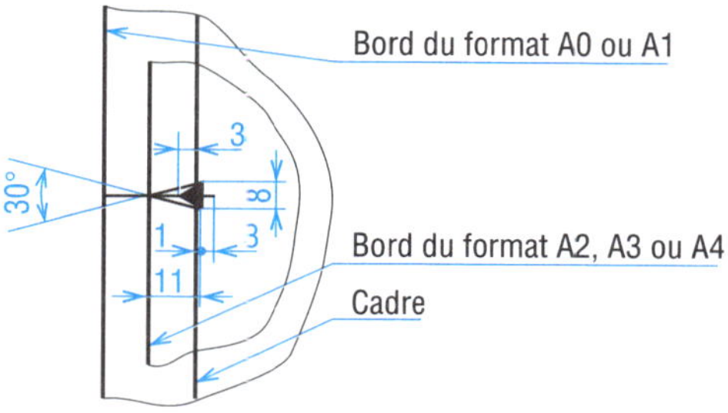

Matérialisée par un trait continu de 0,5 mm. La marge est de 20 mm pour les formats A0 et A1 et de 10 mm pour les formats A2, A3, A4.

COORDONNÉES

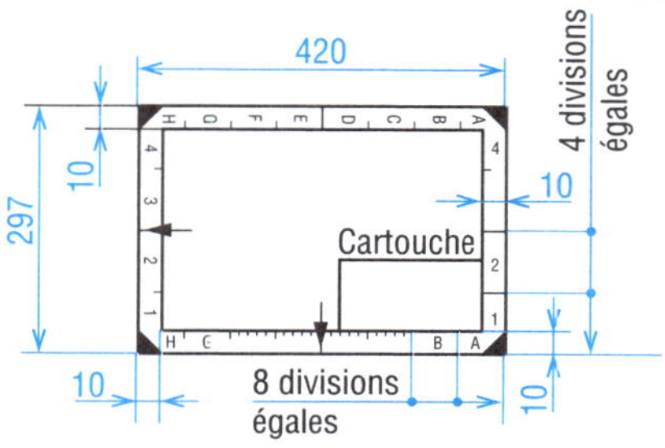

Elles permettent la localisation rapide d'un détail du dessin H :
- lettres pour la largeur ;
- chiffres pour la hauteur.

ONGLETS DE COUPE

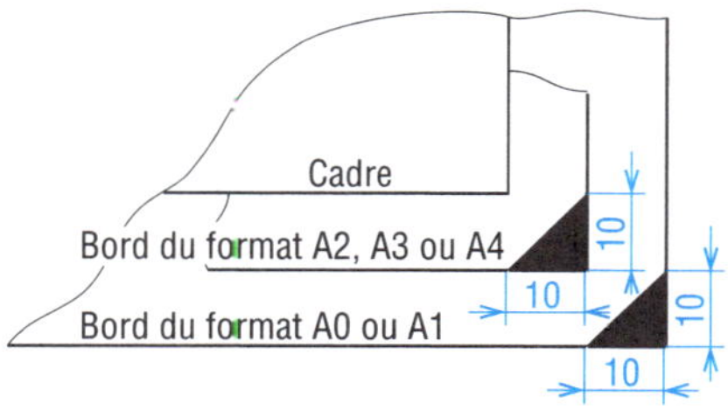

Ils facilitent la découpe des reproductions en format. Il faut prévoir des onglets de coupe dans la marge aux quatre coins du format fini.

6.4.6 ÉCRITURES — NF E 04-505

Dans les dessins techniques normalisés, on utilise des caractères et des signes dont les formes, les dimensions et la disposition doivent être conformes à la normalisation. L'écriture doit satisfaire à trois contraintes essentielles :
- la lisibilité,
- l'homogénéité des caractères et des signes,
- l'aptitude à la reproduction et à la microscopie.

FORMES DES CARACTÈRES ET DES SIGNES NORMALISÉS

Écriture B droite

Écriture B penchée

Sauf risque d'ambiguïté, les accents peuvent être évités sur les majuscules.

FORMES DES CARACTÈRES ET DES SIGNES GRECS NORMALISÉS NF E 04-509

Majuscules	*Minuscules*
Α Β Γ Δ Ε Ζ Η Θ Ι Κ Λ Μ	α β γ δ ε ζ η ϑ ι κ λ μ
Ν Ξ Ο Π Ρ Σ Τ Υ Φ Χ Ψ Ω	ν ξ ο π ρ σ τ υ φ χ ψ ω

FORMES DES SYMBOLES POUR LES TOLÉRANCES GÉOMÉTRIQUES NF E 04-511

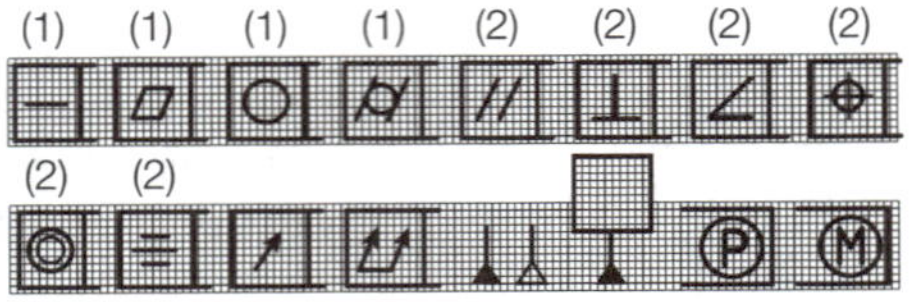

(1) Tolérances géométriques de forme
(2) Tolérances géométriques de position

Pour identifier une référence (surface, axe...), une lettre majuscule est inscrite dans un carré relié à un triangle de référence noirci ou non.

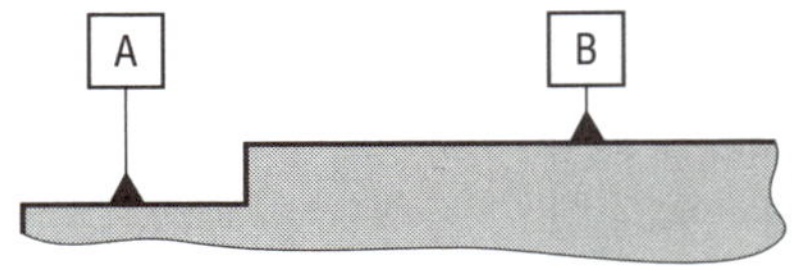

DIMENSIONS DES CARACTÈRES ÉCRITURE B NF E 04-505

	Dimensions			Dimensions en mm						
h	Dimension nominale Hauteur des majuscules (ou chiffres)		= h	2,5	3,5	5	7	10	11	20
c	Hauteur des minuscules	sans jambage	= 0,7 h	1,8	2,5	3,5	5	7	10	14
		avec jambage	= h	2,5	3,5	5	7	10	14	20
a	Espace entre les caractères		= 0,2 h	0,5	0,7	1	1,4	2	2,8	4
b	Espace minimal entre les lignes support d'écriture (interligne)		= 1,4 h	3,5	5	7	10	14	20	28
e	Espace minimal entre les mots		= 0,6 h	1,5	2,1	3	4,2	6	8,4	12
d	Largeur de trait		= 0,1 h	0,25	0,35	0,5	0,7	1	1,4	2

Remarque : des planches de caractères et de signes autocollants existent dans le commerce. Elles peuvent être employées pour les dessins techniques.

DISPOSITIONS PARTICULIÈRES ÉCRITURE

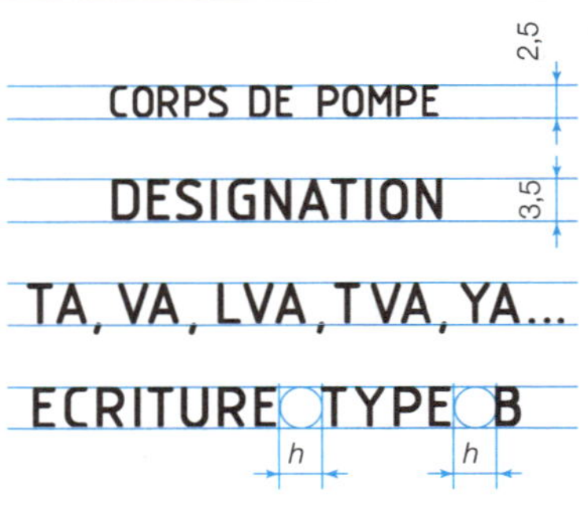

- **Choix du corps d'écriture**

Il est fonction du format utilisé :
- pour les formats A4, A3, A2, écriture B de 2,5 mini ;
- pour les formats A1 et A0, écriture B de 3,5 mini.

- **Espacement des lettres et des mots**

La lecture est facilitée par :
- une juxtaposition des lettres lorsqu'elles s'y prêtent ;
- un espace entre les mots bien marqué.

DISPOSITIONS PARTICULIÈRES ÉCRITURE

250±1 26±0,2

25H7 25g6 25H7g6

$$y = \frac{5X}{B} \qquad \frac{5x}{b}$$

$$y = \frac{\frac{5a}{b}}{\frac{8b}{a}} \qquad \frac{\frac{5A}{B}}{\frac{8B}{A}}$$

- **Cotes et tolérances**

Pour éviter toute ambiguïté, on recommande le corps d'écriture de 3,5 pour l'inscription des cotes et de leurs tolérances.

- **Écriture des fractions**

On s'efforcera de respecter la symétrie au niveau de la barre de fraction.

6.4.7 ÉCHELLES DES DESSINS NF E 04-506

L'échelle d'un dessin industriel est le rapport entre les dimensions représentées et les dimensions réelles d'un objet ou d'un système. Elle s'inscrit dans le cartouche et permet de représenter en :

vraie grandeur	→	**échelle**	1:1						
réduction	→	**échelles**	1:2	1:2,5	1:5	1:10	1:20	1:25	1:50	1:x
agrandissement	→	**échelles**	2:1	2,5:1	5:1	10:1	25:1	50:1…	x:1	

PRÉCISIONS D'ÉCHELLES

Si certains détails sont tracés à une échelle différente de celle de l'ensemble du dessin, il est conseillé de les entourer d'un cadre contenant l'indication de l'échelle particulière.
Sur un dessin à grande échelle d'un petit objet, il est recommandé d'ajouter une figure simplifiée en vraie grandeur.

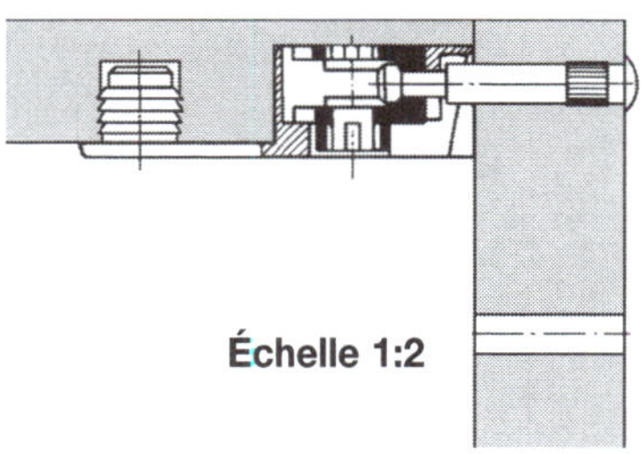

Échelle 1:2

Échelle 1:1

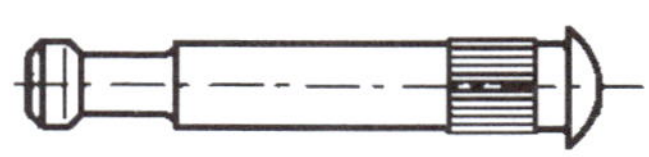

Goujon et manchon pour ferrures d'assemblage

6.4.8 NOMENCLATURE DE DÉFINITION — NF E 04-504

La nomenclature fournit avec précision la liste complète des éléments fonctionnels faisant partie de l'ensemble ou d'un sous-ensemble de l'objet dessiné. Son emplacement est celui qui permet la lecture du dessin.

EXEMPLE DE DISPOSITION ET D'ORIENTATION POSSIBLES DE LA NOMENCLATURE

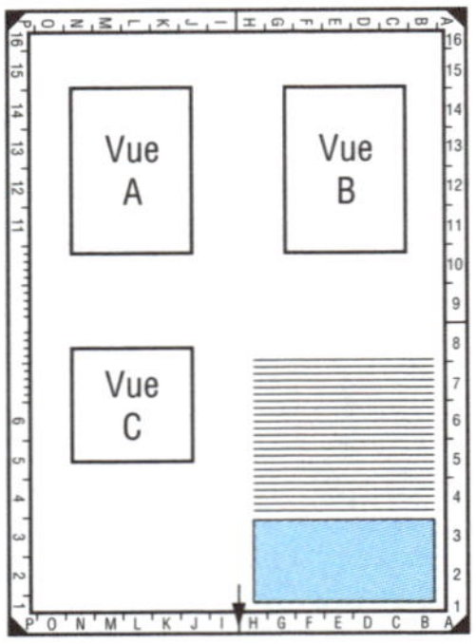

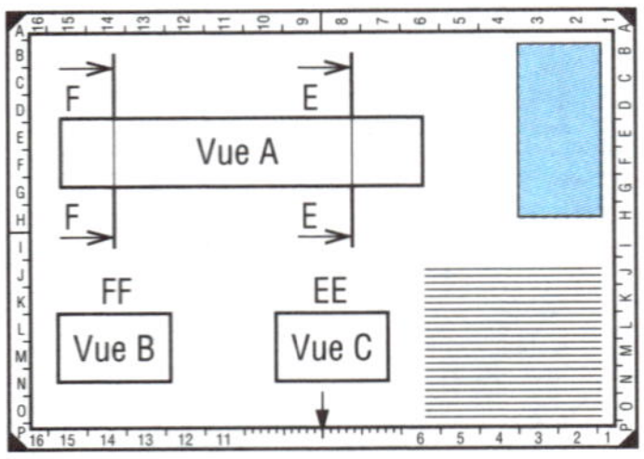

Ces deux dispositions permettent de lire la nomenclature et le dessin.
La disposition de la nomenclature doit faciliter la lecture, du dessin à partir du repérage numérique, du nom des pièces et des renseignements techniques qui la composent.

NOMENCLATURE SUR FEUILLES SÉPARÉES

La nomenclature de définition peut être disposée sur le dessin lui-même ou sur feuille indépendante.

Format A3

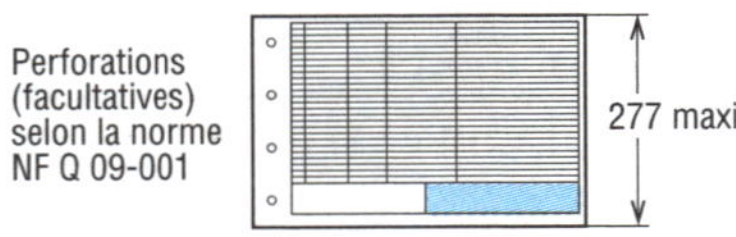

Format A4

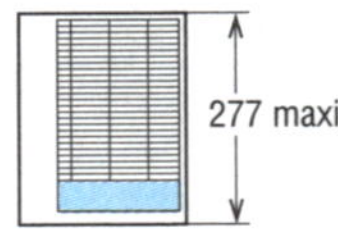

■ CARTOUCHE ET NOMENCLATURE

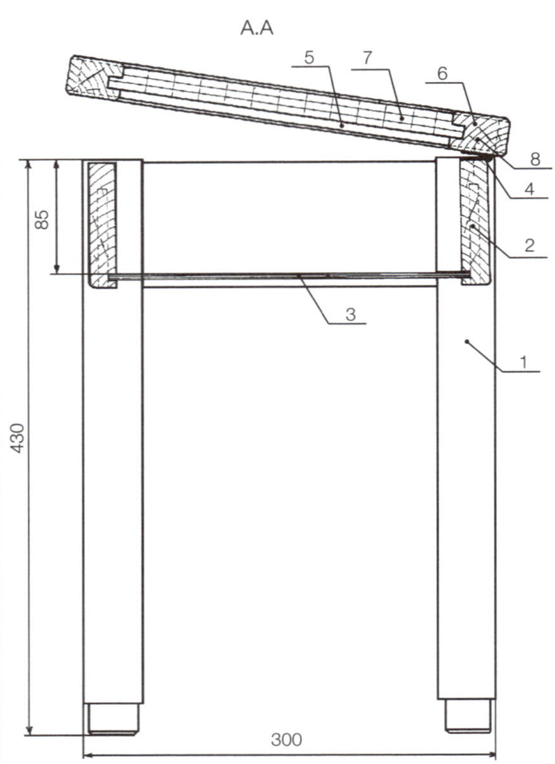

Numéro repère. Il localise l'élément sur le dessin

Nombres de pièces similaires à l'élément repéré dans l'ensemble.

Désignation/nom de l'élément (normalisée à chaque fois que cela est possible).

Matière de l'élément désigné (désignations normalisées).

Dimensions de l'élément.

Rep	Nb	Désignation	Matière	Observations
8	8	VIS	ACIER	T.F. 2,5 x 15
7	1	PLATEAU	P.P. plaqué	260x260x20
6	2	ALAISE LONGUE	HETRE	320x40x30
5	2	ALAISE COURTE	HETRE	260x40x30
4	2	CHARNIERE	ACIER	40 x 40
3	1	FOND	C.P. 5 okoumé	259 x 259
2	4	TRAVERSE	HETRE	254x94x21
1	4	PIED	HETRE	430x43x43

Dessiné par : le	Echelle 1:5	TABOURET COFFRE
Vérifié par : le	LYCEE POLYVALENT	
	4 – 11 – 05 – E	T2 / 8

6.4.9 TRAITS

NF E 04-520

Les dessins techniques se composent d'un ensemble de **traits forts, moyens** et **fins** conformes aux normes et dont chacun possède une signification conventionnelle. La qualité du dessin dépend essentiellement du respect des caractéristiques de ces traits.

TYPES DE TRAITS

Trait	Désignation	Applications générales et autres figures indiquées
A	Continu fort	Contours vus Arêtes vues
B	Continu fin (aux instruments)	Arêtes fictives vues Lignes de cote Lignes d'attache Lignes de repère Hachures Contours de sections rabattues sur place Axes courts Constructions géométriques vues
C D	Continu fin (1) à main levée Continue fin (1) (droit avec zigzags) (2)	Limites de vues ou coupes, partielles ou interrompues, si ces limites ne sont pas des traits mixtes fins
E	Interrompu (1) fort	Contours cachés Arêtes cachées
F	Interrompu (1) fin	Contours cachés Arêtes cachées Constructions géométriques cachées
G	Mixte fin (3)	Axes de révolution Traces de plans de symétrie Trajectoires
H	Mixte fin, avec éléments longs forts aux extrémités et aux changements de plans de coupe	Traces de plans de coupe
J	Mixte fort (3)	Indication de lignes ou de surfaces faisant l'objet de spécifications particulières
K	Mixte fin à deux tirets (3)	Contours de pièces voisines Positions intermédiaires et extrêmes de pièces mobiles Lignes des centres de gravité Contours initiaux modifiés par façonnage Parties situées en avant d'un plan de coupe Demi-rabattement

(1) Sur un même dessin, il est recommandé de n'utiliser qu'une seule des deux possibilités offertes.
(2) Ce type de trait est utilisé en particulier pour les dessins exécutés d'une façon automatisée. Il est souhaitable de le faire légèrement dépasser de la pièce.
(3) Un trait mixte commence et se termine de préférence par un élément long.

Cas particuliers

Certains schémas sortent du cadre d'une représentation normalisée comme, par exemple, la tuyauterie industrielle, les schémas de câblage. Il est alors nécessaire de préciser les conventions choisies par une légende.

LARGEUR DES TRAITS

Largeur des traits	Valeurs en millimètres					
	Série principale		Série secondaire			
	Gamme		Gamme			
	N° 1	**N° 2**	**N° 3**	**N° 4**	**N° 5**	**N° 6**
Trait fin	0,18	0,25	0,18	0,25	0,35	0,50
Trait moyen	0,35	0,50	0,25	0,35	0,50	0,70
Trait fort	0,70	1,00	0,35	0,50	0,70	1,00

On s'efforcera de fixer le choix dans les gammes de la série principale.

Mines conseillées

	Support papier	Support calque
Trait fin	4 H	5 H
Trait moyen	4 H	5 H
Trait fort	H	2 H

• Conseils :

– La largeur des traits doit être identique pour toutes les vues d'une même pièce dessinée à la même échelle.

– Choisir la largeur des traits adaptés afin d'assurer la parfaite lisibilité du dessin et des reproductions.

ESPACEMENT ENTRE DEUX TRAITS

Il doit être au moins égal au double de la largeur (au minimum 0,8 mm).

INTERSECTION DE DEUX TRAITS

• Traits interrompus

L'intersection de deux traits doit se faire sur les éléments.

• Traits mixtes fins

L'intersection de deux axes doit se faire sur l'élément le plus long du trait.

CONTOUR APPARENT FICTIF

NF E 04-520

■ ARÊTE FICTIVE

Afin de faciliter la lecture du dessin, on convient de faire figurer un contour apparent fictif par un trait continu fin. Ce dernier doit être arrêté à quelques millimètres des extrémités du contour réel.

Une arête fictive cachée ne se représente pas.

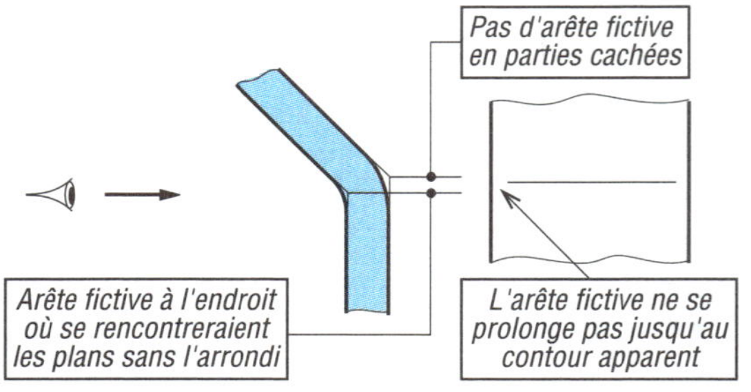

■ EXEMPLE D'APPLICATION

L'arête 1 est donnée par les rayons R_2 et la droite inclinée D_1.

L'arête 2 est donnée par la droite inclinée D_1 et le congé R_3.

Balustre

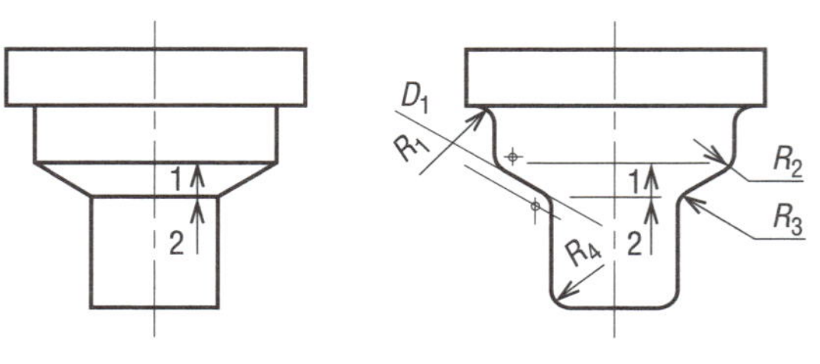

6.4.10 RACCORDEMENTS

Il y a raccordement entre deux lignes si celles-ci admettent à leur point de jonction une tangente commune. Le raccordement est réussi si le point de jonction entre les deux lignes considérées est invisible.

On distingue deux types de tracés :

– le raccordement de droites ou de cercles par un cercle de rayon *r* ;

– le raccordement de cercles par une droite (tracé de tangente).

RACCORDEMENT DE DROITES OU DE CERCLES PAR UN CERCLE DE RAYON *r*

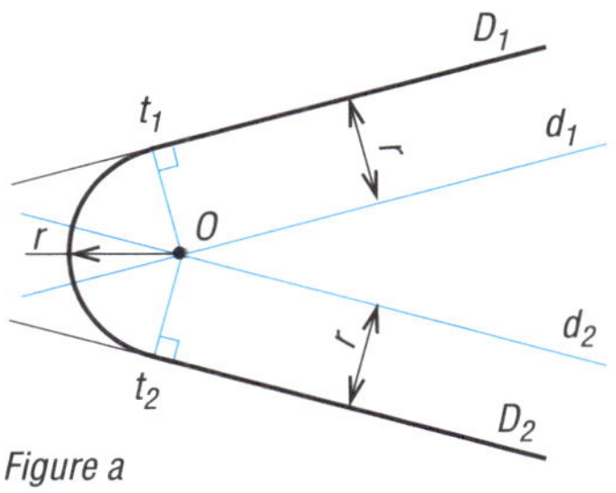

Figure a

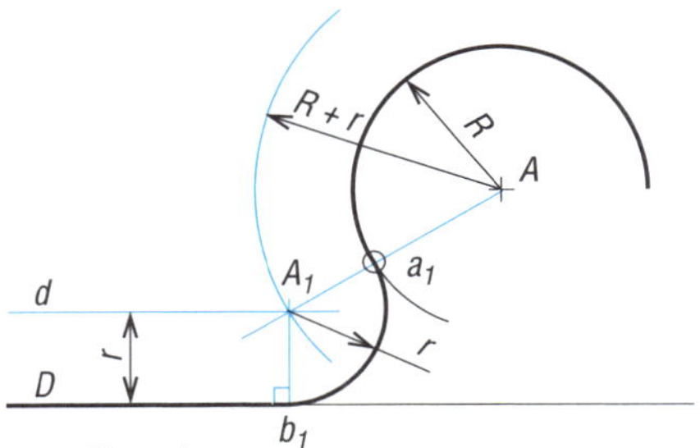

Figure b

Réussir les raccordements suppose que les tracés soient rigoureusement de la même épaisseur et que les points de jonction se trouvent parfaitement définis.

- **Par rapport à une droite :** tracer d_1 et d_2 parallèles à D_1 et D_2 à une distance *r*. Les points de contact sont t_1 et t_2.
- **Par rapport à un cercle de rayon *R* :**
  – à l'extérieur $R + r$;
  – à l'intérieur $R - r$.

Tracer l'intersection A_1 obtenue par l'arc de rayon $(R + r)$ et la parallèle *d* à *D* menée à une distance *r*. Les points de contact sont a_1 et b_1.

RACCORDEMENT DE CERCLES PAR UNE DROITE (TRACÉ DE TANGENTE)

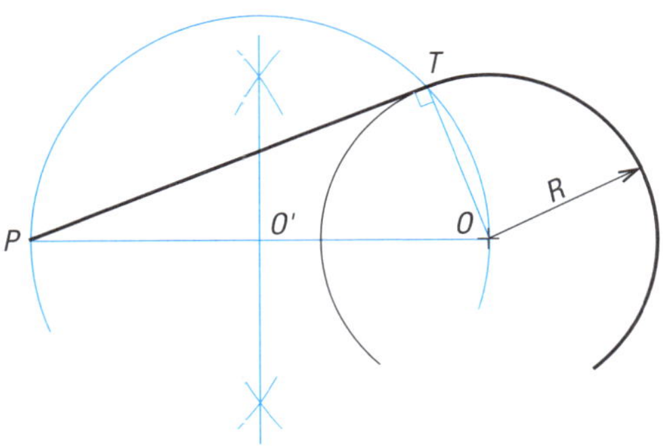

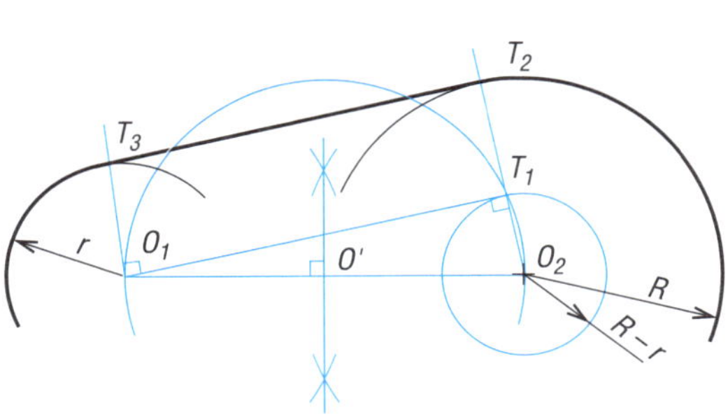

- **Tracé d'une tangente à partir d'un point P :**
  – joindre *OP* ;
  – élever la médiatrice du segment *OP* ;
  – tracer le cercle de rayon *O'P* ; coupant la première de rayon *R* en *T*, joindre *TP*.
- **Tracé d'une tangente extérieure commune à deux cercles :** tracer la circonférence de centre O_2 et de rayon $(R - r)$, puis la tangente O_1T_1, à cette circonférence (problème précédent) joindre O_2T_1, prolonger jusqu'en T_2, tracer O_1T_3 parallèle à O_2T_2, joindre T_2T_3.

Conseil : lors de la mise au net à l'encre, on termine par le tracé des droites afin d'atténuer les légers défauts de raccordement.

CONSTRUCTION D'UN CINTRE SURBAISSÉ

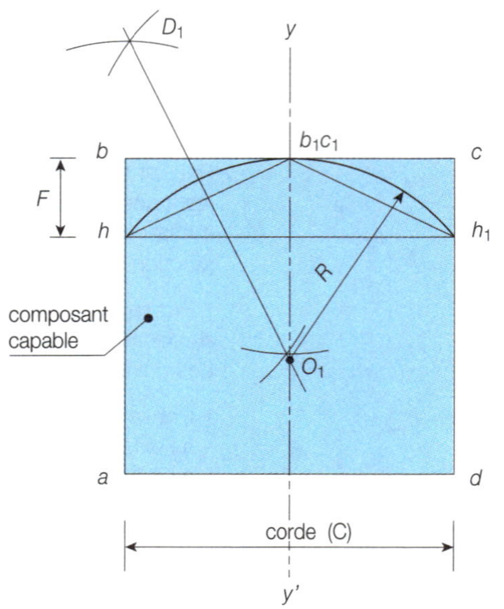

- **Analyse :**

F = flèche

$R = \dfrac{C^2}{8F} + \dfrac{F}{2}$ et C = corde

- **Construction géométrique**

– Tracer l'axe vertical du composant capable (*a*, *b*, *c*, *d*).

– À partir de la valeur de la flèche F (donnée), tracer le triangle h, b_1c_1, h_1.

– Tracer la médiatrice D_1 du segment de droite $[h, b_1c_1]$.

– L'intersection de l'axe yy' et de la médiatrice D_1 donne le centre (O_1) du cercle.

CONSTRUCTION D'UN CHAPEAU DE GENDARME

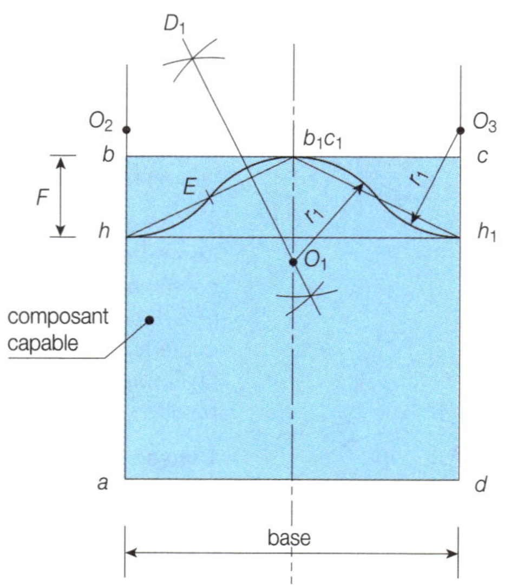

- **Analyse :**

F = flèche

$R = \dfrac{F^2 + C^2}{4F}$ et $C = \dfrac{\text{base}}{2}$

- **Construction géométrique**

– Tracer l'axe vertical du composant capable (*a*, *b*, *c*, *d*).

– À partir de la valeur de la flèche F (donnée), tracer le triangle h, b_1c_1, h_1.

– Situer le milieu E du segment $[h, b_1c_1]$.

– Tracer la médiatrice D_1 du segment de $[E, b_1c_1]$.

– L'intersection de cette médiatrice et de l'axe vertical donne le centre O_1 du cercle de rayon r_1.

– Reporter la valeur de ce rayon sur les prolongements des droites *ab* et *dc* ce qui donne respectivement les centres O_2 et O_3.

CONSTRUCTION D'UNE ANSE DE PANIER (TRACÉ À TROIS CENTRES)

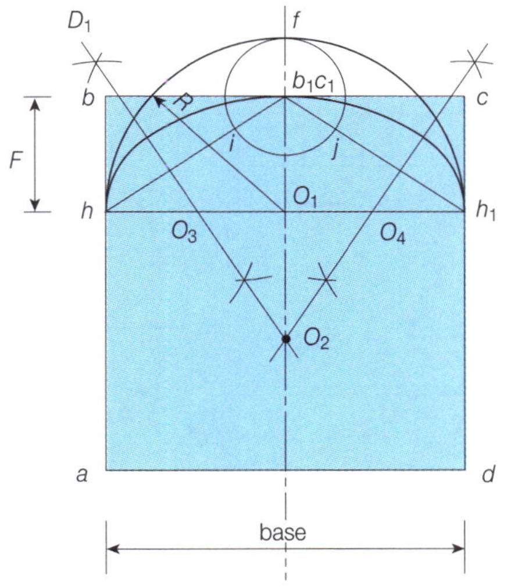

• Construction géométrique

– Tracer l'axe vertical du composant capable (*a*, *b*, *c*, *d*).

– À partir de la valeur de la flèche *F* (donnée), tracer le triangle h, b_1c_1, h_1.

– Tracer un demi-cercle de rayon h, $h_1/2$. $R = O_1, h = O_1, h_1$.

– Tracer le cercle de centre b_1c_1 et de rayon b_1c_1, *f* qui coupe les segments $[h, b_1c_1]$ et $[h_1, b_1c_1]$ respectivement en *i* et *j*.

– Tracer respectivement les médiatrices des segments $[h, i]$ et $[h_1, j]$.

– Ces médiatrices donne les points O_2, O_3, O_4, centres du tracé de l'anse de panier.

CONSTRUCTION DE L'OVALE

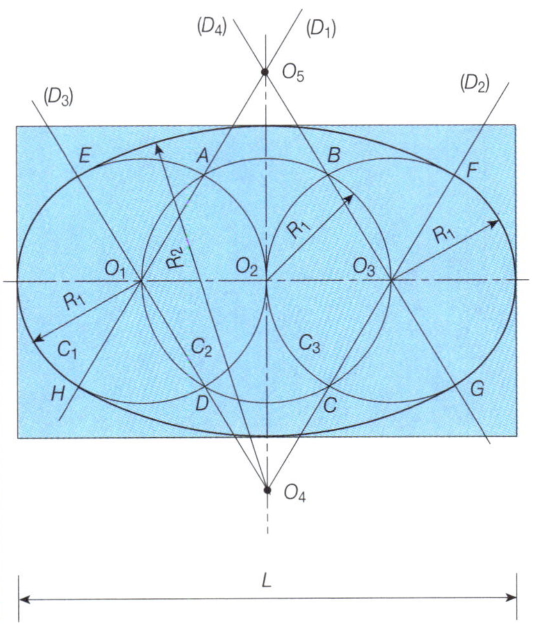

• Analyse :

$$R_1 = \frac{L}{4} \qquad \text{et} \qquad R_2 = L \cdot \frac{3}{4}$$

• Construction géométrique

– Tracer les deux axes de symétrie de l'ovale.

– Diviser le grand axe en 4 parties égales (points O_1, O_2, O_3).

– Tracer deux cercles C_1 et C_3, tangents en O_2 de rayon R_1, et de centres respectifs (O_1) et (O_3).

– Tracer un cercle C_2 de rayon R_1, et de centre (O_2) qui détermine les points *A*, *B*, *C*, *D*.

– Construire une droite (D_1) passant par O_1 et *A* et qui donne le point *H* sur C_1.

– Construire une droite (D_2) passant par O_3 et *C* et qui donne le point *F* sur C_3.

– Construire une droite (D_3) passant par O_1 et *D* et qui donne le point *E* sur C_1.

– Construire une droite (D_4) passant par O_3 et *B* et qui donne le point *G* sur C_3.

– Tracer l'arc de cercle (*EF*), de centre O_4, de rayon $(O_4, F) = R_2$ et l'arc de cercle *HG*, de centre O_5 et de rayon $(O_5, H) = R_2$.

EXEMPLE DE RACCORDEMENTS GÉOMÉTRIQUES SUR UN CHANTOURNEMENT EXTÉRIEUR

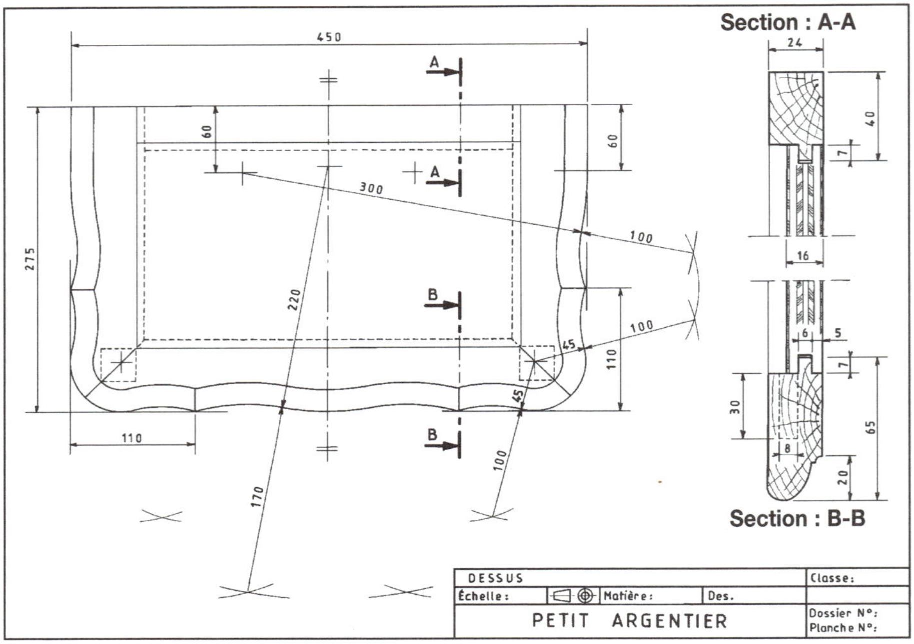

EXEMPLE DE RACCORDEMENTS GÉOMÉTRIQUES DE COURBES SUR TRAVERSES ET PANNEAU D'UNE PORTE À PETIT CADRE

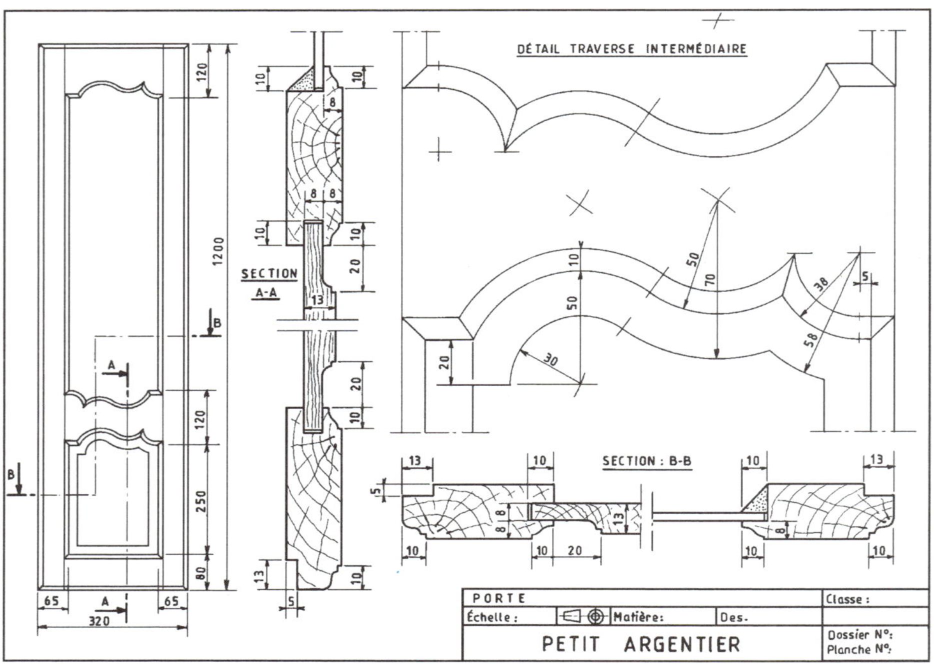

6.4.11 HACHURES

NF E 04-520

Les hachures sont destinées à mettre en évidence les parties de pièces traversées par un ou plusieurs plans de coupe (voir paragraphes 6.4.14 et 6.4.15).

COUPE TRANSVERSALE

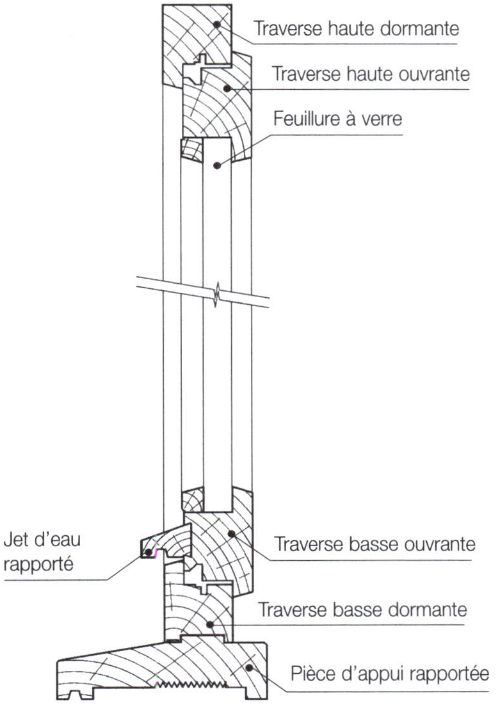

PIÈCES DE TRÈS FAIBLE ÉPAISSEUR

EXEMPLE : POSE D'UN CHÂSSIS ALUMINIUM SUR DORMANT BOIS EXISTANT

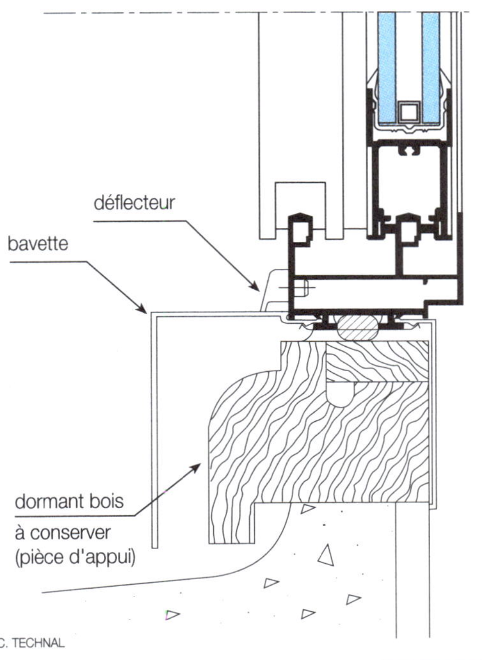

DOC. TECHNAL

- **Trait des hachures**

Toutes les hachures sont réalisées en traits fins.

- **Inclinaison**

Les hachures sont composées de cernes et de rayons médullaires orientés d'une manière identique.

Elles tiennent compte du plan de coupe longitudinale ou transversale (voir figure ci-contre).

- **Espacement**

L'intervalle régulier entre les traits ou les cernes est choisi en fonction de l'importance de la surface à hachurer. Plus la pièce est grande, plus les hachures sont espacées.

- **Application**

Chacun des éléments juxtaposés d'un ensemble se distingue par une orientation différente des cernes.

Les hachures ou les cernes ne comportent aucune signification conventionnelle, seule la nomenclature définit clairement la nature de la matière utilisée (voir ci-contre).

Cas particuliers

– Pièces de faible épaisseur

On peut tramer ou colorier la section.

– Pièces de très faible épaisseur

La pièce est représentée par un trait noir épais, elle est séparée de la pièce voisine par un léger espace blanc de 0,8 mm minimum de large.

Remarques

– Les hachures ne s'arrêtent jamais sur un trait interrompu fin.

– Elles ne traversent jamais un trait continu fort.

HACHURES CONVENTIONNELLES	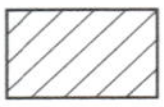	Tous les matériaux et alliages sauf éventuellement ceux prévus ci-dessous	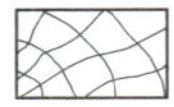	Bois en coupe transversale
	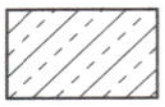	Cuivre et alliages de cuivre et béton léger préfabriqué	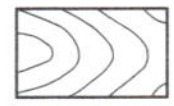	Bois en coupe longitudinale
		Métaux et alliages légers et maçonnerie creuse	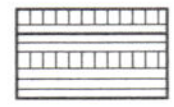	Panneaux agglomérés Multicouches (contreplaqué)
	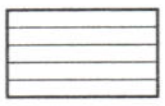	Antifriction et de façon générale toutes matières coulées sur une pièce	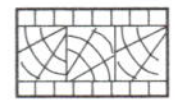	Panneaux agglomérés Latte
	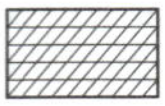	Matières plastiques ou isolantes et garnitures	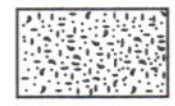	Panneaux agglomérés Particules
	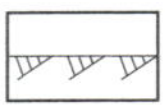	Sol naturel (meuble)	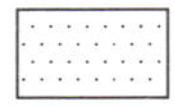	Verre fritté
		Sol naturel (roche)	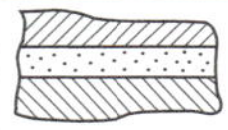	Joint de mortier
	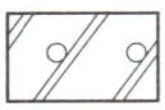	Cloison de plâtre préfabriquée		Enduit plâtre
	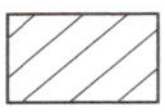	Maçonnerie	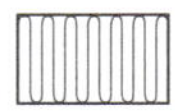	Isolant thermique
		Béton	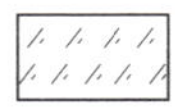	Vitre Verre optique

6.4.12 SYSTÈMES DE PROJECTION — NF E 04-520

POSITION DES VUES

■ **MÉTHODE E (Européenne) ou méthode du 1er dièdre :**

Le symbole E est à faire figurer dans le cartouche.

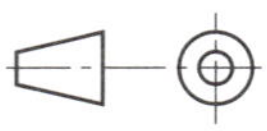

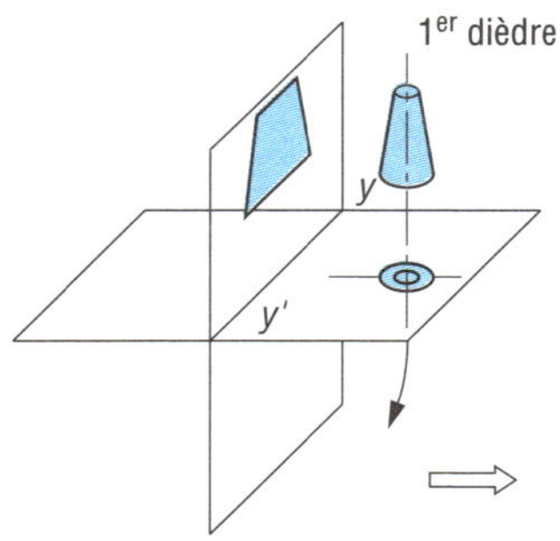

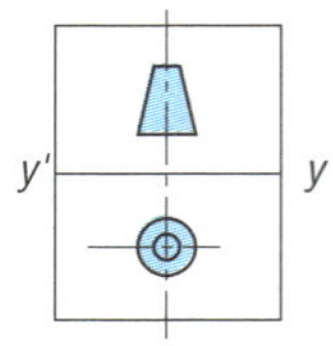

■ **MÉTHODE A (Américaine) ou méthode du 3e dièdre :**

La disposition des vues, par rapport à la vue de face, est l'inverse de celle de la méthode E.

Le symbole A est à faire figurer dans le cartouche.

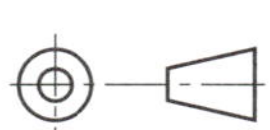

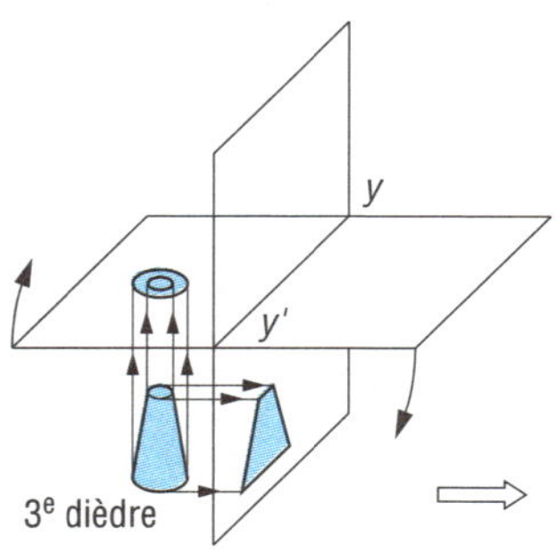

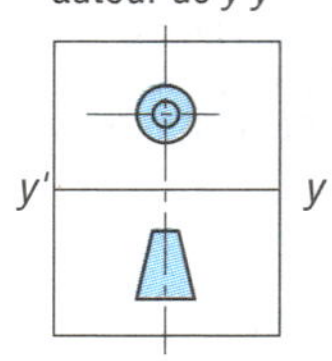

REPRÉSENTATION ORTHOGONALE

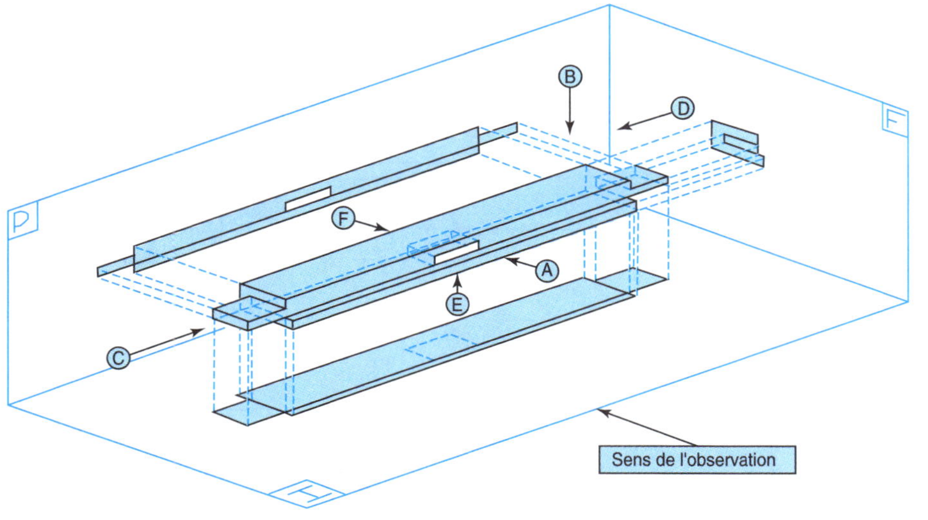

• **Analyse**

– La définition complète des formes de l'objet technique est réalisée à partir de l'observation des différentes directions.

– La vue principale est la vue de face. C'est celle qui donne le maximum de renseignements sur l'objet.

POSITION ET DÉNOMINATION DES VUES

MÉTHODE DU 1er DIÈDRE (E)

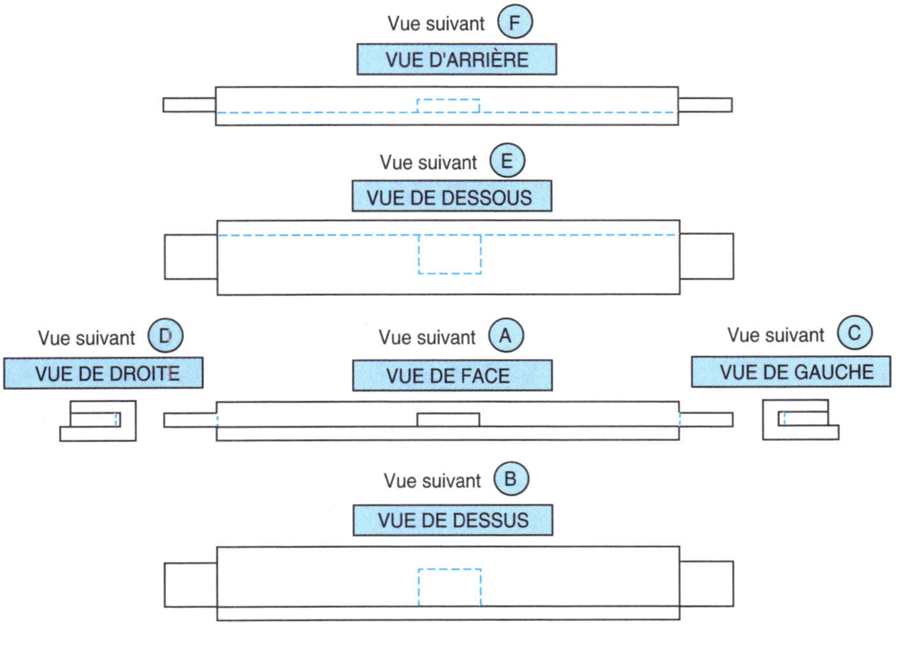

6.4.13 REPRÉSENTATIONS PARTICULIÈRES

Les représentations particulières permettent de :
- simplifier les représentations en supprimant des tracés inutiles ;
- faciliter la lecture du dessin réalisé.

VUES DÉPLACÉES	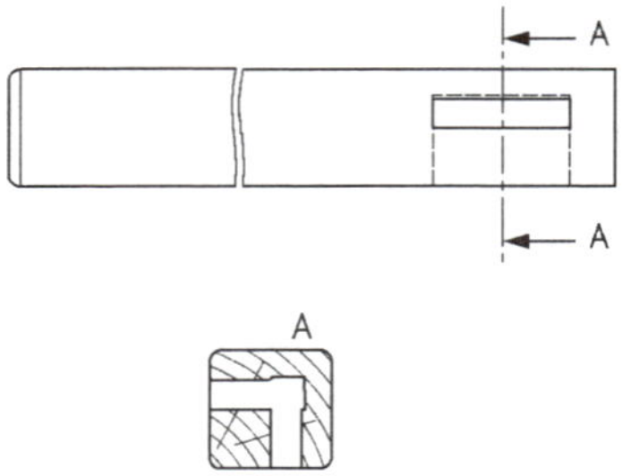	La méthode des flèches repérées est utilisée chaque fois qu'une vue ne peut être disposée dans la position normale (méthode du premier dièdre) ou si une direction d'observation particulière est jugée nécessaire. On emploie une même lettre majuscule pour repérer la vue et sa direction d'observation. La place de la vue est libre.
VUES PARTIELLES		Quand la représentation de la totalité d'un élément n'est pas indispensable à la compréhension du dessin, on peut remplacer la vue entière par une vue incomplète limitée par un trait continu fin tracé à main levée, ou par un trait fin, tracé à la règle, avec zigzags.
VUES INTERROMPUES	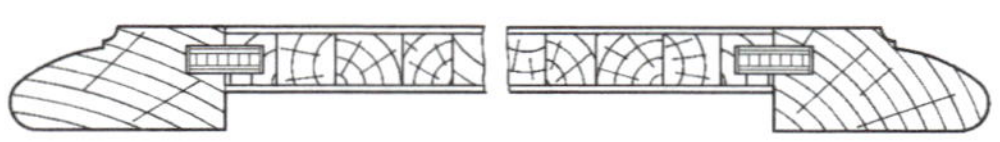	Pour gagner de la place, on peut ne représenter que les parties d'une pièce longue et de section constante qui suffisent à elles seules à définir sa forme. Les parties conservées sont limitées comme les vues partielles et rapprochées les unes des autres.
VUES OBLIQUES	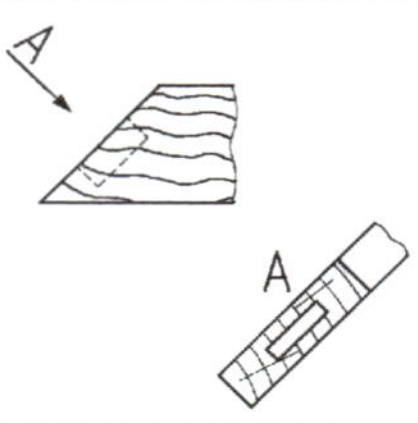	Lorsqu'une partie d'une pièce ne peut être projetée en vraie grandeur sur l'un des plans principaux de projection, on utilise localement la méthode des flèches repérées. La vue partielle est limitée comme dans le cas des vues interrompues.
VUES LOCALES (GÂCHE)	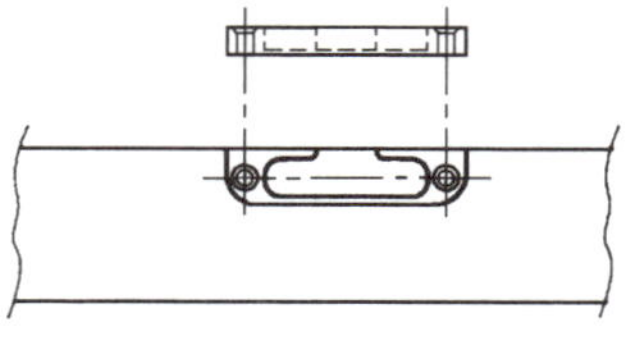	On peut dessiner une vue locale à la place d'une vue complète s'il n'y a pas de confusion possible. Cette vue doit être reliée à la vue principale par un trait mixte fin.
DEMI-VUE	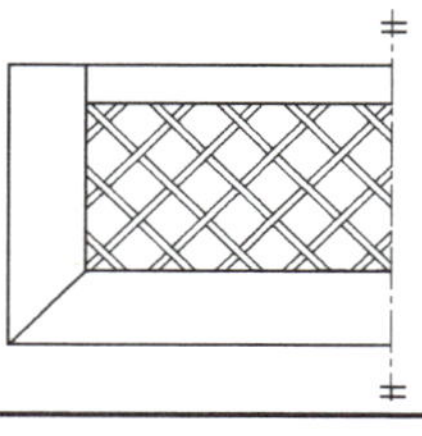	Les pièces symétriques peuvent être représentées par une fraction de leur vue complète. On repère alors chacune des extrémités de la trace du plan de symétrie par deux petits traits parallèles perpendiculaires à l'axe.

6.4.14 SECTIONS

NF E 04-520

Les sections permettent de préciser les formes exactes de la section droite d'une pièce de forme générale prismatique ou cylindrique lorsque les vues habituelles ne suffisent pas à définir avec clarté ces formes. On évite ainsi de surcharger les vues.

Une section représente la partie de la pièce située dans le plan sécant.

Deux sortes de sections peuvent être faites :

- les sections **rabattues** (dessinées en surcharge sur les vues) ;
- les sections **sorties** (dessinées à l'extérieur des vues).

SECTION RABATTUE

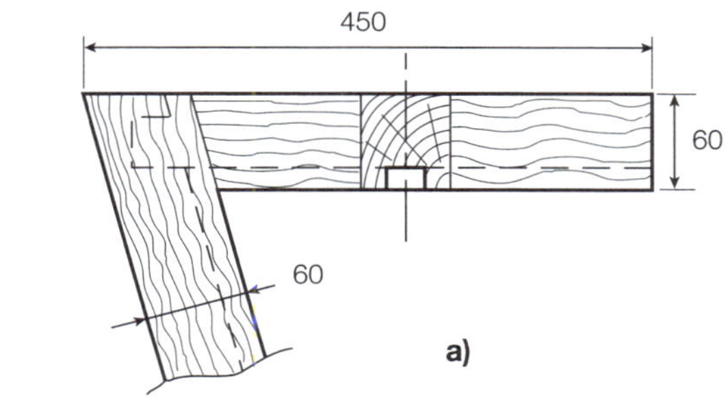

a)

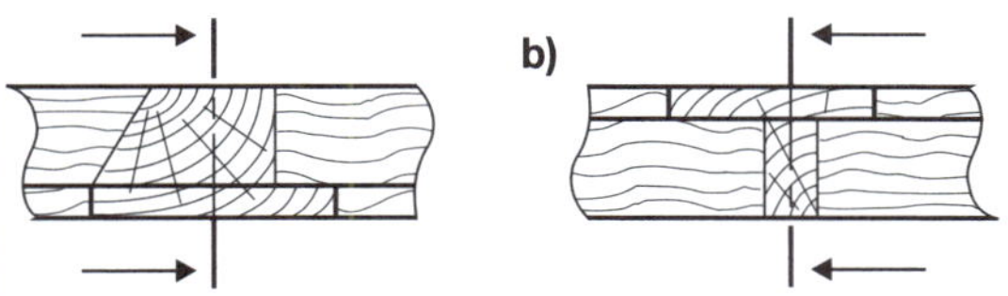

b)

Pour réaliser une section rabattue, il faut :

- situer le plan sécant de la pièce par sa trace, en trait mixte fin (**a**) ;
- préciser sur le dessin le sens d'observation s'il y a risque d'ambiguïté (section disymétrique, voir **b**) ;
- amener, par une rotation de 90° autour de l'axe de la section, le plan sécant de la pièce dans le plan du dessin ;
- dessiner ensuite un trait continu fin sur la surface de la pièce contenue dans le plan sécant ;
- mettre les hachures du bois.

Remarque :
Les hachures du bois peuvent couper un trait fort.

SECTION SORTIE

(a) Sortie à proximité de la vue

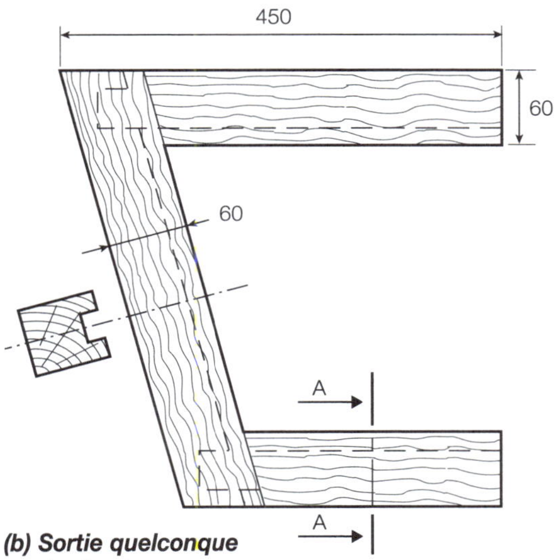

(b) Sortie quelconque sur le dessin

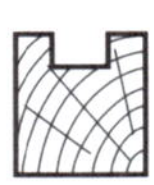

Pour réaliser une section sortie, il faut :

- installer le plan sécant de la pièce par sa trace en trait mixte fin renforcé aux extrémités ;
- repérer le plan sécant par une lettre majuscule répétée aux extrémités ;
- enlever par la pensée la partie située à l'arrière du plan de coupe ;
- dessiner suivant la direction des flèches et en trait continu fort la surface contenue dans le plan sécant ;
- hachurer la section ;
- désigner la section par les lettres majuscules données au plan sécant.

6.4.15 COUPES — NF E 04-520

Une coupe représente la section et la partie de l'objet située en arrière du plan sécant par rapport à la direction de l'observation.

LOCALISATION DU PLAN DE COUPE

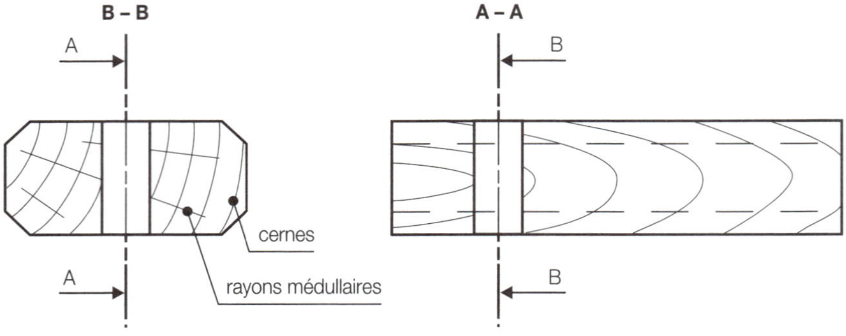

Le plan de coupe A est parallèle à l'un des six plans de projection sur lesquels sont dessinées les vues simples mais aussi les coupes.

Lorsqu'il est nécessaire de faire une distinction entre plusieurs plans de coupe, la position du (ou des) plan(s) de coupe doit être indiquée au moyen d'un trait mixte fin, avec éléments longs forts aux extrémités et aux changements de plans de coupe.

Le plan de coupe doit être alors repéré par des lettres d'identification et le sens d'observation doit être indiqué par des flèches en trait continu fort. La coupe doit être repérée par les lettres correspondantes.

LOCALISATION DU PLAN DE COUPE ÉVIDENTE

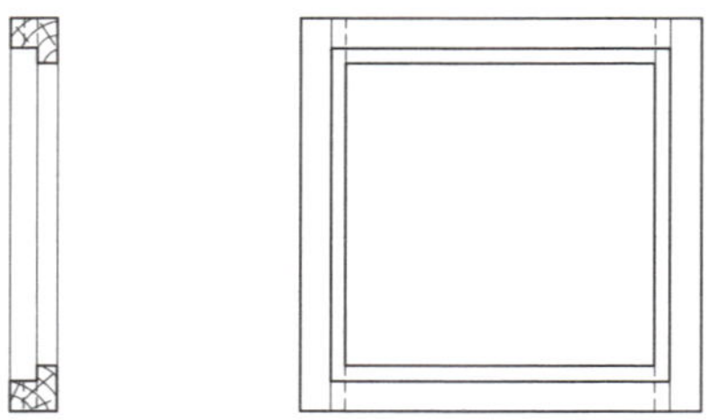

Lorsque la localisation du plan de coupe est évidente, aucune indication de sa position ou de son identification n'est nécessaire.

COUPE BRISÉE À PLANS PARALLÈLES

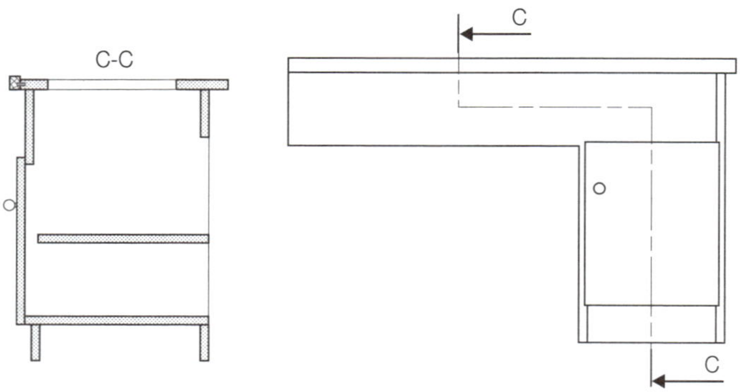

Dans la vue en coupe, le changement de plan de coupe considéré sera matérialisé par un trait mixte, si la place le permet.

DEMI-COUPE

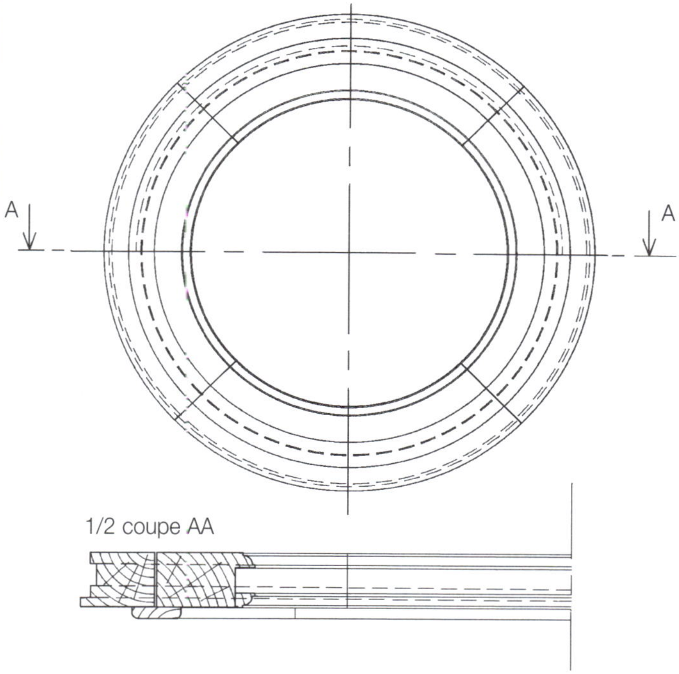

Lorsqu'une pièce est symétrique par rapport à un plan, on peut dessiner une demi-vue contiguë à une demi-coupe.

La demi-vue et la demi-coupe sont séparées par le trait d'axe. Leur désignation est la même que celle utilisée pour la coupe complète.

COUPE BRISÉE À DEUX PLANS CONCOURANTS

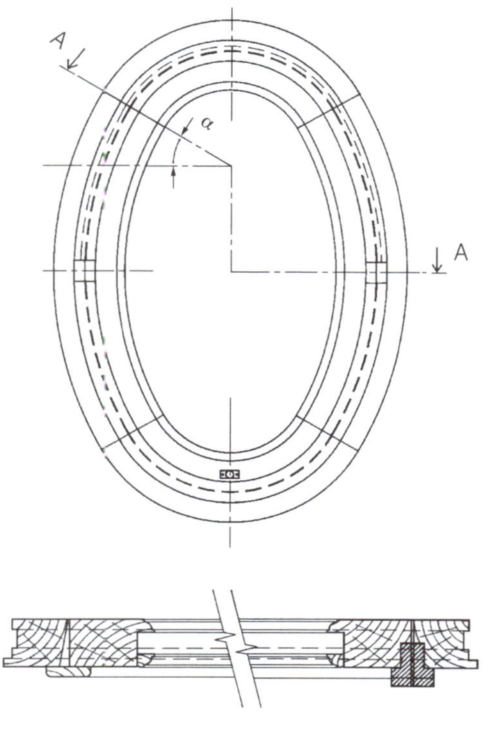

À l'aide d'une rotation d'un angle α, on ramène le plan de coupe oblique dans le prolongement du plan placé suivant une direction principale d'observation.

PORTE INTÉRIEURE AVEC CHAMBRANLE

Gamme cintrée modèle « Aube » en framiré avec chambranle

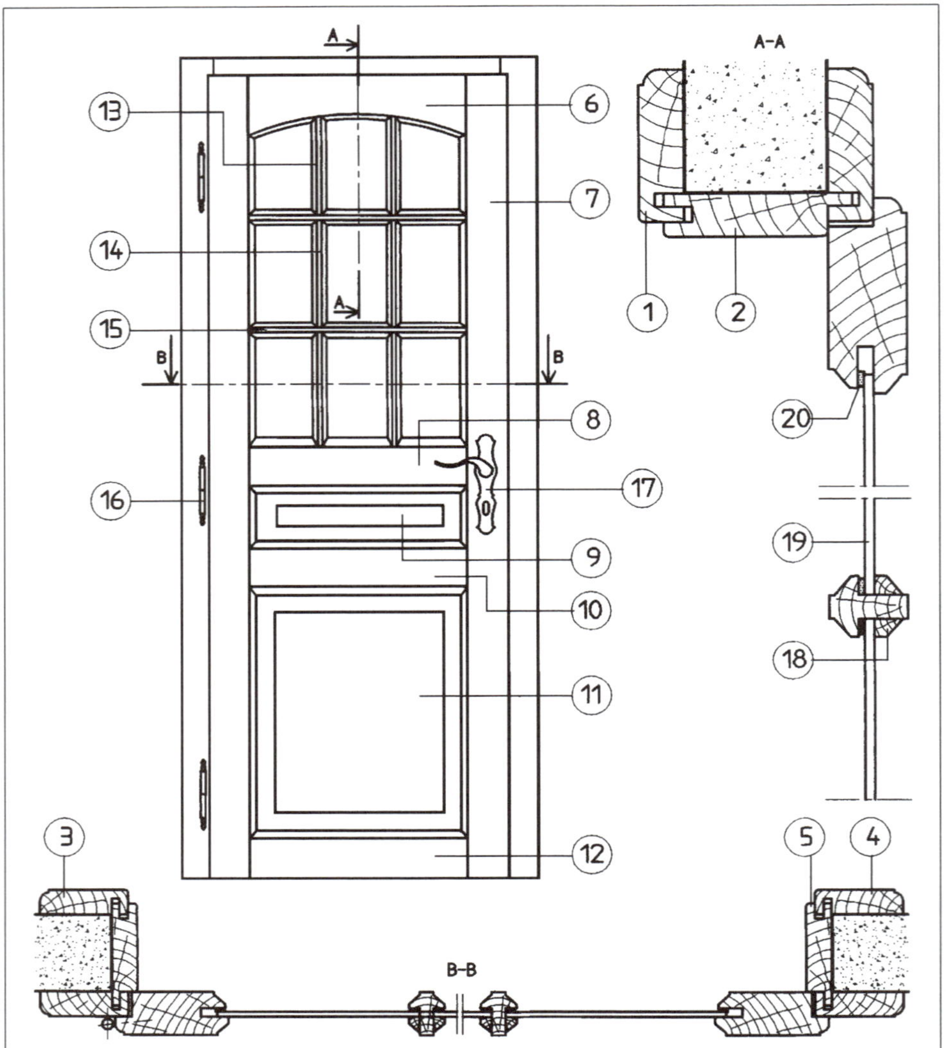

NOMENCLATURE :

Rep	Nb	Désignation	Matière	Observations	Rep	Nb	Désignation	Matière	Observations
20	1	mousse fond de joint		ep3 l12	10	1	traverse intermédiaire panneau/panneau	framiré	106 x 40
19	9	verre		silvit jaune	9	1	panneau intermédiaire	framiré	épaisseur 22
18	27	pareclose	framiré		8	1	traverse intermédiaire panneau/verre	framiré	106 x 40
17	1	ensemble Loeffel à clé			7	2	montant de porte gauche et droit	framiré	103 x 40
16	3	fiche		dia 13 lg130	6	1	traverse haute de porte	framiré	150 x 40
15	2	traverse petit bois	framiré	46 x 40	5	2	montant d'ébrasement	framiré	92 x 23
14	4	petit bois vertical	framiré	46 x 40	4	2	montant gauche chambranle et habillage	framiré	80 x 23
13	2	petit bois cintré gauche/droit	framiré	46 x 40	3	2	montant droit chambranle et habillage	framiré	80 x 23
12	1	traverse basse	framiré	123 x 40	2	1	traverse d'ébrasement	framiré	92 x 23
11	1	panneau bas	framiré	épaisseur 22	1	2	traverse de chambranle et habillage	framiré	80 x 23

Dessiné par : le 22-03-95	Echelle	PORTE INTERIEURE
Vérifié par : . le 23-03-95	LYCEE POLYVALENT	00

PORTE INTÉRIEURE AVEC HUISSERIE

Gamme cintrée modèle « Nuit » en framiré avec huisserie

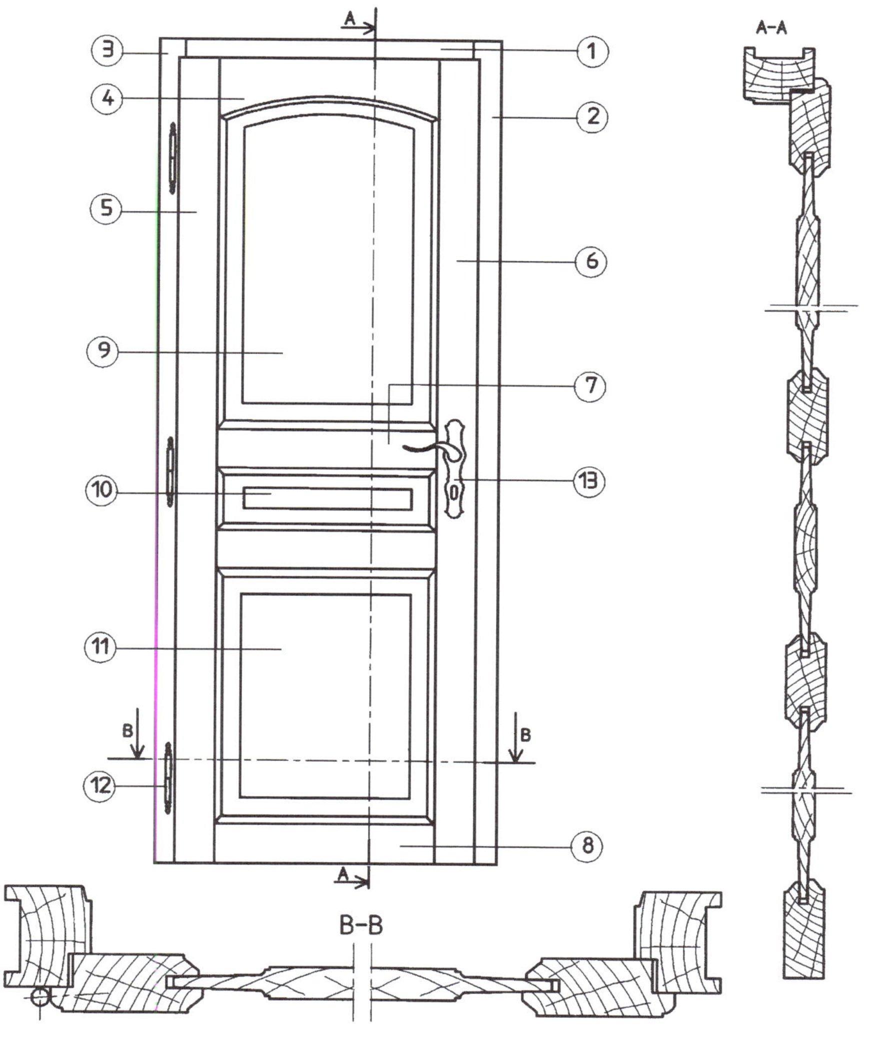

NOMENCLATURE :

Rep	Nb	Désignation	Matière	Observations	Rep	Nb	Désignation	Matière	Observations
					7	2	traverse intermédiaire	framiré	106 x 40
13	1	ensemble Loeffel à clé			6	1	montant droit de porte	framiré	103 x 40
12	3	fiches		dia 13 lg130	5	1	montant gauche de porte	framiré	103 x 40
11	1	panneau bas	framiré	épaisseur 22	4	1	traverse haute de porte	framiré	150 x 40
10	1	panneau intermédiaire	framiré	épaisseur 22	3	1	montant gauche d'huisserie	framiré	70 x 58
9	1	panneau haut	framiré	épaisseur 22	2	1	montant droit d'huisserie	framiré	70 x 58
8	1	traverse basse	framiré	123 x 40	1	1	traverse haute d'huisserie	framiré	70 x 58

Dessiné par : le 22-03-95	Echelle	PORTE INTERIEURE
Vérifié par : . le 22-03-95	LYCEE POLYVALENT	00

PORTE D'ENTRÉE

Modèle avec tiercé (ou vantail semi-ouvrant) en chêne

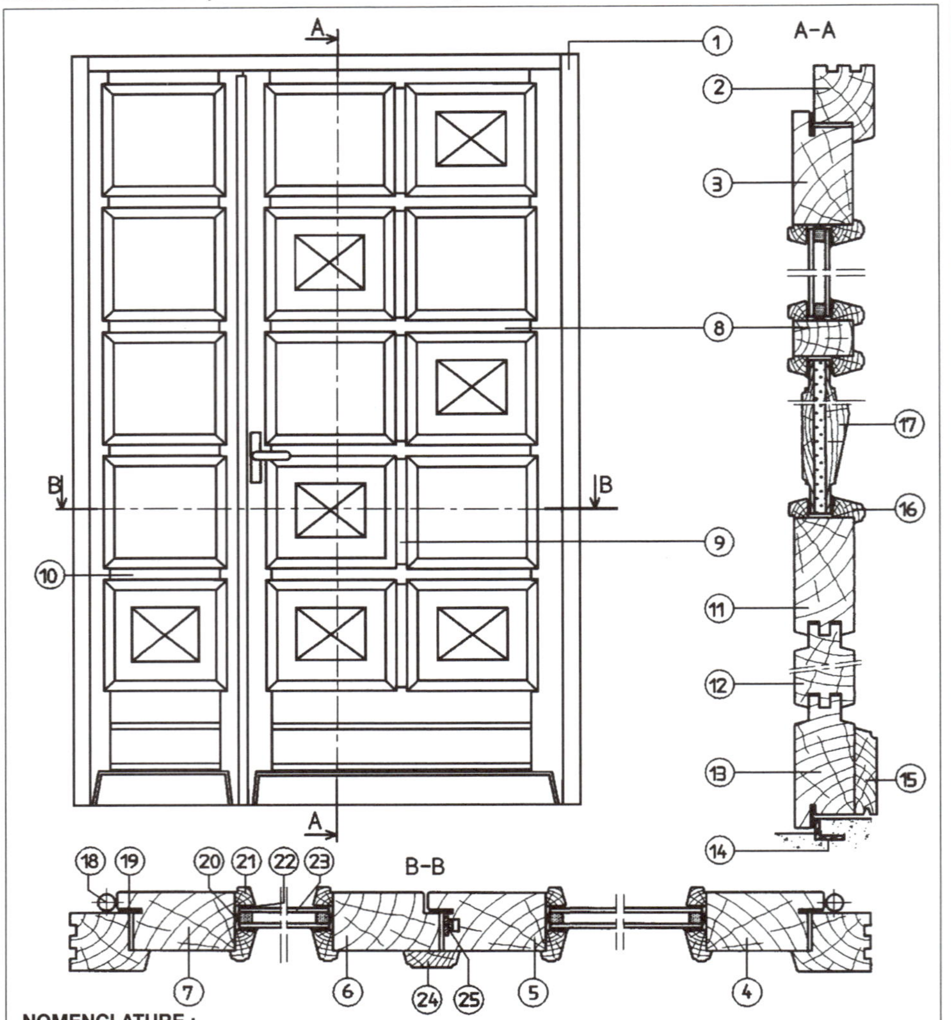

NOMENCLATURE :

Rep	Nb	Désignation	Matière	Observations	Rep	Nb	Désignation	Matière	Observations
					13	1	traverse basse de socle	chêne	160 x 56
25	1	crémone		Euromatic	12	1	traverse intermédiaire de socle	chêne	160 x 56
24	1	batte	chêne	45 x 16	11	1	traverse haute de socle	chêne	116 x 56
23	8	vitrage isolant		4–12–4	10	4	petit bois horizontal de tiercé	chêne	34 x 56
22	1	mousse fond de joint		12 x 3	9	4	petit bois vertical	chêne	34 x 56
21	60	pareclose	chêne	17 x 18	8	4	traverse petit bois	chêne	34 x 56
20	32	cale de vitrage		épaisseur 3	7	1	montant gauche de tiercé	chêne	116 x 56
19	1	joint d'étanchéité		QL–3028	6	1	montant embrevé de tiercé	chêne	110 x 56
18	8	fiches réglables	acier	exacta 490	5	1	montant ouvrant crémone	chêne	116 x 56
17	7	panneau diamant sandwich	3 couches	épaisseur 40	4	1	montant ouvrant droit	chêne	116 x 56
16	14	cadre rapporté	chêne	32 x 26	3	1	traverse haute ouvrante	chêne	100 x 56
15	1	plinthe	chêne	120 x 23	2	1	traverse haute dormante	chêne	73 x 56
14	1	seuil aluminium	A U 4G	20 x 30	1	2	montant dormant	chêne	73 x 56

Dessiné par : le 12-12-95	Echelle	PORTE D'ENTREE
Vérifié par : le	LYCEE POLYVALENT	00

CROISÉE ISOLANTE

Modèle en pin à ouverture à la française (O.F.)

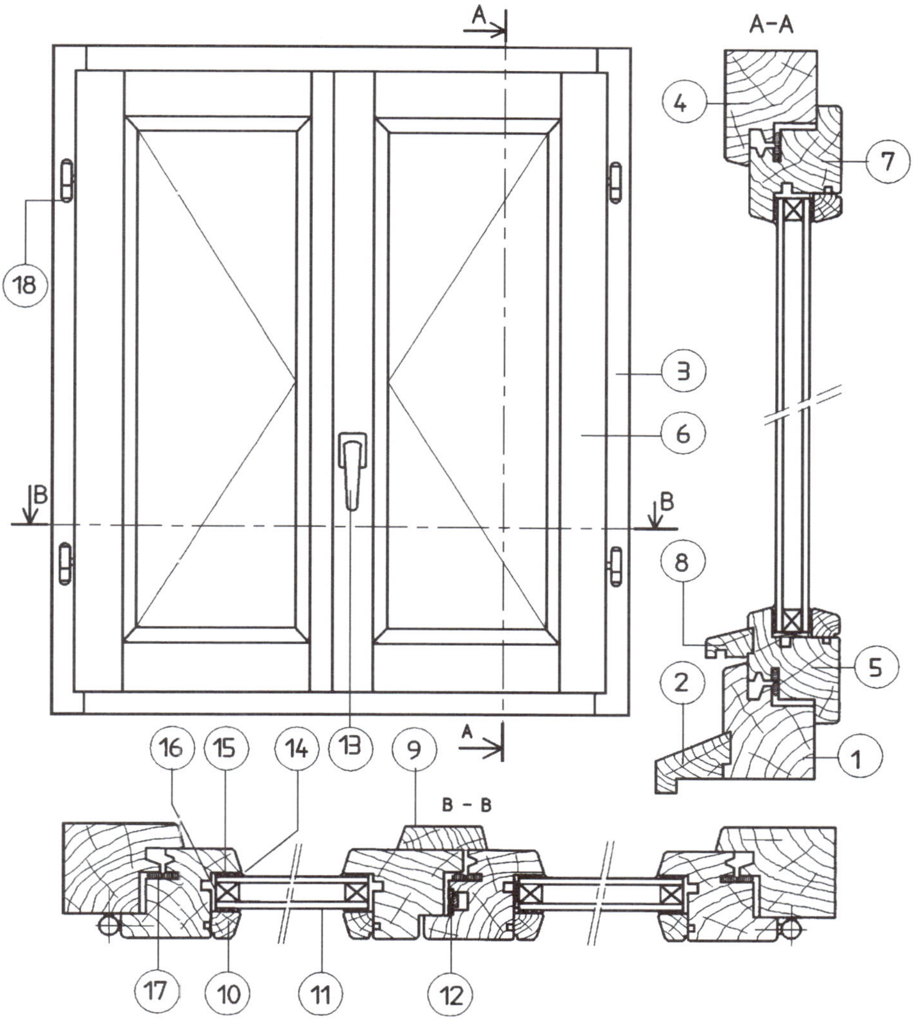

NOMENCLATURE :

18	4	fiche diamètre 13		F.13 L38	9	1	batte	pin	73 x 56
17	1	joint d'étanchéité sur ouvrant		QL–3028	8	2	jet d'eau bois	pin	30 x 20
16	8	cale de vitrage		épaisseur 3	7	2	traverse haute ouvrante	pin	73 x 56
15	1	mousse fond de joint		12 x 3	6	4	montant ouvrant	pin	73 x 56
14	1	cordon silicone		SIL AM BRC	5	2	traverse basse ouvrante	pin	73 x 56
13	1	poignée de crémone		PO F2	4	1	traverse haute dormante	pin	73 x 56
12	1	crémone à inverseur		G 13797.xx	3	2	montant dormant	pin	73 x 56
11	2	vitrage isolant		glace 4-12-4	2	1	pièce d'appui	pin	56 x 45
10	8	pareclose	pin	récupérée en feuillure	1	1	traverse basse dormante	pin	73 x 56
Rep	Nb	Désignation	Matière	Observations	Rep	Nb	Désignation	Matière	Observations

Dessiné par : le 16-01-94	Echelle	FENETRE 2 VANTAUX O.F.
Vérifié par : le	LYCEE POLYVALENT	00

6.4.16 COTATION — NF E 04-521

La cotation doit préciser avec rigueur la valeur des dimensions réelles des différentes surfaces d'une pièce sans qu'on ait besoin de faire le relevé de la mesure sur le dessin technique. C'est une opération importante et délicate. Une mauvaise cotation peut entraîner la mise au rebut de toute une série de pièces. C'est pourquoi elle ne permet ni erreur, ni oubli.

ÉLÉMENTS DE COTATION

■ COTE

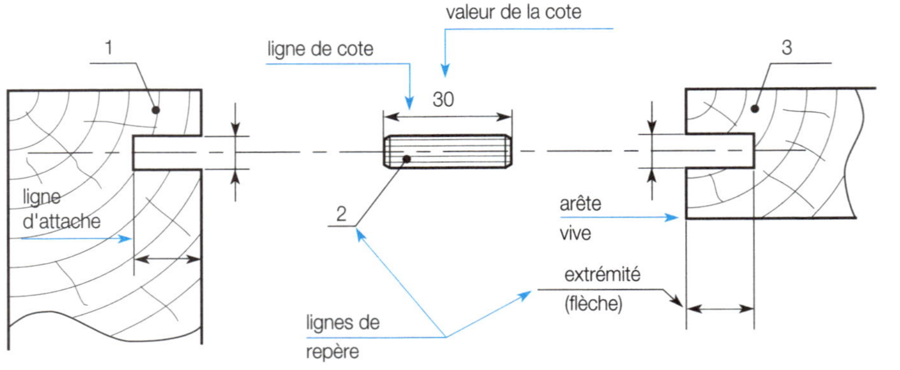

L'inscription d'une cote sur un dessin comprend le tracé :
- des **lignes d'attache**,
- de la **ligne de cote**,
- de la **ligne de repère**,
- de l'**extrémité** des cotes (flèches…),
- des **chiffres** (les longueurs et tolérances sont exprimées en millimètres, les angles en degrés).

Ces éléments sont tracés en trait continu fin, rectiligne ou curviligne.

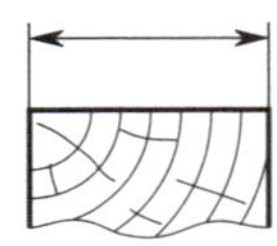

Les **lignes d'attache** doivent être tracées perpendiculairement à l'élément à coter et prolongées légèrement au-delà des lignes de cotes. En cas de nécessité, ces lignes d'attache peuvent toutefois être tracées obliquement, mais parallèles entre elles.

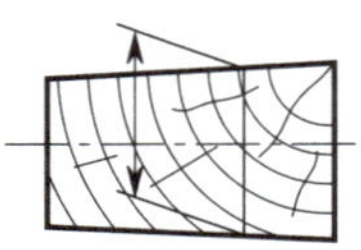

Les **lignes de repère** se terminent par une flèche sur un contour ou par un point à l'intérieur du contour.

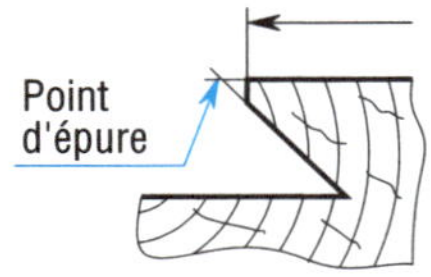

Bois de ???

Les **lignes d'épure** (ou lignes de construction) concourantes ainsi que la ligne d'attache passant par leur intersection doivent être prolongées légèrement au-delà de leur point d'intersection (point d'épure). Les lignes d'attache et les lignes de cote ne doivent pas, en règle générale, couper d'autres lignes du dessin. Cependant, la clarté du dessin peut nécessiter qu'il y ait intersection.

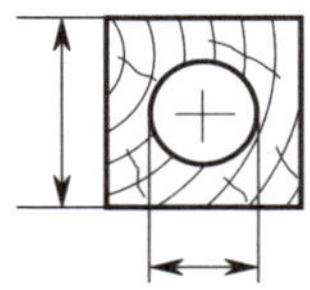

ÉLÉMENTS DE COTATION (suite)

■ EXTRÉMITÉS DES COTES

Les flèches doivent être représentées à l'intérieur des lignes de cote (**a**). Par manque de place, elles peuvent être reportées à l'extérieur (**b**). Un même type d'extrémité (flèche ou barre) doit être utilisé sur un même dessin. Toutefois, un dessin comportant une cotation à cotes superposées, laquelle impose des flèches, pourra comporter des barres obliques pour d'autres lignes de cote (**c**). Dans le cas d'une cotation en série les barres ou les flèches situées à la jonction de deux cotes peuvent être, si l'espace est très limité, remplacées par des points (**d**).

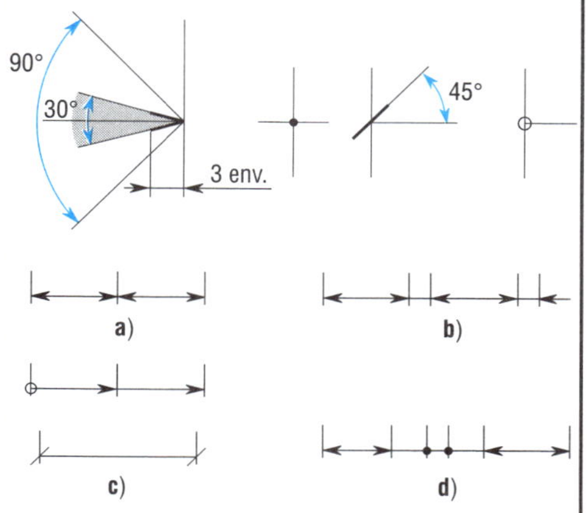

■ COTATION D'UN ÉLÉMENT INTERROMPU

Lorsqu'un élément est représenté en vue interrompue, les lignes de cote s'y référant sont tracées sans interruption.

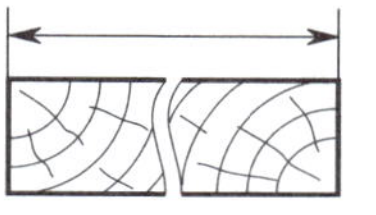

■ CHIFFRES

On place les chiffres de cote au-dessus et légèrement détachés de la ligne de cote vers le milieu de sa longueur (utiliser les modèles normalisés).

Les intersections de lignes d'attache et de lignes de cote doivent être évitées. Toutefois, en cas d'impossibilité, aucune ligne ne doit être interrompue.

Une ligne de cote ne peut coïncider avec un axe de révolution ou la trace d'un plan de symétrie ni avec un trait de contour.

Par contre, un axe de révolution ou la trace d'un plan de symétrie peut être utilisé comme ligne d'attache ; dans ce cas son prolongement peut être tracé comme une ligne d'attache.

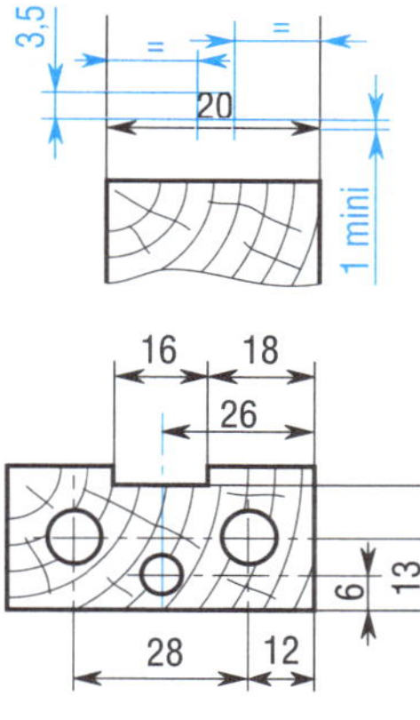

DISPOSITION DES COTES

La disposition des cotes sur un dessin doit être raisonnée, judicieuse et répondre aux exigences fonctionnelles. Cette disposition résulte généralement de la combinaison de différents modes de cotation.

Règle générale

Les caractères utilisés pour la cotation des dessins doivent être de dimension suffisante pour assurer une bonne lisibilité du dessin original comme de ses reproductions.

Les cotes doivent être placées de manière à ne pas être coupées par une autre ligne du dessin et ne figurer qu'une seule fois.

■ COTATION SÉRIE

Les cotes apparaissent sur une même ligne en se suivant sans se chevaucher.

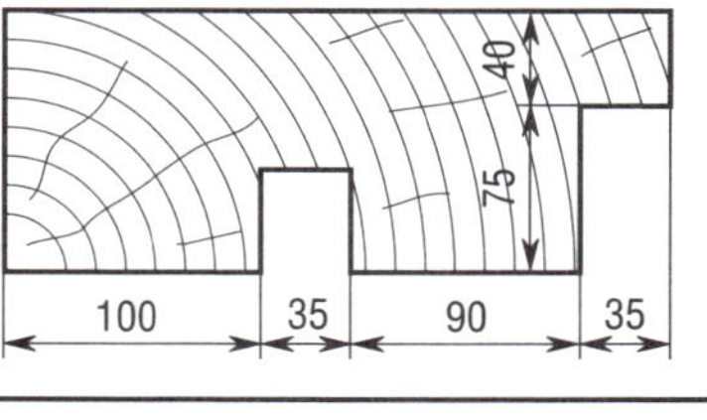

DISPOSITION DES COTES (suite)

■ COTATION À PARTIR D'UNE MÊME LIGNE D'ATTACHE

Ce système de cotation est utilisé lorsque plusieurs cotes de même direction ont une origine commune.

La cotation à partir d'une même ligne d'attache peut se faire :

– en parallèle,

– à cotes superposées.

Dans une **cotation en parallèle (a)**, on cote sur des lignes parallèles plusieurs dimensions ayant même direction à partir d'une origine commune.

La **cotation à cotes superposées (b)** remplace la cotation en parallèle lorsqu'aucun risque de confusion n'est à craindre ; les cotes sont inscrites soit au-dessus de la ligne de cote, soit en prolongement de la ligne d'attache, l'origine commune étant matérialisée par un cercle.

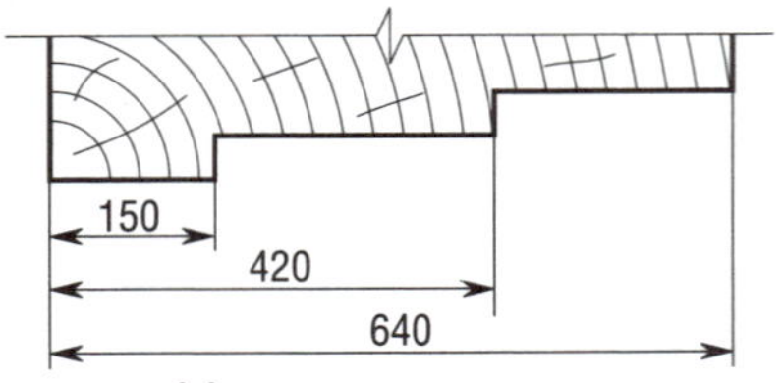

(a)

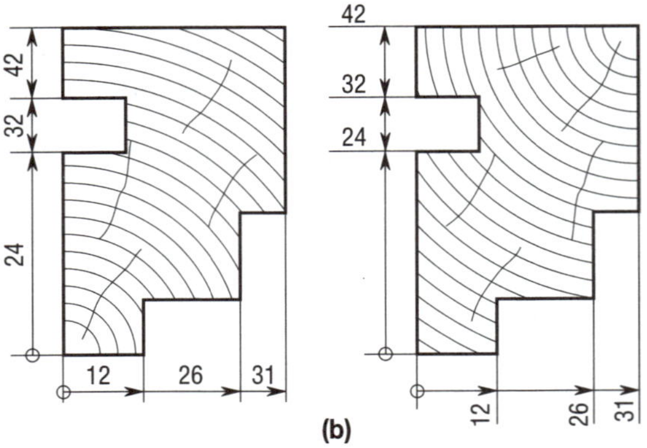

(b)

■ COTATION EN COORDONNÉES CARTÉSIENNES

La cotation en coordonnées cartésiennes permet d'inscrire les cotes à proximité de la représentation ponctuelle de chaque point.

– L'orientation des axes doit être prévue.

– Les coordonnées des cotes peuvent être regroupées dans un tableau.

– Si l'intersection de leur tracé correspond au point zéro, celui-ci doit être matérialisé par le cercle d'origine commune.

Nota : il est permis d'adopter une combinaison des différents modes de cotation afin de répondre à des objectifs différents.

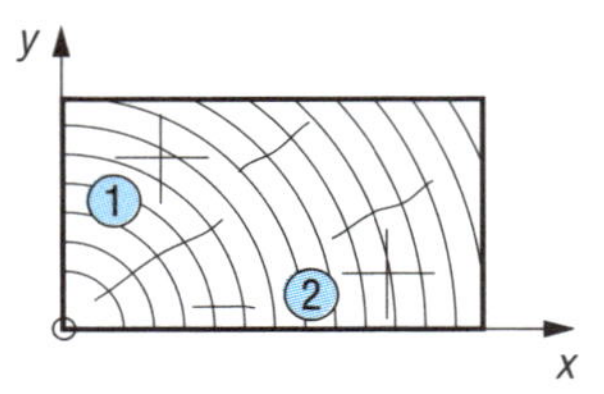

	x	*y*	*z*
①	8	20	–
②	30	6	–

■ COTES ANGULAIRES

Les valeurs angulaires peuvent être orientées conformément à la figure (a) ou à la figure (b).

Il faut éviter d'inscrire des cotes angulaires à l'intérieur des zones teintées.

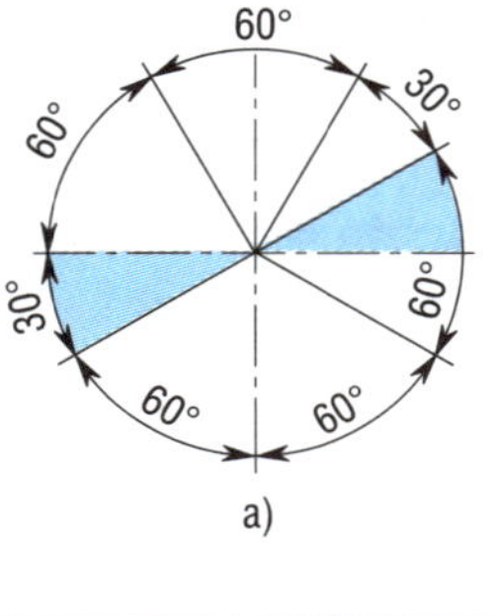

a)

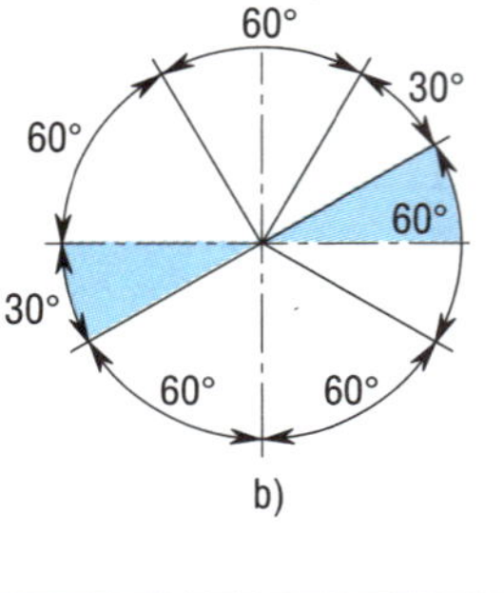

b)

DISPOSITION DES COTES (suite)

■ COTES LINÉAIRES

Cette méthode est celle utilisée en Europe.

Les valeurs doivent être disposées parallèlement à leurs lignes de cote et de préférence au milieu, au-dessus et légèrement espacées de celles-ci.

Les valeurs sont inscrites depuis le bas ou depuis la droite du dessin.

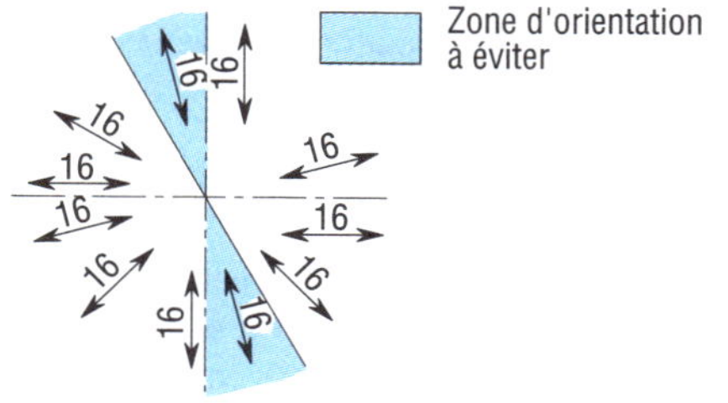

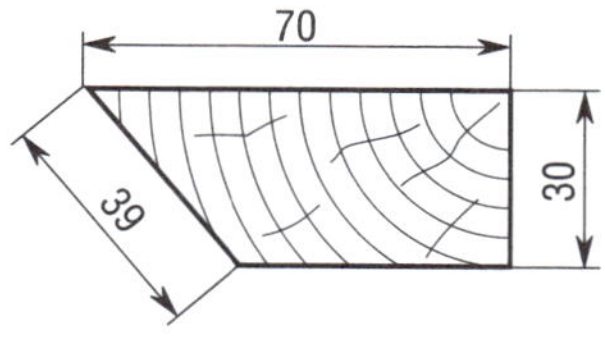

INDICATIONS PARTICULIÈRES

Pour améliorer l'interprétation du dessin, le dessinateur industriel doit fréquemment adapter l'inscription des symboles et des valeurs à la situation du dessin.

■ SYMBOLES À COTER

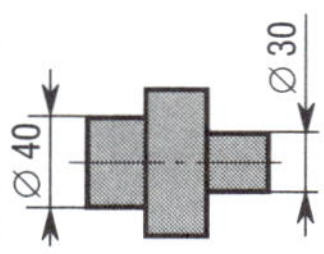 Ø Diamètre ou D	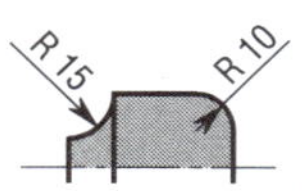 R Rayon
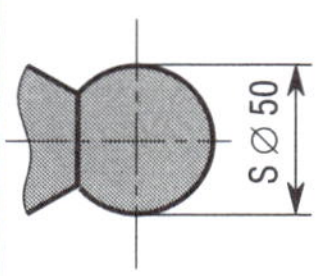 S Ø Sphère de diamètre	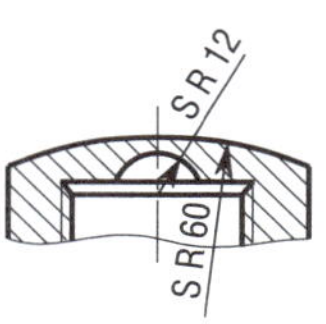 S R Sphère de rayon
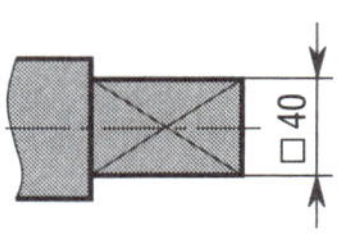 □ 40	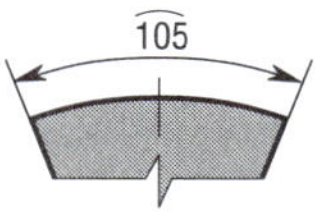 Arc
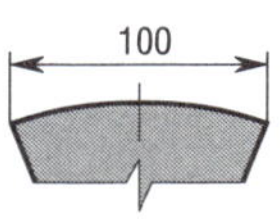 Corde	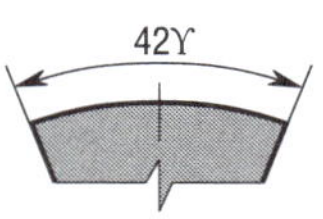 Angle

■ SYMBOLES POUR BARRES ET PROFILÉS

Section en U ⊔	Section ronde Ø
Section carrée □	Section rectangulaire ▭
Section hexagonale 	Section en I I
Section en T T	Section en Z 
Section en | ⎍	Pour une cornière L

INDICATIONS SPÉCIALES

■ COTATION DES RAYONS

Pour coter un rayon, on trace :
- une ligne de cote ayant pour direction le rayon ;
- une flèche pointée sur l'arc de cercle.

Ligne et flèche se situent normalement à l'intérieur du cercle (côté concave) ; pour les petits rayons, à l'extérieur (côté convexe).

Lorsque le centre d'un arc se situe hors des limites du dessin, la ligne de cote du rayon est brisée ou interrompue, selon qu'il est ou non nécessaire de préciser la position du centre.

Lorsque le rayon se déduit d'autres cotes, on l'indique par une **flèche** de rayon et le symbole **R** sans dimension.

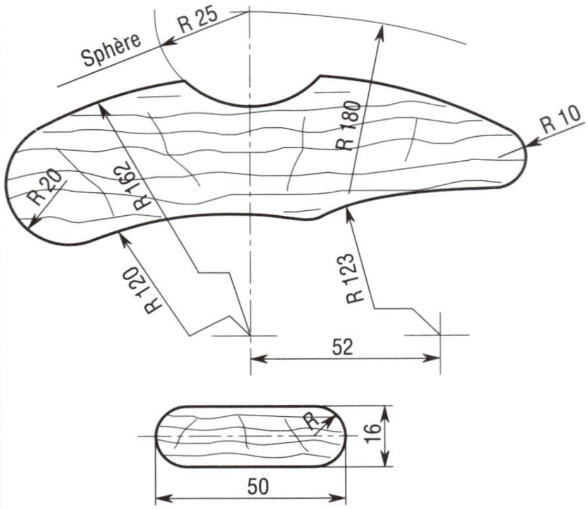

■ COTATIONS DES DIAMÈTRES

Plusieurs dispositions peuvent être utilisées pour coter un diamètre.

Les cotes sont inscrites le plus près possible des flèches, au besoin alternativement d'une extrémité à l'autre. On évite ainsi la superposition des nombreuses cotes.

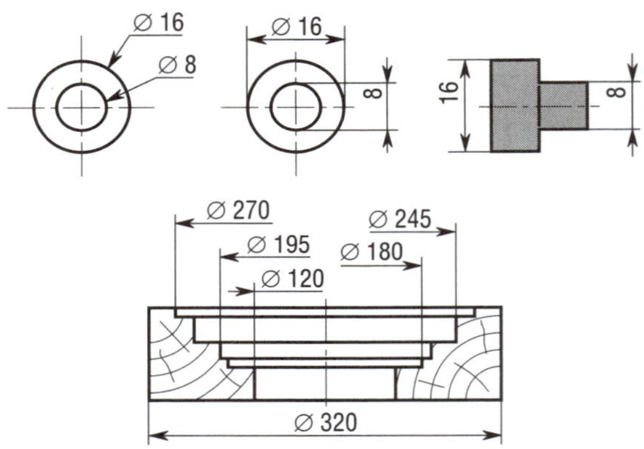

■ COTE OÙ LA PLACE EST INSUFFISANTE

Lorsqu'il y a insuffisance de place, les cotes peuvent être inscrites :
- au-dessus du prolongement horizontal d'une ligne de cote et de préférence à droite,
- au-dessus d'une ligne repère.

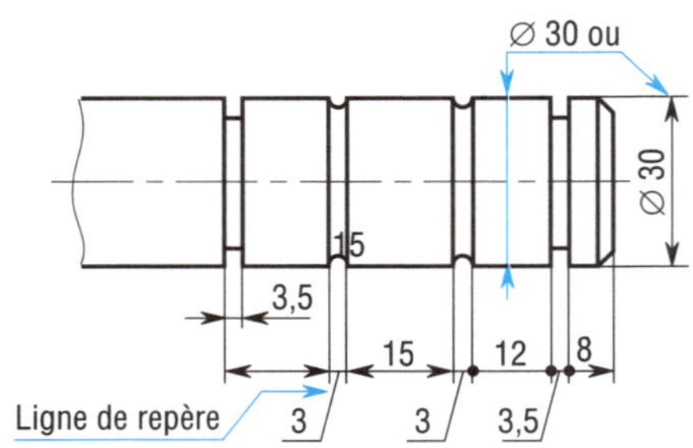

■ COTE ENCADRÉE

La cote encadrée traduit une « **dimension de référence** » ; cette dernière **définit** avec précision les caractéristiques de position ou de grandeur de la pièce.

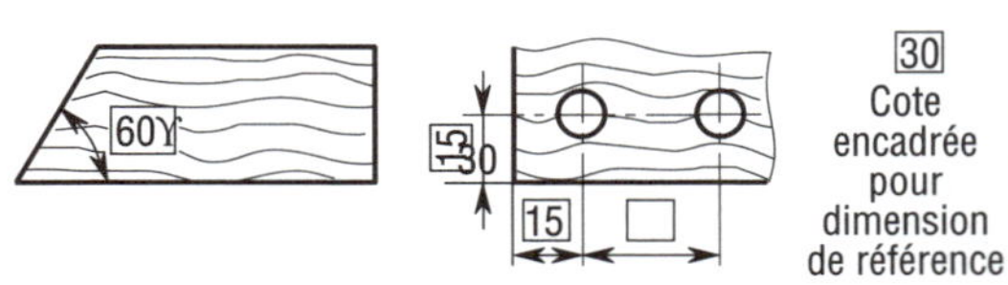

INDICATIONS SPÉCIALES (suite)

■ ÉLÉMENTS ÉQUIDISTANTS

• Intervalles linéaires

La méthode (**a**) permet de simplifier la cotation chaque fois qu'apparaissent des éléments équidistants ou disposés de façon régulière.

Dans le cas où il y a risque de confusion, il est préférable de revenir à la solution (**b**).

• Intervalles angulaires

Les éléments disposés à intervalles angulaires (trous alésés, pénétrations diverses...) peuvent être cotés suivant la figure (**c**).

Les intervalles circulaires peuvent être côtés indirectement en précisant le nombre d'éléments (**d**).

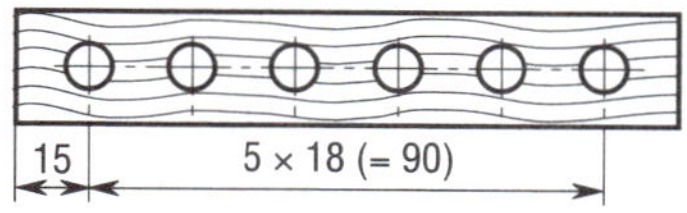

a)

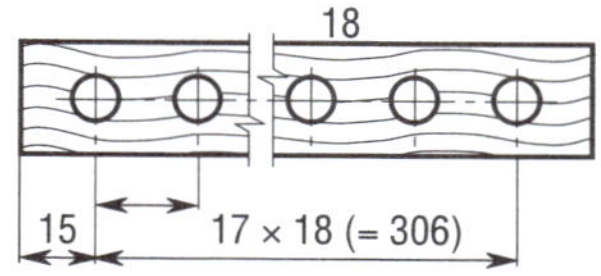

b)

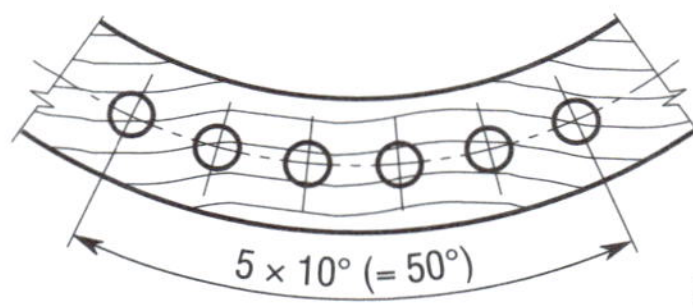

c)

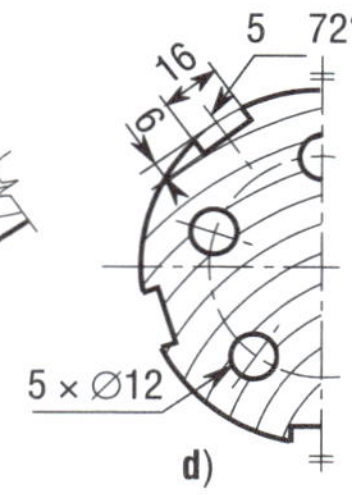

d)

■ ÉLÉMENTS RÉPÉTITIFS

On définit si possible le nombre d'éléments de même dimension afin d'éviter de répéter la même cote (voir exemples ci-contre).

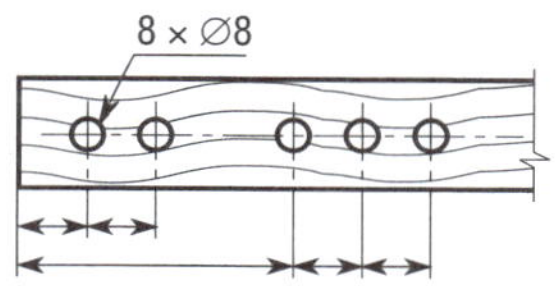

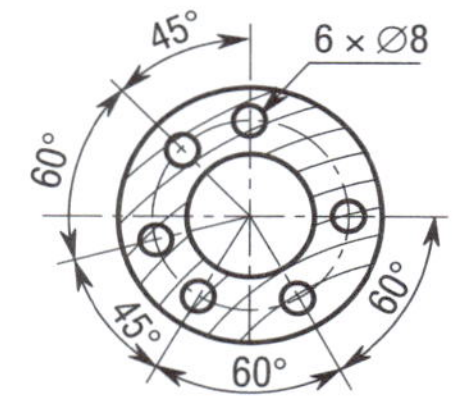

■ ZONE DE SURFACE AVEC TRAITEMENT

On indique sur le dessin le traitement local d'une surface au moyen d'un **trait mixte fort** tracé parallèlement à une distance d'au moins 0,7 mm de la surface traitée. Ce trait est coté en position et en grandeur.

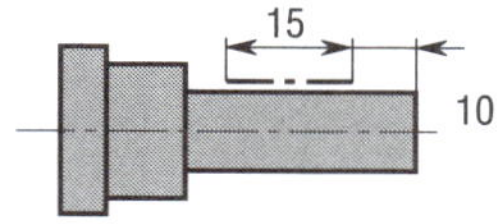

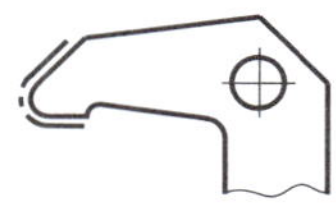

■ CHANFREINS ET FRAISURES

Plusieurs solutions peuvent être adoptées (voir exemples). Lorsque l'angle est égal à 45°, la cotation peut être simplifiée.

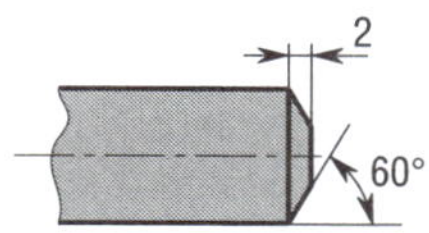

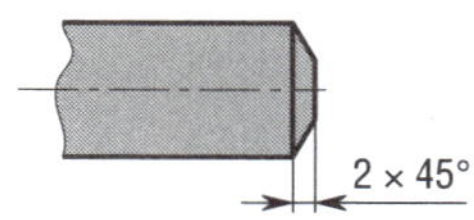

■ COTE NON À L'ÉCHELLE

On souligne d'un **trait continu fort** la valeur de la cote du dessin qui exceptionnellement n'est pas réalisé à l'échelle (hormis le cas d'une vue interrompue).

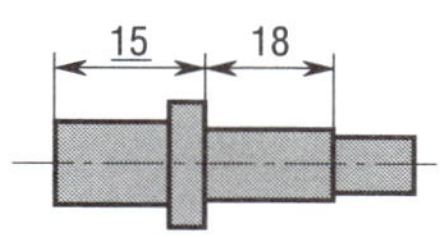

15
Cote soulignée

■ COTE AUXILIAIRE

La cote auxiliaire est mise entre parenthèses. Elle est donnée pour information.

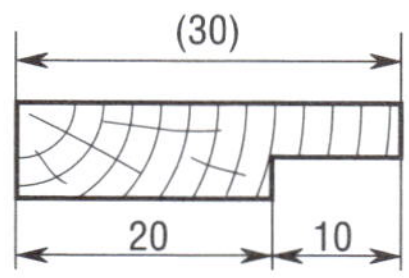

(30)
Cote auxiliaire

INDICATIONS SPÉCIALES (suite)

■ COTATION D'UN PROFIL EN BOIS

Les dimensions d'une barre ou d'un profilé normalisé sont données à la suite du symbole de forme.

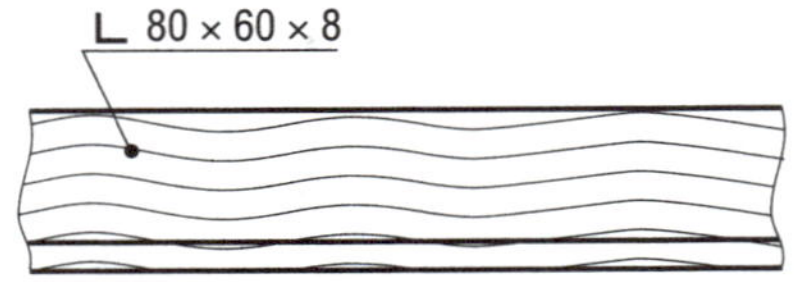

■ COTATION D'UNE DEMI-VUE

On prolonge la ligne de cote au-delà du plan de symétrie et on supprime la deuxième flèche.

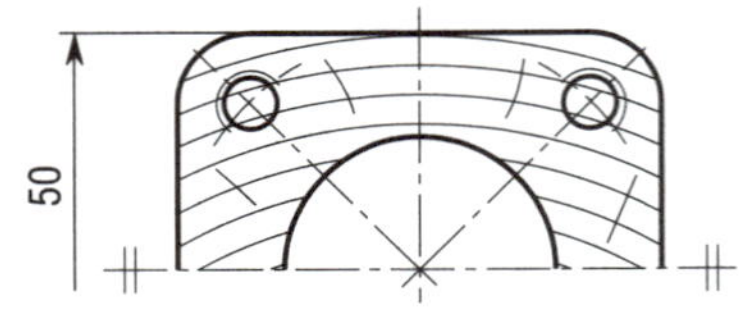

■ COTATION SUR L'INTERSECTION DES LIGNES D'ÉPURES

On prolonge les lignes d'épures au-delà de leur point d'intersection et on fait passer les lignes d'attache par ce point.

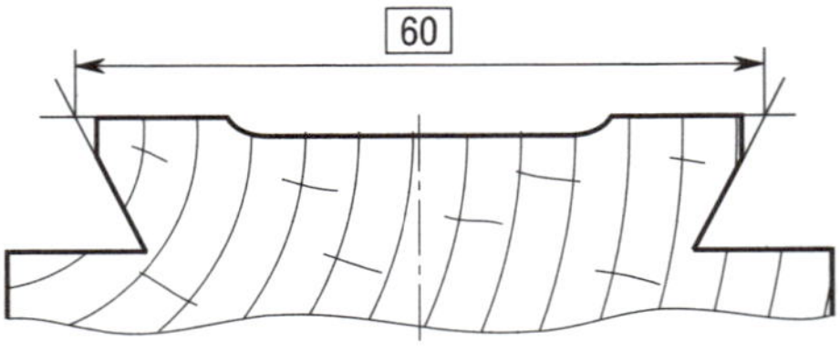

CONDITIONS À RESPECTER POUR COTER

■ UNITÉ DE LONGUEUR EN DESSIN

En menuiserie, l'unité de longueur est le millimètre (mm).

Si exceptionnellement, l'unité employée n'est pas le millimètre, il faut préciser sur le dessin, à la suite de la valeur de la cote.

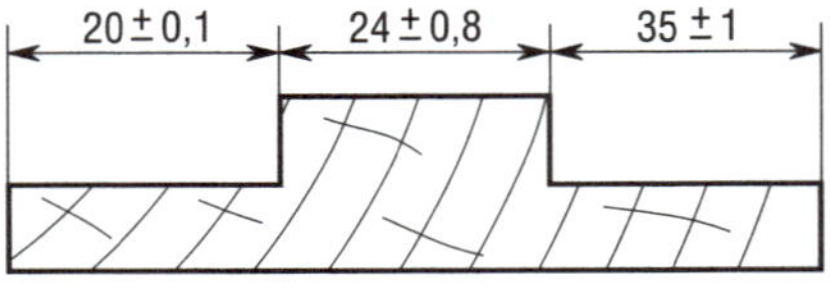

■ COTATION SURABONDANTE

Il ne faut jamais inscrire la somme de deux ou plusieurs cotes. En effet il est difficile, en l'absence de précautions particulières, de réaliser en respectant les tolérances(1), 3 cotes dont l'une est la somme des deux autres.

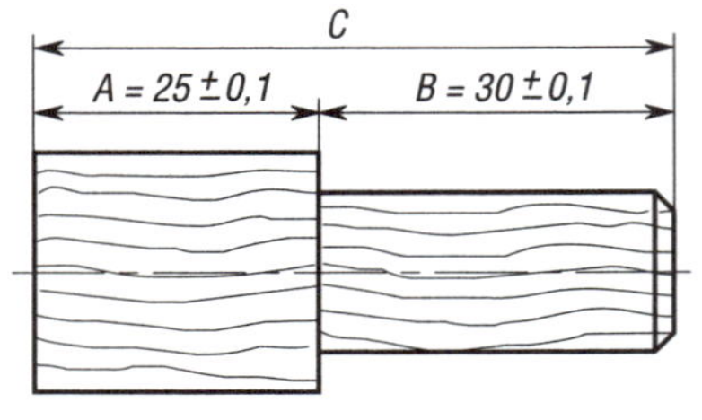

A maxi = 25,1   B maxi = 30,1
C maxi = 25,1 + 30,1 = 55,2

A mini = 24,9   B mini = 29,9
C mini = 24,9 + 29,9 = 54,8

Limites de la cote C = 55 ± 0,2
– l'opérateur contrôle une pièce réalisée et obtient :
C = 54,8 et B = 30,1
– il en déduit que la pièce est bonne ;
– la vérification donne :
A = 54,8 – 30,1 = 24,7

(1) Les tolérances sont étudiées dans la section suivante.

6.4.17 INSCRIPTION DES TOLÉRANCES DIMENSIONNELLES — NF E 04-551

Théoriquement les tolérances dimensionnelles sont utilisées chaque fois que l'on porte une dimension (cote) sur le dessin d'une pièce. Pratiquement, seules quelques cotes principales sont tolérancées, les autres pouvant obéir à une tolérance générale.

INSCRIPTION DES COMPOSANTS D'UNE DIMENSION LINÉAIRE TOLÉRANCÉE

■ RÈGLES D'ÉCRITURE

L'écriture des tolérances chiffrées doit être de la même hauteur que celle retenue pour la dimension nominale.

Les écarts inférieur et supérieur doivent se placer à la suite de la cote nominale. Les valeurs sont écrites l'une au-dessous de l'autre, la valeur de l'écart supérieur étant placée au-dessus. Elles doivent figurer sur le dessin avec leur signe dans la même unité que la dimension nominale et avec le même nombre de décimales.

Si l'un des écarts est nul, on note le seul chiffre « 0 » sans signe ni décimale.

■ TOLÉRANCE INDIQUÉE PAR UN SYMBOLE ISO

Symbole utilisé surtout en mécanique

On indique :

- a dimension nominale ;
- le symbole de tolérance voulue conforme au système ISO des tolérances ;
- si on le souhaite, la valeur des écarts supérieur et inférieur correspondants, suivant le modèle ci-contre.

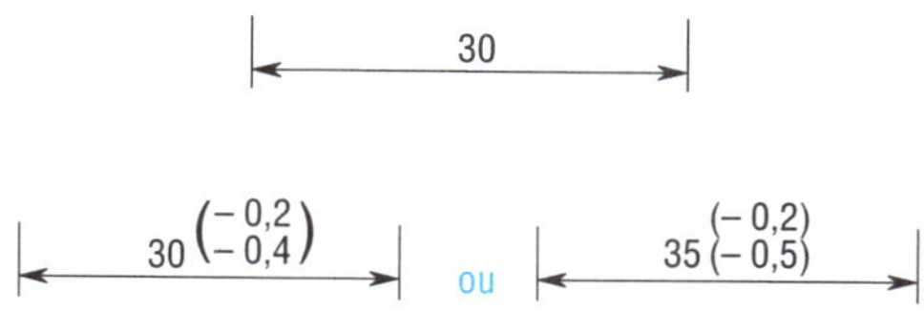

■ TOLÉRANCE INDIQUÉE PAR DES NOMBRES

On indique :

- la dimension nominale ;
- les valeurs des écarts supérieur et inférieur avec leur signe (écart supérieur au-dessus de l'écart inférieur) ;
- l'écart supérieur nul (voir règle ci-dessous).

■ TOLÉRANCES À ÉCART SYMÉTRIQUE

On écrit la valeur des écarts supérieur et inférieur une seule fois précédée du signe ±.

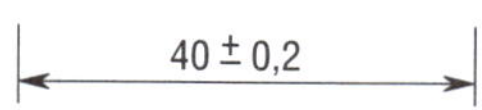

■ NOTATION DE LA VALEUR DES DIMENSIONS LIMITES

On peut admettre la notation de la valeur des dimensions limites plutôt qu'une dimension tolérancée.

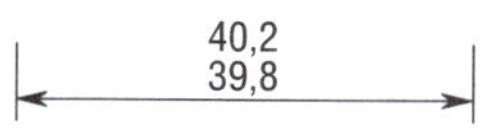

■ NOTATION D'UNE DIMENSION LIMITÉE DANS UN SEUL SENS

Ce type de notation limite une dimension dans un seul sens.

« *mini* » placé à la suite de la valeur spécifiée correspond à la limite inférieure et « *maxi* » à la limite supérieure.

TOLÉRANCES GÉOMÉTRIQUES NF E 04-552 À 556

Pour assurer des conditions correctes de fonctionnement et d'aptitude à l'emploi des produits finis, les normes précisent les principes de symbolisation et d'indication **des tolérances géométriques** à faire figurer sur les dessins techniques.

■ LA COTATION

Deux activités

- **Dimensionnement**
  Dimension des éléments
- **Tolérancement**
  - **Dimensionnel**
    La tolérance est donnée directement à chaque élément
    Exemple : 25 ± 0,2
  - **Géométrique**
    Position géométrique de ces éléments l'un par rapport à l'autre dans l'espace.
    La tolérance est donnée par un cadre de tolérance relié à l'élément de référence par une ligne de repère.

Tolérance géométrique
C'est l'intervalle maximal admissible dans lequel peuvent varier les caractéristiques géométriques, de **forme**, de **position**, d'**orientation** ou de **battement** d'un élément

■ CADRE DE TOLÉRANCE

Le cadre rectangulaire divisé en deux, éventuellement en trois, permet de recevoir :

– **le symbole** de la caractéristique tolérancée ;

– **la valeur de la tolérance** (écart admissible) dans l'unité utilisée pour la cotation linéaire. Cette valeur est précédée du signe Ø si la zone de tolérance est circulaire, cylindrique ou sphérique ;

– **la référence**, à préciser le cas échéant par la (ou les) lettre(s) permettant d'identifier l'élément ou les éléments de référence.

La **lecture** s'effectue de **gauche à droite**

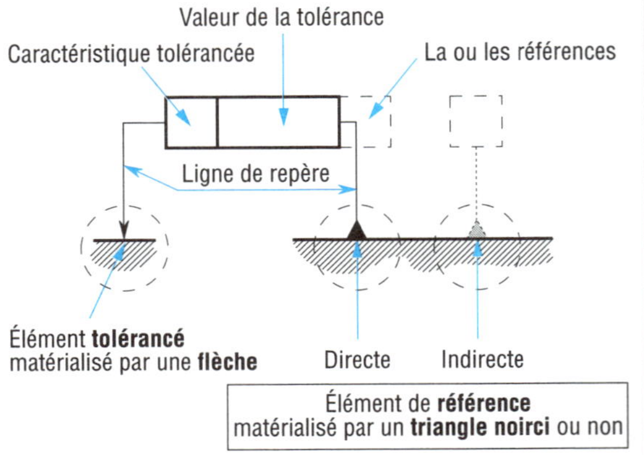

TOLÉRANCES GÉOMÉTRIQUES NF E 04-552 À 556 (suite)

■ TOLÉRANCES DE FORME

SYMBOLE	—	▱	○	⌭	⌒	⌓
SIGNIFICATION	Rectitude	Planéité	Circularité	Cylindricité	Ligne quelconque	Surface quelconque
DÉFAUTS OBSERVÉS	**Flèche génératrice** • concave • convexe	**Surface** • gauche • concave • convexe • vrillée	Triangulation Ovalisation Déformation polygonale	**Forme** • en tonneau • conique • banane	**Profil** • mal défini • irrégulier	**Surface** • mal définie • irrégulière

■ EXEMPLES DE CAS COURANTS DE TOLÉRANCE DE FORME

Types de tolérance de forme	Zone de tolérance	Application	Interprétation
▱ **Planéité** La zone de tolérance est limitée par deux plans parallèles distants de *t*.	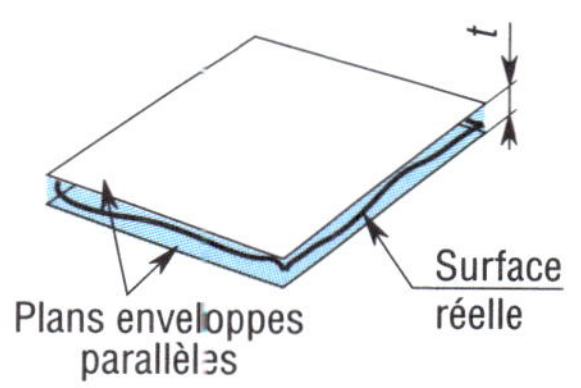	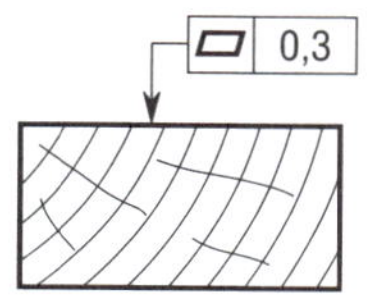	La plus grande distance admissible entre tout point de la surface considérée et ses plans enveloppes de 0,3 mm.
⌒ **Ligne quelconque** La zone de tolérance est limitée par deux lignes enveloppées de cercles de diamètre *t* dont les centres sont situés sur une ligne ayant la forme géométrique spécifiée.	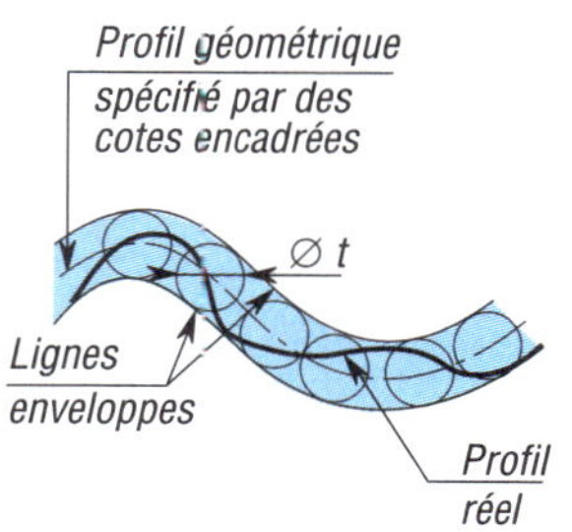	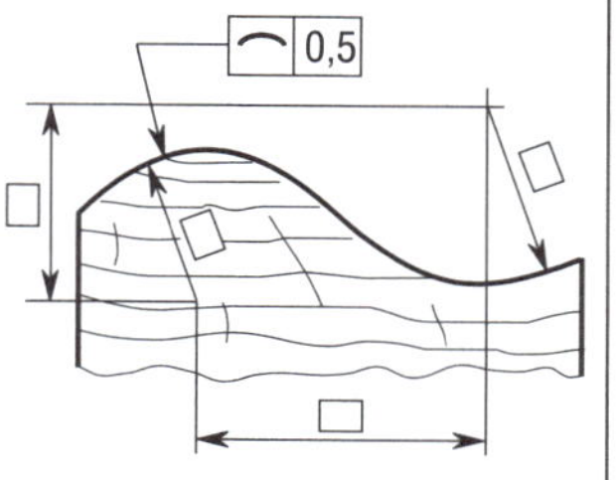	La ligne tolérancée doit être comprise entre les deux lignes qui enveloppent l'ensemble de cercles de diamètre 0,5 centrés sur la ligne nominale.
⌓ **Surface quelconque** La zone de tolérance est limitée par deux surfaces enveloppes des sphères de diamètre *t* dont les centres sont situés sur une surface ayant la forme géométrique spécifiée.	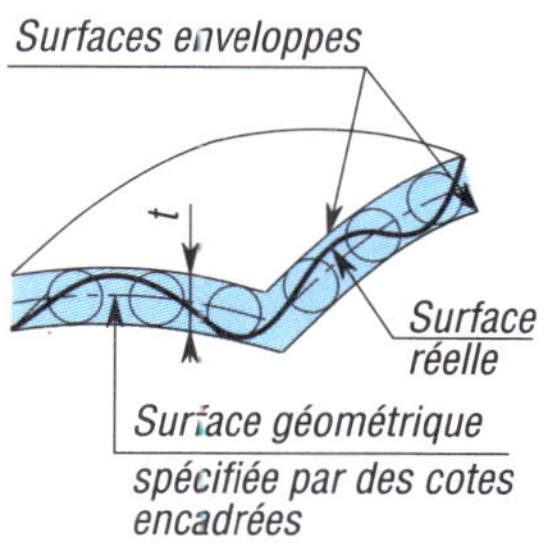	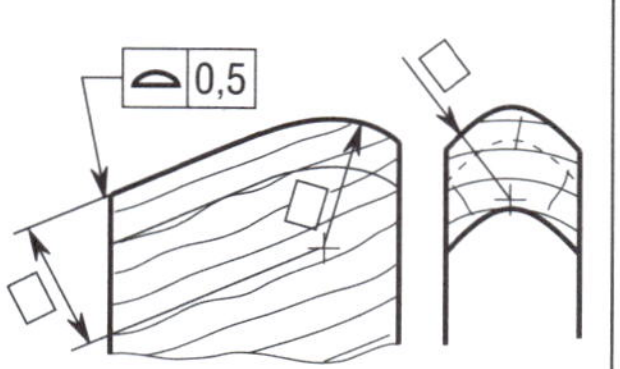	La surface tolérancée doit être comprise entre les deux surfaces qui enveloppent l'ensemble des sphères de diamètre 0,5 centrées sur la surface nominale.

TOLÉRANCES GÉOMÉTRIQUES NF E 04-552 À 556 (suite)

■ TOLÉRANCES D'ORIENTATION

SYMBOLE	//	⊥	∠
SIGNIFICATION	Parallélisme	Perpendicularité	Inclinaison
DÉFAUTS OBSERVÉS	On peut trouver un défaut : • d'une ligne par rapport à : → une droite de référence → un plan de référence • d'une surface par rapport à : → une droite de référence → un plan de référence		

■ EXEMPLES DE CAS COURANTS DE TOLÉRANCES D'ORIENTATION

Types de tolérance de d'orientation	Zone de tolérance	Application	Interprétation
| // | | **Parallélisme** Orientation de deux éléments (plan, ligne, axe) l'un par rapport à l'autre en faisant entre eux un angle de 0° (zéro encadré) jamais indiqué sur le dessin.	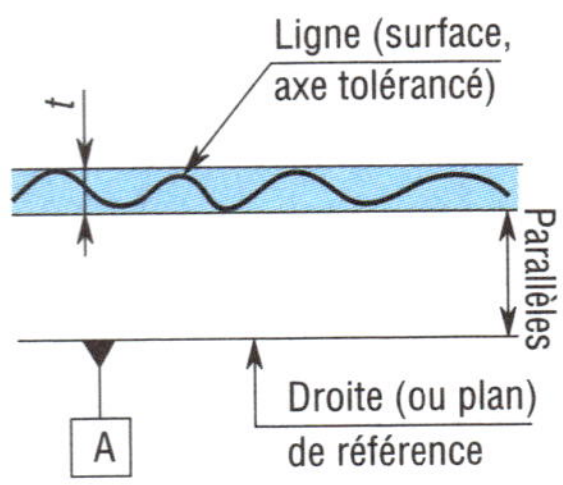	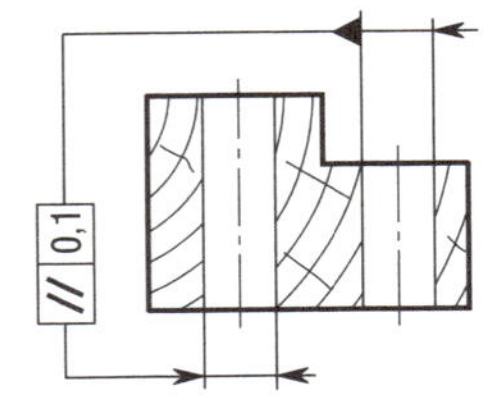	**L'axe tolérancé** doit être compris entre 2 plans distants de 0,1 parallèle à l'axe de référence.
| ∠ | | **Inclinaison** La zone de tolérance projetée sur un plan est limitée par deux droites parallèles distantes de t et inclinées de l'angle spécifié par rapport au plan de référence. ***Inclinaison :*** • **d'une ligne** par rapport **à une droite de référence**, • **d'une surface** par rapport **à un plan**, • **d'une surface** par rapport **à une droite**.	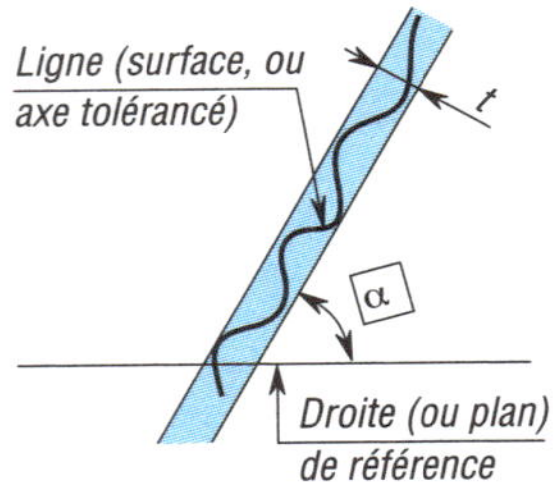	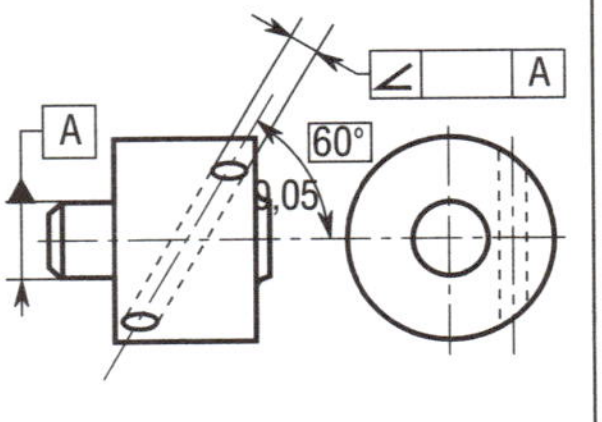	**L'axe de l'alésage** projeté sur le plan contenant l'axe de référence doit être compris entre deux droites parallèles distantes de t = 0,05 et inclinées de 60° **par rapport à l'axe de référence A.**
	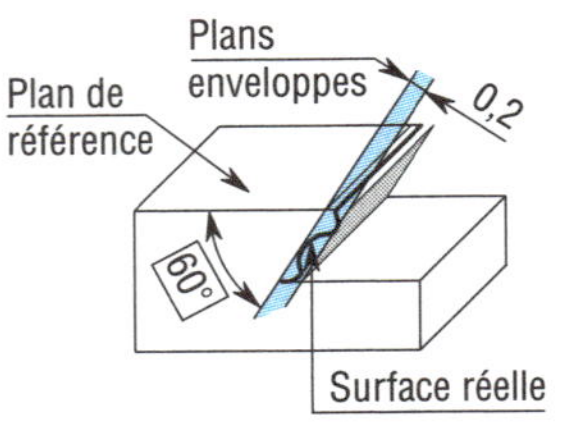	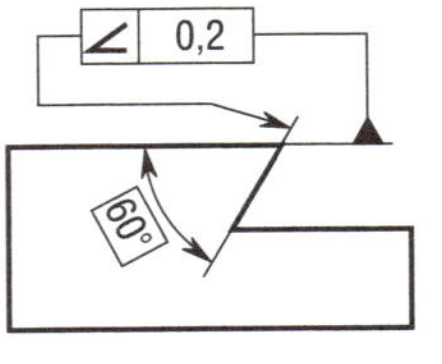	**La surface inclinée** doit être comprise entre deux plans d'enveloppes distants de t = 0,2 et inclinés de 60° **par rapport au plan de référence.**
	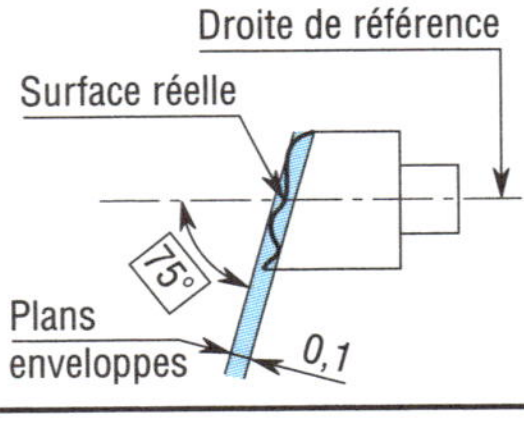	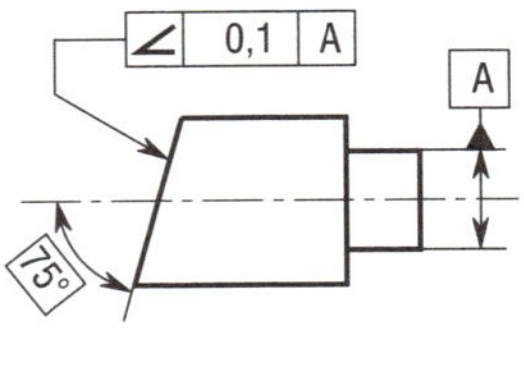	**La surface inclinée** doit être comprise entre deux plans enveloppés distants de 0,1 et inclinés de 75° **par rapport à l'axe de référence A.**

<table>
<tr><th>Types de tolérance d'orientation</th><th>Zone de tolérance</th><th>Application</th><th>Interprétation</th></tr>
<tr><td rowspan="3">⊥

Perpendicularité
Orientation de deux éléments (plan, ligne, axe) l'un par rapport à l'autre en faisant entre eux un angle de 90°.

L'orientation porte sur la perpendicularité d'une :

• ligne par rapport à un plan,

• surface par rapport à une droite,

• surface par rapport à un plan.</td>
<td>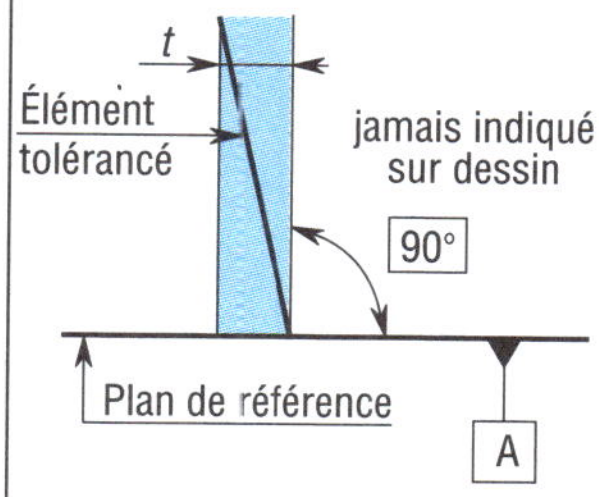
</td>
<td>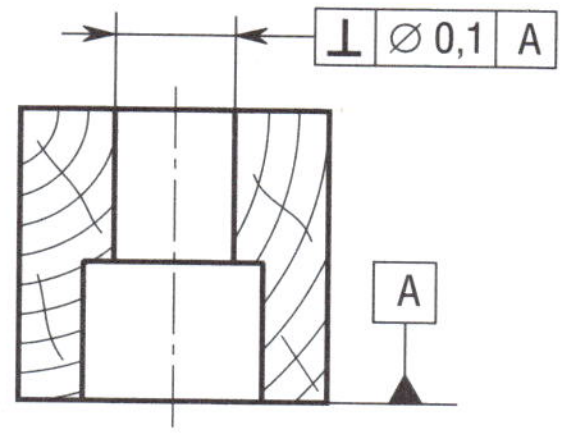
</td>
<td>L'axe du cylindre doit être compris dans un cylindre de diamètre t = 0,1 perpendiculaire à la surface A.</td></tr>
<tr><td>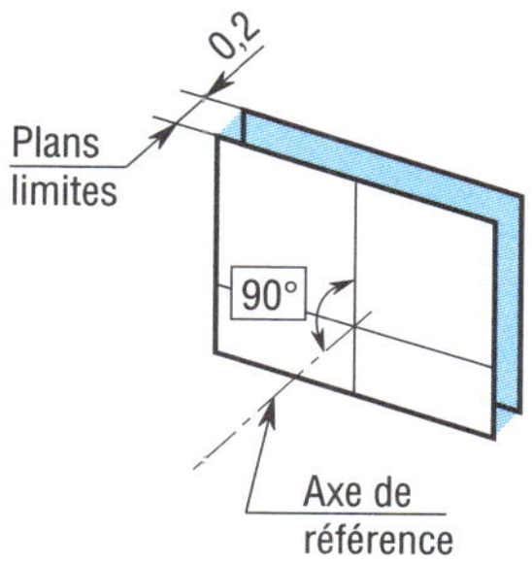
</td>
<td>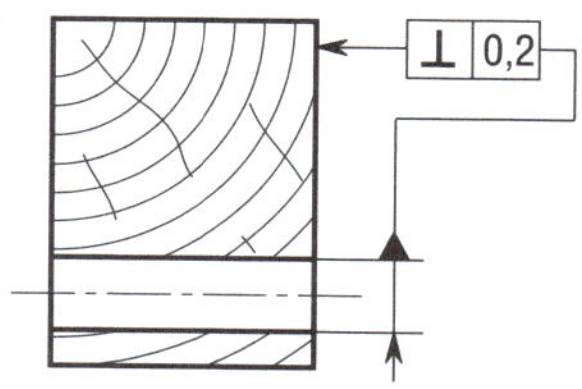
</td>
<td>La surface tolérancée doit être comprise entre deux plans parallèles distants de t = 0,2 et perpendiculaires à l'axe de référence.</td></tr>
<tr><td>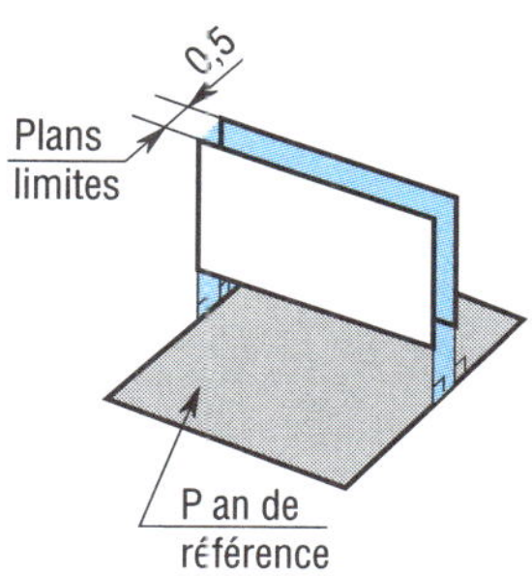
</td>
<td>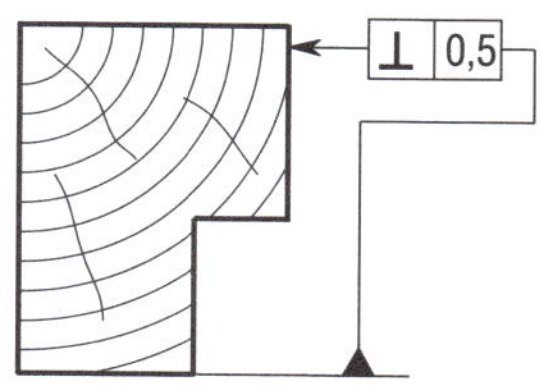
</td>
<td>La surface tolérancée doit être comprise entre deux plans parallèles distants de t = 0,5 et perpendiculaires à la surface de référence.</td></tr>
</table>

TOLÉRANCES GÉOMÉTRIQUES NF E 04-552 À 556 (suite)

■ TOLÉRANCES DE POSITION

SYMBOLE	⌖	⌯	◎
SIGNIFICATION	Localisation	Symétrie	Coaxialité Concentricité
DÉFAUTS OBSERVÉS	Mauvais positionnement d'un point, d'une ligne ou d'une surface.	Mauvaise répartition de la matière par rapport à une ligne, à un axe, ou à un plan médian.	Mauvaise position des axes (excentration ou désaxage).

■ EXEMPLES DE CAS COURANTS DE TOLÉRANCE DE POSITION

Types de tolérance de position	Zone de tolérance	Application	Interprétation
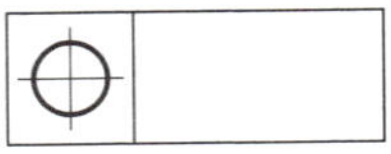 **Localisation** La zone de tolérance est limitée par un cercle de diamètre *t* dont le centre est dans la position exacte du point considéré.	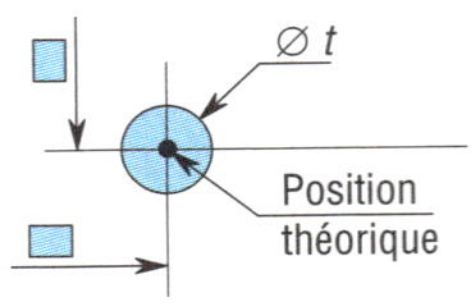	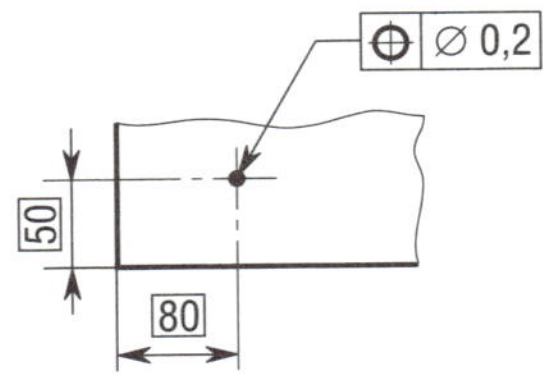	**Le point d'intersection** doit se trouver dans un cercle de diamètre 0,2 dont le centre coïncide avec la position théoriquement exacte du point d'intersection considéré.
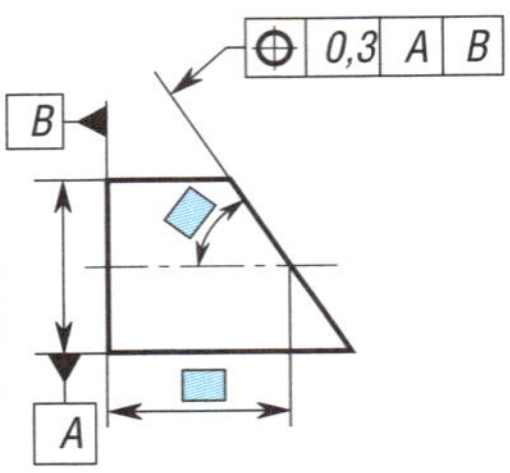	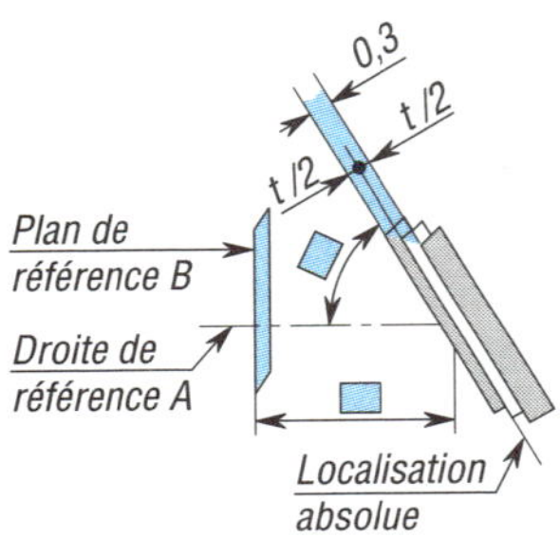	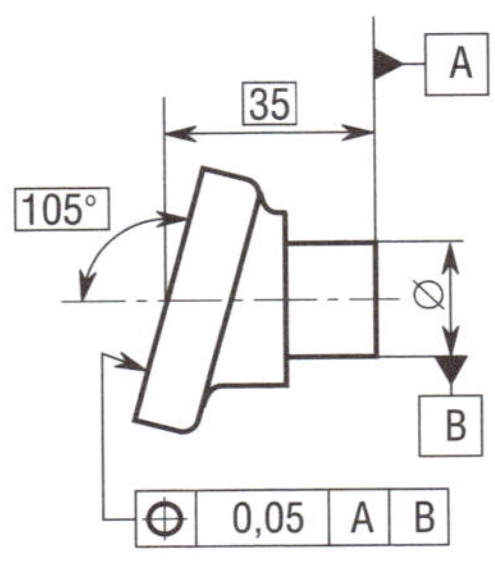	**La surface oblique** doit être comprise entre deux plans parallèles distants de 0,05 et symétriques par rapport à la position théorique du plan considéré.
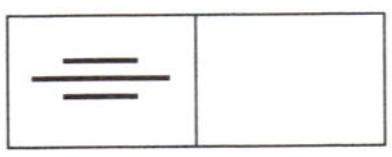 **Symétrie** Si la tolérance n'est présente que dans une seule direction, la zone de tolérance projetés dans un plan est limitée par deux droites parallèles ou par deux plans parallèles distants de *t* et disposés symétriquement par rapport à l'axe (ou au plan) de référence. • **Symétrie d'un plan médian** • **Symétrie d'une ligne ou d'un axe**	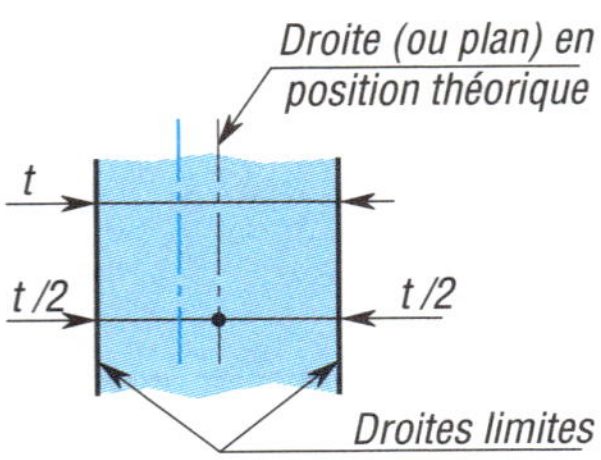 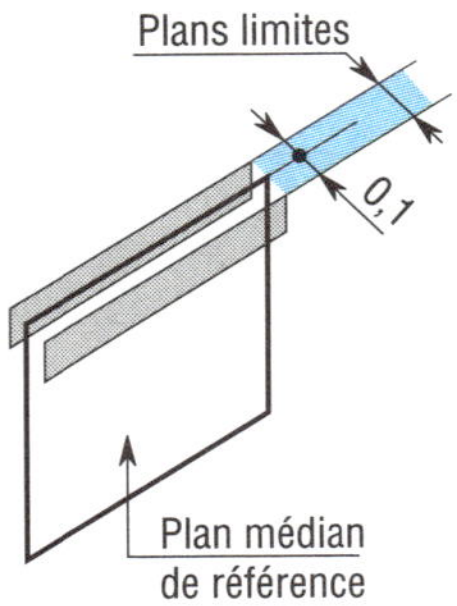	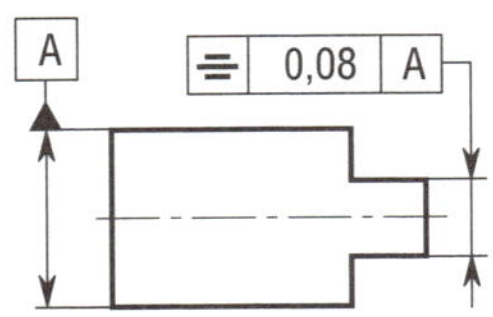 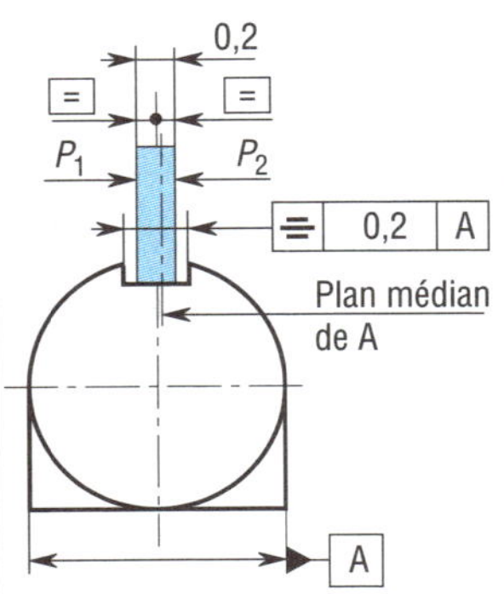	Le plan médian du **tenon** doit être compris entre deux plans parallèles distants de 0,08 mm et disposés symétriquement par rapport au plan médian de référence. Le plan médian de la **rainure** doit être compris entre les plans *P*1 et *P*2 symétriques par rapport au plan médian de A et espacés de 0,2 mm.

6.4.18 SYMBOLISATION DES SPÉCIFICATIONS DE L'ÉTAT DE SURFACE À PORTER SUR UN DESSIN

La symbolisation d'une surface spécifiée a pour objet d'inscrire sur le dessin, à l'aide d'éléments conventionnels, la surface géométrique d'un produit.

Surface sans fonction particulière :

– **brute**, devant subir ou non un usinage quelconque : ne porter aucun signe (ou tout au plus le signe ~)

– **formée** et devant subir un usinage définitif : porter le signe √ avec indication du symbole d'usinage.

Surface avec fonction particulière :

(frottement de glissement FG, frottement de roulement FR...).

SIGNE D'ÉTAT DE SURFACE NF ISO 1302

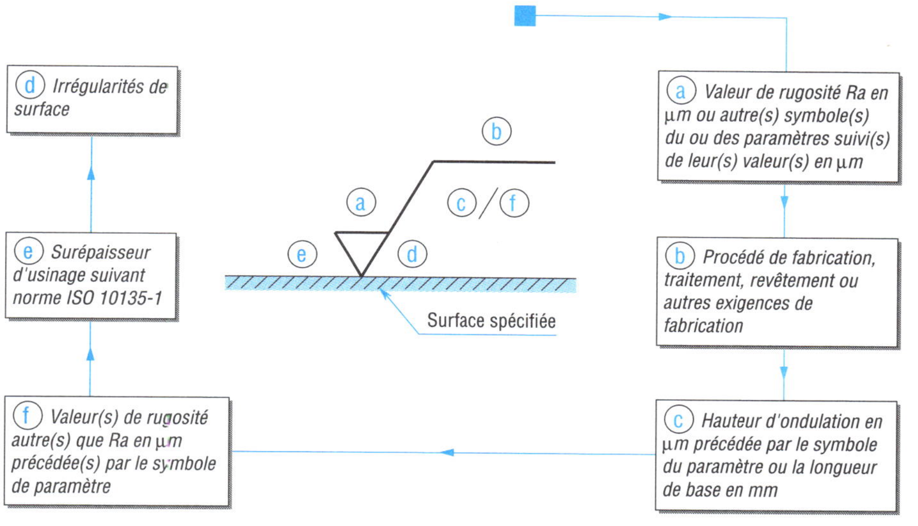

Nota : respecter les dimensions des symboles graphiques et des indications complémentaires définies page précédente. La position relative des divers éléments du symbole est obligatoire.

PROCÉDÉS D'ÉLABORATION ET SYMBOLE À INDIQUER EN (b)

OPÉRATIONS	SYMBOLE	OPÉRATIONS	SYMBOLE
Sciage au ruban	scr	Profilage	pro
Tronçonnage	tro	Rainurage	rai
Délignage	del	Feuillurage	feu
Mise à longueur	màl	Perçage	per
Dégauchissage	deg	Défonçage	def
Rabotage	rab	Ponçage	pon
Mortaisage	mor	Assemblage	ass
Tenonnage	ten	Corroyage	cor
		Profilage	pro

VOIR "SYMBOLES D'USINAGE" PAGE 278.

6.4.19 COTATION FONCTIONNELLE

La cotation fonctionnelle est celle qui permet d'obtenir les conditions qui rendent le produit fabriqué apte à l'emploi.

LA COTATION AU BUREAU D'ÉTUDE ET AU BUREAU DES MÉTHODES

La cotation fonctionnelle est fondée sur l'analyse de la fonction des pièces constituant l'ensemble.
Elle conditionne l'aptitude à l'emploi du produit.
Elle est unique pour une fonction donnée.

Sur le dessin d'ensemble apparaissent :
- la condition de fonctionnement,
- les surfaces fonctionnelles,
- la chaîne de cotes.

Sur le dessin de définition 2 parties :
- la cotation quantitative, choix des dimensions (cotes nominales)
- la cotation qualitative : recherche des tolérances affectées aux dimensions (écarts de cotes).

La cotation de fabrication est fondée sur le mode de fabrication des pièces.
La cotation de fabrication est déduite de la cotation fonctionnelle en tenant compte des moyens retenus pour la réalisation du produit.
Il peut exister plusieurs cotations de fabrication pour une même pièce selon les moyens choisis pour sa fabrication.

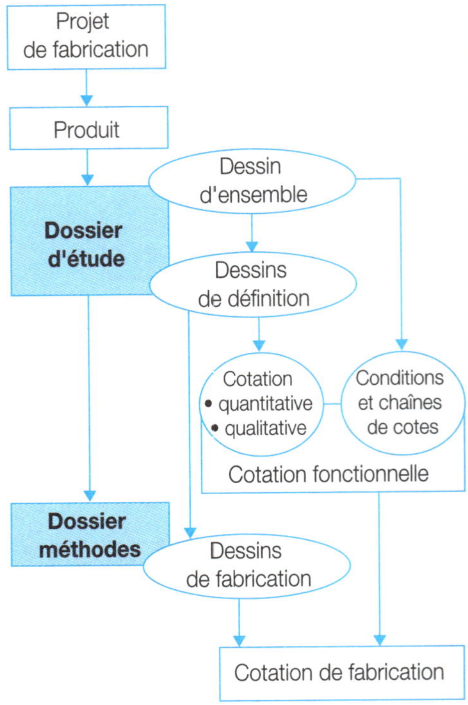

LES COMPOSANTS DE LA CHAÎNE DE COTES

■ **COTE CONDITION**

La condition fonctionnelle d'un ensemble de pièces, est exprimée par la cote condition.
La cote condition exprime une dimension fonctionnellement nécessaire entre 2 éléments géométriques appartenant :
- à la même pièce s'il s'agit d'une pièce isolée,
- chacun à une pièce distincte dans le cas d'un ensemble de pièces formant un groupe fonctionnel.

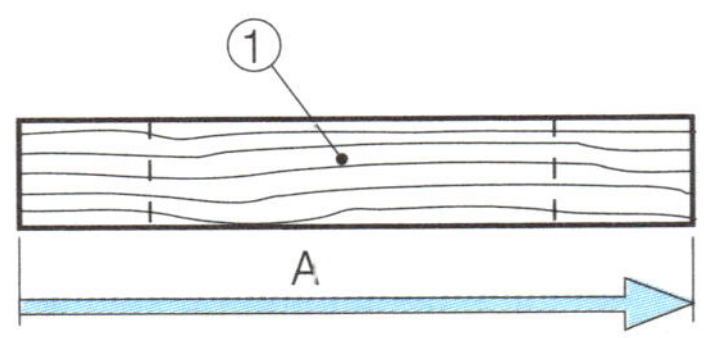

• **Conventions de repérage**
- Les pièces (ou sous-ensembles) sont repérés par des chiffres cerclés : ① ② ③ …
- Chaque cote condition est repérée par une lettre majuscule : A, B, C…

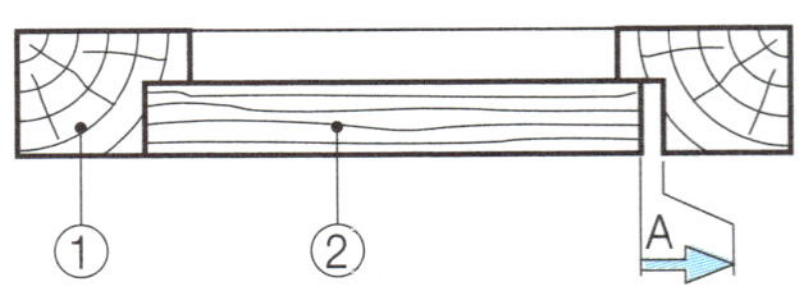

• **Convention d'orientation**
Le vecteur condition est toujours dirigé vers :
- la droite lorsqu'il est horizontal,
- le haut lorsqu'il est vertical.

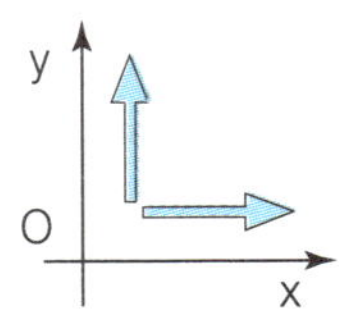

LES COMPOSANTS DE LA CHAÎNE DE COTES (suite)

■ LES SURFACES FONCTIONNELLES

Ce sont des surfaces qui ont une fonction bien définie dans le circuit mécanique des actions de contact d'un système fonctionnel.

Exemple : ***Porte à lames***

① : le cadre

②, ③, ④, ⑤ : les lames

A : la cote condition.

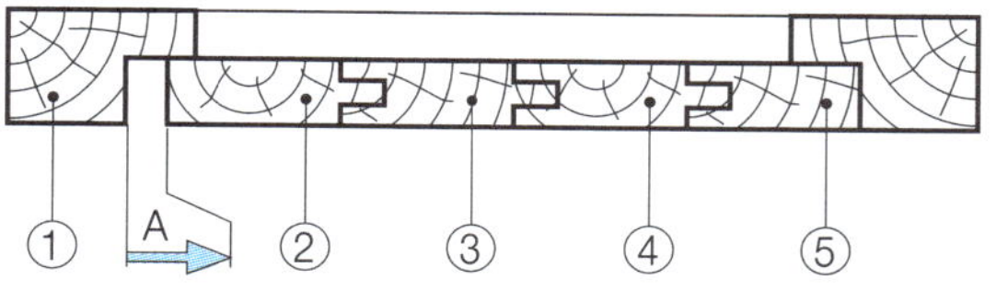

• Circuit mécanique du système

Chaîne continue des actions de contact entre les différents éléments constituant le système. Elle assure la réalisation de la relation prescrite « **R** », image de la condition fonctionnelle entre les sous-ensembles 1 et 2 du système.

VOIR "CIRCUIT MÉCANIQUE" PAGE 430.

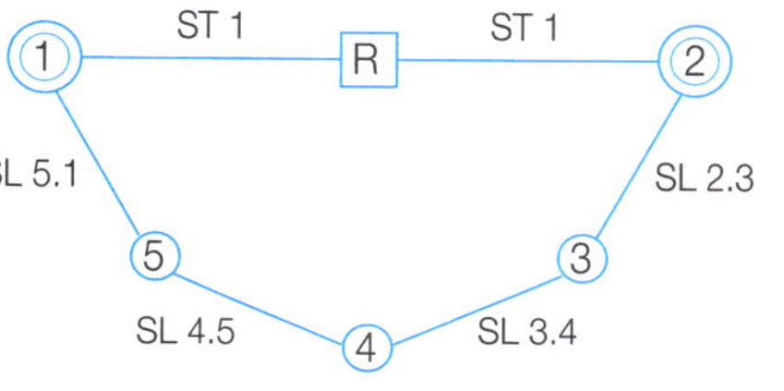

• Différents types de surfaces fonctionnelles

On distingue deux types de surfaces fonctionnelles :

– **Les surfaces terminales** : ST 1 et ST 2 (toujours 2 surfaces terminales !). Chacune des surfaces communes à une pièce d'un système fonctionnel et à l'origine ou l'extrémité d'une cote condition, elles encadrent la cote condition.

Repérées par le chiffre repère encerclé des pièces auxquelles elles se rapportent.

– **Les surfaces de liaison** : SL 2.3 ; SL 3.4 ; SL 4.5 ; SL 5.1…

Surface de contact entre deux pièces constituant le système fonctionnel.

Repère constitué par les 2 chiffres repères des 2 pièces en contact auxquelles elles se rapportent.

Exemple :

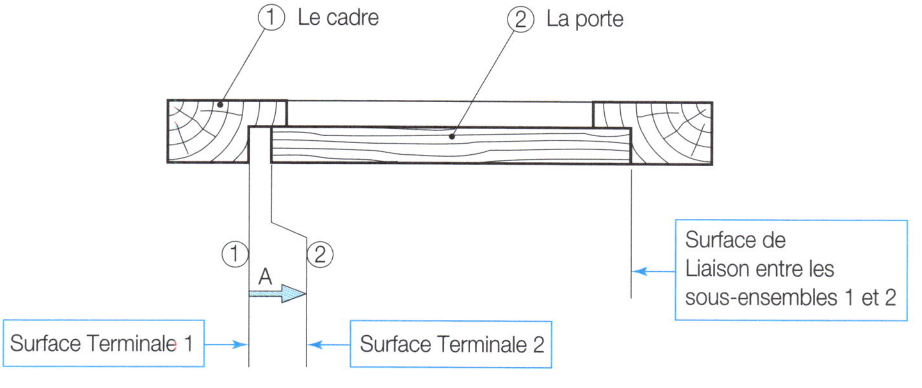

LA CHAÎNE DE COTES

C'est l'ensemble des cotes nécessaires et suffisantes au respect de la cote condition.
Elle précise la position relative de la cote condition par rapport aux dimensions des pièces qui composent le système à définir fonctionnellement.
Une cote composante d'une chaîne de cotes est un « maillon » de celle-ci.

Éléments constitutifs

- La cote condition A.
- Les cotes définissant les dimensions des pièces et des sous-ensembles composant le système : A1, A2, A3, A4…

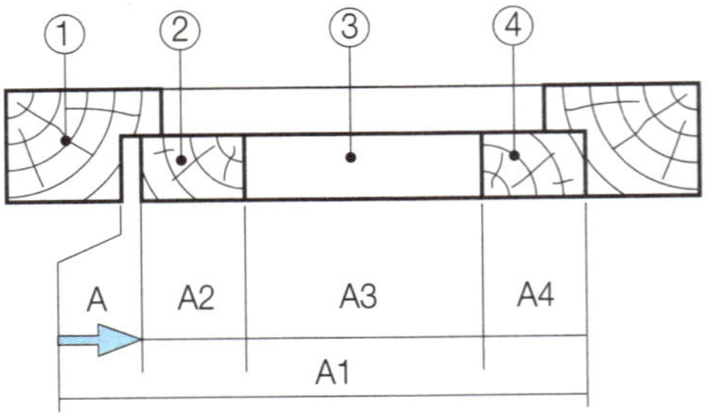

Désignation conventionnelle des cotes composantes
Les cotes des pièces appartenant au système fonctionnel sont désignées par la lettre repère de la cote condition affectée du chiffre repère de la pièce concernée.

CHAÎNE DE COTES ET CIRCUIT MÉCANIQUE

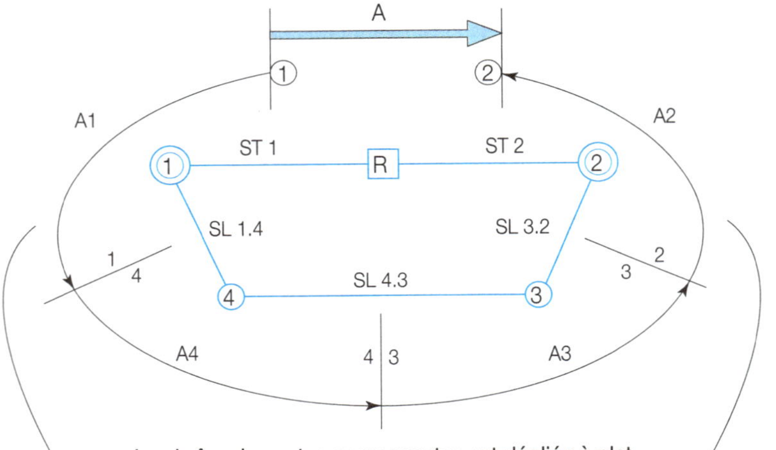

La chaîne des cotes composantes est dépliée à plat

Diagramme d'analyse

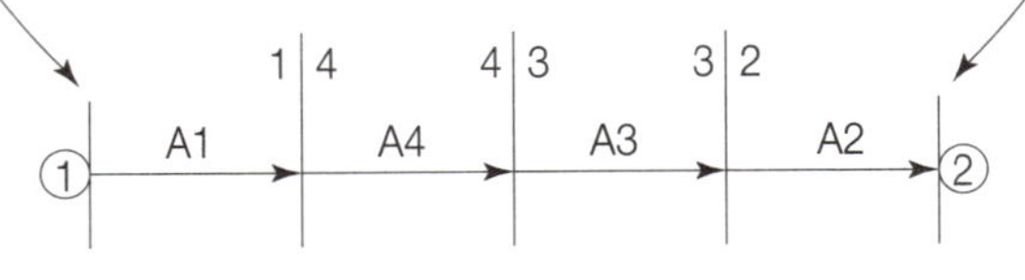

MÉTHODE D'ÉLABORATION D'UNE CHAÎNE DE COTES

Loi fondamentale

> L'établissement d'une chaîne de cotes se traduit par la construction des vecteurs admettant pour somme vectorielle le vecteur condition.

MÉTHODE D'ÉLABORATION D'UNE CHAÎNE DE COTES (suite)

■ REPÉRAGES NÉCESSAIRES

- Les composants du système.
- Le vecteur condition.
- Les surfaces terminales.
- Les surfaces de liaison.

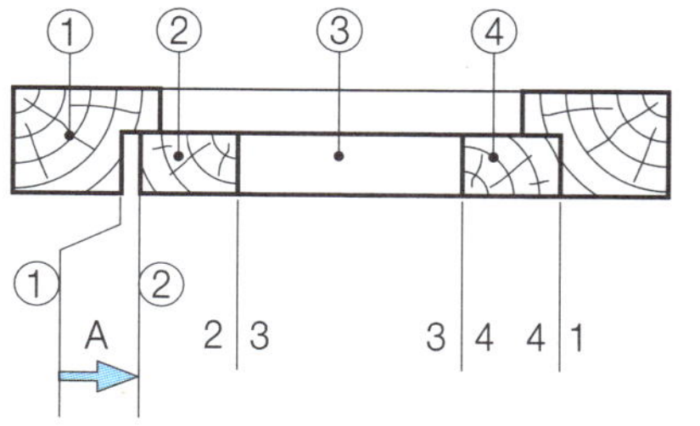

■ DIAGRAMME D'ANALYSE

• Première phase

Dessiner les surfaces terminales liées à l'origine et à l'extrémité du vecteur condition respectivement à l'origine et à l'extrémité d'un vecteur de base dont le sens est dirigé vers la droite.

• La surface terminale 1 appartient à l'origine du vecteur condition **ET** à une surface fonctionnelle de la pièce 1.

• La surface terminale 2 appartient à l'extrémité du vecteur condition **ET** à une surface fonctionnelle de la pièce 2.

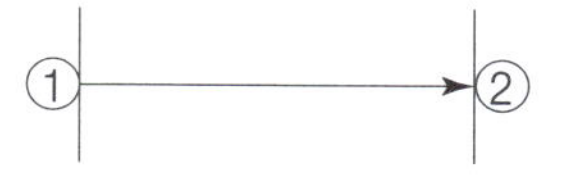

• Deuxième phase

– Partant de la surface terminale 1 rechercher avec quelle autre pièce du système fonctionnel la pièce 1 possède une surface de liaison. La pièce 1 est en contact avec la pièce 4 : surface de liaison « 1.4 ».

– Ainsi peut-on dessiner le vecteur de la cote A1 sur le schéma du vecteur de base.

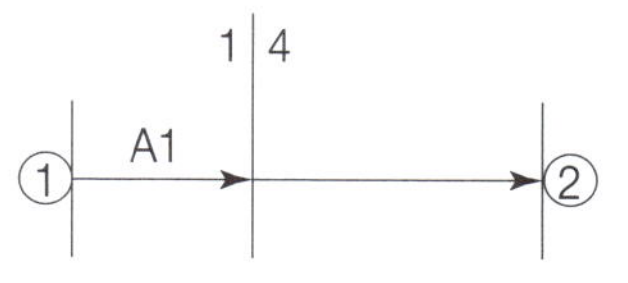

• Phases suivantes

On pratique le même raisonnement avec la pièce 4 et ainsi de suite pour obtenir le diagramme final.

Le diagramme vérifie bien que la surface terminale 2 appartient à l'extrémité du vecteur condition **ET** à une surface fonctionnelle de la pièce 2.

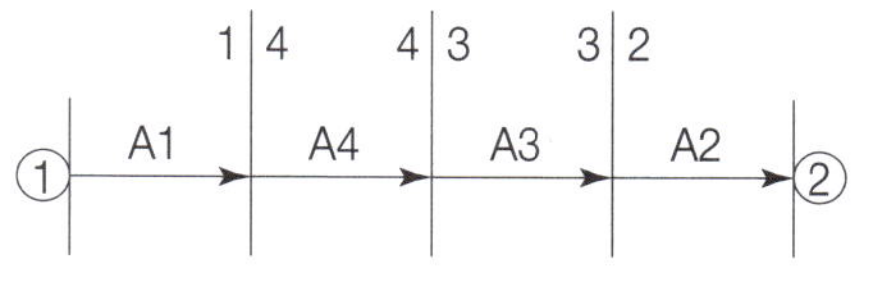

• Synthèse

Le diagramme d'analyse indique pour chaque maillon de la chaîne (cote vecteur) :

- son sens,
- la surface fonctionnelle liée à son origine (repères des pièces en contact),
- la surface fonctionnelle liée à son extrémité (repère des pièces en contact).

• Exemple : vecteur de la cote A2

Sens → de la surface de liaison 3.2 vers la surface initiale 2.

Origine → la surface de liaison 3.2.

Extrémité → la surface terminale 2.

CONSTRUCTION DE LA CHAÎNE DE COTES

On recherche sur le diagramme d'analyse, le sens, l'origine et l'extrémité de tous les vecteurs liés à une cote du système fonctionnel.

On reporte ensuite ces données sur le dessin pour établir définitivement la chaîne de cotes correspondante.

Dans la chaîne de cotes on retrouve dans chaque repère des cotes composant le repère de la cote condition.

Le repère de chaque pièce ne se retrouve qu'une seule fois dans les repères des cotes composant la chaîne de cotes.

CALCUL DE LA COTE CONDITION

• **Relation fondamentale**

La cote condition est égale à la somme vectorielle des autres cotes composant la chaîne de cotes (Relation de Chasles).

A = A1 + A2 + An...

• **Conséquence**

La norme du vecteur condition est égale à la somme des normes des vecteurs positifs moins la somme des normes des vecteurs négatifs.
Le sens positif est celui du vecteur condition.

$$\|\vec{A}\| = \sum \|\vec{An}\| > 0 - \sum \|\vec{An}\| < 0$$

• **Exemple :** Cadre et porte.

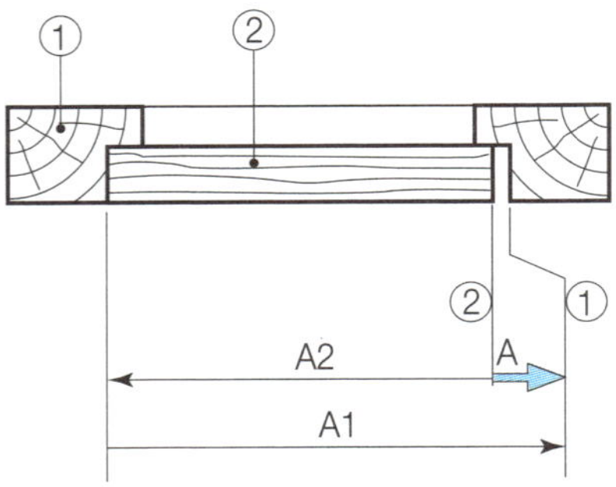

Diagramme d'analyse

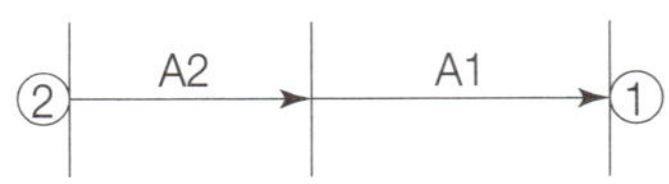

Calcul de A :

A = A1 – A2

CHAÎNE DE COTES TOLÉRANCÉES

■ CALCUL DE L'INTERVALLE DE TOLÉRANCE DE LA COTE CONDITION

La cote condition est maximale lorsque la somme des vecteurs positifs est maximale et la somme des vecteurs négatifs est minimale et inversement.

- Cote condition maximale : AM = A1M – A2m (1)
- Cote condition minimale : Am = A1m – A2M (2)

En retranchant membre à membre les équations (1) à (2) et après arrangement on obtient :

AM – Am = (A1M – A1m) + (A2M – A2m)

or AM – Am = IT de la cote condition, donc A1M – A1m = IT de la cote A1
A2M – A2m = IT de la cote A2.

■ RELATION FONDAMENTALE

L'intervalle de tolérance de la cote condition est égal à la somme des intervalles de tolérance des cotes composantes, ou maillons, constituant la chaîne de cotes.

IT de la cote condition = ∑ IT des cotes composantes

6.4.20 COTATION TOLÉRANCÉE

Une pièce ne peut pas être réalisée de façon rigoureusement conforme aux dimensions préalablement fixées par le concepteur. Afin qu'une dimension convienne à la fonction d'une pièce ou d'un produit, il faut qu'elle soit astreinte à rester comprise entre deux limites admissibles compatibles avec le bon fonctionnement du produit et les moyens de réalisation et de contrôle des pièces.
La différence entre ces deux limites constitue la tolérance.

PRINCIPE DU TOLÉRANCEMENT

■ LA COTE NOMINALE

Cote qui exprime une dimension par référence à laquelle sont définies les dimensions limites admissibles.

■ L'ÉCART

Pour une dimension d'une pièce, on définit chacune des dimensions limites par son écart par rapport à la dimension nominale.

■ CONVENTIONS ET DÉFINITIONS

Cote nominale	**Cn**	Exprime une dimension nominale
Cote maximale	**CM**	Exprime la limite maximale d'une cote tolérancée
Cote minimale	**Cm**	Exprime la limite minimale d'une cote tolérancée
Écart supérieur	**Es**	Différence algébrique entre la cote maximale et la cote nominale. Es = CM – Cm (1)
Écart inférieur	**Ei**	Différence algébrique entre la cote minimale et la cote nominale. Ei = Cm – Cn (2)
Intervalle de tolérance	**IT**	Différence algébrique entre l'écart supérieur et l'écart inférieur IT = CM – Cm (3)

■ REPÉRAGE SUR UNE PIÈCE

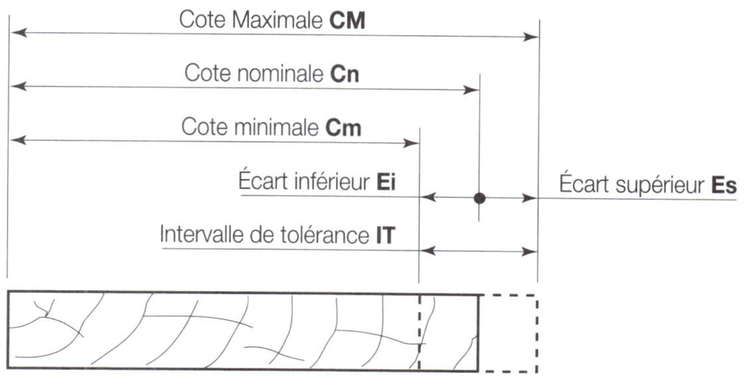

RELATION FONDAMENTALE

Des équations précédentes (1) et (2) on déduit :

CM = Cn + Es (4) **Cm = Cn + Ei** (5)

En retranchant ces deux équations membre à membre, on obtient :

CM – Cm = (Cn + Es) – (Cn + Ei)

Or : **CM – Cm = IT** (équation 3)

Après simplification, on obtient : **IT = Es – Ei** (6)

CALCUL DE L'INTERVALLE DE TOLÉRANCE

On donne : les valeurs suivantes associées à une cote :

Cn = 804 ; CM = 805 ; Cm = 803.

On demande : de calculer l'intervalle de tolérance de cette cote.

Es = 805 – 804	(Relation 1)	⇒ Es = 1 mm
Ei = 803 – 804	(Relation 2)	⇒ Ei = – 1 mm
IT = 1 – (–1)	(Relation 6)	⇒ IT = 2 mm

Cn A1	Cote nominale de la dimension de la pièce 1
Cn A2	Cote nominale de la dimension de la pièce 2
A	Cote condition : jeu de fonctionnement entre les pièces 1 et 2
A1 et **A2**	Cotes composantes de la chaîne de cotes
A1M	Cote A1 maximum
A1m	Cote A1 minimum
A2M	Cote A2 maximum
A2m	Cote A2 minimum

COMPOSITION D'UNE CHAÎNE DE COTES

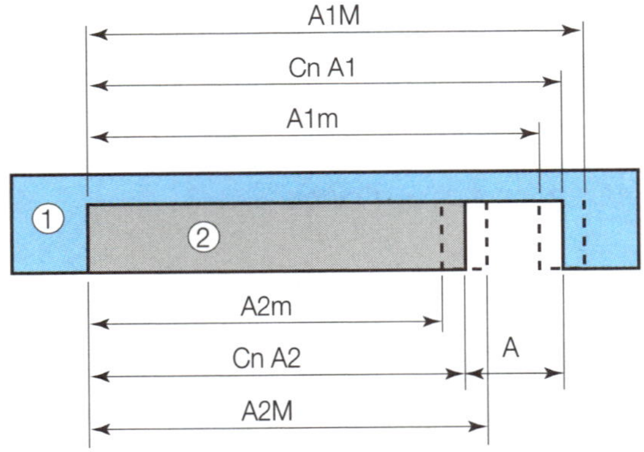

RELATIONS FONDAMENTALES COTES MAXI COTES MINI

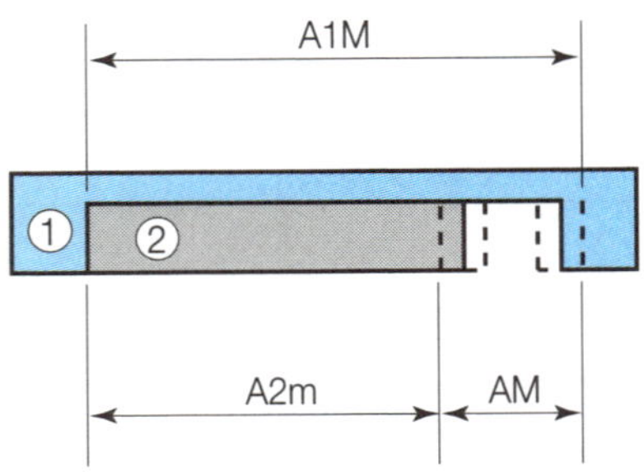

A Maxi = A1 Maxi – A2 mini

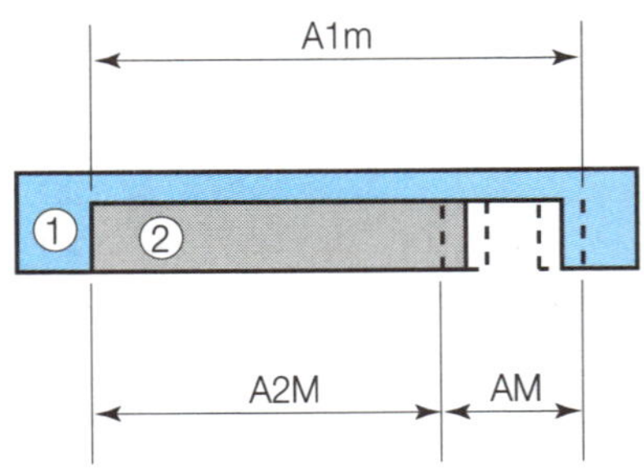

A mini = A1 mini – A2 Maxi

6.5 SIGNES USUELS D'ÉTABLISSEMENT DES BOIS

L'établissement des bois est une phase de fabrication qui consiste à repérer le parement et à situer les pièces dans un ouvrage à l'aide de signes conventionnels usuels.

ÉTABLISSEMENT DES BOIS

L'établissement des bois est une phase qui suit le corroyage et précède le traçage :

Corroyage → Établissement des bois → Traçage

• Choix du parement

Le parement est la surface de référence pour tracer et usiner les pièces.

On choisit comme parement la plus belle face de la pièce et si cela est possible le côté cœur de la pièce.

• Positionnement des pièces

La position d'une pièce est choisie de façon à :
– éliminer les défauts dans les profilages et assemblages,
– dissimuler les défauts dans les recouvrements.

• Remarque

L'établissement des bois doit être exécuté judicieusement afin d'exploiter les qualités esthétiques du bois en minimisant ses défauts et de donner à l'ouvrage plus de valeur.

SIGNES CONVENTIONNELS USUELS

Montants

gauche droite

Montants intermédiaires

haut milieu bas

Traverses

haut

du milieu

bas

Panneaux

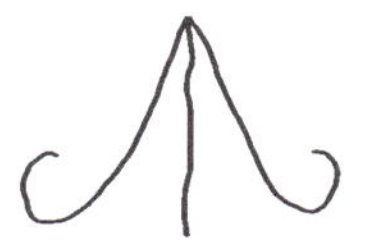

EXEMPLES D'ÉTABLISSEMENTS DES BOIS

■ **PORTE**

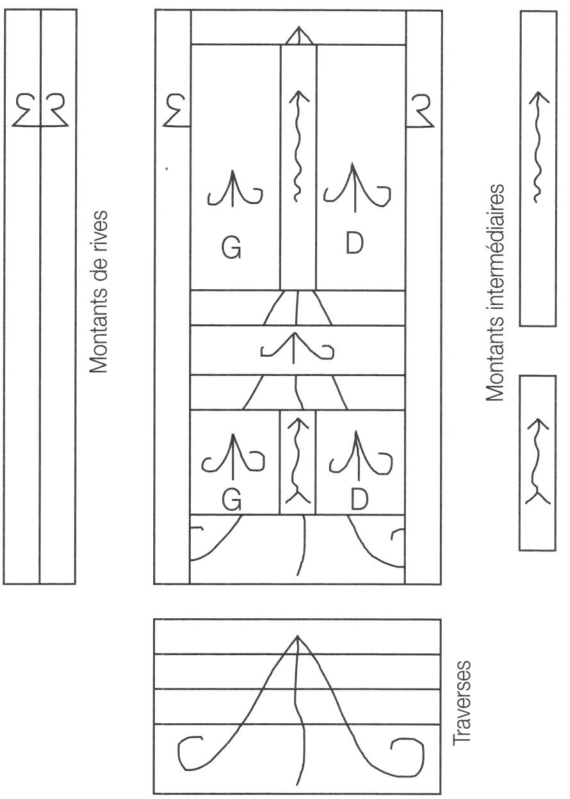

■ **PANNEAUX ET SÉRIE DE PANNEAUX**

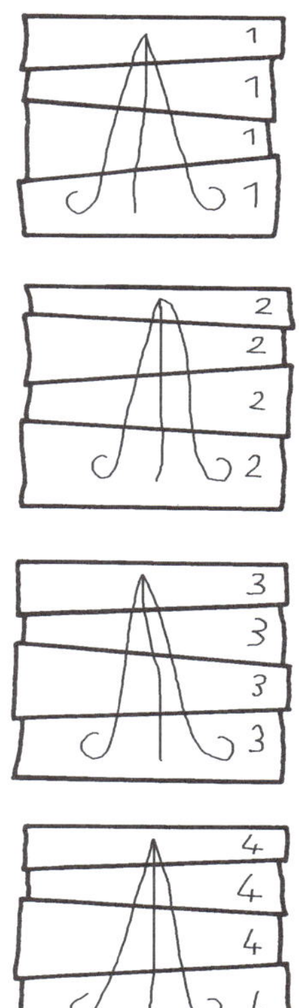

EXEMPLES D'ÉTABLISSEMENTS DES BOIS (suite)

■ **PORTES DE PLACARD**

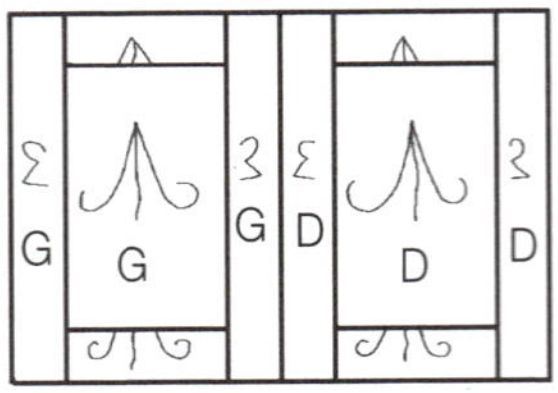

■ **EMBOÎTURES**

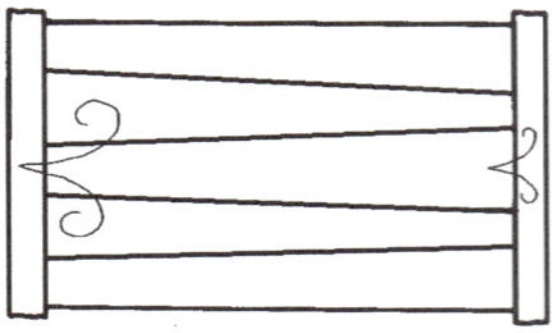

■ **TIROIR**

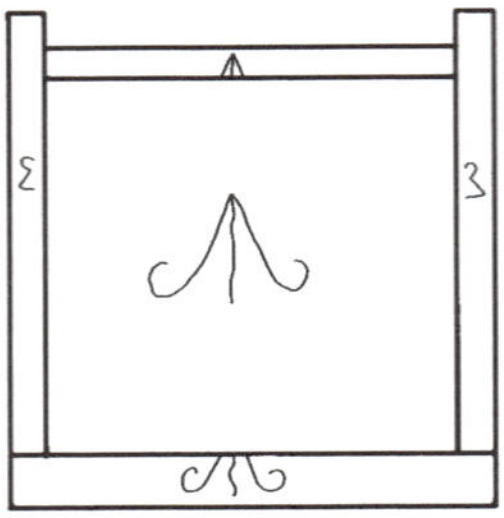

■ **CHÂSSIS CIRCULAIRE**

6.6 TRACÉS

Les différents tracés permettent d'obtenir des indications précises dans la construction d'un ouvrage et facilitent la communication entre professionnels.

ÉPURES

■ **DÉFINITION DE L'ÉPURE**

L'épure est une construction géométrique qui permet d'obtenir la définition des intersections de surfaces et les vraies grandeurs des détails de forme d'objet.

■ **MÉTHODE DU TRACÉ**

On représente à l'échelle 1, sur un support plan (contreplaqué) garni de papier bulle ou sur une aire de traçage (charpentes, escaliers), les formes, les angles et les dimensions de l'objet ou de son gabarit.

Perspective → ***Épure***

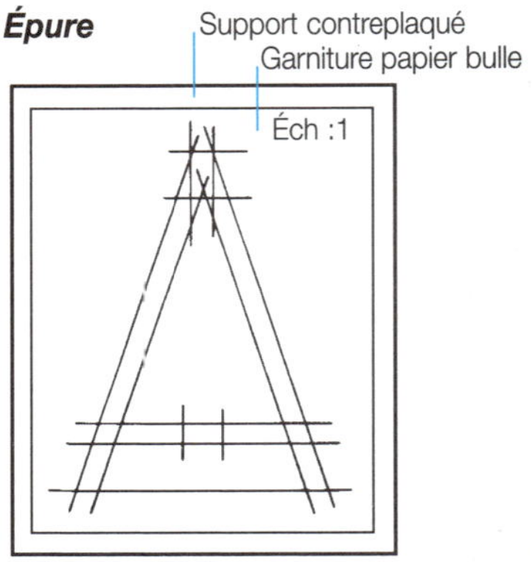

Dessin de définition → ***Épure***

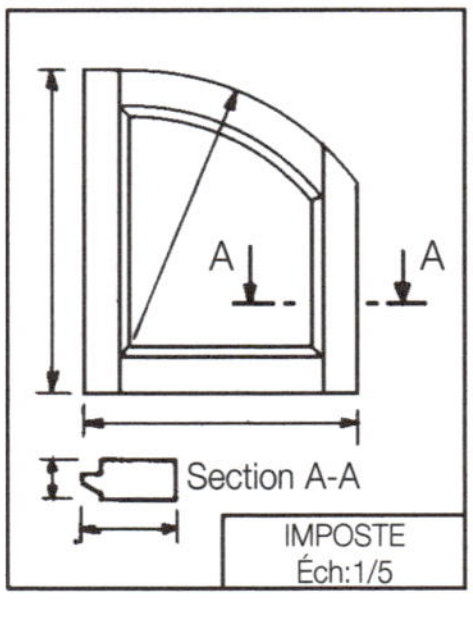

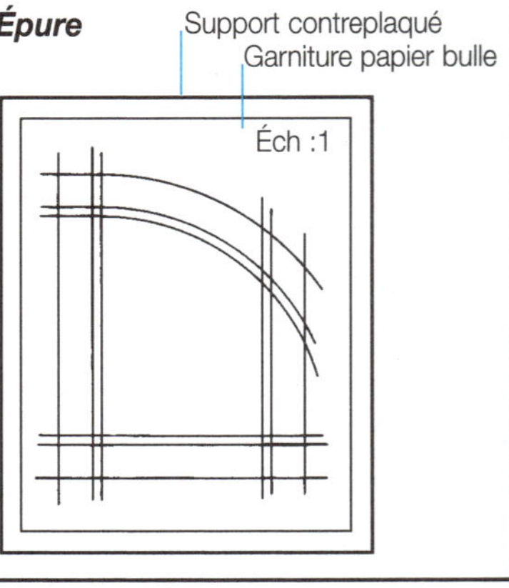

PLAN SUR RÈGLE

■ DÉFINITION DU PLAN SUR RÈGLE

Le plan sur règle consiste à dessiner la constitution géométrique des ouvrages plans de faible épaisseur et à préciser la position de certains composants.

■ MÉTHODE DU TRACÉ

Sur un support mince (feuillet en peuplier), on dessine à l'échelle 1 une ou plusieurs coupes horizontales et verticales avec certains renseignements (quincaillerie, finition...).

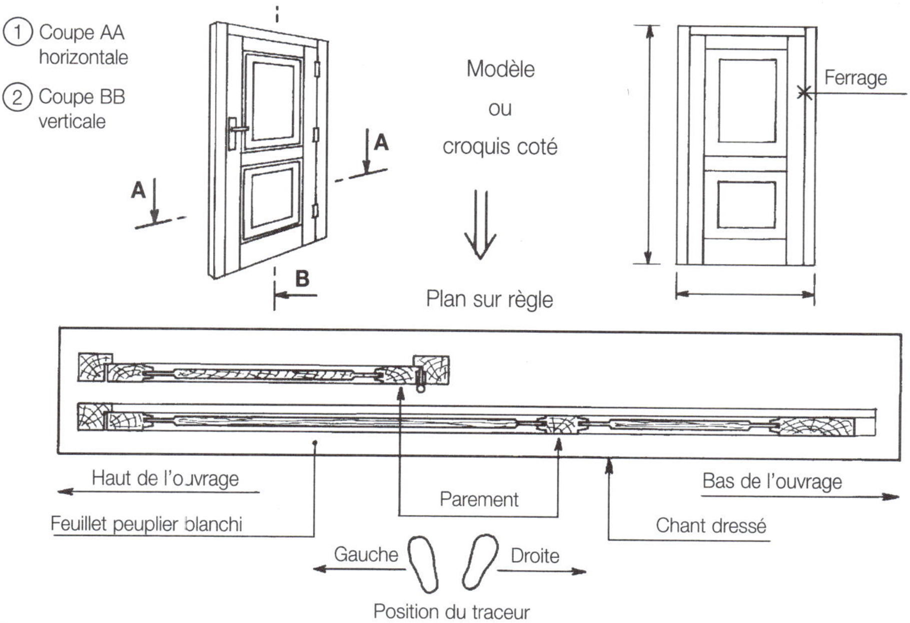

MISE AU PLAN

■ RÔLE DE LA MISE AU PLAN

La mise au plan, permet à l'aide d'une ou plusieurs coupes ou sections de préciser les ouvrages parallé épipédiques (menuiserie d'agencement ou meubles).

■ MÉTHODE DU TRACÉ

Sur un support plan (contreplaqué) garni de papier bulle, on dessine la vue de face de l'ouvrage dans laquelle on représente une ou plusieurs coupes ou sections.

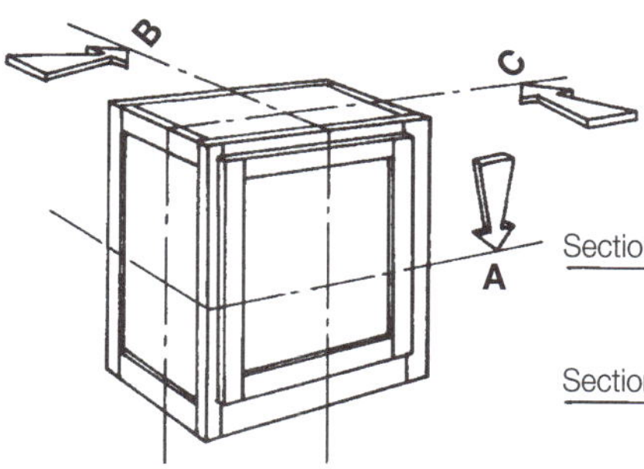

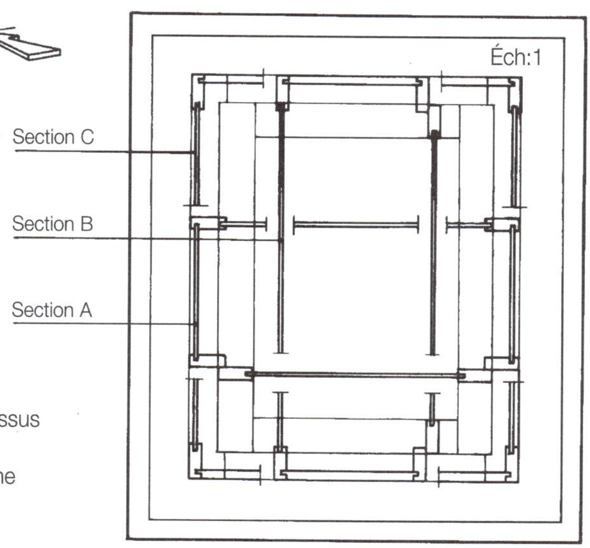

Code des couleurs

	Sections ou coupes :
Couleur A	Horizontales vues de dessus (ou de dessous)
Couleur B	Verticales vues de gauche (ou de droite)
Couleur C	Parallèles à la face

TRACÉS DES ASSEMBLAGES

■ RÔLE DU TRACÉ DES ASSEMBLAGES

Le traçage des bois corroyés a pour but de délimiter sur les bois l'emplacement des assemblages et d'indiquer les différents usinages à exécuter.

■ ORDRE DE TRAÇAGE

1 Tracer les montants principaux (montants de rive)
2 Tracer les montants secondaires à partir des précédents
3 Tracer les traverses simultanément.

■ RÈGLES GÉNÉRALES DU TRAÇAGE

– Les tracés d'assemblages s'effectuent sur le chant intérieur des pièces.
– Les trusquinages sont exécutés à partir du parement (SR1).
– Éviter les tracés sur le parement pour retourner les traits.
– Faire des repères sur les rives des pièces.
– Les pièces semblables sont tracées simultanément sur chant.
– Pour les séries ne tracer qu'une pièce (modèle).
– Augmenter de 2 à 4 mm, les cotes globales des sous-ensembles, à calibrer ou à ajuster : « roide ».
– Tenir compte des cotes des fournitures (quincaillerie, miroiterie…).

Châssis

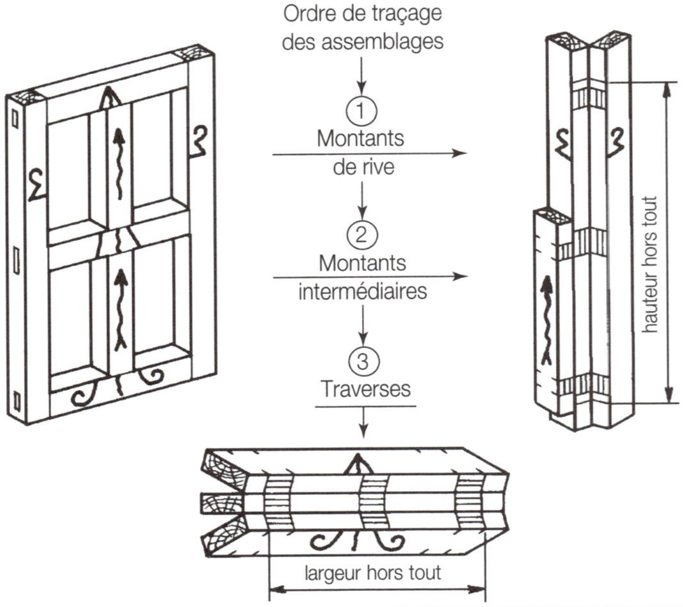

INDICATION DES USINAGES

■ RÔLE DU TRACÉ

Un tracé soigné, précis et clair permet d'éviter les confusions (perte de temps), les hésitations aux machines (risques d'accidents) et les erreurs d'usinage (perte de matière).

■ MÉTHODE DE TRAÇAGE

– Porter sur les bois les cotes globales relevées sur les plans.
– Positionner les assemblages dans le sens de l'épaisseur.
– Flécher ou hachurer les parties qui disparaissent lors de l'usinage.

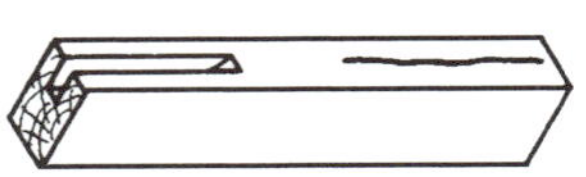

Rainure

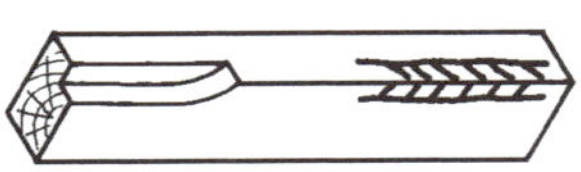

Feuillure

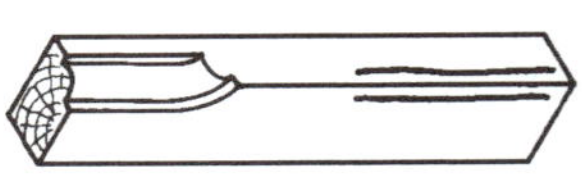

Moulure

6.7 LECTURE DE PLAN

MAISON À OSSATURE BOIS (EXEMPLE)

PERSPECTIVE DE LA MAISON À OSSATURE BOIS

La vue en perspective permet de visualiser les surfaces et les volumes de la maison à ossature bois.
Ici la maison est supposée se trouver à l'intérieur du cube de projection transparent.
Dans certains on peut définir à l'intérieur de la perspective l'habitabilité.

PLAN DE LOCALISATION

Le plan de localisation représente à échelle réduite le lieu où sera implantée la maison à ossature bois.

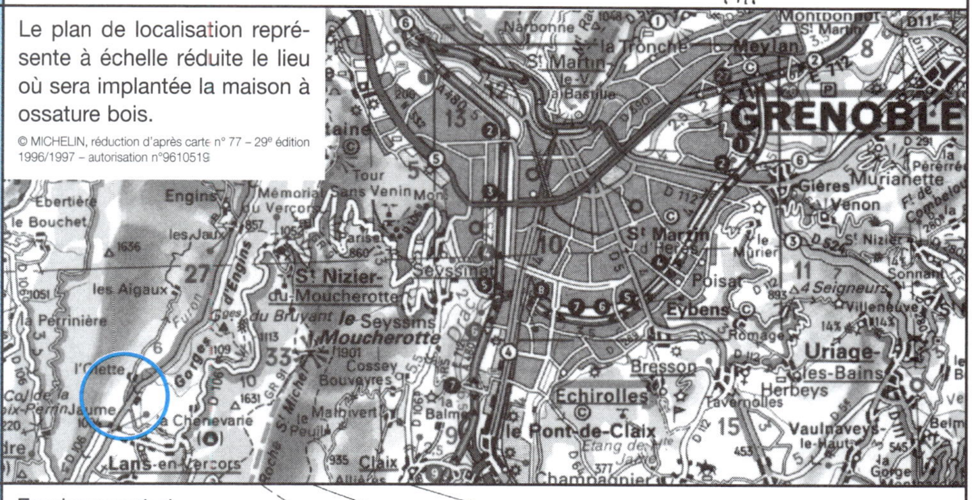

PLAN DE SITUATION

Emplacement et position de la maison à ossature bois par rapport aux repères d'orientation (points cardinaux).

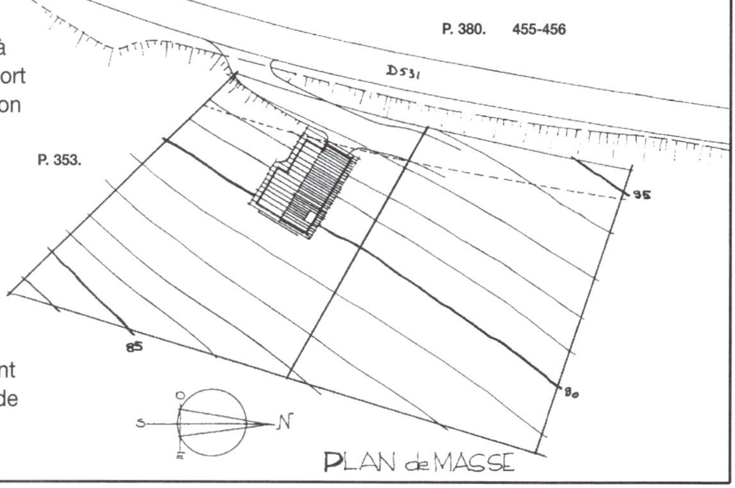

C'est un point important pour situer les pièces de la maison.

DOC : CHARPENTE FORTÉ-VOIRON

COUPE DE LA MAISON À OSSATURE BOIS

Pour exécuter les ouvrages, il est nécessaire de réaliser des plans précisant :
- les différents points de niveaux,
- les cotes extérieures et les cotes intérieures des composants de l'ouvrage.

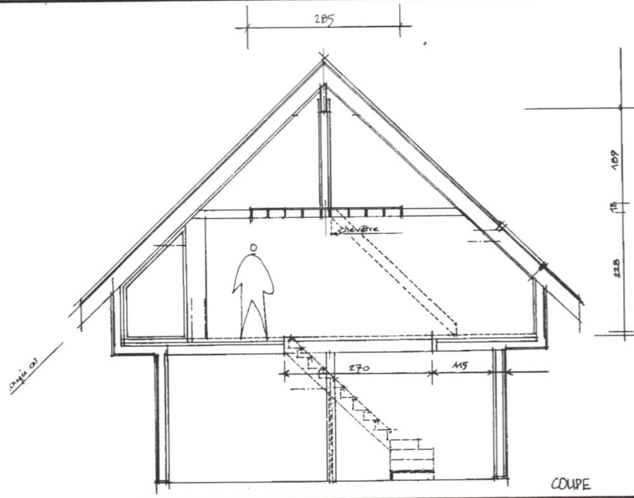

VUE DE DESSUS EN COUPE (REZ-DE-CHAUSSÉE ET REZ-DE-JARDIN)

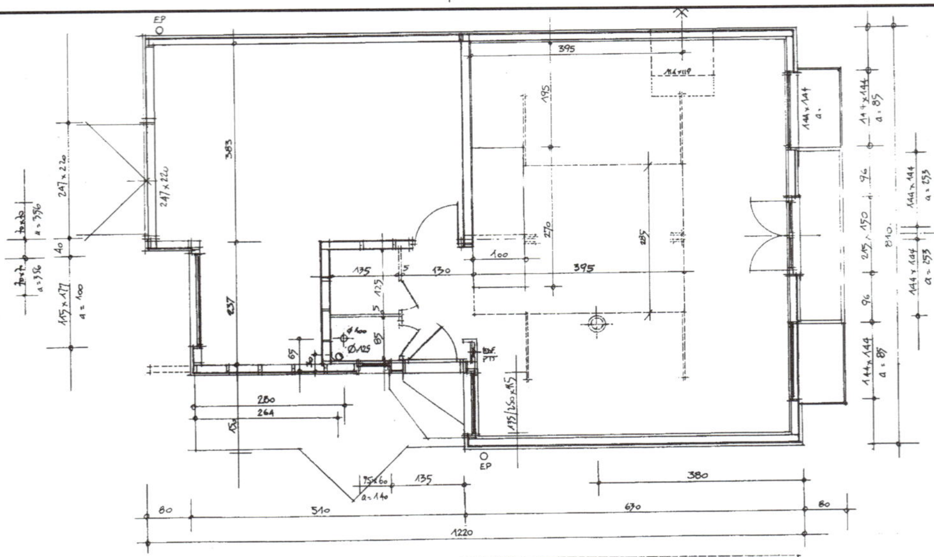

La vue de dessus en coupe permet de préciser :
- l'aménagement intérieur des différentes pièces (éventuellement la position du mobilier) ;
- les épaisseurs des murs et des cloisons ;
- la forme, la position des pièces et leurs dimensions (longueur, largeur et hauteur sous plafond).

Les plans sont accompagnés d'un devis descriptif qui décrit les travaux à réaliser et le complète par des informations écrites qui ne peuvent être traduites graphiquement suivant les conventions normalisées.

DOC : CHARPENTE FORTÉ-VOIRON.

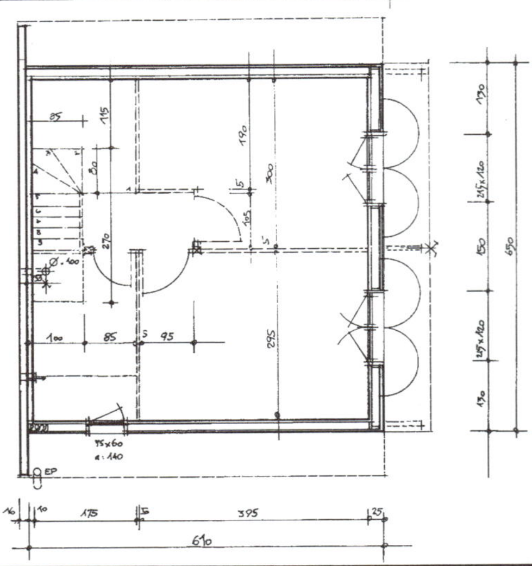

FAÇADES PIGNONS

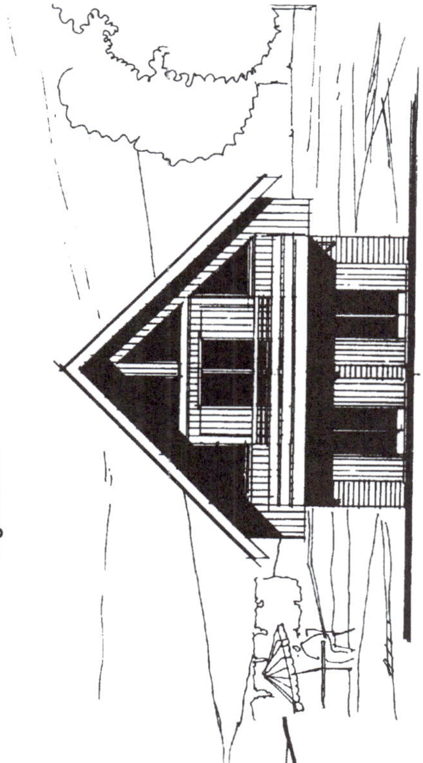

Pignon Est

Pignon Ouest

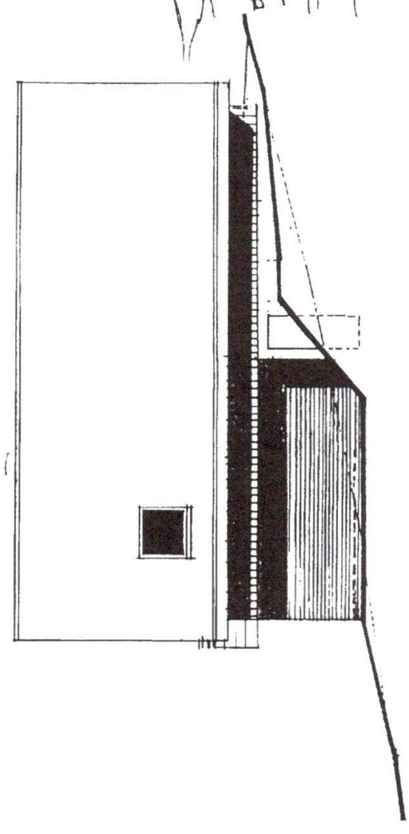

Façade Nord

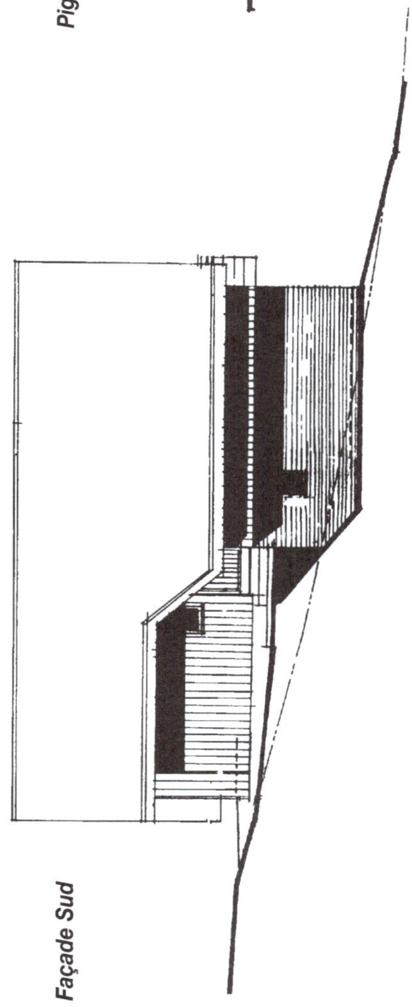

Façade Sud

DOC : CHARPENTE FORTÉ-VOIRON.

6.8 GÉOMÉTRIE DESCRIPTIVE OU GÉOMÉTRIE DANS L'ESPACE (1)

La géométrie descriptive intervient dans de nombreux tracés du dessin technique et permet la représentation exacte des objets par la méthode des projections.

6.8.1 LE POINT

CONVENTIONS DE REPRÉSENTATION

Plan horizontal • Plan frontal • Plan de profil • Cote • Éloignement • Abscisse • Ligne de terre • Projetantes

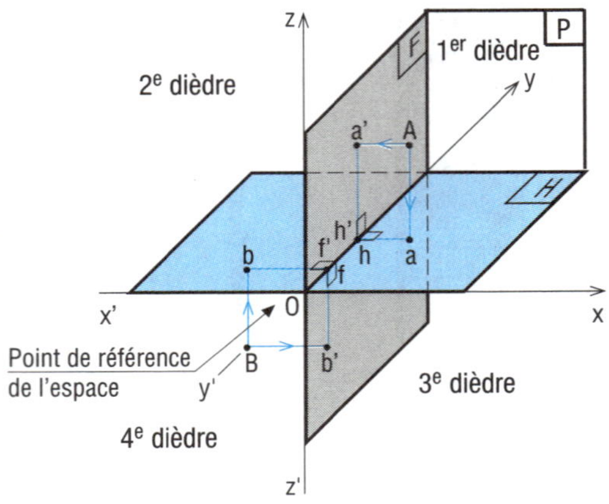

En géométrie descriptive, les plans de projection sont perpendiculaires entre eux :

- l'un est **horizontal** (**H**) ;
- l'autre est **vertical** (ou **frontal**) (**F**) ;

H et **F** définissent quatre dièdres ou quadrants.

- **le plan de profil (P)** est un troisième plan perpendiculaire aux deux autres.

Un point de l'espace est défini complètement par les caractéristiques :

- **la cote** (suivant direction z z') :
- **l'éloignement** (suivant direction x x') ;
- **l'abscisse** (suivant direction y y') ;
- **ligne de terre** : intersection des plans **H** et **F** (ancienne appellation « suivant y' y ») ;
- les **projetantes** : Aa', Aa, Bb', Bb.

ÉPURE D'UN POINT

Ligne de rappel

L'épure du point **A** (phase ③) est obtenue :

- en rabattant le plan horizontal **H** sur le plan frontal **F** autour de l'axe charnière y'y (phase ①) ;
- en traçant la ligne qui joint les deux points a et a' (phase ②). Cette ligne est appelée ligne de rappel.

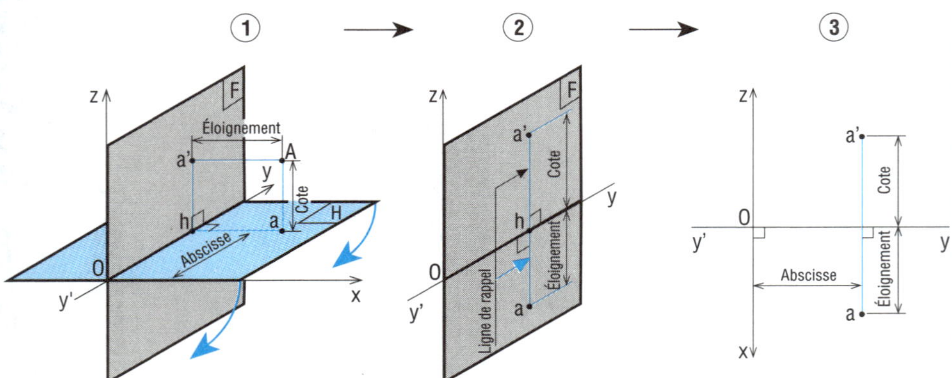

Épure du point A

Pour que deux points d'une épure soient les projections horizontales et frontales d'un point de l'espace, il faut et il suffit qu'ils soient situés sur la même ligne de rappel perpendiculaire à y' y

(1) Voir Mémotech Dessin Industriel pour approfondir les concepts développés dans ce paragraphe.

6.8.2 LA DROITE

PROJECTION D'UNE DROITE QUELCONQUE

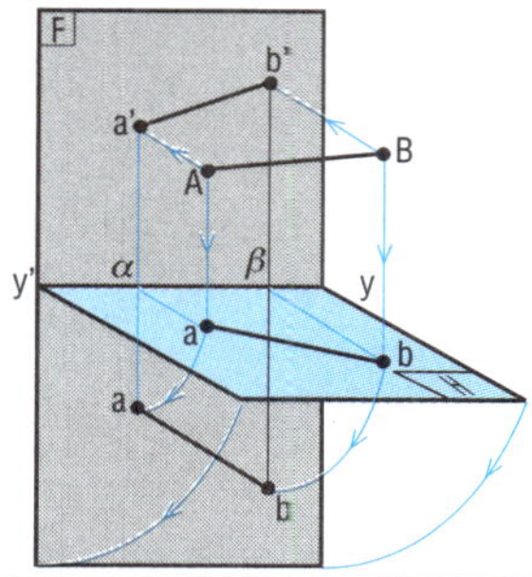

Épure

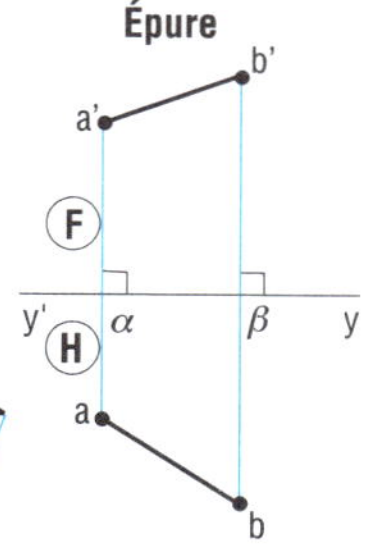

Par deux points A et B passe une droite. La projection orthogonale d'une droite (ici AB) consiste à :

- projeter deux de ses points sur les plans frontaux **F** (a', b') et horizontaux **H** (a, b) ;
- joindre leurs projections horizontale et frontale ;
- tracer l'épure.

6.8.3 TRACES D'UNE DROITE

DROITE QUELCONQUE

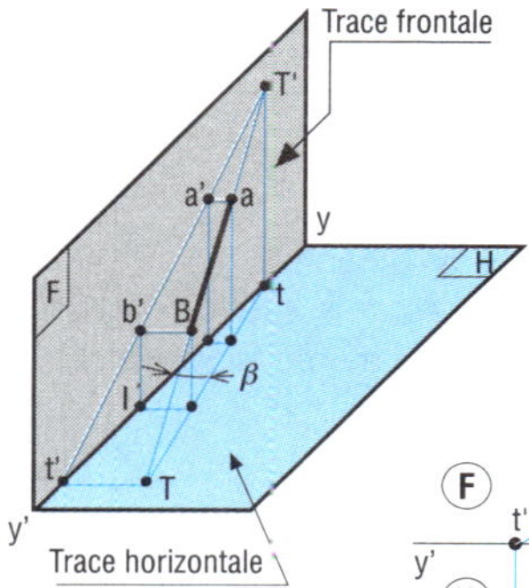

Épure

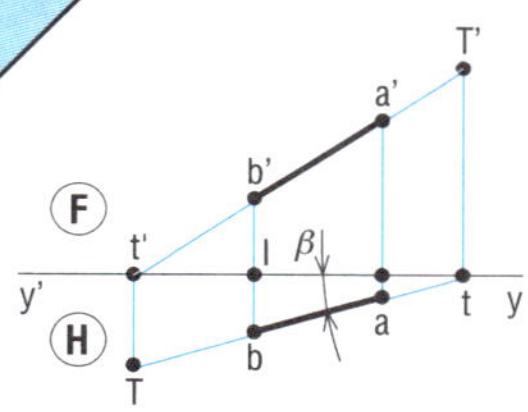

On appelle **traces** d'une droite, les points d'intersection de cette droite avec les plans de projection **F** et **H**. L'une est la trace horizontale **T**, l'autre la trace frontale **T'**.

Remarque :
Ces points ont une cote nulle pour l'un, un éloignement nul pour l'autre. T est la trace horizontale et T' est la trace frontale.

POSITIONS RELATIVES DE DEUX DROITES

- **Droites concourantes**

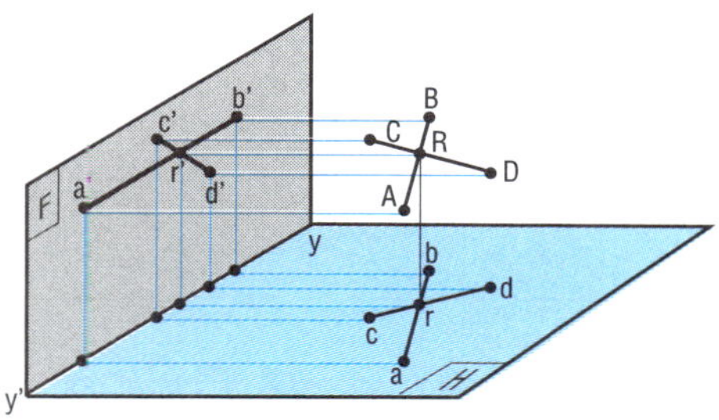

Épure

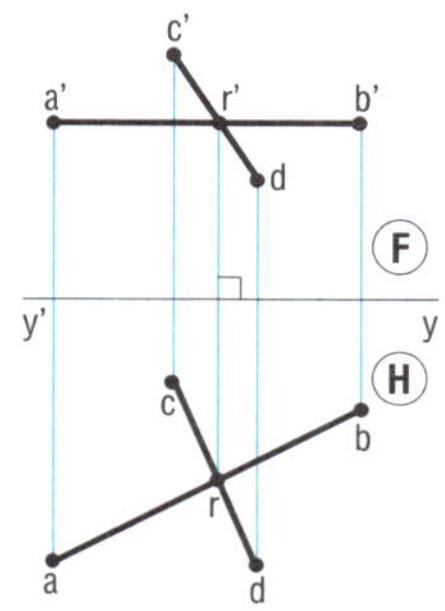

Théorème : pour que deux droites soient concourantes, il faut et il suffit :
- que leurs projections soient concourantes,
- que les points de concours de leur projections soient situés sur la même ligne de rappel.

(Le point d'intersection des projections horizontales et frontales se trouve sur la même ligne de rappel)

- **Droites perpendiculaires ou orthogonales**

Théorème : pour que deux droites soient perpendiculaires, il faut et il suffit que l'une d'elle soit située dans un plan perpendiculaire à l'autre.
Leurs projections ne sont pas perpendiculaires sauf si une de ces droites est parallèle à un plan de projection **H** ou **F** (ici $\mathbf{L_1}$ parallèle à **H**).

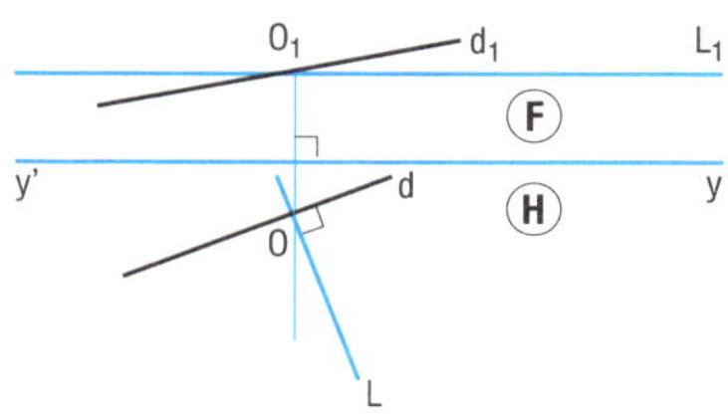

6.8.4 PROJECTIONS DU PLAN

TRACES ET REPRÉSENTATION D'UN PLAN

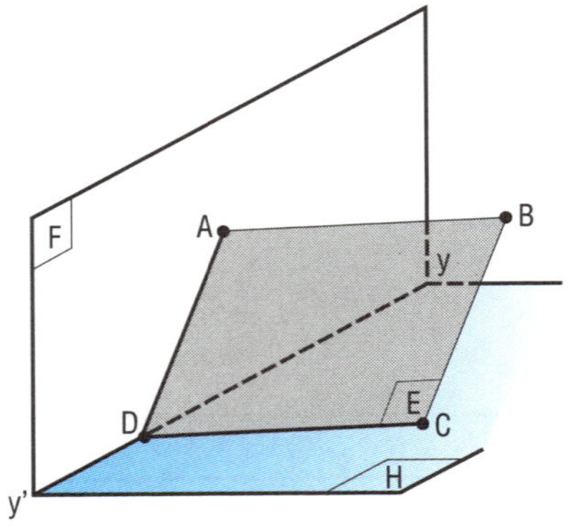

Épure

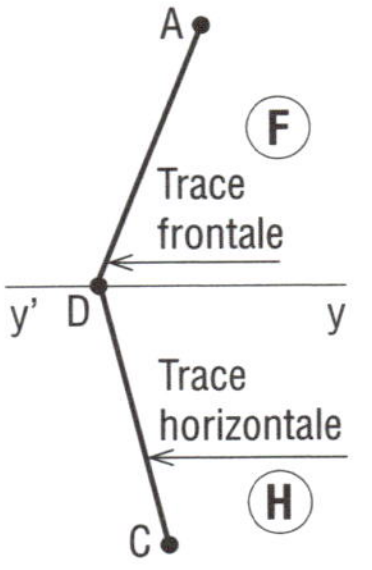

- **La trace horizontale :** intersection du plan donné **E** avec le plan **H** (ici DC).
- **La trace frontale :** intersection du plan donné **E** avec le plan **F** (ici AD).

PLAN PARALLÈLE À UN PLAN DE PROJECTION

■ POSITIONS PARTICULIÈRES DU PLAN

- **Plan de front**

Le plan donne R est parallèle au plan frontal de projection **F**.
Ce plan **R** n'a donc pas de trace frontale et toute figure contenue dans ce plan **R** se projette sur **F** en vraie grandeur. Tous les points de ce plan ont le même éloignement.

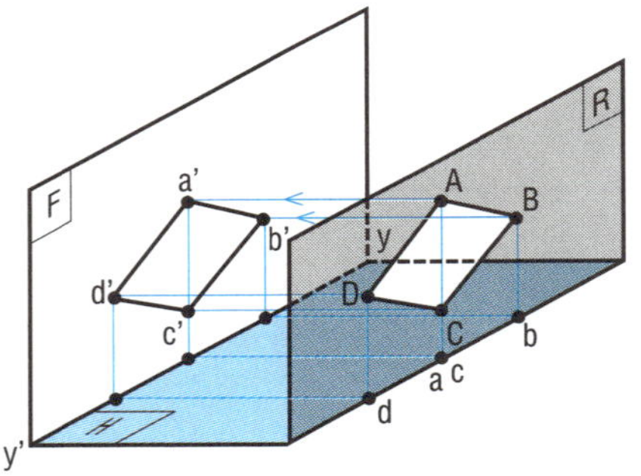

Épure

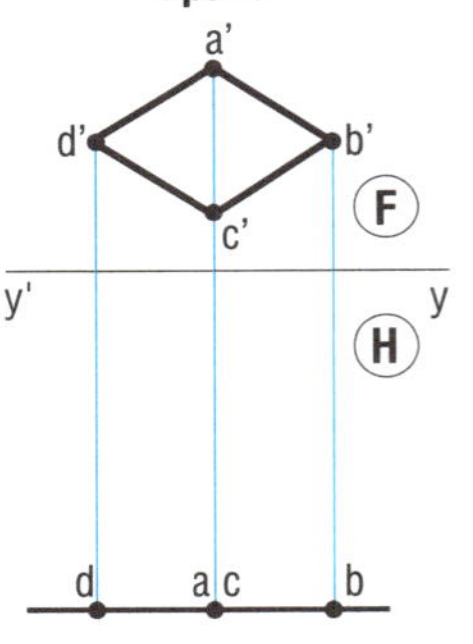

- **Plan horizontal**

Le plan donne R est parallèle au plan horizontal de projection **H**.
Ce plan **R** n'a pas de trace horizontale. Toute figure contenue dans **R** se projette en vraie grandeur sur **H**. Tous les points de ce plan ont la même cote.

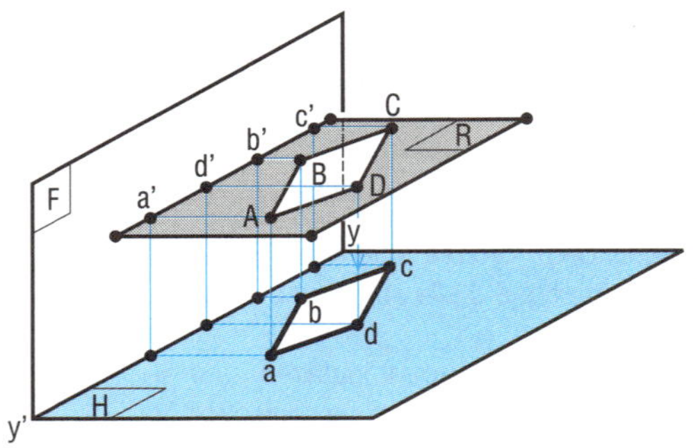

Épure

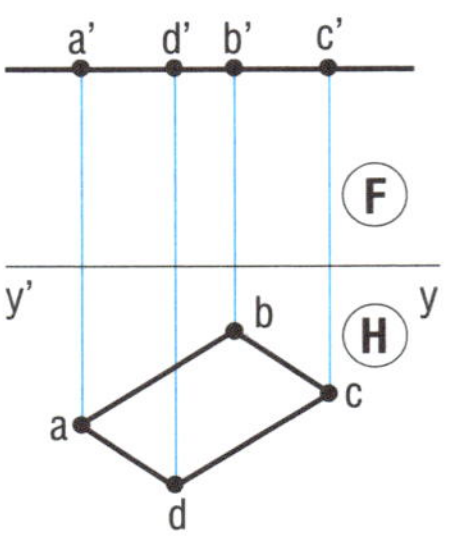

6.8.5 VRAIES GRANDEURS DES FIGURES GÉOMÉTRIQUES

Les solides ou les figures n'occupent pas toujours une position remarquable par rapport aux plans principaux de projection **H**, **F** ou **P**. Pour obtenir les vraies grandeurs, il est parfois nécessaire de rapporter les données à de nouveaux plans de projection conduisant à des constructions simples.
Trois méthodes principales existent : **le changement de plan, la rotation, le rabattement.**
On choisira la plus performante pour la résolution du problème posé.

CHANGEMENT DE PLAN DE PROJECTION

■ PRINCIPE

Il consiste à utiliser un nouveau plan de projection parallèle à la figure considérée (dans le cas présent la droite AB).

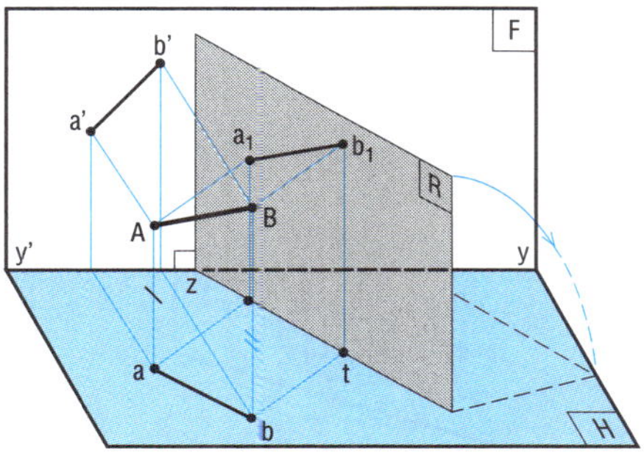

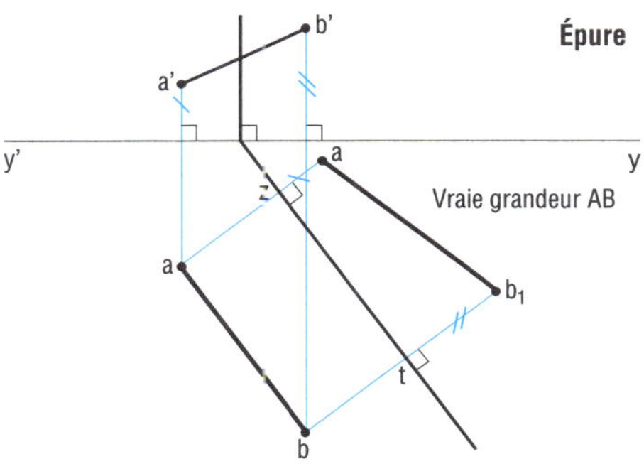

Le solide ou la figure de l'espace reste fixe et l'on fait évoluer la position des plans de projection.
Les plans évoluent successivement l'un après l'autre tout en restant perpendiculaires.

On utilise un plan vertical auxiliaire R dont la trace horizontale zt est parallèle à ab. AB est frontale dans le système zt. Les cotes a et b restent inchangées. La droite se projette en vraie grandeur sur le nouveau plan frontal R soit : ab vraie grandeur de AB.

■ APPLICATION DE LA MÉTHODE À UN POLYGONE QUELCONQUE

Pour obtenir la vraie grandeur d'un polygone quelconque, il suffit de projeter cette figure sur un nouveau plan de projection qui lui est parallèle, ce qui implique de projeter tous les points qui la définissent.

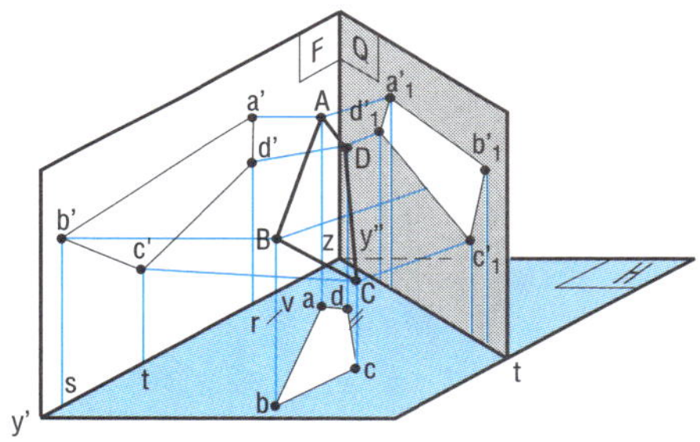

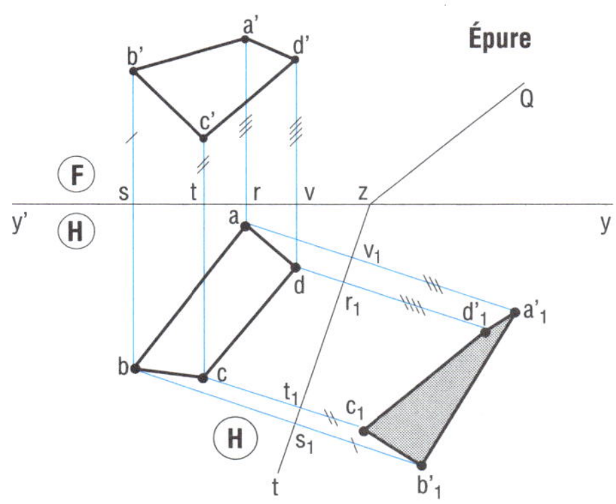

Les projections du polygone ABCD sur les plans H et F sont a, b, c, d et a'b'c'd'.
On souhaite tracer les nouvelles projections a'1, b'1, c'1, d'1 sur le plan Q qui lui est parallèle.
Comme dans la méthode adoptée précédemment, il s'agit, après avoir mis en place un plan vertical auxiliaire Q dont la trace horizontale est zt, d'effectuer pour chacun des quatre sommets du quadrilatère, un report de leurs cotes.

■ VRAIE GRANDEUR PAR CHANGEMENT DE PLAN HORIZONTAL

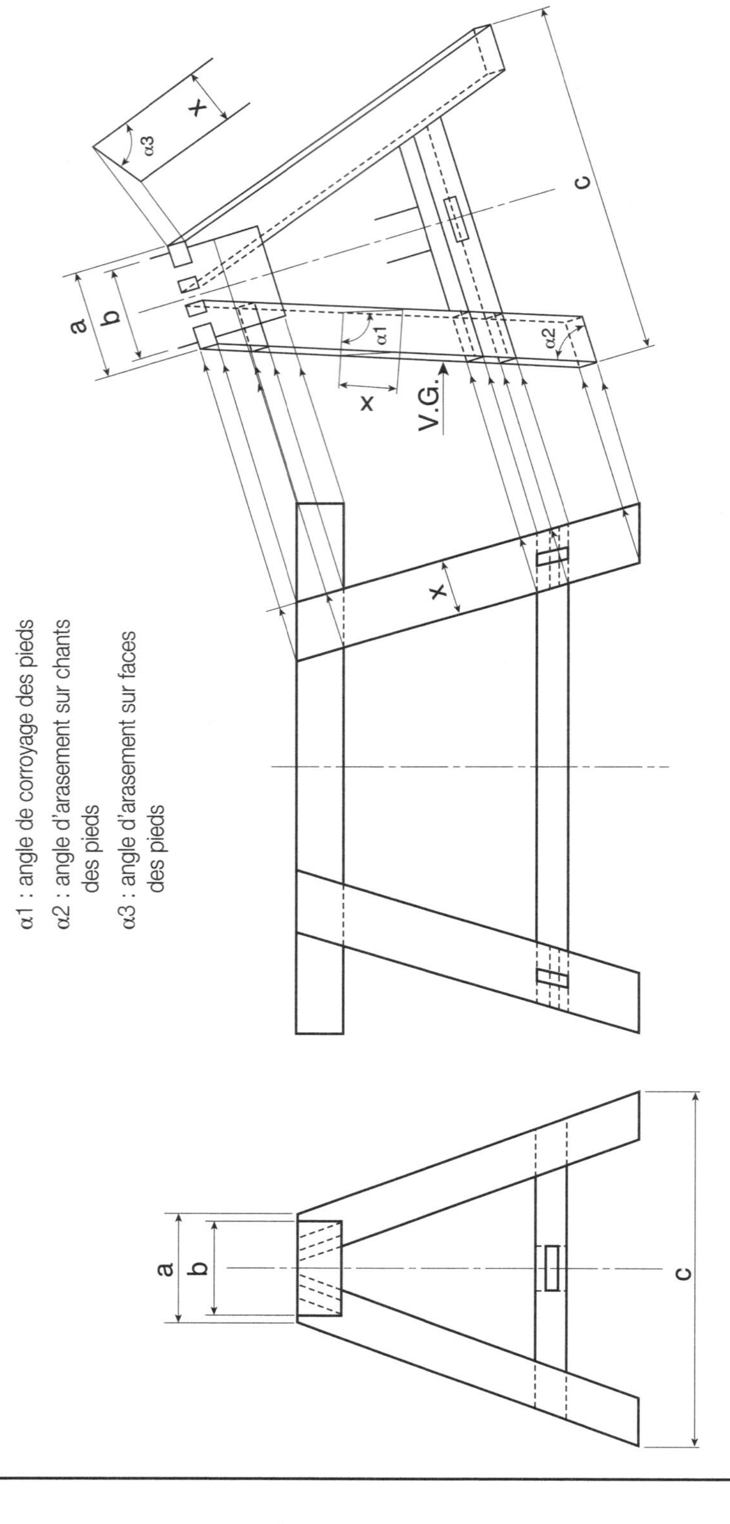

Exemple : tréteau à 2 pentes

RABATTEMENT

■ PRINCIPE

Le principe consiste à rabattre sur l'un des plans de projection le plan projetant AB.

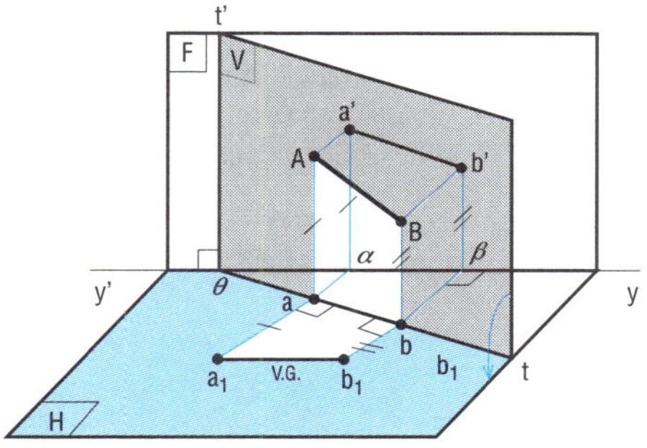

• **Cas 1 : rabattement sur le plan de projection horizontal H**

La recherche de la vraie grandeur du segment AB conduit à :

– rabattre le plan contenant le trapèze ABab sur le plan horizontal autour de la trace horizontale tθ ;

– A vient en a_1 tel que aa_1 soit perpendiculaire à ab et que a_1 = Aa où a' × représente la cote du point A, de même B vient en b_1 (voir épure). a_1b_1 est la vraie grandeur du segment AB.

On remarque que cette méthode s'applique aux figures planes et non aux solides trop complexes.

• **Cas 2 : rabattement sur le plan de projection frontal**

De la même façon, on peut rabattre le plan de bout contenant le trapèze AB a'b' sur le plan de projection centrale F. On obtient alors a'_1, b'_1 la vraie grandeur de AB.

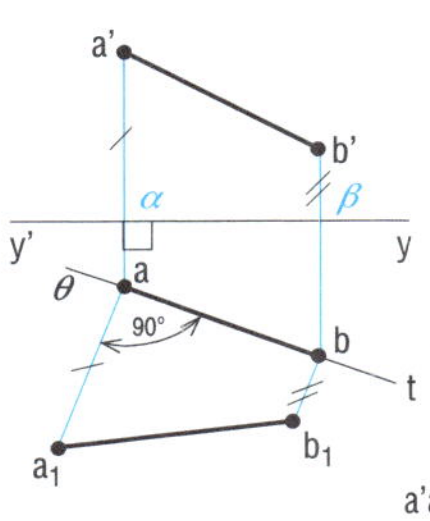

Cas 1

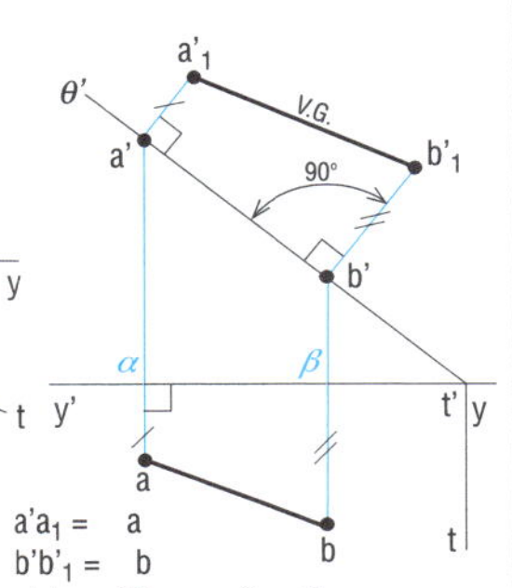

Cas 2

■ APPLICATION

Rabattement d'une figure contenue dans un plan perpendiculaire à l'un des plans de projection.

Dans le cas présent, la figure plane ABCD est contenue dans un plan V perpendiculaire au plan de projection H.

La trace verticale hh' sert d'axe de rotation.

a'b'c'd' est l'image en vraie grandeur de la figure ABCD. Les cotes ne varient pas.

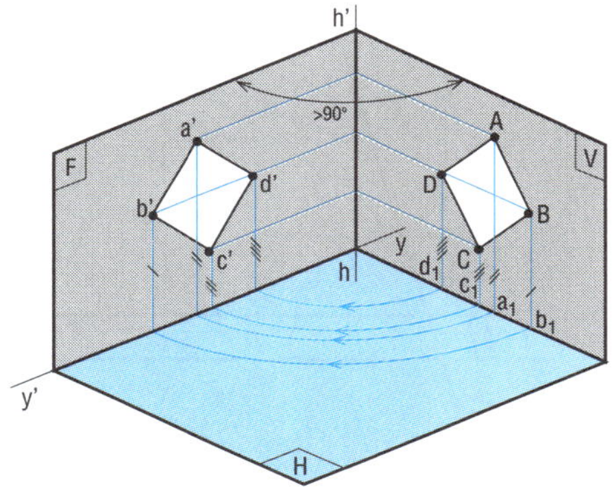

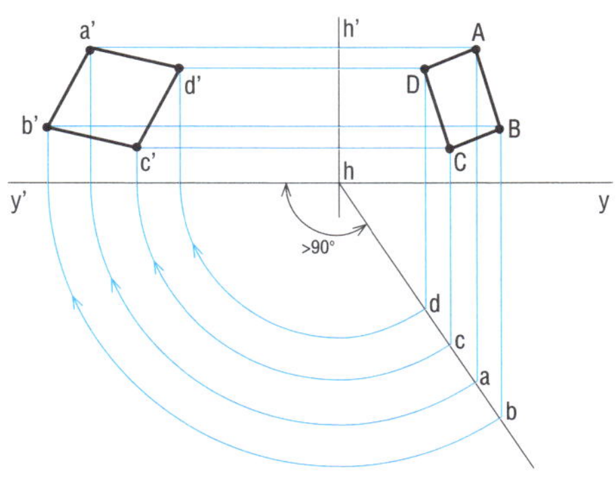

■ VRAIE GRANDEUR PAR RABATTEMENT SUR LE PLAN HORIZONTAL

Exemple : tréteau à 2 pentes

α1 : angle de corroyage des pieds

α2 : angle d'arasement sur chants des pieds

α3 : angle d'arasement sur faces des pieds

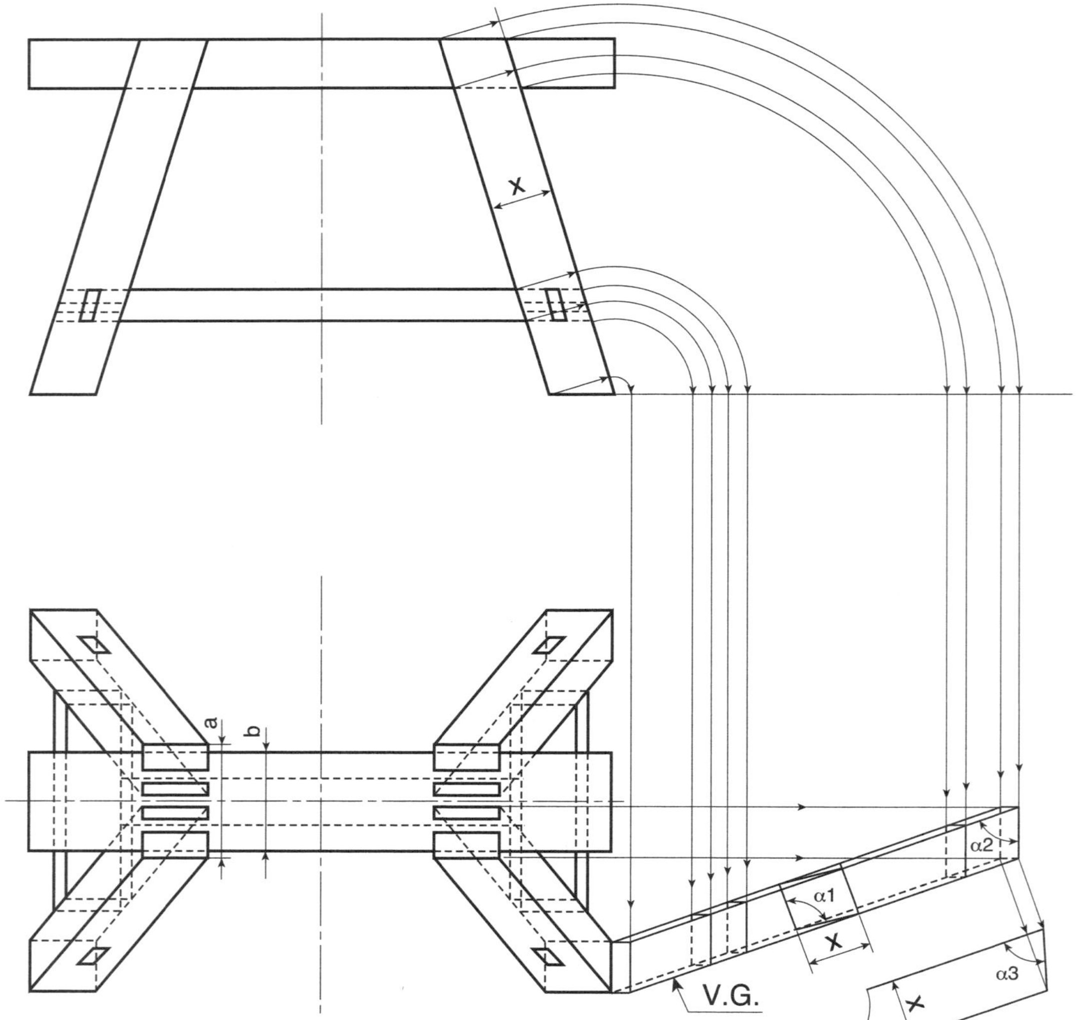

V.G. : Vraie grandeur

ROTATION

Elle consiste à faire tourner le segment de droite jusqu'à ce qu'il soit parallèle à l'un des plans de projection (F ou H ou P).

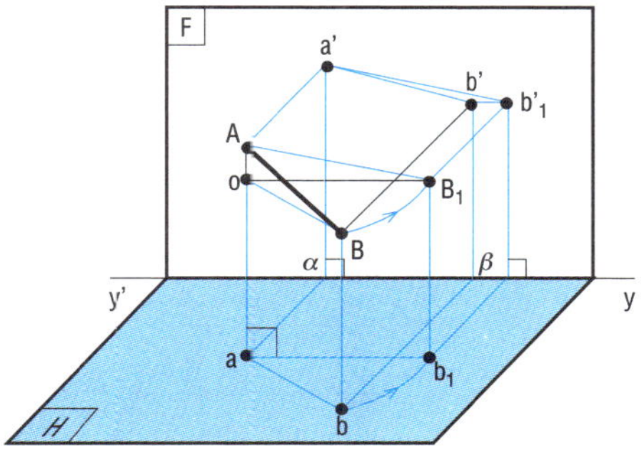

Épures

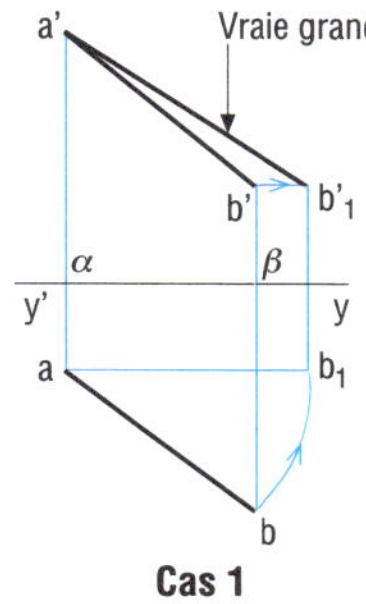

Cas 1

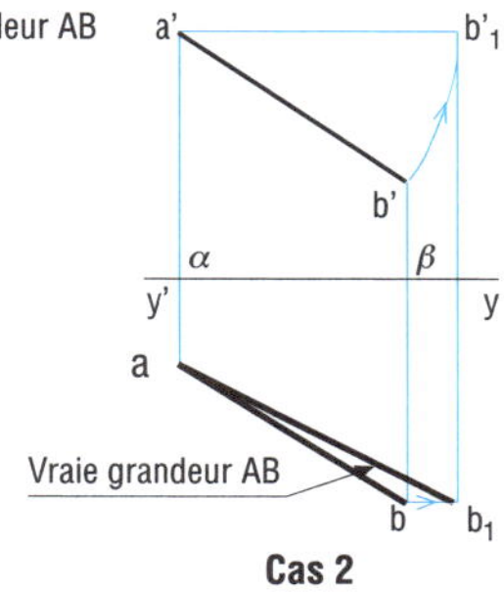

Cas 2

- **Cas 1 : rotation autour de l'axe Aa**

La recherche de la vraie grandeur du segment AB se projetant suivant ab, a'b' conduit à :
– choisir la verticale Aa comme axe de rotation,
– réaliser une rotation du segment Ab autour de Aa et l'amener parallèle au plan F. Le point b décrit une portion de circonférence de centre a,
– rendre avec la rotation, AB parallèle à F, sa projection ab_1 parallèle à y'y et b_1 se rappelle en b'_1 sur une parallèle à y'y menée par b'.

Les nouvelles projections sont ab_1, $a'b'_1$; le segment AB_1 est de front et ainsi $a'b'_1$ est sa vraie grandeur.

- **Cas 2 : rotation autour de l'axe Aa'**

De la même façon on peut amener AB à être horizontal par une rotation autour d'un axe de bout, Aa' (voir épure).

■ VRAIE GRANDEUR PAR ROTATION DANS LE PLAN FRONTAL

Exemple : tréteau à 2 pentes

α1 : angle de corroyage des pieds
α2 : angle d'arasement sur chants des pieds
α3 : angle d'arasement sur faces des pieds

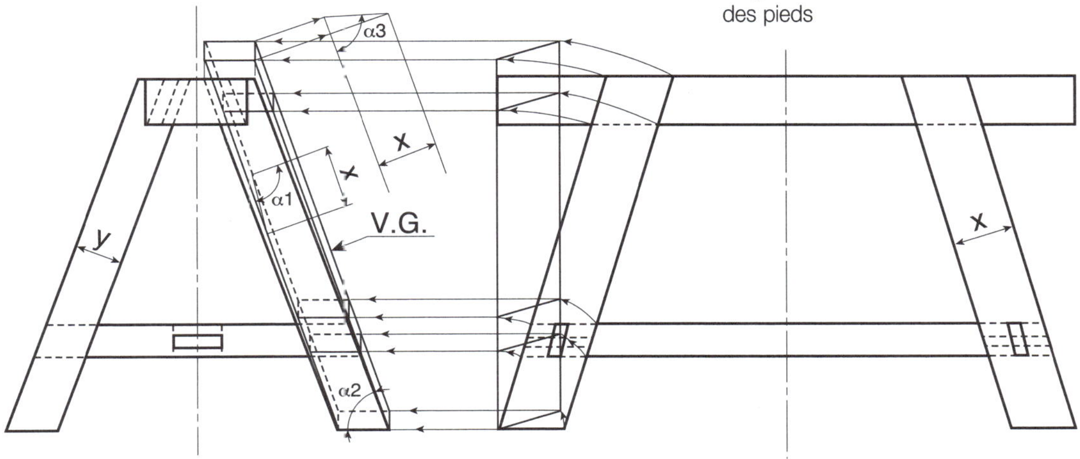

■ SYNTHÈSE

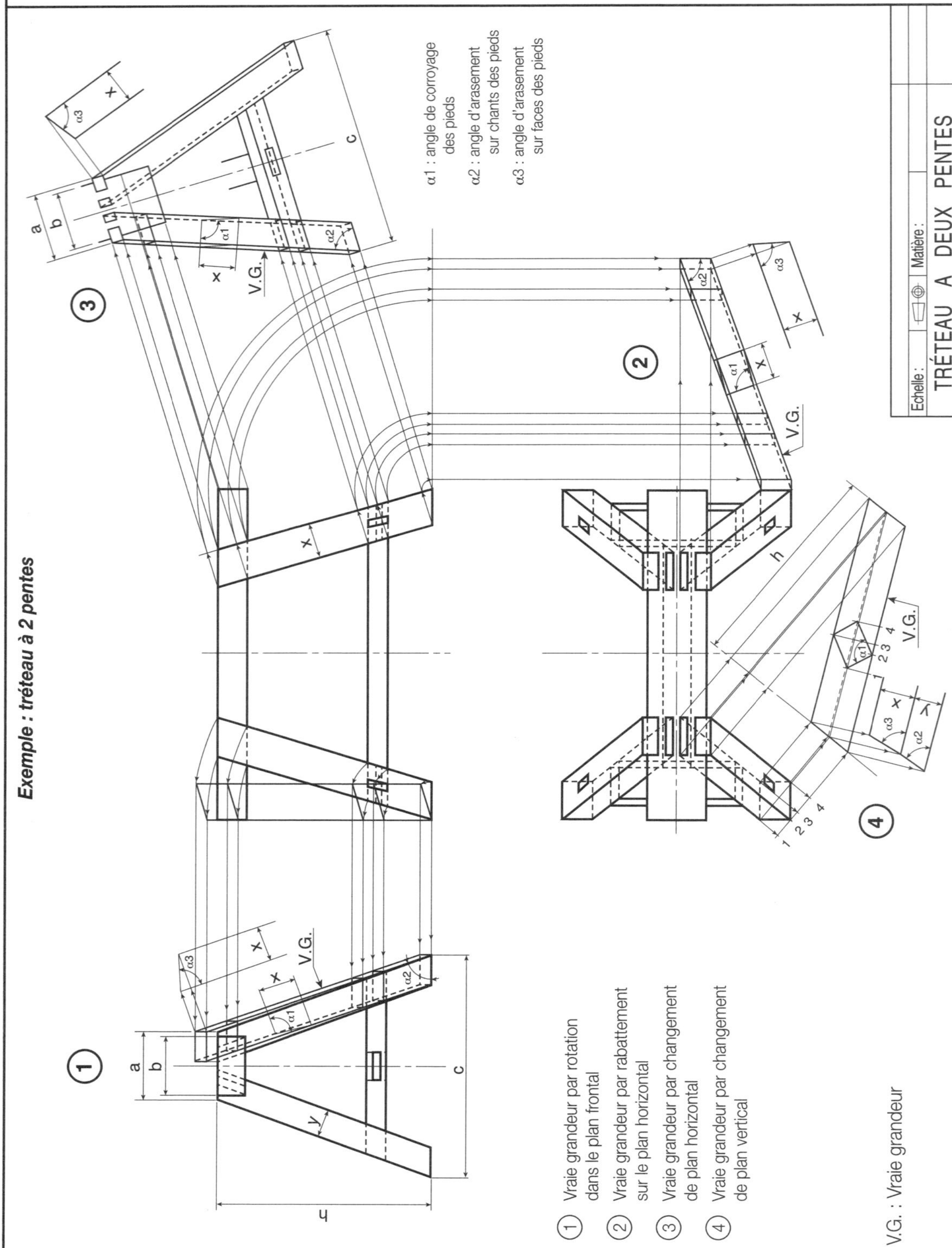
Exemple : tréteau à 2 pentes
α1 : angle de corroyage des pieds
α2 : angle d'arasement sur chants des pieds
α3 : angle d'arasement sur faces des pieds
Echelle :
Matière :
TRÉTEAU A DEUX PENTES
V.G.
a
b
c
h
x
y
α1
α2
α3
1 2 3 4
① Vraie grandeur par rotation dans le plan frontal
② Vraie grandeur par rabattement sur le plan horizontal
③ Vraie grandeur par changement de plan horizontal
④ Vraie grandeur par changement de plan vertical
V.G. : Vraie grandeur

7 DOSSIER DES MÉTHODES

7.1 PROCESSUS DE RECHERCHE ET DE CONCEPTION

ALGORIGRAMME DES ÉTAPES

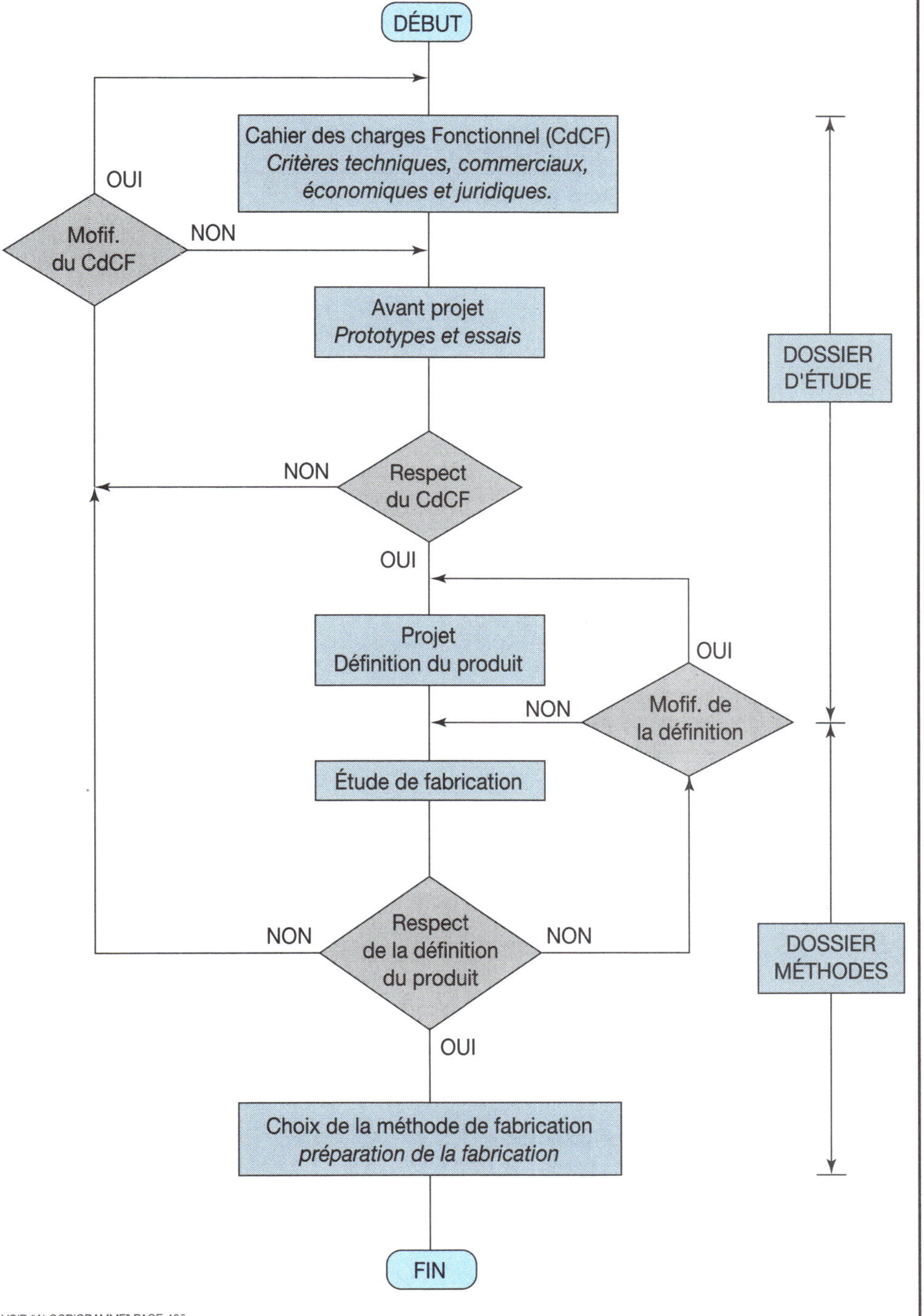

VOIR "ALGORIGRAMME" PAGE 465

7.2 DOCUMENTS TECHNIQUES

Dans le dossier d'étude ou des méthodes relatifs à un produit n'apparaissent jamais tous les documents techniques de manière exhaustive.

Leur choix doit être judicieusement fait selon :
- La nature du produit : structure, charpente, menuiserie, agencement, ameublement...
- La quantité d'exemplaires à produire : fabrication unitaire, en petite série, moyenne série, grande série...
- La nature de la fabrication : renouvelable ou non...

D'autres critères peuvent être encore considérés selon la spécificité du produit ou de la fabrication.

INVENTAIRE EXHAUSTIF DES DOCUMENTS

DOSSIER D'ÉTUDE

■ **DOCUMENTS DE RECHERCHE**
- Croquis
- Schémas
- Tracés d'atelier
  - L'épure (voir p. 256)
  - Le plan sur règle (voir p. 257)
  - La mise au plan (voir p. 257)

■ **DOCUMENTS D'EXPLOITATION**
- Dessins d'ensemble
  - Géométral (voir p. 222)
  - Projections (voir p. 224)
  - Coupes (voir p. 228)
  - Sections (voir p. 227)
  - Perspectives (voir pp. 205, 206)
- Nomenclatures
  - À plat (voir pp. 216, 230 à 233)
  - De niveaux (voir p. 303)
- Perspectives éclatées (voir p. 204)
- Devis descriptifs
- Cahier des Charges Fonctionnel (voir p. 482)
- Dessins de définition (voir p. 203)

LE DOSSIER DES MÉTHODES

■ **PLANS**
- Dessins de fabrication (voir p. 278)

■ **ÉTUDE DE FABRICATION**
- Feuille de débit
- Feuille "sortie de matière"
- Analyse de fabrication
- Analyse de phases
- Gammes
  - d'usinage
  - de montage
  - de finition
  - de contrôle
- Processus de fabrication
- Planning de phases
- Contrat de phases
- Fiche suiveuse
- Circuit d'usinage
- Projet de définition montages d'usinage
- Bordereau de programmation C.N.

7.3 GAMME D'USINAGE

La gamme d'usinage est établie par le bureau des méthodes.
Sur ce document technique destiné à l'atelier de fabrication figurent tous les renseignements utiles à l'exécution des phases nécessaires à la réalisation d'un élément rentrant dans la composition d'un article produit en série. Les phases sont ordonnées chronologiquement sur une gamme en tenant compte des facteurs d'antériorités.

CONTENU D'UNE GAMME D'USINAGE

■ INFORMATIONS GÉNÉRALES ET D'IDENTIFICATION

Renseignements sur la destination, la désignation, la nature et l'importance de la production considérée :

- ① Numéro de référence et/ou nom du client.
- ② Objet de la fabrication : nom du projet ou de la gamme de produit.
- ③ Repère et/ou nom de l'ensemble, nom du produit.
- ④ Repère et/ou nom du sous-ensemble auquel appartient l'élément.
- ⑤ Repère et/ou de l'élément.
- ⑥ Matière : essence ou matériau prioritaire.
- ⑦ Nombre de pièces à fabriquer et cadence de fabrication.

■ INFORMATIONS RELATIVES AUX DESSINS DE L'ÉLÉMENT

- ⑧ Repère du dessin de fabrication.
- ⑨ Repère du dossier de fabrication.
- ⑩ Esquisse cotée de l'élément, vues et/ou coupes.

■ INFORMATIONS RELATIVES AUX OPÉRATIONS D'USINAGE À RÉALISER

- ⑪ Repères de phase.
- ⑫ Repères des sous-phases.
- ⑬ Repères des opérations.
- ⑭ Désignation des phases, sous-phases, opérations.

■ INFORMATIONS RELATIVES À LA COUPE DE LA MATIÈRE

Paramètres liés à la machine-outil :

- ⑮ Symbole conventionnel de la machine-outil.
- ⑯ S : Fréquence de rotation en tours par minute " tr/min ", Speed : vitesse.
- ⑰ F : Vitesse d'amenage de la pièce en mètres par minute " m/min ", Feed : avance, alimentation.
- ⑱ a : Profondeur de passe en millimètres " mm ".

Paramètres liés à l'outil de coupe :

- ⑲ Référence de l'outil, numéro.
- ⑳ D : Diamètre du cylindre de coupe en millimètres " mm ".
- ㉑ Z : Nombre d'arêtes tranchantes.
- ㉒ γ : Angle d'attaque positif en degrés.

■ ㉓ CROQUIS DES OPÉRATIONS D'USINAGE

La qualité de la représentation des croquis, qu'ils soient à main levée ou aux instruments, doit être de la plus grande rigueur, car c'est à partir des informations qu'ils portent que sont effectués les réglages de la machine-outil.

Sur ces croquis seront en particulier schématisés :

- Les contours de la pièce à usiner.
- Les contours de l'outil ou des outils de coupe.
- Le contour du support de pièce lié à la machine-outil.
- Les axes liés à l'outil et à la machine : axe de rotation, plans de jauge, plans de référence…
- Les mouvements, direction et sens des rotations et translations.
- Les surfaces usinées représententées en trait fort.
- Les axes X, Y, Z, nécessaires au repérage spatial des mobiles liés au trièdre de sens direct normalisé (NF Z 68-020).
- Les points de mise en position, (symboles normalisés des appuis et de la nature du contact).
- Les points de maintien en position (symboles des organes de serrage de la pièce).
- Les cotes de fabrication :
  - Cm : cotes machine.
  - Co : cotes outils.
  - Ca : cotes appareillages.
  - Cp : cotes programmées.
  - Cr : cotes réglages.
- Les tolérances dimensionnelles et géométriques.
- Les repérages alphanumériques nécessaires au décodage du document et à l'exécution de la tâche.
- Les indications écrites, concises, précises strictement indispensables pour la compréhension du mode opératoire.

CONTENU D'UNE GAMME D'USINAGE (SUITE)

■ **(24) MOYENS ET OUTILLAGES DE CONTRÔLE**

Noms, sigles, pictogrammes, schémas, références et caractéristiques des matériels et instruments de contrôle mis en œuvre.

■ **LES TEMPS DE FABRICATION**

- (25) Tp : Temps de préparation
  ➛ F1 : Temps de réglage.
- (26) Tc : Temps de coupe
  ➛ F1 : Temps de fabrication.
- (27) Tm : Temps de manipulation
  ➛ F1 : Temps de transit.

MODÈLE DE GRILLE FORMAT A3

GAMME D'USINAGE FEUILLE /

CLIENT (1)
OBJET (2)
ENSEMBLE (3)
SOUS-ENSEMBLE (4)
ÉLÉMENT N° (5)
DÉSIGNATION
MATIÈRE (6)
NOMBRE D'ÉLÉMENTS (7)

DESSIN DE FABRICATION N° (8)
DOSSIER N° (9)

(10)

Repère			Désignation	Machines outils				Outils				Croquis et montage d'usinage	Contr. des cotes	Temps		
Ph.	S.ph	Op.		Sym. MO	s tr/min	F m/min	a mm	Réf.	D mm	Z	d°			Tp.	Tc.	T.m.
				(15)				(19)					(24)			
(11)					(16)				(20)					(25)		
	(12)					(17)				(21)					(26)	
		(13)	(14)				(18)				(22)	(23)				(27)

Établi par : Exécuté par :
Le : Le :

CODIFICATION DÉCIMALE UNIVERSELLE (CDU)

Le principe de numérotation des phases, sous-phases et opérations figurant sur une gamme d'usinage, est établi sur le principe de la Codification Décimale Universelle (CDU).
Les phases sont numérotées de 10 en 10, les sous-phases sont numérotées de 1 à 9 sur la colonne des dizaines des numéros des phases, les opérations sont numérotées de 1 à 9 sur la colonne des centaines rajoutée au numéro des sous-phases.

REPÉRAGE DES PHASES SOUS-PHASES OPÉRATIONS

Chaque phase peut recouvrir des sous-phases qui elles-mêmes peuvent recouvrir des opérations, mais elles peuvent aussi se superposer.

LA PHASE

Ensemble des actions de production exécutées sur un même poste de travail par les mêmes personnes en mettant en œuvre éventuellement des réglages, des outils ou des outillages différents avec ou sans démontage de la pièce sur le support de pièce.

10 – Profilages internes de cadres pour vitrages isolants.

→ Numéro en dizaine sans unité

LA SOUS-PHASE

Partie d'une phase où peuvent éventuellement intervenir des changements de réglage, d'outils ou de nouvelles mises en position de la pièce sur le référentiel machine ou outillage (montage d'usinage).

11 – Moulurage de la parclose.

12 – Réalisation de la feuillure avec récupération de parclose.

→ Numéro en dizaine avec unité qui identifie la sous-phase.

L'OPÉRATION

Elle représente une transformation subie par la pièce en vue de l'approche du résultat final avec les mêmes outils et outillages, les mêmes réglages, les mêmes appuis sur les référentiels.

121 – Rainurage pour amorcer la feuillure et dégager la parclose.

122 – Sciage de la parclose.

→ Numéro en centaine, dizaine et unité qui identifie l'opération.

Exemple :

Profilage interne de cadres pour vitrages isolants

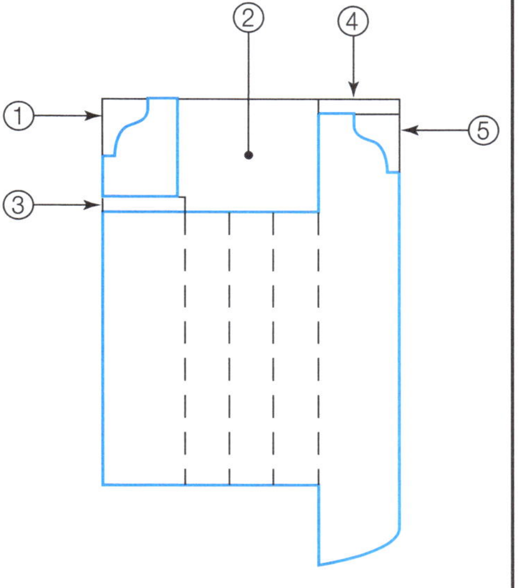

Différentes tâches d'usinage :

① Moulurage de la parclose

② Rainurage

③ Sciage de la parclose

④ Calibrage

⑤ Moulurage du cadre

7.4 CONTRAT DE PHASE

Le contrat de phase est établi par le bureau des méthodes.
Sur ce document technique destiné à l'atelier de fabrication sont portés tous les renseignements utiles à la réalisation d'une phase du processus de fabrication d'un produit.
L'élaboration et l'utilisation de contrats de phases ne se justifient que pour les fabrications en série.

CONTENU D'UN CONTRAT DE PHASE

■ INFORMATIONS GÉNÉRALES ET D'IDENTIFICATION

Renseignements sur la destination,la désignation, la nature et l'importance de la production considérée :

– ① Numéro de référence et/ou nom du client.
– ② Objet de la fabrication : nom du projet ou de la gamme de produit.
– ③ Repère et/ou nom de l'ensemble, nom du produit.
– ④ Repère et/ou nom du sous-ensemble, auquel appartient l'élément.
– ⑤ Repère et/ou le nom de l'élément.
– ⑥ Matière : essence ou matériau prioritaire.
– ⑦ Nombre de pièces à fabriquer et cadence de fabrication.

■ INFORMATIONS RELATIVES AU POSTE DE TRAVAIL

– ⑧ Numéro de la phase considérée.
– ⑨ Désignation de la phase.
– ⑩ Type de machine utilisée : nom, réf. n de code.

■ INFORMATIONS RELATIVES AUX OPÉRATIONS D'USINAGE À RÉALISER

– ⑪ Repères des sous-phases et opérations.
– ⑫ Désignation des phases, et opérations complétées éventuellement des cotes de fabrication tolérancées.

■ INFORMATIONS RELATIVES À LA COUPE DE LA MATIÈRE

Paramètres liés à la machine-outil :

– ⑬ Vc : vitesse de coupe en mètres par seconde " m /s ".
– ⑭ S : fréquence de rotation en tours par minute " tr /min ", Speed : vitesse.
– ⑮ a : profondeur de passe en millimètres " mm ".
– ⑯ F : vitesse d'amenage de la pièce en mètres par minute " m /min ". Feed : avance, alimentation.
– ⑰ f : avance par coupe en millimètres " mm ", pas d'usinage.

Paramètres liés à l'outil de coupe :

– ⑱ Type de l'outil, nature des arêtes tranchantes.
– ⑲ Référence de l'outil, numéro.
– ⑳ D : Diamètre du cylindre de coupe en millimètres " mm ".
– ㉑ Z : Nombre d'arêtes tranchantes.
– ㉒ γ : Angle d'attaque positif en degrés.

■ ㉔ CROQUIS DE LA PHASE

Les croquis doivent être réalisés avec une extrême rigueur car les informations qu'ils portent servent au règlage de la machine-outil.

Sur ces croquis seront en particulier schématisés :

– Les contours de la pièce à usiner.
– Les contours de l'outil ou des outils de coupe.
– Le contour du support de pièce lié à la machine-outil.
– Les axes liés à l'outil et à la machine : axe de rotation, plans de jauge, plans de référence…
– Les mouvements, directions et sens des rotations et des translations.
– Les surfaces usinées représentées en trait fort.
– Les axes X, Y, Z, nécessaires au repérage spatial des mobiles liés au trièdre de sens direct normalisé (NF Z 68-020).
– Les points de mise en position, (symboles normalisés des appuis et de la nature du contact).
– Les points de maintien de position, (symboles des organes de serrage de la pièce).
– Les cotes de fabrication :
 – Cm : cotes machine.
 – Co : cotes outils.
 – Ca : cotes appareillages.
 – Cp : cotes programmées.
 – Cr : cotes réglages.
– Les tolérances dimensionnelles et géométriques.
– Les repérages alphanumériques nécessaires au décodage du document et à l'exécution de la tâche.
– Les indications écrites, concises, précises, strictement indispensables pour la compréhension du mode opératoire.

CONTENU D'UN CONTRAT DE PHASE (suite)

■ MOYENS ET OUTILLAGE DE CONTRÔLE

(23) Noms, sigles, pictogrammes, schémas et instruments de contrôle mis en œuvre.

■ LES TEMPS DE FABRICATION

Éventuellement les temps de réalisation de la tâche peuvent apparaître sur le contrat de phase.

– (25) Tp : Temps de préparation ➛ R1 : Temps de réglage.
– (26) Tc : Temps de coupe ➛ F1 : Temps de fabrication.
– (27) Tm : Temps de manipulation ➛ T1 : Temps de transit.

MODÈLE DE GRILLE FORMAT A4

CONTRAT DE PHASE

CLIENT (1) ____________ ÉLÉMENT NΥ ____________
OBJET (2) ____________ DÉSIGNATION (5) ____________
ENSEMBLE (3) ____________ MATIÈRE (6) ____________
SOUS ENSEMBLE (4) ____________ NOMBRE D'ÉLÉMENTS (7) ____________

PHASE NΥ (8) ____________ DÉSIGNATION (9) ____________
MACHINE-OUTIL (10) ____________

Opérations d'usinage			Éléments de coupe										Contr. des cotes
Repère		Désignation	Vc m/s	S tr/min	a mm	F m/min	f mm	Type	Réf.	D mm	Z	dΥ	
S. ph.	Op.												
(11)		(12)	(13)					(18)					(23)
				(14)					(19)				
					(15)					(20)			
						(16)					(21)		
							(17)					(22)	

CROQUIS DE PHASE

(24)

Établi par : ____________ Exécuté par : ____________
Le : ____________ Le : ____________

DESSIN DE FABRICATION DE L'ÉLÉMENT TRAITÉ DANS L'EXEMPLE DU CONTRAT DE PHASE

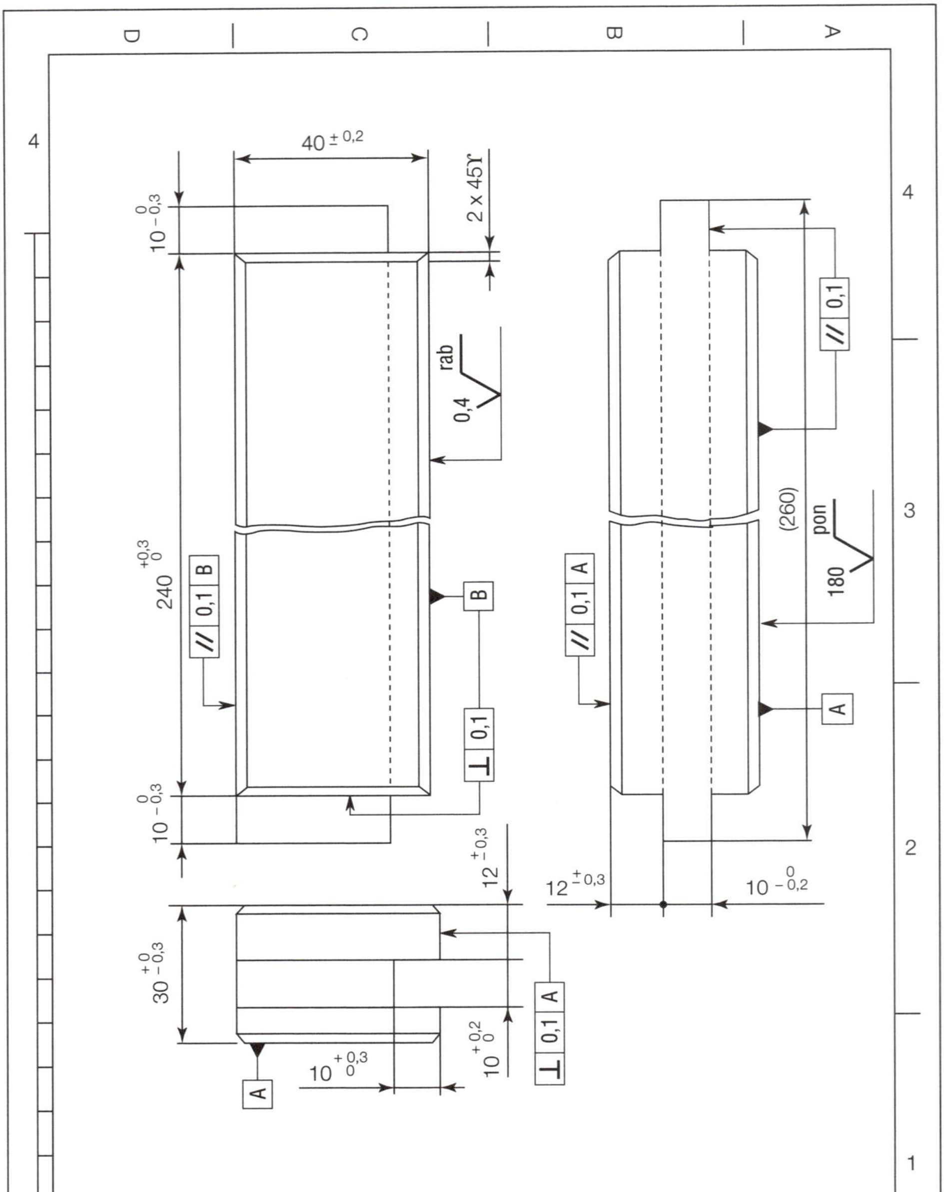

Rep.	Nbr.	Désignation	Matière	
5	2	ALAISE COURTE	HETRE	260 x 40 x 30

Dessiné par : le :	ÉCHELLE	TABOURET COFFRE
Vérifié par : le :	A4	T3 / 7 — 00

EXEMPLE DE CONTRAT DE PHASE

CONTRAT DE PHASE

CLIENT *Éducation Nationale*

OBJET *Équipement Écoles Maternelles*

ENSEMBLE *TABOURET*

SOUS ENSEMBLE *DESSUS*

ÉLÉMENT N° *5*

DÉSIGNATION *Alèse courte*

MATIÈRE *Hêtre*

NOMBRE D'ÉLÉMENTS *2/ Tabouret*

PHASE N° *40*

DÉSIGNATION *Tenonnage*

MACHINE-OUTIL *Tenonneuse simple à dérouleurs*

Opérations d'usinage			Éléments de coupe										Contr. des cotes
Repère S. ph.	Repère Op.	Désignation	Vc m/s	S tr/min	a mm	F m/min	f mm	Type	Réf.	D mm	Z	γ d°	
41		*Tenonnage 1re extrémité*											
	411	*Tronçonnage 1er about*	*55*	*3000*	*30*	*manu*		*Carb*		*350*	*54*	*5*	*Pied à coulisse*
	412	*Exécution 1er tenon*	*47*	*6000*	*8*	*manu*		*Hss*		*150*	*3*	*15*	*Jauge de profondeur*
42		*Tenonnage 1re extrémité*											
	421	*Tronçonnage 2ème about*	←			*Dito*	*411*						→
	422	*Exécution 2ème tenon*	←			*Dito*	*412*						→

CROQUIS DE PHASE

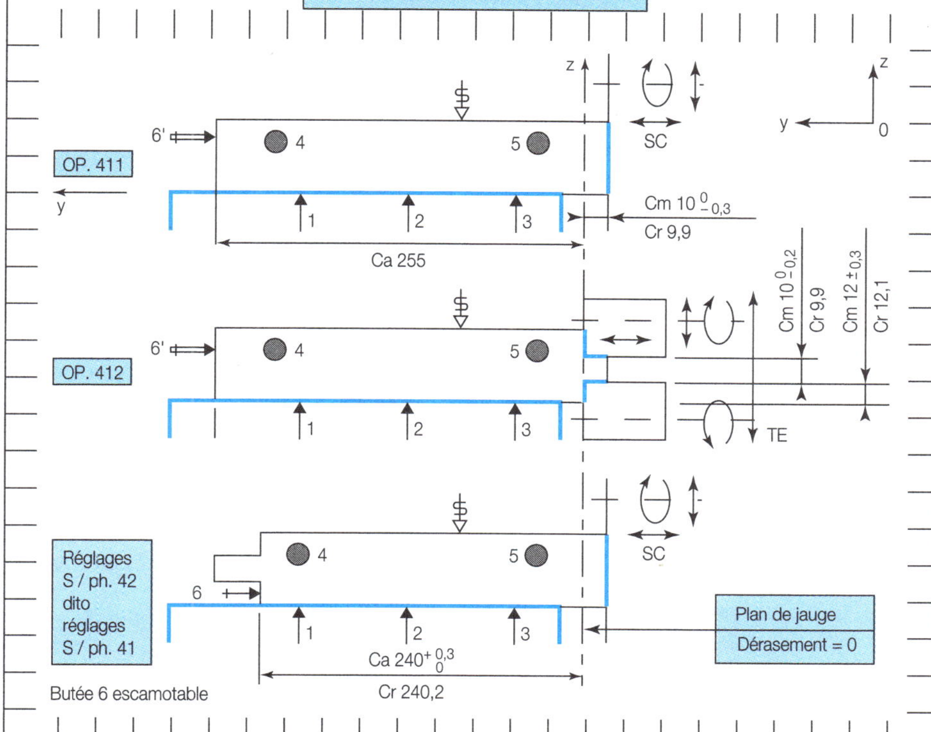

Établi par : ____________ Exécuté par : ____________

Le : ____________ Le : ____________

7.5 COTES DE FABRICATION

Les cotes, portées sur le dessin de fabrication, nécessaires à la réalisation de tous les usinages d'un élément, résultent des procédés d'usinage, des matériels (machine, outillages et outils mis en œuvre) et des réglages imposés par le bureau des méthodes.

DIFFÉRENTES COTES DE FABRICATION

■ COTE MACHINE "Cm"

Cote mesurable entre une surface fonctionnelle de l'usinage et la surface de la pièce liée au référentiel de la machine. Elle est obtenue par un réglage sur la machine outil, du référentiel par rapport à l'outil ou de l'outil par rapport au référentiel.

Le référentiel de mise en position de la pièce est représenté par les symboles normalisés numérotés de 1 à 6 (NF E 01-013).

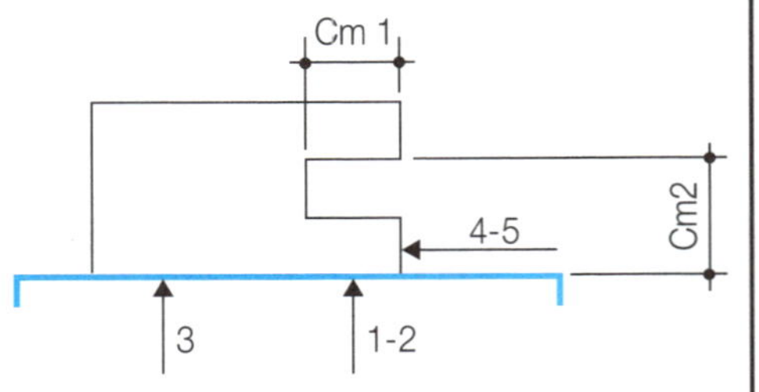

Cm1 : cote machine 1
Cm2 : cote machine 2

■ COTE OUTIL "Co"

La cote outil correspond à la distance entre deux surfaces fonctionnelles d'un usinage généré par les arêtes tranchantes d'un outil ou de deux outils associés.

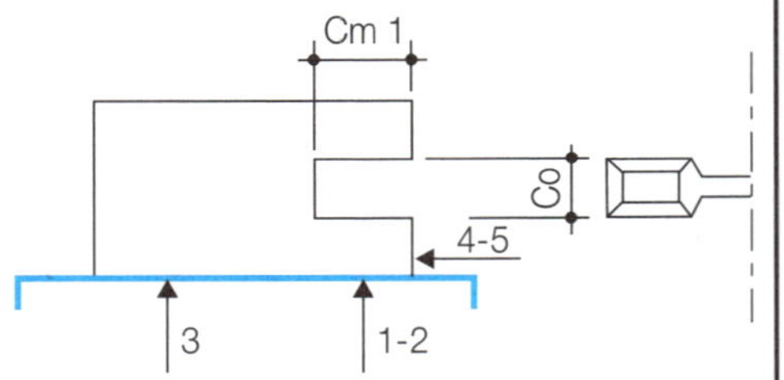

- Exemple d'un seul outil :
  Fraise à rainer : Co = largeur de la rainure.

- Exemple de deux outils associés :
  Plateaux à tenonner " fermés " :
  Co = épaisseur du tenon.

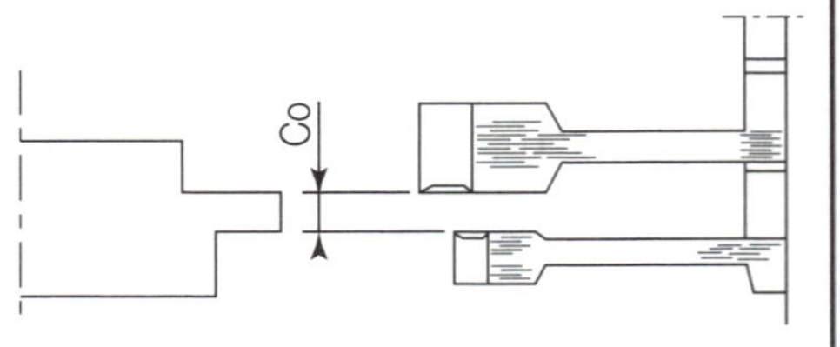

■ COTE APPAREILLAGE "Ca"

Cote de fabrication obtenue sur la pièce grâce à un appareillage auxiliaire de la machine tel que règle avec butées, dispositif de copiage ou de guidage, montage d'usinage, gabarit de perçage…

- Distance entre deux butées :
Butées d'entrée et de sortie pour exécuter un profilage arrêté.

- Distance entre une butée et l'outil :
Butées de réglage des longueurs d'arasements sur une tenonneuse.

- Distance entre une butée et les axes des canons de perçage sur un montage d'usinage (Montage de perçage).

Exemple : montage de perçage

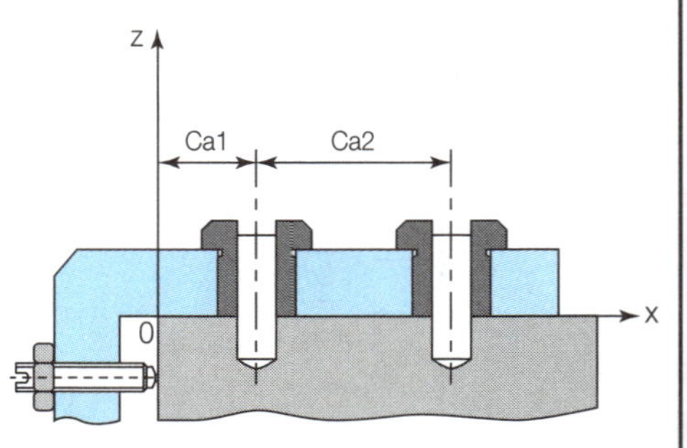

DIFFÉRENTES COTES DE FABRICATION (suite)

■ COTE RÉGLAGE " Cr "

C'est la distance qui sépare le plan de référence lié à la machine et la tangente au cylindre de coupe de l'outil (parrallèle à ce plan) qui génère l'usinage.

La cote réglage se situe à l'intérieur de l'intervalle de tolérance (IT) affecté aux cotes machine, cotes outil et cotes appareillage.

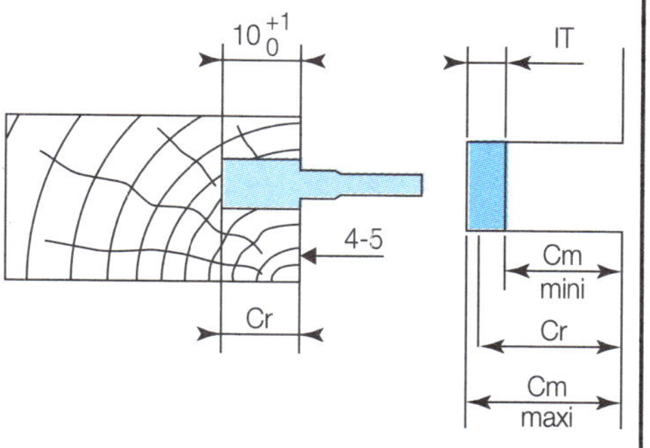

$$Cr = Cm_{maxi} - \frac{IT}{3}$$

$Cr = 10{,}7$

DÉTERMINATION DES COTES DE FABRICATION

Les cotes machine, cotes outil et cotes appareillage portées sur le dessin de fabrication peuvent être de type direct ou transféré.

■ COTE DIRECTE

Une cote est dite directe lorsque la cote de fabrication est encadrée par les mêmes surfaces fonctionnelles de la pièce que la cote du dessin de définition établi par le Bureau d'Étude (B.E.).

Les valeurs nominales de la cote de fabrication et de la cote de définition sont alors identiques, mais le bureau des méthodes (B.M.) peut être amené à modifier l'intervalle de tolérance (IT) de la cote de définition pour satisfaire à d'autres conditions.

Si l'IT de la cote de fabrication est différente de l'IT de la cote du B.E., elle est alors appelée " Cote Directe B.M. " (Bureau des Méthodes).

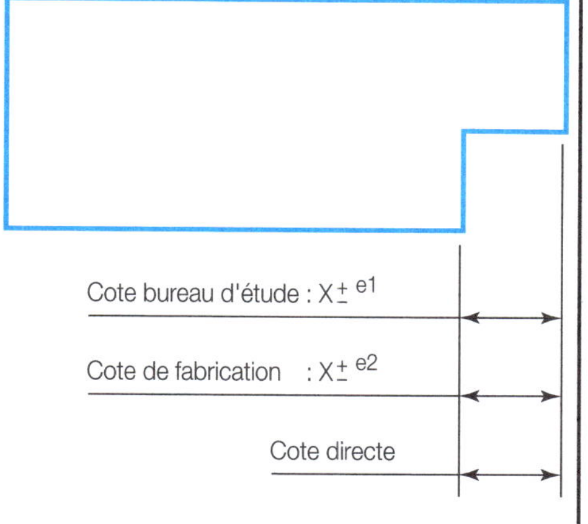

■ COTE TRANSFÉRÉE

Lorsque la cote de définition n'est pas reprise directement sur le dessin de fabrication, mais que l'usinage est défini par une cote établie à partir d'une autre surface de référence, elle devient une cote transférée.

Exemple :

Usinage d'une feuillure à verre.

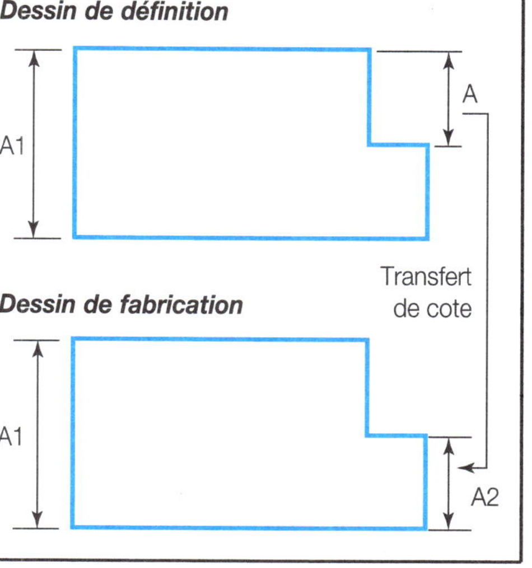

7.6 SYMBOLES D'USINAGE

La désignation des machines-outils et des opérations est très utile pour l'élaboration des gammes d'usinage, des contrats de phase et tout autre document technique du dossier des méthodes.
Cette liste n'est pas exhaustive, les symboles ne sont pas normalisés, ce sont des symboles conventionnels.

ABRÉVIATIONS CONVENTIONNELLES

DES MACHINES

DES OPÉRATIONS

MACHINES				OPÉRATIONS	
SR	Scies à ruban		SR	Sciage au ruban	scr
SC	Scies circulaires	à tronçonner à déligner à panneaux radiale	SCT SCD SCP SCR	Tronçonnage Délignage Mise à longueur	tro del màl
DE	Dégauchisseuses	à une face à deux faces	DE DEV	Dégauchissage	deg
RA	Raboteuses	à une face à plusieurs faces	RA RAV	Rabotage	rab
MO	Mortaiseuses	à mèche à couteaux à chaîne à position numérique	MOM MOV MOC MOPN	Mortaisage	mor
TE	Tenonneuses	à outils ouverts à outils fermés doubles à commande numérique	TEO TEF TED TECN	Tenonnage	ten
TO	Toupies	à arbre vertical à arbre inclinable à commande numérique	TOV TOI TOCN	Profilage Rainurage Feuillurage	pro rai feu
PE	Perceuses	à broche unique multi-broches	PE PEM	Perçage	per
DF	Défonceuses	à table à chariot à commande numérique	DFT DFC DFCN	Défonçage	def
PO	Ponceuses	à cylindre à bandes étroite à bande large à disque (lapidaire) à tambour	POC POE POL POD POT	Ponçage	pon
CD	Cadreuses	Semi-verticale Volumique à position numérique	CDSV CDVL CDCN	Assemblage	ass
Q4	Multi-opératrices	4 faces moulurière 4 faces moulurière à commande numérique	Q4M Q4CN	Corroyage Profilage	cor pro

SCHÉMAS CONVENTIONNELS DES MACHINES-OUTILS

Les **cotes** : quatre types de cotes apparaissent sur les schémas conventionnels des Machines-Outils :

– **Cm** : cote machine.
– **Ca** : cote appareillage.
– **Co** : cote outil.
– **Cp** : cote programmée.

SCIES CIRCULAIRES

SCT

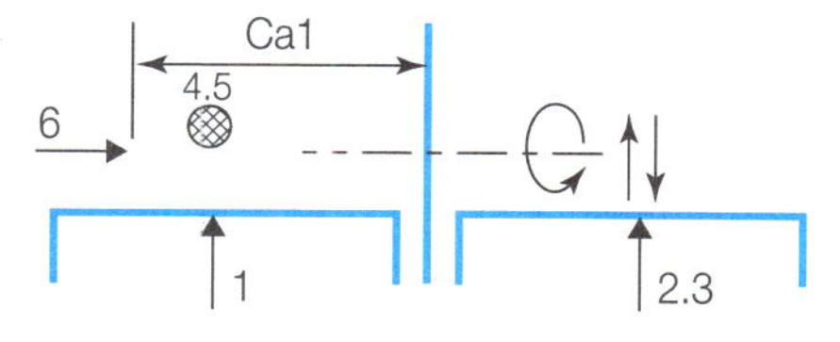

SCD

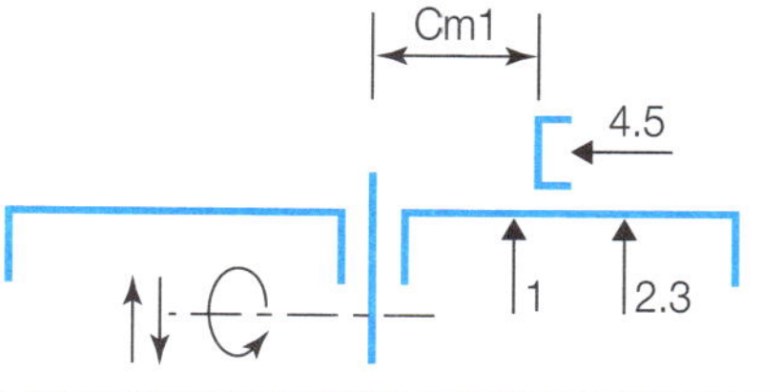

DÉGAUCHISSEUSES

DE

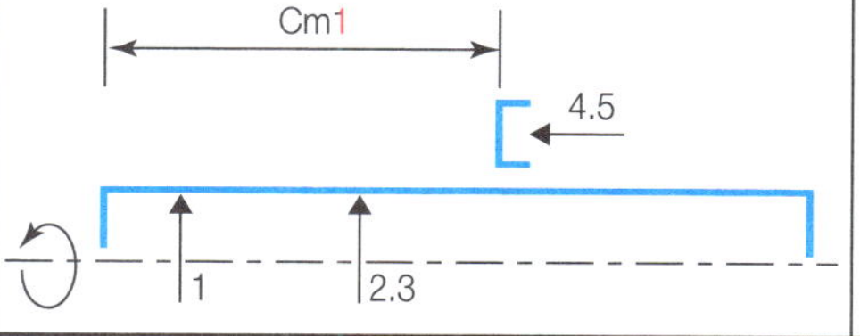

DEV

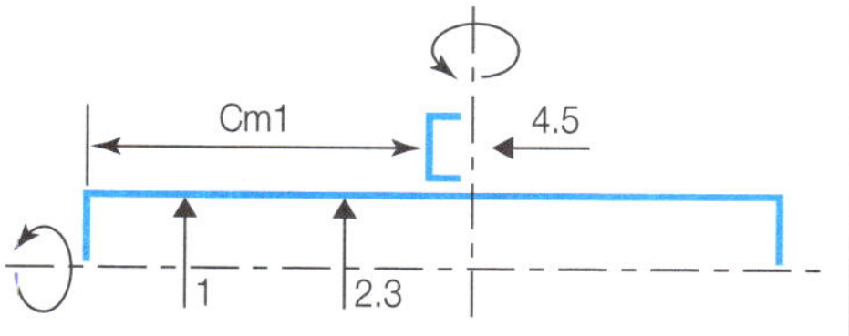

RABOTEUSES

RA

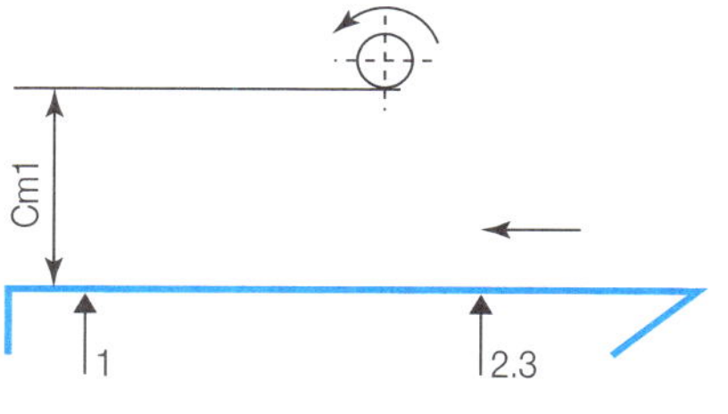

RAV

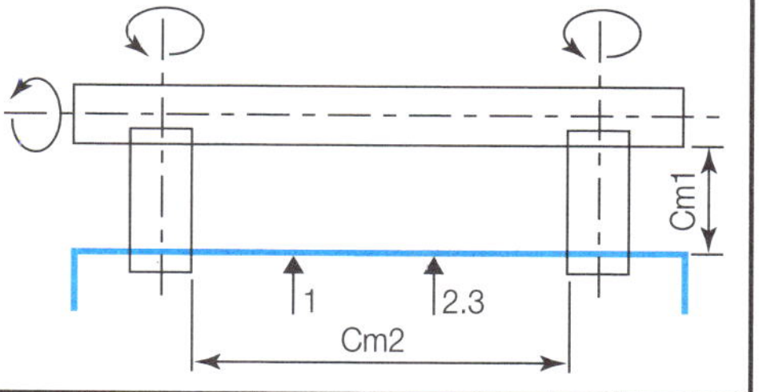

MORTAISEUSES

MOM

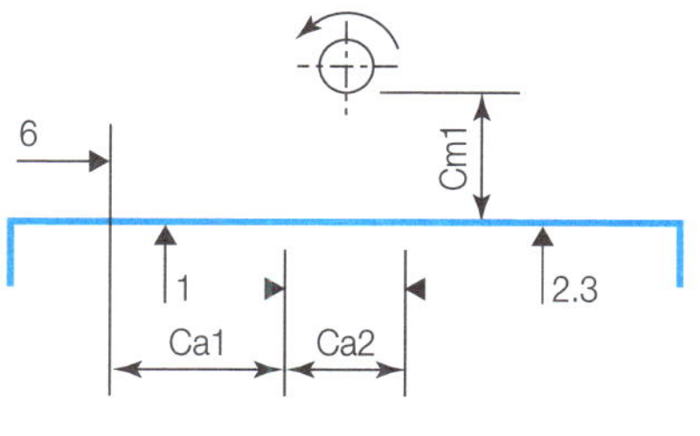

MOC

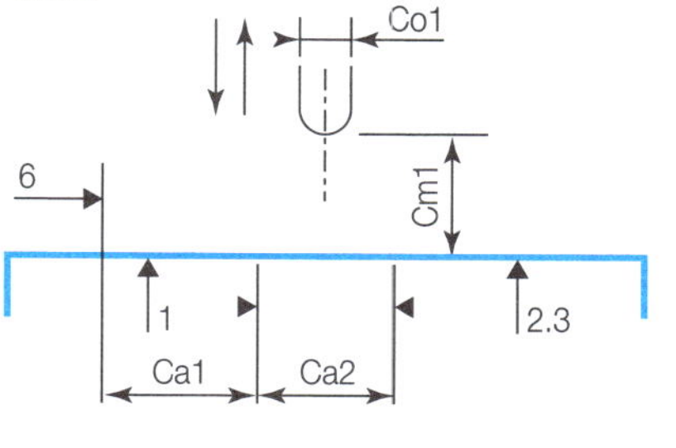

MOV

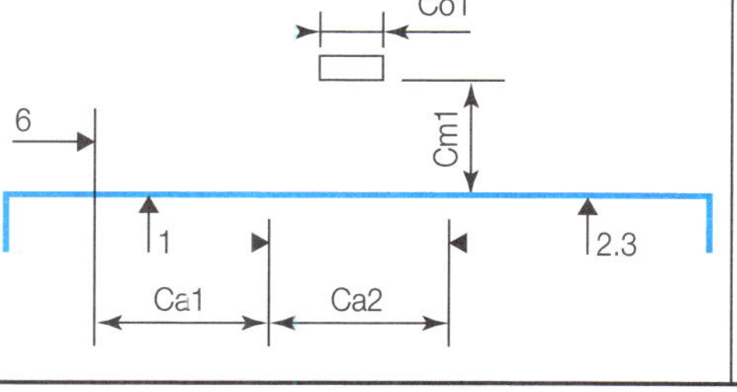

MOPN

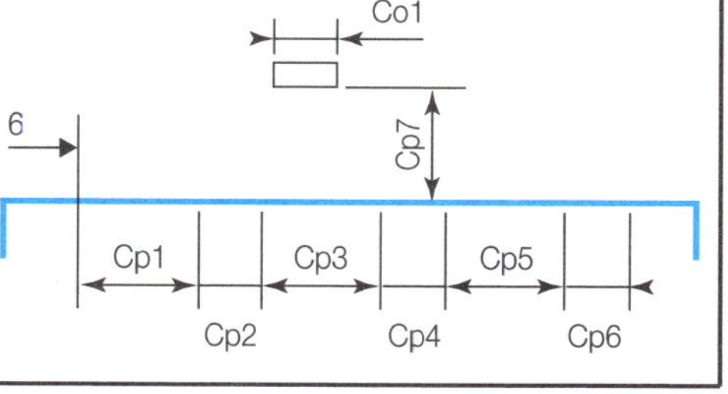

Symboles d'usinage

TENONNEUSES

■ TEO

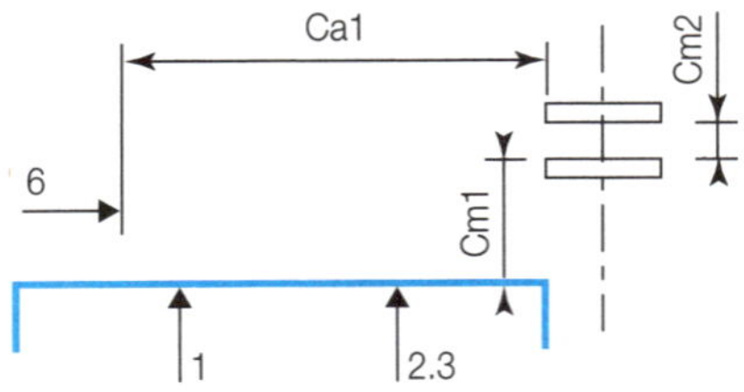

■ TEF

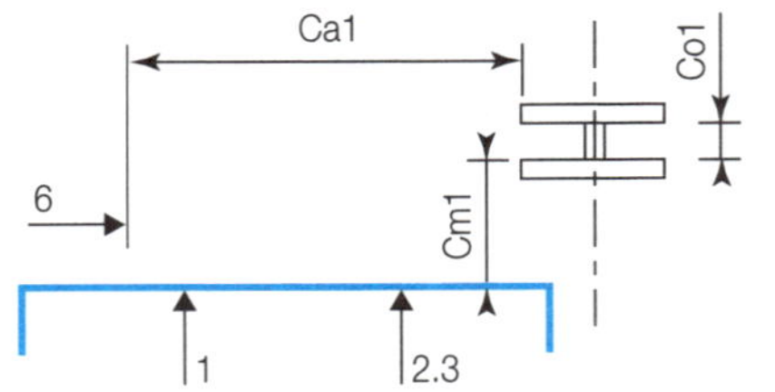

■ TED

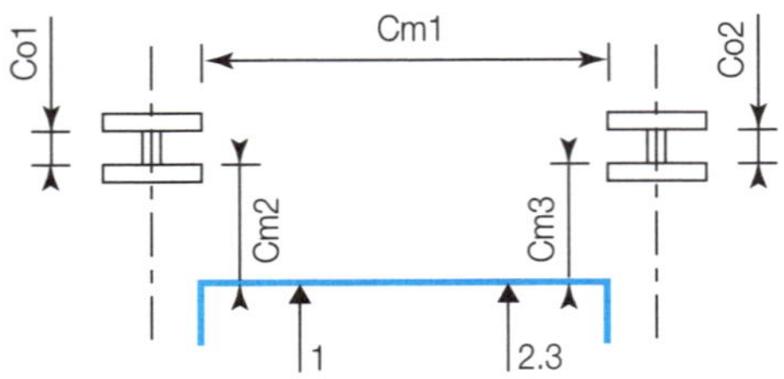

■ TECN

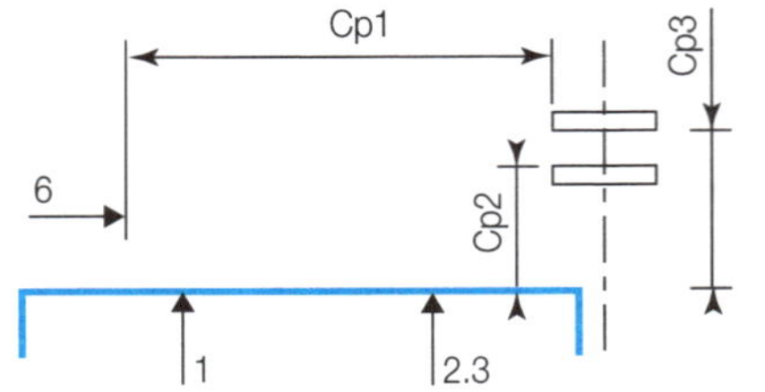

TOUPIES

■ TOV

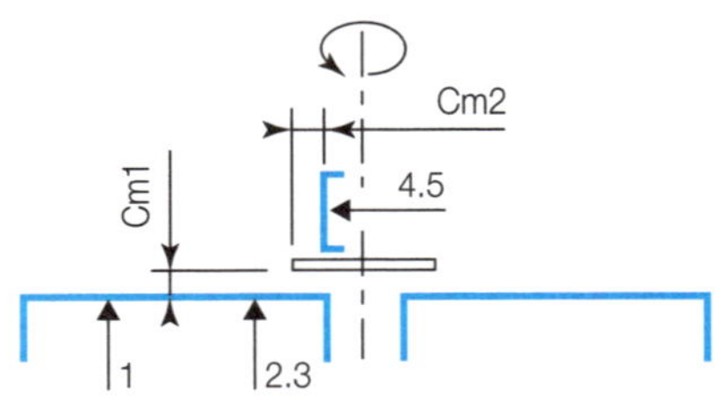

■ TOI

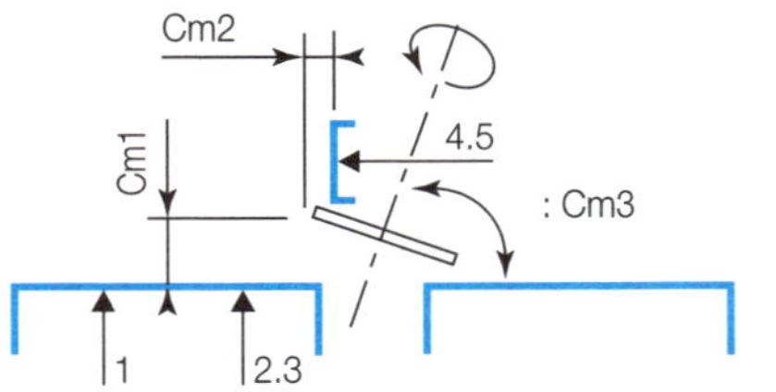

PERCEUSES

■ PE

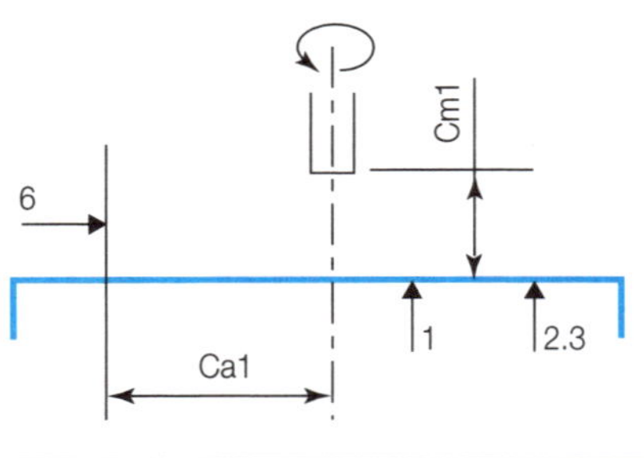

■ PEM

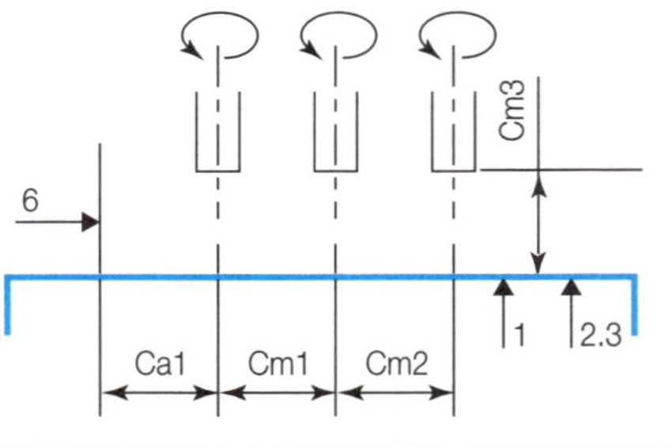

DÉFONCEUSES

■ DFT

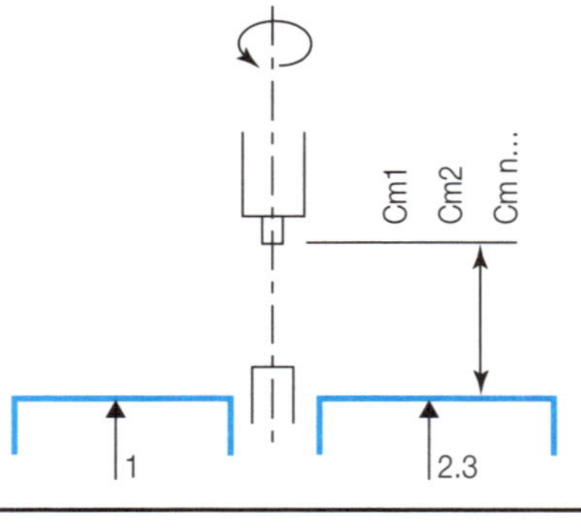

■ DFCN

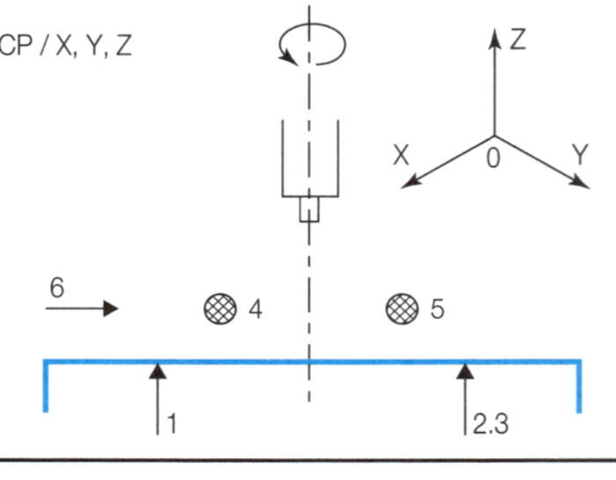

PONCEUSES

■ POE

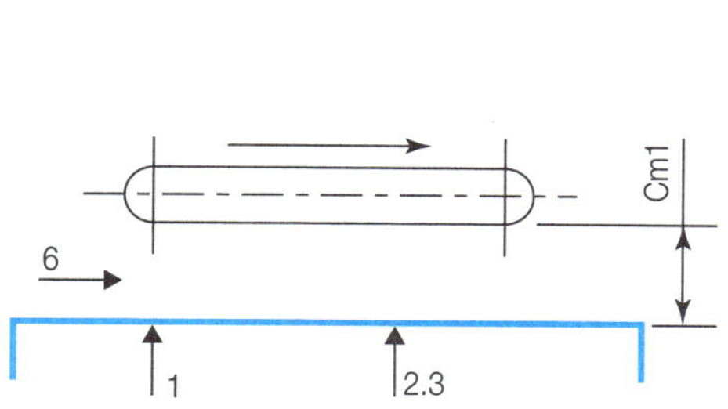

■ POL

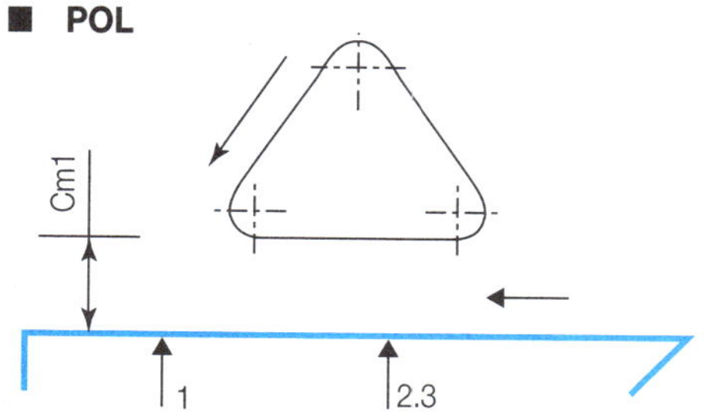

CADREUSES

■ CDSV

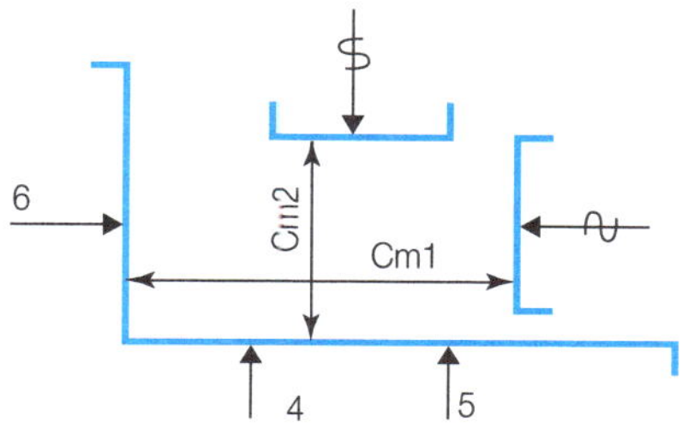

■ CDCN

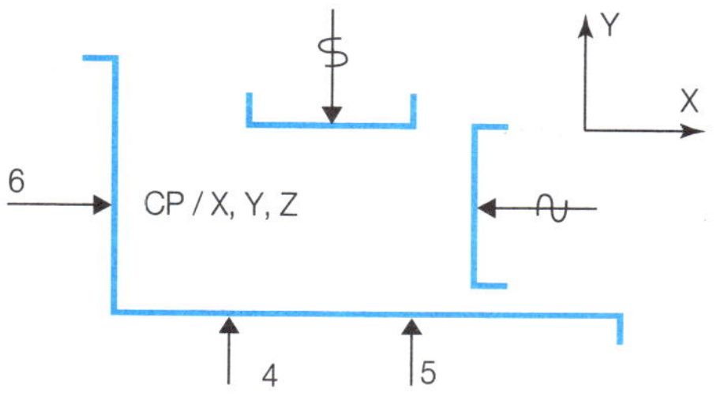

MULTI-OPÉRATRICES

■ Q4M

- **Représentation symbolique conventionnelle d'une moulurière**

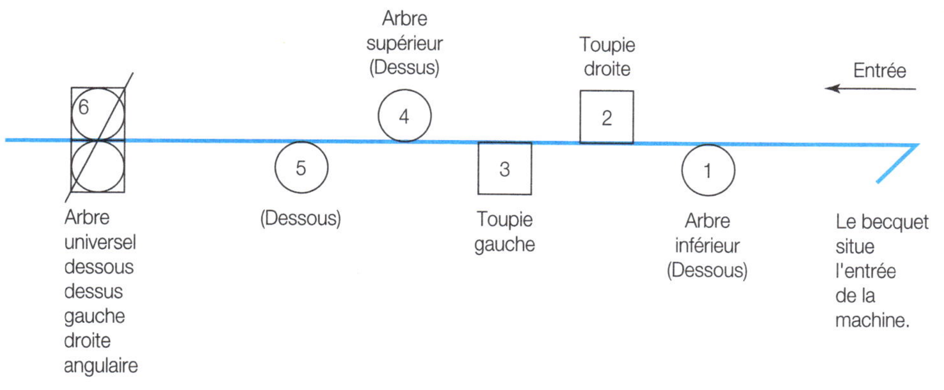

- **Repérage des outils sur le profil à usiner**

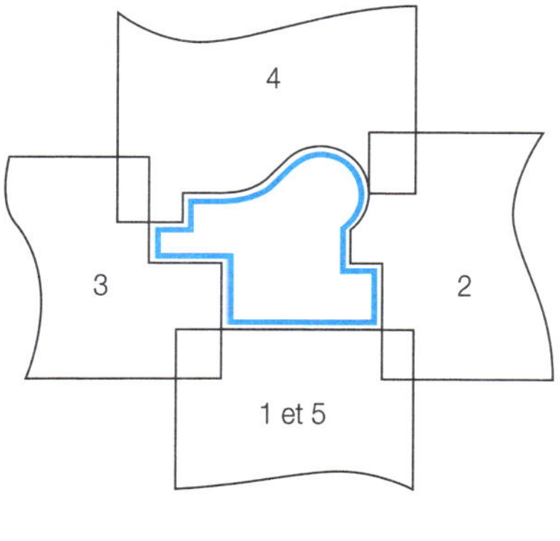

Conseil pratique :

Pour faciliter le décodage des schémas, il est judicieux d'affecter à chaque porte outil et à chaque outil correspondant, une couleur différente.

7.7 SYMBOLISATION DES PRISES DE PIÈCES

Le plan de définition d'un montage d'usinage doit faire apparaître sur ses différentes vues :
- Les dispositifs de mise en position, appui plan, appui linéique, appui ponctuel.
- Les organes de maintien en position.

SYMBOLES DES APPUIS ET DES SERRAGES DE PIÈCES

■ NORME NF E 04-013

1. Symbolisation de l'élimination des degrés de liberté d'une pièce :

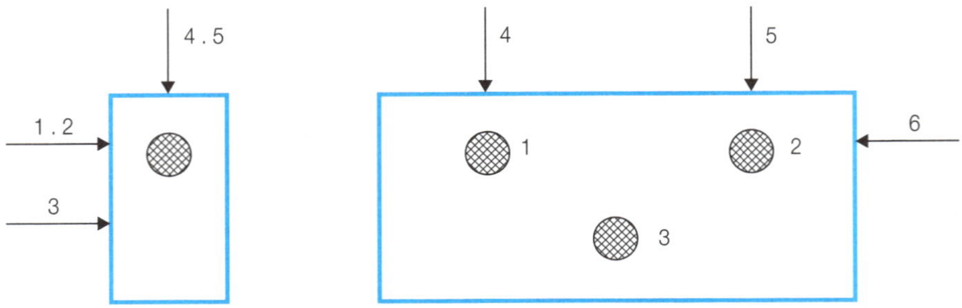

2. Symbolisation des éléments technologiques d'appui et de maintien :

	Profil	Projection
– Appui fixe :		
– Centrage fixe :		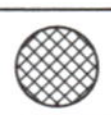
– Système à serrage :		

3. Symbolisation de la nature de la surface de contact de la pièce :

– Appui sur une surface brute :		Symbole :	
– Appui sur une surface usinée :		Symbole :	

4. Symboles indiquant la nature du contact avec la surface de la pièce :

– Contact ponctuel :		Symbole :	
– Contact surfacique :		Symbole :	

5. Principe d'établissement d'un symbole d'appui ou de maintien :

– Composition d'un symbole :

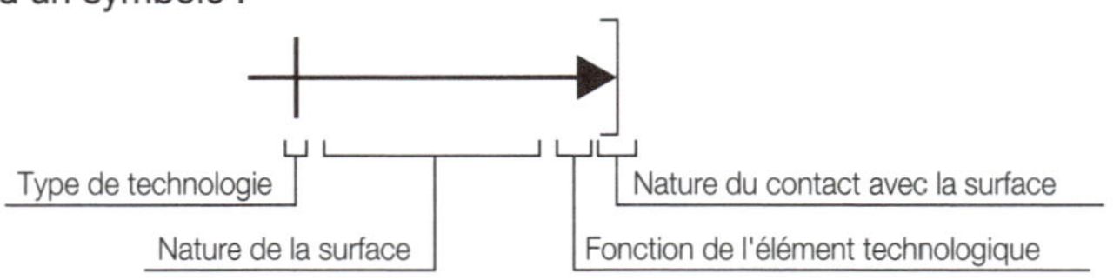

8 SCHÉMATISATION

8.1 SCHÉMATISATION DES MÉCANISMES

On appelle schéma, un dessin, un tracé figurant les éléments essentiels d'un objet, d'un ensemble complexe, d'un phénomène, d'un processus, et destiné à faire comprendre sa conformation et/ou son fonctionnement.

8.1.1 SCHÉMATISATION D'UN OBJET TECHNIQUE À DOMINANTE MÉCANIQUE

IDENTIFICATION DE LA SCHÉMATISATION

• **Définition : Qu'est-ce que schématiser ?**

Schématiser c'est représenter d'une manière simplifiée un objet technique (un mécanisme, une machine-outil) afin d'en dégager les fonctions principales.

• **Analogie : À quelle autre représentation graphique cette simplification peut-elle être comparée ?**

Le schéma est au dessin industriel, ce que la sténographie est à l'écriture courante.

• **Synthèse**

- Schématiser c'est simplifier.
- Le dessin industriel est une codification.
- La schématisation c'est la simplification d'une codification.

CHEMINEMENT VERS LA SCHÉMATISATION

• **Exemple : palier de meule et son axe**

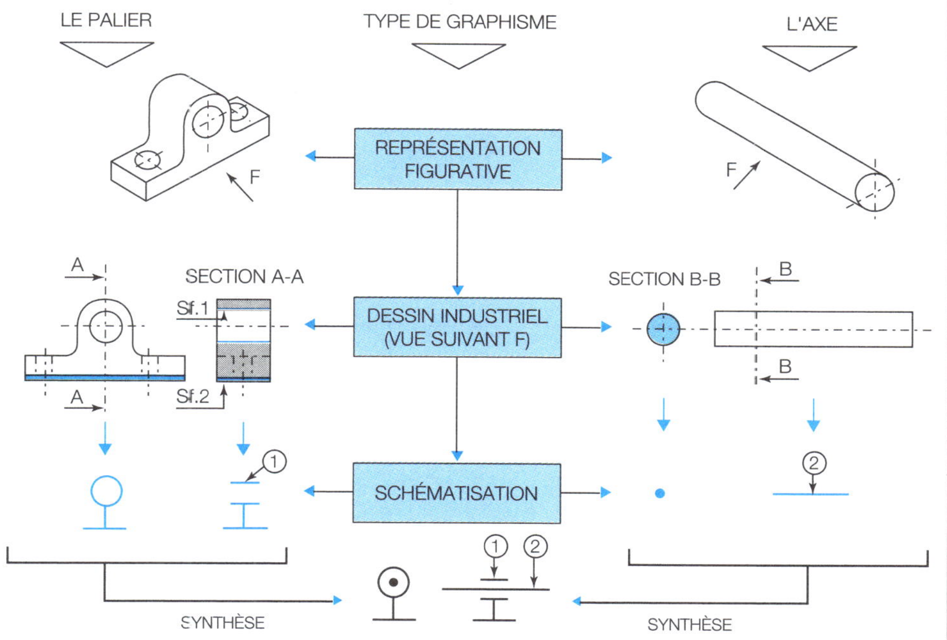

• **Schématisation du palier**

- Isoler les surfaces fonctionnelles Sf.1 et Sf.2
- Solidariser ces surfaces fonctionnelles par un élément de liaison e.1

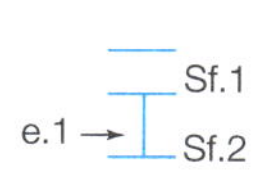

• **Schématisation de l'axe**

- L'axe est une barre, représentation simplificatrice de face : 1 trait
- La section de l'axe est circulaire, représentation simplificatrice de profil : 1 point

8.1.2 REPRÉSENTATION DES LIAISONS USUELLES ENTRE DEUX SOLIDES

Nom de la liaison	Mouvements Relatifs		Degrés de liberté	SYMBOLES GRAPHIQUES		
	Rotation	Translation		PROJECTIONS ORTHOGONALES	PERSPECTIVES	EXEMPLES
Liaison encastrement	0	0	0			Assemblages collés Éléments soudés Scellements
Liaison pivot *	1	0	1		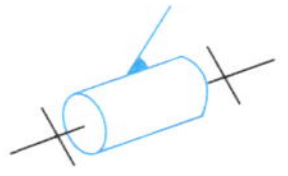	Charnière Penture anglaise Axe de poulie
Liaison glissière *	0	1	1	* F P 		Table de M.-O. Porte coulissante Règle à calcul
Liaison hélicoïdale *	1	1	2	F P * * 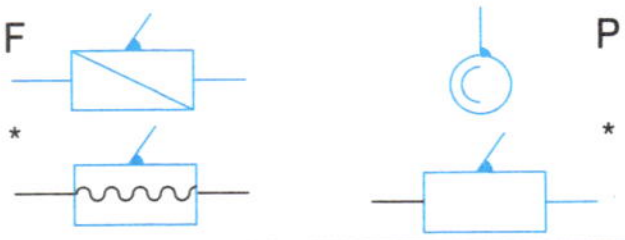	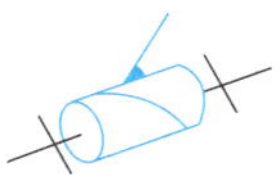	Vis-écrou Tire-bouchon
	conjugués					
Liaison pivot glissant *	1	1	2	* F * P 	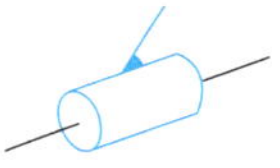	Verrou baïonnette Palier et axe
Liaison sphérique à doigt *	2	0	2	* 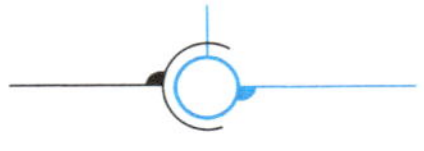	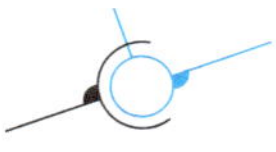	Cardan
Liaison rotule *	3	0	3	* 		Lampe d'appoint sur une M.-O. Attache de caravane
Liaison appui plan *	1	2	3	* 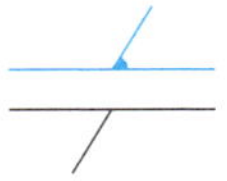	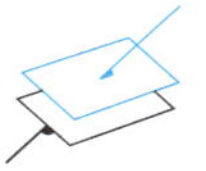	Étau libre sur table de perceuse Ponceuse à disque
Liaison annulaire ou liaison sphère cylindre *	3	1	4	F * P 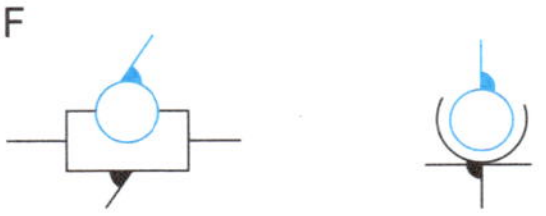	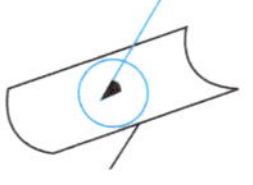	Loqueteau à bille Graisseur à bille Levier de vitesse
Liaison linéaire rectiligne	2	2	4	F P 		Racloir sur support à finir Toupillage au champignon
Liaison ponctuelle sphère plan *	3	2	5	F * P 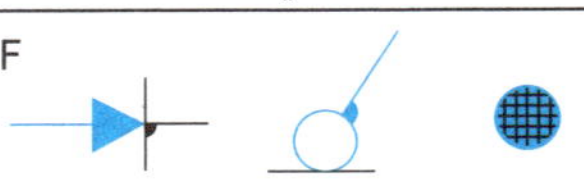	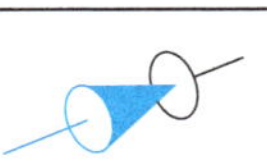	Bille sur une table Roulette sphérique

F : face P : profil

Seuls les appellations et les symboles graphiques * ont été retenus par la NF EN 150 3952-1.

8.1.3 CONVENTION DE REPRÉSENTATION DES ORGANES D'UN MÉCANISME

La schématisation d'un mécanisme implique la formulation d'une règle (relation d'équivalence) permettant de condenser la réalité.
Dans le schéma, les dimensions et les formes d'un objet technique ne sont pas fidèlement respectées, seules subsistent les fonctions principales des organes constitutifs du mécanisme étudié.

EXEMPLES

■ SCHÉMATISATION D'UNE PRESSE À VIS

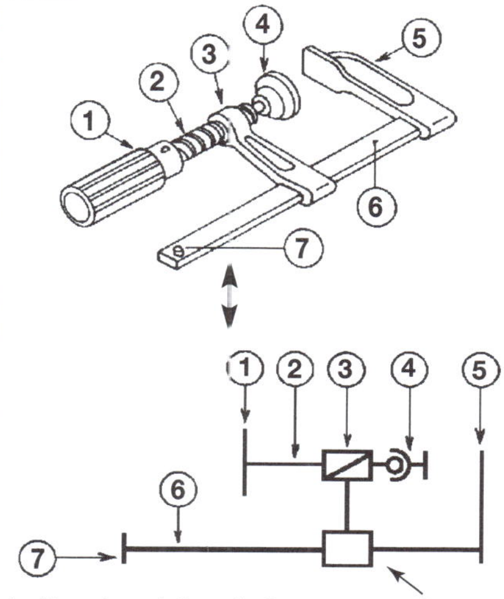

Arrêt en translation de 3 par rapport à 6 (3/6) par arc-boutement

■ SCHÉMATISATION D'UN SERRE-JOINT DORMANT

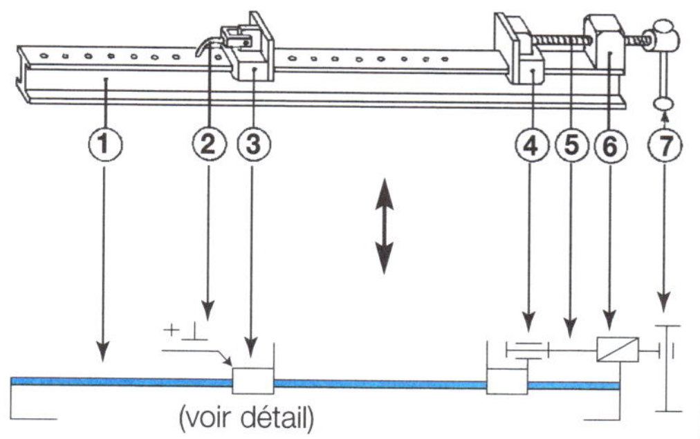

Détail (solution technologique de la liaison encastrement)

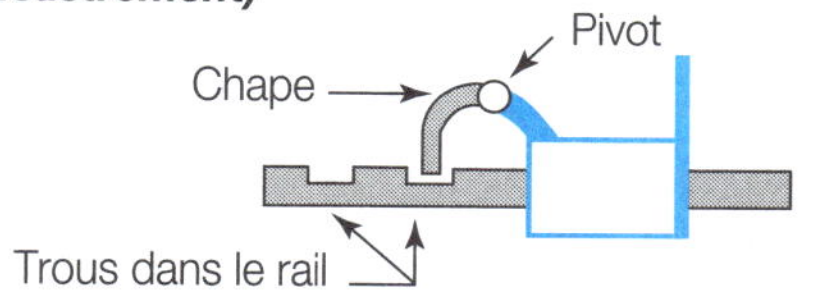

8.1.4 CONSEILS PRATIQUES POUR SCHÉMATISER LES MÉCANISMES

■ IMMOBILISATION D'UNE LIAISON USUELLE

Les liaisons glissières, pivots, etc. peuvent être immobilisées par un dispositif d'ablocage repéré par le symbole encastrement "⊥" qui ne préjuge pas de la technique mise en œuvre.

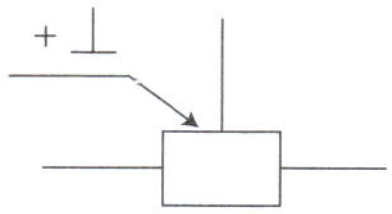

■ ÉQUIVALENCES SIMPLIFICATRICES

Ce que l'on observe : la translation d'un chariot est réalisée par deux pivots glissant sur 2 barres cylindriques parallèles.
Ce que l'on schématise : la translation du chariot est assurée par une liaison glissière normalisée.

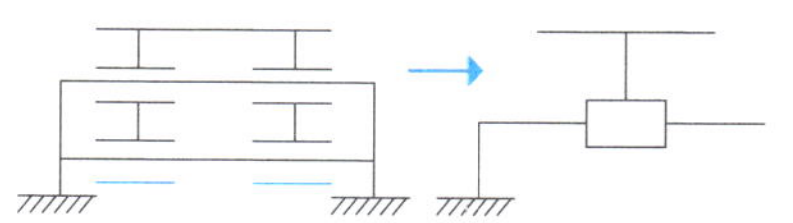

■ SYSTÈME MÉCANIQUE SURABONDANT

Deux liaisons « pivot » sur un même arbre engendrent un système hyperstatique (1). Un des pivots doit être substitué par une liaison « pivot glissant » (2) pour obtenir un système isostatique.

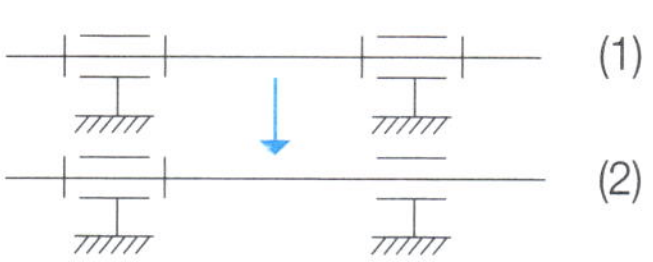

■ SOLUTIONS RÉCIPROQUES

Poulie dont le guidage en rotation est assuré par une liaison pivot :
- Ou la poulie est alésée et l'axe épaulé est fixe sur bâti (1).
- Ou la poulie porte l'axe épaulé et le palier est fixe sur bâti (2).

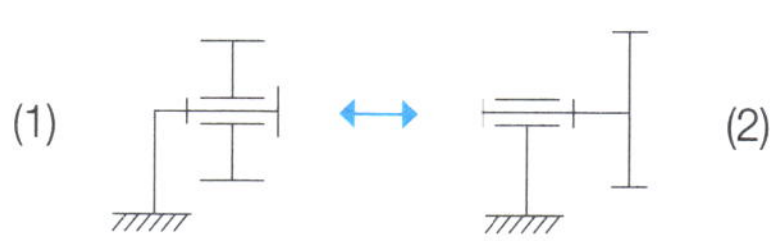

8.2 SCHÉMATISATION DES MACHINES-OUTILS

Les organes constitutifs de toutes les machines-outils usinant les matériaux par enlèvement de matière avec un outil de coupe sont tous analogues dans leur fonction technologique.

8.2.1 CIRCUIT MÉCANIQUE D'UNE MACHINE-OUTIL

ANALYSE DU CIRCUIT MÉCANIQUE

• **Définition**

C'est la chaîne continue et fermée des actions de contact entre tous les organes constitutifs d'une machine-outil permettant la réalisation de sa **fonction globale** (F.G.).

• **Exemple : Les machines portatives**

Condition : Soit « R » la relation qui existe entre l'outil de coupe O.C. et la pièce P pour effectuer un usinage spécifique.

« R » Fonction globale de « la » machine portative.

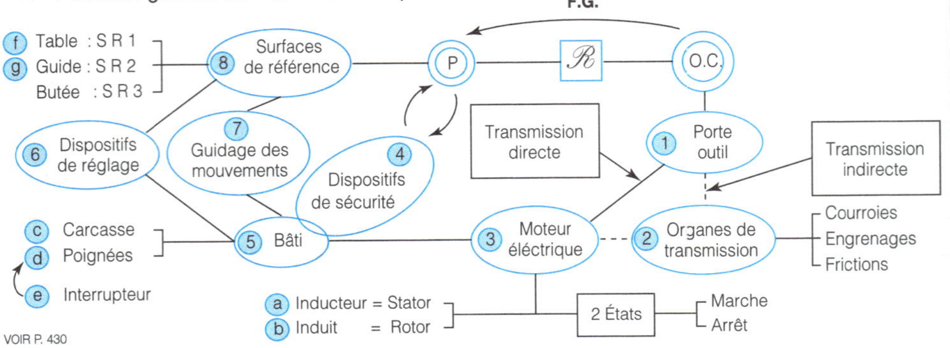

VOIR P. 430

RÉALISATION DU SCHÉMA

Le schéma est élaboré à partir de l'observation de la machine et de l'exploitation du circuit mécanique.
Exemple : la défonceuse portative

■ **REPRÉSENTATION FIGURATIVE**

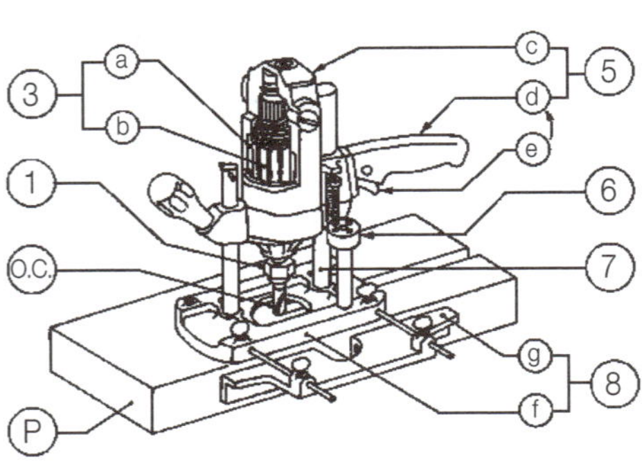

■ **SCHÉMATISATION**

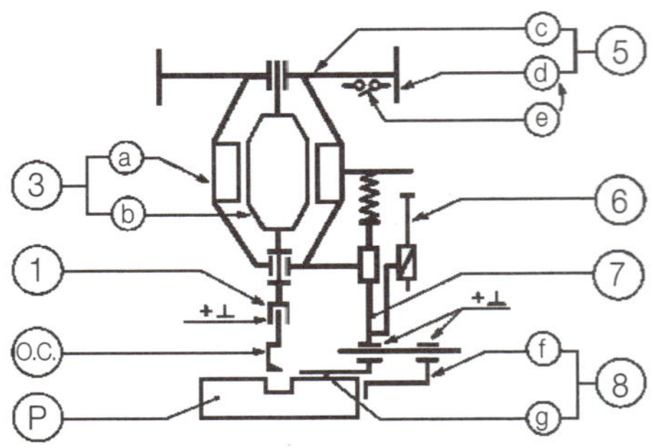

EXPLICITATION DU SCHÉMA

Pour faciliter le décodage du schéma d'un système, l'expliciter judicieusement par divers compléments d'information :

- Des indications ou explications écrites concises.
- Le repérage alphanumérique des différents éléments constitutifs renvoyant à des nomenclatures.
- Des représentations figuratives, de détails, en perspective.
- Des esquisses à l'échelle donnant une idée de la forme réelle de l'objet technique schématisé.
- Des couleurs différentes affectées aux divers éléments ou sous-ensembles composant le mécanisme.
- Des schémas perspectifs simplifiés de l'ensemble.
- Des schémas perspectifs grossis de détails.

8.2.2 REPRÉSENTATIONS DE LA SCIE RADIALE

REPRÉSENTATION FIGURATIVE

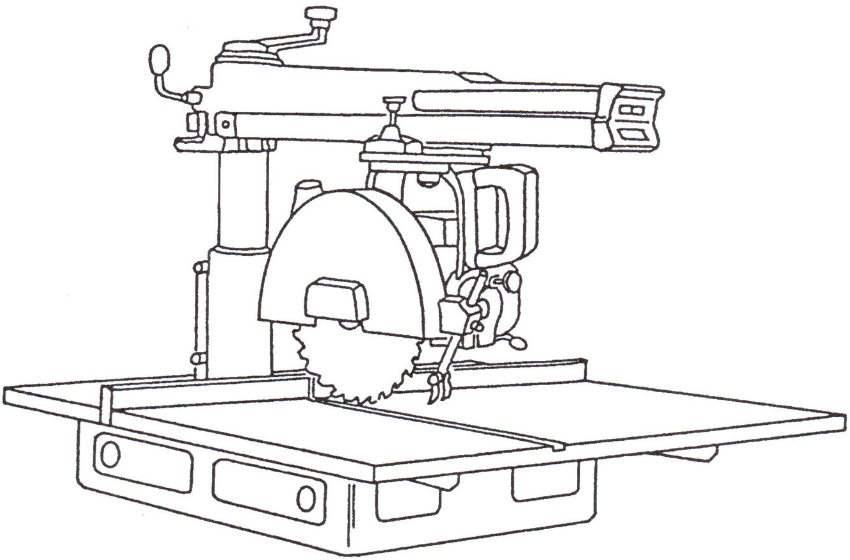

Nota : Pour faciliter la lecture, les éléments de protection ne figurent pas sur le dessin.

REPRÉSENTATION SCHÉMATIQUE

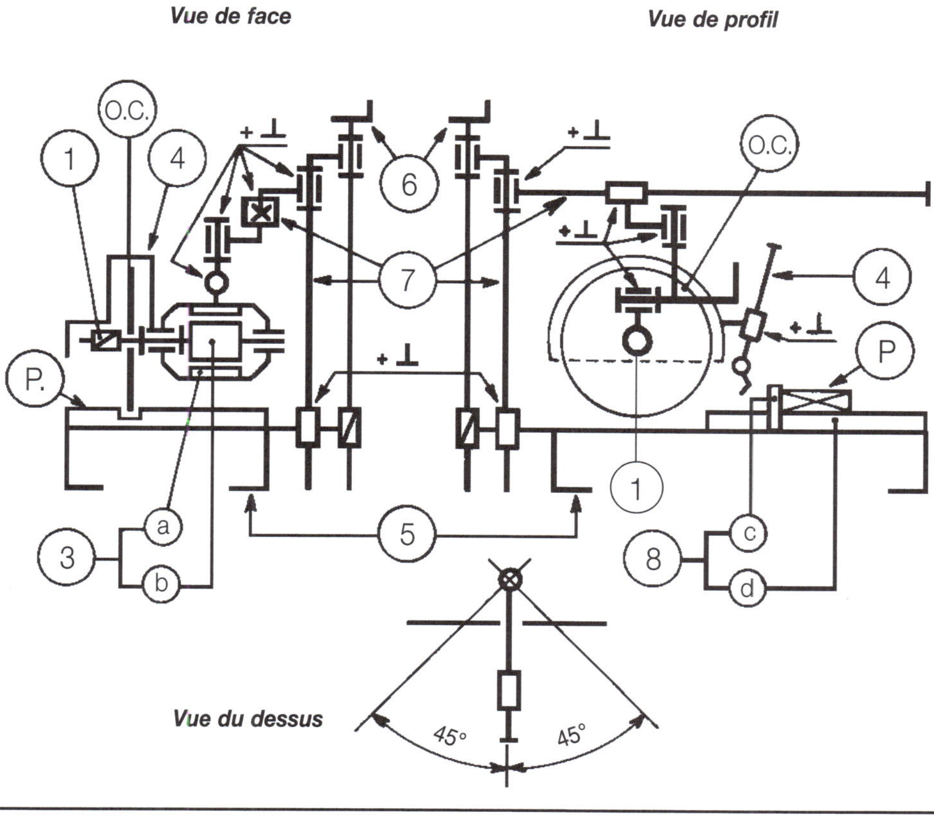

Schématisation des machines-outils

SCHÉMA PERSPECTIF

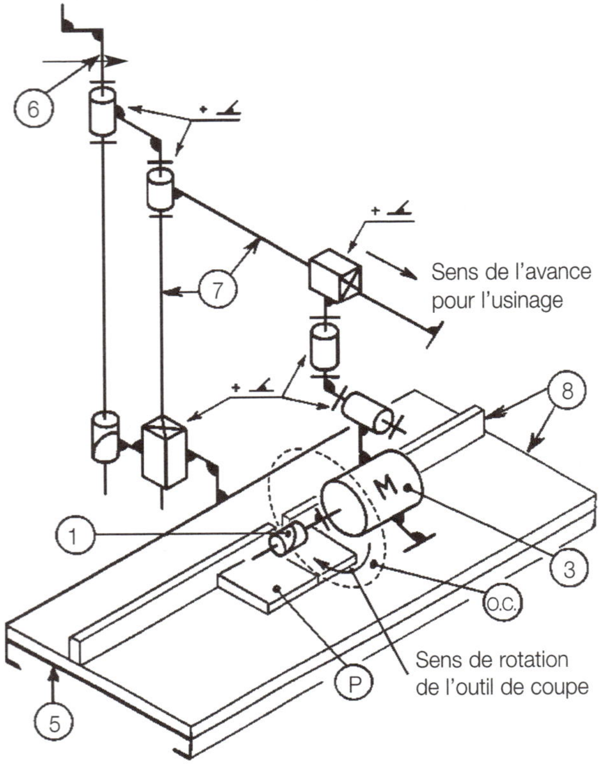

DIAGRAMME DES RELATIONS DE CONTACT ENTRE LES ORGANES

- **Condition du circuit mécanique**

Soit R la relation qui existe entre l'outil de coupe O.C. et la pièce P. pour effectuer un usinage spécifique. →

$\mathscr{R}$ → fonction globale de « la » machine-outil

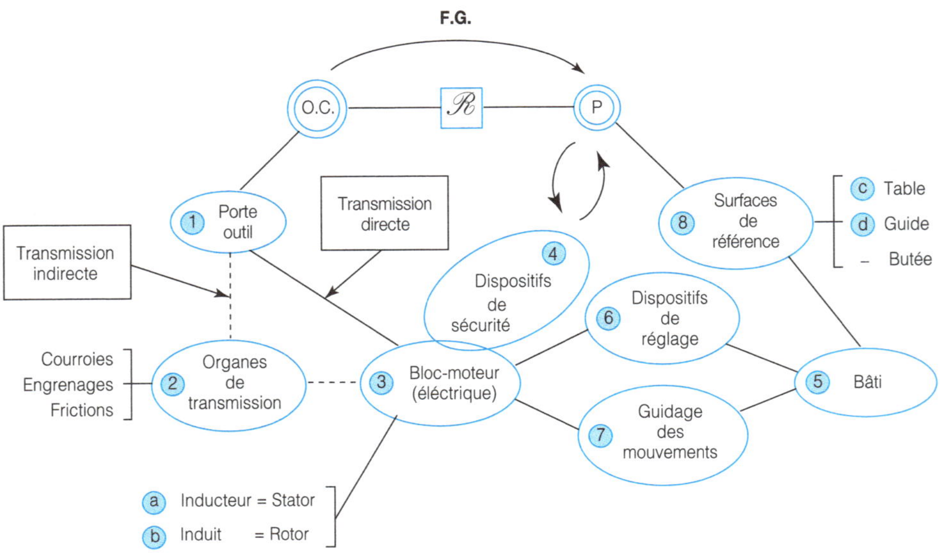

VOIR P. 444

8.2.3. FICHES MACHINES

Les fiches machines sont des documents techniques offrant de multiples avantages.

AVANTAGES DES FICHES MACHINES

■ COMPRÉHENSION D'UN MÉCANISME

- Identification de la fonction globale d'une machine-outil.
- Repérage des organes constitutifs en relation avec le « Diagramme des analogies ».
- Étude de l'agencement des organes : « Circuit mécanique ».

■ DÉCODAGE DES MOUVEMENTS DES MOBILES

- Repère tridirectionnel, prérequis pour la commande numérique.
- Direction et sens des mouvements : translations et rotations.
- Courses des mobiles et dimensions : capacités d'usinage.
- Valeurs des vitesses et des fréquences des mouvements conjugués : lois d'usinage.

■ SUPPORT DES LEÇONS DE « TECHNOLOGIE MACHINES »

- Approche matérielle de l'étude d'un système.
- Support de « l'approche fonctionnelle » de l'étude d'un système mécanique.
- Étude du réglage méthodique d'une machine-outil.

■ SUPPORT DU « LANCEMENT DE TRAVAIL »

- Capacités dimensionnelles : la machine « peut » ou « ne peut pas » effectuer un usinage donné.
- Choix des vitesses des mouvements conjugués.

■ ÉLABORATION DES GAMMES D'USINAGE ET CONTRATS DE PHASES

- Caractéristiques des machines-outils.
- Capacités d'usinage.

■ MAINTENANCE

- Compréhension de la chaîne cinématique d'une machine-outil.
- Repérage et délimitation des organes d'une machine-outil.

■ SYNTHÈSE

Les fiches machines du parc de l'atelier seront réunies dans un classeur ou dans un fichier informatique qui contiendra également les fiches outils.

Ce catalogue constituera un document de référence à toute étude des matériels et des méthodes d'usinage ainsi qu'à l'élaboration des documents d'un dossier technique.

EXEMPLE : FICHE MACHINE D'UNE TENONNEUSE À DÉROULEURS

Tenonneuse à dérouleurs	Sautereau TCD 82	Fiche machine

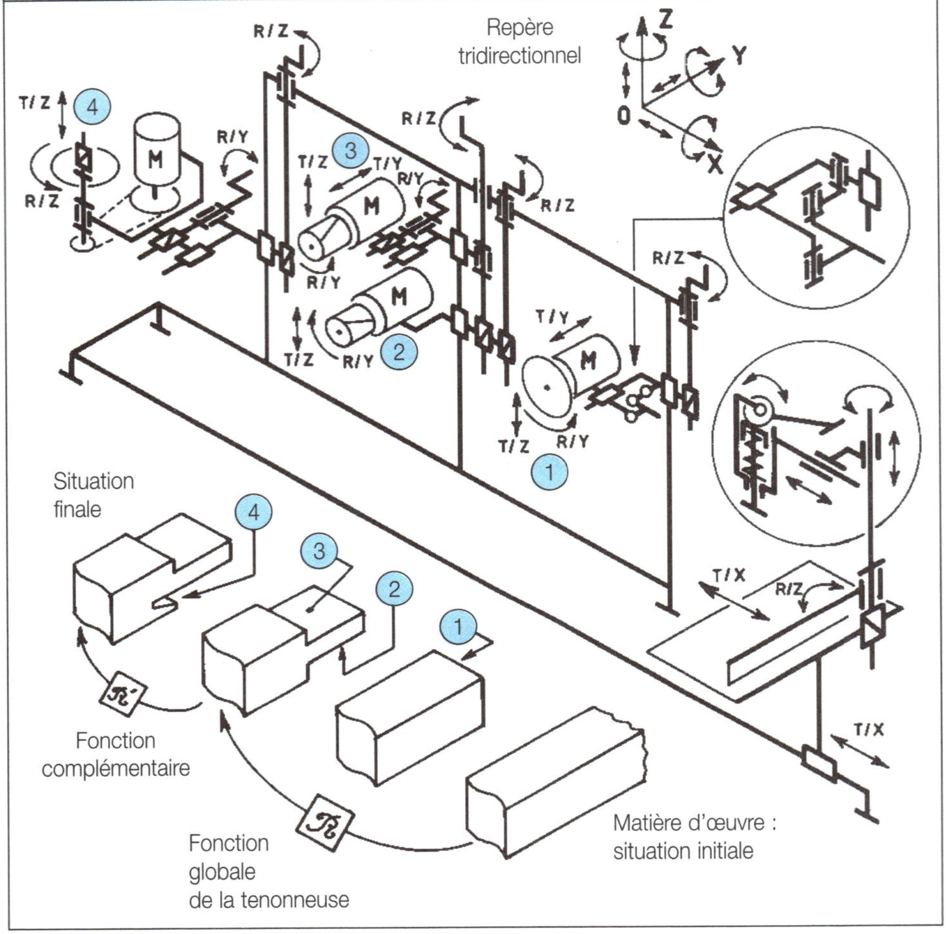

Éléments / Caractéristiques		Porte outils ①	Porte outils ②	Porte outils ③	Porte outils ④	Support de pièces	Maintien en position
Courses	sur X	______	______	______	______		
	sur Y	______	______	______	______		
	sur Z	______	______	______	______		
Vitesses							
Capacités							
Dimensions							

EXEMPLE : FICHE MACHINE D'UNE SCIE À RUBAN

Scie à ruban	Fiche machine

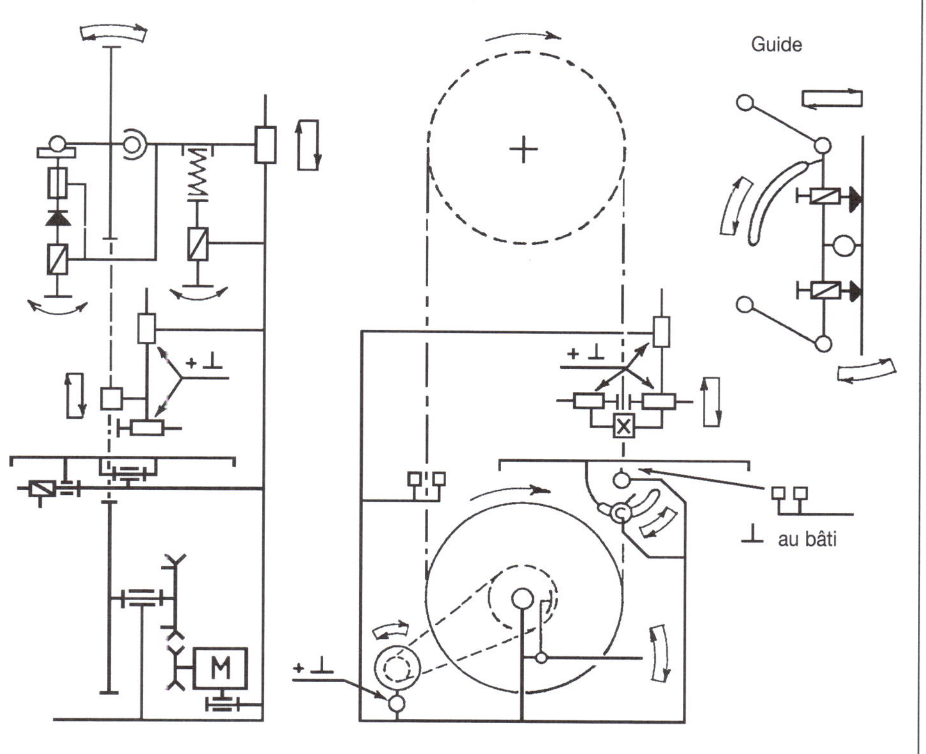

Éléments / Caractéristiques	Porte outils	Support de pièces	Maintien en position	Accessoires entraînement
Courses	Volant supérieur 150 mm	inclinaison à 45° d'un seul côté	Déterminé par l'opérateur	Guide de table 280 mm
Vitesses	S = 660 tr / min	Néant	Déterminé par l'opérateur	Néant
Capacité d'usinage	Entre outil et carter 750 mm	Table plus prolongation 1 170 mm	Néant	Guide de table de 0 à 280 mm Guide lame 550 (hauteur de sciage)
Dimensions	Ø 800 Largeur bande de roulement 50 mm	Table 940 x 840	Néant	Guide de table Long. 400 mm Haut. 120 mm
Matières	Fonte	Fonte	Néant	Fonte

8.2.4 SCHÉMATISATION DE LA CADREUSE HYDRAULIQUE

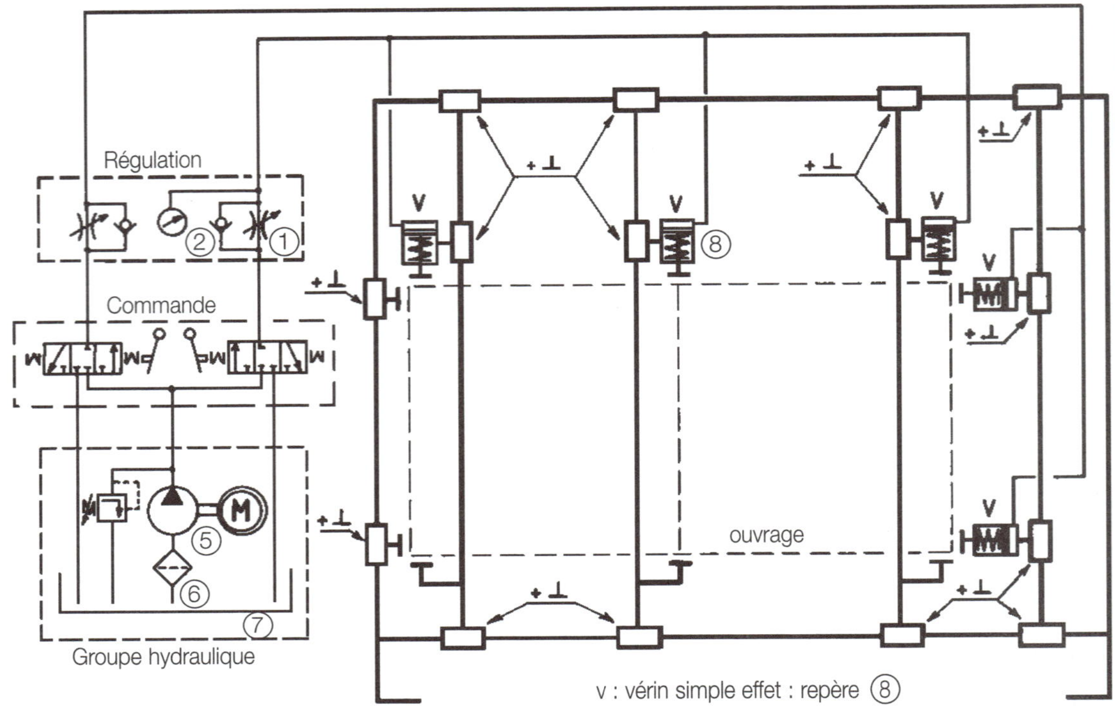

LES COMPOSANTS HYDRAULIQUES

• **Remarque :**

Pour équiper le système avec des vérins double-effet, voir :

– V.D.E. repère ⑨

– Distributeur 4/3 repère ⑩

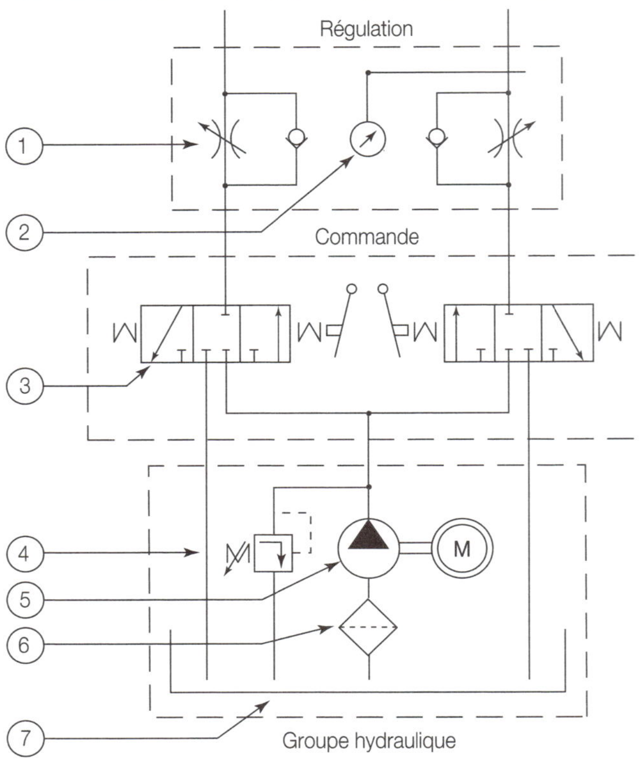

		Schématisation
① **Limiteur de débit unidirectionnel**	Dispositif de régulation comprenant : – ① Un « étrangleur », organe réglable provoquant le laminage de l'huile et créant une perte de charge. – ② Un clapet d'antiretour monté en parallèle ne rendant efficace le freinage de l'huile que dans un sens.	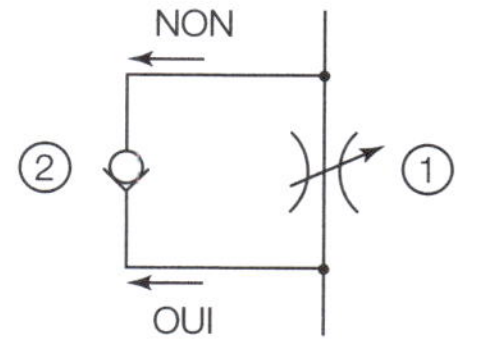
② **Manomètre**	Appareil permettant de mesurer la pression de l'huile en un point désiré du circuit hydraulique.	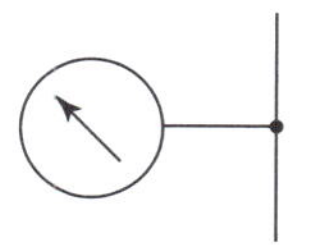
③ **Distributeur 3/3 à commande manuelle**	Vanne de commande comportant 3 orifices et 3 positions. Utilisée pour l'alimentation des vérins simple effet. Le tiroir de la vanne est maintenu en position de repos par deux ressorts antagonistes lorsqu'il n'y a pas d'action sur la poignée de commande. Le vérin est mis sous pression lorsqu'on pousse sur la poignée. Le vérin est délesté lorsqu'on tire sur la poignée.	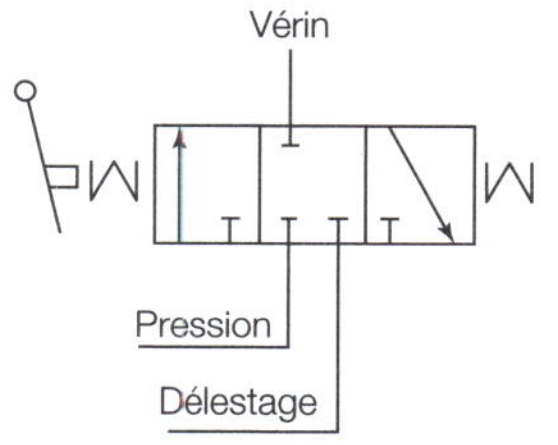
④ **Soupape de sécurité ou limiteur de pression**	Ce dispositif permet de limiter la pression de l'huile à un certain niveau au-delà duquel le circuit risquerait d'être endommagé. Lorsque cette pression limite est atteinte, une partie de l'huile est évacuée du circuit tout en maintenant une pression raisonnable pour les vérins éventuellement. Ce dispositif se monte généralement en dérivation à la sortie de la pompe.	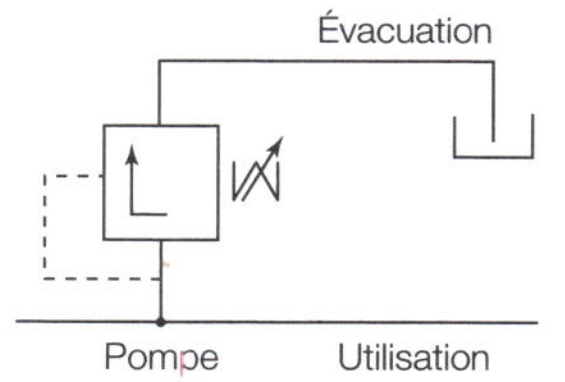
⑤ **Pompe à huile et moteur électrique**	Groupe permettant la mise sous pression de l'huile. Dans le symbole de la pompe, le triangle noir indique le refoulement de l'huile sous pression.	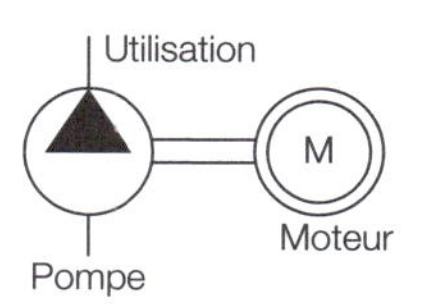
⑥ **Filtre à huile**	Indispensable car la longévité des composants du circuit hydraulique est fonction de la propreté de l'huile.	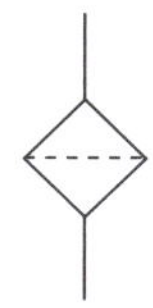
⑦ **Réservoir ou bâche**	Constitue une réserve d'huile permettant un recyclage modéré de l'huile et donc son refroidissement.	

(8) **Vérin simple effet**	Actionneur ne travaillant que dans un sens. L'huile sous pression alimente la chambre du vérin et pousse le piston qui fait sortir la tige dans le sens travail. Le retour s'effectue par le ressort de rappel lorsque la chambre du vérin est délestée.	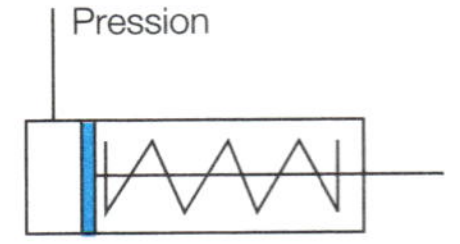
(9) **Vérin double effet**	Actionneur travaillant dans les deux sens. – Circuit 1 : La chambre V1 est alimentée. La chambre V2 est délestée. La tige de piston sort V+. – Le circuit 2 : La chambre V2 est alimentée. La chambre V1 est délestée. La tige de piston rentre V–.	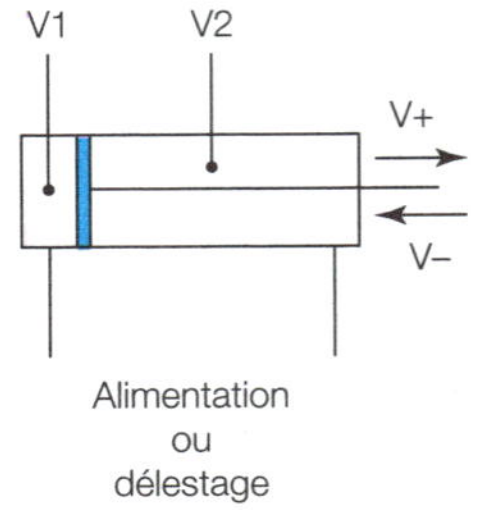
(10) **Distributeur 4/3 à commande manuelle**	Vanne de commande comportant 4 orifices et 3 positions. Utilisée pour l'alimentation des vérins à double effet. Le tiroir de la vanne est maintenu en position de repos par deux ressorts antagonistes lorsqu'il n'y a pas d'action sur la poignée de commande. Lorsqu'on pousse sur la poignée, la chambre V1 du vérin est mise sous pression, la chambre V2 du vérin est délestée et la tige du vérin sort, V+. Lorsqu'on tire sur la poignée, la chambre V2 du vérin est mise sous pression, la chambre V1 du vérin est délestée et la tige du vérin rentre V-.	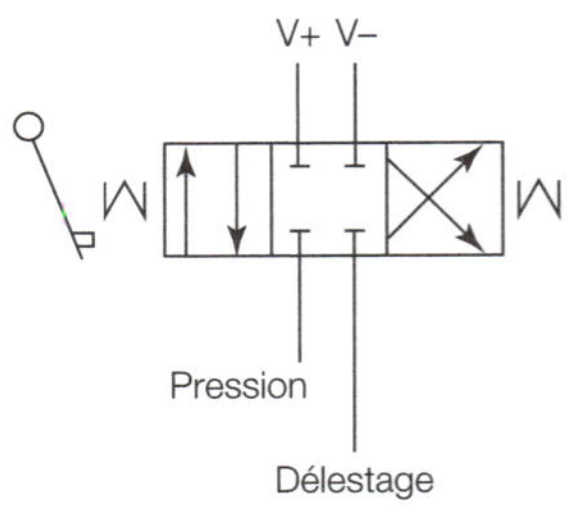
Les organes de liaison	Ils comprennent toutes les canalisations et tuyauteries de transport de l'huile entre les différents organes du circuit hydraulique. Les piquages sur une canalisation principale sont symbolisés par un point sur l'intersection des dérivations ou montages en parallèle. Éviter les piquages en croix qui pourraient être confondus avec les canalisations qui se croisent simplement sans avoir de communication entre elles.	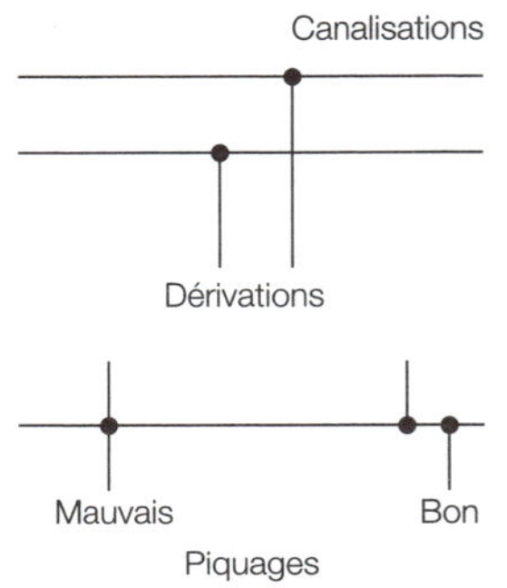

9 GESTION DE PRODUCTION

9.1 CODIFICATION

Tout produit, article, ensemble, sous-ensemble, pièce, composant, doit posséder **un numéro de code et un seul**, indépendant ou dépendant, selon la stratégie, de sa place dans l'arborescence du produit fini (nomenclature par niveaux).

9.1.1 ÉTABLISSEMENT D'UNE CODIFICATION

DEUX OBJECTIFS FONDAMENTAUX DE LA CODIFICATION	Assurer l'**identification** « Code » de l'article. Assurer la **classification** « référence » de l'article.
DEUX TYPES DE CODIFICATION	• **Codification « significative »** L'information repère de l'article porte une signification directe ou indirecte. – Avantage : mnémonique, transparente, facile à utiliser et à exploiter. – Inconvénients : code long, discontinu, limité dans l'extension. • **Codification « aveugle »** L'information repère de l'article n'a pas de signification. – Avantage : courte longueur, adapté à la gestion par ordinateur. – Inconvénient : ne représente rien en relation avec l'article.
DEUX STRUCTURES DE ZONES	• **Zones de type « hiérarchiques »** Groupe, famille, classe… • **Zones de type « Attributs »** Matière, couleur, forme, dimensions…
DEUX FAMILLES DE SIGNES DE REPRÉSENTATION GRAPHIQUE	Les chiffres de 0 à 9. Les lettres de A à Z. • **Remarque :** La combinaison des deux est possible (codification alphanumérique).

IDENTIFICATION

« Code » article

Codification aveugle :

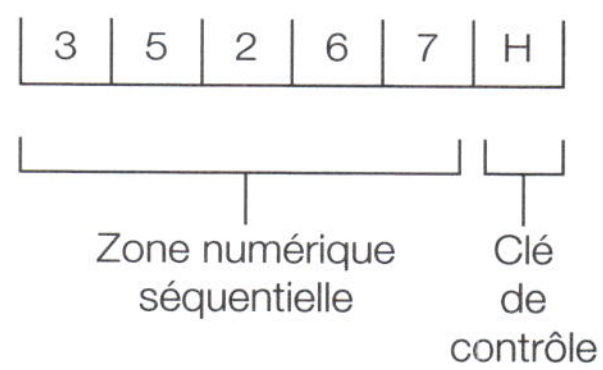

CLASSIFICATION

« Référence article »

Codification significative :

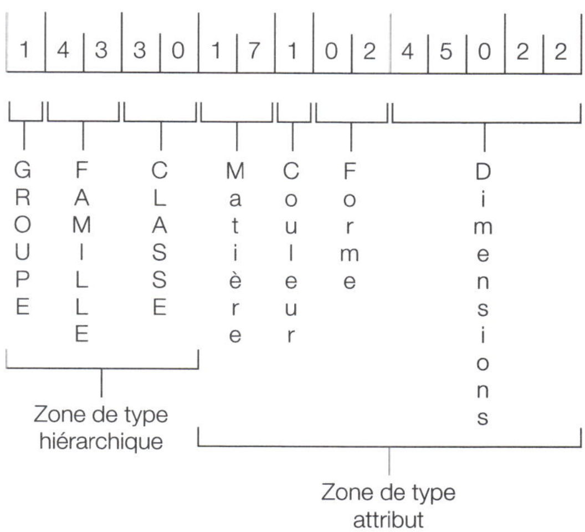

Codification

LES DIFFÉRENTS MODES DE CODIFICATION	■ **MODE SÉQUENTIEL** Chaque article est codé au fur et à mesure des besoins par la lettre ou le chiffre suivant.	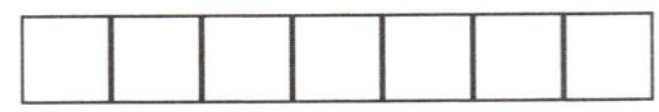
	■ **MODE SÉQUENTIEL PAR TRANCHES** L'ensemble est décomposé en plusieurs parties ayant chacune ses propres caractéristiques.	
	■ **MODE MNÉMONIQUE** Groupes de lettres ou de chiffres évoquant très rapidement un mot ou un message.	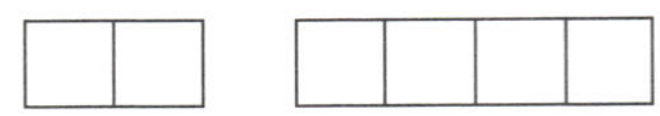
	■ **MODE DESCRIPTIF** Décrit les caractéristiques de l'article ou du produit.	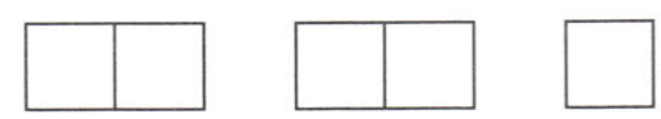
	■ **MODE JUXTAPOSÉ** Semblable au séquentiel mais chaque partie est indépendante et peut être triée automatiquement.	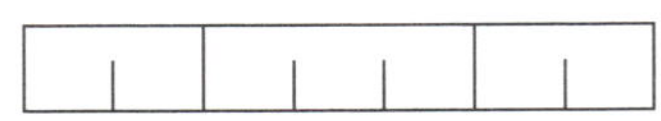
	■ **MODE HIÉRARCHISÉ** Sous forme de nomenclature par niveaux permet l'accès aux différentes parties composant un produit ou un article.	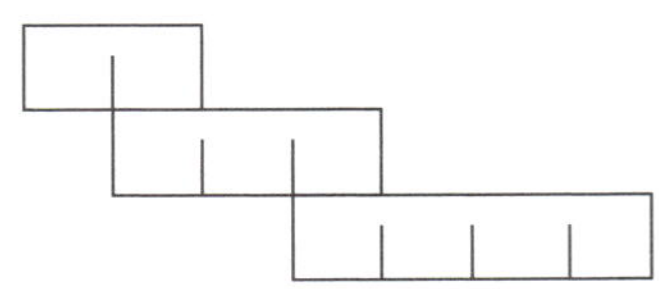
	■ **MODE COMPLEXE À CONTRÔLE** Utilisé par les banques, permet des opérations systématiques de vérification.	

CARACTÉRISTIQUES D'UN SYSTÈME DE CODIFICATION

- **Biunivosité :**
Le système de codification est tel qu'à chaque zone ou élément d'un code lui appartenant correspond une zone ou un élément et un seul d'un autre code du système, et réciproquement.
- **Significatif ou aveugle.**
- **Nature des signes d'écriture de code :**
Numériques, alphabétiques, alphanumériques.
Remarque : Éviter les ambiguïtés d'écriture :
1 et I ; Ø et 0 ; 5 et S, u et v…
- **Longueur du code :**
Plus le code est explicite, plus il doit être long, mais plus son exploitation est lourde et difficile.
- **Possibilités d'extension, d'insertion.**
- **Adaptabilité à d'autres objets à coder :**
Produits, articles, matières, matériels, outillages, documents techniques et administratifs…
- **Longévité et stabilité du système.**
- **Aptitude à la décomposition descendante :**
Codification de nomenclatures par niveaux.
- **Aptitude au classement :**
Tri automatique en gestion informatisée.
- **Simplicité.**
- **Fiabilité des codes :**
Clé de contrôle automatique du code en gestion informatisée.

9.1.2 CONTRÔLE DE L'EXACTITUDE DES CODES

CLÉ DE CONTRÔLE ALPHABÉTIQUE « MODULO 23 »

Le code correct à saisir est :

36 285 P

36 285 = (1 577 × 23) + 14

14 correspond à P

Le code est juste.

Le code saisi par erreur est :

36 825 P

(2 chiffres sont inversés)

36 825 = (1 601 × 23) + 2

2 correspond à B

L'ordinateur signale l'erreur.

Tableau de correspondance des chiffres et des lettres

0 → Z	5 → E	10 → K	15 → Q	20 → W
1 → A	7 → G	12 → M	17 → S	22 → Y
3 → C	8 → H	13 → N	18 → T	
4 → D	9 → J	14 → P	19 → U	

CLÉ DE CONTRÔLE NUMÉRIQUE « MODULO 10 »

Le code correct à saisir est :

34 972 6

Calcul

Chiffre	×	Rang	=	Résultat
3	×	1	=	3
4	×	2	=	8
9	×	3	=	27
7	×	4	=	28
2	×	5	=	10

Total = 76

La clé de contrôle est 6

Le code est juste.

Le code saisi par erreur est :

34 792 6

(2 chiffres sont inversés)

Calcul

Chiffre	×	Rang	=	Résultat
3	×	1	=	3
4	×	2	=	8
7	×	3	=	21
9	×	4	=	36
2	×	5	=	10

Total = 78

La clé de contrôle est 8

L'ordinateur signale l'erreur.

9.1.3 EXEMPLE DE CODIFICATION DANS UN LYCÉE PROFESSIONNEL

CODIFICATION DES PRODUITS

■ **9 CARACTÈRES**

- **FAMILLE** Code du produit
- **CLASSE** Année de création
- **SOUS-CLASSE** Essence prioritaire
- **REPÈRE** N° de l'ordre de fabrication

CODIFICATION DES MATÉRIAUX BOIS ET DÉRIVÉS

■ **9 CARACTÈRES**

- **FAMILLE** Code du matériau
- **CLASSE** Essence – Couleur
- **SOUS-CLASSE** Choix – Qualité
- **REPÈRE** Épaisseur

CODIFICATION DES DESSINS

■ **8 CARACTÈRES**

- **FAMILLE** Code de l'ensemble
- **CLASSE** Année de création
- **SOUS-CLASSE** S/ens. ou élément
- **REPÈRE** Type de dessin
  E : Ensemble
  D : Définition
  F : Fabrication

CODIFICATION DES GAMMES

■ **11 CARACTÈRES**

- **FAMILLE** Code Ensemble
- **CLASSE** Année de création
- **SOUS-CLASSE** N° Sous-ensemble
- **REPÈRE** N° Élément

9.2 NOMENCLATURE PAR NIVEAUX

La nomenclature par niveaux est une liste structurée, hiérarchisée, descendante inventoriant les matières premières, composants et assemblages nécessaires à la production d'un article faisant l'objet d'un dessin d'ensemble.

C'est une structure arborescente composée de divers niveaux dont le nombre est fonction de la complexité de l'article. Chaque niveau indique une étape dans le processus de fabrication.

À chaque niveau est affecté un article « Sous-ensemble », « Composant », « Élément », « Matière première », « Pièce achetée ».

Analogie : Structure proche de l'analyse descendante d'un système.

DESCRIPTEURS GRAPHIQUES

■ LES NIVEAUX

• L'indice de niveau

Le niveau zéro est celui du produit fini. C'est le plus haut niveau de la nomenclature.

À chaque décomposition d'un article, le niveau d'indice « n » passe à un niveau d'indice « n+1 ».

Le dernier niveau avec le plus grand indice sera le niveau le plus bas de la nomenclature.

Le nombre de niveaux nécessaires à la décomposition d'un produit est un indicateur du degré de complexité de sa gestion de production.

• Règle du plus bas niveau

Un même article peut apparaître dans plusieurs niveaux d'une même nomenclature.

Toutes les situations différentes de cet article seront positionnées dans le niveau où il apparaît en premier, c'est-à-dire le niveau le plus bas.

■ LES ARTICLES

• Article parent ou article composé

Tout article ayant une nomenclature descendante est un article parent.

Tout article parent peut être lui-même le composant d'un autre article.

On peut ainsi reconstituer tous les niveaux d'une nomenclature du niveau le plus haut (Produit fini) jusqu'au niveau le plus bas (Matières premières).

• Article composant

Tout article ayant une nomenclature ascendante est un composant.

• L'article fictif

Pour des commodités de gestion, on peut être amené à créer des articles virtuels :

– Article représentant une étape de regroupement d'éléments, sans identifier un composant réel.

– Si un ensemble de pièces est utilisé un grand nombre de fois dans les nomenclatures, il est intéressant de les regrouper sous un même article fictif qui remplacera par un lien unique, les liens entre chaque élément de l'ensemble et l'article parent.

■ LES LIENS

C'est la liaison entre deux articles se trouvant dans deux niveaux différents indiquant une étape dans le processus de production.

Un lien (étape) induit un décalage dans la production :

- Temporel : délai d'obtention, transfert, stockage...
- Changement d'état de la matière et/ou des articles : transformation, usinage, assemblage...
- Unité de mesure des matériaux et/ou des articles : surfaces, volumes, longueurs, nombre...

SIGNIFICATIONS DES CONTENUS

■ INFORMATIONS POUVANT FIGURER SUR UNE NOMENCLATURE PAR NIVEAU

- La désignation de l'article.
- La codification de l'article.
- Le délai d'obtention (compte à rebours).
- La codification des gammes d'usinage.
- Les quantités (nombre, longueur, surface, volume...).

■ EXPLOITATIONS POUVANT ÊTRE FAITES DES NOMENCLATURES PAR NIVEAU

À partir de l'analyse du produit par une nomenclature par niveaux, il est possible de gérer :

- Les étapes de transformation de la matière (usinages,...).
- Les étapes d'assemblage des divers articles.
- Les gammes d'usinage et de montage correspondant aux étapes.
- Le processus de production à partir de la codification.

ARBORESCENCE

PREMIÈRE SOLUTION

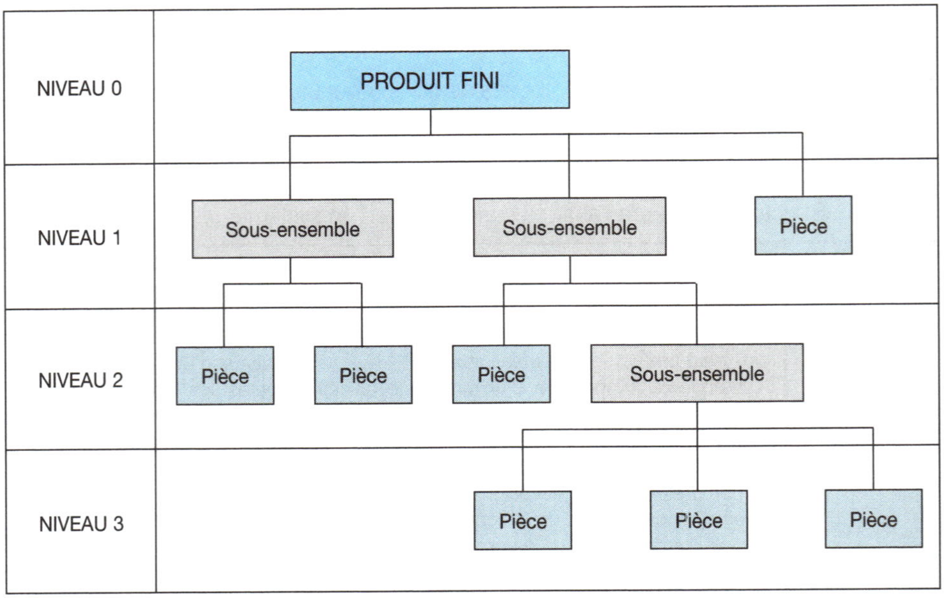

DEUXIÈME SOLUTION

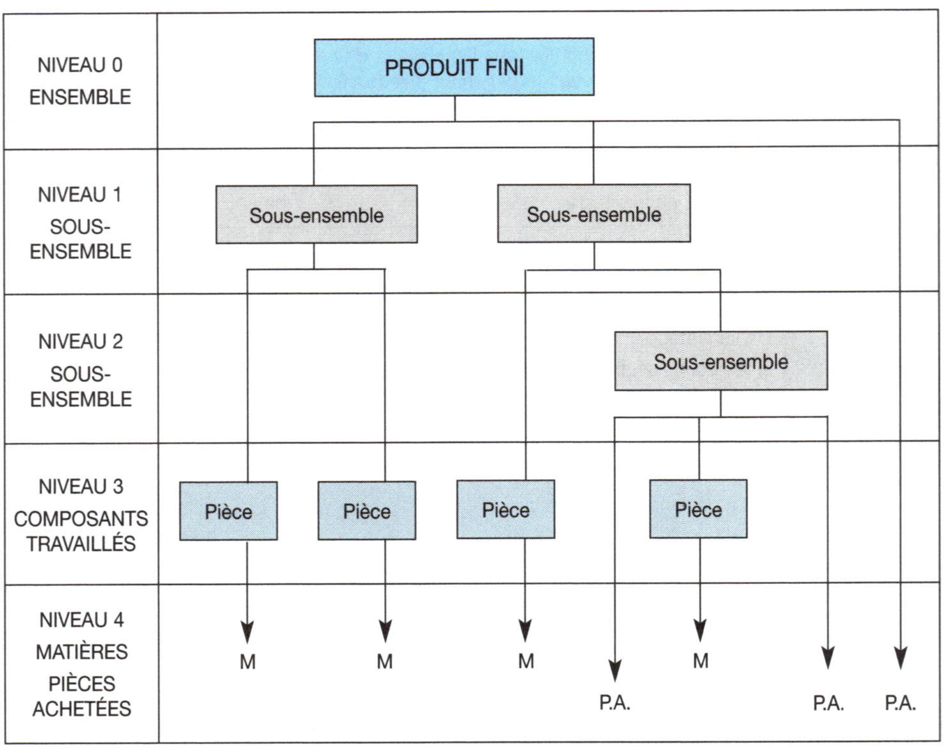

ANALYSE

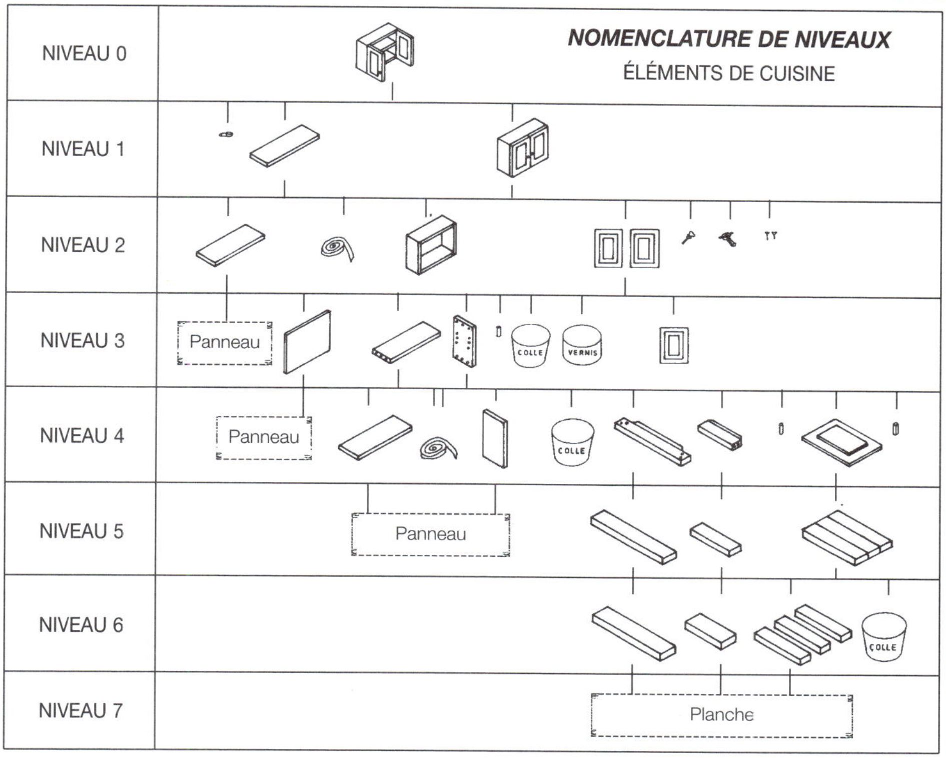

NOMENCLATURE PAR NIVEAUX

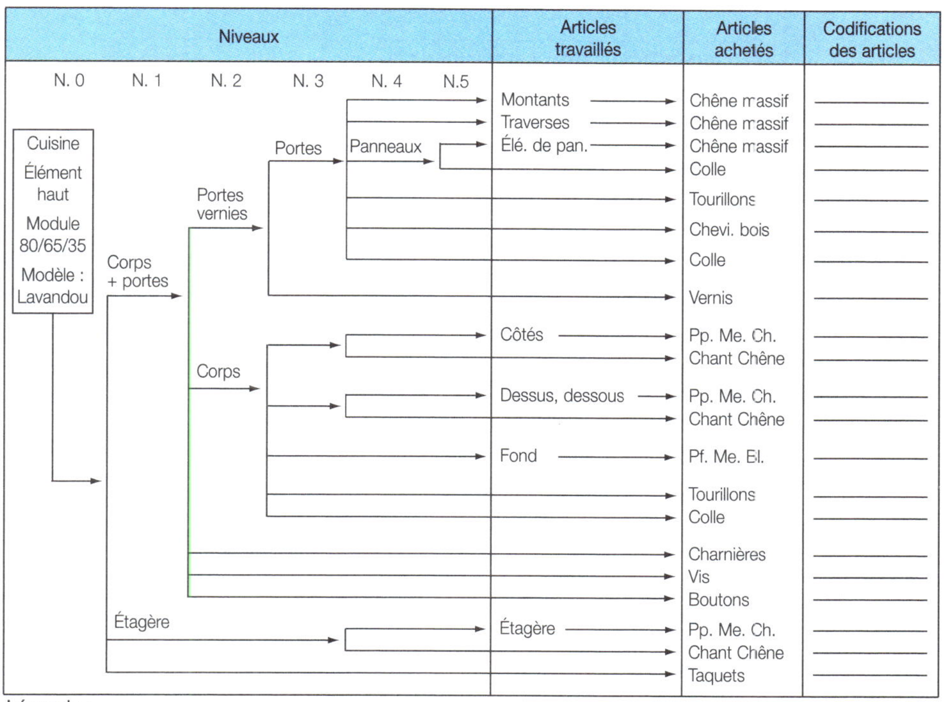

Légende :

– Pp. Me. Ch. : Panneau de particule mélaminés chêne. – Pf. Me. Bl. : Panneau de fibres mélaminé blanc.

9.3 PLANNING DES PHASES

Méthode des antériorités dérivées de la méthode PERT

BUT DU PLANNING DES PHASES	Déterminer les opérations (tâches) successives ordonnées pour fabriquer un produit, un sous-ensemble ou un élément du produit.
PROBLÈME-EXEMPLE	Usinage de 50 tasseaux de section 35/28 profilés d'une feuillure continue 15 × 15, à partir de bruts délignés à une section de 43/36. Moyens : dégauchisseuse, raboteuse, toupie.

PROCESSUS D'ÉLABORATION D'UN PLANNING DES PHASES

■ INVENTAIRE DES OPÉRATIONS

Répertorier toutes les opérations nécessaires à la réalisation d'un élément (tasseau) en tenant compte des divers documents et contraintes matérielles de fabrication.

- Cahier des charges – Devis descriptifs…
- Dossier technique : Plans de définition, de fabrication…
- Parcs machines – Outils – Outillages…
- Importance de la fabrication : grande, moyenne, petite série…

■ PROBLÈME-EXEMPLE

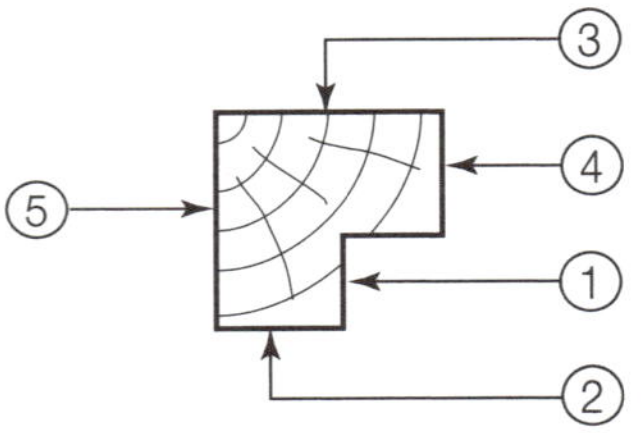

1. Profilage : « Feuillure »
2. Dégauchissage d'un plat
3. Rabotage : « Tirer d'épaisseur »
4. Dressage d'un chant
5. Rabotage : « Tirer de largeur »

■ RECHERCHE DES ANTÉRIORITÉS

Recherche de l'ordre chronologique des opérations d'usinage successives pour réaliser un élément.

■ MÉTHODOLOGIE

• **Comment établir cet ordre rationnellement ?**

> Pour réaliser un usinage, il faut que les usinages constituant ses référentiels et antécédents de toutes natures soient effectués, ces conditions représentent les antériorités.

■ ANTÉRIORITÉS GÉOMÉTRIQUES

- Pour faire 1 il faut que 2 et 4 soient réalisés.
- 2 et 4 sont des antériorités géométriques pour l'usinage 1.

■ ANTÉRIORITÉS TECHNOLOGIQUES

- Cependant l'usinage 5 (Rabotage « Tirer de largeur ») dont l'antériorité est 4 (Dressage d'un chant) poserait des problèmes de stabilité si 1 (Profilage) était réalisé.
- D'autre part, si l'on respecte l'itinéraire de l'implantation d'un circuit d'usinage classique, il est logique de raboter avant de profiler.

En conclusion :

- Pour faire 1, outre 2 et 4 il faut réaliser 3 et 5.
- 3 et 5 sont des antériorités technologiques pour l'usinage 1.

PROCESSUS D'ÉLABORATION D'UN PLANNING DES PHASES (SUITE)

■ ANTÉRIORITÉS ÉCONOMIQUES

Les deux démarches précédentes peuvent mettre en évidence plusieurs solutions satisfaisantes, le choix peut alors être fondé sur des critères économiques : quelle est la solution la moins chère ?

■ SYNTHÈSE

Ce raisonnement est tenu pour chaque usinage nécessaire à la réalisation d'un élément rentrant dans la construction d'un ouvrage, et permet d'établir la liste des antériorités.

EXEMPLE D'APPLICATION : ÉLABORATION D'UN PLANNING DES PHASES

On donne :

Croquis de la traverse du piètement d'une table rustique en chêne.

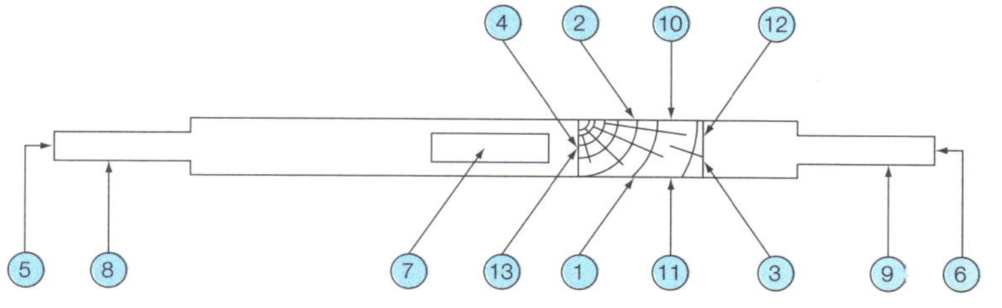

On demande :

D'établir le planning des phases par la méthode des antériorités pour la fabrication de ces traverses pour une série de 100 tables.

Inventaire des opérations

Repère des usinages	Désignation des usinages
1	Ponçage du premier plat
2	Ponçage du deuxième plat
3	Ponçage du premier chant
4	Ponçage du deuxième chant
5	Tronçonnage de la première extrémité
6	Tronçonnage de la deuxième extrémité
7	Mortaisage
8	Tenonnage de la première extrémité
9	Tenonnage de la deuxième extrémité
10	Dégauchissage d'un plat
11	Rabotage : tirer d'épaisseur
12	Dégauchissage : dresser un chant
13	Rabotage : tirer de largeur

■ RECHERCHE DES ANTÉRIORITÉS

Plusieurs solutions peuvent exister.

Repères des n° de phases	Contraintes d'antériorités géométriques	Contraintes d'antériorités technologiques
1	10, 11	5, 6, 7, 8, 9, 12, 13
2	10, 11	5, 6, 7, 8, 9, 12, 13
3	12, 13	5, 6, 7, 8, 9, 10, 11
4	12, 13	5, 6, 7, 8, 9, 10, 11
5	10, 12	11, 13
6	5, 10, 13	11, 12
7	8, 10, 12	5, 6, 9, 11, 13
8	5, 10, 12	6, 11, 13
9	8, 10, 13	5, 6, 11, 12
10	0	0
11	10	12, 13
12	10	0
13	12	10

EXEMPLE D'APPLICATION : ÉLABORATION D'UN PLANNING DES PHASES (SUITE)

■ RECHERCHE DES NIVEAUX D'ANTÉRIORITÉ

Grille ou matrice des antériorités

POUR FAIRE :	IL FAUT AVOIR FAIT :													Niveaux d'antériorité et niveaux d'usinage :									
	1	2	3	4	5	6	7	8	9	10	11	12	13	1	2	3	4	5	6	7	8	9	10
1					X	X	X	X	X	X	X	X	X	9	8	7	6	5	4	3	2	1	0
2					X	X	X	X	X	X	X	X	X	9	8	7	6	5	4	3	2	1	0
3					X	X	X	X	X	X	X	X	X	9	8	7	6	5	4	3	2	1	0
4					X	X	X	X	X	X	X	X	X	9	8	7	6	5	4	3	2	1	0
5										X	X	X	X	4	3	2	1	0					
6					X					X	X	X	X	5	4	3	2	1	0				
7					X	X		X	X	X	X	X	X	8	7	6	5	4	3	2	1	0	
8					X	X				X	X	X	X	6	5	4	3	2	1	0			
9					X	X		X		X	X	X	X	7	6	5	4	3	2	1	0		
10														0									
11										X		X	X	3	2	1	0						
12										X				1	0								
13										X		X		2	1	0							
Phases correspondantes aux niveaux d'usinage :														10	12	13	11	5	6	8	9	7	1 2 3 4

SYNTHÈSE ET TRANSFERT

■ ÉTABLISSEMENT DU PLANNING DES PHASES (RÉSEAU P.E.R.T.)

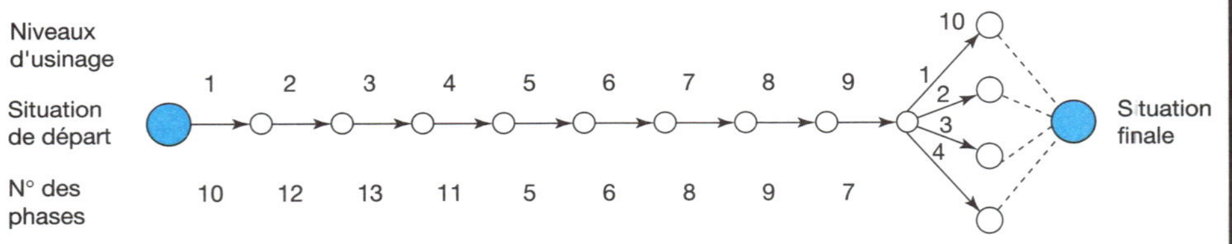

■ ÉTABLISSEMENT DU RÉSEAU P.E.R.T. DÉFINITIF

Le choix définitif du processus d'usinage sera fonction des moyens disponibles pour la fabrication, au moment donné.

– Exemple :

• Groupement de plusieurs usinages sur machines complexes, multi-opératrices ou centres d'usinage.

• Pour les usinages, en bout des traverses de table, on dispose d'une tenonneuse simple à outils ouverts avec scie circulaire.

Réseau définitif

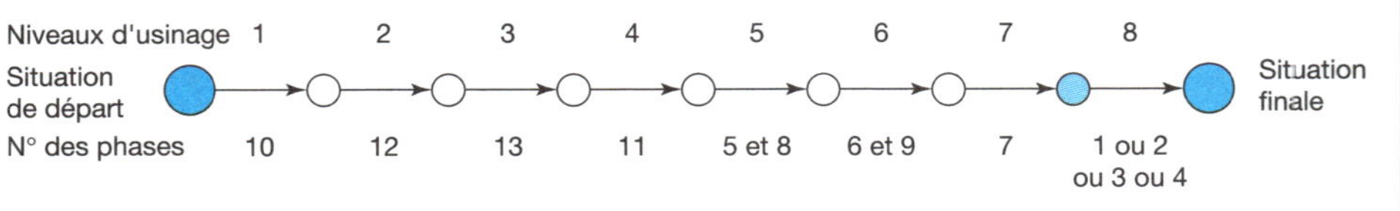

Outre le planning des phases d'usinage, la méthode P.E.R.T. peut s'appliquer à tout problème d'ordonnancement chronologique tel que :

– Montage et démontage de sous-ensembles ou ensembles.

– Planning d'intervention des corps de métiers dans les domaines de la construction :

• de la préfabrication de panneaux de construction,

• de la construction de maisons ou bâtiments à ossature bois,

• de la fabrication de grandes charpentes…

9.4 ORDONNANCEMENT

L'ordonnancement d'une production est défini par le processus de déclenchement et de contrôle de l'avancement d'une fabrication ou d'un chantier à travers les différentes phases d'exécution depuis sa mise en œuvre jusqu'à sa livraison ou sa mise à disposition chez le client.
C'est le planning des phases, jalonné par des temps d'exécution, permettant la gestion d'atelier ou de chantier.

9.4.1 MÉTHODE P.E.R.T.

DÉFINITION ET FONCTION

P.E.R.T. : « Program Evaluation and Review Technique » (Technique d'élaboration et de contrôle d'un programme).

La méthode P.E.R.T. est définie par le processus graphique (Réseau P.E.R.T.) permettant d'élaborer le planning des phases de fabrication d'un produit ou de réalisation d'un projet (constructions, chantiers...).

La fonction d'un réseau P.E.R.T. est de définir sous forme d'un organigramme synoptique l'enchaînement de toutes les tâches ou opérations nécessaires à la réalisation d'un projet et de mettre en évidence les liaisons qui existent entre ces tâches, prévoir la durée totale la plus courte du projet (temps au plus tôt).

Règle fondamentale de l'ordonnancement par la méthode P.E.R.T.
Pour la réalisation d'une tâche les moyens sont supposés illimités
et la durée de la tâche invariante dans le temps, elle est fixe et immuable.

APPLICATIONS

■ **ENTREPRISES CONCERNÉES**

Industries et entreprises qui fabriquent des produits de grande importance sur commande et à l'unité (structures, charpentes, maisons à ossature bois...).

■ **FABRICATIONS CONCERNÉES**

- Produits spécifiques complexes à forte valeur ajoutée.
- Chaque commande est une affaire particulière.
- Cycle de production relativement long.
- Production unitaire ou familles de produits à nombreuses variantes créant des produits particuliers.
- Nombreuses opérations de fabrication peu répétitives.

DESCRIPTEURS GRAPHIQUES DU RÉSEAU P.E.R.T.

■ **ARCS OU VECTEURS**

Ils représentent les **tâches** ou **opérations.**

- **Caractéristiques des tâches :**

- Les tâches font avancer le projet vers son état final.
- Les vecteurs sont parcourus par un flux qui est le temps.
- Les flèches indiquent le sens du parcours.
- La longueur du vecteur ne représente pas la durée de la tâche.
- La tâche est repérée par une lettre majuscule.
- La durée de la tâche est indiquée sur le vecteur.

- **Représentation conventionnelle**

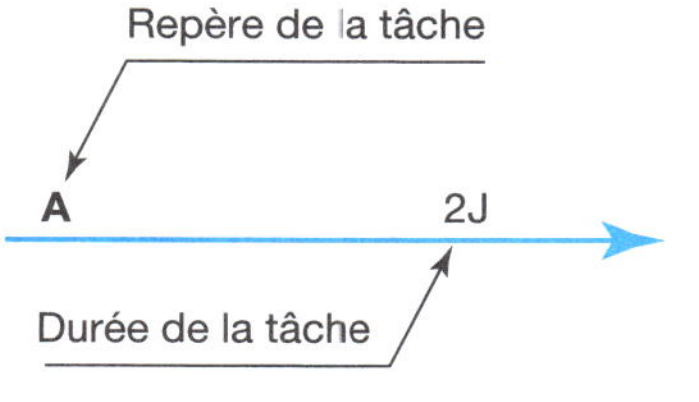

- **Catégories de tâches**

- Les tâches réelles : elles correspondent à l'exécution d'un travail. Ces tâches consomment du temps.
- Les tâches d'attente : elles ne représentent pas un travail, mais elles consomment du temps (séchage, polymérisation).
- Les tâches fictives : artifices pour rendre cohérent le réseau et respecter les antériorités de certaines tâches. Elles ne consomment ni temps, ni moyens matériels.

DESCRIPTEURS GRAPHIQUES DU RÉSEAU P.E.R.T. (SUITE)

■ SOMMETS OU NŒUDS

Ils représentent les **étapes** ou **événements.**

- **Caractéristiques des étapes :**

– Les étapes représentent les événements qui marquent l'articulation d'une (ou plusieurs) tâche(s) à une (ou plusieurs) autre(s).

– Les étapes sont représentées par un cercle à l'intérieur duquel il est possible d'inscrire un repère et des indications temporelles.

- **Représentation conventionnelle**

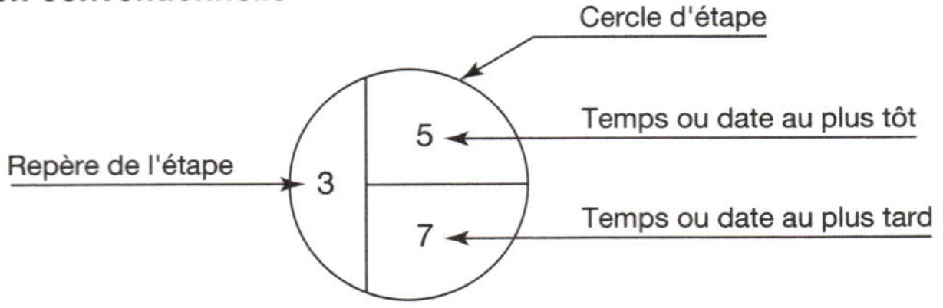

- **Différentes catégories d'étapes :**

– L'étape initiale : Elle marque le début du réseau.

– L'étape finale : Elle marque la fin des travaux du projet.

– Les étapes courantes : Elles marquent le début et/ou la fin d'une ou plusieurs tâches.
Elles représentent un jalon d'avancement dans le temps.
Elles ne consomment pas de temps, elles n'utilisent pas de moyens.

– Les étapes critiques : Elles ont un battement nul.

NIVEAU OU RANG D'UNE TÂCHE OU OPÉRATION

Le niveau ou rang 1 d'un réseau P.E.R.T. est attribué à la ou aux premières tâches ou opérations (Celles qui n'ont pas d'antériorité).
Le rang d'une tâche ou d'une opération est obtenu en ajoutant 1 au rang le plus élevé de ses antériorités immédiates.

Tableau de recherche des antériorités : exemple

Opérations antécédentes	Désignation des opérations	Rang des opérations	Durée en jours
Aucune	A	1	2
A^1	B	2 (1 + 1)	3
B^2	C	3 (2 + 1)	4
A^1	D	2 (1 + 1)	8
D^2 L^3 M^3	E	4 (3 + 1)	5
D^2 L^3 M^3	F	4 (3 + 1)	4
H^2	G	3 (2 + 1)	2
A^1	H	2 (1 + 1)	7
C^3 E^4	I	5 (4 +1)	2
D^2 L^3 M^3 G^3	J	4 (3 + 1)	9
F^4 I^5 J^4	K	6 (5 + 1)	2
H^2	L	3 (2 + 1)	3
B^2	M	3 (2 + 1)	2

GESTION DES DURÉES ET DES TEMPS

■ CALCUL DES TEMPS AU PLUS TÔT DES ÉTAPES

Le cheminement du réseau se fait à partir de l'étape initiale en allant vers l'étape finale.
On part de la première étape de temps zéro, en allant vers l'étape terminale, tout en cumulant le temps d'exécution le plus long des tâches qui précèdent l'étape concernée lorsqu'elle se situe à l'extrémité de plusieurs tâches.

■ CALCUL DES TEMPS AU PLUS TARD DES ÉTAPES

Le cheminement du réseau se fait à partir de l'étape finale en remontant vers l'étape initiale.
On part de la dernière étape, dont le temps au plus tard est égal au temps plus tôt, en remontant vers l'étape initiale tout en retranchant le temps d'exécution des tâches antérieures et en prenant en compte les temps les plus courts lorsque l'étape concernée est située à l'origine de plusieurs tâches.
Le graphe est vérifié si l'on retrouve à l'étape initiale le temps au plus tard égal à zéro.

■ LA MARGE D'ÉTAPE OU BATTEMENT

Différence entre le temps ou date au plus tôt et le temps ou date au plus tard de réalisation d'une étape.
Les étapes de battement nul sont des « étapes critiques », elles jalonnent le « chemin critique » du réseau P.E.R.T.

■ LE CHEMIN CRITIQUE

C'est l'itinéraire le plus long du réseau de son origine à sa fin.
Il peut exister plusieurs chemins critiques sur un même réseau.
C'est le chemin critique qui définit la durée totale de réalisation du projet et permet de la calculer.

GRAPHE DU RÉSEAU P.E.R.T.

Rangs	1er Rang	2e Rang	3e Rang	4e Rang	5e Rang	6e Rang
Tâches	A	B – D – H	C – G – L – M	E – F – J	I	K

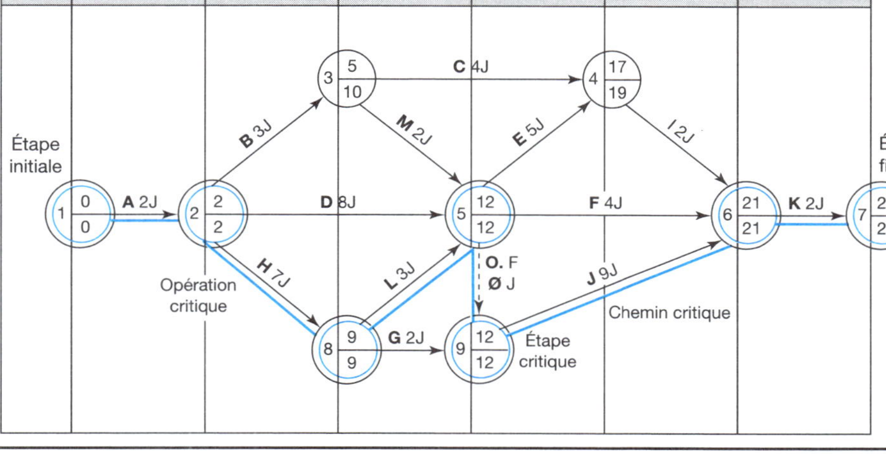

MÉTHODOLOGIE DE CONSTRUCTION DU RÉSEAU P.E.R.T.

- Établir l'inventaire de toutes les tâches nécessaires à la réalisation du projet.
- Rechercher la tâche ou les tâches initiales.
- Rechercher les antériorités strictement immédiates pour toutes les autres tâches.
- Rechercher le niveau, ou rang, de chaque tâche.
- Positionner et repérer les étapes par niveau, puis tracer les vecteurs de toutes les tâches en les repérant et en notant à la suite leur durée.
- Déterminer la date ou temps au plus tôt de l'étape initiale, puis celles de toutes les étapes précédentes en allant, à partir de l'étape terminale du graphe, vers son origine.
- Repérer les étapes critiques de battement nul, c'est-à-dire celles dont le temps au plus tôt est égal au temps au plus tard.
- Tracer en rouge le ou les chemins critiques qui passent par les étapes critiques.
- Calculer la durée totale de réalisation du projet.

9.4.2 LE DIAGRAMME DE GANTT OU PLANNING À BANDES

Appelé encore « planning à bandes », le diagramme de Gantt est un graphique de répartition des indices de charge pour chaque tâche ou opération de production ou de chantier sous forme de barres sur un calendrier (ordonnancement).

RÉALISATION DU PLANNING À BANDES OU DIAGRAMME DE GANTT

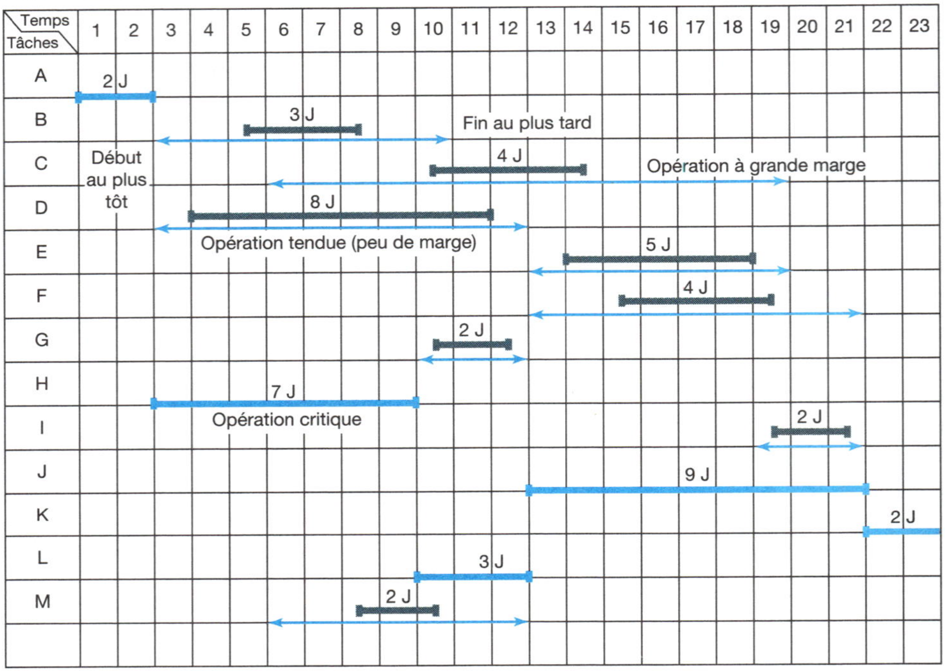

Méthodologie :

- Les temps sont indiqués en colonne : 1 jour, 2 jours, 3 jours, etc.
- Les tâches sont indiquées en lignes : A, B, C, D, etc.
- À partir du réseau P.E.R.T., pour chaque tâche, porter sur la grille son temps au plus tôt (début) et son temps au plus tard (fin).
- Lorsqu'il s'agit d'une tâche ou opération critique, ces "butées" correspondent à la durée de la tâche.
- Pour d'autres tâches, le segment représentant la durée est plus court que l'espace entre le temps au plus tôt et le temps au plus tard.
- Cette propriété permet d'ajuster la date réelle du début de la tâche par glissement du segment de la durée de la tâche entre les butées "temps au plus tôt" et "temps au plus tard".

Conclusion :

Le diagramme de Gantt est l'outil qui rend le réseau P.E.R.T. opérationnel

9.5 ORGANISATION DU POSTE DE TRAVAIL

C'est la plus petite unité de production. Le poste de travail doit être conçu et organisé de façon à permettre une production ou une fabrication de qualité dans les meilleures conditions liées au matériel, au produit et à l'opérateur.

ÉLÉMENTS D'ÉTUDE D'UN POSTE DE TRAVAIL

Le poste de travail

■ LE POSTE DE TRAVAIL

est la cellule de base d'une activité déterminée par le déroulement d'un processus logique.

Exemples :

- Fabrication : → • Usinage • Montage
- Gestion : → • Administration • Stocks
- Pose : → • Chantier extérieur • Agencement

■ L'ACTIVITÉ

- L'activité aboutit toujours à une production.
- Nous pouvons trouver sur un poste (site de fabrication) des activités :
  - de réglage
  - d'usinage
  - de contrôle
  - de transfert
  - de maintenance
  - de manutention.

■ L'IMPLANTATION

- L'implantation est définie en fonction du déroulement de l'activité.
- Sa surface sera juste nécessaire (ni plus, ni moins).
- Son agencement optimisera les déplacements de l'opérateur et éventuellement des composants et pièces usinées.
- Son environnement sera adapté aux conditions matérielles, d'ambiance, d'hygiène et de sécurité.
- Elle facilitera l'entretien du poste.

■ L'OPÉRATEUR

- Personne qualifiée, par une formation ou une sélection, pour exécuter une ou plusieurs tâches.
- Il sera le centre de reflexion pour l'amélioration des conditions de travail en tenant compte des exigences :
- physiologiques (vue, ouïe, ergonomie…)
- psychotechnique (attention, dextérité, coordination des mouvements…)
- (risques professionnels).

■ LES MOYENS

- Aboutissement d'une mise en œuvre des technologies les plus performantes et adaptées à la recherche des objectifs de production.
- Matériel nécessaire à la réalisation d'opérations en toute sécurité assurant un niveau de qualité défini.

Exemples :

Usinage

- machines-outils et outillage
- transferts internes au poste
- accessoires de manutention
- éléments de sécurité
- moyens de réglage et de contrôle

Montage

- distribution des composants
- machines et accessoires
- alimentation de consommables
- stocks d'encours
- outillages accessibles et adaptés
- limitation des gestes

■ L'INFORMATION

- Les supports d'informations seront adaptés aux besoins de l'opérateur pour effectuer son travail et aux services de suivi et de contrôle.
- Les opérations seront définies dans le temps (gammes, plannings, catalogues de temps…).
- Des références d'organisations, de réglage et de contrôle permettront l'obtention des résultats demandés (contrats de phase, bordereaux de programmation, cartes de contrôle,…).

■ LES LIAISONS

- Liaisons dans l'espace (ex. : implantation dans une ligne de fabrication).
- Liaisons dans le temps (planification, ordonnancement).
- Au sein d'un ou des flux d'informations (fiches suiveuses, réseau informatique, multimédia…).

PLAN D'UN ATELIER DE MENUISERIE

Les postes de travail sont agencés en fonction d'une ligne de production. Ici une chaîne de montage de cadres.

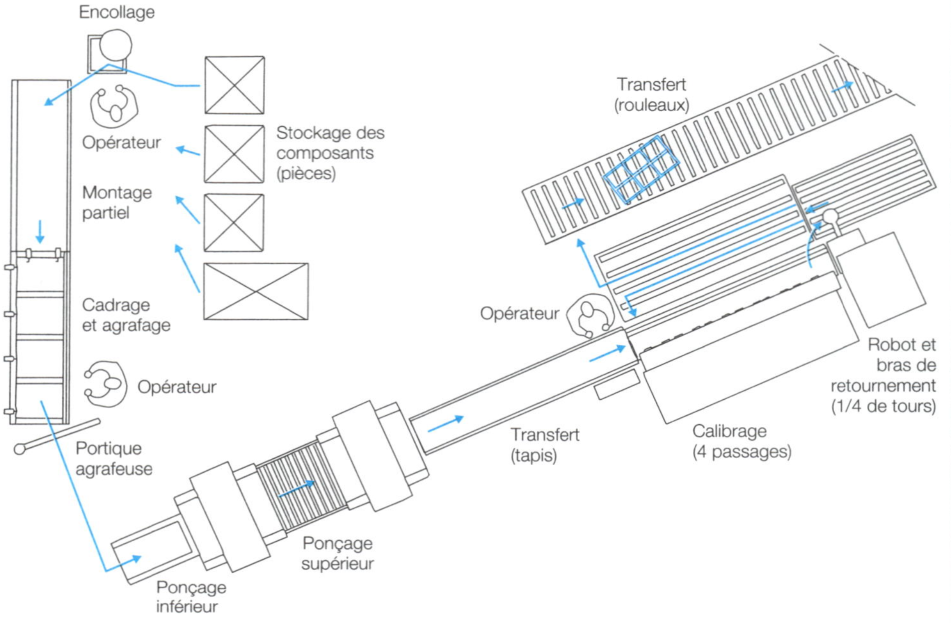

EXEMPLE D'IMPLANTATION D'UN POSTE DE TRAVAIL « À L'ÉTABLI »

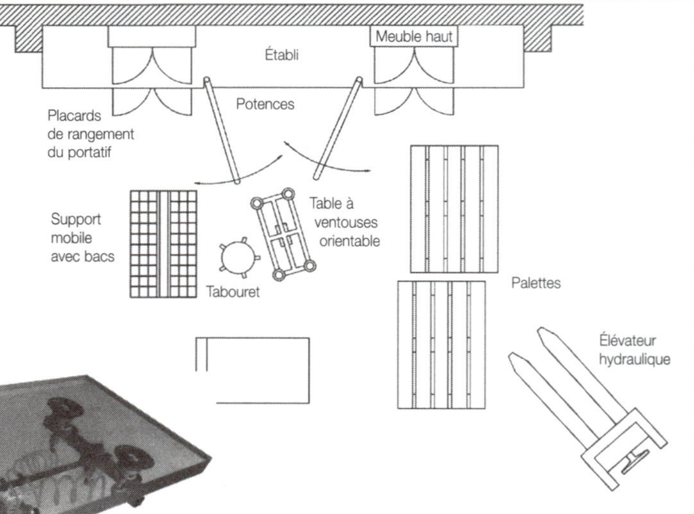

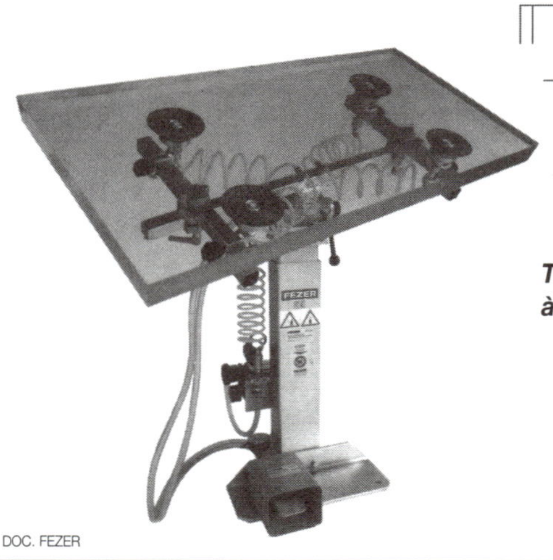

Table de positionnement à ventouses

DOC. FEZER

10. CONTRÔLE DE LA QUALITÉ

La lutte contre la mauvaise qualité des produits passe par la mise en œuvre de protocoles de contrôle pour détecter les défauts le plus tôt possible dans un processus de fabrication.

LEXIQUE

Individu	objet sur lequel un ou plusieurs caractères seront observés.
Population	ensemble des individus considérés pour le ou les contrôles.
Caractère	propriété permettant de distinguer les individus d'une population. Un caractère peut être qualitatif (attribut) ou quantitatif. Le terme « variable » est utilisé pour désigner un caractère quantitatif.
Contrôle de la qualité	vérification de la conformité d'un produit à sa définition ou à ses spécifications.
Contrôle par attributs	méthode d'estimation de la qualité consistant à relever la présence ou l'absence d'un caractère qualitatif (attribut) et à compter combien d'entre eux possèdent ou non ce caractère.
Contrôle par mesures	méthode d'estimation de la qualité consistant à mesurer un caractère quantitatif lié à chacun des individus prélevés.
Écart	valeur absolue de la différence entre deux valeurs.
Échantillon	un ou plusieurs individus prélevés dans une population et destinés à fournir une ou des informations sur la population.
Effectif	nombre d'individus de l'ensemble ou du sous-ensemble considéré.
Étendue	écart entre la plus petite et la plus grande des valeurs observées.
Fréquence	rapport de l'effectif d'une modalité (prélèvement par exemple) à l'effectif total observé.
Limites de contrôle	dans une carte de contrôle, limite en-deçà de laquelle (limite supérieure), ou au-delà de laquelle (limite inférieure), ou limites entre lesquelles, la statistique considérée a une très forte probabilité de se situer lorsque le processus est sous contrôle. Leur dépassement oblige une action corrective sur le processus de fabrication.
Limites de surveillance	dans une carte de contrôle, limite en-deçà de laquelle (limite supérieure), ou au-delà de laquelle (limite inférieure), ou limites entre lesquelles, la statistique considérée a une très forte probabilité de se situer lorsque le processus est sous contrôle. Leur dépassement indique qu'une surveillance accrue est nécessaire sur le processus de fabrication.
Limite de tolérance	valeur limite spécifiée d'un caractère mesurable.
Lot	quantité qui est définie et fabriquée dans des conditions présumées uniformes.
Milieu de l'étendue	moyenne arithmétique de la plus petite et de la plus grande des valeurs observées.
Moyenne arithmétique	quotient de la somme des observations par leur nombre.
Processus sous contrôle	processus dont la moyenne et la variabilité restent stables.
Statistique	fonction des observations qui constituent un échantillon.
Valeur observée	valeur d'un caractère quantitatif résultant d'une observation ou d'un essai.

NF 150 3534/1

Contrôle de la qualité

LES DIFFÉRENTS CONTRÔLES

Le contrôle est l'ensemble des procédés de mesure, de vérification, d'essais, d'analyse ayant pour but de **comparer un individu avec des caractères spécifiés.**

Il existe quatre possibilités de contrôle :

- contrôler toutes les valeurs sur toutes les pièces ;
- contrôler toutes les valeurs sur quelques pièces (contrôle par attribut) ;
- contrôler une ou plusieurs valeurs sur quelques pièces (contrôle par carte) ;
- trier les pièces en cours de production.

LES ÉTAPES DU CONTRÔLE

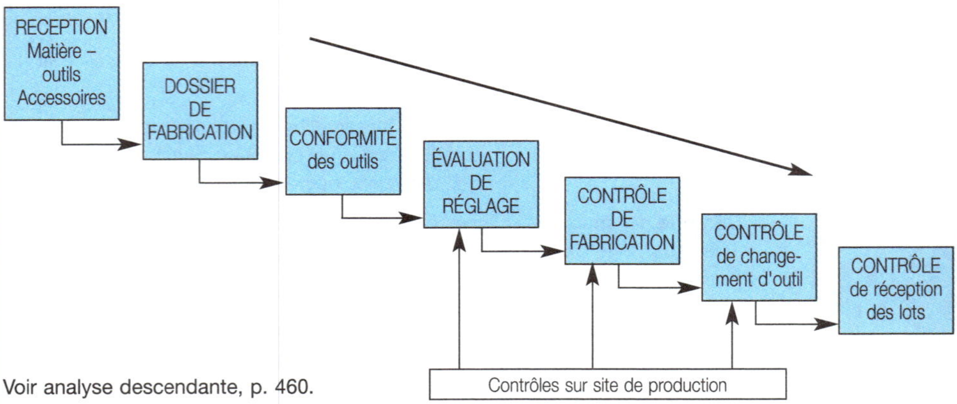

Voir analyse descendante, p. 460.

CARTE DE CONTRÔLE DES MOYENNES

Un processus de fabrication est considéré sous contrôle si la moyenne et la variabilité des caractères contrôlés restent stables.
La carte de contrôle est utilisée pour s'assurer de la stabilité d'une fabrication.

Sur une carte de contrôle seront portées les limites en-deçà desquelles (limites supérieures), ou au-delà desquelles (limites inférieures),ou limites entre lesquelles, la statistique a une très forte probabilité de se situer lorsque le processus est sous contrôle.

Lorsque la valeur de la statistique calculée sur un échantillon (moyenne $\overline{X}$), s'inscrit :

– au-dessus de la limite supérieure de contrôle ....LSC → – au-dessous de la limite inférieure de contrôle .... LIC →	une action correctrice doit être effectuée sur le processus de fabrication
– au-dessus de la limite supérieure de surveillance.......LSS → – au-dessous de la limite inférieure de surveillance....... LIS →	une surveillance accrue du processus sera nécessaire

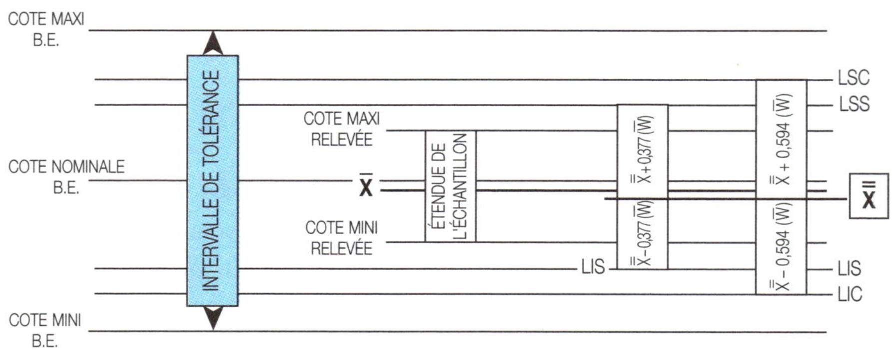

CARTE DE CONTRÔLE (suite)

CARTE DE CONTRÔLE

COTE Bureau d'étude		
Nominale	70,00	Désignation pièce : *traverse ossature vitrine* — Référence pièce : *104*
Maxi	70,20	Caractère de contrôle : *largeur*
Mini	69,80	Nombre de pièces fabriquées : *850* — Nombre de palettes : *4*
L.T.	0,40	Nom du contrôleur : *Fulbert Duchêne* — Calculs effectués par : *Fulbert Duchêne*

PRÉLÈVEMENTS	ÉCHANTILLONS									
Date →	248/96	248/96	248/96	248/96	248/96	248/96	249/96	249/96	249/96	249/96
Heure →	15 h 30	16 h	16 h 30	17 h	17 h 30	18 h 15	8 h 25	8 h 55	9 h 45	10 h 15
Ordre →	1	2	3	4	5	6	7	8	9	10

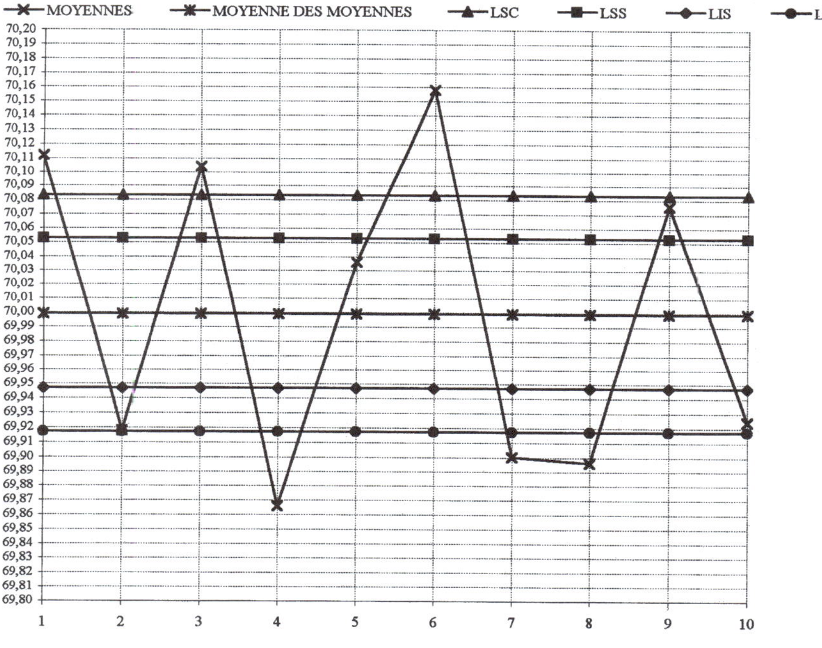

Valeurs observées	1	70,18	69,90	70,10	69,80	69,89	70,24	69,84	69,81	70,11	70,03	
	2	70,13	69,93	70,04	69,84	70,02	70,20	69,87	69,89	70,12	69,94	
	3	70,10	69,84	70,13	69,87	70,10	70,12	69,92	69,90	70,10	69,88	
	4	70,10	70,00	70,05	69,91	70,08	70,10	69,93	69,95	70,04	69,87	$\overline{\overline{X}}$ ↓
	5	70,05	69,92	70,20	69,91	70,09	70,13	69,94	69,93	70,01	69,90	
Moyenne	$\overline{X}$	70,11	69,92	70,10	69,87	70,04	70,16	69,90	69,90	70,08	69,92	**70,00**
Etendue	W	0,13	0,16	0,16	0,11	0,21	0,14	0,10	0,14	0,11	0,16	**0,14** ↑ $\overline{W}$

Cotes relevées										
MAXI	70,18	70,00	70,20	69,91	70,10	70,24	69,94	69,95	70,12	70,03
MINI	70,05	69,84	70,04	69,80	69,89	70,10	69,84	69,81	70,01	69,87

Limite supérieure de contrôle	70,083	**LSC**	Limite supérieure de surveillance	70,053	**LSS**
Limite inférieure de contrôle	69,917	**LIC**	Limite inférieure de surveillance	69,947	**LIS**

ÉTABLIR UNE CARTE DE CONTRÔLE

1. Définir le nombre d'échantillons et d'individus (par échantillon) à partir de documents statistiques.

2. Effectuer les prélèvements en notant la date et l'heure de ceux-ci. Chaque individu sera repéré.

PRÉLÈVEMENTS

Date →	248/96	248/96
Heure →	15h30	16h
Ordre →	1	2

3. Sur la carte de contrôle, indiquer toutes les informations permettant l'identification du contrôle.

Désignation pièce : *traverse ossature vitrine*
Caractère de contrôle : *largeur*
Nombre de pièces fabriquées : *850*

Nom du contrôleur : *Fulbert Duchêne*
Calculs effectués par : *Fulbert Duchêne*

4. Noter les cotes définies par le bureau d'études

COTE Bureau d'étude	
Nominale	70,00
Maxi	70,20
Mini	69,80
L.T.	0,40

5. Effectuer les relevés de cotes avec un outillage de précision adapté. Chaque relevé sera porté sur la carte de contrôle.

6. L'ensemble des relevés terminés, calculer la moyenne et l'étendue de chaque échantillon et la moyenne des moyennes. Ces résultats seront portés sur la carte.

ÉTENDUE = COTE MAXI RELEVÉE – COTE MINII RELEVÉE

Valeurs observées	1	70,18	69,[illegible]
	2	70,13	69,93
	3	70,10	69,84
	4	70,10	70,00
	5	70,05	69,92
Moyenne	$\overline{X}$	70,11	69,9[illegible]
Etendue	W	0,13	0

7. Calculer les limites de surveillance et de contrôle

Limite supérieure de contrôle
$= \overline{\overline{X}} + 0,594\ (\overline{W})$
$= 70,00 + 0,594\ (0,14)$
$= 70,00 + 0,083$
$= 70,083$

Limite inférieure de contrôle
$= \overline{\overline{X}} - 0,594\ (\overline{W})$
$= 70,00 - 0,594\ (0,14)$
$= 70,00 - 0,083$
$= 69,917$

Limite supérieure de surveillance
$= \overline{\overline{X}} + 0,377\ (\overline{W})$
$= 70,00 + 0,377\ (0,14)$
$= 70,00 + 0,053$
$= 70,053$

Limite inférieure de surveillance
$= \overline{\overline{X}} - 0,377\ (\overline{W})$
$= 70,00 - 0,377\ (0,14)$
$= 70,00 - 0,053$
$= 69,947$

EFFECTIF DE CHAQUE ÉCHANTILLON	Limites de contrôle	Limites de surveillance
2	1,937	1,229
3	1,054	0,668
4	0,750	0,476
5	0,594	0,377
6	0,498	0,316
7	0,432	0,274
8	0,384	0,244
9	0,347	0,220
10	0,317	0,202

Des tables statistiques fournissent les coefficients pour le calcul des limites.

ÉTABLIR UNE CARTE DE CONTRÔLE (suite)

8 Tracer sur le graphique :
- la moyenne des moyennes
- les limites de surveillance
- les limites de contrôle
- la moyenne de chaque échantillon en reliant chacune d'elles par un trait.

9 Analyser les résultats et éventuellement agir sur le processus de fabrication.

Remarque : un matériel informatique portable permet l'inscription des relevés et le traitement direct des informations.
Des postes de contrôle sur sites sont reliés à un centre de traitement où seront prises les décisions concernant la ou les fabrications en cours.

La carte de contrôle de notre exemple a été réalisée sur un ordinateur et un tableur ; ainsi, dès que les informations sont entrées, elles sont traitées, tous les calculs effectués et le graphique apparaît directement (en couleur).

CLASSES DE DÉMÉRITE

On ne juge pas un défaut en fonction de son apparence mais par rapport aux conséquences prévisibles. Afin d'améliorer la qualité des fabrications, il faut avoir pour objectif la lutte contre le démérite.

DÉFAUT CRITIQUE	– Défaut qui ne permet pas que le stade suivant de la fabrication soit atteint. – Défaut qui provoquerait le rebut dans un stade suivant. – Défaut susceptible de conduire à un manque de sécurité pour les utilisateurs.

DÉFAUT MAJEUR	– Défaut qui permet d'atteindre le stade suivant sous réserve d'opérations hors gammes. – Défaut obligeant la modification d'un autre élément ou d'un accessoire.

DÉFAUT MINEUR	– Défaut qui ne réduira pas beaucoup la possibilité d'utilisation du produit fabriqué. – Défaut qui, sans opération de reprise, n'empêche pas d'atteindre le stade suivant.

Le service qualité d'une entreprise va plus loin dans la classification des défauts. Il met en place une cotation DEMERITE afin d'aboutir à un niveau de qualité acceptable (le N.Q.A.) en fonction :
- des objectifs économiques (direction)
- des possibilités réalistes de production (services de production)
- du niveau de qualité demandé (service commercial).

N.Q.A. = niveau de qualité acceptable : c'est le pourcentage maximal de défauts qui, pour le contrôle sur échantillons, peut être considéré comme satisfaisant.

GAMME DE CONTRÔLE

La limitation des défauts passe par l'établissement d'un ordre prioritaire dans leur analyse en considérant en premier les plus préjudiciables à la bonne qualité des fabrications.

Les contrôles en cours de fabrication doivent être programmés et organisés. La **gamme de contrôle** en facilitera la mise en place et le déroulement.

GAMME DE CONTRÔLE

Référence de la gamme de contrôle :	
Références des gammes d'usinages :	
Références du plan Bureau d'Études :	

Désignation ensemble :				
Désignation pièce :				
Référence pièce :				
Gamme établie le :		Par :		
Mise à jour :				

REPERES DES CONTROLES

Références des documents de travail

Référence de la pièce

Plan du bureau d'étude (B.E.) sans cotation chiffrée mais où figurent :
- les références de contrôle ;
- le classement des cotes dans l'ordre opératoire que nous retrouvons dans la colonne « Rep » ;
- les « cotes outils » sont encadrées.

Classement des cotes selon le mode opératoire

La méthode des DEMERITES consiste à pondérer, selon leur importance, les défauts relevés aux contrôles.

Cotes indiquées sur les plans du B.E. ou du bureau des méthodes

Référence de la carte de contrôle correspondante

Les valeurs limites sont celles demandées par le B.E. ou le B.M.

Moyens mis à la disposition des contrôleurs

Notes et croquis divers

Rep.	Cote B.E. ou Valeur	Valeurs limites et démérite						Moyens de contrôle	Observations	Réf carte de contrôle
		CRITIQUE		MAJEUR		MINEUR				
		+	–	+	–	+	–			
1										
2										
3										
4										
5										
6										
7										
8										
9										
10										
11										
12										
13										
14										
15										
16										
17										
18										
19										
20										

EXEMPLE D'UNE GAMME DE CONTRÔLE

GAMME DE CONTRÔLE

Référence de la gamme de contrôle :	*GC104*
Références des gammes d'usinages :	*GU104*
	GU104B
Références du plan Bureau d'Études :	*5*

Désignation ensemble :	***Vitrine d'exposition***		
Désignation pièce :	*Traverse*		
Référence pièce :	*104*		
Gamme établie le :	24/8/96	Par :	*Fulbert Duchêne*
Mise à jour :			

REPERES DES CONTROLES

[1] Côte à contrôler pour valider l'outillage

[A] Référence de contrôle

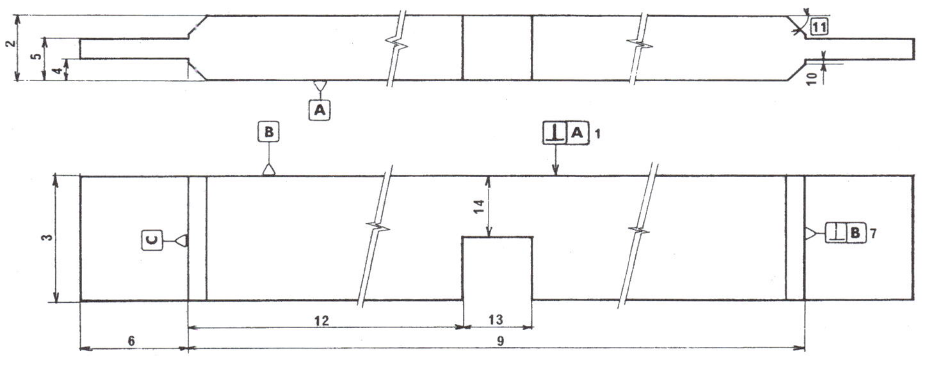

Rep.	Cote B.E. ou Valeur	Valeurs limites et démérite						Moyens de contrôle	Observations	Réf carte de contrôle
		CRITIQUE		MAJEUR		MINEUR				
		+	–	+	–	+	–			
1	90°			○				Rapport d'angle	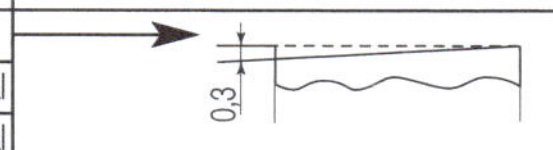	
2	36		35,8	36,2	70,2			Pied à coulisse digital		104 B
3	70		69,8					Pied à coulisse digital		104 C
4	12	12,1	11,9					Pied à coulisse digital		104 D
5	24	24,1	23,8					Pied à coulisse digital		104 E
6	58			59,0			57	Pied à coulisse digital		104 F
7	90°			○				Rapporteur d'angle	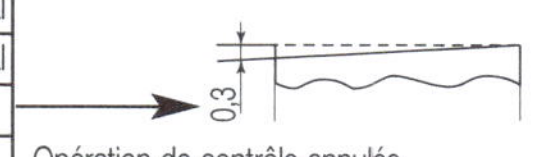	
8									Opération de contrôle annulée	
9	1360		1359,6	1360,4				Réglet + butée		104 I
10	2								Avec le contrôle 11	
[11]	45			○				Rapporteur d'angle		
12	662	661,1	661,9					Règle + Pied à C.		104 L
13	36	36,4			36,0			Pied à coulisse digital		104 M
14	35			35,1	34,9			Pied à coulisse digital		104 N
15										
16										
17										
18										
19										
20										

11 USINAGE

11.1 OUTILS DE COUPE « BOIS »

DIFFÉRENTS TYPES D'OUTILS (PROFILAGE)

■ OUTILS MONOBLOC

Le corps de l'outil et ses parties tranchantes sont entièrement constitués dans une seule matière (SP, HES, HSS).

Nota : ces outils sont utilisés avec un amenage mécanique pour des raisons de sécurité.

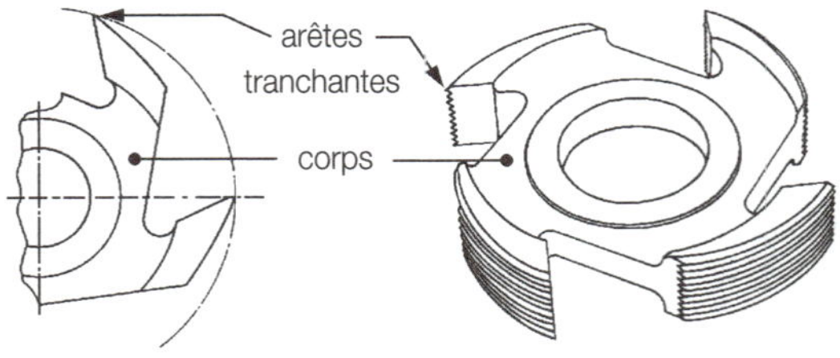

■ OUTILS À PLAQUETTES RAPPORTÉES

Les éléments de coupe ou mises rapportées sont brasés, soudés ou collés sur un corps-support généralement en acier non trempé.
Matériau de coupe en HSS, ASL ou HM.

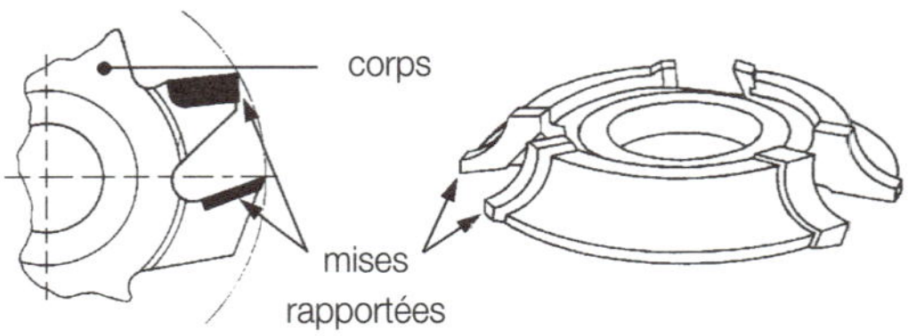

■ OUTILS ASSEMBLÉS

Principe du positionnement et du serrage des couteaux sur le corps de fraise :

① Couteau
② Goupille de sécurité
③ Coin de serrage
④ Vis de fixation
⑤ Corps de la fraise

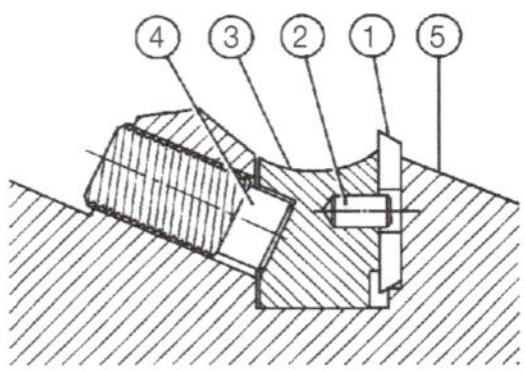

Ces outils sont constitués d'un corps non trempé sur lequel sont fixés mécaniquement des couteaux en HSS ou HM.

■ OUTILS EN COMBINAISON

" Train de fraise "

Exemple de montage d'un " train de fraises "

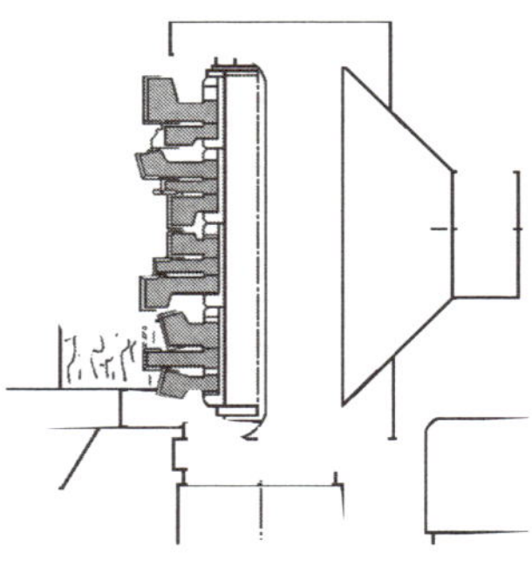

Superposition d'outils sur des manchons d'accouplements formant un ensemble adapté à des types d'usinages (ex.: profils de croisées).

Jeu de fraises sur manchon

DOC. ZUANI

NATURE DES MATÉRIAUX DE COUPE

SP	Acier spécial, acier allié à l'outil	ASL	Alliage coulé spécial
HL	Acier supérieur, fortement allié à l'outil	ST	Stellite
HSS	Acier rapide	DIA	Polycristallin de diamant
HM	Carbure de tungstène		

CRITÈRES DE CHOIX DES OUTILS À BOIS ET MATÉRIAUX DÉRIVÉS

Les tableaux ci-dessous précisent l'ensemble des caractéristiques des outils nécessaires pour résoudre les problèmes d'usinage et proposent les solutions adaptées en fonction des usinages souhaités et des machines disponibles.

Types d'outils	Système d'outillage	Caractéristiques
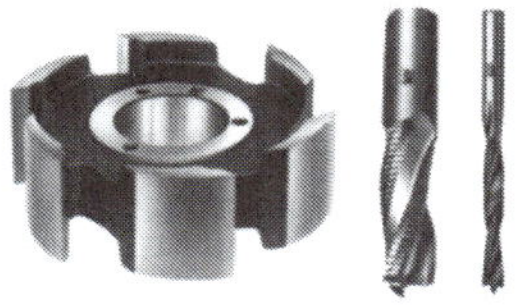	**Outils monoblocs et jeux d'outils** • Fraise • Mèche à défoncer • Mèche à percer • Couteau à raboter • Plaquette réversible et interchangeable • Chaîne à mortaiser	• Dépouille curviligne • Réaffûtage parallèle à la face d'attaque • Profil constant • Diamètre non constant • Grande zone de réaffûtage
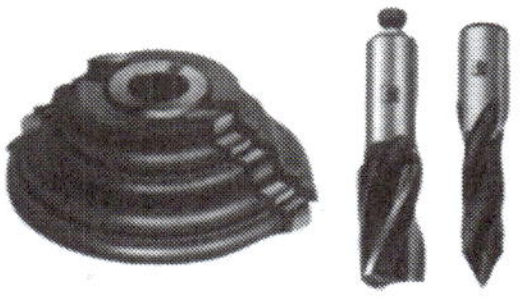	**Outils à mise rapportée et jeux d'outils** • Lame de scie • Déchiqueteur • Fraise • Mèche à défoncer • Mèche à percer • Couteau à raboter • Couteau profil	• Réaffûtage parallèle à la face d'attaque ou de dépouille • Profil non constant • Diamètre non constant
	**Outils à mise rapportée Lame de scie-HW (HM)** AS anti-Bruit/AS OptiCut/AS OptiCut UT	• Émission sonore réduite jusqu'à 8 dB (A) à vide • Rupture des oscillations grâce aux découpes laser • Pas aléatoire de la denture • Tenue de coupe et rentabilité augmentées jusqu'à 30 %
	**Outils à mise rapportée Lame de scie-HW (HM)** AS anti-Bruit avec revêtement	• Émission sonore réduite jusqu'à 10 dB (A) à vide • Réduction des vibrations grâce au revêtement viscoélastique • Tenue de coupe et rentabilité augmentées
	**Outils à mise rapportée Lame de scie-HW (HM)** Coupe fine	• Exécution avec une largeur de coupe très fine • État de surface permettant le collage • Utilisation économique du bois • Trait de scie optimisé • Utilisation écologique • Émission réduite de copeaux, de poussières
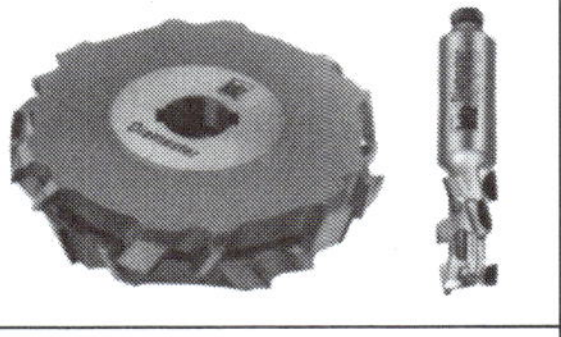	**Outils à mise rapportée et jeux d'outils DP (DIA)** • Lame de scie • Déchiqueteur • Fraise • Mèche à défoncer • Mèche à percer	• Profil constant • Diamètre non-constant • Réaffûtage parallèle à la face de dépouille • Hauteur de la mise rapportée 4,5-6 mm (cas particulier 9 mm, Diamaster PRO 3 mm) • Tenue de coupe 80-120 fois le HW (HM) en fonction des applications
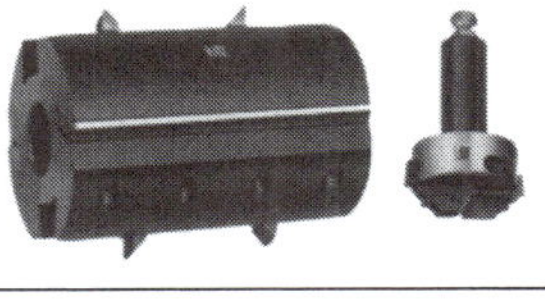	**Outils composés et jeux d'outils** • Arbre à raboter • Porte-outils • Porte-outils à défoncer • Mèche	• Éléments de coupe : interchangeable, réversible, réglable, réaffûtable (parallèle à la face d'attaque ou de dépouille) • D'après la technologie : diamètre et profil constants • Diamètre et profil non constants • Diamètre réglable avec ou sans palier
	**Outils composés** Arbre à raboter et porte-outils Centrofix Plus	• Diamètre constant • Montage facile et changement rapide des couteaux • Émission sonore réduite jusqu'à 5 db (A)

DOC. LEITZ

CRITÈRES DE CHOIX DES OUTILS À BOIS ET MATÉRIAUX DÉRIVÉS (suite)

Types d'outils	Système d'outillage	Caractéristiques
	**Outils composés** Arbre à raboter et porte-outils VariPlan	• Diamètre constant • Couteaux réversibles et réaffûtables • Montage facile et changement rapide des couteaux • Serrage rapide des couteaux • Prépositionnement des couteaux réalisé à l'aide d'une vis de serrage • Émission sonore réduite
	**Outils composés et jeux d'outils** • Jeux d'outils à tenonner Exakt • Jeux d'outils profil Dufix	• Diamètre et profil constants • Couteaux réaffûtables • Changement aisé des couteaux, affûtables en dépouille ou en face d'attaque • Système de serrage simple de grande sécurité d'utilisation
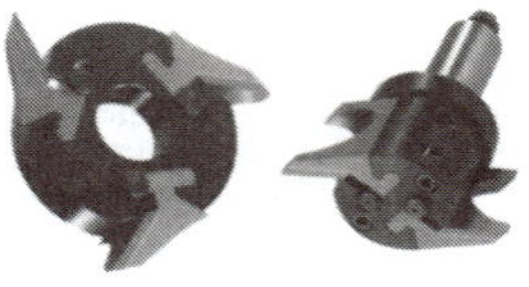	**Outils composés et jeux d'outils** • Porte-outils ProfilCut à alésage • Porte-outils ProfilCut à queue	• Diamètre et profil constants • Porte-outils profil réaffûtable • Changement aisé des couteaux • Système modulaire universel pour des variantes de profils • Système de serrage simple de grande sécurité d'utilisation
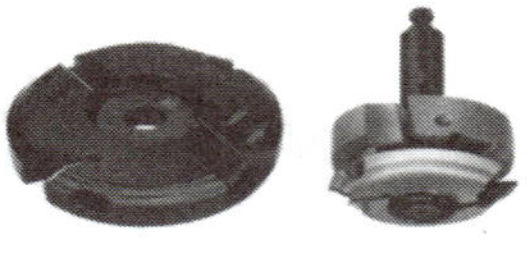	**Outils composés et jeux d'outils** • Porte-outils ProfilCut à alésage • Porte-outils ProfilCut à queue	• Diamètre et profil constants • Montage facile et changement rapide des couteaux • Système de serrage de sécurité • Élément de coupe avec face d'attaque polie et face de dépouille de super-finition
	**Outils composés** • Micro-système • Porte-outils profil à alésage • Porte-outils profil à queue	• Diamètre et profil constants • Couteau profil réaffûtable et réglable par rapport à sa pièce d'appui profilée, à l'aide de la micro-denture très précise • Haute rentabilité grâce à une grande zone de réaffûtage
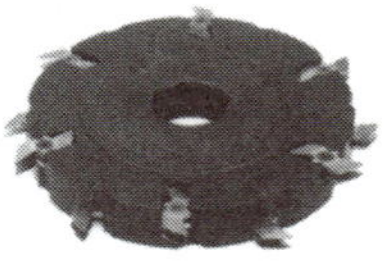	**Outils composés** • Outil d'aboutage • Porte-outils à alésage	• Exécution avec couteaux révers. HW (HM) ou interchangeables HS (HSS) • Couteaux révers./interchang., réaffûtables • Profil constant • Diamètre non constant • Montage facile des couteaux • Réglage de la lg de coupe en fonction de l'épaisseur du bois grâce au système modulaire
	**Outils composés DP (DIA)** • Porte-outils à alésage • Porte-outils à queue	• Profil constant • Diamètre constant (réglable) • Réaffûtage sur la face de dépouille • Hauteur de la mise rapportée 6 mm (Standard) • Possibilité de combinaison avec les outils ProFix, ProfilCut, etc. • Tenue de coupe de 80-120 fois le HW (HM) en fonction des applications
	**Système à serrage Hydro** • Système à graisse • Système hydraulique	• Système à graisse pour l'usinage du bois massif • Système hydraulique pour l'usinage des panneaux • Très haute concentricité grâce au montage sans jeu des outils • Utilisation lors de très grandes exigences de qualité et de tenue de coupe

DOC. LEITZ

11.1.1 CARACTÉRISTIQUES ET GÉOMÉTRIE DES OUTILS

GÉOMÉTRIE DE L'OUTIL DE COUPE DE TOUPIE

Les angles de coupe caractéristiques

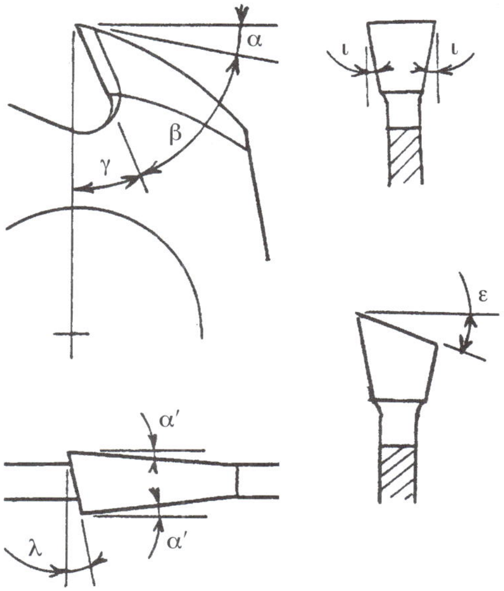

α Alpha	**Angle de dépouille** (ou angle de détalonnage). Il évite le talonnage du « dos » de l'arête tranchante occasionnant des brûlures sur la matière.
β Bêta	**Angle de bec** (ou angle de tranchant). Il assure la résistance de l'arête tranchante aux efforts de coupe, aux chocs et à l'usure.
γ Gamma	**Angle d'attaque positif** (ou angle de coupe). Il conditionne la pénétration de l'arête tranchante dans la matière.
ι Iota	**Angle de dépouille radiale** Évite les brûlures latérales (rainures)
α′ Alpha prime	**Angle de dépouille latérale** Évite les brûlures de flanc (rainures)
λ Lambda	**Angle de biais** Favorise la pénétration progressive de l'arête tranchante.
ε Epsilon	**Angle de chanfrein** Coupe progressive dans l'usinage.

Règle fondamentale

$$\alpha + \beta + \gamma = 90°$$

FORMES DE DENTURES

Droite

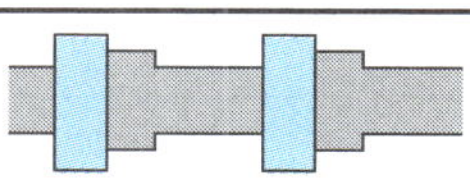

Biaise

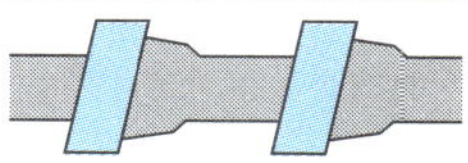

Alternée

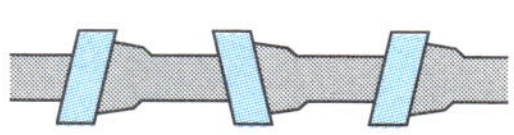

Arasante

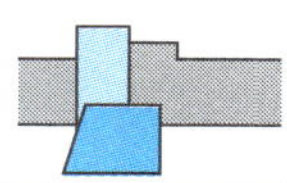

GÉOMÉTRIE DE MÈCHE

Mèche à tourillonner (bois)

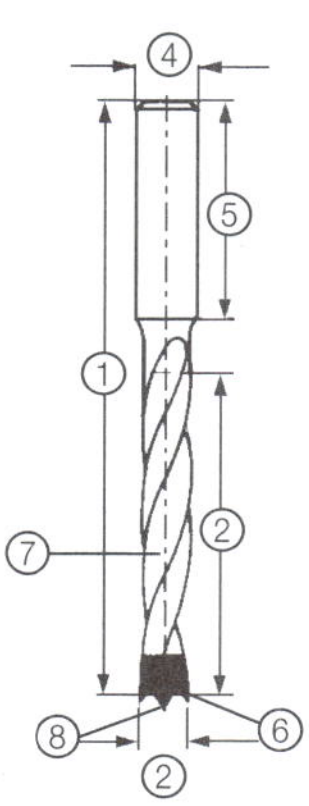

Mèche d'entaillage de défonçage (ALU PVC)

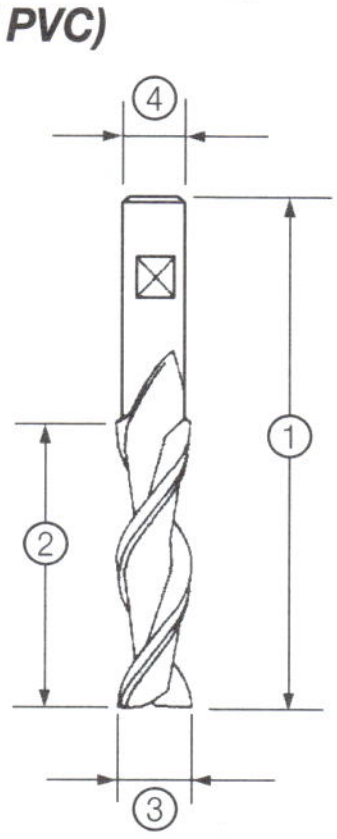

1. Longueur totale
2. Longueur utile
3. Diamètre
4. Diamètre de queue (culasse)
5. Longueur de queue
6. Traceur
7. Canal
8. Pointe

Il existe des mèches à :
- hélice à droite,
- hélice à gauche.

DOC. GUHDO

11.1.2 FORMES ET EMPLOIS DES ARÊTES TRANCHANTES

EXEMPLES DE DENTURES DE LAMES CIRCULAIRES À MISES RAPPORTÉES EN CARBURE

	FORMES	EMPLOIS
PLATE	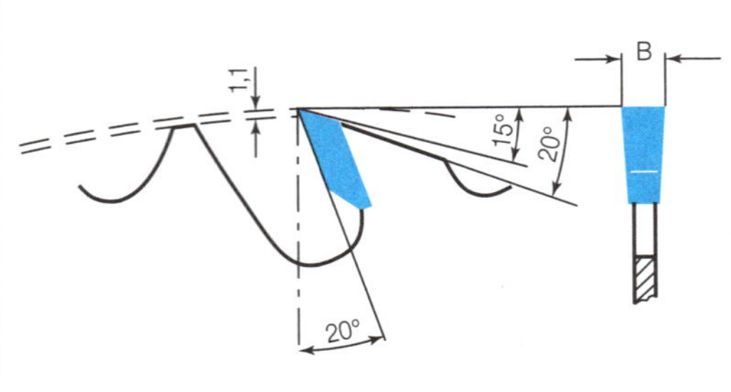	Débits en long des bois tendres et durs. Avec la présence d'anti-reculs (limiteurs de passe), les lames sont spécialement adaptées pour des travaux à avance manuelle.
PLATE	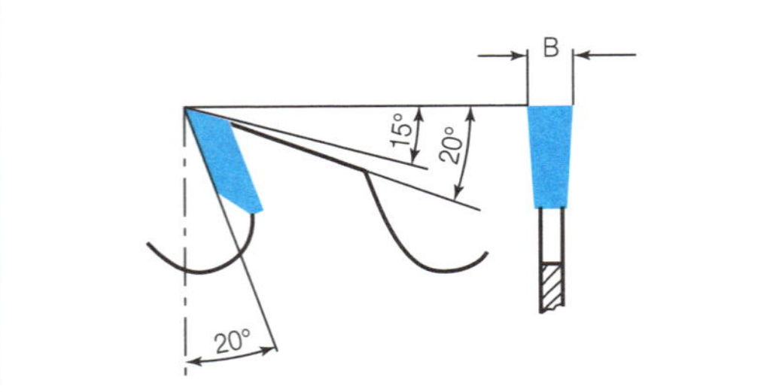	Débits en long des bois tendres et durs. Utilisation en avance mécanique.
PLATE	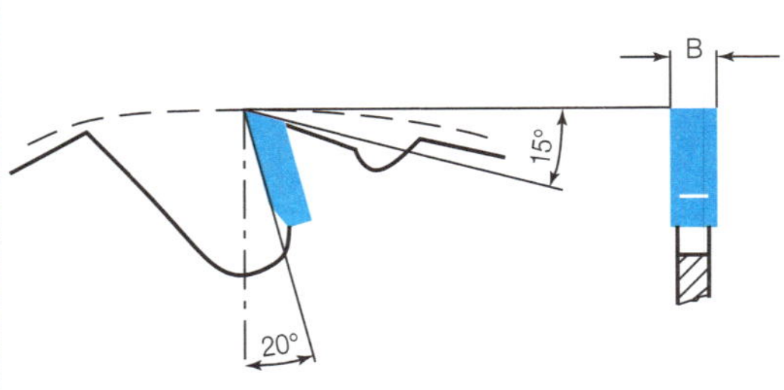	Lames à rainer. Utilisation sur toupie. Existe avec ou sans anti-recul selon l'emploi en avance manuelle ou mécanique. Utilisées pour certaines découpes ou tronçonnages.
ALTERNÉE	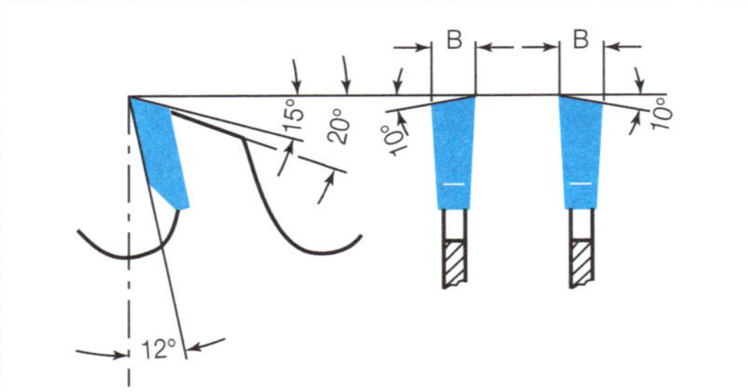	Application universelle pour les débits en long ou en travers des bois massifs. Utilisée également pour débiter les panneaux agglomérés bruts et les panneaux de fibres.
GOUGE - TOIT	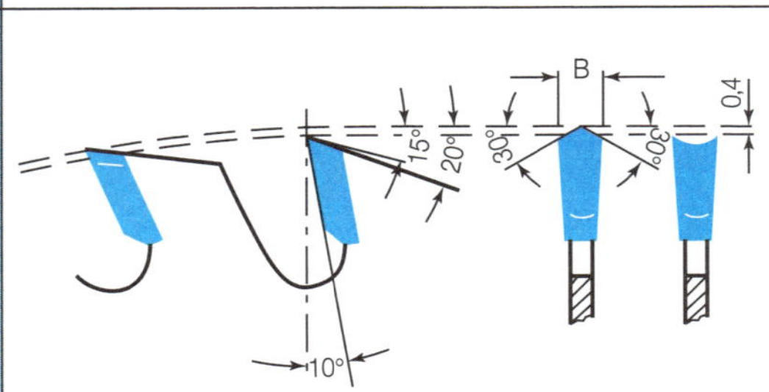	Découpe des panneaux plaqués bois, stratifiés ou mélaminés. B = épaisseur de dent

DOC. GUHDO

EXEMPLES DE DENTURES DE LAMES CIRCULAIRES À MISES RAPPORTÉES EN CARBURE (suite)

	FORMES	EMPLOIS
TRAPÉZOÏDALE PROFIL « GOUGE »	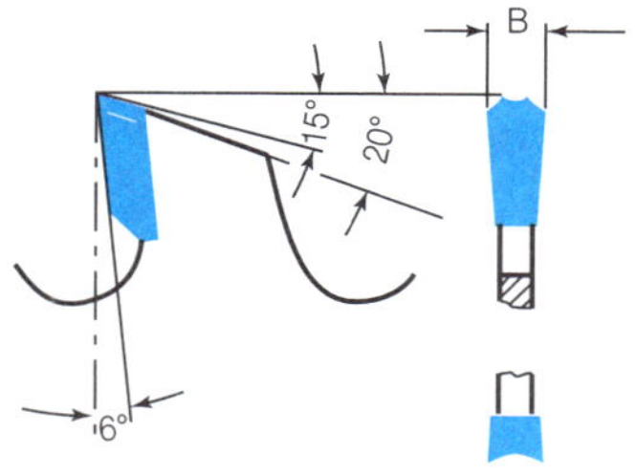	Découpe sans éclats des panneaux revêtus de résine synthétique (Type thermoplastique.
TRAPÉZOÏDALE ATTAQUE BIAISE	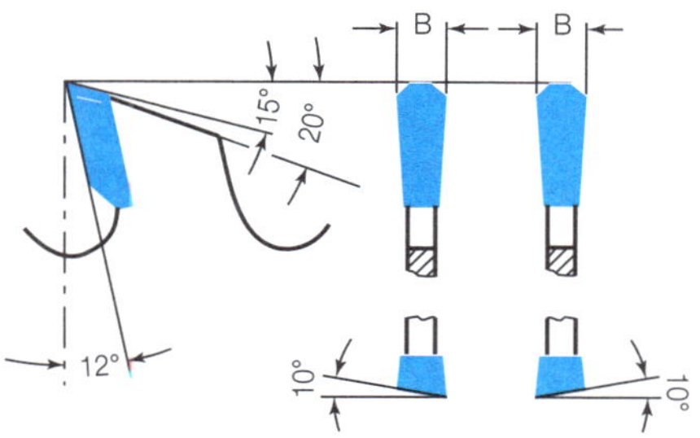	Face d'attaque biaise et alternée. Découpes des panneaux plaqués 2 faces.
TRAPÉZOÏDALE CHANFREINÉE	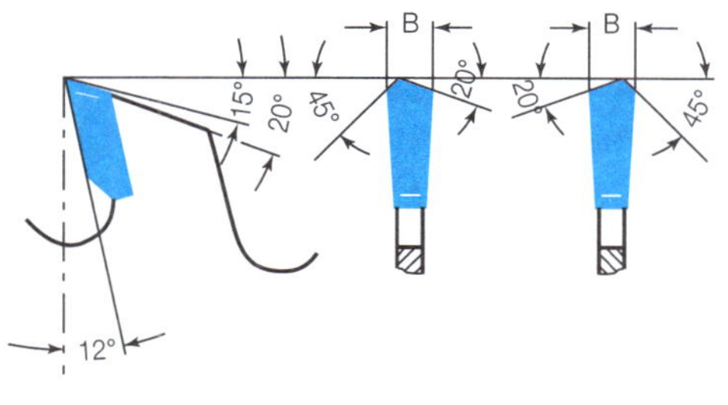	Lame spécialement adaptée pour la découpe de plaques homogènes en matière synthétique (Type Plexiglas).
TRAPÉZOÏDALE PLATE	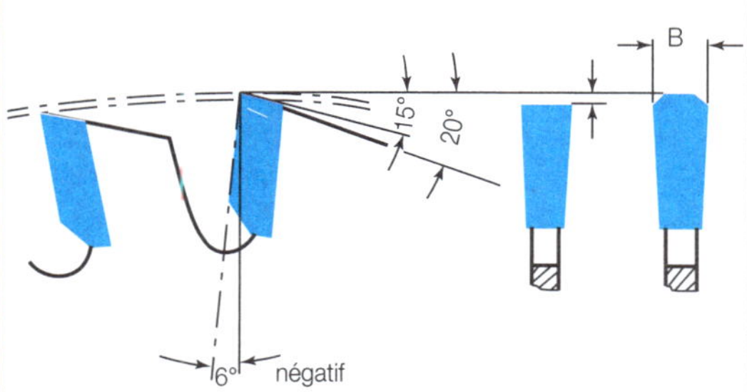	Employée sur scie pendulaire, scie radiale, scie à coupe d'onglet. Utilisation manuelle. Sciage d'alliages non ferreux. B = épaisseur dent

11.2 LOIS D'USINAGE

ARÊTES TRANCHANTES

Disposition
- Périphérique ⟶ Coupe cylindrique ⟶ parallèle / oblique par rapport — à l'axe de rotation
- Radiale ⟶ Coupe fauchante

Nombre Conditionne le pas de coupe ⟶ Symbole Z

DIMENSIONS DE L'OUTIL

■ CARACTÉRISTIQUES POUR UNE COMMANDE D'OUTIL (fraise)

La commande doit aussi contenir les données suivantes :
- diamètre, épaisseur, alésage
- nombre d'arêtes tranchantes et d'arêtes arasantes
- sens de rotation
- angles caractéristiques des arêtes tranchantes
- fréquence de rotation
- vitesse d'avance
- type de clavette éventuellement logée sur l'arbre porte-outil
- matériaux à travailler
- qualité de l'arête tranchante

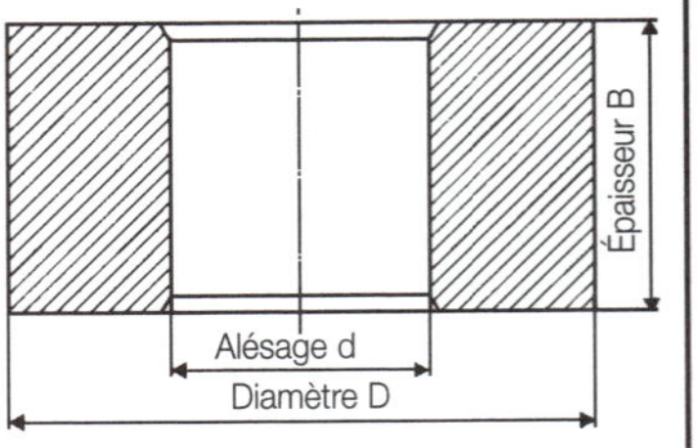

DOC. ZUANI

SENS DE ROTATION

■ CONDITIONS DE COUPE

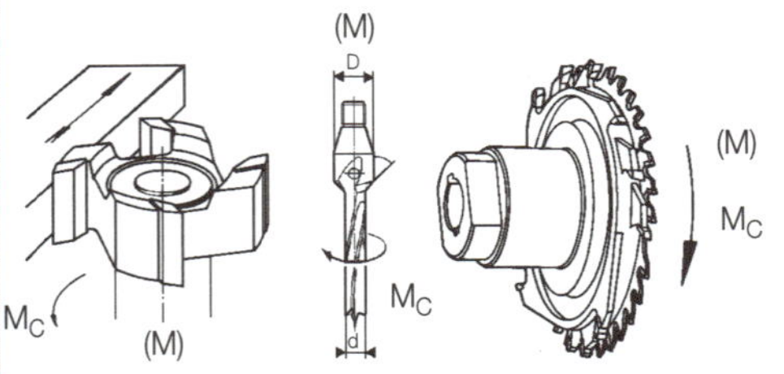

Rotation à droite lorsque l'outil vu du côté moteur (M) tourne vers la droite (sens des aiguilles d'une montre).

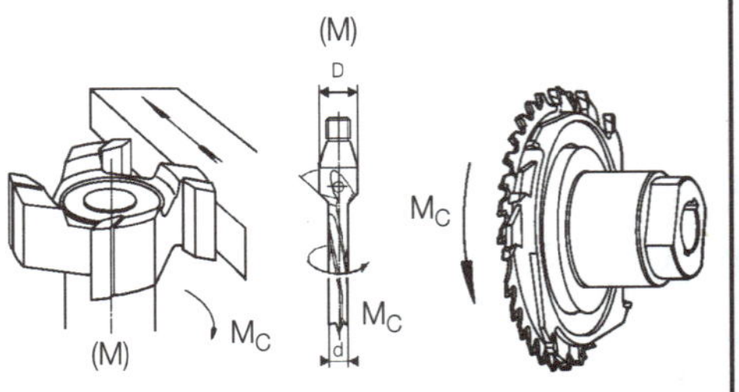

Rotation à gauche lorsque l'outil vu du côté moteur (M) tourne vers la gauche (sens inverse des aiguilles d'une montre).

DOC. ZUANI

MOUVEMENT DE COUPE

- Continu
  - Rectiligne ⟶ lame de scie à ruban
  - Circulaire ⟶ fraise de toupie
  - Semi-circulaire ⟶ partie active de l'outil M.O.C.
  - Elliptique ⟶ abrasif de la ponceuse orbitale
- Alternatif
  - Rectiligne ⟶ bédanes piocheurs de la mortaiseuse à 3 couteaux
  - Elliptique ⟶ bédane de la mortaiseuse vibrante à 1 couteau

SENS D'USINAGE

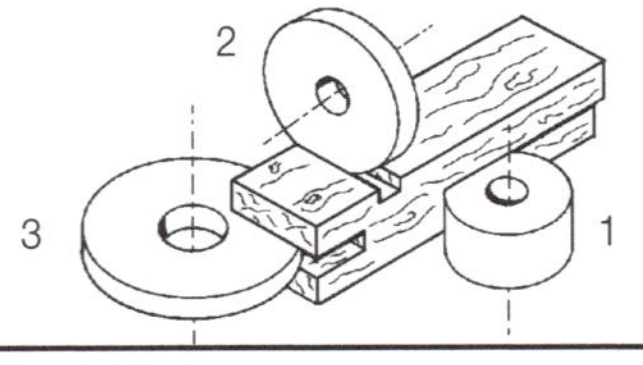

L'usinage du bois peut se faire dans trois directions :

1 - en long
2 - en travers
3 - en bout

DOC. ZUANI

MODES DE TRAVAIL

■ EN CONCORDANCE (EN AVALANT)

Travail de l'outil dans le même sens que le mouvement d'avance.

Avance mécanique obligatoire

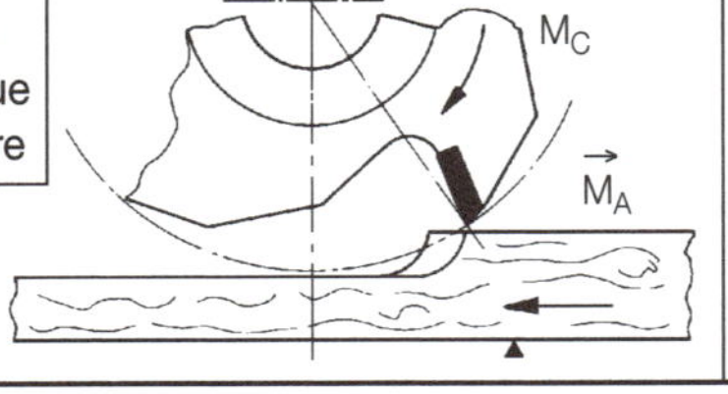

■ EN OPPOSITION

Travail de l'outil dans le sens opposé au mouvement d'avance.

Avance manuelle possible

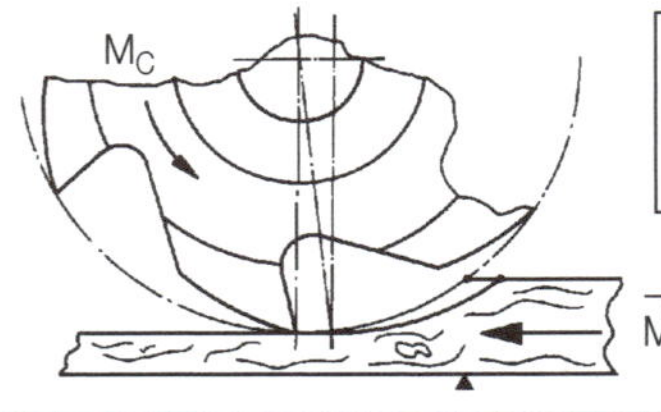

DOC. ZUANI

MOUVEMENTS D'AVANCE DE LA PIÈCE OU DE L'OUTIL (FONCTIONS)

■ A L'ARRÊT

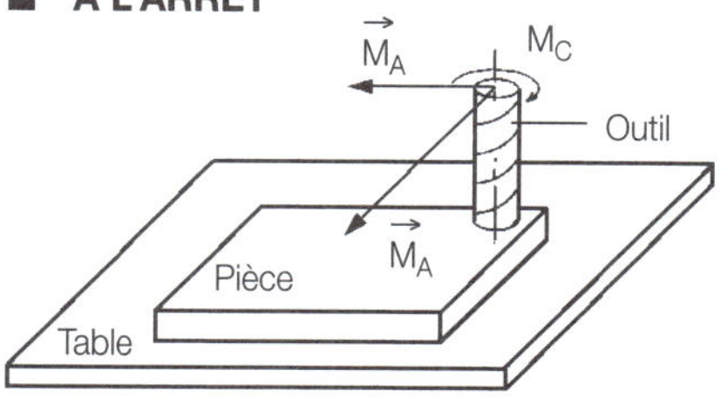

L'outil est préréglé et mobile.

La matière (pièce) est solidaire de la table.

Exemple :
- Mortaisage,
- Perçage,
- Sciage à la radiale.

■ AU DÉFILÉ

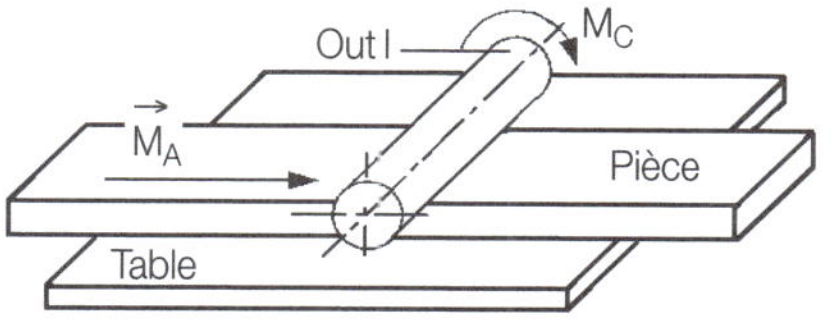

M_C = mouvement de coupe

$\vec{M}_A$ = mouvement d'avance

L'outil est préréglé en position fixe.

La matière défile sur le porte-pièce.

Exemple :
- Rabotage,
- Délignage.

■ MULTI-FONCTIONS

C'est la combinaison de fonctions mono ou multi-opératrices sans reprise manuelle.

TRAJECTOIRE DE L'OUTIL

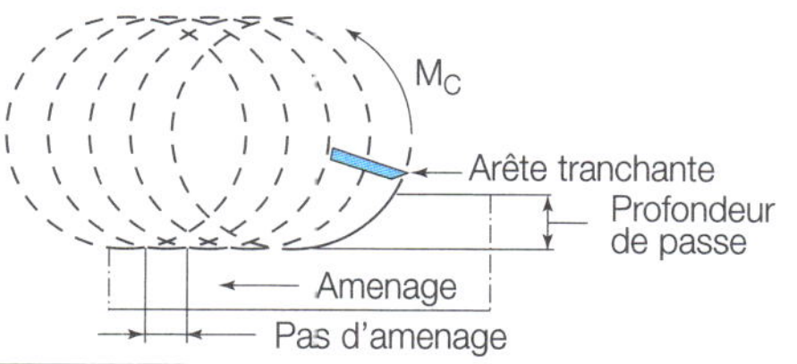

La trajectoire de l'outil résulte de la combinaison des deux mouvements de coupe et d'avance.

Le respect des différents paramètres de coupe dans une opération d'usinage est indispensable pour obtenir un bon **état de surface.**

VITESSE DE COUPE

FRÉQUENCE DE ROTATION

Des abaques ou des tableaux permettent de faire un choix de vitesse de coupe (voir tableau, page 330 et abaque page 331).

$$V_c\text{(en m/s)} = \frac{\pi \cdot D \cdot S}{60}$$

C'est la distance parcourue par un point d'une arête tranchante en une seconde (m/s).

$\pi = 3{,}14$
D = diamètre de l'outil en m
S = fréquence de rotation en tr/min.

La vitesse de coupe dépend du matériau à travailler, de la nature du matériau de l'outil, du porte-outils et de la forme de l'outil.

$$S\text{ (en tr/min)} = \frac{60 \cdot V}{\pi \cdot D}$$

C'est le nombre de tours qu'effectue une arête tranchante en une minute (tr/min).

V_c en m/s
D en m.

• Vitesses de coupe conseillées :

	Fraises		Lames de scies
Matériau	**HSS (m/s)**	**HM (m/s)**	**HM (m/s)**
Bois tendres	50-80	60-90	70-100
Bois durs	40-60	50-80	70-90
Panneaux	–	60-80	60-80
Multiplis	–	60-80	60-80
Panneaux fibres dures	–	40-60	60-80
Panneaux stratifiés, mélaminés	–	40-60	60-120

• Vitesses maximales selon le type d'outils :

porte-outils à fixation mécanique classique	40 à 50 m/s
fraise en acier et porte-outils plaquettes à jeter	50 à 60 m/s
fraises en carbure	50 à 70 m/s
lames circulaires en carbure	60 à 100 m/s

■ RECHERCHE DE LA VITESSE DE COUPE (en m/s)

Détermination de la vitesse de coupe en fonction de la fréquence de rotation et le diamètre de l'outil.

Formule $V_c = \dfrac{\pi \cdot D \cdot S}{60\,000}$ (D est en mm)

Recherche de la vitesse de coupe (en m/s)

Fréquence de rotation (tr/min)	DIAMÈTRE DE L'OUTIL en mm 10	20	30	40	50	60	70	80	90	100	110	120	130	140	150	160	170	180	190	200
2000	1,0	2,1	3,1	4,2	5,2	6,3	7,3	8,4	9,4	10,5	11,5	12,6	13,6	14,7	15,7	16,8	17,8	18,8	19,9	20,9
2500	1,3	2,6	3,9	5,2	6,5	7,9	9,2	10,5	11,8	13,1	14,4	15,7	17,0	18,3	19,6	20,9	22,3	23,6	24,9	26,2
3000	1,6	3,1	4,7	6,3	7,9	9,4	11,0	12,6	14,1	15,7	17,3	18,8	20,4	22,0	23,6	25,1	26,7	28,3	29,8	31,4
3500	1,8	3,7	5,5	7,3	9,2	11,0	12,8	14,7	16,5	18,3	20,2	22,0	23,8	25,7	27,5	29,3	31,2	33,0	34,8	36,7
4000	2,1	4,2	6,3	8,4	10,5	12,6	14,7	16,8	18,8	20,9	23,0	25,1	27,2	29,3	31,4	33,5	35,6	37,7	39,8	41,9
4500	2,4	4,7	7,1	9,4	11,8	14,1	16,5	18,8	21,2	23,6	25,9	28,3	30,6	33,0	35,3	37,7	40,1	42,4	44,8	47,1
5000	2,6	5,2	7,9	10,5	13,1	15,7	18,3	20,9	23,6	26,2	28,8	31,4	34,0	36,7	39,3	41,9	44,5	47,1	49,7	52,4
5500	2,9	5,8	8,6	11,5	14,4	17,3	20,2	23,0	25,9	28,8	31,7	34,6	37,4	40,3	43,2	46,1	49,0	51,8	54,7	57,6
6000	3,1	6,3	9,4	12,6	15,7	18,8	22,0	25,1	28,3	31,4	34,6	37,7	40,8	44,0	47,1	50,3	53,4	56,5	59,7	62,8
6500	3,4	6,8	10,2	13,6	17,0	20,4	23,8	27,2	30,6	34,0	37,4	40,8	44,2	47,6	51,1	54,5	57,9	61,3	64,7	68,1
7000	3,7	7,3	11,0	14,7	18,3	22,0	25,7	29,3	33,0	36,7	40,3	44,0	47,6	51,3	55,0	58,6	62,3	66,0	69,6	73,3
7500	3,9	7,9	11,8	15,7	19,6	23,6	27,5	31,4	35,3	39,3	43,2	47,1	51,1	55,0	58,9	62,8	66,8	70,7	74,6	78,5
8000	4,2	8,4	12,6	16,8	20,9	25,1	29,3	33,5	37,7	41,9	46,1	50,3	54,5	58,6	62,8	67,0	71,2	75,4	79,6	83,8
9000	4,7	9,4	14,1	18,8	23,6	28,3	33,0	37,7	42,4	47,1	51,8	56,5	61,3	66,0	70,7	75,4	80,1	84,8	89,5	94,2
10000	5,2	10,5	15,7	20,9	26,2	31,4	36,7	41,9	47,1	52,4	57,6	62,8	68,1	73,3	78,5	83,8	89,0	94,2	99,5	104,7
11000	5,8	11,5	17,3	23,0	28,8	34,6	40,3	46,1	51,8	57,6	63,4	69,1	74,9	80,6	86,4	92,2	97,9	103,7	109,4	115,2
12000	6,3	12,6	18,8	25,1	31,4	37,7	44,0	50,3	56,5	62,8	69,1	75,4	81,7	88,0	94,2	100,5	106,8	113,1	119,4	125,7
13000	6,8	13,6	20,4	27,2	34,0	40,8	47,6	54,5	61,3	68,1	74,9	81,7	88,5	95,3	102,1	108,9	115,7	122,5	129,3	136,1
14000	7,3	14,7	22,0	29,3	36,7	44,0	51,3	58,6	66,0	73,3	80,6	88,0	95,3	102,6	110,0	117,3	124,6	131,9	139,3	146,6

Fréquence de rotation (tr/min)	DIAMÈTRE DE L'OUTIL en mm 210	220	230	240	250	260	270	280	290	300	310	320	330	340	350	360	370	380	390	400
2000	22,0	23,0	24,1	25,1	26,2	27,2	28,3	29,3	30,4	31,4	32,5	33,5	34,6	35,6	36,7	37,7	38,7	39,8	40,8	41,9
2500	27,5	26,8	30,1	31,4	32,7	34,0	35,3	36,7	38,0	39,3	40,6	41,9	43,2	44,5	45,8	47,1	48,4	49,7	51,1	52,4
3000	33,0	34,6	36,1	37,7	39,3	40,8	42,4	44,0	45,6	47,1	48,7	50,3	51,8	53,4	55,0	56,5	58,1	59,7	61,3	62,8
3500	38,5	40,3	42,1	44,0	45,8	47,6	49,5	51,3	53,1	55,0	56,8	58,6	60,5	62,3	64,1	66,0	67,8	69,6	71,5	73,3
4000	44,0	46,1	48,2	50,3	52,4	54,5	56,5	58,6	60,7	62,8	64,9	67,0	69,1	71,2	73,3	75,4	77,5	79,6	81,7	83,8
4500	49,5	51,8	54,2	56,5	58,9	61,3	63,6	66,0	68,3	70,7	73,0	75,4	77,8	80,1	82,5	84,8	87,2	89,5	91,9	94,2
5000	55,0	57,6	60,2	62,8	65,5	68,1	70,7	73,3	75,9	78,5	81,2	83,8	86,4	89,0	91,6	94,2	96,9	99,5	102,1	104,7
5500	60,5	63,4	66,2	69,1	72,0	74,9	77,8	80,6	83,5	86,4	89,3	92,2	95,0	97,9	100,8	103,7	106,6	109,4	112,3	115,2
6000	66,0	69,1	72,3	75,4	78,5	81,7	84,8	88,0	91,1	94,2	97,4	100,5	103,7	106,8	110,0	113,1	116,2	119,4	122,5	125,7
6500	71,5	74,9	78,3	81,7	85,1	88,5	91,9	95,3	98,7	102,1	105,5	108,9	112,3	115,7	119,1	122,5	125,9	129,3	132,7	136,1
7000	77,0	80,6	84,3	88,0	91,6	95,3	99,0	102,6	106,3	110,0	113,6	117,3	121,0	124,6	128,3	131,9	135,6	139,3	142,9	146,6
7500	82,5	86,4	90,3	94,2	98,2	102,1	106,0	110,0	113,9	117,8	121,7	125,7	129,6	133,5	137,4	141,4	145,3	149,2	153,2	157,1
8000	88,0	92,2	96,3	100,5	104,7	108,9	113,1	117,3	121,5	125,7	129,9	134,0	138,2	142,4	146,6	150,8	155,0	159,2	163,4	167,6
9000	99,0	103,7	108,4	113,1	117,8	122,5	127,2	131,9	136,7	141,4	146,1	150,8	155,5	160,2	164,9	169,6	174,4	179,1	183,8	188,5
10000	110,0	115,2	120,4	125,7	130,9	136,1	141,4	146,6	151,8	157,1	162,3	167,6	172,8	178,0	183,3	188,5	193,7	199,0	204,2	209,4
11000	121,0	126,7	132,5	138,2	144,0	149,7	155,5	161,3	167,0	172,8	178,5	184,3	190,1	195,8	201,6	207,3	213,1	218,9	224,6	230,4
12000	131,9	138,2	144,5	150,8	157,1	163,4	169,6	175,9	182,2	188,5	194,8	201,1	207,3	213,6	219,9	226,2	232,5	238,8	245,0	251,3
13000	142,9	149,7	156,6	163,4	170,2	177,0	183,8	190,6	197,4	204,2	211,0	217,8	224,6	231,4	238,2	245,0	251,9	258,7	265,5	272,3
14000	153,9	161,3	168,6	175,9	183,3	190,6	197,9	205,3	212,6	219,9	227,2	234,6	241,9	249,2	256,6	263,9	271,2	278,6	285,9	293,2

Exemple
- Fréquence de rotation (S) S = 7 500 tr/min.
- Diamètre de l'outil (D) D = 150 mm

Vitesse de coupe en m/s lue dans le tableau :

V_c = 58,9 m/s.

■ DÉTERMINATION DE LA VITESSE DE COUPE (en fonction de la vitesse de rotation et du diamètre de l'outil)

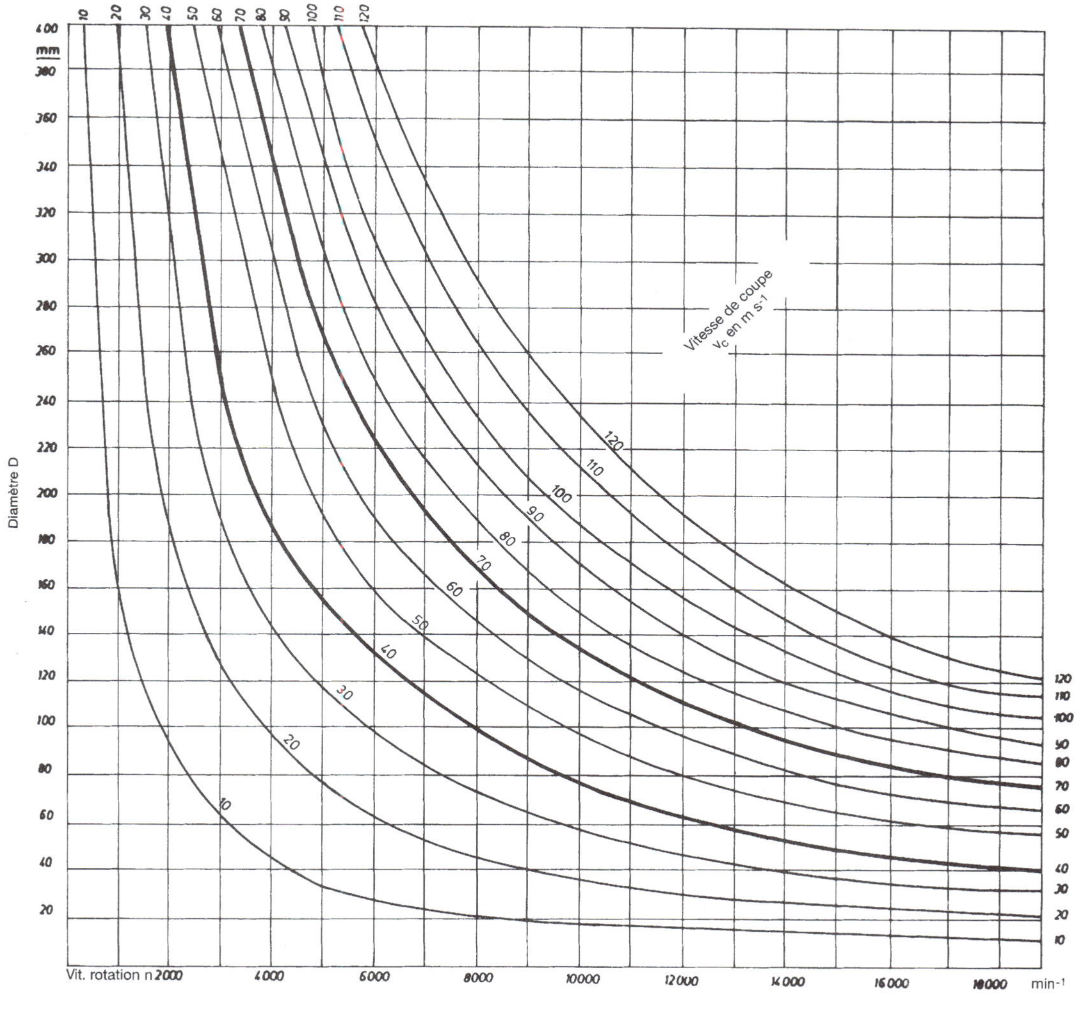

DOC. LEITZ

APPLICATIONS À PARTIR DU DIAGRAMME

■ EXEMPLES

• La vitesse de coupe

Données :

∅ de l'outil = 120 mm

Fréquence de rotation

n = 12 000 tr/min

⇓

$V_c \approx 76$ m/s

• Le diamètre de l'outil

Données :

$V_c = 80$ m/s

Fréquence de rotation

n = 9 000 tr/min

⇓

D = 170 mm

• La vitesse de rotation

Données :

$V_c = 70$ m/s

∅ de l'outil = 220 mm

⇓

$n \approx$ 6 000 tr/min

ANALYSE
DE LA COUPE

■ MONTAGE TRADITIONNEL DE L'OUTIL PAR SERRAGE VIS-ÉCROU, MONTAGE DES FERS APRÈS AFFÛTAGE

Les défauts de concentricité sont générés par :
- les tolérances de montage de l'outil sur l'arbre porte-outil ;
- les tolérances de réglage des arêtes tranchantes sur le cylindre de coupe. (Incertitudes dans le sens radial et dans le sens longitudinal).

Une seule arête tranchante définit l'état de surface constitué de grandes ondes irrégulières.

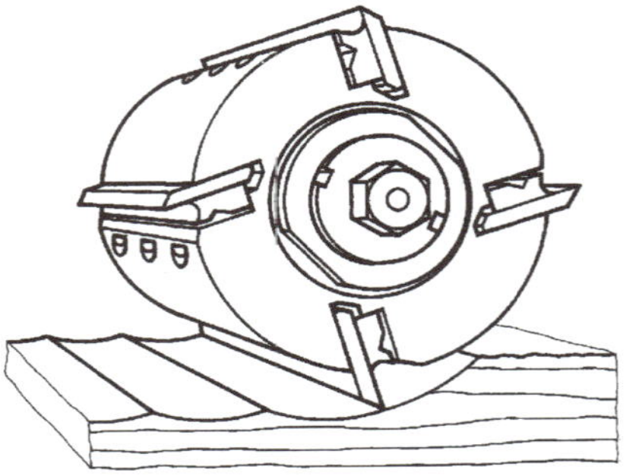

■ SERRAGE HYDRAULIQUE DE L'OUTIL SUR L'ARBRE PORTE-OUTIL

Les défauts de concentricité de l'outil sur l'arbre porte-outil sont considérablement réduits, seuls les défauts de concentricité des arêtes tranchantes par rapport au cylindre de coupe persistent.

La surface usinée est générée par plusieurs coupes laissant la trace de nombreuses ondes irrégulières.

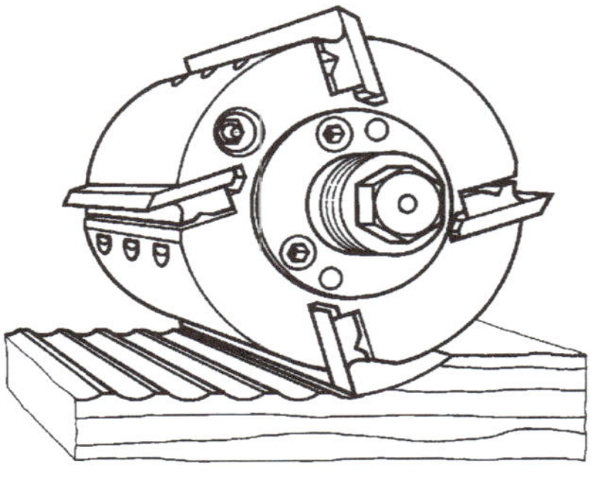

■ SERRAGE HYDRAULIQUE DE L'OUTIL SUR L'ARBRE PORTE-OUTIL ; JOINTAGE DES ARÊTES TRANCHANTES APRÈS MONTAGE

Les deux facteurs de non concentricité sont pratiquement réduits à zéro grâce au dégauchissage-jointage de toutes les arêtes tranchantes après serrage hydraulique de l'outil sur l'arbre porte-outil.

Toutes les arêtes tranchantes définissent d'une manière régulière l'état de surface.

Remarque :
Ces technologies associées permettent d'augmenter la vitesse d'avance proportionnellement aux nombres de coupes (avance par coupe).

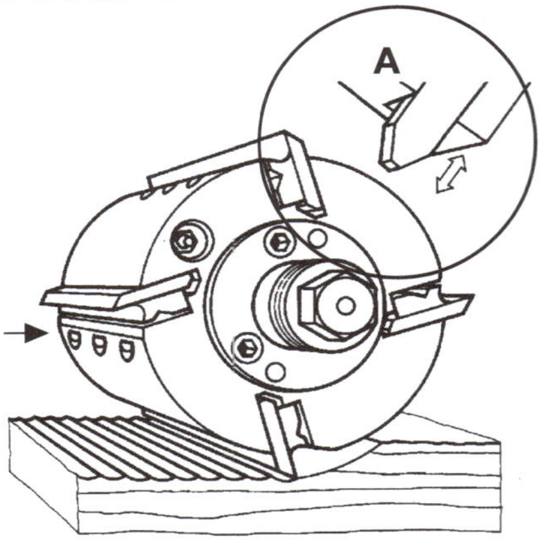

Jointage détail A

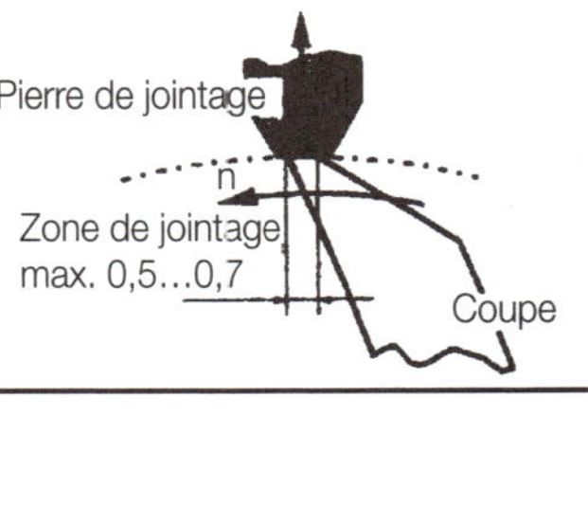

DOC. LEITZ

ANALYSE DE LA FORMATION DU COPEAU

■ **LE PAS D'USINAGE (Pu)**

Distance entre deux cotes successives

Z = 1 arête tranchante

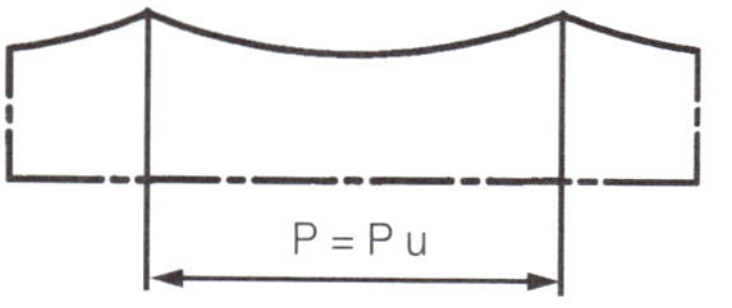

■ **LE PAS PRINCIPAL (P)**

Distance parcourue pendant un **tour de l'outil**. Si l'outil comporte 4 arêtes tranchantes (P = 4Pa).

d'où $P_{mm} = \frac{A}{S}$ A = avance en mm, S = nombre de tr/min

Z = 4 arêtes tranchantes

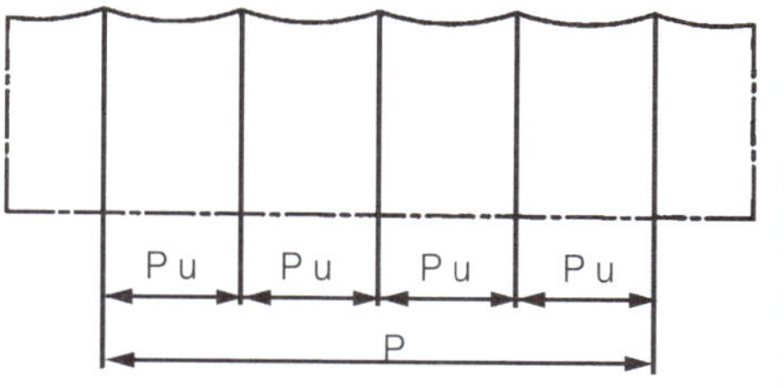

■ **LE PAS D'AMENAGE (AVANCE PAR TOUR)**

d'où $PA_{mm} = \frac{A}{S.Z}$ A = avance en mm, S = nombre de tr/min, Z = nombre de dents

L'analyse du PAS D'USINAGE est intéressante car elle conditionne la finesse du travail exécuté, donc **l'état de surface** et permet de fournir **la vitesse d'avance** à règler sur la machine

VITESSE D'AVANCE (VOIR ABAQUE)

$$A_{mm/min} = P_A \cdot S \cdot Z$$

PA = avance par tour
S = nombre de tr/min
Z = nombre d'arêtes tranchantes

ANGLE DE LEVAGE

L'angle de levage est compris entre l'effort de coupe $\vec{Fc}$ et la surface supérieure de la pièce.

$\vec{Fp}$: force de pénétration radiale

$\vec{Ft}$: force de coupe tangentielle

$$\vec{Fc} = \vec{Fp} + \vec{Ft}$$

$\vec{Fc}$: force de coupe

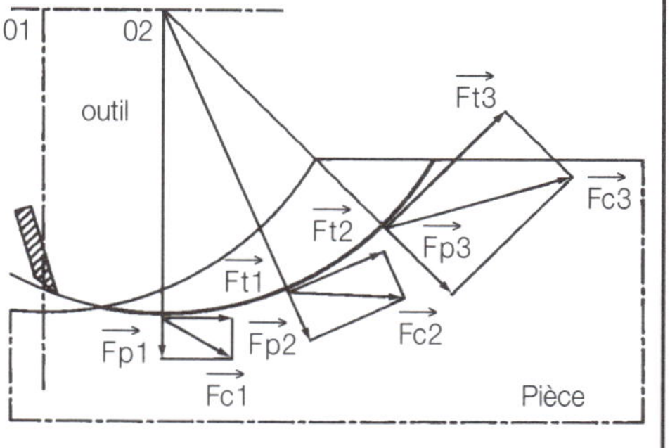

ÉPAISSEUR MOYENNE DU COPEAU

L'épaisseur du copeau doit être choisie judicieusement. Elle conditionne **l'état de surface.**

– Un copeau trop épais donne une qualité de surface médiocre.

– Un copeau trop mince entraîne une usure rapide de l'arête tranchante et peut provoquer des brûlures sur la surface de la matière.

Le compromis est l'épaisseur moyenne du copeau.

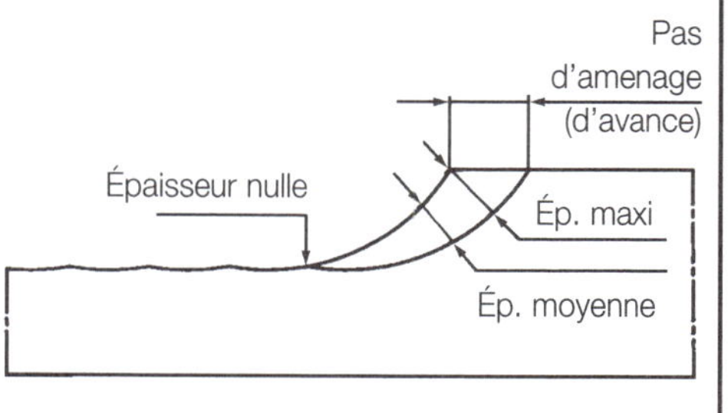

Lois d'usinage		
Les vitesses de mouvements conjugués sont obtenues par calcul à l'aide de formules ou par la lecture d'abaques. Le suisse Schlesinger a mis au point une formule permettant de calculer l'épaisseur moyenne du copeau. À partir de cette formule, on peut construire un abaque permettant de rechercher la vitesses d'amenage.		
LA FORMULE DE SCHLESINGER	$em = \frac{F}{SZ} \cdot \sqrt{\frac{H}{D}}$	Elle donne l'épaisseur moyenne du copeau « em » en mm en fonction des 5 paramètres d'usinage suivants : D : Diamètre du cylindre de coupe en mm H : Profondeur de passe en mm Z : Nombre d'arêtes tranchantes S : Fréquence de rotation en tr/min F : Vitesse d'amenage en mm/min
FORMULE DES VITESSES D'AMENAGE	$F = em \cdot sz \cdot \sqrt{\frac{D}{H}}$	Elle est tirée de la formule de Schlesinger. F est calculée à l'aide de la formule ou recherchée sur un abaque en fonction de D, H, em, Z, S.

Abaque des vitesses d'amenage

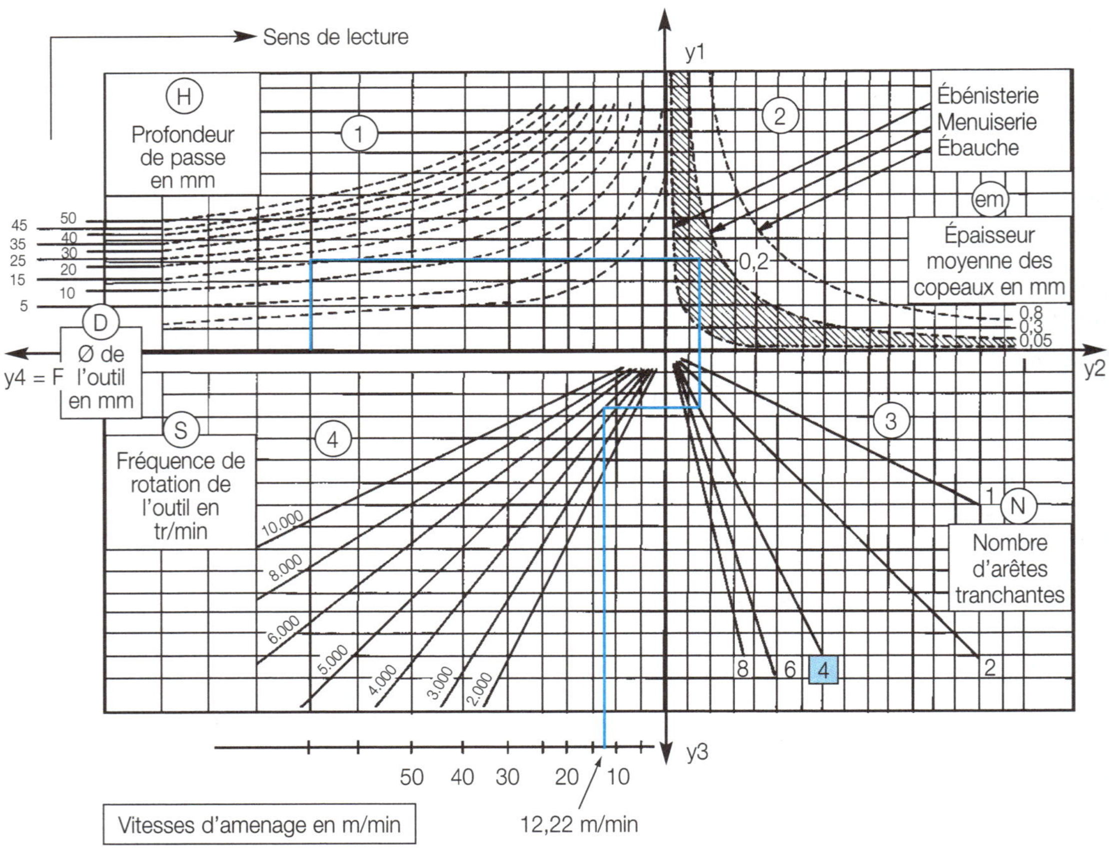

DÉMARCHE EXPLICATIVE DU FONCTIONNEMENT DE L'ABAQUE DES VITESSES D'AMENAGE DÉRIVÉ DE LA FORMULE DE SCHLESINGER AVEC EXEMPLE D'APPLICATION

On donne :

- Une fraise à moulurer dont le diamètre est de 140 mm, comportant 4 arêtes tranchantes.
- La profondeur de passe de l'usinage : 15 mm.
- L'état de surface à obtenir : soigné, épaisseur moyenne du copeau, em = 0,2 mm.
- La fréquence de rotation de la profileuse réglée à 5 000 tours par minute.

On demande de calculer la vitesse d'amenage pour régler l'entraîneur de pièces de la profileuse.

Graphique ①

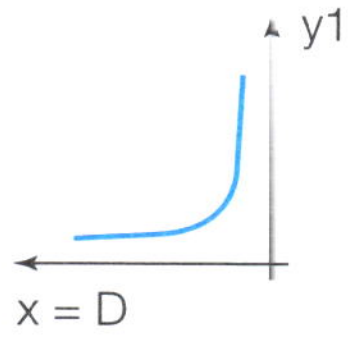

$$y1 = \sqrt{\frac{H}{D}}$$

- D est la variable (x) (Diamètre du cylindre de coupe en mm)
- H est un paramètre (Profondeur de passe en mm)

Exemple : si D = 140 mm et H = 15 mm alors y1 = 0,327

Graphique ②

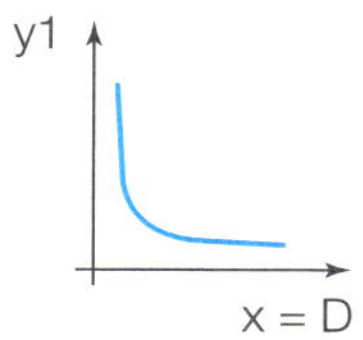

$$y2 = \frac{em}{y1} \qquad y2 = em\sqrt{\frac{D}{H}}$$

- y1 est la variable
- em est un paramètre (Épaisseur moyenne du copeau en mm)

Exemple : si y1 = 0,327 et em = 0,2 mm alors y2 = 0,611

Graphique ③

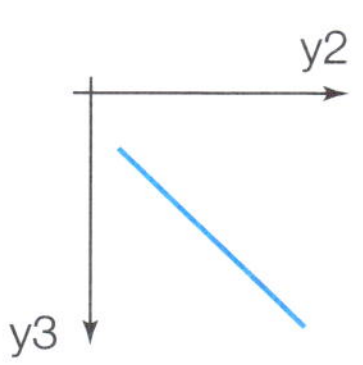

$$y3 = Z \cdot y2 \qquad y3 = Z \cdot em\sqrt{\frac{D}{H}}$$

- y2 est la variable
- Z est un paramètre (Nombre d'arêtes tranchantes)

Exemple : si y2 = 0,611 et Z = 4 alors y3 = 2,444

Graphique ④

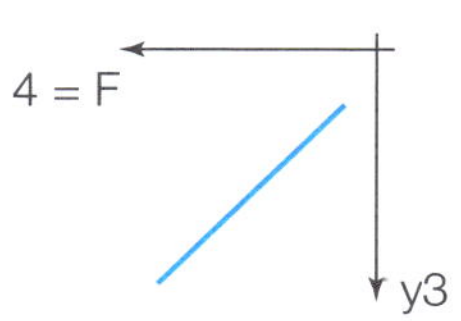

$$y4 = S \cdot y3 \qquad y4 = S \cdot Zem\sqrt{\frac{D}{H}}$$

- y3 est la variable
- S est un paramètre (Fréquence de rotation en tr/min)

Exemple : si y3 = 2,444 et S = 5 000 tr/min alors y4 = 12 220

Donc la vitesse d'amenage F = y4 = 12 220 mm/min

F s'exprime en mètres par minute : **F = 12,22 m/min**

11.3 RÉGLAGE MÉTHODOLOGIQUE DES MACHINES-OUTILS

Quelle que soit la machine-outil, la méthode de son réglage ne varie guère. Des étapes sont incontournables comme le choix de l'outil ou les contrôles.

ORGANIGRAMME DE RÉGLAGE

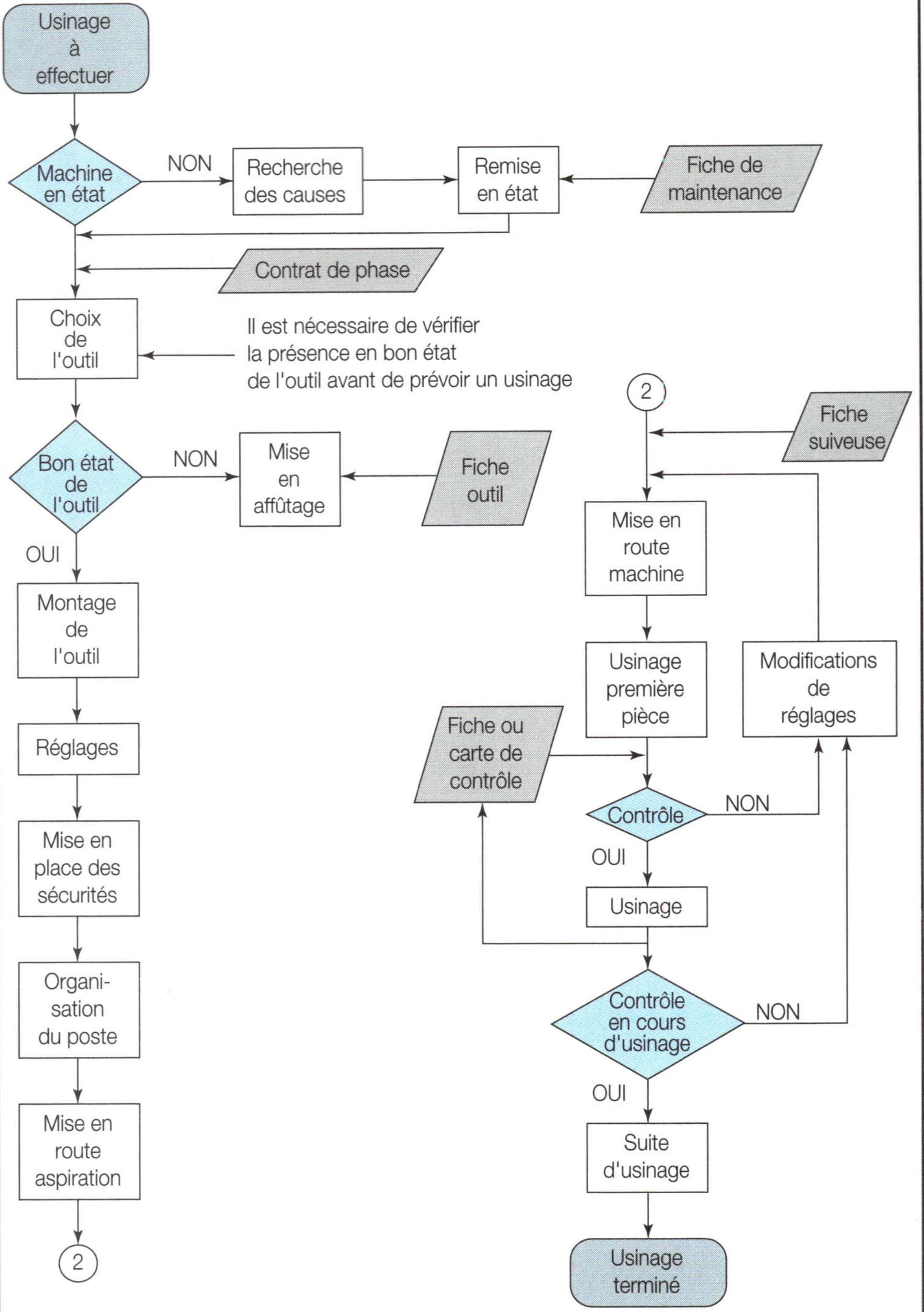

VOIR "ALGORITHME ET ALGORIGRAMME", PAGE 465.

11.4 PRINCIPE DE L'ISOSTATIQUE

La mise en position et le maintien en position d'une pièce soumise aux efforts de coupe, sur les surfaces de référence d'une machine-outil ; l'étude de conception d'un montage d'usinage ; le repérage des mouvements conjugués par les constructeurs sur les machines à commande numérique ; toutes ces tâches nécessitent la maîtrise des principes normalisés de la mise en position spatiale d'un objet.

ISOSTATISME

ISO — du grec — ISOS : égal

STATIQUE — du grec — STATIKOS : équilibre

Principe du système spatial où un objet reprend toujours la même position par rapport à un même référentiel.

LE REPÈRE TRIDIRECTIONNEL

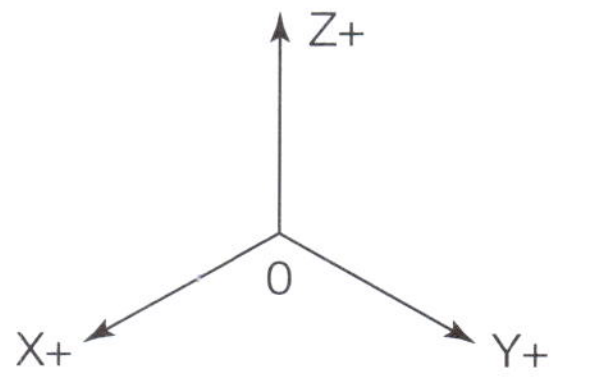

– 1 translation
– 1 rotation
→ 2 degrés de liberté sur 1 axe

– Translation : 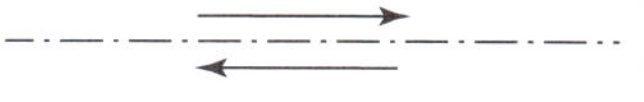

– Rotation : 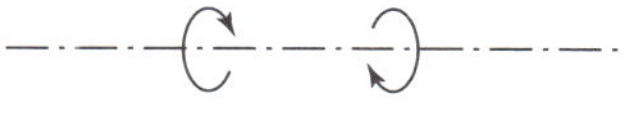

L'image de l'espace est donnée par un système de 3 axes orthonormés OX, OY, OZ. Le trièdre de sens direct est défini dans la norme NF Z 68-020 « Nomenclature des axes et des mouvements pour la commande numérique de machines ».

Un objet situé dans l'espace de ce repère tridirectionnel peut être animé par rapport à chacun des axes de 2 mouvements relatifs.

Ces mouvements peuvent avoir deux sens selon une direction donnée. On considère qu'un seul obstacle, pour un seul sens, supprime le degré de liberté de l'objet suivant la direction correspondante.

MISE EN POSITION ISOSTATIQUE

– Appui plan : 3 points
\+
– Appui linéique : 2 points
\+
– Appui ponctuel : 1 point

= 6 liaisons

Conventions de représentation :

T : translation

R : rotation 

1 : mouvement possible

0 : pas de mouvement possible.

Degrés de liberté d'un objet dans l'espace : tout objet dans l'espace possède six degrés de variance (nombre de facteurs variables indépendants).

La mise en position spatiale ou isostatique : elle consiste à situer et à stabiliser un objet dans l'espace par rapport à un référentiel tridirectionnel OX, OY, OZ.

Un septième point d'appui crée une incertitude, il y a surabondance de points d'appui, le système est hyperstatique.

Si le nombre de points d'appui est inférieur à six, l'objet conserve une ou plusieurs possibilités de mouvement, de translation et/ou de rotation, elle n'est pas entièrement stabilisée.

AUTRES APPLICATIONS

Les fiches machines : repérage des mouvements des mobiles et des mouvements relatifs sur les liaisons usuelles normalisées représentées sur le schéma cinématique des machines-outils.

Réglage méthodique des machines-outils : Étude des mouvements relatifs des mobiles d'une machine-outil (surfaces de référence – porte-outil), par rapport à un repère tridirectionnel (NF Z 68-020).

La pose des ouvrages : repérage sur le plan de pose des trois cotes fonctionnelles nécessaires pour le positionnement des ouvrages sur les chantiers, en relation avec un référentiel tridirectionnel.

Principe de l'isostatique

TABLEAU D'ANALYSE DES DEGRÉS

Stabilisation d'un objet dans l'espace :

« Mise en position isostatique »

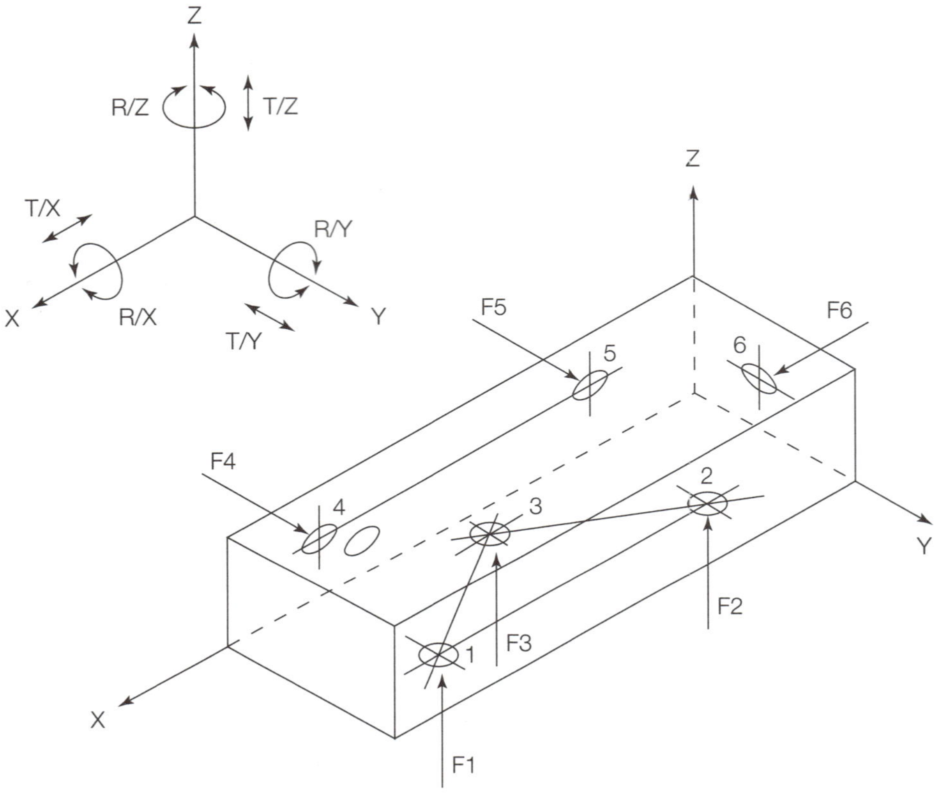

	Axes	**X**		**Y**		**Z**		
Nature de l'appui	**Mouvements / Points**	**T/X**	**R/X**	**T/Y**	**R/Y**	**T/Z**	**R/Z**	**Degrés de liberté**
Pas d'appui	0	1	1	1	1	1	1	6
Appui plan	1	1	1	1	1	0	1	5
	2	1	1	1	0	0	1	4
	3	1	0	1	0	0	1	3
Appui linéique	4	1	0	0	0	0	1	2
	5	1	0	0	0	0	0	1
Appui ponctuel	6	0	0	0	0	0	0	0

11.5 ISOSTATISME ET COMMANDE NUMÉRIQUE

REPÉRAGE DES AXES ET CONVENTIONS

Le programmeur considérera toujours que l'outil se déplace par rapport au système de coordonnées tridirectionnel associé à la pièce considérée comme fixe.

Le système normal de coordonnées est un système cartésien rectangulaire de sens direct, lié à une pièce placée sur la machine, et ayant des arêtes parallèles aux glissières principales de la machine. Les axes sont désignés par les lettres X ; Y ; Z non affectées par le signe « prime ».

Le sens positif du mouvement d'un chariot de la machine est celui qui provoque un accroissement sur la pièce de la coordonnée correspondante.

DÉFINITION DES AXES POUR LES MACHINES À UNE SEULE BROCHE

■ **AXE Z**

– C'est l'axe parallèle à l'axe de la broche porte-outil.
Exemples : fraiseuses, défonceuses, perceuses, tours…

– Un mouvement de translation sur l'axe Z dans le sens positif accroît la distance existant entre la pièce et l'outil.

■ **AXE X**

Sur les machines comportant des outils en rotation (défonceuses, perceuses…), les règles suivantes sont appliquées :

– si l'axe Z est vertical, le sens positif de l'axe X est dirigé vers la droite lorsqu'on regarde de la broche vers le montant « col de cygne » de la machine (on regarde la machine de face !),

– si l'axe Z est horizontal, le sens positif de l'axe X est dirigé vers la droite lorsqu'on regarde de la broche vers la table support de pièces (on regarde la machine de l'arrière !).

Sur les machines comportant des pièces en rotation (tours…), la direction de l'axe X est radiale par rapport à la pièce.

Le sens positif du mouvement de translation sur X est celui qui correspond à l'accroissement de la distance entre l'outil et l'axe de rotation de la pièce.

■ **AXE Y**

L'axe Y forme avec les axes X et Z un trièdre de sens direct.

MOUVEMENTS DE ROTATION A, B, C SUR LES AXES X, Y, Z

Les angles A, B et C définissent les mouvements de rotation effectués respectivement autour d'axes parallèles à X, Y et Z.

Les valeurs positives de A, B et C correspondent au sens positif de rotation d'une vis de pas à droite avançant respectivement dans le sens positif de translation sur les axes X, Y et Z.

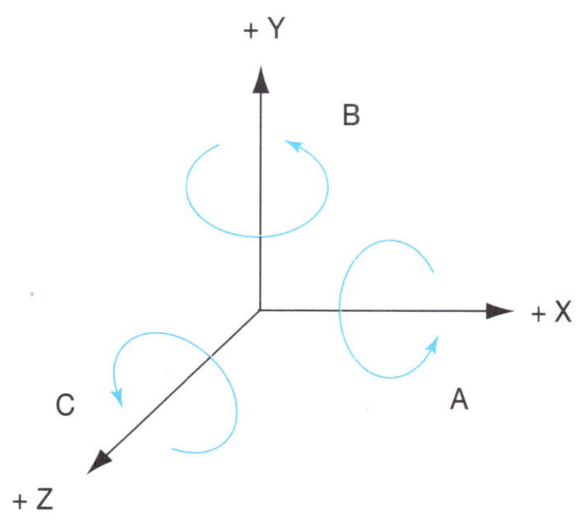

LE TRIÈDRE DE SENS DIRECT

NF Z 68-020

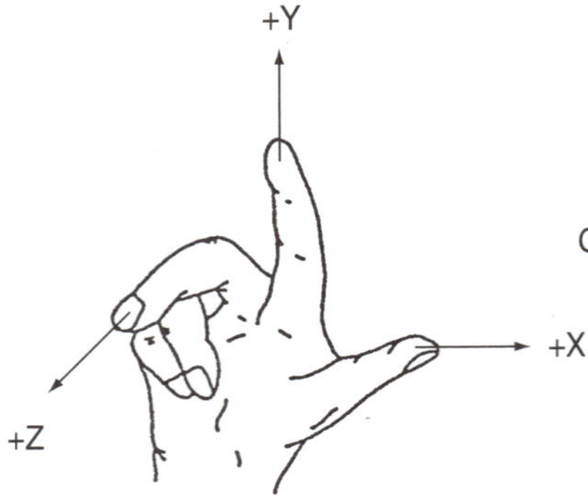

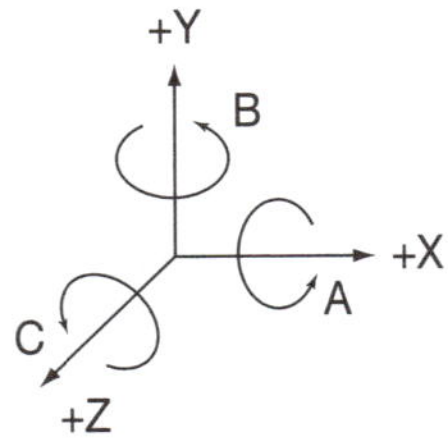

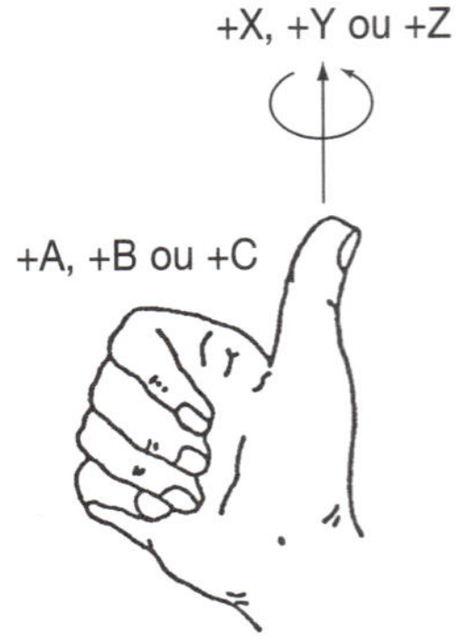

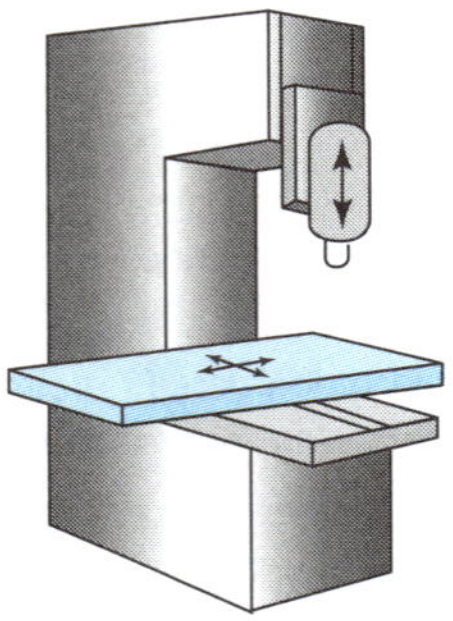

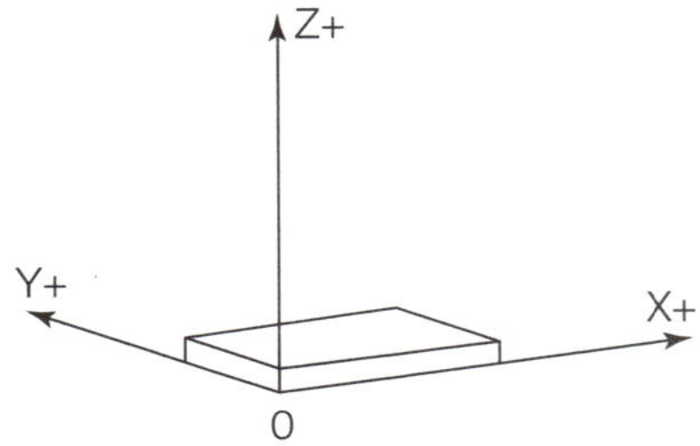

MOUVEMENTS DE TRANSLATION

■ **AXES ADDITIONNELS – NF Z 68-020**

– Si en plus des mouvements de translation rectiligne primaires X, Y, et Z, il existe des mouvements de translation rectiligne secondaires parallèles à ceux-ci, ils sont désignés respectivement par U, V, et W.

– S'il existe des mouvements tertiaires, ils sont désignés respectivement par P, Q, et R.

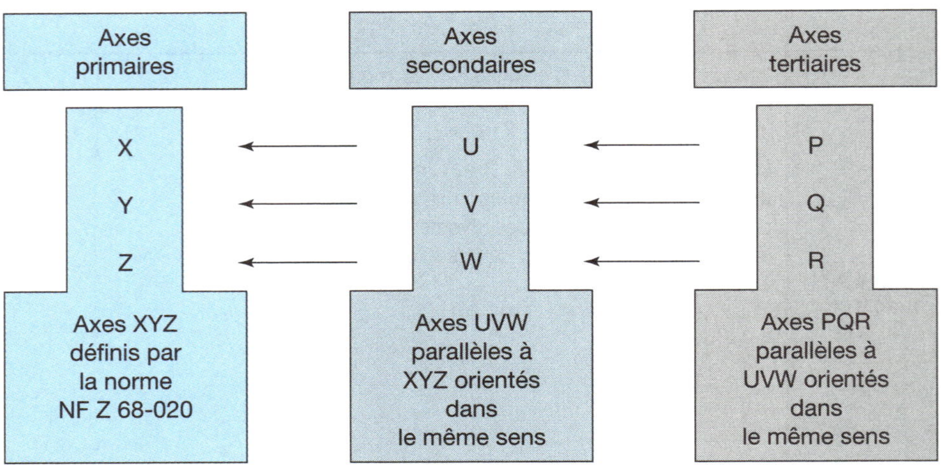

MOUVEMENTS DE ROTATION

Si en plus des mouvements de rotation primaires A, B, et C, définis par la norme NF Z 68-020, il existe des mouvements de rotation secondaires parallèles ou non à A, B et C, ces mouvements sont désignés par D ou E.

11.6 MONTAGES D'USINAGE

Un montage d'usinage est un appareillage permettant un usinage particulier en série, généralement interposé entre le support de pièce d'une machine-outil.
La sécurité, la productivité, l'ident té et la précision des pièces sont les critères qui font que les montages d'usinage ont un rôle fondamental dans le travail en série et pour l'usinage des formes particulières.

MISE EN POSITION DE LA PIÈCE

Comment ? → D'après un système de référentiels tridirectionnel (Isostatisme).

Système	Type d'appuis	Appui/montage	Appui/pièce
3 points	Plan	Socle	Parement : SR1
2 points	Linéique	2 butées	1er chant : SR2
1 point	Ponctuel	1 butée	1er bout : SR3

Avec quoi ? → Avec des butées fixes ou escamotables.

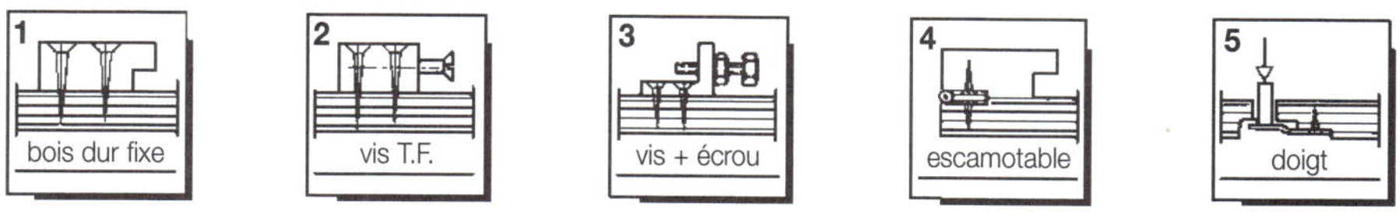

Pourquoi des appuis ponctuels ? → Pour diminuer les surfaces en contact afin de pallier les déformations de la pièce.

Où placer les butée ? → De telle manière qu'elles s'opposent aux efforts de coupe

MAINTIEN EN POSITION DE LA PIÈCE

Pourquoi ? → Pour immobiliser la pièce sur le montage d'usinage, s'opposer et résister aux efforts de coupe.

Où et comment s'exercent les efforts de serrage ? → Ils doivent être perpendiculaires aux surfaces d'appui.

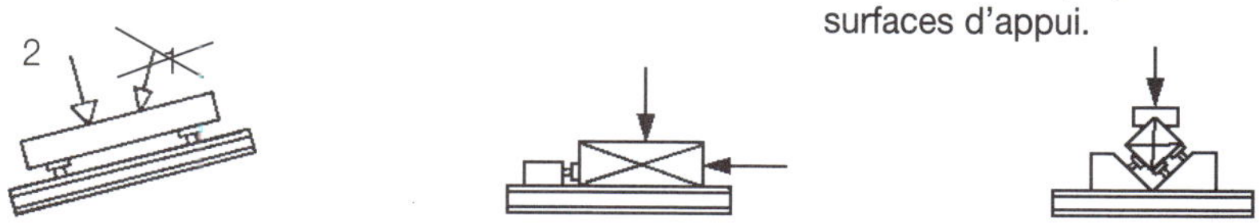

Avec quoi ? → Avec un système « d'ablocage » qui permet :
Le serrage rapide de la pièce, le desserrage rapide de la pièce, l'éjection facile de la pièce.

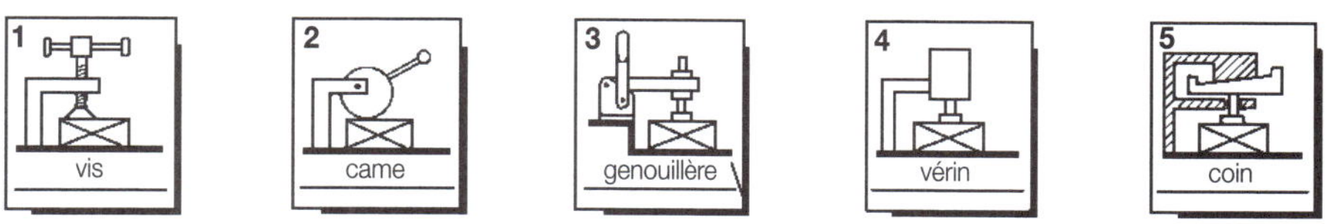

GUIDAGE DE LA PIÈCE

Pourquoi ? → Pour faciliter le glissement, pour résister à l'usure.

Comment ? → Condition principale à remplir :
Le socle du montage d'usinage doit être indéformable.

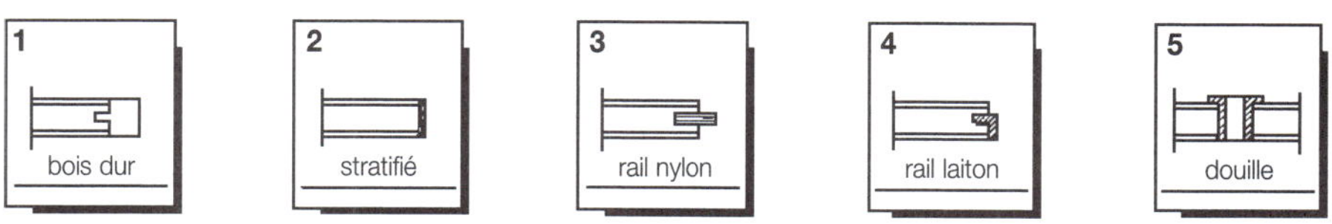

SÉCURITÉ SUR UN MONTAGE D'USINAGE

Comment ? → Solidité du montage, poids modéré, porte à faux limité en début et fin de course de l'usinage

Avec quoi ? → Poignées, écrans, entraîneurs, dispositifs automatiques oléo-pneumatiques.

SÉCURITÉ SUR UN MONTAGE D'USINAGE
(suite)

■ POSITIONNEMENT ISOSTATIQUE

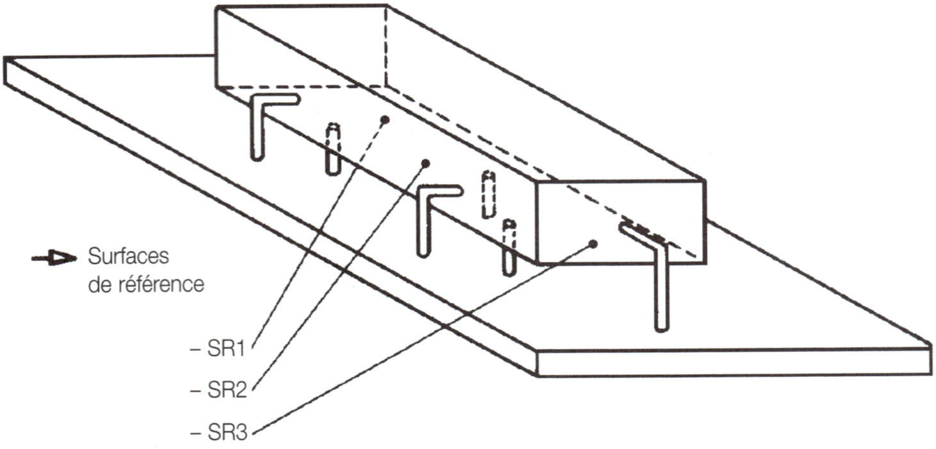

■ MONTAGE D'USINAGE

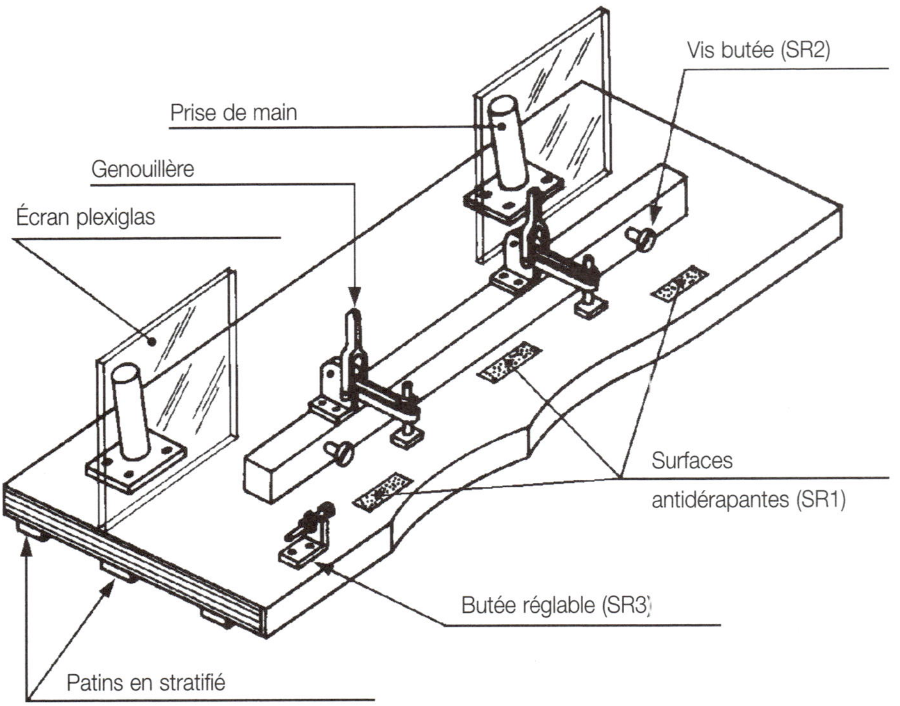

11.7 LA COMMANDE NUMÉRIQUE

ÉVOLUTION

Aujourd'hui, le pilotage des Machines-Outils à Commande Numérique « MOCN » se fait directement à partir des dessins de fabrication, Dessin Assisté par Ordinateur – « DAO » voir ouvrage cité en référence(1), par l'intermédiaire d'interfaces logicielles de programmation automatique (Fabrication Assistée par Ordinateur – « FAO »).
La « CFAO » (Conception et Fabrication Assistée par Ordinateur) ne nécessite plus l'élaboration manuelle des programmes de commande numérique en utilisant les codes ISO.

Néanmoins il est bon de connaître la programmation numérique, pour mieux comprendre les programmes proposés par les systèmes logiciels automatiques d'une part et d'autre part, afin d'effectuer des vérifications et/ou des modifications des paramètres ou encore, d'une partie du programme.

OUVRAGES DE RÉFÉRENCE EN COMMANDE NUMÉRIQUE

■ **LA PROGRAMMATION NUMÉRIQUE STRUCTURÉE EN 7 OBJECTIFS** : Ouvrage cité en référence(2)

Le chapitre 6, pages 132 à 188, de l'ouvrage cité en référence(2) traite d'une manière intéressante le sujet.

Approche pédagogique : Objectif 1 « Programmer un usinage simple ». Tous les documents de préparation et de critique de la séquence pédagogique se trouvent dans l'ouvrage cité en référence(3).

■ **INTRODUCTION SUR LA STRUCTURATION DU CHAPITRE « 6 »** : Ouvrage cité en référence(2)

• **Stratégies pédagogiques d'approche :**

– Les démarches constructivistes : (3)
Ce sont des démarches d'acquisition des connaissances globalement inductives (Concret → Abstrait).
Elles prennent appui sur l'objet (le concret) pour en faire émerger une situation problème afin de développer chez l'élève ou l'étudiant les outils méthodologiques (objectifs procéduraux) et les concepts (objectifs conceptuels) permettant le franchissement de l'obstacle (le problème à résoudre).

– La démarche inductive : (3)
« La commande numérique structurée » est présentée dans la logique d'une démarche inductive(3).
Les problèmes pratiques (objectifs 1 à 7) induisent les concepts et les procédures qui permettent de résoudre les problèmes de la programmation numérique structurée.

• **Les outils d'aide à la résolution de problèmes :**

– Les méthodes procédurales : Outils de structuration de la pensée.
L'analyse systémique, approche fonctionnelle : (Voir chapitre 18.1, page 409)
Modélisation des activités produites par les composants qui concourent à la réalisation de la Fonction Globale (Valeur ajoutée à la matière d'œuvre).du système « M.O.C.N.C » (Machine-Outil à Commande Numérique par Calculateur).
Exemple : Analyse descendante d'une M.O.C.N.C.

Les algorithmes et les algorigrammes : (Voir chapitre 18.2, page 414)
Élaboration progressive et systématique des programmes numériques en langage structuré.

OUVRAGES DE RÉFÉRENCE EN COMMANDE NUMÉRIQUE (suite)

Les langages structurés : Structures descendantes, modulaires, hiérarchiques, emboîtées.
Analogie de la structure avec celle de l'analyse systémique.

Les tableaux synoptiques et organigrammes : Schémas des relations entre composants d'un système matériel ou d'un système conceptuel.
Exemple : Méthode générale d'étude en automatisation industrielle : les outils méthodologiques.

– Les méthodes de mémorisation : « La mnémotechnique »
Identité de la première lettre (ou de la première syllabe) d'un concept avec un autre en relation.
Exemple : Fonction « G3 » → **TR**ois → sens **TR**igonométrique.

Tableau d'analyse combinatoire : (Voir chapitre 18.5, page 424)
Outil sous forme de grille à plusieurs entrées qui consiste à arranger de toutes les manières possibles des objets semblables ou divers en groupements qui génèrent de multiples solutions.
Exemple : travail en opposition ou en concordance.

Organigramme de pertinence : Algorigramme où une suite de structures conditionnelles (aiguillages binaires) permettent d'arriver à un résultat (ou une décision) par différents chemins.
Exemple : détermination de la droite orientée (D) en P.G.P. (Programmation Géométrique de Profil)

- **Les contenus :**

La programmation numérique en 7 objectifs est une progression rapide qui balaie les grands concepts de la programmation numérique par une approche synthétique.
Exemple : le second objectif de l'approche illustre cette rapidité inhabituelle et montre qu'il n'est pas nécessaire de trop attendre pour aborder des concepts complexes et motivants…

- **Pour approfondir et pour plus de détails :**

L'analyse plus fine des fonctions, paramètres et procédures est laissée à l'initiative du lecteur qui pourra très utilement compléter ses connaissances en s'informant dans les manuels de programmation édités par les constructeurs de Directeurs de Commande Numérique (DCN).

Ouvrages cités en référence :

(1) *La CAO accessible à tous avec Solidworks*, Pascal Rétif, Éditions Casteilla.

(2) *Mémotech Productique : Industrialisation Bois et matériaux associés*, C. Hazard, J. Mayer, S. Surmely, Éditions Casteilla

(3) *Les démarches inductives et les référentiels*, Jérôme Mayer, Éditions Casteilla

12 FINITION DES OUVRAGES

12.1 ABRASIFS

COMPOSITION

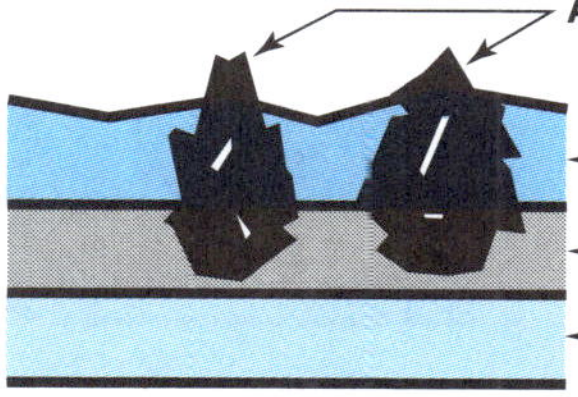

DOC. NORTON

Codification des abrasifs (Code Norton)

	une lettre	1er chiffre	2e chiffre	3e chiffre
Exemple	H	2	1	1
Signification	Support et collage	Abrasif	Distribution des grains	N° d'ordre Usage du fabricant

SUPPORTS

■ **NATURE DU SUPPORT**

H 2 1 1

■ **PAPIER**

A	70 g/m²	Souples	Finition manuelle
B	90 g/m²	et légers	Travail à sec, à l'eau
C	110 g/m²	Souples	Travail manuel
D	150 g/m²	et résistants	Bandes et disques
E	220 g/m²	Résistants	Bandes et disques
F	250 g/m²	Très résistants	

■ **TOILE**

J	Flexible, souple — Coton ou Polyester Couleur orange ou lie de vin (superflexible) Finition, travail des formes incurvées
X	Lourde, résistante — Coton ou Polyester Couleur marron, applications sévères
Y	Très lourde, très résistante — Polyester Couleur bleue, applications sévères À sec et / ou sous arrosage
W	Spéciale pour bandes sectonnelles

■ **COMBINAISON**

Collage d'une toile sur papier

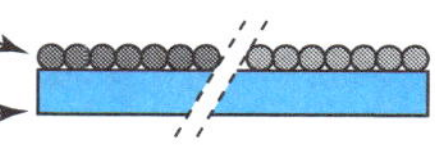

Résiste au déchirement et à l'allongement.
Utilisée pour les bandes de grandes dimensions ou pour les bandes sectionnelles.

■ **MAILLE**

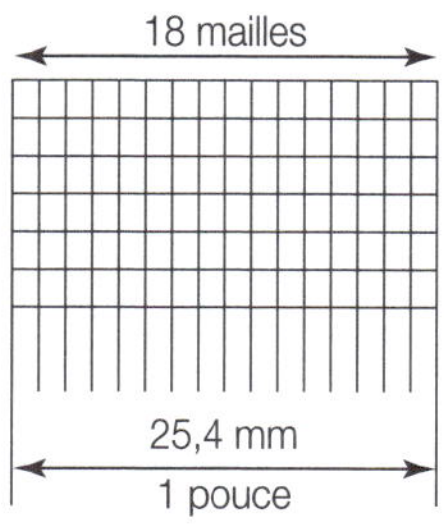

Support maillé (tamis).
Composé de 18 mailles au pouce linéaire.
Feuilles ou disques

■ **FIBRE**

Épaisseurs	0,75 mm	Rigide	Ebardage
	0,60 mm	Souple	Polissage
Disques uniquement sur machines portatives			

■ **NON TISSÉ**

Résiste à l'humidité et au déchirement.
Travail à sec ou à l'eau ou à l'huile.
Feuilles ou rouleaux.

DOC. NORTON

ENCOLLAGES

■ **NATURE DE L'ENCOLLAGE**

H 2 1 1

COLLES SYNTHÉTIQUES	Très forte adhésion
	Résistent à l'échauffement
COLLES NATURELLES	Bonne adhésion, souplesse
	Craignent l'échauffement et l'humidité

A	Papiers A, B, et C tous collages
G	Papier E encollage naturel
H	Papier E et F encollage résine
T	Papiers imperméables
K	Toiles J et X encollage naturel
R	Toiles J et X et Y encollage résine
W	Toiles imperméables
S	Combinaison et toile W
F	Fibres
Q	Autres produits (non tissé, mailles)
E	Toile polyester (Émerald)

DOC. NORTON

ENCOLLAGES (suite)

■ TYPES D'ENCOLLAGE

2 couches de colles naturelles
2 couches de résines synthétiques
1 couche de chaque

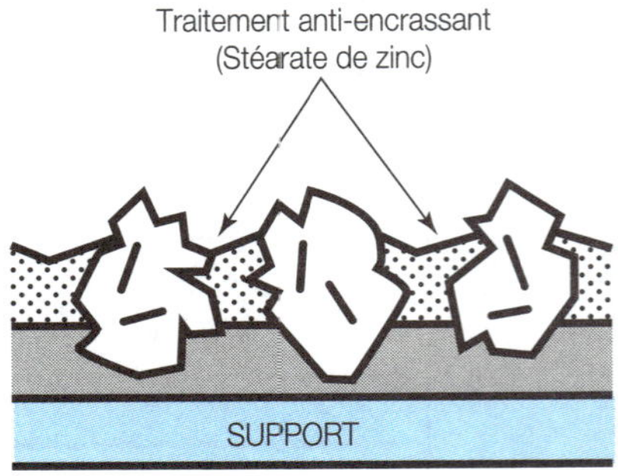

Utilisation sur des apprêts, vernis, peintures …
Produit de couleur blanche ou saumon

■ FLEXAGE

• **Les buts du flexage sont :**
– d'assouplir les produits afin qu'ils puissent épouser les formes de la machine ou des pièces à usiner.

– de donner au produit une action de coupe continue, en permettant l'arrachement des grains usés.

AVANT	APRÈS

ABRASIFS

■ NATURE DE L'ABRASIF

H 2 1 1

1	Oxyde d'aluminium blanc
2	Autres oxydes d'aluminium
4	Carbure de silicium
5	Grenat
6	Émeri, oxyde de fer
7	Quartz, silex
8	Oxyde de zirconium
9	Abrasif céramique (Type NORTON SG)

NATUREL	Émeri, silex grenat, crocus …
	Produits économiques, travail manuel
FABRIQUÉS	Oxyde d'aluminium, carbure de silicium, oxyde de zirconium, abrasif céramique.
DURETÉ	Échelle de Mohs

■ AGREGATS

Un grain AGREGAT est composé de plusieurs grains agglomérés entre eux, prolongeant la durée de vie du produit.

Pour obtenir le même fini qu'avec un grain 120, il faut utiliser un grain AGREGAT 180.

GRAINS

■ DISTRIBUTION DES GRAINS

H 2 1 1

OPK : Travail du bois et des matériaux encrassants ; alliages, caoutchouc, plastiques…

Chiffre IMPAIR : Distribution OUVERTE
OPENKOTE H211 – H213

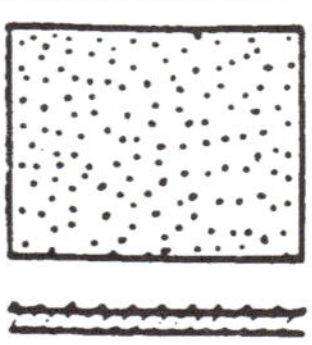

OPK : Openkote
30 à 60% de la surface couverte, laissant la place libre pour les copeaux.

CLK : Travail du métal.

Chiffre PAIR : Distribution SERRÉE
CLOSEKOTE R822 – T444

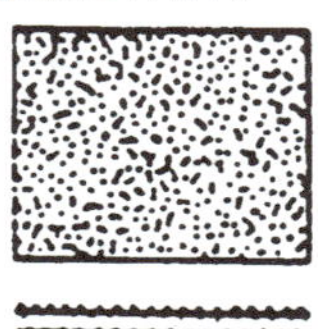

CPK : Closekote
100% de la surface couverte, présentant un maximum d'arêtes de coupe.

GRAINS (suite)

■ ÉCHELLES GRANULOMÉTRIQUES

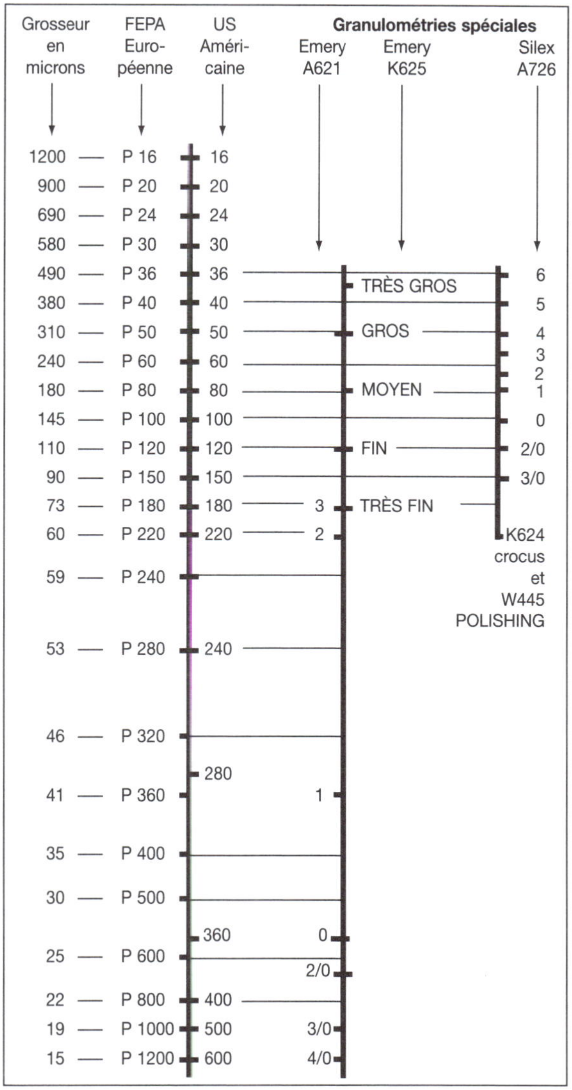

Échelle FEPA : Européenne : P220
Échelle CAMI : Américaine : P220

■ GROSSEUR DES GRAINS

Norme FEPA

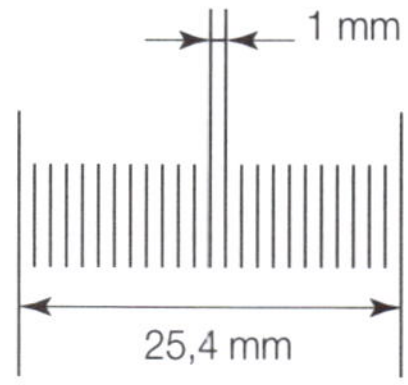

Nombre de mailles du tamis au pouce linéaire :

$$\text{Grain 24} = \frac{25{,}4}{24} \cong 1 \text{ mm}$$

EXEMPLE DE PAPIER ABRASIF

H214 :
H : Papier E et F encollage résine
(E : 220 g/m^2 ; F : 250 g/m^2)
2 : Abrasif = oxydes d'aluminium
1 : Chiffre impair = distribution des grains ouverte
4 : N° d'ordre du fabricant

3 07 :
fabriqué en 1993 durant la 7e semaine

P 80 :
grains de 180 microns

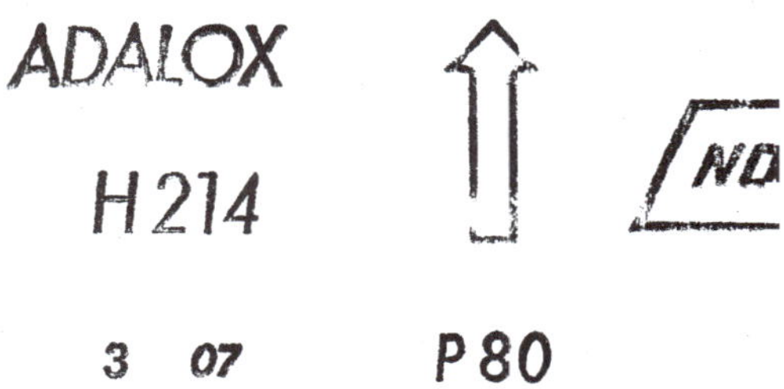

DOC. NORTON

■ PRODUITS ET GROSSEURS DE GRAIN

CODE	SUP-PORT	LAR-GEUR UTILE	NUMÉROS DE GRAINS DISPONIBLES																								
			16	20	24	30	36	40	50	60	80	100	120	150	180	220	240	280	320	360	400	500	600	800	1000	1200	CODE
			PAPIERS LÉGERS																								
A 212	A	Feuilles	Gr. U.S.									•	•	•	•	•	•	•	•		•						A 212
A 213	C	920					•	•	•	•	•	•	•	•													A 213
A 219	B	Feuilles	Gr. U.S.								•	•	•	•	•	•	•	•	•	•	•						A 219
A 252	C	Feuilles	Gr. U.S.				•	•	•	•	•	•	•	•		•											A 252
A 276	B/D	1150									•	•	•	•	•	•	•	•	•	•	•	•	•	•			A 276
A 413	A	Feuilles	Gr. U.S.											•	•	•	•	•	•								A 413
A 423	C	1220													•	•	•	•		•	•	•					A 423
A 455	D	1400													•	•	•	•	•		•						A 455
A 511	A	Feuilles									•	•	•	•	•	•											A 511
A 621	C	Feuilles	Échelle spéciale																							3 - 2 - 1 - 0 - 2/0 - 3/0 - 4/0	A 621
A 726	B	230 X 390	Échelle spéciale																							6 - 5 - 4 - 3 - 2 - 1 - 0 - 2/0 - 3/0	A 726
A 855	B	1150									•	•	•	•	•	•	•	•	•		•						A 855
			PAPIERS E ENCOLLAGE NATUREL																								
G 121	E	1420					•	•	•	•	•	•	•	•	•	•	•										G 121
G 123	E	1220/1550											•	•	•	•	•	•	•		•		•	•			G 123
G 422	E	1420												•	•	•	•	•	•	•	•		•				G 422
			PAPIERS E RÉSINE																								
H 211	E	1420											•	•	•	•	•	•	•		•						H 211
H 231	F	1420						•	•	•	•	•															H 231
H 425	E	1420					•	•	•	•	•	•	•														H 425
H 815	E	1150						•		•	•																H 815
H 822	F	1420								•	•	•	•	•	•	•											H 822
			PAPIERS IMPERMÉABLES																								
T 221	B/C	1150								•	•	•	•	•	•	•	•	•	•	•	•	•	•	•	•	•	T 221
T 421	B	1150														•	•	•	•	•	•	•	•	•	•	•	T 421
T 444	B	1150													•	•	•	•	•	•	•		•				T 444
T 445	D	1150								•	•	•	•	•													T 445
			COMBINAISON																								
S 413	CN	1400	•	•	•	•																					S 413
S 422	CN	1400			•	•	•	•	•	•	•	•	•	•													S 422
S 448	CN	1430					•	•	•	•	•	•	•	•													S 448
S 948	CN	1430						•	•	•	•																S 948
			FIBRES																								
F 225	60	Disques										•	•														F 225
F 226	75	Disques	•		•		•	•	•	•	•																F 226
F 425	60/75	Disques			•		•			•	•		•			•											F 425
F 827	60/75	Disques			•		•		•	•	•	•	•														F 827
F 944	75	Disques			•		•		•	•	•	•	•														F 944
			DIVERS																								
Q 222	N.T.	1180						•		•	•	•	•	•	•	•											Q 222
Q 421	Mailles	Feuilles											•			•											Q 421
DOC. NORTON			16	20	24	30	36	40	50	60	80	100	120	150	180	220	240	280	320	360	400	500	600	800	1000	1200	CODE

■ PRODUITS ET GROSSEURS DE GRAIN (suite)

CODE	SUP-PORT	LAR-GEUR UTILE	NUMÉROS DE GRAINS DISPONIBLES																								
			16	20	24	30	36	40	50	60	80	100	120	150	180	220	240	280	320	360	400	500	600	800	1000	1200	CODE
			TOILES ENCOLLAGE NATUREL																								
K 624	J	Feuilles	1 seul grain (super finition)																								K 624
K 625	J	Feuilles	Échelle spéciale									Très gros - Gros – Moyen – Fin – Très fin															K 625
			TOILES RÉSINES																								
R 222	J	1150					•	•	•	•	•	•	•	•	•	•	•	•	•		•		•				R 222
R 223	X/Poly	1400																	•		•						R 223
R 226	J	980													•	•	•	•	•		•						R 226
R 226	J	1200								•	•	•	•	•													R 226
R 227	X	1400			•		•	•	•	•	•	•	•	•	•												R 227
R 243	Y/Poly	1400			•		•	•	•	•	•																R 243
R 247	Y/Poly	132										•	•	•	•		•		•		•						R 247
R 265	X	1400									•	•	•	•	•	•	•	•	•	•	•						R 265
R 266	X	1400						•	•	•																	R 266
R 270	X/Y/ Poly	1400								•	•		•		•		•		•		•		•				R 270
R 287	J	1400								•	•	•	•	•	•	•	•	•	•		•						R 287
R 425	J	1400									•	•		•			•										R 426
R 427	X	1400			•		•	•	•	•	•	•	•	•	•		•		•								R 427
R 445	X/Y/ Poly	1400								•	•	•	•	•	•	•	•		•		•						R 445
R 470	X/Y/ Poly	1400												•	•		•		•		•						R 470
R 817	Y/Poly	1400			•		•	•	•	•	•	•	•														R 817
R 822	X	1400			•		•	•	•	•	•	•	•	•													R 822
R 823	X/Poly	1400									•	•	•	•	•	•											R 823
R 826	Y/Poly	1400					•	•	•	•	•																R 826
R 845	Y/Poly	1400			•		•	•	•	•																	R 845
R 902	J	1150									•	•	•	•	•	•											R 902
R 945	J/Poly	920									•	•	•	•	•	•											R 945
R 949	X/Poly	1320							•	•	•	•	•	•	•	•											R 949
R 981	Y/Poly	1320					•	•	•	•	•	•	•														R 981
R 984	Y/Poly	1320					•	•	•	•	•	•	•														R 984
W 421	X/Poly	1320												•		•					•			•			W 421
W 427	X	1320	Gr. U.S.																			•					W 427
W 445	X/Poly	1320	1 seul grain liège pour le verre																								W 445
E 864	EM	1320			•		•	•	•	•																	E 864
			16	20	24	30	36	40	50	60	80	100	120	150	180	220	240	280	320	360	400	500	600	800	1000	1200	CODE

DOC. NORTON

EXEMPLES D'APPLICATION

Machines et opérations / Matériaux	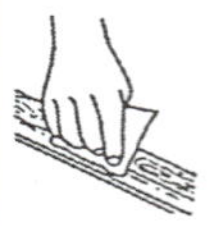 Ponçage manuel	 Ponceuse orbitale	 Ponceuse portative	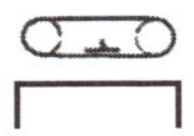 Bandes longues	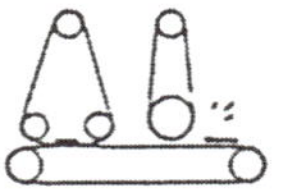 Bandes larges – Calibrage	Bandes larges – Finition
Peinture / Vernis	A 276	A 276		A 423/A 455		A 455
Apprêts	A 855/A 276	A 855/A 276		A 455		A 455
Bois durs	A 212/A 213	H 231/H 211	R 227	H 822/H 211	H 231	H 211
Bois tendres / résineux	A 212/A 213	H 231/H 211	R 227	H 231/H 211	R 817/H 231	H 211
Agglomérés			R 227		S 448	S 422/S 448

DOC. NORTON

Choix de feuilles (230 X 280)

Produit	Papier	Encollage	Abrasif	Distribution	Couleur	Grains	Utilisation
A 212	A souple	Naturel	Corindon	Espacée	Beige	100 à 320 – 400	BOIS, APPRÊTS, PEINTURES.
A 213	C semi souple					36 à 150	
A 219* 1) Dim. spéciales 220 × 270 mm	B semi souple	Semi résine	Corindon	Espacée	Beige (1)	80 à 400	APPRÊTS, ÉGRENAGE de vernis.
A 276*	B semi souple	Double résine	Corindon	Espacée	Saumon	80 à 800	Ponçage, égrenage bois, apprêts, vernis, peintures, métal Finition EXCELLENTE.
A 413*	A souple	Semi résine	Carbure de Silicium	Espacée	Blanc (1)	150 à 320	LAQUES, VERNIS sur bois. PEINTURES et APPRÊTS sur métal quand l'abrasif n'est pas en contact avec le métal.
A 455*	D résistant	Naturel	Carbure de Silicium	Espacée	Blanc (1)	180 à 320 – 400	ÉGRENAGE de vernis polyesters et polyuréthanes.
A 621	C semi souple Bleu	Naturel	Émeri	Serrée	Noir	3 à 4/0	SUPER FINITION des métaux (métal-lographie, orfèvrerie, bijouterie).
A 726 1) Dim. spéciales 230 × 390 mm	Éco-nomique	Naturel	Silex	Serrée	Beige clair	6 à 3/0	Bois, plâtre, vieilles peintures.
A 855	B semi souple	Double résine	Norzon	Espacée	Bleu	80 à 320 – 400	Bois, fibre de verre, métal, apprêts vernis, peintures, produits très agressif.
H 425 2) Dim. spéciales 230 × 680 mm	Papier E résistant	Semi résine	Carbure de Silicium	Serrée	Noir	36 à 120	PONÇAGE des parquets, bois durs, caoutchoucs, plastiques.
H815	E résistant	Double résine	Norzon	Espacée	Bleu	40 – 60 – 80	Bois, fibre de verre, métal, apprêts vernis, peintures, produits très agressif.

(1) Traitement NO-FIL anti-encrassant

1) Feuille

2) Parallélogramme

12.2 PRODUITS DE FINITION [1]

L'utilisation de produits de finition intervient dans l'esthétique des ouvrages en bois et assure leur protection contre les agressions physiques, chimiques ou biologiques.

PRODUITS

- **Teinte**

Solution transparente ou semi-opaque – Rehausse le veinage du bois ou unifie la couleur.

- **Patine**

Variante de teinte appliquée sur un fond incolore ou pigmenté. Elle doit être obligatoirement protégée par un vernis de finition ou une cire.

- **Isolant**

Isole la finition de son support pour éviter des réactions chimiques indésirables.

- **Couches de fond**

Bouche-pores : dispersion de charges minérales transparentes dans un liant résineux destiné à boucher les pores du bois.

Enduit : dispersion de charges et/ou de pigments ayant la consistance d'un mastic.

Vernis de fond : appelé aussi « fond-dur » . Il assure le remplissage partiel ou total du support et permet l'adhérence du vernis de finition.

Apprêt : vernis de fond pigmenté et chargé. Employé avant une finition laquée.

- **Catalyseur**

Substance chimique incorporée au moment de l'emploi permettant le durcissement du produit.

- **Finition**

Vernis de finition : appliqué seulement en dernière couche. Il donne l'aspect final au support. Il doit obligatoirement s'appliquer sur un fond approprié.

Laque : vernis de finition pigmenté.

- **Vernis bicouche**

Produit hybride pouvant être utilisé comme couche de fond et couche de finition.

- **Diluant**

Mélange de solvants volatils. Il permet l'ajustement de la viscosité des produits au moment de l'emploi. Il a une influence sur l'aspect et le séchage du film.

- **Cires**

Polymères cireux d'origine naturelle ou synthétique en dispersion dans des solvants.

- **Durcisseur**

Résine réactive permettant d'obtenir le durcissement chimique de certains produits.

- **Additifs**

Substances organiques ou minérales qui, ajoutées au produit, en améliore les caractéristiques d'application et/ou les propriétés physico-chimiques finales.

CONSTITUANTS

- **Liant**

Substance filmogène constituée de résines naturelles ou organiques de synthèse.

- **Solvant-diluant**

Liquides (eau ou dérivés de la pétrochimie) aptes à dissoudre ou à tenir en dispersion stable les liants et les pigments.

- **Pigment**

Substance colorante, organique ou minérale, insoluble dans les solvants et liants. Il confère la couleur et le pouvoir couvrant.

- **Colorant**

Substance organique naturelle ou de synthèse soluble dans les solvants et liants. Les solutions obtenues sont transparentes.

- **Charges**

Substance minérale couvrante ou transparente, ayant des propriétés différentes des pigments. Elle confère au film sec des caractéristiques spécifiques.

- **Plastifiant**

Substance non réactive, le plus souvent organique de synthèse, qui s'ajoute au produit pour conférer au film sec des caractéristiques de souplesse et d'adhérence.

- **Adjuvant**

Substance liquide ou solide, le plus souvent organique de synthèse, incorporée à faible dose dans un produit pour améliorer certaines caractéristiques.

[1] SOURCE POUR L'ENSEMBLE : « AMEUBLEMENT ET PRODUITS DE FINITION », FIPEC – CERIPEC – EURO CLIFAL

FAMILLES DE PRODUITS

Types de produits	Caractéristiques
Produits à l'alcool	Dissolutions de résines – Application essentiellement manuelle – Performances du film faibles
Produits nitrocellulosiques	Extrême facilité d'emploi – Rapidité de séchage – Facilité de ponçage Application avec tous les matériels – Vie en pot limitée – Facilité de réparation – Résistance faible aux produits chimiques – Résistance mécanique moyenne – Extrait sec relativement faible à l'application – Affaissement dans le pore
Produits hydrodiluables	Dispersions aqueuses acryliques – Contient peu ou pas de solvants organiques – Ininflammables et toxicité réduite – Les fibres de bois se relèvent – Application délicate – Coût énergétique plus élevé en séchage en tunnel – Lenteur du séchage en cas d'humidité élevée ou de basse température de l'air ambiant
Produits aminoplastes	Mélamine, mélamine-formol, urée-formol • **Produits à catalyse acide** Deux composants – Mélange du produit avec un catalyseur – Le mélange présente une durée limitée – Le catalyseur est constitué d'une solution acide – Odeur piquante lors de l'application (formol) – Installation d'aspiration efficace nécessaire – Risque de faïençage avec un excès de catalyseur • **Vernis à un composant** Le catalyseur est incorporé – Ils sont « précatalysés » – Sèchent rapidement du fait de leur forte teneur en liant à séchage physique et de leur extrait sec plus faible – Films moins résistants et pouvoir garnissant plus faibles que ceux des vernis à deux composants
Produits polyuréthannes	Produits à deux composants – Réaction de résines contenant des réactifs dits hydroxyles avec d'autres contenant des groupes réactifs dits isocyanates – Il existe des polyuréthannes qui ne sont pas catalysés – Résistance élevée aux produits chimiques – Excellente dureté et bonne résistance à la rayure – Respect des proportions de mélange – Stockage des durcisseurs à l'abri de l'humidité – Contrôle de la viscosité en cours d'opération
Produits polyesters	Combinaison de produits à base de résines polyesters insaturés avec des monomères vinyliques – Très fort extrait sec – Bonne résistance chimique – Transparence élevée – Stabilité de stockage limitée – Exigence de conditions d'application et de mise en œuvre rigoureuse – Ponçage manuel difficile – Sensibilité aux chocs et réparation délicate
Produits photopolymérisables U.V. (ultraviolet)	On distingue deux catégories de produits U.V. : les polyesters et les acryliques – Réactivité supérieure aux polyesters – Stabilité de la viscosité en machine à température constante – Plus grand rendement à grammage égal déposé – Possibilité de formuler des produits avec un jaunissement moindre – Bon mouillage du pore du bois – Bonne résistance mécanique du produit – Nécessité de prendre des précautions lors des manipulations – Dans le cas d'application au pistolet, des solvants organiques sont ajoutés aux produits

CARACTÉRISTIQUES DES PRODUITS

Produits / Propriétés	Vernis à alcool	Nitro-cellulosiques	Hydro-diluables	Aminoplastes		Polyuréthannes	Polyesters	Photopolymérisables	
				Pré-catalysés	Bi-composants			sans solvant	à solvants
Séchage	Physique	Physique	Physique et chimique	Physique et chimique	Physique et chimique	Physique et chimique	Chimique	Chimique	Physique et chimique
Vitesse de séchage	Rapide à moyenne	Rapide à moyenne	Moyenne à lente	Rapide à moyenne	Rapide à moyenne	Moyenne a lente	Moyenne à lente	Instantanée	Très rapide
Extrait sec à l'emploi (%)	15 à 25	15 à 40	30 à 50	15 à 35	20 à 50	20 à 50	90 à 100	100	25 à 60
Stabilité au stockage (15° C < T < 25° C)	Bonne	Bonne	Bonne (craint le gel)	Moyenne	Bonne	Base : Bonne Durcis. : limitée	Limitée	Limitée	Moyenne
Durée de vie en pot	–	–	–	6 mois	2 à 48 h	30' à 24 h	15' à 1 heure	–	–
Pouvoir garnissant	Faible à moyen	Faible à moyen	Moyen	Moyen à bon	Bon	Moyen à bon	Excellent	Excellent	Très bon
Résistance chimique	Mauvaise	Faible	Faible à bonne	Assez bonne	Bonne	Très bonne	Bonne	Bonne à très bonne	Bonne
Résistance aux agents domestiques	Faible	Faible	Moyenne	Bonne	Bonne	Très bonne	Bonne	Bonne à très bonne	Bonne
Tenue à l'eau	Mauvaise	Faible	Moyenne à bonne	Moyenne	Moyenne	Bonne	Bonne	Bonne à très bonne	Bonne
Résistance mécanique	Faible	Moyenne	Moyenne à bonne	Bonne	Bonne	Très bonne	Moyenne	Moyenne à bonne	Moyenne à bonne
Résistance aux chocs	Faible	Moyenne	Bonne	Moyenne à bonne	Bonne	Très bonne	Faible	Bonne à très bonne	Bonne
Résistance à la rayure	Faible	Moyenne	Bonne	Bonne	Très bonne	Bonne	Faible	Bonne	Bonne
Facilité de réparation	Excellente	Bonne	Moyenne	Bonne	Mauvaise	Mauvaise	Mauvaise	Mauvaise	Mauvaise
Ponçabilité	–	Bonne	Moyenne	Moyenne à bonne	Moyenne à bonne	Bonne	Moyenne à difficile	Moyenne à difficile	Difficile

Ces indications représentent des valeurs moyennes.

PROCESSUS DE FINITIONS À PORES OUVERTS

	Finitions			
	Transparentes		Pigmentées	
Processus	**Habituel**	**Occasionnel**	**Habituel**	**Occasionnel**
Décoloration		■		
Ouverture des pores à la brosse Vieillissement artificiel, etc.		■		
Ponçage	■		■	
Mise en teinte	■			
Séchage	■			
Isolation		■		■
Produit de fond	■		■	
Séchage	■		■	
Ponçage, égrenage	■		■	
Mise en patine		■		■
Séchage		■		■
Jexage		■		■
Produit de finition	■		■	
Séchage	■		■	
Égalisation, jexage, cire		■		
Vernis				■
Séchage				■

PROCESSUS DE FINITIONS À PORES FERMÉS

	Finitions			
	Transparentes		Pigmentées	
Processus	Habituel	Occasionnel	Habituel	Occasionnel
Masticage				■
Décoloration		■		
Vieillissement artificiel, etc.		■		
Ponçage	■		■	
Bouche-porage		■		
Égrenage		■		
Mise en teinte	■			
Séchage	■			
Isolation		■		■
Produit de fond	■		■	
Séchage	■		■	
Ponçage, égrenage	■		■	
Mise en patine		■		
Séchage		■		
Jexage		■		
Produit de finition	■		■	
Séchage	■		■	
Égrenage				■
Mise en patine				■
Séchage				■
Égalisation, jexage, cire		■		■
Vernis				■
Séchage				■
Ponçage, polissage, lustrage		■		■

PROTECTION ET MISE EN ŒUVRE

Tableau de choix de solutions de protection et mise en œuvre en fonction des domaines d'application et des familles de produits

Familles de produits / **Domaines d'application**	À l'alcool	Nitro-cellulo-siques	Hydro diluables	Aminoplastes		Polyuré-thannes	Poly-esters	Photo-polymé-risables	Application Mise en œuvre
				Mono-compo-sants (précata-lysés)	Deux compo-sants				
Meubles									
• pour l'habitat (armoire, chevet, lit, bibliothèque, buffet) :									
– contemporain	–	X	–	XX	XXX	XXX	XXX	XXX	P1/P2/MR/C
– style et rustique	X	X	–	–	–	XXX	–	–	M/P1/P2
• anciens	X	X	–	–	–	XXX	–	–	M/P1
• de bureau	–	–	–	–	XXX	XXX	XXX	XXX	P1/P2/MR/C
• de compléments, petits meubles, horloges	X	X	–	XX	XXX	XXX	–	–	M/P1/P2/MR/C
• collectivités (hôtels, hôpitaux, restaurants)	–	–	–	XX	XXX	XXX	–	XXX	P1/P2/MR/C
• de cuisine	–	–	–	XX	XXX	XXX	–	XXX	P1/P2/MR/C
• par éléments	–	X	–	XX	XXX	XXX	XXX	XXX	P1/P2/MR/C
• pour enfants et jeunes	–	X	–	XX	XXX	XXX	–	XXX	P1/P2/MR/C
• de laboratoire	–	–	–	–	–	XXX	–	–	P1/MR/C
• en osier	–	X	XX	–	–	XXX	–	–	P1/P2/TR
• de rangement	–	X	–	XX	XXX	XXX	–	XXX	P1/MR/C
• en rotin	–	X	XX	–	XX	XXX	–	–	P1/P2/TR
• de salle de bains	–	–	–	X	X	XXX	XXX	XXX	P1/P2/MR
• scolaire	–	–	XX	–	XXX	XXX	–	XXX	P1/MR
Sièges									
• pour l'habitat (chaises, canapés, fauteuils) :									
– contemporains	–	X	X	XX	XXX	XXX	–	XXX	P1/P2
– style et rustique	X	X	–	XX	XXX	XXX	–	XXX	M/P1/P2
• de bureau	–	–	–	XX	XXX	XXX	–	XXX	P1/P2
• de collectivités	–	–	–	XX	XXX	XXX	–	XXX	P1/P2
• de cuisine	–	–	–	XX	XXX	XXX	–	XXX	P1/P2
Agencement de magasins	–	–	–	X	XX	XXX	–	XXX	M/P1/MR/C
Accessoires de cuisine et salles de bains	–	–	–	–	–	XXX	–	XXX	P1/P2
Articles tournés et sculptés	–	X	–	XX	–	XXX	–	–	P1/P2/TR/To
Cadres	–	X	–	–	–	XXX	–	XXX	P1/TR/F
Cercueils	–	–	–	–	–	XXX	XXX	XXX	M/C/P1
Cloisons (fixes et transformables)	–	X	–	XX	XX	XXX	–	XXX	P1/MR/C
Instruments de musique	X	X	–	XX	–	XXX	XXX	–	M/P1/MR
Lambris (intérieur)	–	X	XXX	XX	XX	XXX	–	XXX	P1/MR/C/F
Luminaires	–	X	–	X	XX	XXX	–	–	P1/P2/TR
Moulures et baguettes	–	X	–	X	–	XXX	–	XXX	P1/+P2/MR/F
Poignées	–	X	–	XX	XX	XXX	–	–	P1/P2/TR/To
Rayonnages étagères	–	X	–	XX	XXX	XXX	–	XXX	P1/MR/C
Tringles et Anneaux de rideaux	–	X	–	–	–	–	–	XXX	P1/To/F
Panneaux décoratifs	–	–	–	X	XX	XXX	XXX	XXX	P1/MR/C

M = application manuelle (tampon, mèche, brosse, rouleau…)
P1 et P2 = application par pulvérisation :
P1 = classique ;
P2 = électrostatique
MR = application à la machine à rideau
Tr = application par trempage (manuel ou mécanique)
C = application au cylindre (machine à cylindre, reverse…)
To = application au tonneau
F = application à la filière.

– = protection sans objet
X = protection normale
XX = protection élevée, bonne
XXX = protection très bonne ou supérieure

DOC. FIPEC

13 LIAISONS – ASSEMBLAGES

Un assemblage est l'ensemble des moyens techniques qui assurent la réunion de deux ou plusieurs éléments pour constituer un sous-ensemble ou la totalité d'un ouvrage.

13.1 ANALYSE COMBINATOIRE DES ASSEMBLAGES DE 2 PIÈCES

ANALYSE COMBINATOIRE DES ASSEMBLAGES

Considérons les pièces Ⓐ et Ⓑ devant être assemblées et précisons les contacts possibles entre leurs trois surfaces de référence.

■ **PIÈCE Ⓐ**

Surfaces : S1 – S2 – S3

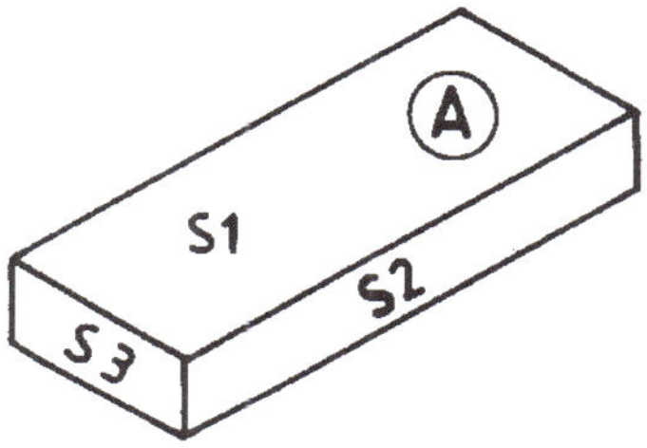

■ **PIÈCE Ⓑ**

Surfaces : S1' – S2' – S3'

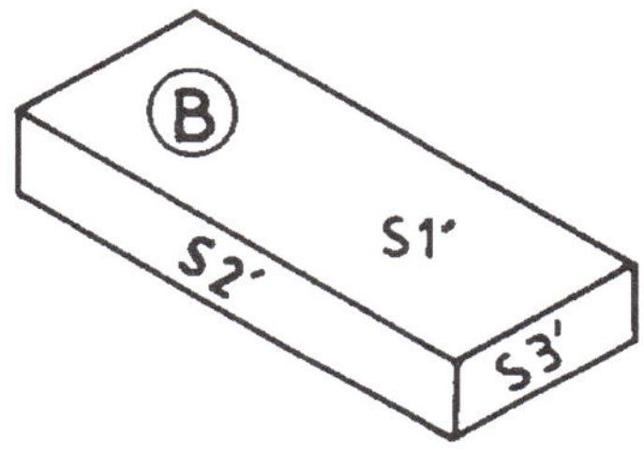

Ⓐ \ Ⓑ	S1'	S2'	S3'
S1	1 S1 – S1' 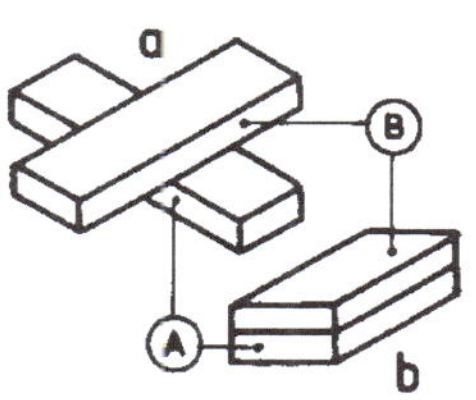	2 S1 – S2' 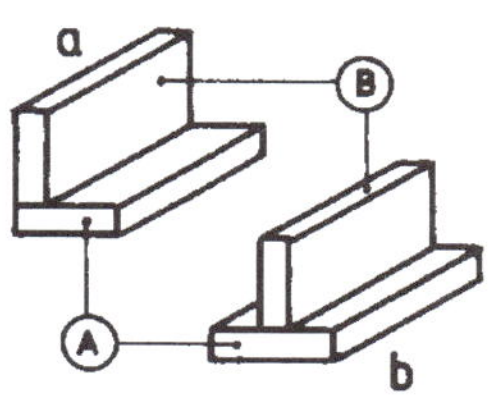	3 S1 – S3' 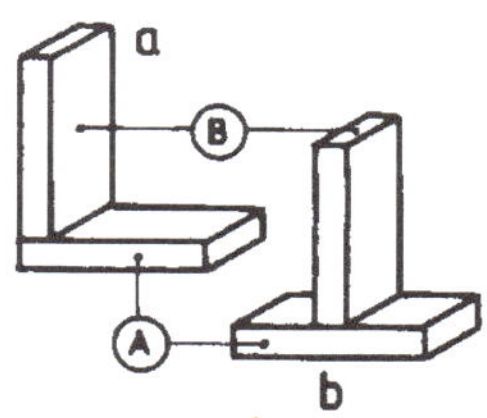
S2	4 S2 – S1' 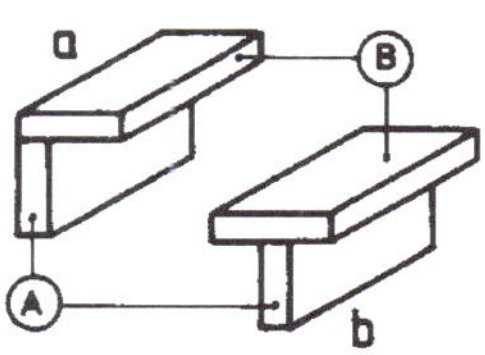	5 S2 – S2' 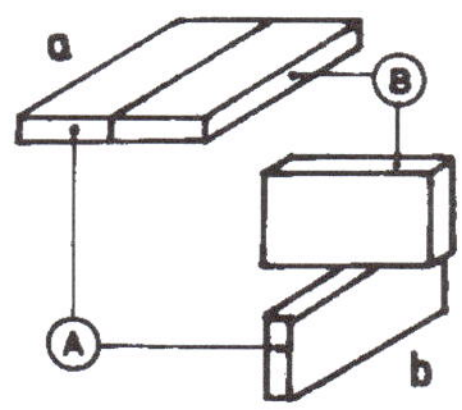	6 S2 – S3' 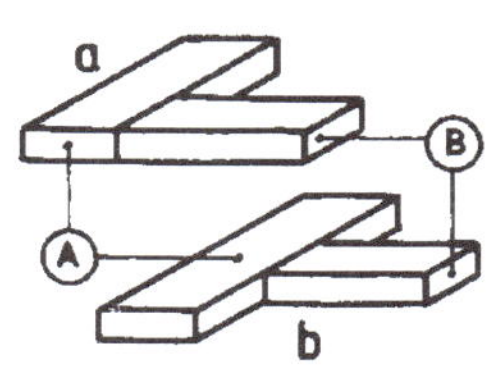
S3	7 S3 – S1' 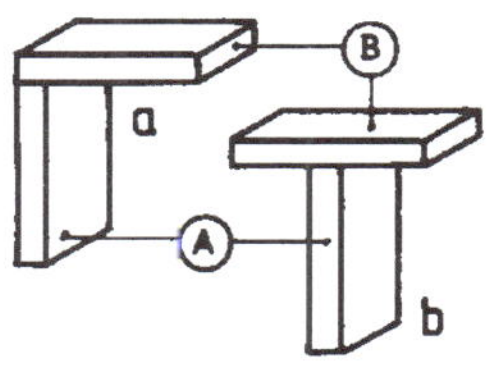	8 S3 – S2' 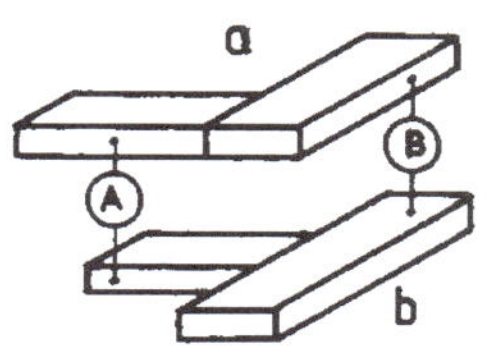	9 S3 – S3' 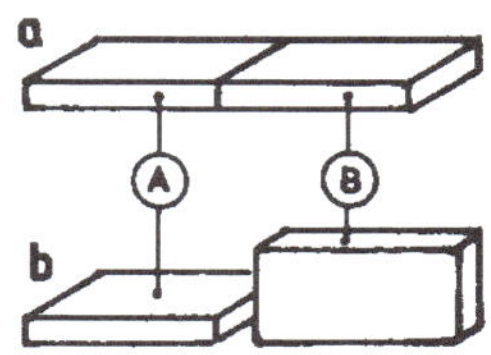

VOIR "ANALYSE COMBINATOIRE", PAGE 475.

Analyse combinatoire des assemblages de 2 pièces

CLASSIFICATION DES ASSEMBLAGES

■ ASSEMBLAGES EN BOIS DE TRAVERS

- fig. 1 a — Liaisons de croisement sur plat
- fig. 5 b — Liaisons de croisement sur chant

Solutions réciproques :

- 3 et 7 → liaisons à plans perpendiculaires
  - a – d'angle
  - b – de rencontre
- 6 et 8 → liaisons dans le même plan
  - a – d'angle
  - b – de rencontre

■ ASSEMBLAGES EN BOIS DE FIL

- fig. 1 b — Liaisons d'épaississement

Solutions réciproques :

- 2 et 4 → liaisons à plans perpendiculaires
  - a – d'angle
  - b – de rencontre

- fig. 5 b — Liaisons d'élargissement

■ ASSEMBLAGES EN BOIS DE BOUT

- fig. 9 a et fig. 9 b — Liaisons d'allongement

CRITÈRES DE CHOIX

■ CRITÈRES DE CHOIX D'UN ASSEMBLAGE

Il existe en menuiserie une multitude d'assemblages plus ou moins complexes, il convient de faire un choix judicieux en fonction :

- du sens du fil du bois
- des contraintes mécaniques : traction, compression, cisaillement
- de l'esthétique recherchée
- du facteur économique.

■ CONDITIONS À REMPLIR POUR UN ASSEMBLAGE

- SOLIDITÉ → Résistance aux efforts sans déformation
- ESTHÉTIQUE → Traces extérieures réduites et discrètes
- SIMPLICITÉ → Rapidité d'exécution (coût réduit)

SOLUTIONS TECHNOLOGIQUES

ASSEMBLAGES EN BOIS DE TRAVERS

■ LIAISONS DE CROISEMENT SUR PLAT [1] a

(1) **Assemblage à mi-bois**
Peu solide, retrait, jeu.
Constructions rustiques.

(1)
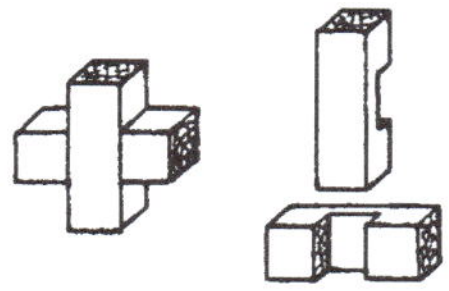

(2) **Croix de Saint-André**
Retrait, jeu inesthétiques.
Constructions communes.

(2)
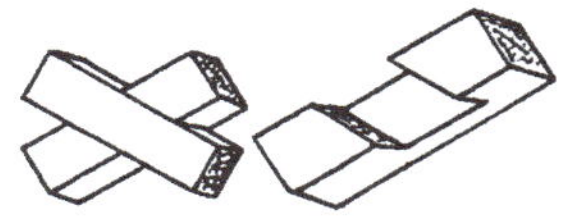

(3) **Croix de Saint-André**
avec embrèvements de renfort.

(3)
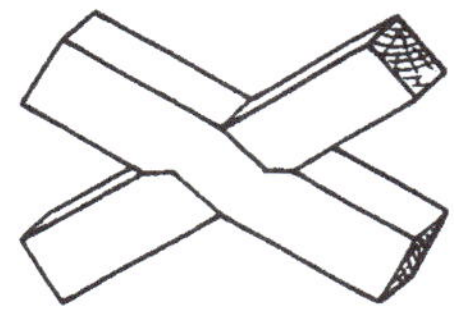

(4) **Assemblage à tiers bois**
de trois pièces.

(4)

■ LIAISONS À PLANS PERPENDICULAIRES, D'ANGLE [3] ET [7] a

(1) **Assemblage à feuillure**
Constructions rustiques.
Consolidation par clouage

(1)

(2) **Assemblage à embrèvement avec coupe d'angle**
Esthétique, solidité limitée.

(2)
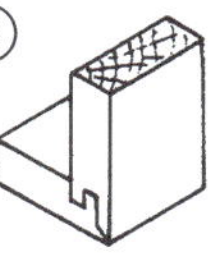

(3) **Assemblage à queues droites**
L'équerrage n'est pas assuré.
Se déboîte dans les deux sens.

(3)
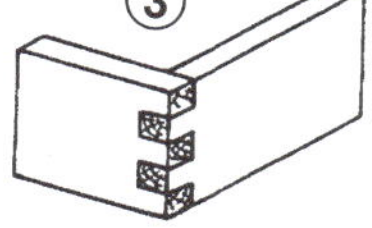

(4) **Assemblage à queues d'arronde découvertes**
Assemblage résitant à la traction, mais dans un seul sens.

(4)
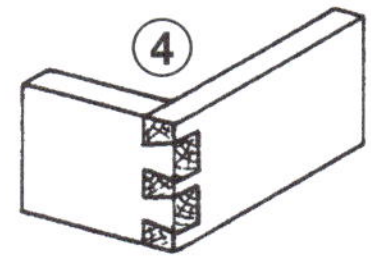

(5) **Assemblage à queues d'arronde semi-recouvertes**
Non apparent sur la face.
Convient pour devants de tiroirs.

(5)
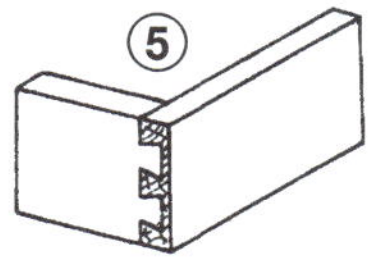

(6) **Assemblage à queues d'arronde complètement recouvertes**
Aucun bois de bout apparent.
Exécution délicate : coffrets.

(6)
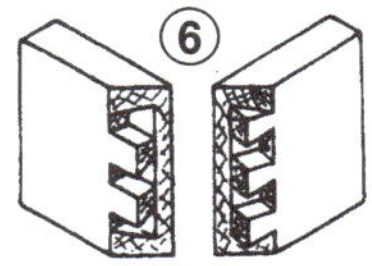

ASSEMBLAGES EN BOIS DE TRAVERS (SUITE)

■ LIAISONS À PLANS PERPENDICULAIRES, DE RENCONTRE 3 ET 7 b

(1) Assemblage à mi-bois
Constructions rustiques.
Travaille à la compression.

(2) Assemblage à queue d'arronde passante à plat
Travaille à la traction.

(3) Assemblage à queue d'arronde borgne à plat
Bois de bout caché.

(4) Assemblage à queue d'arronde en bout
Travaille à la compression.

(5) Assemblage à tenon et mortaise débouchants
Menuiserie courante.
Travaille à la compression et à la torsion.

(6) Assemblage à tenon et mortaise borgne
Menuiserie fine.
Bois de bout caché.

(7) Assemblage à double tenon et mortaise sur chant
Bois de forte épaisseur.

(8) Assemblage à double tenon et mortaise à plat
Bois larges, mortaises trop longues.

(9) Assemblage à tenon bâtard et mortaise
Bois d'épaisseurs différentes.

(10) Assemblage à tenon vif et mortaise découverte
Exige un ajustement serré.

(11) Assemblage à tenon et mortaise et flottage à vif
Usage courant.

(12) Assemblage à tenon et mortaise et flottage encastré
L'esthétique et la solidité sont améliorées.

(1)
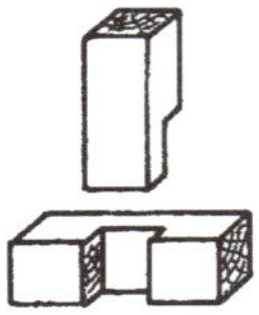

(2)
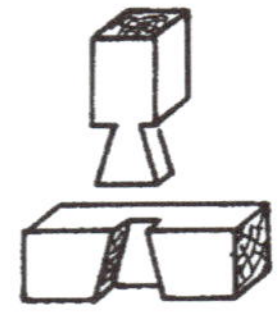

(3)
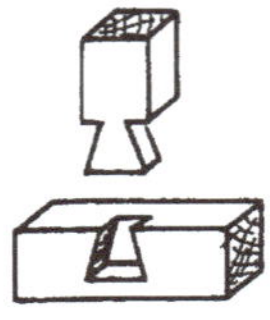

(4)
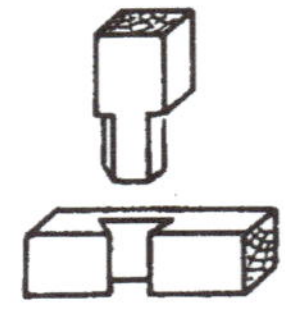

(5)
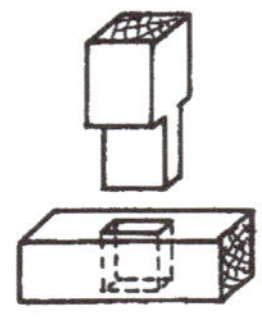

(6)
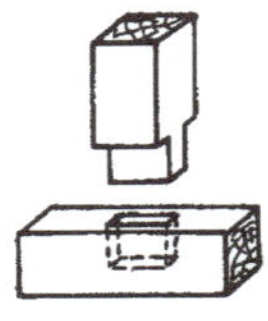

(7)
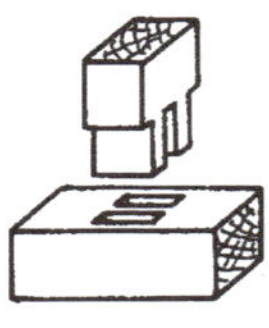

(8)
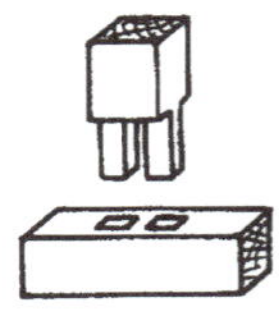

(9)
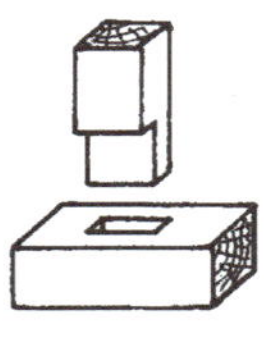

(10)
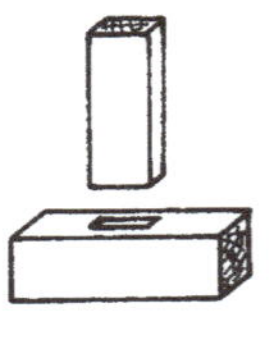

(11)
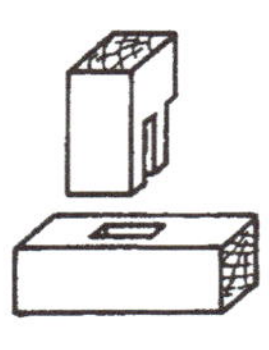

(12)
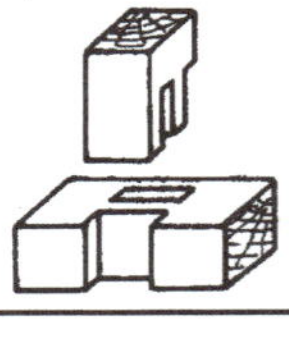

ASSEMBLAGES EN BOIS DE TRAVERS
(SUITE)

■ LIAISONS DANS LE MÊME PLAN, D'ANGLE 6 ET 3 b

• Liaisons d'angle à arasements droits

(1) Assemblage à mi-bois
Constructions sommaires.
Auxiliaires de consolidation nécessaires.

(2) Assemblage à enfourchement
Réalisation et montage faciles.

(3) Assemblage à enfourchement double
Très solide bien collé.

(4) Assemblage à enfourchement double couvert
Bois de bout caché.

(5) Assemblage à tenon et mortaise avec épaulement
Menuiserie courante.

(6) Assemblage à tenon et mortaise et flottage à vif
Bois d'épaisseurs différentes.

(7) Assemblage à tenon et mortaise et flottage encastré
Étanchéité du joint améliorée.

(8) Assemblage à tenon et mortaise et flottage encastré à fleur
Améliore l'aspect d'une face de l'assemblage.

(1)
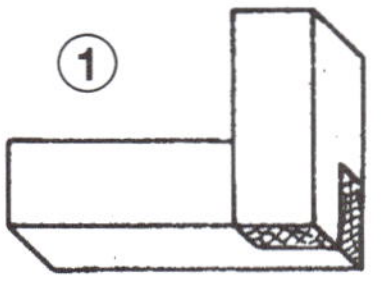
(2)
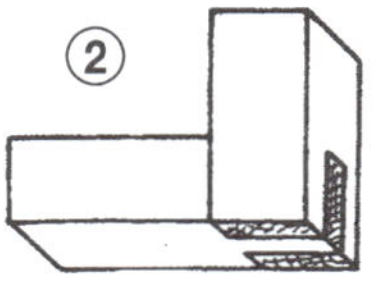
(3)
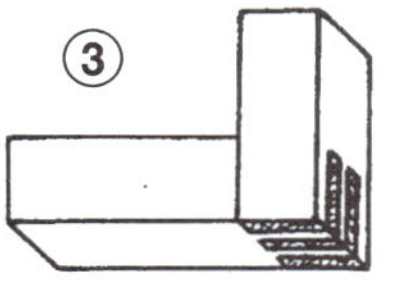
(4)
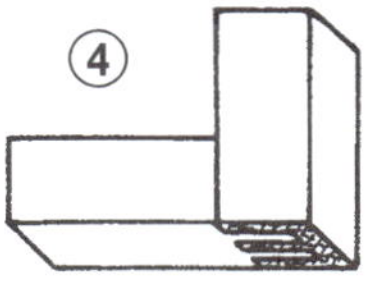
(5)
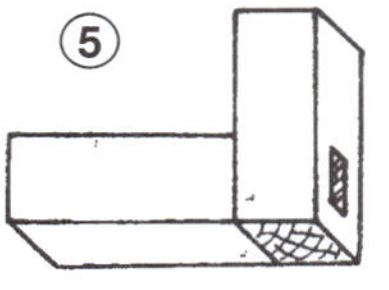
(6)
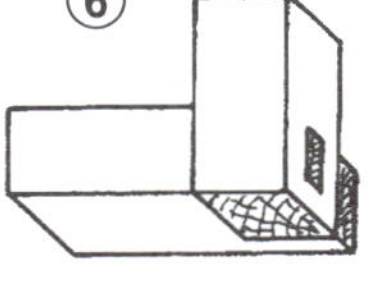
(7)
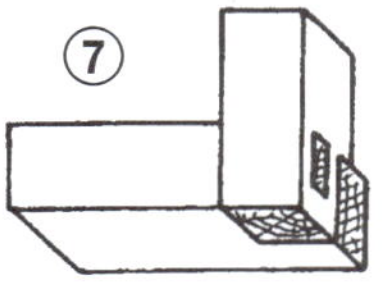
(8)
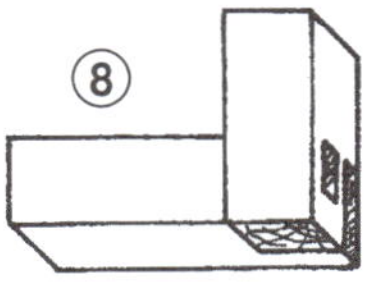

• Liaisons d'angle à coupe d'onglet 1 ou 2 parements

(9) Assemblage à coupe d'onglet simple
Raccordements de moulures.

(10) Assemblage à coupe d'onglet avec tourillons
Réalisation facile.

(11) Assemblage à coupe d'onglet à faux tenon d'équerre
Réalisation délicate.

(9)
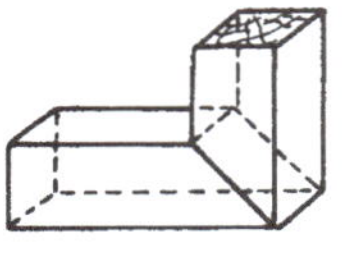
(10)
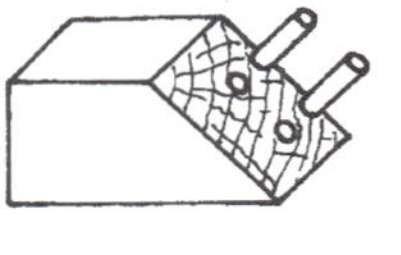
(11)
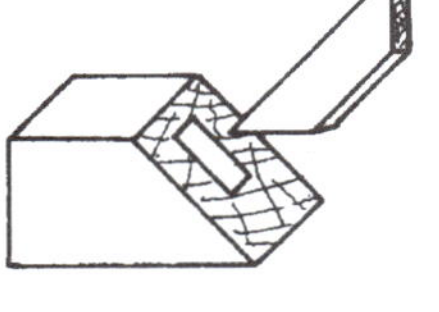

ASSEMBLAGES EN BOIS DE TRAVERS (SUITE)

(12) **Assemblage à coupe d'onglet à faux tenon sur angle**
Montage aisé.

(12)
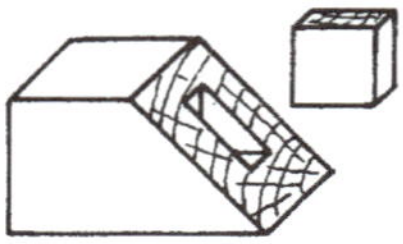

(13) **Assemblage à coupe d'onglet à pigeon**
Consolidation visible.

(13)
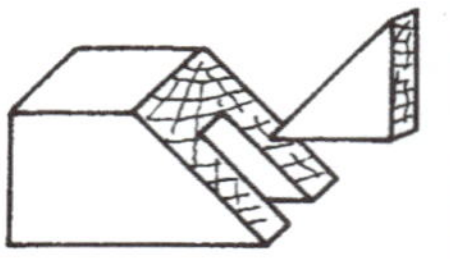

(14) **Assemblage à coupe d'onglet à fausse languette**
Réalisation facile.

(14)

(15) **Assemblage à coupe d'onglet à rainure et languette**
Réalisation plus délicate.

(15)
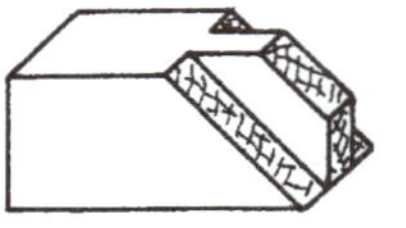

(16) **Assemblage à coupe d'onglet à mi-bois**
Assemblage économique.

(16)
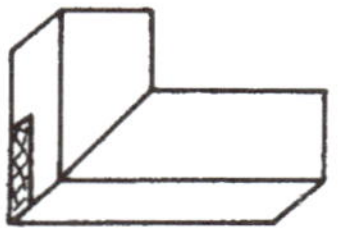

(17) **Assemblage à coupe d'onglet à enfourchement simple à un parement**

(17)
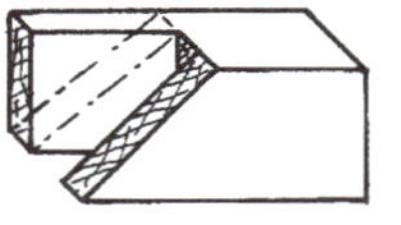

(18) **Assemblage à coupe d'onglet à enfourchement simple à deux parements**

(18)
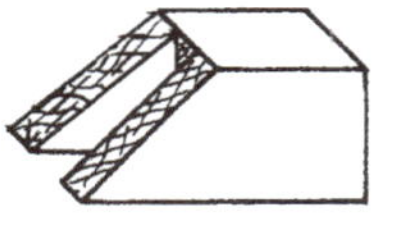

(19) **Assemblage à coupe d'onglet à enfourchement double**

(19)
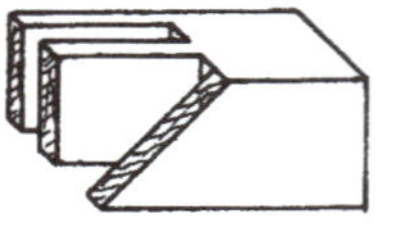

(20) **Assemblage à coupe d'onglet à tenon et mortaise avec onglet flotte**

(20)
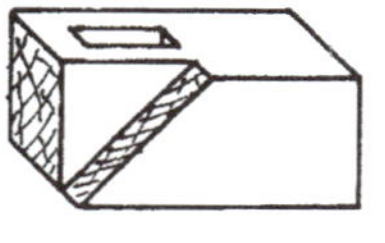

(21) **Assemblage à coupe d'onglet à tenon et mortaise découverts à deux parements**

(21)
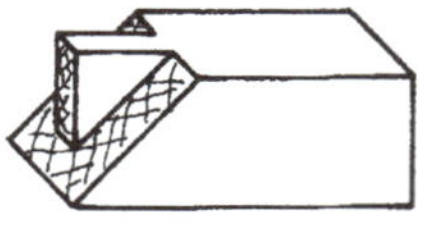

(22) **Assemblage à coupe d'onglet à tenon et mortaise couverts à deux parements**

(22)
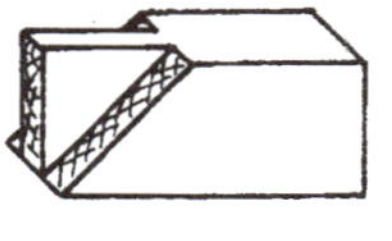

(23) **Assemblage à coupe d'onglet à enfourchement à 2 parements**

(23)
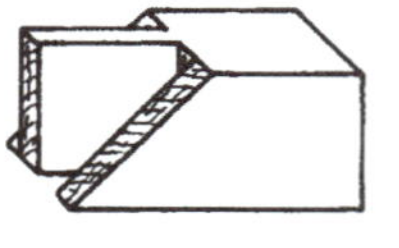

ASSEMBLAGES EN BOIS DE FIL

■ LIAISONS À PLANS PERPENDICULAIRES, DE RENCONTRE [2] ET [4] a

(1) Assemblage à languette normale
Réalisation délicate.

(1)
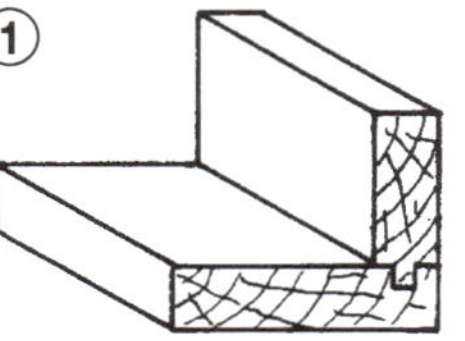

(2) Assemblage à languette bâtarde
Solidité limitée.

(2)
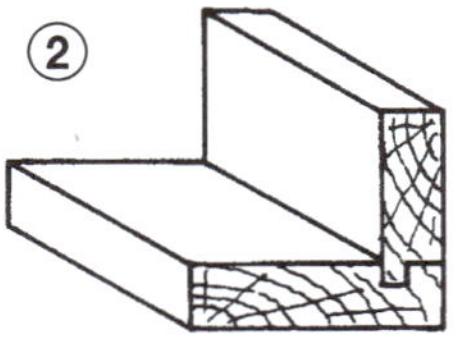

(3) Assemblage à embrèvement et coupe d'angle
Qualité esthétique.

(3)
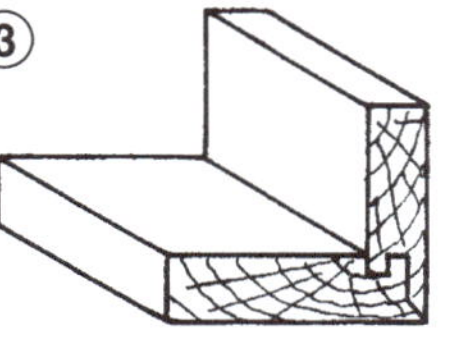

(4) Assemblage à languette double, une pièce en saillie
Solidité excellente.

(4)
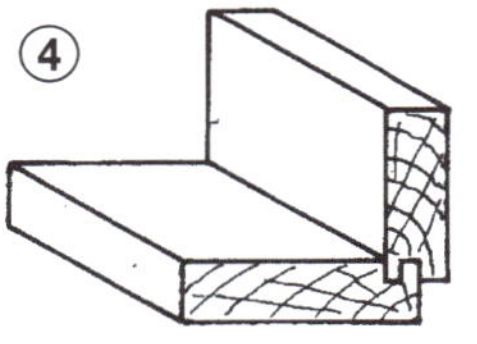

(5) Assemblage à languette bâtarde, une pièce en saillie
Solidité relative.

(5)
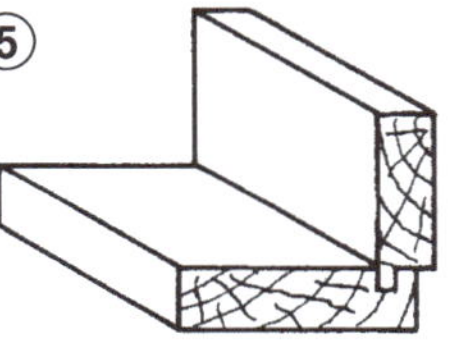

(6) Assemblage à double languette, une pièce en retrait
Excellente solidité.

(6)
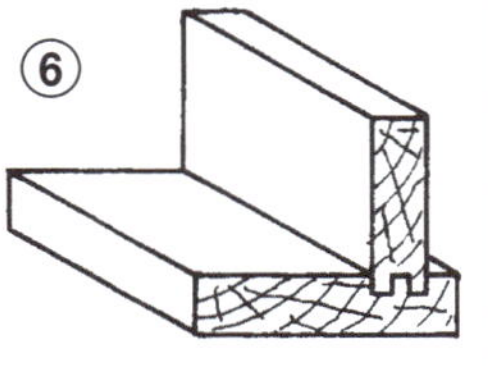

(7) Assemblage à simple languette, une pièce en retrait
Facile, solide.

(7)
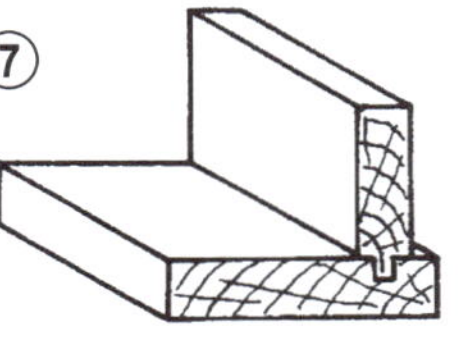

(8) Assemblage à rainure et languette, dièdre obtus
Joint visible.

(8)
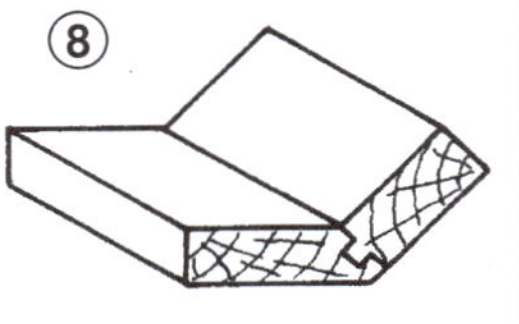

(9) Assemblage à fausse languette, dièdre obtus
Esthétique, solide.

(9)
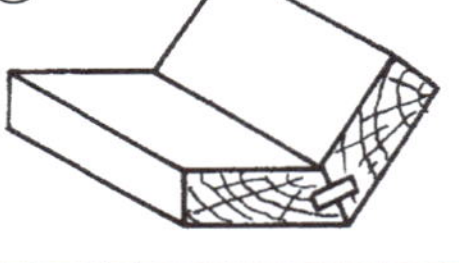

ASSEMBLAGES EN BOIS DE FIL (SUITE)	■ **LIAISONS D'ÉLARGISSEMENT** 5 **b** ① **Assemblage à plat joint** Réalisation facile et économique. ② **Assemblage à grain d'orge** Étanche à la lumière. ③ **Assemblage à feuillure** Constructions rustiques. ④ **Assemblage à rainure et languette à 2 parements** Résistant. ⑤ **Assemblage à rainure et languette simple parement** Parquets. ⑥ **Assemblage à rainure et languette à baguette** Lambris. ⑦ **Assemblage à double rainure et languette** Solidité excellente ⑧ **Assemblage à fausse languette** Exécution facile.	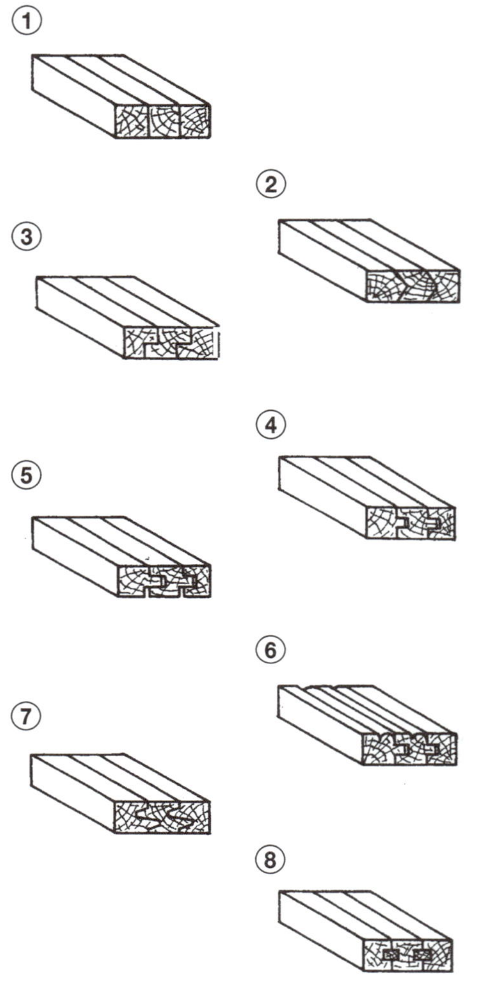
ASSEMBLAGES EN BOIS DE BOUT	■ **LIAISONS D'ALLONGEMENT** 9 **a** ① **Assemblage en sifflet** Pour tous éléments en applique. ② **Assemblage en sifflet avec fausse languette** Affleurement soigné. ③ **Assemblage à paume carrée arasements obliques** Exécution rapide.	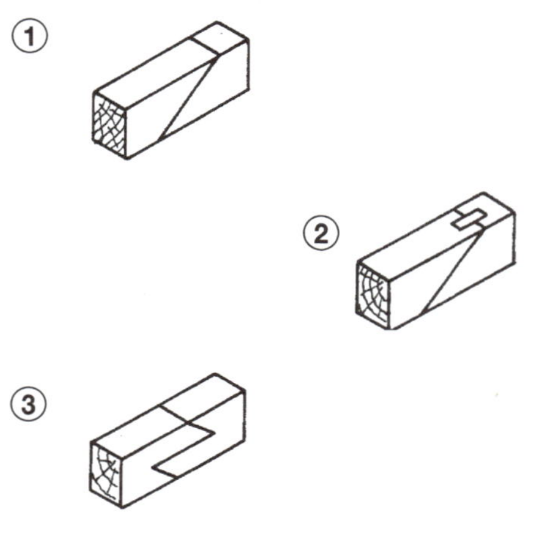

ASSEMBLAGES EN BOIS DE BOUT (SUITE)

④ Assemblage à enfourchement simple
Résistant.

④
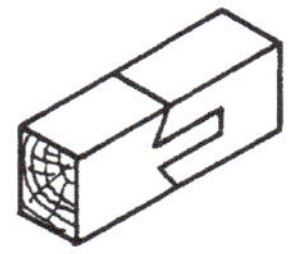

⑤ Assemblage à trait de Jupiter à plat des menuisiers
Exécution délicate.

⑤
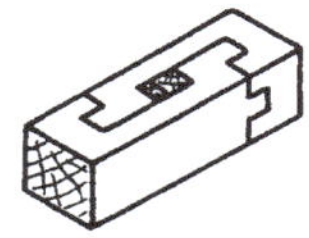

⑥ Assemblage à trait de Jupiter à chant oblique des charpentiers
Excellente résistance.

⑥
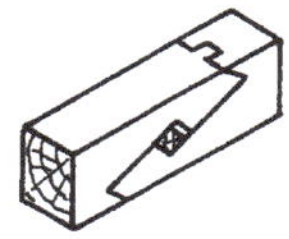

⑦ Assemblage à tourillons
Exécution facile.
Peu solide.

⑦
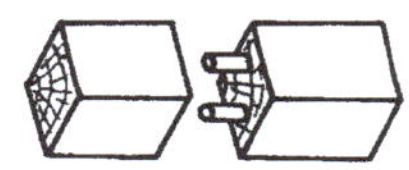

⑧ Assemblage sur angles
Joints en partie dissimulés.
Travaux de restauration.

⑧
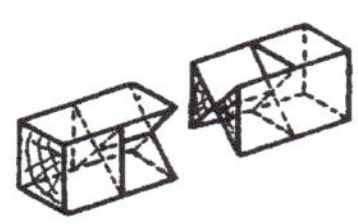

⑨ Assemblage à double queues d'aronde
Travaux d'ébénisterie.

⑨
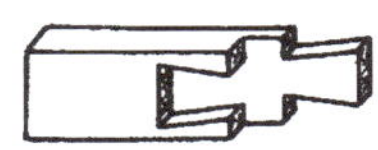

ASSEMBLAGES EN BOIS DE FIL ET BOIS DE BOUT

■ LIAISONS DE REMPLISSAGES – PANNEAUX ET CADRES

① Assemblage à glace à un parement
(Molet)

①
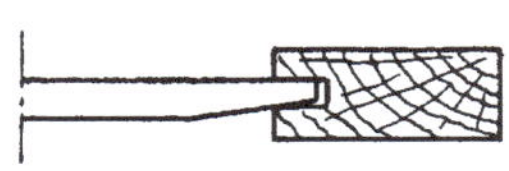

② Assemblage à glace à 2 parements

②
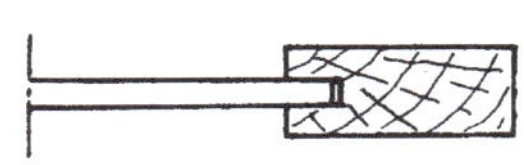

③ Assemblage arasé à un parement

③
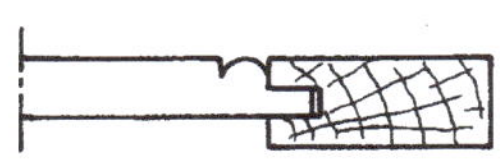

④ Assemblage arasé à deux parements

④
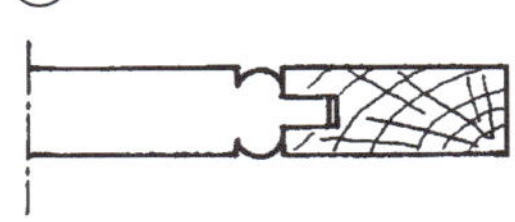

ASSEMBLAGES EN BOIS DE FIL ET BOIS DE BOUT (SUITE)

(5) Assemblage à table saillante

(5)

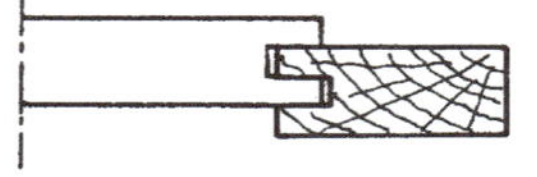

(6) Assemblage à plate bande à un parement
Moulure à petit cadre.

(6)

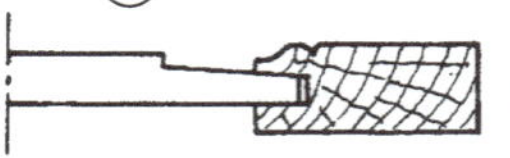

(7) Assemblage à plate bande à deux parements
Moulures à petit cadre.

(7)

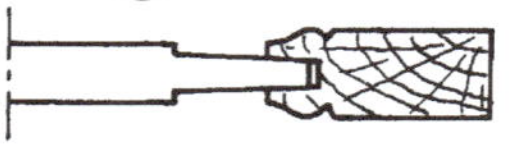

(8) Assemblage à grand cadre simple parement à élégie

(8)

(9) Assemblage à grand cadre simple parement à embrèvement

(9)

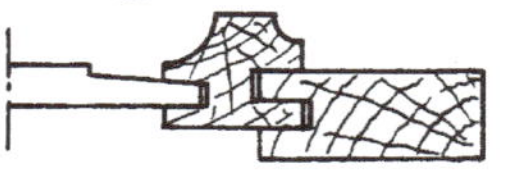

(10) Assemblage à grand cadre double parement à embrèvement
Moulures symétriques.

(10)

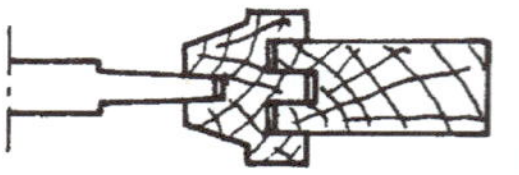

(11) Assemblage à grand cadre double parement à embrèvement
Moulures asymétriques.

(11)

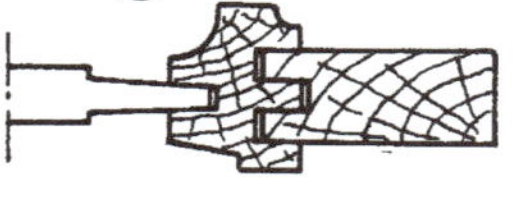

(12) Assemblage à petit et grand cadre

(12)

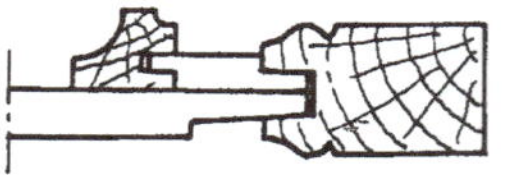

13.2 ASSEMBLAGES TENON ET MORTAISE

Les assemblages tenon et mortaise sont les plus fréquemment employés dans la construction des ouvrages en bois. Le facteur essentiel de solidité de cet assemblage étant le remplissage intégral de la mortaise par le tenon, il y a lieu d'apporter le plus grand soin au traçage et à l'usinage des pièces.

ASSEMBLAGE TENON MORTAISE DE RENCONTRE

■ TENON

• Terminologie tenon

1. chant du tenon
2. joue du tenon
3. about du tenon
4. arasement du tenon

• Caractéristiques dimensionnelles

L.t : longueur (L.t = P.m – 3 mm)
l.t : largeur (l.t = L.m)
e.t : épaisseur (e.t = l.m – 0,2 mm)

• Positionnement sur les bois

J.t : distance de SR 1 à la 1re joue du tenon
C.t : distance de SR 3 à l'arasement du tenon

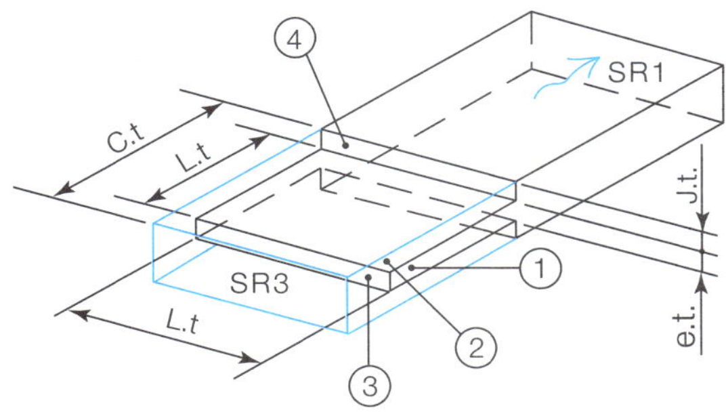

■ MORTAISE

• Terminologie mortaise

1. about de la mortaise
2. joue de la mortaise
3. fond de la mortaise

• Caractéristiques dimensionnelles

P.m : profondeur (P.m = l.b – 3 l.b/10)
L.m : longueur
l.m : largeur
l.m = 1/3 de e.b pour e.b ≤ 45 mm
l.m = 1/5 de e.b pour e.b > 45 mm
e.b : épaisseur du bois
l.b : largeur du bois

• Positionnement sur les bois

J.m : distance de SR 1 (ou SR 2) à la 1re joue de la mortaise.
C.m: distance de SR 3 au 1er about de la mortaise.

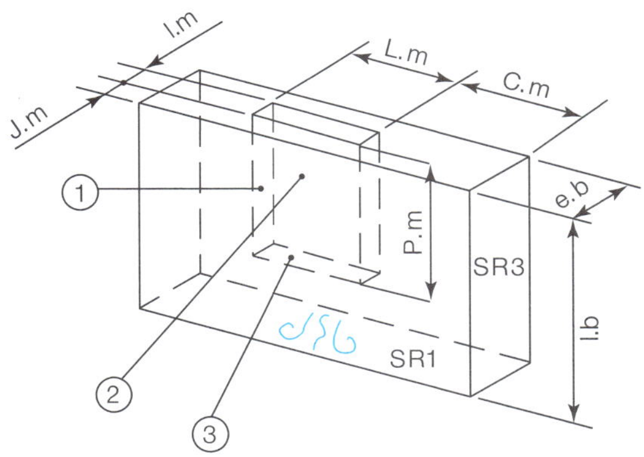

ASSEMBLAGE TENON MORTAISE D'ANGLE

■ TENON ET MORTAISE

• Terminologie tenon

1. épaulement
2. renfort biais

• Caractéristiques dimensionnelles

Cote a = 1/3 de l.b
Cote b = 1/2 de la cote a

• Ajustements tenon-mortaise

La cotation du tenon et de la mortaise sera tolérancée (voir cotation tolérancée page 253).

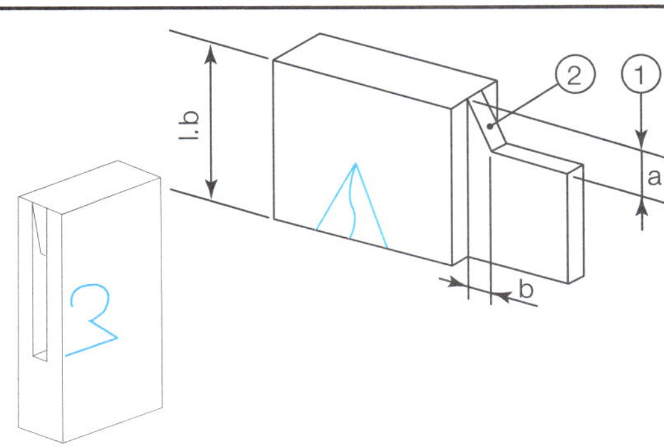

13.3 ASSEMBLAGES MODIFIÉS

ASSEMBLAGE À TENON ET MORTAISE AVEC FEUILLURE ÉTROITE

■ ASSEMBLAGES DE RENCONTRE

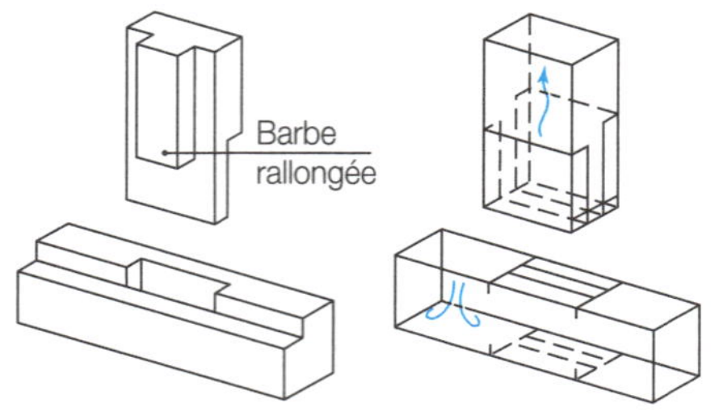

• Modification

Tenon à barbe rallongée côté feuillure, ravancement égal à la profondeur de la feuillure.

■ ASSEMBLAGES D'ANGLE

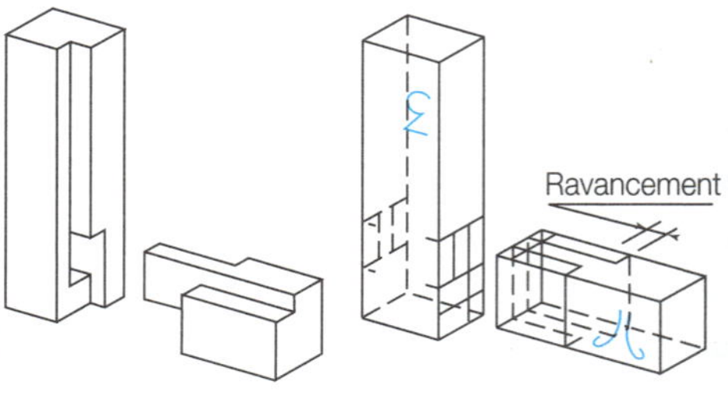

• Modification

Aucune.

ASSEMBLAGE TENON ET MORTAISE AVEC FEUILLURE LARGE

■ ASSEMBLAGES DE RENCONTRE

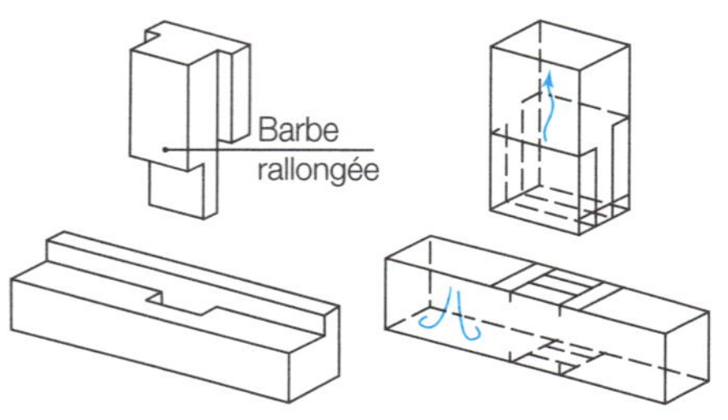

• Modification

Tenon à barbe rallongée côté feuillure, ravancement égal à la profondeur de la feuillure. Diminution de la largeur du tenon égale à la profondeur de la feuillure.

■ ASSEMBLAGES D'ANGLE

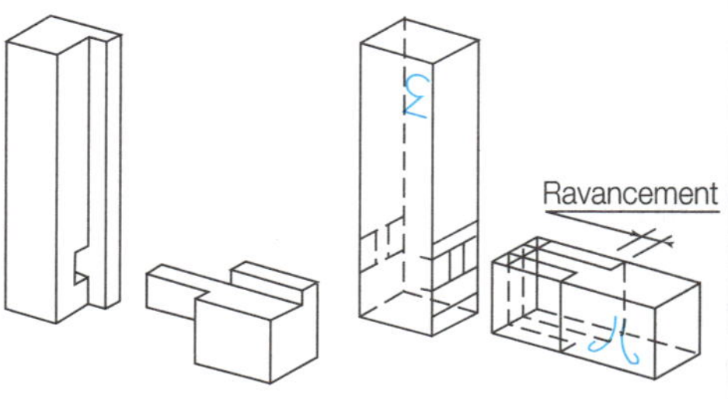

• Modification

Diminution de la longueur de la mortaise de la valeur de la profondeur de la feuillure.

ASSEMBLAGE TENON ET MORTAISE AVEC RAINURE

■ ASSEMBLAGES DE RENCONTRE

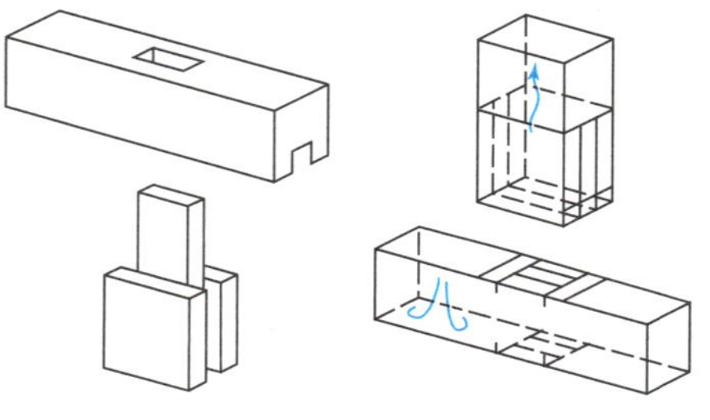

• Modification

Diminution de la largeur du tenon égale à la profondeur de la rainure.

■ ASSEMBLAGES D'ANGLE

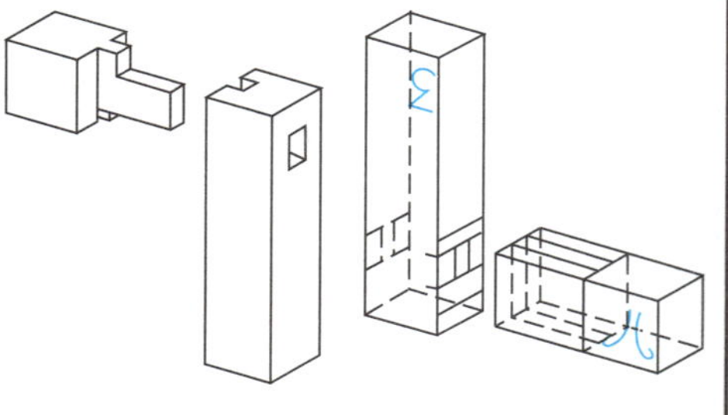

• Modification

Diminution de la longueur de la mortaise de la valeur de la profondeur de la rainure.

ASSEMBLAGE À TENON ET MORTAISE AVEC FEUILLURE ET MOULURE À PETIT CADRE

■ ASSEMBLAGES DE RENCONTRE

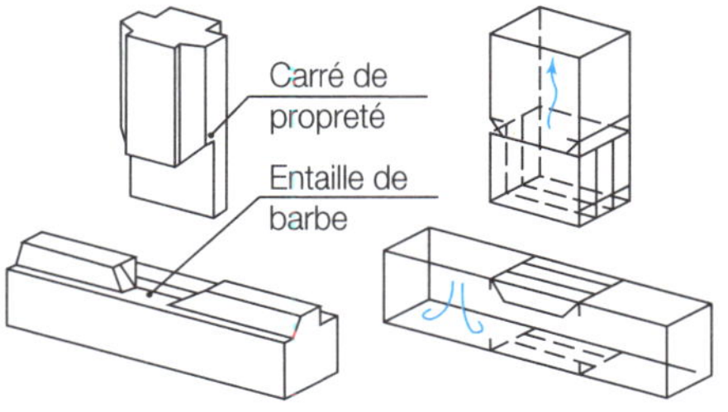

• Modification

Tenon à barbe rallongée avec coupes d'onglet côté moulure, ravancement égal à la largeur de la moulure. Barbe rallongée côté feuillure, ravancement égal à la profondeure de la feuillure

■ ASSEMBLAGES D'ANGLE

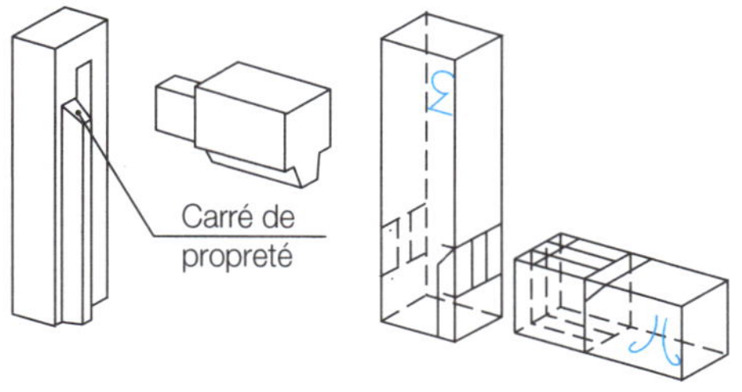

• Modification

Entaille de barbe côté moulure avec raccords des moulures à coupes d'onglet.

ASSEMBLAGE À TENON ET MORTAISE AVEC RAINURE ET MOULURE À PETIT CADRE À UN PAREMENT

■ ASSEMBLAGES DE RENCONTRE

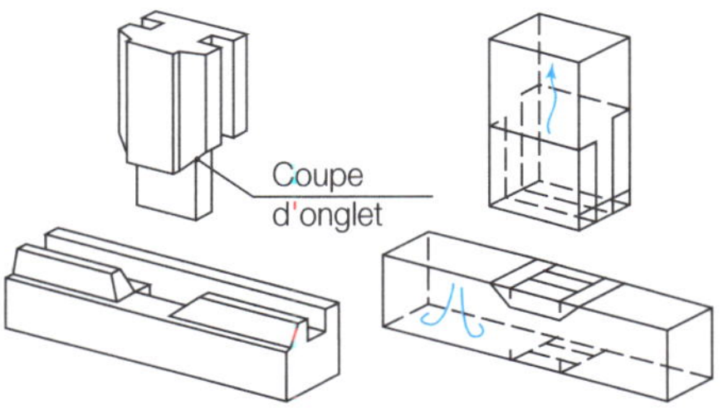

• Modification

Tenon à barbe rallongée avec coupes d'onglet côté moulure, ravancement égal à la largeur de la moulure.
Diminution de la largeur du tenon égale à la profondeur de la rainure.

■ ASSEMBLAGES D'ANGLE

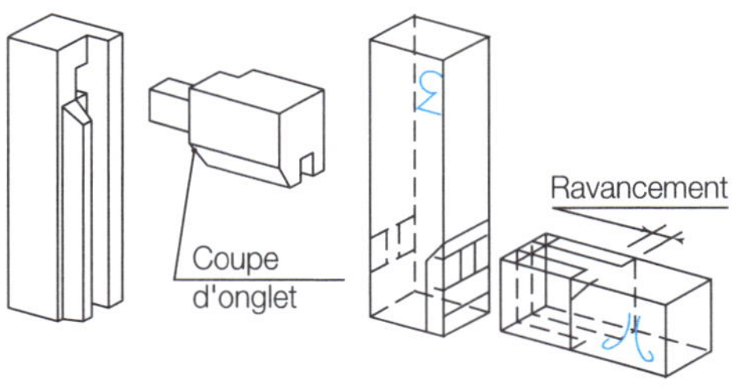

• Modification

Entaille de barbe côté moulure avec raccords des moulures à coupe d'onglet.
Diminution de la longueur de la mortaise de la valeur de la profondeur de la rainure.

ASSEMBLAGE À TENON ET MORTAISE AVEC RAINURE ET MOULURE À PETIT CADRE À DEUX PAREMENTS

■ ASSEMBLAGES DE RENCONTRE

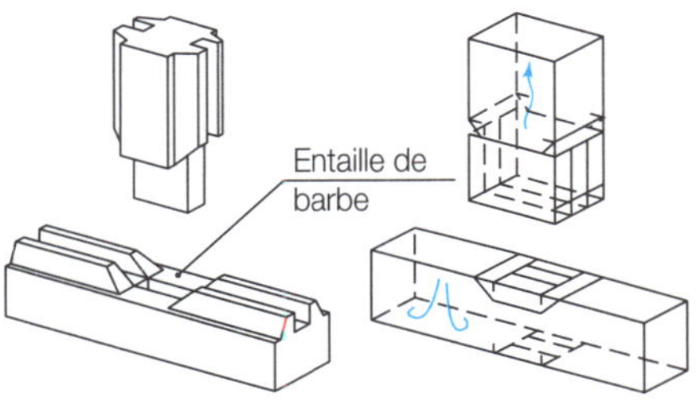

• Modification

Tenon à barbes rallongées avec coupes d'onglet en parement et faux parement, ravancements égaux aux largeurs des moulures.
Diminution de la largeur du tenon égale à la profondeur de la rainure.

■ ASSEMBLAGES D'ANGLE

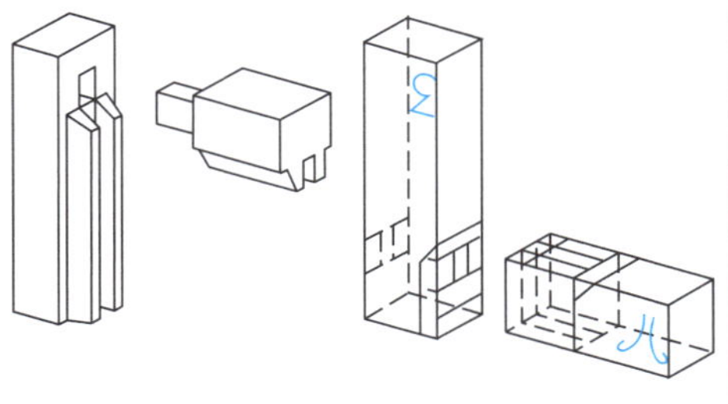

• Modification

Entaille de barbes en parement et faux parement avec raccords des moulures à coupes d'onglet.
Diminution de la longueur de la mortaise de la valeur de la profondeur de la rainure.

13.4 ASSEMBLAGES DE PANNEAUX DE PARTICULES ET PANNEAUX DE FIBRES

EXEMPLES D'ASSEMBLAGES

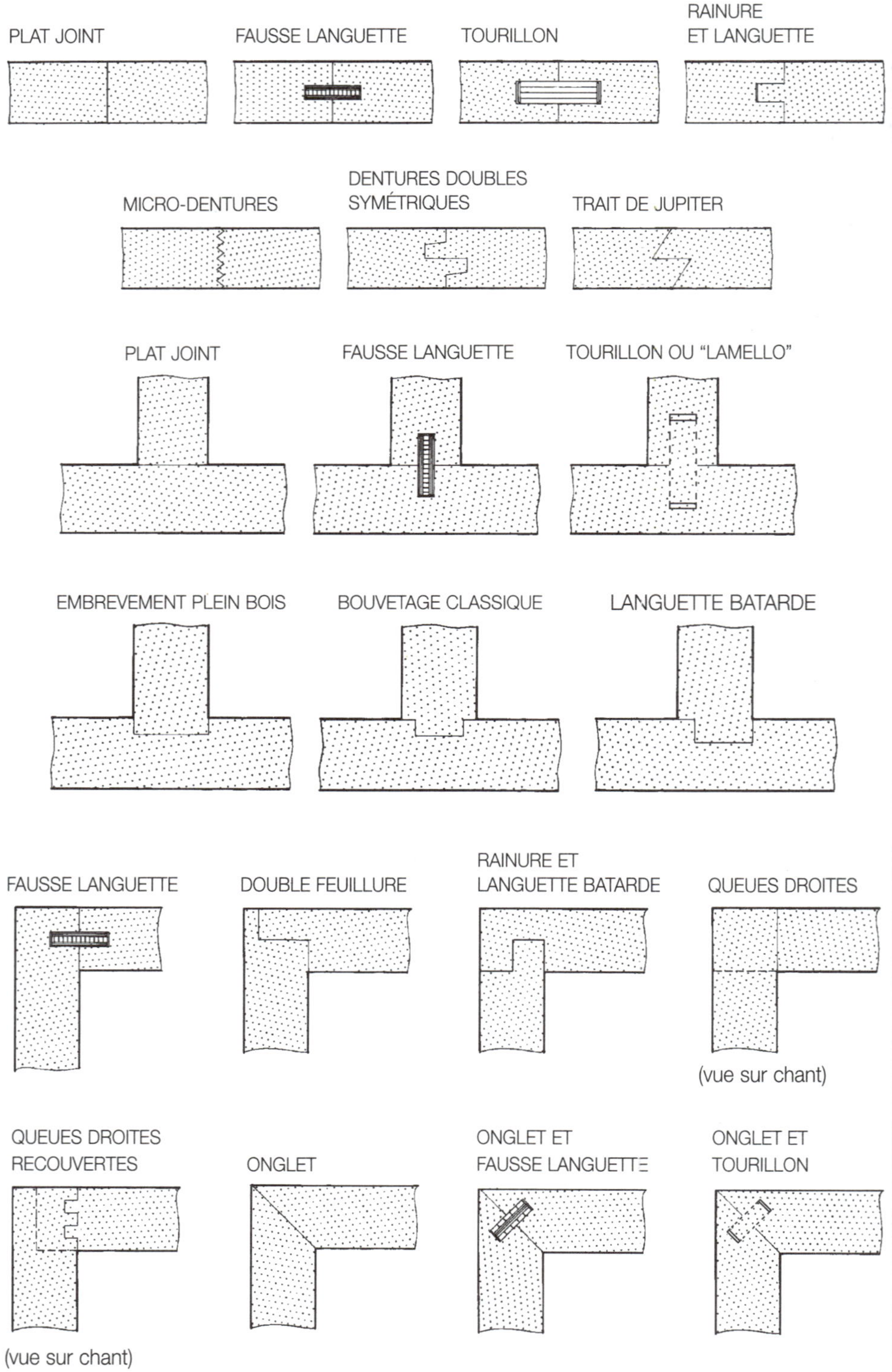

14 ÉLÉMENTS DU CONFORT

14.1 CONFORT ACOUSTIQUE

Pour l'homme, le confort acoustique est conditionné par l'absence de toute gêne sensorielle due aux sons et aux bruits.

14.1.1 LE SON

DÉFINITION

C'est l'effet d'une vibration d'un corps matériel transmis par l'air jusqu'à l'oreille. Cette vibration perturbe l'atmosphère et engendre des modifications de la pression de l'air. Ce phénomène est appelé «pression acoustique». P_0 avec une fréquence f.

$$f = \frac{1}{T}$$

Oscillogramme d'un son pur

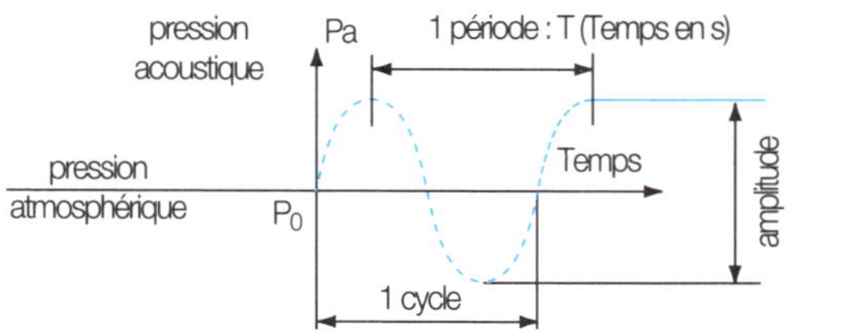

CARACTÉRISTIQUES

■ **HAUTEUR OU FRÉQUENCE**

C'est la propriété d'un son qui le fait entendre grave ou aigu.
Fréquence faible : son grave.
Fréquence élevée : son aigu.
C'est le nombre de cycles, ou périodes, par seconde.
Symbole « f », s'exprime en hertz « Hz ».
Période : mesure en seconde de la durée d'un cycle, symbole : «T ».

Échelle des hauteurs

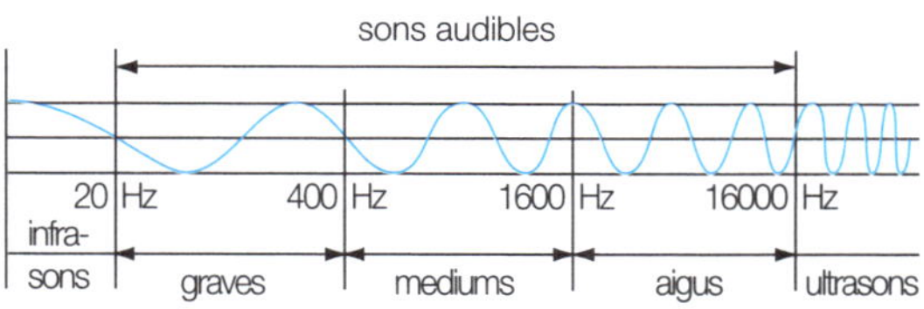

■ **INTENSITÉ OU NIVEAU SONORE**

C'est la propriété d'un son qui le fait entendre faible ou fort.
L'intensité d'un son est donnée par la mesure de l'amplitude de la variation, que l'on nomme aussi « niveau de pression acoustique ».
Symbole « Pa », s'exprime en décibels (dB).
Appareil de mesure : le sonomètre.
Amplitude faible : son faible.
Amplitude importante : son intense.

Niveaux sonores comparés

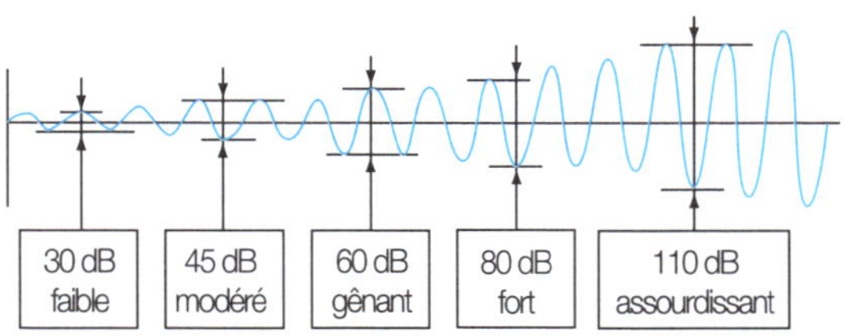

PERCEPTION

L'oreille n'additionne pas simplement les intensités perçues, elle les associe de manière complexe.

Tableau de gauche :

- sources sonores de niveaux identiques.

Tableau de droite :

- sources sonores de niveaux différents

Nombre d'appareils	Niveau sonore N en dB
1	N
2	N + 3 dB
3	N + 5 dB
4	N + 6 dB
5	N + 7 dB
6	N + 8 dB
7	N + 8 dB
8	N + 9 dB
9	N + 9,5 dB
10	N + 10 dB

Différence entre deux sources sonores	Ajouter au niveau sonore le plus élevé
0 dB	3 dB
1 dB	2,5 dB
2 dB	2 dB
4 dB	1,5 dB
5 dB	1 dB
9 dB	0,5 dB

PERCEPTION

Les sons de même intensité mais de hauteurs différentes ne sont pas perçus de la même manière : voir courbes d'égale sensation sonore.

zone A : limite d'audition
zone B : seuil d'audition

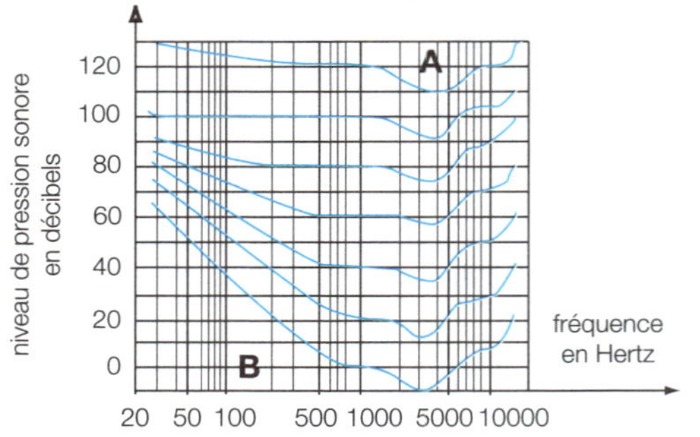

14.1.2 LE BRUIT

DÉFINITION

Le bruit est une combinaison de sons de fréquences et d'intensités différentes.
C'est un phénomène acoustique produisant une sensation auditive désagréable ou gênante.

Oscillogramme d'un bruit

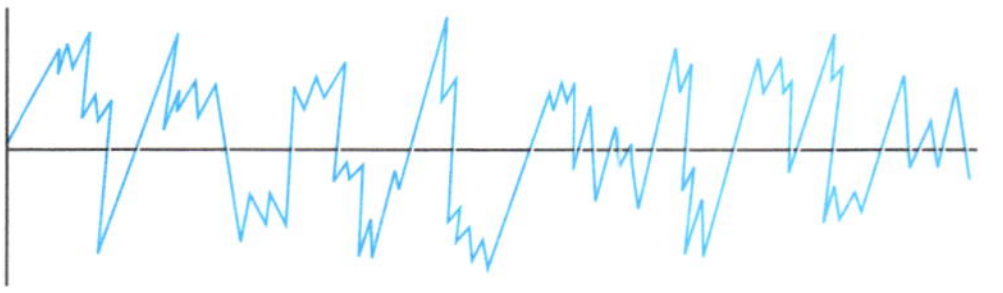

EFFETS SUR L'HOMME

■ **SUR L'OREILLE**

Il peut selon sa nature, sa durée et son intensité diminuer ou détruire la sensibilité de l'oreille

■ **SUR LE SYSTÈME NERVEUX**

Troubles de mémoire, de l'activité mentale et du rythme cardiaque.
Les infrasons et ultrasons intenses provoquent des troubles et traumatismes physiques.

PROPAGATION

■ **PAR VOIE AÉRIENNE**

« Bruits aériens ». Vitesse de propagation dans l'air à 20° C : 340 m/s.
Propagation directe : de la source à l'oreille. L'intensité d'un bruit diminue avec la distance.
Réverbération : retour du son à la source, « écho ». La durée de l'écho est fonction de la dureté des matériaux et de leur état de surface.

■ **PAR VOIE MATÉRIELLE**

« Bruits d'impacts et bruits solidiens ».
Bruits transmis par les matériaux.
La vitesse de propagation, ou célérité, est fonction de l'homogénéité et de l'élasticité des matériaux.

Matériaux, matières	Célérité en m/s
Caoutchouc	40 à 150
Liège	450 à 500
Eau	1 460
Bois	1 000 à 2 000
Plomb	1 320
Brique	2 500
Béton	3 500
Acier	5 000 à 6 000
Verre	5 000 à 6 000

NIVEAUX SONORES TOLÉRABLES

Ils sont fonction de la destination et de l'utilisation des locaux considérés.

Lieux	dB
Salle de repos	25
Chambre à coucher	30
Bureaux	35
Magasins	50
Petits ateliers	60
Ateliers moyens	70
Grands ateliers	80
Très grands ateliers	100

14.2 ISOLATION ACOUSTIQUE

Le but de l'isolation acoustique est de créer une barrière aux bruits extérieurs à un local pour y réaliser en partie le confort acoustique.

PRINCIPE ET RÉGLEMENTATION

Isolement brut = L1 – L2

L1 : niveau sonore du local d'émission.
L2 : niveau sonore du local de réception.
① onde incidente
② onde transmise
③ onde réfléchie
④ onde absorbée

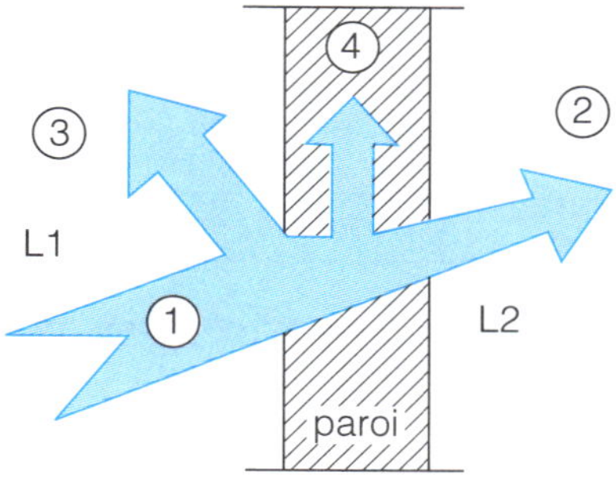

Isolement normalisé

Isolement qui tient compte des possibilités d'amplification du son dans le local de réception par l'effet de réverbération.

Réglementation

Pour l'isolation aux bruits d'impact, se reporter aux réglementations acoustiques et normes citées chapitre 16.6.6 « Les sous-couches acoustiques »

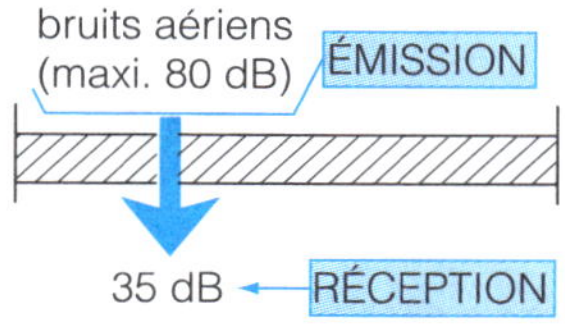

ISOLEMENT AUX BRUITS AÉRIENS

	Grands principes	Solutions technologiques
Loi de distance	Le niveau sonore diminue de 6 dB chaque fois que l'on double la distance par rapport à la source.	Choisir un site calme. Bâtir le plus loin possible de la source sonore.
Loi de masse	A 500 Hz l'indice d'affaiblissement acoustique d'une paroi augmente de 4 dB lorsque la masse de la paroi est doublée par unité de surface, et inversement.	Murs en matériaux lourds. Glaces épaisses. Feuilles de plomb.
Loi de fréquence	Pour une paroi de masse donnée, l'indice d'affaiblissement acoustique augmente de 4 dB lorsque la fréquence du son incident est doublée, et inversement.	Idem précédemment.
Loi de l'étanchéité	Plus la fréquence du son incident est élevée, (son aigu), plus les jeux doivent être réduits et les joints étanches pour faire barrière.	Pose de joints d'étanchéité Bourrage des fentes Prévenir les fissures.

■ PAROIS DOUBLES

L'indice d'affaiblissement est amélioré par les phénomènes de réflexion dans les parois doubles.

Cette technique permet d'obtenir des isolements acoustiques supérieurs à ceux donnés par la loi de masse dans les parois simples.

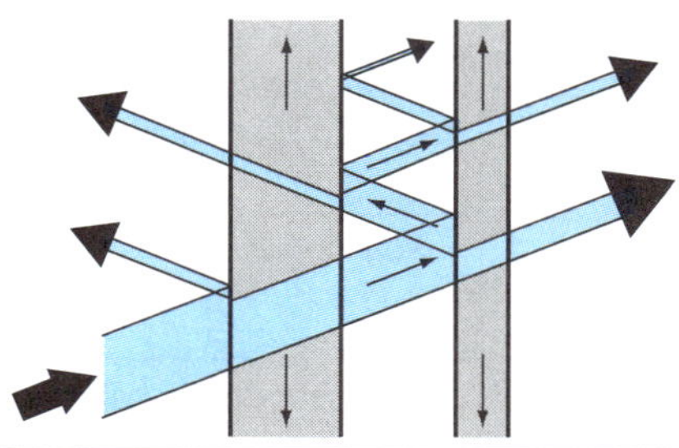

ISOLEMENT AUX BRUITS SOLIDIENS

■ **PONTS ACOUSTIQUES**

Ils sont particulièrement fréquents dans les parois doubles, qui perdent alors leurs avantages.

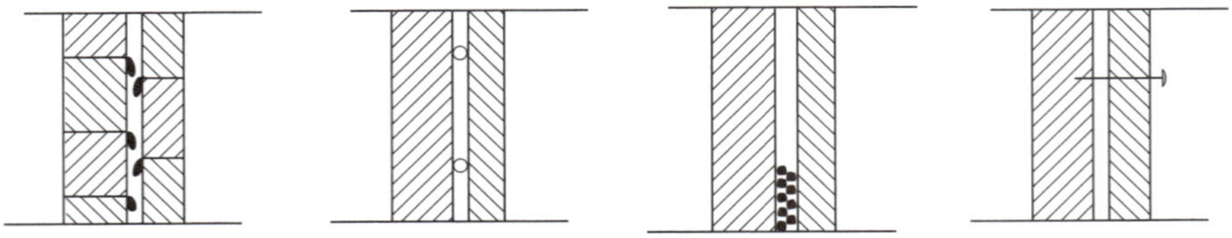

Coulures de mortier	Canalisations	Gravats	Pointes, vis

■ **LES DEUX TYPES DE BRUITS SOLIDIENS**

	Solutions technologiques
• Bruits d'impacts Limiter la propagation des vibrations, dues aux chocs, dans la structure des bâtiments. Absorber les vibrations à la source.	Coupures résilientes : dalles flottantes. Matériaux absorbants : moquettes, tapis.
• Bruits d'équipements Désolidariser les équipements du gros-œuvre, supprimer les liaisons rigides.	Liaisons élastiques, raccords souples.

14.3 CORRECTION ACOUSTIQUE

Le but de la correction acoustique est de maîtriser la réverbération (écho) des sons émis à l'intérieur d'un local afin d'y améliorer le confort d'écoute et d'abaisser le niveau sonore.

PHÉNOMÈNE DE RÉVERBÉRATION

Dans un local vide, on constate qu'un son bref persiste quelques secondes après son émission et décroît avant de devenir inaudible. Ce phénomène définit la réverbération du local.

$$T = \frac{0,16\ V}{A}$$

T : Durée de réverbération en secondes
V : Volume du local en m^3
A : Absorption totale du local en m^2.

La durée de réverbération est donnée par la formule de Sabine. Elle se mesure en secondes, elle est normalisée à 0,5 secondes.

La durée de réverbération augmente avec le volume du local et diminue avec les qualités absorbantes des parois ainsi qu'avec la quantité de meubles et de personnes dans le local.

La capacité d'absorption d'un matériau varie selon la fréquence du son à maîtriser.

MAÎTRISE DES ONDES SONORES DANS UN LOCAL

Les techniques d'absorption sont fonction de la fréquence des sons à maîtriser dans le local.

– Sons graves absorption par résonateurs	– Matériaux minces (membranes) avec larges ouvertures placées sur des alvéoles construites sur la paroi : « pièges à sons ».
– Sons médiums absorption par vibration-flexion	– Panneaux perforés placés à une certaine distance, prescrite par le fabricant, de la paroi à traiter acoustiquement.
– Sons aigus absorption par porosité	– Matériaux légers, poreux, mous, résilients, placés en habillage sur les parois.

L'épaisseur de ces habillages est fonction de la nature des matériaux utilisés.

SOLUTIONS POUR LE TRAITEMENT ACOUSTIQUE D'UN LOCAL

Dans le cas général, la correction acoustique, dans un local, sera réalisée par la pose, sur les parois, d'habillages dont les qualité sont en adéquation avec les sons à maîtriser.

Murs	– Projection de matériaux fibreux – Panneaux de fibres minérales ou végétales (bois) – Tissus, mousses, moquettes
Plafonds	Dalles suspendues en fibres, perforées ou non, à surface rugueuse, doublée ou non de produits acoustiques absorbants.
Sols	Tapis, moquettes, mousses caoutchoutées.

14.4 ISOLATION THERMIQUE

L'isolation thermique a pour but de limiter les échanges de chaleur à travers une paroi de l'ambiance chaude vers l'ambiance plus froide. Elle permet également d'éviter les parois froides qui sont source d'inconfort.

MODES DE PROPAGATION DE LA CHALEUR

- **Le rayonnement :** émission de chaleur d'un corps vers un autre corps qui ne sont pas en contact.
- **La convection :** propagation de la chaleur avec déplacement de molécules (gaz et liquides).
- **La conduction :** la chaleur progresse des molécules les plus chaudes vers les molécules les plus froides sans déplacement de celles-ci. La vitesse de propagation est propre à chaque matériau.

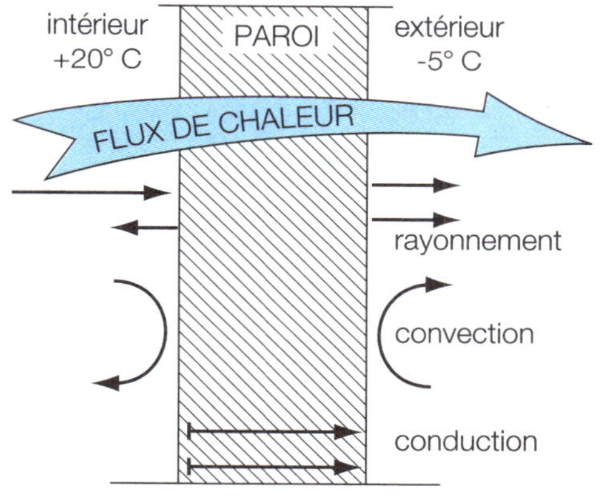

Le flux de chaleur : Quantité de chaleur dégagée par unité de temps par une source de chaleur.

Symbole : Φ (phi).

Unité : le W (watt).

FLUX DE CHALEUR

$$\Phi \text{ W} = \frac{Q \text{ (joules)}}{t \text{ (secondes)}}$$

CONDUCTIVITÉ THERMIQUE « λ »

MATÉRIAU

λ des matériaux usuels, voir tableaux pages suivantes.

λ traduit l'aptitude d'un matériau à conduire la chaleur.

Le coefficient de conductivité thermique « λ » est mesuré par la quantité de chaleur traversant un mètre carré de matériau homogène sur une épaisseur de un mètre, par heure et pour une différence de température de un degré entre les deux faces.

Symbole : λ (lambda).

Unité : le W/m. °C.

Plus λ est petit, plus les qualités isolantes du matériau sont bonnes.

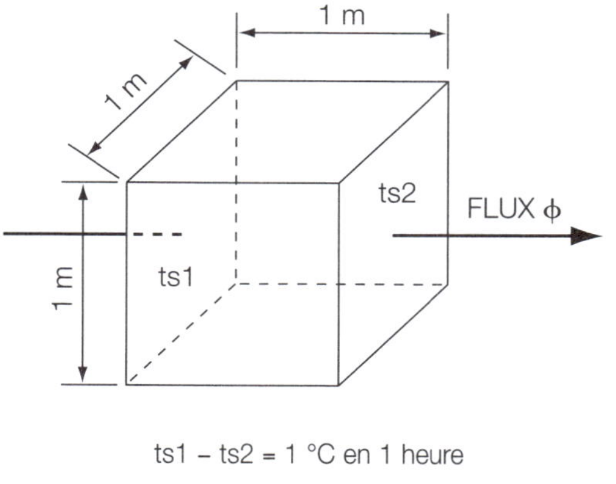

ts1 – ts2 = 1 °C en 1 heure

■ CONDUCTIVITÉ THERMIQUE LAMBDA (λ) DES MATÉRIAUX DU BÂTIMENT

Pierres et terres	kg/m³	W/m.°C
granite	2 500 à 3 000	3,500
gneiss	2 400 à 2 700	3,500
basaltes	2 800 à 3 000	3,500
silex	2 600 à 2 800	3,500
porphyres	2 400 à 2 600	2,900
laves	2 100 à 2 400	2,900
ardoise	≥ à 2 700	2,100
pierre calcaire froide	≥ à 2 590	2,900
pierre calcaire dure	2 350 à 2 580	2,200
pierre calcaire ferme	2 160 à 2 340	1,700
pierre calcaire demi-ferme	1 840 à 2 150	1,400
pierre calcaire tendre	1 650 à 1 840	1,050
pierre calcaire très tendre	1 470 à 1 640	0,950
grès quartzeux		2,600
grès calcarifères		1,900
meulière lourde		1,800
meulière légère		0,900
blocs de terre comprimée	1 700 à 1 900	1,050
terre cuite	1 800 à 2 000	1,150

Béton	kg/m³	W/m.°C
plein de granulats lourds	2 200 à 2 400	1,750
caverneux de granulats lourds	1 700 à 2 100	1,400
plein lourds de laitier	2 200 à 2 400	1,400
caverneux lourds de laitier	1 600 à 2 100	0,700
léger de pouzzolane ou de laitier	1 400 à 1 600	0,520
léger de pouzzolane ou de laitier	1 200 à 1 400	0,440
de ponces naturelles	950 à 1 150	0,460
d'argile expansé	1 600 à 1 800	1,050
d'argile expansé	1 400 à 1 600	0,850
de perlite ou de vermiculite	600 à 800	0,310
de perlite ou de vermiculite	400 à 600	0,240
de perlite ou de vermiculite	400 à 450	0,190
cellulaire autoclavé	775 à 825	0,330
cellulaire autoclavé	725 à 775	0,290
cellulaire autoclavé	675 à 725	0,270
cellulaire autoclavé	625 à 675	0,240
cellulaire autoclavé	575 à 625	0,220
cellulaire autoclavé	525 à 575	0,200
cellulaire autoclavé	475 à 525	0,180
cellulaire autoclavé	425 à 475	0,170
cellulaire autoclavé	375 à 425	0,160
fibre de bois	450 à 650	0,160
fibre de bois (fibragglos)	450 à 550	0,150
fibre de bois (fibragglos)	350 à 450	0,120
fibre de bois (fibragglos)	250 à 350	0,100
mortier d'enduits et de joints	1 800 à 2 100	1,150

Plâtres	kg/m³	W/m.°C
courant pour enduit ou plaque	750 à 1 000	0,350
sans granulats « gâché serré »	1 100 à 1 300	0,500
léger avec perlite ou vermiculite	700 à 900	0,300
léger avec perlite ou vermiculite	500 à 700	0,250

Synthétiques	kg/m³	W/m.°C
caoutchouc synthétique	1 300 à 1 500	0,400
polyamides (nylon, rilsan,...)	1 000 à 1 150	0,400
polyesters	1 400 à 1 700	0,400
polyéthylènes	900 à 1 000	0,400
altuglas, plexiglas	1 200 à 1 300	0,200
polychlorures de vinyle	1 300 à 1 400	0,200
asphalte pur	2 100	0,700
asphalte sablé		1,150
bitume (feutre et carton bitumé)	1 000 à 1 100	à 0,230

Isolants	kg/m³	W/m.°C
laine de roche	18 à 25	0,047
laine de roche	25 à 35	0,041
laine de roche	35 à 80	0,038
laine de roche	60 à 100	0,039
laine de roche	100 à 180	0,041
laine de verre VA	7 à 9,5	0,047
laine de verre VA	9,5 à 12	0,042
laine de verre VA	12,5 à 18	0,039
laine de verre VA	18 à 25	0,037
laine de verre VA	25 à 65	0,034
laine de verre VB	7 à 9,5	0,051
laine de verre VB	9,5 à 12	0,045
laine de verre VB	12,5 à 18	0,041
laine de verre VB	18 à 25	0,038
laine de verre VB	25 à 65	0,035
laine de verre VC	7 à 9,5	0,056
laine de verre VC	9,5 à 12	0,049
laine de verre VC	12,5 à 18	0,044
laine de verre VC	18 à 25	0,040
laine de verre VC	25 à 130	0,036
laine de verre VD	9,5 à 12	0,054
laine de verre VD	12,5 à 18	0,048
laine de verre VD	18 à 25	0,043
laine de verre VE	55 à 80	0,037
laine de verre VE	80 à 130	0,039
laine minérale quelconque		0,065
polystyrène expansé AM	7 à 9	0,058
polystyrène expansé BM	10 à 12	0,047
polystyrène expansé CM	13 à 14	0,043
polystyrène expansé DM	15 à 18	0,041
polystyrène expansé EM	19 à 23	0,039
polystyrène expansé FM	24 à 28	0,037
polystyrène expansé GM	≥ à 29	0,036
polystyrène expansé BC	10 à 12	0,047
polystyrène expansé CC	13 à 14	0,043
polystyrène expansé DC	15 à 19	0,041
polystyrène expansé EC	20 à 24	0,039
polystyrène expansé FC	25 à 29	0,037
polystyrène expansé GC	≥ à 30	0,036
polystyrène extrudé	28 à 32	0,035
polystyrène extrudé	29 à 40	0,033
mousse de polyuréthane AD	30 à 34	0,030
mousse de polyuréthane BD	35 à 39	0,030
mousse de polyuréthane CD	40 à 49	0,035
mousse de polyuréthane DD	50 à 59	0,035
mousse de polyuréthane ED	60 à 69	0,040
mousse de polyuréthane FD	70 à 99	0,045
mousse de polyuréthane AC	29 à 30	0,030
mousse de polyuréthane BC	31 à 32	0,030
mousse de polyuréthane CC	33 à 36	0,030
mousse de polyuréthane DC	37 à 45	0,035
mousse de polyuréthane EC	46 à 55	0,035
mousse de polyuréthane FC	56 à 65	0,035
mousse de polyuréthane GC	66 à 74	0,040
mousse de polyuréthane HC	75 à 99	0,045
mousse de polyuréthane	27 à 35	0,030
mousse rigide PVC Q2	25 à 34	0,031
mousse rigide PVC Q3	35 à 48	0,034
autres matières plastiques		
alvéolaires	10 à 60	0,046
liège expansé	150 à 250	0,048
liège expansé	100 à 149	0,043
liège comprimé	500	0,100

CONDUCTIVITÉ THERMIQUE LAMBDA (λ) DES MATÉRIAUX DU BÂTIMENT (suite)

Bois et végétaux	kg/m³	W/m.°C
feuillus mi-lourds (chêne, hêtre, frêne)	600 à 750	0,230
feuillus légers (peuplier, érable)	450 à 600	0,150
résineux mi-lourds (pin)	450 à 550	0,150
résineux légers (sapin)	300 à 450	0,120
panneau fibre de bois « dur »	850 à 1 000	0,200
panneau particules pressés à plat	650 à 750	0,170
panneau particules pressés à plat	550 à 640	0,140
panneau particules pressés à plat	450 à 540	0,120
panneau particules pressés à plat	360 à 440	0,100
panneau extrudé	550 à 650	0,160
panneau fibres de lin	500 à 600	0,120
panneau fibres de lin	410 à 500	0,100
panneau fibres de lin	320 à 410	0,085
panneau fibres de lin	230 à 320	0,073
contreplaqué et latté « pin »	450 à 550	0,150
contreplaqué et latté « peuplier »	350 à 450	0,120
contreplaqué et latté « okoumé »	350 à 450	0,120
panneau de paille comprimée	300 à 400	0,120

Métaux et verre	kg/m³	W/m.°C
fer pur	7 870	72,000
acier	7 780	52,000
fonte	7 500	56,000
aluminium	2 700	230,000
duralumin	2 800	160,000
cuivre	8 930	380,000
laiton	8 400	110,000
zinc	7 130	112,000
plomb	11 340	35,000
verre	2 700	1,150

RÉSISTANCE THERMIQUE « r »

CORPS

C'est la résistance offerte au flux de chaleur par un corps d'épaisseur donnée. Cette résistance est proportionnelle à l'épaisseur du corps et inversement proportionnelle à sa conductivité thermique.
Symbole : r
Unité : le m².°C/W

$$r = \frac{e}{\lambda}$$

r en m².°C/W
e en m
λ en W/m.°C

Les résistances superficielles

Résistance au flux de chaleur offerte par la seule surface d'une paroi (phénomènes de convection et de rayonnement sur la surface).

– « rsi » : résistance superficielle intérieure.
– « rse » : résistance superficielle extérieure.

Type de paroi	Paroi extérieure			Paroi intérieure		
	rsi	rse	Σ	rsi	rse	Σ
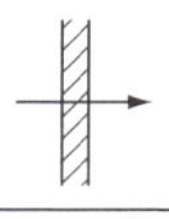	0,11	0,06	0,17	0,12	0,12	0,24
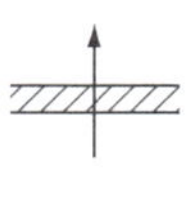	0,09	0,05	0,14	0,10	0,10	0,20
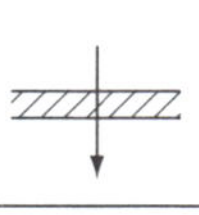	0,17	0,05	0,22	0,17	0,17	0,34

Résistance thermique globale d'une paroi : « R »

Somme des résistances thermiques de toutes les couches qui composent la paroi, plus les résistances superficielles.

$$R = r1 + r2 + rn... + (rsi + rse)$$

R en m².°C/W

TRANSMISSION THERMIQUE SURFACIQUE « K »

PAROI

Le coefficient « K » est défini par l'aptitude d'une paroi à transmettre la chaleur. Il est mesuré par la quantité de chaleur passant à travers un mètre carré d'une paroi séparant deux ambiances dont l'écart de température est de 1 °C, pendant une heure.

K parois vitrées et portes, voir tableaux (pages 379 et 380).

$$K = \frac{1}{R}$$

Symbole : K

Unité : le W/m².°C

Pour une bonne isolation, K doit avoisiner 0,5 W/m².°C.

MÉTHODE DE CALCUL DU COEFFICIENT « K »

■ EXEMPLE DE CALCUL DU COEFFICIENT « K » D'UNE PAROI

On donne :

La paroi extérieure ci-dessous :

1. Frisette de sapin, e1 = 13 mm
2. Laine de verre, e2 = 60 mm
3. Béton caverneux de laitier, e3 = 200 mm
4. Enduit de mortier, e4 = 15 mm

On demande : Calculer le coefficient K de cette paroi.

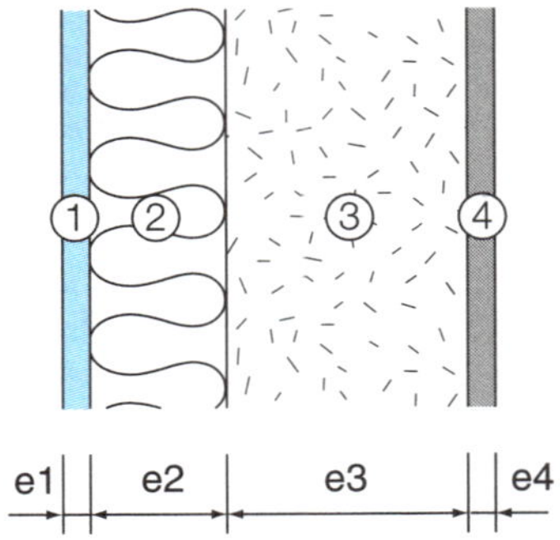

Tableau de recherche de la résistance thermique globale

Composition de la paroi	Épaisseur e en mètre	Coefficient de conductivité λ en W/m.°C	Résistance thermique $r = \frac{e}{\lambda}$ en m².°C/W
Frisette de sapin	e1 = 0,013	λ1 = 0,12	$r1 = \frac{e1}{\lambda 1} = 0{,}108$
Laine de verre	e2 = 0,06	λ2 = 0,041	$r2 = \frac{e2}{\lambda 2} = 1{,}463$
Béton caverneux de laitier	e3 = 0,20	λ3 = 0,70	$r3 = \frac{e3}{\lambda 3} = 0{,}285$
Enduit de mortier	e4 = 0,015	λ4 = 1,15	$r4 = \frac{e4}{\lambda 4} = 0{,}013$
Résistances superficielles			r5 = 0,170
Résistance thermique globale			R = 2,039

Calcul du coefficient K

$$K = \frac{1}{R} \qquad K = \frac{1}{2{,}039}$$

K = 0,490 W/m² .°C

TRANSMISSION THERMIQUE LINÉIQUE « kL »

LIAISONS

Le coefficient « kL » est défini par les déperditions dues aux liaisons entre les parois (angles de parois verticales ; verticales-horizontales ; parois-sol ; menuiseries-parois, etc.).

Toutes ces liaisons représentent des ponts thermiques.

Symbole : kL
Unité : le W/m^2.°C

Ponts thermiques

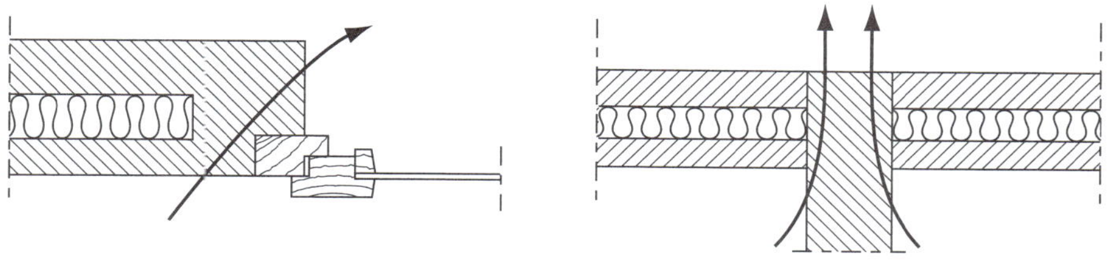

COEFFICIENTS DE TRANSMISSION SURFACIQUE K (en W/m^2.°C)

■ FENÊTRES ET PORTES-FENÊTRES EN MÉTAL

Type de fenêtres	Type de vitrage et épaisseur nominale de la lame d'air en vitrage double (mm)		K de la paroi vitrée nue (Kn)	K moyen jour-nuit (Kjn) sans fermeture	avec fermeture de perméabilité forte	avec fermeture de perméabilité moyenne
Fenêtres battantes	Vitrage simple		6,15	4,95	4,55	4,00
	Vitrage double	6	4,55	3,85	3,60	3,20
		8	4,45	3,80	3,55	3,15
		10	4,35	3,75	3,50	3,10
		12	4,30	3,70	3,45	3,05
	Double-fenêtre		3,20	2,80	2,65	2,40
Portes-fenêtres battantes	Vitrage simple		6,25	5,00	4,60	4,05
	Vitrage double	6	4,55	3,85	3,55	3,20
		8	4,45	3,75	3,50	3,15
		10	4,35	3,70	3,45	3,10
		12	4,25	3,65	3,40	3,05
	Double-fenêtre		3,20	2,85	2,70	2,45
Fenêtres coulissantes	Vitrage simple		6,10	4,90	4,50	4,00
	Vitrage double	6	4,30	3,70	3,45	3,05
		8	4,20	3,60	3,35	3,00
		10	4,10	3,55	3,30	2,95
		12	4,05	3,50	3,25	2,90
	Double-fenêtre		3,15	2,80	2,65	2,40
Portes-fenêtres coulissantes	Vitrage simple		6,10	4,90	4,50	4,00
	Vitrage double	6	4,20	3,60	3,35	3,00
		8	4,10	3,50	3,25	2,95
		10	4,00	3,45	3,20	2,90
		12	3,90	3,40	3,15	2,85
	Double-fenêtre		3,15	2,80	2,65	2,40

COEFFICIENTS DE TRANSMISSION SURFACIQUE K (en W/m².°C) (suite)

■ FENÊTRES ET PORTES-FENÊTRES EN BOIS

Type de fenêtres	Type de vitrage et épaisseur nominale de la lame d'air en vitrage double (mm)		K de la paroi vitrée nue (Kn)	K moyen jour-nuit (Kjn)		
				sans fermeture	avec fermeture de perméabilité forte	avec fermeture de perméabilité moyenne
Fenêtres battantes	Vitrage simple		4,95	4,15	3,85	3,45
	Vitrage double	6 8 10 12	3,25 3,15 3,05 2,95	2,85 2,75 2,70 2,60	2,70 2,65 2,60 2,50	2,45 2,40 2,35 2,25
	Double-fenêtre		2,55	2,30	2,20	2,00
Portes-fenêtres battantes avec soubassement	Vitrage simple		4,75	4,00	3,70	3,30
	Vitrage double	6 8 10 12	3,15 3,05 3,00 2,85	2,85 2,75 2,70 2,60	2,65 2,60 2,55 2,45	2,40 2,35 2,30 2,20
	Double-fenêtre		2,45	2,25	2,10	1,95
Portes-fenêtres battantes sans soubassement ou coulissantes	Vitrage simple		5,05	4,25	3,90	3,50
	Vitrage double	6 8 10 12	3,25 3,15 3,05 2,95	2,90 2,80 2,75 2,65	2,75 2,65 2,60 2,50	2,45 2,40 2,35 2,25
	Double-fenêtre		2,60	2,35	2,25	2,05

■ PORTES

Nature de la menuiserie	Type de portes	Portes donnant sur	
		l'extérieur	un L.N.C.
Portes simples en bois	Portes opaques – pleines – pleines avec montants de 45 mm – alvéolées	 3,50 3,50 —	 3,00 — 2,20
	Portes équipées de vitrage simple – surface vitrage S < à 30 % – surface vitrage 30 % < S < 60 %	 4,00 4,50	 — —
Portes simples en métal	Portes équipées double vitrage 6 mm	3,30	—
	Portes opaques	5,80	4,50
	Portes équipées de vitrage simple	5,80	—
	Portes équipées de vitrage double à – surface vitrage S < à 30 % – surface vitrage 30 % < S < 70 %	 5,50 4,80	 — —
Portes en verre	Portes en vitrage simple S > 95 %	5,80	4,50

DÉPERDITION THERMIQUE VOLUMIQUE « GV » ET « BV » **LOGEMENT**	**Le coefficient « GV »** Le coefficient « GV » d'un logement est défini par la somme des déperditions thermiques, par les parois (coefficients K et kL) et le renouvellement d'air, pour un degré d'écart entre l'extérieur et l'intérieur. Symbole : GV. Unité le W/°C. Le coefficient GV sert à calculer la puissance du chauffage pour un logement. GV = DP + DR DP : Déperditions par les parois. (Σ K et Σ KL) DR : Déperditions par renouvellement de l'air (Débit de ventilation et effet du vent) **Réglementation** L'arrêté ministériel du 5 avril 1988 fixe les valeurs maximales du coefficient GV. Il précise les valeurs de référence « GVréf » que le coefficient GV d'un logement ne peut dépasser.
	Le coefficient « BV » Le coefficient « BV » d'un logement est calculé en tenant compte du compte du coefficient GV et des apports de chaleur dus à l'utilisation des locaux, occupants, éclairage, appareils ménagers, et au rayonnement solaire sur les parois extérieures. Symbole : BV. Unité le W/°C. BV = GV(1 – F) F : Coefficient d'apports thermiques gratuits.
INFLUENCE DE L'HUMIDITÉ DANS L'ISOLATION	– Le λ théorique de l'air immobile est de 0,023. – L'air est un excellent isolant. – Le λ de l'eau est de 0,60 (25 fois le λ de l'air). – L'eau n'est pas un isolant. – Les matériaux d'une paroi doivent être secs. Il faut donc empêcher la migration de la vapeur d'eau du chaud vers le froid. En Europe, le pare-vapeur se place toujours côté intérieur des parois extérieures d'un logement.

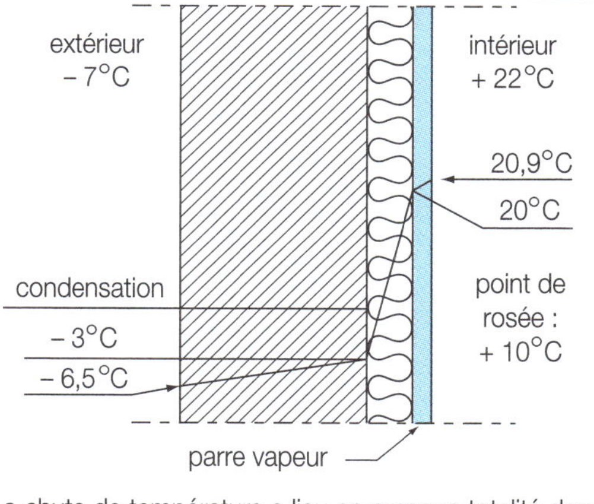

La chute de température a lieu en presque totalité dans l'isolant.

15 AGENCEMENT ET AMEUBLEMENT

15.1 ERGONOMIE

L'étude et la conception de tout agencement et de tout mobilier doit se conformer strictement aux règles ergonomiques et anthropométriques, c'est-à-dire aux proportions et aux mensurations de l'Homme.

Ces cotes de hauteur et de profondeur sont données par les postures des personnes dans leur vie quotidenne : debout, assis, couché.

LE CONFORT MOBILIER

■ PERSONNE DEBOUT

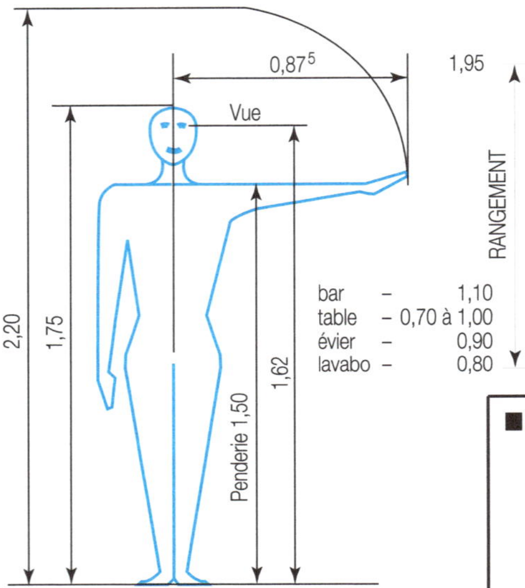

■ PERSONNE ASSISE (REPOS)

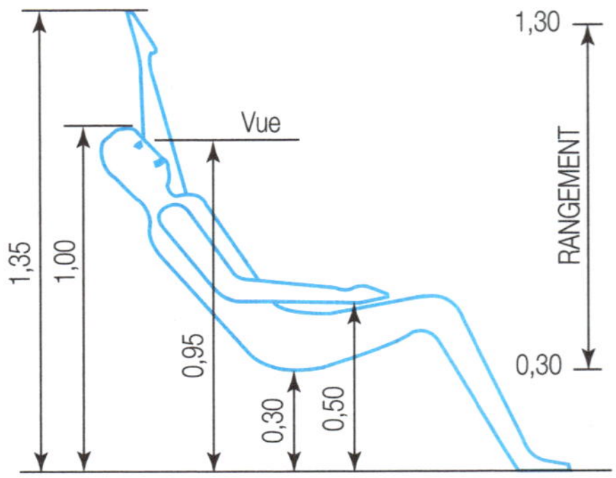

■ PERSONNE COUCHÉE

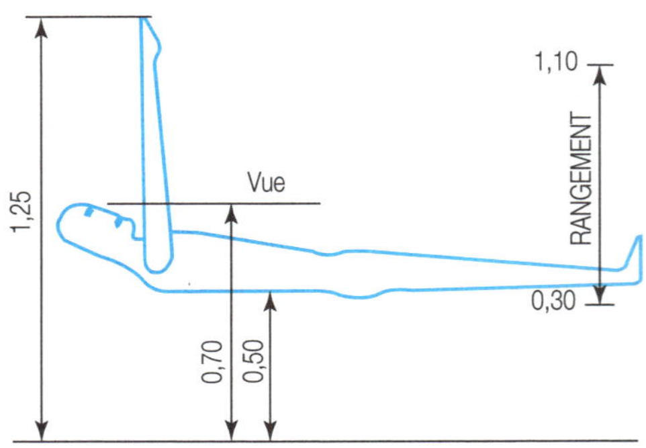

■ PERSONNE ASSISE (TRAVAIL)

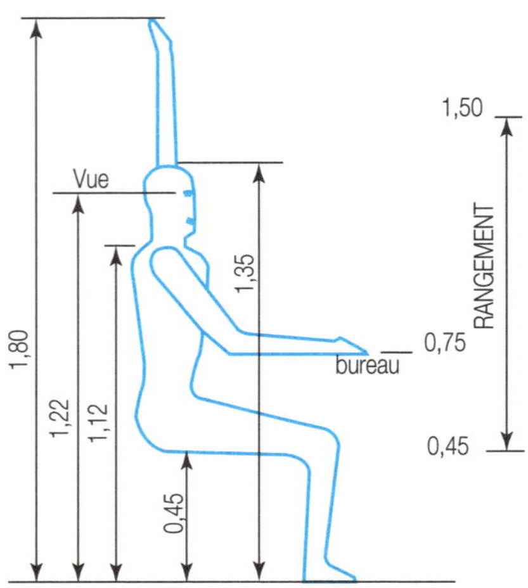

■ ZONES DE TRAVAIL (VUE DE DESSUS)

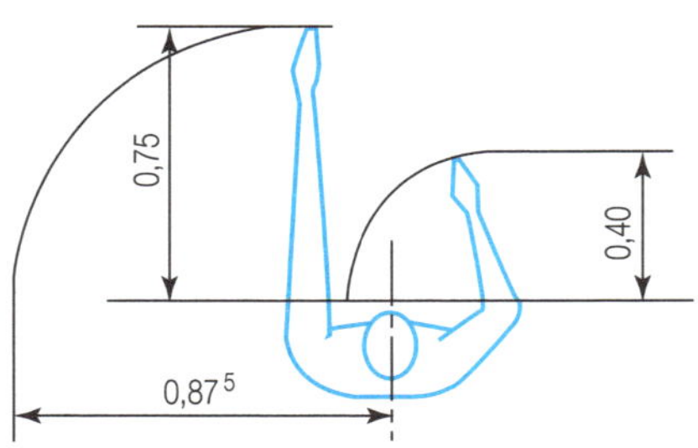

15.2 VOLUMES DE RANGEMENT

Les installations et meubles de rangement doivent répondre aux règles de l'ergonomie (mensurations des humains : hommes, femmes, enfants).
Les altitudes et profondeurs des agencements intérieurs des rangements doivent également être étudiées en fonction de la nature des objets, de leurs dimensions, de leur poids et de leur fréquence d'utilisation.

HAUTEURS ET PROFONDEURS DES RANGEMENTS

■ ZONE ESCARPÉE

Rangement d'objets à usage occasionnel plutôt légers.

■ ZONE NORMALE

Rangement facile.
Accès aisé.
Objets de poids moyen.

- Linge
- Vaisselle
- Livres
- Disques
- Bibelots
- Collections
- …

■ ZONE INFÉRIEURE

Stockage d'objets à usage peu fréquent plutôt lourds.

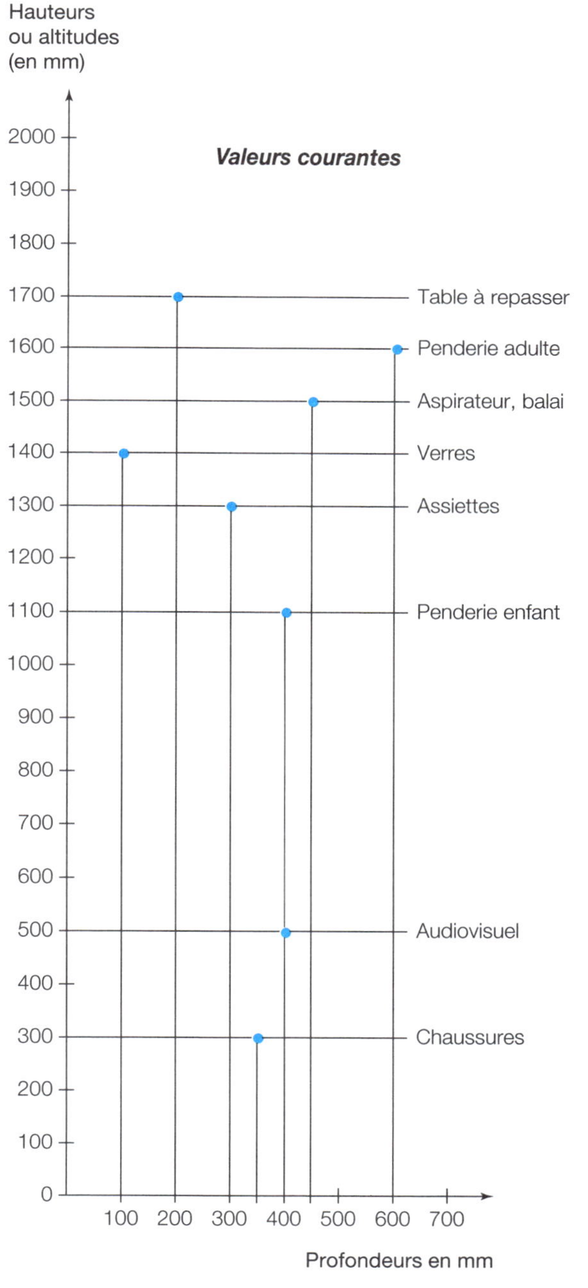

15.3 CUISINES — NF D 62-020, D 62-023

L'agencement des cuisines se fait de plus en plus avec des meubles modulaires dont l'allure finale donne une impression de totalité par la continuité des plans de travail, des socles, des corniches et des habillages complémentaires, seuls réalisés sur mesure et ajustés sur place.

COMPOSANTS MODULAIRES DE CUISINES

DÉFINITIONS

- **Élément bas**

Meuble ou appareil placé sous le plan de travail ou sous des éviers.

- **Élément haut**

Meuble ou appareil suspendu au-dessus du plan de travail ou au-dessus des éviers.

- **Plan de travail**

Élément horizontal placé sur un ou plusieurs éléments bas. Le dessus d'un appareil peut constituer un plan de travail.

- **Armoire**

Meuble ou appareil continu du sol jusqu'au niveau supérieur des éléments hauts.

- **Appareils**

Leur appellation se distingue selon leur mode d'adaptation dans l'agencement.
- Appareils indépendants
- Appareils incorporables
- Appareils encastrables
- Appareils intégrables.

DIMENSIONS

- **Largeurs des modules**
- Série 30, multiples 60 et 120 cm.
- Série 40, multiples 80 et 160 cm.

Les largeurs doivent être des multiples de 100 mm.

- **Aménagements intérieurs**
- Rayonnage : pas de réglage, environ 35 mm.
- Tiroirs : hauteur utile, 65 mm mini.

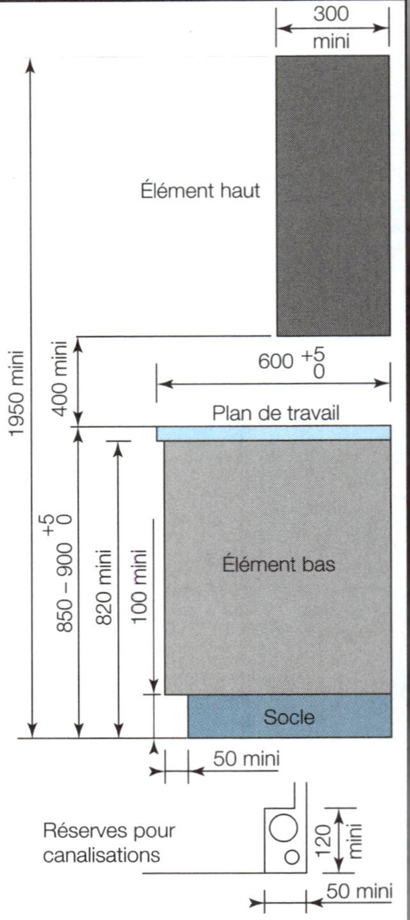

MEUBLES INDÉPENDANTS

- **Buffets de cuisine**
- Corps bas : profondeur totale 420 mm mini.
- Corps haut : profondeur totale 300 mm mini.
- Profondeur utile = prof. totale – 40 mm maxi.
- Tiroirs : profondeur utile 35 mm mini.

- **Tables de cuisine**
- Hauteur totale = 750 mm ± 2 mm.
- Hauteur libre sous ceinture = 610 mm mini.
- Dimensions du dessus = 800 × 500 mm mini.

- **Chaises de cuisine**
- Plate-forme, H av. 440 mm ; H ar. 430 mm.
- Dimensions plate-forme, 340 × 300 mm mini.
- Polygone de sustentation, 340 × 300 mm mini.
- Dossier, hauteur de 750 à 800 mm.

Chaise de cuisine

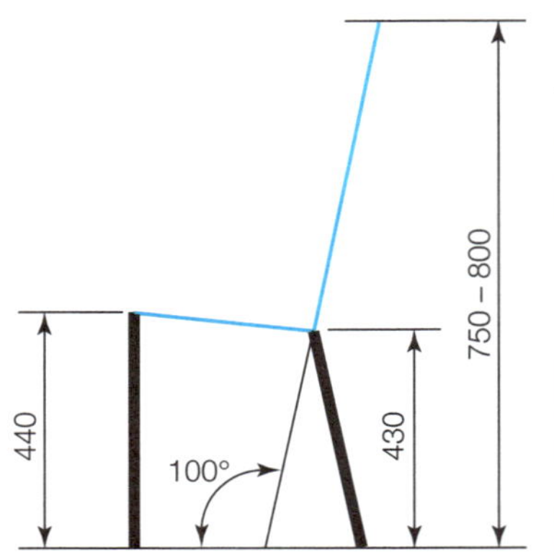

15.4 SALLES DE BAINS

Modèle de programme d'agencement d'une salle de bain.
Le client peut selon ses goûts et son budget faire le choix de son propre agencement à partir de catalogues.

CHOIX D'AGENCEMENT

■ ÉLÉMENTS DE CHOIX :

- Volume disponible
- Esthétique (style)
- Coût
- Descriptif de chaque élément
- Organes de rotation et de translation
- Difficultés de pose

Crédences avec tablette (4)

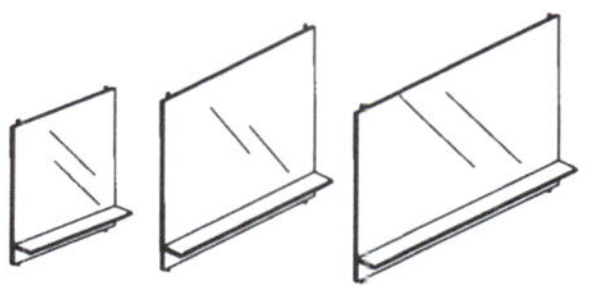

H : 1040
L : 350 – 700 – 1050 – 1400
P : 166 – 320

Meubles haut (5)

H : 560
L : 350
P : 200 – 340

Armoires miroir

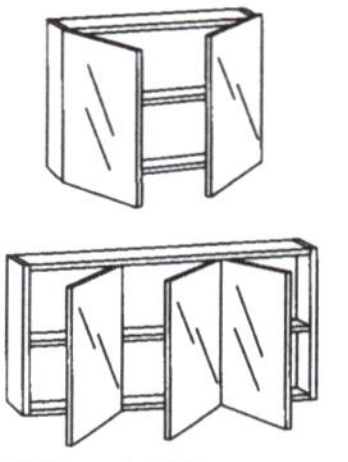

H : 535
L : 700 – 1050 – 1400
P : 200

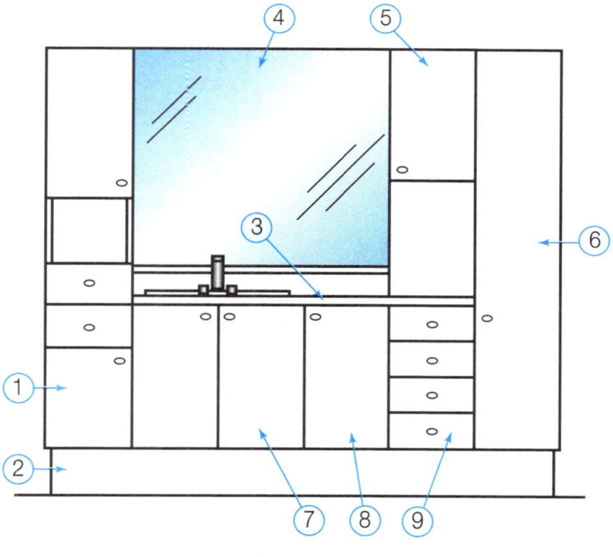

Colonne
1 porte (6)
2 portes
2 tiroirs
1 niche (1)

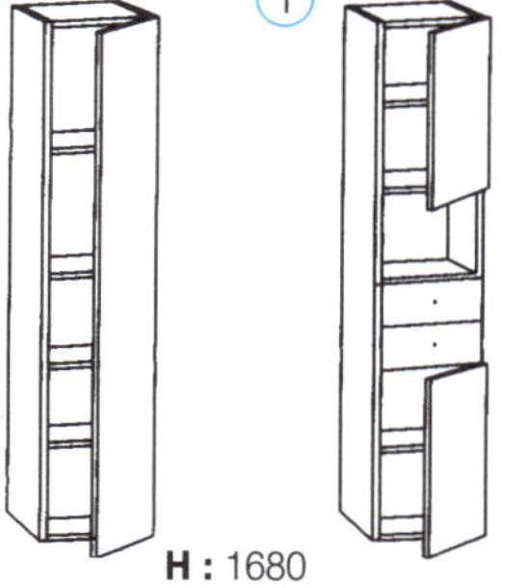

H : 1680
L : 350
P : 340

Plans (3)

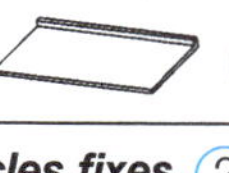

L : 350 – 700 – 1050 – 1400
P : 600

Meubles bas (sous vasque)

1 porte (7)

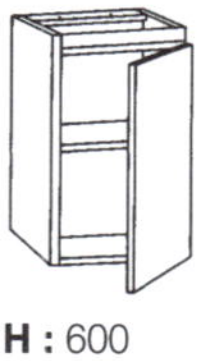

H : 600
L : 700
P : 340

2 portes (8)

H : 600
L : 350
P : 340

tiroirs (9)

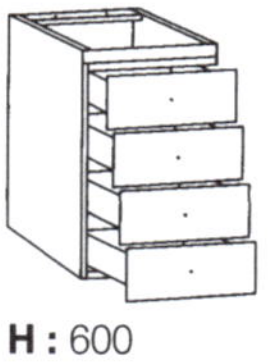

H : 600
L : 350
P : 340

Socles fixes (2)

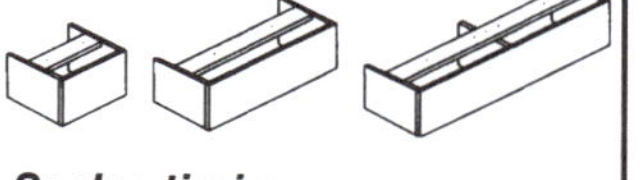

Socles tiroirs

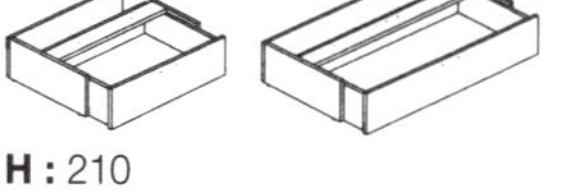

H : 210
L : 350 – 700 – 1050 – 1400
P : 254

DOC. ALTERNA

16 OUVRAGES

16.1 CHARPENTES

GLOSSAIRE

Aboucher
Joindre, assembler les pièces d'une charpente.

Aménager
Débiter le fût d'un arbre en pièces de charpente.

Appareiller
En charpente, choisir les bois, les orienter, les établir, tracer et repérer les assemblages.

Appentis
Comble à un seul pan.

Arbalétrier
Pièce maîtresse d'une ferme destinée à supporter les pannes.

Arêtier
Pièce de charpente délardée marquant l'intersection de deux versants d'un comble.

Armature
En charpente, éléments auxiliaires en bois ou métalliques, servant à consolider un assemblage.

Auvent
Petit toit placé au-dessus d'une porte pour l'abriter.

Blochet
Pièce de bois horizontale moisée reliant, dans une ferme, le pied d'un arbalétrier avec une jambe de force.

Brisé
Un comble est brisé lorsque ses rampants ont deux pentes (combles brisés à la Mansart).

Chambrée
Partie vide entre l'arbalétrier et les chevrons correspondant à la hauteur des pannes.

Chandelle
Pièce de bois verticale soutenant une autre pièce horizontale.

Chapeau
Pièce de bois horizontale qui réunit la tête de plusieurs poteaux.

Charpente
Structure composée de pièces de bois taillées et assemblées destinée à supporter la couverture des bâtiments.

Chevalement
Étaiement ayant la forme d'un tréteau.

Chevêtre
Pièce de bois reprenant les éléments d'une structure interrompus par l'aménagement d'une trémie.

Chevrons
Pièces de bois disposées sur les pannes, destinées à supporter les lattis ou le voligeage.

Chien-assis
Petite lucarne destinée à aérer un comble.

Colombage
Pièces de bois verticales ou en pente formant le remplissage dans un pan de bois.

Comble
Ensemble charpente-couverture donnant la forme et le volume de la toiture d'un bâtiment.

Contre-fiche
Dans une ferme, pièce de bois inclinée assemblée dans le poinçon et l'arbalétrier destinée à soulager ce dernier.

Contremarque
Signe conventionnel tracé sur les pièces de bois pour les repérer dans une structure.

Contrevent
Pièce de bois de triangulation destinée à s'opposer au déversement d'une structure sous l'effet du vent.

Cornier
Poteau placé à l'angle d'une construction.

Couverture
Assemblage de matériaux formant la surface étanche d'un toit.

Coyau
Pièce de bois assemblée en sifflet sur les chevrons pour adoucir la pente d'une couverture dans sa partie inférieure.

Coyer
Pièce de bois horizontale supportant le pied d'un arêtier ou d'une noue.

Croupe
Dans un comble, surface triangulaire comprise entre deux arêtiers.

Dégueulement
Entaille conique formant l'assemblage d'une contrefiche dans un poinçon.

Délardement
Profil obtenu en enlevant une arête d'un seul côté d'une pièce de bois.

GLOSSAIRE (suite)

Échantignole
Cale triangulaire clouée sur l'arbalétrier destinée à maintenir une panne.

Empanon
Chevron de croupe assemblé sur l'arêtier et la sablière.

Entrait
Dans une ferme, pièce de bois qui réunit les pieds des arbalétriers.

Enrayure
Ensemble horizontal des pièces de charpente formant le plancher d'un comble.

Étrésillon
Planche posée verticalement entre les solives pour en maintenir l'écartement.

Extrados
Chant supérieur d'un arc en lamellé collé.

Faîtage
Pièce de bois horizontale formant le sommet d'une charpente.

Ferme
Structure triangulaire et triangulée destinée à soutenir les pannes.

Fiche
Cheville métallique employée pour consolider les assemblages en charpente.

Guette
Sorte de contrefiche ayant une faible inclinaison.

Guigneaux
Pièces de bois assemblées entre les chevrons d'un comble pour supporter la souche d'une cheminée.

Guitarde
Auvent de lucarne constitué de pièces cintrées.

Herse
Épure représentant, dans un même plan, la projection en vraie grandeur des pans d'un comble.

Intrados
Surface inférieure d'un arc en lamellé collé ou d'une voûte.

Jambe de force
Pièce de bois inclinée destinée à renforcer une pièce de charpente verticale ou elle-même inclinée.

Jambette
Poteau destiné à soulager le limon d'un escalier ou le pied d'un arbalétrier.

Jouée
Partie triangulaire latérale d'une lucarne.

Lambourde
Pièce de bois sur laquelle sont clouées les lames de parquet.

Lattis
Lattes clouées sur les chevrons recevant les tuiles plates d'une couverture.

Lien
Pièce de bois oblique destinée à renforcer l'assemblage de deux autres pièces.

Lierne
Pièce de bois destinée à réunir les solives d'un plancher ou les poinçons des fermes d'un comble.

Ligne de trave
Ligne de référence horizontale pour le traçage d'une ferme passant par l'angle supérieur du pied des chevrons, point de naissance du rampant.

Linçoir
Pièce de bois recevant les solives boiteuses dans la zone d'une trémie.

Lisse
Traverse horizontale formant la partie supérieure d'un pan de bois.

Long pan
Dans un comble à croupe, les plus longs côtés.

Lucarne
Baie en saillie aménagée dans un comble.

Mansarde
Forme brisée d'un comble qui permet son aménagement.

Marquise
Auvent placé au-dessus d'une porte ou d'un perron.

Moises
Pièces de bois jumelles reliant des pièces de charpente comprises entre elles.

Noue
Dièdre formé par la rencontre de deux pans de comble, pièce placée sur cette ligne.

Pan de bois
Ensemble des pièces de charpente formant l'ossature des parois d'un bâtiment.

Panne
Pièce de charpente posée sur les fermes d'un comble et supportant les chevrons.

GLOSSAIRE (suite)

Paume
Assemblage de charpente avec coupe en sifflet.

Piqué
Opération consistant à déterminer sur les faces des bois l'emplacement des assemblages.

Rampant
Se dit de la pente d'un comble.

Sablière
Pièce de bois horizontale disposée sur un mur formant plate-forme pour les chevrons d'un comble, ou les poteaux d'un pan de bois.

Sabot
Garniture métallique formant rotule où s'encastre le pied des arcs ou des portiques d'une charpente en lamellé collé.

Solives
Pièces formant l'ossature d'un plancher encastrées dans les murs.

Soupente
Espace situé sous la pente d'un comble.

Taille
Travail d'exécution des assemblages d'une charpente hors pose.

Tirant
Pièce de bois ou métallique soumise à un effort de traction (l'entrait est un tirant).

Trémie
Ouverture aménagée dans un plancher permettant le passage de conduits de fumée.

Volige
Planches légères clouées sur les chevrons formant une partie de la couverture.

16.2 CHARPENTES ASSEMBLÉES 2 PANS

Les charpentes assurent trois fonctions prinicipales :
- supporter le poids de la couverture,
- résister aux agressions extérieures (neige et vent),
- donner la forme et le volume aux combles (croquis A).

CONSTITUTION

■ ASPECT EXTÉRIEUR DU BÂTIMENT

Façade pignon : croquis A.

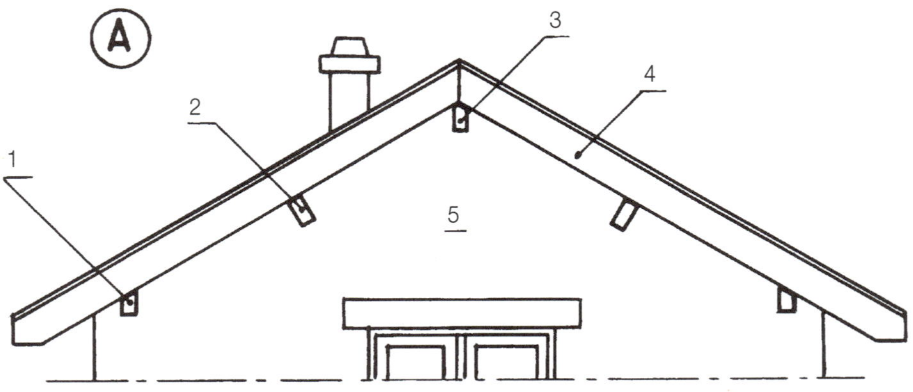

1. Sablière
2. Panne
3. Faîtage
4. Planche de rive
5. Pignon

CONSTITUTION (suite)

■ STRUCTURE FERME SIMPLE

Construction en bois, triangulée, dont le rôle est de partager un bâtiment en travées de 3 à 5 mètres : croquis B.

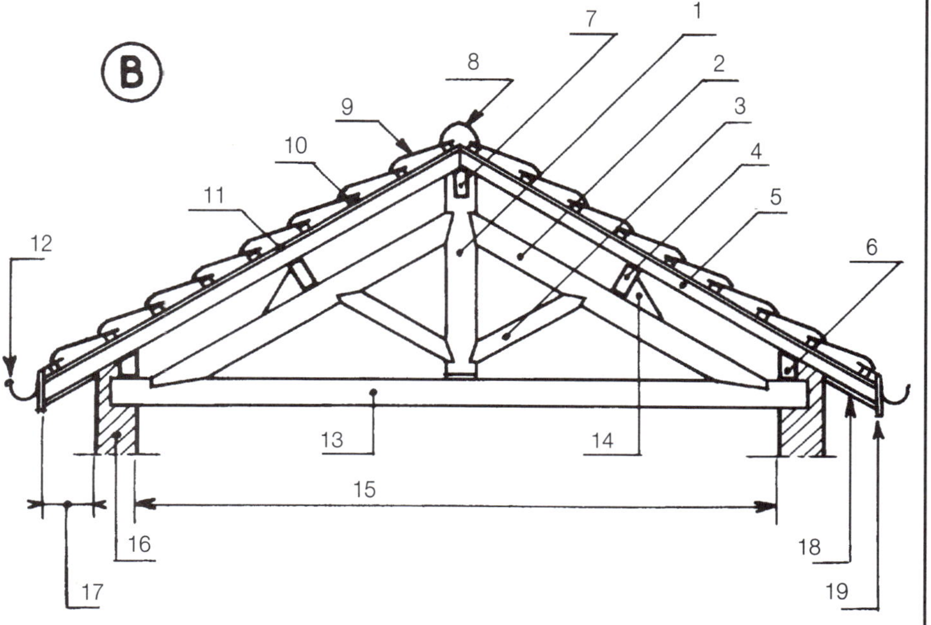

1. Poinçon
2. Arbalétrier
3. Contre-fiche
4. Panne
5. Chevron
6. Sablière
7. Faîtage
8. Tuiles faîtières
9. Tuiles plates
10. Liteaux
11. Voliges
12. Gouttière pendante
13. Entrait
14. Échantignole
15. Portée
16. Mur porteur
17. Saillie
18. Lambris
19. Planche côtière

■ STRUCTURE LONG PAN

Ensemble de barres de bois reposant sur les murs pignons, les murs de refend ou les fermes simples : croquis C et D.

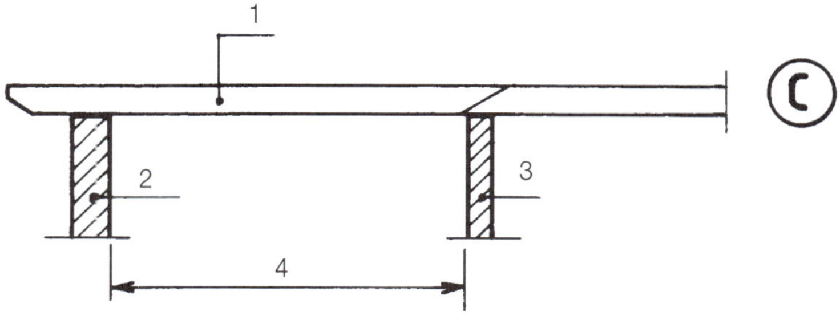

1. Panne
2. Mur pignon
3. Mur de refend
4. Travée ≤ 5 m

CONSTITUTION (suite)

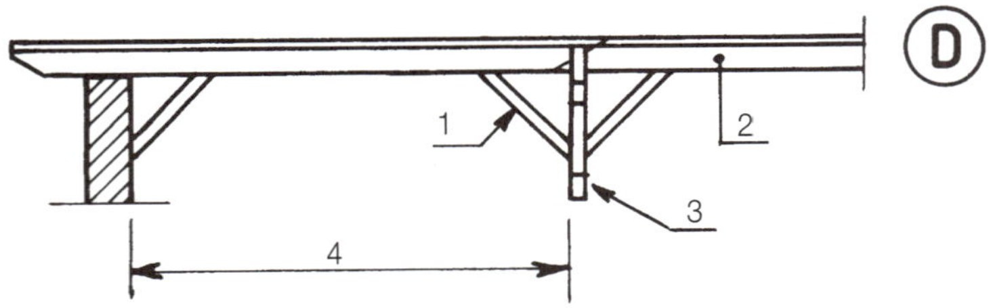

1. Lien
2. Faîtage
3. Ferme simple
4. Travée 3 à 5 m.

ÉLÉMENTS

■ TERMINOLOGIE, FONCTION, CONTRAINTES MÉCANIQUES

Élément		Fonction, rôle	Nature de la sollicitation	Essence sections
Structure ferme simple portée 6,90 m	**Poinçon**	Assembler, reprendre les efforts transmis par les arbalétriers, les contre-fiches, l'entrait, le faîtage.	Traction, cisaillement longitudinal, compression transversale.	Chêne 180 × 180
	Arbalétrier	Supporter la couverture par l'intermédiaire des pannes.	Compression axiale, flexion simple.	Sapin 75 × 225
	Entrait	Empêcher l'écartement des pieds des arbalétriers, neutraliser la poussée sur les murs.	Traction axiale, cisaillement longitudinal.	Sapin 100 × 225
	Contre-fiche	Soulager la flexion des arbalétriers, transmettre l'effort en partie basse du poinçon.	Compression axiale, flambage.	Sapin 65 × 165
Structure long pan travée 4 m	**Chevron**	Transmettre la charge de la couverture sur les pannes, le faîtage, la sablière.	Flexion simple.	Sapin 60 × 80
	Faîtage	Supporter les chevrons en partie haute.	Flexion (faible), diminuée par les liens.	Sapin 75 × 225
	Sablière	Supporter les chevrons en partie basse, fixer la charpente sur le bâtiment par l'intermédiaire de scellements.	Compression transversale.	Chêne 100 × 100
	Panne	Limiter la portée des chevrons, transmettre la charge de la couverture aux arbalétriers.	Flexion simple, flexion composée.	Sapin 75 × 225

ASSEMBLAGES

- **Poinçon/arbalétrier et arbalétrier/entrait**
Tenon et mortaise, embrèvement et chevillage.
- **Poinçon/entrait**
Tenon et mortaise avec étrier sans chevillage.
- **Arbalétrier/contre-fiche et contre-fiche/poison**
Embrèvement simple ou tenon et mortaise avec embrèvement.

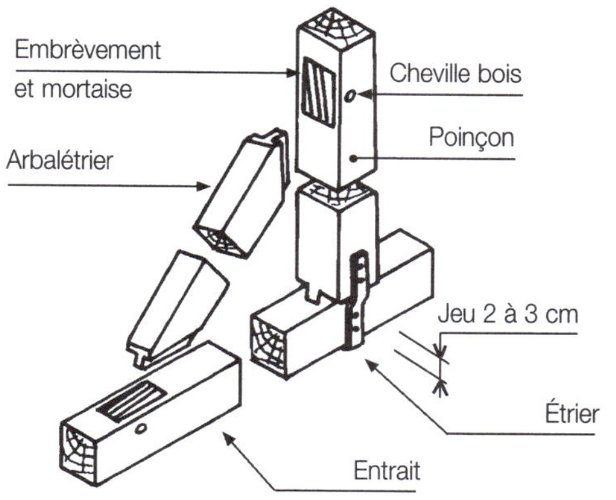

16.3 TYPES DE CHARPENTES

FERMES TRADITIONNELLES

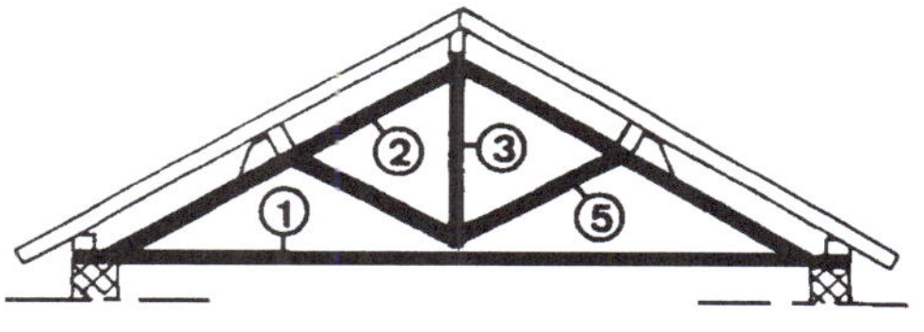

(A) ***Ferme simple***

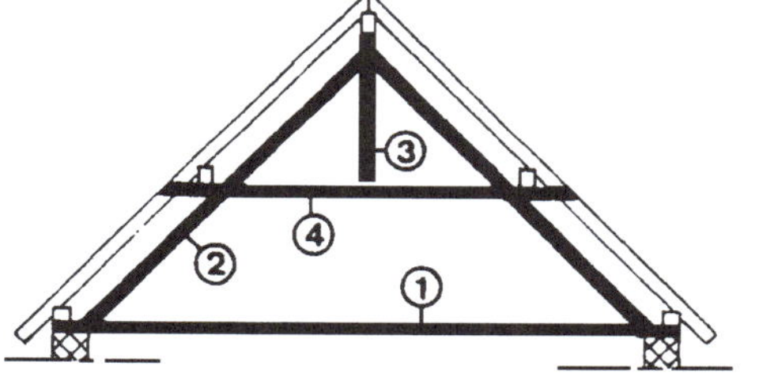

(B) ***Ferme à entrait retroussé***

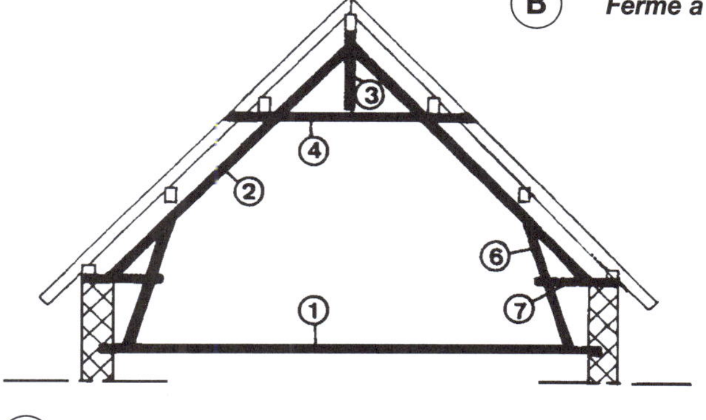

(C) ***Ferme surélevée***

1. Entrait
2. Arbalétrier
3. Poinçon
4. Faux entrait moisé (entrait retroussé)
5. Contre-fiche
6. Jambe de force
7. Blochet
8. Pied-droit

DOC : AIDE-MÉMOIRE DE DESSIN BOIS, HEURTEMATTE ET ALII, ÉDITIONS DELAGRAVE.

FERMES TRIANGULÉES

Système matériel composé de triangles juxtaposés dans le même plan.

Les barres « b » : constituent les côtés des triangles.

Les nœuds « n » : sommets des triangles formant articulation sont le point de concours de l'axe des barres qui y aboutissent.

Les systèmes stables, statiquement déterminés sont vérifiés par la relation :

$$b = 2n - 3$$

b : nombre de barres
n : nombre de nœuds

La relation est vérifiée : le problème admet une solution et une seule.

- Le système est isostatique intérieurement.
- L'équilibre de chaque nœud permet d'écrire deux équations de projection.
- L'étude du système permet d'écrire au total 2n équations.

$$2n < b + 3$$

Système indéterminé, hyperstatique intérieurement. Résolution par l'étude des déformations.

$$2n > b + 3$$

Solution impossible, système non stable.

Ferme simple

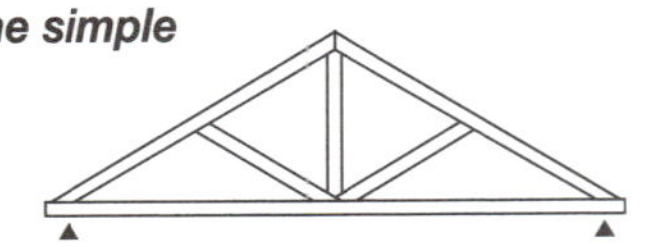

F. WARREN ou simple W

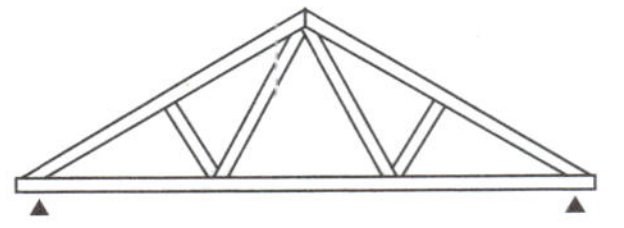

F. W avec barre verticale ou F. EVENTAIL

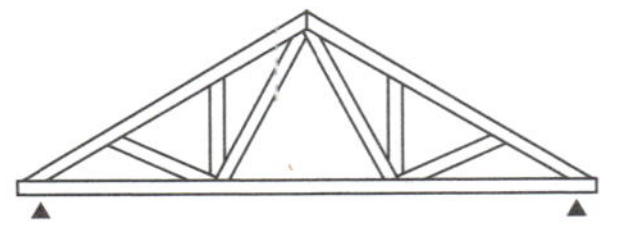

Ferme en N

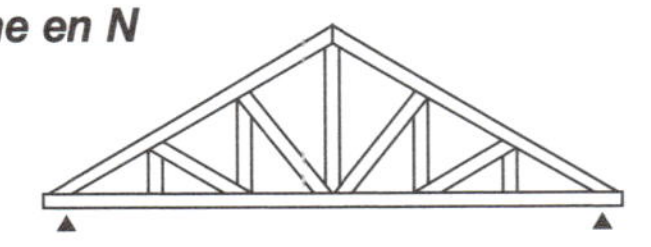

F. à écharpe ou F. CISEAUX

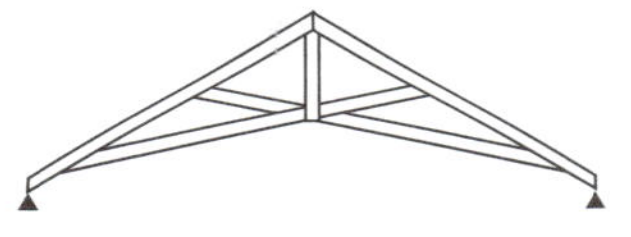

Ferme POLONCEAU

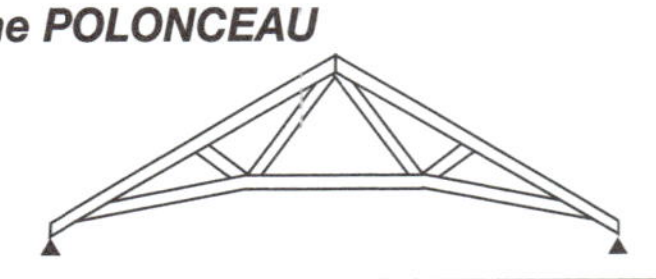

16.4 STRUCTURES EN BOIS LAMELLÉ COLLÉ

DESTINATION CONCEPTION CONSTITUTION

■ DESTINATION

Bâtiments industriels, commerciaux, agricoles, culturels, sportifs, habitat, génie civil… Convient particulièrement aux bâtiments dans lesquels règnent des ambiances corrosives ou humides.

■ CONCEPTION

Ossatures de bâtiment réalisées en bois lamellé-collé comportant ou non des articulations métalliques. Le matériau permet la réalisation des charpentes de formes géométriques compliquées (portiques, arcs, auvents, porte-à-faux, dômes, etc.).

L'inertie peut être constante ou variable.

• Types

Poutre droite à inertie constante.
Poutre brisée ou courbe à inertie variable.
Poutre composée ou triangulée.
Arc à 2 ou 3 articulations.
Portique à 2 ou 3 articulations.
Ouvrages spéciaux.

■ MATIÈRES CONSTITUTIVES

• Bois

Sapin, épicéa, pin sylvestre (couramment utilisé en France). Conformes à la norme NF B 52 001. Protection fongicide et insecticide, après fabrication ou traitement classe IV avant fabrication.

• Colles

Caséine, urée formol (joints épais), résorcine (joints minces).

• Articulations

En acier protégé contre la corrosion.
Épaisseur minimale :
– 6 mm (pièces principales) ;
– 3 mm (pièces secondaires).

CARACTÉRISTIQUES TECHNIQUES

• **Poids**

Masse volumique moyenne des bois utilisés : 500 kg/m^3.

Beaucoup plus légers que les structures métalliques ou en béton.

• **Résistances mécaniques**

Contraintes admissibles des bois lamellés-collés à 15 % d'humidité, catégorie II (NF B 52 001).

Coefficient de sécurité 2,75
Compression axiale . . . . .120 daN/cm^2
Traction statique . . . . .120 daN/cm^2
Flexion statique . . . . .120 daN/cm^2
Cisaillement longitudinal (résorcine) . . . . .12 daN/cm^2
Traction transversale . . . . .7 daN/cm^2
Compression transversale . . . . . .22 daN/cm^2

• **Portées (à titre indicatif)**

Système Cantilever .... 25 m
Poutre posée sur 2 appuis .... 36 m
Poutre sous-tendue sur 2 appuis .... 30 m
Poutre bow-string sur 2 appuis .... 35 m
Poutre triangulée sur 2 appuis .... 80 m
Arc à 2 ou 3 articulations .... 15 à 60 m
Arc à profil parabolique ...... 80 m et au-delà
Élément droit complété par des poteaux ou tirant de nature différente ... 30 m

• **Rayon de courbure**

R = 160 e (e : épaisseur)

Épaisseur des lamelles (mm)	Rayon de courbure (mm)
8	1280
14	2240
20	3200
45	7200

• **Sécurité incendie**

Vitesse de progression du feu sur une poutre en bois lamellé-collé : 0,6 à 0,7 mm (essai du C.S.T.B.).

Essai au feu du C.S.T.B. des éléments en bois lamellé-collé :

Type	Section (cm)	Longueur (m)	Charge (t)	Résistance au feu (mm)	Stable au feu	P.V.
Poteau	20 × 18	2,275	18	48	1/2 h	61/1091D
Poutre	21,6 × 65	3,600	2 × 9,5	60 (1)	1 h	69/3833

(1) arrêt volontaire

On peut retenir pour le calcul 1 cm par face et par quart d'heure.
Le Cahier des spécifications CS1 concernant les ossatures en bois lamellé-collé ou en bois massif adopté en mai 1973 par l'Assemblée plénière des sociétés d'Assurances contre l'incendie (APSAI) donne les sections minimales :
– ossature principale : (11 × 30) cm ;
– élément complémentaire : (8 × 18) cm.
Éléments d'entretoisement des éléments complémentaires : (5 × 15) cm.

• **Section**

Base : 9 ; 11 ; 14 ; 16 ; 19 ; 21 cm.
Hauteur : variable selon calculs.

• **Résistance à la corrosion**

Aucune altération face aux atmosphères les plus agressives.

• **Résistance biologique**

Compte tenu des impératifs actuels de mise en œuvre (combles ventilés, traitements insecticides et fongicides), le bois lamellé-collé n'a jamais subi d'attaque ni d'insecte, ni de champignon.

• **Magnétique**

Inerte.

• **Électrique**

Isolant électrique. Maintient aux deux tiers l'établissement du champ électrique naturel (confort biologique par absence de cage de Faraday).

• **Thermique**

Bon isolant thermique.
λ = 0,12 W/m·K
Supprime les ponts thermiques.

• **Acoustique**

Transmission longitudinale :
identique à celle des métaux et du béton.
Transmission transversale :
3 à 5 fois plus faible.

DOC. SYNDICAT NATIONAL DES CONSTRUCTEURS DE CHARPENTES EN LAMELLÉ-COLLÉ.

MISE EN ŒUVRE DES STRUCTURES EN BOIS LAMELLÉ-COLLÉ

■ MISE EN ŒUVRE

• Fabrication

Les lamelles, nœuds non adhérents éliminés, sont aboutées par entures multiples et collage. Les lamelles de grande longueur sont ensuite encollées, mises en place et pressées sur les gabarits à température définie par le fournisseur de colle (20 °C). Usinage, finition et traitement fongicide et insecticide.

• Transport

Par convoi exceptionnel pour les grandes portées et les arcs.

• Pose

Par grues. Assemblage par pièce ou articulation en acier protégé contre la corrosion.

DOC : SYNDICAT NATIONAL DES CONSTRUCTEURS DE CHARPENTES EN BOIS LAMELLÉ-COLLÉ

TYPES DE CHARPENTES

Poutre droite parallèle Faible pente 2 % Couverture multicouches	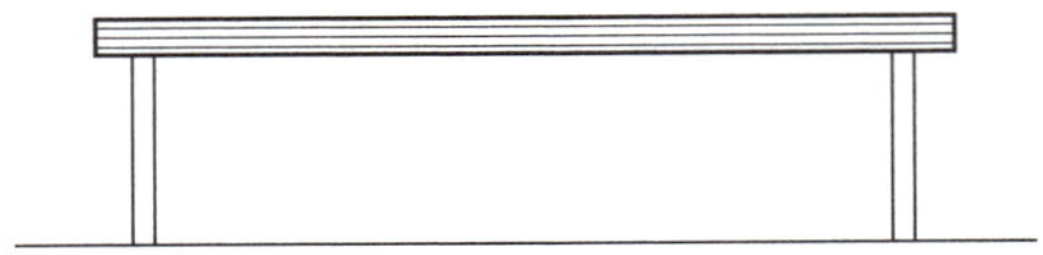
Poutre droite à section variable Pente pouvant atteindre 8 % Couverture multicouches ou bacs acier	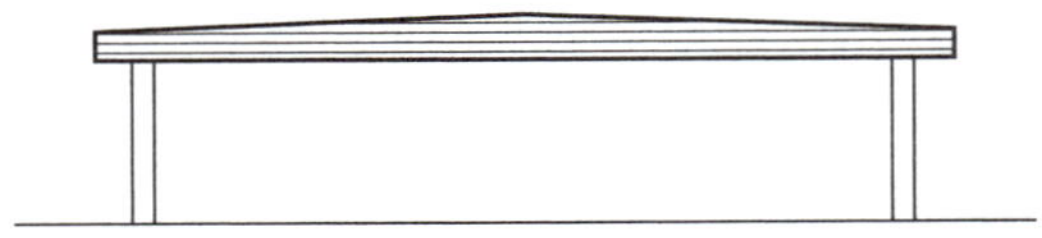
Arc parabolique Isostatique à 3 articulations Couverture arrondie polyester ou acier	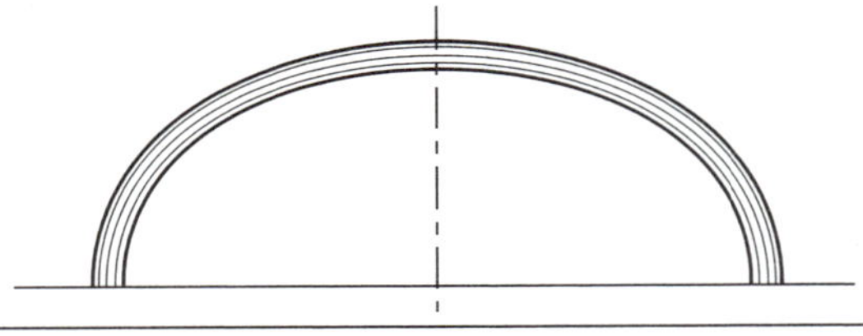
Arc à petit rayon de courbure à la crosse Isostatique à 3 articulations Pente environ 25 % Couverture fibrociment	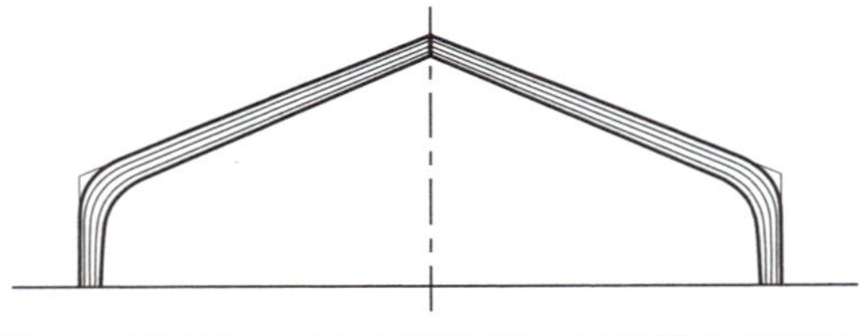
Arc à grand rayon de courbure à la crosse Isostatique à 3 articulations Pente environ 25 % Couverture fibrociment	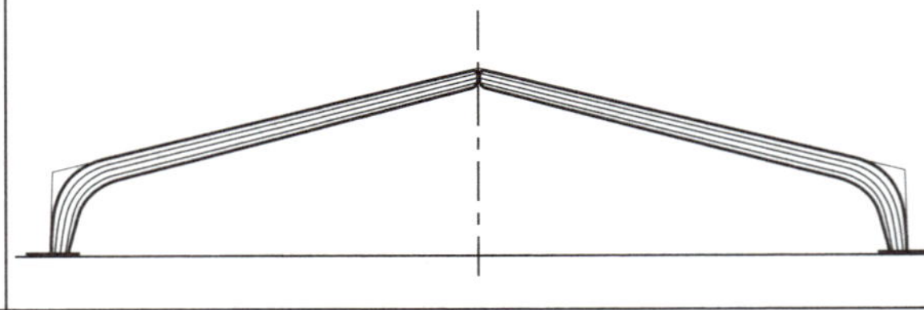
Portique à encastrements Isostatique à 3 articulations Pente environ 25 % Couverture fibrociment ou bacs acier	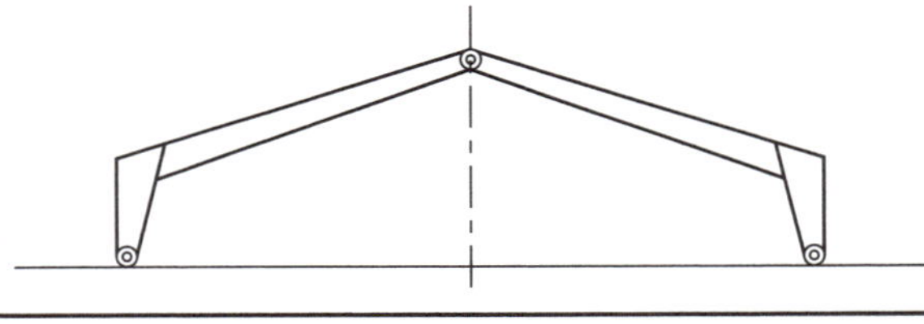

TYPES DE CHARPENTES (suite)	**Portique à poutres droites sous-tendues** Isostatique à 3 articulations Pente environ 25 % Couverture fibrociment ou bacs acier	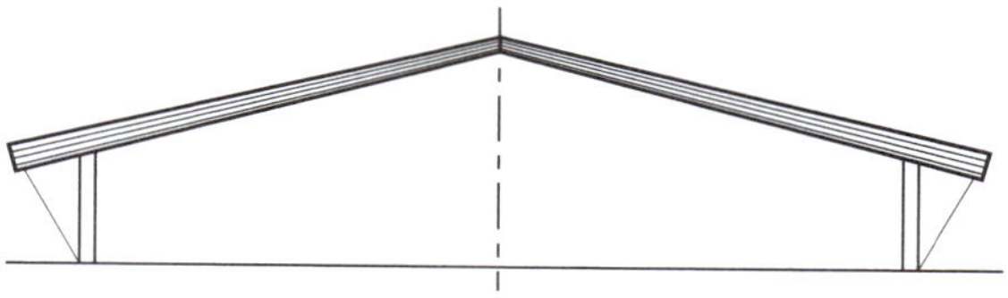
	Ferme à treillis avec arc sous-tendu Isostatique intérieurement Pente environ 25 % Couverture fibrociment ou bacs acier	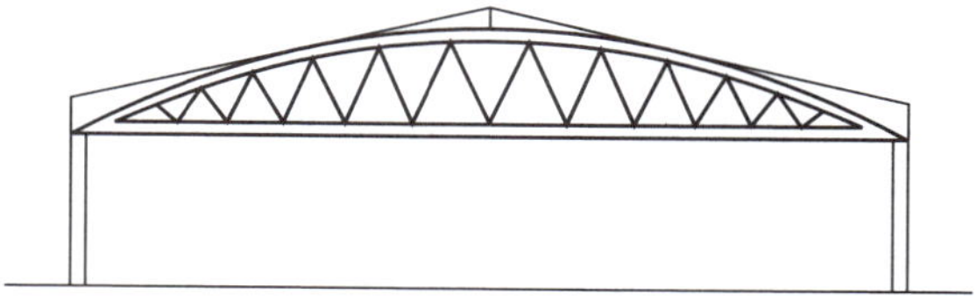
	Arc sous-tendu par tendeur en acier Système hyperstatique Couverture arrondie polyester ou acier	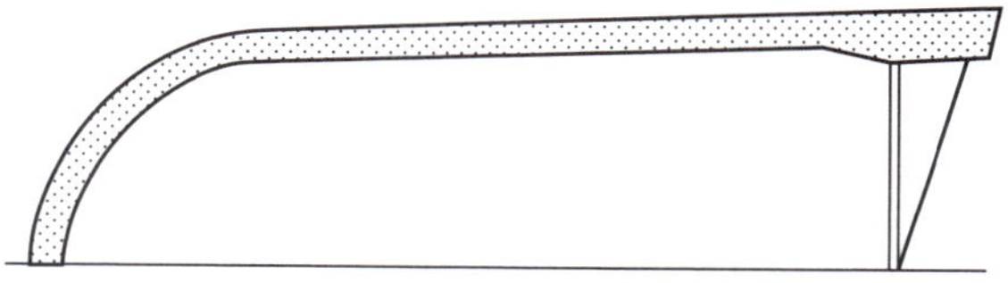

16.5 ESCALIERS

GLOSSAIRE

Adoucissement

Arrondi, en plan du nez de la dernière marche d'une première volée et de la première marche d'une deuxième volée, côté limon intérieur, destiné à donner plus de largeur au palier entre ces deux marches.

Avant-marche

Marche sans nez placée avant la première marche de la deuxième volée, dans les escaliers à palier, destinée à diminuer l'étendue de cette volée et pour donner plus de régularité à la courbe du noyau creux.

Balancement

Dans les escaliers à quart tournant, opération qui consiste à élargir progressivement le collet d'un certain nombre de marches prises dans la courbe, afin de les rendre moins dangereuses pour l'utilisateur.

Cage

Murs de maçonnerie ou pans de bois entourant l'escalier.

Calibre d'élévation

Montage de traçage servant à tracer les hauteurs des marches sur les limons droits.

Calibre rallongé

Gabarit de traçage correspondant à la section oblique, suivant le rampant, d'un limon cintré en plan.

Collet

Largeur d'une marche balancée prise sur le limon intérieur.

Col de cygne ou piton

Pièce métallique se fixant sur la face extérieure d'un limon à crémaillère des escaliers à l'anglaise, destiné à recevoir un balustre rond en acier ou en fonte.

Contremarche

Planche de 15 à 24 mm d'épaisseur, destinée à boucher le vide entre deux marches. Elle s'assemble par entaillage dans les limons et par embrèvement dans la marche supérieure. Elle est clouée ou vissée sur le chant arrière de la marche inférieure.

Crémaillère

Limon découpé suivant le profil inférieur des marches.

Crochet (joint à)

Assemblage avec repos réunissant deux éléments d'un limon cintré en plan.

Débillarder

Tirer un noyau creux, un limon cintré en pan d'une seule pièce de bois.

Découvert

Surface apparente d'une marche vue en plan, de nez à nez.

GLOSSAIRE (suite)

Échappée
Hauteur nécessaire pour passer debout dans l'escalier. Cette hauteur doit être de 1,90 mètre minimum pour que le passage soit confortable.

Emmarchement
Largeur utile de l'escalier.

Épaulement
Dans les escaliers à l'anglaise, distance entre le dessous de l'entaille de la marche et le chant inférieur de la crémaillère.

Étendue
Longueur totale d'un escalier, mesurée sur la ligne de foulée.

Giron
Face supérieure d'une marche.

Ligne de foulée ou ligne de giron
Ligne fictive passant par le milieu de l'emmarchement d'un escalier jusqu'à 1 mètre de large. Pour les escaliers de plus d'un mètre d'emmarchement, elle passe à 50 cm du limon de rampe.

Limon
Pièce de bois placée en pente en élévation, droite ou cintrée en plan, dans laquelle s'entaillent les marches et les contremarches. On distingue : le limon de rampe (épais. 50 à 80 mm), le limon de mur (épais. 40 à 50 mm) et le limon traînant (épais. 30 à 40 mm).

Lunette ou jour
Vide vu en plan laissé entre deux limons de rampe d'un escalier à rampes contraires, ou d'un escalier à limon courbe.

Marche
Pièce de bois horizontale sur laquelle on pose le pied pour utiliser l'escalier. Épaisseur moyenne 40 mm.
Marche droite : escalier droit en plan.
Marche balancée : escalier cintré en plan.
Marche rayonnante : marche dont les rives tendent vers le centre du jour.
Marche de départ : première marche d'un escalier.
Marche d'arrivée : dernière marche d'un escalier, plus étroite elle est dite aussi « plaquette d'arrivée ».
Marche palière : marche d'arrivée sur un palier, dite aussi « tête de repos ».
Marches ordinaires : marches comprises entre les marches de départ et d'arrivée ou palière.

Main courante
Partie supérieure d'une rampe, sa face supérieure se trouve à 0,90 m du nez des marches.

Nez
Bord avant mouluré d'une marche, en saillie de 4 à 5 cm par rapport à la face avant de la contremarche.

Noyau creux
Dans un escalier à quart tournant, pièce de bois qui réunit les deux limons de rampe. Les collets des marches d'angle y sont entaillés.

Onglet
Expression relative aux escaliers à l'anglaise.
Escalier d'onglet : escalier se trouvant au milieu d'une pièce.
Escalier à demi-onglet : escalier contre un mur.

Palier
Plancher étroit d'où part ou arrive un escalier.
Palier de repos : il est placé au milieu d'un escalier droit ayant trop de marches pour une seule volée. Largeur égale à au moins 1,2 fois l'emmarchement.
Palier d'arrivée : se trouve à l'étage où arrive l'escalier.
Palier d'angle : situé au virage d'un escalier avec retour.

Pas ou giron
Largeur d'une marche prise sur la ligne de foulée, nez non compris (de contremarche à contremarche).

Pilastre
Colonne de section carrée ou tournée, de dimensions importantes, servant de départ à la rampe.

Poteau
Dans un escalier à quart tournant, colonne réunissant les deux limons de rampe et les mains courantes.

Queue
Largeur opposée au collet, d'une marche balancée.

Rampant
Pente, inclinaison d'un escalier.

Rampe
Ensemble des balustres couronnés par la main courante s'assemblant dans un limon.

Révolution
Retour sur elle-même d'une volée, d'un escalier cintré en plan, dont la marche d'arrivée revient à l'aplomb de la marche de départ.

Volée
Suite ininterrompue de marches. Elle ne doit pas dépasser 20 marches sans être coupée par un palier de repos.

GLOSSAIRE
(suite)

Escalier à la française

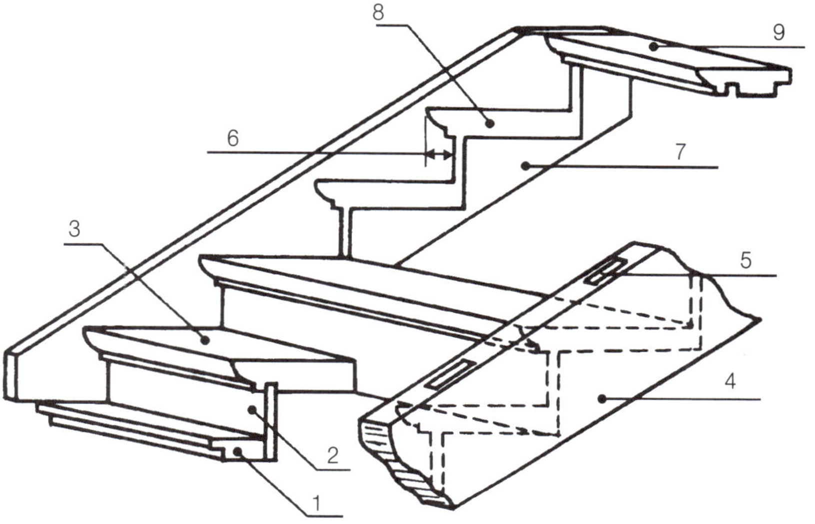

1. Avant-marche : 1er palier
2. Contremarche
3. Marche
4. Limon de rampe
5. Mortaise de balustre
6. Recouvrement
7. Limon de mur
8. Entaillage
9. Marche palière 2e palier

Escalier à l'anglaise (à 1/2 onglet)

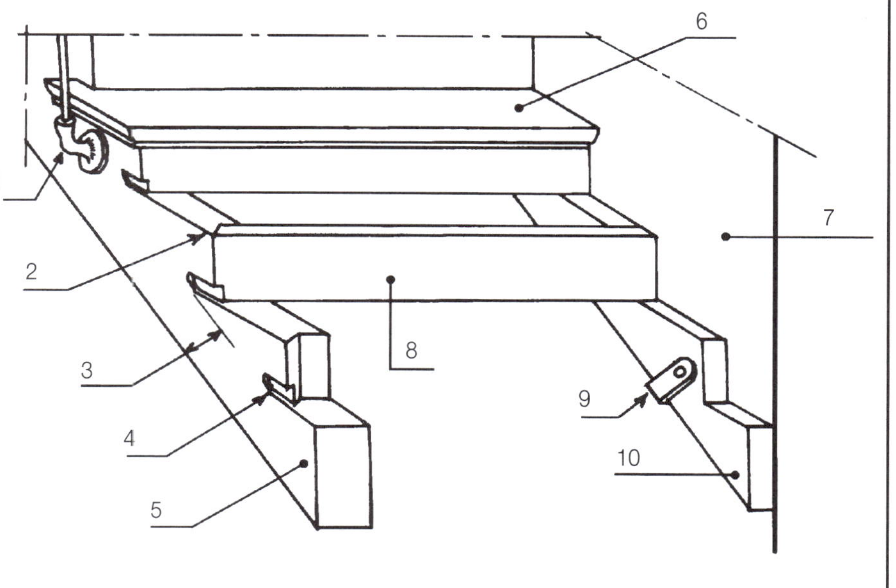

1. Col de cygne
2. Coupe à 45°
3. Épaulement
4. Encastrement
5. Limon à crémaillère
6. Marche
7. Mur de cage
8. Contremarche
9. Patte corbeau
10. Crémaillère

GLOSSAIRE
(suite)

Calibre d'élévation

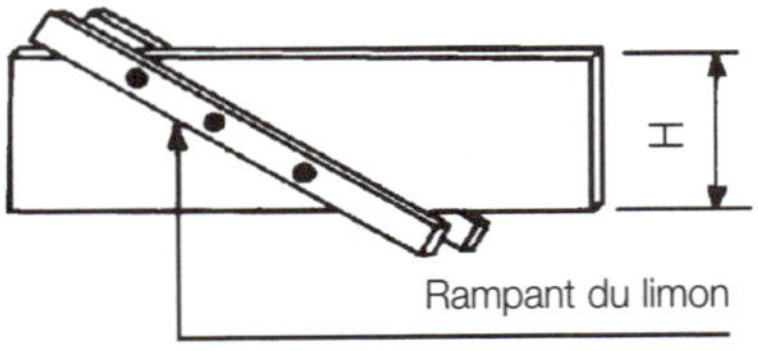

H : hauteur exacte d'une marche

Calibre rallongé

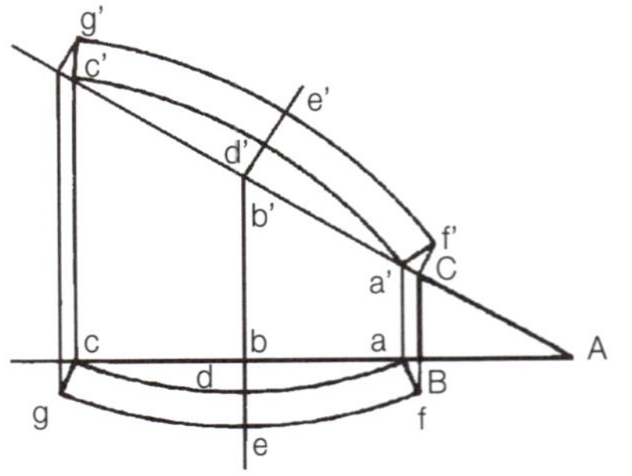

– AB : pas d'une marche
– BC : hauteur d'une marche

Marche balancée

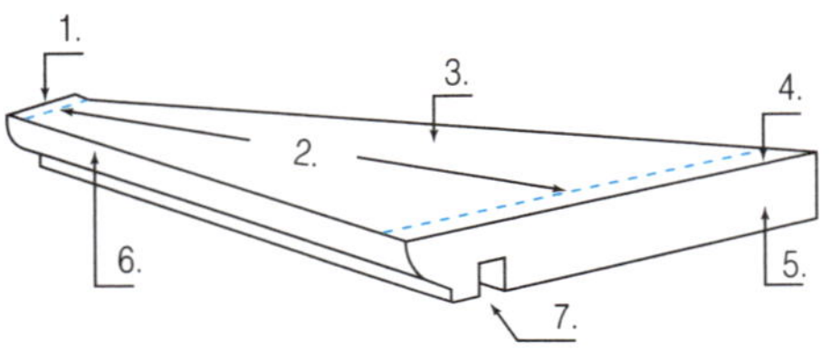

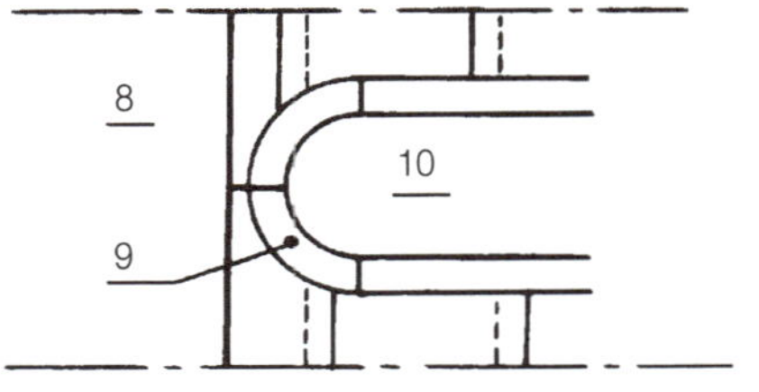

1. Collet
2. Emmarchement
3. Giron
4. Entaillage
5. Queue
6. Nez mouluré
7. Rainure d'embrèvement de la contremarche
8. Palier
9. Noyau creux
10. Lunette ou jour

Escalier droit à deux volées contraires (à l'anglaise)

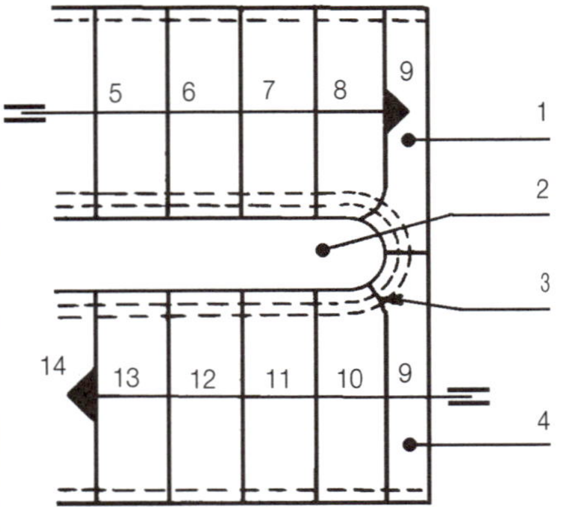

1. Marche palière
2. Lunette ou jour
3. Adoucissement
4. Avant-marche

Joint à crochet

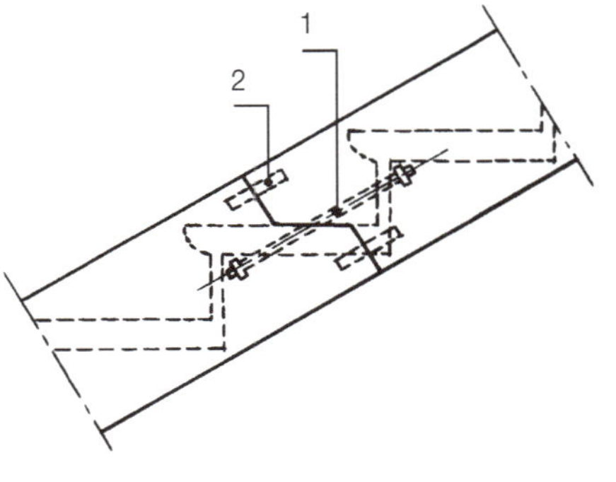

1. Tige filetée
2. Tourillons

■ DIMENSIONS ESSENTIELLES À CONNAÎTRE

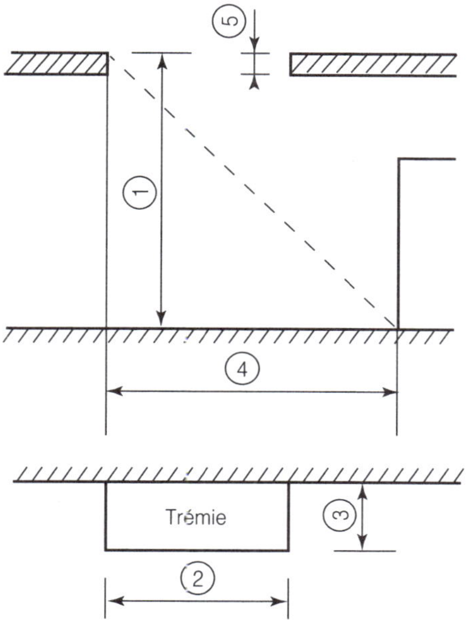

① Hauteur de l'étage

Dimensions de la trémie :

② Longueur

③ Largeur

④ Étendue possible

⑤ Épaisseur de la dalle ou du plancher de l'étage supérieur
(Calcul de l'échappée)

CALCULS

■ PAS ET HAUTEURS DE MARCHES

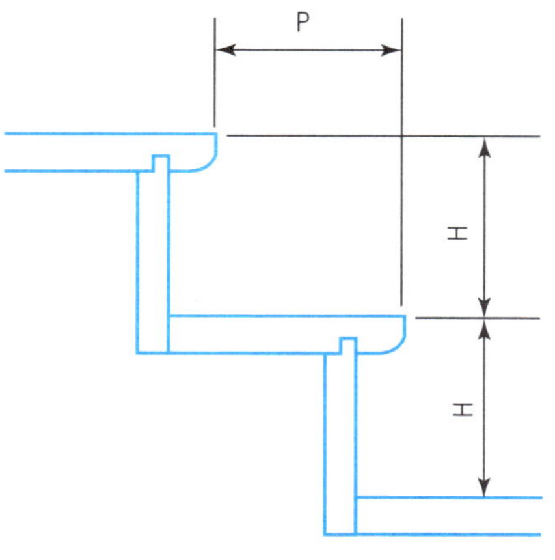

P = Giron ou pas

H = Hauteur de marche

Règles fondamentales

- Les marches d'un même escalier doivent être rigoureusement de la même hauteur.
- Dans un escalier à marches balancées, le pas se mesure sur la ligne de foulée.
- La hauteur des marches doit être comprise entre 14 et 18 cm selon la pente de l'escalier.
- La hauteur d'une marche ne doit jamais dépasser 20 cm.

Formule de Blondel

P + 2H compris entre 62 et 64 cm

- Escalier idéal : pente 1/2

  P = 32 cm et H = 16 cm

ESCALIERS BALANCÉS

TRAÇAGE DE LA HERSE DE BALANCEMENT

■ MÉTHODE DE TRAÇAGE DES MARCHES BALANCÉES D'UN ESCALIER À QUARTIER TOURNANT

• Sur la vue en plan de l'escalier :

– Tracer la ligne de foulée de la marche de départ à la marche d'arrivée.

– Sur cette ligne, répartir le nombre de marches, dont la hauteur et le giron ont été calculés par la formule de Blondel (respecter la même valeur de giron pour toutes les marches).

– Définir le nombre de marches balancées (environ le double du nombre de marches comprises dans le quartier tournant : 9, 10, 11, 12, 13, 14, 15).

– Tracer la droite BX qui partage le quartier tournant. BX coupe la ligne de foulée en M.

• Construction de la herse ①

– Tracer 2 axes perpendiculaires. Porter sur l'axe vertical la longueur DM prise sur la ligne de giron et sur l'axe horizontal la longueur CB prise sur la ligne de collets, les points C et D sont confondus sur l'origine des axes.

– Porter sur DM les divisions de la ligne de foulée de 8 à 12.

– Joindre BM, puis B12, B11, B10, B9.

– Tracer à partir de C l'arc de cercle de rayon CB qui coupe BM en E.

– Tracer la droite EC, on obtient respectivement a sur B9, b sur B10, c sur B11, d sur B12.

• Sur la vue en plan de l'escalier :

– Reporter sur la ligne de collets CB les divisions sur CE, a, b, c, d. (herse ①)

– À partir de a, b, c, d, tracer les marches balancées par les droites passant par les points de giron correspondants.

• Construction de la herse ②

– La deuxième herse de balancement pour les marches de M à la marche d'arrivée se construit sur le même principe.

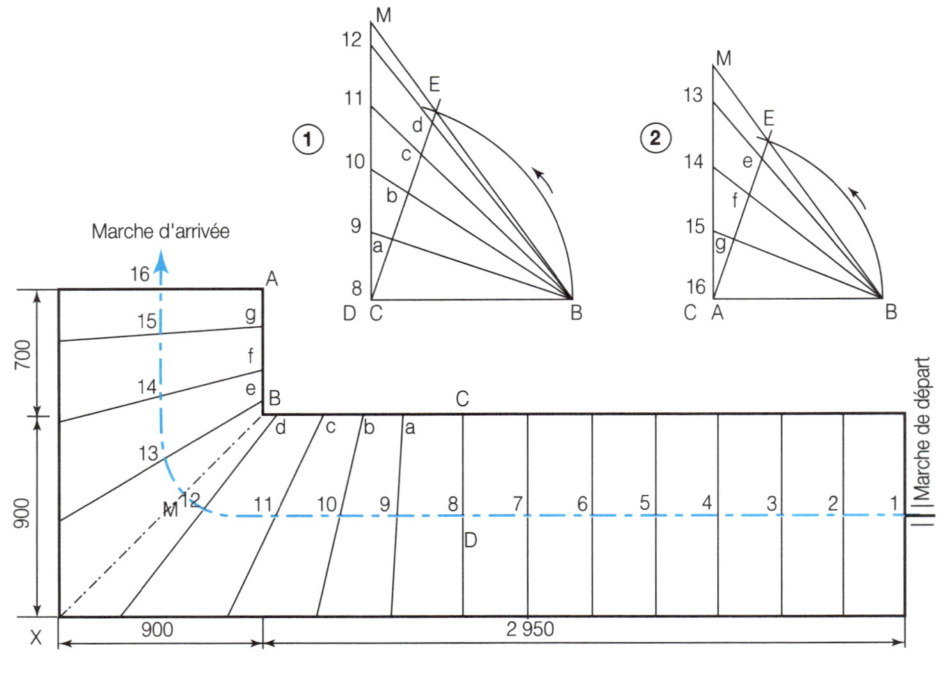

Vue en plan de l'escalier

16.6 PARQUETS EN BOIS

Le parquet est un élément de revêtement, porteur ou non ; il peut être fixé rigidement ou flottant. Posé selon certaines règles, il apporte un complément d'isolation aux bruits d'impact.

	Types	Exemples de dimensions			
		L(mm)	l(mm)	e(mm)	
DIFFÉRENTS TYPES	**Lames en bois massif** – languette sur une rive et un bout – rainure sur une rive et un bout *Parquet cloué ou collé*	2 000 2 000 2 000 2 900	70 130 50 145	23 22 10 7,5	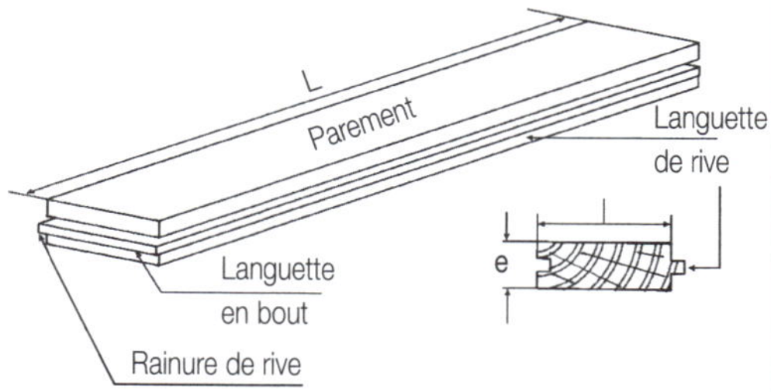
	Panneau composé de 1, 2 ou 3 lames en parement en bois massif. Âme en contreplaqué ou aggloméré de haute densité. *Parquet flottant*	2 525 2 000 1 500 1 280 1 500 1 200	190 190 137 122 137 190	14 15 15 14 10 9	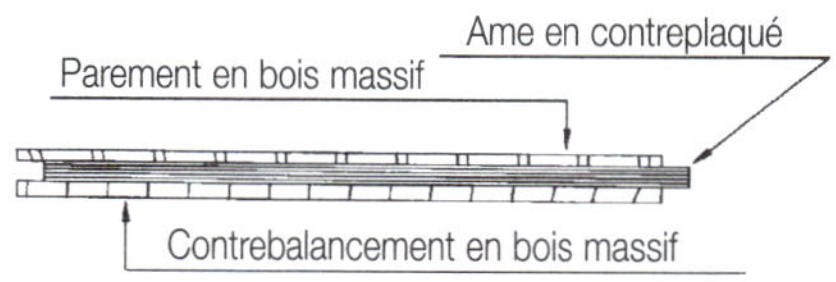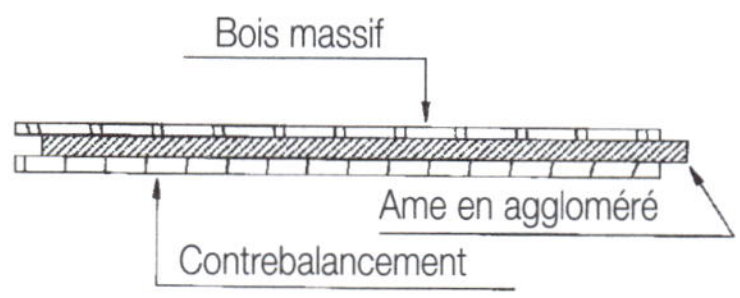
	Panneau avec une âme en bois massif – Contrebalancement en contreparement *Parquet flottant*	2 525 2 340 2 340 2 340	188 139 139 139	22 23 15 10	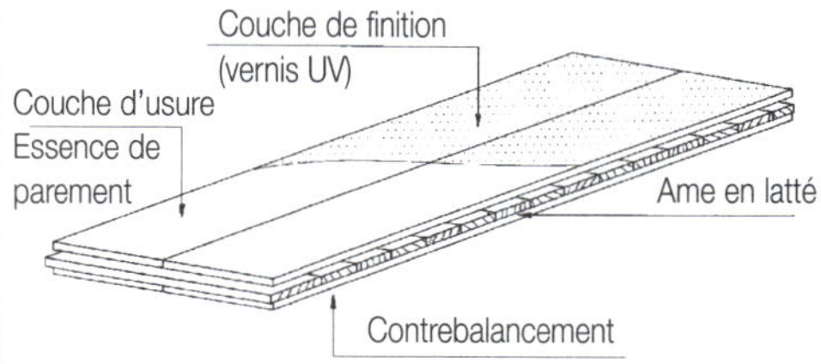
	Lame composée de bois massif collé sur un support en MDF *Parquet flottant*	394	67	10	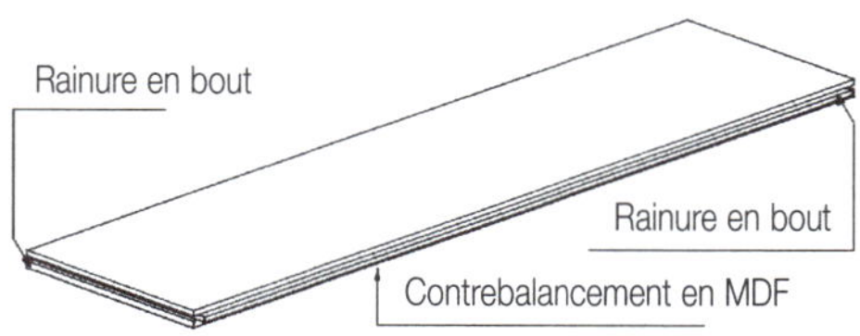
	Panneau composé de lamelles en bois massif sur filet en nylon ou liège *Parquet collé*	480 305	480 305	8 8	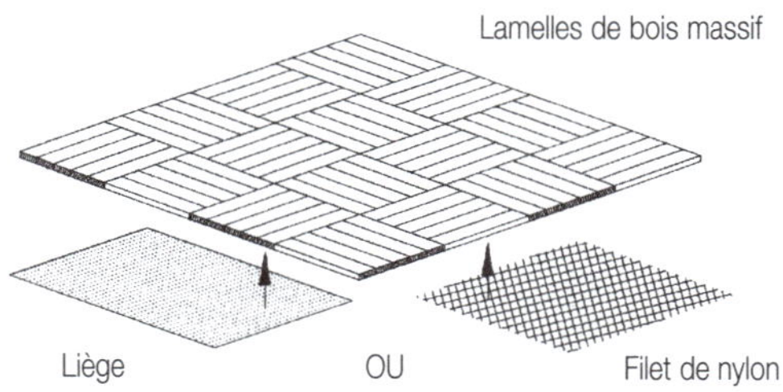

Parquets en bois

DIFFÉRENTS TYPES (suite)

Types	Exemples de dimensions L(mm)	l(mm)	e(mm)	
Panneau de lamelles sur papier krafté collé en parement *Parquet collé*	432 384 336	432 384 336	8 8 8	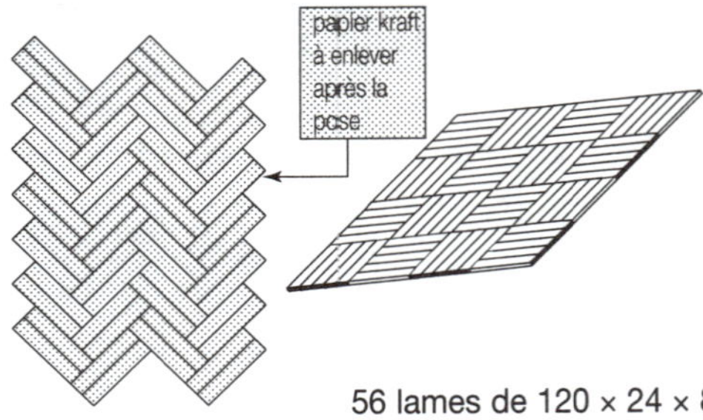 56 lames de 120 × 24 × 8
Panneau composé de lamelles en bois massif posées en bout sur un filet en nylon *Parquet collé*	432	432	13	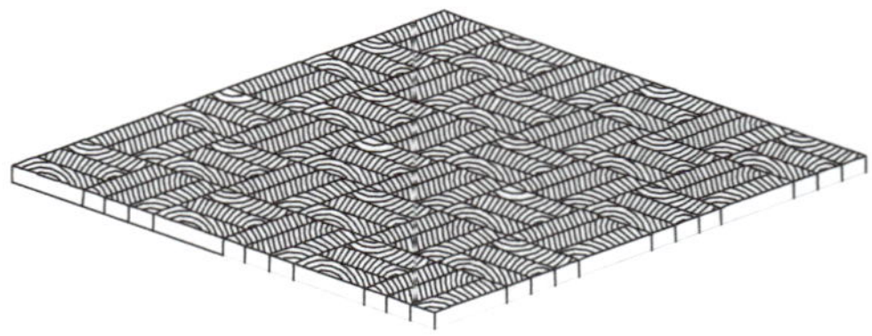
Lame maintenue par clips métalliques (2 lames embrevées entre elles)	3 700 1 830 1 830	129 129 113	22 22 8	
Lame avec un revêtement stratifié ou d'un placage bois protégé par une imprégnation d'une résine mélaminé *Parquet flottant*	1 220	122	9	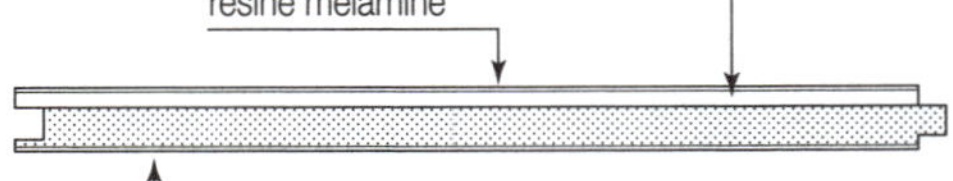
Lame pour parquet dit « sportif » Profilage en contre-parement pour recevoir des joints d'absorption des chocs *Parquet flottant*	2 000	137	23	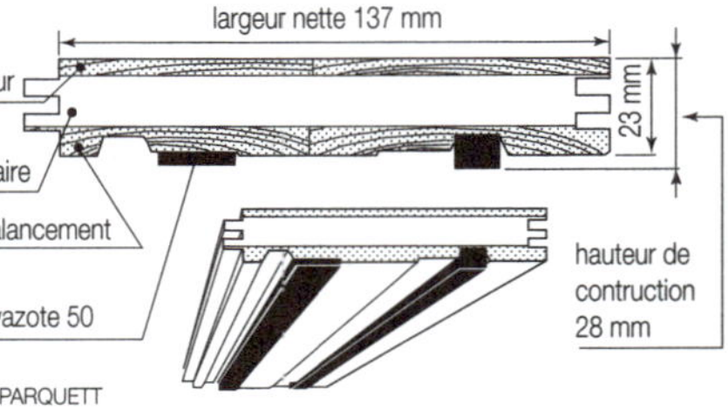 DOC. BŒN PARQUETT
Pavé en bois massif *Parquet collé*	130	130	130	pavé 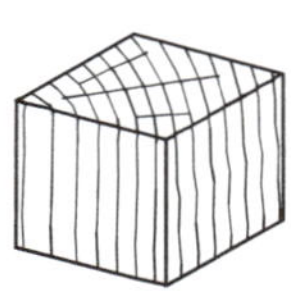
Panneau composé de lamelles en bandes assemblées sur filet nylon ou ruban adhésif. Les lamelles sont posées sur chant. *Parquet collé*	Variable	Variable	22 24	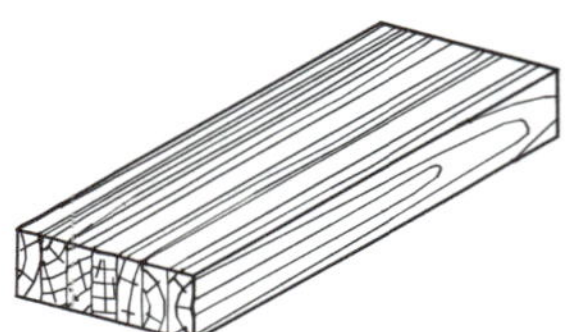 bande de lamelles posées sur chant

ESSENCES EMPLOYÉES

Les essences employées sont choisies en fonction de l'aspect esthétique désiré et de la fréquentation du lieu auquel il est destiné.

Essences courantes

Chêne	Pin sylvestre
Châtaignier	Sapin
Pin maritime	Hêtre
Épicéa	Charme

Iroko	Merbau Chintsy	Frêne
Mélèze	Angélique	Divers bois exotiques
Érable	Merisier	
Moubi	Doussié	

PARQUETS À L'ANGLAISE

Parquet dont les lames sont disposées parallèlement.

- **À l'anglaise à coupe perdue**

Parquet constitué de lames aux longueurs disparates, leurs bouts étant joints au hasard.

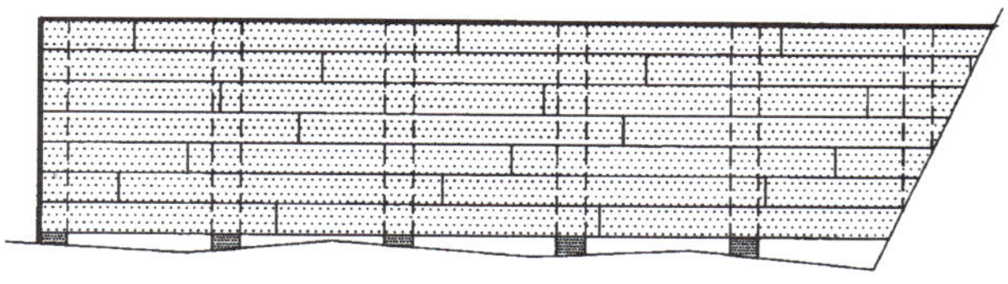

- **À l'anglaise à joints sur lambourdes**

Parquet constitué de lames (séries de longueurs égales), leurs joints en bout étant disposés sur les lambourdes.

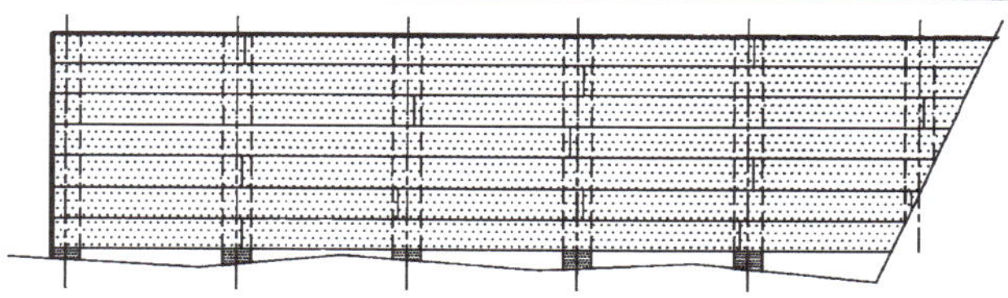

- **À l'anglaise à coupe de pierre**

Parquet constitué de lames de longueurs égales, leurs joints en bout étant disposés alternativement.

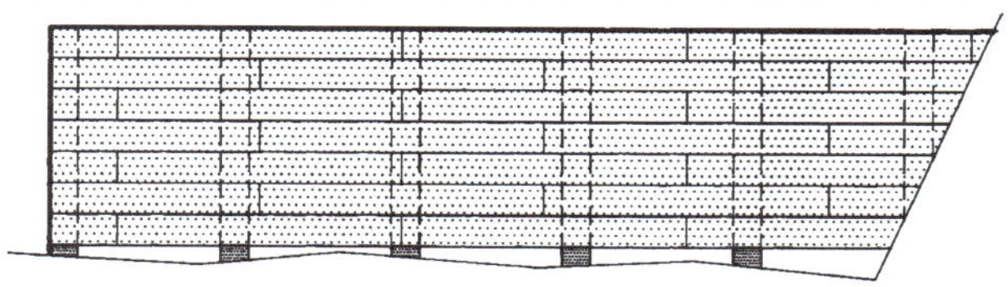

PARQUET À BÂTONS ROMPUS

Parquet constitué de lames de mêmes dimensions, ayant les bouts coupés à angle droit. Elles sont posées perpendiculairement entre elles, suivant un angle de 45° par rapport aux parvis de la pièce et/ou des lambourdes.

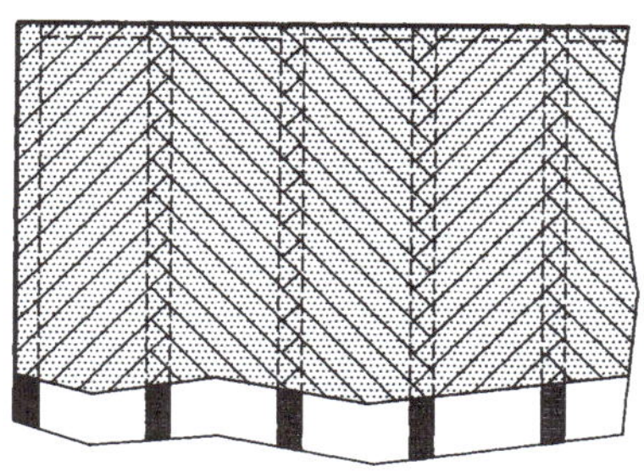

PARQUET EN POINT DE HONGRIE

Parquet constitué de lames de mêmes dimensions, ayant les bouts coupés suivant un angle de 45° ou 60° et formant des travées parallèles entre elles.

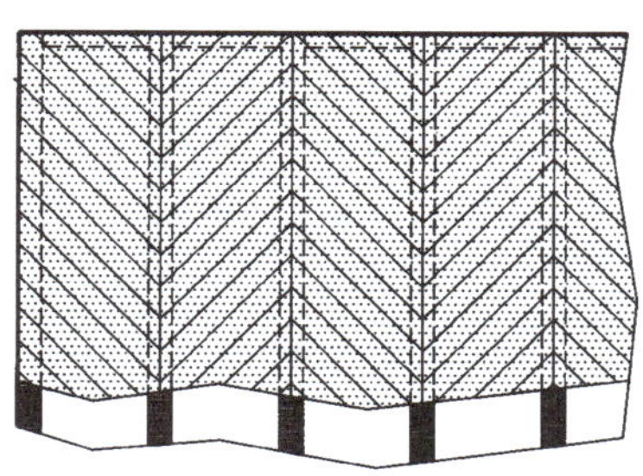

Parquets en bois

PARQUETS MOSAÏQUE

Des lamelles juxtaposées rive contre rive constituent un carré dont le côté est égal à la longueur de la lamelle.
Un ensemble de carrés forme un panneau (dalle).

Damier

À batons rompus

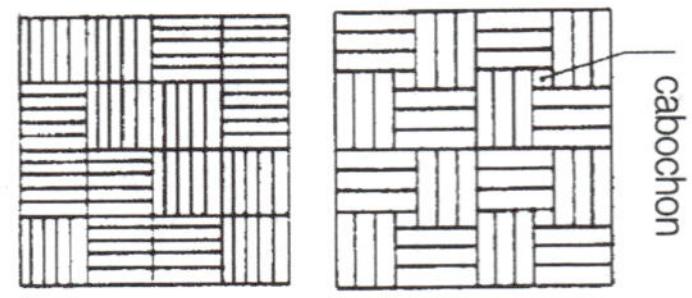

Autres motifs

AUTRES MOTIFS DÉCORATIFS

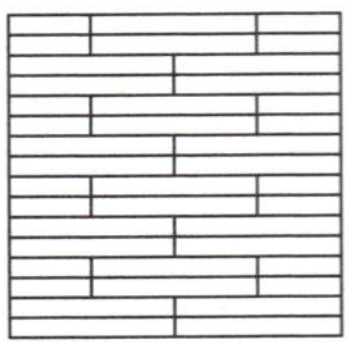

Coupe de pierre doublée

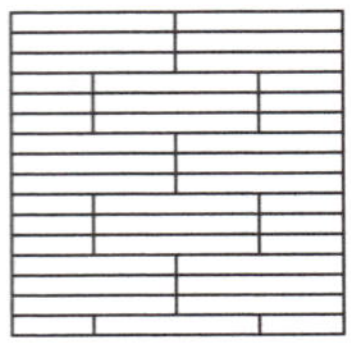

Coupe de pierre triplée

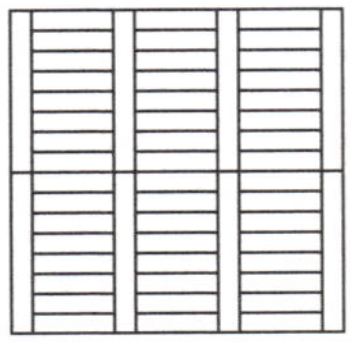

Echelle

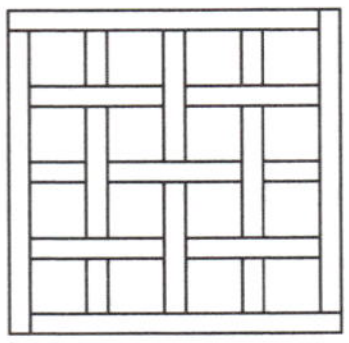

Chantilly

Versaille

16.6.1 MODE DE POSE DES PARQUETS — DTU 51-1 ET 51-2

La nature du support, la destination du local et les facilités de réalisation sont les éléments qui permettent de faire un choix du mode de pose.

POSE SUR SOLIVES ET SOLIVES + LAMBOURDES

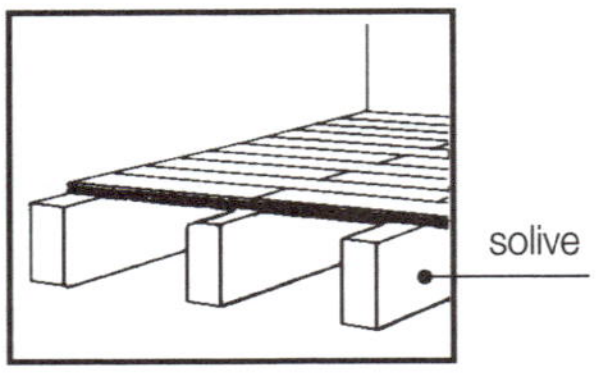

Lambourdes posées entre les solives et le parquet

DOC ED. VIAL

POSE SUR LAMBOURDES FIXÉES

Les lambourdes sont fichées sur le plancher en maçonnerie au plâtre ou au ciment

Au bitume

Au bitume plus cales

DOC ED. VIAL

POSE SUR LAMBOURDES FLOTTANTES

Lambourdes avec ou sans calage posées sur une chape de ciment ou un lit de sable

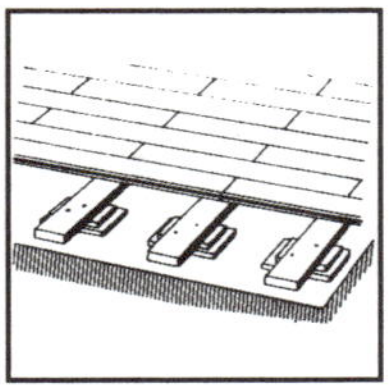

Un isolant est placé entre les lambourdes et le support (isolation phonique)

DOC ED. VIAL

POSE SANS LAMBOURDES

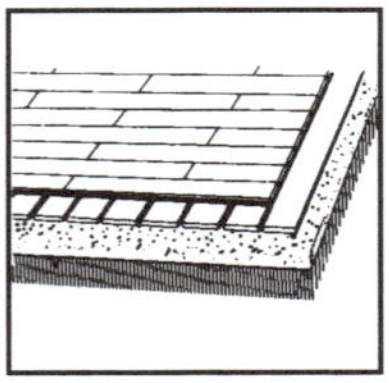

Sur voliges

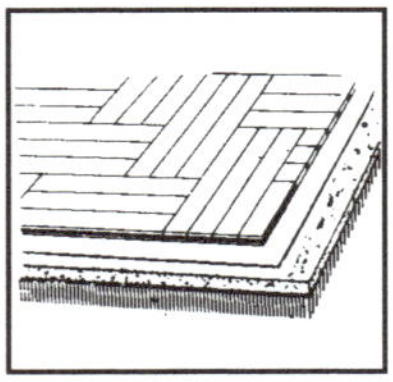

Sur forme en sable

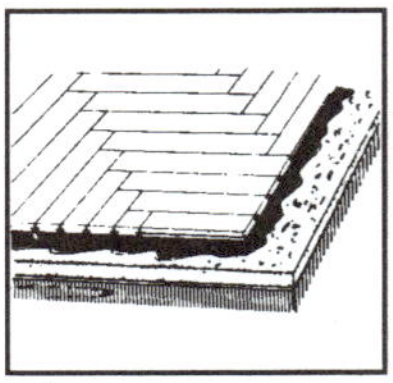

À bain de bitume

DOC ED. VIAL

COLLAGE DIRECT

Le parquet est collé directement sur un support ciment :
- chape rapportée
- chape incorporée
- béton surfacé
- dalle flottante
- plancher chauffant

Sur un panneau contreplaqué ou un panneau de particules flottant ou non (faux plancher).

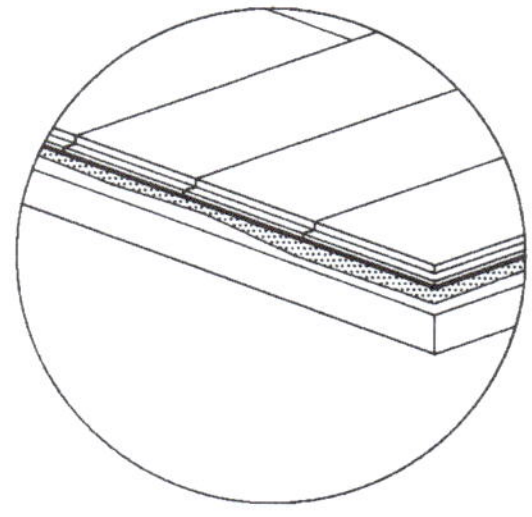

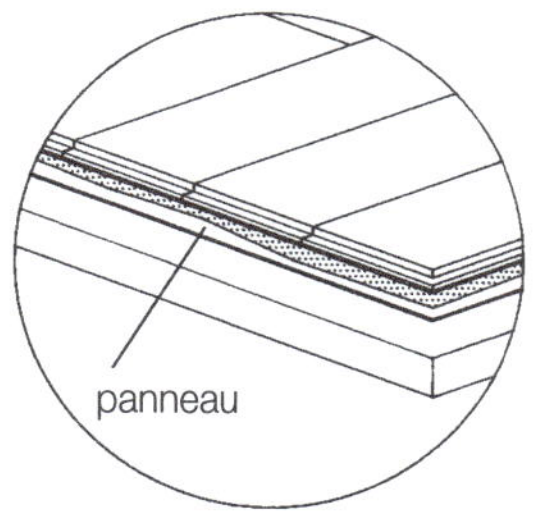

POSE FLOTTANTE

Les éléments du parquet sont collés entre eux et n'adhèrent pas au support.

Sur forme de rattrapage de niveau

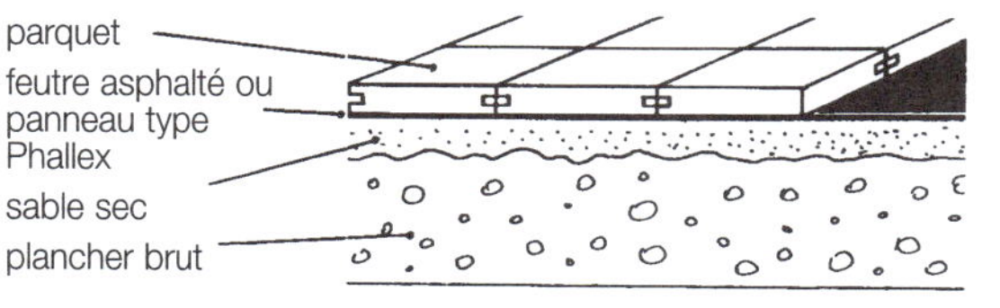

DOC ED. VIAL

16.6.2 OPÉRATIONS DE POSE DES PARQUETS

POSE FLOTTANTE

Support plan, stable et sec.
Bonne planimétrie.
Éventuellement faire un enduit de lissage.

Dérouler en remontant le long des murs une protection contre les remontées d'humidité (si nécessaire).

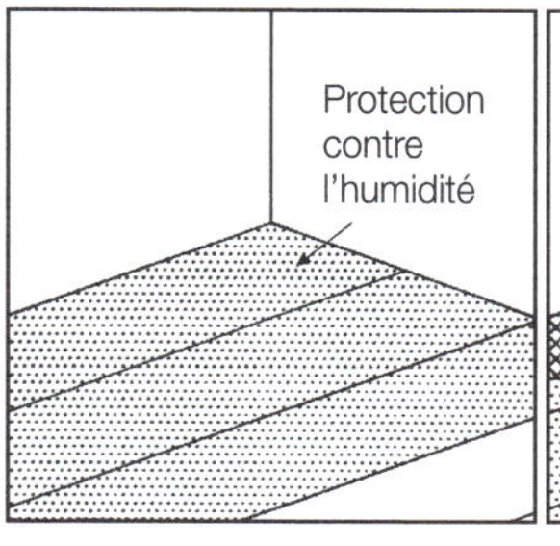

Pour améliorer les performances acoustiques, placer un isolant phonique à joints ouverts et en diagonale par rapport au parquet.

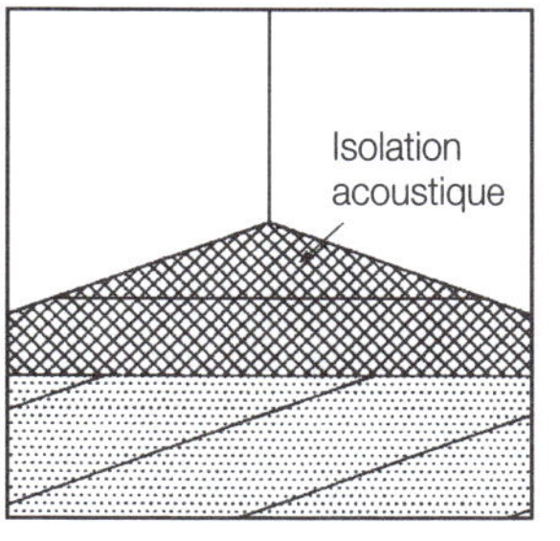

Tracer l'implantation soit en partant de l'axe de la pièce (conseillé) ou le long des murs s'ils sont bien d'équerre.

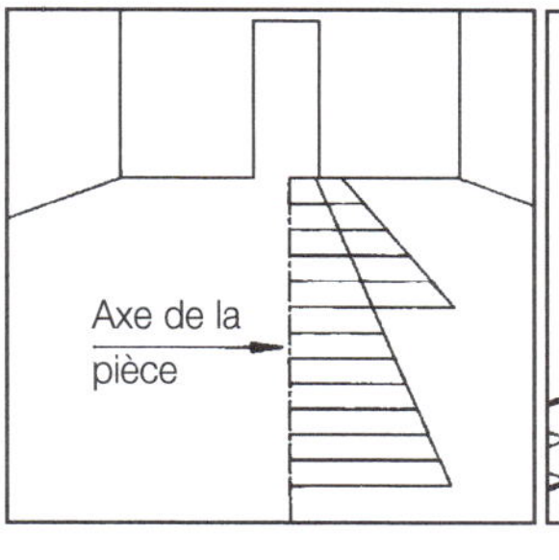

Placer le calage provisoire en périphérie (réservation pour le jeu de dilatation).

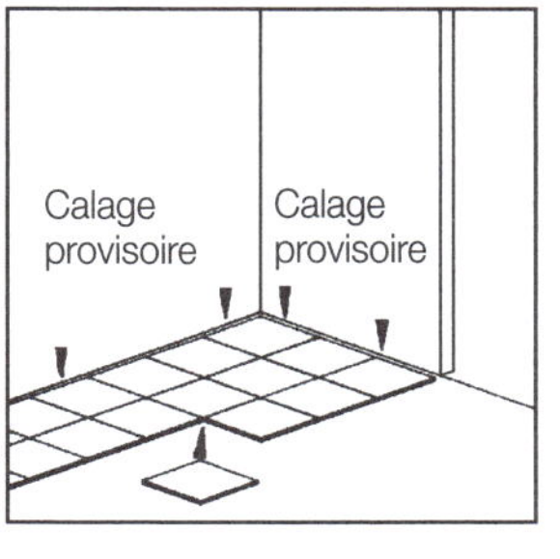

Encoller sur toute leur longueur les bords supérieurs des languettes.
Mettre chaque élément en position à l'aide d'une cale de bois.
Ôter le surplus de colle.

POSE À COLLER

Vérifier la planimétrie sur support qui doit être plan, stable et sec.
Si nécessaire faire un enduit de lissage.

Tracer deux axes perpendiculaires dans la pièce.

Démarrer la pose au centre de la pièce après avoir encollé par passes croisées le support.

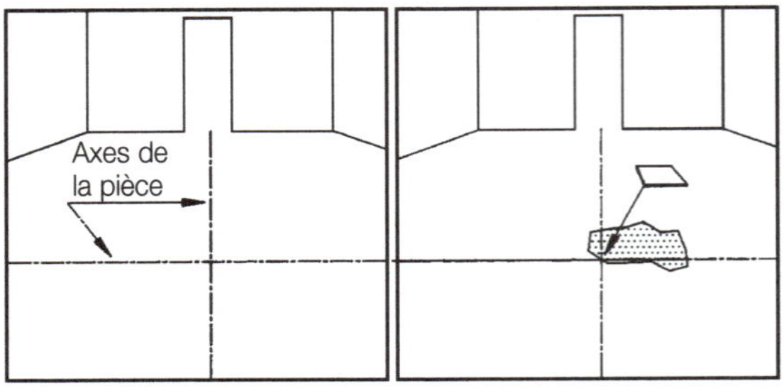

Placer le panneau en contact avec une règle (butée).
Maroufler le panneau avec une pièce de bois pour faire remonter la colle entre les lamelles.

Dans le cas de panneau posé sur papier kraft (partie visible). Humidifier ce dernier et l'enlever après l'opération de marouflage.
Continuer la pose en vérifiant l'équerrage et l'alignement.
Laisser un jeu de dilatation en périphérie.

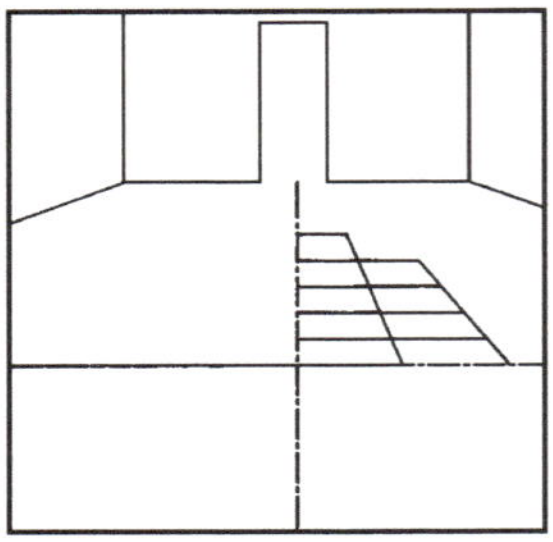

POSE À CLOUER

Positionner les lambourdes de façon que le parquet soit orienté dans le sens de la lumière dominante.

Régler les lambourdes de niveau par calage. Une protection peut être déroulée sous les lambourdes pour éviter les remontées d'humidité.

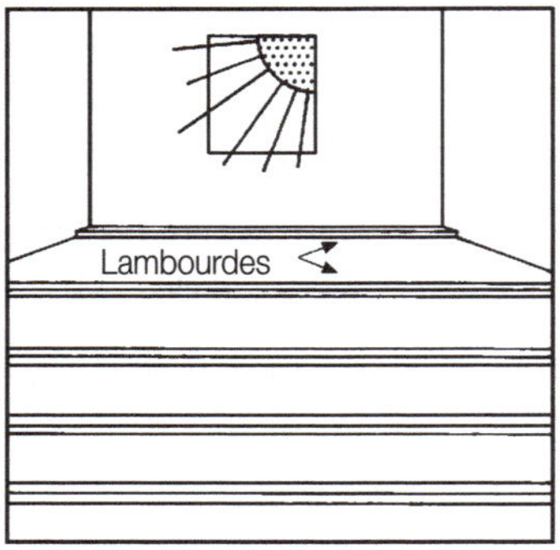

Clouer la première rangée le long d'un mur en laissant un jeu de dilatation.

Continuer la pose en respectant les joints de bout selon l'aspect désiré.

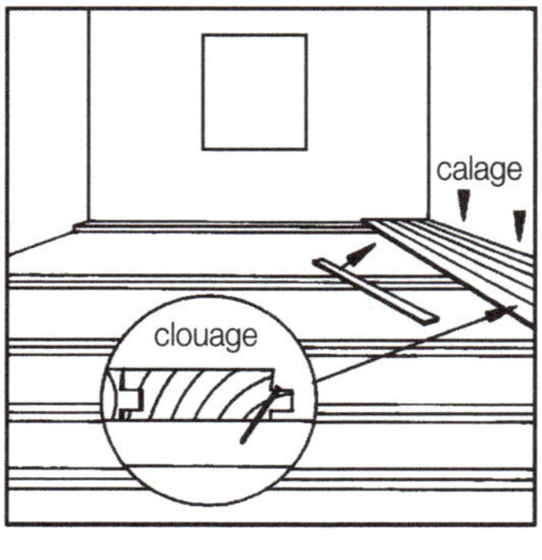

16.6.3 CLASSEMENT U.P.E.C. DES LOCAUX ET DES REVÊTEMENTS DE SOL MINCE

U USURE À LA MARCHE 1 à 4	U1 Locaux à affectation individuelle à trafic modéré Intensité d'usure = 0,7	U2 Locaux à affectation individuelle à trafic normal Intensité d'usure = 1	U3 Locaux à affectation collective à trafic normal Intensité d'usure = 1,6	U4 Locaux à affectation collective à trafic intense Intensité d'usure = 2,1
P POINÇONNEMENT 1 à 3	P1 Résistance au poinçonnement principalement pédestre	P2 Poinçonnement pédestre et par mobilier fixe normal Pression > 20 daN/cm^2 Armoires, lits, chaises	P3 Aucune restriction de circulation pédestre et quelle que soit la nature du mobilier mobile	
E COMPORTEMENT à L'EAU 0 à 3	E0 Nettoyage d'entretien par voie sèche	E1 Nettoyage par voie humide éventuellement « éponge humide »	E2 Le revêtement peut être mouillé mais sans que l'eau y séjourne plusieurs heures	E3 Le revêtement peut être constamment humide « ruissellement », nettoyages d'entretien à grande eau
C TENUE AUX AGENTS CHIMIQUES 0 à 3	C0 Risques de projection de produits alimentaires pratiquement exclus	C1 Risques de projection accidentelle de produits alimentaires ou ménagers	C2 Projections de produits alimentaires ou ménagers facilement nettoyables	C3 Mise en garde contre la projection de produits chimiques définis avec précision

Nota : Le classement UPEC d'un revêtement de sol mince est déterminé sur une base de durabilité de 10 ans dans des conditions normales. Le classement UPEC d'un revêtement de sol mince doit être au moins égal au classement UPEC du local à traiter.

16.6.4 FINITION DES PARQUETS

De nombreux parquets devant être posés collés ou flottants sont livrés vernis.
Dans le cas contraire, le tableau ci-dessous permet de faire un choix de finition.

Finition	Principes	Observations	Locaux d'habitation	Locaux professionnels faible trafic	Locaux professionnels trafic intense
SEALER	• Appellation définie par les professionnels • Vernis de fond durs additionnés d'huile pénétrante siccative • Le « sealer » imprègne les bois en profondeur et les imperméabilise	• En complément, une finition est nécessaire (produits autolustrants par exemple) • Pénétration difficile des salissures • Risque de taches limité	X	X	X
ENCAUSTICAGE	• La cire dure doit être le composant le plus important dans une encaustique • Employé sur un parquet brut ou après un « sealer »	• Les encaustiques comportant du silicone interdisent un vernissage ultérieur • Sensible aux tâches • Lustrage et nettoyage fréquents	X		X

Finition	Principes	Observations	Locaux d'habitation	Locaux professionnels faible trafic	Locaux professionnels trafic intense
HUILAGE	• Application d'huile de lin tiède avec un apport d'essence de térébenthine et de siccatif (5 %) • Un encausticage peut suivre un huilage	• Entretien à sec (appareil monobrosse) • Assombrit le bois • Rend impossible une vitrification • Renouvellement fréquent (6 à 12 mois)	Peu usité	X	X
VITRIFICATION	• Appelé également vernissage • Application de couches successives de vernis • La vitrification peut se faire après un « sealer »	• Résistance accrue en surface • Aspect original maintenu • Entretien facile et économique • Mise en valeur du matériau bois	X	X	
PEINTURE≤	• Deux à trois couches de peinture sont nécessaires • Il est conseillé d'utiliser des peintures polyuréthanne à deux composants	• Dépoussiérage et nettoyage humide en entretien • Dureté élevée • Ponçage nécessaire avant rénovation	X	X	
IMPRÉGNATION	• Des résines acryliques imprègnent le bois avant de durcir	• Entretien par lustrage (ou monobrosse) • Ponçage nécessaire avant rénovation	Peu usité	X	X
DENSIFICATION	• Après des opérations de stabilisation du bois (séchage sous presse à haute température), les parquets sont vernis	• Entretien identique à celui des parquets vitrifiés	Peu usité	X	X

PROFILS DE FINITION

Profil d'adaptation

Pour les parquets de 8 à 16 mm d'épaisseur et raccordement avec un niveau inférieur (moquette, PVC, etc.)

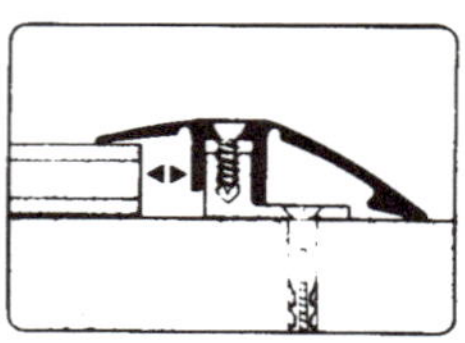

Profil d'arrêt

Finition propre pour des parquets de 8-16 mm et raccordement avec un revêtement plus épais (carrelage, lambourde apparente, etc.)

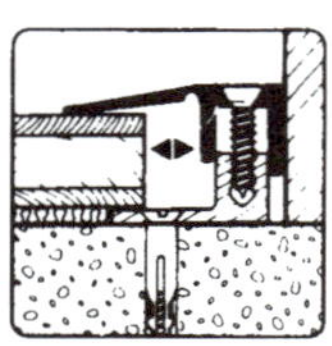

Profil de raccordement

Pour les parquets de 8-16 mm et raccordement avec un revêtement de même épaisseur (les différences jusqu'à 5 mm peuvent être absorbées)

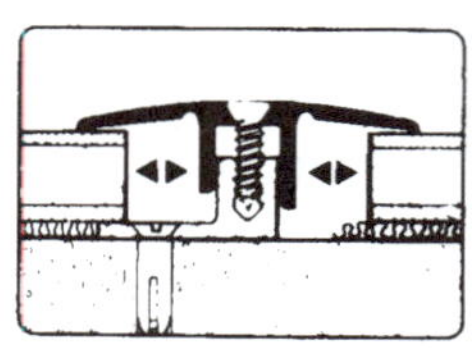

DOC. HÖHNS

16.6.5 CHOIX DES PARQUETS

Les critères de choix d'un parquet sont : l'exigence esthétique, la fréquence de passage, la méthode de pose.

CHOIX SELON LE SITE

	Massifs 23 mm				Massifs 12 à 16 mm	Mosaïques 8 mm			À coller autres que mosaïques 10 mm		Panneaux ou lames entre-collés de 14 à 27 mm			Panneaux en bois de bout		Lames sur chant			Pavés en bois de bout	Panneaux démontables		
	Chêne	Châtaigner	Résineux	Bois tropicaux	Chêne	Chêne	Châtaigner	Bois tropicaux	Chêne	Bois tropicaux	Chêne	Châtaigner	Bois tropicaux	Chêne	Bois tropicaux	Chêne	Châtaigner	Bois tropicaux	Résineux	Chêne	Hêtre	Bois tropicaux
Ponts de bâteaux	■			■	▣																	
Salles de sports	■	■		■		▣		▣			▣	▣	▣	■	■					■	■	■
Auditoriums	■	■	■	■							■		■	■	■							
Ateliers	■	□	□	■		■		■	■	■						■	■	■	■			
Locaux d'enseignement	■	□	□	■		■		■	■	■						■	■	■	■			
Casernes	■	□	□	■		■		■	■	■				■	■	■	■	■	■			
Bibliothèques	■	□	□	■	▣	■		■	■	■				■	■	■	■	■	■			
Musées	■	□	□	■	▣	■		■	■	■				■	■	■	■	■	■			
Salles des fêtes	■	□	□	■		■		■	■	■				■	■				■			
Restaurants	■	□	□	■	▣	■		■	■	■				■	■				■			
Passages	■			■	▣	■		■	■	■				■	■				■			
Galeries marchandes	■			■	▣	■		■	■	■	■		■	■	■				■			
Magasins	■			■	▣	■		■	■	■	▣		▣	■	■				■			
Circulations	■			■	▣	■		■	■	■				■	■				■			
Entrées à trafic intense	■			■	▣	■		■	■	■				■	■				■			
Couloirs à trafic intense	■			■	▣	■		■	■	■				■	■				■			
Lieux de culte	■	■		■		■	■	■	■	■				■	■				■			
Chambres d'hôtel	■	■	▣	■		■	■	■	■	■	■		■	■	■				■			
Bureaux	■	■	▣	■	■	■	■	■	■	■	■		■	■	■				■	■	■	■
Logements collectifs	■	■	■	■	■	■	■	■	■	■	■	■	■	■	■							
Logements individuels	■	■	■	■	■	■	■	■	■	■	■	■	■	■	■							

■	Utilisation courante
▣	Utilisation moins fréquente
□	Avec précaution de finition

16.6.6 LES SOUS-COUCHES ACOUSTIQUES

LA POSE DES REVÊTEMENTS DE SOLS

■ LES BRUITS DE CHOCS

Le voisin qui déplace les meubles, les enfants qui jouent, la voisine qui marche avec des chaussures à talons... appelées bruits de chocs dans le vocabulaire acoustique, ces nuisances provoquent une gêne sonore continuelle devenant vite insupportable.
Pour y remédier, une isolation acoustique des sols par la pose de sous-couches dans les immeubles de type collectif ou les maisons individuelles est nécessaire.
Remarque : certaines sous-couches atténuent également les bruits aériens (Rw).

■ LES APPLICATIONS

Les sous-couches améliorent le confort de l'habitat et isolent des bruits de chocs,
(Voir chapitre 14 « Eléments du confort » - Page 371)
Les sous-couches acoustiques doivent conserver leurs qualités isolantes et de résistance mécanique dans le temps.
Les sous-couches acoustiques s'adressent particulièrement à la pose des revêtements de sols suivants :
– Parquets contrecollés en pose flottante ou collée,
– Revêtements de Sols Stratifiés (RDSS) en pose flottante,
– Parquets massifs en pose collée.

■ RAPPELS DE LA RÉGLEMENTATION ACOUSTIQUE (R.A.)

• Réglementation acoustique

– **En 1996**, paraît la N.R.A. (Nouvelle Réglementation Acoustique) qui fixe la valeur d'isolation des planchers aux bruits d'impact (y compris les revêtements de sols) conduisant à un niveau sonore de 65 dB(A) contre 70 dB(A) précédemment.
– **En 1999**, la N.R.A. change de nouveau, la valeur d'isolation des planchers passe de 65 dB(A) à 61 dB(A).
– **En 2000**, avec la normalisation européenne, la N.R.A. de 1999 change complètement aussi bien pour ce qui est des indices que du niveau sonore.
– Elle devient la R.A. 2000 :
  . les indices ΔL exprimés en dB(A) sont remplacés par ΔLw exprimés en dB
  . le niveau de pression sonore maximum autorisé passe de 61 dB(A) à 58 dB
  . le bruit d'impact devient bruit de choc.

• Symboles

ΔLw : réduction du niveau de bruit de choc pondéré exprimé en dB ; plus le ΔLw est élevé, meilleure est la performance acoustique.
Rw : indice d'affaiblissement acoustique pondéré exprimé en dB ; plus le Rw est élevé, meilleure est la performance acoustique.
ΔLnT,w : niveau de pression pondéré du bruit de choc standardisé, exprimé en dB, exigence suivant la R.A. 2000 = 58 dB, exigence Label Qualitel = 55 dB et Label Qualitel « Confort Acoustique » 52 dB.

La nouvelle norme NF P 61-203
« Mise en œuvre des sous-couches isolantes sous chape ou dalles flottantes et sous carrelage »
Depuis décembre 2003, des modifications sont intervenues dans le classement et les caractéristiques des isolants sous chape suivant La norme NF P 61-203 « Mise en œuvre des sous-couches isolantes sous chape ou dalles flottantes et sous carrelage » Partie commune aux D.T.U. 26-2 et 52-1.
Cette norme classe les isolants avec de nouvelles codifications :
• une classe (SC1 ou SC2) en fonction de l'écrasement sous charge,
• une lettre (a ou b) indiquant les charges d'exploitation (500 kg/m^2) pour le tertiaire et (200 kg/m^2) pour l'habitat
avec, en indice, un chiffre de 1 à 4, servant uniquement en cas de superposition,
• des caractéristiques spécifiques éventuelles :
A : sous-couche acoustique de traitement aux bruits de choc,
Ch : sous-couche pour sol chauffant.
Dans le cas de superposition de 2 sous-couches isolantes :
• La sous-couche acoustique est toujours en dessous,
• dans le cas d'un plancher chauffant, la sous-couche supérieure aura une caractéristique spécifique Ch.

DOC. TRAMICO

		Ouvrages	
Type de produits	**Caracteristiques**	**Confort** (Voir légende)	
		Utilisateur	**Acoustique**
Mousse de polyuréthanne agglomérée Trami-sol® Agglomat® assure la désolidarisation des parquets contrecollés ou Revêtements De Sols Stratifiés de haute et moyenne gammes posés dans les immeubles collectifs et maisons individuelles en travaux neufs ou de rénovation, pour améliorer les performances acoustiques conformément à la Réglementabon Acoustique du 1er janvier 2000 et aux D.T.U. en vigueur.	• Augmente les capacités d'absorption acoustique de la pièce (effet tambour) • Améliore considérablement le confort de marche • Durabilité des performances acoustiques • Résiste aux moisissures et aux insectes • Très bon complément d'isolation thermique • Facilité de mise en œuvre • Absorbe les petites aspérités du support et évite les préparations onéreuses des sols	*****	*****
Fibre de polyester Trami-sol® Fibre est destiné aux parquets massifs en pose collée (ép. maxi 14 mm), aux parquets contrecollés en pose flottante ou collée (ép. maxi 20 mm) et Revêtements De Sols Stratifiés en pose flottante posés, dans les immeubles collectifs et maisons individuelles en travaux neuis ou de rénovation, pour améliorer les performances acoustiques conformément à la Réglementation Acoustique du 1er janvier 2000 et aux D.T.U. en vigueur.	• Durabilité des performances • Matière imputrescible • Très bonne résistance à la compression et au déchirement • Insensible au vieillissement • Très bonne tenue dimensionnelle • Très bon isolant acoustique • Produit non allergique • Produit recyclable • Produit polyvalent : pose flottante ou collée • Produit écologique constitué de plus de 85 % de produits recyclés	****	*****
Fibre de polyester avec film 150 μm et bande adhésive Trami-sol® Sound 22dB est destiné aux parquets contrecollés et Revêtements De Sols Stratifiés, pour améliorer les performances acoustiques conformément à la Réglementation Acoustique du 1er janvier 2000 et aux D.T.U. en vigueur. La fibre a une bonne tenue dimensionnelle et son film assure une pérennité des performances acoustiques en transmission aux bruits de chocs et freine les éventuelles remontées d'humidité.	• Durabilité des performances • Très bonne résistance au déchirement • Très bon isolant acoustique ΔLw 22 dB • Produit non allergique • Produit écologique constitué de plus de 80 % de produits recyclés • Très bonne tenue dimensionnelle • Film 150 μm intégré et débordant • Pose rapide en une seule opération au lieu de trois (sous-couche + film + adhésif) • Facilité de mise en œuvre, adhésif intégré pour la fixation des lés	*****	*****
Mousse de polyoléfine Trami-sol® Ondilène assure la désolidarisation des parquets contrecollés ou Revétements De Sols Stratifiés posés dans les immeubles collectifs et maisons individuelles en travaux neufs ou de rénovation, pour améliorer les performances acoustiques conformément à la Réglementation Acoustique du 1er janvier 2000 et aux D.T.U. en vigueur.	• Faible épaisseur : facilite l'application en réhabilitation • Insensible au vieillissement • Résiste aux moisissures et aux insectes • Convient pour le chauffage par le sol (installation après 1990, basse température 28 °C en surface finie) suivant la résistance thermique du parquet ou du RDSS, sauf pour les sols rafraîchissants • Très bon isolant acoustique pour une épaisseur réduite • Bon rapport qualité/prix	***	***
Mousse de polyoléfine avec film 100 μm Trami-sol® Ondilène assure la désolidarisation des parquets contrecollés ou Revétements De Sols Stratifiés posés dans les immeubles collectifs et maisons individuelles en travaux neufs ou de rénovation, pour améliorer les performances acoustiques conformément à la Réglementation Acoustique du 1er janvier 2000 et aux D.T.U. en vigueur. La mousse à structure fine et homogène et son film intégré assurent une pérennité des performances acoustiques et freinent les éventuelles remontées d'humidité.	• Faible épaisseur : facilite l'application en réhabilitation • Film 100 μm intégré et débordant : freine les remontées éventuelles d'humidité • Excellent rapport qualité/prix • Insensible au vieillissement • Résiste aux moisissures et aux insectes • Convient pour le chauffage par le soL (installation après 1990, basse température 28 °C en surface finie) suivant la résistance thermique du parquet ou du RDSS, sauf pour les sols rafraîchissants • Produit non allergique	****	***
Mousse de polyéthylène Trami-sol® PE 20 assure la désolidarisation des parquets contrecollés ou Revêtements De Sols Stratifiés posés dans les immeubles collectifs et maisons individuelles en travaux neufs ou de rénovation, pour améliorer les performances acoustiques conformément à la Réglementabon Acoustique du 1er janvier 2000 et aux D.T.U. en vigueur.	• Faible épaisseur : facilite l'application en réhabilitation • Économique • Production sans CFC ni HCFC • Résiste aux moisissures et aux insectes • Faible résistance thermique • Convient pour le chauffage par le sol (installation après 1990, basse température 28 °C en surface finie) suivant la résistance thermique du parquet ou du RDSS, sauf pour les sols rafraîchissants • Conforme à la R.A. 2000	**	**

DOC. TRAMICO

Légende : ** 2 étoiles : Moyen – *** 3 étoiles : Bien – **** 4 étoiles : Très bien – ***** 5 étoiles : Excellent

PRÉSENTATIONS COMMERCIALES PERFORMANCES

Présentation en rouleaux Longueur	Surface	Poids	Performances acoustiques et essais
■ Mousse de polyuréthanne agglomérée			**Sous parquet contrecollé :** – épaisseur 8,5 mm, essai C.T.B.A., $\Delta L_w = 20$ dB – épaisseur 14 mm, essai C.T.B.A., $\Delta L_w = 18$ dB **Sous revêtement de sol stratifié :** – épaisseur 8 mm, essai C.T.B.A., $\Delta L_w = 20$ dB
• Épaisseur 4 mm, Largeur 1 400 mm			
10 m	14 m^2	7,5 kg	
15 m	21 m^2	11,5 kg	
120 m	168 m^2	90 kg	
■ Fibre de polyester			**Fibre :** *Sous parquet contrecollé, pose flottante :* – épaisseur 8,5 mm, essai C.E.B.T.P., $\Delta L_w = 20$ dB – épaisseur 14 mm, essai C.E.B.T.P., $\Delta L_w = 17$ dB *Sous stratifié, pose flottante :* – épaisseur 8 mm, essai C.S.T.B., $\Delta L_w = 21$ dB *Sous parquet, pose collée :* – contrecollé, essai C.T.B.A., $\Delta L_w = 18$ dB – massif, essai C.T.B.A., $\Delta L_w = 18$ dB – essais suivant norme NFB 54-011 : rapport C.T.B.A. « Parquet collé soumis à des variations climatiques »
• Fibre, épaisseur 3,5 mm, Largeur 1 000 mm			
15 m	15 m^2	4,5 kg	
150 m	150 m^2	45 kg	
• Fibre + film, épaisseur 2,8 mm, Largeur 1 500 mm			**Fibre + Film :** *Sous parquet contrecollé :* – épaisseur 8,5 mm, essai C.E.B.T.P., $\Delta L_w = 19$ dB
10 m	15 m^2	5 kg	
■ Fibre de polyester avec film 150 µm et bande adhésive			**Sous parquet contrecollé :** – épaisseur 8,5 mm, essai C.T.B.A., $\Delta L_w = 22$ dB – épaisseur 14 mm, essai C.T.B.A., $\Delta L_w = 20$ dB
• Épaisseur 4 mm, Largeur 1 250 mm			
12 m	15 m^2	5,25 kg	
■ Mousse de polyoléfine			
• Épaisseur 2 mm, Largeur 1 000 mm			**Épaisseur 2 mm :** *Sous parquet contrecollé :* – épaisseur 8,5 mm, essai C.S.T.B., $\Delta L_w = 18$ dB – épaisseur 14 mm, essai C.S.T.B., $\Delta L_w = 17$ dB
15 m	15 m^2	0,9 kg	
20 m	20 m^2	1,2 kg	
25 m	25 m^2	1,5 kg	
• Épaisseur 3 mm, Largeur 1 000 mm			**Épaisseur 3 mm :** *Sous parquet contrecollé :* – épaisseur 8,5 mm, essai C.T.B.A., $\Delta L_w = 20$ dB
20 m	20 m^2	1,8 kg	
100 m	100 m^2	9 kg	
■ Mousse de polyoléfine avec film 100 µm			
• Épaisseur 2 mm, Largeur 1 000 mm			**Épaisseur 2 mm :** *Sous parquet contrecollé :* – épaisseur 8,5 mm, essai C.S.T.B., $\Delta L_w = 18$ dB
15 m	15 m^2	0,9 kg	
20 m	20 m^2	1,2 kg	
25 m	25 m^2	1,5 kg	
• Épaisseur 3 mm, Largeur 1 000 mm			**Épaisseur 3 mm :** *Sous parquet contrecollé :* – épaisseur 8,5 mm, essai C.E.B.T.P., $\Delta L_w = 20$ dB – épaisseur 14 mm, essai C.T.B.A., $\Delta L_w = 18$ dB
20 m	20 m^2	1,8 kg	
100 m	100 m^2	9 kg	
■ Mousse de polyéthylène			**Sous revêtement de sol stratifié** – épaisseur 7,5 mm, essai C.T.B.A., $\Delta L_w = 18$ dB
• Épaisseur 3 mm, Largeur 1 000 mm			
15 m	15 m^2	0,9 kg	
210 m	210 m^2	12,6 kg	

DOC. TRAMICO

16.7 MENUISERIES EXTÉRIEURES

16.7.1 CROISÉE ISOLANTE

Les dénominations des éléments composant la « croisée à la française » séries 32/51 ou 37/61 ont été transférées à la « croisée isolante » types 45, 48, 56 et 60 mm.

ÉLÉMENTS CONSTITUTIFS : TERMINOLOGIE

■ REMARQUES TECHNOLOGIQUES

1. Montant dormant
2. Battant de noix
   (il reçoit les organes de rotation : les fiches)
3. Battant embrevé
   (l'expression « battant » peut toujours être remplacée par « montant »)
4. Côte
   (ou gueule de loup dans certains cas)
5. Battant mouton
   (il reçoit les organes d'immobilisation : la crémone à larder)
6. Traverse dormante
7. Traverse haute
   (plus large que les battants, elle reçoit les aérateurs de V.M.C.)
8. Petit bois
   (horizontal ou vertical)
9. Traverse jet d'eau
10. Jet d'eau rapporté
    (assemblé par queue d'aronde ou dans élégie droite)
11. Pièce d'appui
    (en deux parties, assemblées par micro-entures)
12. Parclose
    (récupérée par sciage lors de l'usinage de la feuillure à verre)
13. Goutte pendante
    (ou goutte d'eau)
14. Chambre de décompression
15. Feuillure à verre
16. Feuillure sèche
    (ou feuillure auto-drainante)

Remarque : Le jet d'eau est rapporté, la côte est embrevée et la pièce d'appui est en deux parties afin de faciliter les usinages, d'éviter les grosses sections, de pallier les déformations et de rendre possible la finition et le calibrage en épaisseur, du cadre dormant et des vantaux, sur les ponceuses calibreuses à larges bandes.

Croisée à deux vantaux avec un petit bois horizontal :

Coupe horizontale

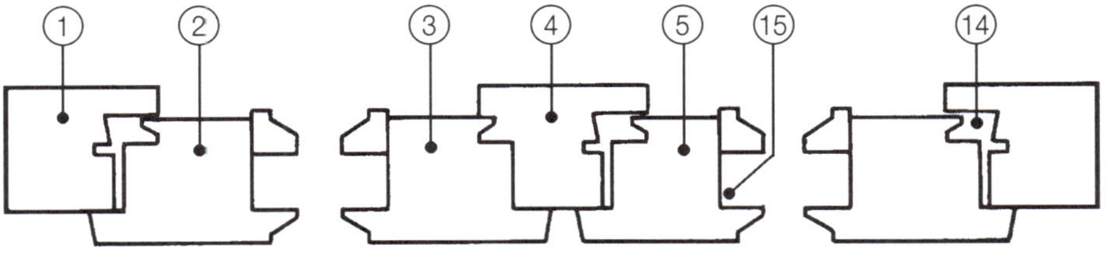

Coupe verticale

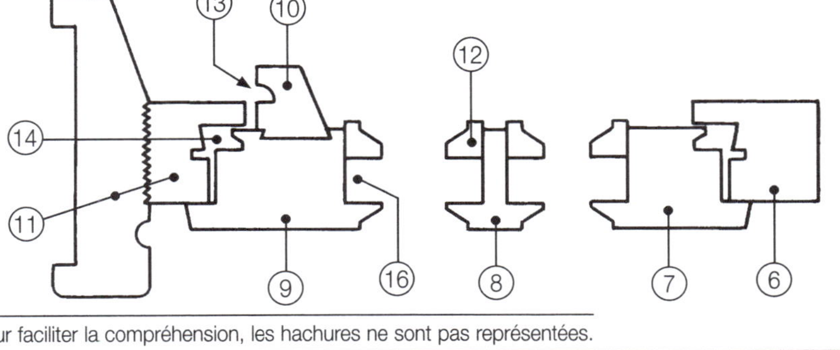

Nota : Pour faciliter la compréhension, les hachures ne sont pas représentées.

Dans les PME-PMI, afin de rentabiliser les réglages des machines, la fabrication de croisées isolantes se lance généralement par séries regroupant plusieurs commandes.
Le préparateur du travail de l'entreprise établit pour chaque commande un dossier de fabrication contenant tous les documents techniques nécessaires à la réalisation des croisées.

DOCUMENTS TECHNIQUES NÉCESSAIRES AU DOSSIER DE FABRICATION

1. LES « PLANS TYPES »

Élévation intérieure de la croisée
- à 1 vantail, à 2, 3 vantaux,
- avec imposte, avec meneau, etc.

Numérotation 01, 02, 03…

Le préparateur porte sur le plan type vierge :
- les différentes cotes de largeur et de hauteur,
- les repères des « sections types »,
- les références des organes de ferrage.

2. LES « SECTIONS TYPES »

Section sur montant dormant et battant de noix
numérotation : 1A, 1B, 1C…
Section sur traverse haute, dormant et ouvrant
numérotation : 2A, 2B, 2C…
Section sur pièce d'appui et jet d'eau
numérotation : 3A, 3B, 3C…
Section sur mouton et côte
numérotation : 4A, 4B, 4C…

Toutes les autres sections types, établies à la demande, seront numérotées sur le même principe.

3. FEUILLES DE DÉBIT

Elle fait apparaître :
- les dimensions de débit,
- les dimensions finies,
- l'esquisse des parties visibles après pose.

4. FICHES DE QUINCAILLERIE

Inventaire et références :
- des organes de mobilité,
- des organes d'immobilisation,
- des ferrures diverses.

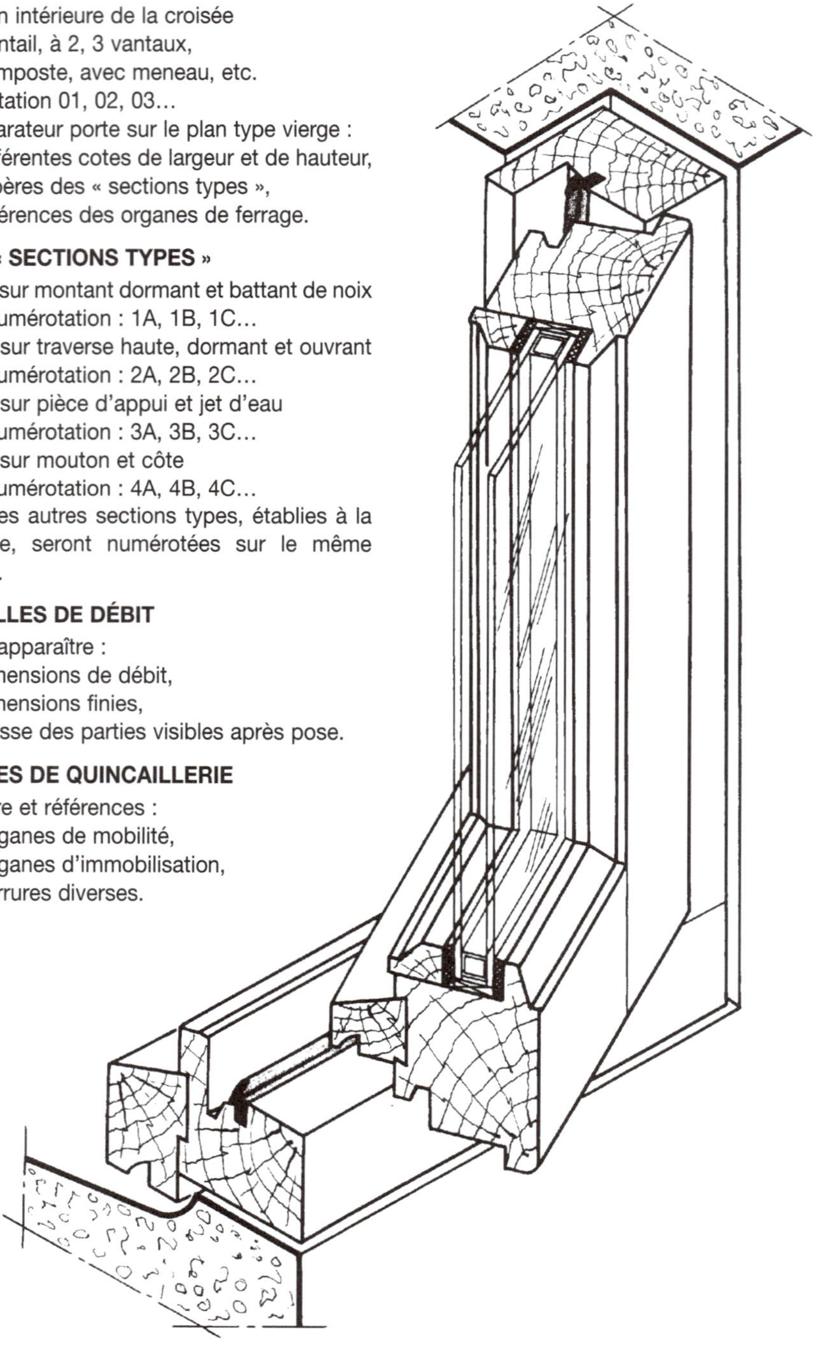

Les cotes nécessaires pour réaliser les usinages des éléments de la croisée (réglage des butées sur les chariots d'amenage des machines) sont portées sur les plans types.

COTES DE FABRICATION

■ **COTES DE HAUTEURS ET DE LARGEURS**

- VC « Vide de cadre » .... Cotes intérieures du cadre dormant
- EC « Extérieur cadre » .... Cotes extérieures du cadre dormant
- VO « Vide ouvrant » .... Cotes intérieures des vantaux
- EO « Extérieur ouvrant » .... Cotes extérieures calibrées des vantaux
- F de F « Fond de feuillure » .... Cotes des parcloses – Cotes des verres

EXEMPLE D'UNE FICHE « PLAN TYPE » FORMAT A4

■ **CROISÉE ISOLANTE À UN VANTAIL**

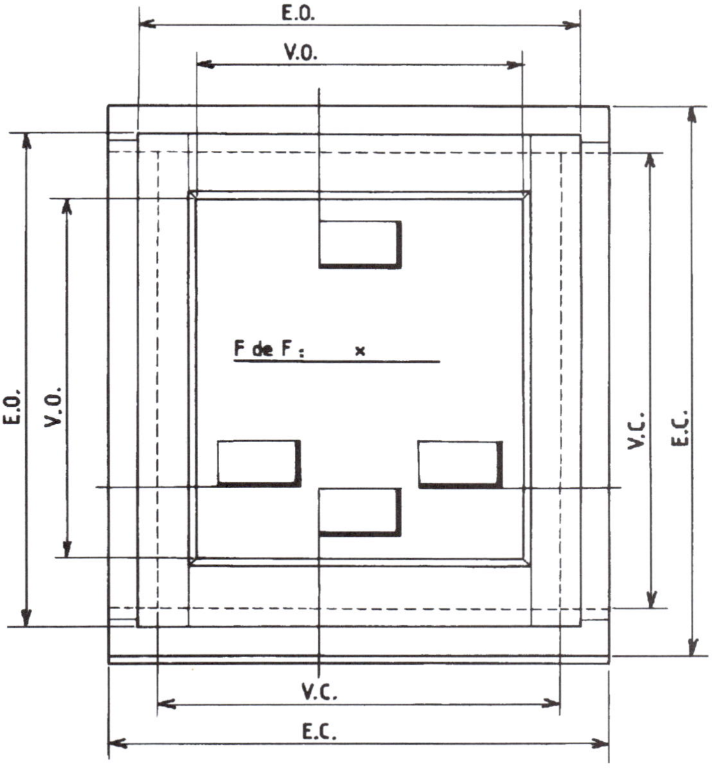

FERRAGE :

ORGANE DE ROTATION : ______________________

____

ORGANE D'IMMOBILISATION : ______________________

____

CROISÉE A UN VANTAIL				Classe :
Échelle :		Matière :		Dossier N° :
CROISÉE ISOLANTE				Plan type N° :

PLAN TYPE D'UNE CROISÉE ISOLANTE À DEUX VANTAUX

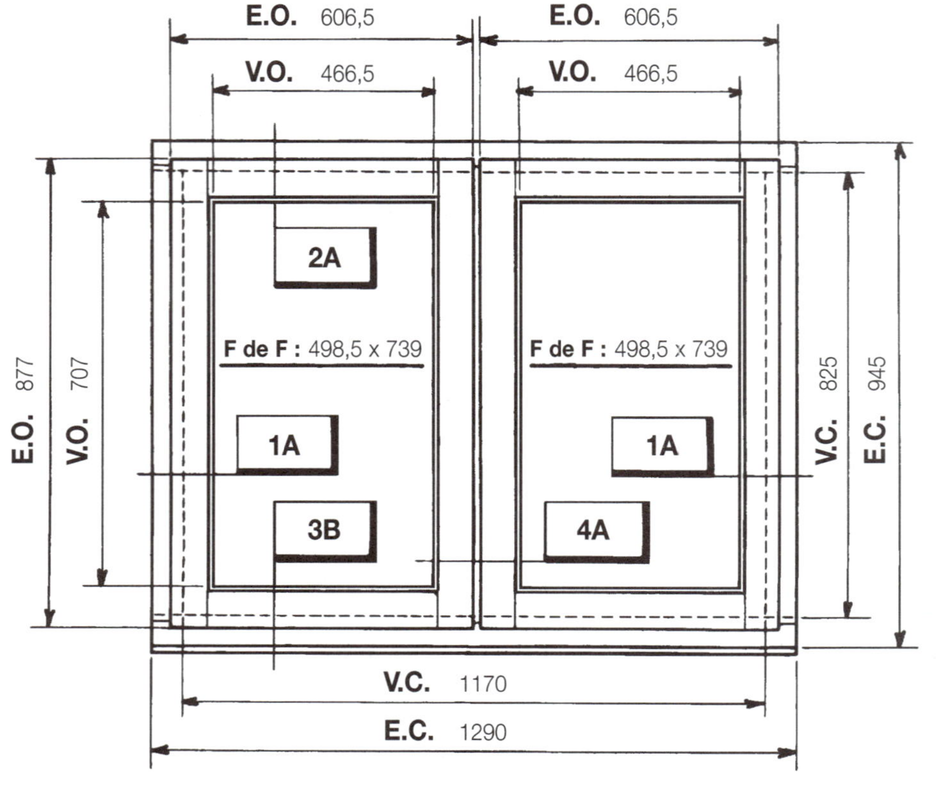

Sections type (voir pages suivantes)

CALCUL DES COTES NÉCESSAIRES POUR LA FABRICATION DES CROISÉES ISOLANTES

Hypothèse :

Dimensions nominales de baie connues en mm

Exemple :

Largeur nominale de baie (LNB) = 1 200 mm

Hauteur nominale de baie (HNB) = 900 mm

1 Calcul du Vide de cadre VC
(cochonnet : 15 mm)
Largeur VC = LNB – 30
Hauteur VC = HNB – 75

2 Calcul de l'extérieur cadre EC
Largeur ou hauteur EC = VC + 120

3 Calcul de l'extérieur ouvrant EO
Cotes finies obtenues par calibrage extérieur
Largeur EO 1 vantail = VC + 52
Largeur EO 2 vantaux = (VC + 43)/2
Hauteur EO = VC + 52

4 Calcul du vide ouvrant VO
Largeur VO = EO – 140
Hauteur VO = EO – 170

5 Calcul du fond de feuillure F de F
Largeur F de F = EO – 108
Hauteur F de F = EO – 138
Vérification largeur ou hauteur F de F = VO + 32

Système mis au point avec outillage type « Mecanic Worker ».

La forme et les dimensions des profils des croisées isolantes sont proposées par les fabricants d'outils. Ces outils s'utilisent en trains (ou empilage) de fraises sur les profileuses, les tenonneuses ou les centres d'usinage spécialisés.

SECTION TYPE N° 1A

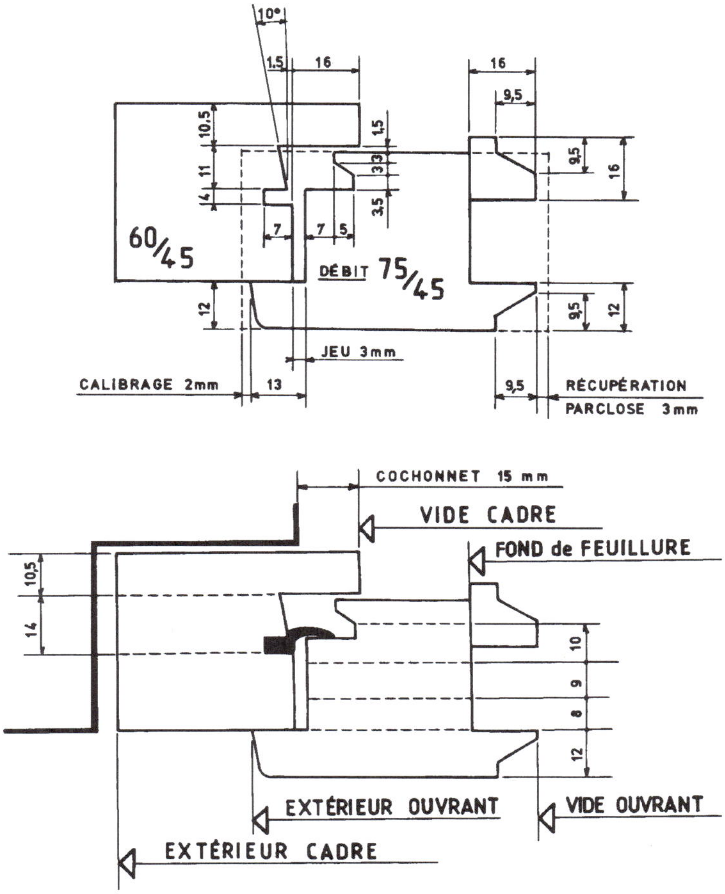

SECTION TYPE N° 4A

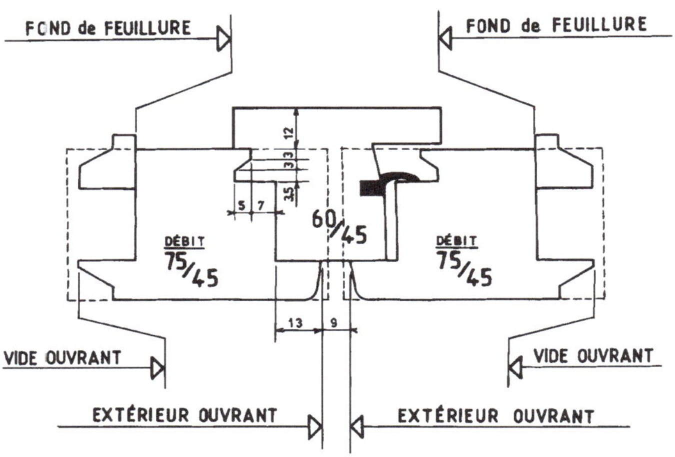

SECTION TYPE N° 3A

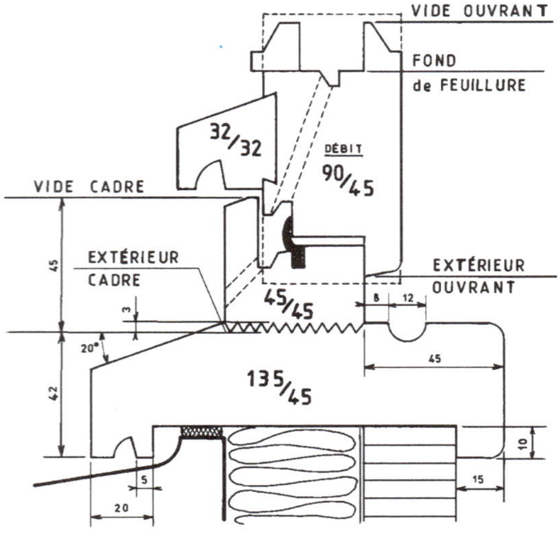

SECTION TYPE N° 3B

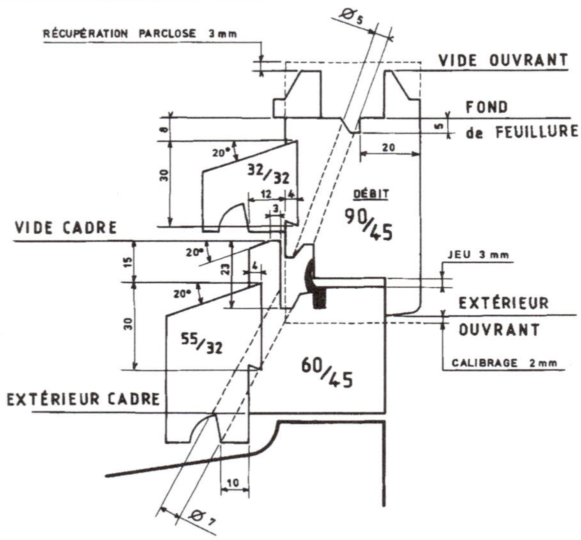

SECTION TYPE N° 2A

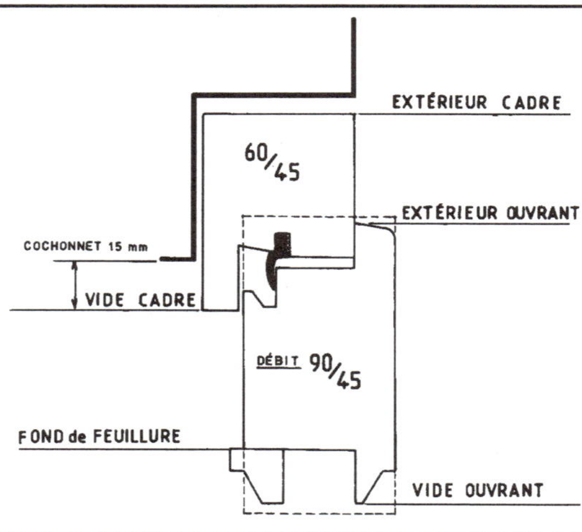

16.7.2 ÉTANCHÉITÉ

L'étanchéité des liaisons est un facteur essentiel pour la réalisation du confort des habitations.
Le menuisier devra connaître les phénomènes et les techniques de l'étanchéité afin de réaliser des ouvrages conformes aux exigences humaines et à la réglementation.
Pour contribuer au confort et à l'économie d'énergie en créant des barrages à l'air aux bruits, à l'eau et aux poussières.

LIAISONS ET ÉTANCHÉITÉ DES OUVRAGES AVEC LA MAÇONNERIE

■ LIAISONS CONCERNANT LE MENUISIER

- (A) Maçonnerie → dormant
- (B) Dormant → ouvrant
- (C) Ouvrant → vitrage
- (D) Ouvrants entre eux
- (E) Ouvrant → sol
- (F) Éléments fixes entre eux

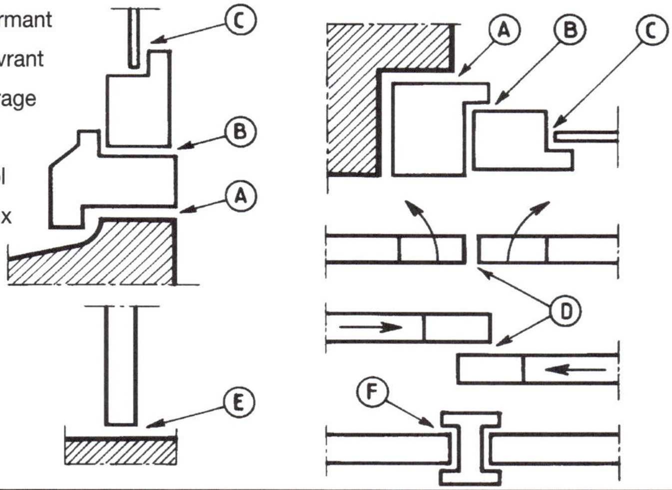

■ SOLUTIONS TECHNIQUES POUR RÉALISER L'ÉTANCHÉITÉ

Voir joints pages 111 à 116.

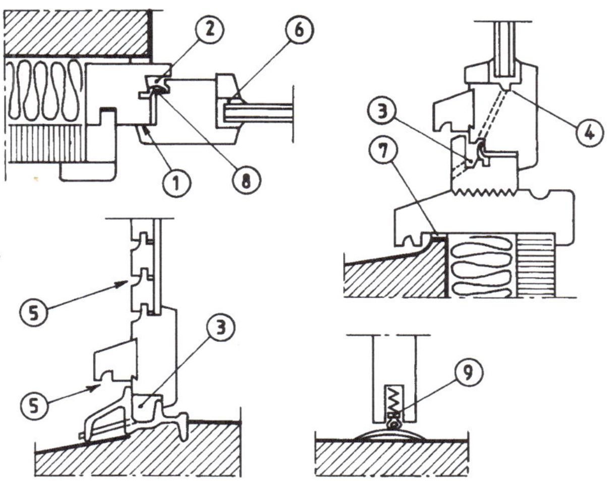

- Chicanes (1) et chambres de décompression (2)
- Drainages et évacuations — gorge de récupération (3) ; feuillure sèche (4)
- Profilages orientés (5) (goutte pendante)
- Mise en œuvre de produits d'étanchéité — mastics (6) ; bandes (7) — joints élastomères (8) ; profils spéciaux (9)

Remarque : L'étanchéité est en relation directe avec : l'isolation thermique, l'isolation acoustique, l'aération et la ventilation (V.M.C.)

16.7.3 MOBILITÉS DANS LES MENUISERIES

Rechercher les différentes possibilités de mouvement ou de déplacement des parties mobiles dans les ouvrages de menuiserie.

DÉMARCHE DE RECHERCHE DES MOBILITÉS DANS LES MENUISERIES

■ DIFFÉRENTS TYPES DE MOBILITÉS

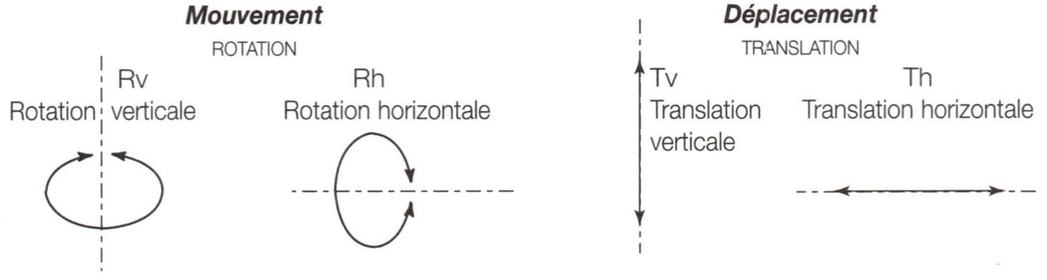

■ COMBINAISONS DES MOBILITÉS SUR UN AXE

Combinatoire primaire

Recherche des possiblités de rotation et de translation sur un seul axe, vertical **ou** horizontal.

Paramètres

Rotation : **Rv** ou **Rh**

Translation : **Tv** ou **Th**

États

R : Rotation effective

$\overline{R}$: Pas de rotation

T : Translation effective

$\overline{T}$: Pas de translation

R \ T	T	$\overline{T}$
R	A RT	B R$\overline{T}$
$\overline{R}$	C $\overline{R}$T	D $\overline{R}\overline{T}$

■ COMBINAISONS DES MOBILITÉS SUR 2 AXES

Combinatoire de second degré

Recherche des possiblités de rotation et de translation sur deux axes, vertical **et** horizontal.

Paramètres

Axe vertical

Axe horizontal

États

Résultats de l'analyse combinatoire primaire

Repère

Axe vertical \ Axe horizontal	A Rh Th	B $\overline{R}$h Th	C Rh $\overline{T}$h	D $\overline{R}$h $\overline{T}$h
A Rv Tv	1 RvTv – RhTh	2 RvTv – $\overline{R}$hTh	3 RvTv – Rh$\overline{T}$h	4 RvTv – $\overline{R}$h$\overline{T}$h
B Rv $\overline{T}$v	5 Rv$\overline{T}$v – RhTh	6 Rv$\overline{T}$v – $\overline{R}$hTh	7 Rv$\overline{T}$v – Rh$\overline{T}$h	8 Rv$\overline{T}$v – $\overline{R}$h$\overline{T}$h
C $\overline{R}$v Tv	9 $\overline{R}$vTv – RhTh	10 $\overline{R}$vTv – $\overline{R}$hTh	11 $\overline{R}$vTv – Rh$\overline{T}$h	12 $\overline{R}$vTv – $\overline{R}$h$\overline{T}$h
D $\overline{R}$v $\overline{T}$v	13 $\overline{R}$v$\overline{T}$v – RhTh	14 $\overline{R}$v$\overline{T}$v – $\overline{R}$hTh	15 $\overline{R}$v$\overline{T}$v – Rh$\overline{T}$h	16 $\overline{R}$v$\overline{T}$v – $\overline{R}$h$\overline{T}$h

DÉMARCHE DE RECHERCHE DES MOBILITÉS DANS LA MENUISERIE (suite)

■ PRINCIPALES SOLUTIONS EXISTANTES

Mouvements	Types de mobilité	Types de chassis	Repère
Mouvements simples	**Rv**	Châssis à la française Châssis à l'anglaise Châssis pivotant	8 8 8
	Rh	Châssis à soufflet Châssis à visière Châssis basculant	14 14 14
	Th	Châssis coulissant	15
	Tv	Châssis à guillotine	12
Mouvements composés	**Rh + Tv**	Châssis à l'italienne Châssis à la canadienne Châssis à l'australienne	10 10 10
	Rv + Th	Châssis accordéon	7
	Tv + Th	Châssis levant-coulissant	11
	Rv + Tv	Porte levante	4
Mouvements multiples	**Rv ou Rh**	Châssis oscillo-battant	6
	2 x Rh	Châssis basculant et à soufflet	14
Sans mouvement		Châssis fixe	16

■ CONCLUSION

Critères de choix de la mobilité d'un chassis

- Aération rationnelle – Etanchéité
- Facilité d'entretien et de nettoyage des vitrages
- Encombrement intérieur
- Fiabilité du système – fiabilité de manœuvre
- Facteur économique (coût)

MOUVEMENTS SIMPLES

Types de chassis	Avantages	Inconvénients
Châssis à la française 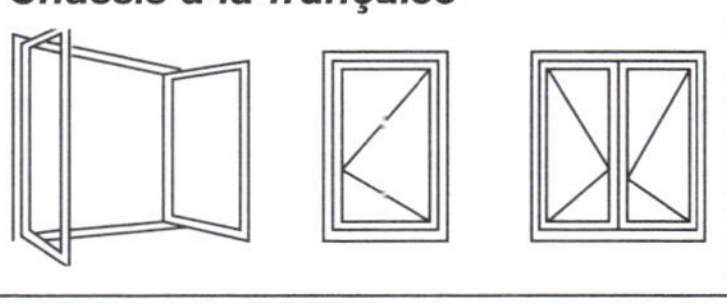	– Économique – Dégagement intégral de la baie – Étanchéité excellente	– Déformation des vantaux en diagonale – Encombrement intérieur – Aération impossible sous pluie battante
Châssis à l'anglaise 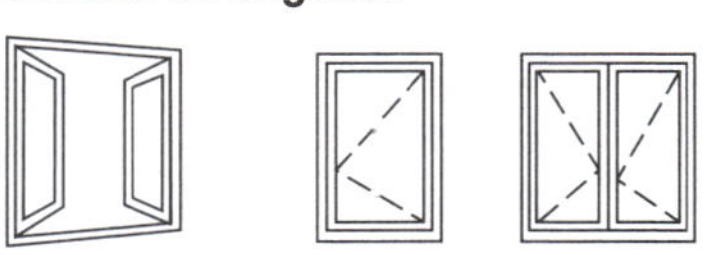	– L'action du vent améliore l'efficacité de l'étanchéité – Pas d'encombrement intérieur	– En position ouverte les vantaux sont exposés au vent et aux intempéries
Châssis pivotant 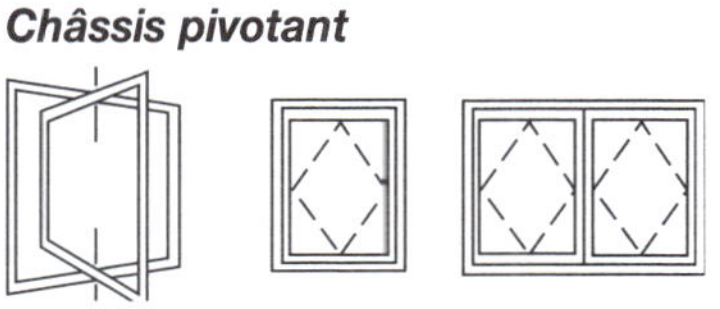	– Bon équilibrage des vantaux – Nettoyage facile	– Étanchéité difficile à réaliser – La partie extérieure en saillie offre une prise au vent : pivots à freins

	Types de chassis	Avantages	Inconvénients
MOUVEMENTS SIMPLES (suite)	***Châssis à soufflet*** 	– Aération rationnelle par le haut même sous pluie oblique	– Pour le nettoyage nécessité de décrocher le compas d'arrêt, afin de rabattre le vantail
	Châssis à visière 	– Ouverture aisée jusqu'à une hauteur de deux mètres	– Nettoyage difficile – Aération impossible sous pluie battante – Encombrement intérieur
	Châssis basculant 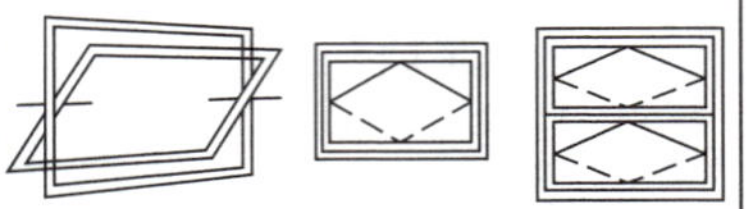	– Aération sous pluie battante possible – Pas de déformation des vantaux – Grandes surfaces vitrées	– Laisse passer l'air au niveau de la nuque pour les personnes assises : bureaux, écoles, hôpitaux
	Châssis coulissant 	– Permet une ouverture progressive et stable en toutes positions – Pas d'encombrement intérieur – Très grandes surfaces	– Étanchéité difficile à réaliser – Dégagement de la baie à moitié – Nettoyage difficile
	Châssis à guillotine 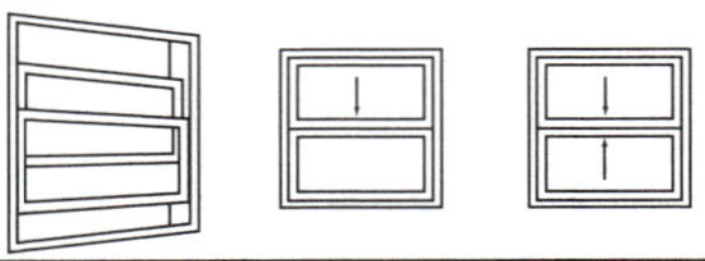	– Aération rationnelle – Pas d'encombrement intérieur	– Nettoyage difficile – Mécanisme d'équilibrage et de freinage complexe
MOUVEMENTS COMPOSÉS	***Châssis à l'italienne*** 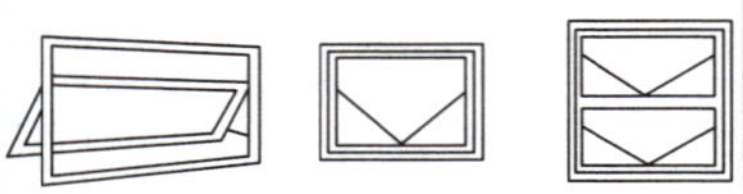	– Aération rationnelle – Pas d'encombrement intérieur	– Ferrage complexe – Nettoyage difficile
	Châssis à la canadienne 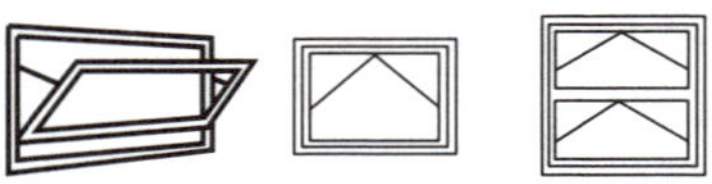	– Aération rationnelle – Nettoyage plus facile que pour le châssis précédent	– Encombrement intérieur – Ferrage complexe
	Châssis à l'australienne 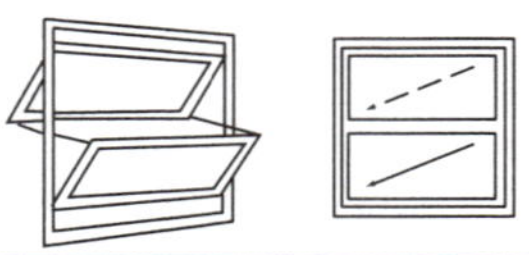	– Combinaison des deux châssis précédents – Aération rationnelle	– Ferrage très complexe – Nettoyage difficile – Fabrication délicate
	Châssis accordéon 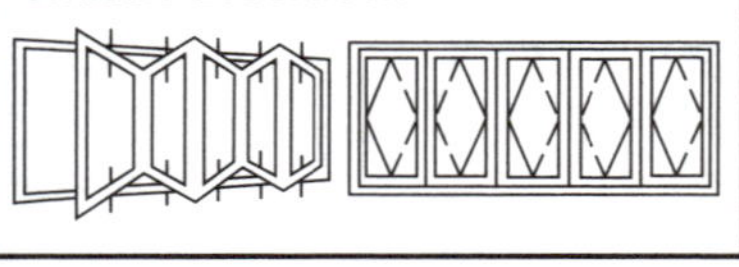	– Très grandes surfaces de vitrage possibles – Dégagement intégral de la baie	– Ferrage et étanchéité difficiles à réaliser – Fabrication délicate

	Types de chassis	Avantages	Inconvénients
MOUVEMENTS MULTIPLES	***Châssis oscillo – battant*** 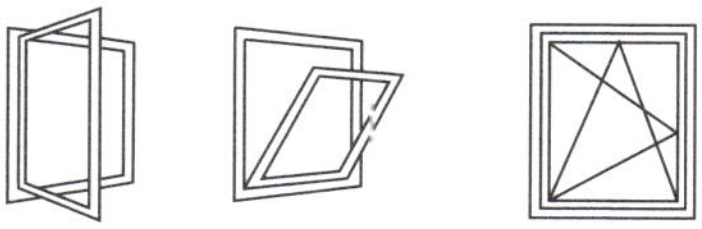	– Combinaison des systèmes à la française et à soufflet – Aération rationnelle – Nettoyage facile	– Prix élevé – Ferrage complexe – Déformations de vantail
	Châssis basculant et à soufflet 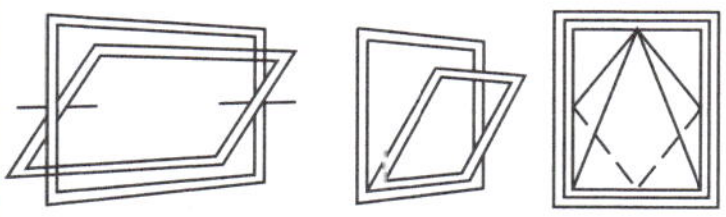	– Cumule les avantages des systèmes basculant et à soufflet	– Prix élevé – Ferrage complexe

16.8 GARDE-CORPS ET RAMPES — NF P01-012

Les garde-corps et les rampes d'escaliers assurent la protection contre les chutes. La norme fixe les règles dimensiennelles de securité

NU INTÉRIEUR ET EPAISSEUR

Nu intérieur des garde-corps

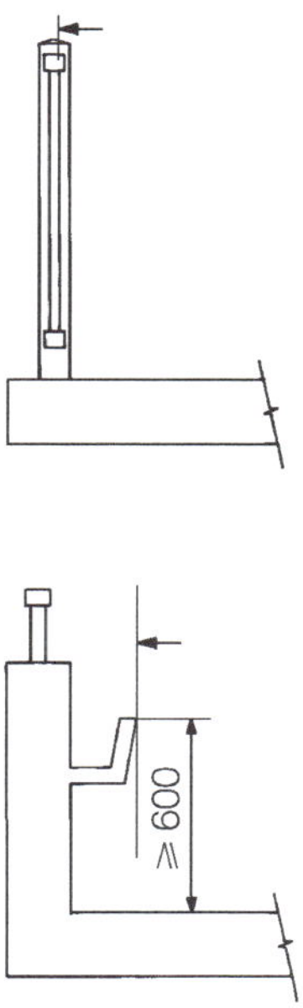

Epaisseur des garde-corps

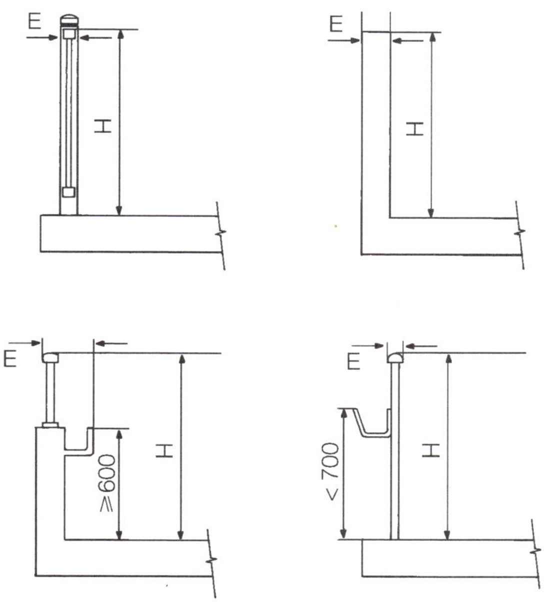

EPAISSEUR E (mm)		⩽ 200	250	300	350	400	450	500	550	⩾ 600
HAUTEUR H (mm)	Batiments d'habitation	1000	975	950	925	900	850	800	800	800
	Autres	1000	975	950	925	900	850	800	750	700

ALLEGE FENÊTRE

SAILLIE

Allège fenêtre

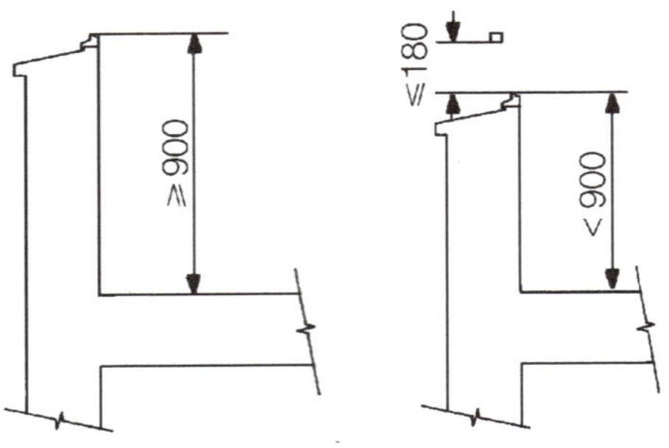

Garde-corps en saillie

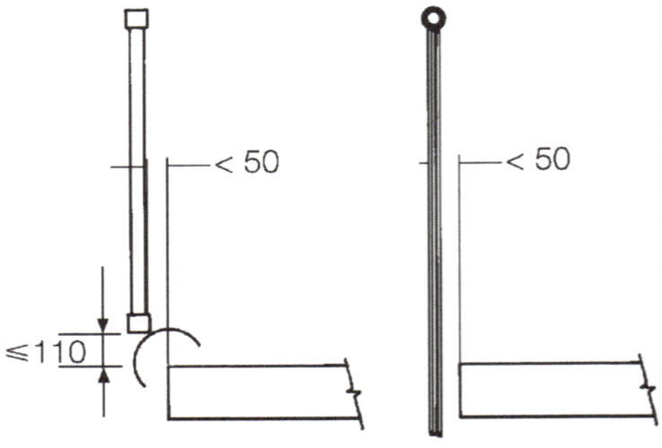

DIMENSIONS DES VIDES ET DES RAMPES

■ VIDES

Verticaux

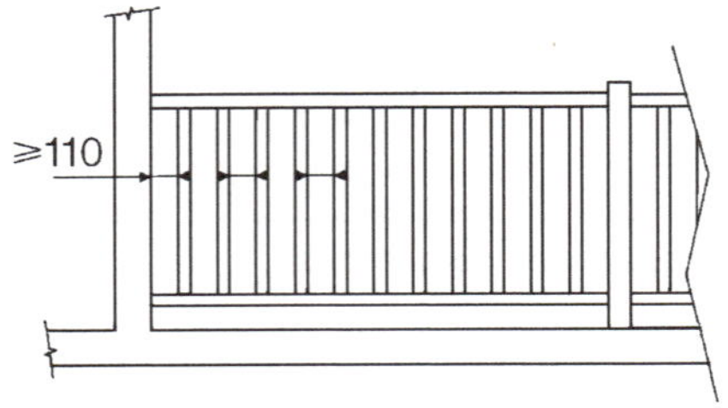

Horizontaux

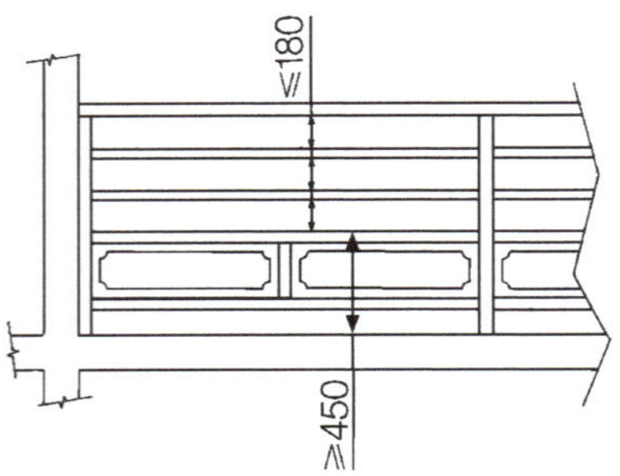

Autres vides

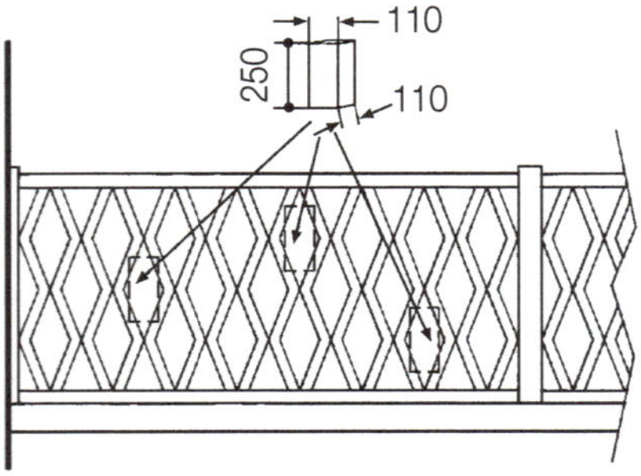

■ RAMPES

Escaliers à limon

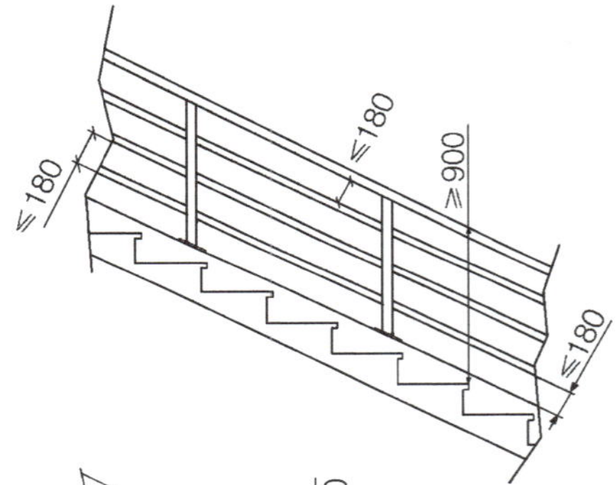

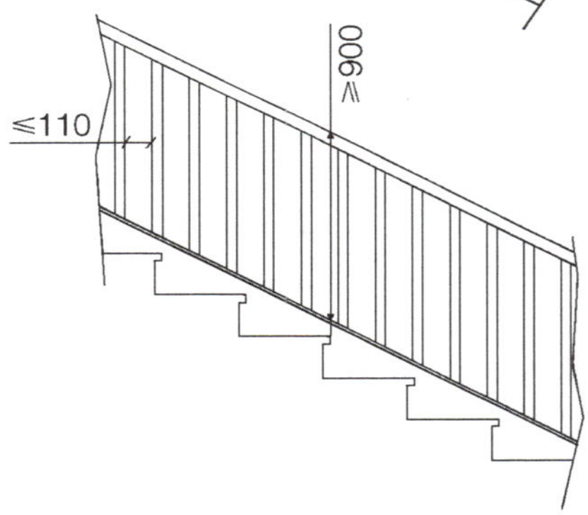

Escalier à crémaillères

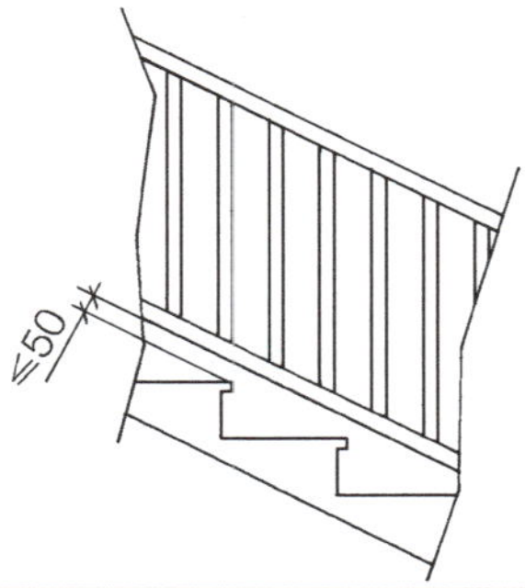

16.9 CHANTIER

16.9.1 POSE DES OUVRAGES

Les opérations de pose consistent à situer et à stabiliser, dans sa situation définitive, un ouvrage dans l'espace conformément au cahier des charges fonctionnel et aux documents techniques de définition, plan de l'architecte, plan de pose de l'entreprise…

MISE EN POSITION ISOSTATIQUE

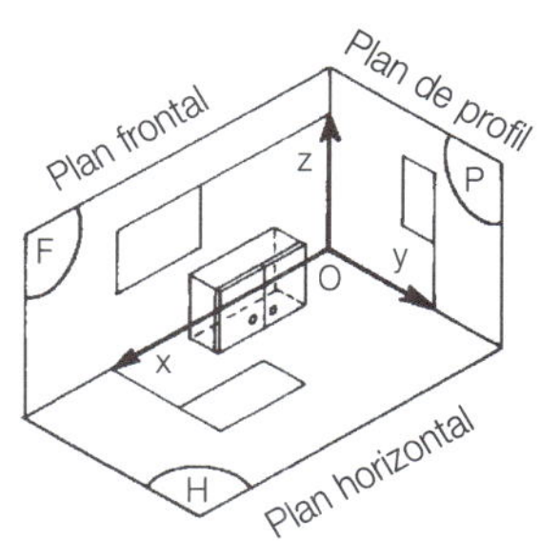

Principe

La mise en position est réalisée par rapport à des plans de référence appartenant à un référentiel tri-directionnel.
Trois cotes fonctionnelles :
- OX dans le plan horizontal
- OY dans le plan de profil
- OZ dans le plan frontal

Moyens

Niveau, fil à plomb, lunette, rayon laser, mètre, décamètre, pige, gabarit, règle, cordeau…

MAINTIEN EN POSITION ISOSTATIQUE

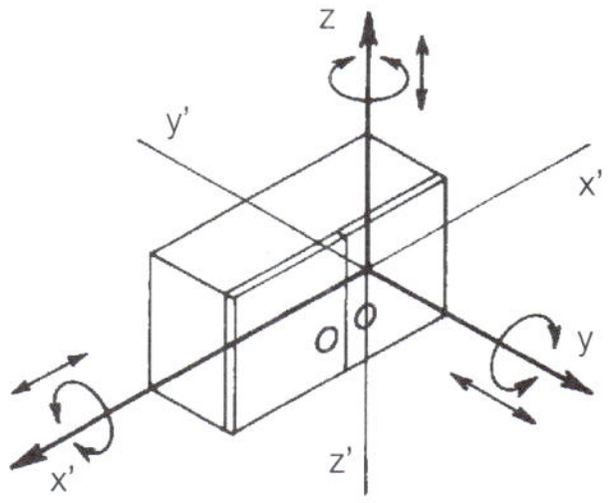

Mouvements \ Axes	x'x	y'y	z'z	totaux
Translation ⟷	1	1	1	3
Rotation	1	1	1	3
Mouvements possibles				6

Principe

En neutralisant les 6 degrés de liberté de l'ouvrage par calage et ancrage sur le sol, les murs, le plafond.

Moyens

- Provisoires : dans l'attente de la mise en œuvre des dispositifs d'immobilisation définitive de l'ouvrage.
- Définitifs : ancrage immédiat de l'ouvrage par les dispositifs adaptés.

Cotes fonctionnelles de pose

Cotes d'alignement dans H : 0X1 – OX2 – OX3 – OX4
Cotes d'écartement dans P : OY1 – OY2 – OY3
Cotes de hauteur dans F : OZ1 – OZ2 – OZ3 – OZ4

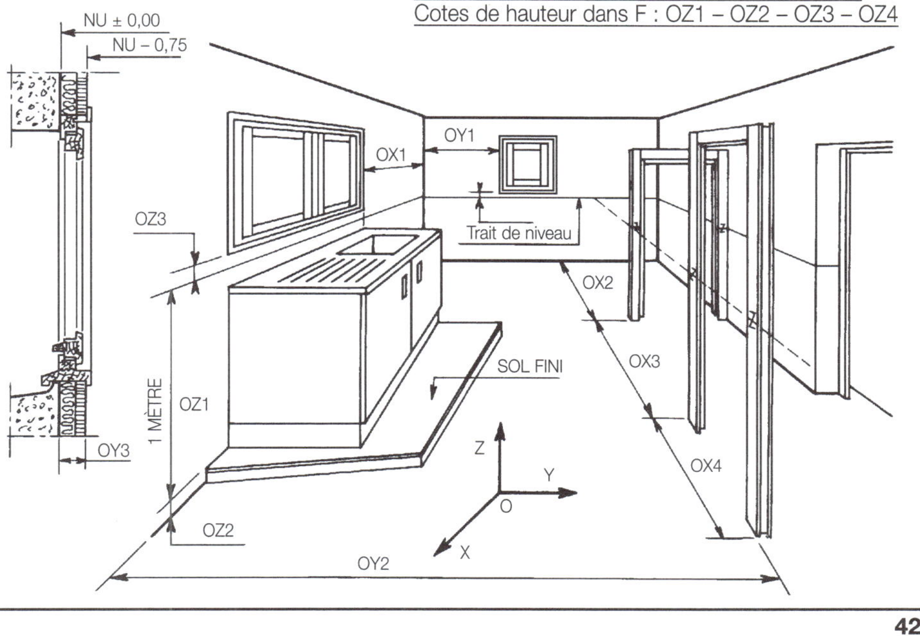

■ MODE DE POSE

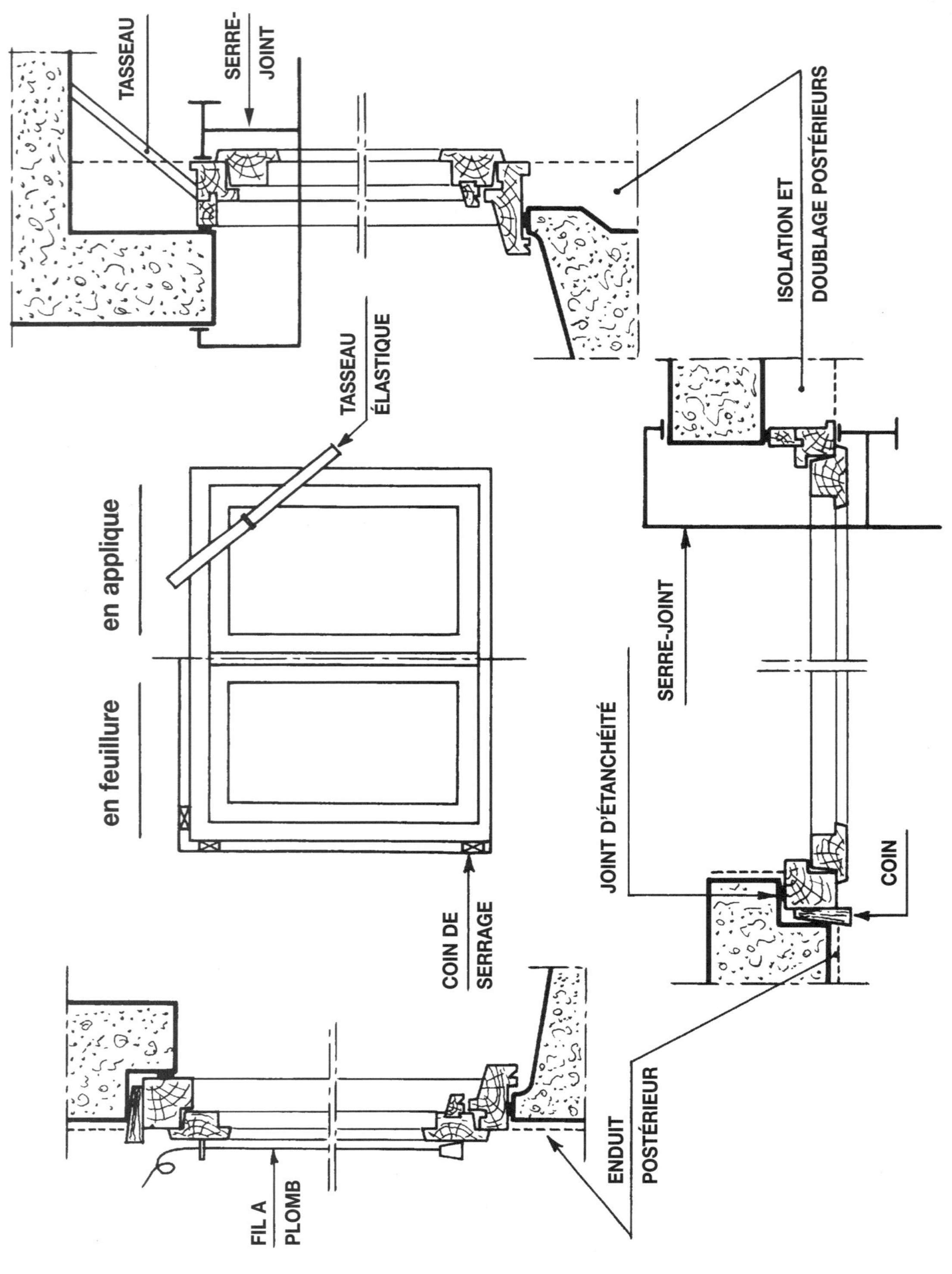
TASSEAU
SERRE-
JOINT
ISOLATION ET
DOUBLAGE POSTÉRIEURS
TASSEAU
ÉLASTIQUE
en applique
en feuillure
COIN DE
SERRAGE
SERRE-JOINT
JOINT D'ÉTANCHÉITÉ
COIN
ENDUIT
POSTÉRIEUR
FIL A
PLOMB

16.9.2 FIXATION DES OUVRAGES

La fixation des ouvrages a pour but d'assurer la liaison ouvrage-support. Pour cela, nous disposons de divers types de liaisons qui sont choisies en fonction de la nature du support et des organes de fixation.

SUPPORTS

■ CORPS PLEINS
- Pierre
- Béton
- Béton cellulaire
- Briques peines
- Carreaux de plâtre
- Pisé
- Bois et dérivés

■ CORPS CREUX
- Briques creuses
- Cloisons placoplâtre
- Cloisons de doublage
- Cloisons menuisées

ORGANES DE FIXATION

- Pattes à scellement
- Pontes acier
- Vis
- Chevilles diverses
- Chevilles auto-foreuses
- Goujon à expansion
- Piton à bascule
- Douilles d'ancrage
- Ferrures diverses

TYPES DE LIAISONS ET OUTILLAGES EMPLOYÉ

ANCRAGE – ADHÉRENCE

- **VOIE HUMIDE**
  - **liant + eau**
    - CAVITÉ CREUSÉE DANS LE SUPPORT

      patte

    - Massettes
    - Pointerolles
    - Auge
    - Truelle
- **VOIE SÈCHE**
  - **compression**
    - PÉNÉTRATION DE FORCE PAR UN MOYEN DE FRAPPE

      pointe acier

    - Pistolet à scellement
    - Marteau
    - Agrafeuses pneumatiques
  - **expansion**
    - TROU CYLINDRIQUE CORRESPONDANT À LA CHEVILLE

      cheville

    - Perceuse à percussion
    - Mèches au carbure
    - Tamponnoir
    - Marteau
- **FIXATION CHIMIQUE**
  - **réaction chimique**
    - SCELLEMENTS CHIMIQUES → PRÉPARATION DU SUPPORT ADAPTÉE AU PRODUIT
      - Perceuse à percussion
      - Mèches au carbure
      - Tamponnoir
      - Marteau
    - COLLES → PRÉPARATION DU SUPPORT ADAPTÉE AU PRODUIT
      - Spatules diverses
      - Pistolet à encoller

CRITÈRES DE CHOIX

- la nature du support = corps creux ou pleins – dureté – homogénéité
- la nature de l'ouvrage = menuiseries extérieures ou intérieures
- les contraintes mécaniques = résistance à l'arrachement et au cisaillement
- le facteur esthétique = fixations invisibles, caches spéciaux
- le facteur économique = rapidité d'exécution, simplicité

Remarque : les techniques et les matériels de fixation des ouvrages évoluent en fonction des matériaux de construction nouveaux. Il est donc indispensable de s'informer périodiquement dans ces domaines.

16.9.3 POSE DES HUISSERIES

PRÉCAUTIONS

Avant la mise en place des huisseries sur le chantier, il faut vérifier :

- **le tracé :**
  - du trait de niveau sur les murs (battu par le maçon)
  - d'implantation au sol des cloisons, huisseries, poteaux

- **la mise en place sur l'huisserie :**
  - de la barre d'écartement (contrôle de la cote d'écartement)
  - des goussets d'équerrage (contrôle d'équerrage)
  - des tringles de protection (dans le cas des chantiers importants)
  - des pattes de scellement ou clous à bateau (cloison à voie humide)

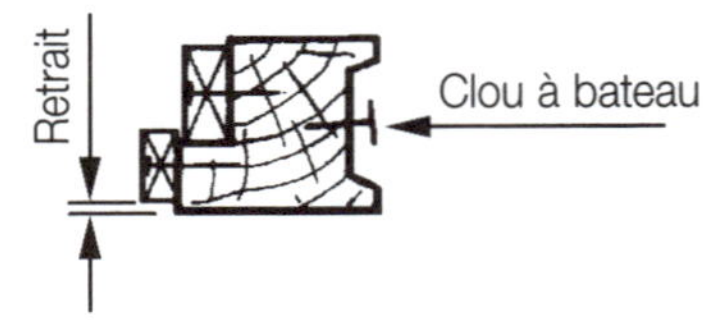

- **la représentation sur l'huisserie :**

Du repère correspondant au trait de niveau du bâtiment (trait mètre)

PRINCIPE DE POSE

■ MISE DE NIVEAU ET D'APLOMB

1re phase

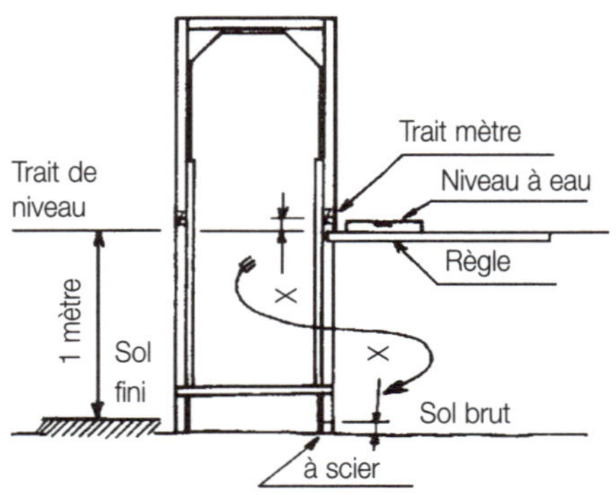

1. Présentation de l'huisserie
2. Reporter sur chaque montant le tracé du trait de niveau
3. Mesurer la distance « X » entre la trace du trait de niveau et le trait mètre sur chaque montant et la reporter au pied respectif des montants
4. Scier les pieds

2e phase

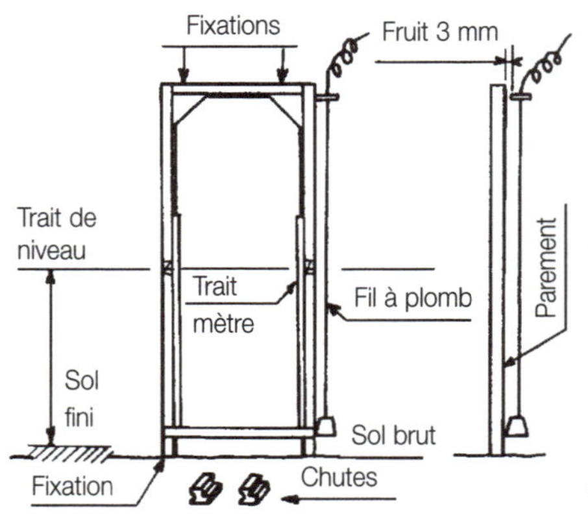

1. L'huisserie est de niveau : le trait mètre est dans le même plan que le trait de niveau du bâtiment
2. Mettre l'huisserie d'aplomb avec un léger fruit
3. Arrêter les pieds
4. Fixer l'huisserie au plafond provisoirement ou définitivement

■ MOYENS DE FIXATION

PRINCIPE DE POSE (suite)

Au sol

• Sur béton

par pattes d'équerres

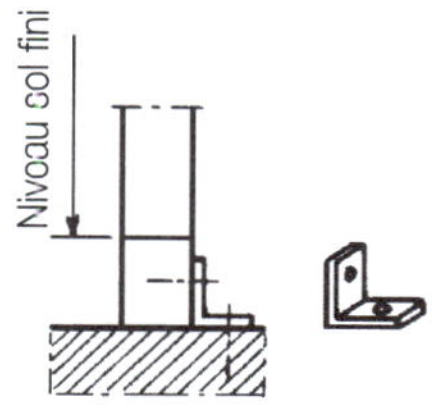

par pattes à scellement

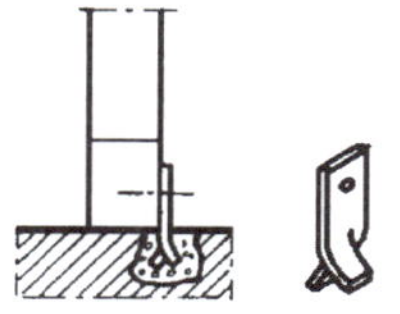

par pattes goujon

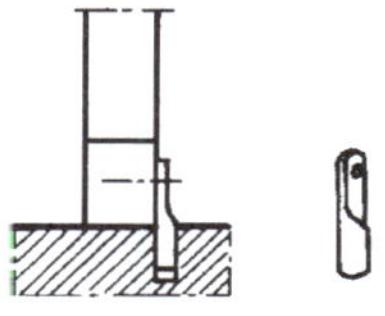

par solin maçonné

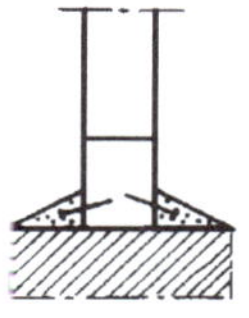

• Sur bois

sur étrésillon

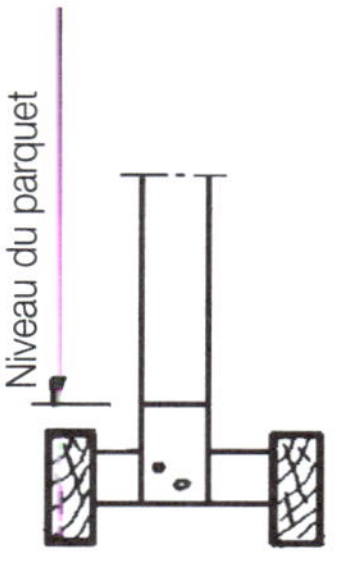

sur parquet

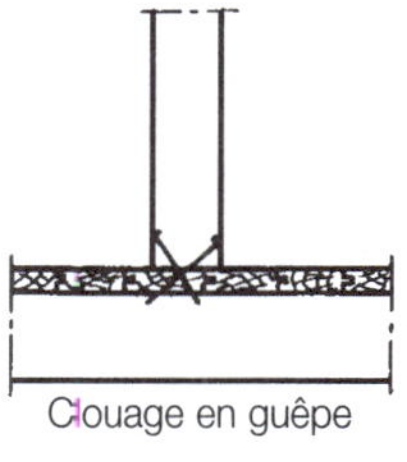

Au plafond

• Provisoire

par coins

par lattes et élastiques

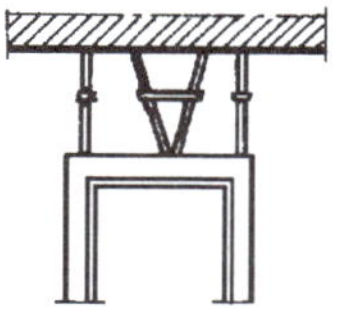

par lattes arrêtées au plâtre

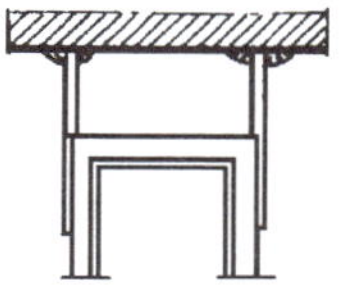

par lattes de contreventement

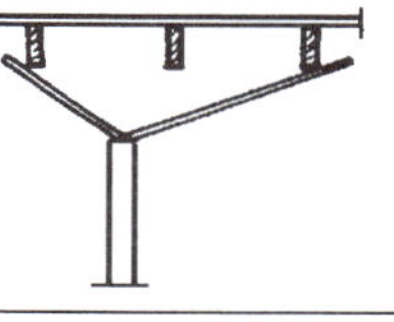

• Définitive

par scellement

par aiguilles métalliques scellées au plâtre

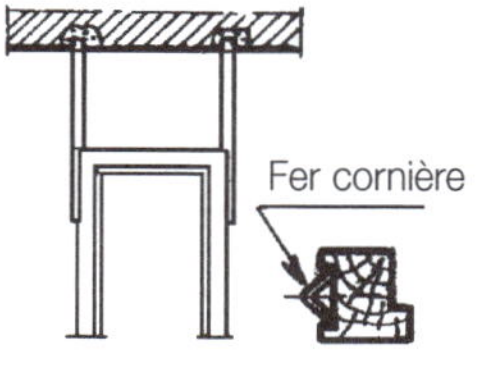

par clouage

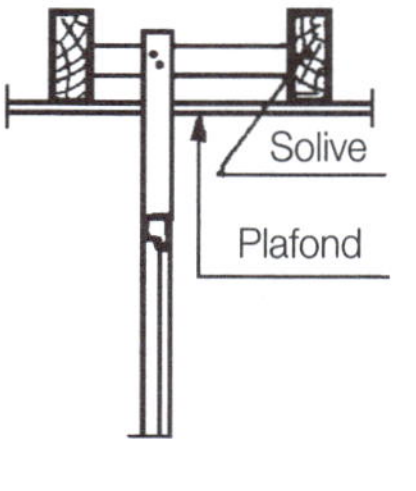

17. MAINTENANCE

DÉFINITION

La maintenance est l'ensemble des actions qui permettent de maintenir ou de rétablir en état de fonctionnement un système de production : machine, outillages, auxiliaires de fabrication…
La maintenance permet à l'entreprise de rester compétitive au regard de ses objectifs de qualité, sécurité, productivité, efficacité, fiabilité, flexibilité, « juste à temps »…

OBJECTIFS DE LA MAINTENANCE

- À court terme : Réduire les temps d'immobilisation des systèmes et le coût des interventions
  Assurer : la sécurité, la qualité de production, la durabilité des matériels.
- À moyen terme : Planifier les opérations de maintenance (en temps masqué)
- À long terme : Prévoir les investissements (remplacement des matériels)

LES TYPES DE MAINTENANCE

■ MAINTENANCE CORRECTIVE

Le système est en panne : la production est arrêtée.
Les temps d'intervention correspondent à une perte de production.

Elle pour but de redonner au matériel les qualités perdues nécessaires à son utilisation, à la suite d'une défaillance partielle ou complète,

• Étapes pour mener une action corrective :

- Détection
- Diagnostic
- Localisation
- Intervention
- Consignation

Dépannage : Remise en état provisoire en attente d'une réparation définitive

Réparation : La partie défaillante est remise en état d'origine et définitivement

■ MAINTENANCE PRÉVENTIVE

Le système de fabrication continue à produire
Les interventions s'effectuent pendant les arrêts : réglages, congés

Elle a pour but de diminuer les probabilités de défaillance, de diminuer les temps d'arrêt en cas de panne, de supprimer les cas d'accidents graves, de prévoir les interventions de maintenance corrective coûteuses.

• Conditions pour mener des actions préventives :

- Documentations
- Notices
- Modes opératoires
- Plans, schémas
- Historiques
- Plannings
- Echéanciers
- Moyens informatisés

Maintenance Systématique

Elle est effectuée selon un échéancier indiquant le temps ou l'unité d'utilisation (Nb de pièces)

Maintenance Conditionnelle

Elle est déterminée en fonction d'informations données par la machine : niveaux d'huile, pression, température, capteurs de vibrations

LES NIVEAUX DE LA MAINTENANCE

Niveau	Types de travaux	Personnels	Moyens	Exemples
1	Réglages simples sur des organes accessibles sans démontage. Échange d'éléments accessibles en toute sécurité.	Opérateur	Outillage léger défini dans les instructions d'utilisation du constructeur	Fusibles Outils de coupe
2	Dépannage par échange standard d'éléments prévus à cet effet ou par des opérations mineures de maintenance préventive	Techniciens habilités dans l'entreprise	Outillage et pièces de rechange existants sur place	Contacteur Capteur
3	Identification et diagnostic de pannes, réparation par échange de composants fonctionnels, réparations mécaniques mineures	Technicien spécialisé sur place ou extérieur local de maintenance	Outillage prévu, appareils de mesure et de contrôle	Courroie Vérin
4	Travaux importants de maintenance préventive et corrective	En atelier central par une équipe encadrée par un technicien	Outillage général, appareils de mesure, banc d'essai et de contrôle	Moteur
5	Travaux de réparations, de rénovations, de reconstructions, importantes	En atelier central Équipe complète Techniciens	Moyens proches de ceux du constructeur	Vis à billes Commandes informatiques

LES HISTORIQUES

La maintenance se gère par des documents de suivi qui vivent et évoluent par les soins des divers intervenants habilités pour l'entretien et les réparations des matériels de production.
Gérer c'est saisir des données, les traiter, les consigner sur des documents de suivi, les archiver.

Les documents de suivi doivent contenir des renseignements indispensables :
désignation de l'équipement, nom de l'intervenant, dates des interventions, anomalies constatées même si elles disparaissent, causes diagnostiquées, travaux effectués, temps d'intervention, suite à donner, coût total des pièces, des produits d'entretien, des consommables et de la main d'œuvre…

Il faut discerner deux types d'historiques :

- **Les historiques d'entretien**

Ils sont gérés par l'opérateur, un exemplaire du document de suivi se trouve donc sur le site de production, l'archivage se fera sur un historique se trouvant dans le bureau du chef d'atelier.

- **Les historiques de pannes**

Ils sont gérés par les personnes qui correspondent au niveau de la maintenance concerné.
Les documents de suivi sont archivés dans le bureau du chef d'atelier.

18. HYGIÈNE ET SÉCURITÉ

18.1 ORGANISATION ET SÉCURITÉ

Lors de la conception ou de la réorganisation des ateliers, il faut tenir compte simultanément des impératifs de productivité, de qualité et de sécurité.

Dysfonctionnement	Conséquences possibles	Remèdes possibles
DÉSORDRE GÉNÉRAL	**Productivité** • Pertes de temps pour chercher, manipuler les matériaux, ouvrages et dégager les chutes au sol. **Qualité** • Matériaux, ouvrages finis, produits, outils détériorés ou altérés. **Santé-Sécurité** • Blessures par chutes de matériaux, instables ou mal stockés ou lors des manutentions par chutes de plain-pied.	• **Surface suffisante** de l'atelier pour stocker les matériaux, produits semi-finis et finis et faciliter l'accès à ces aires de stockage. • **Murs peints de couleur claire** pour favoriser le rangement. • **Dispositifs** permettant d'assurer la **stabilité des matériaux** et produits finis : – *ranchers pour plots ;* – *râteliers pour panneaux ;* – *casiers pour les chutes récupérables ;* – *chevalets* ou *berceaux pour fermettes,* éléments de murs préfabriqués... – *stockage* et *évacuation régulière des chutes de bois* à proximité des scies (caisses sur palettes, caisses à roulettes...). • *armoires, casiers, râteliers* pour outils. • *servantes à roulettes* pour matériaux et outils portatifs.
MACHINES MAL IMPLANTÉES	**Productivité** • Pertes de temps dues à des gênes réciproques. • Accès difficile autour des machines. • Difficultés d'entretien des machines. • Difficultés de réglage des machines. **Qualité** • Défauts d'aspect ou manque de précision dus à des reprises des pièces en cours d'usinage. **Santé-Sécurité** • Blessures de tiers par rejet du bois. • Impossibilité pour mettre en place des servantes pour les pièces longues ce qui peut constituer un danger lors de l'usinage. • Blessures lors de manutention de pièces longues.	• **Intégrer l'implantation rationnelle** des machines avant la réalisation d'un atelier ou avant l'achat d'un local existant ce qui évitera des entassements de machines dans des espaces beaucoup trop restreints. • **L'accès** à la machine doit être facilité. • **L'approvisionnement** de la machine doit s'effectuer dans de bonnes conditions. • **L'implantation** de la machine doit faciliter le travail de l'opérateur. • Tenir compte des **dimensions maximales des pièces** qui seront usinées (encombrement de la machine + 2 fois la longueur de ces pièces). • Tenir compte des **stocks intermédiaires**.
SOLS EN MAUVAIS ÉTAT	**Productivité** • Pertes de temps pour remettre en pile les éléments renversés. **Qualité** • Détérioration d'ouvrages ou éléments d'ouvrages lors de déplacements de chariots avec palettes, de manutentions manuelles... **Santé-Sécurité** • Chutes de plain-pied. • Blessures dues au basculement de charges. • Chutes sur machines.	• Mettre les sols au **même niveau**. • S'assurer de leur **résistance mécanique.** • Supprimer les **désaffleurements** ou les **trous**. • Les rendre **anti-dérapants**. • Faciliter leur **entretien** (application de produits anti-poussière sur les chapes béton). Document OPPBTP, avec leur aimable autorisation

Dysfonctionnement	Conséquences possibles	Remèdes possibles
ÉCLAIRAGE INSUFFISANT	**Productivité** • Temps d'exécution plus longs. • Reprises nécessaires sur certains éléments d'ouvrages. **Qualité** • Erreurs de lecture de cotes. • Mauvaises appréciations : – *des défauts du bois,* – *de la précision des assemblages,* – *de la qualité des finitions.* **Santé-Sécurité** • Nécessité d'accommodation entraînant la fatigue visuelle. • Mauvaise perception des outils et des zones de dangers.	• **Éclairage d'ambiance** 150 Lux minimum. • **Éclairage aux postes d'usinage** 500 Lux minimum. • Tenir compte : – du *facteur d'absorption* des murs, plafonds, etc. Celui-ci, lié au pouvoir réfléchissant des couleurs d'ambiance, peut varier entre 0,75 et 0,25 ; – du *facteur de dépréciation* dû au vieillissement des sources de lumière artificielle et aux dépôts de poussières, il se situe entre 1,25 et 1,50.
MANUTENTIONS PÉNIBLES	**Productivité** • Pertes de temps inutiles. • Pertes de matière par épaufrures, ruptures… **Qualité** • Épaufrures, chocs sur pièces finies. • Chocs sur machines par manutention brutale de pièces lourdes (ex. plateaux) entraînant une perte de précision ou des ruptures d'éléments de machines. **Santé-Sécurité** • Lombalgies (mal de dos) très fréquents dans les métiers du bois. • Blessures graves par basculement, instabilité, ripage de panneaux, plateaux, ouvrages... • Accumulation de fatigue inutile.	• Prévoir les moyens de **manutention** adaptés aux matériaux ou pièces à manipuler. • **Palonniers à ventouses** pour panneaux de particules (ou chariots si faibles quantités) et pour plateaux de bois massifs. • **Monorails** ou **ponts roulants** pour pièces lourdes. • **Chariots à fourches** latérales pour avivés.
TEMPÉRATURE EXCESSIVE OU TROP BASSE	**Productivité** • Temps passés anormalement élevés du fait d'un rythme de travail perturbé. **Qualité** • En retrait du fait d'une habilité moindre. **Santé-Sécurité** • Température trop élevée : troubles cardio-vasculaires, coup de chaleur. • Température trop basse : douleurs musculaires, engourdissements. • Dans les deux cas, difficultés gestuelles incompatibles avec les travaux sur machines dangereuses.	• En période chaude assurer une **ventilation naturelle** efficace de l'atelier : appels d'air latéraux à l'atelier et évacuation de l'air chaud en toiture. • En période froide assurer le **chauffage** de l'atelier pour obtenir une température de l'ordre de 12° C pour les ateliers de charpente où des efforts musculaires relativement importants peuvent être effectués et de 15° C dans les ateliers de menuiserie. • Prévoir une **isolation thermique** des murs et toitures ou disposer un faux plafond isolant pour limiter les déperditions. Nota : l'isolation thermique peut être combinée avec le traitement acoustique de l'atelier (tôles perforées intérieures + laine de verre ou laine de roche). Document OPPBTP, avec leur aimable autorisation

Dysfonctionnement	Conséquences possibles	Remèdes possibles
BRUIT EXCESSIF	**Productivité** • Temps morts plus importants. • Difficultés pour dialoguer. • Incompréhension ou déformation des messages verbaux visant la fabrication, les commandes, etc. **Qualité** • Désengagement général du personnel compte tenu des mauvaises conditions de travail. **Santé-Sécurité** • Risque de surdité professionnelle au-delà d'une dose de bruit quotidienne supérieure à 85 dB (A). • Troubles physiologiques divers (irritabilité, troubles gastro-intestinaux, troubles neuro-psychiques...). • Fatigue et diminution de la vigilance pouvant entraîner des accidents lors de l'utilisation de machines. • Difficulté de perception de messages de danger.	• **Diminuer le bruit** à la source de certaines machines (exemple : encoffrement de quatre faces, emploi d'outils hélicoïdaux pour dégauchissage et rabotage). • **Diminuer le bruit ambiant** par traitement acoustique à certains postes de travail bruyants et/ou traitement général de l'atelier (exemple : baffles suspendues, tôles perforées avec matériaux fibreux absorbants pour les murs et le plafond. • **Port de protections individuelles** : bouchons d'oreilles, serre-têtes avec coquilles si la dose de bruit quotidienne est supérieure à 85 dB(A).
DISPOSITIFS DE PROTECTION ABSENTS, PEU EFFICACES OU MAL ADAPTÉS	**Productivité** • Temps de mise en place ou de réglage excessif des protecteurs mal adaptés ou mal conçus. **Qualité** • Traces sur le bois lors des reprises en cours de translation des pièces du fait d'une gêne entraînée par un dispositif mal conçu, gênant, mal fixé, etc. **Santé-Sécurité** • Blessures dues au contact avec l'outil ou autres organes en mouvement.	• Obligation de **surveillance** du chef d'entreprise ou du responsable de l'atelier. • **Remplacer** tout ancien dispositif mal conçu par un dispositif plus efficace et mieux accepté par le personnel. • Apprendre à les **utiliser correctement**. • Des dispositifs simples et peu coûteux permettent de réaliser certains travaux réputés dangereux, sans risques (exemple : lors des travaux arrêtés à la toupie). • **Entretenir** les dispositifs en remplaçant les pièces usées et assurer le fonctionnement aisé des dispositifs réglables. • Dans la mesure du possible les dispositifs de protection seront toujours à demeure sur la machine et facilement escamotables pour les changements d'outils ou lors de la mise en place d'entraîneurs mécaniques (cas de la toupie notamment).
DISPOSITIFS DE COMMANDE DIFFICILEMENT ACCESSIBLES, PEU VISIBLES, MAL PROTÉGÉS	**Productivité** • Pertes de temps dues à des hésitations ou des erreurs lors de la mise en marche ou de l'arrêt des machines. • Le temps écoulé pour arrêter la machine peut être générateur d'incidents ou d'accidents ce qui entraînera des pertes de temps. **Qualité** • Si l'organe de commande est peu visible, la vitesse de rotation de l'arbre porte-outil peut ne pas être adaptée pour obtenir une vitesse de coupe optimale.	• Modifier le positionnement du support des organes de commande. • Placer si possible ces organes à hauteur d'épaule sur un pupitre de façon qu'ils soient facilement accessibles du poste de travail. • **Encastrer** les organes de mise en marche pour éviter tout démarrage involontaire. Document OPPBTP, avec leur aimable autorisation

Dysfonctionnement	Conséquences possibles	Remèdes possibles
DISPOSITIFS DE COMMANDE DIFFICILEMENT ACCESSIBLES, PEU VISIBLES MAL PROTÉGÉS (suite)	**Santé-Sécurité** • Possibilité de mise en marche involontaire lors de changements d'outil, réglages, etc. avec possibilité de blessure au contact de l'outil. • Mise en marche en survitesse involontaire avec danger d'éclatement d'outils. • Difficulté d'atteindre l'organe d'arrêt en cas d'incident ce qui peut entraîner un accident. • Position dangereuse pour atteindre les organes de commande.	.../... **Remarque** L'installation doit être telle qu'elle empêche tout redémarrage des machines ou déplacement d'organes mécaniques pouvant engendrer un danger après une interruption fortuite de l'alimentation en énergie (électrique, pneumatique, hydraulique).
VITESSE DE COUPE DES OUTILS INAPPROPRIÉE	**Productivité** • Pertes de temps dues aux changements d'outils prématurément désaffûtés. • Fréquence d'affûtage plus importantes. **Qualité** • Une vitesse de coupe trop élevée ne permet pas de détacher un copeau d'épaisseur suffisante : l'outil s'use prématurément et l'état de surface du bois est moins bon. • Une vitesse de coupe insuffisante aura une conséquence inverse en ce qui concerne l'épaisseur du copeau et l'état de surface ne sera pas plus satisfaisant. **Santé-Sécurité** • Une vitesse de coupe insuffisante favorise le refus du bois avec des réactions dans la pièce et des risques de blessures. • Une vitesse de rotation trop importante peut favoriser l'éclatement d'un outil (exemple : plateaux de tenonnage sur toupie-tenonneuse) et entraîner des blessures graves.	• Ajuster systématiquement la **vitesse de rotation** des broches aux diamètres des outils. • Placer sur les machines un tableau indiquant les rapports entre vitesse de rotation des broches et diamètre des outils pour une vitesse de coupe appropriée (50 à 80 m/s suivant la nature de l'outil). • Préférer toujours l'emploi de **tenonneuses** plutôt que de toupies-tenonneuses notamment pour des raisons de sécurité.
MACHINES OU OUTILLAGES MAL CONÇUS OU MAL ADAPTÉS AUX TRAVAUX À RÉALISER	**Productivité** Pertes de temps : • lors des réglages de guides, de tables, de positionnement d'outils, de vitesse d'avance, de vitesse de rotation des broches, • lors des changements d'outils, • lors de la fixation de pièces de bois sur chariots, • dues à des capacités d'usinage insuffisantes obligeant à réaliser plusieurs passages de la pièce, etc. **Qualité** • Usure anormalement rapide de certains outils non adaptés (exemple : usinage de bois siliceux). • Défauts de précision dus à un mauvais soutien de pièces de grandes dimensions notamment en fin de passe. • Manque de puissance de la machine obligeant à arrêter l'avance de la pièce avec brûlure du bois. • Usure des chariots supportant des pièces trop lourdes ou des chocs lors de la mise en place de ces pièces (exemple : plateaux débités sur scies à format), etc.	• Le **choix des machines** est à faire avec beaucoup de clairvoyance. Profiter des expositions internationales pour comparer. Le prix de la machine n'est pas le seul critère déterminant ! • Bien étudier les **fiches techniques** des constructeurs. • Voir, si possible, des machines **en service** et demander l'avis des confrères. • S'assurer que les machines neuves destinées à l'usinage du bois et utilisées à poste fixe sont vendues avec un **certificat de conformité** avec le modèle ayant fait l'objet d'une attestation d'examen de type délivrée soit par l'Institut National de Recherche et de Sécurité (INRS) soit par le Laboratoire National d'Essais (LNE). • S'assurer que les **machines d'occasion** sont vendues avec un certificat déclarant leur conformité avec les dispositions réglementaires (1). (1) Sauf celles ayant fait l'objet d'un examen de type. Document OPPBTP, avec leur aimable autorisation

Organisation et sécurité

Dysfonctionnement	Conséquences possibles	Remèdes possibles
MACHINES OU OUTILLAGES MAL CONÇUS OU MAL ADAPTÉS AUX TRAVAUX À RÉALISER (suite)	**Santé-Sécurité** • Blessures dues à une utilisation non rationnelle de certaines machines. • Mauvaise position de travail pouvant engendrer des risques. • Maintien de pièces de grandes dimensions en fin de passe pour éviter leur basculement et danger de contact avec l'outil. • Surdité professionnelle due à des machines trop bruyantes, etc.	
MACHINES OUTILLAGES, INSTALLATIONS DIVERSES MAL ADAPTÉES	**Productivité** • Pertes de temps à un fonctionnement non satisfaisant du matériel. • Travaux de finition plus importants que prévus pour rattrapage des défauts. • Arrêt des machines ou installations entraînant des pertes de production. **Qualité** • Précision des machines en régression interférant sur la qualité des usinages. • Outils travaillant dans de mauvaises conditions d'où usure prématurée et aspect de surface du bois non satisfaisant. • Outils mal affûtés, non nettoyés ne permettant pas de réaliser un usinage de qualité. **Santé-Sécurité** • Blessures par ruptures d'outils mal affûtés. • Blessures au contact de parties en mouvement suite aux avaries de protecteurs (exemple : écrans de mortaiseuses à chaînes). • Blessures par mauvais fonctionnement de protecteurs (non utilisés ou usés). • Efforts anormaux pour engager les bois dans les quatre faces, pour pousser des chariots, etc. • Électrocution.	• Assurer un **entretien** régulier du matériel en nommant un responsable, soit intérieur soit extérieur à l'entreprise. • **L'affûtage** des outils exige de la précision : ne le confier qu'à une personne ayant la formation voulue. • Assurer un minimum de **formation du personnel** sur l'aspect mécanique des différentes machines à bois. • **Remplacer** systématiquement toute pièce ou éléments usés ou endommagés (roulements, carters, protecteurs, guides de toupie, etc.). • Faire **vérifier** l'installation électrique tous les ans par une personne compétente et faire réaliser les travaux nécessaires.
	Document OPPBTP, avec leur aimable autorisation	

18.2 DISPOSITIFS DE SÉCURITÉ SUR MACHINES

Les machines-outils doivent être conformes aux règles de sécurité. Les organes concourant à la sécurité sont obligatoirement installés sur tous les sites de travail mécanisé.

DÉLIGNEUSE MONOLAME DE DÉBIT DE BOIS MASSIF

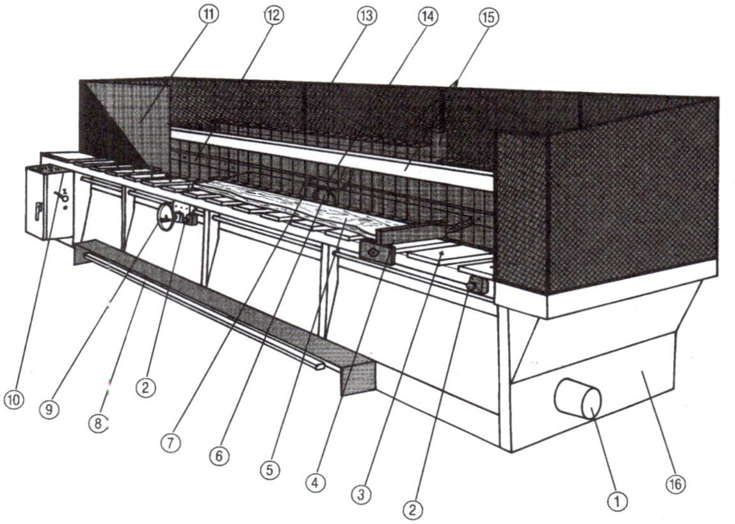

Repères	Désignation	Repères	Désignation
1	Buse de captage des sciures	9	Volant de réglage de position du guide-pièces.
2	Commandes d'arrêt de cycle de sciage	10	Pupitre de commande.
3	Table avec lattes en bois pour faciliter la préhension des pièces à scier.	11	Protecteur mobile pour le changement de lame.
4	Butée réglable contre laquelle le bois est en appui.	12	Guide-pièces.
		13	Protection grillagée.
5	Pièce de bois à scier.	14	Cape de protection montée sur le couteau diviseur, avec buse de captage des sciures.
6	Lame de scie circulaire correctement affûtée.		
7	Couteau diviseur d'épaisseur légèrement inférieure à celle du trait de scie épousant au plus près le contour de la lame.	15	Poutre mobile et ses lamelles de protection, transparentes et incassables.
		16	Bâti.
8	Pédale de commande, à appui maintenu de l'avance du groupe de sciage.		

SCIE CIRCULAIRE PORTATIVE

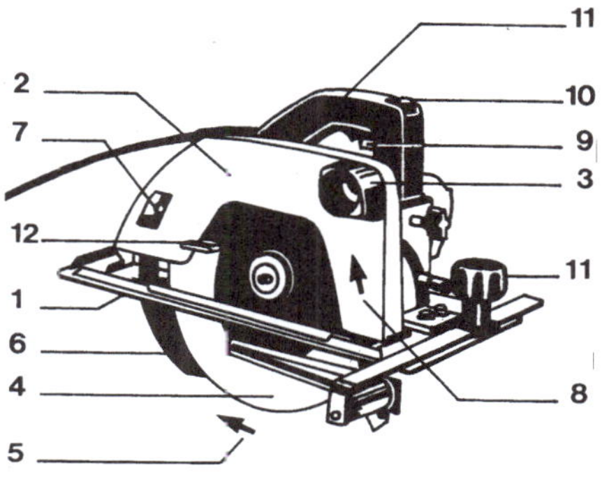

1 – Semelle.
2 – Protecteur fixe.
3 – Orifice de sorties des sciures.
4 – Protecteur à fermeture automatique.
5 – Sens d'ouverture du protecteur mobile.
6 – Couteau diviseur.
7 – Fixation du couteau diviseur.
8 – Indication du sens de rotation de la lame.
9 – Interrupteur.
10 – Verrouillage de l'interrupteur.
11 – Poignée de maintien.
12 – Levier de manœuvre du protecteur mobile.

SCIE À RUBAN À TABLE

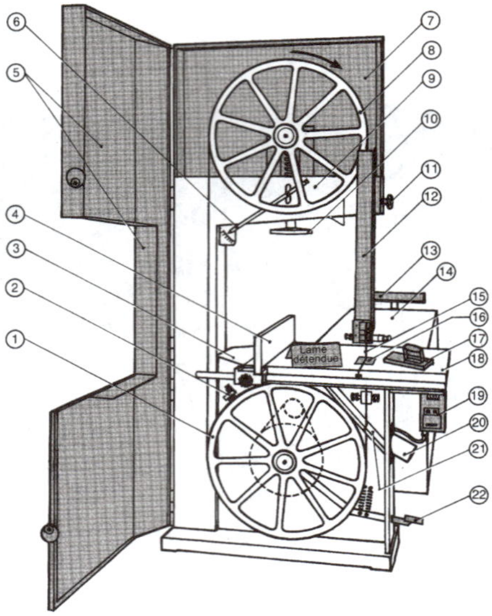

Repères	Désignation
1	Volant inférieur
2	Brosse
3	Fausse table entre table et col de cygne
4	Guide de délignage
5	Protecteur ouvrant asservi électriquement
6	Indicateur de tension de lame
7	Protecteur fixe interdisant l'accès au volant par l'arrière et sur les côtés
8	Volant supérieur
9	Bâti
10	Volant de réglage de la tension de lame et réglage du dévers (à l'arrière, non visible)
11	Poignée de blocage à hauteur du guide-lame et du protecteur
12	Protecteur solidaire du guide-lame supérieur, avec équilibrage incorporé (volant de réglage à l'arrière, non visible)
13	Servante
14	Bac à chutes
15	Lame de scie correctement affûtée et avoyée
16	Bloc de table remplaçable
17	Poussoir de fin de passe
18	Table
19	Boîtier électrique de commande
20	Buse de captage des sciures
21	Déflecteur de sciures
22	Pédale de frein

TOUPIE

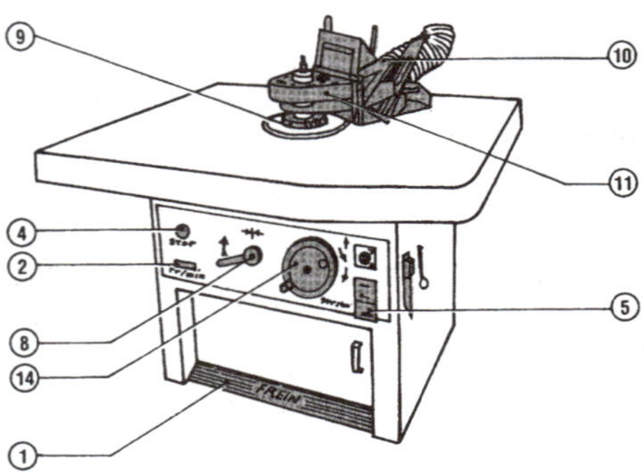

③ ⑥ ⑦ } Cf. page suivante

Repères	Désignation
1	Commande du dispositif de freinage
2	Visualisation de la vitesse sélectionnée en fonction du diamètre et du type d'outil
3	Poussoir de fin de passe
4	Organe de commande d'arrêt facilement accessible
5	Boîtier électrique de commande
6	Protecteur pour le travail au guide
7	Entraîneur escamotable
8	Verrouillage en rotation de l'arbre pour le changement d'outil
9	Outil à limitation continue du pas d'usinage correctement affûté et équilibré
10	Buse de captage des copeaux
11	Protecteur pour travail
12	Guide-pièce
13	Servante avec butée incorporée, réglable et éclipsable, pour pointages et travaux arrêtés.
14	Volant de réglage (hauteur)

DOC INRS

TOUPIE (suite)

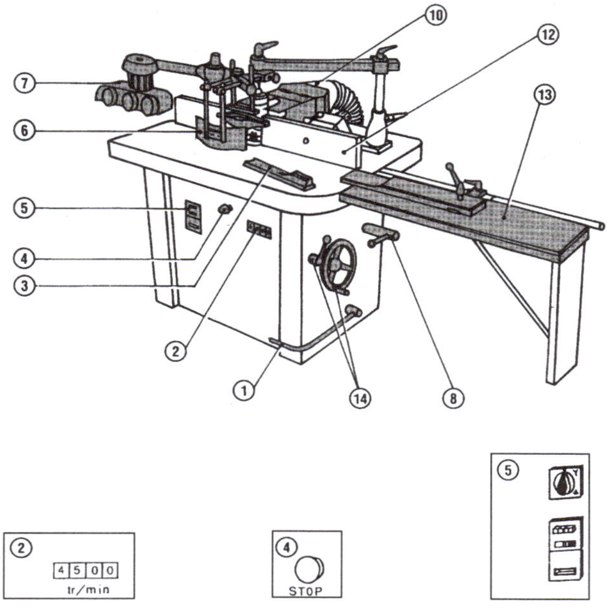

SCIE CIRCULAIRE À TABLE

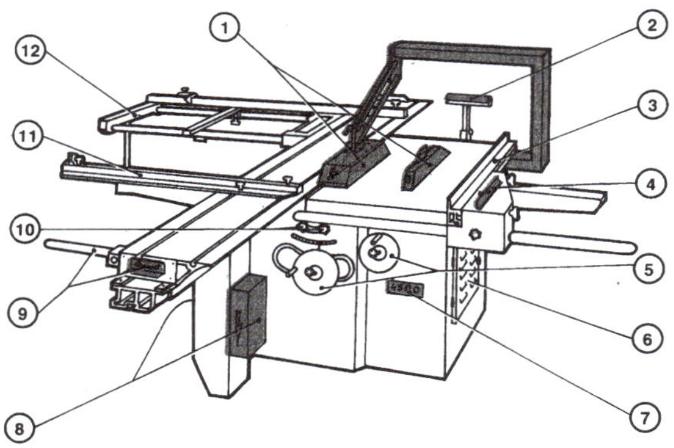

Repères	Désignation	Repères	Désignation
1	Capes de protection facilement interchangeables sans outils, une large pour les coupes inclinées, une mince pour les coupes droites	7	Dispositif d'affichage de la vitesse de rotation de la lame
2	Servante pour les longues pièces, mises en place par l'utilisateur	8	Coffret électrique et boutons de commande (non visibles)
3	Guide parallèle réversible, réglable longitudinalement et transversalement	9	Poignées de déplacement de la poutre mobile
4	Poussoir de fin de passe	10	Volants de réglage de l'inciseur : correction d'alignement avec la lame
5	Volants d'inclinaison de la lame	11	Guide de tronçonnage
6	Porte d'accès au changement de vitesse (asservie électriquement et fermée par un bouton solidaire de celle-ci)	12	Chariot de tronçonnage

DOC INRS

SCIE CIRCULAIRE À TABLE (suite)

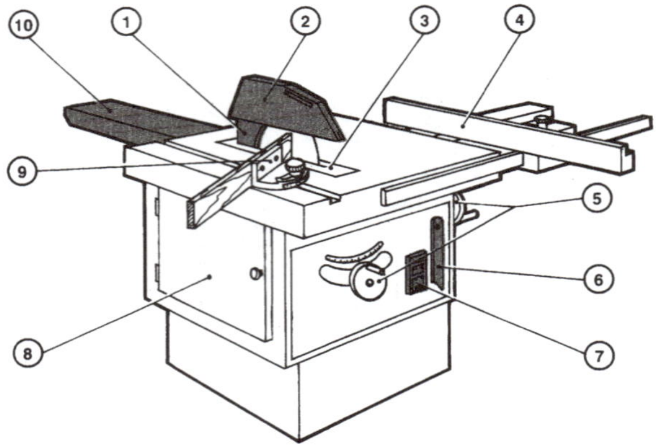

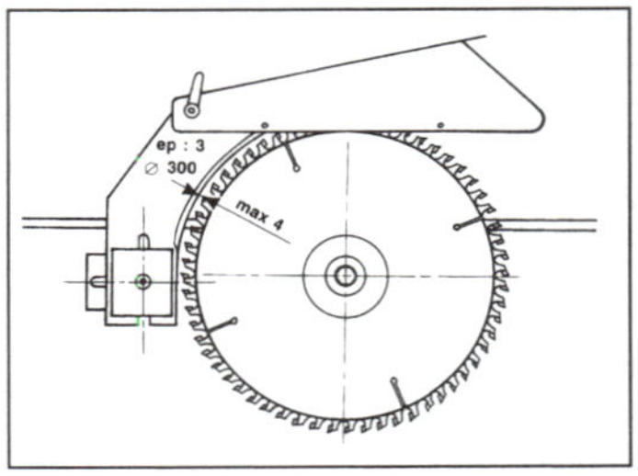

Couteau diviseur d'épaisseur légèrement inférieure à celle du trait de scie, épousant au plus près le contour de la lame.

Repères	Désignation	Repères	Désignation
1	Couteau diviseur	6	Poussoir de fin de passe
2	Cape de protection	7	Boîtier de commande
3	Bloc de table	8	Porte de changement de lame
4	Guide parallèle réversible, réglable longitudinalement et transversalement	9	Guide de tronçonnage
		10	Rallonge de table
5	Volants d'inclinaison de la lame		

18.3 SÉCURITÉ EN ATELIER ET SUR CHANTIER

L'agencement d'un atelier de menuiserie passe par l'étude d'une installation d'aspiration des copeaux et sciures.

SCHÉMA TYPE D'UNE INSTALLATION D'ASPIRATION TRADITIONNELLE

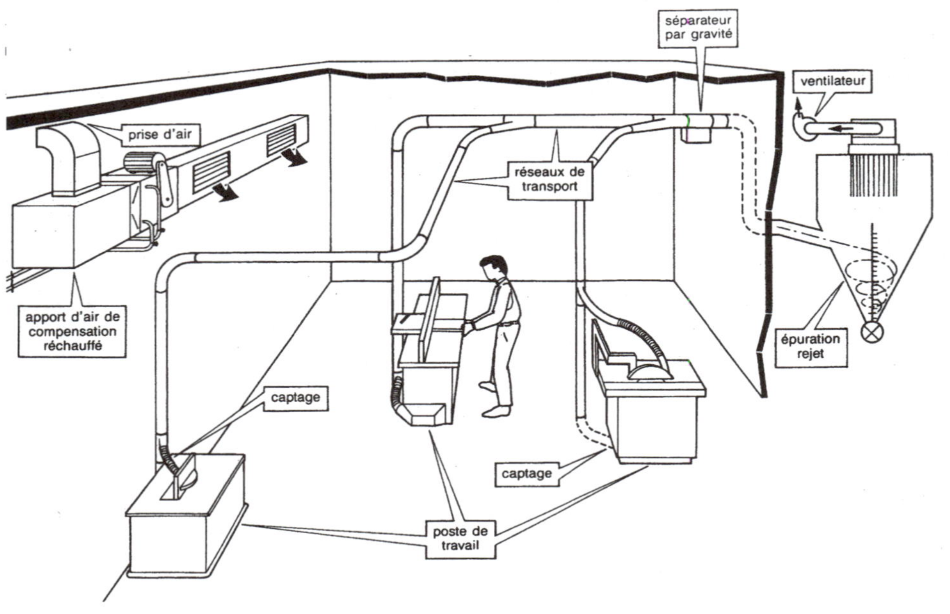

DOC INRS

TRAVAUX DE CHANTIER

Les travaux de chantier effectués dans les domaines de la menuiserie et de la charpente peuvent entraîner des accidents graves pour le personnel de ces secteurs d'activités.

- Les accidents se produisent généralement lors de :
  - *déplacements,*
  - *manutentions manuelles,*
  - *renversements d'éléments d'ouvrages,*
  - *renversements d'engins de levage,*
  - *retombées de charges en cours de levage,*
  - *travaux en élévation,*
  - *effondrements de structures,*
  - *l'utilisation de machines portatives.*

- Les travaux de chantier doivent donc faire l'objet d'une réflexion préalable de façon notamment à répertorier le maximum de facteurs de risques auxquels le personnel pourrait être exposé.

Cette réflexion devrait, par priorité, conduire à repenser, par exemple, certains systèmes constructifs et processus de montage, d'assemblage, de levage en associant ainsi sécurité et productivité par élimination de nombreuses opérations improductives et/ou dangereuses.
Si certains facteurs de risques ne peuvent être éliminés, il sera alors nécessaire de trouver la parade pour éviter toute atteinte à l'intégrité physique du personnel.

TRAVAUX DE LEVAGE

Risques	Causes des accidents
Retombée de la charge	• mauvais arrimage • rupture ou déformation d'accessoires • rupture d'organes de l'appareil • défaillance mécanique • mauvais dispositif de freinage • défaillance des points d'ancrage • surcharge • fausse manœuvre • appareil non approprié • non-respect des règles d'utilisation
Renversement de la charge ou de l'appareil	• défaillance des appuis de l'appareil, des lests... • surcharge à portée excessive, • fausse manœuvre • effet du vent • non-respect des règles d'utilisation
Heurts de personnes avec la charge ou l'appareil	• mauvaise implantation des appareils de levage • fausse manœuvre (coincement, écrasement par la charge, chute de personnes) • parties mobiles accessibles • fausse manœuvre lors de l'évolution de l'appareil • mauvaise installation de l'appareil
Liés à l'environnement	• contact avec une ligne électrique sous tension • contact avec une conduite de gaz sous pression • heurt avec des obstacles fixes ou mobiles
Liés à l'utilisation de l'énergie	• contact direct ou indirect suite à un défaut d'isolement • décharges atmosphériques • éclatements de flexibles

19. LES FICHES « CHOIX » : MÉMOTECH ET PÉDAGOGIE

ESPRIT DU MÉMOTECH

Le Mémotech « Bois et Matériaux Associés » est une base de données s'adressant aux élèves préparant les diplômes des niveaux « V » aux niveaux « III » des métiers de la filière bois et matériaux associés. Il contient un grand nombre d'informations concernant les **Matériaux**, les **Matériels**, les **Méthodes**, les **Ouvrages** et les **Chantiers**.

C'est un véritable outil au service du professeur qui trouve là le moyen d'entraîner les élèves à rechercher et trouver des solutions techniques et de formuler un choix pour une situation pédagogique concrète élaborée et proposée par l'enseignant.

L'utilisation du mémotech doit être un vecteur fondamental permettant à l'élève d'acquérir les capacités triangulaires de base de toute formation : **Autonomie – Adaptabilité – Responsabilité**.

SE FORMER À L'AIDE DU MÉMOTECH

Pour aider les élèves à acquérir des connaissances, l'enseignant doit mettre en place des dispositifs pédagogiques adaptés permettant d'atteindre les objectifs d'apprentissage fixés : acquisition de Savoir-faire, de savoirs associés, de Savoir être, *contenus et décrits dans les référentiels, RAP et RC*. Cette démarche nécessite trois phases essentielles :

1. **Adaptation aux niveaux d'enseignement** des contenus du Mémotech, des élèves préparant soit le CAP, le BEP, le Bac-Pro,ou le BTS, à travers l'ensemble des cours, les périodes de formation en entreprise, les périodes d'apprentissage.
2. **La pédagogie inductive.** Les démarches méthodologiques doivent permettre l'accès aux connaissances fondamentales visées par les objectifs de formation et établir entre l'enseignant et l'élève une dynamique constructive et interactive.
3. **Le transfert des acquis.** Les procédures et concepts (Objectifs procéduraux et Objectifs conceptuels acquis) doivent être réinvestis pour résoudre d'autres problèmes appartenant à la même famille : **Cycle pédagogique – Induction – Déduction.**

Outils pédagogiques et didactiques

La conception du Mémotech, permet aux élèves de **choisir** en *toute autonomie*, en situation d'*adaptabilité* et de *responsabilité* ; c'est un document d'aide à l'acquisition des concepts et des méthodologies. En s'aidant du Mémotech, *les élèves travailleront sur des fiches proposées par le professeur.*

LES FICHES MÉTHODOLOGIQUES DE CHOIX

Ces fiches contiennent les questions que l'élève se pose lorsqu'il doit exécuter un projet ou une réalisation. À la demande de son professeur il apporte les précisions sur les matériaux répondant aux caractéristiques exigées, le matériel le mieux adapté et la méthodologie préconisée[1]. Une bonne analyse doit l'aider à faire un **choix raisonné**.

Un ensemble de 8 fiches est proposé à titre d'exemple. L'enseignant pourra ainsi aisément transférer l'esprit et la méthodologie de ces documents pédagogiques afin d'élaborer les fiches dont il a besoin pour couvrir les exigences des référentiels, fiches adaptées aux différents niveaux d'enseignement.

Remarque : On pourra se reporter à l'ouvrage de Jérôme Mayer, *Les démarches inductives et les référentiels* aux éditions Casteilla.

(1) Dans les ateliers et sur les chantiers, il respecte les concepts de productivité, de qualité et de sécurité.

19.1 INTERVENTION DE MAINTENANCE

CHOIX DE LA FORME ET DES MATÉRIELS

1. IDENTIFICATION DU OU DES INTERVENANTS

Nom et prénom des personnes qui interviendront en maintenance.

2. DEMANDE FORMULÉE

Nom du demandeur d'intervention et la date de cette demande.

3. SITE D'INTERVENTION

Lieu où se déroulera l'intervention (exemple : atelier de menuiserie).

4. POINT D'INTERVENTION

Indication permettant de mieux définir l'emplacement d'intervention.

5. DATES

Dates de la ou des interventions.

6. FORME DE MAINTENANCE SOUHAITÉE

• *Maintenance préventive systématique* : maintenance préventive réalisée selon un échéancier établi en fonction du temps ou d'une quantité numérique d'usage.

• *Maintenance préventive conditionnelle :* maintenance préventive subordonnée à un type d'événement prédéterminé révélateur de l'état d'un élément particulier.

• *Maintenance corrective – dépannage :* maintenance effectuée après une défaillance – Intervention provisoire en attente de la réparation définitive.

• *Maintenance corrective – réparation :* maintenance effectuée après une défaillance – Intervention définitive.

7. ÉLÉMENT(S) SUR LEQUEL(S) A LIEU L'INTERVENTION

Désignation de la ou des pièces concernées par l'intervention de maintenance.
Références de ces pièces.
Nom et adresse d'un fournisseur s'il y a une commande à faire.

8. MATÉRIEL NÉCESSAIRE À L'INTERVENTION

Liste du matériel à préparer pour intervenir.

9. CONSOMMABLES UTILISÉS

Liste des consommables comme l'huile ou la graisse.

10. APPEL À DES INTERVENANTS EXTÉRIEURS

Nom, adresse et téléphone des intervenants auxquels l'on aura fait appel.
Date de la demande.

11. OBSERVATIONS ET CROQUIS

Texte ou croquis facilitant la compréhension de l'intervention.

Note : voir chapitre 17

INTERVENTION DE MAINTENANCE

Intervenant(s) (1)

Lolier Félicien

Demande formulée (2)

Par *Darigo Jean*

Le *24-fév-06*

Site d'intervention (3)

Atelier B
Poste de profilage

Point d'intervention (4)

Equipement général	☐
Machine fixe *(changement de courroie)*	☒ X
Outils	☐
Machine portative	☐

Dates (5)

Interventions

1re *27/02/06*

2e

Forme de maintenance souhaitée (6)

Préventive	X	Systématique	X
		Conditionnelle	
Corrective		Dépannage	
		Réparation	

Elément(s) sur lequel(s) a eu lieu l'intervention (7)

Désignation	Références	Fournisseur
Toupie verticale P2000	*TOV 2000/B*	*Matbois S.A.* *14000 Caen*

Matériel nécessaire à l'intervention (8)

Clés plates
Lampe éléctrique - rallonge

Consommables utilisés (9)

Désignation	Référence
Courroie d'entraînement de l'arbre (une en stock) (une à commander)	*C 456-650*

Appel à des intervenants extérieurs (10)

Nom et adresse	Date	Téléphone

Observations éventuelles ou croquis (11)

Courroie à commander chez Matbois
Délais de passation de commande : 1 jour
Délais de livraison : 4 jours

Section de la courroie

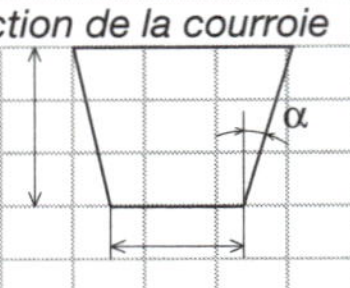

19.2 CONCEVOIR UN MONTAGE D'USINAGE

CHOIX DES MOYENS

1. MACHINE UTILISÉE

Dénomination de la machine où sera utilisé le montage.

2. CARACTÉRISTIQUES DE LA PIÈCE À USINER

Ces informations sont issues de la nomenclature.

3. FORME À USINER ENVISAGÉE

Indiquer le schéma du type d'usinage envisagé.
L'enlèvement de la matière sur un bois massif peut engendrer un mauvais état de surface et créer des défauts si les sens d'avance et de rotation de l'outil ne sont pas adaptés aux sens du fil du bois. Le matériau travaillé est donc un critère de choix.

4. CORPS DU MONTAGE

Élément de liaison entre la pièce et la machine. Il supportera tous les composants du montage. La mise en position statique de la pièce se fera sur cet élément.

5. CONTACTS DE MISE EN POSITION

Points de contact affectés pour mettre la pièce en position statique. La disposition des points de contact permet la suppression des degrés de liberté.

6. MOYENS DE MAINTIEN EN POSITION

Ce maintien est essentiellement réalisé par serrage.
Leur effficacité est primordiale pour un usinage de qualité et est également un critère de sécurité.
Appuis plans (3), linéaires (2) et ponctuel (1).

7. MOYENS MÉCANIQUES DE GUIDAGE

Ils sont associés à la machine et/ou à l'outil pour servir de contact au montage d'usinage.

8. ACCESSOIRE D'AIDE AU GUIDAGE

La qualité des surfaces en contacts (montage et moyen mécanique de guidage) dépend de l'état de surface du chant du montage.
Un stratifié ou un rail en nylon peut être placé sur le chant.

9. ÉLÉMENTS DE SÉCURITÉ

Accessoires rendant l'utilisation du montage en toute sûreté.
Il est en complément des autres organes de sécurité utilisables de la machine

10. ÉLÉMENT DE PRISE EN MAIN

Poignées.

11. CONTRÔLE DE LA CONCEPTION

Tous ces points doivent être existants pour assurer la conformité du montage et de son utilisation.

12. DÉSIGNATION DU CONCEPTEUR

Personne ayant rédiger cette fiche.

Note : voir chapitre 11.6

CONCEVOIR UN MONTAGE D'USINAGE

Machine utilisée — *Toupie à arbre vertical et inclinable (TOI 250)* (1)

Caractéristiques de la pièce à usiner (2)

Désignation	Références	Longueur	Largeur	Epaisseur
Pied	*PG01*	*720*	*60*	*30*

Croquis de la forme à usiner

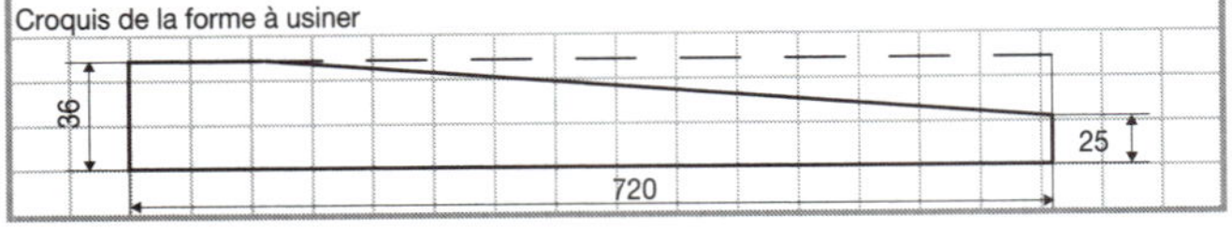

Forme à usiner envisagée (3)

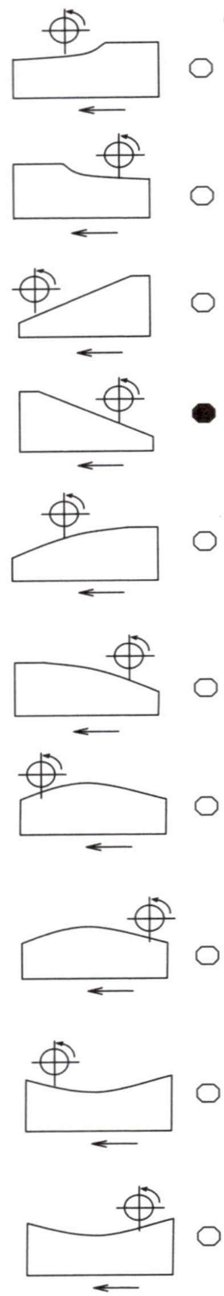

Corps du montage (4)

Longueur
950

Largeur
200

Epaisseur
19

Matériaux
Contreplaqué

Contacts de mise en position (5)

Description
3 Carrés de papier abrasif
Appuis-plan

Description
2 vis tête fraisée plate 4x35
sur tasseau de 7680x50x30
Appuis linéaires

Description
1 vis tête fraisées plates 4x35
Sur tasseau de 200x50x30
Appui ponctuel

Moyens de maintien en position (6)

Description	Nombre
Sauterelles verticales avec embouts néoprène	*2*

Moyens mécaniques de guidage (7)

Guide à billes D100mm

Accessoire d'aide au guidage (8)

Cale d'amorçage
fixée sur la machine

Eléments de sécurité (9)

Protection verticale en pléxiglass
Voir plan du montage

Eléments de prise en main (10)

2 poignées

Contrôle de la conception prévue (11)

Le contrat de phase est respecté	X
La mise en position est réglable	X
Le montage est adapté à la machine utilisée	X
Le départ d'usinage est sécurisé	X
Le maintien en position est facile d'utilisation	X
Le maintien en position ne gêne pas l'usinage	X
Le montage s'oppose bien à l'effort de coupe	X
L'opérateur va usiner en toute sécurité	

Désignation du concepteur (12)

Dubois Fulbert

19.3 ÉTUDE ERGONOMIQUE D'UN POSTE DE TRAVAIL

CHOIX ET CARACTÉRISTIQUES À PRENDRE EN COMPTE

1. CHOIX DU POSTE À OBSERVER
Identihcation du poste où se fera l'étude ergonomique.

2. SITUATION DU POSTE À OBSERVER
Emplacement du poste par rapport à son environnement. Situation du poste dans l'entreprise. Ambiances physiques.

3. OPÉRATION(S) PRINCIPALE(S)
Description de ou des opérations réalisées.

4. OPÉRATION(S) CONNEXE (S)
Description de ou des opérations associées.

5. SCHÉMA DU POSTE OBSERVÉ
Dessin du poste où apparaîtront tous les composants. Opérateur, pièce, machine, outils, mouvements, etc. Il est possible de joindre des photos.

6. CARACTÉRISTIQUES DIMENSIONNELLES DU POSTE
Cotes principales sans oublier les hauteurs de travail. Surface de travail et de circulation.

7. CARACTÉRISTIQUES ENVIRONNEMENTALES DU POSTE
Éléments pouvant avoir une influence sur les conditions de travail.
Bruit, éclairage, poussières, vibrations etc.

8. CARACTÉRISTIQUES DE LA PIÈCE CONCERNÉE
Forme, dimensions, et poids.
Plusieurs pièces peuvent être concernées.

9. CARACTÉRISTIQUES DE LA MACHINE ET/OU DES OUTILS
Description des éléments en mouvement autre que l'opérateur.

10. PRÉSENTATION DU OU DES OPÉRATEURS
Nom, caractéristiques physiques (hauteur, handicap etc.), qualifications. Expériences professionnelles, ancienneté, etc.

11. ACTIVITÉS
Noter le type d'activités sachant que plusieurs peuvent être concernées.

12. POSTURE
Noter la position de l'opérateur en cours d'opération.

13. MODE OPÉRATOIRE
Liste chronologique des étapes de la situation étudiée.
Découpage du travail réalisé.

14. CARACTÉRISTIQUES DU PRODUIT S'IL Y A UNE APPLICATION
Colle, vernis, peinture, etc.

15. PRODUCTIVITÉ
Fréquence des opérations répétées (cycle). Cadence.

16. FACTEURS DE RISQUES DES TROUBLES MUSCULO-SQUELETTIQUES
Les TMS couvrent toutes sortes d'affections, douleurs des membres inférieurs et supérieurs, douleurs dorsales ou du cou.

17. FACTEURS D'AUTRES RISQUES POUR LA SANTÉ
Risques liés aux poussières, aux produits utilisés, etc.
Risques d'accidents.

18. CONSIGNES
Documents d'informations sur les risques, par exemple.

19. DÉSIGNATION DE L'OBSERVATEUR
Nom de celui qui a effectué l'observation.

Note : voir chapitre 9.5

ÉTUDE ERGONOMIQUE D'UN POSTE DE TRAVAIL

Choix du poste à observer (1)

Poste de tenonnage à avance manuelle

Situation du poste à observer (2)

Atelier menuiserie
Bâtiment 2

Opération (s) principale (s) (3)

Tenons aux extrémités d'une traverse

Opération (s) connexe (s) (4)

Contreprofilage

Schéma du poste observé (5)

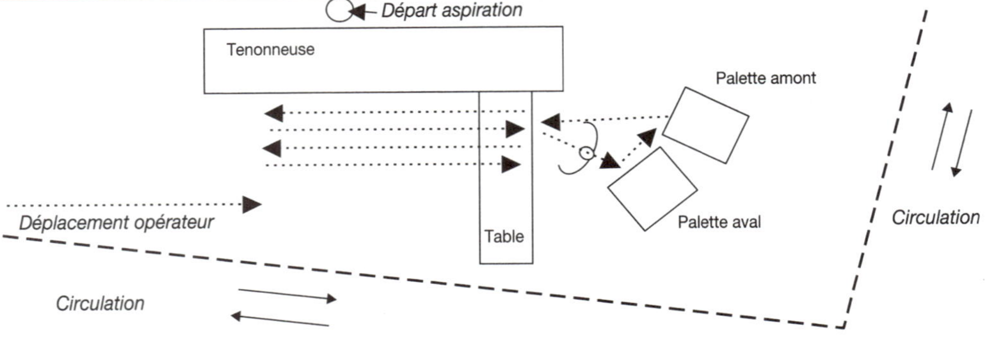

Caractéristiques dimensionnelles du poste (6)

Longueur : 4,50 m
Largeur : 3,20 m
Hauteur table : 0,89 m
Hauteur palette vide : 0,12 m

Caractéristiques environnementales du poste (7)

Couloirs de dégagement proches

Caractéristiques de la pièce concernée (8)

Longueur : 700 mm
Largeur : 80 mm
Epaisseur : 34 mm
Avancement d'arasement de 12 mm

Caractéristiques de la machine et/ou des outils (9)

Les caractéristiques de la machine et des outils sont rassemblés dans un classeur à disposition près de la tenonneuse

1/2

ÉTUDE ERGONOMIQUE D'UN POSTE DE TRAVAIL (suite)

Présentation du ou des opérateurs (10)

Nom

Chantel Sébastien

Caractéristiques

Hauteur 1,75m
Port de lunettes

Qualifications

BEP Bois + 3 ans d'expériences

Activités (11)

Usinage	X	Assemblage	X
Manipulation	X	Manutention	X
Contrôle	X	Métrologie	

Posture (12)

Debout en déplacement	X	Assis	
Debout stationnaire			

Mode opératoire de l'activité (13)

1. *Prise et transport de pièce sur palette amont*
2. *Mise en position sur la table*
3. *Exécution du 1er tenon*
4. *Retour de la table*
5. *Retournement de la pièce et mise en position (butée)*
6. *Exécution du 2e tenon*
7. *Retour de la table*
8. *Prise et transport de pièce usinée sur palette aval*
9.
10.
11.

Caractéristiques du produit s'il y a une application (14)

Pas d'application de produit

Productivité (fréquence) (15)

Rythme défini en amont ou en aval		Cadence libre	
Flux continu		Flux discontinu	
Situation d'urgence		Nombre en un temps limité	X

Facteurs de risques de troubles musculo-squelettiques (16)

Prise et dépôt de pièces à des hauteurs différentes sur les palettes
Chutes de bois après sciage sur le sol

Facteurs d'autres risques pour la santé (17)

Bruits
Poussières

Y a-t-il des consignes affichées sur le poste ? (18) Oui [X] Non [ ]

Désignation de l'observateur (19)

Roger Marc

2/2

19.4 CHOIX D'UNE COLLE

CARACTÉRISTIQUES À PRENDRE EN COMPTE

1. TEMPS OUVERT

Temps disponible pour assembler les éléments à coller.

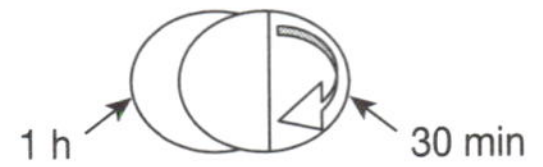

Exemple : 1 heure 30 min

2. TEMPS DE SERRAGE

Temps de maintien en contact des pièces.

3. TYPES D'OUVRAGES À COLLER

Définir les éléments à coller en considérant leur matière et le lieu d'exposition définitif.

4. TEMPÉRATURE DU SITE DE COLLAGE

Pour l'emploi des colles, selon leur type, il est important de respecter la température minimale indiquée par le fournisseur.

5. TAUX D'HUMIDITE DES ÉLÉMENTS À COLLER

Les matériaux collés, une fois mis en œuvre, auront un taux d'humidité défini par le milieu ambiant ; il est souhaitable qu'au moment du collage, leur taux en soit le plus proche possible.

6. VISCOSITÉ

État de fluidité de la colle.

7. TEMPS DE GOMMAGE

Temps d'attente nécessaire entre l'encollage et la mise en contact des éléments à assembler.

8. NOMBRE DE COMPOSANTS

Le collage est possible grâce à l'assemblage de composants tels que la colle, les durcisseurs, les charges et éventuellement des colorants.

9. MOYENS D'ENCOLLAGE

Outils utilisés pour mettre la colle.

10. CHOIX DE LA COLLE

Après avoir pris en considération les données ci-dessus, indiquer votre choix de colle et ses références fournisseur.

11. RESSOURCES D'INFORMATIONS

Les fournisseurs mettent à la disposition des utilisateurs de leurs produits des documents servant de références à l'utilisation de ceux-ci.

Note : voir **chapitre 1.9.5 : taux d'humidité du bois**
chapitre 5 : collage

FICHE D'AIDE AU CHOIX D'UNE COLLE

(1) Temps ouvert

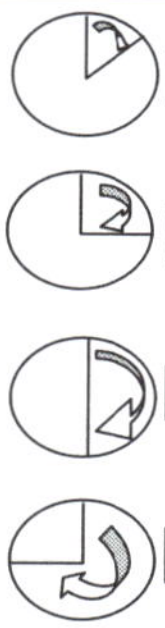

Rapide	☐
Moyen	X
Lent	☐
Très lent	☐

(2) Temps de serrage

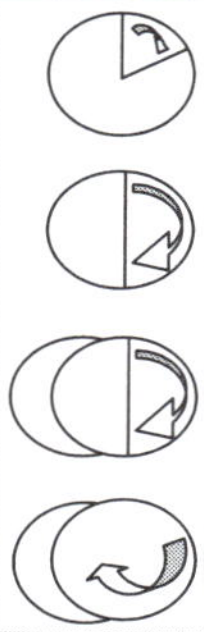

Rapide	☐
Moyen	X
Lent	☐
Très lent	☐

(3) Types d'ouvrages à coller

Assemblage bois/bois (Élargissement panneaux – dents de scie)	X	Habillages intérieurs	☐
Placage stratifié	☐	Parquet collé	☐
Placage bois	☐	Parquet flottant	☐
Menuiseries extérieures	☐	Travaux maritimes	☐

(4) Température relevée sur le site de collage : *20* °C

(5) Taux d'humidité des éléments à coller : *18* %

(6) Viscosité

Très fluide	☐
Fluide	X
Viscosité moyenne	☐
Viscosité élevée	☐

(7) Temps de gommage

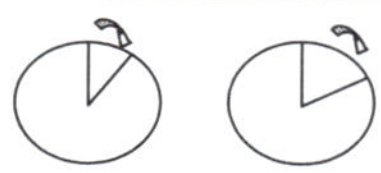

☐ ☐

Si nécessaire

(8) Nombre de composants

1 X 2 ☐ 3 ☐

(9) Moyen d'encollage

Pinceau	X	Spatule	☐
pistolet	☐	Rouleau	☐

MON CHOIX DE COLLE (10)

		Références fournisseurs
Colle vinylique	X	*R 50*
Colle néoprène (polychloroprène)	☐	
Colle réactive - urée formol	☐	
Colle réactive - résorcine	☐	
Colle réactive - polyuréthanne	☐	
Colle parquet (collé) - émulsion	☐	
Colle parquet (collé) - polyuréthanne	☐	
Colle mastic	☐	

L'emploi des colles est soumis à une réglementation (11)

DOCUMENTS RESSOURCES

Avez-vous :

?

La réglementation générale	X
La notice technique de la colle choisie	X
La fiche de données de sécurité pour son emploi	X

19.5 PRÉPARATION D'UN POSTE D'ASSEMBLAGE

CHOIX DES DISPOSITIFS

1. IDENTIFICATION DE L'OUVRAGE

Désignation et référence de l'ensemble concerné.
Cela peut être un sous-ensemble.

2. NOMENCLATURE DES PIÈCES OUVRÉES

Désignation et référence des pièces qui seront assemblées sur ce poste.

3. NOMENCLATURE DES ACCESSOIRES

Désignation des accessoires à joindre aux pièces (cheville, quincaillerie, visserie, etc.)

4. MODE DE STOCKAGE DES PIÈCES À ASSEMBLER

Palette, chariot, tréteaux, etc.

5. LISTE DES CONSOMMABLES

Colle par exemple.

6. NOMS DES INTERVENANTS

Opérateurs chargés de cette phase de fabrication.

7. MODE DE STOCKAGE DES OUVRAGES ASSEMBLÉS

Palette, chariot, tréteaux etc.

8. MOYENS DE PRÉ-MONTAGE

Si cela est nécessaire, prévoir un emplacement proche pour faire un éventuel pré-montage ou un encollage

9. OUTILS DE MÉTROLOGIE

Outils permettant de positionner l'ensemble des pièces.

10. MOYENS DE SERRAGE

Outils utilisés pour le serrage des pièces .

11. MOYEN D'ENCOLLAGE

Pinceau, pistolet, etc.

12. OUTILS DE CONTRÔLE

Outils permettant le contrôle du positionnement de i'ensemble des pièces.

13. MOYENS DE NETTOYAGE

Outils pour enlever toutes traces (ex. : colle) indésirables.

14. PROCESSUS DE MONTAGE

Ordre de montage des pièces.

15. ÉLÉMENTS DE SÉCURITÉ

La sécurité et la protection des opérateurs doivent être assurées pour pallier tous accidents, efforts physiques et problèmes de santé.
Une étude ergonomique est souhaitable.

16. CROQUIS DE L'AGENCEMENT DU POSTE

Dessin sommaire de l'aménagement du poste avec tous ses composants.

Note : voir **chapitre 5 : collage**
chapitre 8.2.4 : schématisation de la cadreuse hydraulique
chapitre 9.2 : nomenclatures par niveaux
chapitre 18 : hygiène et sécurité

PRÉPARATION D'UN POSTE D'ASSEMBLAGE

Identification de l'ouvrage (ensemble) (1)

Désignation

Porte de cuisine

Référence

PH400

Nomenclature des pièces ouvrées (2)

Montant gauche	*620 x 70 x 27*
Montant droit	*620 x 70 x 27*
Traverse basse	*410 x 70 x 27*
Traverse haute	*410 x 70 x 27*
Panneau massif	*508 x 298 x 14*

Nomenclature des accessoires (3)

Cheville bois (8 par porte)

Mode de stockage des pièces à assembler (4)

Palettes (800x800)

Liste des consommables (5)

Colle R 50

Noms des intervenants (6)

Palliot Philippe
Caladi Marc

Mode de stockage des ouvrages assemblés (7)

Palette

Moyens de pré-montage (8)

Etabli pour encollage

Outils de métrologie (9)

Mètre - Equerre

Moyens de serrage (10)

Cales
Serre-joints
Tréteaux serre-joints

Moyen d'encollage (11)

Biberon de colle (500 g)
Pinceau

Moyens de contrôle (12)

Pige (diagonale)

Moyens de nettoyage (13)

Pinceau
Chiffon

Processus de montage (14)

Choix des pièces (distribution)
Encollage des assemblages (sauf panneau)
Prémontage
Serrage - contrôle - perçage et pose des chevilles
Attente - coupe des chevilles

Eléments de sécurité (15)

Equipement de protection individuel (EPI)

Croquis de l'agencement du poste (16)

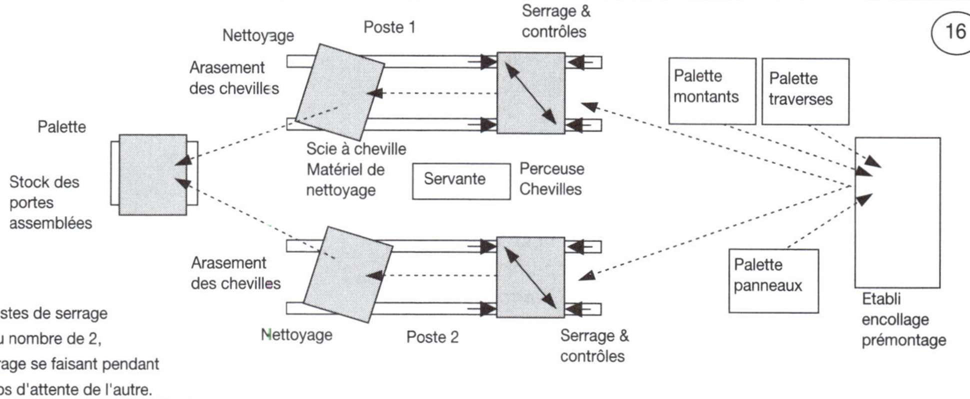

Les postes de serrage sont au nombre de 2, un serrage se faisant pendant le temps d'attente de l'autre.

19.6 PRÉPARATION D'UN USINAGE – CHOIX D'UNE MACHINE

CHOIX DES DISPOSITIFS

1. PIÈCES CONCERNÉES
Informations issues de la nomenclature ou de la fiche suiveuse concernant les pièces à usiner.

2. TYPE D'USINAGE
Mentionner le type d'usinage concerné par le choix de la machine.

3. MACHINES POUVANT ÊTRE UTILISÉES
Liste des machines et leurs caractéristiques d'utilisation pouvant être utilisées.

4. OUTILLAGES DISPONIBLES
Liste des outils convenant pour l'usinage à effectuer.
Dans le choix d'un outil, la qualité de l'usinage et la sécurité rentrent en compte.

5. CHOIX DÉFINITIF
À partir des infommations ci-dessus et des disponibilités des machines et outils, faire un choix définitif sur lequel va continuer la préparation.

6. AMENAGE
Préciser l'amenage des pièces.
Dans le cas des deux possibilités, privilégier l'amenage mécanique.

7. ACCESSOIRES ASSOCIÉS
Entraîneur, peigne, contre-table, contre-guide, etc.

8. DOCUMENT(S) À PRÉPARER AVANT USINAGE
Documents sur lesquels apparaissent les infommations de réglages, les quantités, les procédures, etc.

9. MATÉRIEL NÉCESSAIRE À L'ORGANISATION DU POSTE
L'organisation du poste est un critère important dans toutes les tâches à effectuer.
Elle amène une réflexion sur l'optimisation des transferts, les manipulations, l'ergonomie et les conditions de travail.

10. MATÉRIEL DE RÉGLAGE
Outils disponibles pour effectuer les réglages avec précisions.

11. MATÉRIEL DE CONTRÔLE
Matériel disponible pour effectuer les contrôles de réglages et en cours d'usinage.

12. MATÉRIEL DE SÉCURITE
Ensemble des accessoires concourant à la mise en sécurité du poste.
Accessoires propres à la machine et ceux qui peuvent être associés pour augmenter l'efficacité.

13. DOCUMENT DE SUIVI
Fiche suiveuse par exemple.

14. OPÉRATEUR(S)
Désignation du ou des opérateurs.

15. ÉQUIPEMENT DE PROTECTION INDIVIDUEL
Casque antibruit, vêtement de travail conforme, chaussures de sécurité, gants, lunettes, etc.

Note : voir **chapitre 7 : dossier des méthodes**
chapitre 8 : schématisation
chapitre 11 : usinage
chapitre 18 : hygiène et sécurité

PRÉPARATION D'UN USINAGE – CHOIX D'UNE MACHINE

Pièces concernées (1)

Désignation	Références	Nombre	Essences
Traverse haute	TH700	*58*	*Chêne*
Traverse intermédiaire	TI700	*58*	*Chêne*

Eléments de porte intérieure (2 vitres en partie haute)
Mortaises pour recevoir montant intermédiaire

Type d'usinages (2)

Débit	
Modification de profil	
Liaisons	X
Assemblage (montage)	
Finition	
Pour la pose d'accessoires	

Machines pouvant être utilisées pour cet usinage (3)

Désignation		Désignation	
Mortaiseuse à mêche MOM100		*Mortaiseuse à chaîne MOC55*	
Nbr d'opérateur (s)	*1*	Nbr d'opérateur (s)	*1*
Traditionnelle	X	Traditionnelle	X
Positionnements numériques		Positionnements numériques	
Commandes numériques		Commandes numériques	
Désignation		**Désignation**	
Mortaiseuse à bédane (horizontale) MO01		*Mortaiseuse à bédane (horizontale) MOCN200*	
Nbr d'opérateur (s)	*1*	Nbr d'opérateur (s)	*1*
Traditionnelle	X	Traditionnelle	
Positionnements numériques		Positionnements numériques	
Commandes numériques		Commandes numériques	X

Outillages disponibles (4)

Référence
Mèche 10 mm Profil déformable

Référence
Chaîne de 10 mm Pas de 13,7

Référence
Bédane de 10 mm (185 x 22,5)

Référence

Référence

Amenage (6)

Manuel [X] Mécanique [ ]

Accessoires associés (7)

Cale longue de pressage

Choix définif (5)

Mortaiseuse à bédane
Cycle d'usinage programmable
MOCN200

Document (s) à préparer avant usinage (8)

Fiche outil
Bordereau de programmation propre à cette machine
Documents de réglages et d'utilisation MO

Matériel nécessaire à l'organisation du poste (9)

Palettes amont et aval

Matériel de réglage (10)

Jauge de profondeur

Matériel de contrôle (11)

Pied à coulisse de 250
Jauge de profondeur
Pied à coulisse de 750

Matériel de sécurité (12)

Organes de sécurité de la machine

Document de suivi (13)

Fiche suiveuse
Fiche de contrôle

Opérateur (s) (14)

Delabille Pierre

Equipement de protection individuel (15)

Chaussures de sécurité
Casque anti-bruit
Vêtements de travail

19.7 PRÉPARATION D'UN CHANTIER DE POSE

CHOIX DES MOYENS

1. IDENTIFICATION DU SITE DE POSE

Adresse du lieu où sera effectuée la pose. Difficultés éventuelles d'accessibilité et de stationnement. Définir les aires de stockage sur le chantier.

2. IDENTIFICATION DU OU DES POSEURS

Nom et prénom des personnes qui interviendront sur le chantier et les moyens de les contacter.

3. MOYEN DE DÉPLACEMENT

Véhicule utilisé pour aller en chantier. Moyens de colisage.

4. DÉLAI D'INTERVENTION PRÉVU

Conformément au planning d'intervention de l'entreprise ou du chantier, temps necessaire pour réaliser les travaux.

5. CONTACTS À PRENDRE

Il est important d'identifier les partenaires intervenant} sur le chantier.
Maître d'œuvre : personne en charge du bon déroulement de toutes les interventions.
Coordonnateur Sécurité et Protection de la Santé : personne qui met en place le Plan Général de Coordination et les Plans Particuliers de Sécurité et de Protection de la Santé (Coordinateur SPS).
Entreprises : Intervenant éventuellement en amont ou/et en aval de l'intervention considérée par cette fiche.
Ciient : généralement le maître d'ouvrage.

6. DOCUMENTS DE RÉFÉRENCE

Planning de pose.
Consignes particulières selon le travail.
Procédures de montage et de pose.
Document technique unifié (D.T.U.).
Fiches techniques des produits utilisés.
Bordereau de livraison.
Plan d'architecte, de distribution.
Plan Particulier de Sécurité et Protection de la Santé.
Fiche de suivi de pose.
Etc.

7. CONTRÔLE QUANTITATIF DES ÉLÉMENTS À POSER

Vérification des quantités des ouvrages à installer et de tous les accessoires nécessaires

8. CONTRÔLE QUALITATIF DES ÉLÉMENTS À POSER

Vérification de l'état (recherche de défauts éventuels) des éléments à poser.

9. MATÉRIEL DE TRAVAIL EN HAUTEUR

Échataudage. Échelle. Escabeau. Plate-forme individuelle. etc.

10. CONSOMMABLES DE FIXATION

Tous les accessoires permettant le maintien définitif : pattes à scellement, ancrages spéciaux, chevilles, ciment, mousse, visserie, etc.

11. MATÉRIEL DE PROTECTION DES COUPS ET SALISSURES

Protection des ouvrages posés pour éviter toutes détériorations.

12. MATÉRIEL DE MÉTROLOGIE ET DE CONTRÔLE

Outils de mesures et de contrôles des dimensions et des mises en position dans l'espace : mètre, niveau, niveau laser, générateur de ligne laser, fil à plomb, télémètre, etc.

13 MATÉRIEL DE TRAÇAGE ET DE MISE EN POSITION

Outils permettant de tracer tous les traits et repères pour mettre en position les ouvrages à poser : cordeau, règle, craie de marquage etc.

14. MATÉRIEL MANUEL TRADITIONNEL DE L'INSTALLATEUR

Établi-étau, caisse à outil avec l'outillage manuel du menuisier, pistolet à cartouche, outils pour réaliser les scellements, etc.

15. MATÉRIEL ET OUTILLAGE PORTATIFS ET ACCESSOIRES

Enrouleur et câble électrique, perceuse électrique, perceuse-visseuse avec batterie, marteau-perforateur, scie, tréteaux, ventouses de transport, etc.

16. MATÉRIEL PROVISOIRE DE MISE EN POSITION

Cales, coins, étais, tasseaux en bois, lève-porte, etc.

17. MATÉRIEL PROVISOIRE DE MAINTIEN EN POSITION

Cales, coins, étais, tasseaux en bois, serre-joints, etc.

18. MATÉRIEL DE NETTOYAGE ET DE TRI SELECTIF

Balai, chiffons, aspirateur, sacs pour le tri, etc.

19. MATÉRIEL DE SÉCURITÉ ET DE PROTECTION DE LA SANTÉ

Protection individuelle, casque, harnais, signalisation, trousse de secours, etc.

Note : voir chapitre 9.4.1 : la méthode PERT
chapitre 16 : chantier
chapitre 18 : hygiène et sécurité

PRÉPARATION D'UN CHANTIER DE POSE

Identification du site de pose (1)

Adresse du chantier

18 rue des feuillus
14000 Caen

Accessibilité

Facile
pour camion de petit gabarit

Identification du ou des poseurs (2)

Nom(s) Prénom(s)

Lilelois Benjamin
Larmet Luc

Moyens de contact

Téléphone portable

Moyen de déplacement (3)

Camionnette

Délai d'intervention prévu (4)

Début février 2006

Contacts à prendre (coordination de ou des interventions) (5)

Maître d'œuvre	Entreprises	Client
M. Decroix (architecte)	*Allaco S.A.*	*M. Racine*
Coordonnateur S.P.S.		
M. Decroix		

Documents de référence (6)

Plan de l'architecte
Distribution des pièces
pour la pose de huisseries
et bâtis

Contrôle quantitatif des éléments à poser (7)

Fait le 26 janvier 2006

Contrôle qualitatif des éléments à poser (8)

Fait le 26 janvier 2006

Matériel de travail en hauteur (9)

Escabeau (2)

Consommables de fixation (10)

Pattes à scellement
Ciment à prise rapide
Vis - pointes

Matériel de protection des coups et salissures (11)

Film plastique
Film à bulle

Matériel de métrologie et de contrôle (12)

Décamètre - Mètre
Grande équerre
Niveau laser
Fil à plomb
Niveau à bulle

Matériel de traçage et de mise en position (13)

Cordeau
Règles
Craie de marquage
Crayon

Matériel manuel traditionnel de l'installateur (14)

Caisse à outils
Matériel pour scellement

Matériel et outillage portatifs et accessoires (15)

Perceuse à fil
Visseuse à batterie
Burineur électrique
Rallonge éléctrique

Matériel provisoire de mise en position (16)

Coins et cales en bois
Tasseaux

Matériel provisoire de maintien en position (17)

Bracelets élastiques
Lattes de contreventement

Matériel de nettoyage et de tri sélectif (18)

Sacs
Balais - Pelle
Chiffons

Matériel de Sécurité et de protection de la santé (19)

Casque - Lunette
Tenue de travail - Chaussures de sécurité

19.8 AIDE À L'ORGANISATION D'UN POSTE D'USINAGE

CHOIX DES MOYENS

1. POSTE D'USINAGE

Désignation du poste
On désigne le poste par l'activité qui s'y déroule.
Matériels
Machines utilisées – Outils employés.
Accessoires
Matériels adjoints au bon déroulement du ou des usinages.

2. PIÈCE

Désignation
On désigne la ou les pièces usinées ou/et leurs références.
État en amont du Poste – État en aval du poste
On fait apparaître la modification structurelle de la pièce qui apporte une valeur ajoutée (texte ou croquis).
Autres informations
L = Longueur l = largeur e = épaisseur de la pièce.
Matière et poids de la pièce (charge à manipuler).

3. ACCESSIBILITÉ

Piéton
L'opérateur doit pouvoir accéder et circuler en toute sécurité sans aucune gêne et en limitant la fatigue.
Transpalette – Transpalette motorisée – Chariot
Moyens mécaniques utilisés pour transférer les pièces d'un poste à un autre.

4. MANUTENTION

En amont
De la palette amont à la machine.
En cours
Pendant l'usinage
En aval
De la machine à la palette aval.
Fréquence
Nombre de pièces concernées par une manipulation.
Automatisée
Transfert sans l'intervention de l'opérateur.
Continue
Transfert et usinage en continu
Manuelle
L'opérateur intervient sur l'ensemble du cycle pièce.

5. STOCKAGE DES ENCOURS

Moyens
Matériel utilisé pour stocker les pièces avant et après leur transfommation.
Quantité
Nombre de pièces sur chaque moyen de stockage d'encours.
Emprise au sol
Longueur et largeur au sol des moyens utilisés.
Hauteur
Hauteur à laquelle sont prises et déposées les pièces.

6. POSTURE

Choisir la meilleure posture pour l'opérateur. Elle doit être adaptée au travail demandé en étant confortable et non dangereuse.

7. INFORMATIONS

Notice d'instruction de la machine
Notice pemmettant l'utilisation de la machine et de ses accessoires pour effectuer les réglages, l'usinage et la maintenance.
Fiches-outils
Informations sur les outils.
Document de réglages
Données permettant le réglage des organes (outils, machines, accessoires...). Document de contrôle(s)
Relevés des contrôles et des modifications de réglage apportées.

8. HYGIÈNE – PRÉVENTION

Risques de nuisances phvsiques et chimiques
Identifier les nuisances générées par l'usinage concerné et par les postes environnants.
Protections collectives
Protections assurant la sécurité des opérateurs se trouvant sur ies postes voisins.
Protection individuelle
Équipement de l'opérateur (tenue, casque, chaussures...).

9. CROQUIS DU PROJET D'AMÉNAGEMENT DU POSTE

Dessin du poste faisant apparaître les éléments constitutifs définis ci-dessus.

10. DOCUMENTS RÉFÉRENTS

Références des ouvrages et documents facilitant la rédaction de la fiche.

11. RÉDACTEUR DE LA FICHE

Désignation de la personne qui a rédigé la fiche.

Note : voir chapitre 18 : hygiène et sécurité

FICHE D'AIDE À L'ORGANISATION D'UN POSTE D'USINAGE

POSTE D'USINAGE (01)

Désignation	*Sciage de panneaux*
Matériels	
	Scie à panneaux verticale
Accessoires	
	Dispositif inciseur
	Butée avec réglage numérique

PIECE (02)

Désignation	
Etat en amont du poste	*Panneau mélaminé blanc 3070 x 1850*
Etat en aval du poste	Panneaux débités sur palette

	L	*800*	mm	l	*480* mm	e	*16* mm
Matière		*Mélaminé blanc*				Poids	*7* Kg

ACCESSIBILITE (03)

Piéton	*Avec ventouses*	*X*
Transpalette manuel		
Transpalette motorisé		
Chariot	*spécial panneaux*	*X*

MANUTENTION (04)

	En amont	En cours	En aval
Fréquence			
Automatisée			
Continue			
Manuelle	*X*		

STOCKAGE DES ENCOURS (05)

Moyens	
Palettes inertes	*X*
Palettes réglables en hauteur	
T réteaux	
Dessertes	

Quantité	*44*	
Emprise au sol (Lxl)	*90x60*	mm
Hauteur	*15*	mm

POSTURE (06)

Travail assis ☐ Debout *X*

INFORMATIONS (07)

Notice d'utilisation machine	*Sur le poste*
Fiche outil(s)	
Document de réglages	*Feuille de débit*
Document de contrôle(s)	*Feuille de débit*

HYGIENE - PREVENTION (08)

Risque de nuisances physiques	*X (mettre aspiration)*
Risque de nuisances chimiques	
Protections collectives	X (sur machine)
Protections individuelles	*X*

CROQUIS DU PROJET D'AMENAGEMENT DU POSTE (09)

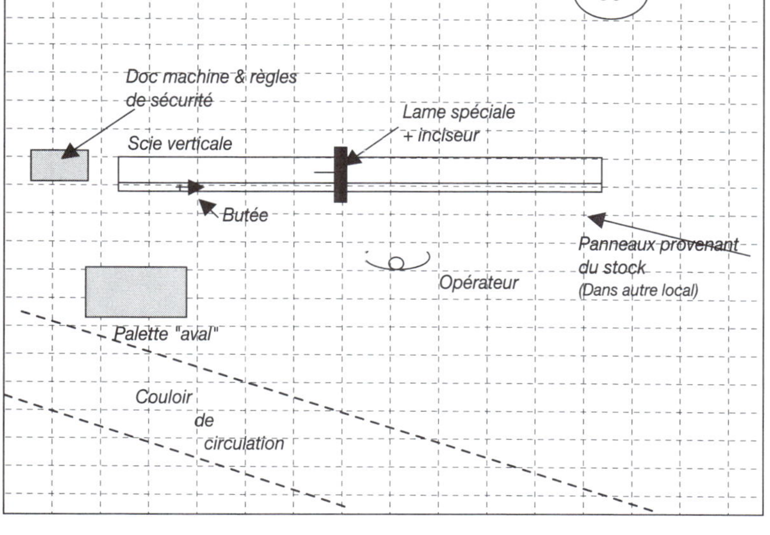

DOCUMENTS REFERENTS (10)

Nomenclature

Feuille de débit

Fiche suiveuse

Processus de réglage (à disposition sur la scie)

REDACTEUR DE LA FICHE (11)

Nom	Lenormand
Prénom	Didier
Date	23/02/06

20. OUTILS D'ANALYSE ET DE RÉSOLUTION DES PROBLÈMES

20.1 ÉTUDE DES SYSTÈMES (analyse descendante)

Un système est un ensemble de constituants en interaction dynamique, organisés pour atteindre un but. Chaque constituant est caractérisé par une fonction (approche fonctionnelle) et par des liaisons physiques qui le met en contact avec d'autres constituants (approche matérielle).
Ces constituants au sein du système accomplissent des tâches en relation avec une suite chronologique d'événements caractérisant le processus de réalisation de la fonction globale du système (approche temporelle).

MÉTHODOLOGIES POUR CONDUIRE L'ÉTUDE DES SYSTÈMES

Choix des outils nécessaires à l'analyse pluri-technologique des systèmes :
trois approches complémentaires :

■ **APPROCHE FONCTIONNELLE**

Modélisation des activités produites par tous les composants qui concourent à la réalisation de la fonction globale du système (valeur ajoutée).

Outil : méthode de l'analyse descendante.

■ **APPROCHE MATÉRIELLE**

Modélisation des constituants et des liaisons de contact qui les mettent en relation.

Outils : représentation des circuits fonctionnels en langage symbolique normalisé :

- *Schématisation des mécanismes.*
- *Schématisation électriques, pneumatiques, hydrauliques.*
- *Dessins techniques, plans d'implantation.*

■ **APPROCHE TEMPORELLE**

Modélisation de l'évolution et de l'enchaînement des activités nécessaires au processus du système, activités des moyens techniques qui réalisent les fonctions.

Outils : organigrammes appropriés à l'analyse de l'état des variables dans le temps :

- *Algorithmes, algorigrammes, GRAFCET, GEMMA.*
- *Chronogrammes. Diagrammes des états.*

CONSTITUANTS D'UN SYSTÈME

Système

Association de sous-systèmes constituant un tout organique complexe destiné à remplir une fonction globale (valeur ajoutée à la matière d'œuvre).

Sous-système

Association de composants destinés à remplir une ou plusieurs fonction opérationnelles au sein d'un système.

Composant

Ensemble d'éléments ou élément destiné à remplir une fonction particulière dans un sous-système ou un système.

Élément

Organe du plus bas niveau participant à la réalisation de la fonction d'un composant ou d'un sous-système.

Désignation du modèle : « **Technique d'analyse structurée et de modélisation** ».
Désignation en anglais : « **Structured Analysis and Design Technique** » **(S.A.D.T.).**

DESCRIPTEURS GRAPHIQUES

Frontière du bloc fonctionnel

■ **« BOÎTES »**

Blocs fonctionnels.

La méthode utilise un seul type de boîte rectangulaire modélisant un système, un sous-système, un composant, un élément à quelque niveau que ce soit.

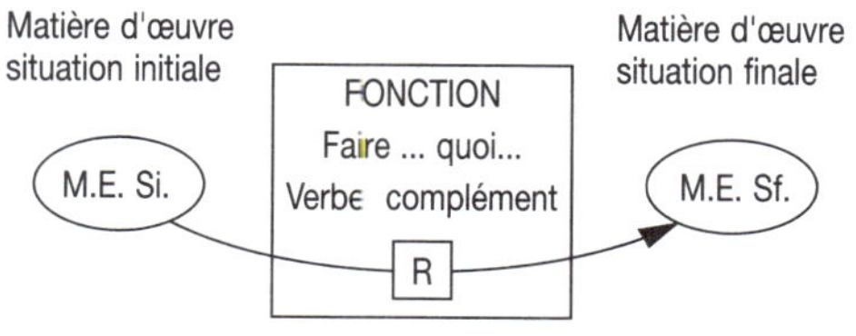

M.E. Sf = M.E. Si + Valeur ajoutée

■ **FONCTION**

Celle du bloc fonctionnel.

La fonction du système ou de la partie du système considérée est notée à l'intérieur du rectangle en terme d'action caractérisée par la relation « R » qui transforme la matière d'œuvre de sa situation initiale à sa situation finale. Cette transformation représente une valeur ajoutée.

Exemple : transformer l'énergie électrique en énergie mécanique.

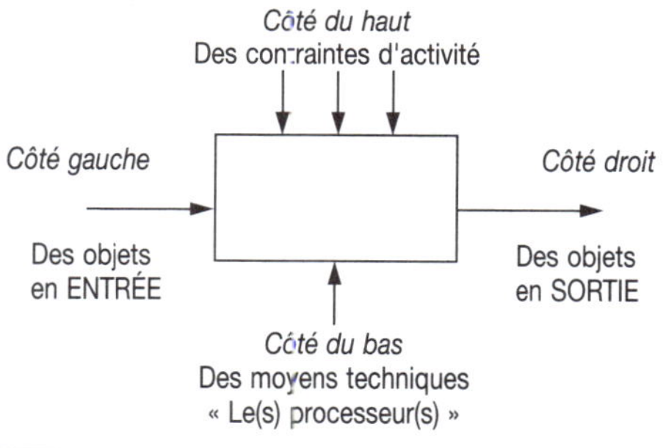

■ **FLÈCHES**

Relations avec l'environnement.

Les échanges entre le bloc fonctionnel et son environnement sont définis en terme de flux d'entrée ou flux de sortie.

Ces flux sont modélisés par des flèches dont l'extrémité ou l'origine est située sur l'un des quatre côtés du rectangle selon leur nature.

Flèches convergentes : entrées	{	Matières.
Flèches divergentes : sorties		Energies.
		Informations.

DÉCOMPOSITION DESCENDANTE

Analyse descendante hiérarchisée

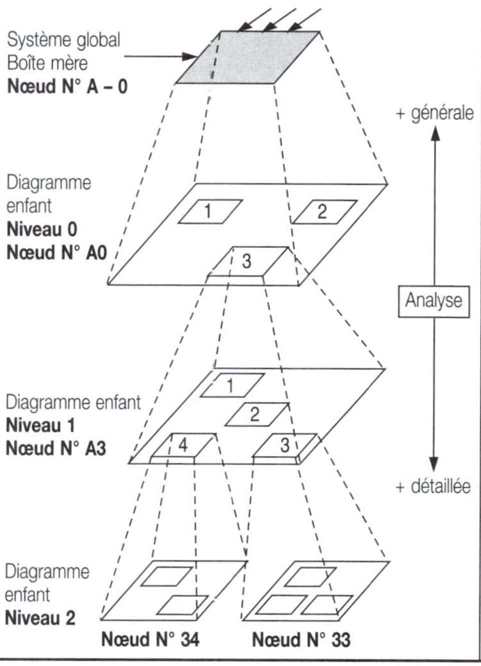

L'analyse de tout problème est menée de manière descendante, modulaire, hiérarchique et structurée, en partant du plus général pour aller vers le plus détaillé.

■ **RELATIONS HIÉRARCHIQUES**

Fondées sur le modèle « Parents/enfants ».

On définit successivement :

- La boîte mère (le système global), elle porte le numéro de nœud « A – 0 » (se lit A moins zéro).
- Le diagramme fils de niveau 0 (zéro) porte le numéro de nœud « A0 ».
- Les diagrammes enfants du nœud « A0 » qui deviennent boîte mère lorsqu'ils sont décomposés, ils portent les numéros A1, A2, A3, au niveau 1.

DIAGRAMME D'ACTIVITÉS « ACTIGRAMME »	• La **boîte** contient des **activités** (verbes). • Les **flèches** désignent des **choses** (noms). **Données de contrôle :** – énergie ; – pilotage. **Données en entrée.** Matière d'œuvre dans sa situation initiale : – article ; – énergie ; – information. ACTIVITÉS **Données en sortie.** Matière d'œuvre dans sa situation finale. M.E. Sf = M.E. Si + V.A **Processeur :** – mécanisme ; – machine ; – logiciel.
DIAGRAMME DE DONNÉES « DATAGRAMME »	• La **boîte** contient des **choses** (noms). • Les **flèches** expriment des **activités** (verbes). **Activités de contrôle :** – commander ; – procéder. **Activités génératrices.** – créer ; – modifier ; – transformer. DONNÉES **Activités utilisables.** – éditer ; – afficher ; – imprimer. **Support de données.** Unité de stockage : – mémoriser
RÈGLES FONDAMENTALES	**Règle 1** : Le processeur qui assure la réalisation de l'activité affectée à une boîte a besoin d'énergie et/ou de la présence de matière d'œuvre en entrée pour lui apporter la valeur ajoutée. **Règle 2** : Si une donnée d'entrée est à la fois une des contraintes d'activité et la donnée de contrôle on ne la représente que comme donnée de contrôle. Données de type informations : Bien distinguer l'information : impulsion binaire, forme, amplitude d'une énergie, et une énergie en tant que flux qui peut être énergie de fonctionnement ou une matière d'œuvre. **Règle 3** : Si l'énergie nécessaire au processeur est également matière d'œuvre, on indique en donnée(s) de contrôle celle(s) de ses caractéristiques qui influent sur la réalisation de l'activité étudiée. Cette règle permet d'éviter la représentation de boîtes sans entrée de matière d'œuvre. Pour les composants actifs, l'énergie est nécessaire systématiquement, pour ne pas surcharger les actigrammes il est possible de ne pas représenter cette donnée mais de l'indiquer une seule fois. **Règle 4** : Les données de contrôle ont un caractère informationnel. Lorsque la matière d'œuvre est elle-même information, il est nécessaire de bien analyser la formulation de sa caractéristique qui la distingue des données de contrôle. **Règle 5** : Une boîte comporte au moins une donnée de contrôle qui déclenche son activité et la régule. **Règle 6** : La matière d'œuvre de sortie d'une boîte peut être la matière d'œuvre d'entrée ou une donnée de contrôle pour une autre boîte.

MACHINE-OUTIL AUTOMATISÉE

DÉCOMPOSITION DESCENDANTE

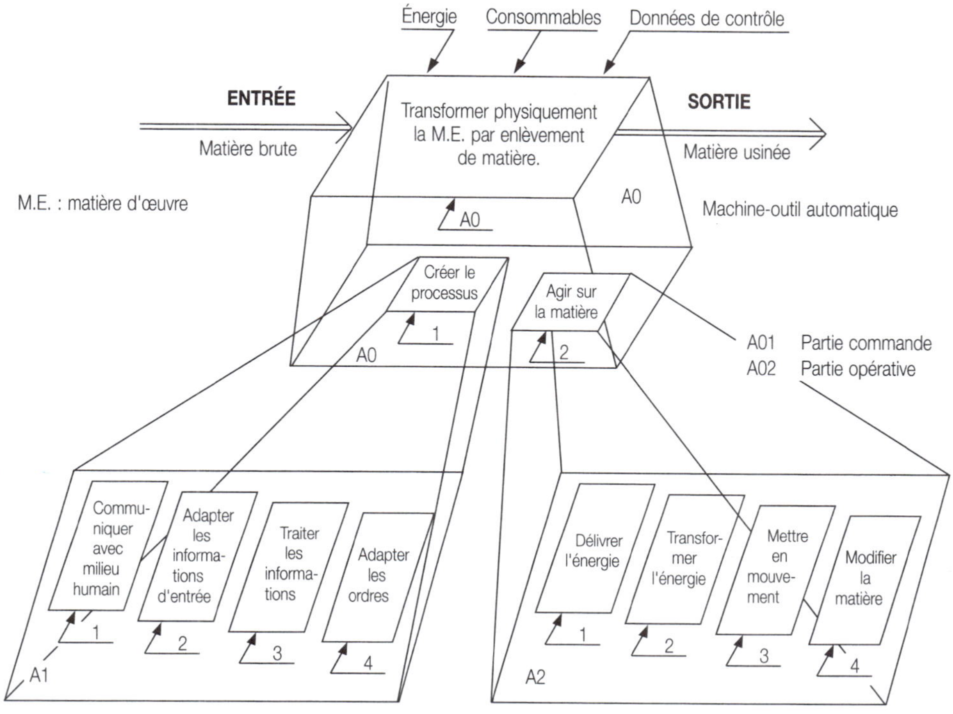

A11 : pupitre + visu
A12 : interface d'entrée
A13 : automate
A14 : interface de sortie

A21 : préactionneur
A22 : actionneur
A23 : mobiles de la machine
A24 : organes effecteurs

ACTIGRAMME « A0 »

DIAGRAMME ENFANT NIVEAU 0

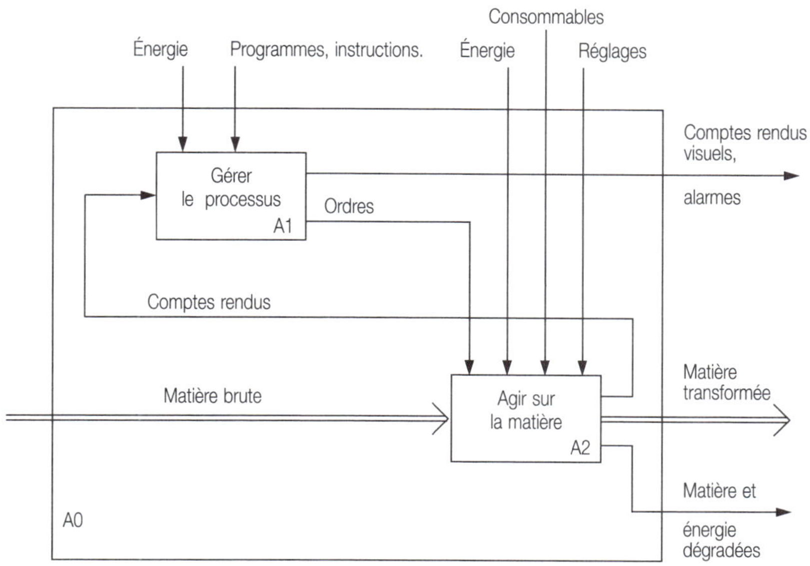

Organes de la machine-outil automatisée :

Nœud A1 : partie commande (l'automate)

Nœud A2 : partie opérative (les effecteurs)

ACTIGRAMME « A1 »

DIAGRAMME ENFANT NIVEAU 1

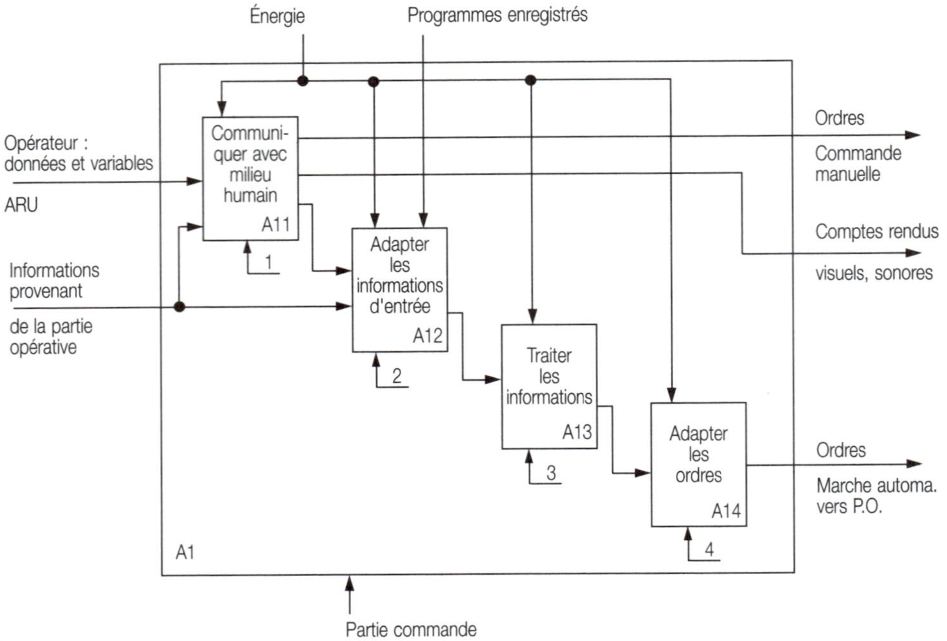

Organes composants de l'actigramme A1 :

Nœud 1 : pupitre + visu
Nœud 2 : interface d'entrée
Nœud 3 : automate
Nœud 4 : interface de sortie

ACTIGRAMME « A2 »

DIAGRAMME ENFANT NIVEAU 1

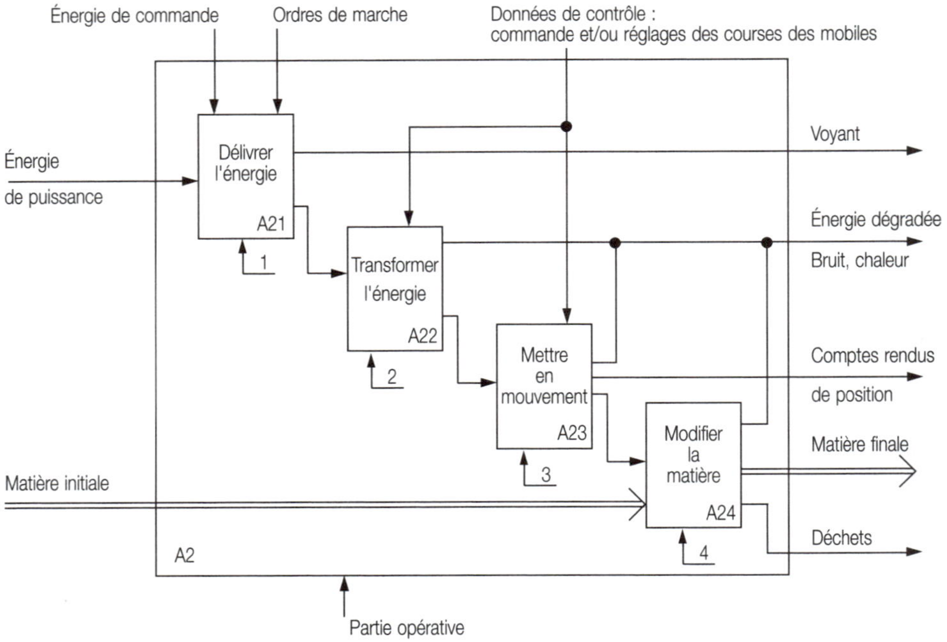

Organes composants de l'actigramme A2 :

Nœud 1 : préactionneur
Nœud 2 : actionneur
Nœud 3 : mobiles de la machine
Nœud 4 : organes effecteurs

20.2 ALGORITHMES - ALGORIGRAMMES

Le développement de l'automatisation des tâches les plus diverses, telles que usinages, calculs... avec des moyens adaptés, M.O.C.N. (Machines Outils à Commande Numérique), API (Automates Programmables Industriels), micro ordinateurs, pénètre de plus en plus les métiers du bois en fabrication industrielle de la menuiserie et du mobilier.
Ces moyens et plus particulièrement ceux qui touchent l'informatique en automatisation industrielle, ont besoin d'instructions précises, concises, chronologiques, faisant appel à des expressions non subjectives qui fixent une démarche logique réutilisable sans limite pour arriver au résultat.
«Il faut dire ce qu'il faut faire, sans le faire»
Ce « mode opératoire » adapté, permettant d'arriver à coup sûr à un résultat souhaité autant de fois qu'on le veut, est basé sur le langage algorithmique : c'est un **algorithme**.

ALGORITHME

NF Z 61-00 : ensemble fini de règles déterminées, servant à résoudre un problème au moyen d'un nombre fini d'opérations.

SYNTAXE DU LANGAGE ALGORITHMIQUE

Les mots : trois familles.

■ LES MOTS CLÉS

Précisent le type de la structure algorithmique utilisée.

Exemple : RÉPÉTER ... TANT QUE... (structure conditionnelle itérative).

Un mot clé est toujours suivi :
- soit d'une expression conditionnelle entre guillemets,
- soit d'un ou plusieurs mots d'instruction.

Exemple :
- SI « b < 10 » (expression conditionnelle)
- ALORS
- FAIRE « porte P1 ouverte » (mots d'instruction)

■ LES MOTS INSTRUCTION

Ce sont des verbes d'action qui caractérisent la nature des opérations à effectuer.

Exemples : – FAIRE – AVANCER – SÉLECTIONNER
– ALLER – DÉGAGER – INITIALISER

Un mot instruction est toujours suivi de la désignation de l'objet sur lequel il s'applique ou de la description de l'opération à appliquer sur l'objet, écrite entre guillemets.

Exemples :
- ALLER « du point 1 au point 2 »
- FAIRE « pas = pas + 1 »

■ LES MOTS DÉLIMITEURS

Ils fixent les bornes de l'algorithme global, ainsi que celles des différentes structures utilisées si elles ne sont pas implicites.
Entrée : DÉBUT – Sortie : FIN.
Le mot délimiteur FIN peut être complété par un mot clé de la structure.

Exemple : FIN SI.

STRUCTURES ALGORITHMIQUES

Trois familles.
Ces structures peuvent être employées, selon la nature et la constitution de l'algorithme, isolément, en combinaisons successives, en combinaisons emboîtées.

Type de structure	Description	Algorigramme
Structure **linéaire** ou séquentielle **« Enchaînement »**	• **Suite chronologique** – de traitements – d'instructions – d'opérations – d'actions	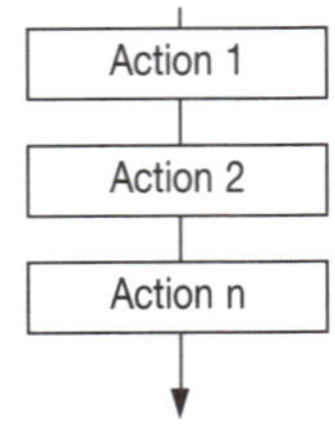
Les prédicats : « Fonctions propositionnelles ».		
Structure **alternative** ou sélective **« Aiguillage »**	• **Embranchement** Choix d'une séquence entre 2, en fonction d'une condition ayant 2 états vrai ou faux.	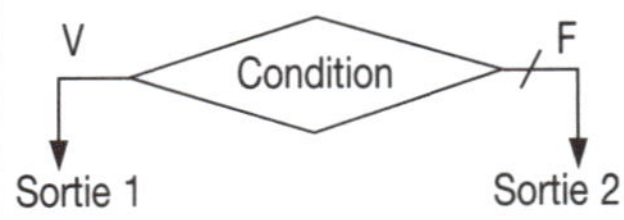
Structure **itérative** ou répétitive **« Boucle »**	• **Séquence répétée** Une condition détermine l'arrêt de la répétition. La séquence s'exécute tant que la condition est vraie.	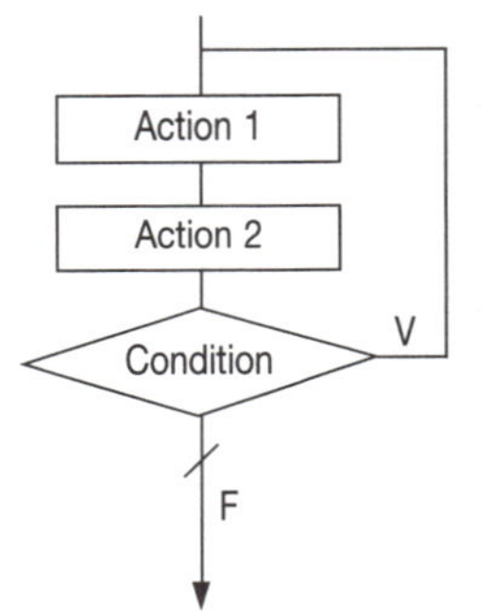

■ DEGRÉ DE COMPLEXITÉ D'UN ALGORITHME

L'organisation relative des structures, décrites précédemment, les unes par rapport aux autres détermine le degré de complexité de l'algorithme.
La décomposition d'un algorithme en sous-ensembles de degrés décroissants de complexité facilite l'exploitation.

• Réseau principal
C'est l'algorithme dans sa globalité.

• Sous-réseaux
C'est chacune des structures qui constituent l'algorithme.

• Bornage
Ce sont les mots délimiteurs explicites et/ou implicites qui assurent le repérage des bornes d'entrée et de sortie de ces réseaux.

■ STRUCTURES EMBOITÉES

C'est la combinaison des structures fondamentales assemblées les unes dans les autres (principe de l'analyse descendante).

• Rang
- Le réseau principal est affecté du rang zéro : 0.
- Les sous-réseaux sont affectés des chiffres 1, 2, 3, 4... dans l'ordre chronologique de leur emboîtement à partir du réseau principal.
- Le rang du dernier réseau emboîté donne le degré de complexité de l'algorithme.

• Règles syntaxiques
- Le dernier réseau ouvert doit être fermé le premier.
- Le nombre de fermetures doit être égal au nombre d'ouvertures.
- Le décalage d'un délimiteur d'entrée par rapport au précédent s'il y en a un, se fait de la gauche vers la droite.

STRUCTURES ALGORITHMIQUES (suite)

Exemple :

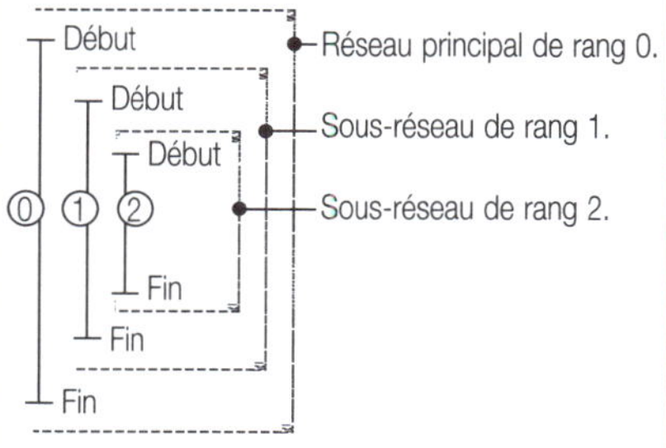

Algorithme de degré de complexité 2.

REPRÉSENTATION LITTÉRALE DES ALGORITHMES

⓪
Début
– Instruction « 1 »
– Instruction « 2 »
① – Si « condition 1 vraie »
– ALORS
② – RÉPÈTE
– Instruction « 10 »
– Instruction « 11 »
– Instruction « 12 »
– TANT QUE « condition 2 vraie »
– SINON
– Instruction « 20 »
– FIN SI
– Instruction «30 »
FIN.

REPRÉSENTATION GRAPHIQUE

L'organigramme de description d'un algorithme est par convention un « **algorigramme** »

Symboles utilisés pour la représentation des algorigrammes.
Extraits de la norme NF 67-010.

	Symboles normalisés	Désignation – Définition
SYMBOLES DE TRAITEMENT	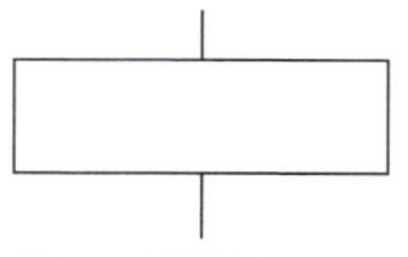	• **Symbole général « Traitement »** Opération ou groupe d'opérations sur des données, ou instructions. Opération pour laquelle il n'existe pas de symbole normalisé.
	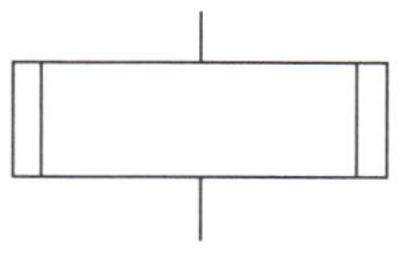	• **Sous-programme** Partie de programme considérée comme une opération. Le sous-programme « S/P_n » fait l'objet d'un algorigramme particulier séparé.
	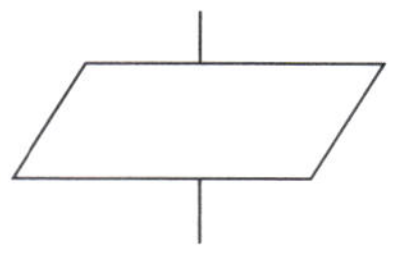	• **Entrée – sortie** Mise à disposition d'une information à traiter ou enregistrement d'une information traitée.
SYMBOLES LOGIQUES	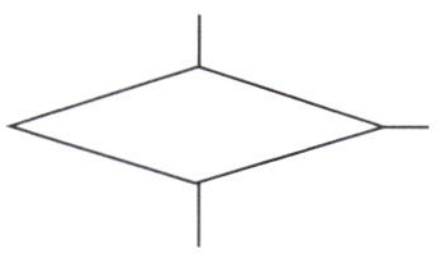	• **Embranchement** Exploitation de conditions variables impliquant le choix d'une voie parmi plusieurs. Symbole utilisé pour représenter une décision ou un aiguillage.
	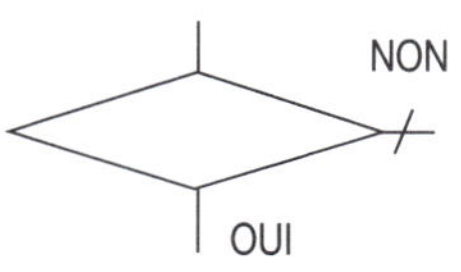	• **Convention** Symbolique conventionnelle adoptée pour repérer les deux sorties d'un test. OUI : sortie vraie. NON : sortie fausse.
SYMBOLES AUXILIAIRES	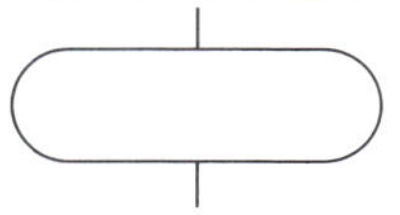	• **Début, fin, interruption** Symbole de début, de fin ou d'interruption d'un algorigramme, point de contrôle, etc.
		• **Commentaire** Symbole utilisé pour donner une indication complémentaire.

Algorithmes – algorigrammes

STRUCTURES CONDITIONNELLES : « PRÉDICATS »

Structures / Syntaxe	ALTERNATIVES		ITÉRATIVES		
	Complète	Incomplète	Répéter tant que ...	Répéter jusqu'à...	Pour ... de ... à ... répéter
Mots clés et expressions	SI « Condition V » ALORS Action 1 SINON Action 2	SI « Condition V » ALORS Action	RÉPÉTER Action TANT QUE « Condition V »	RÉPÉTER Action JUSQU'À « Condition V »	POUR i DE à A b RÉPÉTER Action FAIRE i = i ± Pas
Mots délimiteurs	FIN SI	FIN SI	Implicite	Implicite	FIN POUR

Algorigrammes

- Complète :

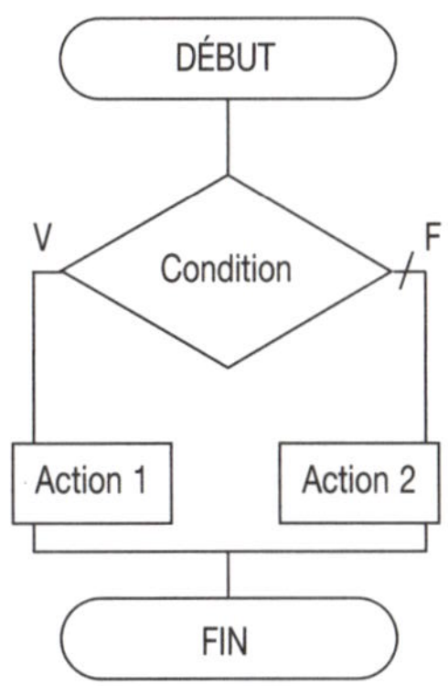

- Incomplète :

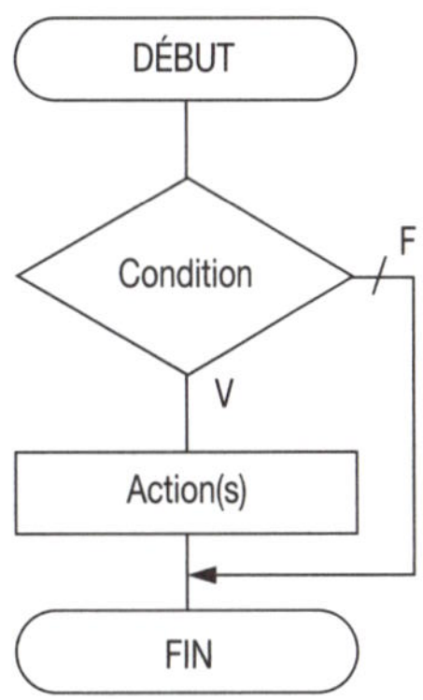

- Répéter tant que ... :

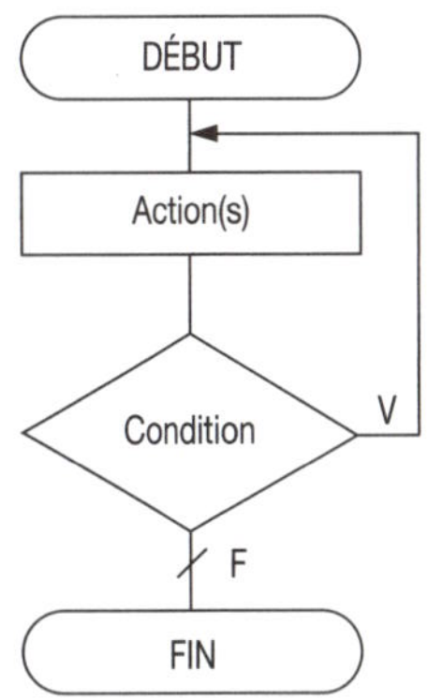

- Répéter jusqu'à... :

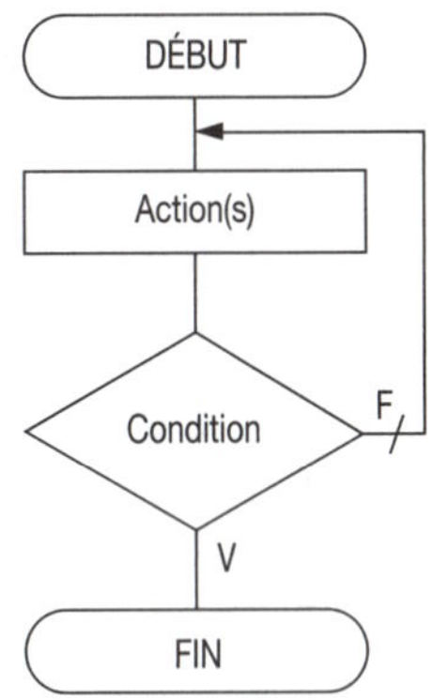

- Pour ... de ... à ... répéter :

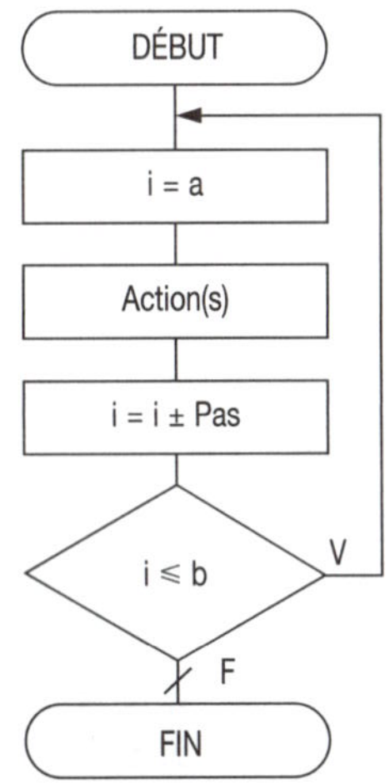

20.3 ÉTUDES DES AUTOMATISMES SÉQUENTIELS

20.3.1 CAHIER DES CHARGES

C'est le descriptif fourni par l'utilisateur au concepteur pour lui préciser le rôle et les performances du système automatisé à réaliser ainsi que les modes de marche et les sécurités qu'il désire dans son fonctionnement.

APPROCHE PROGRESSIVE DU CAHIER DES CHARGES DANS LA DESCRIPTION D'UN AUTOMATISME

■ SPÉCIFICATIONS FONCTIONNELLES

Elles décrivent le processus de fonctionnement de la partie opérative, ainsi que les réactions de l'automatisme consécutives aux informations issues de la partie opérative, afin de faire comprendre au concepteur le rôle de la *partie commande* à réaliser.

Elles définissent clairement les fonctions, les informations, les commandes et ordres impliqués dans l'automatisation de la partie opérative sans préjuger des technologies utilisées.

Les sécurités de fonctionnement doivent également apparaître dans la mesure où elles ne dépendent pas directement de la technologie des capteurs et actionneurs.

■ SPÉCIFICATIONS TECHNOLOGIQUES

Elles précisent la façon dont l'automatisme devra s'intégrer physiquement dans le système et son environnement. Elles renseignent sur :

- le choix des appareillages : capteurs, actionneurs ;
- les énergies disponibles : air comprimé, tension électrique ;
- la nature de l'environnement : les températures, l'humidité, les poussières, les atmosphères déflagrantes.

■ SPÉCIFICATIONS OPÉRATIONNELLES

Elles concernent le suivi de fonctionnement de l'automatisme au cours de son existence : fiabilité, maintenance, dépannage, possibilité de modification ou d'extension du système, dialogue homme-machine.

Ces considérations, malgré leurs répercussions non négligeables sur le plan économique, sont souvent sous-estimées dans le cahier des charges en raison de la difficulté de les exprimer qualitativement et quantitativement.

EXEMPLE DE CAHIER DES CHARGES D'UN POSTE DE PERÇAGE AUTOMATISÉ

VERSION PNEUMATIQUE

■ OBJECTIF

Automatiser sur un poste de perçage :

- L'ablocage de la pièce sur les axes Z ou Y.
- L'avance et le recul sur l'axe Z de la tête de perçage électro-pneumatique :
  - à petite vitesse pour usiner et grande vitesse hors usinage ;
  - avec débourrage optionnel.

■ USINAGE À RÉALISER

Il s'agit de percer des trous de diamètres variés débouchants ou borgnes à des profondeurs variées.

■ ORGANISATION DU POSTE DE TRAVAIL

- Mise en position : par trois butées amovibles et réglables.
- Maintien en position : par un vérin double effet.

■ SPÉCIFICATIONS FONCTIONNELLES : CYCLE D'USINAGE

La tête électro-pneumatique est alimentée en énergies électrique et pneumatique, l'opérateur met en position la pièce à percer. Il actionne un bouton poussoir « départ cycle » ce qui provoque dans l'ordre chronologique les actions suivantes :

- le serrage de la pièce ET la mise en rotation de la broche ;
- l'approche à grande vitesse de la tête électro-pneumatique ;
- le perçage à mi-profondeur à petite vitesse ;
- le débourrage à grande vitesse ;
- la deuxième approche à grande vitesse jusqu'à mi-profondeur ;
- la fin du perçage à petite vitesse ;
- le dégagement à grande vitesse ;
- le desserrage de la pièce ET l'arrêt de la broche.

L'opérateur évacue la pièce et le cycle peut recommencer.

■ SPÉCIFICATIONS TECHNOLOGIQUES

La partie commande sera réalisée avec un séquenceur pneumatique. L'avance de la tête électro-pneumatique sera contrôlée par un régulateur hydraulique à garde réglable. La mise en rotation et l'arrêt de la broche se fera par une interface pneumo-électrique qui commande un contacteur bistable. Le pupitre de commande intégré à l'armoire contenant l'automate du système comportera :

- un bouton poussoir « initialisation » (init)
- un bouton poussoir « départ cycle » (dcy)
- un bouton poussoir à accrochage « arrêt d'urgence » (ARU)
- un bouton à manette à deux positions optionnelles :
  - « perçage avec débourrage » (déb) ;
  - « perçage sans débourrage » (déb) ;
- Un voyant « attente de départ de cycle » (a).

■ SPÉCIFICATIONS OPÉRATIONNELLES

L'armoire de commande devra être prévue pour l'extension du poste de perçage à deux têtes électro-pneumatiques.

20.3.2 GRAFCET

POSTE DE PERÇAGE AUTOMATISÉ

epresentation sc émati ue du syst me

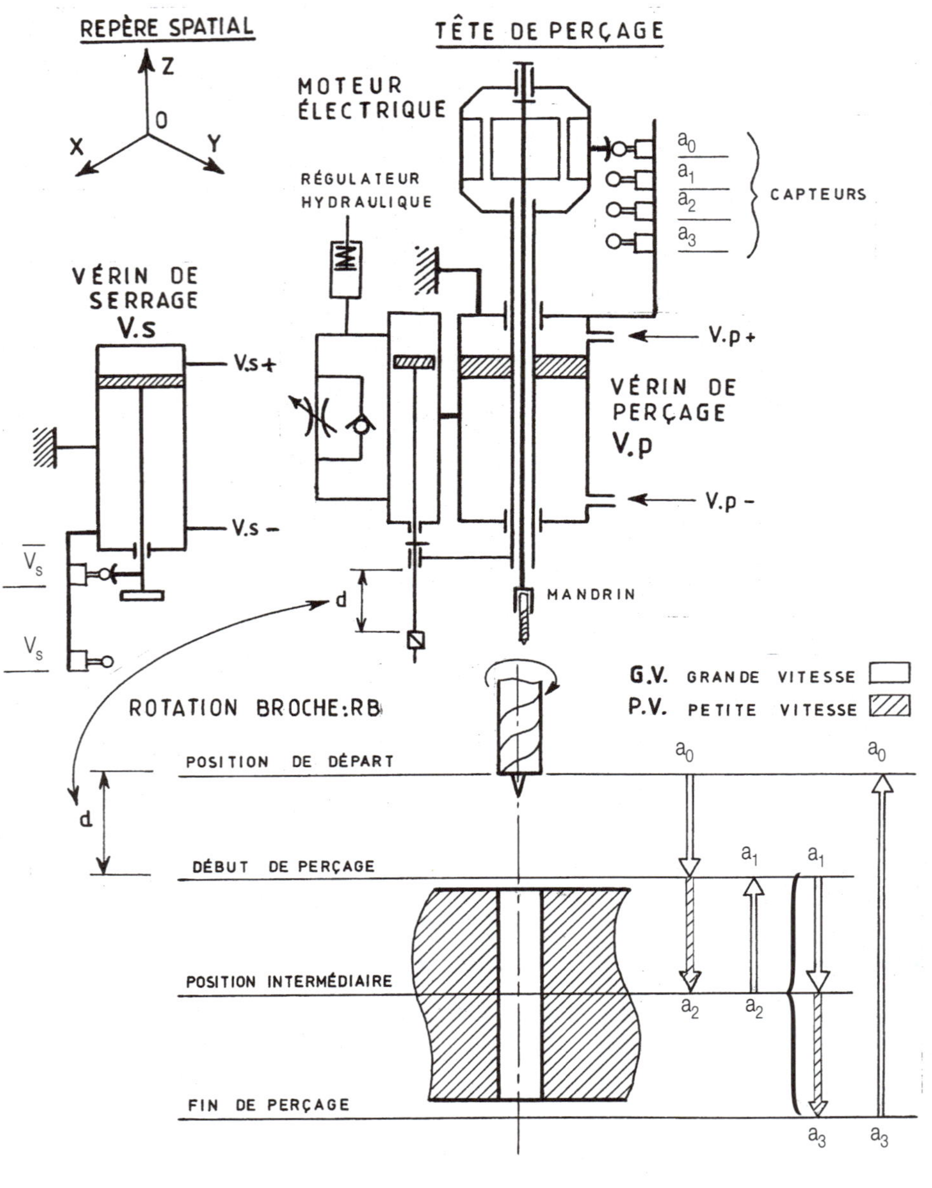

POSTE DE PERÇAGE AUTOMATISÉ

GRAFCET FONCTIONNEL

VERSION PNEUMATIQUE

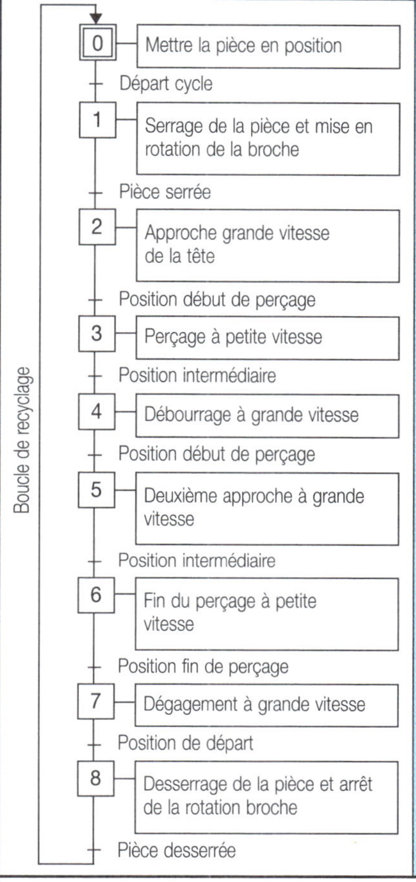

POSTE DE PERÇAGE AUTOMATISÉ

GRAFCET OPÉRATIONNEL

CYCLE AVEC DÉBOURRAGE OPTIONNEL

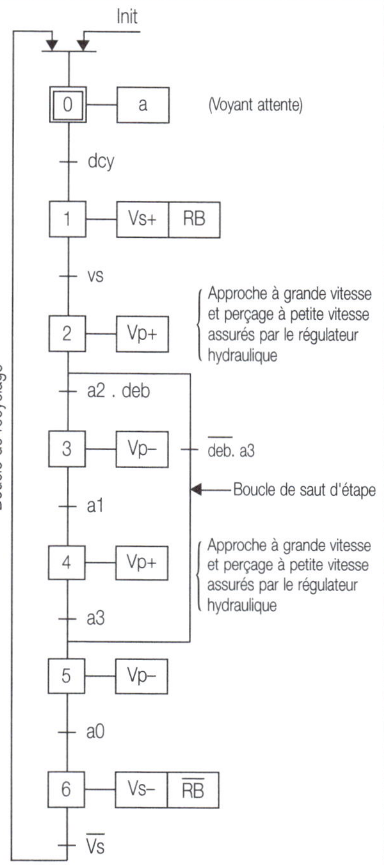

STRUCTURES ET DESCRIPTEURS GRAPHIQUES

Outil de description du cahier des charges d'un système automatique séquentiel.

Le GRAFCET décrit les comportements attendus du système automatisé en fonction des informations qu'il reçoit.

Cet outil est un « Diagramme fonctionnel et temporel », c'est-à-dire une représentation graphique, donc concise, précise, rigoureuse, hiérarchisée et offrant une lecture synoptique facile à interpréter.

Le graphe décrivant le fonctionnement de la partie commande d'un système automatisé séquentiel est une succession alternée d'étapes et de transitions reliées par des liaisons orientées.

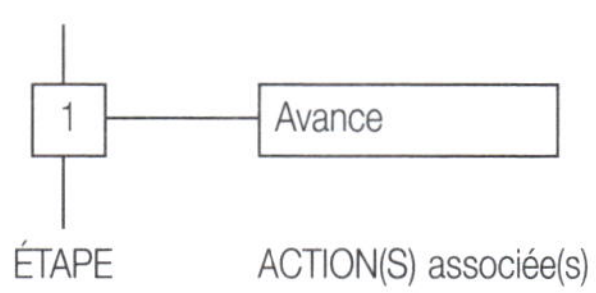

■ ÉTAPES

auxquelles sont associées des Actions.

Une étape correspond à une situation dans laquelle le comportement de tout ou partie de l'automatisme par rapport à ses entrées et ses sorties reste invariant. Aucune évolution ne se produit au niveau de l'automatisme pendant que s'exécutent une ou plusiieurs actions du processus.

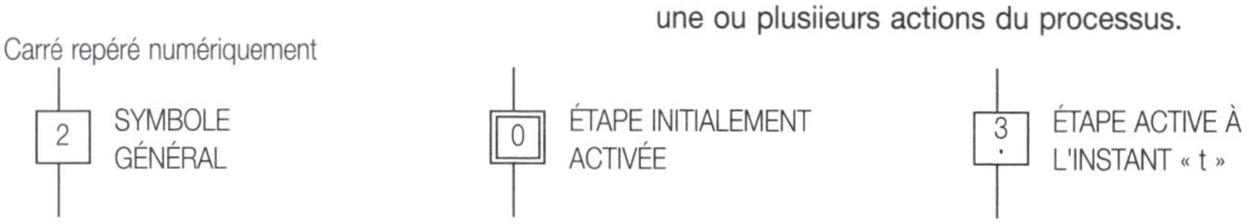

Une étape est soit active soit inactive et à chaque instant donné la situation du système automatisé est entièrement définie par l'ensemble des étapes actives.

STRUCTURES ET DESCRIPTEURS GRAPHIQUES (suite)

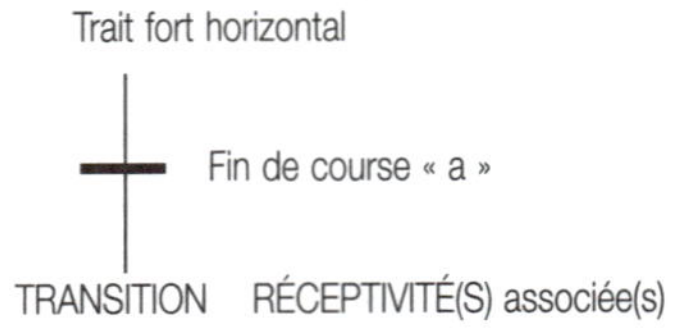

■ TRANSITIONS

auxquelles sont associées des RÉCEPTIVITÉS.
Les transitions indiquent les possibilités d'évolution entre les étapes sous forme d'une ou plusieurs conditions logiques : « réceptivités ».
La réceptivité peut être soit VRAIE, soit FAUSSE.

Une transition est soit non franchissable soit franchissable et obligatoirement franchie. Deux conditions fondamentales doivent être remplies pour qu'une transition soit franchie : elle doit être VALIDEE ET la réceptivité associée doit être VRAIE.

La réceptivité est un test de présence d'une (ou plusieurs) information(s) dont l'état logique « VRAI » indique que toutes les actions associées à l'étape (ou les étapes) précédente(s) sont arrivées au terme de leur exécution.

■ LIAISONS ORIENTÉES

Elles relient les étapes aux transitions et les transitions aux étapes et indiquent les voies d'évolution de l'état du diagramme fonctionnel le GRAFCET.

Le sens général de parcours du graphe est implicitement interprété du haut vers le bas. Des flèches sont nécessaires sur les liaisons lorsque le sens du parcours est autre.

ÉVOLUTION DU GRAFCET

SÉQUENCES MULTIPLES

■ AIGUILLAGES

Choix conditionnel entre plusieurs séquences.

- **Divergence en « OU »** :
  aiguillage entre plusieurs branches secondaires.
- **Convergence en « OU »** :
  chaque branche secondaire revient sur la branche principale.

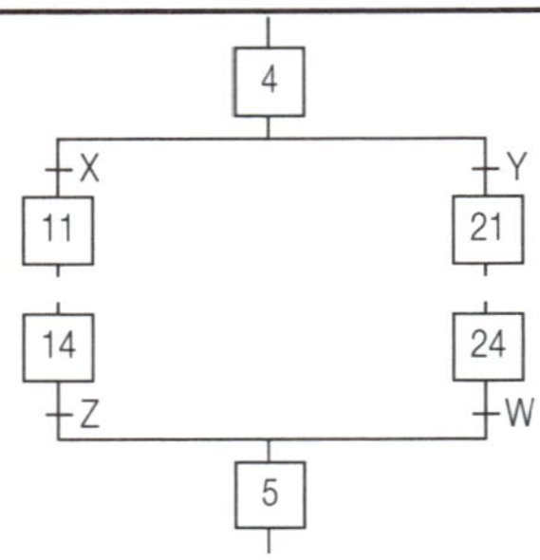

■ SÉQUENCES SIMULTANÉES

Plusieurs séquences s'exécutent simultanément.

- **Divergence en « ET »** :
  Début des séquences simultanées.
- **Convergence en « OU »** :
  Fin des séquences simultanées.

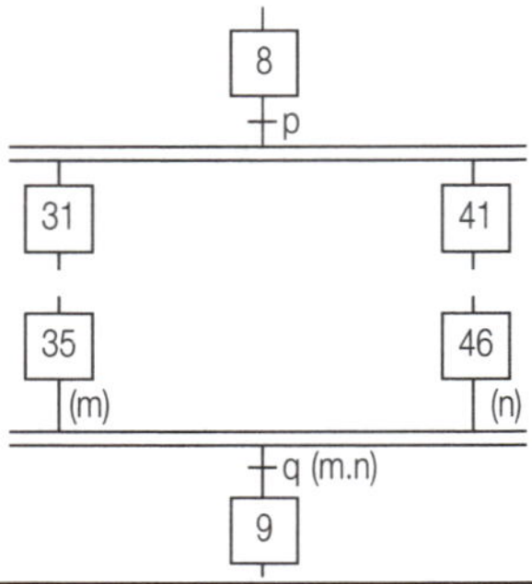

FRANCHISSEMENT D'UNE ÉTAPE

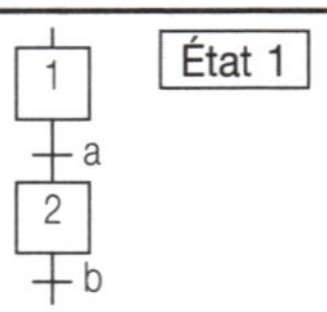

Transition
NON VALIDÉE

- Étapes 1 et 2 inactives
- Transition 1.2 *non* validées

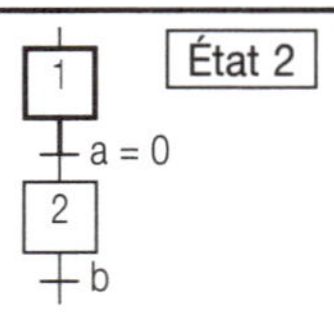

Transition
VALIDÉE

- Étape 1 active
- Transition 1.2 validée
- Transition 1.2 non franchie car la réceptivité associée « a » n'est pas vraie

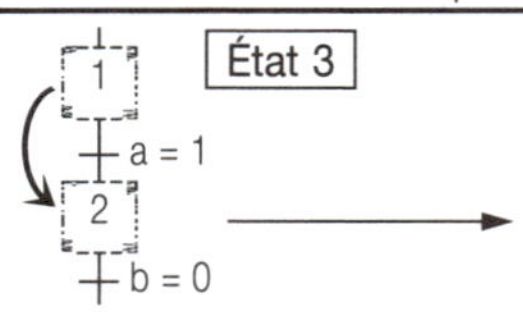

Transition
FRANCHISSABLE *et obligatoirement* FRANCHIE

- Etape 1 active

ET

- Réceptivité « a » associée à la transition 1.2 vraie
- Transition 1.2 franchie
- *Cet état est instable*

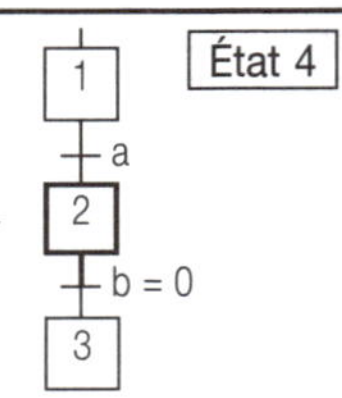

Transition FRANCHIE

- Étape 2 active
- Étape 1 désactivée
- La réceptivité « a » ne joue plus aucun rôle
- Transition 2.3 validée

GRAPHES

NIVEAUX DES DIAGRAMMES DU GRAFCET

Le grafcet a deux formes progressives en relation avec le niveau de description du cahier des charges d'un automatisme.

Description des spécifications fonctionnelles :

■ GRAFCET FONCTIONNEL

(Du point de vue système).
Diagramme fonctionnel définissant toutes les situations d'évolution d'un système automatisé décrites littéralement. Il ne prend en compte que l'aspect fonctionnel des mécanismes, sans préjuger des moyens technologiques employés pour la réalisation de la partie commande et de la partie opérative du système automatique séquentiel.

Description des spécifications technologiques

■ GRAFCET OPÉRATIONNEL

(Du point de vue commande)
Diagramme élaboré à partir du GRAFCET fonctionnel, prenant en compte les choix technologiques pour la partie commande (type de l'automate) et pour la partie opérative (actionneurs, capteurs...) prescrits dans les spécifications technologiques du cahier des charges du système automatisé.
Toutes les actions physiques (déplacements, fin de courses, etc.) sont décrites avec des sigles et des signes conventionnels clairement définis dans une nomenclature accompagnant le GRAFCET opérationnel (chiffres, lettres, signes + ou – etc.).

SYNTHÈSE SYNOPTIQUE DE LA DÉMARCHE D'ÉTUDE D'UN AUTOMATISME SÉQUENTIEL

Avant-projet

CAHIER DES CHARGES

- **Spécifications fonctionnelles**
Description du processus de fonctionnement de la partie opérative et des sécurités sans préjuger des solutions mises en œuvre.
- **Spécifications technologiques**
Choix des appareillages :
  - environnement
  - énergies
  - automate
  - aActionneurs
  - capteurs
- **Spécifications opérationnelles**
Suivi du fonctionnement du système automatisé :
  - dialogue homme-machine
  - fiabilité
  - maintenance
  - modifications
  - extensions

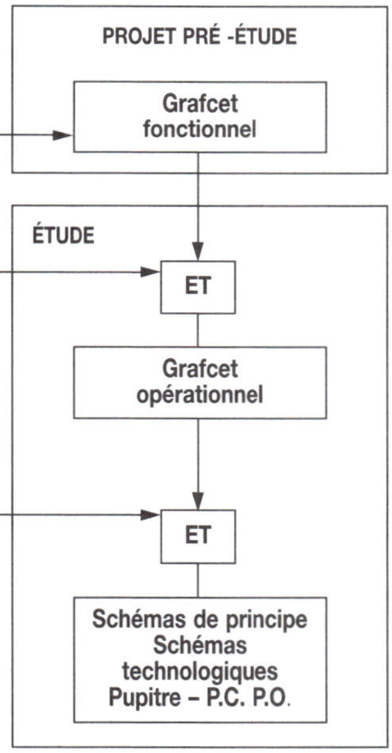

20.4 CIRCUIT MÉCANIQUE

Le circuit mécanique est un outil particulièrement adapté pour l'étude des mécanismes, machines-outils et tous systèmes dont l'agencement constitue une chaîne logique entre les différents éléments ou organes qui la composent. Cette chaîne continue assure la réalisation de la fonction globale du système.

SERRE-JOINT À VIS

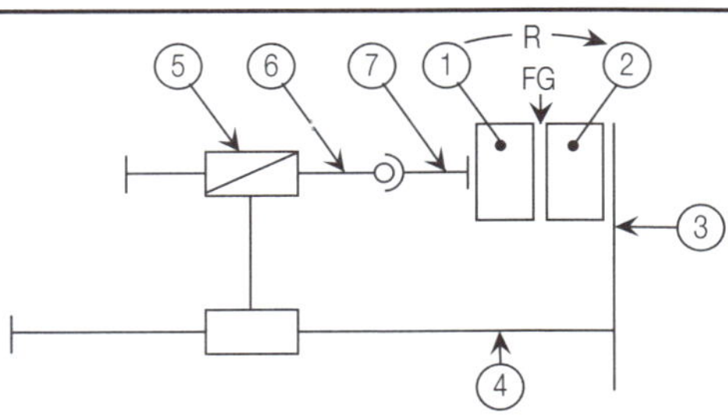

■ RÉPRÉSENTATION SCHÉMATIQUE

Soit R la relation qui existe entre les pièces 1 et 2 à maintenir. Cette relation représente la fonction « serrage » du serre-joint.
« R » est réalisée par la chaîne fermée des actions de contact existantes entre tous les éléments constitutifs du serre-joint et les deux pièces 1 et 2 appartenant au système.

SERRE-JOINT À VIS (suite)

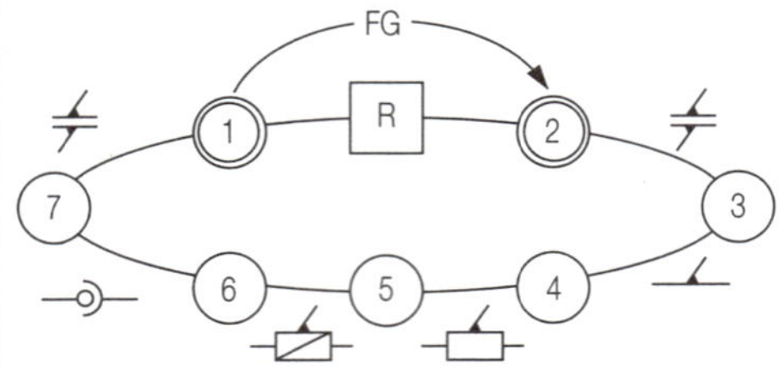

■ **CIRCUIT MÉCANIQUE**

Graphe des relations de contact entre les éléments constitutifs du serre-joint qui permettent la relation prescrite « serrage » de deux pièces de bois.

CONVENTIONS GRAPHIQUES

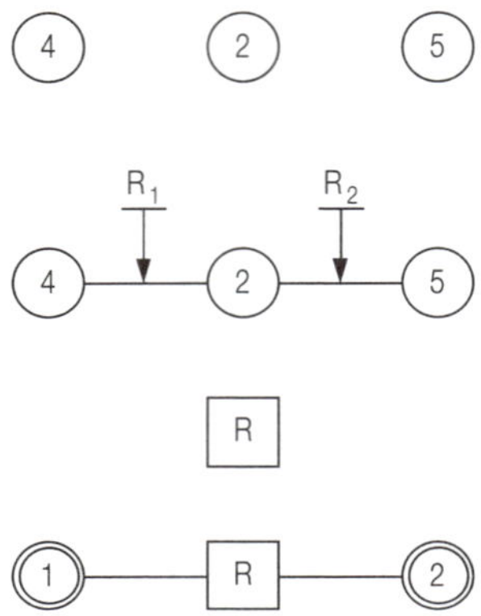

Le graphe représentant le circuit mécanique est constitué de quatre composants graphiques fondamentaux :

■ **SOMMETS**

Cercles repérés par un chiffre. Ils représentent les pièces élémentaires (ou organes) qui constituent le système.

■ **ARÊTES**

Traits reliant les sommets.

Ce sont les images des relations prescrites entre deux sommets, relations de contact dans l'étude d'un mécanisme.

■ **LA RELATION PRESCRITE « R »**

« R » encadré. Elle représente la fonction globale du système.

■ **SOMMETS INITIAUX OU POLES**

Doubles cercles repérés par un chiffre. Sommets du système qui encadrent la relation prescrite R.

RÈGLES : CONDITIONS À REMPLIR PAR UN CIRCUIT MÉCANIQUE

■ **ANALOGIE**

Le circuit mécanique peut être comparé à la « chaîne de cotes » dans la cotation fonctionnelle. R étant la « condition » du circuit mécanique, les sommets représentant les « maillons » de la chaîne de cotes.

■ **CONTINUITÉ**

Un circuit mécanique doit être fermé, les sommets sont reliés de façon continue par les arêtes. Un circuit mécanique ouvert n'a pas de sens.

■ **HOMOGÉNÉITÉ**

Les sommets et les arêtes doivent être de même nature entre eux.

Exemple : le serre-joint à vis

- **Sommets** : organes mécaniques.
- **Arêtes** : actions de contact.

■ **LONGUEUR DU CIRCUIT**

Elle doit être minimale. Éviter les boucles internes.

CHAMPS D'APPLICATION

- **Cinématique :** étude organique des mécanismes (machines outils)
- **Automatismes :** schémas technologiques.
- **Électricité :** schémas de circuits d'alimentation.
- **Pneumatique :** schémas d'installation.
- **Hydraulique :** schémas de circuits ou de réseaux.

Exemple : la scie radiale. Voir « La schématisation des machines-outils ».

■ **CIRCUIT ÉCLATÉ**

Cette variante est tolérée dans la mesure où plusieurs sommets ont même niveau dans le circuit mécanique.

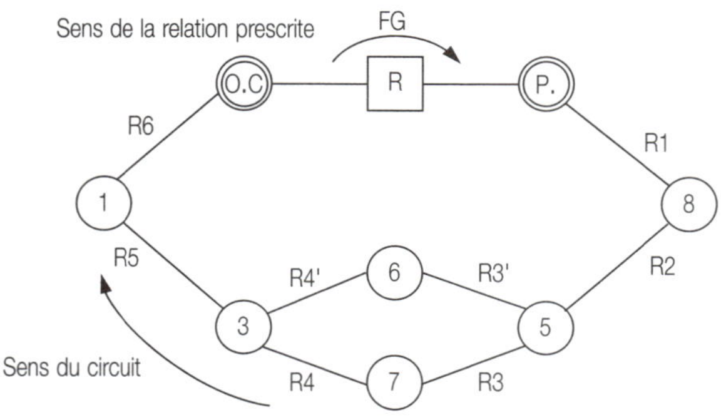

CHAMPS D'APPLICATION (suite)

■ **SCIE RADIALE**

Schéma perspectif

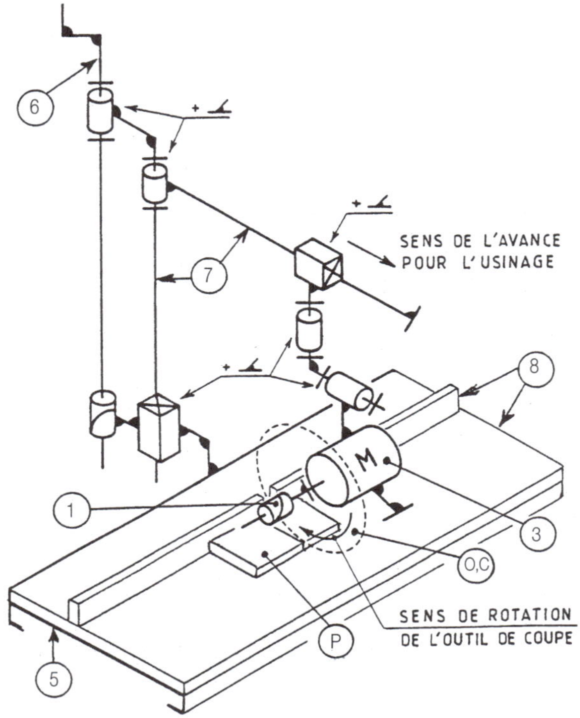

CIRCUIT MÉCANIQUE ET SCHÉMATISATION

Il est à noter que l'étude d'un mécanisme par le circuit mécanique n'est pas possible si l'on ne dispose que de la représentation figurative, d'où l'intérêt d'établir le schéma normalisé du mécanisme qui répond parfaitement aux exigences de cet outil d'analyse.

20.5 ANALYSE COMBINATOIRE

L'analyse combinatoire est une démarche qui consiste à arranger de toutes les manières possibles des objets semblables ou divers en groupements qui génèrent de multiples solutions. C'est un outil de recensement exhaustif des combinaisons possibles d'objets donnés dans des situations particulières déterminées.

CHAMPS D'APPLICATION

L'analyse combinatoire est possible lorsqu'on peut mettre en évidence dans un problème des objets ayant plusieurs caractères possibles dont les arrangements dégagent des solutions variées.

- Variables ayant plusieurs états.
- Paramètres ayant plusieurs attributs.
- Composants ou éléments déclinés en :
  - formes ;
  - variantes ;
  - positions relatives ;
  - mouvements relatifs.

L'analyse combinatoire est une démarche de caractère systématique faisant apparaître des solutions encore inexploitées ou des cas de figures impossibles au regard des lois scientifiques, physiques, chimiques ou mécaniques, ou encore censurées par les règlements législatifs ou normatifs.

DESCRIPTEUR GRAPHIQUE

L'outil graphique est une grille à deux entrées, une horizontale, une verticale, à la suite desquelles on dispose respectivement les caractères de ces objets dans l'ordre souhaité.

À chaque carrefour (cases), des lignes et des colonnes ainsi créées se trouve une combinaison des caractères de chaque objet.

DESCRIPTEUR GRAPHIQUE (suite)

Exemple : ***enonnage***

Bilan des possibilités d'usinage sur une tenonneuse simple à dérouleurs et arbre de toupie.

Grille de combinaisons :

Tenon \ Toupie	Tou	$\overline{Tou}$
Ten	(1) Ten-Tou	(2) Ten-$\overline{Tou}$
$\overline{Ten}$	(3) $\overline{Ten}$-Tou	(4) $\overline{Ten}$-$\overline{Tou}$.

■ **PARAMÈTRES**

– Opérations « tenon »
– Opérations « toupie »

■ **ÉTATS DES PARAMÈTRES**

– Marche : « Ten » ou « Tou »
– Arrêt : « $\overline{Ten}$ » ou « $\overline{Tou}$ »

■ **EXPLOITATION DES RÉSULTATS**

Case (1) a. Tenon avec contreprofil.
b. Enfourchement double mâle.
c. Enfourchements femelles avec flottage.

Case (2) d. Tenon simple.
e. Flottage ou tenon bâtard.

Case (3) f. Enfourchements femelles.

Case (4) Arrêt total de la machine.

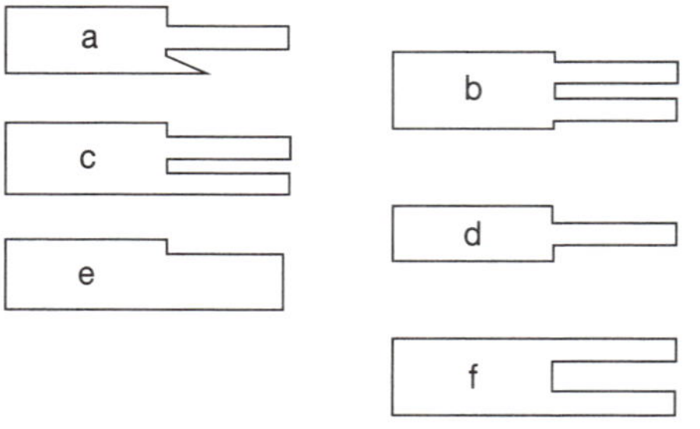

La démarche précédente peut être éventuellement « **un combinatoire primaire** » permettant la réalisation d'un deuxième combinatoire envisageant toutes les possibilités d'usinage sur une tenonneuse double (arbres mobiles « A.M. » permettant le réglage de l'arasement).

■ **PARAMÈTRES**

– Arbres fixes « A.F. »
– Arbres mobiles « A.M. »
Etats : résultats du combinatoire primaire.
– Pour A.F. : 1F, 2F, 3F, 4F
– Pour A.M. : 1M, 2M, 3M, 4M.

A.F \ A.M.	1 M	2 M	3 M	4 M
1 F	(1) 1 F – 1 M	(2) 1 F – 2 M	(3) 1 F – 3 M	(4) 1 F – 4 M
2 F	(5) 2 F – 1 M	(6) 2 F – 2 M	(7) 2 F – 3 M	(8) 2 F – 4 M
3 F	(9) 3 F – 1 M	(10) 3 F – 2 M	(11) 3 F – 3 M	(12) 3 F – 4 M
4 F	(13) 4 F – 1 M	(14) 4 F – 2 M	(15) 4 F – 3 M	(16) 4 F – 4 M

■ **RÉSULTATS**

Il sera intéressant de repérer les solutions exploitables, et celles qui représentent des incompatibilités technologiques.

OBJECTIFS DE L'ANALYSE COMBINATOIRE

- Redécouvrir et inventorier des solutions connues ou observées afin de pallier les omissions : **procédé mnémotechnique**.
- Générer des solutions nouvelles à partir d'une observation afin de prospecter des possibilités d'application dans un domaine particulier. Générer des solutions dans une démarche de conception de produit.
- Découvrir un **axe de symétrie** sur lequel se trouvent des solutions bivalentes ou univalentes dans leur champ d'application.
- Mettre en évidence de part et d'autre de cet axe de symétrie des solutions réciproques ou symétriques.
- Faire apparaître les impossibilités ou incompatibilités prescrites par les lois physiques, chimiques, mécaniques ou les règles législatives ou normatives.
- Rechercher une classification rationnelle et logique de différentes solutions en familles afin de déterminer avec précision leur champ d'application.

L'analyse combinatoire systématique est un outil d'aide à la créativité.

APPLICATION MISE EN ŒUVRE DES VITRAGES

■ ÉLÉMENTS

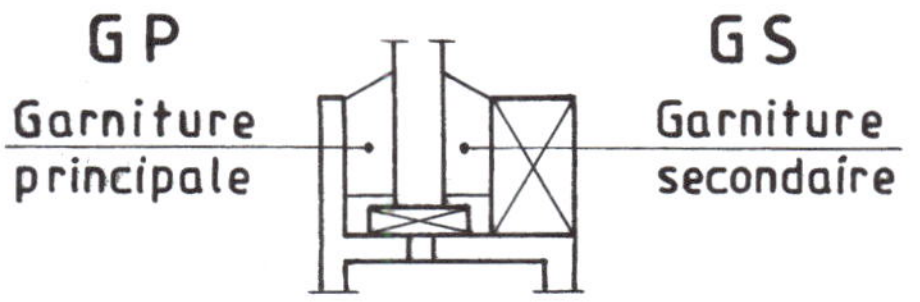

■ VARIANTES

1. Mastic oléoplastique
2. Bande préformée
3. Obturateur sur fond de joint
4. Obturateur sur bande préformée
5. Profilé élastomère

ANALYSE COMBINATOIRE DES POSSIBILITÉS DE MONTAGE DE CINQ GARNITURES D'ÉTANCHÉITÉ DÉTERMINANT LA SITUATION DE LA PARCLOSE À L'INTÉRIEUR OU À L'EXTÉRIEUR

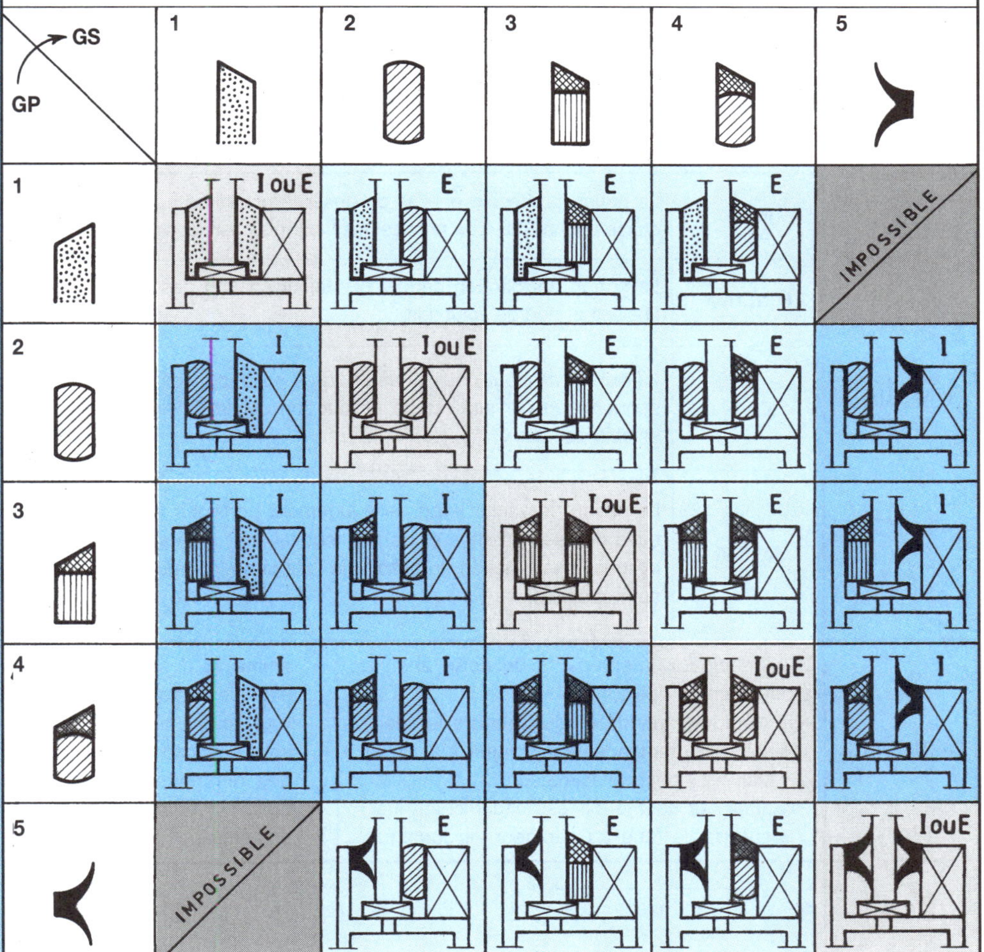

GP ↓ / GS →	1	2	3	4	5
1	I ou E	E	E	E	IMPOSSIBLE
2	I	I ou E	E	E	I
3	I	I	I ou E	E	I
4	I	I	I	I ou E	I
5	IMPOSSIBLE	E	E	E	I ou E

Exploitation des solutions :
- Zones 1 : axe de symétrie, parclose à l'extérieur ou à l'intérieur.
- Zones 2 : solutions réciproques avec les zones 3 : parclose à l'extérieur.
- Zones 3 : solutions réciproques avec les zones 2 : parclose à l'intérieur.
- Zones 4 : combinaisons impossibles, incompatibilité chimique.

20.6 ANALYSE DE LA VALEUR

L'analyse de la valeur est une méthode qui permet d'être créatif et compétitif dans la production et l'agencement des objets techniques.

Elle se caractérise par :

– une **démarche fonctionnelle** qui exprime le problème en termes de finalités et non en termes de solutions, offrant ainsi un champ de possibilités très ouvert ;

– une **démarche économique** qui se réfère systématiquement non seulement aux coûts des produits précédents de la même famille, mais aussi à ceux des fonctions ou des produits nouveaux envisagés ;

– une **démarche pluridisciplinaire** menée en groupe. Ce travail de groupe met en présence des personnes de formation et de responsabilités différentes afin de dégager un consensus sur les fonctions, les performances, les principes, les solutions et les coûts. Ce travail doit favoriser la créativité et enrichir l'information disponible.

Nota : dans l'analyse de la valeur, un produit est considéré comme un assemblage de fonctions et non comme un assemblage de pièces.

NOTIONS FONDAMENTALES	**BESOIN**	La notion de besoin permet de poser le problème au plus haut niveau de remise en cause utile et donc de préciser les véritables services à rendre.
	FONCTION	La notion de fonction permet de définir chacun des services attendus en terme de finalités et non de solutions.
	COÛT	La notion de coût couvre les charges ou dépenses supportées par un intervenant économique par suite de la production ou de l'utilisation d'un produit ou de l'ensemble des deux.
	VALEUR	La notion de valeur exprime le jugement porté sur le produit par l'utilisateur sur la base des ses attentes et de ses motivations ; plus spécialement, grandeur qui croît lorsque la satisfaction du besoin de l'utilisateur augmente ou que la dépense afférente au produit diminue.

PARTICIPANTS

Les principaux intervenants de cette analyse produite en groupe sont :

- le **décideur** mandaté pour prendre les décisions au commencement comme à la fin de l'analyse ; il choisit l'animateur ;
- l'**animateur** dont le rôle est fondamental ; il est responsable face au décideur ; il constitue, anime et dynamise le groupe de travail ; il effectue un travail de **synthèse;**
- le **groupe,** limité à 10 personnes pour des raisons d'efficacité, comprend des représentants des différents services (études, méthodes, qualité, achats) parties prenantes de l'étude et de la mise en œuvre du projet.

SCHÉMA DES COMPOSANTES DE L'ANALYSE DE LA VALEUR

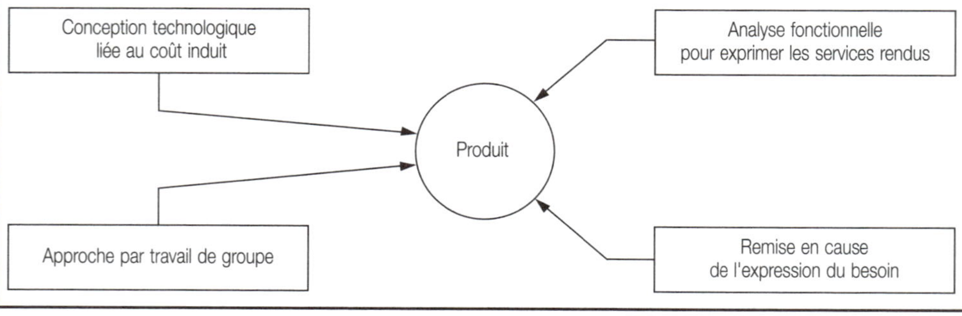

PHASES DE LA DÉMARCHE D'ANALYSE DE LA VALEUR

La réflexion sur la valeur d'un produit se conduit en **sept phases** :
- les trois premières sont des phases de **préparation;**
- les trois suivantes sont des phases de **création** et de **présentation;**
- la dernière est une phase de **bilan** réel de l'action.

■ PHASE 1 : ORIENTER L'ACTION

Cette phase consiste à **préciser** pour l'action envisagée :

- **son objet** et les causes de son déclenchement;
- **les données du problème** :
  - expression des besoins à satisfaire et examen du Cahier des Charges Fonctionnel s'il existe;
  - définition de l'environnement (et/ou du système) au sein duquel le produit doit être situé.

  En cas de création de produit, collecte des données principales sur les produits de la même famille (y compris ceux des concurrents) qu'il est destiné à compléter ou à remplacer.

  En cas d'amélioration d'un produit existant, rappel du stade commercial et industriel où il se trouve, inventaire de la concurrence, principales insatisfactions relevées.
- **son enjeu économique** : effets économiques attendus (développement des ventes, réduction des coûts de production ou d'utilisation);
- **son champ et ses limites** : champ de l'action, degré de nouveauté...
- **ses contraintes** : homologation, normalisation, interchangeabilité, propriété industrielle, approvisionnement, exigences ou interdits formels;
- **ses objectifs** : performances, fiabilité, coûts;
- **ses moyens** : budget et délais;
- **ses participants** : examen de la constitution du groupe de travail.

■ PHASE 2 : RECHERCHER L'INFORMATION

Rechercher, inventorier, classer et diffuser, auprès de tous les participants, les informations nécessaires (techniques, industrielles, économiques, commerciales, sociales, réglementaires, etc.) internes ou externes à l'entreprise, sans omettre celles relatives au besoin. Les informations disponibles sont mises en forme, les lacunes sont comblées, la diffusion est effectuée parmi les participants.

■ PHASE 3 : ANALYSER LES FONCTIONS ET LES COÛTS

À partir des informations dégagées lors des phases précédentes :

- **déterminer et analyser les fonctions** à assurer en élaborant le cahier des charges fonctionnel ou en le complétant s'il existe déjà;
- **diriger les efforts** vers les domaines les plus fructueux et les doser en identifiant les coûts importants et les espérances de gain;
- **préparer la recherche de solutions** répondant aux seuls besoins réels.

■ PHASE 4 : RECHERCHER DES IDÉES ET DES VOIES DE SOLUTION

Cette phase conduit à :

- rechercher le maximum d'idées et de voies de solutions;
- classer les idées suivant des critères précis et adaptés (coûts, délais).

■ PHASE 5 : ÉTUDIER ET ÉVALUER LES SOLUTIONS

Cette phase doit permettre de :

- bâtir des solutions en mettant en relation les fonctions techniques avec les fonctions de service (en vérifier la cohérence);
- conduire les études nécessaires à la sélection et à l'évaluation des solutions.

■ PHASE 6 : FAIRE UN BILAN PRÉVISIONNEL ET PROPOSER DES CHOIX

Dresser un bilan prévisionnel des solutions retenues en faisant apparaître :

- les motifs de sélection de ces solutions;
- les coûts estimés;
- les conditions d'application (délais, conséquences humaines et économiques internes, etc.).

Le choix final incombe ici au décideur.

■ PHASE 7 : SUIVRE LA RÉALISATION

L'animateur du groupe est chargé de suivre l'application des décisions prises. Il doit en rendre compte au décideur.

20.7 ANALYSE FONCTIONNELLE

L'analyse fonctionnelle est une démarche qui consiste à recenser, caractériser, hiérarchiser et valoriser les fonctions du produit.

SCHÉMA DE LA DÉMARCHE

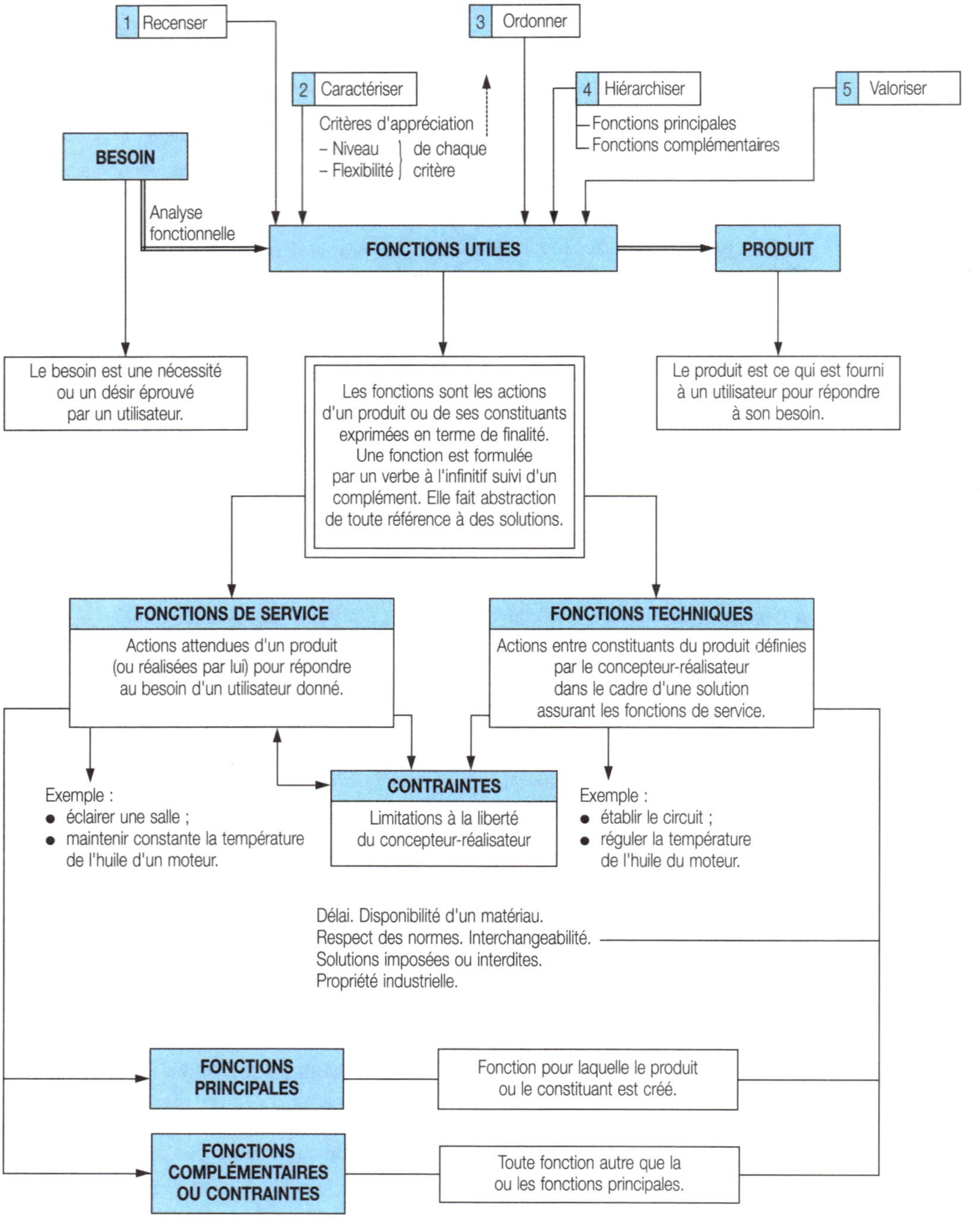

RECHERCHE DU BESOIN FONDAMENTAL

MÉTHODE D'ANALYSE

Il s'agit de la recherche du **besoin du système** (ou matériel suivant le cas).

- Le besoin peut être assimilé à l'objectif ou au but à atteindre.
- Le besoin à satisfaire par un système (ou un matériel) s'obtient en posant les questions :
  À qui rend-il service ? Sur quoi agit-il ? Pour quoi faire ? Pourquoi ce besoin existe-t-il (origine) ?
- Confirmer le besoin par les réponses à la question : Qu'est-ce qui pourrait le faire évoluer ou disparaître ?

Expression du besoin à l'aide de l'outil appelé « bête à corne.» :

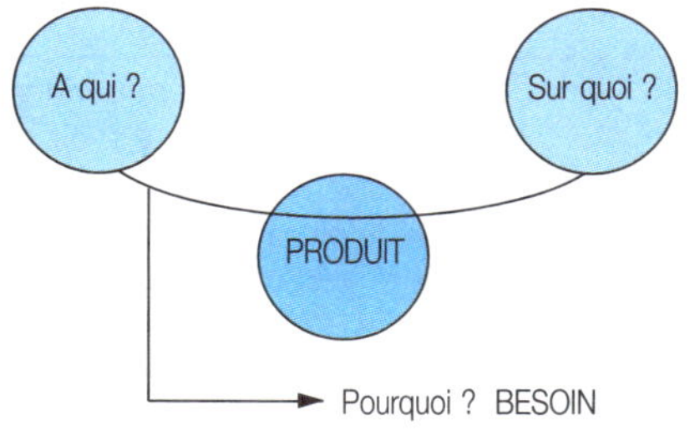

IDENTIFICATION DES FONCTIONS

- **Faire le bilan des phases d'utilisation du produit.**
- **Déterminer l'environnement du produit par phase d'utilisation.**
  Les éléments et contraintes constituent l'environnement du produit ou système au cours de son utilisation ou de son fonctionnement.
- **L'examen de l'environnement conduit à** :
  - **identifier** les composantes extérieures (c'est-à-dire tout ce qui est en contact direct ou virtuel avec le produit).
  Ex. : M1, M2, Mn...
  - **établir** les relations entre le produit et les composantes extérieures ;
  - **déterminer** la ou les fonction(s) de service(s) obtenue(s) par chaque relation entre le produit et une ou plusieurs composantes extérieures.
  Fonctions principales : F1, F3, F4.
  Fonctions complémentaires : F2, F5 (voir définitions page précédente).
- **Fonctions de service** (voir définition page précédente et schéma ci-contre).

Remarque :
- Pour répondre à *un besoin*, on peut avoir une ou plusieurs fonctions de service.
- Une fonction de service se traduit par une relation entre le produit et une ou plusieurs composantes du milieu extérieur.

- **Classification des fonctions de service**

Elles comprennent :
- *les fonctions d'usage* (Fp4) ou fonctions principales (voir relation 1) ;
- *les fonctions d'estime* (Fc4) ou fonctions complémentaires (voir relation 2).

Milieu environnant le produit
Diagramme « pieuvre»

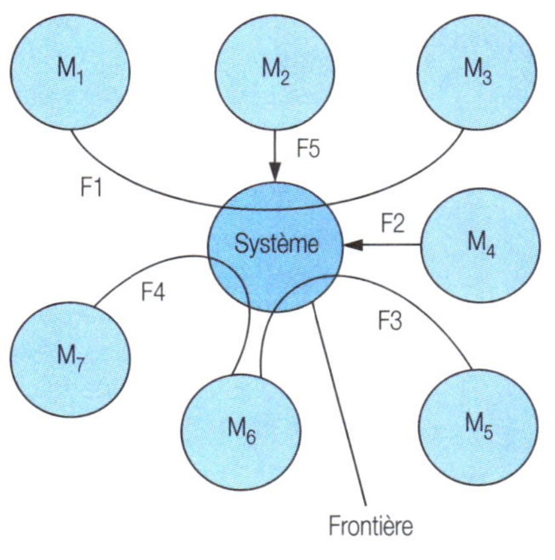

Fonctions de service

1. Relation entre le produit et deux composantes extérieures (M1, M3).

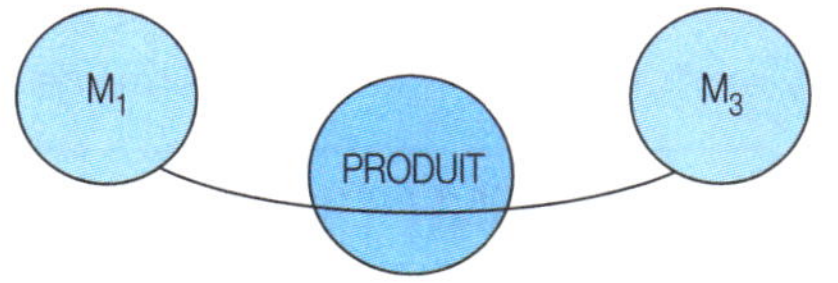

2. Relation entre le produit et une composante extérieure (M2).

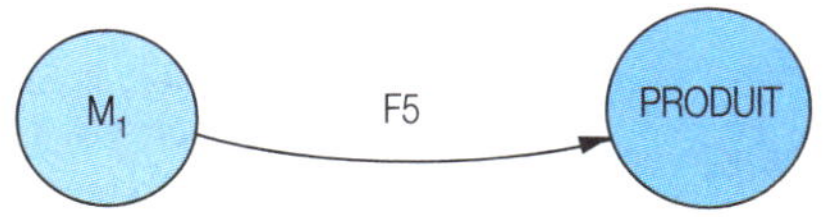

EXPRESSION DES FONCTIONS

Les fonctions principales et complémentaires s'expriment par un verbe à l'infinitif suivi des deux composantes extérieures.

Exemples (situation maintenance) :
- *fonction principale :* « permettre à l'intervenant de libérer l'huile ; »
- *fonction contrainte :* « permettre l'accès intérieur du carter chapeau ».

VALIDATION DES FONCTIONS	Qu'est-ce qui pourrait la faire disparaître ? **(QQPFD)** Qu'est-ce qui pourrait la faire évoluer ? **(QQPFE).**	
DÉFINITION DES CRITÈRES D'APPRÉCIATION	Il s'agit d'affecter aux fonctions des critères de valeur qui peuvent avoir plusieurs formes d'expression : • du niveau de satisfaction ; • d'une limite de coût ; • du niveau de performances ; • du respect de la sécurité.	**Contraintes** : Les contraintes viennent de l'environnement, de la technologie, du marché, de la situation et des choix de l'entreprise ou de l'organisme, etc. *Exemple* : • délai de l'étude ; • indisponibilité d'un matériau ; • interchangeabilité ; • propriété industrielle...
	■ CRITÈRES D'APPRÉCIATION Critère retenu pour apprécier la manière dont une fonction est remplie ou une contrainte respectée. *Exemples de critères* : durabilité, maintenabilité, vitesse, rayon d'action, ... **■ NIVEAU D'UN CRITÈRE D'APPRÉCIATION** Niveau repéré dans l'échelle adoptée pour un critère d'appréciation d'une fonction. Ce niveau peut être celui recherché en tant qu'objectif ou celui atteint pour une solution proposée. *Exemples* : Moyenne des Temps de Bon Fonctionnement (MTBF), consommation électrique en kWh, ...	**■ FLEXIBILITÉ** Ensemble d'indications exprimées par le demandeur sur les possibilités de moduler un niveau recherché pour un critère d'appréciation. *Remarque* : la flexibilité est une des caractéristiques fondamentales du cahier des charges. **■ LIMITE D'ACCEPTATION** Niveau de critère d'appréciation au-delà duquel — ou en deçà suivant le cas — le besoin est déclaré non satisfait. *Exemples* : écart absolu ou relatif, classes standards, ...

20.8 CAHIER DES CHARGES FONCTIONNEL (CdCF)

Le cahier des charges fonctionnel (CdCF) conduit à :

- **orienter** la recherche de la définition technico-économique optimale du produit ;
- **favoriser** le dialogue entre les partenaires tout en restituant ses responsabilités à chacun ;
- **libérer** le jeu des techniques et des technologies ;
- **renforcer** les chances d'émergence de l'innovation.

20.8.1 DÉFINITIONS

	Terminologie	Commentaire
CAHIER DES CHARGES FONCTIONNEL	Document par lequel le demandeur d'un produit exprime son besoin en termes de fonctions de service et de contraintes. Pour chacune d'elles, il est défini des critères d'appréciation et leurs niveaux. Chaque niveau comporte une flexibilité. Le CdCF contribue à l'obtention de la qualité (aptitude d'un produit à satisfaire les besoins des utilisateurs).	L'établissement d'un CdCF suppose une enquête permettant de cerner avec précision les besoins des utilisateurs. Le but poursuivi est d'obtenir en réponse la proposition du produit le plus apte à rendre le service attendu, dans les conditions prévues, pour le prix ou le coût minimum ; à cet effet, le CdCF n'exprime que des exigences de résultats et, en principe, aucune exigence de moyens. Un critère d'appréciation qualitative est accompagné d'une échelle permettant de situer le niveau quantitatif du critère d'appréciation.

	Terminologie	Commentaire
DEMANDEUR D'UN PRODUIT	Entité qui recherche un produit, en émet le cahier des charges, en vue de son acquisition et son utilisation par elle-même ou par d'autres.	Le demandeur peut être un organisme, un service ou une personne. La notion de demandeur inclut celle de promoteur donc de responsable du financement du développement du produit. Au sein d'une même entreprise, l'acquisition correspond à une cession interne. Le demandeur peut être, à l'intérieur de l'entreprise, celui qui est responsable de l'expression du besoin.
CONCEPTEUR RÉALISATEUR D'UN PRODUIT	Entité responsable de la conception d'un produit qui, outre les exigences techniques, prend en compte les conditions, coûts et délais de réalisation.	le concepteur-réalisateur est, en général, une entreprise extérieure ou un service de la même entreprise que le demandeur. Lorsqu'un concepteur n'assure pas la réalisation, il lui appartient de consulter des réalisateurs potentiels ou de se référer à des expériences antérieures.

20.8.2 BUTS ET IMPLICATIONS DU CdCF

Le demandeur est, par le niveau auquel il situe le besoin, le premier responsable des coûts et précède dans cette responsabilité le concepteur-réalisateur qui propose la solution permettant d'atteindre le niveau prescrit.
Le CdCF contribue à clarifier et à formaliser les responsabilités relatives du demandeur et du concepteur-réalisateur.

EXPRESSION DES BESOINS DES UTILISATEURS	Formulée par le **demandeur**, le CdCF est : • un recueil d'informations pertinentes sur toutes les phases de la vie du produit envisagé ; • une analyse systématique et aussi exhaustive que possible du besoin et sa traduction en terme de fonctions ; • une réflexion approfondie sur l'importance relative des fonctions ; • une définition pertinente des critères d'appréciation de chaque fonction ; • une évaluation des niveaux estimés nécessaires pour chaque critère d'appréciation (qualité, performances, etc.) ; • la fixation d'une flexibilité déterminée pour chaque niveau de critère d'appréciation (approximativement ou chaque fois que possible par taux d'échange et limites d'acceptation) ; • une participation de toutes les parties prenantes et leur accord sur le CdCF.
RÉALISATION DU PRODUIT LE PLUS EFFICIENT	Elle incombe au **concepteur-réalisateur**. Cela implique que : • le champ de recherche soit ouvert au maximum (technique, technologie, secteur de compétence, etc.) ; • le CdCF soit complet et précis sur les services attendus et les conditions d'utilisation ; • les termes du CdCF soient, pour le concepteur-réalisateur, une incitation à l'optimisation du produit, qu'il y ait ou non par ailleurs, une clause imposant l'analyse de la valeur. • la responsabilité et, par conséquent, la liberté du choix des solutions à proposer soient reconnues et réservées au concepteur-réalisateur. Certaines contraintes techniques ou logistiques peuvent imposer des limites à cette liberté de choix. Il faut qu'alors elles soient clairement exprimées par le demandeur.
DIALOGUE ENTRE LES PARTENAIRES	Pour que le dialogue ait lieu, il faut que : • la négociation soit délimitée (indication des exigences fonctionnelles qui sont intangibles et de celles qui pourraient éventuellement être modifiées, par exemple en échange d'une variation de prix) ; • le nombre de contraintes soit réduit à son minimum ; • des options soient ouvertes, laissant la possibilité de faire plusieurs propositions sur, par exemple, des niveaux différents pour un même critère d'appréciation ; • le concepteur-réalisateur puisse tirer parti des flexibilités qui lui sont indiquées et, éventuellement de les faire préciser ou d'en suggérer des amendements, ce qui suppose de sa part une capacité de conception suffisante et un accès aux possibilités d'estimation concernant la réalisation (faisabilité, coût, délai, etc.).

ANALYSE DES PROPOSITIONS

Pour qu'elle soit possible, il faut que :
- la structure fonctionnelle établie, dans le CdCF, soit proposée comme cadre pour la réponse à donner (cadre en regard duquel le concepteur-réalisateur donnera les indications techniques, économiques, de services rendus, etc. que le demandeur souhaite obtenir) ;
- ce cadre soit commun à tous les concepteurs-réalisateurs consultés ;
- les critères d'appréciation contenus dans ce cadre aient tous été clairement définis et que des mesures ou des comparaisons puissent être effectuées sans ambiguïté sur ces critères.

20.8.3 ÉLÉMENTS CONSTITUTIFS D'UN CdCF

■ PRÉSENTATION GÉNÉRALE DU PROBLÈME

- Le produit et son marché.
- Le contexte du projet.
- L'énoncé du besoin.
- L'environnement du produit recherché.

■ EXPRESSION FONCTIONNELLE DU BESOIN

- Fonctions de service principales.
- Fonctions de service complémentaires.
- Contraintes :
  - *leurs critères d'appréciation;*
  - *les niveaux des critères d'appréciation.*

■ APPEL À VARIANTES

Il peut être demandé à chacun des concepteurs-réalisateurs de présenter une ou plusieurs autres propositions. Cette ouverture stimule l'innovation et peut permettre de sonder des voies plus ambitieuses.

■ CADRE DE RÉPONSE

- Pour chaque fonction.
- Pour l'ensemble du produit.

20.8.4 COMMENT ÉTABLIR LE CdCF

■ ORGANISATION À METTRE EN ŒUVRE PAR LE DEMANDEUR

L'élaboration du CdCF nécessite la mise en place, chez le demandeur, d'une structure de travail particulière pendant la durée de l'étude :

décideur – animateur – groupe.

■ PROCESSEUR D'ÉLABORATION DU CdFC

- Définition du sujet traité.
- Sélection et formation du groupe, première recherche de l'information.
- Analyse du besoin et analyse fonctionnelle.
- Rédaction proprement dite du CdCF.
- Rédaction d'annexes informatives éventuelles.
- Validation par le groupe de la rédaction du CdCF.

20.8.5 PROCESSUS D'APPLICATION

Phases	Demandeur	Concepteur-réalisateur

■ SAISIE DU BESOIN
C'est l'expression par le demandeur du besoin à satisfaire.

■ PROSPECTION DE LA FAISABILITÉ
C'est montrer dans quelle mesure on peut répondre au besoin exprimé, en précisant les voies possibles.

■ PRÉ-DÉVELOPPEMENT OU AVANT-PROJET
C'est étudier les voies reconnues comme possibles en fin de phase « prospection de la faisabilité » afin de retenir celle qui sera développée.

■ DÉVELOPPEMENT
Au cours de ces phases, des améliorations peuvent faire l'objet de propositions de modifications.
les propositions de modifications résultant d'une action d'Analyse de la Valeur sont appelées PMAV.

■ INDUSTRIALISATION PRODUCTION MISE EN SERVICE

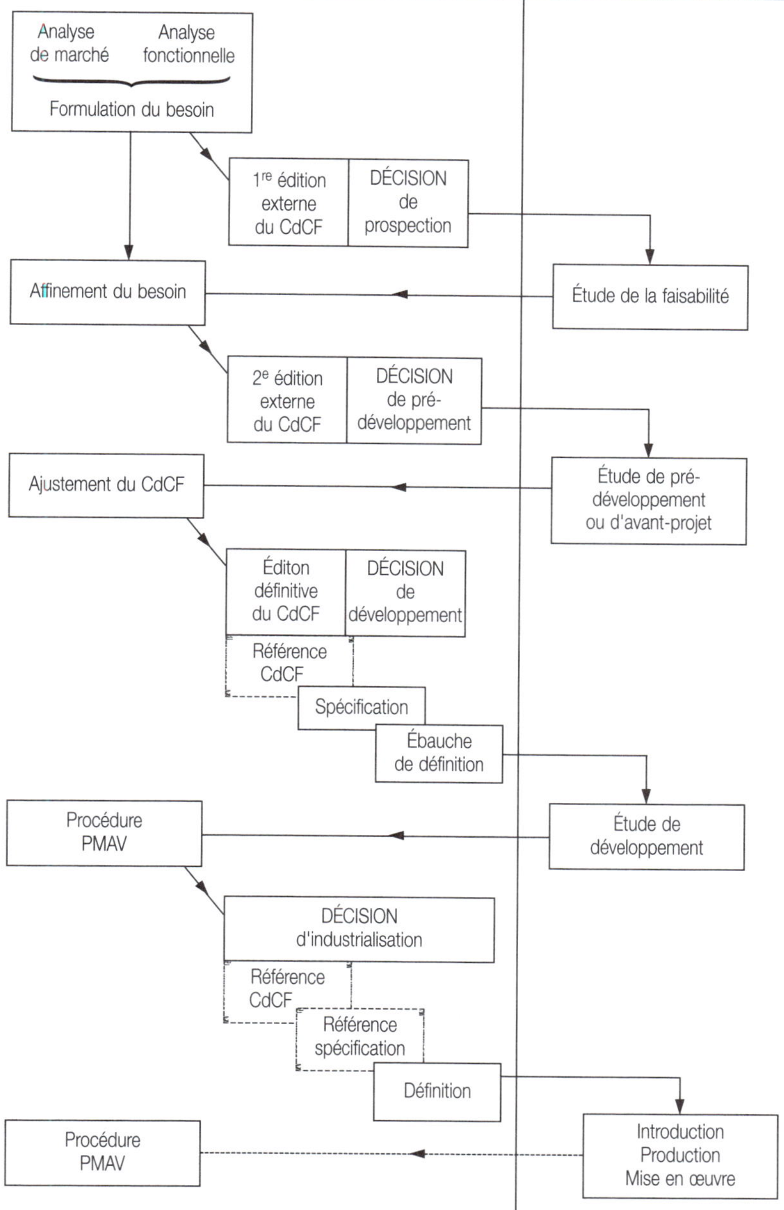

TYPES DE SITUATIONS DANS LESQUELLES INTERVIENT LE CdCF		
	• Consultation, appel d'offre, adjudication. • Marchés négociés entre partenaires. • Relations entre services d'une même entreprise.	• Conception pour un coût objectif (CCO). • Relations contractuelles en Analyse de la Valeur. • Catégories de produits concernés.

20.9 DIAGRAMME DE PARETO

ORIGINE OBJECTIF

■ ORIGINE

Le sociologue économiste italien Vilfredo Frederigo Samoso (1848-1923) dit Pareto mit en évidence que 80 % des richesses étaient détenues par 20 % de la population.

■ OBJECTIF

C'est à partir de cette observation que furent établies les méthodes dites « diagrammes 20/80 » et « courbe ABC ».

Ces outils graphiques ont pour objet de visualiser l'importance relative des différentes parties (causes-effets) d'un ensemble précédemment recensées et chiffrées.

Ils font apparaître clairement les causes (défauts) qui sont à l'origine du plus grand nombre d'effets (fréquence des défauts). L'intérêt sera donc d'agir en priorité sur les 20 % de causes qui génèrent 80 % d'effets.

MÉTHODOLOGIE

■ DISPOSER D'UNE ANALYSE CHIFFRÉE

Relevés d'observation, tableaux de données, Q.Q.O.Q.C.P. ...

■ CLASSER CES VALEURS DANS UN TABLEAU À QUATRE COLONNES

- Catégorie des défauts « A, B, C, D...» placés dans un ordre décroissant des valeurs de fréquence.
- Valeur du nombre de fréquences dans la catégorie.
- Pourcentages relatifs de la catégorie par rapport à l'ensemble.
- Pourcentages cumulés : somme des pourcentages relatifs.

■ CONSTRUIRE LE DIAGRAMME DE PARETO

- Repérer sur les axes les valeurs du tableau précédent :
  - *axe horizontal :* catégories dans l'ordre décroissant ;
  - *axe vertical :* pourcentages relatifs et cumulés de 0 à 100.
- Construire les colonnes du diagramme (graphique à colonnes).
- Construire la courbe cumulée dite « ABC » : empilage des colonnes.

ANALYSE DU DIAGRAMME

■ LA LECTURE EST ÉVIDENTE

En général deux types de causes représentent 80 % des effets.

Il faudra en conséquence s'intéresser en priorité à ces deux catégories de défauts pour les faire disparaître.

■ LA LECTURE POSE PROBLÈME

- Le diagramme est plat : catégories non différenciées.
- Le diagramme déforme la réalité : unités mal choisies.
- La catégorie la plus importante est un ensemble « divers » : le diagramme n'est pas pertinent à lui tout seul.

■ REMÈDES POSSIBLES

Ne pas faire confiance à un seul diagramme, changer les données.

Pondérer éventuellement les catégories.

Faire des diagrammes en cascades.

APPLICATION

■ PRODUIT TABOURET

Composant : piétement

Données : dans un atelier de productique bois, on contrôle 800 pièces dont 31 sont mises au rebut, soit à la réception (défauts matière et dimensionnels) soit aux différents stades de la fabrication (voir tableau ci-dessous).

N° d'opération	Opération	Nombre de rebuts
100	Débit	10
200	Corroyage	5
300	Sciage	4
400	Mortaisage	6
500	Profilage 1	2
600	Profilage 2	3
700	Ponçage	1
	Total	31

■ TRAITEMENT

- Dans un tableau, établir un classement des opérations par ordre décroissant du nombre de rebuts.
- Calculer, par rapport au nombre de rebuts total, le pourcentage de mises au rebut pour chaque opération.
- Calculer, dans l'ordre décroissant du classement des opérations, les pourcentages cumulés.
- Tracer le diagramme de Pareto en plaçant en abscisses les opérations classées par ordre décroissant de mises au rebut et en ordonnées les rebuts en pourcentages cumulés.

APPLICATION (suite)

Tableau de classement

N° de classement	N° d'opération	Nombre de rebuts	%	% cumulé
1	100	10	32,25	32,26
2	400	6	19,35	51,61
3	200	5	16,13	67,74
4	300	4	12,90	80,64
5	600	3	9,67	90,31
6	500	2	6,45	96,76
7	700	1	3,22	99,98

Diagramme

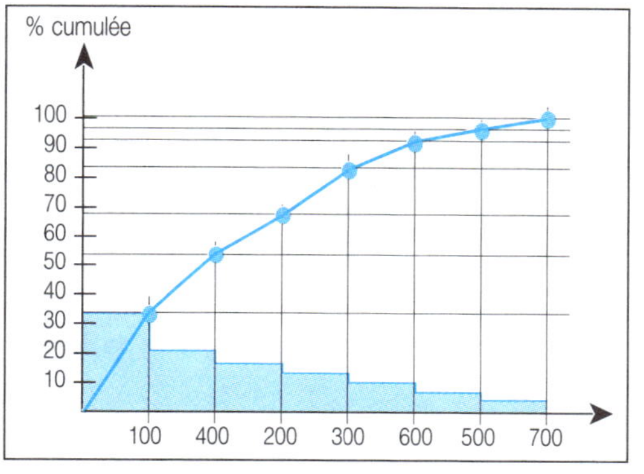

20.10 DIAGRAMME CAUSES-EFFET

ORIGINE OBJECTIF

Le qualiticien japonais Kaoru Ishikawa présente en 1953 cet outil appelé encore diagramme en arête de poisson ou d Ishikawa.

Il est utilisé pour présenter et visualiser d'une façon claire, ordonnée et précise les causes possibles concourant à produire l'effet donné.

MÉTHODOLOGIE

Étape du travail de groupe conduit par un animateur

■ DÉFINIR L'EFFET AVEC PRÉCISION

Il s'agit du « problème cerné » après analyse de la situation avec l'outil Q.Q.O.Q.C.P. (Qui ? Quoi ? Où ? Quand ? Comment ? Pourquoi ?)

■ RÉALISER L'INVENTAIRE DES CAUSES POSSIBLES

Le brainstorming permet ce recensement exhaustif des causes.

■ DÉFINIR LES FAMILLES DE CAUSES

Choix du type de familles :

- **les 5 M :** main-dœuvre ; méthode ; matériel ; milieu ; matière.
- **Familles spécifiques :** d'autres familles de causes plus pertinentes par rapport au problème étudié peuvent être choisies.

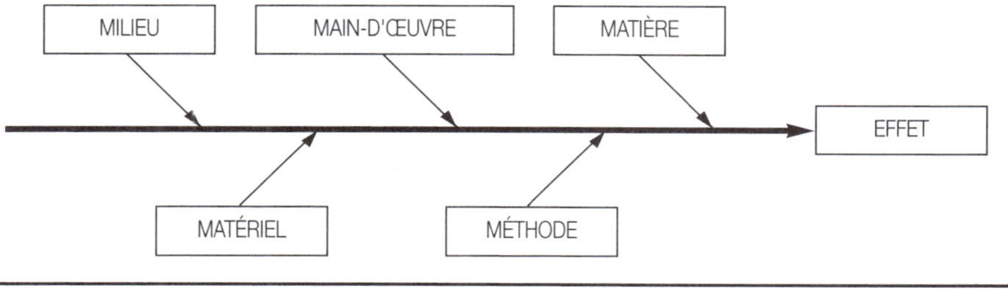

MÉTHODOLOGIE (suite)

■ **AFFECTER LES CAUSES DANS UNE FAMILLE**

Travail de groupe permettant la ventilation des causes recensées par brainstorming dans la famille concernée.
Chaque cause est exprimée par des mots clés.

■ **CONSTRUIRE LE DIAGRAMME CAUSES-EFFET**

- **Placer l'effet :**
  - tracer une flèche horizontale dite arête principale ;
  - écrire l'effet dans un rectangle à l'extrémité de la flèche.
- **Placer les familles :**
  - tracer autant de flèches secondaires inclinées que de familles convergeantes sur l'arête principale ;
  - écrire le nom encadré des familles à l'origine de ces flèches.

■ **PLACER TOUTES LES CAUSES DANS LES FAMILLES :**

- tracer autant de petites flèches horizontales que nécessaire, convergeantes sur les flèches secondaires ;
- écrire sur ces flèches les mots clés des causes ;
- l'arborescence peut être affinée par d'autres fléchettes précisant des particularités des causes.

EXPLOITATION

Le diagramme causes-effet étant construit, il s'agit de repérer les causes principales de l'effet.
Ce repérage relève de l'expertise conduite par des chiffrages, sondages, tests...

APPLICATION

Diagramme causes-effet pour diagnostic d'un état de surface non conforme

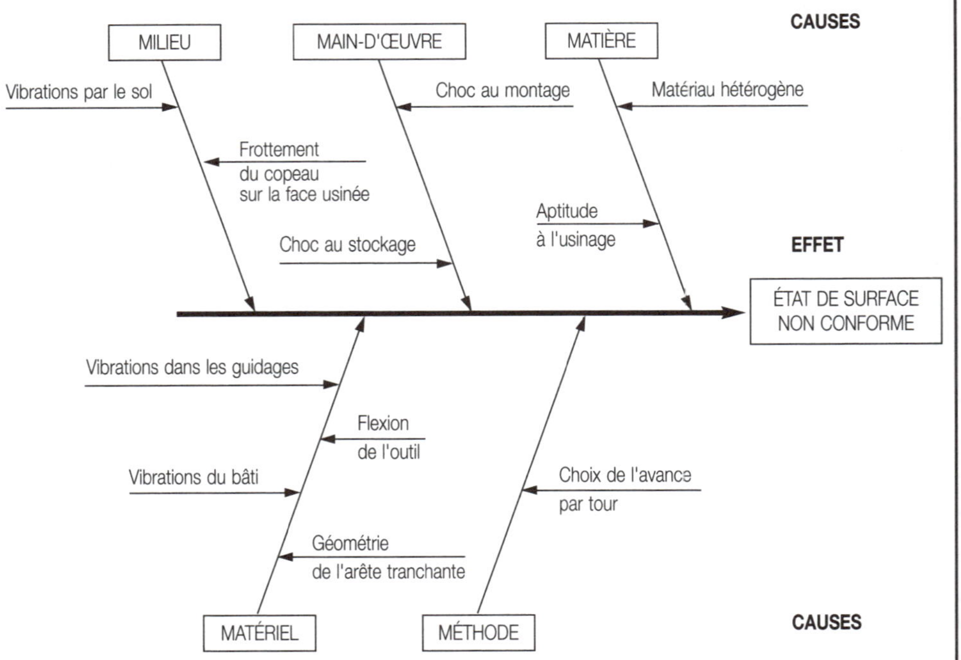

D'autres méthodes sont possibles. Par exemple, celle du H3M (Homme, Matériel, Matérie, Méthode).

INDEX

A

B

C

D

E

F

G

H

I

J

L

M

T

U

V

RÉPERTOIRE DES ORGANISMES ET FABRICANTS

APECF (Association pour la promotion du chêne français)
6, rue François 1er
75008 PARIS

ASSOCIATION FRANÇAISE DE NORMALISATION (AFNOR)
11, avenue Francis de Pressensé
93571 SAINT-DENIS-LA-PLAINE CEDEX

BOEN PARKETT / HOHNS PARQUET FINI
14, rue de Philippsboors
57230 BAERENTHAL

CATHILD INDUSTRIE
Zone industrielle
2, boulevard Fromenteau
72510 MANSIGNE

CECA-ATOFINDLEY SA
Immeuble IRIS, La Défense 2
92062 PARIS-LA-DÉFENSE CEDEX 54

CÉDÉO
2, rue du Marais Sec
ZI Nogent Villiers, BP 32
60180 NOGENT-SUR-OISE

CELLIOSE
BP 58
69492 PIERRE-BÉNITE CEDEX

CENTRE DE RESSOURCES SOLUTIA
6, place de la Madeleine
75008 PARIS

CENTRE TECHNIQUE DU BOIS ET DE L'AMEUBLEMENT
10, avenue de Saint-Mandé
75012 PARIS

COMITÉ NATIONAL POUR LE DÉVELOPPEMENT DU BOIS
6, avenue de Saint-Mandé
75012 PARIS

DECEUNICK SA
ZI impasse des Bleuets
80700 ROYE

DESCOURS ET CABAUD
10, rue du Général Plessier
69002 LYON

DIFAQ SA
53, passage du Bureau
75011 PARIS

DUAL
Parc du Sans-Souci
100, allée des Ormeaux
69760 LIMONEST

ELBE
Zone d'activités
42600 CHALAIN-D'UZORE

EUROCLIFAL
www.euroclifal.net

FERCO INTERNATIONAL
2, rue Vieux Moulin
57444 REDING

FIPEC (Fédération Industries Peintures Vernis Couleurs)
42, avenue Marceau
75008 PARIS

FORMICA SA
BP 19
77185 LOGNES

GUHDO FRANCE
21, rue de la Savonnerie
68460 LUTTERBACH

HETTICH FRANCE
4, avenue des Coquelicots
ZI des Petits Carreaux
94385 BONNEUIL-SUR-MARNE

HEWI FRANCE
217, cours Lafayette
69006 LYON

INRS
30, rue Olivier Noyer
75680 PARIS CEDEX 14

INVENTAIRE FORESTIER NATIONAL
Château des Barres
45290 NOGENT-SUR-VERNISSON

ISOROY
Parc d'affaires
54, rue d'Arcueil
BP 50135
94523 RUNGIS

JPM SA
40, route de Paris
03000 AVERMES

LE COMMERCE DU BOIS
6, avenue de Saint-Mandé
75012 PARIS

LEITZ
8, rue Émile Schwœrer
BP 1239
68012 COLMAR Cedex

MAGE
8, rue III
67118 GEISPOLSHEIM

MAISONS FORTÉ
33, rue Maubec
38500 VOIRON

NORTON
Rue de l'Ambassadeur
78702 CONFLANS-SAINTE-HONORINE CEDEX

ORGANISME PROFESSIONNEL DE PRÉVENTION DU BÂTIMENT ET DES TRAVAUX PUBLICS (OPPBTP)
221, boulevard Davout
75020 PARIS

POLYREY
18, rue Grange Dame Rose
78140 VÉLIZY-VILLACOUBLAY

ROCKWOOL ISOLATION SA
111, rue du Château des Rentiers
75013 PARIS

SIMPSON STRONG TIE
ZAC des 4 chemins
85400 SAINTE-GEMME-LA-PLAINE

SOPROFEN
rue Neubourg
67580 MERTZWILLER

Société SPIT
150, avenue de Lyon
26501 BOURG-LES-VALENCE

SYNDICAT NATIONAL DES CONSTRUCTEURS DE CHARPENTES EN BOIS LAMELLÉ COLLÉ
9, rue La Pérouse
75784 PARIS CEDEX 16

TECHNAL
260, rue Léon Joulin
31037 TOULOUSE CEDEX

TRAMICO
Lieu-dit Beaudeval
28210 COULOMBS

WICONA
149, quai du Raincy
94388 BONNEUIL-SUR-MARNE CEDEX

WURTH FRANCE SA
Rue Georges Besse
67158 ERSTEIN CEDEX

XYLOCHIMIE
101, avenue La Châtaigneraie
92500 RUEIL-MALMAISON

ZUANI SRL
Via dell'Artigiano, 57
38068 ROVERTO (TN)
ITALIE

Achevé d'imprimer par Hérissey (Évreux - Eure) en octobre 2006 - N° d'impression : 103015

Imprimé en France